JN440866

원소의 주기율표

알칼리 금속(1족) · 알칼리 토금속(2족) · 전이 금속(3–12족) · 할로젠족(17족) · 불활성 기체(18족) · 금속 ← → 비금속

1 1A	2 2A	3	4	5	6	7	8	9	10	11	12	13 3A	14 4A	15 5A	16 6A	17 7A	18 8A
1 **H** 1.008																	**He** 4.003
3 **Li** 6.941	4 **Be** 9.012											5 **B** 10.81	6 **C** 12.01	7 **N** 14.01	8 **O** 16.00	9 **F** 19.00	10 **Ne** 20.18
11 **Na** 22.99	12 **Mg** 24.31											13 **Al** 26.98	14 **Si** 28.09	15 **P** 30.97	16 **S** 32.07	17 **Cl** 35.45	18 **Ar** 39.95
19 **K** 39.10	20 **Ca** 40.08	21 **Sc** 44.96	22 **Ti** 47.88	23 **V** 50.94	24 **Cr** 52.00	25 **Mn** 54.94	26 **Fe** 55.85	27 **Co** 58.93	28 **Ni** 58.69	29 **Cu** 63.55	30 **Zn** 65.38	31 **Ga** 69.72	32 **Ge** 72.59	33 **As** 74.92	34 **Se** 78.96	35 **Br** 79.90	36 **Kr** 83.80
37 **Rb** 85.47	38 **Sr** 87.62	39 **Y** 88.91	40 **Zr** 91.22	41 **Nb** 92.91	42 **Mo** 95.94	43 **Tc** (98)	44 **Ru** 101.1	45 **Rh** 102.9	46 **Pd** 106.4	47 **Ag** 107.9	48 **Cd** 112.4	49 **In** 114.8	50 **Sn** 118.7	51 **Sb** 121.8	52 **Te** 127.6	53 **I** 126.9	54 **Xe** 131.3
55 **Cs** 132.9	56 **Ba** 137.3	57 **La*** 138.9	72 **Hf** 178.5	73 **Ta** 180.9	74 **W** 183.9	75 **Re** 186.2	76 **Os** 190.2	77 **Ir** 192.2	78 **Pt** 195.1	79 **Au** 197.0	80 **Hg** 200.6	81 **Tl** 204.4	82 **Pb** 207.2	83 **Bi** 209.0	84 **Po** (209)	85 **At** (210)	86 **Rn** (222)
87 **Fr** (223)	88 **Ra** 226	89 **Ac**† (227)	104 **Rf** (261)	105 **Db** (262)	106 **Sg** (263)	107 **Bh** (264)	108 **Hs** (265)	109 **Mt** (268)	110 **Ds** (271)	111 **Rg** (272)	112 **Cn** (285)	113 **Nh** (284)	114 **Fl** (289)	115 **Mc** (288)	116 **Lv** (293)	117 **Ts** (294)	118 **Og** (294)

*란타넘족	58 **Ce** 140.1	59 **Pr** 140.9	60 **Nd** 144.2	61 **Pm** (145)	62 **Sm** 150.4	63 **Eu** 152.0	64 **Gd** 157.3	65 **Tb** 158.9	66 **Dy** 162.5	67 **Ho** 164.9	68 **Er** 167.3	69 **Tm** 168.9	70 **Yb** 173.0	71 **Lu** 175.0
†악티늄족	90 **Th** 232.0	91 **Pa** (231)	92 **U** 238.0	93 **Np** (237)	94 **Pu** (244)	95 **Am** (243)	96 **Cm** (247)	97 **Bk** (247)	98 **Cf** (251)	99 **Es** (252)	100 **Fm** (257)	101 **Md** (258)	102 **No** (259)	103 **Lr** (260)

1–18족 번호는 IUPAC(International Union of Pure and Applied Chemistry)이 권고한 체계를 나타낸다.

원자 질량표*

원소	기호	원자 번호	원자 질량	원소	기호	원자 번호	원자 질량	원소	기호	원자 번호	원자 질량
Actinium	Ac	89	[227][§]	Hafnium	Hf	72	178.5	Potassium	K	19	39.10
Aluminum	Al	13	26.98	Hassium	Hs	108	[265]	Praseodymium	Pr	59	140.9
Americium	Am	95	[243]	Helium	He	2	4.003	Promethium	Pm	61	[145]
Antimony	Sb	51	121.8	Holmium	Ho	67	164.9	Protactinium	Pa	91	[231]
Argon	Ar	18	39.95	Hydrogen	H	1	1.008	Radium	Ra	88	226
Arsenic	As	33	74.92	Indium	In	49	114.8	Radon	Rn	86	[222]
Astatine	At	85	[210]	Iodine	I	53	126.9	Rhenium	Re	75	186.2
Barium	Ba	56	137.3	Iridium	Ir	77	192.2	Rhodium	Rh	45	102.9
Berkelium	Bk	97	[247]	Iron	Fe	26	55.85	Roentgenium	Rg	111	[272]
Beryllium	Be	4	9.012	Krypton	Kr	36	83.80	Rubidium	Rb	37	85.47
Bismuth	Bi	83	209.0	Lanthanum	La	57	138.9	Ruthenium	Ru	44	101.1
Bohrium	Bh	107	[264]	Lawrencium	Lr	103	[260]	Rutherfordium	Rf	104	[261]
Boron	B	5	10.81	Lead	Pb	82	207.2	Samarium	Sm	62	150.4
Bromine	Br	35	79.90	Livermorium	Lv	116	[293]	Scandium	Sc	21	44.96
Cadmium	Cd	48	112.4	Lithium	Li	3	6.9419	Seaborgium	Sg	106	[263]
Calcium	Ca	20	40.08	Lutetium	Lu	71	175.0	Selenium	Se	34	78.96
Californium	Cf	98	[251]	Magnesium	Mg	12	24.31	Silicon	Si	14	28.09
Carbon	C	6	12.01	Manganese	Mn	25	54.94	Silver	Ag	47	107.9
Cerium	Ce	58	140.1	Meitnerium	Mt	109	[268]	Sodium	Na	11	22.99
Cesium	Cs	55	132.90	Mendelevium	Md	101	[258]	Strontium	Sr	38	87.62
Chlorine	Cl	17	35.45	Mercury	Hg	80	200.6	Sulfur	S	16	32.07
Chromium	Cr	24	52.00	Molybdenum	Mo	42	95.94	Tantalum	Ta	73	180.9
Cobalt	Co	27	58.93	Moscovium	Mc	115	[288]	Technetium	Tc	43	[98]
Copernicium	Cn	112	[285]	Neodymium	Nd	60	144.2	Tellurium	Te	52	127.6
Copper	Cu	29	63.55	Neon	Ne	10	20.18	Tennessine	Ts	117	[294]
Curium	Cm	96	[247]	Neptunium	Np	93	[237]	Terbium	Tb	65	158.9
Darmstadtium	Ds	110	[271]	Nickel	Ni	28	58.69	Thallium	Tl	81	204.4
Dubnium	Db	105	[262]	Nihonium	Nh	113	[284]	Thorium	Th	90	232.0
Dysprosium	Dy	66	162.5	Niobium	Nb	41	92.91	Thulium	Tm	69	168.9
Einsteinium	Es	99	[252]	Nitrogen	N	7	14.01	Tin	Sn	50	118.7
Erbium	Er	68	167.3	Nobelium	No	102	[259]	Titanium	Ti	22	47.88
Europium	Eu	63	152.0	Oganesson	Og	118	[294]	Tungsten	W	74	183.9
Fermium	Fm	100	[257]	Osmium	Os	76	190.2	Uranium	U	92	238.0
Flerovium	Fl	114	[289]	Oxygen	O	8	16.00	Vanadium	V	23	50.94
Fluorine	F	9	19.00	Palladium	Pd	46	106.4	Xenon	Xe	54	131.3
Francium	Fr	87	[223]	Phosphorus	P	15	30.97	Ytterbium	Yb	70	173.0
Gadolinium	Gd	64	157.3	Platinum	Pt	78	195.1	Yttrium	Y	39	88.91
Gallium	Ga	31	69.72	Plutonium	Pu	94	[244]	Zinc	Zn	30	65.38
Germanium	Ge	32	72.59	Polonium	Po	84	[209]	Zirconium	Zr	40	91.22
Gold	Au	79	197.0								

*가능하면 유효숫자 4개로 나타내었다.

§괄호 안에 주어진 값은 반감기가 가장 긴 동위원소의 질량이다.

줌달의

제11판

일반화학 I

Chemistry

Eleventh Edition

Chemistry, Eleventh Edition

Steven S. Zumdahl,
Susan A. Zumdahl,
Donald J. DeCoste

Original edition © 2024 Brooks Cole, a part of Cengage Learning.
Chemistry, Eleventh Edition by Steven S. Zumdahl, Susan A. Zumdahl, Donald J. DeCoste
ISBN: 9780357850671

This edition is translated by license from Brooks Cole, a part of Cengage Learning, for sale in Korea only.

ISBN-13: 978-89-6218-595-9

Cengage Learning Korea Ltd.
14F YTN Newsquare 76 Sangamsan-ro
Mapo-gu Seoul 03926 Korea

Printed in Korea
Print Number: 01 Print Year: 2026

제11판

줌달의 일반화학 I

| 화학교재연구회 옮김 |

Cengage

Australia • Brazil • Canada • Mexico • Singapore • United Kingdom • United States

옮긴이 소개

가톨릭대학교 • 김중한, 한동훈
강원대학교 • 강명종, 이은지
건국대학교 • 김연호, 명노승, 장호현
경희대학교 • 강은주, 이영식, 이재열, 주정민
고려대학교 • 손호진
공주대학교 • 이규철, 이석우, 장낙한
군산대학교 • 박경세
단국대학교 • 홍인권
동아대학교 • 김재연, 김종식, 김효준, 손종우, 송현민, 이승훈
부경대학교 • 강용철, 곽민석, 김연준, 김학준, 김현성, 박명기, 박선주, 서성용, 이송이, 장병용
서울과학기술대학교 • 박정우, 조은범
서울시립대학교 • 윤미경
성신여자대학교 • 이철우
육군사관학교 • 김동욱
순천대학교 • 공진택, 김 진, 박철규, 송재희, 신은주, 심상덕, 안삼영, 장효원, 최대옥, 최원호
인천대학교 • 권태현, 김진호, 김태현
전남대학교 • 이준승, 조 성, 최현철
전북대학교 • 김도환, 이동헌, 이승재
제주대학교 • 박경순
조선대학교 • 이종대
창원대학교 • 원태진
충남대학교 • 이충균, 허정석
한밭대학교 • 최진실
한양대학교 • 김형준, 한진욱
홍익대학교 • 고현기, 김유진, 김진구, 이재한, 이종복, 정상규, 정희진, 하윤경

제11판
줌달의 일반화학 Chemistry

제11판 1쇄 인쇄 | 2026년 02월 24일
제11판 1쇄 발행 | 2026년 03월 03일

지은이 | Steven S. Zumdahl, Susan A. Zumdahl, Donald J. DeCoste
옮긴이 | 화학교재연구회
발행인 | 탄록민, 마이클조셉케이힐
발행처 | 센게이지러닝코리아㈜
등록번호 | 제313-2007-000074호(2007.3.19.)
이메일 | asia.infokorea@cengage.com
홈페이지 | www.cengage.co.kr

ISBN: 978-89-6218-595-9

공급처 | 사이플러스
주 소 | 서울시 영등포구 양평로 30길 14, 세종앤까뮤스퀘어 1106호
도서안내 및 주문 | 02) 332-6171 FAX 02) 332-6185
이메일 | sciplus@sciplus.co.kr

정가 57,000원

옮긴이 머리말

자연과학 대학은 물론이거니와 공과 대학, 농과 대학, 약학 대학, 의과 대학 및 기타 자연과학 계열 학문을 전공하는 학생들에게 화학의 기초가 되는 일반 화학은 매우 중요하다.

일반 화학을 충실히, 내실 있게 가르치기 위하여 많은 종류의 일반 화학 교과서가 출판되고 있다. 그러나 나날이 발전해 가는 화학과 이를 바탕으로 하는 응용 화학의 다양성 때문에 일반 화학에서 다루어야 할 내용과 그의 정도 및 범위도 끊임없이 변천되므로 시류에 뒤떨어지지 않도록 발맞추어 나가야 한다.

이 책은 미국의 많은 대학에서 교재로 선택하여 백만 권 이상이나 팔린 유명한 일반 화학 교재이고, 우리나라에서도 많은 대학이 이 책을 교재로 사용하고 있다. 오랫동안 이 책을 교재로 선택한 교수들이나, 공부하는 학생들 모두 만족해하고 있다는 점이 이 책의 우수함을 반증하는 것이라 생각된다.

화학이란, 영감에 의한 통찰력으로부터 얻어진 것이 아니다. 화학은 수많은 관찰과 도전으로부터 얻은 결과이며 논리와 시행착오를 겪고 이러한 관찰들을 설명한 결과인 것이다. 이 책은 자연스러운 방법으로 화학의 개념들을 전개하고 있다. 즉, 관찰 결과를 먼저 제시하고, 관찰된 경향을 모형(또는 화학 이론들)을 만들어 설명함으로써 학생들이 기계적으로 암기하기보다는 과학적인 사고의 과정을 더 잘 이해하고 인식할 수 있도록 도와주고 있다.

또한 삽화 프로그램을 도입하여 학생들이 미시적 세계와 거시적 세계의 관계를 시각화하는 데 도움을 줄 수 있도록 분자 수준의 상호작용을 강조하고 있다. 이 책의 장점 중의 하나는 많은 예제와 연습 문제를 포함하고 있다는 점이다. 이러한 많은 연습 문제는 본문의 내용을 심화 발전시키기에 더 없이 좋은 기회가 될 것이다. 연습 문제의 궁극적인 목적은 단순히 그 연습 문제의 정확한 답을 얻는 데 있는 것이 아니라, 그 답을 얻는 과정을 이해하는 데 있다. 즉, 시험을 치르기 위해 특정 문제의 풀이를 암기하는 것은 좋은 학습 방법이 못 된다. 문제 유형이 너무나 많기 때문이다. 문제 내에서 풀이를 찾도록 해야 한다. 체계적이고 논리적인 접근법에 따라 배운 개념을 사용하여 답을 얻어야 한다. 때로는 실수를 할 수도 있다. 그러나 중요한 것은 이들 실수로부터 더 많은 것을 배운다는 것이다. 자신감을 갖는 유일한 방법은 문제를 많이 풀어 보고 본인의 취약점을 진단하고 극복하는 것이다. 이 책은 또한 각 장의 끝에 통합적이고 복합적인 개념들을 증가시킬 수 있는 많은 문제들을 제공하고 있다. 특히 도전 문제는 연습 문제보다 더 어렵게 함으로써 학생들이 한 단계 더 나아가고 도전할 수 있도록 해주며, 통합 문제나 마라톤 문제는 여러 장의 개념을 통합함으로써 화학의 전반적인 지식을 통합하는데 많은 도움을 주리라 생각된다.

이 책의 용어와 화합물 이름은 대한화학회가 발간한 유기 화합물 명명법 I, II와 무기 화합물 명명법 및 교육과학기술부의 "화합물 명명법 편수 자료"에 따라 번역하였고, 이해를 돕기 위해 화합물 이름은 가능한 한 우리말과 원어를 함께 표기하였다. 역자들이 모든 성의를 다하여 번역하였지만 미숙한 점도 많으리라 생각된다. 이 점에 대해서는 앞으로 많은 의견을 보내주시면 새로 인쇄할 때에 반드시 반영하여 수정하도록 하겠다.

끝으로, 이 책의 번역과 출판의 기회를 주신 센게이지러닝 코리아(주) 직원 여러분에게 감사의 뜻을 표한다.

2025년 12월 역자들

교수님들께

이 책의 전체 특징, 제11판

개념 학습 및 문제 풀이는 ***줌달의 일반화학***을 학습하는 기본 접근 방식입니다. 우리의 철학은 학생들이 화학자처럼 사고할 수 있도록 돕는 것이며, 그렇게 함으로써 문제 해결 과정을 삶의 모든 측면에 적용할 수 있게 하는 것입니다. 우리는 학생들에게 비판적 사고를 할 수 있는 도구를 제공하고자 합니다. 질문을 제기하고, 규칙과 모형을 적용하고, 그 결과를 평가하는 것입니다. 또한 이러한 목표를 담은 미디어 프로그램을 만들었습니다. 해당 미디어 프로그램은 교수자와 학생들이 온라인상에서 학습 보조 자료 또는 온라인 과제를 통해 교재의 목표를 성취하도록 도움을 주고 있으며, 모형, *실제 세계의 적용* 및 *시각적 학습*에 강조점을 두었습니다.

무엇이 새로워졌는가?

우리는 학생들의 학습 경험을 향상시키기 위해 ***제11판***을 광범위하게 업데이트하였습니다. **주요 변경 사항은 다음과 같습니다.**

- 본문에 다양한 새로운 평가 요소를 추가하였습니다.
  - 모든 장에 새로운 활동 학습 질문 추가
  - 19개의 새로운 대화형 예제 추가
- 새로운 세부 절을 추가하였습니다.
  - 10.1a 물질의 상태 복습
- 새로운 '화학의 선구자(Pioneers in Chemistry)' 상자 10개를 추가하였습니다.
  - Robert Boyle (1장)
  - Antoine Lavoisier (2장)
  - John Dalton (2장)
  - Jennifer Doudna (3장)
  - St. Elmo Brady (3장)
  - Dmitri Ivanovich Mendeleev (7장)
  - Arnold Beckman (14장)
  - Marie Sklodowska Curie (19장)
  - Rosalyn Sussman Yalow (19장)
  - Wallace Hume Carothers (22장)
- 이 책 전반에 걸쳐, 시각적 접근성을 높이기 위해 그림과 그래프의 색상을 업데이트했으며, 디지털 코스 전반에서도 접근성을 강조했습니다.
- 각 장에는 "직업 속의 화학"이라는 새로운 코너를 추가하여, 학생들이 화학을 배운 후 진출할 수 있는 다양하고 폭넓은 진로에 대한 통찰을 제공했습니다.
- 장 말미의 문제와 연습 문제는 550개가 새로 추가되었거나 개정되었습니다.
- 분자 구조의 최신성 및 일관성을 위해 그림 자료도 수정·업데이트했습니다.
- 각 장의 도입 이미지와 소개 글 역시 전체적으로 새롭게 다듬었습니다.
- 이번 최신판은 명확성과 간결성을 중점에 두고 개발되었습니다.

이 책의 개요

- ***줌달의 일반화학***(*chemistry*)은 *오개념을 극복하기*(*overcoming misconceptions*) 위하여 수많은 토론, 삽화 및 연습 문제들을 포함시켰습니다. 우리의 강의 경험에 의하면 학생들이 화학의 기초가 되는 많은 개념들을 오인하기 때문에 화학에 어려움을 겪는다는 것을 알게되었습니다. 본문에서 학생들에게 화학의 근본적인 개념에 대한 보다 정확한 그림을 제공하고자 삽화와 설명에 많은 시간을 할애하였습니다. 특히 학생들이 "원자와 분자가 무엇을 하고 있는지"를 생각할 수 있도록 화학의 미시 세계를 나타내려고 시도하였습니다. 이 목표를 강조하기 위해 애니메이션으로 도입하였습니다. 또한 정량적인 문제를 생각하기 전에 개념을 정성적으로 이해시키는 것에 더 중점을 두었습니다. 알고리즘을 사용하여 문제를 올바르게 해결하면 종종 오인이 가려집니다. 학생들이 올바른 "답변"을 얻었기 때문에 자료를 이해한다고 가정할 때 학생들이 진실로 이해했는지를 알려면 다른 방법으로 조사하는 것이 중요합니다. 이 책에서는 본문 전반에 걸쳐 많은 *비판적 사고*(*Critical Thinking*) 질문과 각 장의 끝부분에 나오는 *활동 학습 질문*(*Active learning Questions*)을 통하여 그룹 토의를 포함시켰습니다. 학생들이 서로를 가르칠 때 종종 학생들이 더

많은 것을 배운다는 것이 우리의 경험입니다. 학생들은 개념을 다른 학생에게 설명하려고 시도할 때 자신의 이해 부족을 인식합니다.

- 이 책은 강력한 *문제 해결 방향*(*problem-solving orientation*)으로 학생들에게 화학 문제에 접근하고 해결하는 방법에 대해 설명하고 있습니다. 우리는 단순히 절차를 기억하기보다는 사려 깊고 논리적인 접근을 강조합니다. 특히, 보통의 학생들이 가장 어렵고 좌절감을 느끼는 물질인 산–염기 평형 상태를 다루기 위한 혁신적인 방법을 사용하였습니다. 이 접근법의 핵심은 먼저 어떤 화학종들이 용액 속에 존재하는지를 결정하고 나서 이 화학종의 화학적 특성에 대해 생각하는 것입니다. 이 방법은 모든 유형의 용액 평형 상태에 접근하기 위한 일반적인 작업 과정을 제공해 줍니다.

- 이 책에는 일반적인 문제 해결 전략을 설명하기 위해 거의 300개의 예제가 수록되어 있으며, 본문 설명 속에서도 추가 예제들이 제시되어 있습니다. 특정 전략이 제시되면 이것을 *문제 풀이 전략*(*Problem-Solving Strategy*) 상자에 요약하였으며, 이에 따른 *예제*는 문제를 해결하기 위한 전략의 사용을 강화하였습니다. 일반적으로, 문제를 해결하기 위해 개념의 이해를 강조하였습니다. 이러한 접근법으로서 학생들이 단계별 예를 살펴보도록 강조하는 많은 *대화형 예제*(*Interactive Examples*)를 포함시켰습니다.

- 산–염기 반응을 포함하여 용액에서 일어나는 *반응 과정*을 자세하게 다루었습니다. 이것에 대한 자료는 일반적으로 용액 반응과 화학 반응과의 연관성을 강조하기 위해 화학량론을 다룬 장 바로 뒤에 있는 제4장의 "화학 반응의 종류와 용액의 화학량론"에 수록하였습니다. 이 자료의 초기 내용은 몇 가지 흥미로운 화학을 설명하는 기회를 제공해주고, 실험실에서 일어나는 많은 수용액의 화학을 다루었습니다. 또한 제4장은 산화–환원 반응 및 산화 상태를 사용하여 화학 반응의 균형을 맞추는 것을 다루었습니다. 그 이유는 흥미롭고 중요한 많은 화학 반응이 산화–환원 과정을 수반하기 때문입니다. 그러나 이 시점에서 산화–환원 반응의 범위는 선택 사항이며 특정 과정의 필요에 따라 달라집니다.

- 이 책에는 **설명적 화학**(descriptive chemistry)과 화학 원리가 완전히 통합되어 있습니다. 화학 모형들은 창의적 아이디어를 자극하는 관찰이 없다면 무익하고 혼란스럽게 보일 수 있습니다. 반면에 원리를 조직화하지 않은 사실들이 훨씬 더 중요하게 보일 수도 있습니다. 관찰과 모형이 조합되면 화학이 흥미로워지고 이해에 도움을 줄 수 있습니다. 원소들의 화학에 관한 장에서는, 성질과 모형이 어떻게 상관관계가 있는지를 보여주기 위해 표와 도표를 사용하였습니다. 설명적 화학은 다양한 방식으로 예컨대, 사진, *예제*와 연습 문제, 단락 및 *화학 관련 읽을거리*에서 별개의 장으로 원리의 응용 등을 제시하였습니다.

- 이 책 전체에서 *모형에 역점*(*emphasis on models*)을 두었습니다. 적용 범위는 모형이 어떻게 시험되었고, 어떻게 구성되었으며, 불가피하게 실패하였을 때 무엇을 배우는지에 대한 것을 설명하였습니다. 모형은 자연스럽게 개발되어 특정 모형이 발명된 이유를 보여주기 위해 항상 적절한 관찰이 먼저 제시됩니다.

- **화학 관련 읽을거리** 상자는 다양한 분야와 일상 생활에서 화학이 어떻게 활용되는지를 보여 줍니다.

- 모든 유형의 학생과 모든 종류의 숙제에 대해 집단 학습을 촉진하는 질문, 학생의 이해를 강화시키는 연습 문제, 그리고 여러 개념을 통합한 궁극적인 도전을 제시하는 문제들을 제공하고 있습니다. 화학 전공이 아닌 학생들을 연결시키기 위해 생화학 문제를 추가하였습니다.

- 제10판을 사용한 교수들과 학생들의 호의적인 논평으로 판단하건대, 이 책은 다양한 강의에서 매우 잘 활용되고 있는 것으로 보입니다. 특히 학생들에게 이 책을 평가해 달라고 하였을 때 *읽기가 쉬웠다*(*readability*)는 것이 핵심 강점으로 거론되었다는 사실에 기뻤습니다.

화학을 공부하는 학생들에게

이 책의 주 목적은 화학을 공부하기 시작하는 학생들이 화학의 즐거움을 알게 되고 도움을 얻도록 함에 있다. 이 책은 화학의 개념과 의미를 이해하기 쉬운 방법으로 제공하고자 하였다. 또한 공부에 동기를 부여하고 전문적이거나 개인적인 모든 영역에 적용할 수 있는 문제 해결 방법을 배울 수 있도록 돕고자 하였다.

이 책의 목표는 학생들이 진정으로 창의적인 문제 해결자가 되는 것이다. 세상은 "틀을 벗어난 생각"을 하는 사람을 필요로 한다. 이 책은 학생들이 화학자와 같이 사고하는데 중점을 두고 있다. 화학자들은 훌륭한 문제 해결자들로서 복잡한 문제를 해결하는 데 논리, 시도, 오류 및 인내심을 수반한 직관을 사용한다. 우리가 실생활에서 그렇듯이 화학자들도 실수를 한다. 그러나 중요한 것은 화학자들은 실수로부터 배우고 다시 시도한다는 것이다. 이러한 "할 수 있다"는 자세는 모든 직종에 있어 유용하다.

이 책에서는 자연스러운 방식으로 개념을 구체화한다. 먼저 관찰을 한 다음 관찰된 행동을 설명하는 모형을 개발한다. 모형은 우리가 사는 세계를 이해하고 설명하는 데 도움을 준다. 모형은 과학적인 사고에 핵심적인 요소이다. 모형은 매우 유용하지만 한계가 있다. 화학의 기본 개념을 이해하면 문제 해결의 초석을 다질 수 있다.

또한 이 책은 학생들이 심도 깊은 문제 해결 능력을 학습하도록 돕고자 한다. 진정한 학습은 사실을 암기하는 것 이상의 것이다. 진정으로 교육받은 사람들은 사실적 지식을 창의적인 문제 해결의 기초이자 시작점으로 삼는다. 문제 해결에 대한 이 책의 전략은 1.6절에 처음 도입하였으며, 3.5절에 더 자세히 설명되어 있다. 문제 해결을 위해 자발적인 문제 해결 방법을 생각하도록 스스로에게 질문을 던지는 방식을 사용한다. 문제 자체를 통해 해결 방법을 찾도록 해야 한다. 이러한 문제 해결 과정은 일상생활의 모든 유형의 문제들에 적용할 수 있다.

이 책을 공부하면서 *예제*와 문제 해결 전략을 이용해 학습에 도움을 받기 바란다. 전략은 박스로 강조 표시가 되었으며 *예제*는 이러한 전략을 적용하는 방법을 보여준다. 특히, 이 교재 전체에 도입된 *대화형 예제*를 푸는 것이 중요하다. 이들 예제는 단계적인 풀이 과정을 통해 관련 개념을 완전히 이해할 수 있도록 도와 줄 것이다.

이 책의 각 장 학습이 끝나면 문제 해결 능력을 연습해야 한다. 이를 위해 각 장의 끝에 많은 복습 질문과 예제 문제를 제공하였다. 여러분의 교수님은 이러한 문제들을 종이든 온라인이든 과제로 제출하도록 요청할 수 있다. 어떤 방식이든, 동료 학생들과 함께 학습하는 것이 좋다. 화학을 배우는 가장 효과적인 방법 중 하나는 서로의 의견을 교환하며 도움을 주는 것이다. 온라인 숙제는 여러분에게 즉각적인 피드백을 줄 것이며, 연습 문제는 해답 일부를 별도로 제공하고 있다(이 책 차례의 QR 참조). 모든 경우에 있어서 주된 목표는 정답을 얻는 것이 아니라 답을 얻는 과정을 이해하는 것이다. 특정 문제에 대한 해결 방법을 암기하는 것은 시험을 준비하거나 실제 세계의 문제를 해결하는 좋은 방법이 아니다.

훌륭한 문제 해결자가 되려면 다음의 기술(skill)이 필요하다.

1. 문제 안에서 해결 방법을 찾아라. (문제가 스스로를 안내하게 하라.)

2. 체계적이고 논리적인 접근 방법으로 학습했던 개념을 사용하여 해결 방법을 찾아라.

3. 스스로 질문을 하며 문제를 해결하라. 그리고 심사숙고해서 스스로 해결할 수 있다는 믿음을 가지고 학습하라.

여러분은 실수를 할 수도 있지만 중요한 것은 그러한 실수로부터 배우는 것이다. 자신감을 키우는 유일한 방법은 연습을 끊임없이 반복하고 실수를 통해 약점을 발견하는 것이다. 단순히 암기하기보다는 인내심을 가지고 열심히 학습하기 바란다.

화학자와 같이 사고하는 것을 배우는 흥미롭고 성공적인 해를 보내길 바란다!

Steve Zumdahl, Susan Zumdahl
그리고 Don De Coste

화학으로의 안내, 제11판

개념 이해 개념 학습 및 문제 해결은 *줌달의 일반화학*의 기본 접근 방식이다. 이 책은 학생들에게 비판적인 사고자가 될 수 있는 도구를 제공한다. 질문을 하고, 모형과 법칙을 적용하고, 그 결과를 평가하도록 한다.

"학생들은 복잡한 문제를 풀기 전에 다양한 분야에서 더 간단한 문제에 숙달할 필요가 있다. 이 방법은 효과적이며, 학생들은 이 방법을 수용해야 한다."

—Jerry Burns, *Pellissippi State Technical Community College*

저자들은 이 책을 통해 **모형**(또는 화학 이론들)**을 강조하여** 학생들을 과학적인 사고의 과정을 더 잘 이해하고 인식할 수 있도록 도와줌으로써, 기계적인 암기의 문제점을 제기한다. 한계를 강조하고, 과학적인 모형들을 사용함으로써, 저자들은 학생들에게 화학자들이 어떻게 사고하고 연구하는지 보여주고 있다.

8.13 분자 구조: VSEPR 모형

분자의 구조는 화학적 성질을 결정하는 중요한 요소이다. 나중에 자세히 공부하겠지만, 생체 분자에서 특히 중요하다. 거대한 생체 분자의 미세한 구조 변화로 인하여 세포 활동에서 완전히 무용지물이 되거나, 정상 세포를 암 세포로 변환하기도 한다.

현재는 분자 안에서 원자들의 삼차원 배열을 의미하는 **분자 구조**(molecular structure)를 정확히 결정하는 여러 가지 방법들이 알려져 있다. 이러한 방법들은 구조에 대한 정밀

비판적 사고 결합의 성질을 설명하기 위하여 전기음성도의 차이를 활용한다. 모든 원자가 동일한 전기음성도 값을 갖는다면 어떤 일이 일어날까? 원자 사이의 결합은 어떻게 영향을 받을까? 어떤 차이를 알아낼 수 있을까?

이 교재에는 개념 학습의 중요성을 강조하는 많은 개방형의 **비판적 사고**(Critical Thinking) 질문을 포함하고 있다. 이들 질문은 그룹 토론을 하는 데 특히 유용하다.

복습하기 수소 원자에 대한 요약

- 양자(파동) 역학적 모형에서 전자를 정류파로 본다. 이렇게 함으로써 전자가 취할 수 있는 가능한 에너지와 공간 분포를 기술하는 일련의 파동함수(오비탈)를 얻게 된다.
- Heisenberg의 불확정성 원리에 따르면 이 모형은 전자의 구체적인 운동을 규정할 수는 없다. 대신 파동 방정식의 제곱을 택함으로써 주어진 오비탈에서 전자의 확률 분포를 나타낸다. 이렇게 함으로써 오비탈을 확률 분포 또는 전자 밀도 그림으로 나타낼 수 있다.
- 오비탈의 크기는 전체 전자를 발견할 확률의 90%를 포함하는 표면이라고 임의적으로 정의한다.
- 수소 원자는 여러 형태의 오비탈을 갖는다. 바닥 상태에서 한 개의 전자는 1*s* 오비탈에 머문다. 만약 원자에 에너지가 유입되면 전자는 높은 에너지의 오비탈로 전이할 수 있다.

복습하기(Let's review) 상자들은 학생들이 마주치는 주요한 화학 개념에 대한 생각을 조직화할 수 있도록 도와준다.

활동 학습 질문

이 문제들은 학생들이 강의실에서 그룹을 만들어 함께 풀어보도록 고안하였다.

1. 다음 장치를 생각해 보자. 시험관을 침투가 되지 않는 탄성 막으로 덮고 용기에 넣은 다음 코르크 마개로 밀봉한다. 주사기 바늘이 코르크 마개를 통과하도록 찌른다.

주사기
코르크 마개
막

a. 주사기의 유리봉을 밀면 시험관을 덮고 있는 막은 어떻게 될까?

이 책은 각 장의 마지막 부분에 많은 **활동 학습 질문**(Active Learning Questions)을 실어놓았다. 이 질문들은 학생들이 서로를 가르칠 때 가장 많이 배운다는 점에 기초하여 그룹 토의를 하도록 의도하였다.

문제 풀이 이 책은 학생들에게 화학 문제에 어떻게 접근하고 해결해야 하는지에 대해 이야기한다. 일반화학의 주요 목표 중 하나는 학생들이 창의적인 문제 해결자가 되도록 돕는 것이기 때문이다. 저자들은 단순하게 과정을 암기하는 것보다 신중하고 논리적인 접근 방식을 강조한다.

"이 책은 암기에 대한 의미 있는 설명과 대안을 제시한다. 이러한 접근법과 접근법에 대한 설명은 모든 학생들에게 성공적인 문제 해결 능력의 '비밀'을 제공해 줄 것이다."

—David Boyajian, *Palomar College*

3.5 문제 풀이 학습

화학을 공부하는 이유 중의 하나는 문제를 푸는 능력을 배양하는 것이다. 복잡한 문제를 해결하는 능력이 있다는 것은 인생에서의 다양한 어려움에 잘 대처할 수 있는 재능이 있다는 것을 의미한다. 화학에서의 기초적인 개념에 대한 이해를 바탕으로 한 유연하고 창조적인 방법으로 문제를 해결하는 방법을 알려주는 것이 이 책의 목표이다. 이런 과정을 **개념적 문제 풀이**(conceptual problem solving)라고 한다.

최종의 목표는 새로운 문제(즉, 전에 한 번도 보지 못한)를 여러분 스스로 풀 수 있는 능력을 갖추는 것이다. 이 책에서는 문제를 제시하고, 그 문제를 어떻게 생각해야 하는지를 설명하면서 풀이 과정을 알려준다. 이런 문제들의 답도 중요하지만, 답을 얻는 데 필요한 논리적인 과정이 더욱 중요하다고 할 수 있다. 처음에 이 책에서 풀이 과정을 알려준다 하더라도 수동적인 역할에 머물러서는 안 된다. 풀이 과정을 공부하는 동안, 전체 문제 풀이 과정에 대한 포괄적인 이해가 요구된다는 것이다. 토론 과정에 대한 이해 없이 답만 참고하는 것은 좋지 않다. 일반적으로 답은 몇 가지 질문을 포함하고 있다. 전체 과정 중 각 단계에 대해 확실히 이해하는 것이 매우 중요하다. 문제에 대한 이런 능동적인 접근은 화학 이외의 분야에서도 요구된다. 예를 들면, 다른 사람의 차에 동승하여 낯선 지역을 방문하는 광경을 상상해 보라. 단순히 그 사람이 여러분을 그 목적지에 안내하는 것이 목적이라면, 여러분은 목적지에 어떻게 다다르게 되었는지 별 관심을 기울이지 않게 되고(수동적), 나중에 여러분 혼자서 같은 장소에 가려고 해도 갈 수 없을지도 모른다. 그러나 그 장소에 가는 방법을 배우는 것이 목적인 경우에는 거리, 표지판, 그리고 좌·우회전 등에 관심(능동적)을 갖게 된다. 책에 제시된 풀이 과정은 이런 방법으로 이해되어야 한다.

제3장인 "화학량론"에서 저자들은 문제 해결의 중요성을 강조하는 "**문제 풀이 학습**(Learning to Solve Problems)"이라는 새로운 절을 도입하였다. 이 새로운 절은 학생들에게 곧 잊혀질 단순한 암기 단계보다 문제를 통한 해결 방법을 생각하는 것이 장기간의, 의미 있는 학습이 된다는 것을 이해시키고 있다.

제1~6장에서는 문제 풀이 과정에 학생들이 참여하도록 **예제** 문제에서 **목표는 무엇인가?**와 **어떻게 해결할 것인가?**와 같은 일련의 질문을 도입하였다. 이러한 더 능동적인 접근법은 학생들에게 문제 풀이를 통하여 해결 방법을 생각하는 데 도움을 준다.

예제 1.12 온도 변환 II

섭씨와 화씨 온도에서 한 가지 흥미로운 사실은 $-40°C$와 $-40°F$가 같은 온도를 나타낸다는 것이다(그림 1.8). 이것을 증명하라.

풀이 **목표는 무엇인가?**

$-40°C = -40°F$ 임을 보여야 한다.

알고 있는 것은?

› 섭씨와 화씨온도 사이의 관계

어떻게 해결할 것인가?

$32°F$와 $-40°F$ 사이의 차이는 $72°F$이다. $0°C$와 $-40°C$ 사이의 차이는 $40°C$이다. 이들 사이의 비는 다음과 같다.

$$\frac{72°F}{40°C} = \frac{8 \times 9°F}{8 \times 5°C} = \frac{9°F}{5°C}$$

$-40°C$와 $-40°F$는 같다.

연습 문제 173 참조

문제 풀이 전략

실험식으로부터 분자식 구하는 방법

» 실험식을 구하라.
» 실험식에 해당하는 질량을 구하라.
» 다음의 비를 구하라.

$$\frac{\text{몰 질량}}{\text{실험식량}}$$

» 앞 단계에서 구한 정수는 한 분자 안에 들어 있는 실험식의 개수를 의미한다. 실험식의 첨자에 이 정수를 곱하면 분자식을 얻을 수 있다. 이 방법을 다음의 식에 나타내었다.

$$\text{분자식} = \text{실험식} \times \frac{\text{몰 질량}}{\text{실험식량}}$$

문제 풀이 전략(Problem-Solving Strategy) 상자는 문제 풀이의 매우 중요한 과정에 학생들의 관심을 집중시킨다.

대화형 예제(Interactive Examples)는 단순히 스쳐 지나가는 것이 아니라 예제를 통하여 단계적으로 사고하도록 해 주고 문제 해결 과정에 참여하도록 해 준다.

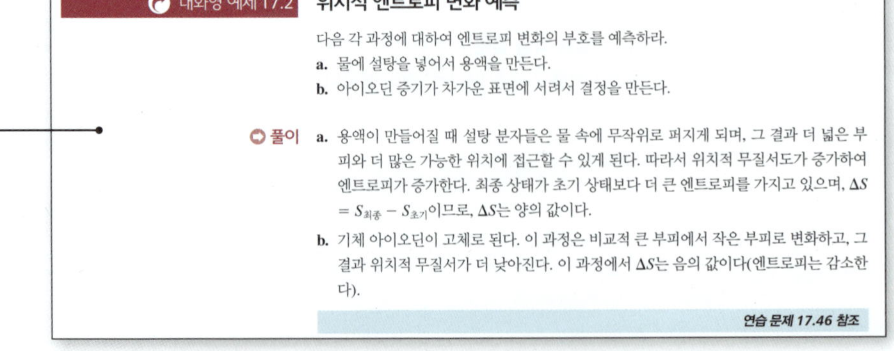

대화형 예제 17.2 위치적 엔트로피 변화 예측

다음 각 과정에 대하여 엔트로피 변화의 부호를 예측하라.

a. 물에 설탕을 넣어서 용액을 만든다.
b. 아이오딘 증기가 차가운 표면에 서려서 결정을 만든다.

풀이

a. 용액이 만들어질 때 설탕 분자들은 물 속에 무작위로 퍼지게 되며, 그 결과 더 넓은 부피와 더 많은 가능한 위치에 접근할 수 있게 된다. 따라서 위치적 무질서도가 증가하여 엔트로피가 증가한다. 최종 상태가 초기 상태보다 더 큰 엔트로피를 가지고 있으며, $\Delta S = S_{최종} - S_{초기}$이므로, ΔS는 양의 값이다.

b. 기체 아이오딘이 고체로 된다. 이 과정은 비교적 큰 부피에서 작은 부피로 변화하고, 그 결과 위치적 무질서가 더 낮아진다. 이 과정에서 ΔS는 음의 값이다(엔트로피는 감소한다).

연습 문제 17.46 참조

동적인 삽화 프로그램 대부분의 반응 용기들과 오비탈, 그래프, 순서도 및 분자들은 학생들이 시각적으로 쉽게 이해할 수 있도록 다시 그렸다.

그림 4.19 고체 소듐과 기체 염소가 고체 염화 소듐을 형성하는 반응.

삽화 프로그램은 학생들이 "미시적 세계와 거시적 세계"의 관계를 시각화하는 데 도움을 줄 수 있도록 분자 수준의 상호작용을 강조하고 있다.

그림 4.10 표준 용액을 만드는 과정. **(a)** 질량을 측정한 물질(용질)을 부피 플라스크에 넣은 후, 소량의 물을 가한다. **(b)** 플라스크의 *마개를 막고* 조심스럽게 돌리면서 흔들어 고체를 물에 녹인다. **(c)** 물을 플라스크의 목 부분에 나타낸 표시선까지 넣는다. 그리고 플라스크를 몇 번 거꾸로 세워 완전히 섞어준다.

세척 병

부피 표시선 (눈금 표시)

무게를 아는 용질

a b c

실험실에서 볼 수 있는 유리 반응 용기들과 기기들의 사실적인 그림은 실제의 실험기기들과 연결이 될 수 있도록 도와준다.

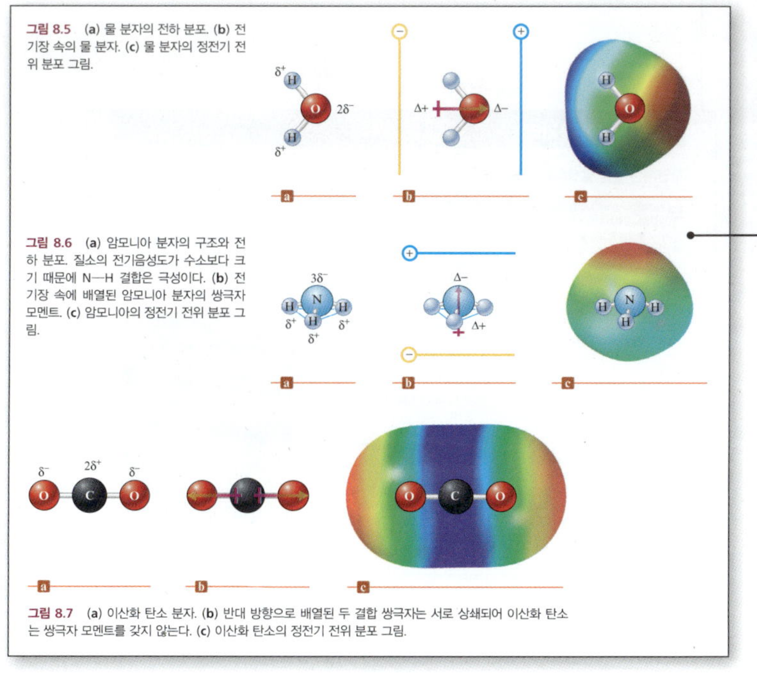

그림 8.5 **(a)** 물 분자의 전하 분포. **(b)** 전기장 속의 물 분자. **(c)** 물 분자의 정전기 전위 분포 그림.

그림 8.6 **(a)** 암모니아 분자의 구조와 전하 분포. 질소의 전기음성도가 수소보다 크기 때문에 N—H 결합은 극성이다. **(b)** 전기장 속에 배열된 암모니아 분자의 쌍극자 모멘트. **(c)** 암모니아의 정전기 전위 분포 그림.

그림 8.7 **(a)** 이산화 탄소 분자. **(b)** 반대 방향으로 배열된 두 결합 쌍극자는 서로 상쇄되어 이산화 탄소는 쌍극자 모멘트를 갖지 않는다. **(c)** 이산화 탄소의 정전기 전위 분포 그림.

정전기 전위 지도는 학생들이 분자의 전하 분포를 시각화하는 데 도움을 준다.

실제 세계에 적용 현대 화학의 내용을 실제 세계에 흥미롭게 적용함으로써 학생들이 자신들의 세계와 화학의 관련성을 알게 된다.

각 장은 화학이 일상생활과 어떤 관련이 있는지를 보여주는 흥미로운 도입 부분으로 시작한다.

화학 관련 읽을거리(Chemical Connections)는 화학의 최신 응용 사례들을 소개하고 있다. 이 특별 코너에서는 포스트-잇의 발명, 식물의 신진대사율, 오염된 지하수를 정화하기 위한 철 금속의 사용 등과 같은 주제를 다루고 있다.

화학 관련 읽을거리 Chemical Connections

주목할 만한 성과

3M의 포스트-잇 노트(Post-it Notes)는 문자를 통한 간단한 의사 전달과 개인적인 메모 방법을 혁명적으로 바꾸어 놓았다. 1980년 미국에서 발표한, 붙기는 하지만 너무 세게 붙지 않는 이 메모지는 전 세계의 무수한 사무실과 자동차와 가정에서 수없이 많은 용도에 사용되고 있다.

포스트-잇 노트의 발명에는 10여 년이 걸렸으며, 우연이 많이 작용하였다. 포스트-잇 노트의 접착제는 1968년 3M 회사의 Spencer F. Silver가 최초로 발명하였다. Silver 박사는 아크릴레이트 고분자를 특수한 방법으로 합성하면 가교 결합을 한 미세한 구(球)가 만들어진다는 사실을 발견하였다. 이 물질을 용매에 분산시켜 종이에 뿌리면 용매가 증발한 후 "성긴 단층(sparse monolayer)"이 생긴다. 그 표면을 주사 전자 현미경(scanning electron microscopy) 사진으로 보면 자갈길처럼 매우 불규칙하다. 반면 셀로판 테이프의 접착제 표면은 고속도로처럼 균일하고 평탄하다. Silver 박사가 발명한 접착제의 표면은 울퉁불퉁하여 접점의 수가 작기 때문에, 접착력은 있으나 영구적인 접착을 할 만큼 세지는 않다.

Silver 박사가 이 접착제를 처음 발명했을 때 이것을 어디에 쓸지에 대한 아이디어가 전혀 없었다. 따라서 그는 3M 회사의 동료들에게 이 새로운 발견에 대해 널리 알리고 응용할 수 있는 사람을 찾았다. 동시에 그는 그 접착제의 성질을 향상시키는 실험을 몇 년 동안 계속하였다. 포스트-잇 노트에 대한 아이디어는 1974년에야 등장하였다. 어느 일요일 3M의 Art Fry가 교회의 성가대에서 노래를 부르고 있었는데, 찬송가에 꽂아 둔 북마크(bookmark)가 자꾸 떨어져 귀찮았다. 그는 뗄 수 없을 정도는 아니면서 적당히 붙어 있는 북마크가 있었으면 좋겠다는 생각이 문득 들었다. 다행히 그는 Silver 박사의 접착제를 생각해 내었고, 포스트-잇 노트가 탄생하게 된 것이다.

Fry는 그 후 3년간 포스트-잇 노트의 생산에 관련된 모든 문제점을 해결하였다. 1977년에는 3M의 본사에서 사용할 만큼의 제품을 생산하였고, 3M의 직원들은 그것의 다양한 용도에 금방 중독되었다.

포스트-잇 노트를 처음 발표한 이후 3M은 그것의 용도에 관련된 놀라운 이야기를 많이 들었다. 예를 들면 어떤 항공사가 Las Vegas 지상 승무원에게 보일 목적으로 비행기 앞부분에 포스트-잇 노트를 붙였다. 그런데 그것을 떼어내는 것을 잊고 Minneapolis까지 갔는데, 몇 번의 이착륙과 −49°C에서 시속 500마일의 속도로 날아간 몇 시간 동안의 비행을 모두 견뎌내고 그대로 붙어 있었다는 것이다. 3M 웹사이트를 보면 어떤 집 앞에 붙여 둔 포스트-잇 노트가 시속 140마일의 태풍 휴고(Hugo)를 견뎌낸 이야기와 외국 관리들이 현금 대신 포스트-잇 노트를 급행료로 받았다는 이야기 등이 있다.

포스트-잇 노트는 우리가 의사를 전달하고 어떤 사실을 기억하는 방식에 대해 확실한 변화를 가져다주었다.

화학 관련 읽을거리 Chemical Connections

자연에는 열을 발생하는 식물이 있다

부두 백합(voodoo lily)은 아름답고 고혹적이지만, 악취가 나는 식물이다. 이 이국적인 모습의 백합은 정교한 생식 메커니즘이 특징적이다—보라색 꽃의 높이가 90 cm나 되는데, 두건 모양의 잎이 가려주고 있다. 그러나 이 꽃에 접근하려는 사람은 엄청난 악취를 각오해야 한다.

이런 악취에도 불구하고 생물학자들은 이 불쾌한 꽃에 지대한 관심을 갖고 있는데, 이는 이 꽃이 열을 생성하는 능력을 갖고 있기 때문이다. 신진대사가 최상의 상태에 도달했을 때, 이 꽃의 온도는 주위보다 15°C나 더 높기도 하다. 이 정도의 열을 발생시키려면 이 식물의 신진대사율이 날고 있는 벌새의 신진대사율과 맞먹어야 한다.

그렇다면 이렇게 강한 열을 생성하는 목적은 무엇일까? 경쟁이 치열한 열대우림 기후에서 제한된 양의 먹이만을 얻는 식물로 보아서는, 열 생성은 에너지의 막대한 낭비처럼 보인다. 이 미스터리에 대한 대답은 부두 백합이 주로 썩은 고기를 좋아하는 곤충들에 의해 수분된다는 것이다. 부두 백합은 썩은 고기의 특징적인, 냄새나는 화학 물질들을 "만들어서" 주위로 방출하여, 고기를 먹는 딱정벌레와 파리들을 주변으로 유인한다. 일단 곤충이 수분실로 들어가면 높은 온도(43°C까지 높을 수 있다)로 인해 곤충들은 계속 활발하게 수분 활동을 수행하게 되는 것이다.

부두 백합은 열을 발생하는 많은 식물들 중의 한 예라 할 수 있다. 또 하나의 흥미로운 예는 동부 스컹크 양배추라는 것이 있는데, 이 양배추는 쌓인 눈더미 속에서 충분한 열을 방출하여 자신만의 얼음 동굴을 만들어 꽃을 피운다. 이러한 식물들은 생물학자들에게 특별한 관심사가 되었는데, 이는 "보통" 식물들에서는 매우 미묘한 대사 반응을 연구할 수 있는 기회를 제공하기 때문이다. 한 예로, 최근의 연구에서는 아스피린의 주성분인 살리실산이 열 생성 식물의 대사를 촉진시킨다는 사실을 밝혀내기도 했다.

열 생성 식물이 보여주는 극적인 열 효과 외에도 생물학자들이 관심을 가지고 연구하는 분야 중의 하나는 일반 식물을 열계량법으로 연구하는 것이다. 예를 들면, 발생하는 열을 연구할 수 있는 매우 정교한 열량계가 고안되었는데, 이로부터 빵 부스러기 크기 정도의 세포 군집의 대사 작용을 연구할 수 있게 되었다. 과학자들에 따르면 단 몇 분이면 되는 열량 측정 한 번으로 식물의 평생 동안의 성장률을 예측하는 데 사용할 수도 있다고 한다. 이것이 사실이라면, 성체로 잘 자라날 가능성이 높은 식물을 선택하는 매우 효율적인 방법이 될 수 있을 것이다.

식물에 의해 생성되는 열은 식물의 대사 작용에 대해 공부할 수 있는 매우 좋은 방법이므로, 이는 "매우 관심을 끄는" 연구 분야로 지속될 것이다.

부두 백합의 악취는 곤충을 끌어들여 자신의 수분 과정에 사용한다.

각 장 끝의 종합 연습 문제와 복습 여러 다양한 학생들을 위하여 각 장의 끝에 연습 문제와 다양한 숙제를 제공하고 있다.

개념 정리 및 복습 For Review

주요 용어

15.1절

공통 이온

공통 이온 효과

15.2절

완충 용액

Henderson-Hasselbalch 식

15.3절

완충 용량

15.4절

pH 곡선(적정 곡선)

밀리몰(mmol)

당량점(화학량론 점)

15.5절

산–염기 지시약

페놀프탈레인

완충 용액

- 약산(HA)과 그 염(NaA) 또는 약염기(B)와 그 염(BHCl)을 포함한다.
- H^+ 이온 또는 OH^- 이온이 첨가될 때, pH 변화에 영향을 받지 않는다.
- HA와 A^-를 포함하는 완충 용액의 경우
  - Henderson-Hasselbalch 식은 유용하게 쓰인다:

$$pH = pK_a + \log\left(\frac{[A^-]}{[HA]}\right)$$

  - 완충 용액의 완충 용량은 존재하는 HA와 A^-의 양에 의존한다.
- 최적의 완충 작용은 $\frac{[A^-]}{[HA]}$ 비가 1에 가까울 때 생긴다.
- 완충 작용은 HA(첨가되는 OH^-와 반응)와 A^-(첨가되는 H^+와 반응)의 양이 충분히 많아 센산 또는 센염기가 첨가되더라도, $\frac{[A^-]}{[HA]}$의 비가 크게 변화되지 않기 때문에 생긴다.

산–염기 적정

- 적정의 과정은 용액의 pH를 적정 시약의 부피에 대해 도시하여 나타낸다; 그려진 그래프를 pH 곡선(pH curve) 또는 적정 곡선(titration curve)이라고 한다.
- 센산–센염기의 적정은 당량점 부근에서 매우 급격한 pH 변화를 보여준다.
- 당량점 전에는 센산–센염기 적정에 대한 pH 곡선의 모양은 센염기–약산 적정에 대한 pH 곡선의 모양과 상당히 다르다.
  - 센염기–약산 pH 곡선은 당량점 전에는 완충 효과를 나타낸다.
  - 센염기–약산 적정의 경우 A^-의 염기성 때문에 당량점의 pH가 7보다 크다.
- 지시약은 산–염기 적정에서 당량점을 알아내기 위해서 사용되기도 한다.
  - 종말점은 지시약의 색깔이 변하는 지점이다.
  - 되도록이면 당량점과 종말점이 최대한 가까워지도록 해야 한다.

복습 질문

1. 공통 이온이 존재한다는 것은 무엇을 의미하는가? 공통 이온이 존재하면 다음과 같은 평형에 어떠한 영향을 주는가?

$$HNO_2(aq) \rightleftharpoons H^+(aq) + NO_2^-(aq)$$

공통 이온을 포함하는 산–염기 용액을 무엇이라고 하는가?

2. 완충 용액을 정의하라. 완충 용액을 구성하는 것은 무엇인가? 완충 용액은 어떻게 첨가된 H^+와 OH^-를 흡수하여 pH 변화를 아주 작게 할까?

완충 용액에서 약산과 약염기의 농도가 같을 필요가 있는가? 설명하라. 약산과 그 짝염기의 농도가 같을 때 완충 용액의 pH는 얼마인가?

완충 용액은 일반적으로 물속에서 약산과 그 약한 짝염기 또는 약염기와 그 약한 짝산을 포함한다. 약산에 대한 K_a 반응식 또는 그 짝염기에 대한 K_b 반응식을 이용하여 평형 문제에서 pH 값을 구할 수 있다. 두 방법이 동일한 pH 값을 가지는 이유를 설명하라.

완충 용액에서 pH를 구할 수 있는 세 번째 방법은 Henderson-Hasselbalch 식을 이용하는 것이다. Henderson-Hasselbalch 식이 무엇인가? 이 식을 이용하는 데 필요한 가정은 무엇인가?

3. 산–염기 문제를 푸는 데 어려운 것 중 하나는 올바른 반응식을 쓰는 것이다. 용액에 센산 또는 센염기가 첨가될 때, 이들과 완충 용액과의 반응을 먼저 고려해야 한다. 센산이 완충 용액에 첨가되면 센산의 H^+와 반응하는 것은 무엇이며, 그 생성물은 무엇인가? 센염기가 완충 용액에 첨가되면

각 장은 주요 개념을 강화하기 위한 **개념 정리 및 복습**(For Review)이 있으며, 학생들이 독립적으로 연습을 할 수 있는 복습 질문들이 있다.

활동 학습 질문

이 문제들은 학생들이 강의실에서 그룹을 만들어 함께 풀어보도록 고안하였다.

1. 과정 $A(l) \longrightarrow A(g)$는 에너지 확률의 변화에 의해 어느 방향으로 일어나겠는가? 위치적 확률에 의해서는? 답을 설명하라. 만일 표시된 과정이 일어나게 되기를 원한다면 계의 온도를 높여야 하는가? 또는 내려야 하는가? 설명하라.

2. 액체에 대해 $\Delta S_{용융}$ 또는 $\Delta S_{증발}$ 중에 어느 것이 클 것이라고 예상하는가? 왜 그런가?

3. 일정한 온도에서 기체 A_2가 기체 B_2와 반응하여 기체 AB를 생성한다. AB의 결합 에너지가 각 반응물의 그것보다 많이 크다. ΔH의 부호에 대해서 무엇을 말할 수 있는가? $\Delta S_{주위}$는? ΔS는? 이 과정에 대해 퍼텐셜 에너지는 어떻게 변하는지 설명하라. 과정이 일어나는 동안에 불규칙 운동 에너지는 어떻게 변하는지 설명하라.

4. 일정한 압력의 ΔS와 일정한 부피의 ΔS 중 어느 것이 더 큰가? 개념적 근거를 제공하라.

5. 표준 조건에서 반응은 어떤 값 이상의 온도에서 자발적이다. 반응은 발열 반응인가, 흡열 반응인가? ΔS의 표시는 무엇인가? 설명하라. 어떤 값 이하의 온도에서만 표준 조건에서 자발적인 반응에 대해 무엇이 사실인가?

6. 반응이 자발적인지 결정하기 위하여 어떤 형태의 실험을 할 수 있을까? 반응의 최종 평형 위치와 자발성은 어떤 관계를 가지는가? 설명하라.

7. 당신의 친구가 당신에게 말하기를 "자유 에너지 G와 압력 P는 식 $G = G° + RT\ln(P)$의 관계를 가진다. 또 $G_{생성물} = G_{반응물}$, 즉 계가 평형에 있을 때 G는 평형 상수 K와 관계된다. 따라서 모든 압력이 같을 때 계가 평형에 있다는 것이 진실이 되어야 한다."고 한다. 이 말에 동의하는가? 설명하라.

8. $\Delta G°$가 $RT\ln(K)$에 관계가 있다는 것을 기억하고 있다. 그러나 그것이 $RT\ln(K)$인지 $-RT\ln(K)$인지는 확실하게 기억을 하지 못하고 있다. $\Delta G°$와 K가 의미하는 것을 떠올려서 어떻게 올바른 부호를 나타낼 수 있는가?

9. 다음 각각에 대한 ΔS의 부호를 예측하고 설명하라.

a. 알코올의 증발

b. 물의 결빙

c. 일정한 온도에서 이상 기체의 압축

d. 물속 NaCl의 용해

10. $\Delta S_{주위}$는 발열 반응에 유리한가? 아니면 흡열 반응에 유리한가? 설명하라.

11. 1 atm에서 액체 물이 100°C 이상으로 가열된다. 다음의 보기(i~iv) 중 어느 것이 $\Delta S_{주위}$, ΔS, $\Delta S_{우주}$에 대하여 올바른가? 설명하라.

i. 0보다 크다.

ii. 0보다 작다.

iii. 0이다.

iv. 결정할 수 없다.

12. 진실 또는 거짓: 어떤 반응에 대해 높은 온도는 반응 속도론적으로 그리고 열역학적으로 모두에 유리하다. 설명하라.

13. 유용한 작업을 수행하기 위해 반응을 활용하려면 반응이 평형을 이루고 있어야 하는가? 그 이유는 무엇인가? 아니라면 그 이유는 무엇인가?

14. 일정한 온도와 압력에서 어떤 흡열 과정의 ΔG에 대해서는 음의 값이지만 $\Delta G°$는 양의 값이다. 이 반응과정에 대해 엔트로피 변화와 관련하여 어떤 결론을 내릴 수 있는가? 만일 발열 반응이 일정한 압력과 온도에서 $K > 1$이고, 비자발적이라면 이 반응에 대한 엔트로피와 관련하여 어떤 결론을 내릴 수 있는가?

15. 아세트 산을 만드는 두 가지 반응을 생각해 보자:

$$CH_4(g) + CO_2(g) \rightarrow CH_3COOH(l)$$
$$CH_3OH(g) + CO(g) \rightarrow CH_3COOH(l)$$

부록 4의 데이터를 사용하면 표준 조건에서 어느 반응이 열역학적으로 더 쉽게 일어나는가? 당신이 선택한 반응이 어떤 온도에서 자발적이 되는가? $\Delta H°$와 $\Delta S°$는 온도와 무관하다고 가정하라.

16. 다음 반응을 생각해 보자.

$$N_2O_4(g) \rightarrow 2NO_2(g)$$

$P_{NO_2} = 0.29$ atm이고 $P_{N_2O_4} = 1.6$ atm이다. 이 조건에서 이 반응에 대하여 $\Delta G = 21000$ J이고, $\Delta G° = 6000$ J이다.

a. ΔH에 관해 어떤 결론을 내릴 수 있는가?

b. 이 반응에서 K는 1보다 큰가 아니면 더 작은가? 설명하라.

c. 평형 상태에서 N_2O_4와 NO_2의 부분 압력에 관해 어떤 결론을 내릴 수 있는가?

d. 이 반응에서 활용할 수 있는 최대 일은 얼마인가?

분홍색 번호의 질문과 연습문제에 대한 정답은 온라인에서 확인할 수 있습니다(차례의 QR을 스캔해보세요).

질문

17. CO_2와 H_2O로부터 글루코스를 직접 합성하는 과정과 아미노산으로부터 단백질을 직접 합성하는 과정은 모두 표준 조건에서 비자발적이다. 그럼에도 불구하고, 생명이 존재하기 위하여 이들 반응이 일어나야 하는 것은 필수적이다. 열역학 제2법칙의 관점에서 어떻게 생명이 존재할 수 있는가?

18. 환경이 유독 물질 또는 잠재적인 유독 물질에 의해 오염될 때(예를 들어, 화학적인 폐기물 또는 살충제의 사용으로부터) 그 물질은 분산되려는 경향이 있다. 어떻게 이를 열역학 제2법칙과 일치시킬 수 있는가? 제2법칙의 의미에서 오염된 다음 환경을 청소하는 것과 오염되기 전에 오염을 방지하기 위한 시도 중에서 어떤 것이 최소의 일을 요구하는가?

활동 학습 질문(Active Learning Questions)은 강의실에서 그룹을 만들어 풀어보도록 고안하였다.

각 장 끝의 종합 연습 문제와 복습 (계속)

분홍색 번호의 질문과 연습문제에 대한 정답은 온라인에서 확인할 수 있습니다(차례의 QR을 스캔해보세요).

질문

21. 수소를 포함한 음이온(예: HCO_3^-와 $H_2PO_4^-$)은 흔히 양쪽성을 보인다. 이 두 음이온의 양쪽성을 보이는 방정식을 써라.

22. 다음 조건 중 25°C에서 *산성* 용액을 나타내는 것은?
- **a.** pH = 3.04
- **b.** $[H^+] > 1.0 \times 10^{-7}\ M$
- **c.** pOH = 4.51
- **d.** $[OH^-] = 3.21 \times 10^{-12}\ M$

23. 다음 조건 중 25°C에서 *염기성* 용액을 나타내는 것은?
- **a.** pOH = 11.21
- **b.** pH = 9.42
- **c.** $[OH^-] > [H^+]$
- **d.** $[OH^-] > 1.0 \times 10^{-7}\ M$

24. 용액의 pH를 3.0에서 5.0으로 올렸다. 다음 설명 중 어느 것이 이 과정을 *잘못* 설명한 것인가?
- **a.** pOH가 11.0에서 9.0으로 낮아진다.
- **b.** $[H^+]$은 100배로 감소한다.
- **c.** 최종 $[OH^-]$ (pH = 5.0에서)는 $1 \times 10^{-9}\ M$이다.
- **d.** 초기 $[H^+]$ (pH = 3.0에서)은 $1 \times 10^{-3}\ M$이다.
- **e.** 처음의 용액은 $1 \times 10^{-11}\ M$ NaOH이다.

25. 다음 각 반응식의 첫 번째에 나열된 물질에 대한 평형 상수 K_a와 관련된 반응에 해당하는 것은 어느 것인가?
- **a.** $HCN(aq) + OH^-(aq) \rightleftharpoons CN^-(aq) + H_2O(l)$
- **b.** $HCl(aq) + NaOH(aq) \rightleftharpoons NaCl(aq) + H_2O(l)$
- **c.** $F^-(aq) + H_2O(l) \rightleftharpoons HF(aq) + OH^-(aq)$
- **d.** $HCN(aq) + H_2O(l) \rightleftharpoons H_3O^+(aq) + CN^-(aq)$

질문(Questions)은 각 장의 개념을 다루는 숙제 문제들로서 일반적으로 계산이 필요하지 않은 문제들이다.

연습 문제

이절의 연습 문제는 비슷한 유형의 문제를 두 개씩 짝지어 놓았다.

편재 전자 모형과 혼성 오비탈

27. H_2O 분자의 결합을 편재 전자 모형으로 설명하라.

28. CCl_4 분자의 결합을 편재 전자 모형으로 설명하라.

29. H_2CO(탄소가 중심 원자이다) 분자의 결합을 편재 전자 모형으로 설명하라.

30. C_2H_2 (HCCH로 존재한다) 분자의 결합을 편재 전자 모형으로 설명하라.

31. 에테인과 에탄올의 구조 모형은 아래와 같다.

편재 전자 모형을 이용하여 에테인과 에탄올의 결합을 설명하라.

32. 사이안화 수소와 포스젠의 구조 모형은 아래와 같다.

사이안화 수소 (HCN)　포스젠 ($COCl_2$)

편재 전자 모형을 이용하여 사이안화 수소과 포스젠의 결합을 설명하라.

33. 제8장의 연습 문제 97과 107의 분자 또는 이온들의 중심 원자의 혼성을 예측하라.

34. 제8장의 연습 문제 98과 108의 분자와 이온들의 중심 원자의 혼성화를 예측하라.

35. 제8장의 연습 문제 101에서 분자나 이온들의 중심 원자의 혼성화를 예측하라.

36. 제8장의 연습 문제 102에서 분자들의 중심 원자의 혼성화를 예측하라.

37. 제8장의 연습 문제 133와 134에서 분자들의 중심 원자의 혼성화를 예측하라.

38. 제8장의 연습 문제 135와 136의 분자에서 중심 원자의 혼성화를 예측하라.

39. 다음 각 분자들의 Lewis 구조를 쓰고 분자 구조 및 결합각을 예측하라. 중심 원자의 혼성 오비탈을 예측하고, 분자의 전체 극성을 예측하라.
- **a.** CF_4
- **b.** NF_3
- **c.** OF_2
- **d.** BF_3
- **e.** BeH_2

40. 황을 포함하는 다음 각 분자 또는 이온에 대하여 Lewis 구조를 그리고, 분자 구조(결합각을 포함해서)를 예측하라. 또한, 황 원자의 혼성 오비탈을 예측하라.
- **a.** SO_2
- **b.** SO_3
- **c.** $S_2O_3^{2-}$　[O, S—S—O, O]$^{2-}$
- **d.** $S_2O_8^{2-}$

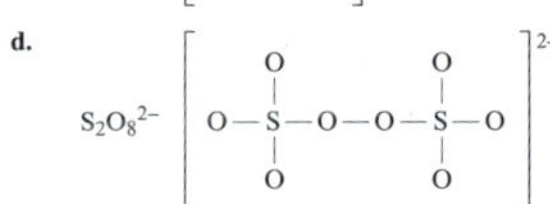

- **e.** SO_3^{2-}
- **f.** SO_4^{2-}
- **g.** SF_2

41. 다음 분자 각각에 대해 Lewis 구조(들)을 쓰고, 분자 구조(결합각도 포함)를 예측하고, 중심 원자가 갖는 혼성 오비탈을 쓰고, 전체 극성을 예측하라.
- **a.** TeF_4
- **b.** AsF_5
- **c.** KrF_2
- **d.** KrF_4
- **e.** SeF_6
- **f.** IF_5
- **g.** IF_3

42. 다음 분자 또는 이온 각각에 대해 Lewis 구조를 쓰고, 분자 구조(결합각 포함)를 예측하라. 또한 황에 대해 예상되는 혼성 오비탈을 써라.
- **a.** SF_4
- **b.** SF_6
- **c.** $F_3S\text{-}SF$
- **d.** SF_5^+

43. 화학식이 QF_5인 화합물이 있다. Q는 미지의 원소이다. 이 화합물은 짝수 개의 원자가 전자를 가지고 있고, 중심 원자인 Q는 d^2sp^3로 혼성화되어 있다. Q로 가능한 원소는 무엇인가?

44. 다음 분자 구조 중 중심 원자가 *d* 오비탈을 사용하지 *않고* 혼성 오비탈을 형성할 수 있는 것은?
- **a.** T-형태
- **b.** 시소 구조
- **c.** 사각 평면
- **d.** 사각뿔
- **e.** 삼각쌍뿔

45. ICl_5의 Lewis 구조를 그려라. 다음 ICl_5의 설명 중 옳은 것을 골라라.
- **a.** ICl_5의 중심 원자는 한 개의 고립 전자쌍을 가지고 있다.
- **b.** Cl—I—Cl 결합각은 약 90°이다.

각 절의 내용에 대한 학생들의 이해를 강화시킬 수 있는 많은 **연습 문제**(Exercises)들이 있다. 이 문제들은 주제에 따라 분류하여 짝지어 놓았다. 따라서 교수들은 이 문제들을 교실에서 복습할 때 쓰거나, 학생들에게 숙제로 부과할 수 있다.

화학 활동 문제

159. 다음 중 중성 용액을 설명하는 것은 어느 것인가?
- **a.** 용액의 온도에 관계없이 pH = 7.00
- **b.** 어떤 용액에서 산의 몰 수 = 염기의 몰 수
- **c.** 용액의 온도에 관계없이 $[H^+] = [OH^-]$
- **d.** 어떤 염이든 25°C에서 물에 녹는다.

160. 다음 설명 중 *잘못된* 문장은 무엇인가?
- **a.** HBr의 $1.0 \times 10^{-12}\ M$ 용액의 pH는 7.00이다.
- **b.** HCl 0.10 *M* 용액의 pH는 1.00이다.
- **c.** HNO_3의 10. *M* 용액의 pH는 −1.00이다.
- **d.** $Ca(OH)_2$ 0.10 *M* 용액의 pH는 13.00이다.
- **e.** NaOH의 10. *M* 용액의 pH는 15.00이다.

161. 10.0 mL HCl 시료 용액의 pH는 2.000이다. 4.000의 pH 용액으로 변경시키려면 얼마만큼의 부피의 물을 첨가해야 하는가?

162. 다음 중 짝산–짝염기 쌍을 나타내는 것들을 골라라. 짝산–짝염기 쌍이 아닌 것에 대해서는 각각의 화학종의 짝산 또는 짝염기를 써라.
- **a.** H_2O, OH^-
- **b.** H_2SO_4, SO_4^{2-}
- **c.** H_3PO_4, $H_2PO_4^-$
- **d.** $HC_2H_3O_2$, $C_2H_3O_2^-$

***163.** 같은 농도의 용액들에서, 산의 세기가 증가하면 다음은 어떻게 될 것인가? (증가한다, 감소한다 또는 변화없다)
- **a.** $[H^+]$
- **b.** pH
- **c.** $[OH^-]$
- **d.** pOH
- **e.** K_a

***164.** 0.60 *M* 젖산(lactic acid), $HC_3H_5O_3$, 용액을 생각해 보자(K_a = 1.4×10^{-4}).

새로운 **화학 활동 문제**(ChemWork problem)가 각 장의 마지막에 포함되어 있다. 더 많은 연습을 위해 온라인의 추가 문제들을 이용할 수 있다.

각 장 끝의 풍부한 문제들 이 책은 각 장의 끝에 난이도가 점차 높아지고 여러 개념을 통합하는, 다양하고 풍부한 문제들을 제공한다.

도전 문제

171. 한 화학자가 $BaO(s)$와 $CaO(s)$가 포함되어 있는 5.14 g의 혼합물을 30.0°C에서 $CO_2(g)$의 압력이 750. torr인 1.50 L의 플라스크에 넣었다. $BaCO_3(s)$와 $CaCO_3(s)$가 생성되는 반응이 완결된 뒤 남아 있는 CO_2의 압력은 230. torr였다. 혼합물에서 $BaO(s)$와 $CaO(s)$의 질량 백분율을 계산하라.

172. 0.362 g의 Cr과 Zn의 혼합물을 과량의 염산과 반응시켰다. 두 금속이 완전히 반응하여 27°C와 750. torr에서 225 mL의 건조된 수소 기체가 포집되었다. 금속 혼합물에서 Zn의 질량 백분율을 계산하라[Zn과 HCl이 반응하여 염화 아연과 수소 기체가 발생하고, Cr과 HCl과의 반응은 염화 크로뮴(III)과 수소 기체를 생성한다].

173. 0.959 atm과 298 K에서 탄화수소(탄소와 수소로만 이루어진 화합물) 시료가 있다. 모든 시료를 산소 속에서 태워 1.51기압과 375 K에서 이산화 탄소와 수증기로 이루어진 기체를 포집하였다. 이 생성된 기체 혼합물은 밀도가 1.391 g/L이고 순순한 탄화수소 부피의 4배에 달하는 부피를 차지하였다. 탄화수소의 분자식을 구하라.

174. 피스톤으로 막혀 있는 용기 내에 약간의 He과 같은 몰 수의 SO_2와 O_2 기체의 혼합물이 있다. 이 기체 혼합물의 밀도는 STP에서 1.924 g/L이다. 기체는 이상적인 거동을 하며, 온도 및 압력은 일정하다고 가정한다.

a. 원래 기체 혼합물에서 He의 몰분율은 얼마인가?

도전 문제(Challenge Problems)는 연습 문제보다 더 어렵게 구성하여 학생들이 한 단계 더 나아가고 도전할 수 있도록 해준다.

마라톤 문제

이 문제들은 여러 가지 개념과 기법을 하나의 상황으로 통합하도록 구성되었다.

210. 수용액이 0.05000 *M* HCOOH ($K_a = 1.77 \times 10^{-4}$)와 0.150 *M* CH_3CH_2COOH ($K_a = 1.34 \times 10^{-5}$)의 혼합물을 포함하고 있다. 이 용액의 pH를 계산하라. 두 산의 세기가 모두 비슷하기 때문에 두 산에서의 H^+의 기여를 모두 고려해야 한다.

211. 아래 그룹 I과 그룹 II의 용액에서, 그룹 I과 그룹 II의 동일한 부피를 섞어서 표시된 pH를 구하고자 한다. 만들어진 각 용액의 pH를 구하라.

그룹 I: 0.20 *M* NH_4Cl, 0.20 *M* HCl, 0.20 *M* $C_6H_5NH_3Cl$, 0.20 *M* $(C_2H_5)_3NHCl$

그룹 II: 0.20 *M* KOI, 0.20 *M* NaCN, 0.20 *M* KOCl, 0.20 *M* $NaNO_2$

a. pH가 가장 낮은 용액

b. pH가 가장 높은 용액

c. pH가 7.00에 가장 가까운 용액

마라톤 문제(Marathon Problems) 또한 여러 장의 개념을 혼합하였다. 이 문제들은 각 장에 끝에 있는 문제들 중 가장 도전하기 어려운 문제들이다.

"각 장의 끝에 있는 문제들은 학생들이 중심 개념을 확인하고 복습하는 데 도움이 된다. 난이도에 따라 등급이 매겨진 인상적인 문제들이 있다."

—Alan M. Stolzenberg, *West Virginia University*

이 책의 저자에 관하여

Steven S. Zumdahl은 일리노이에 있는 Wheaton College(IL)에서 화학으로 학사학위를, Urbana-Champaign에 있는 Illinois 대학교에서 박사학위를 받았다. 그는 Boulder에 있는 Colorado 대학교의 Parkland 컬리지[University of Colorado, Boulder, Parkland College (IL)] 및 Urbana-Champaign에 있는 Illinois 대학교(University of Illinois, UIUC)에서 교수를 역임하였으며 현재 명예교수로 있다. 그는 화학 교육으로 National Catalyst Award에서 받은 최우수상을 포함하여 Illinois 대학교에서 Teaching Award, UIUC Liberal Arts and Sciences Award에서 최우수 교육상을, UIUC Liberal Arts and Sciences Advising Award에서 상을 받았으며, School of Chemical Sciences Teaching award에서 다섯 번의 상을 받는 등 많은 상을 받았다. 그는 여러 종류의 화학 교재들을 썼다. 그는 여가 시간에 여행을 다니고 클래식 자동차들을 모으는 것을 즐긴다.

Susan A. Zumdahl은 Fullerton에 있는 California 주립대학교(California State University)에서 학사와 석사 학위를 받았다. Susan은 중학교와 고등학교, 전문 대학교, 대학 등에서 각급 학교의 과정에서 과학과 수학을 가르쳤다. Susan은 Urbana-Champaign에 있는 Illinois 대학교에서 더 많은 소수자들과 여성들이 과학 및 공학을 전공하도록 하는 프로그램을 개발하였다. 이 프로그램은 과학을 잘 할 수 있도록 학생들을 격려하기 위한 활동 학습과 동료 교수법을 사용하는 것에 초점을 맞췄다. Susan은 과학 교사들을 위하여 기초 수준에서 대학 수준까지의 프로그램과 워크숍을 개최하고 이끌었다. 이 프로그램들은 과학을 가르치는 것에 있어서 활동 학습과 창의적인 기법들을 사용하도록 권장하고 지원한다. Susan은 수년 동안 Southern California에 있는 화학교육연구소(Institute for Chemical Education, ICE) 센터의 이사로 활동하였다. Susan은 화학을 가르치는 데 있어 정교한 웹-기반 전자 가정 학습 시스템을 개발하는 데 앞장섰다. Susan은 손자들과 함께 놀지 않는 여가 시간에 여행과 클래식 자동차, 정원을 가꾸는 일을 한다.

Donald J. DeCoste는 Urbana-Champaign에 있는 Illinois 대학교(University of Illinois)의 일반 화학 부학장으로 재직하고 있으며, 30년 이상 동안 고등학교 및 대학에서 화학을 가르쳐 왔다. 그는 Illinois 대학교 Urbana-Champaign에서 화학 학사와 박사 학위를 받았다. 그는 Illinois에서 입문 화학 및 일반 화학을 가르치고 비과학 전공, 예비 중등 교사, 예비 초/중등 교사를 위한 화학 과정을 개발하였다. 그는 LAS 학부 교육 우수상(Instructional Staff Award), 총장 학부 교육 우수상(Provost's Excellence in Undergraduate Teaching Award), 그리고 화학과 학부 교육상을 다섯 차례 수상했다. Don은 중등 교사 및 대학원생을 가르치기 위한 워크숍을 진행하여 학생들이 보다 적극적으로 수업에 참여할 수 있는 방법과 이점에 대해 논의하였다. Don은 가르치거나 지도하는 일 외의 시간에는 아내와 세 자녀와 함께 시간을 보내는 것을 좋아한다.

차례

Doug Martin/Science Source

Science Source Image

SriyaPixels / Alamy Stock Photo

Charles D. Winters/Science Source

ImpossiAble/Getty Images

Hafsteinn Karlsson / 500px/Getty Images

RICHARD BEECH PHOTOGRAPHY/Science source

Douglas Klug/Getty Images

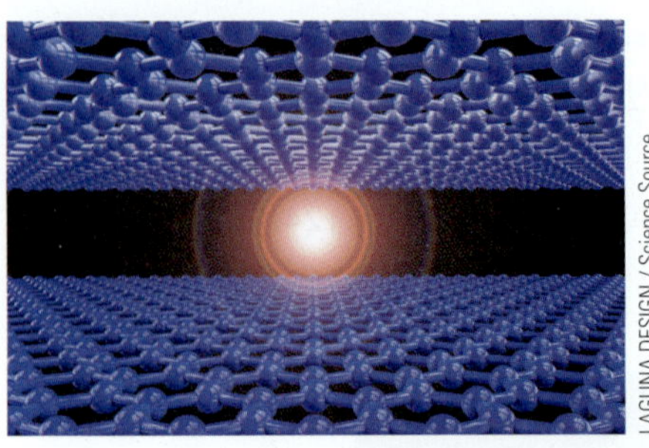
LAGUNA DESIGN / Science Source

NATURAL HISTORY MUSEUM, LONDON / Science Source

The Natural History Museum / Alamy Stock Photo

*QR을 스캔하여 해답을 열람할 수 있습니다(전체 문제에 대한 해답은 제공하지 않습니다).

화학 실험실. 화학 실험실에서 실험을 하는 고등학교 화학을 배우는 학생들.
(Doug Martin/Martin/Science Source)

Chapter 1

화학의 기초

Chemical Foundations

여러분은 자동차의 시동을 걸 때 화학을 생각하는가? 아마 그렇지 않겠지만, 그렇게 해야 한다. 여러분의 자동차는 실제로 수백 개의 납 축전지로 구동될 수 있다. 기존 내연기관 자동차의 경우, 시동을 걸 때 필요한 힘은 납 축전지로부터 공급된다. 납 축전지는 어떻게 작동하며, 무엇으로 만들었을까? 납 축전지가 방전되었다는 것은 무엇을 뜻하는가? 친구의 차에 "점프 케이블"을 연결하여 시동을 걸면 납 축전지가 폭발할 수 있다는 것은 알고 있는가? 그런 사고는 어떻게 하면 피할 수 있을까? 자동차에 휘발유가 필요한 경우, 학교까지 운전할 수 있도록 자동차에 에너지를 어떻게 공급하는가? 배기관으로 나오는 증기는 무엇이며, 그것이 대기 오염을 유발하는 이유는 무엇인가? 자동차의 에어컨에는 성층권의 오존층을 파괴하는 물질이 들어있을 수도 있다. 이에 대해 우리는 무엇을 하고 있는가? 그것을 어떻게 방지할 수 있을까? 오존층은 왜 중요한가?

이 모든 질문은 화학을 이해함으로써 답할 수 있다. 우리는 이 글에서 이 모든 질문에 대한 답을 고려할 것이다.

화학은 항상 여러분 주변에 있다. 당신이 이 문장을 읽고 이해할 수 있는 것은 당신의 뇌에서 화학 반응이 일어나고 있기 때문이다. 당신이 먹은 아침이나 점심은 화학 반응을 통해 에너지를 공급한다. 나무와 풀은 화학적 변화로 인해 자란다.

화학은 사람의 행동을 결정하는 데에 매우 중요한 역할을 한다. 많은 연구 결과 여러 가지 성격 장애가 몸에 있는 미량 원소의 불균형과 직접적인 관계가 있음이 밝혀졌다. 예를 들면 미국 일리노이주 Stateville 교도소 수감자를 대상으로 한 연구 결과 코발트의 결핍이 과격한 행동과 관련됨이 밝혀졌다. 리튬 염은 우울증의 치료에 효과가 있다.

또 누구나 가끔 다른 사람의 특별한 "화학 작용"을 경험한 적이 있을 것이다. 서로 좋아하는 사람 사이에는 문자 그대로 화학이 작용하고 있음이 밝혀졌다. "사랑에 빠지면" 뇌의 화학 작용이 변하며, 매우 "고조된" 느낌을 주는 화합물이 생성된다. 불행하게도 이 화학적 효과는, 그 관계가 지속되고 발전하더라도 시간이 흐름에 따라 사라진다.

곤충이 *페로몬*(*pheromone*)이라는 분자를 이용하여 화학적 신호를 주고받아 의사 전달을 하듯이, 사람 사이의 관계에서도 화학은 중요하다. 개미는 먹이가 있는 곳과 위험 등을 알리기 위한 매우 복잡한 화학적 신호 체계를 가지고 있다. 사람들은 여러 종의 암컷의 성 페로몬을 분리하고, 이것을 이용하여 수컷을 함정으로 유인함으로써 곤충의 수를 조절하는 데 사용하고 있다. 따라서 사람이 의식적으로 느끼지 못할 정도의 화학적 신호를 보낸다고 해도 그리 놀라운 일은 아닐 것이다. 이처럼 화학은 매우 흥미롭고 중요하다. 이 책의 주된 목표는 학생들이 화학의 기본 개념을 이해하여 주위에 있는 세계를 올바르게 인식하고, 어떤 직업을 선택하든 더 유능한 사람이 되도록 돕는 것이다.

1.1 화학: 개관

고대 그리스 시대부터 사람들은 "물질은 무엇으로 이루어져 있는가?"라는 질문에 대해 궁금해했다. 오랫동안 인간은 물질이 원자로 구성되어 있다고 믿어 왔으며, 지난 3세기 동안 우리는 이 믿음을 뒷받침하는 많은 간접적인 증거를 수집해 왔다. 1980년대 이후로는, 아주 작은 바늘에서 나오는 전자 전류를 이용해 물질의 표면을 탐색하고 이미지를 만들어내는 *주사 터널링 현미경*(*scanning tunneling microscope*, STM)이라는 특수한 현미경을 사용하여 개별 원자를 시각화할 수 있게 되었다(그림 1.1).

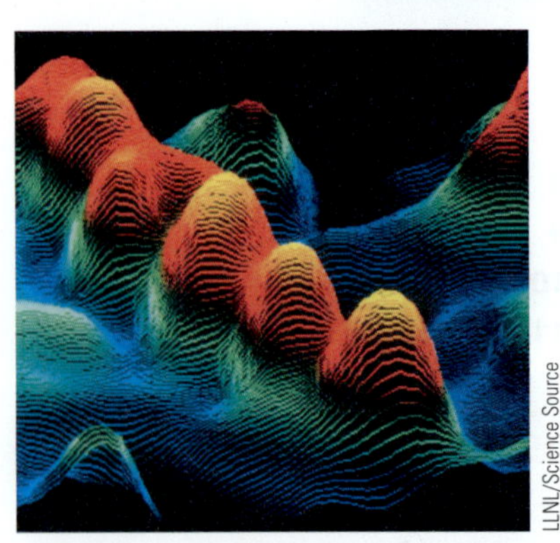
LLNL/Science Source

그림 1.1 DNA의 주사 터널링 현미경 사진.

원자의 본질은 매우 복잡하며, 원자를 구성하는 요소들은 우리가 일상적으로 접하는 *거시 세계*(*macroscopic world*)—자동차, 탁자, 야구공, 돌, 바다 등—의 물체처럼 행동하지 않는다. 과학자의 주요 임무 중 하나는 거시 세계를 깊이 연구하여 그 "구성 요소"를 밝혀내는 것이다. 예를 들어, 멀리서 해변을 바라보면 연속적인 고체 물질처럼 보이지만, 가까이 가서 보면 수없이 많은 모래 알갱이의 집합체라는 것을 알게 된다. 이 모래 알갱이를

직업 속의 화학

선임 과학자

Barry Fanning 박사는 선임 과학자이다. 그는 회사에서 주로 농업, 생물 의학, 콘크리트, 잉크, 그리고 기타 화학 물질을 중점적으로 다룬다. 그는 제품 및 프로세스 성능에 대한 질문과 관련된 분석 팀과 신제품 개발 연구를 관리한다. 그는 끊임없이 더 많은 화학과 공학 지식을 배워야 하기 때문에, 이러한 도전들이 늘 지속적이면서도 흥미롭다고 말한다. Fanning 박사는 화학, 지구화학, 지질학, 고체 상태 과학, 유기금속 합성과 촉매 분야에서 학업과 학위를 이수했다. 그러나 그는 각 과정과 관련된 실험실 실험과 연구를 통해 가장 중요한 통찰력을 얻었다고 생각한다.

Fanning 박사는 학생들에게 "자신의 분야에서 경험을 쌓고, 실험실에서 일하고, 사람들과 이야기하고 그들이 하는 일을 배워라."라고 조언한다. 그리고 가장 중요한 것은, "세상에서 당신이 흥미를 느끼는 것들을 발견하고, 그것들을 추구하는 것"이다. 심지어 실패한 프로젝트들도 그에게 나중에 더 큰 성공으로 이어진 경험을 안겨 주었다. 그는 "항상 낙관주의를 선택하라"고 말한다.

Dr. Barry Fanning

분석하면 규소와 산소 원자가 연결되어 매우 복잡한 구조를 이루고 있다(그림 1.2). 화학의 중요한 도전 중의 하나는 우리가 경험하는 거시 세계와 원자와 분자로 이루어진 *미시 세계(microscopic world)*가 어떻게 관련되는지를 이해하는 것이다. 화학을 이해하기 위해서는 원자 수준에서 생각하는 것을 배워야 한다. 이 책에서는 여러분이 그러한 사고방식을 익힐 수 있도록 많은 시간을 할애할 것이다.

비판적 사고 주사 터널링 현미경은 원자를 볼 수 있게 해준다. 만일 당신이 주사 터널링 현미경이 발명되기 전에 살았다면 모든 물질이 원자와 분자로 이루어졌다는 이론을 뒷받침할 증거로 무엇을 제시하겠는가?

우주에 관한 매우 놀라운 사실 중의 하나는 무수한 다양한 물질들이 단지 100여 종류의 원자로 이루어져 있다는 것이다. 그 100여 개의 원자를 이 우주에 존재하는 모든 "단어"를 구성하는 알파벳으로 생각할 수 있다. 물질의 성질은 그 물질을 이루는 원자의 배열에 의

그림 1.2 해변에 있는 모래는 멀리서 바라보면 균일하게 보이지만 가까이서 보면 불규칙한 모래 알갱이를 볼 수 있다. 각 알갱이는 산소와 규소 원자들로 이루어져 있다.

해 결정된다. 예를 들면, 지구상에서 가장 흔하지만 가장 중요한 물질 중의 하나인 물은 산소 원자와 수소 원자로 구성되어 있다. 수소 원자 두 개와 산소 원자 한 개가 결합하여 물 분자를 만든다.

물속에 전류를 흘리면 물은 수소와 산소로 분해된다. 이 *화학 원소*(*chemical element*)는 자연계에서 이 원자(두 원자) 분자의 형태로 존재한다.

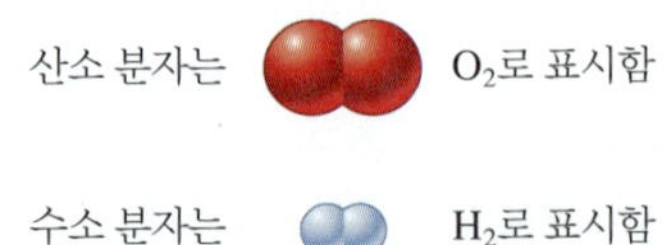

물을 분해하여 그 구성 원소인 수소와 산소를 만드는 과정은 다음과 같이 나타낼 수 있다.

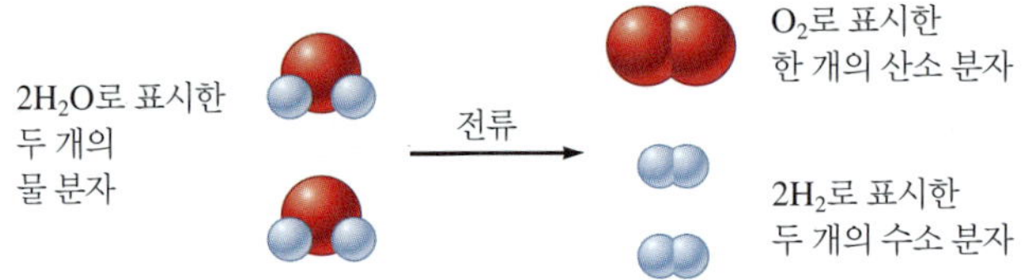

이 반응식에서 수소와 산소 원자의 개수를 맞추기 위해서는 두 개의 물 분자가 필요하다. 이 반응은 점프 케이블을 사용하여 시동을 걸 때 잘못하면 왜 폭발이 일어나는지를 보여 준다. 점프 케이블을 연결하면 방전된 배터리에 전류가 흐르며, 여기에 들어 있는 물이 수소와 산소로 분해된다. 이때 만일 스파크가 생기면 모여 있던 수소가 산소와 순식간에 반응하여 폭발이 일어난다.

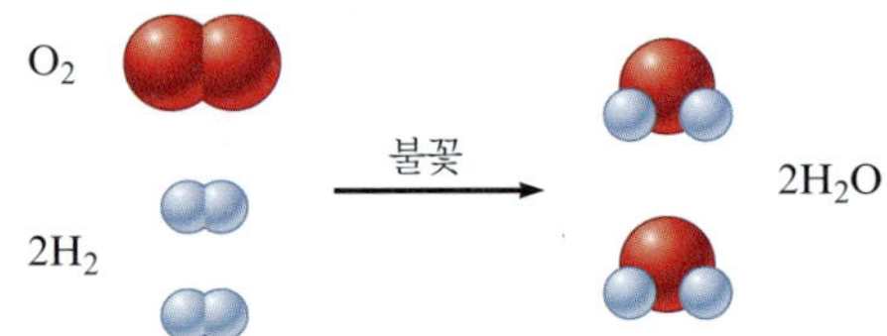

이 예는 두 가지의 기본적인 화학 개념을 보여 준다. (1) 물질은 여러 종류의 원자로 이루어져 있다. (2) 원자 사이의 결합이 바뀌면 한 물질이 다른 물질로 변한다.

이것이 화학의 중심 개념이며, 앞으로 이러한 개념들을 더 많이 다룰 것이다.

1.2 과학: 자연과 자연의 변화를 이해하는 과정

실생활에서 직면하는 문제를 어떻게 해결하는가? 예를 들어, 하루 동안 집 밖에 있을 때 휴대전화 배터리가 계속 닳고 있는데, 수업 시간이나 일하는 동안 충전시키기가 쉽지 않다. 수업과 일하는 사이에 충전하는 방법을 어떻게 해결하겠는가? 먼저 몇 가지 정보를 수집해야 한다. 온라인에서 배터리 수명 단축의 일반적인 원인을 조사할 수도 있다. 둘째, 무엇이 문제인지에 대한 구체적인 가설이 필요하다. 충전기에 문제가 있거나 어쩌면 휴대폰 소프트웨어에 문제가 있을 수도 있다. 셋째, 이러한 가설이 맞는지 확인하기 위해 테스트해야 한다. 다른 충전기를 사용해 볼 수도 있고 그것도 도움이 되지 않는다면 소프트웨어 업데이트를 할 수 있다. 어느 방법으로도 문제가 해결되지 않으면 첫 번째 단계로 돌아가서 더 많은 조사를 해야 한다. 당신이 매일 부딪치는 문제를 해결하기 위해 하는 행동은 과학자가 자연을 연구하기 위하여 사용하는 방법과 똑같다. 가장 먼저 한 일은 관련 데이터를 수집한 것이다. 그다음에는 예측을 세웠고, 실제로 시도해 보며 그것을 검증했다. 이 과정은 과학의 기본적인 요소를 모두 포함하고 있다.

1. 관찰을 한다(자료 수집).
2. 그럴듯한 설명을 한다(가설 설정).
3. 그럴듯한 설명을 검증하기 위한 실험을 한다(가설을 시험).

과학자들은 이 과정을 *과학적 방법(scientific method)*이라고 한다. 살아가는 과정에서 가장 중요한 활동 중의 하나는 문제를 해결하는 것이다. 여기서 문제라는 것은 식에 대입하면 바로 답이 나오는 "연습" 문제가 아니라 실제 문제이며, 다른 측면을 가진 문제이며, 전에는 부딪쳐 본 적이 없는 전혀 새로운 문제이다.

이런 문제를 보다 더 창의적으로 풀 수 있다면 직장에서는 물론 개인의 삶에서도 더 유능한 사람이 될 수 있다. 화학을 배우는 한 가지 목적은 뛰어난 문제 해결사가 되는 것이다. 화학을 마스터하기 위해 과학적인 방법을 배웠으므로, 화학자들은 뛰어난 문제 해결사이다. 화학적인 문제는 때로는 매우 복잡하며, 깔끔하고 산뜻한 해답이 없는 경우가 대부분이다. 어디서부터 시작해야 하는지조차 알기 어려운 경우도 있다.

과학적 방법

과학은 지식을 얻고 체계화하는 기본적인 틀이다. 과학은 단순히 일련의 사실을 나열하는 것이 아니라 일정한 형태의 정보를 처리하고 이해하는 *과정(procedure)*이다. 과학적 사고는 삶의 모든 측면에서 유용하지만, 이 책을 통해 화학 세계가 어떻게 작동하는지 이해하는 데 사용할 것이다. 앞에서 말했듯이 이전 논의에서 과학적 탐구의 중심에 있는 과정을 **과학적 방법**(scientific method)이라고 부른다. 실제로 연구 중인 특정 연구자에 따라 다양한 과학적 방법이 있다. 그러나 일반적인 과학적 방법에 대해 다음과 같은 일반적인 프레임워크를 고려하는 것이 유용하다.

과학적 방법의 단계

1. **관찰하기.** 관찰은 *정성적*일 수도 있고(하늘은 푸르다. 물은 액체이다), *정량적*일 수도 있다(물은 100°C에서 끓는다. 화학 책의 무게가 2 kg이다). 정성적인 관찰에는 숫자가 없으나, 정량적인 관찰[**측정**(measurement)이라고 함]에는 숫자와 단위가 있다.
2. **가설 수립. 가설**(hypothesis)은 관찰 결과에 대한 하나의 *가능한* 설명이다.
3. **실험 수행.** 가설을 검증하기 위한 실험을 한다. 이 실험에서는 과학자가 가설이 맞는지를 판단하는 데 도움을 주는 새로운 정보를 얻는다. 즉, 그 가설이 실험에서 얻는 새로운 정보에 의해 뒷받침되는가에 대한 여부를 확인한다. 실험은 새로운 관찰을 낳고, 관찰은 새로운 가설을 낳는다. 이렇게 전 과정을 반복한다.

주어진 현상을 이해하기 위해서는 여러 단계를 여러 번 반복하여 그 현상에 대한 가능한 설명을 제공하는 데 필요한 지식을 점진적으로 축적한다.

과학적 모형

여러 가지 관찰 결과와 잘 맞는 가설을 얻으면 이것을 정리하여 이론을 만든다. **이론**(theory) 또는 **모형**(model)은 어떤 자연 현상을 포괄적으로 설명할 수 있는 검증된 가설이다.

관찰과 이론을 구별하는 것은 매우 중요하다. 관찰은 보고 기록하는 것이며, 이론은 왜

(why) 자연이 특정한 방식으로 움직이는지에 대한 그럴듯한 *설명*(*interpretation*)이다. 축적되는 정보의 양이 많아지면 이론은 변하게 되어 있다. 예를 들면 태양과 별의 움직임은 인간이 수천 년에 걸쳐 관찰하는 동안 어떤 변화도 없었지만, 이들의 움직임에 대한 설명, 즉 이론은 옛날과는 전혀 다르게 변하였다.

중요한 사실은 어떤 이론이 자연 현상의 한 측면을 잘 설명한다는 이유만으로 과학자들이 더 이상 의문을 제기하지 않는 일은 결코 없다는 것이다. 과학자들은 현존하는 이론을 개선하거나 다른 것으로 대체하기 위하여 끊임없이 실험한다. 실험은 현재 받아들여지고 있는 이론을 이용하여 예측을 하고, 실험 결과(새로운 관찰)가 그 예측과 잘 맞는지를 확인하는 방법으로 진행된다.

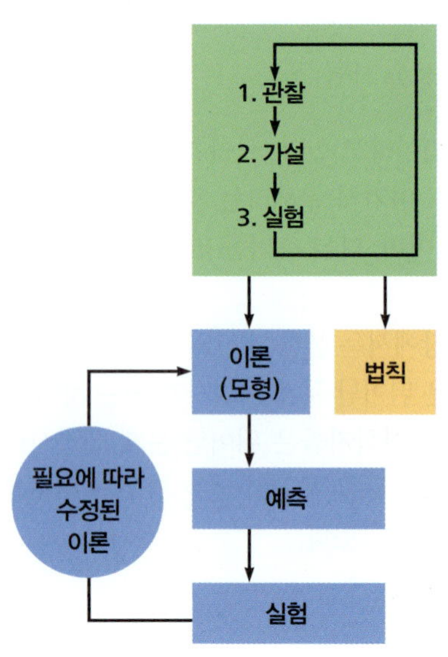

그림 1.3 과학적 방법의 여러 부분.

이론(모형)은 인간이 만든 것임을 항상 잊지 말아야 한다. 이론은 인간이 경험적으로 관찰한 자연 현상을 설명하려는 시도이다. 이론은 과학자의 추측(educated guess)일 뿐이다. 자연을 보다 완벽하게 이해하기 위해서는 계속해서 실험하고, 이론(새로운 지식과 일치하도록)을 끊임없이 보완해야 한다.

과학자들이 자연을 관찰할 때 같은 관찰 결과를 다른 계에 적용할 수 있는 경우가 자주 있다. 예를 들면, 수많은 화학 반응에서 물질의 총 질량은 반응 전후에 똑같다. 이와 같이 일반적으로 관찰되는 현상으로부터 **자연 법칙**(natural law)을 만든다(그림 1.3).

자연 법칙은 관찰한(측정한) 사실을 요약한 것이며, 이론은 관찰한 사실에 대한 설명이다. **법칙은 어떤 일이 일어났는지를 요약한 것이고, 이론(모형)은 그 일이 왜 일어났는지를 설명한다.**

과학에 대한 인간의 한계

이 절에서는 과학적 방법을 이상적으로 적용할 수 있는 경우에 대해 설명하였다. 그러나 과학이 항상 순탄하게 효율적으로 발전하는 것은 아니다. 앞에서 설명한 과학적 방법에서 가정하였듯이 가설과 관찰이 완전히 독립적인 것은 아니다. 일단 주어진 이론의 틀에 따라 관찰을 시작하면 가설은 불가피하게 그 이론에 의해 영향을 받게 된다. 바꾸어 말하면 예측되는 결과만 관찰하며, 예측하지 못한 것을 관찰하는 데는 실패하기 쉽다. 이와 같이 우리가 검증하고자 하는 이론은 우리가 그 문제에 집중하게 함으로써 문제 해결에 도움을 줄 수도 있지만, 이 집중의 과정이 다른 가능한 설명을 찾을 수 있는 능력을 제한할 수도 있다.

과학자는 인간이라는 사실을 기억하는 것도 중요하다. 그들은 편견을 가질 수 있고, 결과를 잘못 해석할 수도 있으며, 자신의 이론에 감정적으로 집착한 나머지 객관성을 잃을 수도 있고, 권모술수도 부릴 수 있다. 또한 과학은 돈벌이, 예산, 변덕, 전쟁 및 종교적인 신념에 영향을 받을 수 있다. Galileo는 교회의 압력 때문에 천문학에 대한 관찰 결과를 바꾸지 않을 수 없었다. 현대 화학의 아버지라 불리는 Lavoisier는 정치적인 이유 때문에 참수형을 당했다. 질소 비료에 관한 화학이 획기적으로 발전한 것은 전쟁에 쓰이는 폭발물을 생산하려는 욕망 때문이었다. 과학의 발전은 과학 측정 기기의 한계보다는 인간 연구 기관의 잘못에 의해 더 많은 영향을 받았다. 과학적인 방법은 그것을 사용하는 사람만큼만 효율적이다. 그것이 저절로 발전을 가져다주지는 않는다.

비판적 사고 만일 정부에서 일하는 사람들이 사회의 모든 문제를 과학적인 방법을 사용하여 분석하고 해결하며 정치가 해결에 관여하지 않는다면 어떻게 될까? 그럴 경우 현재의 상황과 어떻게 다를까? 더 좋아질까 아니면 더 나빠질까?

화학 관련 읽을거리 Chemical Connections

주목할 만한 성과

3M의 포스트-잇 노트(Post-it Notes)는 문자를 통한 간단한 의사 전달과 개인적인 메모 방법을 혁명적으로 바꾸어 놓았다. 1980년 미국에서 발표한, 붙기는 하지만 너무 세게 붙지 않는 이 메모지는 전 세계의 무수한 사무실과 자동차와 가정에서 수없이 많은 용도에 사용되고 있다.

포스트-잇 노트의 발명에는 10여 년이 걸렸으며, 우연이 많이 작용하였다. 포스트-잇 노트의 접착제는 1968년 3M 회사의 Spencer F. Silver가 최초로 발명하였다. Silver 박사는 아크릴레이트 고분자를 특수한 방법으로 합성하면 가교 결합을 한 미세한 구(球)가 만들어진다는 사실을 발견하였다. 이 물질을 용매에 분산시켜 종이에 뿌리면 용매가 증발한 후 "성긴 단층(sparse monolayer)"이 생긴다. 그 표면을 주사 전자 현미경(scanning electron microscopy) 사진으로 보면 자갈길처럼 매우 불규칙하다. 반면 셀로판 테이프의 접착제 표면은 고속도로처럼 균일하고 평탄하다. Silver 박사가 발명한 접착제의 표면은 울퉁불퉁하여 접점의 수가 작기 때문에, 접착력은 있으나 영구적인 접착을 할 만큼 세지는 않다.

Silver 박사가 이 접착제를 처음 발명했을 때 이것을 어디에 쓸지에 대한 아이디어가 전혀 없었다. 따라서 그는 3M 회사의 동료들에게 이 새로운 발견에 대해 널리 알리고 응용할 수 있는 사람을 찾았다. 동시에 그는 그 접착제의 성질을 향상시키는 실험을 몇 년 동안 계속하였다. 포스트-잇 노트에 대한 아이디어는 1974년에야 등장하였다. 어느 일요일 3M의 Art Fry가 교회의 성가대에서 노래를 부르고 있었는데, 찬송가에 꽂아 둔 북마크(bookmark)가 자꾸 떨어져 귀찮았다. 그는 뗄 수 없을 정도는 아니면서 적당히 붙어 있는 북마크가 있었으면 좋겠다는 생각이 문득 들었다. 다행히 그는 Silver 박사의 접착제를 생각해 내었고, 포스트-잇 노트가 탄생하게 된 것이다.

Fry는 그 후 3년간 포스트-잇 노트의 생산에 관련된 모든 문제점을 해결하였다. 1977년에는 3M의 본사에서 사용할 만큼의 제품을 생산하였고, 3M의 직원들은 그것의 다양한 용도에 금방 중독되었다.

포스트-잇 노트를 처음 발표한 이후 3M은 그것의 용도에 관련된 놀라운 이야기를 많이 들었다. 예를 들면 어떤 항공사가 Las Vegas 지상 승무원에게 보일 목적으로 비행기 앞부분에 포스트-잇 노트를 붙였다. 그런데 그것을 떼어내는 것을 잊고 Minneapolis까지 갔는데, 몇 번의 이착륙과 −49°C에서 시속 500마일의 속도로 날아간 몇 시간 동안의 비행을 모두 견뎌내고 그대로 붙어 있었다는 것이다. 3M 웹사이트를 보면 어떤 집 앞에 붙여 둔 포스트-잇 노트가 시속 140마일의 태풍 휴고(Hugo)를 견뎌낸 이야기와 외국 관리들이 현금 대신 포스트-잇 노트를 급행료로 받았다는 이야기 등이 있다.

포스트-잇 노트는 우리가 의사를 전달하고 어떤 사실을 기억하는 방식에 대해 확실한 변화를 가져다주었다.

1.3 측정 단위

관찰은 모든 과학의 기본이다. 정량적인 관찰 또는 *측정*(*measurement*)은 항상 *수*(*number*)와 척도[*단위*(*unit*)라 부름] 두 부분으로 되어 있다. 측정이 의미가 있으려면 두 부분이 반드시 존재해야 한다.

이 책에서는 질량, 길이, 시간, 온도, 전류, 물질의 양 등의 측정을 다룬다. 오래전부터 과학자들은 측정이 유용하기 위해서는 표준 단위계를 사용해야 한다고 믿고 있었다. 만일 모든 과학자가 다른 단위계를 사용한다면 엄청난 혼란이 일어날 것이다. 그러나 불행하게도 여러 나라에서 서로 다른 표준 단위를 채택하고 있다. 가장 많이 쓰이는 단위계로는 미국에서 사용하고 있는 *영국 계*(*English system*)와, 나머지 대부분의 선진국에서 사용하고 있는 *미터 계*(*metric system*)가 있다. 이 두 단위계는 많은 혼란을 야기하고 있다. 예를 들면, 볼트와 같은 단순한 부품조차도 다른 단위계를 쓰는 기계에서는 호환성이 없다. 그 결과 미국은 최근에 미터 계를 사용하기 시작했다.

전 세계에 있는 대부분의 과학자들은 오랫동안 미터 계를 사용해 왔다. 1960년에는 국제적 합의에 의해 *국제 단위계*(*International System*, 프랑스어로 *le Système International*), 즉 **SI 계**(SI system)를 정하였다. 이 단위계는 미터 계와 미터 계에서 유도된 단위에 근거를 두고 있다. 표 1.1에는 기본적인 SI 단위를 수록하였다. 이들 단위를 어떻게 다룰지에 대해서는 이 장의 뒷부분에서 설명할 것이다.

화학의 선구자

Robert Boyle(1627~1691)

Robert Boyle은 아일랜드에서 태어났다. 그는 특히 공기에 관한 실험에 관심이 많았고, 공기 펌프를 개발하여 진공 실린더를 만들었다. 그는 이 실린더를 사용하여, 공기 저항이 없는 경우에 깃털과 납 덩어리가 같은 속도로 떨어지는 것과, 진공에서는 소리가 나지 않음을 보여 주었다. 그의 가장 유명한 실험은 압력의 함수로 기체의 부피를 정확히 측정한 실험이었다. Boyle은 그의 저서에서, 원소를 신비의 물질로 보는 고대의 관점을 버려야 하며, 그 대신 원소는 더 간단한 물질로 깨뜨릴 수 없는 물질로 정의해야 한다고 주장하였다. 이 개념은 현대 화학 발전에 중요한 초석이 되었다.

▲
소다수는 2 L 병에 넣어 판매한다. 일상생활에서 SI 단위를 사용하는 한 예이다.

표 1.1 기본적인 SI 단위

물리적인 양	단위 명칭	단위 기호
질량	킬로그램	kg
길이	미터	m
시간	초	s
온도	켈빈	K
전류	암페어	A
물질의 양	몰	mol
조명도	칸델라	cd

기본 단위가 언제나 편리한 것은 아니므로(핀 한 개의 질량을 킬로그램으로 나타내는 것은 어색하다), 단위의 크기를 나타내는 접두사를 사용한다. 표 1.2에는 그런 접두사를 수록하였다. 표 1.3에는 우리 주위에서 흔히 볼 수 있는 사물과 그들의 크기를 SI 단위계로 측정한 값을 실었다.

화학에서 매우 중요한 물리적인 양은 *부피(volume)*이다. 부피는 무언가가 차지하는 3차원 공간의 양이다. 부피는 기본적인 SI 단위가 아니고 길이로부터 유도된 것이다. 그림 1.4에는 한 변의 길이가 1미터인 정육면체를 나타내었다. 이 정육면체의 부피는 $(1\ \text{m})^3 = 1\ \text{m}^3$이다. 1미터는 10데시미터(dm)이므로, 이 정육면체의 부피는 $1\ \text{m}^3 = (10\ \text{dm})^3 = 1000\ \text{dm}^3$이다. 세제곱데시미터($\text{dm}^3$)를 *리터(L)*라고 부르며, 이것은 쿼트(quart)보다 약간 큰 부피 단위이다. 그림 1.5를 보면 부피가 $1\ \text{m}^3$인 정육면체에 1000 L가 들어 있다. 또 1데시미터는 10센티미터이므로, 1리터는 부피가 $1\ \text{cm}^3$인 정육면체 1000개로 나눌 수 있다.

$$1\ \text{L} = (1\ \text{dm})^3 = (10\ \text{cm})^3 = 1000\ \text{cm}^3$$

또한, $1\ \text{cm}^3 = 1\ \text{mL}$이므로,

$$1\ \text{L} = 1000\ \text{cm}^3 = 1000\ \text{mL}$$

따라서 1 L는 1000개의 세제곱센티미터, 즉 1000밀리리터이다.

화학 실험을 할 때는 액체의 부피를 자주 측정해야 한다. 그림 1.5에는 액체의 부피를 정확히 측정하는 데 사용하는 몇 가지 기구를 나타내었다.

측정과 관련된 중요한 한 가지 문제는 질량과 무게 사이의 관계이다. 이 두 용어는 화학자들이 구별 없이 사용하고 있지만 같은 용어는 *아니다*. **질량**(mass)은 물체의 운동 상태를 변화시킬 때 물체가 나타내는 저항의 척도이며, 어떤 물체가 특정한 가속도로 움직이게 하

표 1.2 SI 계에서 사용하고 있는 접두사

접두사	기호	의미	지수 표기*
exa	E	1,000,000,000,000,000,000	10^{18}
peta	P	1,000,000,000,000,000	10^{15}
tera	T	1,000,000,000,000	10^{12}
giga	G	1,000,000,000	10^{9}
mega	M	1,000,000	10^{6}
kilo	k	1,000	10^{3}
hecto	h	100	10^{2}
deka	da	10	10^{1}
—	—	1	10^{0}
deci	d	0.1	10^{-1}
centi	c	0.01	10^{-2}
milli	m	0.001	10^{-3}
micro	μ	0.000001	10^{-6}
nano	n	0.000000001	10^{-9}
pico	p	0.000000000001	10^{-12}
femto	f	0.000000000000001	10^{-15}
atto	a	0.000000000000000001	10^{-18}

*지수 표기법을 복습하고 싶다면 부록 1.1을 참고하라.

표 1.3 많이 쓰는 단위의 몇 가지 예

길이	1다임의 두께는 1 mm이다. 1쿼터의 지름은 2.5 cm이다. 성인 남자의 평균 신장은 1.8 m이다.
질량	5센트 동전의 질량은 약 5 g이다. 120-lb인 사람의 질량은 약 55 kg이다.
부피	12-oz 소다 캔의 부피는 약 360 mL이다.

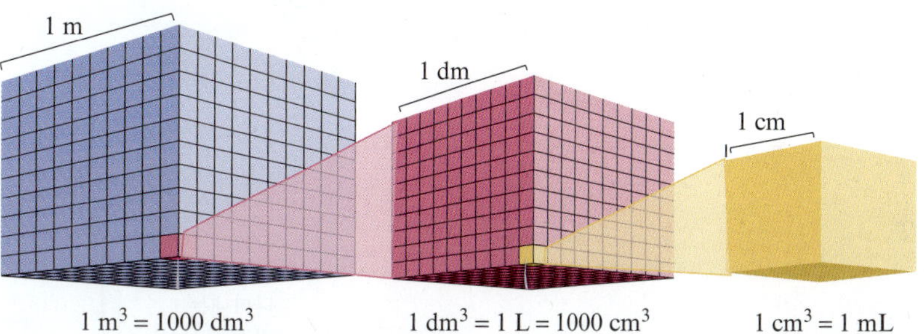

그림 1.4 가장 큰 정육면체는 한 변의 길이가 1 m이고, 부피가 1 m^3이다. 중간 크기의 정육면체는 한 변의 길이가 1 dm이고, 부피는 1 dm^3 또는 1 L이다. 가장 작은 정육면체는 한 변의 길이가 1 cm이고, 부피가 1 cm^3 또는 1 mL이다.

는 데 필요한 힘으로써 측정한다. 지구에서는 중력이 물체에 가하는 힘을 이용하여 질량을 측정한다. 그 힘을 그 물체의 **무게**(weight)라고 부른다. 무게는 중력에 대한 질량의 반응을 나타내는 것이므로 중력장의 세기에 따라 변한다. 여러분의 몸의 질량은 지구에서나 달에서나 똑같다. 그러나 여러분의 체중은 지구보다는 달에서 훨씬 덜 나갈 것이다. 왜냐하면 달의 중력장이 더 작기 때문이다.

화학 저울에 무언가를 측정하는 것은 그 물체의 질량을 표준 질량과 비교하는 것이기 때문에 *무게*(*weight*)와 *질량*(*mass*)이라는 용어는 때로는 서로 바꾸어 사용할 수 있다.

비판적 사고 만일 하루 동안 단위를 사용할 수 없다면 어떻게 될까? 그날 우리의 생활에 어떤 영향을 줄까?

화학 관련 읽을거리 Chemical Connections

임계 단위!

한 단위를 다른 단위로 바꾸는 것은 얼마나 중요한가? 만일 미국 항공 우주국(NASA)에 이 질문을 한다면 매우 중요하다고 대답할 것이다. 1999년 NASA는 영국 계 단위를 미터 단위로 변환하지 않은 잘못 때문에 1억 2천 5백만 달러짜리 화성 기후 우주선(Mars Climate Orbiter)을 잃어버렸다.

문제는 우주 계획에 참여한 두 팀이 서로 다른 단위계를 사용한 데서 발생하였다. California주 Pasadena에 있는 제트 추진 연구소에서는 우주선을 만든 Denver에 있는 Lockheed Martin 우주국에서 제공한 우주선 로켓의 추진 장치에 대한 자료가 미터 단위로 되었을 것이라고 가정하였으나, 실제로는 영국 계 단위를 사용했던 것이다. 그 결과 우주선은 계획보다 화성에 100 km 더 낮은 궤도로 진입하여 대기와의 마찰 때문에 타버렸다.

NASA의 실수는 의회가 미국의 단위를 영국 계에서 미터 계로 바꾸는 계기가 되었다. 오늘날 전 세계의 대략 95%는 미터 계를 사용하며 미국은 느리게 영국 계를 미터 계로 바꾸고 있는 중이다. 예를 들어 자동차 산업에서는 볼트 등에 미터 계를 사용하며, 소다수는 2-L 병에 넣어서 판매한다.

단위는 매우 중요하다. 때로는 삶과 죽음의 차이를 뜻할 수도 있다. 단위에 항상 조심하라!

잃어버린 화성 기후 우주선에 대한 예술가의 상상도.

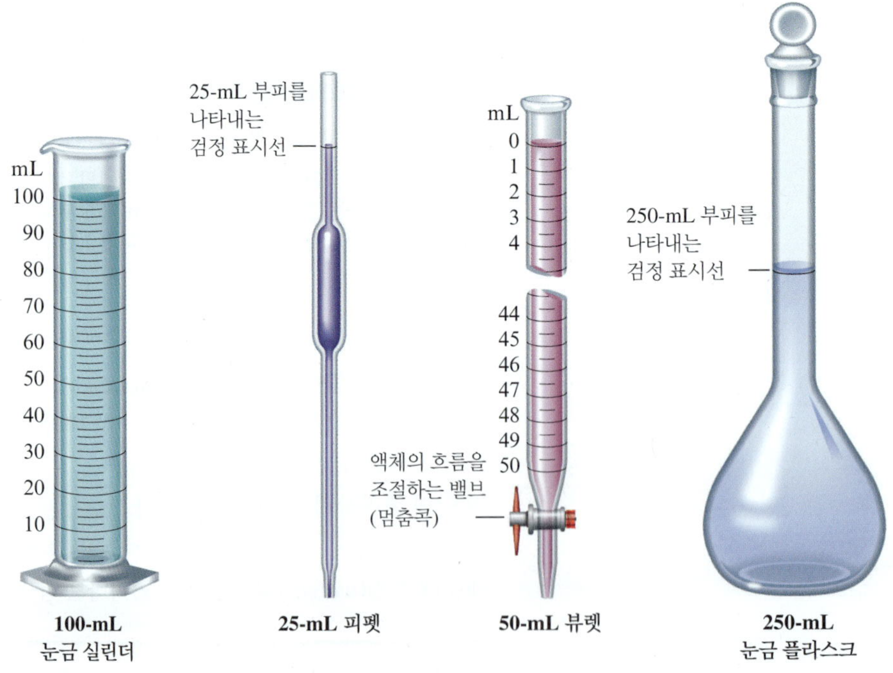

그림 1.5 실험실에서 액체의 부피를 측정하는 데 흔히 사용하는 기구들.

1.4 측정의 불확정성

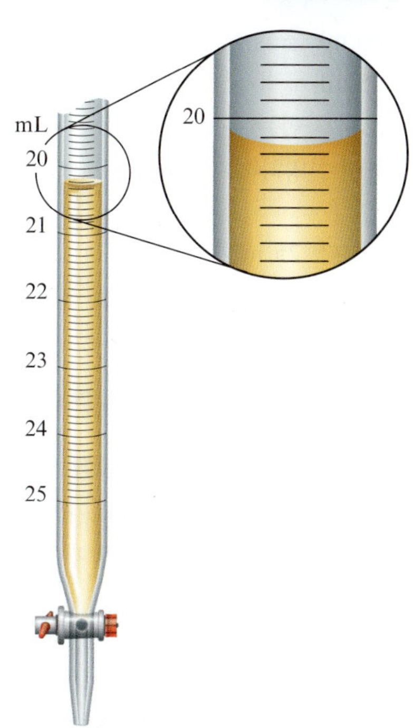

그림 1.6 뷰렛을 이용한 부피의 측정. 부피는 액체의 곡선 모양(메니스커스라고 부름)의 바닥 부분을 읽는다.

측정과 관련된 숫자는 측정 장치를 사용하여 얻는다. 예를 들어 뷰렛으로 액체의 부피를 측정하는 경우를 살펴보자(그림 1.6에 눈금을 크게 확대하였다). 액체의 메니스커스는 대략 20.15 mL를 나타내고 있다. 만약에 메니스커스의 처음 위치가 0.00 mL였다면 이것은 20.15 mL의 액체가 뷰렛으로부터 흘러나왔다는 것을 뜻한다. 뷰렛의 눈금을 읽을 때 부피의 마지막 숫자는 0.1 mL 눈금 사이의 값을 추정해야 한다. 마지막 숫자는 추정을 하였기 때문에 만일 다른 사람이 똑같은 것을 측정하였다면 그 값이 다를 수 있다. 만일 다섯 사람이 같은 부피를 측정하였다면 그 결과는 다음과 같을 수 있다.

사람	측정 결과
1	20.15 mL
2	20.14 mL
3	20.16 mL
4	20.17 mL
5	20.16 mL

이 결과에서 처음 세 숫자(20.1)는 측정을 한 사람에 관계없이 모두 같다. 이러한 숫자를 *확실한*(*certain*) 숫자라고 한다. 그러나 1의 오른쪽 자리 숫자는 추정해야 하므로 그 값이 여러 가지이다. 이 숫자를 *불확실한*(*uncertain*) 숫자라고 한다. 측정 결과를 보고할 때는 확실한 모든 자리의 숫자와 *첫 번째* 불확실한 숫자를 기록한다. 이 예에서 부피를 천 분의 일 밀리리터까지 기록하려고 하는 것은 합리적이지 않다. 왜냐하면 이 뷰렛에서 백 분의 일 밀리리터 값도 추정된 값이기 때문이다.

측정은 항상 어느 정도의 불확정성을 가진다.

측정에는 언제나 약간의 **불확정성**(uncertainty)이 존재한다는 것을 이해하는 것은 매우 중요하다. 측정의 불확정성은 측정 장치의 정밀도에 의존한다. 예를 들면, 욕실의 저울을 사용하여 자몽(grapefruit)의 질량을 측정하였더니 약 1.5파운드였다. 같은 자몽을 매우 정밀한 저울로 재었더니 1.476파운드였다. 첫 번째의 경우 불확정성은 1파운드의 1 십분의 1 자리에서 생긴다. 두 번째의 경우 불확정성은 1파운드의 1천 분의 1 자리에서 생긴다. 가령 두 개의 비슷한 자몽을 두 개의 저울을 사용하여 무게를 달아서 다음과 같은 결과를 얻었다고 하자.

	욕실의 저울	정밀한 저울
자몽 1	1.5 lb	1.476 lb
자몽 2	1.5 lb	1.518 lb

이 두 자몽의 질량은 같은가? 이 물음에 대한 답은 여러분이 어느 실험 결과를 사용했는가에 따라 다르다. 즉, 측정 결과에 바탕을 둔 결론은 측정의 확실성에 따라 결정된다.

불확정성과 유효 숫자

측정의 불확정성은 부록 1.5에서 자세히 설명한다.

어떠한 측정에서 측정의 불확정성을 나타내는 것은 매우 중요하다. 측정의 불확정성은 항상 확실한 자릿수와 불확실한 첫 번째 자릿수(추정한 숫자)를 기록하여 나타낸다. 이들 숫자를 측정의 **유효 숫자**(significant figure)라고 한다.

유효 숫자는 측정에서의 불확정성을 자동적으로 나타낸다. 마지막 숫자(추정한 숫자)의 불확정성은 다른 언급이 없는 한 보통 ± 1로 가정한다. 예를 들면, 1.86 kg라는 측정값은 1.86 ± 0.01 kg를 뜻한다.

예제 1.1 **측정의 불확정성**

오염된 물 시료를 분석하기 위해 화학자가 물 시료 25.00 mL를 피펫(그림 1.5 참조)으로 측정하였다. 이 분석 실험의 다른 단계에서 어떤 용액 25 mL를 눈금 실린더(그림 1.5 참조)를 이용하여 측정하였다. 측정값 25.00 mL와 25 mL의 차이는 무엇이며 이는 무엇을 의미하는가? 두 값을 측정하는 두 가지 측정 기구에 대하여 설명하라.

풀이 두 측정값이 같아 보이지만 실제로는 다른 정보를 주고 있다. 25 mL는 부피가 24 mL와 26 mL의 사이에 있음을 나타내며, 25.00 mL는 부피가 24.99 mL와 25.01 mL의 사이에 있음을 나타낸다. 피펫이 눈금 실린더보다 부피를 훨씬 더 정밀하게 측정할 수 있다.

연습 문제 1.39 참조

측정을 할 때에는 결과를 반드시 적절한 유효 숫자로 나타내야 한다. 예를 들어, 만일 ± 0.01 mL까지 읽을 수 있는 뷰렛으로 측정한 부피가 25밀리리터였다면 25 mL가 아닌 25.00 mL로 기록해야 한다. 이렇게 해야만 나중에 이 결과를 이용하여 계산을 할 때에 측정값의 불확정성을 알 수 있기 때문이다.

정밀도와 정확도

측정의 신뢰도를 나타내는 데 자주 사용하는 용어로 *정밀도*와 *정확도*가 있다. 일상생활에서는 이 두 용어를 바꾸어 쓰기도 하지만, 과학에서는 다른 의미를 지니고 있다. **정확도**(accuracy)란 측정값이 참값에 얼마나 근접하고 있는가를 나타내고, **정밀도**(precision)란 같은 양을 여러 번 측정하였을 때 이들 측정값이 얼마나 서로 비슷한지를 나타낸다. 즉, 정밀도는 측정의 *재현성*(*reproducibility*)을 나타낸다. 이 두 용어의 차이는 그림 1.7에 있는 세 번의 다트 던지기의 결과가 잘 설명하고 있다.

그림 1.7은 두 가지 종류의 오차를 설명하고 있다. **우연 오차**[random error, 또는 *불가측 오차*(*indeterminate error*)라고 부른다]는 측정값이 크거나 작게 나타날 확률이 같은 오차이다. 이 오차는 측정값의 마지막 자리 숫자를 추정할 때 발생한다. 두 번째 오차로는 **계통 오차**[systematic error, 또는 *가측 오차*(*determinate error*)]가 있다. 이 오차는 항상 같은 방향으로 일어난다. 즉, 항상 크거나 또는 항상 작다. 그림 1.7(a)에서는 우연 오차가 크며(사격 기술이 좋지 않다). 그림 1.7(b)에서는 우연 오차는 작으나 계통 오차가 크다. 그림 1.7(c)에서는 우연 오차는 작고 계통 오차는 없다.

그림 1.7 다트를 던진 결과가 정확도와 정밀도의 차이를 잘 보여준다.

정량적인 실험에서 정밀도는 흔히 정확도의 척도로 이용된다. 우리는 흔히 정밀한 측정값의 *평균*(*average*, 측정값이 크거나 작게 나타날 확률은 같으며, 이 우연 오차는 평균하면 사라지므로)은 정확하거나 참값에 가깝다고 가정한다. 그러나 이 가정은 계통 오차가 없을 경우에만 맞다. 가령 놋쇠 조각을 매우 정밀한 저울로 다섯 번 무게를 재어 다음과 같은 결과를 얻었다고 하자.

무게 측정	결과
1	2.486 g
2	2.487 g
3	2.485 g
4	2.484 g
5	2.488 g

일반적으로는 놋쇠 조각의 참 질량이 다섯 번의 측정값의 평균인 2.486그램에 매우 가깝다고 생각할 수 있다.

$$\frac{2.486\text{ g} + 2.487\text{ g} + 2.485\text{ g} + 2.484\text{ g} + 2.488\text{ g}}{5} = 2.486\text{ g}$$

정밀도는 계통 오차가 없는 경우에만 정확도를 나타낸다.

그러나 만일 이 저울이 무게를 일정하게 1.000 g씩 높게(즉, 계통 오차가 +1.000그램) 나타내는 결점을 갖고 있다면 2.486그램이라는 측정값은 매우 큰 오차를 가진다. 다시 한번 강조하는 것은 측정값의 정밀도가 높다는 것은 계통 오차가 없는 *경우에만* 정확도와 관련지을 수가 있는 것이다.

예제 1.2 정밀도와 정확도

눈금 실린더의 정확성을 알아보기 위하여, 한 학생이 실린더의 25 mL 표지선까지 물을 채운 후 물을 뷰렛에 옮겨서(그림 1.6 참조) 부피를 읽었다. 다섯 번 측정한 결과가 다음과 같았다.

측정 횟수	측정 눈금 실린더에 나타난 부피	뷰렛에 나타난 부피
1	25 mL	26.54 mL
2	25 mL	26.51 mL
3	25 mL	26.60 mL
4	25 mL	26.49 mL
5	25 mL	26.57 mL
평균	25 mL	26.54 mL

눈금 실린더는 정확한가?

풀이 눈금 실린더로 측정한 실험 결과는 매우 정밀함을 보여준다. 실험을 한 학생의 기술이 매우 좋음을 알 수 있다. 그러나 뷰렛으로 측정한 평균값은 25 mL와 매우 차이가 난다. 이 눈금 실린더는 그리 정확하지 않아 상당한 계통 오차(매번 측정할 때 일정하게 낮은)가 생겼다.

질문 1.24 참조

1.5 유효 숫자와 계산

어떤 실험의 최종 결과를 계산할 때는 여러 가지 측정 결과를 더하거나 빼거나 곱하거나 나누어야 한다. 최종 결과의 불확정성을 정확히 아는 것은 매우 중요하므로, 각 측정값과 최종 계산 결과에서 유효 숫자를 올바르게 나타내는 규칙을 만들었다.

유효 숫자를 세는 규칙

1. *0이 아닌 정수.* 0이 아닌 정수는 모두 유효 숫자에 포함시킨다.

2. *0.* 세 가지 종류의 0이 있다.

앞부분의 0은 절대로 유효 숫자가 아니다.

a. 0이 아닌 숫자 *앞에 오는 0*: 유효 숫자에 포함시키지 않는다. 숫자 0.0025에서 앞에 있는 세 개의 0은 소수점의 위치만 나타낸다. 이 숫자는 두 개의 유효 숫자를 가진다.

중간의 0은 항상 유효 숫자이다.

b. 숫자 *중간에 있는 0*: 유효 숫자에 포함시킨다. 숫자 1.008은 네 개의 유효 숫자를 가진다.

끝에 있는 0은 때때로 유효 숫자이다.

c. 숫자의 *오른쪽에 있는 0*: 숫자에 소수점이 있을 경우에만 중요하다. 숫자 100은 한 개의 유효 숫자를 가지며, 1.00×10^2은 세 개의 유효 숫자를 가진다. 또한 100.이라고 쓴 일백의 숫자는 세 개의 유효 숫자를 가진다.

완전수는 측정값의 계산에서 유효 숫자의 수를 결정하지 않는다.

3. *완전수.* 실험 10번, 사과 3개, 분자 8개 등과 같은 숫자는 측정 장치를 사용하여 측정한 것이 아니라 세어서 구한 값이다. 이와 같은 숫자를 *완전수*라고 하며, 무한대의 유효 숫자를 가진다고 가정한다. 완전수의 다른 예로는 $2\pi r$(원주)의 2, $\frac{4}{3}\pi r^3$에서 4와 3이 있다. 완전수는 정의에서도 나타난다. 예를 들면 1인치는 *정확히* 2.54 cm로 정의한다. 따라서 1 in = 2.54 cm를 이용한 계산에서는 2.54나 1이 유효 숫자의 개수를 제한하지 않는다.

지수 표기법은 부록 1.1에 나와 있다.

위에서 1.00×10^2이라는 수는 **지수 표기법**(exponential notation)으로 적었음에 유의하라. 때때로 이것을 과학적인 표기법이라고 부른다. 이와 같은 표기법은 유효 숫자의 개수를 쉽게 나타낼 수 있고, 매우 큰 수나 매우 작은 수를 적을 때 숫자 0을 덜 써도 되는 등의 장점을 가지고 있다. 예를 들면, 0.000060이라는 수는 6.0×10^{-5}로 편리하게 나타낼 수 있다(이 수는 두 개의 유효 숫자가 존재한다).

대화형 예제 1.3 유효 숫자

다음 각 결과에 대한 유효 숫자의 수를 제시하고 그 이유를 설명하라.

a. 한 학생이 차에서 추출한 카페인의 양이 0.0105 g이다.

b. 한 화학자가 분석 실험에서 질량이 0.050080 g이라고 기록하였다.

c. 한 실험에서 경과된 시간이 8.050×10^{-3}초였다.

풀이

a. 유효 숫자는 세 개이다. 1의 왼쪽에 있는 0은 앞부분에 있는 0이므로 유효 숫자가 아니고, 남아 있는 0(중간에 있는 0)은 유효 숫자이다.

b. 유효 숫자는 다섯 개이다. 앞부분에 있는 0 (5의 왼쪽에 있는)은 유효 숫자가 아니다. 5와 8 사이에 있는 0은 유효 숫자이고, 8의 오른쪽에 있는 0은 소수점이 있으므로 유효 숫자이다.

c. 유효 숫자는 네 개이다. 두 개의 0은 모두 유효 숫자이다.

연습 문제 1.34~1.36 참조

위에서는 주어진 숫자에서 유효 숫자를 세는 방법을 배웠다. 여기서는 계산을 할 때에 불확정성이 어떻게 누적되는가를 알아보자. 불확정성의 누적 정도를 분석하는 것은 계산의 종류에 따라 다르며 때로는 복잡하다. 이 책에서는 계산 결과로부터 유효 숫자의 개수를 결정하는 간단한 규칙을 이용하겠다.

측정값을 이용한 계산에서 유효 숫자의 규칙

1. *곱셈과 나눗셈*: 계산 결과의 유효 숫자는 계산에 사용한 값 중 정밀도가 가장 낮은 측정값의 유효 숫자와 같다. 한 예로 다음 계산을 살펴보자.

$$4.56 \times 1.4 = 6.38 \xrightarrow{\text{보정}} 6.4$$

↑ 두 개의 유효 숫자를 갖고 있는 한계 항 (1.4) ↑ 두 개의 유효 숫자 (6.4)

1.4는 두 개의 유효 숫자를 가지고 있으므로 계산 값은 두 개의 유효 숫자로 나타내어야 한다.

2. *덧셈과 뺄셈*: 계산 결과는 계산에 사용한 값 중 정밀도가 가장 낮은 측정값과 소수점 아래 숫자의 개수가 같아야 한다. 한 예로 다음 계산을 살펴보자.

```
 12.11
 18.0   ← 한 개의 소수점 자리를 갖고 있는 한계 항
  1.013
 31.123 ──보정──→ 31.1
                   ↑
             한 개의 소수점 자리
```

18.0은 소수점 아래에 숫자가 한 개 있으므로 정답은 31.1이다.

위의 예에서 보듯이, 곱셈과 나눗셈에서는 유효 숫자의 개수가 중요하며, 덧셈과 뺄셈에서는 소수점의 위치가 중요하다.

대부분의 계산에 있어서 유효 숫자를 올바르게 계산하려면 숫자를 반올림할 필요가 있다. 반올림 규칙은 다음과 같다.

반올림 규칙

1. 여러 계산을 연속적으로 할 때는 마지막 결과를 얻을 때까지 모든 숫자를 가져가서 유효 숫자의 개수가 맞도록 반올림을 한다.
2. 만일 반올림하는 숫자가
   a. 5보다 작으면 앞의 숫자는 그대로 유지된다. 예를 들어 1.33은 1.3으로 반올림된다.
   b. 5보다 크거나 같으면 앞의 숫자는 1씩 증가한다. 예를 들어 1.36은 1.4로 반올림된다.

규칙 2는 전자계산기의 계산 결과와 일치한다.

반올림은 간단하지만 유의해야 할 것이 있다. 예를 들어, 4.348을 반올림하여 두 자리 유효 숫자를 만든다고 하자. 이때는 숫자 3의 오른쪽에 있는 *숫자 한 개만* 고려하도록 하라.

4.348
↑ (4)
유효 숫자 두 개가 되도록 반올림하기 위해서는 이 숫자만 고려하라.

순차적으로 반올림하지 말라. 6.8347을 세 자릿수가 되도록 반올림하면 6.84가 아니라 6.83이다.

4는 5보다 작으므로 반올림하면 4.3이 된다. 순차적으로 반올림을 하는 것은 잘못이다. 예를 들어 4를 5로 반올림하여 4.35를 얻고, 다시 3을 4로 반올림하여 4.4를 얻는 것은 *잘못된 것이다*.

반올림을 할 때는 마지막 유효 숫자의 오른쪽 첫 번째 숫자만을 사용하라.

이 책의 예제에서는 보통 계산의 각 단계마다 반올림을 하는데, 이는 올바른 유효 숫자를 보여주기 위함임을 주의하자. 여러분이 직접 계산할 때는 마지막 단계에서만 반올림해야 한다. 그러나 이 책에서는 중간 단계에서도 반올림을 수행하기 때문에(항상 유효 숫자를 정확하게 표시하기 위해) 여러분이 계산한 값과 이 책에서 제시된, 끝에서만 반올림한 최종 답은 마지막 숫자가 다를 수 있다. 따라서 여러분이 계산한 답을 해설과 비교할 때 이 점을 고려하라. 이들 두 반올림 과정의 차이의 이해를 돕기 위해 예제 1.4를 풀어보자.

대화형 예제 1.4 계산 값의 유효 숫자

다음 계산을 하고, 그 결과를 유효 숫자에 맞게 나타내라.

a. $1.05 \times 10^{-3} \div 6.135$

b. $21 - 13.8$

c. 기체 상수(R) 값을 결정하기 위해 한 학생이 기체 시료에 대한 압력(P), 부피(V), 온도(T)를 측정하였다. 이들 사이의 관계식은 다음과 같다.

$$R = \frac{PV}{T}$$

이 실험에서 $P = 2.560$, $T = 275.15$, $V = 8.8$이라는 결과를 얻었다(기체는 제5장에서 자세히 논의할 것이다. 여기에서는 단위는 고려하지 않아도 된다). R의 값을 올바른 유효 숫자 개수로 계산하라. 마지막에 반올림하여 문제를 푼 후 다시 반올림하여 문제를 해결한다. 중간 단계에서 반올림한 답과 비교해 보라.

풀이

a. 정밀도가 가장 낮은 항(1.05×10^{-3})의 유효 숫자가 세 개이므로 계산 값은 세 개의 유효 숫자를 가져야 하며, 답은 1.71×10^{-4}이다.

b. 소수점 이하의 숫자가 가장 적은 수(21)에 소수점이 없으므로, 답은 소수점이 없는 7이다.

c. $R = \frac{PV}{T} = \frac{(2.560)(8.8)}{275.15}$

최종 결과를 얻는 정확한 풀이는 다음과 같다.

$$\frac{(2.560)(8.8)}{275.15} = \frac{22.528}{275.15} = 0.0818753$$

$$= 0.082 = 8.2 \times 10^{-2} = R$$

8.8(정밀도가 가장 낮은 값)은 유효 숫자가 두 개이므로 최종 결과는 유효 숫자가 두 개가 되도록 반올림을 해야 한다. 중간 단계에서 반올림하는 효과를 보여 주기 위해 여기서는 다음과 같이 계산한다.

두 개의 유효 숫자로 반올림 ↓

$$\frac{(2.560)(8.8)}{275.15} = \frac{22.528}{275.15} = \frac{23}{275.15}$$

▲ 이 숫자는 두 개의 유효 숫자를 가지도록 반올림하여야 한다.

다음 단계의 계산을 하면

$$\frac{23}{275.15} = 0.0835908$$

유효 숫자 두 개가 되도록 반올림을 하면 결과는 다음과 같다.

$$0.084 = 8.4 \times 10^{-2}$$

중간 단계에서 반올림을 하면 *마지막에 한 번만* 반올림을 하는 경우와 답이 다르다. 계산을 할 때는 항상 마지막에 한 번만 반올림해야 한다는 것을 다시 한번 강조한다. 이 책에서는 정확한 유효 숫자의 개수를 보여주기 위해 중간 단계에서 반올림을 하므로 책에 있는 답은 여러분이 마지막에 한 번만 반올림하여 구한 답과 다를 수도 있다.

연습 문제 1.41~1.44 참조

예제 1.4의 c에서 좋은 교훈을 배울 수 있다. 이 학생은 부피보다 더 큰 정밀도로 압력과 온도를 측정하였다. 만일 부피를 더 높은 정밀도로 측정하였다면 보다 정밀한 *R*(한 개의 유효 숫자가 더 있는 답)값을 얻을 수 있었을 것이다. *V*를 대강 측정한 결과 *P*와 *T*를 정밀하게 측정하기 위한 노력이 헛되고 말았다. 최종 결과를 얻기 위해 여러 가지 측정을 해야 하는 경우에는 모든 측정을 모두 같은 정밀도로 측정해야 한다는 것을 기억하라.

1.6 체계적인 문제 해결 학습

화학을 공부하는 과정에서 주된 활동은 여러 가지 종류의 문제를 푸는 것이다. 그것이 화학적인 문제이건 일상생활에서 부딪치는 문제이건 간에 문제를 접근하는 최선의 방법은 다음과 같은 질문을 하는 것이다.

1. 목표는 무엇인가? 또는 **어디로 가는가?**
2. 출발점이 어디인가? 또는 **알고 있는 것은 무엇인가?**
3. 출발점에서 목표까지 어떻게 갈 것인가? 또는 **어떻게 해결할 것인가?**

이와 같은 아이디어는 다음 절에서 공부할 단위의 변환에 사용할 것이다. 그리고 제3장부터 공부할, 보다 복잡한 문제의 풀이에도 적용할 것이다.

1.7 차원 분석

표 1.4 영국 계-미터 계 등가 관계

길이	1 m = 1.094 yd 2.54 cm = 1 in
질량	1 kg = 2.205 lb 453.6 g = 1 lb
부피	1 L = 1.06 qt 28.32 L = 1 ft^3

한 단위계로 측정한 결과를 다른 단위계로 변환을 해야 할 경우가 있다. 이를 위한 최선의 방법은 **단위 인자 방법**(unit factor method) 또는 단위의 **차원 분석**(dimensional analysis)이다. 이 방법을 알아보기 위하여 다음 몇 가지의 단위 변환을 살펴보자. 표 1.4에는 몇 가지 단위에 대한 영국 단위계와 미터 계 사이의 등가 관계를 나타내었다. 더 많은 유효 숫자에 제공되는 더 완전한 변환 계수 목록은 부록 6에 나와 있다.

길이가 2.85센티미터인 핀을 생각해 보자. 인치로 나타낸 길이는 얼마인가? 이 문제를 풀기 위해 다음 관계식을 이용한다.

$$2.54 \text{ cm} = 1 \text{ in}$$

이 식의 양변을 2.54 cm 나누면 다음과 같다.

$$1 = \frac{1 \text{ in}}{2.54 \text{ cm}}$$

이 식을 *단위 인자*(*unit factor*)라고 부른다. 1 in와 2.54 cm는 완전히 같으므로, 어떤 식에 이 단위 인자를 곱하더라도 *값*은 변하지 않는다.

핀의 길이가 2.85센티미터이다. 단위 인자를 이 길이에 곱하면 다음과 같다.

$$2.85\ \cancel{\text{cm}} \times \frac{1\ \text{in}}{2.54\ \cancel{\text{cm}}} = \frac{2.85}{2.54}\ \text{in} = 1.12\ \text{in}$$

이렇게 함으로써 센티미터 단위는 상쇄되고 결과가 인치로 나타난다. 이것이 원하는 결과이다. 또한 측정값이 2.85이므로 계산 값의 유효 숫자가 세 개가 되도록 하였다. 변환 인자에 있는 1과 2.54는 정의에 의해 완전수이다.

대화형 예제 1.5 단위 변환 I

연필의 길이가 7.00 in이다. 센티미터로는 길이가 얼마인가?

풀이

목표는 무엇인가?

› 연필의 길이를 인치에서 센티미터로 바꾼다.

알고 있는 것은?

› 연필의 길이가 7.00 in이다.

어떻게 해결할 것인가?

인치를 센티미터로 바꾸어야 하므로 등가 관계 2.54 cm = 1 in를 사용한다. 이 경우에 올바른 단위 인자는 $\frac{2.54\ \text{cm}}{1\ \text{in}}$이다.

$$7.00\ \cancel{\text{in}} \times \frac{2.54\ \text{cm}}{1\ \cancel{\text{in}}} = (7.00)(2.54)\ \text{cm} = 17.8\ \text{cm}$$

여기에서 인치 단위는 상쇄되고, 계산의 결과는 문제에서 요구한 센티미터가 된다.

연습문제 1.45와 1.46 참조

하나의 등가 관계로부터 두 가지 단위 인자가 유도됨에 유의하라. 예를 들면, 2.54 cm = 1 in에서 얻을 수 있는 두 가지 단위 인자는 다음과 같다.

$$\frac{2.54\ \text{cm}}{1\ \text{in}} \quad \text{그리고} \quad \frac{1\ \text{in}}{2.54\ \text{cm}}$$

적절한 단위 인자를 선택하기 위해서는 원하는 변화의 방향을 생각하라.

주어진 상황에서 어느 인자를 사용할 것인가? 원하는 변화의 *방향(direction)*을 생각하라. 인치를 센티미터로 바꾸려면 인치는 상쇄되어야 한다. 따라서 2.54 cm/1 in를 이용해야 한다. 센티미터를 인치로 바꾸려면 센티미터를 없애야 하므로 1 in/2.54 cm를 이용해야 한다.

문제 풀이 전략

한 단위에서 다른 단위로 변환

» 한 단위를 다른 단위로 바꾸기 위해서는 두 단위 사이의 등가 관계를 이용한다.

» 필요한 변화의 방향을 보고 원하지 않는 단위를 상쇄시킬 수 있는 단위 인자를 유도한다.

» 변환하고자 하는 양에 단위 인자를 곱하여 원하는 단위를 가진 양을 얻는다.

대화형 예제 1.6 단위 변환 II

프레임이 25.5 in인 자전거를 주문하려 하는데, 목록에 센티미터로만 나와 있다. 어떤 크기의 자전거를 주문해야 할까?

풀이 **목표는 무엇인가?**

인치를 센티미터로 바꾼다.

알고 있는 것은?

› 사이즈가 25.5 in이다.

어떻게 해결할 것인가?

인치를 센티미터로 바꾸어야 하므로 등가 관계 2.54 cm = 1 in를 사용해야 한다. 이 경우에 올바른 단위 인자는 $\frac{2.54\text{ cm}}{1\text{ in}}$이다.

$$25.5\ \cancel{\text{in}} \times \frac{2.54\text{ cm}}{1\ \cancel{\text{in}}} = 64.8\text{ cm}$$

연습 문제 1.49~1.53 참조

변환 과정을 보다 명확히 이해하도록 여러 단계를 거치는 문제를 예제 1.7에서 다루었다.

대화형 예제 1.7 단위 변환 III

한 학생이 10.0-km 달리기에 참가하였다. 10.0-km는 몇 마일인가?

풀이 **목표는 무엇인가?**

킬로미터를 마일로 바꾼다.

알고 있는 것은?

› 달리는 거리가 10.0 km이다.

어떻게 해결할 것인가?

이 변환은 몇 가지 다른 방법으로 할 수 있다. 등가 관계 1 m = 1.094 yd를 알고 있으므로, 이것으로부터 시작해 보자. 문제에 킬로미터가 있으며, 이것을 마일로 바꾸고 싶다. 다음과 같은 방법으로 풀어보자.

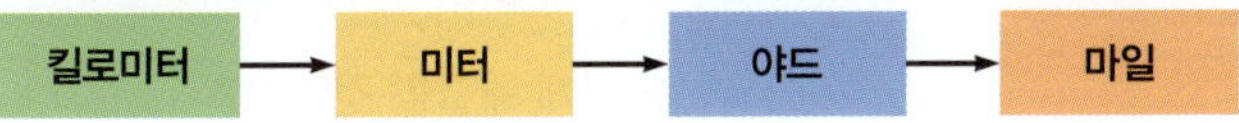

이 방법으로 풀기 위해서는 다음의 등가 관계가 필요하다.

$$1\text{ km} = 1000\text{ m}$$
$$1\text{ m} = 1.094\text{ yd}$$
$$1760\text{ yd} = 1\text{ mi}$$

이 과정이 맞다는 것을 확인하기 위해 단계별로 계산을 해보자.

킬로미터를 미터로

$$10.0\ \cancel{\text{km}} \times \frac{1000\text{ m}}{1\ \cancel{\text{km}}} = 1.00 \times 10^4\text{ m}$$

미터를 야드로

$$1.00 \times 10^4\ \cancel{m} \times \frac{1.094\ yd}{1\ \cancel{m}} = 1.094 \times 10^4\ yd$$

답에는 유효 숫자가 단지 세 개가 있어야 한다. 그러나 중간 단계에서는 모든 숫자를 가져가고, 최종 결과만 반올림을 하라.

이 책에서는 각 계산의 정확한 유효 숫자를 나타내기 위하여 각 단계 후에 정확한 수의 유효 숫자로 반올림한다. 그러나 계산기를 사용하여 각 단계를 더할 때는 마지막에만 반올림을 해야 한다.

야드를 마일로

$$1.094 \times 10^4\ \cancel{yd} \times \frac{1\ mi}{1760\ \cancel{yd}} = 6.216\ mi$$

여기서 1 mi은 정확히 1760 yd이므로 1760은 완전수이다.

처음에 주어진 거리가 10.0 km이므로, 답에는 유효 숫자 세 개만 있어야 한다. 따라서 6.22 mi로 반올림해야 한다. 따라서,

$$10.0\ km = 6.22\ mi$$

위의 방법 대신 각 단계를 다음과 같이 결합시킬 수도 있다.

$$10.0\ \cancel{km} \times \frac{1000\ \cancel{m}}{1\ \cancel{km}} \times \frac{1.094\ \cancel{yd}}{1\ \cancel{m}} \times \frac{1\ mi}{1760\ \cancel{yd}} = 6.22\ mi$$

연습 문제 1.55와 1.56 참조

차원 분석에서 모든 변환이 올바르게 되었는지를 확인하는 방법은 계산에서 얻은 단위가 원하는 단위인지를 확인하는 것이다. **화학 문제를 풀 때에는 항상 사용된 양에 대한 측정 단위를 포함시켜야 한다.** 그리고 이 단위가 상쇄되어 최종 결과에서 올바른 단위가 나타나는지를 항상 확인해야 한다. 이 과정은 복잡한 문제를 푸는 경우 매우 유용한 검산 방법이다.

다음 예제 문제에서 단위 변환의 과정을 공부하라.

대화형 예제 1.8

단위 변환 IV

미국 대부분의 고속도로에서 제한 속도는 55 mi/h이다. 시간당 킬로미터는 얼마인가?

풀이

목표는 무엇인가?

시속 55마일을 시간당 킬로미터로 변환한다.

알고 있는 것은?

- 제한 속도가 55 mi/h이다.

어떻게 해결할 것인가?

원하는 변환을 하기 위하여 다음 단위 인자를 사용한다.

모든 계산을 마친 후에 반올림하여 결과를 얻었다.

$$\frac{55\ \cancel{mi}}{h} \times \frac{1760\ \cancel{yd}}{1\ \cancel{mi}} \times \frac{1\ \cancel{m}}{1.094\ \cancel{yd}} \times \frac{1\ km}{1000\ \cancel{m}} = 88\ km/h$$

시간당 킬로미터를 제외하고는 모든 단위가 상쇄되었음에 유의하라.

연습 문제 1.59와 1.60 참조

대화형 예제 1.9 단위 변환 V

어떤 일본 자동차의 연비는 15 km/L이다. 이것을 갤런당 마일로 나타내라.

풀이 **목표는 무엇인가?**

자동차의 연비를 15 km/L에서 갤런당 마일로 변환한다.

알고 있는 것은?

› 자동차의 연비는 15 km/L이다.

어떻게 해결할 것인가?

원하는 변환을 하기 위하여 다음 단위 인자를 사용한다.

모든 계산을 마친 후에 반올림하여 결과를 얻었다.

$$\frac{15\ \text{km}}{\text{L}} \times \frac{1000\ \text{m}}{1\ \text{km}} \times \frac{1.094\ \text{yd}}{1\ \text{m}} \times \frac{1\ \text{mi}}{1760\ \text{yd}} \times \frac{1\ \text{L}}{1.06\ \text{qt}} \times \frac{4\ \text{qt}}{1\ \text{gal}} = 35\ \text{mi/gal}$$

연습 문제 1.62 참조

대화형 예제 1.10 단위 변환 VI

최신 모델 Corvette의 엔진 배기량은 6.20 L이다. 배기량을 세제곱 인치 단위로 변환하라.

풀이 **목표는 무엇인가?**

자동차의 배기량을 리터에서 세제곱 인치로 변환한다.

알고 있는 것은?

› 배기량이 6.20 L이다.

어떻게 해결할 것인가?

원하는 변환을 하기 위하여 다음 단위 인자를 사용한다.

$$6.20\ \text{L} \times \frac{1\ \text{ft}^3}{28.32\ \text{L}} \times \frac{(12\ \text{in})^3}{(1\ \text{ft})^3} = 378\ \text{in}^3$$

ft^3을 in^3로 바꾸기 위해서는 ft를 in으로 바꾸는 변환 인자를 세제곱해야 함에 유의하라.

연습 문제 1.66 참조

1.8 온도

온도의 측정에 가장 널리 사용하는 척도는 세 가지 시스템인 섭씨(Celsius) 온도, Kelvin 온도 및 화씨(Fahrenheit) 온도가 널리 사용된다. 섭씨와 Kelvin 온도는 자연 과학에서, 화씨 온도는 공학 과학에서 많이 사용한다. 여기서는 이 세 가지 온도 척도를 정의하고, 이들 사이의 변환에 대해 알아보기로 한다. 이 변환은 계산기를 사용하면 쉽게 할 수 있지만, 여기서는 문제 해결 방법을 보여주기 위해 그 과정을 비교적 자세히 다루겠다.

그림 1.8에 세 가지의 온도 척도를 정의하고 비교하였다. Kelvin 온도와 섭씨 온도는

눈금의 크기는 같으나 근본적으로 영점이 다르다. 따라서 이 두 온도 사이의 변환은 영점만을 조절하면 된다.

$T_K = T_C + 273.15$

$$\text{온도(Kelvin)} = \text{온도(섭씨)} + 273.15$$

또는

$T_C = T_K - 273.15$

$$\text{온도(섭씨)} = \text{온도(Kelvin)} - 273.15$$

예를 들어, 300.00 K를 섭씨 온도로 바꾸려면 다음과 같이 계산하면 된다.

$$300.00 - 273.15 = 26.85°\text{C}$$

섭씨 단위로 온도를 나타낼 때는 °C를 사용하지만 Kelvin 척도에서는 '도(°)' 기호를 사용하지 않는다. Kelvin 온도의 단위는 *kelvin*이며, 기호는 K이다.

화씨 온도와 섭씨 온도 사이의 단위 변환은 약간 복잡하다. 눈금 크기와 영점이 모두 다르기 때문이다. 따라서 이 두 가지를 모두 조정해야 한다. 먼저 눈금의 크기의 차이를 고려해 보자. 이것은 그림 1.8에 잘 나타나 있다. 212°F = 100°C이고, 32°F = 0°C이므로

$$212 - 32 = 180°\text{F} = 100 - 0 = 100°\text{C}$$

따라서 화씨 온도에서 180°의 변화는 섭씨 온도에서 100°의 변화와 같으며, 단위 인자는 다음과 같다.

$$\frac{180°\text{F}}{100°\text{C}} \quad \text{또는} \quad \frac{9°\text{F}}{5°\text{C}}$$

또한 변환하려는 방향에 따라 그 역수를 쓸 수도 있다.

다음으로 영점을 살펴보자. 32°F = 0°C이므로 화씨 온도에서 32를 빼면 섭씨 온도의 영점을 얻을 수 있다. 그런 다음 단위 인자를 곱하여 눈금의 크기 차이를 조정한다. 이 과정은 다음 식으로 요약할 수 있다.

$$(T_F - 32°\text{F})\frac{5°\text{C}}{9°\text{F}} = T_C \qquad \textbf{(1.1)}$$

여기서 T_F와 T_C는 각각 화씨 온도와 섭씨 온도이다. 섭씨 온도를 화씨 온도로 변환하기 위해서는 먼저 눈금의 크기를 보정한 후에 영점 차이를 보정한다. 이 과정은 다음 일반식으

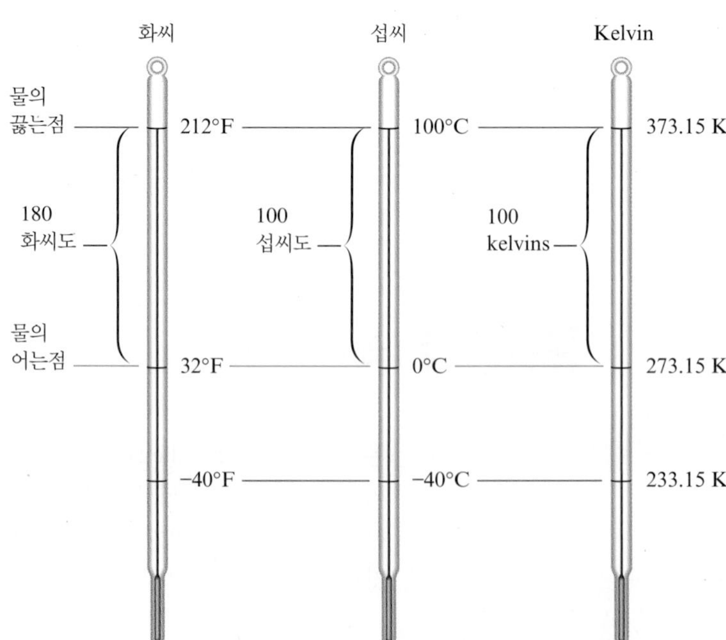

그림 1.8 세 가지의 주요한 온도 척도.

로 요약할 수 있다.

$$T_F = T_C \times \frac{9°F}{5°C} + 32°F \quad (1.2)$$

한 온도에서 다른 온도로 변환하는 과정을 이해하라. 관계식을 단순히 암기하지 말라.

식 (1.1)과 식 (1.2)는 모양만 다를 뿐 같은 식이다. 식 (1.1)을 정리하면 식 (1.2)를 얻을 수 있는지 확인해 보라.

온도의 변환을 공부할 때, 다음 두 가지의 방법 중 어느 것이 더 좋을지를 생각해 보라. 한 가지 방법은 단순히 관계식을 암기하는 것이고 다른 방법은 두 온도 사이의 차이를 공부하고, 한 온도에서 다른 온도로 변환하는 과정을 이해하는 것이다. 두 번째 방법이 노력은 더 많이 들지만 기억 속에 더 오래 남을 것이다. 이 방법은 다른 많은 화학 개념을 배울 때에도 적용된다. 항상 문제를 생각해서 해결하도록 노력하라!

대화형 예제 1.11 온도 변환 I

정상인의 체온은 98.6°F이다. 이 온도를 섭씨 및 Kelvin 온도로 변환하라.

풀이

목표는 무엇인가?

체온을 화씨 온도에서 섭씨 및 Kelvin 온도로 변환한다.

▲
환자의 체온을 측정하고 있는 간호사.

알고 있는 것은?

› 체온이 98.6°F이다.

어떻게 해결할 것인가?

문제를 단순히 공식을 이용하여 풀지 말고 깊이 생각하여 풀어보자. 이 문제는 그림 1.9에 나타내었다. 먼저 98.6°F를 섭씨 온도로 변환하자. 32.0°F와 98.6°F의 차이는 66.6°F이다. 이 차이를 섭씨 온도로 바꾸어야 한다.

$$66.6°F \times \frac{5°C}{9°F} = 37.0°C$$

따라서 98.6°F는 37.0°C에 해당한다.

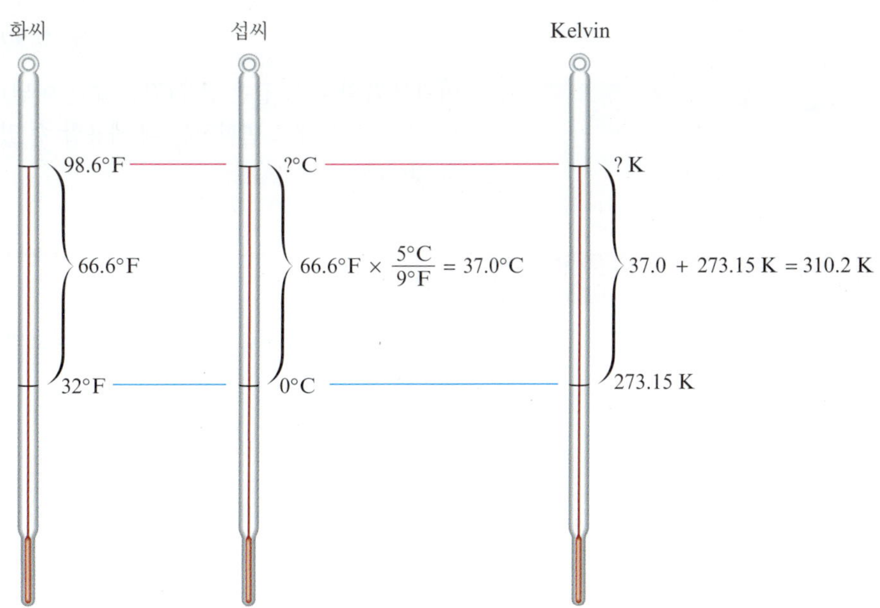

그림 1.9 화씨, 섭씨, Kelvin 척도로 측정한 정상 체온.

이제 Kelvin 온도로 변환할 수 있다.

$$T_K = T_C + 273.15 = 37.0 + 273.15 = 310.2\ K$$

최종 답은 소수점 아래에 한 자리만 있다(37.0이 한계 항이다).

연습 문제 1.69, 1.71과 1.72 참조

예제 1.12 온도 변환 II

섭씨와 화씨 온도에서 한 가지 흥미로운 사실은 −40°C와 −40°F가 같은 온도를 나타낸다는 것이다(그림 1.8). 이것을 증명하라.

풀이 **목표는 무엇인가?**

−40°C = −40°F 임을 보여야 한다.

알고 있는 것은?

› 섭씨와 화씨 온도 사이의 관계

어떻게 해결할 것인가?

32°F와 −40°F 사이의 차이는 72°F이다. 0°C와 −40°C 사이의 차이는 40°C이다. 이들 사이의 비는 다음과 같다.

$$\frac{72°F}{40°C} = \frac{8 \times 9°F}{8 \times 5°C} = \frac{9°F}{5°C}$$

−40°C와 −40°F는 같다.

연습 문제 173 참조

예제 1.12에서 보았듯이 −40°는 화씨와 섭씨 온도 모두에서 같은 온도이므로, 이것을 두 온도 사이의 관계를 나타내는 기준 온도(0°C와 32°F처럼)로 사용할 수 있다.

$$\frac{\text{화씨 척도로 나타낸 도수}}{\text{섭씨 척도로 나타낸 도수}} = \frac{T_F - (-40)}{T_C - (-40)} = \frac{9°F}{5°C}$$

$$\frac{T_F + 40}{T_C + 40} = \frac{9°F}{5°C} \tag{1.3}$$

여기서 T_F와 T_C는 같은 온도(같은 수는 아님)를 나타낸다. 이 식은 화씨 온도를 섭씨 온도로, 또는 그 반대로 변환하는 데 사용할 수 있으며 식 (1.1)이나 식 (1.2)보다 기억하기 쉬울 것이다.

대화형 예제 1.13 온도 변환 III

저온 실험의 냉각제로 사용하는 액체 질소의 끓는점은 77 K이다. 이 온도는 화씨 온도로 몇 도인가?

풀이 **목표는 무엇인가?**

77 K를 화씨 온도로 변환한다.

알고 있는 것은?

› Kelvin 온도와 화씨 온도 사이의 관계

▲
액체 질소는 매우 차갑기 때문에 질소를 부을 때 주위의 공기에 있는 수분이 응축되어 구름이 형성된다.

어떻게 해결할 것인가?

먼저 77 K를 섭씨 온도로 변환한다.

$$T_C = T_K - 273.15 = 77 - 273.15 = -196°C$$

이것을 화씨 온도로 변환하기 위하여 식 (1.3)을 사용한다.

$$\frac{T_F + 40}{T_C + 40} = \frac{9°F}{5°C}$$

$$\frac{T_F + 40}{-196°C + 40} = \frac{T_F + 40}{-156°C} = \frac{9°F}{5°C}$$

$$T_F + 40 = \frac{9°F}{5°C}(-156°C) = -281°F$$

$$T_F = -281°F - 40 = -321°F$$

연습문제 1.69, 1.71과 1.72 참조

1.9 밀도

화학자가 물질을 확인하는 데 흔히 사용하는 물질의 속성은 밀도이다. **밀도**(density)는 물질의 단위 부피(unit volume)당 물질의 질량이다.

$$밀도 = \frac{질량}{부피}$$

액체의 밀도는 정확한 부피를 알고 있는 액체의 무게를 측정하면 쉽게 얻을 수 있다. 이 과정을 예제 1.14에 나타내었다.

대화형 예제 1.14 밀도의 측정

어떤 화학자가 미지 액체의 이름을 알아내기 위해 20°C에서 액체 25.00 cm^3의 질량을 측정하였더니 19.625 g이었다. 다음 표에는 미지 액체일 가능성이 있는 화합물들의 이름과 밀도를 나타내었다.

화합물	20°C에서의 밀도(g/cm^3)
클로로폼	1.492
다이에틸 에테르	0.714
에탄올	0.789
아이소프로필 알코올	0.785
톨루엔	0.867

이들 화합물 중에서 미지 액체일 가능성이 가장 높은 것은 어느 것일까?

풀이

목표는 무엇인가?

미지의 액체의 밀도를 계산한다.

알고 있는 것은?

› 부피를 아는 액체의 질량

분모에 있는 단위를 나타내는 두 가지 방법이 있다. 예를 들면, g/cm^3 또는 $g\ cm^{-3}$라고 쓸 수 있다. 이 책에서는 앞의 방법을 쓸 것이나, 뒤의 방법이 더 널리 사용되고 있다.

어떻게 해결할 것인가?

이 물질을 알아내기 위해서는 밀도를 결정해야 한다. 이것은 밀도의 정의를 이용하여 계산한다.

$$\text{밀도} = \frac{\text{질량}}{\text{부피}} = \frac{19.625\ g}{25.00\ cm^3} = 0.7850\ g/\ cm^3$$

이 밀도는 아이소프로필 알코올과 정확히 일치한다. 따라서 아이소프로필 알코올이 액체의 주성분일 가능성이 크다. 그러나 에탄올의 밀도도 상당히 비슷하다. 그 물질이 아이소프로필 알코올이라는 것을 확실히 밝히기 위해서는 몇 가지 실험을 더 해야 한다(현대적인 실험실에는 이 두 액체를 구별할 수 있는 여러 가지 실험이 가능하다).

연습문제 1.80~1.82 참조

밀도는 물질의 확인 이외에도 여러 가지 용도에 사용된다. 예를 들어 자동차의 납 축전지에 들어 있는 액체(황산 용액)는 전기가 방전되면 황산이 소비되어 밀도가 줄어든다. 완전히 충전된 배터리에 들어 있는 용액의 밀도는 약 1.30 g/cm^3이며, 밀도가 1.20 g/cm^3 이하로 떨어지면 배터리를 재충전해야 된다. 밀도는 부동액의 양을 조사하는 데에도 사용할 수 있어 자동차의 냉각기에 필요한 부동액의 양도 결정할 수 있다.

표 1.5에 여러 가지 일반적인 물질의 밀도를 수록해 놓았다.

1.10 물질의 분류

식물의 성장, 철의 부식, 사람의 노화, 산성비 등과 같이 우리 주변에서 일어나는 변화를 이해하기 위해서는 먼저 물질이 어떻게 구성되어 있는가를 알아야 한다. **물질**(matter)은 공간을 차지하고 질량을 가진 모든 것이라고 정의할 수 있으며, 우주를 구성하고 있는 재료이다. 물질은 복잡하며 여러 단계의 구성 체계를 가지고 있다. 이 절에서는 물질의 구조와 성질에 대해 소개하겠다.

먼저 물질의 기본적인 성질에 대한 정의부터 살펴보자. 물질은 고체, 액체, 기체의 세 가지 **상태**(state)로 존재한다. *고체(solid)*는 단단하며 일정한 부피와 형태를 갖고 있다. *액*

표 1.5 20°C에서 여러 가지 흔히 볼 수 있는 물질들의 밀도*

물질	물리적 상태	밀도(g/cm^3)
산소	기체	0.00133
수소	기체	0.000084
에탄올	액체	0.789
벤젠	액체	0.880
물	액체	0.9982
마그네슘	고체	1.74
소금(염화 소듐)	고체	2.16
알루미늄	고체	2.70
철	고체	7.87
구리	고체	8.96
은	고체	10.49
납	고체	11.34
수은	액체	13.56
금	고체	19.32

*1 atm에서 측정한 값.

체(*liquid*)는 부피는 일정하나 모양은 담는 용기에 따라 달라진다. *기체*(*gas*)는 일정한 모양이나 부피가 없으며, 담는 용기의 모양에 따라 형태와 부피가 결정된다. 조금밖에 압축되지 않는 액체나 고체와는 달리 기체는 매우 잘 압축되며, 기체의 부피는 쉽게 줄일 수 있다. 물의 세 가지 상태에 대한 분자-수준의 모습을 그림 1.10에 나타내었다. 얼음, 액체 물 및 수증기의 서로 다른 성질은 이들 물질의 분자 배열이 다르기 때문에 나타난다. 표 1.5에는 20°C, 1 atm에서 몇 가지 물질의 상태를 나타내었다. 끓이고 얼리는 과정을 **물리적 변화**(physical change)라고 한다. 물을 얼리거나 끓이면 그 상태만 변할 뿐 물은 그대로 남아 있으며, 그 조성은 여전히 H_2O 분자이다. 물리적 변화는 물질의 상태가 변하는 것이며, 화학적 조성이 변하는 것이 아니다. 물리적 변화를 이용하면 혼합물을 순수한 화합물로 분리할 수 있지만 화합물을 쪼개어 원소로 만들 수는 없다.

▲ 수은 원소(왼쪽 위)와 아이오딘 원소(오른쪽 위)가 결합하면 아이오딘화 수은(아래)이 된다. 이것이 화학적 변화의 한 예이다.

순물질(pure substance)은 구성 성분이 일정한 물질로, 화합물(원소의 조합) 또는 원소이다. **화합물**(compound)은 화학적 과정을 통해 원소로 분해될 수 있는 *일정한 조성*(*constant composition*)을 가진 물질이다. 화학적 과정의 예로, 물에 전류를 흘리면 물 분자가 수소와 산소로 분해되는 물의 전기분해를 들 수 있다. 이 과정에서 물 분자가 분해되어 화학적 변화가 일어난다. 물은 사라지고 그 자리에 원소인 수소와 산소가 생긴다. **화학적 변화**(chemical change)란 주어진 물질이 새로운 물질 또는 성질과 조성이 다른 물질로 변하는 것을 말한다. **원소**(element)는 화학적 또는 물리적 수단으로 더 간단한 물질로 분해될 수 없는 물질이다.

우리 주위에 있는 대부분의 물질은 순물질의 **혼합물**(mixture)이다. 나무, 가솔린, 포도주, 흙, 공기는 모두 혼합물이다. 혼합물의 주된 특성은 *여러 가지 조성*(*variable composition*)을 가질 수 있다는 것이다. 예를 들어 나무는 여러 가지 물질의 혼합물이며, 그 조성은 나무의 종류와 자라온 토양에 따라 다르다. 혼합물은 **균일**(homogeneous) 혼합물(눈으로 구별할 수 있는 부분이 없음)과 **불균일**(heterogeneous) 혼합물(눈으로 구별할 수 있는 부분이 있음)로 분류할 수 있다.

그림 1.10 물의 세 가지 상태(빨간 구는 산소 원자, 푸른 구는 수소 원자를 나타낸다).

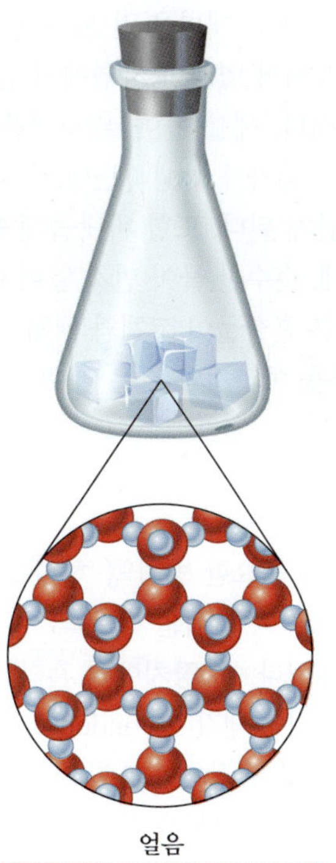

얼음

고체: 물 분자가 정해진 위치에 고정되어 있으며, 거리가 가깝다.

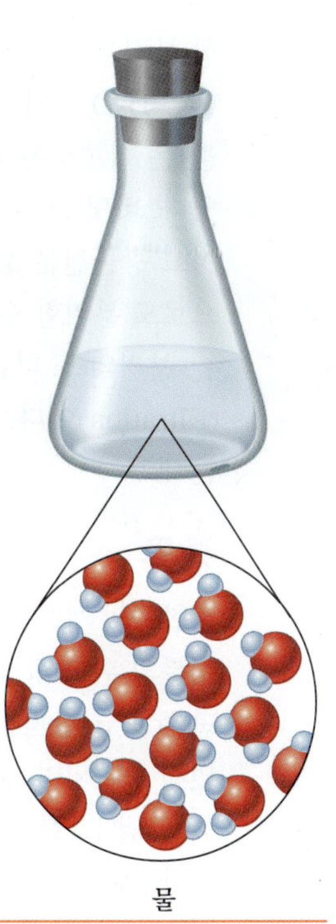

물

액체: 물 분자 사이의 거리는 가까우나 움직일 수 있다.

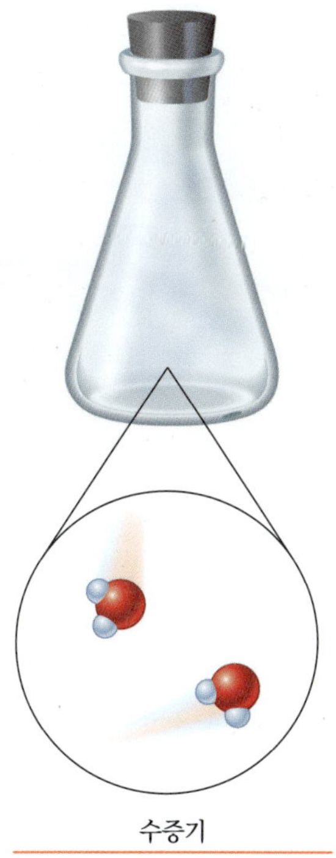

수증기

기체: 물 분자가 멀리 떨어져 있으며, 마구잡이로 움직인다.

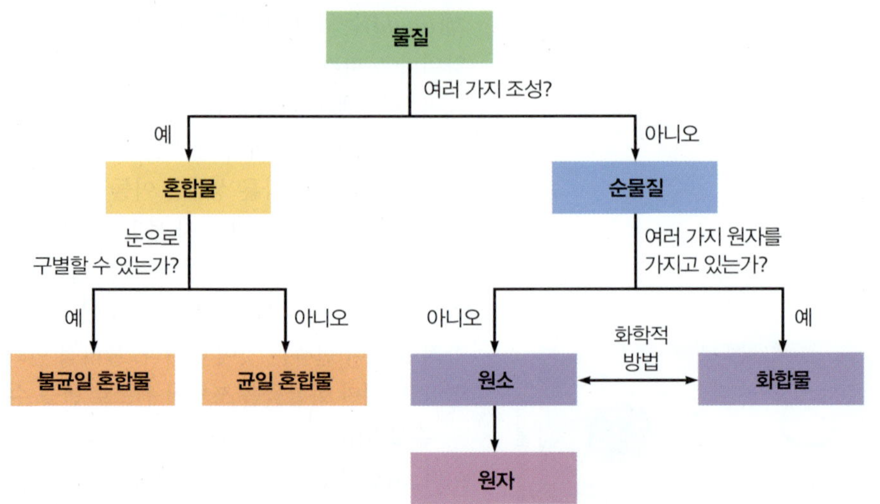

그림 1.11 물질의 조직.

균일 혼합물을 **용액**(solution)이라고 한다. 공기는 기체 혼합물로 이루어진 용액이다. 포도주는 복잡한 액체 용액이다. 놋쇠는 구리와 아연으로 이루어진 고체 용액이다. 물속의 모래, 육면체 얼음이 들어 있는 아이스티(냉차)는 불균일 혼합물의 예이다. 불균일 혼합물은 보통 두 가지 이상의 균일 혼합물이나 순물질로 분리할 수 있다(예를 들면, 아이스티에서 얼음 덩어리를 분리할 수 있다).

우리는 우리 주변의 물질이 다양한 수준의 조직을 가지고 있음을 보았다. 지금까지 논의한 가장 기본적인 물질은 원소이다. 원소는 원자로 구성되며 원자는 원자핵과 전자로 구성된다. 핵은 양성자와 중성자로 구성되어 있으며 더 나아가 기본 입자로 분해될 수 있다. 그림 1.11은 물질의 조직에 대한 논의를 요약한 것이다.

1.11 혼합물의 분리

혼합물은 물리적 방법에 의해 순수한 물질로 분리될 수 있다. 순수 물질은 조성이 일정한 물질을 말한다. 물은 이러한 개념을 잘 보여준다. 나중에 자세히 설명하겠지만 순수한 물은 H_2O 분자로만 구성되어 있지만 자연에서 발견되는 물(지하수 또는 호수나 바다의 물)은 실제로는 혼합물이다. 예를 들어, 바닷물은 많은 양의 용해된 광물질을 포함하고 있다. 바닷물을 끓이면 수증기가 발생하는데, 이 수증기를 응축시키면 순수한 물이 얻어지고 광물질은 고체로 남게 된다. 또한 바닷물에 용해된 광물질은 혼합물을 얼리는 방법으로도 분리할 수 있는데, 순수한 물이 먼저 얼어 나오기 때문이다.

분리의 또 다른 방법은 혼합물이 고체와 액체로 구성되어 있을 때 사용되는, 단순 **여과**(filtration)이다. 혼합물을 여과지와 같은 메쉬 위에 부으면, 액체는 통과하고 고체는 남는다.

증류

혼합물의 성분을 분리하는 중요한 방법 중 하나는 **증류**(distillation)이다. 이것은 각 구성 성분의 휘발성(증기 상태로 되기 쉬운 정도)의 차이를 이용하는 방법이다. 그림 1.12에는 단순 증류 장치를 나타내었다. 이 장치에서 혼합물을 가열하면 휘발성이 가장 큰 성분이 먼저 증발되며, 증발된 증기는 냉각기(condenser)를 거치면서 액체로 응축된다.

휘발성(volatile)이란, 물질이 얼마나 쉽게 증기로 변하는가 하는 정도를 나타내는 용어이다.

그림 1.12에 있는 단순 증류 장치는 혼합물 중 한 가지 성분만이 휘발성일 때 가장 쓸모 있다. 예를 들어 물과 모래의 혼합물은 물을 끓여 증발시키면 쉽게 분리할 수 있다. 광물질이 녹아 있는 물도 같은 방법으로 분리할 수 있다. 물이 증발되면 광물질은 비휘발성 고체로 남는다. 태양열을 이용하여 바닷물을 단순 증류하는 방법은 바닷물에서 염분을 제거하

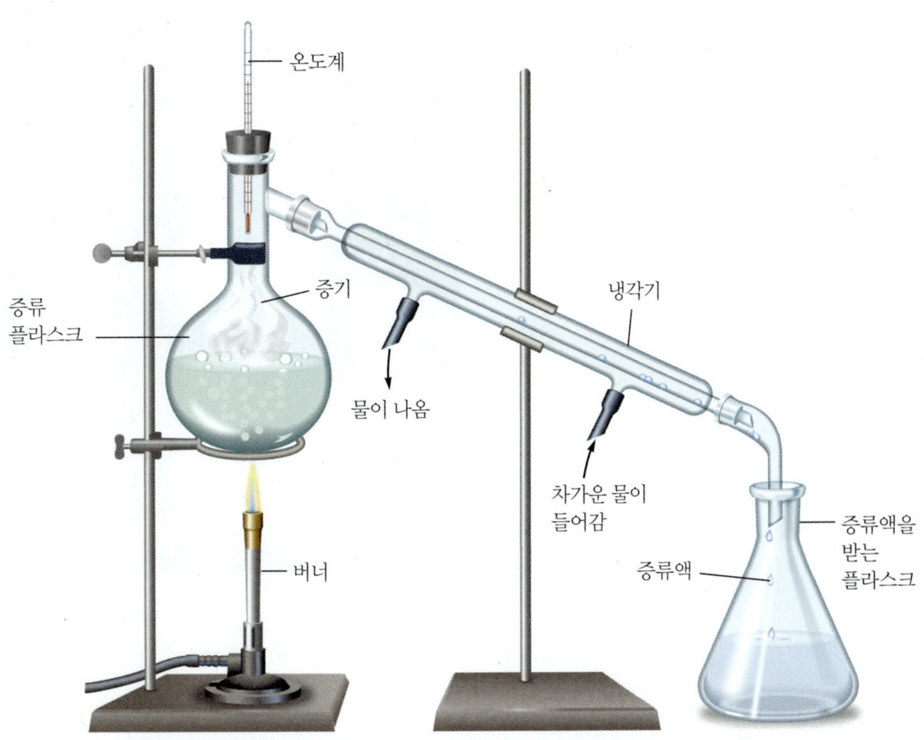

그림 1.12 단순 증류 장치. 냉각수는 냉각기의 바깥 부분을 순환하면서 증류 플라스크에서 생긴 증기를 액체로 응축시킨다. 혼합물의 비휘발성 성분은 증류 플라스크에 남아 있다.

는 매우 뛰어난 방법이다.

그러나 혼합물에 여러 가지 휘발성 물질이 섞여 있으면 단순 증류로는 순물질을 얻을 수 없으며, 더 정교한 방법이 필요하다.

크로마토그래피

세 번째 분리 방법으로는 **크로마토그래피**(chromatography)가 있다. 크로마토그래피는 물질의 두 *상*(*phases*)을 가진 계(system)를 사용하는 일련의 방법에 적용되는 일반적인 이름이다: 이동상과 고정상. *고정상*(*stationary phase*)은 고체이고, *이동상*(*mobile phase*)은 액체 또는 기체이다. 혼합물에 있는 각 성분이 두 상과 친화력이 다르면 크로마토그래피를 통과할 때 다른 속도로 움직이며, 그 결과 분리가 일어난다. 이동상과 친화력이 큰 성분은 크로마토그래피를 빨리 통과하지만, 고정상과 친화력이 큰 성분은 느리게 움직인다.

가장 간단한 크로마토그래피인 **종이 크로마토그래피**(paper chromatography)는 거름종이와 같은 다공성 종이를 길게 잘라 고정상으로 사용한다. 분리할 혼합물 한 방울을 종이의 끝부분에 묻히고, 이 종이의 끝을 액체(이동상)에 담그면 액체는 종이를 따라 올라간다. 용액의 여러 성분이 종이 위에서 서로 다른 높이로 이동하여 서로 다른 색 띠의 기둥이 만들어진다(그림 1.13). 이 방법은 생명계의 화학을 연구하는 생화학자들이 자주 사용한다.

혼합물을 분리할 때 완전히 순수한 성분을 얻는 것은 이상에 불과하다. 예를 들어 물은 어떤 물질을 합성하거나 혼합물에서 분리할 때 항상 접촉하므로 그 물질을 완전히 순수하게 얻는 것은 불가능한 일이다. 그러나 매우 주의 깊게 실험을 한다면 어떤 물질을 거의 순수한 형태로 얻을 수 있다.

그림 1.13 종이 크로마토그래피를 이용한 잉크의 분리. (**a**) 다공성 종이의 한 끝에 분리하고자 하는 혼합물을 점적한다. (**b**) 종이는 액체를 끌어올리는 심지 역할을 한다. 검은 잉크의 어떤 성분들은 다른 성분들보다 종이 위로 더 멀리 이동하는데 이때 색이 있는 띠들로 분리된다.

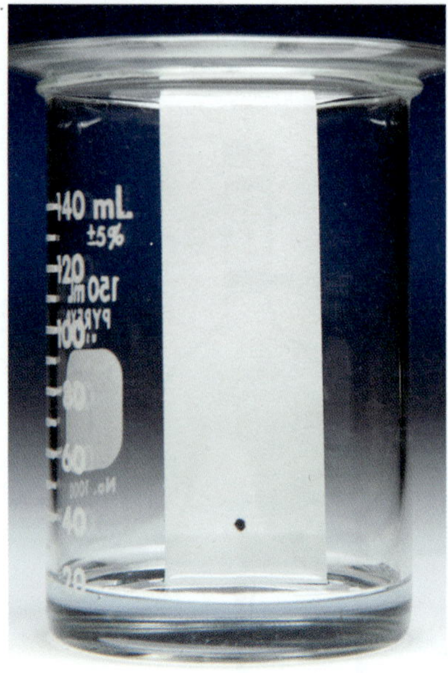

a

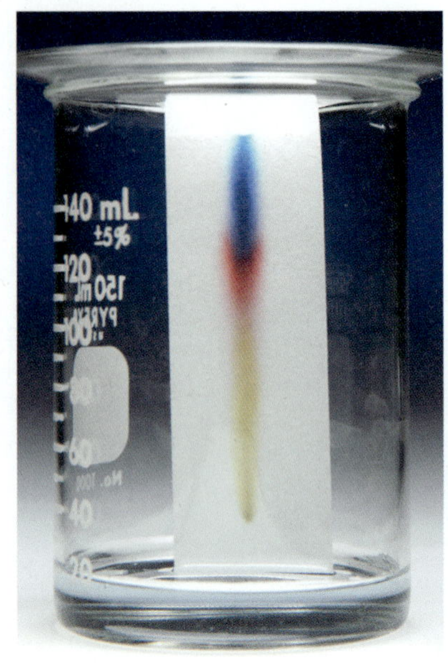

b

Photos © Charles D. Winters

개념 정리 및 복습 For Review

주요 용어

1.2절

과학적 방법
측정
가설
이론
모형
자연 법칙

1.3절

SI 계
질량
무게

1.4절

불확정성
유효 숫자
정확도
정밀도
우연 오차
계통 오차

1.5절

지수 표시법

과학적 방법

- 관찰을 한다.
- 가설을 세운다.
- 실험을 한다.

모형(이론)은 자연이 왜 특별한 방법으로 행동하는지에 대한 설명이다.

- 모형은 시간이 지나면 변하며 때로는 틀리다.

정량적인 관찰을 측정이라고 한다.

- 측정은 숫자와 단위로 되어 있다.
- 측정은 불확정성을 포함한다.
- 불확정성은 유효 숫자로 나타낸다.
  - 유효 숫자를 정하는 규칙
  - 유효 숫자를 이용한 계산
- 가장 널리 쓰이는 단위는 SI 단위계이다.

온도의 변환

- $T_K = T_C + 273.15$
- $T_C = (T_F - 32°F)\left(\dfrac{5°C}{9°F}\right)$
- $T_F = T_C\left(\dfrac{9°F}{5°C}\right) + 32°F$

1.7절

단위 인자 방법

차원 분석

1.9절

밀도

1.10절

물질

물질의 상태

물리적 변화

순수한 물질

화합물

화학적 변화

원소

균일한 혼합물

불균일한 혼합물

용액

1.11절

여과

증류

크로마토그래피

종이 크로마토그래피

밀도

- 밀도 $= \dfrac{\text{질량}}{\text{부피}}$

물질은 세 가지 상태로 존재할 수 있다.

- 고체
- 액체
- 기체

화합물은 화학적 변화를 통해서만 원소로 분해시킬 수 있다.

혼합물은 물리적 변화를 통해서만 분리할 수 있다.

- 증류
- 여과
- 크로마토그래피

복습 질문

1. 다음 술어를 정의하고, 둘의 차이점을 설명하라.

a. 법칙과 이론 **b.** 이론과 실험

c. 정성적과 정량적 **d.** 가설과 이론

2. 과학적 방법의 기본 단계를 설명하라.

3. 측정은 숫자와 단위를 모두 포함하는 정량적 관찰이다. 정성적 관찰이란 무엇인가? 질량, 길이 및 부피에 대한 SI 단위는 무엇인가? 숫자의 가정된 불확실성은 무엇인가(달리 명시되지 않는 한)?

4. 다음 각 유리 기구를 사용하는 측정의 예를 들고, 각 측정값의 유효 숫자의 개수와 불확정성을 설명하라.

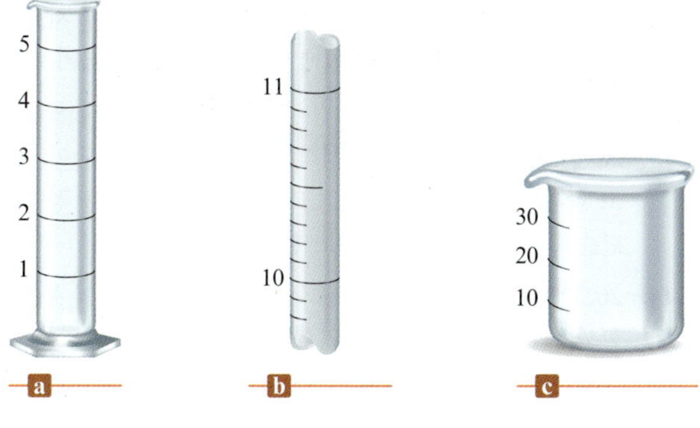

5. 정육면체의 부피를 결정하기 위해 한 학생이 그 치수 중 하나를 여러 번 측정했다. 입방체의 실제 치수가 10.62 cm인 경우 다음 각 시나리오를 설명하는 네 가지 측정 세트의 예를 제시하라.

a. 정밀하지 않고 정확하지 않은 데이터

b. 정밀하지만 정확하지 않은 데이터

c. 정밀하고 정확한 데이터

6. 유효 숫자란 무엇인가? 숫자 1000을 유효 숫자 1개, 유효 숫자 2개, 유효 숫자 3개, 유효 숫자 4개로 표시하는 방법을 보여라.

7. 곱셈과 나눗셈의 유효 숫자 규칙과 덧셈이나 뺄셈의 유효 숫자 규칙을 비교하라. 다음 계산에서 유효한 유효 숫자의 개수에 대한 답은 1.0인가?

$$\frac{0.50}{1.5 - 1.0} = 1.0$$

그 이유는 무엇인가? 아니라면 그 이유는 무엇인가?

8. 화씨 척도와 섭씨 척도 사이의 변환은 두 가지 조정이 필요하다. 설명하라. 어느 온도 척도(°F, °C 또는 K)에서 1°가

가장 작은 온도 변화를 나타내는가? 가장 큰 온도 변화를 나타내는 것은 어느 것인가?

9. 어떤 물체의 부피를 질량으로 변환하는 데(또는 그 반대의 경우) 밀도가 어떻게 변환 인자로 사용될 수 있는지 설명하라.

10. 고체, 액체, 기체, 순물질, 원소, 화합물, 균일 혼합물, 불균일 혼합물, 용액, 화학적 변화, 물리적 변화라는 용어를 정의하라.

활동 학습 질문

이 문제들은 학생들이 강의실에서 그룹을 만들어 함께 풀어보도록 고안하였다.

1. **a.** 1년은 365일이고, 하루는 24시간이며, 1년은 12달이고, 한 시간은 60분이다. 한 달을 분으로 변환하라.
b. 1일은 24시간이고, 1시간은 60분이며, 일주일은 7일이고, 한 달은 4주이다. 한 달을 분으로 변환하라.
c. 두 답이 다른 이유는? 둘 중에 어느 답이 옳은가? 그 이유를 말하라.

2. 대리석을 물이 담긴 비커에 떨어뜨리면 바닥으로 가라앉는다. 다음 중 어떤 것이 가장 좋은 설명인가?
a. 대리석의 표면적은 물의 표면 장력에 의해 유지될 만큼 충분히 크지 않다.
b. 대리석의 질량은 물의 질량보다 크다.
c. 대리석의 무게는 동등한 양의 물보다 무겁다.
d. 대리석을 떨어뜨리는 힘은 물의 표면 장력을 파괴한다.
e. 대리석은 물보다 질량과 부피가 크다. 당신의 선택을 정당화하고, 선택하지 않은 선택에 대해서는 무엇이 잘못되었는지 설명하라.

3. 비커가 두 개 있는데, 하나는 설탕(설탕은 180.0 g의 질량을 가지고 있음)으로 100 mL 마크까지 채워졌다. 다른 하나는 물과 함께 100 mL 마크까지 채워졌다(물의 질량은 100.0 g이다). 설탕과 물을 함께 큰 비커에 붓고 설탕이 완전히 녹을 때까지 저어준다.
a. 용액의 질량에 대해 다음 중 어느 것이 사실인가? 설명하라.
i. 280.0 g보다 훨씬 크다.
ii. 280.0 g보다 다소 크다.
iii. 정확히 280.0 g이다.
iv. 280.0 g보다 다소 적다.
v. 280.0 g보다 훨씬 적다.
b. 다음 중 용액의 부피에 대하여 어느 것이 사실인가?
i. 200.0 mL보다 훨씬 크다.
ii. 200.0 mL보다 다소 크다.
iii. 정확히 200.0 mL이다.
iv. 200.0 mL보다 다소 적다.
v. 200.0 mL보다 훨씬 적다.

4. 물이 끓으면 표면에서 기포가 발생한다.
a. 이 기포 안에는 무엇이 들어 있는가?
i. 공기
ii. 수소 기체와 산소 기체
iii. 산소 기체
iv. 수증기
v. 이산화 탄소 기체
b. 물이 끓는 것은 물리적 변화인가, 화학적 변화인가? 설명하라.

5. 다음 각 물질은 고체, 액체, 기체 중 어느 특성을 보여주는가? 어떻게 분류하겠는가?
a. 푸딩 한 그릇 **b.** 모래 한 양동이

6. 다음 각 혼합물을 확대한 그림(원자/분자가 보이게)으로 나타내라.
a. 두 다른 화합물로 이루어진 불균일 혼합물
b. 같은 원소 또는 화합물로 이루어진 균일 혼합물

7. 16세기의 연금술사이자 치료사인 Paracelsus는 "환자는 교과서이고, 병상은 연구실이다"를 자신의 슬로건으로 삼았다. 이것은 과학적인 방법과 일치하는가?

8. 다음 글에서 잘못된 것은?
"실험의 결과가 이론과 일치하지 않을 때는 실험이 잘못되었기 때문이다."

9. 측정의 결과가 정확하지만 정밀하지 않다고 말하는 것은 틀린 이유는 무엇인가?

10. 뉴욕에서 시카고로 자동차를 운전하여 갈 때 드는 가솔린 값을 계산하기 위해 필요한 자료는 무엇인가? 대략적인 값을 정하고, 그것으로 계산을 하라.

11. 두 개의 유리 용기를 스케치하라. 하나는 1000분의 1까지 부피를 측정할 수 있는 유리 용기이고 다른 하나는 한 자릿수의 부피를 측정할 수 있는 유리 용기이다.

12. 납 조각 1.0 cm^3와 유리 조각 1.0 cm^3가 있다. 이 두 시료를 물이 들어 있는 두 개의 다른 비커에 떨어뜨렸다. 각 시료가 치환한 물의 양은 어떻게 다른가? 그 이유를 설명하라.

13. 28에 15.4를 더하는 것을 생각해 보자. 수학자는 답이 무엇이라고 할까? 과학자는 무엇이라고 할까? 과학자 답을 정당화하라. 단순히 규칙을 인용하지 말고 설명을 하라.

14. 26.2에 16.43을 곱한다고 생각하자. 수학자는 답이 무엇이라고 할까? 과학자는 무엇이라고 할까? 과학자 답이 옳다는 것을 정당화하라. 단순히 규칙을 이야기하지 말고 설명을 하라.

15. 옳은가 틀린가? 두 가지 측정에 대해 수행된 수학적 연산의 경우, 해답의 유효 숫자 개수는 두 측정 중 가장 적은 수의 유효 숫자와 같다. 당신의 대답을 설명하라.

16. 2 : 1 비율의 수소와 산소로 된 균일 혼합물과 수증기 시료 간에 차이가 있는가? 설명하라.

17. 사탕을 사러 가게에 갔는데 주인이 다소 이상한 규칙을 가지고 있다. 그는 당신이 4의 배수로 조각을 구입할 수 있도록 허용하고 4개를 구입하려면 $0.23가 필요하다. 그는 3페니와 2다임을 사용하여 4개의 사탕 한 세트에 대해서만 지불하도록 허용한다. 당신은 많은 페니와 다임을 가지고 있고 그것들을 세는 대신에 그것들의 무게를 측정하기로 결정한다. 636.3 g의 페니가 있고 1페니의 무게는 3.03 g이다. 각 다임의 무게는 2.29g이다. 각 사탕의 무게는 10.23 g이다.

- **a.** 당신은 몇 페니를 가지고 있는가?
- **b.** 가능한 한 많은 사탕을 사려면 몇 다임이 필요한가? 다임의 질량은 얼마인가?
- **c.** b 부분에서 계산한 다임 동전의 수를 가지고 있다고 가정하면 사탕을 몇 개나 살 수 있는가? 살 수 있는 사탕의 무게는 얼마인가?
- **d.** b 부분에서 계산한 다임의 수를 두 배로 하면 몇 개의 사탕을 살 수 있는가?

18. 촛불 위에 유리 막대를 놓으면 유리 막대가 검은색으로 변한다. 촛불이 탈 때에 다음 각 물질에 어떤 변화가 일어나는가? (물리적 변화, 화학적 변화, 둘 모두, 변화 없음)

- **a.** 왁스
- **b.** 심지
- **c.** 유리 막대

분홍색 번호의 질문과 연습문제에 대한 정답은 온라인에서 확인할 수 있습니다(차례의 QR을 스캔해보세요).

질문

19. *법칙*과 *이론*의 차이는 *무엇*(*what*)과 *왜*(*why*)의 차이와 같다. 설명하라.

20. 과학적 방법은 동적인 과정이다. 이것은 무엇을 뜻하는가?

21. 과학적 방법은 과학 분야에서만 문제를 해결하는 데 적합한가? 설명하라.

22. 우연 오차와 계통오차의 차이점은 무엇인가?

23. 다음 중 정량적 측정으로 테스트할 수 있는 진술은 무엇인가? 설명하라.

- **a.** Babe Ruth는 Ty Cobb보다 더 나은 타자였다.
- **b.** 아이보리 비누는 순도 99.44%이다.
- **c.** Rolaids는 과도한 위산에서 자신의 무게의 47배를 소비한다.

24. 한 학생이 칼슘 함량을 결정하기 위해 시료 분석을 수행했으며 4개의 별도 시험에서 다음 결과를 얻었다.

반복 측정 결과

1	14.92%
2	14.91%
3	14.88%
4	14.91%

시료의 실제 칼슘 양은 15.70%이다. 이러한 결과의 정확도와 정밀도에 대해 어떤 결론을 내릴 수 있는가?

25. 화학 분석을 수행할 때 혼합물을 순수하거나 비교적 순수한 물질로 분리하는 것이 왜 중요한가?

26. 한랭전선이 내려와 온도가 20도 낮아졌다. 어떤 온도 척도를 사용할 때 가장 큰 온도 변화를 나타내는가?

27. 섭씨 온도 척도의 두 배는 켈빈 척도의 두 배와 같은가? 만일 그렇지 않다면 어떤 온도의 배가 더 큰 온도 증가인가? 설명하라.

28. 여러 단계 계산에서, 계산의 각 단계에서 올바른 숫자의 정확한 숫자로 숫자를 반올림하는 것이 좋은가 아니면 최종 답만 반올림하는 것이 좋은가?

29. 기체 상태인 물질의 밀도가 같은 온도에서 액체 또는 고체의 밀도보다 크겠는가 또는 작겠는가? 그 이유는?

30. 다음 각 용어에 해당되는 예를 네 개씩 들어라.

- **a.** 균일 혼합물
- **b.** 불균일 혼합물
- **c.** 화합물
- **d.** 원소
- **e.** 물리적 변화
- **f.** 화학적 변화

31. 두 개의 구형 물체는 같은 질량을 가지지만, 하나는 뜨고 다른 하나는 가라앉는다. 지름이 더 큰 물체는 무엇인가?

32. 분자 수준(현미경) 그림을 사용하여 기체, 액체 및 고체 상태에서 원소 사이의 차이를 설명하라.

연습 문제

연습 문제는 비슷한 유형의 문제를 두 개씩 짝지어 놓았다.

유효 숫자 및 단위 변환

33. 다음 중 완전수는?

- **a.** 1 m는 *100* cm이다.
- **b.** 1미터는 *1.094*야드이다.
- **c.** 다음 식을 이용하여 섭씨 온도를 화씨 온도로 바꿀 수 있다.

$$°F = \frac{9}{5}°C + 32$$

이 식에서 *9/5*와 *32*는 완전수인가, 불완전수인가?

- **d.** $\pi = 3.1415927$

34. 다음 각 수에서 유효 숫자는 몇 개인가?

- **a.** 에베레스트 산은 29,000 ft이다.
- **b.** 1마일은 약 5300 ft이다.
- **c.** 1리터는 1.059 qt에 해당한다.
- **d.** 미국의 인구는 3.3×10^2 백만 명에 가까워지고 있다.
- **e.** 1킬로그램은 1000 g이다.
- **f.** Boeing 747은 600 mi/h의 속도로 비행한다.

35. 다음 각 수에서 유효 숫자는 몇 개인가?

a. 6.07×10^{-15}
b. 0.003840
c. 17.00
d. 8×10^{8}
e. 463.8052
f. 300
g. 301
h. 300.

36. 다음 각 수에서 유효 숫자는 몇 개인가?

a. 100
b. 1.0×10^{2}
c. 1.00×10^{3}
d. 100.
e. 0.0048
f. 0.00480
g. 4.80×10^{-3}
h. 4.800×10^{-3}

37. 다음 각 수를 표시된 유효 숫자의 개수에 맞추어 반올림하고 과학적 표기법으로 나타내라.

a. 0.00034159를 유효 숫자 세 개로
b. 103.351×10^{2}를 유효 숫자 네 개로
c. 17.9915를 유효 숫자 다섯 개로
d. 3.365×10^{5}를 유효 숫자 세 개로

38. 0.00015051을 아래에 표시된 개수의 유효 숫자를 갖도록 지수 형태로 나타내라.

a. 한 개의 유효 숫자
b. 두 개의 유효 숫자
c. 세 개의 유효 숫자
d. 다섯 개의 유효 숫자

39. 아래 눈금 실린더에 액체가 들어 있다. 두 액체를 한 비커에 넣었다. 총 부피는 얼마인가? 이 숫자의 정확도는 무엇이 결정하는가?

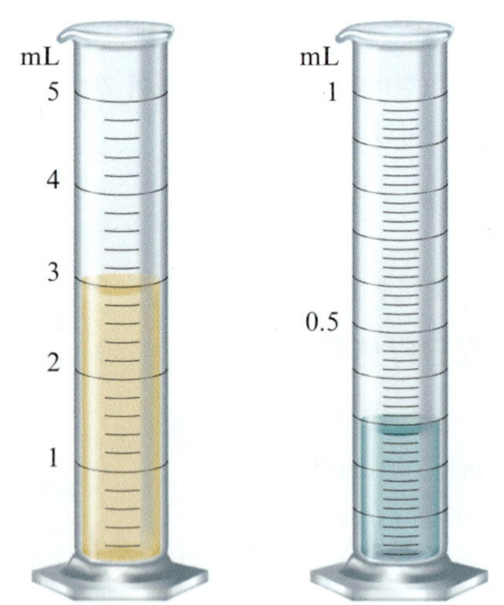

40. 아래에 나타낸 비커는 정밀도가 다르다.

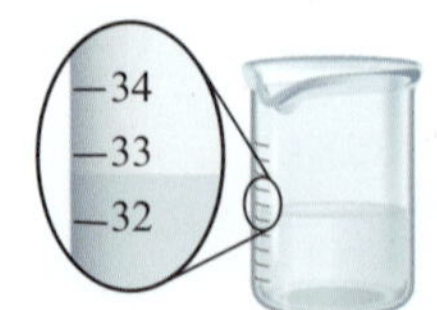

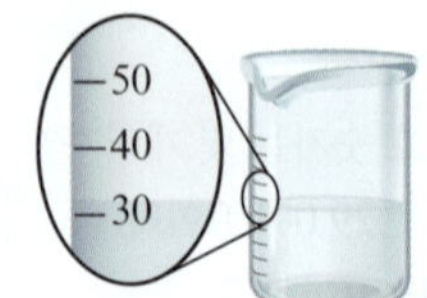

a. 세 비커의 물의 양에 올바른 숫자의 유효 숫자를 표시하라.
b. 3개의 비커 각각에 정확히 같은 양의 물을 넣을 수 있겠는가? 그렇지 않다면 그 이유는 무엇인가? 만일 넣을 수 있다면 부피를 a와 동일하게 보고했는가? 설명하라.
c. 이 세 비커의 물을 하나의 용기에 붓는다고 가정하자. 용기에 들어있는 물의 부피를 몇 개의 유효 숫자로 보고해야 하는가?

41. 다음 작업을 수행하여 각 결과를 적절한 수의 유효 숫자로 나타내라.

a. $53.5 + 5.612 + 6$
b. $10.67 - 9.5 - 0.634$
c. $3.25 \times 10^{3} + 6.174 \times 10^{2}$
d. $1.65 \times 10^{-2} - 9.73 \times 10^{-3}$

42. 다음을 계산하고, 그 결과를 정확한 유효 숫자가 되도록 써라.

a. $\dfrac{0.102 \times 0.0821 \times 273}{1.01}$
b. $0.14 \times 6.022 \times 10^{23}$
c. $4.0 \times 10^{4} \times 5.021 \times 10^{-3} \times 7.34993 \times 10^{2}$
d. $\dfrac{2.00 \times 10^{6}}{3.00 \times 10^{-7}}$

43. 다음을 계산하고, 그 답을 유효 숫자가 맞게 써라.

a. $\dfrac{2.526}{3.1} + \dfrac{0.470}{0.623} + \dfrac{80.705}{0.4326}$
b. $(6.404 \times 2.91)/(18.7 - 17.1)$
c. $6.071 \times 10^{-5} - 8.2 \times 10^{-6} - 0.521 \times 10^{-4}$
d. $(3.8 \times 10^{-12} + 4.0 \times 10^{-13})/(4 \times 10^{12} + 6.3 \times 10^{13})$
e. $\dfrac{9.5 + 4.1 + 2.8 + 3.175}{4}$
(만일 이 계산이 네 가지 수의 평균을 구하는 것이라면 분모의 4는 완전수이다.)
f. $\dfrac{8.925 - 8.905}{8.925} \times 100$
(이와 같은 계산은 백분율 오차 계산에 많이 쓰인다. 이 예에서 100은 완전수라고 가정한다.)

44. 다음을 계산하고, 그 답을 유효 숫자가 맞게 나타내라.

a. $6.022 \times 10^{23} \times 1.05 \times 10^{2}$
b. $\dfrac{6.6262 \times 10^{-34} \times 2.998 \times 10^{8}}{2.54 \times 10^{-9}}$
c. $1.285 \times 10^{-2} + 1.24 \times 10^{-3}\ 1\ 1.879 \times 10^{-1}$
d. $\dfrac{(1.00866 - 1.00728)}{6.02205 \times 10^{23}}$
e. $\dfrac{9.875 \times 10^{2} - 9.795 \times 10^{2}}{9.875 \times 10^{2}} \times 100$ (100은 완전수)
f. $\dfrac{9.42 \times 10^{2} + 8.234 \times 10^{2} + 1.625 \times 10^{3}}{3}$ (3은 완전수)

45. 다음 각 변환을 수행하라.

a. 8.43 cm는 몇 밀리미터인가?
b. 2.41×10^{2} cm는 몇 미터인가?
c. 294.5 nm는 몇 센티미터인가?
d. 1.445×10^{4} m은 몇 킬로미터인가?
e. 235.3 m는 몇 밀리미터인가?
f. 903.3 nm는 몇 마이크로미터인가?

46. **a.** 1테라그램은 몇 킬로그램인가?
b. 6.50×10^2 테라미터(terameter)는 몇 나노미터인가?
c. 25 펨토그램(femtogram)은 몇 킬로그램인가?
d. 8.0 입방 데시미터(cubic decimeters)는 몇 리터인가?
e. 1밀리리터는 몇 마이크로리터인가?
f. 1마이크로그램(microgram)은 몇 피코그램(picogram)인가?

47. 다음 측정값을 비교하라.
a. 질량이 1.5 lb와 715 g 중 어느 것이 더 큰가?
b. 부피가 1.90 L와 2.00쿼트 중 어느 것이 더 큰가?

48. 다음 측정값을 비교하라.
a. 어떤 여자의 키가 5 ft, 10인치이다. 남자는 1.80미터이다. 이들 중 누가 더 큰가?
b. 시속 100 km와 시속 65마일 중 어느 것이 더 빠른 속도인가?

49. 축하합니다! 당신과 당신의 배우자는 미터법을 사용하는 나라에서 공부하는 동안 태어난 새로운 아기의 자랑스러운 부모이다. 간호사는 아기의 몸무게가 3.91 kg이고 키는 51.4 cm라고 알려주었다. 아기의 몸무게를 파운드와 온스로, 길이를 인치로 환산하라(가장 가까운 4분의 1인치로 반올림).

50. 어떤 책이 가로 11.0인치, 세로 8.5인치, 높이가 1.75인치이다. 책의 부피를 cm^3와 리터로 나타내라.

51. 아래의 단위 변환을 수행하라.
a. 908 oz를 킬로그램으로 나타내라.
b. 12.8 L를 갤런(gallons)으로 나타내라.
c. 125 mL를 쿼트(quarts)로 나타내라.

52. 아래의 단위 변환을 하라.
d. 3.50 gal을 밀리리터로 나타내라.
e. 195 lb를 킬로그램으로 나타내라.
f. 2.998×10^8 m/s를 mi/h로 나타내라.

53. 아래의 완전 변환 인자를 이용하여 다음에서 언급한 계산을 하라.

$$5\tfrac{1}{2}\text{ yd} = 1\text{ rod}$$
$$40\text{ rods} = 1\text{ furlong}$$
$$8\text{ furlongs} = 1\text{ mile}$$

a. Kentucky Derby 경주의 거리는 1.25마일이다. 이 거리를 rod, furlong, 미터 및 킬로미터로 변환하면 얼마인가?
b. 마라톤의 경주 거리는 26마일, 385야드이다. 이것을 rod, furlong, 미터 그리고 킬로미터로 변환하면 얼마인가?

54. 면적의 SI 단위는 제곱미터이지만, 미터 계로 토지 면적을 나타낼 때는 헥타르(ha)를 사용한다. 1헥타르는 10,000 m^2이다. 영국 계에서는 토지 면적을 에이커(1 acre = 160 rod^2)로 나타낸다. 연습 문제 53번에 있는 변환 인자를 사용하여 다음을 계산하라.
a. 1 ha = _______ km^2
b. 5.5에이커를 헥타르, 제곱미터 및 제곱킬로미터로 나타내라.
c. 두 변의 길이가 각각 120 ft, 75 ft인 면적의 토지를 6500달러에 팔았다. 에이커당 가격은 얼마인가? 헥타르당 가격은 얼마인가?

55. 귀금속과 보석의 무게는 영국 계 단위인 트로이(troy) 단위로 측정한다.

24 grains = 1 pennyweight (완전수)
20 pennyweight = 1 troy ounce (완전수)
12 troy ounces = 1 troy pound (완전수)
1 grain = 0.0648 g
1 carat = 0.200 g

a. 가장 일반적인 영국 계 질량의 단위는 pound 단위이다. 1 troy pound는 몇 킬로그램이고, 몇 파운드에 해당하는가?
b. 금 1트로이 온스를 그램과 캐럿으로 변환하면 얼마인가?
c. 금의 밀도는 19.3 g/cm^3이다. 금의 1트로이 파운드의 부피는 얼마인가?

56. Apothecaries(약사)는 다음과 같은 영국 단위계를 사용한다.

20 grains ap = 1 scruple (완전수)
3 scruples = 1 dram ap (완전수)
8 dram ap = 1 oz ap (완전수)
1 dram ap = 3.888 g

a. 1 apothecary grain은 1 troy grain과 같은가? (연습 문제 55 참조)
b. 1 oz ap = _______ oz troy
c. 아스피린 한 알은 5.00×10^2 mg의 활성 성분을 포함하고 있다. 이것을 grain ap로 변환하면 얼마인가? 이것을 scruple로 변환하면 얼마인가?
d. 1 scruple을 그램으로 변환하면 얼마인가?

57. 약사가 약을 줄 때 알약의 개수를 세는 것보다 무게를 다는 것이 편리한 경우가 있다. 항생제 한 캡슐의 무게가 0.65 g이라면 15.6 g의 항생제에는 몇 개의 캡슐이 있는가?

58. 어린이 진통제 elixir에는 0.50티스푼당 80. mg의 아세트아미노펜이 들어 있다. 체중이 24~35파운드인 어린이의 권장 투약량은 1.5티스푼이다. 체중이 24~35파운드인 어린이에 대하여 체중 1 kg당 아세트아미노펜의 권장 투약량의 범위를 mg으로 변환하라.

59. 공상 과학에서는 우주 여행을 항해에 비유한다. 만일 우주선(*U.S.S Enterprise*)이 warp 1.71로 비행한다면 그 속도는 몇 노트인가? (Warp 1.71 = 광속의 5.00배, 빛의 속도 = 3.00×10^8 m/sec, 1 노트 = 2030 yd/h)

60. 100미터 달리기의 세계 기록은 9.58 s이다. 이것을 m/s, km/h, ft/s 및 mi/h로 변환하라. 이 속도로 1.00×10^2야드를 달리는 데 걸리는 시간은 얼마인가?

61. 65 km/h로 달리는 자동차에서는 "잠시(just a second)" 도로에서 눈을 뗄 수 없다. 이 시간에 얼마를 달리겠는가(feet 단위로)?

62. 방금 "뉴욕 112 km"라는 도로 표지판을 통과하였다. 65 mi/h의 속도로 계속 달린다면 뉴욕에 도착하는 데 얼마나 걸리겠는가? 이 자동차가 갤런당 28마일을 달릴 수 있다면 112킬로미터를 가는 데 필요한 가솔린은 몇 리터인가?

63. 항생제의 복용량은 체중 kg당 8.0 mg로 정해져 있으며, 2주간 1일 2회 복용한다. 2주간 180파운드의 사람이 복용하는 총 항생제의 양은 얼마인가?

64. 최근 자동차 연료로서 재생 가능한 자원을 사용하려는 노력에 관심이 높아지고 있다. 요즘 사용되고 있는 E85는 85%의 에탄올과 15%의 가솔린으로 이루어진 혼합물이다. E85는 환경 친화적이기는 하지만 가솔린에 비해 에너지 효율이 낮다는 문제점이 있다. 가격이 $3.50/gal인 가솔린을 사용하면 연비가 28.0 mi/gal이고, $2.85/gal인 E85를 사용하면 연비가 22.5 mi/gal인 자동차로 500. mi을 달린다면 비용이 각각 얼마나 들까?

65. 수은 중독은 사람을 허약하게 하며 때로는 치명적이다. 수은은 사람의 몸속에서 필수 효소와 반응하여 효소의 활성을 비가역적으로 파괴한다. 오염된 호수에 수은 0.4 μg Hg/mL이 존재한다면 그 호수에 있는 총 수은의 양은 몇 kg인가? (호수의 표면적은 100 mi^2이고 평균 깊이는 20 ft이다).

66. 일산화 탄소(CO) 검출기는 일산화 탄소의 농도가 100 ppm (parts per million)을 넘으면 경보를 울린다. 이 농도는 공기 1세제곱미터에 일산화 탄소 400,000 μg이 들어있는 것과 비슷하다 (400,000 $\mu g/m^3$). 18 ft × 12 ft × 8 ft 크기의 방에 일산화 탄소가 얼마나 있으면 일산화 탄소 검출기가 울릴까?

온도

67. 가장 나은 온도에서 가장 높은 온도로 순위를 매겨라. 292 K, 72°F, 24°C이다.

68. 화학 실험을 위한 물을 담는 수조는 340. K와 350. K 사이의 온도를 유지해야 한다. °F와 °C의 온도 범위로는 각각 얼마인가?

69. 다음 화씨 온도를 섭씨 온도로 변환하라.
- **a.** −459°F, 대단히 낮은 온도
- **b.** −40.°F, 일반적인 질문에 대한 답
- **c.** 68°F, 실온
- **d.** 7×10^7°F 태양에서 핵융합을 개시하는 데 필요한 온도

70. 온도계가 96.1°F ± 0.2°F를 나타내었다. °C로는 얼마인가? 불확정성은 얼마인가?

71. 다음 섭씨 온도를 Kelvin 온도와 화씨 온도로 변환하라.
- **a.** 열이 있는 사람의 체온, 39.2°C
- **b.** 추운 겨울날의 기온, −25°C
- **c.** 가장 낮은 온도, −273°C
- **d.** 염화 소듐의 녹는점, 801°C

72. 다음 Kelvin 온도를 섭씨와 화씨로 변환하라.
- **a.** 섭씨 온도와 화씨 온도가 같은 온도, 233 K
- **b.** 헬륨의 끓는점, 4 K
- **c.** 대부분의 화학적 양을 측정하는 온도, 298 K
- **d.** 텅스텐의 녹는점, 3680 K

73. 어떤 온도에서 화씨 온도가 섭씨 온도의 두 배가 될까?

74. 지구와 목성에서의 평균 기온은 각각 72°F와 313 K이다. 이 두 위성에서의 온도 차이를 °C로 나타내라.

75. 아래 그림을 사용하여 다음 질문에 답하라.

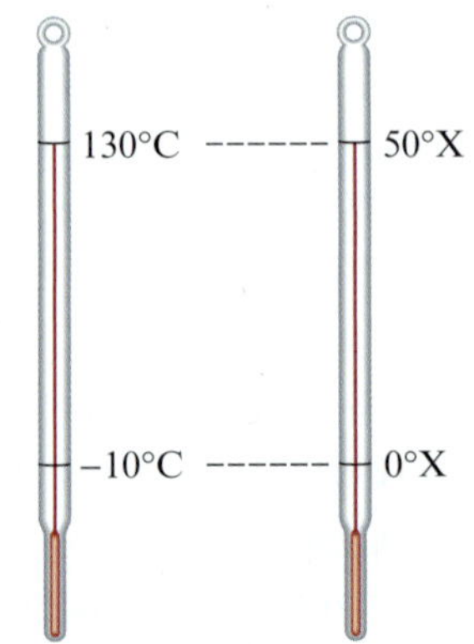

- **a.** °C와 °X 사이의 관계를 유도하라.
- **b.** 외부 온도가 22.0°C일 경우 °X 단위의 온도는 얼마인가?
- **c.** 58.0 °X를 °C, K, °F 단위로 변환하라.

76. 에틸렌 글라이콜은 자동차 부동액의 주된 성분이다. 자동차 냉각기의 온도를 0과 100 사이의 온도로 관찰할 수 있는 온도계를 만들고자 한다. 이 온도계는 부동액의 대략적인 녹는점과 끓는점이 각각 −45°C와 115°C가 되도록 하려고 한다. 여러분은 이들 온도가 각각 0°A와 100°A가 되도록 만들기를 원한다.
- **a.** °A와 °C를 변환할 수 있는 식을 유도하라.
- **b.** °F와 °A를 변환할 수 있는 식을 유도하라.
- **c.** 어떤 온도에서 이 온도계와 섭씨 온도계가 같은 숫자를 나타낼까?
- **d.** 이 온도계로 86°A이면 °C와 °F로는 몇 도인가?
- **e.** 45°C는 몇 °A인가?

밀도

77. 156-g의 독성이 있는 액체 시료는 11.5 cm^3의 부피를 차지하고 있다. 본문의 표 1.5를 사용하여 독성 액체가 무엇인지 말하라.

78. 만약 당신이 표 1.5에 있는 모든 물질의 15-g 시료를 가지고 있다면 어떤 것이 가장 큰 부피를 차지하겠는가? 어느 것이 가장 작은 부피를 차지하는가?

79. 물질의 밀도가 액체의 밀도보다 낮으면 물질은 액체의 표면에 뜨게 된다. 부피가 1.2×10^4 in^3이고, 무게가 350파운드인 물체는 물에 뜰까, 가라앉을까? 물의 밀도는 약 1.0 g/mL이다.

80. 한 금속 물체는 한 변이 3.00 cm이고 질량이 140.4 g인 입방체이다. 두 번째 금속 물체는 반지름이 1.42 cm이고 질량이 61.6 g인 구이다. 이 물체들은 같은 금속으로 만들어졌는가 아니면 다른 금속으로 만들어졌는가? 계산된 밀도는 ±1.00%로 정확하다고 가정한다.

81. 어떤 별의 질량이 2×10^{36} kg이다. 이 별은 구형으로 생겼으며, 평균 반지름은 7.0×10^5 km이다. 이 별의 평균 밀도를 입방센티미터당 그램으로 계산하라.

82. 어떤 직육면체 각 변의 길이가 2.9 cm × 3.5 cm × 10.0 cm이고, 질량은 615.0 g이다. 이 직육면체의 부피와 밀도는 얼마인가?

83. 다이아몬드의 측정 단위는 캐럿이며, 1 carat = 0.200 g이다. 밀도가 3.51 g/cm^3라고 할 때

a. 5.0 carat 다이아몬드의 부피는 얼마인가?
b. 다이아몬드의 부피가 2.8 mL이다. 다이아몬드의 질량은 몇 캐럿인가?

84. 실온에서 브로민 원소, Br_2는 3.12 g/cm^3의 밀도를 갖는 액체이다. 125 mL의 브로민의 질량을 계산하라. 85.0 g의 브로민이 차지하는 부피는 얼마인가?

85. 33.42 g의 금속 알갱이 시료를 물 12.7 mL가 들어 있는 눈금 실린더에 넣었을 때 부피가 21.6 mL였다. 금속 알갱이의 밀도는 얼마인가?

86. 순수한 은의 밀도는 20°C에서 10.5 g/cm^3이다. 순수한 은 덩어리 5.25 g을 물 11.2 mL가 들어 있는 눈금 실린더에 넣으면 물은 어디까지 올라가겠는가?

87. 다음 각 쌍에서 어느 것의 질량이 더 큰가? (표 1.5 참조)
a. 깃털 1.0 kg과 납 1.0 kg
b. 수은 1.0 mL와 물 1.0 mL
c. 물 19.3 mL와 금 1.00 mL
d. 구리 75 mL와 벤젠 1.0 L

88. a. 에탄올 1.50 qt의 질량은 얼마인가? (표 1.5 참조).
b. 수은 3.5 in^3의 질량은 얼마인가? (표 1.5 참조).

89. 다음 각 쌍에서 어느 쪽이 더 큰 부피를 가지는가?
a. 깃털 1.0 kg 또는 납 1.0 kg
b. 금 100 g 또는 물 100 g
c. 구리 1.0 L 또는 수은 1.0 L

90. 표 1.5를 이용하여 1 atm에서 다음 각 물질 25.0 g의 부피를 계산하라.
a. 수소 기체 b. 물 c. 철(iron)

기체의 성질은 제5장에서 다룬다. 기체의 한 가지 성질은 기체가 차지하고 있는 공간은 대부분 비어 있다는 것이다. 계산 결과를 이용하여 이 사실을 설명하라.

91. 밀도가 가장 큰 금속인 오스뮴의 밀도는 22.57 g/cm^3이다. 질량이 1.00 kg인 오스뮴 입방체의 두 변의 길이가 4.00 cm × 4.00 cm이다. 세 번째 변의 길이는 얼마인가?

92. 지름이 0.25 mm인 구리선의 질량이 22 g이다. 구리의 밀도가 8.96 g/cm^3이라면 이 구리선의 길이는 얼마인가?

물질의 분류와 분리

93. 아래 각 설명과 일치하는 그림을 골라라. 한 개 이상의 그림이 각 설명과 부합될 수 있다. 이 그림은 두 번 이상 사용되거나 전혀 사용되지 않을 수도 있다.

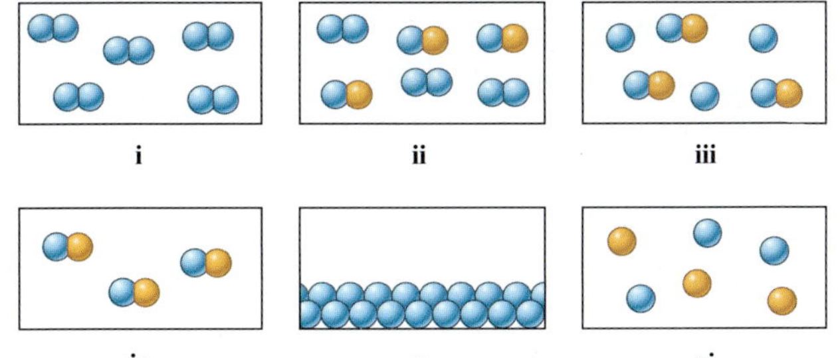

a. 기체상태의 화합물
b. 두 기체 원소의 혼합물
c. 고체 원소
d. 기체 원소와 기체 화합물의 혼합물

94. 다음 각 항목에 대해 분자 수준(현미경)의 도표를 만들어라.
a. 두 가지 다른 화합물의 균일한 혼합물인 기체 혼합물
b. 화합물과 원소의 균일한 혼합물인 기체 혼합물

95. 균일한 물질과 불균일한 물질의 차이는 무엇인가? 다음 각 물질은 균일한가, 불균일한가?
a. 문(door) b. 숨 쉬는 공기
c. 블랙커피 한 잔 d. 마시는 물
e. 살사(salsa, 매운 칠레 소스)
f. 당신의 실험실 동료

96. 다음 각 혼합물을 균일 혼합물과 불균일 혼합물로 구분하라.
a. 화분용 부식토 d. 유리창
b. 백포도주 e. 화강암
c. 양말 서랍

97. 다음 각 물질을 혼합물과 순물질로 구분하라.
a. 물 f. 우라늄
b. 혈액(blood) g. 포도주
c. 대양(ocean) h. 가죽
d. 철 i. 식용 소금(NaCl)
e. 놋쇠

순수한 물질 중, 어떤 것이 원소이고 어떤 것이 화합물인가?

98. 금속 비커에 한 티스푼의 마그네슘 가루와 한 티스푼의 황을 각각 넣었다. 이것은 혼합물인가 순물질인가? 이 비커를 가열하여 두 물질이 반응하도록 하였더니 황산 마그네슘이 얻어졌다고 가정해 보자. 이것은 아직까지 "혼합물"인가? 왜 그런가? 또는 왜 그렇지 않은가?

99. 단단하고 하얀 칠판 분필 조각을 불꽃에서 강하게 가열하면 분필 조각의 질량이 줄어들고, 결국 분필이 분해되어 하얀 가루가 된다. 이 변화는 분필이 원소 또는 화합물로 구성되어 있음을 의미하는가?

100. 매우 추운 겨울에는 기온이 장기간 동안 어는점 아래로 내려간다. 이때 눈이 녹지는 않으나 조금씩 줄어든다. 이것은 고체가 액체 상태를 거치지 않고 바로 증발하기 때문이다. 이 과정(승화)은 물리적 변화인가 화학적 변화인가?

101. 다음 각 사실을 물리적 변화와 화학적 변화로 구분하라.
a. 좀약(나프탈렌)이 옷장에서 서서히 기화한다.
b. HF 수용액은 유리를 부식하므로 실험실용 유리기구의 검정선(calibration mark)을 새기는 데 사용한다.
c. 프랑스 요리사가 브랜디를 사용하여 스프를 만들 때 알코올은 태워버리고 브랜디의 향기만 남긴다.
d. 화학과 학생들의 실험 가운에는 실험실에서 흘린 산 때문에 구멍이 나 있다.

102. 혼합물의 성질은 각 구성 성분의 평균적인 성질과 비슷하다. 그러나 화합물의 성질은 구성 원소의 성질과 판이하게 다르다. 아래에

설명한 각 과정에서 언급한 물질이 혼합물인지 화합물인지를 말하고, 그 과정이 물리적인 변화인지 화학적인 변화인지를 말하라.

a. 오렌지 액체를 증류하여 노란색의 액체와 붉은색의 고체를 얻었다.

b. 무색의 결정성 고체를 분해시켜 연한 노란색을 띤 기체와 광택이 있는 부드러운 금속을 얻었다.

c. 차에 설탕을 넣으면 달다.

화학 활동 문제

103. 2022년 초 미국 국가 부채는 $20,875,000,000,000였다. 미국 인구의 가장 부유한 1.00%(3억 32,400,000명)가 국가 부채를 0달러로 낮추기 위해 각각 동일한 금액을 기부했다면 각 개인은 몇 달러를 기부하게 되겠는가?

104. 194 g의 카페인 시료($C_8H_{10}N_4O_2$)는 카페인 6.02×10^{23} 분자를 포함하고 있다. 전형적인 10시간 에너지 음료에 422 mg의 카페인이 포함되어 있다면, 이 음료에 몇 분자의 카페인이 존재는가?

* **105.** 세계에서 가장 긴 강은 4,145마일 길이의 나일강이다. 나일강은 케이블 길이, 미터, 해리로 얼마나 긴가? 이러한 정확한 변환을 사용하여 문제를 해결하라.

6 ft = 1 파톰(fathom)
100파톰(fathom) = 1개의 케이블 길이(cable length)
10 케이블 길이 = 1 해리(nautical mile)
3해리 = 1리그(eague)

* **106.** Secretariat는 Kentucky Derby에서 가장 빠른 말이다. 1.25 mi 경주에서 Secretariat의 기록이 1분 59.2초이면 평균 속도는 m/s로 얼마인가?

107. Lipitor는 2019년에 "나쁜" 콜레스테롤 수치는 낮추고, "좋은" 콜레스테롤 수치는 높이는 약품으로 20억 달러 이상을 판매했다. 2.5 g 알약 한 알에 유효 성분이 4.0% 들어 있다면 알약 100개가 들어 있는 약병 1개에 들어있는 유효 성분의 질량은 모두 몇 그램인가?

108. 셰익스피어의 희곡 *Richard III*에서 첫 번째 살인자가 다음과 같이 대사를 읊는다.

(*Clarence를 찌르면서*) "저것을 가져, 저것도! 그것도 부족하면 너를 마므지(백포도주의 일종) 통에 빠뜨려 죽이겠다."

이 통의 부피가 1 butt (1 butt = 126 gal)이면, 불쌍한 Clarence가 빠져 죽을지도 모르는 마므지 통의 부피는 몇 L인가?

* **109.** 미국 역사상 가장 높은 기온은 캘리포니아 Greenland Ranch에서 기록된 134°F다. 이 온도에서 인은 액체로 존재할까, 고체로 존재할까? 인(P)의 녹는점은 44°C이다.

110. 남극 기지인 Amundsen-Scott에서 살고 있는 연구원들은 기온이 −100.0°F일 때 200.0°F의 사우나에 들어갔다가 재빨리 뛰어나와 남극을 표시하는 깃대를 한 바퀴 돌면 "300 Club"에 가입할 수 있다. 각 온도를 °C로 나타내면 얼마인가? K로는 얼마인가? 온도를 °C와 K로만 나타낸다면 같은 일을 하였을 때 "300 Club"에 가입하는 것이 가능한가? (온도를 °C와 K로 나타낸다면 위의 두 극한 조건의 온도 차이가 300. 도가 될 수 있는가?)

111. 40. lb 흙 한 봉지면 10. 제곱피트 넓이의 땅을 1.0 inch 두께로 덮을 수 있다. 두 변의 길이가 각각 200. m와 300. m인 땅을 4.0 cm의 깊이로 덮기 위해서는 흙 몇 봉지가 필요하겠는가?

112. 영화 "*Raiders of the Lost Ark*"의 첫 장면에서 Indiana Jones는 부비트랩이 설치되어 있는 주춧돌에서 금으로 된 신상(神像)을 빼내려고 그 자리에 신상과 부피가 비슷한 모래 주머니를 끼워 넣는다(금의 밀도 = 19.32 g/cm^3, 모래의 밀도 ≈ 2 g/cm^3).

a. 그가 질량 변화에 민감한 부비트랩을 터뜨리지 않을 확률은 얼마나 될까?

b. 나중 장면에서 그와 무자비한 안내인이 신상으로 캐치볼을 한다. 신상의 부피는 약 1.0 L로 가정한다. 만일 신상이 금이라면, 이 신상의 질량은 얼마인가? 신상으로 캐치볼을 하는 것은 가능한가?

113. Parsec은 우주과학에서 사용하는 거리의 단위이다(1 parsec = 3.26광년, 1광년은 빛이 1년간 움직이는 거리). 어떤 물체가 9.6 parsec 동안 날아갔다면 총 거리는 미터로 얼마인가? 빛의 속도는 186,000 mi/s이다.

114. 아스피린 정제의 유효 성분은 1.4 g/cm^{3}의 밀도를 갖는 아세틸 살리실산이다. 실험실 수업에서 학생은 두통 치료법의 또 다른 공통 성분을 분리하기 위해 종이 크로마토그래피를 사용하였다. 분리된 시료는 0.384 g의 질량 및 0.32 cm^{3}의 부피를 가졌다. 다음 표의 데이터를 볼 때 두통 치료의 다른 유효 성분은 무엇인가?

잠재적인 두통 치료를 위한 밀도 값

화합물	밀도(g/cm^3)
흰 식용 설탕	0.70
카페인	1.2
아세틸 살리실산	1.4
소금	2.2

115. 추수감사절에 칠면조 고기를 실컷 먹고 나면 매우 졸릴 것이다. 어떤 사람들은 이것이 칠면조에 들어있는 트립토판 때문이라고 한다. 트립토판은 몸속에서 세로토닌으로 바뀌며 이것은 뇌의 활동을 평온하게 하여 쉽게 잠들게 한다.

a. 0.25-lb의 칠면조 고기에 들어있는 트립토판의 질량은 몇 그램인가? (트립토판의 함량은 칠면조 고기 질량의 1.0 %라고 가정한다.)

b. 0.25-qt의 우유에 들어있는 트립토판의 질량은 몇 그램인가? (트립토판의 함량은 우유 질량의 2.0%이고, 우유의 밀도는 1.04 kg/L라고 가정한다.)

* **116.** 다음을 화학적 변화와 물리적 변화로 구분하라.

a. 식품 절단

b. 음식과 침과 소화 효소의 상호작용

c. 단백질이 아미노산으로 분해

d. 복합당이 단순당으로 분해

e. 단풍나무 즙을 가열하여 증발을 통해 수분을 제거하여 단풍나무 시럽 만들기

f. DNA 풀림(unwinding)

* **117.** 다음 설명 중 옳은 것은?

a. 설탕 한 스푼은 혼합물이다.

b. 원소만이 순물질이다.
c. 공기는 기체 혼합물이다.
d. 가솔린은 순물질이다.
e. 화합물은 화학적인 방법으로만 쪼갤 수 있다.

* **118.** 다음 중 어느 것이 화학적 성질인가?
a. 철의 밀도는 7.87 g/cm^3이다.
b. 백금 선을 가열하면 빨간색이 나온다.
c. 철 막대는 녹슨다.
d. 알루미늄은 은색의 금속이다.

119. 높은 콜레스테롤 수치를 갖는 사람은 혈액 100.0 mL당 250 mg의 콜레스테롤 수치를 보인다. 만일 사람의 총 혈액량이 5.4 L라면 사람의 혈액에 존재하는 콜레스테롤의 총 질량(그램 단위로)은 얼마인가?

120. 마지막 숫자에서 다음 숫자가 ±1로 알려져 있다고 가정한다. 다음 나눗셈을 수행하고 각 결과의 최대 불확정도를 예상하라. 즉, 각 사례별로 발생할 수 있는 최대 및 최소 수치를 결정하라(부록 1.5 참조).
a. 103 ÷ 101 **b.** 101 ÷ 99 **c.** 99 ÷ 101
계산된 오차의 한계를 고려하여, 계산 결과는 몇 개의 유효 숫자로 표시해야 하는가? 이것들 중 어떤 것이 1.5절에 열거된 나눗셈에 대한 예외를 나타내는가? 불일치를 합리화하라.

121. 액체 기둥은 가열하면 직선적으로 팽창하는 것으로 밝혀졌다. 온도가 10.0°F 상승하면 기둥이 5.25 cm 상승한다고 가정한다. 액체의 초기 온도가 98.6°F이면 액체가 18.5 cm 팽창했다면 최종 온도는 몇 °C가 되는가?

122. 눈금 실린더에 고체 시료 25.00 g을 넣고 벤젠을 채워 부피가 50.0 mL가 되게 하였다. 시료와 벤젠의 총 질량은 58.80 g이다. 이 고체는 벤젠에 녹지 않으며, 벤젠의 밀도가 0.880 g/cm^3이라면 고체 시료의 밀도는 얼마인가?

123. 네온 원자의 반지름은 69 pm이고, 질량은 3.35×10^{-23} g이다. 이 원자의 밀도는 g/cm^3 단위로 얼마인가? 원자핵은 구형이고 핵의 부피는 $\frac{4}{3}\pi r^3$라고 가정하라.

* **124.** 오스뮴의 밀도는 22,610 kg/m^3이다. g/cm^3로는 얼마인가? 크기가 10.0 cm × 8.0 cm × 9.0 cm인 오스뮴 덩어리의 질량은 얼마인가?

125. 다음 각 그림을 보고 오렌지와 파란색 블록 중 어느 것의 밀도가 더 큰지를 정하고 그 이유를 설명하라.

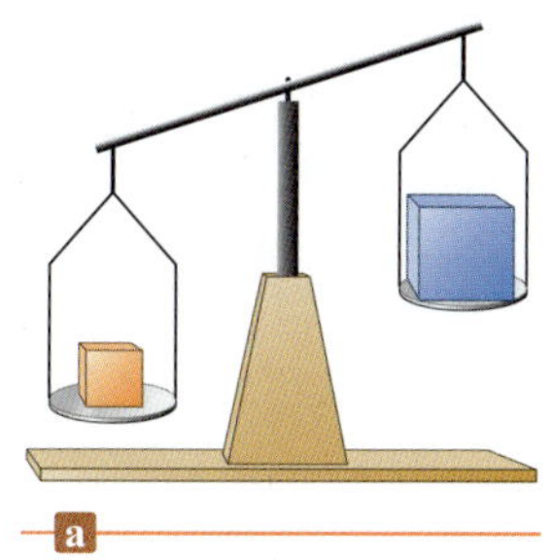

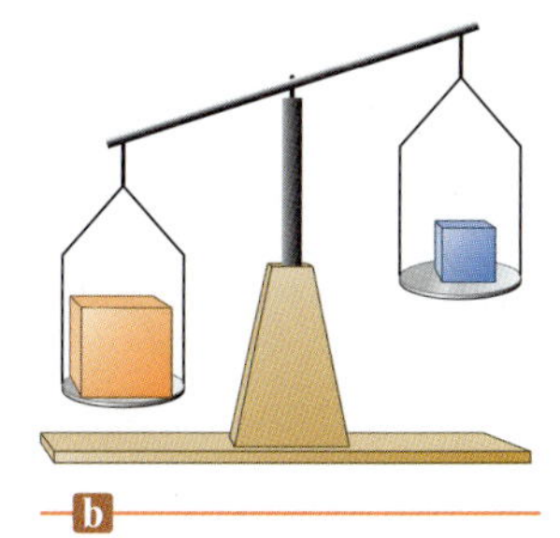

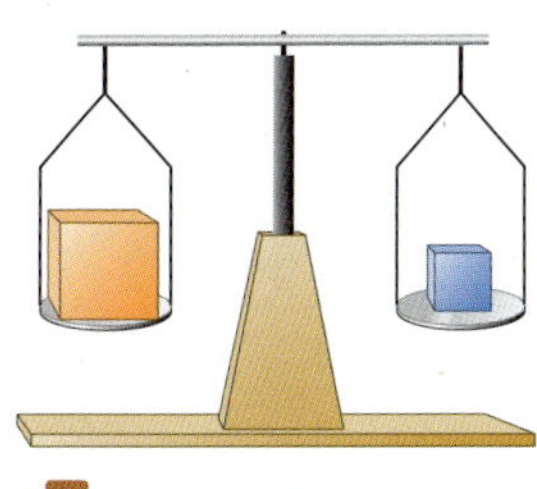

126. *야구의 공식 규정*에 따르면 야구공의 둘레는 9.25 in보다 커도 안 되며, 9.00 in보다 작아도 안 된다. 또한 질량은 5.25 oz보다 무거워도 안 되고, 5.00 oz보다 가벼워도 안 된다. 공식 야구공의 밀도의 범위는 얼마인가? 이 범위를 하나의 숫자로 나타내고, 오차 범위를 나타내라.

127. 불규칙한 모양을 가진 한 물체의 밀도를 다음과 같이 구하였다. 이 물체의 질량은 28.90 g ± 0.03 g이다. 눈금 실린더에 물을 조금 넣고 부피를 측정하니 6.4 cm^3 ± 0.1 cm^3이었다. 이 물체를 눈금 실린더에 넣으니 물의 높이가 9.8 cm^3 ± 0.1 cm^3까지 올라갔다. 이 물체의 밀도와 오차 범위는 얼마인가? (부록 1.5 참조.)

128. 예제 1.14의 실험을 한 화학자가 추가적인 실험을 하였다. 세제의 부피를 재는 데 사용한 피펫의 정밀도가 ± 0.03 m^3이고, 질량 측정의 정밀도는 ± 0.002 g이었다. 이 측정 결과는 아이소프로필 알코올과 에탄올을 구별하기에 충분한가?

도전 문제

129. 실험 설계의 경험 법칙은 두 개의 큰 측정량 사이의 작은 차이인 결과를 사용하지 않는 것이다. 측정의 불확실성 측면에서 이것이 좋은 조언인 이유는 무엇인가?

130. 다음 각 부피의 물을 측정하는 데 필요한 유리 기구에 눈금을 새기고, 그 이유를 설명하라(주어진 수는 최대한의 정밀도이다).
a. 128.7 mL **b.** 18 mL **c.** 23.45 mL
세 개의 물 시료에 대하여 이러한 측정을 한 다음, 모든 물을 한 개의 용기에 넣었을 때 총 물의 부피는 얼마로 보고해야 하는가? 답을 설명하라.

131. 오차는 백분율로 나타내기도 한다. 백분율 오차는 참값에서 측정값을 뺀 절댓값을 참값으로 나눈 후에 100을 곱해서 얻는다.

$$백분율\ 오차 = \frac{|참값 - 측정값|}{참값} \times 100$$

다음 각 측정에서 백분율 오차를 계산하라.
a. 알루미늄 덩어리의 밀도를 측정해 보니 2.64 g/cm^3이다(참값 2.70 g/cm^3).
b. 철광석에서 철의 무게 백분율을 측정해 보니 16.48%이다(참값 16.12%).
c. 1.000 g 표준 시료의 무게를 저울로 달아보니 0.9981 g이다.

132. 저울을 이용하여 페니 15개의 무게를 측정했더니 질량이 다음과 같았다.

3.112 g	3.109 g	3.059 g
2.467 g	3.079 g	2.518 g
3.129 g	2.545 g	3.050 g
3.053 g	3.054 g	3.072 g
3.081 g	3.131 g	3.064 g

이 결과에 대하여 호기심을 가지고 각 페니의 제조 날짜를 확인한 결과 두 개의 가벼운 페니는 1983년, 다른 하나는 1982년, 12개의 무거운 페니는 1970년부터 1982년 사이에 만든 것이었다. 또, 무거운 페니 12개 중에서 두 개는 1982년에 주조되었다.

a. 조폐국이 페니를 만드는 방법을 바꾸었다고 생각하는가? 설명하라.

b. 무거운 페니 12개의 평균 질량을 계산하니 3.0828 g ± 0.0482 g이었다. 이 숫자에서 잘못된 점은 무엇이며, 어떻게 표기하는 것이 옳은 방법인가?

133. 1982년 10월 21일 미국 조폐국은 페니의 구성 성분을 바꾸었다(연습 문제 132 참조). 오랫동안 사용하였던 Cu 95%와 Zn 5%로 만든 합금 대신 중심부분에는 Zn 99.2%와 Cu 0.8%로 만든 합금을 사용하고, 겉부분은 구리로 얇은 막을 씌웠다. 새로운 페니의 전체 조성은 Zn 97.6%와 Cu 2.4%로 구성되어 있다. 이 사실로서 연습 문제 132에 나온 페니의 무게 차이를 설명할 수 있는가? 각 페니에 포함된 금속의 부피를 합하여 페니 전체의 부피를 구할 수 있으며, 모든 페니는 같은 부피를 가지고 있다고 가정한다. (Cu의 밀도 = 8.96 g/cm^3, Zn의 밀도 = 7.14 g/cm^3.)

134. 과학 프로젝트의 일환으로 도심 한가운데 있는 교차로에서 도시의 교통 패턴을 연구하였다. 평일에 24시간 동안 이 교차로를 통과하는 차량 수를 세는 장치를 설정하였다. 시간별 교통량 그래프는 다음과 같다.

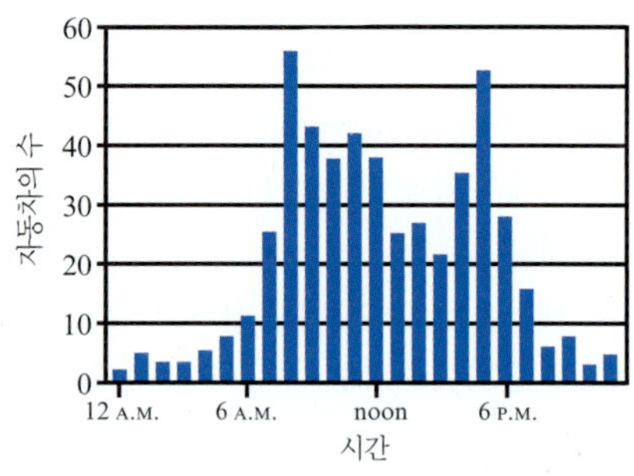

a. 어느 시간대에 가장 많은 자동차가 통과하는가?

b. 어느 시간대에 가장 적은 자동차가 통과하는가?

c. 하루 동안의 차량 수에 대한 추세를 간략하게 설명하라.

d. 하루 동안의 자동차 수의 추세를 설명하는 가설을 제시하라.

e. 당신의 가설을 검증할 수 있는 가능한 실험을 제시하라.

135. 순은(sterling silver)은 은과 구리의 고체 용액이다. 질량이 105.0 g이고 부피가 10.12 mL인 순은 목걸이에 포함된 구리의 질량 백분율은 얼마인가? 단, 은의 부피와 구리의 부피를 합하면 순은의 총 부피가 된다고 가정한다. 표 1.5를 참고하라.

$$\text{구리의 질량 백분율} = \frac{\text{구리의 질량}}{\text{총 질량}} \times 100$$

136. °F (T_F) 단위의 온도를 °C (T_C) 단위의 온도에 대해 그래프를 그리면 결과는 직선이 나타난다. T_C를 T_K (K 단위의 온도)에 대해 그래프를 그려도 직선이 생성된다. 각 직선의 기울기와 절편 y를 결정하라. (부록 A1.3 참조)

137. 다음 그림과 같은 상자 내부의 작동 원리를 알아내려고 한다. 아무런 기구도 사용할 수 없으며, 상자를 열 수도 없다. 끈 B를 잡아당기면 끈은 자유로이 움직이고, 끈 A를 잡아당기면 끈 C가 상자 안으로 약간 끌려 들어간다. 끈 C를 잡아당기면 끈 A는 거의 상자 쪽으로 사라진다.*

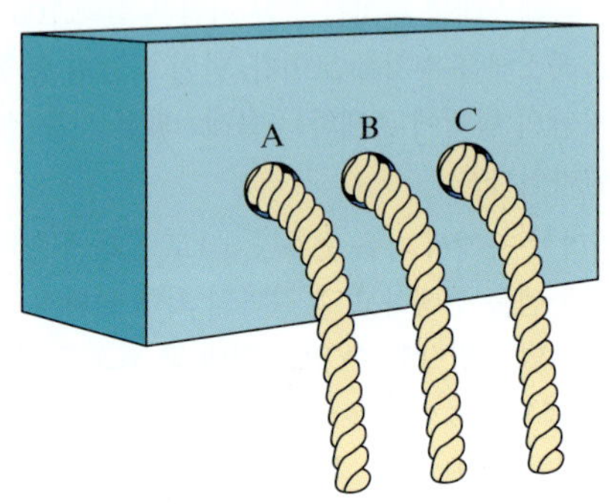

a. 이 결과를 바탕으로 상자 내부의 작동 과정에 대한 모형을 세워라.

b. 그 모형을 개량하기 위해 어떤 실험이 더 필요한가?

138. 비어 있는 100 mL 눈금 실린더의 무게를 측정하였다. 여기에 건조된 모래를 눈금 10.0 mL까지 채우고 질량을 다시 측정하였다. 이 실린더에 10 mL 피펫을 사용하여 메탄올 10.00 mL을 넣었다. 기포가 더 이상 나오지 않고 메탄올이 모래를 골고루 적실 때까지 저어 준 후 혼합물의 무게를 다시 측정하였다. 이 실험에서 얻은 다음 자료를 바탕으로 건조한 모래의 밀도, 메탄올의 밀도, 젖은 모래의 밀도를 구하라. 메탄올을 모래에 부을 때에 발생하는 기포는 모래와 메탄올이 반응하는 것을 의미하는가?

실린더와 젖은 모래의 질량	45.2613 g
실린더와 마른 모래의 질량	37.3488 g
빈 실린더의 질량	22.8317 g
마른 모래의 부피	10.0 mL
모래와 메탄올의 부피	17.6 mL
메탄올의 부피	10.00 mL

* Yoder, Suydam, and Snavely, *Chemistry*(New York: Harcourt Brace Jovanovich, 1975), pp. 9~11에서 인용함.

Chapter 2

비타민 C 결정의 현미경 사진.
(Science Source Image)

원자, 분자와 이온

Atoms, Molecules, and Ions

화학을 공부하려면 어디에서부터 시작하는 것이 좋을까? 앞으로 나아가기 전에 기본적인 용어와 이 과학의 기원에 대한 몇 가지 내용을 먼저 살펴보아야 한다. 제1장에서는 과학의 기본 개념과 발전 과정을 살펴보았고, 제2장에서는 이후 몇 장에 걸친 내용을 이해하는 데 도움이 될 구체적인 화학적 배경을 다루려고 한다. 이 시점에서 이 주제들을 간단히 언급하고, 나중에 필요할 때 더 자세히 다루도록 하겠다. 이 장의 가장 중요한 목표는 화학 물질의 명명 체계를 소개하여, 이 책을 이해하고 실험하는 데 필요한 어휘를 갖추도록 하는 것이다.

화학은 무엇보다도 화학적인 변화를 다루는 학문이기 때문에 가능하면 빨리 화학 반응에 관련된 부분을 공부해야 한다. 그러나 화학 반응에 대해 이야기하기 전에 먼저 원자에 대한 기본적인 개념과 그들이 어떻게 결합하는지 알아야 할 것이다.

2.1 화학의 초기 역사

화학은 고대부터 중요한 역할을 해왔다. 당시 화학은 방부 처리(미라 제작)에 사용되었고, 천연 광석에서 금속을 추출해 장신구와 무기를 만드는 데 활용되었다.

화학 변화가 일어나는 이유를 설명하려고 최초로 시도한 사람은 그리스인들이었다. B.C. 400년경에 그들은 모든 물질이 네 가지 기본 물질, 즉 불, 흙, 물, 공기로 이루어져 있다고 제안하였다. 그리스인들은 또한 물질이 연속적이어서 한없이 쪼개질 수 있는지, 아니면 쪼개질 수 없는 작은 입자가 모여 된 것인지에 대한 의문도 제기하였다. 후자의 입장을 지지한 사람으로는 Abdera의 Demokritos*(*c.* 460～*c.* 370 BCE)와 Leucippos를 들 수 있는데, 이들은 이 궁극적인 입자를 *atomos*(나중에 *atoms*가 됨)라고 하였다. 그러나 그리스인들은 그들의 생각을 검증할 실험을 할 수 없었으므로 물질이 쪼개질 수 있는지에 대한 확실한 결론을 낼 수는 없었다.

그 후 2000년간 화학 역사는 연금술(alchemy)이라는 유사 과학이 지배하였다. 일부 연금술사들은 값싼 금속을 금으로 변화시킬 수 있다는 생각에 사로잡힌 신비주의자나 사기꾼들이었다. 그러나 많은 연금술사는 진지한 과학자였으며, 이 기간에 몇 가지 원소를 발견하고 무기산을 합성하는 등 중요한 화학의 진보를 이루었다.

진정한 의미의 정량적 실험을 한 최초의 "화학자"는 Robert Boyle(1627～1691)이었는데, 그는 공기의 압력과 부피의 관련성을 주의 깊게 측정하였다. Boyle이 1661년에 발간한 *의심 많은 화학자*(*The Skeptical Chymist*)는 정량적인 과학으로서의 물리와 화학이 탄생했음을 알리는 신호탄이 되었다. Boyle은 기체의 정량적인 특성에 관한 연구 외에도 화학 원소에 대한 생각들을 통해 화학에 중요한 기여를 하였다. Boyle은 원소의 수에 대한 선입관을 가지고 있지 않았다. 그의 관점에 의하면, 어떤 물질이 두 가지 이상의 더 단순한 물질로 분해되지 않는다면 그 물질이 바로 원소였던 것이다. 원소에 대해 실험에 기초한 Boyle의 정의가 일반적으로 받아들여지면서 발견된 원소의 수는 증가하였고, 그리스의 4 원소론은 결국 폐기되었다. Boyle은 뛰어난 과학자였지만 그가 항상 옳은 것은 아니었다. 예를 들어, 금속은 진정한 원소가 아니라는 연금술사들의 관점에 집착하였고, 따라서 언젠가는 금속을 다른 금속으로 변환시키는 방법을 발견할 수 있을 것으로 생각하였다.

연소 현상은 17～18세기에 커다란 관심을 불러일으켰다. 독일의 화학자인 Georg Stahl(1660～1734)은 소위 "플로지스톤(phlogiston)"이라는 물질이 연소되는 물질로부터 흘러나온다고 주장하였다. Stahl은 밀폐된 용기 내에서 물질의 연소가 결국 중단되는 이유는 용기 내부의 공기가 플로지스톤으로 포화되기 때문이라고 가정하였다. 영국의 목

---

* Democritus로 쓰기도 한다.

사이자 과학자인 Joseph Priestley(1733~1804, 그림 2.1)[†]에 의해 발견된 산소는 격렬한 연소를 유발하였기 때문에 플로지스톤 함량이 낮다고 생각되었다. 실제로 산소는 초기에 "탈플로지스톤 공기(dephlogisticated air)"로 불리기도 하였다.

2.2 기본적인 화학 법칙

18세기 후반까지는 연소 반응에 대한 연구가 활발하게 진행된 결과 이산화 탄소, 질소, 수소, 산소와 같은 기체들이 발견되었고, 발견된 원소의 수도 계속 증가하였다. 그러나 연소 반응의 본질을 최초로 정확히 설명한 사람은 프랑스의 화학자 Antoine Lavoisier(1743~1794)였는데, 그는 이를 통해 18세기 말 화학의 거대한 진보를 위한 기초를 다졌다. Lavoisier는 Boyle과 마찬가지로 측정이야말로 화학의 핵심이라고 여겼다. 그는 다양한 반응에서 반응물과 생성물의 질량을 정교하게 측정하는 실험을 통해, 질량은 창조되지도, 소멸하지도 않는다고 주장하였다. Lavoisier의 검증을 통해 확립된 이 **질량 보존의 법칙**(law of conservation of mass)은 19세기 화학 발전의 기초가 되었다. **화학 반응에서 질량은 창조되지도 소멸하지도 않는다**.

산소(oxygen)는 "산 제조기(generator of acid, 산 생성기)"라는 뜻의 그리스어에서 유래되었다. 모든 산의 필수적인 부분으로 간주되었기 때문이다.

Lavoisier의 정량적 실험은 연소 과정에는 플로지스톤이 아닌 산소(Lavoisier가 명명하였음)가 관여한다는 것을 보여주었다. 그는 생명 현상에도 산소가 포함된 반응이 중요하며, 이는 여러 면에서 연소 반응과 비슷한 점이 있음을 발견하였다. 1789년 Lavoisier는 *Elementary Treatise on Chemistry*라는 최초의 현대 화학 책을 집필하여 그 시대까지의 모든 화학 지식을 통합하는 체계를 확립하였다. 불행하게도 이 책이 출판되던 해에 프랑스 대혁명이 일어났다. Lavoisier는 정부를 위해 세금을 징수하는 일도 하고 있었는데, 이 때문에 민중의 적으로 몰려 1794년 단두대에서 사형되었다.

1800년 이후에는 Lavoisier의 뒤를 이어 정확한 정량 실험을 통해 반응 과정을 연구하고 다양한 화합물의 조성을 알아내는 과학자들이 주류를 이루었다. 그중 프랑스의 화학자였던 Joseph Proust(1754~1826)는 **주어진 화합물에서 원소들의 질량비가 항상 정확히 같다**는 사실을 보여주었다. 이것은 현재 **일정 성분비의 법칙**(law of definite proportion)으로 알려져 있다. 예를 들면 Proust는 탄산 구리에서 구리, 산소, 탄소의 질량비는 5.3 : 4 : 1

화학의 선구자

Antoine Lavoisier(1743~1794)

Antoine Lavoisier는 1743년 8월 26일 파리에서 태어났다. 그의 부친은 그가 법률가가 되기를 바랐지만 젊은 Lavoisier는 과학에 매료되었다. 과학에 처음 입문하자마자 그는 정확한 측정의 중요성을 깨달았다. 그는 주의 깊은 질량 측정을 통해 질량은 화학 반응에서 보존된다는 것과 연소 반응에는 산소가 관여한다는 사실을 알아냈다. 또한 그는 최초의 현대 화학 교재를 저술하였다. 이런 이유로, Lavoisier는 종종 현대 화학의 아버지로 부른다.

Lavoisier는 과학 활동을 유지해 나가고자 민간 세금 징수 회사에 투자하였고, 그 회사 중역의 딸과 결혼하였다. Marie Anne Pierrette Paulze와의 결혼은 경제적인 이점뿐만 아니라, 그녀가 실험실에서 함께 연구하며 큰 도움을 준 덕분에 그의 과학적 성과에도 매우 중요한 역할을 했다. Marie Anne은 영어로 된 과학 논문을 읽고 번역하는 능력이 뛰어나서 Lavoisier에게 큰 자산이 되었다. 그러나 세금 징수 회사와의 관계는 결국 치명적인 결과를 초래했는데, 급진적인 프랑스 혁명가들이 그를 처형해야 한다고 요구했기 때문이다. Lavoisier는 1794년 5월 8일, 단두대에서 처형되었다. Marie Anne은 Lavoisier의 유산을 지키는 데 결정적인 역할을 했다. 그녀는 남편의 사후 그의 노트들을 수습하고 정리하여, 후대 과학자들이 그의 연구를 읽고 이어갈 수 있도록 보존했다.

The Metropolitan Museum of Art/Art Resource, NY

[†] 실제로 산소를 최초로 관찰한 사람은 스웨덴의 화학자 Karl W. Scheele(1742~1786)였다. 그러나 그의 연구결과가 Priestley보다 나중에 발표된 관계로, 관례상 산소의 발견은 Priestley의 업적으로 간주되고 있다.

화학의 선구자

John Dalton(1766~1844)

John Dalton은 영국인으로, 12살 때 Quaker 학교에서 교사 생활을 시작했다. 그는 과학에 관심이 많았으며 특히 기상학에 큰 흥미를 느꼈다. 이 때문에 그는 대기의 기체와 궁극적인 성분, 즉 원자에 관심을 두게 되었다. Dalton은 그의 원자론으로 가장 잘 알려져 있는데 그는 원자들 간의 가장 근본적인 차이점은 질량이라고 가정하였다. 그는 원자의 상대 질량표를 최초로 만든 사람이기도 하다.

Dalton은 소박한 사람으로, 몇 가지 눈에 띄는 장애를 가지고 있었다. 그는 말을 잘하지 못했고, 화학자로서는 치명적이라 할 수 있는 색맹이었다. 그럼에도 그는 화학이 혁신적으로 발전하는 데 지대한 공헌을 했다.

로 일정하다는 것을 발견하였다.

Proust의 발견은 영국의 교사였던 John Dalton(1766~1844)으로 하여금 원소들을 이루는 입자는 바로 원자일 것이라는 생각을 하게 하였다. Dalton은 만일 원소가 작은 입자로 구성되어 있다면, 특정 화합물 내에 있는 원자들의 조합은 항상 일정할 것으로 생각하였다. 이 개념은 특정 화합물에서 원소들 사이의 상대적인 질량비가 항상 일정한 이유를 잘 설명해 준다.

그러나 Dalton은 원자의 존재를 확신하게 해주는 다른 원리도 발견하였다. 예를 들어, 그는 탄소와 산소가 다음 자료에 나타난 것처럼 두 원소의 상대적인 질량비가 서로 다른 두 종류의 화합물을 형성한다는 사실에 주목하였다.

	탄소 1 g과 결합하는 산소의 질량
화합물 I	1.33 g
화합물 II	2.66 g

Dalton은 화합물 II와 화합물 I를 비교하였을 때 탄소 1 g당 두 배의 산소를 갖고 있음을 알아냈는데, 이것은 원자의 개념으로 쉽게 설명될 수 있다. 화합물 I은 아마 CO이고, 화합물 II는 CO_2일 것이다. 다른 원소들로 이루어진 화합물에도 잘 적용되는 이 원리는 현재 **배수 비례의 법칙**(law of multiple proportion)으로 알려졌다. 두 원소가 서로 다른 일련의 화합물을 형성할 때, 첫 번째 원소 1 g과 결합하는 다른 원소의 질량비는 항상 간단한 정수로 나타낼 수 있다.

이 원리의 중요성을 명백하게 하기 위해 예제 2.1에서 질소와 산소로 구성된 일련의 화합물의 성분을 분석한 자료를 살펴보기로 하자.

예제 2.1 배수 비례의 법칙 예시

다음 자료는 질소와 산소로 이루어진 다양한 화합물의 성분을 분석한 것이다.

	산소 1 g과 결합하는 질소의 질량
화합물 A	1.750 g
화합물 B	0.8750 g
화합물 C	0.4375 g

이 데이터들이 배수 비례의 법칙을 어떻게 설명하는지 보여라.

풀이 이 모든 질량을 가장 작은 질량으로 나누면 다음과 같다.

화합물 A $\frac{1.760\ \text{g}}{0.4375\ \text{g}} = 4$

화합물 B $\frac{0.8750\ \text{g}}{0.4375\ \text{g}} = 2$

화합물 C $\frac{0.4375\ \text{g}}{0.4375\ \text{g}} = 1$

이 결과는 화합물 A가 화합물 C보다 산소 1그램당 4배 많은 질소를 포함하고 있고, 화합물 B가 화합물 C보다 산소 1그램당 2배 많은 질소를 포함하고 있음을 의미한다. 이 데이터는 배수 비례의 법칙을 잘 보여준다.

연습 문제 2.49와 2.50 참조

예제 2.1의 데이터를 사용하여 거기서 계산한 비율에 해당하는 가능한 화합물 세트를 제안할 수 있다.

화합물 A N_4O

화합물 B N_2O

화합물 C NO

작동하는 또 다른 공식 세트는 다음과 같다.

화합물 A N_2O

화합물 B 없음

화합물 C NO_2

각 경우에 화합물 A는 화합물 C보다 산소 1 g당 4배 많은 질소를 함유하고 있고, 화합물 B는 화합물 C보다 산소 1 g당 2배 많은 질소를 함유하고 있다.

실제로 무한히 많은 다른 가능성이 존재한다는 점을 유의하라. Dalton은 상대적 질량에 관한 기존 데이터를 바탕으로 절대적인 화학식을 도출할 수는 없었지만, 각 원소가 특정한 종류의 원자로 구성되어 있고, 화합물은 특정 원자 조합으로 형성된다는 사실을 입증할 수 있었다.

2.3 Dalton의 원자론

1808년 Dalton은 *New System of Chemical Philosophy*라는 책을 출판했는데, 그 책에서 자신의 원자 이론을 다음과 같이 정리하여 제시했다.

Dalton의 원자론

1. 각 원소는 원자라고 하는 작은 입자로 이루어졌다.
2. 주어진 원소의 원자는 모두 같다. 서로 다른 원소의 원자들은 본질적으로 다르다.
3. 화합물은 서로 다른 원소의 원자들이 결합함으로써 형성된다. 한 가지 화합물에는 언제나 같은 원자들이 일정한 비로 존재한다.
4. 화학 반응은 원자들이 재편성되는 과정이다. 이 변화는 원자들이 결합하는 방식이 변하는 것이지, 원자 자체가 화학 반응에서 변하는 것은 아니다.

화학의 선구자

Joseph Louis Gay-Lussac(1778~1850)

Joseph Louis Gay-Lussac은 프랑스의 물리학자이자 화학자로, 매우 다재다능한 사람이었다. 그의 업적 중 기체의 부피 변화에 관한 연구가 가장 잘 알려져 있지만, Gay-Lussac은 기체의 다양한 특성들을 연구하는 데 주된 역할을 하였다. Gay-Lussac이 기체를 배우고 싶었던 동기 중 하나는 그가 기구를 무척 좋아했다는 것이다. 실제로 그는 공기 시료를 채취하기 위해 6.4 km 이상의 상공까지 올라가기도 했는데, 이는 이후 50여 년간 깨지지 않은 기록이었다. Gay-Lussac은 붕소(boron)의 공동 발견자이며, 황산의 제법을 개발하기도 하였다. 프랑스산 박하의 분석가로서, Gay-Lussac은 많은 화학 분석 기술을 발전시켰고, 현재 실험실에서 일상적으로 사용하는 많은 종류의 유리 기구를 발명하였다. Gay-Lussac은 그의 생애 중 마지막 20년간 프랑스 정부의 법률 입안가(국회의원)로 활동하였다.

Getty Images

다양한 원소의 원자들의 상대적 질량에 대한 Dalton의 추론을 살펴보는 것은 유익하다. Dalton의 시대에 물은 수소와 산소 원소로 구성되어 있으며, 수소 1 g당 8 g의 산소가 존재한다고 알려져 있었다. 물의 화학식이 OH라면 산소 원자는 수소 원자의 8배의 질량을 가져야 한다.

그러나 만약 물의 화학식이 산소 원자 한 개에 두 개의 수소 원자가 들어 있는 H_2O라면, *두 개*의 수소에 대한 산소의 질량비가 8:1이므로 산소 원자 한 개의 질량은 수소 원자 한 개보다 16배가 될 것이다. 물의 화학식은 당시 알려지지 않았기 때문에 Dalton은 수소와 산소의 상대 질량을 확실하게 알 수 없었다. 이 문제를 해결하기 위해 Dalton은 자연이 가능한 단순한 방식으로 존재할 것이라는 기본적인 가설을 만들었다. 그는 이 가설을 바탕으로 물의 화학식은 OH일 것이라는 결론을 내렸고, 따라서 수소의 질량은 1, 산소의 질량은 8로 정하였다.

Dalton은 이와 유사한 방법으로 다른 화합물들을 분석하여 최초의 **원자 질량**[atomic mass, 화학자들은 흔히 **원자량**(atomic weights)이라고 부르기도 한다. 그 이유는 질량은 *무게를 다는(weighing)* 과정을 통해 표준 질량과 비교하기 때문이다] 표를 만들었다. 일부 화합물의 화학식에 대한 부정확한 가정 때문에 나중에 이들 중 많은 자료가 틀린 것으로 판명되기도 하였지만, 원자 질량표의 작성은 화학의 중요한 진전이었다.

화합물의 정확한 화학식을 결정하는 열쇠는 프랑스의 화학자 Joseph Gay-Lussac(1778~1850)의 실험과 이탈리아의 화학자 Amadeo Avogadro(1776~1856)의 제안으로부터 나왔다. 1809년 Gay-Lussac은 같은 온도와 압력의 조건에서 서로 반응한 기체들의 부피를 측정하는 실험을 하였다. 예를 들어, Gay-Lussac은 수소 2부피와 산소 1부피가 반응하면 기체 상태의 물 2부피가 형성되며, 1부피의 수소와 1부피의 염소가 반응하면 염화 수소 2부피를 만들어낸다는 사실을 발견하였다. 이 결과는 그림 2.1에 예시되어 있다.

1811년 Avogadro는 같은 온도와 압력 조건에서 같은 부피 속에 존재하는 기체 입자의 수는 기체의 종류와 상관없이 일정하다는 가정을 가지고 Gay-Lussac의 실험 결과를 해석하였다. **Avogadro의 가설**(Avogadro's hypothesis)로 불리는 이 가정은 기체 입자 간의 거리가 입자 크기보다 월등히 클 때 성립한다. 이 조건에서 기체의 부피는 각 입자의 크기가 아니라 기체 분자 수에 의해서만 결정된다.

*분자*는 원자의 집합체이다(2.6절 참조).

만일 Avogadro의 가설이 옳다면 수소 2부피와 산소 1부피가 반응하여 수증기 2부피가 된다는 Gay-Lussac의 실험 결과는 수소 2분자와 산소 1분자가 반응하여 수증기 2분자를

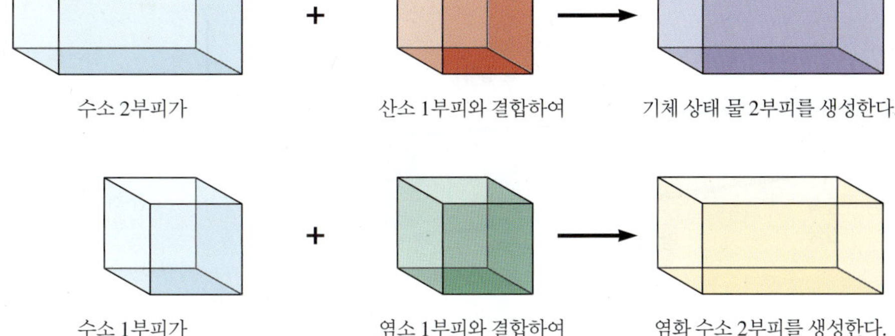

그림 2.1 기체 부피를 결합하는 Gay-Lussac의 실험 결과 중 일부를 나타내는 그림.

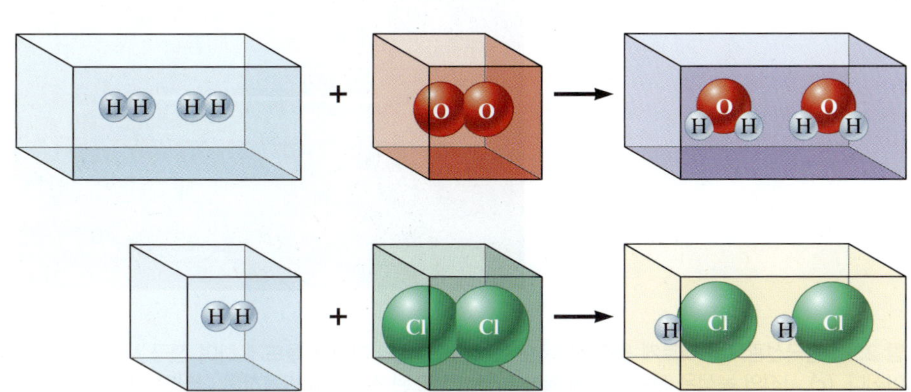

그림 2.2 분자 수준에서 기체 결합 방식의 모습. 구는 분자 내의 원자를 나타낸다.

이원자 분자로 존재하는 원소는 H_2, N_2, O_2, F_2, Cl_2, Br_2, I_2의 일곱 가지이다.

만드는 것으로 설명할 수 있다. 이 실험 결과는 기체 상태의 수소, 산소, 염소가 모두 2원자 분자, 즉 H_2, O_2, Cl_2라고 가정하면 가장 잘 설명이 된다. 따라서 Gay-Lussac의 결과는 그림 2.2에 나타낸 것 같이 정리할 수 있다(이 가정을 따르면 물의 화학식은 Dalton이 믿었던 OH가 아니라 H_2O가 된다).

불행하게도 대부분의 화학자는 Avogadro의 해석을 받아들이지 않았고, 화학식과 원자 질량에 대한 많은 다양한 가설들이 제기되면서 반세기 동안 혼란이 이어졌다.

19세기에는 다양한 원소들이 결합하여 화합물을 형성하는 질량을 신중하게 측정하였다. 이러한 실험으로부터 상대 원자 질량 목록을 결정할 수 있었다. 이 목록에 기여한 화학자 중 한 명은 스웨덴 출신의 Jöns Jakob Berzelius(1779~1848)였다. 그는 세륨, 셀레늄, 규소, 토륨을 발견하고, 화합물의 화학식을 표시하는 데 사용되는 원소의 현대 기호를 개발하였다.

2.4 원자에 대한 초기 실험들

Dalton, Gay-Lussac, Avogadro 그리고 그 외의 많은 화학자의 연구를 바탕으로 원자의 개념이 잘 정립되었다. 필연적으로 과학자들은 원자의 본질에 대해 궁금해하기 시작했다. 원자는 무엇으로 이루어져 있으며 다양한 원소의 원자들은 어떤 차이점을 가지고 있을까?

전자

원자의 조성을 이해하는 데 필요한 중요한 실험을 최초로 수행한 사람은 바로 영국의 물리학자 J. J. Thomson이었다. 그는 1898~1903년에 **음극선관**(cathode-ray tube, 그림 2.3)이라고 하는 진공관 내에서 일어나는 전기 방전을 연구하고 있었다. Thomson은 진공관에 높은 전압이 가해지면 "광선"이 발생하는 것을 발견하였는데, 이 광선은 음극에서 방출되

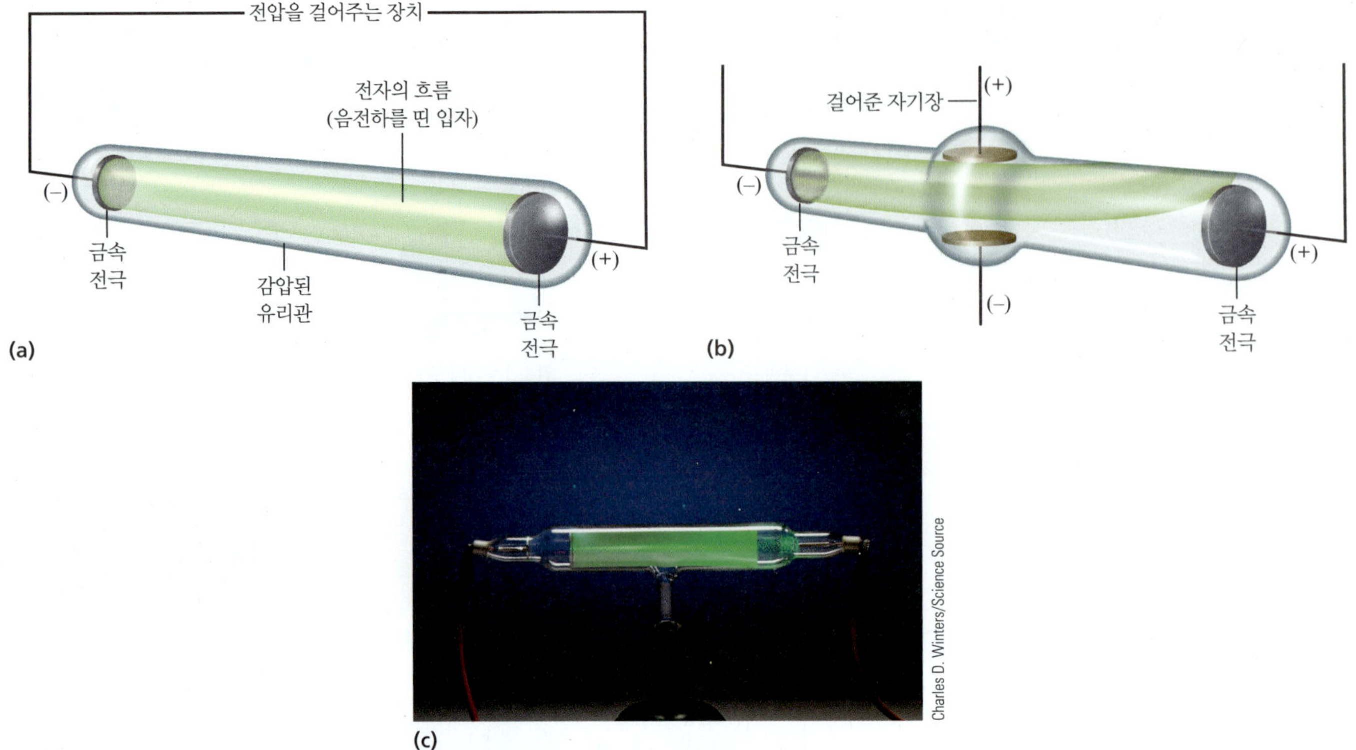

그림 2.3 음극선관. (**a**) 빠르게 움직이는 전자는 진공관 내의 기체를 들뜨게 하여 전극 사이에서 빛을 발생시킨다. (**b**) 음극선은 가해준 전기장에 의해 휘어진다. (**c**) 사진의 녹색은 전자의 빔에 황화 아연이 도포된 스크린이 반응하여 나타난 것이다.

▲
전형적인 영국식 플럼 푸딩으로서 건포도는 원자에서 전자의 분포를 나타낸다.

므로 *음극선*(*cathode ray*)으로 명명되었다. Thomson은 음극에서 방출되고 외부에서 가해진 전기장의 음극과 반발한다는 사실에 기초하여 이 광선이 음으로 대전된 입자[현재는 **전자**(electron)라 부름]의 흐름이라고 생각하였다. 그는 자기장에서 전자빔이 휘어지는 정도를 측정한 실험을 통해 전자의 *전하 대 질량비*를 다음과 같이 결정하였다.

$$\frac{e}{m} = -1.76 \times 10^{8}\,\mathrm{C/g}$$

여기에서 e는 전자의 전하량을 쿨롱 단위(C)로, m은 전자의 질량을 그램으로 나타낸 것이다.

Thomson의 음극선관 실험의 기본적인 목표들 가운데 하나는 원자의 구조를 이해하는 것이었다. 그는 전자가 다양한 종류의 금속 전극으로부터 발생할 수 있으므로 모든 원자는 전자를 가지고 있어야 한다고 추론하였다. 또한 원자들은 모두 전기적으로 중성이기 때문에 전자의 음전하와 균형을 맞추기 위해 원자는 어떤 형태이든지 양전하를 포함하고 있을 것으로 가정하였다. 이런 관찰과 가설을 바탕으로, Thomson은 퍼져 있는 양전하 구름에 음전하를 띤 전자가 무질서하게 박힌 모양으로 원자의 구조를 제안하였다. 이 모형은 유명한 영국식 후식인 플럼 푸딩에서 건포도(전자)가 푸딩(양전하 구름)에 여기저기 박힌 것과 비슷하게 보이기 때문에 *플럼 푸딩 모형*(*plum pudding model*)이라고 부르기도 한다(그림 2.4 참조).

1909년 미국 Chicago 대학의 Robert Millikan(1868~1953)은 대전된 기름 방울을 이용하여 매우 정교한 실험을 수행하여 전자의 전하량을 측정할 수 있었다(그림 2.5 참조). Millikan은 이 전자 전하량 값과 Thomson이 측정한 전하/질량비를 이용하여 전자의 질량이 9.11×10^{-31} kg이라고 계산할 수 있었다.

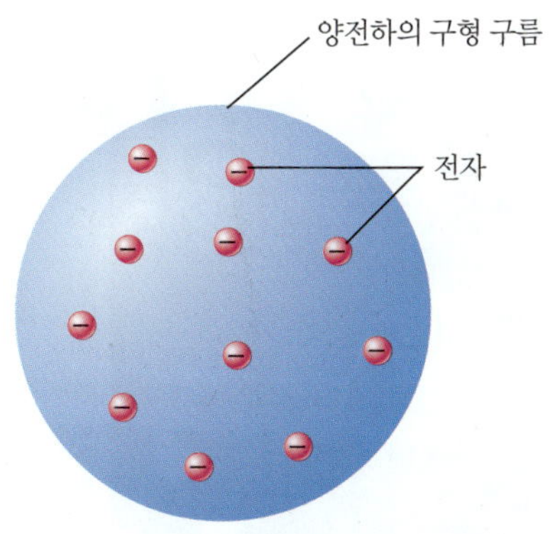

그림 2.4 Thomson의 원자 모델에서 전자는 양전하를 띠는 구형 구름 전체에 분포되어 있다.

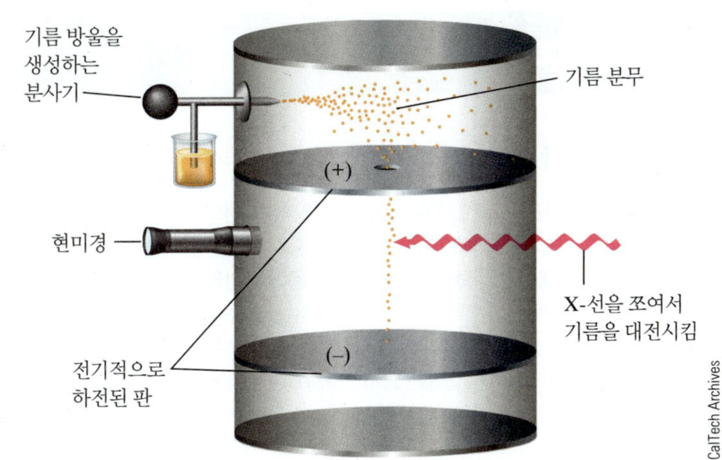

그림 2.5 Millikan의 장치에서 중력에 의해 낙하하는 대전된 기름 방울은 두 극판 사이의 전압을 조절하여 공중에 떠 있게 된다. 이 전압과 기름 방울의 질량은 기름 방울이 띠는 전하량을 계산할 때 사용된다. Millikan의 실험은 기름 방울이 띠는 전하량은 언제나 전자 전하량의 정수배가 된다는 사실을 보여준다.

방사능

19세기 후반 과학자들은 일부 원소들로부터 높은 에너지의 방사(radiation)가 일어난다는 것을 발견하였다. 예를 들면, 1896년 프랑스의 과학자 Henri Becquerel은 우라늄을 함유하는 광석 조각이 빛이 차단된 조건에서도 감광판에 영상을 맺게 한다는 것을 우연히 알아내었다. 그는 이 현상이 우라늄으로부터 나오는 자발적인 방사에 의한 것으로 생각하고, 이를 **방사능**(radioactivity)이라고 불렀다. 20세기 초반에 이르러 과학자들은 방사능 방출에는 감마(γ)선, 베타(β) 입자, 알파(α) 입자의 세 종류가 있다는 것을 알아내었다. γ 선은 고에너지의 빛이고, β 입자는 빠른 속도의 전자이며, α 입자는 2+ 전하, 즉 전자보다 전하량은 두 배이고, 반대 전하를 띤 입자이다. α 입자의 질량은 전자의 7300배이다. 현재는 더 많은 종류의 방사능이 알려져 있는데, 여기에서는 초기의 중요한 실험들에 사용되었던 α 입자만 다루도록 하겠다.

핵 원자

1911년, 방사능에 대한 선구자적인 실험을 많이 수행한 바 있는 Ernest Rutherford는 Thomson의 플럼 푸딩 모형을 시험하기 위한 실험을 하였다. 실험은 그림 2.6에 나타낸 것처럼 금속 박막으로 된 얇은 판을 향해 α 입자를 발사하는 것이었다. Rutherford는 Thomson의 모형이 정확하다면 그림 2.7(a)에 나타낸 것과 같이 질량이 큰 α 입자는 마치 대포알이 천 조각을 관통하듯 강력하게 얇은 금속 박막을 관통할 것으로 생각했다. α 입자는 박

그림 2.6 Rutherford의 실험에는 얇은 금속 박막에 α-입자 빔을 보내는 것이 포함되었다. 박막을 둘러싸는 스크린은 입자가 박막을 똑바로 통과하거나 편향되거나 반사된 후 끝나는 위치를 감지할 수 있었다.

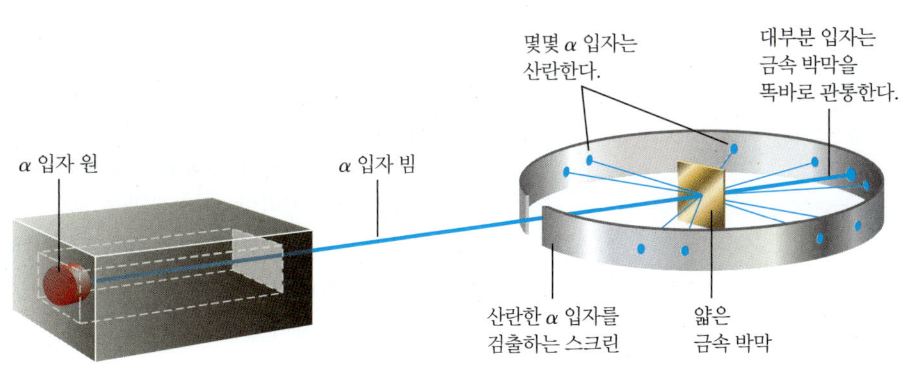

화학의 선구자

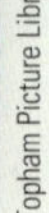

Ernest Rutherford(1871∼1937)

Ernest Rutherford(1871∼1937)는 뉴질랜드의 한 농장에서 태어났다. 1895년 그는 영국 Cambridge 대학 입학 장학생 선발에서 2등을 하였는데, 1등을 한 학생이 학업을 포기하고 결혼을 선택했기에 장학금을 받을 수 있었다. 그는 영국의 과학자로서 초기 시절에는 방사능 특성 연구에 많은 시간을 할애하였다. α 입자, β 입자, γ-선의 이름을 명명하였고, 방사성 원소의 중요한 특성을 기술하는 반감기(half-life)라는 용어도 만들었다. 얇은 금속 박막을 α 입자로 때리는 실험을 통해 그는 핵이 있는 원자 모형을 제안하였고 수소 원자의 핵을 나타내는 양성자(proton)라는 말도 고안하였다. 그는 1908년 노벨 화학상을 받았다.

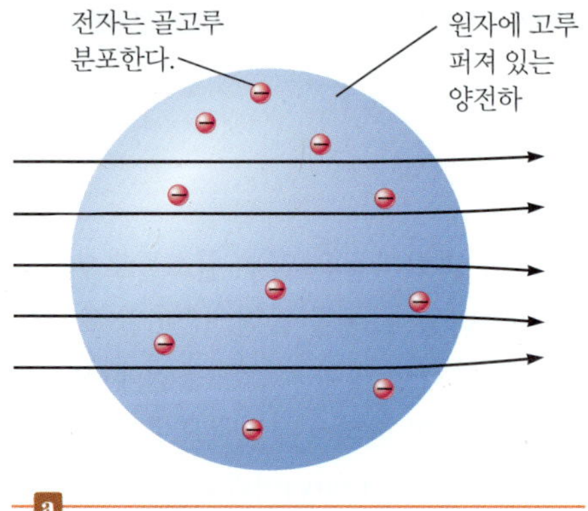

a Thomson의 모형에서처럼 원자가 양전하 확산 구체라면 입자는 방해받지 않고 박막을 통과했을 것이다.

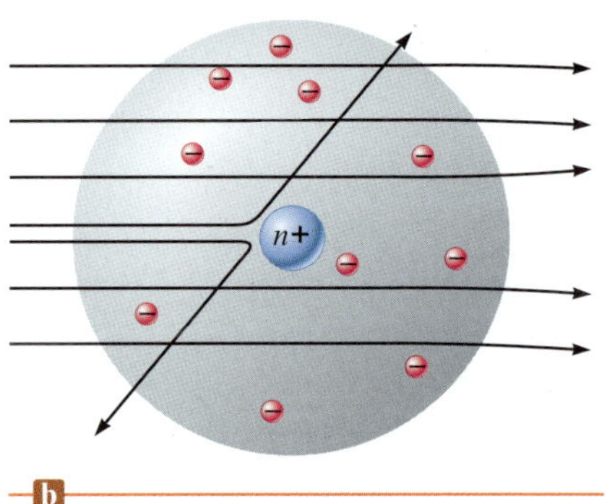

b 실제로는 일부 입자는 마치 경로에서 거대한 물체와 충돌한 것처럼 예리한 각도로 편향되었다.

그림 2.7 Rutherford의 실험은 원자는 양전하를 띠고 밀도가 높은 중심부, 즉 핵을 가지고 있음을 보여준다.

막을 똑바로 뚫고 지나갈 것이고, 기껏해야 경로가 아주 미세하게 휠 것으로 예상하였다. 그러나 실험에서 얻어진 결과는 Rutherford의 예상과는 매우 달랐다. 대부분의 α 입자는 똑바로 박막을 관통해 지나갔지만, 일부의 입자가 그림 2.7(b)와 같이 큰 각도로 굴절되거나 검지기에 도달하지 못하고 반사되었다. 이 결과는 Rutherford에게 너무나 놀라운 것이었다. 그는 이 결과가 마치 종이 한 장에 대포를 발사했는데, 대포알이 튕겨 나온 것과 같은 일이라고 기술하였다.

Rutherford는 이 실험 결과로부터 원자의 플럼 푸딩 모형이 정확하지 않다는 것을 알게 되었다. α 입자들이 크게 휘려면 그림 2.7(b)와 같이 원자의 질량과 양전하가 중앙에 집중되어 있어야만 가능하였던 것이다. 이 경우 원자의 중심부를 제외하면 원자는 거의 비어 있는 공간이므로 대부분의 α 입자는 박막을 똑바로 관통하여 진행하게 된다. 굴절된 α 입자들은 원자의 양전하와 질량이 집중된 영역을 가까이 지나간 경우이고, 반사되어 튕겨 나온 입자들은 훨씬 질량이 큰 중심부에 정통으로 충돌한 것이다.

Rutherford는 이러한 실험 결과를 올바르게 해석하려면 **핵 원자**(nuclear atom, 핵이 있는 원자라는 뜻)의 개념이 필요하다고 생각하였다. 핵 원자란 양전하를 띠고 밀도가 높은 중심부, 즉 **핵**(nucleus)이 있고 핵의 지름에 비해 매우 먼 거리를 떨어져 핵 주위를 도는 전자로 구성된 원자이다.

비판적 사고 우리는 원자에 대한 세 가지 다른 모형, 즉 Dalton, Thomson, Rutherford의 모형에 대하여 배웠다. 만약 Dalton의 모형이 옳다면 Rutherford가 금 박막을 가지고 실험을 했을 때 어떤 결과를 기대할 수 있을 것인가? 만약 Thomson의 모형이 옳다면 Rutherford가 금 박막을 가지고 실험을 했을 때 어떤 결과를 기대할 수 있을 것인가?

2.5 원자 구조에 대한 현대적 관점: 소개

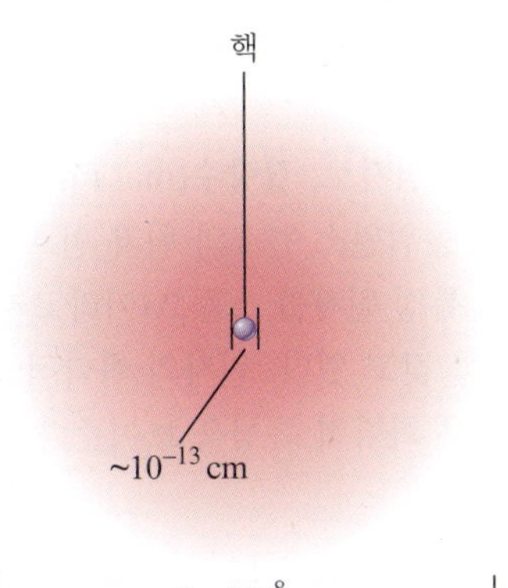

그림 2.8 핵 원자의 단면도. 분홍색 구름은 주어진 시간에 전자가 있을 수 있는 가능 영역을 나타낸다. 이 그림은 정확한 척도(scale)로 작성된 것은 아니다.

원자의 *화학적 성질*은 전자의 개수와 배열에서 나타난다.

Thomson과 Rutherford의 실험 이후 원자 구조에 대한 이해의 폭이 매우 넓어졌다. 원자를 단순하게 묘사한다면 매우 작은 핵(반지름이 대략 10^{-13} cm 정도)과 이 핵으로부터 평균적으로 약 10^{-8} cm 떨어진 거리에서 핵 주위를 돌아다니는 전자로 구성된다(그림 2.8 참조).

원자의 화학은 주로 전자와 관련이 있기 때문에 화학자들에게는 비교적 간단한 핵 모형으로도 충분한 경우가 많다. 핵은 전자의 전하량과 크기가 같은 양전하를 띠는 **양성자**(proton)를 포함한다. 전하의 크기는 1.60×10^{-19} C과 같다. 단순하게 말하면 전자는 1−의 전하를 가지고 있고, 양성자는 1+의 전하를 가지고 있다. **중성자**(neutron)는 양성자와 질량이 거의 같지만 전하가 없다. 전자, 양성자, 중성자의 질량과 전하량을 표 2.1에 나타내었다.

핵에 관한 두 가지 충격적인 사실은 원자 전체의 크기에 비해 핵이 매우 작은 대신 밀도는 극히 높다는 것이다. 극히 작은 핵에 원자 질량 거의 전부가 집중되어 있다. 핵의 밀도가 어느 정도 높은가 하면, 완두콩 정도 크기의 핵 물질의 질량이 무려 2억 5천만 톤이나 될 정도이다!

이 시점에서 중요한 질문이 제기된다. "*만일 모든 원자가 이렇게 같은 성분으로 구성된다면, 왜 원자의 종류에 따라 화학적 성질이 다른 것일까?*" 이에 대한 대답은 전자의 배치와 개수에 달려있다. 전자는 원자 부피의 대부분을 차지하고 있으며, 원자가 결합하여 분자를 이룰 때 서로 섞이는 부분이다. 따라서 어떤 원자가 갖는 전자의 수는 다른 원자와 상호작용하는 능력에 큰 영향을 미친다. 즉, 서로 다른 원소의 원자들은 양성자와 전자의 수가 달라서 서로 다른 화학적 특성을 나타내게 되는 것이다.

소듐 원자의 핵에는 11개의 양성자가 있다. 원자는 알짜 전하가 0이므로 양성자와 같은 수의 전자가 존재하게 된다. 따라서 소듐 원자에는 11개의 전자가 그 핵 주위에서 움직이고 있다. 소듐 원자라면 반드시 11개의 양성자와 11개의 전자를 가지고 있어야 하며, 이 것은 결코 변할 수 없는 사실이다. 그러나 또한 각 소듐 원자는 핵에 중성자를 가지고 있으며, 중성자 수가 서로 다른 여러 종류의 소듐 원자가 존재한다. 예를 들어, 그림 2.9에 나타난 소듐 원자를 살펴보자. 이 두 원자는 *같은 수의 양성자를 가지고 있지만, 다른 수의 중성자를 가지고 있어서* **동위원소**(isotope)라고 부른다. 이때, 소듐 원자는 다음과 같이 기호로 나타낸다.

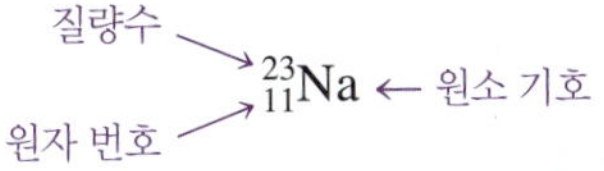

▲ 원자핵의 크기가 이 공만 하다면, 일반적인 원자는 이 경기장만 하다.

표 2.1 전자, 양성자, 중성자의 질량과 전하량

입자	질량	전하량*
전자	9.109×10^{-31} kg	1−
양성자	1.673×10^{-27} kg	1+
중성자	1.675×10^{-27} kg	없음

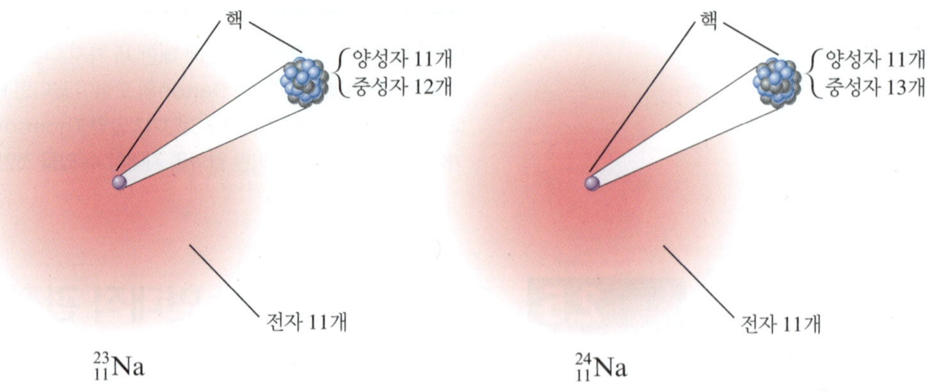

그림 2.9 소듐의 두 동위원소. 두 종류 모두 11개의 양성자와 전자를 갖고 있지만, 중성자의 수는 서로 다르다.

여기에서 **원자 번호**(atomic number) Z(양성자 수)는 아래첨자로, **질량수**(mass number) A(양성자와 중성자의 총 수)는 위첨자로 표기한다. 모든 동위원소 원소의 원자 번호는 동일하므로 동위원소는 질량수로 식별된다. 여기에 표시된 특정 원자를 *소듐 23*이라고 한다. 이 원자는 11개의 전자, 11개의 양성자, 12개의 중성자를 갖고 있다. 원자의 화학적 성질은 그 전자에 의해 결정되기 때문에 동위원소는 거의 같은 화학적 특성을 보여준다. 자연계에는 대부분 원소가 동위원소의 혼합물로 존재한다.

비판적 사고 원자의 평균 직경은 2×10^{-10} m이다. 만약 원자의 평균 직경이 1 cm라면 어떨까? 당신의 키는 얼마일 것인가?

예제 2.2 원자의 기호 표기

원자 번호가 9이고, 질량수가 19인 원자를 기호로 표기하라. 전자와 중성자의 수는 각각 얼마인가?

풀이 원자 번호 9번은 원자가 양성자를 9개 갖고 있음을 의미한다. 이 원소는 *플루오린*(*fluorine*)이라고 하며, 그 원소 기호는 F이다. 문제의 원자는 다음과 같이 표기되며,

$$^{19}_{9}F$$

*플루오린 십구*라고 부른다. 원자에 9개의 양성자가 있으므로, 전기적 중성을 유지하려면 전자도 9개가 존재해야 한다. 질량수는 양성자와 중성자의 총 수를 나타내므로, 이 원자에는 10개의 중성자가 존재한다.

연습 문제 2.71~2.76 참조

2.6 분자와 이온

화학자가 볼 때 원자의 가장 흥미로운 성질은 다른 원자들과 결합하여 화합물을 만드는 능력이다. Dalton은 최초로 화합물이 원자의 집합체임을 알아내었지만, 원자의 구조나 원자들이 서로 결합하는 방식에 대해서는 알 수 없었다. 20세기를 지나면서 우리는 원자가 전자들을 갖고 있으며, 이 전자들이 원자 간 결합에 참여한다는 것을 알게 되었다.

화합물 내에서 원자들이 붙어 있도록 잡아 두는 힘을 **화학 결합**(chemical bond)이라고 한다. 원자가 결합을 이루는 한 가지 방법은 *전자를 공유*(*sharing electrons*)하는 것이다.

이러한 결합을 **공유 결합**(covalent bond)이라고 하며, 공유 결합으로 형성된 원자의 집합체를 **분자**(molecule)라고 한다. 분자는 몇 가지 다른 방법으로 표현할 수 있다. 가장 간단한 방법은 **화학식**(chemical formula)을 이용하는 것으로, 원자의 종류를 원소 기호로 표기하고, 원자들의 수를 아래첨자로 나타낸다. 예를 들어, 이산화 탄소의 화학식은 CO_2로 나타내는데, 이는 각 분자에 탄소 원자 1개와 산소 원자 2개가 들어 있음을 의미한다.

공유 결합을 하는 분자의 예로는 수소(H_2), 물(H_2O), 산소(O_2), 암모니아(NH_3), 메테인(CH_4) 등이 있다. 각 결합을 선으로 표현하는 **구조식**(structural formula)은 분자에 대해 더 많은 정보를 줄 수 있다. 구조식은 분자의 실제 모습을 나타낼 수도 있고, 그렇지 않을 수도 있다. 예를 들어, 물 분자의 구조식은 다음과 같이 표기될 수 있다.

H—O—H 또는
 O
H H

위에서 오른쪽의 구조는 물 분자의 실제 모양을 보여준다. 과학자들은 실험적 증거를 토대로 물 분자가 이렇게 굽은 형태라는 것을 알고 있다(분자의 모습에 대해서는 제8장에서 자세히 다룰 예정이다).

구조식은 아래의 암모니아의 구조식과 같이 쐐기선과 점선을 사용하여 분자 구조를 3차원으로 표현한다. 점선으로 중심 원자에 연결된 원자는 지면의 뒤쪽이고, 쐐기로 연결된 원자는 지면의 앞쪽임을 나타낸다.

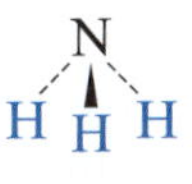

암모니아

분자로 이루어진 화합물에서 각 분자는 독립적인 단위체로 움직인다. 예를 들어, 메테인 기체의 분자는 여러 형태로 표현될 수 있다. 메테인(CH_4)의 구조식은 그림 2.10에 표기된 바와 같다. **공간 채움 모형**(space-filling model)을 이용하면 분자 내 원자들의 상대적인 위치뿐 아니라, 상대적 크기도 나타낼 수 있다. **공-막대 모형**(ball-and-stick model)은 색깔을 띤 공을 원자로, 막대를 결합으로 사용하여 분자를 표현하는 데 사용한다. 공-막대 모형은 결합 각도를 더 명확하게 보여주지만 원자의 상대적 크기는 덜 정확하다. 그림 2.10은 메테인(CH_4)을 나타내는 세 가지 다른 모형의 예를 보여준다.

두 번째로, 화학 결합은 이온 간 인력으로도 가능하다. **이온**(ion)이란 양전하나 음전하를 띠는 원자 또는 원자단을 가리킨다. 가장 잘 알려진 이온 결합 화합물로는 전기적으로 중성인 염소와 소듐이 반응하여 형성된 소금, 즉 염화 소듐을 들 수 있다.

이온이 어떻게 형성되는지를 보기 위해, 소듐 원자로부터 염소 원자로 전자가 이동할 때 어떤 일이 일어나는지 살펴보자(핵 내부의 중성자는 고려하지 않는다).

a 구조식 b 공간 채움 모형 c 공-막대 모형

그림 2.10 메테인(CH_4)를 나타내는 세 가지 방법.

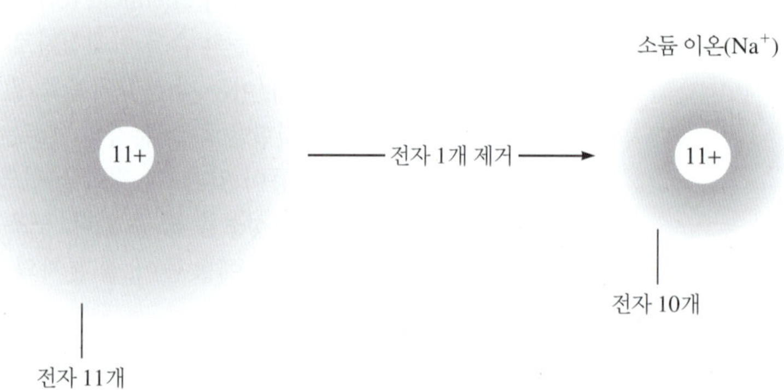

흔히 Na^+를 소듐 양이온이라고 하지 않고 *소듐 이온*이라고 한다. 또 Cl^-를 염화 음이온이라고 하지 않고 *염화 이온*이라고 한다. 일반적으로 특정한 이온을 나타낼 때 *양이온*이나 *음이온*보다는 *이온*이란 말을 사용한다.

소듐에서 전자 한 개가 제거되면 양성자는 11개이지만, 전자는 10개만 남아서 1+의 알짜 전하를 띠게 된다. 즉, 알짜 전하가 1+인 양전하를 띤 *양이온(positive ion)*이 된 것이다. 양전하를 띤 이온을 **양이온**(cation)이라고 부른다. 소듐 이온은 Na^+라고 표기한다. 이온화 과정을 간단히 나타내면 다음과 같다.

$$Na \longrightarrow Na^+ + e^-$$

만일 한 개의 전자가 염소 원자에 더해지면 염소 원자는 18개의 전자 때문에 1−의 알짜 전하를 띠게 된다. 즉, *음전하를 띤 이온*, **음이온**(anion)이 되는 것이다.

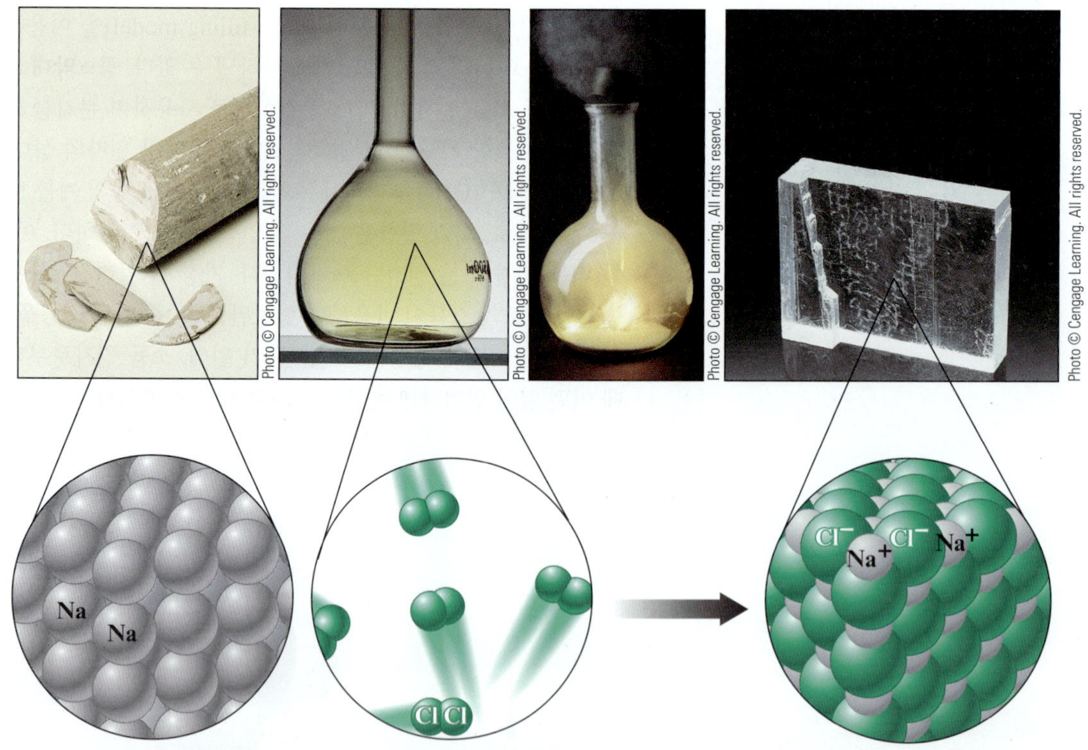

그림 2.11 소듐 금속(칼로 자를 수 있을 만큼 부드럽고 개별적인 소듐 원자로 이루어짐)이 염소 기체(Cl_2 분자를 포함)와 반응하여 고체 염화 소듐(Na^+와 Cl^- 이온이 서로 쌓여 있음)을 형성한다.

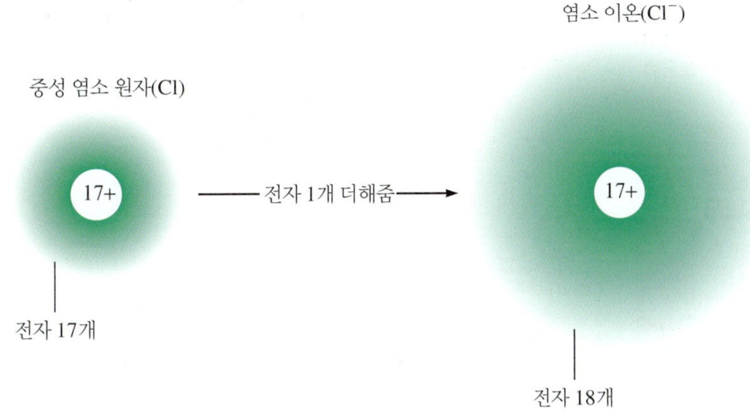

염소 음이온을 Cl^-로 표기하고, 이온화 과정은 다음과 같이 표현된다.

$$Cl + e^- \longrightarrow Cl^-$$

양이온과 음이온은 서로 반대 전하를 띠고 있으므로 서로 잡아당긴다. 이렇게 반대로 하전된 이온 간에 작용하는 인력을 **이온 결합**(ionic bonding)이라고 한다. 그림 2.11에 나타난 것과 같이 소듐 금속과 염소 기체(Cl_2 분자로 이루어진 녹색 기체)가 반응하여 고체 염화 소듐을 형성하는데, 여기에는 많은 Na^+ 이온과 Cl^- 이온이 차곡차곡 채워져 무색의 아름다운 입방형 결정을 이루고 있다.

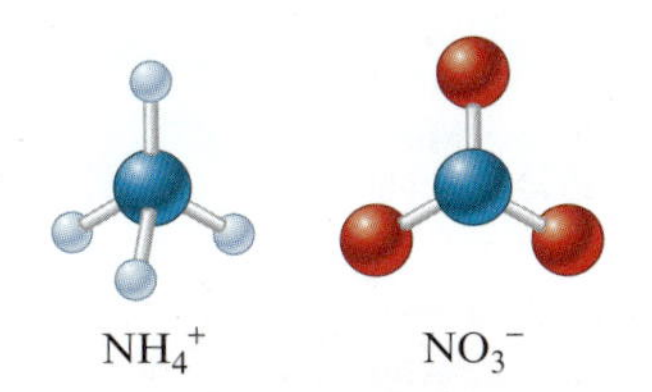

그림 2.12 암모늄 이온(NH_4^+)과 질산 이온(NO_3^-)은 공유 결합으로 이루어져 있다.

상반된 전하를 띠는 이온으로 형성된 고체는 **이온성 고체**(ionic solid)라고 한다. 이온성 고체는 염화 소듐처럼 간단한 이온으로 구성되기도 하고, 질산 암모늄(NH_4NO_3)에서 볼 수 있는 것처럼 암모늄 이온(NH_4^+)과 질산 이온(NO_3^-)과 같은 **다원자 이온**(polyatomic ion)들로 구성되기도 한다. 이러한 이온들의 공-막대 모형이 그림 2.12에 소개되어 있다.

2.7 주기율표에 대한 소개

화학 강의실이나 실험실에는 **주기율표**(periodic table)라고 하는 도표가 벽에 걸려 있는 경우가 많다. 이 주기율표에는 알려진 모든 원소가 나타나 있으며 각 원소에 대한 많은 정보가 담겨 있다.

간단한 형태의 주기율표를 그림 2.13에 소개하였다. 네모 속의 글자는 원소 기호이고 이러한 약자는 현재 사용 중인 원소 이름이나 최초의 원소 이름에서 따온 것이다(표 2.2 참조). 각 원소 기호 위쪽의 숫자는 그 원소의 *원자 번호*(양성자 수)이다. 예를 들어, 탄소(C)는 원자 번호가 6이고, 납(Pb)은 82이다. 대부분 원소는 **금속**(metal)인데 금속은 열과 전기 전도성이 높고, 전성(펴짐성) 및 연성(뽑힘성)이 높으며, 때로는 광택을 띠는 등 특징적인 물리적 성질을 보여준다. 화학적으로 금속은 전자를 *잃고* 양이온이 되려는 경향이 있다. 구리는 전형적인 금속의 예가 될 것이다. 광택(금방 색깔이 바래지만)이 있고, 뛰어난 전기 전도체이며(전선으로 널리 사용되고 있음), 수도관에 쓰이는 파이프와 같은 다양한 형태로 변형할 수 있다. 구리는 또한 다양한 형태의 염에서 발견된다. 예를 들어, 파란색의 아름다운 황산 구리 결정 내에서는 Cu^{2+} 이온의 형태로 존재한다. 구리는 주기율표 가운데에 있는 전이 금속 중 하나이다.

비금속(nonmetal) 원소는 금속 원소보다 수가 적고, 주기율표의 오른쪽 윗부분에 배치되어 있다(그림 2.13에서 굵은 선의 오른쪽). 수소는 예외적으로 왼쪽의 윗자리에 존재한다. 비금속들은 금속의 특징적인 물리적 특성을 보이지 않는다. 화학적으로 비금속은 금속과의 반응에서 전자를 *얻어* 음이온을 형성하려는 경향이 있다. 비금속은 흔히 서로 공

금속은 양이온을, 비금속은 음이온을 형성하는 경향이 있다.

알칼리 토금속 · 할로젠 · 불활성 기체 · 알칼리 금속 · 전이 금속

1 1A	2 2A	3	4	5	6	7	8	9	10	11	12	13 3A	14 4A	15 5A	16 6A	17 7A	18 8A
1 H																	2 He
3 Li	4 Be											5 B	6 C	7 N	8 O	9 F	10 Ne
11 Na	12 Mg											13 Al	14 Si	15 P	16 S	17 Cl	18 Ar
19 K	20 Ca	21 Sc	22 Ti	23 V	24 Cr	25 Mn	26 Fe	27 Co	28 Ni	29 Cu	30 Zn	31 Ga	32 Ge	33 As	34 Se	35 Br	36 Kr
37 Rb	38 Sr	39 Y	40 Zr	41 Nb	42 Mo	43 Tc	44 Ru	45 Rh	46 Pd	47 Ag	48 Cd	49 In	50 Sn	51 Sb	52 Te	53 I	54 Xe
55 Cs	56 Ba	57 La*	72 Hf	73 Ta	74 W	75 Re	76 Os	77 Ir	78 Pt	79 Au	80 Hg	81 Tl	82 Pb	83 Bi	84 Po	85 At	86 Rn
87 Fr	88 Ra	89 Ac†	104 Rf	105 Db	106 Sg	107 Bh	108 Hs	109 Mt	110 Ds	111 Rg	112 Cn	113 Nh	114 Fl	115 Mc	116 Lv	117 Ts	118 Og

*란타넘족	58 Ce	59 Pr	60 Nd	61 Pm	62 Sm	63 Eu	64 Gd	65 Tb	66 Dy	67 Ho	68 Er	69 Tm	70 Yb	71 Lu
†악티늄족	90 Th	91 Pa	92 U	93 Np	94 Pu	95 Am	96 Cm	97 Bk	98 Cf	99 Es	100 Fm	101 Md	102 No	103 Lr

그림 2.13 주기율표.

유 결합을 형성한다. 예를 들면, 염소는 대표적인 비금속으로, 정상적인 조건에서는 Cl_2 분자 형태로 존재한다. 염소는 금속과 반응하여 Cl^- 이온을 갖는 염을 이루거나(예를 들면, NaCl), 비금속 원소와 공유 결합을 만들기도 한다(예를 들면, 염화 수소 기체, HCl).

표 2.2 초기 이름에서 따온 원소 기호

현재 이름	초기 이름	원소 기호
안티모니(antimony)	Stibium	Sb
구리(copper)	Cuprum	Cu
철(iron)	Ferrum	Fe
납(lead)	Plumbum	Pb
수은(mercury)	Hydrargyrum	Hg
포타슘(pottasium)	Kalium	K
은(silver)	Argentum	Ag
소듐(sodium)	Natrium	Na
주석(tin)	Stannum	Sn
텅스텐(tungsten)	Wolfram	W

▲
염소 기체, 액체 브로민, 및 고체 아이오딘의 시료는 모두 할로젠이다.

주기율표는 *비슷한 화학적 성질*을 갖는 원소들을 같은 수직 열[**그룹**(group) 또는 **족**(family)이라 부름]에 배치한다. 예를 들어, 모든 **알칼리 금속**(alkali metal), 즉 1A 족에 속한 원소들인 리튬(Li), 소듐(Na), 포타슘(K), 루비듐(Rb), 세슘(Cs), 프란슘(Fr)은 매우 반응성이 높아 다른 비금속과 반응하여 쉽게 1+의 전하를 띠는 이온을 형성한다. 2A 족에 속하는 베릴륨(Be), 마그네슘(Mg), 칼슘(Ca), 스트론튬(Sr), 바륨(Ba), 라듐(Ra)은 **알칼리 토금속**(alkaline earth metal)이라고 하며, 이들은 비금속 원소와 반응할 때, 모두 2+의 전하를 띠는 이온을 형성한다. 7A 족에 속하는 플루오린(F), 염소(Cl), 브로민(Br), 아이오딘(I), 아스타틴(At)은 **할로젠**(halogen)이라고 하는데, 이들은 이원자 분자를 형성하며, 금속과 반응하여 염을 이룰 때는 1−의 전하를 띠는 음이온(F^-, Cl^-, Br^-, I^-)을 형성한다. 8A 족에 속하는 원소들인 헬륨(He), 네온(Ne), 아르곤(Ar), 크립톤(Kr), 제논(Xe), 라돈(Rn)은 **불활성 기체**(noble gas)라고 한다. 이들은 일반적인 조건에서는 단원자 기체로 존재하고, 화학적인 반응성도 거의 없다.

그림 2.13에 나타난 것과 같이 족을 표기할 때에는 두 가지 방법이 사용되고 있음을 알아두어야 한다. IUPAC(International Union of Pure and Applied Chemistry)에서는 족을 숫자 1에서 18까지로 표기하지만, 1A에서 8A까지가 여전히 널리 사용되고 있다. 이 책에서는 1A~8A의 표기법을 사용할 것이다.

주기율표에서 원소들이 수평으로 줄지어 있는 행을 **주기**(period)라고 한다. 수소와 헬륨이 있는 첫 번째 행을 *1주기(first period)*, 리튬부터 네온까지의 두 번째 행을 *2주기(second period)*, 그리고 그 아래의 행들을 같은 방식으로 3주기, 4주기 등으로 부른다.

다른 형태의 주기율표를 7.11절에서 다룰 것이다.

화학 공부를 계속 하면서 주기율표에 대해서 훨씬 많은 것들을 공부할 것이다. 지금은 어떤 원소가 이 책에서 소개되면 그 원소가 주기율표상에서 어디에 있는지 알 수 있는 정도면 된다.

2.8 간단한 화합물의 명명법

화학이 과학으로 성장되던 초기에는 화합물을 명명하는 체계적인 방법이 없었다. 연당(sugar of lead), 청황산(blue vitrol), 석회(quicklime), 에프솜염(Epsom salts), 마그네시아 밀크(milk of magnesia), 석고(gypsum), 웃음 기체(laughing gas)와 같은 이름은 초기 화학자들에 의해 붙여진 것이다. 이러한 이름은 *관용명(common name)*이라고 한다. 화학이 발전하면서 관용명의 사용이 커다란 혼란을 불러일으킬 것은 자명한 일이었다. 현재 거의 500만 가지의 화합물이 알려졌고, 이들의 관용명을 기억한다는 것은 불가능하기 때문이다.

이 문제의 해결책은 화합물의 조성에 대한 정보를 담는 이름을 화합물에 붙이는 *체계적인 방법*을 채택하는 것이다. 이 체계를 배우고 나면 화학자는 화학식으로부터 화합물의 이름을 말할 수 있고, 또한 이름으로부터 화합물의 화학식을 쓸 수 있게 된다. 이 절에서는 유기 화합물(탄소 사슬 구조를 갖는)을 제외한 화합물을 명명하는 가장 중요한 규칙을 소개하고자 한다.

먼저 무기 **이성분 화합물**(binary compound, 두 가지 원소로 구성된 화합물)의 명명법을 더 쉽게 이해할 수 있도록 몇 가지 유형으로 나누어 시작해 보자. 여기에는 이온 및 공유 화합물들을 다룰 것이다.

이성분 이온 결합 화합물(유형 I)

이성분 이온 결합 화합물(binary ionic compound)의 화학식은 양이온(cation)을 먼저 쓰고 음이온(anion)을 나중에 쓴다. 이러한 화합물을 명명할 때에는 다음의 규칙이 적용된다.

직업 속의 화학

전문 응급 구조사

Marissa Witmer는 전문 응급 구조사(Advanced Emergency Medical Technician)이자 의료 응급 상황의 초기 대응자(first responder)이다. Marissa는 EMT 프로그램을 이수하여 자격증을 취득한 후, 신경과학과 스페인어 학사 학위를 얻어 의료 분야에서 경력을 쌓았다.

Marissa는 처음에는 화학이 어려웠다고 솔직히 말하며, 성공을 위해 스스로 책임감을 가지고 꾸준히 노력해야 했다고 말한다. 생사와 직결되는 상황에서는 호흡성 산증과 알칼리증, 그리고 몸이 이를 화학적으로 조절하는 방식을 이해하는 것이 매우 중요하며, 이를 제대로 숙지하는 것이 필수적이다.

Marissa Witmer

원자 양이온은 해당 원소와 이름이 같다.

유형 I 이성분 화합물 명명

1. 음이온을 먼저 부르고, 양이온을 나중에 부른다(영어에서는 반대).
2. 단원자 양이온은 원소의 이름을 그대로 사용한다. 예를 들면, Na^+ 이온은 소듐으로 그대로 부른다(영어도 같음).
3. 단원자 음이온은 원소의 이름에 "*-화(-ide)*"를 붙인다(영어에서는 원소명 어근에 *-ide*를 붙인다). 따라서 Cl^- 이온은 "염화"라고 부른다(영어로는 chloride).

몇 가지 단원자 양이온과 음이온의 이름이 표 2.3에 수록되어 있다.

이성분 이온 결합 화합물의 명명법이 다음에 예시되어 있다.

이온 결합 화합물의 화학식에서 단순한 이온의 표기는 원소 기호를 그대로 쓴다. Cl은 Cl^-, Na는 Na^+를 의미한다.

화합물	존재하는 이온	이름	영어 이름
NaCl	Na^+, Cl^-	염화 소듐	Sodium chloride
KI	K^+, I^-	아이오딘화 포타슘	Potassium iodide
CaS	Ca^{2+}, S^{2-}	황화 칼슘	Calcium sulfide
Li_3N	Li^+, N^{3-}	질화 리튬	Lithium nitride
CsBr	Cs^+, Br^-	브로민화 세슘	Cesium bromide
MgO	Mg^{2+}, O^{2-}	산화 마그네슘	Magnesium oxide

표 2.3 몇 가지 단원자 양이온과 음이온

양이온	이름	음이온	이름
H^+	수소(hydrogen)	H^-	수소화(hydride)
Li^+	리튬(lithium)	F^-	플루오린화(fluoride)
Na^+	소듐(sodium)	Cl^-	염화(chloride)
K^+	포타슘(potassium)	Br^-	브로민화(bromide)
Cs^+	세슘(cesium)	I^-	아이오딘화(iodide)
Be^{2+}	베릴륨(beryllium)	O^{2-}	산화(oxide)
Mg^{2+}	마그네슘(magnesium)	S^{2-}	황화(sulfide)
Ca^{2+}	칼슘(calcium)	N^{3-}	질소화(nitride)
Ba^{2+}	바륨(barium)	P^{3-}	인화(phosphide)
Al^{3+}	알루미늄(aluminum)		

대화형 예제 2.3 유형 I의 이성분 화합물 명명

다음 이성분 화합물의 이름을 써라.

a. CsF **b.** $AlCl_3$ **c.** LiH

풀이

a. CsF는 플루오린화 세슘(cesium fluoride)이다.

b. $AlCl_3$는 염화 알루미늄(aluminum chloride)이다.

c. LiH는 수소화 리튬(lithium hydride)이다.

음이온, 양이온의 순서로 이름을 부르는 것을 기억하라(영어는 반대).

연습 문제 2.85 참조

이름으로부터 화학식 결정하기

지금까지는 화합물의 화학식으로부터 그 체계명을 결정하였지만, 반대 과정 또한 중요하다. 예를 들면, 염화 칼슘(calcium chloride)이라는 이름으로부터 그 화학식을 $CaCl_2$라고 쓸 수 있는데, 그 이유는 칼슘은 Ca^{2+} 이온만을 형성하고, 염화 이온은 Cl^-이므로 중성의 화합물을 이루려면 Ca^{2+} 이온 한 개에 두 개의 Cl^- 이온이 필요하다는 것을 알기 때문이다.

대화형 예제 2.4 이름으로부터 유형 I의 이성분 화합물 화학식 쓰기

다음 체계명으로 나타낸 화합물의 화학식을 적어라.

a. 아이오딘화 포타슘

b. 산화 칼슘

c. 브로민화 갈륨

풀이

이름	화학식	설명
a. 아이오딘화 포타슘	KI	K^+와 I^-를 포함한다.
b. 산화 칼슘	CaO	Ca^{2+}와 O^{2-}를 포함한다.
c. 브로민화 갈륨	$GaBr_3$	Ga^{3+}와 Br^-를 포함한다. Ga^{3+}와 전하 균형을 맞추기 위해서 $3Br^-$가 필요하다.

연습 문제 2.85 참조

표 2.4 유형 II에 속하는 양이온들

양이온	체계명
Fe^{3+}	철(III)
Fe^{2+}	철(II)
Cu^{2+}	구리(II)
Cu^+	구리(I)
Co^{3+}	코발트(III)
Co^{2+}	코발트(II)
Sn^{4+}	주석(IV)
Sn^{2+}	주석(II)
Pb^{4+}	납(IV)
Pb^{2+}	납(II)
Hg^{2+}	수은(II)
Hg_2^{2+}*	수은(I)
Ag^+	은†
Zn^{2+}	아연†
Cd^{2+}	카드뮴†

*수은(I)은 언제나 두 개가 결합된 유형 Hg_2^{2+} 이온으로 존재한다.

†이들은 전이 금속이지만, 한 종류의 양이온만 가능하기 때문에 로마 숫자는 사용하지 않는다.

이성분 이온 결합 화합물(유형 II)

앞에서 설명한 이성분 이온 결합 화합물(유형 I)은 금속들이 한 종류의 양이온을 형성하는 경우였다. 즉, 소듐은 Na^+만을, 칼슘은 단지 Ca^{2+}만을 형성한다. 그러나 앞으로 더 자세히 볼 수 있듯이 많은 금속은 두 가지 이상의 양이온이 가능하고, 따라서 주어진 음이온과 함께 두 종류 이상의 화합물을 형성할 수 있다. 이들은 유형 II의 이성분 이온 결합 화합물로 알려져 있다. 예를 들어, 화합물 $FeCl_2$는 Fe^{2+} 이온을 갖고 있고, 화합물 $FeCl_3$에는 Fe^{3+} 이온이 존재한다. 유형 II의 이성분 이온 결합 화합물에서 금속 이온의 전하도 로마 숫자로 반드시 표기되어야 한다. 이러한 두 가지 철 화합물의 체계명은 *로마 숫자로 양이온의 전하를 나타내어* 각각 염화 철(II), 염화 철(III)로 표기한다.

금속이 두 종류의 이온만을 형성하는 경우 예전에는 다른 이온 결합 화합물의 명명 체계를 사용하기도 했었다. 낮은 전하를 띠는 이온은 앞에 "제1", 높은 이온은 앞에 "제2"라는 접두사를 붙여 이름을 만들었다(영어는 이름 끝에 *-ous*, *-ic*의 접미사를 붙였다). 이와 같은 경우, 예를 들면 Fe^{3+}는 제2철(ferric) 이온, Fe^{2+}는 제1철(ferrous) 이온이 되는 것이다. 따라서 $FeCl_3$와 $FeCl_2$의 이름은 각각 염화 제2철(ferric chloride), 염화 제1철(ferrous chloride)이 된다. 이 책에서는 로마 숫자를 이용한 명명법을 사용할 것이다. 표 2.4에 유형 II에 해당하는 이온들의 체계명이 수록되어 있다.

대화형 예제 2.5 유형 II의 이성분 화합물 명명

1. 다음 화합물의 체계명을 써라.

a. CuCl **b.** HgO **c.** Fe_2O_3

2. 다음 체계명으로 나타낸 화합물의 화학식을 적어라.

a. 이산화 망가니즈(IV)

b. 염화 납(II)

풀이

유형 II 이성분 화합물은 두 가지 이상의 양이온을 가질 수 있는 금속을 포함한다.

화합물은 전기적으로 중성이어야 한다.

이 화합물들에는 모두 두 가지 이상의 양이온을 형성할 수 있는 금속이 들어 있다. 따라서, 먼저 각 양이온의 전하를 결정해야 한다. 이것은 화합물은 전기적으로 중성을 띤다는 사실을 이용하면 된다. 즉, 양전하와 음전하는 정확히 균형을 이루어야 한다.

1. 화학식	**이름**	**설명**
a. CuCl	염화 구리(I)	음이온이 Cl^-이므로 양이온은 전하 균형을 맞추기 위해서 Cu^+이어야 한다. 로마 숫자 I이 필요하다.
b. HgO	산화 수은(II)	음이온이 O^{2-}이므로 양이온은 Hg^{2+}[수은(II)]이어야 한다.
c. Fe_2O_3	산화 철(III)	3개의 O^{2-}가 6−의 전하를 가지므로 6+ 전하를 위해서 2개의 Fe^{3+}[철(III)] 이온이 필요하다.

2. 이름	**화학식**	**설명**
a. 이산화 망가니즈(IV)	MnO_2	Mn^{4+} 이온[망가니즈(IV)] 때문에 2개의 O^{2-} 이온(전체 전하 4−)이 필요하다.
b. 염화 납(II)	$PbCl_2$	Pb^{2+} 이온[납(II)]과 전하 균형을 위해서 2개의 Cl^- 이온이 필요하다.

연습 문제 2.86 참조

일반적으로 전이 금속을 갖는 화합물은 이름에 로마 숫자가 들어 있다.

체계명에서 로마 숫자는 두 원소가 이루는 이온 결합 화합물이 두 가지 이상일 때에만 사용한다는 것을 명심하자. 이 경우는 여러 가지 양이온이 가능한 전이 금속이 들어 있는 화합물에서 자주 나타난다. 반면에 **한 종류만의 양이온이 만들어지는 원소의 경우 로마 숫자를 붙여 표기할 필요가 없다.** 로마 숫자가 필요하지 않은 금속 원소로는 1+ 이온만을 형성하는 1A 족 원소, 2+ 이온만을 형성하는 2A 족 원소, Al^{3+}만이 가능한 알루미늄이 있다. 은은 독특한 경우인데 거의 모든 화합물에서 Ag^+ 이온으로 발견된다. 그러므로 비록 은이 전이 금속이고 Ag^+ 이외의 이온을 형성할 가능성은 있지만, 은 화합물들은 대개 로마 숫자를 사용하지 않고 명명된다. 그래서 AgCl은 기술적으로는 염화 은(I)이라고 하는 것이 맞지만, 일반적으로는 단순히 염화 은이라고 부른다. 마찬가지로 아연 화합물에도 로마 숫자를 사용하지 않는데, 아연은 Zn^{2+} 이온만이 생성되기 때문이다.

▲ 산화 수은(II).

예제 2.5에서 본 것과 같이 두 가지 이상의 양이온을 형성하는 금속 이온이 존재할 때는 금속 이온의 전하는 화합물을 중성으로 맞추기 위해 양전하와 음전하 간의 균형으로 정할

그림 2.14 이성분 이온성 화합물의 명명 흐름도.

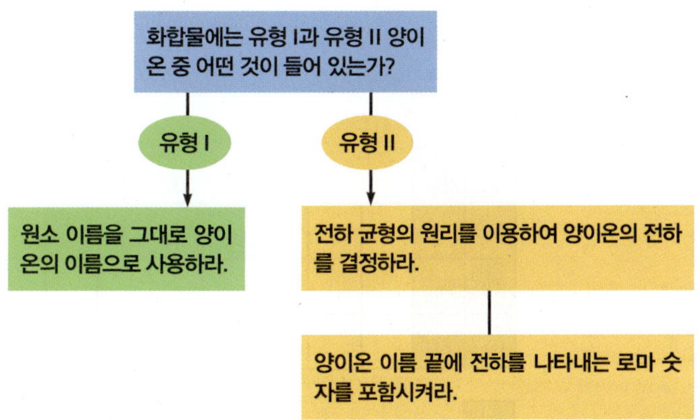

수 있다. 이렇게 할 수 있으려면 흔히 나타나는 양이온과 음이온들과 그 전하를 알고 있어야 한다(표 2.3과 2.5 참조). 이성분 화합물의 명명 절차를 그림 2.14에 요약하였다.

비판적 사고 주기율표를 사용하여 각 원자들에 해당하는 안정한 이온들에 대한 정보를 얻을 수 있다. 예를 들어서 1족에 있는 원자들은 항상 1+ 이온을 형성한다. 그러나 전이 금속들은 두 가지 이상의 안정한 이온들을 만들 수 있다. 만약 각각의 전이 금속들이 한 가지 종류의 이온만을 만들 수 있다면 어떻게 하면 각각 화합물들을 구별하는 이름을 만들 수 있겠는가?

대화형 예제 2.6 이성분 화합물의 명명법

1. 다음 화합물의 체계명을 써라.

a. $CoBr_2$ **b.** $CaCl_2$ **c.** Al_2O_3

2. 다음 체계명으로 나타낸 화합물의 화학식을 적어라.

a. 염화 크로뮴(III) [chromium(III) chloride]

b. 아이오딘화 갈륨(gallium iodide)

풀이

1. 화학식	**이름**	**설명**
a. $CoBr_2$	브로민화 코발트(II)	코발트는 전이 금속이므로 화합물의 이름에 로마 숫자가 들어가야 한다. 두 개의 Br^- 이온과 균형을 이루려면 하나의 Co^{2+} 이온이어야 한다.
b. $CaCl_2$	염화 칼슘	칼슘은 알칼리 토금속으로, Ca^{2+} 이온만 가능하다. 로마 숫자는 불필요하다.
c. Al_2O_3	산화 알루미늄	알루미늄은 Al^{3+}만 형성하므로 로마 숫자는 필요하지 않다.

2. 이름	**화학식**	**설명**
a. 염화 크로뮴(III)	$CrCl_3$	크로뮴(III)은 Cr^{3+}가 있음을 나타내므로 전하 균형을 위해 3개의 Cl^- 이온이 필요하다.
b. 아이오딘화 갈륨	GaI_3	갈륨은 항상 3+ 이온을 형성하므로 전하 균형을 위해 3개의 I^- 이온이 필요하다.

연습 문제 2.87과 2.88 참조

▲ 다양한 크로뮴 화합물의 수용액. 왼쪽에서부터 오른쪽으로: $CrCl_2$, $K_2Cr_2O_7$, $Cr(NO_3)_3$, $CrCl_3$, K_2CrO_4.

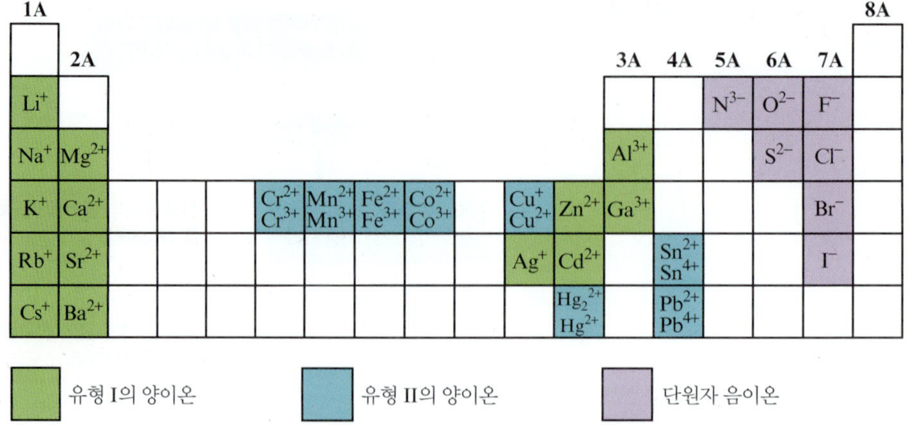

그림 2.15 일반적인 양이온과 음이온들.

일반적인 유형 I과 유형 II의 이온들과, 기타 단원자 이온들을 그림 2.15에 요약하였다.

다원자 이온을 갖는 이온 결합 화합물

다원자 이온의 화학식은 암기하여야 한다.

우리는 아직 다원자 이온을 갖는 이온 결합 화합물을 다루지 않았다. 예를 들어, 질산 암모늄(NH_4NO_3)은 다원자 이온인 NH_4^+와 NO_3^-로 구성된다. 다원자 이온은 각각 독특한 이름이 사용되므로 이들이 들어 있는 화합물을 명명하려면 *암기하는 수밖에 없다*. 중요한 다원자 이온의 이름이 표 2.5에 수록되어 있다.

표 2.5에는 주어진 원자에 여러 개의 산소 원자가 결합한 음이온 계열들이 수록되어 있다. 이 음이온들은 **산소산 이온**(oxyanion)이라고 부른다. 만일 주어진 원자에 두 종류의 산소산 이온만이 존재한다면, 산소 원자가 많은 것은 " .... 산 이온"이라 부르고(영어로는 어간에 접미사 *-ate*를 붙임), 산소 원자가 적은 것은 앞에 "아 .... 산 이온"으로 앞에 "아"라는 접두사를 붙이면 된다(영어로는 어간에 접미사 *-ite*를 붙임). 예를 들면, SO_3^{2-} 이온은 아황산 이온, SO_4^{2-}은 황산 이온이라고 부른다. 세 종류 이상의 산소산이 가능한 경우, 산

표 2.5 일반적인 다원자 이온들

이온	이름	이온	이름
Hg_2^{2+}	수은(I)	CO_3^{2-}	탄산
NH_4^+	암모늄	HCO_3^-	탄산 수소(중탄산이 관용명으로 널리 사용되고 있다.)
NO_2^-	아질산	ClO^- (OCl^-)	하이포아염소산
NO_3^-	질산	ClO_2^-	아염소산
SO_3^{2-}	아황산	ClO_3^-	염소산
SO_4^{2-}	황산	ClO_4^-	과염소산
HSO_4^-	황산 수소(중황산은 널리 쓰이는 관용명이다)	$C_2H_3O_2^-$	아세트산
OH^-	수산화	MnO_4^-	과망가니즈산
CN^-	사이안화	$Cr_2O_7^{2-}$	중크로뮴산
PO_4^{3-}	인산	CrO_4^{2-}	크로뮴산
HPO_4^{2-}	인산 수소	O_2^{2-}	과산화
$H_2PO_4^-$	인산 이수소	$C_2O_4^{2-}$	옥살산
NCS^- 또는 SCN^-	싸이오사이안화	$S_2O_3^{2-}$	싸이오황산

소 원자 수가 가장 적은 경우에는 "*하이포*"(hypo-), 가장 많은 경우에는 "*과*"(per-)라는 접두사를 추가로 붙여 이름을 부른다. 표 2.5에 수록된 염소산의 경우를 참조하면 쉽게 이해할 것이다.

대화형 예제 2.7 다원자 이온을 갖는 화합물의 명명

1. 다음 화합물의 이름을 써라.

a. Na_2SO_4
b. KH_2PO_4
c. $Fe(NO_3)_3$
d. $Mn(OH)_2$
e. Na_2SO_3
f. Na_2CO_3

2. 다음 체계명으로 나타낸 화합물의 화학식을 적어라.

a. 탄산 수소 소듐
b. 과염소산 세슘
c. 하이포아염소산 소듐
d. 셀레늄산 소듐
e. 브로민산 포타슘

풀이

1.

화학식	**이름**	**설명**
a. Na_2SO_4	황산 소듐	
b. KH_2PO_4	인산 이수소 포타슘	
c. $Fe(NO_3)_3$	질산	철(III) 전이 금속—이름 뒤에 반드시 산화 수를 로마 숫자로 표기한다. Fe^{3+}이어야 세 개의 NO_3^- 음이온과 전기적 중성을 이룬다.
d. $Mn(OH)_2$	수산화 망가니즈(II)	전이 금속—이름 뒤에 반드시 산화 수를 로마 숫자로 표기한다. Mn^{2+}라야 두 개의 OH^- 음이온과 전기적 중성을 이룬다.
e. Na_2SO_3	아황산 소듐	
f. Na_2CO_3	탄산 소듐	

2.

이름	**화학식**	**설명**
a. 탄산 수소 소듐	$NaHCO_3$	흔히 중탄산 소듐이라고도 부른다.
b. 과염소산 세슘	$CsClO_4$	
c. 하이포아염소산 소듐	$NaOCl$	
d. 셀레늄산 소듐	Na_2SeO_4	같은 족의 황과 셀레늄 같은 원소는 이름도 비슷한 방법으로 붙인다. 따라서, SO_4^{2-}(황산)처럼 SeO_4^{2-}는 셀레늄산이다.
e. 브로민산 포타슘	$KBrO_3$	위와 같이, ClO_3^-가 염소산인 것처럼 BrO_3^-는 브로민산이다.

연습 문제 2.89와 2.90 참조

이성분 공유 결합 화합물(유형 III)

*이성분 공유 화합물*에서 원소의 이름은 이성분 이온 결합 화합물과 같은 규칙을 따른다.

이성분 공유 화합물(binary covalent compound)은 *두 종류의 비금속 원자*로 이루어진다. 이들은 이온은 없지만, 이름은 이성분 이온 결합 화합물과 매우 유사하다.

표 2.6 화학명에서 원자의 수를 나타내는 접두사

접두사	의미하는 수
일(mono-)	1
이(di-)	2
삼(tri-)	3
사(tetra-)	4
오(penta-)	5
육(hexa-)	6
칠(hepta-)	7
팔(octa-)	8
구(nona-)	9
십(deca-)	10

이성분 공유 화합물 명명

1. 화학식의 두 번째 원소에 "…*화(-ide)*"의 접미사를 붙인다. (영어의 경우, 첫 번째 원소를 원소 이름 그대로 먼저 읽는다.)
2. 다음에 붙이는 첫 번째 원소는 원소 이름을 그대로 사용한다. (영어의 경우, 두 번째 원소를 음이온으로 부른다.)
3. 원자의 개수는 각 원소의 앞에 표 2.6에 수록된 접두사를 붙여 나타낸다. 원자의 이름이 우리말일 경우는 '*일-*', '*이-*', '*삼-*'과 같은 접두사를, 영어로 쓸 때에는 '*모노-*', '*다이-*', '*트라이-*' 등의 접두사를 사용한다.
4. "*일-(mono-)*"이란 접두사는 첫 번째 원소에는 붙이지 않는다. 예를 들어, CO는 일산화 탄소라고 부를 뿐, 일산화 일탄소라고는 하지 *않는다*.

이러한 규칙을 적용하여 질소와 산소로 구성된 여러 가지 공유 화합물의 이름을 살펴보자.

화합물	체계명	관용명
N_2O	일산화 이질소(dinitrogen monoxide)	Nitrous oxide
NO	일산화 질소(nitrogen monoxide)	Nitric oxide
NO_2	이산화 질소(nitrogen dioxide)	
N_2O_3	삼산화 이질소(dinitrogen trioxide)	
N_2O_4	사산화 이질소(dinitrogen tetroxide)	
N_2O_5	오산화 이질소(dinitrogen pentoxide)	

영어의 경우 접두사의 마지막 *o* 또는 *a*는 원소가 모음으로 시작할 때 발음을 부드럽게 하려고 표기하지 않는다는 것도 기억해 두자. N_2O_4는 dinitrogen tetroxide라고 하며, dinitrogen tetr*a*oxide라고 하지 *않는다*. CO 역시 carbon mon*o*oxide라 *하지 않고*, carbon monoxide로 부른다.

일부 화합물들은 항상 일반 명칭을 사용하여 부른다. 물, 암모니아, 과산화 수소가 대표적인 예이다. H_2O, NH_3, 및 H_2O_2는 체계명을 사용하지 않는다.

대화형 예제 2.8 유형 III의 이성분 화합물의 명명법

1. 다음 화합물의 이름을 명명하라.

a. PCl_5 **b.** PCl_3 **c.** SO_2

2. 다음 체계명으로 나타낸 화합물의 화학식을 적어라.

a. 육플루오린화 황
b. 삼산화 황
c. 이산화 탄소

풀이

1.

화합물	이름
a. PCl_5	오염화 인(phosphorus pentachloride)
b. PCl_3	삼염화 인(phosphorus trichloride)
c. SO_2	이산화 황(sulfur dioxide)

2.

이름	화학식
a. 육플루오린화 황(sulfur hexafluoride)	SF_6

b. 삼산화 황(sulfur trioxide) SO_3
c. 이산화 탄소(carbon dioxide) CO_2

연습 문제 2.91과 2.92 참조

이성분 화합물을 명명하는 규칙은 그림 2.16에 요약되어 있다. 원자의 수를 표기하는 접두사는 유형 III의 이성분 화합물(두 종류의 비금속 원소로 구성된 화합물)에만 사용한다. 화합물의 명명에 관한 전체적인 과정은 그림 2.17에 요약되어 있다.

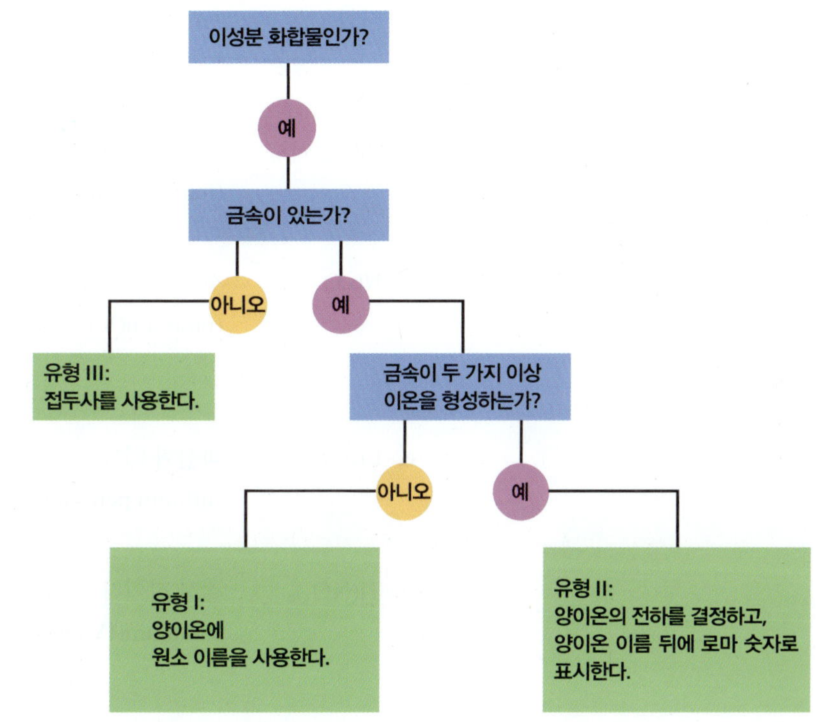

그림 2.16 이성분 화합물의 명명법 흐름도.

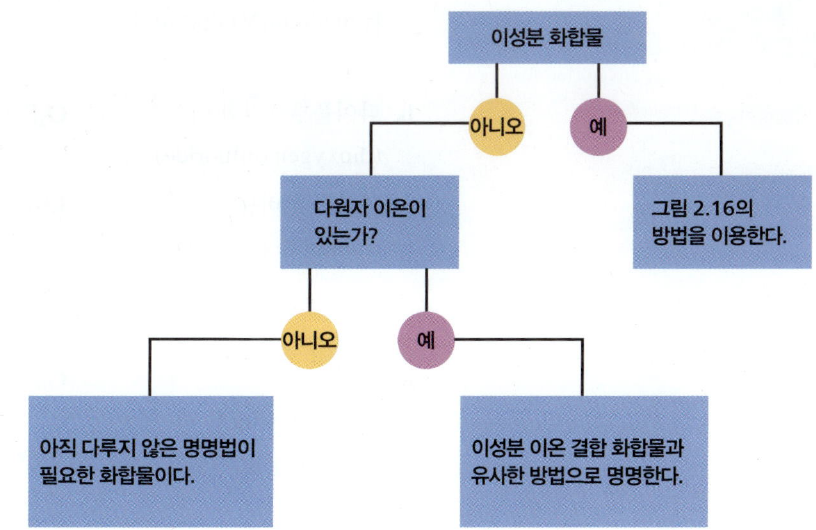

그림 2.17 화합물의 전반적인 명명 흐름도.

대화형 예제 2.9 다양한 유형의 화합물에 대한 명명

1. 다음 화합물들의 체계명을 말하라.

a. P_4O_{10} **b.** Nb_2O_5 **c.** Li_2O_2 **d.** $Ti(NO_3)_4$

2. 다음 체계명으로 나타낸 화합물의 화학식을 적어라.

a. 플루오린화 바나듐(V)
b. 이플루오린화 이산소
c. 과산화 루비듐
d. 산화 갈륨

풀이

1.

화합물	이름	설명
a. P_4O_{10}	십산화 사인 (tetraphosphorus decaoxide)	이성분 공유 화합물(유형 III)에는 접두사가 사용된다. *deca*-의 *a*는 가끔 생략되기도 한다.
b. Nb_2O_5	산화 나이오븀(V) (niobium(V) oxide)	유형 II 화합물로 Nb^{5+}와 O^{2-} 이온으로 구성된다. 나이오븀은 전이 금속으로, 로마 숫자로 산화 수를 표기한다.
c. Li_2O_2	과산화 리튬 (lithium peroxide)	유형 I 이성분 화합물로, Li^+와 O_2^{2-}(과산화) 이온으로 구성된다.
d. $Ti(NO_3)_4$	질산 타이타늄(IV) [titanium(IV) nitrate]	이성분 화합물은 아니다. Ti^{4+}와 NO_3^- 이온으로 구성된다. 타이타늄은 전이 금속으로 로마 숫자로 산화 수를 표기한다.

2.

이름	화학식	설명
a. 플루오린화 바나듐(V) [vanadium(V) fluoride]	VF_5	이 화합물은 V^{5+} 이온을 갖고 있어 전하 균형을 위해 5개의 F^- 이온이 필요하다.
b. 다이플루오린화 이산소 (dioxygen difluoride)	O_2F_2	접두사 *다이*(*di*-)는 각 원자가 2개 있음을 의미한다.
c. 과산화 루비듐 (rubidium peroxide)	Rb_2O_2	루비듐은 1A 족 원소로 1+ 이온만을 형성한다. 따라서 과산화 이온(O_2^{2-})의 2− 전하와 균형을 이루려면 2개의 Rb^+ 이온이 필요하다.
d. 산화 갈륨 (gallium oxide)	Ga_2O_3	갈륨은 알루미늄과 같이 3A 족 원소로, 3+ 이온만을 형성한다. 따라서, 세 개의 O^{2-} 이온과 균형을 이루려면 2개의 Ga^{3+} 이온이 필요하다.

연습 문제 2.93, 2.97과 2.98 참조

산은 대개 화학식의 첫 부분에 수소(H)가 있다.

산

물에 용해되면 어떤 분자들은 자유 H^+ 이온(양성자)을 함유하는 용액을 만들어내는데, 이러한 물질을 **산**(acid)이라고 한다. 산은 한 개 또는 그 이상의 H^+ 이온들이 음이온에 결합한 분자로 생각할 수 있다. 산의 명명법은 음이온이 산소를 가졌는지에 따라 달라진다. 만일 음이온이 산소를 갖고 있지 않다면 그런 산은 분자의 이름을 쓰고 "산"을 붙여 부른다(영어로는 *음이온이 -ide로 끝나면 hydro-*를 접두사로, *-ic*를 접미사로 붙이고 acid를 붙인다). 예를 들면, 기체 상태의 HCl이 물에 녹으면 염화수소산(관용명은 염산, 영어로는 hydrochloric acid)을 형성한다. 유사하게 HCN과 H_2S가 물에 녹은 것은 각각 사이안화수소산(관용명은 사이안산, hydrocyanic acid)과 황화수소산(hydrosulfuric acid)이라고 한다. 표 2.7에는 산소를 포함하지 않는 가장 중요한 산의 이름이 나열되어 있다. 이러한 산은 모두 이러한 물질이 포함된 수용액이라는 점에 유의하자.

음이온이 산소를 갖고 있으면 산의 이름은 음이온과 같다(영어는 음이온의 이름에 따라서, 어간에 접미사 *-ic*, 또는 *-ous*를 붙이고 acid를 붙인다.)

1. **음이온에 산소가 포함되어 있고 이름이 *-ate*로 끝나면 어미 이름에 접미사 *-ic*가 추가된다.** 예를 들어, H_2SO_4에 황산염 음이온(SO_4^{2-})이 포함되어 있고 황산이라고 부른다(영어로는 sulfate, SO_4^{2-}와 같이 *-ate*로 끝나는 음이온을 포함하면 sulfuric acid라고 한다). H_3PO_4는 인산 음이온, PO_4^{3-}를 갖고 있으므로 인산이라고 한다(영어로는 phosphate 음이온이 있으므로 phosphoric acid). 마찬가지로 $HC_2H_3O_2$는 acetate 음이온($C_2H_3O_2^-$)을 포함하고 있으므로 아세트산(acetic acid)이라 부른다.
2. **영어는 음이온이 *-ite*로 끝나면 *-ite*를 *-ous*로 대치하게 된다.** 예를 들면, H_2SO_3는 아황산 음이온(sulfite)인 SO_3^{2-}가 있으므로 아황산(sulfurous acid)이라 하고, HNO_2는 아질산 음이온(nitrite)인 NO_2^-가 있으므로 아질산(nitrous acid)이라고 한다.

이러한 규칙은 염소산의 이름에서 체계적인 적용 예를 살펴볼 수 있다.

산	음이온	이름
$HClO_4$	과염소산(이온)(perchlor*ate*)	과염소산(perchlor*ic* acid)
$HClO_3$	염소산(이온)(chlor*ate*)	염소산(chlor*ic* acid)
$HClO_2$	아염소산(이온)(chlor*ite*)	아염소산(chlor*ous* acid)
HClO	하이포아염소산(이온) (hypochlor*ite*)	하이포아염소산 (hypochlor*ous* acid)

산소를 포함하는 가장 중요한 산의 이름이 표 2.8에 나와 있다. 산의 명명법의 순서는 그림 2.18에 나타나 있다.

표 2.7 산소를 포함하지 않는 산의 이름

산	이름
HF	플루오린화수소산
HCl	염화수소산
HBr	브로민화수소산
HI	아이오딘화수소산
HCN	사이안화수소산
H_2S	황화수소산

표 2.8 산소를 포함하는 산의 이름

산	이름
HNO_3	질산
HNO_2	아질산
H_2SO_4	황산
H_2SO_3	아황산
H_3PO_4	인산
$HC_2H_3O_2$	아세트산

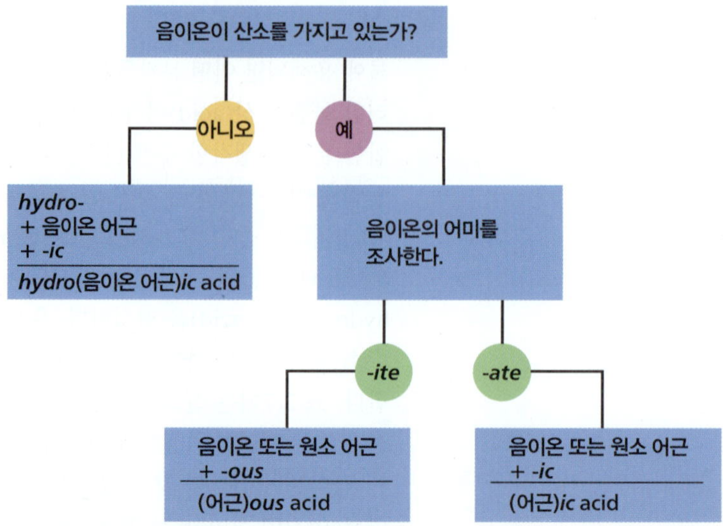

그림 2.18 산의 명명 흐름도. 산은 음이온에 한 개 또는 그 이상의 H^+ 이온이 붙어 있는 것으로 생각하는 것이 좋다.

비판적 사고 제2장에서 화합물의 체계적인 명명법에 관하여 배웠다. 만약 모든 화합물들이 오직 관용명만을 가지고 있다면 어떤 문제들이 발생하겠는가?

개념 정리 및 복습 For Review

주요 용어

2.2절

질량 보존의 법칙

일정 성분비의 법칙

배수 비례의 법칙

2.3절

원자 질량

원자량

Avogadro의 가설

2.4절

음극선관

전자

방사능

핵(이 존재하는) 원자

핵

기본 법칙

- 질량 보존
- 일정 성분비
- 배수 비례

Dalton의 원자론

- 모든 원소는 원자로 이루어진다.
- 주어진 원소의 모든 원자는 동일하다.
- 원자 간 결합으로 화합물이 형성된다.
- 화학 반응에서 원자 자체는 변하지 않으며, 단지 그들의 결합 유형만 바뀐다.

초기의 원자에 대한 실험과 모형

- Thomson 모형
- Millikan의 실험
- Rutherford의 실험
- 핵 모형

2.5절

양성자

중성자

동위원소

원자 번호

질량수

2.6절

화학 결합

공유 결합

분자

화학식

구조식

공간-채움 모형

공-막대 모형

이온

양이온(cation)

음이온(anion)

이온 결합

이온성 고체

다원자 이온

2.7절

주기율표

금속

비금속

족

알칼리 금속

알칼리 토금속

할로젠

불활성 기체

주기

2.8절

이성분 화합물

이성분 이온 결합 화합물

산소산 음이온

이성분 공유 화합물

산

원자 구조

- 높은 밀도의 핵은 양성자와 중성자로 이루어진다.
  - 양성자—양전하
  - 중성자—전하 없음
- 전자는 비교적 큰 부피를 차지하며 핵의 바깥에 있다.
  - 전자—음전하, 작은 질량(양성자의 1/1840)
- 동위원소는 원자 번호는 같지만, 질량수가 다르다.

원자들은 전자를 공유하는 공유 결합으로 서로 결합하여 분자를 형성한다.

- 분자는 화학식으로 나타낼 수 있다.
- 화학식은 원자의 수와 종류를 나타낸다.
  - 구조식
  - 공-막대 모형
  - 공간-채움 모형

이온 형성

- 양이온—전자를 잃어서 생성, 양전하
- 음이온—전자를 얻어서 생성, 음전하
- 이온 결합—양이온과 음이온 사이의 상호작용으로 생성

주기율표는 원자 번호가 증가하는 순서로 원소를 배열하여 조직화한다.

- 같은 족이 있는 원소는 비슷한 성질을 가진다.
- 대부분 원소는 금속으로 이들은 양이온을 형성하려는 경향이 있다.
- 비금속 원소들은 음이온을 이루는 경향이 있다.

화합물 이름은 유형에 따라 체계적인 규칙을 적용하여 명명한다.

- 이성분 화합물
  - 유형 I—항상 같은 양이온을 형성하는 금속을 포함
  - 유형 II—두 종류 이상의 양이온을 형성할 수 있는 금속을 포함
  - 유형 III—두 종류의 비금속이 들어 있음
- 다원자 이온을 포함하는 화합물

복습 질문

1. Dalton의 원자론을 이용하여 다음을 설명하라.
   a. 질량 보존의 법칙
   b. 일정 성분비의 법칙
   c. 배수 비례의 법칙
2. 음극선이 음전하를 갖는다는 결론을 이끌어낸 증거는 무엇인가?
3. J. J. Thomson, Henri Becquerel, Lord Rutherford의 발견으로 밝혀진 사실은 무엇인가? 이러한 발견을 설명하려면 Dalton의 원자 모형은 어떻게 고쳐져야 하는가?
4. 그림 2.6에 나타낸 Enrnest Rutherford의 α 입자 충돌 실험을 생각할 때, 이 실험의 어떤 결과가 Rutherford로 하여금 원자의 플럼 푸딩 모형 대신 원자의 핵 모형을 선택하게 하였는가?
5. 양성자와 중성자의 질량은 정확히 일치하는가? 양성자와 중성자의 질량을 전자 질량과 비교하라. 어떤 입자의 질량이 원자 질량에 크게 기여하는가? 어떤 입자가 원자의 화학적 성질에 크게 기여하는가?
6. 원자 번호와 질량수의 차이는 무엇인가? 질량수와 원자 질량의 차이는 무엇인가?
7. *족(family)*과 *주기(period)*의 차이를 주기율표상에서 설명하라. 이들 중 *그룹(group)*이란 용어와 동일한 것은 무엇인가?
8. 화합물 $AlCl_3$, $CrCl_3$ 및 ICl_3는 비슷한 화학식을 갖지만 다른 규칙을 따라서 명명한다. 이 화합물들을 명명하고 각 경우에 이용된 명명 규칙을 비교하라.
9. 금속과 비금속이 반응하면 일반적으로 이온 화합물이 생성된다. 알칼리 금속과 황 사이에 생성되는 화합물의 일반 화학식은 무엇인가? 또 알칼리 토금속과 질소, 알루미늄과 할로젠 사이에서 생성되는 화합물의 일반 화학식은 무엇인가?
10. 표 2.5와 본문에서 설명한 산 명명법을 이용하여 $HBrO_4$, KIO_3, $NaBrO_2$, HIO를 명명하라.

활동 학습 질문

이 문제들은 학생들이 강의실에서 그룹을 만들어 함께 풀어보도록 고안하였다.

1. 다음 중 단일 원자에 대한 설명으로 옳은 것은 무엇인가? 그 이유를 설명하라.
   a. 개별 원자는 고체로 간주해야 한다.
   b. 개별 원자는 액체로 간주해야 한다.
   c. 개별 원자는 기체로 간주해야 한다.
   d. 원자의 상태는 어떤 종류의 원소인가에 따라 다르다.
   e. 개별 원자는 고체, 액체, 기체로 간주될 수 없다.

   당신의 선택의 근거를 제시하고, 선택하지 않은 것에 대해서는 틀린 점을 설명하라.
2. 당신의 이름을 칠판에 분필로 쓸 때 사용되는 "백묵 분자"의 수는 얼마나 될까? 당신이 추정한 과정과 계산 과정을 설명하라.
3. 이 질문은 J. J. Thomson의 연구에 관한 것이다.
   a. Thomson이 연구 결과로부터 화합물의 형성(화학 변화)에 가장 중요하다고 느꼈던 입자는 무엇이라고 생각하는가? 그리고 그 이유는 무엇인가?
   b. 원자를 구성하는 나머지 두 입자 중 당신이 생각하기에 화합물 형성에 두 번째로 중요한 것은 무엇인가? 그리고 그 이유는 무엇인가?
   c. Thomson의 발견을 설명하는 세 가지 모형을 제안하고 각 모형을 평가하라. 이때, Thomson이 발견한 내용은 물론 포함되어야 한다.
4. 얼음 조각이 들어 있는 닫힌 용기에 열을 가해 모두 수증기로 전환시켰다. 당신이 이 과정을 확대하여 관찰할 수 있다는 가정하에, 이 과정을 그림으로 묘사하라. 분자의 크기에는 어떤 일이 일어날까? 시료의 총 질량은 어떻게 될 것인가?
5. 공기로 채워진 밀봉 유리 용기 내에 화학 물질이 있다. 아래 그림과 같이 전자저울 위에 용기를 올려놓았다. 확대경으로 햇빛을 집중시켜 화학 물질을 점화시켜 모두 연소시켰다면 다음 중 어느 것이 참인가?

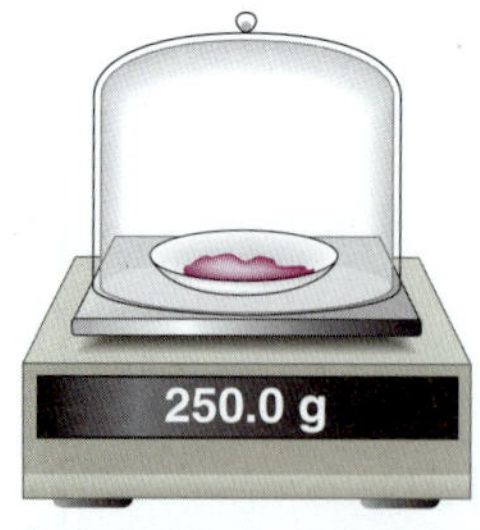

   a. 250.0 g보다 작게 전자저울에 나타날 것이다.
   b. 250.0 g으로 전자저울에 나타날 것이다.
   c. 250.0 g보다 크게 전자저울에 나타날 것이다.
   d. 화학 물질을 모르고는 결정할 수 없다.
6. 물의 화학식은 H_2O이다. 다음 중 이 화학식이 나타내는 것은 어느 것인가? 답을 설명하라.
   a. 각 분자에서 수소 질량은 산소 질량의 두 배이다.
   b. 물 분자마다 수소 원자 2개와 산소 원자 1개가 있다.
   c. 각 분자에서 산소 질량은 수소 질량의 두 배이다.

d. 물 분자마다 수소 원자 1개와 산소 원자 2개가 있다.

7. 물이 끓으면 기포가 물 표면으로 올라오는 것을 볼 수 있다. 이 기포 안에 들어 있는 것은 무엇인가? 설명하라.
   a. 공기
   b. 수소와 산소 기체
   c. 산소 기체
   d. 수증기
   e. 이산화 탄소 기체

8. 유용한 이론일수록 원래 문제를 해결하는 것보다는 앞으로의 실험에 대한 더 많은 궁금점을 제시하는 법이다. Dalton의 원자론의 경우도 이에 해당한다고 할 수 있는가? 예를 들어 설명하라.

9. Dalton은 동일한 원소의 모든 원자들은 성질이 모두 같다고 가정하였다. 이 가정이 틀린 이유를 설명하라.

10. 다음의 각각을 원자 원소, 분자 원소, 또는 화합물로 표시하라.

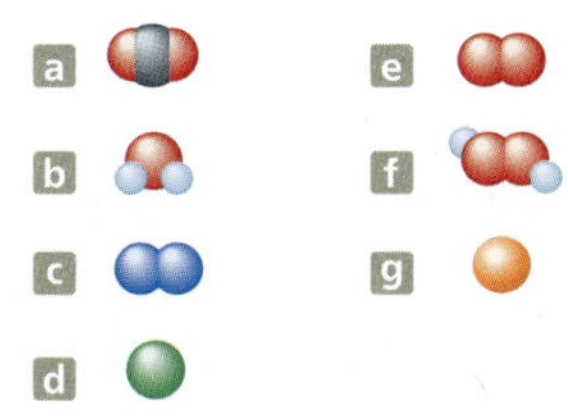

11. "이산화 탄소 분자"라는 용어는 정확하지만 "염화 소듐 분자"라는 용어가 틀린 이유는 무엇인가?

12. 다음 이름이 물의 이름으로 사용될 수 있는지를 평가하라.
   a. 산화 이수소(dihydrogen oxide)
   b. 수소화 수산화(hydroxide hydride)
   c. 수산화 수소(hydrogen hydroxide)
   d. 이수소화 산소(oxygen dihydride)

13. $Ba(NO_3)_2$는 질산 바륨(barium nitrate)이라고 부르는데, $Fe(NO_3)_2$는 질산 철(II)[iron(II) nitrate]이라고 부르는 이유는 무엇인가?

14. $CaCl_2$의 체계명은 이염화 칼슘이 아니다. 그 이유는 무엇인가?

15. NH_3의 관용명은 암모니아(ammonia)이다. NH_3의 체계명은 무엇이라야 하는가? 그 이유는?

16. 다음 중 중성 원소에 있는 양성자 수를 안다고 할 때 결정할 수 있는 것은 어느 것인가? 답을 설명하라.
   a. 중성 원소의 중성자 수
   b. 중성 원소의 전자 수
   c. 원소의 이름

17. 다음 중 이온이 형성되는 방법을 설명하는 것은? 답을 설명하라.
   a. 원자에 양성자를 더하거나 뺌
   b. 원자에 중성자를 더하거나 뺌
   c. 원자에 전자를 더하거나 뺌

18. 각각 두 원소로 구성된 세 가지 화합물을 취한다(X, Y 및 / 또는 Z). 이들 각각을 원소들로 분해한다. X, Y 및 Z의 상대 질량을 결정하기 위해 각 화합물의 원소를 모으고 무게를 측정하여 다음 데이터를 얻었다.

화합물의 원소	화합물에 들어 있는 원소의 질량
화합물 1: X와 Y	X = 0.4 g, Y = 4.2 g
화합물 2: Y와 Z	Y = 1.4 g, Z = 1.0 g
화합물 1: X와 Y	X = 2.0 g, Y = 7.0 g

   a. 이 문제를 해결하기 위해 필요한 가정은 무엇인가?
   b. 화합물 1과 3은 동일한 화합물인가, 아니면 다른 화합물인가?
   c. X, Y 및 Z의 상대 질량은 무엇인가?
   d. 이 세 화합물의 화학식은 무엇인가?
   e. 화합물 21 g의 XY 화합물에는 각 원소가 몇 그램씩 들어 있겠는가?

19. 2.3절에서 설명한 Dalton의 원자설은 약간 변형하면 우리가 오늘날 원소, 화합물, 화학 반응에 대하여 생각하는 것과 잘 들어맞는다. Dalton의 원자론과 오늘날 이루어진 변형에 대하여 다음 물음에 답하라.
   a. 원자는 더 작은 부분들로 쪼개질 수 있다. 더 작은 부분들은 무엇인가?
   b. 수소 원자들은 서로 어떤 점에서 같고 어떤 점에서 다를 수 있는가?
   c. 수소 원자와 헬륨 원자는 어떤 점에서 다른가? H 원자는 He 원자와 어떤 점에서 같은가?
   d. 모두 수소와 산소로만 이루어진 물과 과산화 수소(H_2O_2)는 어떤 점에서 다른가?
   e. 화학 반응에서는 어떤 일들이 일어나며, 화학 반응에서 질량이 보존되는 이유는 무엇인가?

분홍색 번호의 질문과 연습문제에 대한 정답은 온라인에서 확인할 수 있습니다(차례의 QR을 스캔해보세요).

질문

20. Gay-Lussac의 기체 부피 결합의 법칙을 설명하기 위해 Dalton의 원자론에서 수정할 부분은 무엇인가?

21. 수소가 산소 안에서 연소되어 물을 형성할 때 물의 조성은 산소의 양과는 무관하다. 이것을 일정 성분비의 법칙으로 해석하라.

22. 알칼리 금속과 할로젠족은 가장 반응성이 높은 원소들의 족이다. 이들 반응성의 차이는 무엇인가?

23. 질량 보존의 법칙, 일정 성분비의 법칙, 배수 비례의 법칙을 설명하라.

24. Dalton의 원자론에 대해 다음과 같은 설명에 옳음, 틀림으로 표시하라. 설명이 *틀린* 것은 설명을 수정하라.
   a. 원자와 화합물을 정의했다.
   b. 특정 화합물은 동일한 유형의 원자를 가지지만 원자의 상대적인 수가 다를 수 있다고 제안했다.
   c. 원소의 가장 작은 분할할 수 없는 입자를 원자라고 제안했다.
   d. 원자론은 화학 반응식의 균형을 맞추기 위한 이론적 근거를 제공했다.
   e. 동위원소가 발견되었을 때는 수정이 필요했다.

25. 1.1절에서 아래 그림과 같은 물의 분해를 통해서 화학 반응의 개념을 소개하였다.

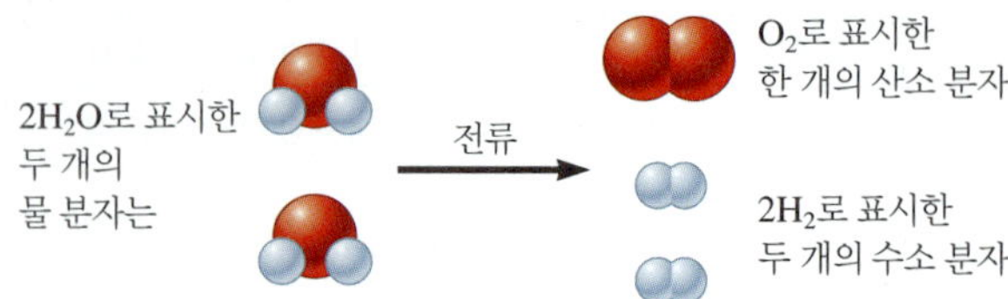

위의 그림이 질량 보존의 법칙을 지지하는지 Dalton의 원자론을 이용해서 설명하라.

26. 원자의 플럼 푸딩 모형은 무엇인가? 러더퍼드의 금속 박막 실험 결과는 원자의 건포도 푸딩 모형을 어떻게 반증했을까?

27. J. J. Thomson과 E. Rutherford는 오늘날의 원자 구조를 이해하는 데 기여하였다. 그들이 기여한 것은 무엇인가?

28. 원자의 구조에 대한 현대적 관점은 무엇인가?

29. 원자의 양성자 수는 원자의 정체성을 결정한다. 원자 안의 전자의 수와 배열은 무엇을 결정하는가? 원자 속의 중성자의 수는 무엇을 결정하는가?

30. 양성자의 부피가 전자의 부피와 비슷하다면, 이 두 입자의 밀도를 비교하라.

31. 더 가볍고 안정한 동위원소들은 질량수 대 원자 번호의 비가 어떤 값에 가까워진다. 그 값은 얼마인가? 안정한 동위원소가 더 무거워질수록 질량수 대 원자 번호의 비는 어떻게 되는가?

32. 금속 원소와 비금속 원소를 구별하는 몇 가지 특성을 나열하라.

33. C, Si, Ge, Sn 및 Pb로 구성된 4A족("탄소족")에서 아래로 내려갈수록 금속 성질은 어떻게 변하는 경향이 있는가? 주기율표의 주기에서 왼쪽에서 오른쪽으로 가면 금속 성질은 어떻게 변하는 경향이 있는가?

34. 염소는 $^{37}_{17}Cl$과 $^{35}_{17}Cl$의 두 가지 천연 동위원소를 가지고 있다. 수소는 염소와 반응하여 화합물 HCl을 형성한다. 주어진 양의 수소가 두 개의 염소 동위원소의 다른 질량과 반응하겠는가? 이것은 배수비례의 법칙과 충돌하는가? 그 이유는 무엇인가?

35. 심장병 환자에게 심전도(electrocardiogram, ECG)가 기록되기 전에 심전도 전선(lead)은 보통 염화 소듐이 포함된 촉촉한 페이스트로 코팅시킨다. 왜 염화 소듐을 전선에 코팅시키는가?

36. 다음 용어들을 구분하라.
 a. 분자와 이온
 b. 공유 결합과 이온 결합
 c. 분자와 화합물
 d. 음이온과 양이온

37. 다음 각각의 경우는 어떤 종류의 결합을 나타내는가?

a.
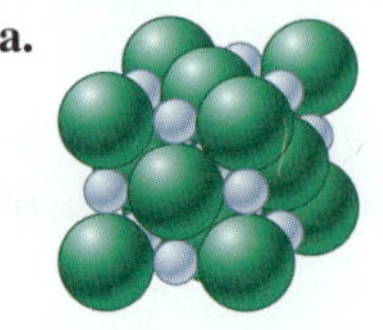

b.
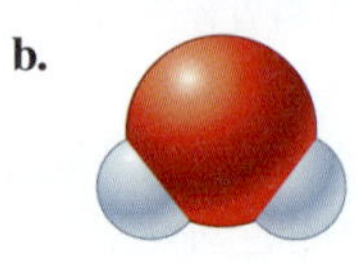

38. 비타민의 한 종류인 나이아신[니코틴산(nicotinic acid), $C_6H_5NO_2$]은 간, 효모, 우유, 곡물과 같은 다양한 천연물에서 추출할 수 있다. 또한 상업적으로 생산이 얻을 수 있는 물질로부터 합성할 수도 있다. 영양상의 관점에서 봤을 때 어떤 나이아신이 종합 비타민 알약으로 사용하기에 가장 좋은 것인가? 이유는 무엇인가?

39. 다음 설명 중 옳은 것은? 잘못된 설명을 고쳐라.
 a. 원자핵의 모든 입자는 하전되어있다.
 b. 원자는 전자가 묻혀있는 물질의 균일한 구체로 가장 잘 묘사된다.
 c. 핵의 질량은 전체 원자 질량의 아주 작은 부분에 불과하다.
 d. 핵의 부피는 전체 원자 부피의 아주 작은 부분에 불과하다.
 e. 중성 원자의 중성자 수는 전자의 수와 같다.

40. 미지의 금속인 M의 동위원소는 질량수가 26이다. 동위 원소 중 가장 안정한 이온은 화학식 MS를 갖는 황과 이성분 화합물을 형성한다. M의 동위원소에 대한 기호는 무엇인가?

41. 다음의 설명 중 어느 것이 옳은가? 잘못된 것은 옳게 고쳐라.
 a. 알려진 원소의 대부분은 금속들이다.
 b. 원소 118개는 비금속이어야 한다.
 c. 수소는 대부분 금속성을 가지고 있다.
 d. 원소의 족은 또한 원소의 주기라고 알려져 있다.
 e. 알칼리 토금속 A가 할로겐 X와 반응을 하면, 형성된 공유 결합 화합물의 화학식은 A_2X이어야 한다.

42. 대부분의 전이 금속의 이름을 명명할 때 이름에 일반적으로 로마 숫자를 추가한다. 그 이유는 무엇인가?

43. 공유 결합을 명명할 때 일반적으로 접두사가 필요하지만 이온성 화합물을 명명할 때는 그렇지 않은 이유는 무엇인가?

44. 다음 화합물들에 대하여 각각 3개의 이름을 제시하였다. 각각에 대하여 옳은 이름을 고르고 옳지 않은 것은 그 이유를 말하라.
 a. N_2O: 산화 질소, 산화 질소(I), 일산화 이질소
 b. Cu_2O: 산화 구리, 산화 구리(I), 일산화 이구리
 c. Li_2O: 산화 리튬, 산화 리튬(I), 일산화 이리튬

연습 문제

연습 문제는 비슷한 유형의 문제를 두 개씩 짝지어 놓았다.

원자론의 발전

45. H_2 기체와 Cl_2 기체 혼합물이 반응하여 생긴 생성물은 사용된 H_2와 Cl_2의 상대적인 양과는 무관하게 동일한 성질을 갖는다.
 a. 이 결과를 일정 성분비의 법칙으로 해석하라.
 b. 같은 부피의 H_2와 Cl_2가 동일한 온도와 압력에서 반응할 때, HCl의 화학식을 갖는 생성물의 부피는 얼마인가?

46. 질소 기체와 수소 기체 사이의 반응을 관찰하였다. 1부피의 질소를 3부피의 수소와 반응시켰더니 아래의 그림과 같이 2부피의 생성물이 얻어졌다. 생성물의 화학식을 쓰고 설명하라.

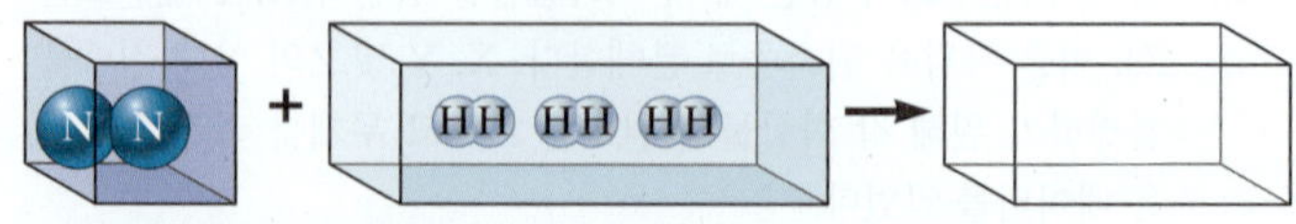

47. 어떤 클로로폼 시료에 12.0 g의 탄소, 106.4 g의 염소, 1.01 g의 수소가 들어 있음을 알았다. 두 번째 클로로폼 시료에 30.0 g의 탄소가 들어있다면 두 번째 클로로폼 시료 전체의 질량은 얼마인가?

48. 황산(H_2SO_4) 시료에 2.02 g의 수소, 32.07 g의 황, 64.00 g의 산소가 들어있다. 두 번째 황산 시료에 7.27 g의 수소가 들어있다면 시료에 들어있는 황과 산소의 질량은 얼마인가?

49. 탄소와 산소로만 이루어진 두 가지 화합물의 80.0 g 시료가 있다. 화합물 중 하나는 21.8 g의 탄소로 이루어져 있고 다른 하나는 탄소 34.3 g을 포함하고 있다. 두 화합물 사이의 1.00 g의 산소와 결합하는 탄소 질량의 정수 비율을 결정하라.

50. 황 및 플루오린을 포함하는 여러 화합물이 알려져 있다. 그들 중 세 가지는 다음과 같은 조성을 가지고 있다.

i. 1.000 g S마다 1.188 g의 F
ii. 1.000 g S마다 2.375 g의 F
iii. 1.000 g S마다 3.563 g의 F

이들 데이터로부터 배수비례의 법칙을 설명하라.

51. 탄소를 포함하는 가장 안정한 산화물들은 일산화 탄소(CO), 이산화 탄소(CO_2), 이산화 삼탄소(C_3O_2)이고 각 분자들은 아래 그림과 같다.

이 분자들이 배수 비례의 법칙을 지지함을 설명하라.

52. 두 개의 원소, R과 Q가 결합해서 두 종류의 이성분 화합물을 형성한다. 첫 번째 화합물에는 14.0 g의 R이 3.00 g의 Q와 결합하고 두 번째 화합물에는 7.00 g의 R이 4.50 g의 Q와 결합한다. 이 자료가 배수 비례의 법칙을 지지하는지 설명하라. 만약 두 번째 화합물의 화학식이 RQ라면 첫 번째 화합물의 화학식은 무엇인가?

53. 어떤 연소 반응에서 46.0 g의 에탄올이 96.0 g의 산소와 반응하여 물과 이산화 탄소를 생성한다. 54.0 g의 물이 생성된다면 생성되는 이산화 탄소의 질량은 얼마인가?

54. 산화 크로뮴(III), Cr_2O_3 34.0 g이 알루미늄 12.1 g과 반응하여 크로뮴과 산화 알루미늄을 생성한다. 만일 크로뮴이 23.3 g 생성된다면 산화 알루미늄은 몇 그램이 생성되는가?

55. 초기의 원자 무게(질량) 표는 1.00 g의 산소와 반응하는 물질의 양을 측정하여 작성되었다. 수소의 원자 질량을 1.00이라고 하고, 아래의 자료를 이용하여 산소, 소듐, 마그네슘의 상대 원자 질량을 작성하라.

원소	1.00 g의 산소와 결합하는 질량	예상 화학식
수소	0.126 g	HO
소듐	2.875 g	NaO
마그네슘	1.500 g	MgO

얻어진 값과 주기율표의 값을 비교하고, 차이가 생긴 부분을 설명하라.

56. 산화 인듐(indium oxide)은 산소 1.000 g당 4.784 g의 인듐을 갖는다. 1869년 Mendeleev가 처음으로 주기율표를 발표하였을 때 산화 인듐의 화학식은 In_2O_3로 나타내었다. 이전의 화학식은 InO이었다. 이 두 화학식에서 얻어지는 인듐의 원자 질량은 얼마인가? 산소의 원자 질량은 16.00으로 가정한다.

원자의 성질

57. 이 장의 본문에 수록된 양성자, 전자의 질량, 그리고 핵, 원자의 크기를 고려하여 수소 핵과 수소 원자의 밀도를 각각 계산하라.

58. 만일 수소 원자 모형을 정확한 척도로 제작한다면, 핵의 지름을 1 mm로 할 때, 원자 모형 전체의 지름은 얼마나 되겠는가?

59. 어떤 기름 방울의 총 전하량이 5.93×10^{-18} C일 때, 기름 방울의 전하량에 해당하는 전자의 개수는 얼마인가?

60. 머나먼 외계의 화학자가 Millikan의 기름 방울 실험을 수행하여 다양한 방울의 전하량을 다음과 같이 결정하였다. 이 자료를 이용하여 전자의 전하를 zirkombs 단위로 구하라.

2.56×10^{-12} zirkombs　　7.68×10^{-12} zirkombs
3.84×10^{-12} zirkombs　　6.40×10^{-13} zirkombs

61. 다음 원소 기호에 해당하는 금속의 이름을 써라.

Sn, Pt, Hg, Mg, K, Ag

62. 다음 비금속의 원소 기호는 무엇인가?

플루오린, 염소, 브로민, 황, 산소, 인

63. 주기율표에서 다음 각각에 대하여 몇 개의 원소가 있는가?

a. 2A족
b. 산소족
c. 니켈 족
d. 8A족

64. 주기율표에서 다음 각각에 대하여 몇 개의 원소가 있는가?

a. 할로젠족
b. 알칼리족
c. 란타넘 계열
d. 전이 금속

65. a. 다음 원소들을 금속과 비금속으로 구분하라.

Mg	Si	Rn
Ti	Ge	Eu
Au	B	Am
Bi	At	Br

b. 금속과 비금속의 구별은 실제로 뚜렷하지 않다. 준금속이라고 하는 몇몇 원소들은 중간 성질을 갖는다. 위의 원소들 중 준금속으로 다시 분류할 수 있는 것은? 주기율표에서 준금속인 다른 원소를 찾아보라.

66. a. 불활성 기체 원소를 나열하라. 방사성 동위원소만 존재하는 불활성 기체는 무엇인가? (이 경우 주기율표의 원소의 질량을 대개 괄호 안에 표기한다. 책의 맨 앞쪽을 참조)

b. 어떤 란타넘족 원소가 방사성 동위원소로만 구성되어 있는가?

67. 다음 원소 세트를 영족 기체, 할로젠, 알칼리 금속, 알칼리 토금속, 전이 금속으로 분류하라.

a. Ti, Fe, Ag
b. Mg, Sr, Ba
c. Li, K, Rb
d. Ne, Kr, Xe
e. F, Br, I

68. 다음 원자 번호에 해당하는 원소들을 영족 기체, 할로젠, 알칼리 금속, 알칼리 토금속, 전이 금속, 란타넘족 금속, 악티늄족 금속으로 분류하라.

a. 17
b. 4
c. 63
d. 72
e. 2
f. 92
g. 55

69. 알루미늄의 가장 안정한 동위원소는 질량수가 27이다. 알루미늄의 다른 동위원소들은 질량수가 24, 25, 26, 28, 29 및 30이다. 7개의 알루미늄 동위원소에 대한 기호를 써라.

70. 다음 중 ^{85}Rb와 같은 수의 중성자를 가진 것은?

a. ^{85}Kr
b. ^{87}Rb
c. ^{85}Sr
d. ^{86}Kr
e. ^{86}Sr

71. 다음 동위원소들의 원자 기호($^{A}_{Z}X$)를 써라.

a. $Z = 8$, 중성자 수 = 9
b. $A = 37$인 염소의 동위원소
c. $Z = 27, A = 60$
d. 양성자 수 = 26, 중성자 수 = 31
e. 질량수 = 131인 I의 동위원소
f. $Z = 3$, 중성자 수 = 4

72. 다음 동위원소들의 원자 기호($^{A}_{Z}X$)를 써라.

a. 양성자 수 = 27, 중성자 수 = 31
b. 질량수 10인 붕소의 동위원소
c. $Z = 12, A = 23$
d. 원자 번호 = 53, 중성자 수 = 79
e. $Z = 20$, 중성자 수 = 27
f. 양성자 수 = 29, 질량수 = 65

73. ($^{A}_{Z}X$) 표기법을 사용해서 각 원자 기호를 써라.

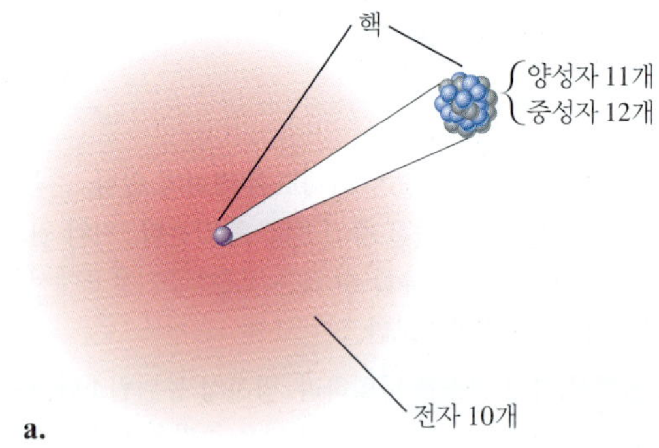

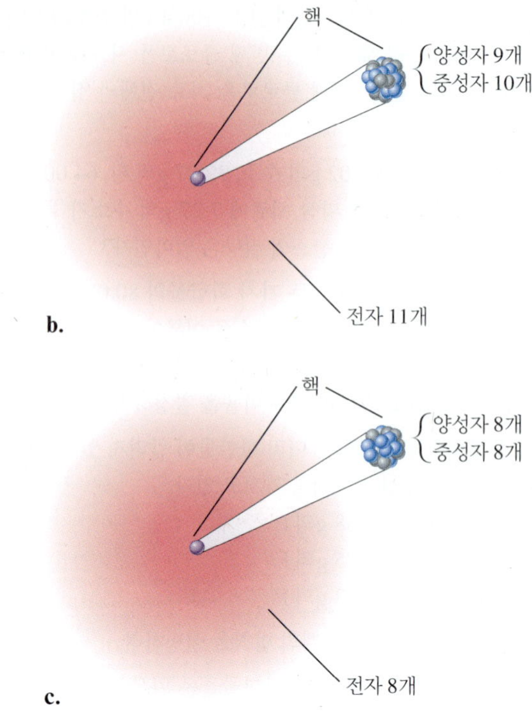

74. 탄소-14와 탄소-12 동위원소에서 각각의 경우 핵 안에 양성자와 중성자가 몇 개씩 있는가? 중성 원자라고 가정한다면 탄소-14와 탄소-12 안에는 각각 몇 개의 전자가 있겠는가?

75. 다음 원자들의 핵에 존재하는 양성자 수와 중성자 수를 각각 구하라. 각 중성 원자 한 개에는 전자가 몇 개 존재하는가?

a. ^{79}Br
b. ^{81}Br
c. ^{239}Pu
d. ^{133}Cs
e. ^{3}H
f. ^{56}Fe

76. 다음 원자들의 핵에 존재하는 양성자 수와 중성자 수를 각각 구하라. 각 중성 원자 한 개에는 전자가 몇 개 존재하는가?

a. $^{235}_{92}U$
b. $^{28}_{14}Si$
c. $^{57}_{26}Fe$
d. $^{208}_{82}Pb$
e. $^{86}_{37}Rb$
f. $^{41}_{20}Ca$

77. 다음 이온에 들어있는 양성자 수와 전자 수를 나타내라.

a. Ba^{2+}
b. Zn^{2+}
c. N^{3-}
d. Rb^{+}
e. Co^{3+}
f. Te^{2-}
g. Br^{-}

78. 다음 원자 이온에 들어 있는 양성자 수, 중성자 수, 전자 수를 나타내라.

a. $^{24}_{12}Mg$
b. $^{24}_{12}Mg^{2+}$
c. $^{59}_{27}Co^{2+}$
d. $^{59}_{27}Co^{3+}$
e. $^{59}_{27}Co$
f. $^{79}_{34}Se$
g. $^{79}_{34}Se2^{-}$
h. $^{63}_{28}Ni$
i. $^{59}_{28}Ni^{2+}$

79. 양성자 63개, 전자 60개, 중성자 88개를 갖는 이온의 원자 기호는 무엇인가? 양성자 50개, 중성자 68개 및 전자 48개를 갖는 이온의 원자 기호는 무엇인가?

80. 양성자 16개, 중성자 18개, 전자 18개를 갖는 이온의 원자 기호는 무엇인가? 양성자 16개, 중성자 16개 및 전자 18개를 갖는 이온의 원자 기호는 무엇인가?

81. 다음 표를 완성하라.

기호	핵의 양성자 수	핵의 중성자 수	전자 수	알짜 전하
$^{238}_{92}U$				
	20	20		2+
	23	28	20	
$^{89}_{92}U$				
	35	44	36	
	15	16		3−

82. 다음 표를 완성하라.

기호	핵의 양성자 수	핵의 중성자 수	전자 수	알짜 전하
$^{53}_{26}Fe^{2+}$				
	26	33		3+
	85	125	86	
	13	14	10	
		76	54	2−

83. 다음 원자들이 이온을 형성할 때 전자를 얻을 것인지, 잃을 것인지 예측하라. 각각의 경우 가장 생성되기 쉬운 이온은 무엇인가?

a. Ra **c.** P **e.** Br
b. In **d.** Te **f.** Rb

84. 주기율표를 이용하여 다음 각 원자 번호의 원소에서 가장 생성되기 쉬운 간단한 *이온*의 화학식(전하 포함)을 적어라.

a. 13 **c.** 56 **e.** 87
b. 34 **d.** 7 **f.** 35

명명법

85. a~d의 화합물에 대해서는 명명을 하고 e~h의 화합물에 대해서는 화학식을 적어라.

a. NaBr **e.** 플루오린화 스트론튬
b. Rb_2O **f.** 셀레늄화 알루미늄
c. CaS **g.** 질화 포타슘
d. AlI_3 **h.** 인화 마그네슘

86. a~d의 화합물에 대해서는 명명을 하고 e~h의 화합물에 대해서는 화학식을 적어라.

a. Hg_2O **e.** 질소화 주석(II)
b. $FeBr_3$ **f.** 아이오딘화 코발트(III)
c. CoS **g.** 산화 수은(II)
d. $TiCl_4$ **h.** 황화 크로뮴(VI)

87. 다음 화합물의 이름을 써라.

a. CsF **d.** MnO_2
b. Li_3N **e.** TiO_2
c. Ag_2S **f.** Sr_3P_2

88. 다음 화합물 각각에 대한 화학식을 써라.

a. 염화 아연
b. 플루오린화 주석(IV)
c. 질화 칼슘
d. 황화 알루미늄
e. 셀렌화 수은(I)
f. 아이오딘화 은

89. 다음 화합물 각각에 대한 이름을 써라.

a. $BaSO_3$ **c.** $KMnO_4$
b. $NaNO_2$ **d.** $K_2Cr_2O_7$

90. 다음 각 화합물의 화학식을 적어라.

a. 수산화 크로뮴(III) **c.** 탄산 납(IV)
b. 사이안화 마그네슘 **d.** 아세트산 암모늄

91. 다음 화합물 각각에 대한 이름을 써라.

a.

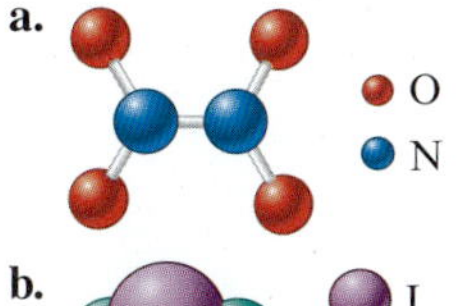

b.

I
Cl

c. SO_2
d. P_2S_5

92. 다음 각 화합물의 화학식을 적어라.

a. 삼산화 이붕소
b. 오플루오린화 비소
c. 일산화 이질소
d. 육염화 황

93. 다음의 각 화합물에 대한 이름을 써라.

a. CuI **f.** S_4N_4
b. CuI_2 **g.** $SeCl_4$
c. CoI_2 **h.** NaOCl
d. Na_2CO_3 **i.** $BaCrO_4$
e. $NaHCO_3$ **j.** NH_4NO_3

94. 다음 각 화합물의 이름을 써라. 산은 물에 녹는다고 가정하라.

a. $HC_2H_3O_2$ **g.** H_2SO_4
b. NH_4NO_2 **h.** Sr_3N_2
c. Co_2S_3 **i.** $Al_2(SO_3)_3$
d. ICl **j.** SnO_2
e. $Pb_3(PO_4)_2$ **k.** Na_2CrO_4
f. $KClO_3$ **l.** HClO

95. 동일한 계열의 원소는 종종 동일한 일반 화학식의 산소산 음이온(oxyanion)을 형성한다. 음이온은 비슷한 방식으로 명명된다. 다음의 셀레늄과 텔루르의 산소산 음이온의 이름은 무엇인가? SeO_4^{2-}, SeO_3^{2-}, TeO_4^{2-}, TeO_3^{2-}?

96. 비슷한 염소의 산소산 음이온과 산의 이름을 알아보고, 다음 이온과 화합물의 이름을 추론하라.
IO^-, IO_2^-, IO_3^-, IO_4^-, HIO, HIO_2, HIO_3, HIO_4

97. 다음 각 화합물의 화학식을 적어라.

a. 이플루오린화 황
b. 육플루오린화 황

c. 인산 이수소 소듐
d. 질소화 리튬
e. 탄산 크로뮴(III)
f. 플루오린화 주석(II)
g. 아세트산 암모늄
h. 황산 수소 암모늄
i. 질산 코발트(II)
j. 염화 수은(I)
k. 염소산 포타슘
l. 수소화 소듐

98. 다음 각 화합물의 화학식을 적어라.
a. 산화 크로뮴(III)
b. 이염화 이황
c. 플루오린화 니켈(II)
d. 인산 수소 포타슘
e. 질소화 알루미늄
f. 암모니아
g. 황화 망가니즈(IV)
h. 중크로뮴산 소듐
i. 황화 암모늄
j. 사아이오딘화 탄소

99. 다음 각 화합물의 화학식을 적어라.
a. 산화 소듐
b. 과산화 소듐
c. 사이안화 포타슘
d. 질산 구리(II)
e. 테트라브로민화 셀레늄
f. 아아이오딘산(iodous acid)
g. 황화 납(IV)
h. 염화 구리(I)
i. 비소화 갈륨
j. 셀레늄화 카드뮴
k. 황화 아연
l. 아질산
m. 오산화 이인

100. 다음 화합물의 화학식을 적어라.
a. 인산 수소 암모늄
b. 황화 수은(I)
c. 이산화 규소
d. 아황산 소듐
e. 황산 수소 알루미늄
f. 삼염화 질소
g. 브로민화 수소산
h. 아브로민산
i. 과브로민산
j. 황화 수소 포타슘
k. 아이오딘화 칼슘
l. 과염소산 세슘

101. 다음 그림으로 나타낸 산의 이름을 적어라.

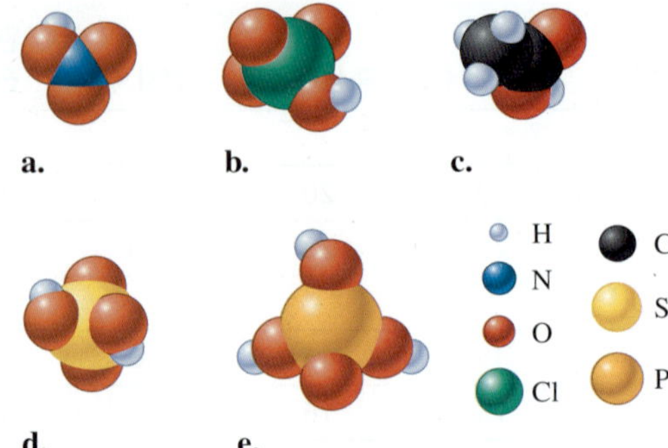

102. 다음의 화합물들은 각각 잘못 명명된 것이다. 각각의 이름이 무엇이 잘못되었고, 각각의 화합물에 올바른 이름은 무엇인가?
a. $FeCl_3$, 염화 철
b. NO_2, 질소(IV) 산화물
c. CaO, 칼슘(II) 일산화 탄소
d. Al_2S_3, 다이알루미늄 트라이 설파이드
e. $Mg(C_2H_3O_2)_2$, 이 아세트산 망가니즈
f. $FePO_4$, 인화 철(II)
g. P_4O_6, 산화 인
h. Na_2O_2, 산화 소듐
i. HNO_3, 질산
j. H_2S, 황산

103. 다음의 모든 이름/수식 조합이 올바르지 않다. 각 조합에 대해 이름 및 / 또는 화학식을 수정하라.
a. 크로뮴산 암모늄, $NH_4(Cr_2O_7)_2$
b. 염산, $HClO_4$
c. 아황산 인, P_2S_5
d. 질산 철(II), $FeNO_3$

104. 다음 다섯 화학식 중 어느 것이 *잘못되었는가*? 잘못된 화학식의 경우 올바른 화학식을 작성하고 화합물의 이름을 써라.

$AlSO_3$, $NaPO_4$, MgI_2, AgS, ZnP

화학 활동 문제

105. 다음 중 알칼리 토금속의 할로젠화물(alkaline earth halide compounds)만 포함하고 있는 것은?
a. NaI, KBr, LiF
b. CaF_2, $MgBr_2$, SrI_2
c. PbI_2, $PbBr_2$, CdF_2
d. MgO, MgS, CaO
e. Al_2O_3, In_2O_3, Ga_2S_3

106. 어떤 동위원소 중 가장 안정한 이온은 15개의 양성자를 포함하며 33의 질량수를 가지고 있다. 이 이온에 대한 다음 설명 중 어느 것이 *사실*인가? 잘못된 설명을 바로잡아라.
a. 이온의 알짜 전하는 −3이다.
b. 이온은 10개의 전자를 포함한다.
c. 이온은 33개의 중성자를 포함한다.
d. 이 이온은 황이다.

107. 인슐린은 모든 척추 동물의 췌장에서 생성되는 복잡한 단백질 분자이다. 그것은 탄수화물 신진대사를 조절하는 호르몬이다. 인슐린을 생성할 수 없으면 당뇨병이 유발된다. 당뇨병은 인슐린 주사로 치료한다. 배수 비례의 법칙이 주어졌다면, 췌장 조직에서 추출한 인슐린과 유전자 조작 박테리아에서 생산한 인슐린의 화학적인 차이가 있을 것으로 기대하는가? 그 이유는 무엇인가? 차이가 없다면 그 이유는?

108. 탄소, 수소 및 산소 원소를 포함하는 화합물의 한 종류인 탄수화물은 원래 존재하는 각 탄소 원자에 대해 하나의 물(H_2O) 분자를 가지고 있다고 생각되었다. 탄수화물 포도당에는 6개의 탄소 원자가 들어 있다. 글루코오스에 존재하는 각 원자의 종류에 대한 상대적인 수를 나타내는 일반 공식을 작성하라.

* **109.** 질량 번호, 원자 번호, 동위원소 기호를 포함하여 다음 표를 완성하라.

양성자 수	중성자 수	기호
9	10	
13	14	
53	74	
34	45	
16	16	

* **110.** 다음 표를 완성하라.

기호	양성자 수	중성자 수
$^{4}_{2}He$		
$^{20}_{10}Ne$		
$^{48}_{22}Ti$		
$^{190}_{76}Os$		
$^{50}_{27}Co$		

111. 방사선 추적자(radiotracers)는 섭취 또는 주사를 통해 유기체에 도입될 수 있는 방사성 물질이며, 방사능을 모니터링하여 경로를 추적할 수 있다. 다음 방사성 추적자에는 얼마나 많은 양성자와 중성자가 포함되어 있는가?

a. 갑상선 질환의 진단 및 치료에 사용되는 아이오딘 131.

b. Thallium-201은 심장 마비로 고통받는 사람의 심장 근육 손상을 평가하는 데 사용된다.

112. 탄소, 수소, 산소, 질소, 인, 황과 같은 유기 화학에서 연구되는 화합물에 가장 자주 존재하는 다음과 같은 비금속 원소의 기호는 무엇인가? 이들 원소 각각에 대해 안정 동위 원소를 예측하라.

* **113.** 다음 표를 완성하라.

원자/이온	양성자	중성자	전자
$^{120}_{50}Sn$			
$^{25}_{12}Mg^{2+}$			
$^{56}_{26}Fe^{2+}$			
$^{79}_{34}Se$			
$^{35}_{17}Cl$			
$^{63}_{29}Cu$			

* **114.** 다음 설명 중 옳은 것은 무엇인가?

a. $^{40}Ca^{2+}$에는 양성자 20개와 전자 18개가 들어 있다.

b. 러더퍼드는 음극선관을 만들었고 전자의 질량에 대한 전하비의 창시자였다.

c. 전자는 양성자보다 무겁다.

d. 핵에는 양성자, 중성자, 전자가 포함되어 있다.

115. 4개의 Fe^{2+} 이온은 혈액 속의 산소를 운반 단백질인 헤모글로빈의 핵심 성분이다. 이 이온들이 $^{53}Fe^{2+}$이라고 가정하면 각 원자핵에는 양성자와 중성자가 몇 개씩 존재하고, 각 이온에는 전자가 몇 개씩 존재하는가?

116. 다음 설명 중 어느 것이 *틀렸는가*? 틀린 설명은 바로 잡아라.

a. 금속이 비금속과 반응하면 이온성 화합물이 생성된다.

b. 비금속은 금속과 반응할 때 음이온을 형성하며 화합물을 형성한다.

c. 알칼리 금속은 이온성일 때 안정한 +2 하전 이온을 형성한다.

d. 전이 금속은 이온 화합물에서 안정한 이온을 형성하기 위해 전자를 얻는다.

e. 비금속이 서로 화합물을 형성할 때, 일반적으로 공유 결합 화합물이 생성된다.

117. 알려지지 않은 원소인 X의 동위원소는 질량수가 79이다. 동위원소 중 가장 안정한 이온은 36개의 전자를 가지고 있으며 소듐과 함께 이성분 화합물(Na_2X)을 형성한다. 다음 설명 중 어느 것이 *옳은가*? 틀린 설명은 옳게 고쳐라.

a. X와 플루오린 사이에 형성된 이성분 화합물은 공유 결합 화합물이 될 것이다.

b. X의 동위원소는 38개의 양성자를 포함하고 있다.

c. X의 동위원소는 41개의 중성자를 포함하고 있다.

d. X의 원소는 스트론튬, Sr이다.

118. 다음 각 이온에 대해 이온에 포함된 양성자와 전자의 총 개수를 표시하라. 목록에 있는 양이온에 대해 각 양이온과 산화 이온(oxide ion) 사이에 형성된 가장 간단한 화합물의 화학식을 예측하라. 화합물의 이름을 써라. 목록에 있는 음이온의 경우에 각 음이온과 음이온 사이에 형성된 가장 간단한 화합물의 화학식을 예측하라. 음이온의 경우는 알루미늄 이온과 이루는 가장 간단한 화합물의 화학식을 써라. 화합물의 이름을 써라.

a. Fe^{2+} **b.** Fe^{3+} **c.** Ba^{2+} **d.** Cs^{+} **e.** S^{2-} **f.** P^{3-} **g.** Br^{-} **h.** N^{3-}

119. 관용명이 다음과 같은 화합물의 체계명을 써라.

a. 연당(sugar of lead) $Pb(C_2H_3O_2)_2$

b. 청황산(blue vitrol) $CuSO_4$

c. 석회(quicklime) CaO

d. 에프솜염(Epsom salts) $MgSO_4$

e. 마그네시아 우유(milk of magnesia) $Mg(OH)_2$

f. 석고(gypsum) $CaSO_4$

g. 웃음 기체(laughing gas) N_2O

* **120.** 다음 표에 주어진 화학식들에 해당하는 화합물의 이름은 무엇인가?

화학식	화합물 이름
$CO(NO_2)_2$	
AsF_5	
LiCN	
K_2SO_3	
Li_3N	
$PbCrO_4$	

* **121.** 다음의 표에서 주어진 이름에 해당하는 화합물의 화학식을 써라.

화합물 이름	화학식
사브로민화 탄소 (Carbon tetrabromide)	
인산 코발트(Cobalt(II) phosphate)	
염화 마그네슘(Magnesium chloride)	
아세트산 니켈(II) (Nickel(II) acetate)	
질산 칼슘(Calcium nitrate)	

* **122.** 다음 설명들 중에서 어느 것이 옳은가?

a. 마그네슘, 알루미늄, 제논 원소들에 해당하는 원소 기호는 각각 Mn, Al, Xe이다.

b. P, As, Bi 원소들은 주기율표에서 같은 족에 있다.

c. Ga, Se, Br 원소들은 이온 결합 화합물을 형성할 때 전자를 얻어서 이온이 된다.

d. Co, Ni, Hg 원소들은 모두 전이 금속 원소들이다.

e. TiO_2의 정확한 이름은 이산화 타이타늄이다.

* **123.** 다음 표의 원자들이 이온 결합 화합물을 형성할 때 전자를 얻거나 혹은 잃을지 예측하기 위해서 다음 표를 완성하라.

원자	얻거나(G) 또는 잃는(L) 전자 수	생성된 이온
K		
Cs		
Br		
S		
Se		

124. 다음의 각 원소는 무엇인가?

a. 산소와 같은 족의 일원으로서 가장 안정한 이온은 54개의 전자를 포함한다.

b. 알칼리 금속 족의 원소로서, 가장 안정한 이온은 36개의 전자를 포함한다.

c. 핵에 18개의 양성자를 가진 불활성 기체

d. 85개의 양성자와 85개의 전자를 갖는 할로젠 원소

125. 원소의 가장 안정한 이온은 다음과 같이 이온 화합물을 형성한다. 화학식 X_3P_2를 갖는 인이다. 원소 X의 이온이 질량수가 230이고 86개의 전자를 가지고 있다면 원소 X는 무엇이며 중성자는 몇 개일까?

126. 어떤 원소는 자연적으로 발생하는 동위원소가 두 개밖에 없는데, 하나는 18개의 중성자를 가지고 있고 다른 하나는 20개의 중성자를 가지고 있다. 원소는 이온성 화합물에 있을 때 1−로 하전된 이온을 형성한다. 이 원소는 무엇인가? 전자의 수는 얼마인가? −1로 하전된 이온을 가지는가?

127. 주기율표의 특정 계열에 사용되는 지정 1A~8A는 이원 이온 화합물의 이온에 대한 전하를 예측하는 데 도움이 된다. 이 화합물에서 금속은 에너지 적으로 족 수와 같은 양의 전하를 띠고 비금속은 족 수에서 8을 뺀 음의 전하를 띠게 된다. 따라서 소듐과 염소 사이의 화합물은 Na^+ 이온과 Cl^- 이온을 포함하며 화학식 NaCl을 갖는다. 다음 쌍의 원소로 형성된 이 화합물의 화학식과 이름을 예측하라.

a. Ca와 N
b. K와 O
c. Rb와 F
d. Mg와 S
e. Ba와 I
f. Al과 Se
g. Cs와 P
h. In과 Br

128. 인 화합물들을 참고하여 다음 화합물은 명명하라.
Na_3AsO_4, H_3AsO_4, $Mg_3(SbO_4)_2$

129. 다음의 원소들은 각각 무엇인지 써라. 각각의 경우 핵에 양성자와 중성자는 몇 개씩 있는가?

a. ${}^{31}_{15}X$
b. ${}^{127}_{53}X$
c. ${}^{31}_{19}X$
d. ${}^{173}_{70}X$

130. 이 표는 여러 원소(A~G)의 원자 또는 이온에 있는 전자, 양성자, 중성자의 수를 나타낸다. 다음 중 이러한 원자 또는 이온에 대해 *잘못된* 설명은 무엇인가? 잘못된 설명은 바로 잡아라.

원소의 원자 또는 이온	A	B	C	D	E	F	G
전자의 수	9	1	18	18	1	10	82
양성자의 수	9	1	19	17	1	8	82
중성자의 수	10	1	20	18	2	8	125

a. D와 F는 음이온이다.

b. C는 양이온이다.

c. B와 E는 서로 동위원소이다.

d. G는 ${}^{207}_{82}Pb$이다.

e. A와 E 사이에 형성된 화합물은 이온성이다.

131. 탄소와 산소로만 구성된 두 가지 다른 화합물의 100.0 g 시료가 있다고 생각해 보자. 하나의 화합물은 27.2 g의 탄소를 함유하고, 다른 화합물은 42.9 g의 탄소를 함유한다.
42.9가 27.2의 배수가 아님에도 이들 데이터가 배수 비례의 법칙을 설명할 수 있는가? 이 데이터가 배수 비례의 법칙을 설명해 주고 있음을 보여라.

132. 일상 생활에서 발견되는 다음의 화합물에 대한 체계적인 이름을 부여하라.

a. H_2S(썩은 계란 냄새)

b. SO_2(탄 불의 냄새)

c. SF_6(에어로졸 캔 추진제)

d. Na_2SO_3(건조된 과일 방부제)

133. Ta_2O_5의 체계명은 무엇인가? 금속의 전하가 일정하게 유지되고 산소가 황으로 치환된다면 화학식은 어떻게 되겠는가? Ta_2O_5와 그것의 황 유사물질 사이의 양성자 수는 몇 개나 차이가 나는가?

134. 어떤 이성분 이온 화합물의 양이온은 51개의 양성자와 48개의 전자가 있다. 음이온의 양성자 수는 양이온 양성자 수의 3분의 1이다. 음이온의 전자 수는 양성자 수보다 1이 크다. 이 화합물의 화학식은 무엇인가? 이 화합물의 이름은 무엇인가?.

도전 문제

135. 주기율표에서 어떤 족의 원소들은 종종 주화 금속(coinage metal)이라고 부른다. 당신의 경험을 바탕으로 이 족의 원소들을 찾아보라.

136. 수소 기체 2.0 L가 산소 기체 1.0 L와 반응하여 수증기 2.0 L가 생성되었다. 모든 기체가 같은 온도와 압력에 놓여있다면 이 자료가 어떻게 산소 기체가 이원자 분자임을 지지해주는지 보여라. 이 결과를 설명하기 위해서 수소가 이원자 분자라고 가정해야만 하는가?

137. 연소 반응에는 물질이 산소 기체와 반응하는 과정이 포함된다. 모든 탄수화물(탄소와 수소로만 이루어진 이성분 화합물)은 완전 연소하면 이산화 탄소와 물만을 생성한다. 옥테인은 휘발유의 주성분으로, 완전 연소하면 수증기 9 L당 이산화 탄소 8 L를 생성한다(동일한 압력과 온도에서 측정했을 때). 옥테인 한 분자에 존재하는 탄소와 수소 원자의 비율을 구하라.

138. 화학 교사가 다음과 같이 주장하였다. "핵이 포도알만큼 크다면 전자는 평균 1*마일* 정도 떨어져 있을 것이다." 이 주장은 정확한가? 수학적 계산 근거를 보여라.

139. 초기 연금술사들은 밀봉된 유리 용기에서 물을 며칠 동안 끓이는 실험을 하곤 했다. 때로는 어떤 고체 찌꺼기가 플라스크 바닥에 나타나기도 했는데, 이를 보고 연금술사들은 플라스크 내부의 물이 "흙"으로 변했다고 생각했다. Lavoisier가 이 실험을 다시 해 보았는데, 그는 물의 질량이 가열 전과 후에 변하지 않았고, 플라스크의 질량과 고체 찌꺼기의 질량의 합은 초기 플라스크의 질량과 동일함을 발견하였다. 연금술사의 주장이 맞는 것일까? 실제로 어떻게 된 것인지 설명하라(이 실험은 A. F. Scott가 *Scientific American*, 1984년도 1월호에 쓴 기사에 설명되어 있다).

140. 아래 그림과 같은 화학 반응이 있을 때 *원자*, *분자*, *원소*, *화합물*, *이온*, *기체*, *고체*로 가능한 한 많이 표기하라.

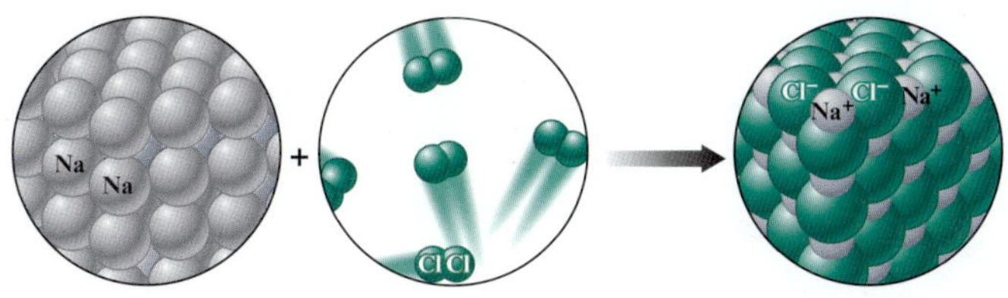

141. 아래의 각 설명은 모두 맞다. 그러나 Dalton은 그의 원자론으로 이들 중 일부를 설명하는 데 어려움을 겪었을 것이다. 다음 설명들을 합리적으로 설명하라.

a. 에틸 알코올과 다이메틸 에터의 공간 채움 모형은 다음과 같다.

두 화합물은 서로 동일한 질량 조성(탄소 52%, 수소 13%, 산소 35%)을 갖지만, 두 물질은 녹는점, 끓는점, 물에 대한 용해도가 서로 다르다.

b. 나무가 타고 남은 재의 질량은 원래 나무의 질량보다 훨씬 작다.

c. 원자는 더 작은 입자로 쪼개질 수 있다.

d. 어떤 수소화 리튬 시료에서는 리튬의 질량 백분비가 87.4%인데, 다른 시료에서는 74.9%가 발견된다. 하지만 두 시료는 화학적으로 동일한 성질을 갖는다.

142. 원소 X와 Y로 만들어진 두 가지 기체 화합물이 있다. 그 질량 백분율은 다음과 같다.

화합물 I : 30.43% X, 69.57% Y

화합물 II : 63.64% X, 36.36% Y

표준 상태에서 원소 X와 Y는 기체로 존재한다. (일원자인지, 이원자인지, 삼원자인지는 당신이 결정해야 한다.) "기체 X"를 "기체 Y"와 반응시켜서 생성물을 만들면 다음과 같은 자료가 얻어진다(모두 같은 온도와 압력에서).

1부피 "기체 X" + 2부피 "기체 Y" ⟶ 2부피 화합물 I

2부피 "기체 X" + 1부피 "기체 Y" ⟶ 2부피 화합물 II

위의 반응식에서 가장 간단한 반응물과 생성물의 화학식을 가정하여 원소 X와 원소 Y의 상대적 원자 질량을 구하라.

143. 분자 한 개의 질량이 7.31×10^{-23} g이다. 이 질량을 가질 수 있는 실제 분자의 예를 들어보라. 분자를 구성하는 원소는 가벼운 동위원소이고 각 원소 핵 안의 양성자 수와 중성자 수는 같다고 가정하라.

144. 표 2.1의 정보를 참고하여 다음 질문에 답하라. 전하를 모르는 이온에서 전체 전자 질량은 2.55×10^{-26} g이고 전체 양성자 질량은 5.34×10^{-23} g으로 알려졌다. 이 이온은 무엇이고 전하는 얼마인가? 전체 전자 질량이 3.92×10^{-26} g이고 전체 중성자 질량이 9.35×10^{-23} g인 중성 원자의 기호와 질량수를 적어라.

마라톤 문제

이 문제들은 여러 가지 개념과 기법을 하나의 상황으로 통합하도록 구성되었다.

145. 당신은 시간을 거슬러 올라가 Dalton과 함께 연구를 하고 있다. 상대 질량표를 작성하던 중 몇 개의 자료가 아래와 같이 얻어졌다.

기체 A 0.602 g은 기체 B 0.295 g과 반응한다.

기체 B 0.172 g은 기체 C 0.401 g과 반응한다.

기체 A 0.320 g은 기체 C 0.374 g과 반응한다.

a. 가장 간단한 화학식(AB, BC, AC)을 가정하고, Dalton을 위해 상대 질량표를 작성하라.

b. 화학의 역사를 약간 알고 있는 당신은 Dalton에게 만일 일정한 온도와 압력에서 부피를 측정할 수 있다면, 그가 그렇게

간단한 화학식을 가정하지 않아도 될 것이라고 이야기할 것이다. 당신은 다음과 같은 자료를 얻었다.

6부피의 기체 A + 1부피의 기체 B $\longrightarrow$ 4부피의 생성물
1부피의 기체 B + 4부피의 기체 C $\longrightarrow$ 4부피의 생성물
3부피의 기체 A + 2부피의 기체 C $\longrightarrow$ 6부피의 생성물

가장 간단한 균형 반응식을 쓰고, 원소들의 상대 질량을 구하라. 이러한 방법이 타당함을 설명하라.

Chapter 3

아랍에미리트(UAE) 두바이(Dubai)의 포인트 팜 주메이라(Pointe Palm Jumeirah)에서 열린 디왈리(Diwali) 축하 행사 동안의 화려한 불꽃놀이와 다채로운 분수 쇼의 장면.
(SriyaPixels / Alamy Stock Photo)

화학량론

Stoichiometry

화학 반응은 우리 생활에 많은 영향을 주고 있다. 인체 내에서 음식물이 에너지로 바뀌거나, 질소와 수소가 결합하여 비료로 쓰이는 암모니아가 되고, 석유로부터 연료와 플라스틱을 생산하고, 식물 내에서 이산화 탄소, 물 및 태양 에너지가 사용되어 녹말이 합성되고, 실험실에서 박테리아를 이용하여 인슐린을 생산하고, 주변 물질로 인하여 인체에 암이 생기는 등등 그 예는 끝이 없다. 이와 같은 화학 변화를 이해하는 것이 화학을 하는 본래의 목적이며, 이 책에서도 화학 반응에 관한 공부가 중요한 위치를 차지하고 있다. 화학 반응이 왜 일어나는지, 얼마나 빨리 일어나는지, 또 구체적으로 어떤 경로를 따라 일어나는지 조사해 볼 것이다.

이 장에서는 화학 반응에서 없어지거나 생기는 물질의 양에 대해 생각해 보겠다. 이러한 분야를 **화학량론**(chemical stoichiometry)이라고 한다. 화학량론을 이해하기 위해서는 우선 상대 원자 질량의 개념을 이해하여야 한다.

3.1 무게 측정을 이용한 개수 세기

사탕가게 직원이 콩 모양의 젤리를 판다고 가정해 보자. 고객들이 젤리 50개, 100개 또는 1000개를 요구할 때마다 직원은 그 수를 세어야 하는데, 이 작업은 지루하지 않을 수 없다. 이 문제를 해결하기 위하여 가게 직원은 새로운 방법을 생각한 끝에, 저울을 이용하여 젤리의 무게를 측정하는 방법이 젤리의 수를 세는 데 더 효과적임을 알았다. 가게 직원이 무게를 측정하여 젤리를 세는 것이 어떻게 가능한가? 각각의 젤리에 대한 어떤 정보를 알아야 하는가?

▲ 젤리의 질량을 측정해서 개수를 셀 수 있다.

모든 젤리가 동일하고 각각의 질량이 5 g이라고 가정하자. 고객이 1000개의 젤리를 주문하면, 몇 g의 젤리가 필요한가? 각각의 젤리가 5 g이므로 1000 젤리 × 5 g/젤리, 또는 5000 g (5 kg)이 필요하다. 1000개의 젤리를 세는 것보다 5 kg의 젤리를 측정하는 일이 훨씬 간단하다.

실제로는 모든 젤리가 동일한 것은 아니다. 예를 들어, 10개의 젤리의 질량을 측정한 결과 다음과 같은 결과를 얻었다고 가정하자.

젤리	질량	젤리	질량
1	5.1 g	6	5.0 g
2	5.2 g	7	5.0 g
3	5.0 g	8	5.1 g
4	4.8 g	9	4.9 g
5	4.9 g	10	5.0 g

이와 같이 동일하지 않은 젤리를 질량을 측정하는 방법으로 수를 셀 수 있을까? 답은 "그렇다"이다. 이를 위하여 가장 필요한 정보는 젤리의 *평균 질량*(*average mass*)이다. 10개의 젤리에 대한 평균 질량을 계산해 보자.

$$\text{평균 질량} = \frac{\text{젤리의 총 질량}}{\text{젤리 개수}}$$

$$= \frac{5.1\text{ g} + 5.2\text{ g} + 5.0\text{ g} + 4.8\text{ g} + 4.9\text{ g} + 5.0\text{ g} + 5.0\text{ g} + 5.1\text{ g} + 4.9\text{ g} + 5.0\text{ g}}{10}$$

$$= \frac{50.0}{10} = 5.0\text{ g}$$

젤리의 평균 질량은 5.0 g이다. 따라서 1000개의 젤리는 5000 g에 해당한다. 평균 질량이 5.0 g인 젤리는 모든 젤리가 동일한 경우와 똑같은 방법으로 다룰 수 있다. 무게를 측정하는 방법을 이용하여 수를 세기 위하여 물체가 동일해야 하는 것은 아니다. 그 물체의 평균

직업 속의 화학

기후위기 특별위원회 전문위원단 단장

Ana Unruh Cohen 박사는 기후 위기에 관한 미 하원 특별위원회의 단장이다. 그녀는 일상 업무에서 화학 지식을 활용해 과학적 기후 연구를 입법자들이 이해할 수 있는 정책으로 전환하는 데 도움을 주고 있다. 그녀의 기초 화학 지식은 재생에너지 기술이나 메탄 검출과 같은 분야를 이해하는 데에 도움이 된다.

Cohen 박사는 Oxford 대학교에서 지구화학 및 지구과학 박사 학위를 받았지만 과학 및 정책에 대한 초기 관심은 다양한 단체에서 자원봉사를 했던 아버지로부터 비롯되었다. 과학적 이해를 바탕으로 직접 법과 정책에 참여하는 모습을 보며 그녀는 평생의 열정을 키우게 되었다. Cohen 박사가 학생들에게 주는 조언은 화학과 같은 기초과학을 열심히 공부하라는 것이다. 이러한 기술과 지식은 예상치 못한 곳에서도 유용하게 쓰이기 때문이다.

Dr. Ana Unruh Cohen

질량이 필요할 뿐이다. 수를 세기 위하여 각 물체의 평균 질량을 사용함에도 불구하고 *각각의 물체가 동일한 것처럼 다루면 된다.*

원자의 수를 세는 방법도 이와 같다. 원자는 너무 작기 때문에, 우리는 일반적으로 많은 수의 원자를 포함하는 물질을 다룬다. 원자를 볼 수 있다고 하더라도 원자의 수를 직접 세는 것은 불가능하다. 따라서 우리는 주어진 시료에 들어 있는 원자의 수를 질량을 측정하여 결정한다. 그러나 젤리의 경우와 마찬가지로 원자의 질량과 수를 연계하기 위하여 원자의 평균 질량을 알아야 한다.

3.2 원자 질량

제2장에서 배운 것과 같이, 원자 질량에 관한 정량적 지식은 Dalton, Gay-Lussac, Lavoisier, Avogadro, Berzelius 등의 연구에서 처음으로 얻어졌다. 여러 화합물을 형성할 때의 원소들이 결합하는 비율을 조사하여, 19세기 화학자들은 상대 원자 질량을 계산하였다. 1961년 제정된 현대 원자 질량 체계는 ^{12}C("탄소 12")를 표준으로 한다. 이 체계에서는 ^{12}C의 질량을 정확히 12 원자 질량 단위(atomic mass unit, u)로 정하고, 모든 다른 원자의 질량은 이것을 기준으로 하여 상대적으로 정한다.

현재 알려진 방법 중 원자 질량을 비교하는 가장 정확한 것은 **질량 분석계**(mass spectrometer)를 이용하는 것이다. 그림 3.1에서 보는 바와 같이 질량 분석계에서 원자나 분자는 고속의 전자 빔(electron beam)을 통과하게 되는데, 이 전자 빔으로 인하여 원자나 분자는 전자를 잃고 양이온으로 바뀐다. 그런 다음, 전기장에 의하여 이 양이온들은 자기장 속으로 가속된다. 가속된 이온은 자체적인 자기장을 형성하기 때문에 외부 자기장과의 상호작용을 일으키게 되고, 따라서 이온의 경로가 바뀌게 된다. 각 이온의 경로가 바뀌게 되는 정도는 그 질량에 따라 다르며, 무거운 이온은 적게 휜다. 따라서 그림 3.1에 보이는 것처럼 이온의 분리가 가능하다. 이온이 검출판에 닿는 위치를 비교하면 그 상대적 질량을 정확히 구할 수 있다. 예를 들어, ^{12}C와 ^{13}C을 질량 분석계로 분석하였더니 그 질량비는 다음과 같이 나타났다.

$$\frac{^{13}\text{C의 질량}}{^{12}\text{C의 질량}} = 1.0836129$$

^{12}C의 원자 질량은 *정확히* 12원자 질량 단위라고 정의하였으므로 ^{13}C의 원자 질량은 다음

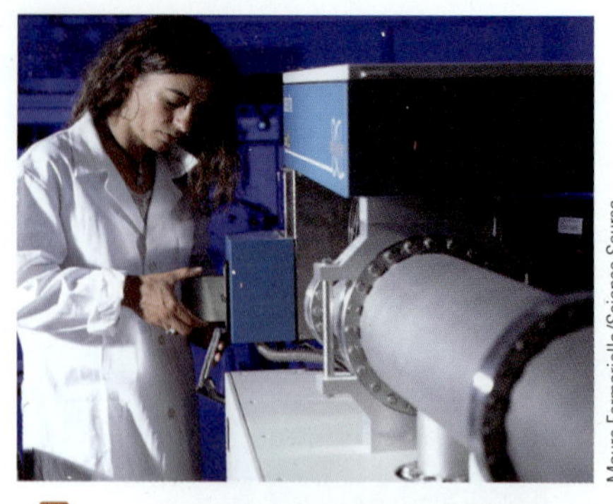

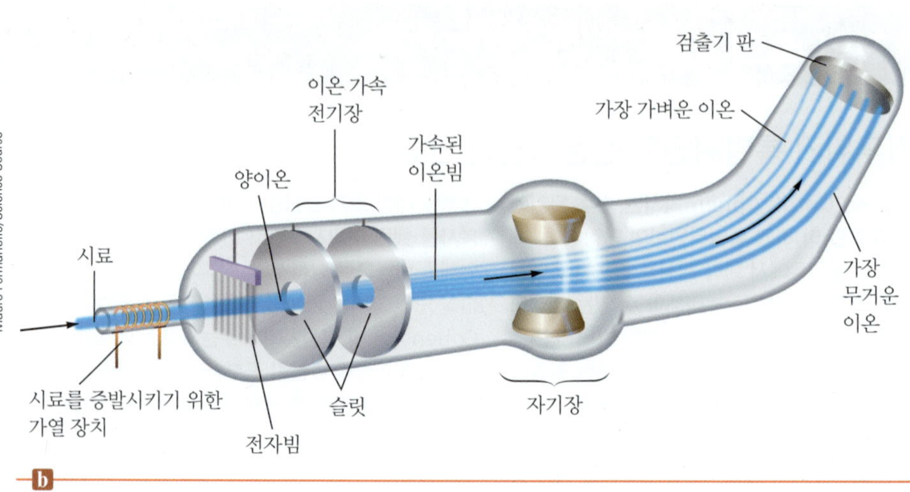

그림 3.1 (a) 질량 분석계를 사용하는 과학자. (b) 질량 분석계의 도식도.

IUPAC에 의하면 우리가 사용하는 "평균 원자 질량"이란 용어 대신에 전통적으로 단위가 없는 "원자량"을 사용해야 한다. 그러나 여기서는 "평균 원자 질량"이라는 용어가 더 명확한 뜻을 전달하기 때문에 이 용어를 계속 사용하기로 한다.

자연에 있는 대부분의 원소들은 동위원소의 혼합물로 존재한다. 따라서 원자 질량은 평균값으로 나타낸다.

과 같다.

$$^{13}\text{C의 질량} = (1.0836129)(\underset{\substack{\uparrow \\ \text{정의에 의한} \\ \text{정확한 숫자}}}{12\ \text{u}}) = 13.003355\ \text{u}$$

다른 원자의 질량도 비슷한 방법으로 결정할 수 있다.

이 책의 앞쪽에 있는 표에 각 원소의 질량이 수록되어 있다. 이 값은 실제로는 질량이지만, 각 원소의 *원자량(atomic weight)*이라고도 한다.

이 표에서 탄소의 원자 질량을 보라. 원자 질량의 체계가 ^{12}C를 기준으로 한다고 배웠기 때문에 12라는 숫자를 기대할 것이다. 그러나 탄소의 원자 질량은 12가 아니고 12.01이다. 왜 그럴까? 이러한 차이는 지구에서 발견되는 탄소(천연 탄소)가 동위원소 ^{12}C, ^{13}C, ^{14}C의 혼합물이기 때문이다. 세 동위원소 모두 여섯 개의 양성자를 가지고 있지만, 각각 6, 7, 8개의 중성자를 가지고 있다. 천연 탄소는 이러한 동위원소의 혼합물이기 때문에 탄소의 원자 질량은 천연 탄소를 구성하는 동위원소를 반영한 *평균 값(average value)*이다.

탄소의 평균 원자 질량은 다음과 같이 계산될 수 있다. 천연 탄소는 98.89%의 ^{12}C와 1.11%의 ^{13}C으로 구성되어 있으며, ^{14}C의 양은 무시할 수 있을 정도여서 이 계산에는 영향을 주지 않는다. ^{12}C(정확히 12 u)와 ^{13}C (13.003355 u)의 질량을 이용하여 천연 탄소의 평균 원자 질량을 계산한 결과는 다음과 같다.

$$98.89\%\text{의 } 12\ \text{u} + 1.11\%\text{의 } 13.0034\ \text{u} = (0.9889)(12\ \text{u}) + (0.0111)(13.0034\ \text{u}) = 12.01\ \text{u}$$

이 책에서는 원소의 평균 질량을 **평균 원자 질량**(average atomic mass) 또는 간단히 그 원소의 *원자 질량(atomic mass)*이라고 부르기도 한다.

천연 탄소가 원자 질량이 12.01인 탄소 원자를 전혀 포함하고 있지 않다고 하더라도, 양론적인 관점에서 탄소는 질량이 12.01인 탄소로만 구성되어 있다고 간주할 수 있다. 이와 같은 방법으로 탄소 시료의 무게를 잼으로써 천연 탄소의 원자 수를 셀 수 있다.

3.1절에서 배운 바와 같이 물체의 *평균* 질량을 알면 물체의 수를 셀 수 있다. 원자의 경우도 젤리의 경우와 마찬가지로 무게를 측정하여 원자 수를 셀 수 있다. 평균 질량이 12.01 u인 천연 탄소의 경우, 1000개의 탄소 원자를 얻기 위하여 12.010 원자 질량 단위의 천연 탄소(^{12}C와 ^{13}C의 혼합물)를 측정하면 된다.

▲
육각 너트를 하나씩 세는 것보다 600개의 육각 너트의 무게를 재는 것이 훨씬 쉽다.

탄소의 경우와 같이, 책 맨 앞에 있는 표에 실린 각 원소의 질량은 자연에 존재하는 원소의 동위원소 조성에 근거한 평균값이다. 예를 들면, 수소의 질량(1.008)은 ^{1}H와 ^{2}H(중수

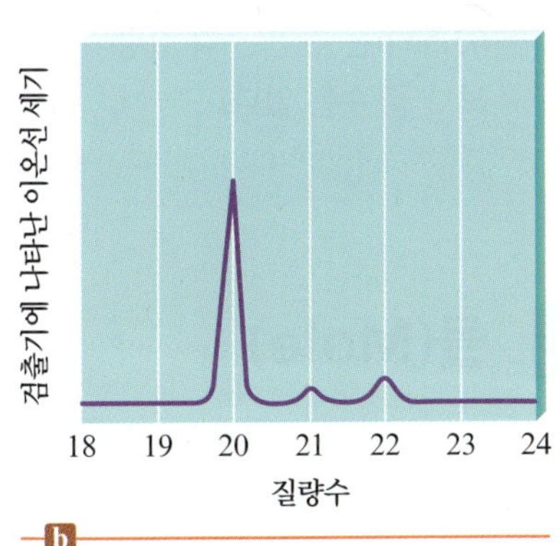

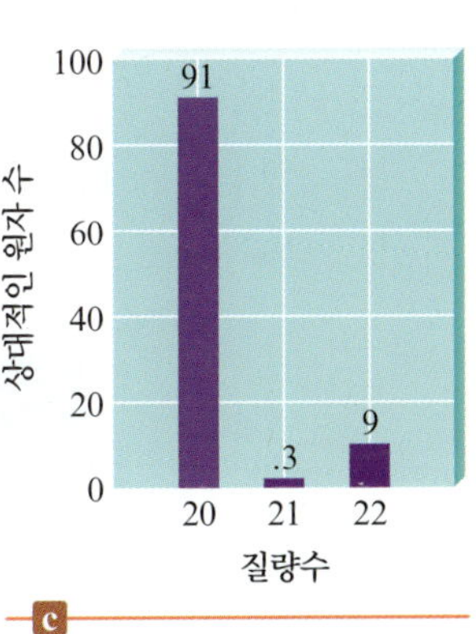

그림 3.2 (**a**) Memphis의 Beale 거리의 네온 기타. 천연 네온을 질량 분석계에 주입했을 때 얻어지는 신호의 상대적 세기를 (**b**) 봉우리와 (**c**) 막대 그래프 형태로 표시한 것이다. 봉우리의 상대 면적이 0.9092 (^{20}Ne), 0.00257 (^{21}Ne), 0.0882 (^{22}Ne)이므로, 천연 네온에는 90.92%의 ^{20}Ne, 0.257%의 ^{21}Ne, 8.82%의 ^{22}Ne가 존재한다.

소)의 혼합물의 평균 질량이다. 질량이 1.008인 수소는 실제로 존재하지 *않는다.*

질량 분석계는 각 원자의 정확한 질량 값을 결정하는 데 쓰이는 것 외에, 천연 원소 중의 동위원소 조성을 결정하는 데에도 쓰인다. 예를 들면, 천연 네온 시료를 질량 분석계에 주입하면 그림 3.2와 같은 질량 스펙트럼을 얻는다. "봉우리"의 면적이나 또는 막대의 높이는 $^{20}_{10}$Ne, $^{20}_{10}$Ne 및 $^{20}_{10}$Ne 원자의 상대적 존재량을 의미한다.

예제 3.1 원소의 평균 질량

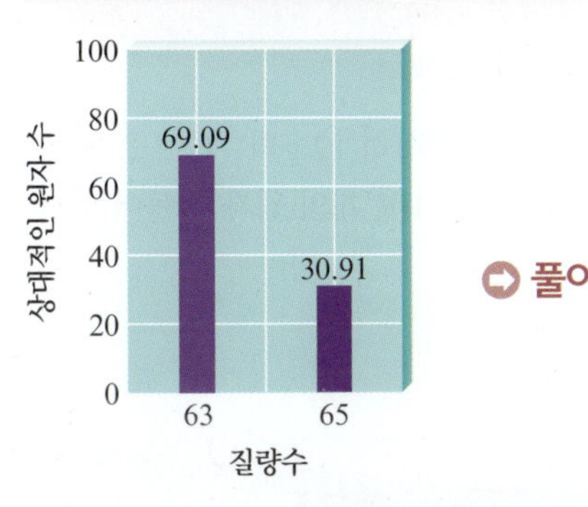

그림 3.3 천연 구리의 질량 스펙트럼.

천연 구리 시료를 기화시켜 질량 분석계에 주입시켰더니 그림 3.3과 같은 결과를 얻었다. 이 결과를 이용하여 천연 구리(^{63}Cu와 ^{65}Cu의 질량은 각각 62.93 u와 64.93 u)의 평균 질량을 계산하라.

풀이

목표는 무엇인가?

천연 구리의 평균 질량 계산하기

알고 있는 것은?

- ^{63}Cu 질량 = 62.93 u
- ^{65}Cu 질량 = 64.93 u

어떻게 해결할 것인가?

그림에서 보는 바와 같이, 100개의 천연 구리 원자에는 69.09개의 ^{63}Cu와 30.91개의 ^{65}Cu로 되어 있다. 따라서 100개의 천연 구리 원자의 질량을 계산하면 다음과 같이 된다.

$$(69.09\ \cancel{\text{원자}})\left(62.93\ \frac{\text{u}}{\cancel{\text{원자}}}\right) + (30.91\ \cancel{\text{원자}})\left(64.93\ \frac{\text{u}}{\cancel{\text{원자}}}\right) = 6355\ \text{u}$$

구리 원자의 *평균 질량*(*average mass*)은 다음과 같다.

$$\frac{6355\ \text{u}}{100\ \text{원자}} = 63.55\ \text{u/원자}$$

이 질량 값은 구리의 반응에 대한 계산에 사용되며, 이 책의 맨 앞쪽 표에 수록되어 있다.

▲ 구리 덩어리.

사실성 검산 계산 후에는 반드시 계산 결과가 타당한지 검증해야 한다. 위에서 얻은 답 63.55 u는 천연 구리 질량의 중간 값이므로 타당하다. 결과가 62.93 u보다 작거나 64.93 u 보다 클 수는 없다.

연습 문제 3.37과 3.39 및 3.46 참조

3.3 몰(Mole)

일반적으로 시료에는 너무나 많은 원자들이 들어 있기 때문에, 원자를 세는 단위로 몰(*mole*)이라는 단위를 사용한다. 몰(mol이라고 줄여서 씀)은 정확히 12 g의 순수한 ^{12}C 중에 들어 있는 탄소 원자의 수와 같은 수라고 정의한다. 원자를 정확히 셀 수 있는 질량 분석법과 같은 기술을 이용하여 이 숫자는 6.02214×10^{23}(일반화학 수준에서는 6.022×10^{23}이면 충분하다)으로 결정되었으며, 화학에 많은 기여를 한 Avogadro의 이름을 따서 이 숫자를 **Avogadro의 수**(Avogadro's number)라고 부른다. **어떤 물질 1 mol은 그 물질 6.022×10^{23} 단위로 구성되어 있다.** 달걀 한 꾸러미가 12개인 것처럼 달걀 1 mol은 6.022×10^{23}개이다.

몰에 대한 SI의 정의는 정확히 6.02214076 $\times 10^{23}$개의 기본 개체를 포함하는 물질의 양이다.

Avogadro의 수는 6.022×10^{23}이다. 어떤 물질이든지 1 mol은 그 물질의 개수가 6.022×10^{23}개이다.

6.022×10^{23}이라는 숫자의 크기는 상상하기 매우 힘들다. 구슬 1 mol은 지구 전체를 50마일의 두께로 덮기에 충분한 양이다! 그러나 원자는 매우 작기 때문에, 1 mol의 원자나 분자는 반응에서 다룰 수 있는 양이다(그림 3.4 참조).

비판적 사고 1초에 숫자 하나를 세는 속도로 1부터 6×10^{23}까지 세는 데 백만 달러를 주겠다는 제안을 받는다면 어떻게 하겠는가? 시간당 임금을 계산해보라. 제안을 받아들이겠는가? 이 수를 셀 수 있는가?

화학 계산에서 몰을 어떻게 사용할까? Avogadro의 수는 정확히 12 g의 ^{12}C에 들어 있는 원자 수로 정의됨을 기억하라. 이것은 ^{12}C 12 g에 6.022×10^{23}개의 원자가 들어 있다

그림 3.4 몇 가지 원소의 1몰 시료.

표 3.1 여러 가지 원소들의 1 mol 시료의 비교

원소	존재하는 원자 수	시료의 질량
알루미늄	6.022×10^{23}	26.98
구리	6.022×10^{23}	63.55
철	6.022×10^{23}	55.85
황	6.022×10^{23}	32.07
아이오딘	6.022×10^{23}	126.9
수은	6.022×10^{23}	200.6

는 것을 의미한다. 또한 천연 탄소 12.01 g은 6.022×10^{23}개의 원자(평균 질량이 12.01 u인 ^{12}C, ^{13}C, ^{14}C의 혼합물)를 포함한다는 것을 의미한다. 시료의 무게비(12 g/12.01 g)와 각 성분의 질량비(12 u/12.01 u)가 동일하기 때문에, 두 시료는 *동일한 수*의 원자(6.022×10^{23})를 포함한다.

위에서 공부한 점을 명확하게 하기 위하여 개당 평균 질량이 200 g인 오렌지와 개당 평균 질량이 400 g인 자몽을 생각해 보자. 자몽 한 자루의 무게가 오렌지 한 자루의 무게의 두 배가 된다면, 그 두 자루에는 같은 수의 과일이 들어 있다. 이러한 논리는 원자에도 적용될 수 있다. 천연 탄소(평균 질량 12.01)와 천연 헬륨(평균 질량 4.003)을 비교해 보자. 12.01 g의 천연 탄소 시료에는 4.003 g의 천연 헬륨에 들어 있는 원자 수와 같은 수의 원자가 들어 있다. 즉, 두 시료에는 다 같이 1 mol의 원자(6.022×10^{23})가 들어 있다. 표 3.1에는 이러한 것에 대한 예들이 수록되어 있다.

원소 1 mol의 질량은 그램 단위의 원자량과 동일하다.

그러므로 1몰이란 그램으로 표시된 어떤 원소의 원자 질량과 동일한 질량의 천연 원소 시료로 정의되며, 그 안에 1몰의 원자가 포함되어 있다. 이 정의는 또 원자 질량 단위와 그램 사이의 관계를 정해 준다. 즉, 6.022×10^{23}개의 탄소는 (각 질량이 12 u인) 질량이 12 g이므로, 다음을 의미한다.

$$(6.022 \times 10^{23} \text{ 원자})\left(\frac{12 \text{ u}}{\text{원자}}\right) = 12 \text{ g}$$

그리고

$$6.022 \times 10^{23} \text{ u} = 1 \text{ g}$$

↑ 정확한 숫자

이 관계를 이용하면 원자 질량 단위와 그램 단위를 서로 환산할 수 있는 단위 인자를 구할 수 있다.

비판적 사고 Avogadro의 수가 6.02×10^{23}이 아니고 3.01×10^{23}인 것으로 측정되었다면 어떻게 되는가? 이 값은 주기율표에 주어진 상대적인 질량 값에 영향을 미치는가? 만일 영향을 준다면 어떤 영향을 주는가? 영향을 주지 않는다면 그 이유는 무엇인가?

대화형 예제 3.2 시료 원자의 질량 구하기

아메리슘은 천연에 존재하지 않는 원소이다. 이것은 *입자 가속기(particle accelerator)*라는 장치에서 아주 소량 만들 수 있다. 여섯 개의 아메리슘 원자가 들어 있는 시료의 질량을 그램 단위로 계산하라.

풀이 **목표는 무엇인가?**

여섯 개의 아메리슘 원자의 질량 계산하기

알고 있는 것은?

› Am 1원자의 질량 = 243 u(책 앞쪽의 주기율표에서)

어떻게 해결할 것인가?

원자 여섯 개의 질량은 다음과 같다.

$$6\ \cancel{\text{원자}} \times 243\ \frac{\text{u}}{\cancel{\text{원자}}} = 1.46 \times 10^3\ \text{u}$$

관계식

$$6.022 \times 10^{23}\ \text{u} = 1\ \text{g}$$

을 이용하여 원자 질량 단위를 g으로 변환하기 위한 다음의 변환 인자를 얻는다.

$$\frac{1\ \text{g}}{6.022 \times 10^{23}\ \text{u}}$$

따라서, 아메리슘 원자 여섯 개의 질량은 그램 단위로 다음과 같이 계산된다.

$$1.46 \times 10^3\ \cancel{\text{u}} \times \frac{1\ \text{g}}{6.022 \times 10^{23}\ \cancel{\text{u}}} = 2.42 \times 10^{-21}\ \text{g}$$

사실성 검산 시료에는 단지 여섯 개의 원자만 포함되어 있기 때문에 그 질량은 매우 작아야 한다. 따라서 구한 답 2.42×10^{-21} g은 타당하다.

연습 문제 3.47 참조

화학 계산을 하려면 몰이란 무엇인지 또 어떤 물질의 주어진 질량에 대하여 몰 수를 계산하는 방법을 알아야 한다. 예제 3.3과 3.4에 이러한 것들이 설명되어 있다.

대화형 예제 3.3 원자의 몰 수 계산

알루미늄(Al)은 단위 질량당 강도 비(ratio)가 크고, 부식에도 잘 견디는 금속이기 때문에 흔히 구조 재료로 사용된다. 알루미늄 10.0 g의 시료에 들어 있는 원자의 몰 수와 원자 수를 계산하라.

Charles D. Winters

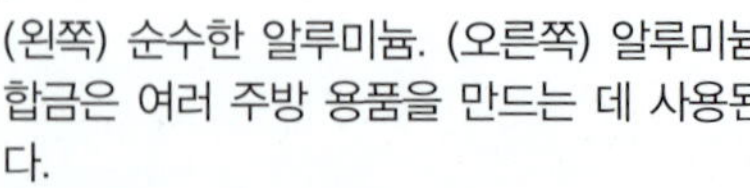

▶ (왼쪽) 순수한 알루미늄. (오른쪽) 알루미늄 합금은 여러 주방 용품을 만드는 데 사용된다.

Charles D. Winters

풀이 **목표는 무엇인가?**

Al 시료에 들어있는 원자의 수와 몰 수 계산하기

알고 있는 것은?

- 시료에는 10.0 g의 Al이 포함되어 있다.
- Al 1 mol (6.022×10^{23} 원자)의 질량 = 26.98 g

어떻게 해결할 것인가?

시료 10.0 g에 포함된 Al의 몰 수는 다음과 같이 계산할 수 있다.

$$10.0\ \cancel{\text{g Al}} \times \frac{1\ \text{mol Al}}{26.98\ \cancel{\text{g Al}}} = 0.371\ \text{mol Al 원자}$$

알루미늄 10.0 g (0.371몰)에 포함된 원자의 수는 다음과 같다.

$$0.371\ \cancel{\text{mol Al}} \times \frac{6.022 \times 10^{23}\ \text{원자}}{1\ \cancel{\text{mol Al}}} = 2.23 \times 10^{23}\ \text{원자}$$

사실성 검산 Al 1 mol의 질량은 26.98 g이며 6.022×10^{23}개의 원자를 포함하고 있다. 문제에서의 시료가 10.0 g이므로 대략 26.98 g의 1/3 정도이다. 따라서 계산 값은 6×10^{23}의 1/3 정도여야 한다.

연습 문제 3.48 참조

대화형 예제 3.4 원자 수의 계산

소형 컴퓨터의 직접 회로에 쓰이는 규소 칩의 질량은 5.68 mg이다. 이 칩에는 몇 개의 규소 원자(Si)가 들어 있는지 계산하라.

풀이 **목표는 무엇인가?**

칩에 들어있는 Si 원자의 수 계산하기

Nipitphon Na Chiangmai/EyeEm/Getty Images

▲ 스마트폰은 실리콘 칩을 사용한다.

알고 있는 것은?

- 칩에는 5.68 mg의 Si이 포함되어 있다.
- Si 1 mol (6.022×10^{23} 원자)의 질량 = 28.09 g

어떻게 해결할 것인가?

이 문제 풀이는 규소의 밀리그램 수를 그램 수로 바꾼 다음 규소의 몰 수로 바꾸고, 마지막으로 규소의 원자 수로 바꾸면 된다.

$$5.68\ \cancel{\text{mg Si}} \times \frac{1\ \text{g Si}}{1000\ \cancel{\text{mg Si}}} = 5.68 \times 10^{-3}\ \text{g Si}$$

$$5.68 \times 10^{-3}\ \cancel{\text{g Si}} \times \frac{1\ \text{mol Si}}{28.09\ \cancel{\text{g Si}}} = 2.02 \times 10^{-4}\ \text{mol Si}$$

$$2.02 \times 10^{-4}\ \cancel{\text{mol Si}} \times \frac{6.022 \times 10^{23}\ \text{원자}}{1\ \cancel{\text{mol Si}}} = 1.22 \times 10^{20}\ \text{원자}$$

단위에 주의하고 답에 대한 타당성을 검증하면 계산기에 잘못된 숫자를 입력하거나 변환인자를 잘못 사용하는 등의 실수를 찾아낼 수 있다.

당신의 답이 타당한지 항상 확인하라.

사실성 검산 규소 5.68 mg은 확실히 1 mol (28.09 g)보다 적음에 주목하라. 따라서 구한 답 1.22×10^{20}개의 원자는 타당하다.

연습 문제 3.49 참조

대화형 예제 3.5 몰 수와 질량의 계산

코발트(Co)는 부식에 대한 저항성을 증가시키기 위해 강철에 첨가되는 금속이다. 코발트 원자 5.00×10^{20}개가 들어 있는 시료에서 코발트의 몰 수와 시료의 질량을 계산하라.

풀이 **목표는 무엇인가?**

Co 시료의 몰 수와 질량 계산하기

알고 있는 것은?

› 시료에 5.00×10^{20}개의 Co 원자가 포함되어 있다.

어떻게 해결할 것인가?

Russ Lappa/Science Source

▲ 코발트 금속의 조각들.

5.00×10^{20}개의 원자는 1 mol (6.022×10^{23} 원자)보다 적다는 것에 주목하라. 몰 수는 다음과 같이 결정된다.

$$5.00 \times 10^{20}\ \cancel{\text{원자 Co}} \times \frac{1\ \text{mol Co}}{6.022 \times 10^{23}\ \cancel{\text{원자 Co}}} = 8.30 \times 10^{-4}\ \text{mol Co}$$

코발트 1 mol의 질량은 58.93 g이므로, 5.00×10^{20} 원자의 질량은 아래와 같이 결정된다.

$$8.30 \times 10^{-4}\ \cancel{\text{mol Co}} \times \frac{58.93\ \text{g Co}}{1\ \cancel{\text{mol Co}}} = 4.89 \times 10^{-2}\ \text{g Co}$$

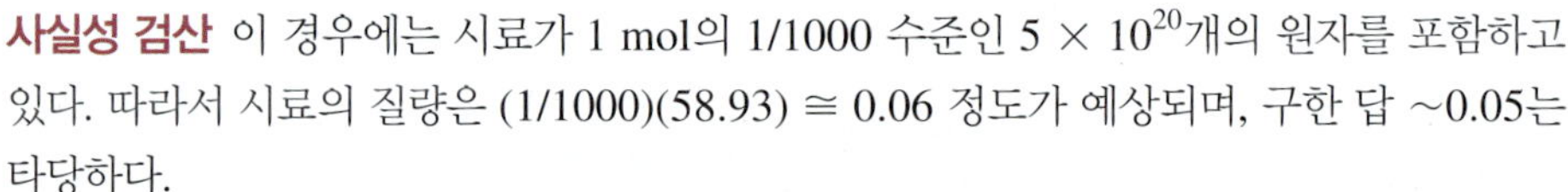

사실성 검산 이 경우에는 시료가 1 mol의 1/1000 수준인 5×10^{20}개의 원자를 포함하고 있다. 따라서 시료의 질량은 (1/1000)(58.93) ≅ 0.06 정도가 예상되며, 구한 답 ~0.05는 타당하다.

연습 문제 3.50 참조

3.4 몰질량

화합물은 결국 원자들의 집합체이다. 예를 들면, 천연 가스의 주성분인 메테인(methane)은 탄소 원자 하나와 수소 원자 네 개가 합쳐진 분자(CH_4)들로 되어 있다. 메테인 1 mol의 질량을 어떻게 계산할 수 있는지, 즉 6.022×10^{23}개의 CH_4 분자 질량이 얼마인지 생각해 보라. 하나의 CH_4 분자에는 하나의 탄소 원자와 네 개의 수소 원자가 들어 있으므로 1 mol의 질량은 들어 있는 탄소와 4몰의 수소의 질량을 합하면 얻어진다.

$$\text{C 1 mol의 질량} = 12.01\ \text{g}$$
$$\text{H 4 mol의 질량} = \underline{4 \times 1.008\ \text{g}}$$
$$\text{CH}_4\ \text{1 mol의 질량} = 16.04\ \text{g}$$

이 경우에, 12.01이 유효 숫자의 수를 제한하는 것에 주목하라.

물질의 몰질량은 그램으로 표시한 그 물질 1 mol의 질량이다.

16.04 g이 메테인 분자 1 mol의 질량을 나타내므로, 이것을 메테인의 *몰질량(molar mass)*이라고 부른다. 따라서 어떤 물질의 **몰질량**(molar mass)은 *그 화합물 1 mol의 질량을 그램으로 표시한 것과* 같다. 전통적으로 *분자량(molecular weight)*이라는 말로 이 양을 표시하였다. 그러나 이 책에서는 몰질량이라는 말을 사용하기로 한다. 어떤 물질의 몰질량은 메테인에서 그랬던 것처럼 구성 원자의 질량을 더해서 얻는다.

메테인은 그 구성 성분이 분자인 분자 화합물이다. 많은 물질들은 간단한 이온이나 다원자 이온을 포함하고 있는 이온성이다. Na^+와 Cl^-를 포함하고 있는 NaCl이나 Ca^{2+}와 CO_3^{2-}를 포함하고 있는 $CaCO_3$가 그 예이다. 이온 화합물은 분자를 포함하지 않으므로 이 물질의 기본 단위에 대한 특별한 이름이 필요하다. 분자 대신 *화학식 단위(formula unit)*라는 이름을 사용한다. 따라서 $CaCO_3$는 탄산 칼슘의 화학식 단위이며, NaCl은 염화 소듐의 화학식 단위이다. 분자 화합물에 분자식을 사용하는 것과 같은 방식으로 이온 화합물의 몰질량을 결정하기 위해 화학식 단위를 사용한다.

대화형 예제 3.6 몰질량 계산 I

저글론(juglone)은 수 세기 동안 알려진 염료로서, 흑호두 껍질에서 만든다. 저글론은 천연 제초제로 흑호두 나무 주위의 경쟁적인 식물은 죽이지만, 흑호두 나무와 경쟁이 되지 않는 식물이나 목초에는 영향을 미치지 않는다. 저글론의 화학식은 $C_{10}H_6O_3$이다.

a. 저글론의 몰질량을 계산하라.

b. 검은 호두 껍질로부터 1.56×10^{-2} g의 순수한 저글론을 추출해 내었다. 이것은 몇 mol에 해당하는가?

풀이

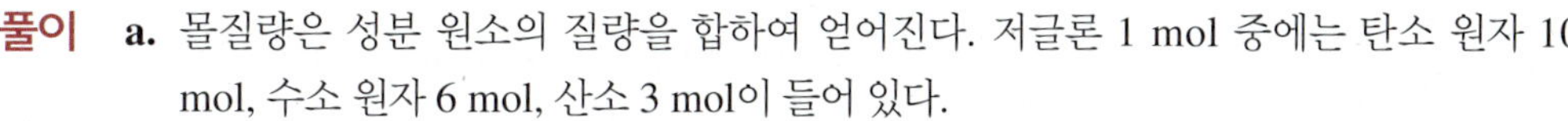

a. 몰질량은 성분 원소의 질량을 합하여 얻어진다. 저글론 1 mol 중에는 탄소 원자 10 mol, 수소 원자 6 mol, 산소 3 mol이 들어 있다.

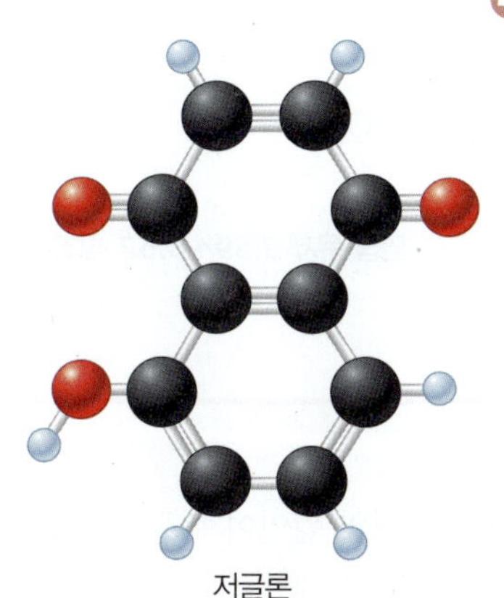

저글론

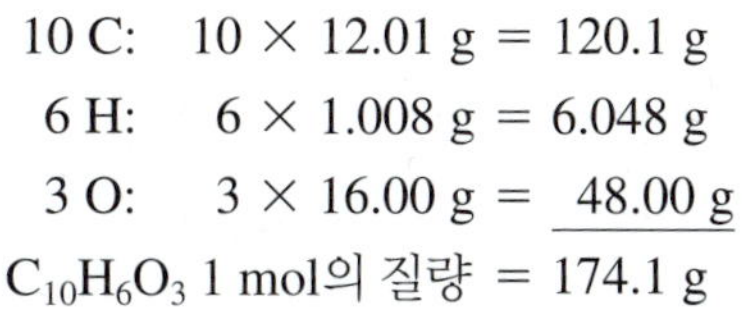

$$
\begin{aligned}
10\ \text{C:}\quad & 10 \times 12.01\ \text{g} = 120.1\ \text{g} \\
6\ \text{H:}\quad & 6 \times 1.008\ \text{g} = 6.048\ \text{g} \\
3\ \text{O:}\quad & 3 \times 16.00\ \text{g} = \underline{48.00\ \text{g}} \\
C_{10}H_6O_3\ 1\ \text{mol의 질량} & = 174.1\ \text{g}
\end{aligned}
$$

저글론 1 mol의 질량은 174.1 g인데, 이것이 바로 저글론 몰질량이다.

b. 이 화합물 1 mol의 질량은 174.1 g이다. 따라서 1.56×10^{-2} g은 1 mol보다 훨씬 적다. 정확한 몰 수는 다음과 같다.

$$1.56 \times 10^{-2}\ \cancel{\text{g 저글론}} \times \frac{1\ \text{mol 저글론}}{174.1\ \cancel{\text{g 저글론}}} = 8.96 \times 10^{-5}\ \text{mol 저글론}$$

연습 문제 3.53~3.58 참조

대화형 예제 3.7 몰질량 계산 II

방해석(calcite)이라 부르는 탄산 칼슘($CaCO_3$)은 석회석, 구슬, 백묵, 진주, 조개와 같은 해산물의 껍질에서 발견되는 주요한 광물이다.

a. 탄산 칼슘의 몰질량을 계산하라.

b. 탄산 칼슘 시료 4.86 mol이 있다. 이 시료의 질량은 그램 단위로 얼마인가? 시료에 들어있는 CO_3^{2-} 이온의 질량은 얼마인가?

풀이

a. 탄산 칼슘은 Ca^{2+}과 CO_3^{2-} 이온으로 되어 있는 이온 결합 화합물이다. 탄산 칼슘 1 mol에는 Ca^{2+} 이온이 1 mol, CO_3^{2-} 이온이 1 mol 들어 있다. 몰질량은 각 성분 질량을 합하면 얻어진다.

$$
\begin{aligned}
1\ Ca^{2+}\text{:}\quad & 1 \times 40.08\ \text{g} = 40.08\ \text{g} \\
1\ CO_3^{2-}\text{:}\quad & \\
1\ \text{C:}\quad & 1 \times 12.01\ \text{g} = 12.01\ \text{g} \\
3\ \text{O:}\quad & 3 \times 16.00\ \text{g} = \underline{48.00\ \text{g}} \\
CaCO_3\ 1\ \text{mol의 질량} & = 100.09\ \text{g}
\end{aligned}
$$

▲
방해석($CaCO_3$) 결정.

따라서 $CaCO_3$ 1 mol (Ca^{2+} 1 mol + CO_3^{2-} 1 mol)의 질량은 100.09 g이다. 이것이 바로 탄산 칼슘의 몰질량이다.

b. $CaCO_3$ 1 mol의 질량은 100.09 g이다. 시료에는 거의 5 mol, 즉 500 g이 들어 있다. 정확한 양은 다음과 같다.

$$4.86\ \cancel{\text{mol CaCO}_3} \times \frac{100.09\ \text{g CaCO}_3}{1\ \cancel{\text{mol CaCO}_3}} = 486\ \text{g CaCO}_3$$

시료에 들어 있는 탄산 이온(CO_3^{2-})의 질량을 알려면 $CaCO_3$ 4.86 mol에는 Ca^{2+} 4.86 mol과 CO_3^{2-} 4.86 mol이 들어 있다는 것을 알아야만 한다. CO_3^{2-} 1 mol의 질량은 다음과 같다.

$$\begin{aligned} 1\ \text{C:} \quad 1 \times 12.01 &= 12.01\ \text{g} \\ 3\ \text{O:} \quad 3 \times 16.00 &= \underline{48.00\ \text{g}} \\ \text{CO}_3^{2-}\ 1\ \text{mol의 질량} &= 60.01\ \text{g} \end{aligned}$$

그러므로 CO_3^{2-} 4.86 mol의 질량은 다음과 같다.

$$4.86\ \cancel{\text{mol CO}_3^{2-}} \times \frac{60.01\ \text{g CO}_3^{2-}}{1\ \cancel{\text{mol CO}_3^{2-}}} = 292\ \text{g CO}_3^{2-}$$

연습 문제 3.59~3.62 참조

대화형 예제 3.8 몰질량과 분자 수

아세트산 아이소펜틸(isopentyl acetate, $C_7H_{14}O_2$)은 바나나 냄새의 원인이 되는 화합물이다. 왼쪽의 여백에 아세트산 아이소펜틸의 분자 모형을 나타내었다. 재미있는 사실은 벌이 쏠 때 이 화합물 1 μg (1×10^{-6} g)을 방출한다는 것이다. 이 냄새를 맡고 다른 벌도 합세하게 된다. 벌이 쏠 때 방출하는 아세트산 아이소펜틸은 몇 분자인가? 이 중에는 탄소 원자 몇 개가 들어 있는가?

풀이

목표는 무엇인가?

벌이 쏠 때 방출되는 아세트산 아이소펜틸의 분자 수와 탄소 원자 수 계산하기

▲
벌이 쏠 때 아세트산 아이소펜틸이 분비된다.

알고 있는 것은?

› 벌이 쏠 때 방출되는 아세트산 아이소펜틸의 질량은 1 μg = 1×10^{-6} g이다.

어떻게 해결할 것인가?

아세트산 아이소펜틸의 질량이 주어져 있고 분자 수를 알아야 하기 때문에 우선 $C_7H_{14}O_2$의 몰질량을 계산해야 한다.

$$\begin{aligned} 7\ \cancel{\text{mol}}\ \text{C} \times 12.01 \frac{\text{g}}{\cancel{\text{mol}}} &= 84.07\ \text{g C} \\ 14\ \cancel{\text{mol}}\ \text{H} \times 1.008 \frac{\text{g}}{\cancel{\text{mol}}} &= 14.11\ \text{g H} \\ 2\ \cancel{\text{mol}}\ \text{O} \times 16.00 \frac{\text{g}}{\cancel{\text{mol}}} &= \underline{32.00\ \text{g O}} \\ &\quad 130.18\ \text{g} \end{aligned}$$

이것은 아세트산 아이소펜틸 1 mol (6.022×10^{23} 분자)의 질량이 130.18 g임을 뜻한다.

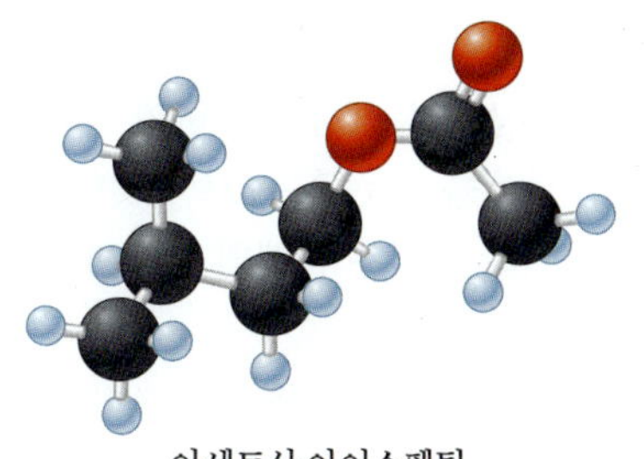

아세트산 아이소펜틸

탄소

산소

수소

각 계산에서 올바른 유효 숫자를 표시하기 위하여 각 단계마다 반올림을 하였다. 학생들은 중간에 반올림을 하지 말고, 항상 마지막 단계에서 반올림을 하라.

벌이 한 번 쏠 때 내놓는 아세트산 아이소펜틸 분자 수를 알려면, 우선 1×10^{-6} g 중에 들어 있는 아세트산 아이소펜틸의 몰 수를 결정해야 한다.

$$1 \times 10^{-6}\ \text{g}\ \cancel{C_7H_{14}O_2} \times \frac{1\ \text{mol}\ C_7H_{14}O_2}{130.18\ \text{g}\ \cancel{C_7H_{14}O_2}} = 8 \times 10^{-9}\ \text{mol}\ C_7H_{14}O_2$$

1 mol은 6.022×10^{23}개이므로, 분자 수는 다음과 같이 계산된다.

$$8 \times 10^{-9}\ \cancel{\text{mol}\ C_7H_{14}O_2} \times \frac{6.022 \times 10^{23}\ \text{분자}}{1\ \cancel{\text{mol}\ C_7H_{14}O_2}} = 5 \times 10^{15}\ \text{분자}$$

탄소 원자 수를 결정하려면 아세트산 아이소펜틸 분자에 일곱 개의 탄소 원자가 들어 있으므로 7을 곱해야 한다.

$$5 \times 10^{15}\ \cancel{\text{분자}} \times \frac{7\ \text{탄소 원자}}{\cancel{\text{분자}}} = 4 \times 10^{16}\ \text{탄소 원자}$$

주의: 정확한 유효 숫자를 표시하기 위하여 각 단계마다 반올림을 하였다. 그러나 중간에 반올림하지 않으면 이 문제의 답은 3×10^{16}이 될 것이다.

연습 문제 3.63~3.72 참조

3.5 문제 풀이 학습

화학을 공부하는 이유 중의 하나는 문제를 푸는 능력을 배양하는 것이다. 복잡한 문제를 해결하는 능력이 있다는 것은 인생에서의 다양한 어려움에 잘 대처할 수 있는 재능이 있다는 것을 의미한다. 화학에서의 기초적인 개념에 대한 이해를 바탕으로 한, 유연하고 창조적인 방법으로 문제를 해결하는 방법을 알려주는 것이 이 책의 목표이다. 이런 과정을 **개념적 문제 풀이**(conceptual problem solving)라고 한다.

최종의 목표는 새로운 문제(즉, 전에 한 번도 보지 못한)를 여러분 스스로 풀 수 있는 능력을 갖추는 것이다. 이 책에서는 문제를 제시하고, 그 문제를 어떻게 생각해야 하는지를 설명하면서 풀이 과정을 알려준다. 이런 문제들의 답도 중요하지만, 답을 얻는 데 필요한 논리적인 과정이 더욱 중요하다고 할 수 있다. 처음에 이 책에서 풀이 과정을 알려준다 하더라도 수동적인 역할에 머물러서는 안 된다. 풀이 과정을 공부하는 동안, 전체 문제 풀이 과정에 대한 포괄적인 이해가 요구된다는 것이다. 토론 과정에 대한 이해 없이 답만 참고하는 것은 좋지 않다. 일반적으로 답은 몇 가지 질문을 포함하고 있다. 전체 과정 중 각 단계에 대해 확실히 이해하는 것이 매우 중요하다. 문제에 대한 이런 능동적인 접근은 화학 이외의 분야에서도 요구된다. 예를 들면, 다른 사람의 차에 동승하여 낯선 지역을 방문하는 광경을 상상해 보라. 단순히 그 사람이 여러분을 그 목적지에 안내하는 것이 목적이라면, 여러분은 목적지에 어떻게 다다르게 되었는지 별 관심을 기울이지 않게 되고(수동적), 나중에 여러분 혼자서 같은 장소에 가려고 해도 갈 수 없을지도 모른다. 그러나 그 장소에 가는 방법을 배우는 것이 목적인 경우에는 거리, 표지판, 그리고 좌·우회전 등에 관심(능동적)을 갖게 된다. 책에 제시된 풀이 과정은 이런 방법으로 이해되어야 한다.

문제에 대한 풀이 과정을 능동적으로 공부하는 것이 도움이 되지만, 어떤 경우에는 다른 도움 없이 여러 가지 문제에 대하여 어떻게 대처해야 하는지를 알아야 한다. 문제 풀이 과정에서 너무 많은 도움을 얻게 되면 효과적인 공부를 할 수 없다. 항상 다른 사람에 의하여 "움직여지면", 의미 있는 문제 해결 방법을 배울 수 없다. 결론적으로 말하면 당신 스스로 문제를 해결하는 방법을 배워야 한다는 것이다. 이 책은 초반부에서는 더 많은 도움을 제공하고, 뒤로 갈수록 점차 도움을 줄일 것이다.

▲
우편물과 같은 사물을 분류하고 정리하는 데 정리함이 사용된다.

문제에 접근하는 데 근본적으로 서로 다른 두 가지 방법이 있다. 첫 번째 방법은 외우는 방법이다. 이 방법을 정리함 방법이라 부른다. 이 방법에서는 먼저 문제를 분류하여, 정리함의 어느 장소에 보관할지를 결정하는 일이다. 즉, 몇 가지 단계를 외운 후, 새로 부딪히는 문제들을 정리함의 적당한 장소에 넣는 것이다. 이 방법의 어려운 점은 문제의 형태가 약간만 바뀌어도 새로운 보관 장소가 필요하다는 것이다.

운전할 때와의 유사점을 이용하여 설명해 보자. 집에서 편의점까지 차를 몰고 가는 방법을 외웠다고 가정해 보자. 편의점에서 다시 집으로 돌아갈 수 있는가? 꼭 그렇지만은 않다. 만일 "지금 당신이 편의점에 가기 위하여 북쪽을 향하고 있으면 당신의 집은 편의점의 남쪽에 있다"는 것과 같은 기초적인 원리를 이해하지 못하고 단순히 가는 길을 외운 경우에는, 당신은 길을 잃고 헤매게 될지도 모른다. 더 복잡한 예로 집에서 편의점까지 왕복하는 길과 집에서 도서관까지 왕복하는 길을 알고 있다고 가정해 보자. 도서관에서 집을 들리지 않고 직접 편의점에 갈 수 있는가? 도서관과 편의점 그리고 집의 서로 상대적인 위치에 대한 "큰 그림"을 이해하지 못하고 단순히 길을 외운 사람은 불가능할 것이다.

두 번째 접근 방법은 개념적인 문제 풀이이며, 여러분이 처한 상황에 대한 진정한 이해인 "큰 그림"을 얻을 수 있도록 도와준다. 이 문제 해결 접근법은 해결책을 문제 자체 안에서 찾는다. 이 방법에서는 문제를 새로운 것으로 가정하고 문제 자체가 제시하는 해결 방향대로 문제를 풀어가는 것이다. 다시 말하면 문제를 풀어가는 동안에 우리 스스로 몇 가지 근본적인 질문을 던지고, 알고 있는 기초 지식을 이용하여 질문에 대한 답을 구하는 것이다. 이 접근법을 배우려면 약간의 인내심이 필요하지만, 이렇게 문제를 해결하는 법을 배우면 일상생활이나 어떤 분야에서든 새로운 문제에 효과적으로 대응할 수 있는 능력을 갖추게 된다. 요약하면, 문제의 외형만을 참고하여 단순 암기식으로 문제를 풀기보다 문제의 근본적인 내용을 이해하고 답을 찾는 과정에서 문제가 스스로 제시하는 방법을 따르는 것이다.

앞서 다룬 문제들에서 보았듯이, 창의적인 문제 해결자가 되기 위하여 필요한 몇 가지 체계적인 원리들이 있다. 이전 문제에서 이미 사용했던 이 방법을 다시 복습하고 확장시켜 보자. 화학에 대한 공부가 진척될수록 문제는 더욱 복잡해지고, 이런 접근 방법이 더욱 요구될 것이다.

1. 문제를 읽고 최종 목표를 설정한다. 핵심 단어를 찾고, 어떤 경우에는 문제에 대한 그림을 그리는 등 주어진 자료들을 분석한다. 이런 분석을 통하여 문제를 가능한 간단히 그리고 시각적으로 표현한다. 이 과정을 요약하여 "**목표는 무엇인가?**"라고 한다.
2. 최종 목표에 도달하기 위하여 어디서 시작해야 하는지를 결정해야 한다. 예를 들면 화학량론에 관한 문제의 출발점은 항상 화학 반응식이다. 다음에는 "반응물과 생성물은 어느 것인가?" "균형 맞춘 반응식은 무엇인가?" "반응물의 양은 얼마인가?" 등등의 몇 가지 질문을 해본다. 화학에 대한 기본 이론을 이해하면 이런 질문에 대한 답을 구할 수 있으며, 최종적으로 요구되는 답을 얻을 수 있다. 이 과정을 요약하여 "**어떻게 해결할 것인가?**"라 한다.
3. 문제에 대한 답을 얻으면 "답이 타당한가?"에 대한 검토를 한다. 이 과정을 **사실성 검산**이라 한다. 답을 검토하는 것은 매우 중요하다.

문제 풀이 과정에서 개념적인 접근을 하게 되면 문제 풀이에 대한 실제적인 자신감을 키울 수 있다. 과거에 풀어본 유형과 다른 문제를 접할 때 결코 당황하지 않게 된다. 이 방법을 배울 때 때로는 좌절하게 될지도 모르지만 이런 경험이 나중에 큰 보상을 하게 될 것이며, 여러분이 미래에 어떤 직업을 갖더라도 화학에서의 경험이 긍정적으로 작용하게 될 것이다.

이 책을 공부하는 가장 중요한 목표 중의 하나는 여러분이 창의적인 문제 해결자가 되도록 돕는 것이다. 이를 위하여 처음에는 어떻게 문제를 푸는지에 대한 다양한 방법을 소

화학의 선구자

Jennifer Doudna

Jennifer Doudna는 1964년 워싱턴 D.C.에서 태어났다. 그러나 그녀는 어린 시절의 대부분을 하와이의 힐로(Hilo)에서 보냈다. 그녀는 1985년 California Pomona 대학에서 화학 학위를 받았고 Havard 대학교에서 대학원 공부를 했다. 그녀는 현재 California Berkeley 대학교의 교수로 재직 중이다.

Doudna는 연구 초기에 RNA의 구조와 촉매 활동과의 관계에 집중했다. 그녀는 특히 박테리아가 바이러스 감염과 싸우기 위해 면역 체계를 어떻게 적응시키는지를 연구하는 데 관심이 많았다. 경력이 발전하면서, 그녀는 프랑스의 미생물 학자 Emmanuelle Charpentier와 협력하여 규칙적으로 반복되는 유전자를 간단하게 잘라내거나 추가할 수 있는 분자 가위를 발견했다. Doudna의 연구는 이 기술이 유전자 편집에 사용될 수 있음을 밝혀냈다. Jennifer Doudna가 개척한 CRISPR 기술은 겸상 적혈구 질환 및 헌팅턴 병을 포함하여 약 7000가지 질병을 치료하거나 예방할 수 있는 잠재력을 가지고 있다. 과학자 팀들은 또한 코로나 바이러스와의 싸움에서 중요했던 새로운 mRNA 백신을 만드는 것을 돕기 위해 이 기술을 사용했다. 2020년 Jennifer Doudna와 Emmanuelle Charpentier는 노벨 화학상을 수상한 최초의 여성 팀이었다.

개할 것이다. 우리는 "운전"을 해 주겠지만, 여러분이 단순히 "타고 가는 것"에 그치지 않고 주의 깊게 참여하기 바란다. 앞으로 나아가면서 점차 더 많은 책임감을 여러분에게 부여할 것이다. 문제 스스로 길잡이가 되는 것에 자신감을 가지게 되면, 일상생활에서 부딪히게 되는 정말 복잡한 문제들도 얼마나 효과적으로 해결할 수 있는지 스스로 놀라게 될 것이다.

3.6 화합물의 조성 백분율

화합물의 조성을 나타내는 방법에는 두 가지가 있다. 구성 원자의 수로 나타내는 방법과 원소의 백분율(질량)로 나타내는 방법이다. 화합물 1 mol의 총 질량과 1 mol의 화합물에 들어 있는 성분 원소의 질량을 비교하여 화학식에서의 각 원소의 질량 백분율을 얻을 수 있다.

예를 들면, 화학식 C_2H_5OH인 에탄올에 존재하는 각 원소의 질량과 분자량은 다음과 같이 얻을 수 있다.

$$\text{C 질량} = 2\ \cancel{\text{mol}} \times 12.01\frac{\text{g}}{\cancel{\text{mol}}} = 24.02\text{ g}$$

$$\text{H 질량} = 6\ \cancel{\text{mol}} \times 1.008\frac{\text{g}}{\cancel{\text{mol}}} = 6.048\text{ g}$$

$$\text{O 질량} = 1\ \cancel{\text{mol}} \times 16.00\frac{\text{g}}{\cancel{\text{mol}}} = \underline{16.00\text{ g}}$$

$$C_2H_5OH\text{ 1 mol의 질량} = 46.07\text{ g}$$

에탄올 중에 존재하는 탄소의 **질량 백분율**[mass percent, *무게 백분율*(*weight percent*)이라고도 함]은 에탄올 1 mol의 질량에 대한 에탄올 1 mol에 들어 있는 탄소의 질량비에 100을 곱하면 얻을 수 있다.

$$\text{C의 질량 백분율} = \frac{\text{1 mol } C_2H_5OH \text{ 중의 H 질량}}{C_2H_5OH\text{ 1 mol의 질량}} \times 100\%$$

$$= \frac{24.02\text{ g}}{46.07\text{ g}} \times 100\% = 52.14\%$$

에탄올에 들어 있는 수소와 산소의 질량 백분율도 비슷하게 얻을 수 있다.

$$\text{H의 질량 백분율} = \frac{1\ \text{mol}\ C_2H_5OH\ \text{중의 H 질량}}{C_2H_5OH\ 1\ \text{mol의 질량}} \times 100\%$$

$$= \frac{6.048\ \text{g}}{46.07\ \text{g}} \times 100\% = 13.13\%$$

$$\text{O의 질량 백분율} = \frac{1\ \text{mol}\ C_2H_5OH\ \text{중의 O 질량}}{C_2H_5OH\ 1\ \text{mol의 질량}} \times 100\%$$

$$= \frac{16.00\ \text{g}}{46.07\ \text{g}} \times 100\% = 34.73\%$$

사실성 검산 질량 백분율의 합은 100.00%임을 주목하라. 이것이 바로 계산 결과를 확인하는 방법이다.

대화형 예제 3.9 질량 백분율 계산

카본(carvone)은 원자의 배열은 다르지만 같은 분자식($C_{10}H_{14}O$)을 갖는 두 가지 형태로 존재하는 물질이다. 하나는 애기회향 씨앗(caraway seed)에서 나는 냄새의 원인이 되고, 다른 하나는 박하유 냄새의 원인이 된다. 카본에 들어있는 각 원소의 질량 백분율을 계산하라.

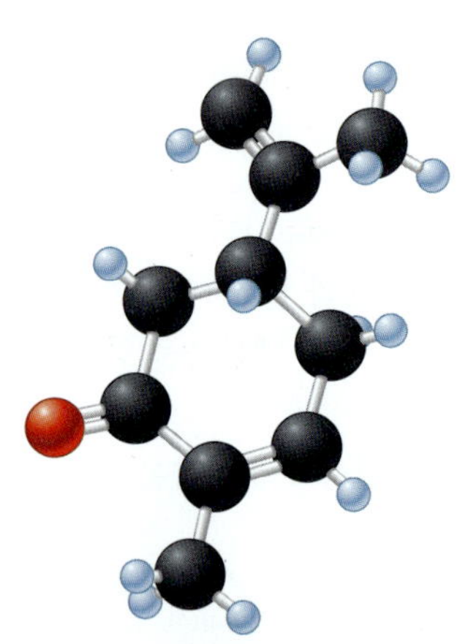

카본(carvone).

풀이

목표는 무엇인가?

카본(carvone)에 포함된 각 원소의 질량 백분율 구하기

알고 있는 것은?

- 분자식은 $C_{10}H_{14}O$

질량 백분율을 구하기 위하여 필요한 정보는?

- 각 원소의 질량(카본 1 mol을 사용한다)
- 카본(carvone)의 몰질량

어떻게 해결할 것인가 ?

1 mol의 $C_{10}H_{14}O$에 포함된 각 원소의 질량은?

$$1\ \text{mol 중 C의 질량} = 10\ \cancel{\text{mol}} \times 12.01\frac{\text{g}}{\cancel{\text{mol}}} = 120.1\ \text{g}$$

$$1\ \text{mol 중 H의 질량} = 14\ \cancel{\text{mol}} \times 1.008\frac{\text{g}}{\cancel{\text{mol}}} = 14.11\ \text{g}$$

$$1\ \text{mol 중 O의 질량} = 1\ \cancel{\text{mol}} \times 16.00\frac{\text{g}}{\cancel{\text{mol}}} = 16.00\ \text{g}$$

$C_{10}H_{14}O$의 몰질량은?

$$\begin{array}{ccccccc} 120.1\ \text{g} & + & 14.11\ \text{g} & + & 16.00\ \text{g} & = & 150.2\ \text{g} \\ C_{10} & + & H_{14} & + & O & = & C_{10}H_{14}O \end{array}$$

각 원소의 질량 백분율은?

각 원소의 총 질량에 대한 분율을 구하고 그것을 백분율로 계산한다.

■ $$\text{C의 질량 백분율} = \frac{120.1\ \text{g C}}{150.2\ \text{g}\ C_{10}H_{14}O} \times 100\% = 79.96\%$$

- H의 질량 백분율 $= \dfrac{14.11\ \text{g H}}{150.2\ \text{g}\ C_{10}H_{14}O} \times 100\% = 9.394\%$
- O의 질량 백분율 $= \dfrac{16.00\ \text{g O}}{150.2\ \text{g}\ C_{10}H_{14}O} \times 100\% = 10.65\%$

사실성 검산 각 질량 백분율 값을 더하면 반올림할 수 있는 범위 내에서 100%가 되어야 한다. 이 경우 100.00%이다.

연습 문제 3.79와 3.80 참조

3.7 화합물의 화학식 결정

새로운 화합물을 만들었을 때, 우선 알고 싶은 것 중의 하나는 그 화합물의 화학식이다. 화학식은 시료의 무게를 달아 각 성분 원소로 분해하거나, 산소와 반응시켜 CO_2, H_2O, N_2와 같은 물질을 만들어 각각의 무게를 측정하여 결정한다. 이러한 분석을 할 수 있는 장치를 그림 3.5에 나타내었다. 이 분석 결과는 화합물에 들어 있는 각 원소의 질량을 결정하고, 각 원소의 질량 백분율을 결정하는 데 사용된다.

이제 이러한 지식들이 화학식의 계산에 어떻게 쓰이는지 알아보자. 탄소, 수소, 질소로 구성되어 있는 어떤 물질을 만들었다고 하자. 이 화합물 0.1156 g을 산소와 반응시켰더니 0.1638 g의 CO_2와 0.1676 g의 H_2O가 모아졌다. 화합물 시료 중의 탄소가 모두 CO_2로 바뀌었다고 가정하면, 0.1156 g의 시료 중에 들어 있던 탄소의 질량을 계산할 수 있다. 이를 위하여 CO_2에 들어 있는 탄소의 분율(질량)을 이용해야 한다. CO_2의 몰질량은 다음과 같다.

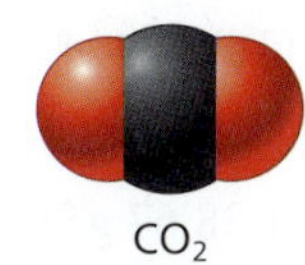

$$\text{C:}\quad 1\ \cancel{\text{mol}} \times 12.01\frac{\text{g}}{\cancel{\text{mol}}} = 12.01\ \text{g}$$

$$\text{O:}\quad 2\ \cancel{\text{mol}} \times 16.00\frac{\text{g}}{\cancel{\text{mol}}} = \underline{32.00\ \text{g}}$$

$$CO_2\text{의 몰질량} = 44.01\ \text{g/mol}$$

질량으로 나타낸 탄소 분율은

$$\frac{\text{C의 질량}}{CO_2\text{의 총 질량}} = \frac{12.01\ \text{g C}}{44.01\ \text{g}\ CO_2}$$

이 인자는 CO_2 0.1638 g 중에 들어 있는 탄소의 질량을 결정하는 데 사용된다.

$$0.1638\ \text{g}\ \cancel{CO_2} \times \frac{12.01\ \text{g C}}{44.01\ \text{g}\ \cancel{CO_2}} = 0.04470\ \text{g C}$$

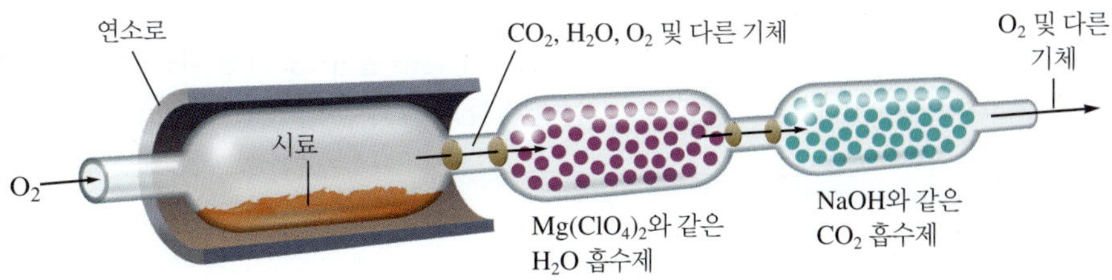

그림 3.5 탄소와 수소 분석에 사용되는 연소 장치. 시료를 과량의 산소하에서 연소시키면 시료 중의 탄소는 이산화 탄소로, 수소는 물로 변환된다. 두 생성물을 적절한 물질에 흡수시켜 모은 다음, 흡수제의 무게 증가를 측정하여 생성물의 양을 결정한다.

이 탄소는 원래 0.1156 g의 미지 시료에서 나온 것임을 기억하기 바란다. 따라서 이 화합물 중에 들어 있는 탄소의 질량 백분율은 다음과 같다.

$$\frac{0.04470 \text{ g C}}{\text{화합물 } 0.1156 \text{ g}} \times 100\% = 38.67\% \text{ C}$$

H_2O

똑같은 방법으로 위의 미지 시료 중에 들어 있는 수소의 질량 백분율을 구할 수 있다. 원래의 시료 0.1156 g 중에 있던 수소가 모두 H_2O로 변환되었다고 가정하자. H_2O의 몰질량이 18.02 g이므로 H_2O에 들어 있는 수소의 질량비는 다음과 같다.

$$\frac{\text{H의 질량}}{H_2O\text{의 총 질량}} = \frac{2.016 \text{ g H}}{18.02 \text{ g } H_2O}$$

따라서 0.1676 g H_2O 중 수소의 질량은 다음과 같다.

$$0.1676 \text{ g } \cancel{H_2O} \times \frac{2.016 \text{ g H}}{18.02 \text{ g } \cancel{H_2O}} = 0.01875 \text{ g H}$$

화합물에서 수소의 질량 백분율은 다음과 같다.

$$\frac{0.01875 \text{ g H}}{\text{화합물 } 0.1156 \text{ g}} \times 100\% = 16.22\% \text{ H}$$

미지 시료에는 탄소, 수소, 질소만 들어 있다. 지금까지 시료 중에 38.67%의 탄소와 16.22%의 수소가 들어 있다는 것을 결정했다. 따라서 나머지는 질소여야 한다.

$$100.00\% - (\underset{\%\text{ C}}{\underset{\uparrow}{38.67\%}} + \underset{\%\text{ H}}{\underset{\uparrow}{16.22\%}}) = 45.11\% \text{ N}$$

이렇게 하여 이 화합물에 탄소 38.67%, 수소 16.22%, 질소 45.11%가 들어 있다는 것을 결정하였다. 이제 이 결과를 이용하여 화학식을 얻어 보자.

어떤 화합물의 화학식은 그 화합물에 들어 있는 원자의 수를 나타내기 때문에, 원소 질량을 원자의 수로 바꾸어야 한다. 그렇게 하는 쉬운 방법은 화합물 100.00 g을 갖고 시작하는 것이다. 앞의 경우에서 38.67%의 탄소는 화합물 100.00 g당 38.67 g의 탄소를 의미하며, 16.22%의 수소는 16.22 g의 수소를 뜻한다. 화학식을 결정하려면 탄소 38.67 g에 포함된 탄소 원자 수와 수소 16.22 g에 포함된 수소 원자 수 및 질소 45.11 g에 포함된 질소 원자 수를 계산해야 한다.

$$38.67 \text{ g } \cancel{C} \times \frac{1 \text{ mol C}}{12.01 \text{ g } \cancel{C}} = 3.220 \text{ mol C}$$

$$16.22 \text{ g } \cancel{H} \times \frac{1 \text{ mol H}}{1.008 \text{ g } \cancel{H}} = 16.09 \text{ mol H}$$

$$45.11 \text{ g } \cancel{N} \times \frac{1 \text{ mol N}}{14.01 \text{ g } \cancel{N}} = 3.220 \text{ mol N}$$

따라서 이 화합물 100.00 g에는 탄소 원자 3.220 mol, 수소 원자 16.09 mol, 질소 원자 3.220 mol이 들어 있다.

위에서 얻은 몰 수 중 가장 적은 값인 3.220으로 각각을 나누면, 이 화합물 중에 들어 있는 원자들의 *최소 정수비*(*whole-number ratio*)를 구할 수 있다.

그림 3.6 실험식과 분자식이 다른 물질의 예. 분자식 = (실험식)$_n$이며, n은 정수임을 기억하라.

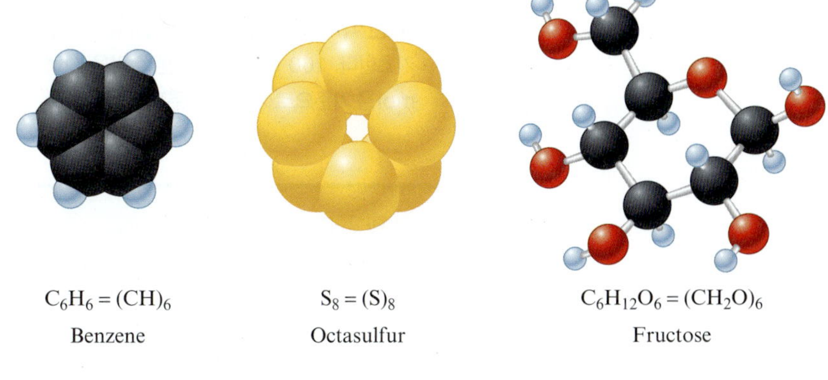

$$\text{C:}\quad \frac{3.220}{3.220} = 1.000 = 1$$

$$\text{H:}\quad \frac{16.09}{3.220} = 4.997 = 5$$

$$\text{N:}\quad \frac{3.220}{3.220} = 1.000 = 1$$

따라서 이 화합물의 화학식은 CH_5N으로 쓸 수 있다. 그러나 $C_2H_{10}N_2$ 또는 $C_3H_{15}N_3$ 등과 같이 최소 정수비의 일정 배수 또한 가능하다. 즉, $(CH_5N)_n$ (n = 정수)로 나타낼 수 있는 분자는 모두 **실험식**(empirical formula)이 CH_5N이다. 분자의 정확한 화학식, 즉 **분자식**(molecular formula)을 정하려면 몰질량을 알아야 한다.

분자식 = (실험식)$_n$, 여기서 n은 정수.

실험식이 CH_5N인 이 화합물의 몰질량이 31.06 g/mol이라 하자. 분자식을 어떻게 결정할 수 있을까? 분자식은 항상 실험식의 정수배이므로, 우선 CH_5N의 실험식 질량(실험식량)을 구해야 한다.

$$\begin{aligned} \text{1 C:}\quad 1 \times 12.01\ \text{g} &= 12.01\ \text{g} \\ \text{5 H:}\quad 5 \times 1.008\ \text{g} &= 5.040\ \text{g} \\ \text{1 N:}\quad 1 \times 14.01\ \text{g} &= \underline{14.01\ \text{g}} \\ CH_5N\text{의 화학식량} &= 31.06\ \text{g/mol} \end{aligned}$$

이 값은 화합물의 몰질량과 같다. 따라서 이 경우 실험식과 분자식은 동일하며, 문제의 물질은 그 화학식이 CH_5N인 분자들로 구성되어 있다. 실험식과 분자식이 다른 경우는 아주 흔하다. 몇 가지 예를 그림 3.6에 나타내었다.

문제 풀이 전략

실험식 구하는 방법

- 질량 백분율은 화합물 100 g당 각 원소의 그램 수를 의미하므로, 100 g을 기준으로 계산하라. 그러면 각 백분율은 그 원소의 그램 단위의 질량이 된다.
- 원소들의 원자 질량을 이용하여 화합물 100 g 안에 존재하는 각 원소의 몰 수를 결정하라.
- 각 몰 수를 가장 적은 몰 수로 나누어라. 만일 각 결과가 적당한 반올림을 한 후에 모두 정수라면, 이들 숫자가 실험식의 각 원소에 대한 첨자가 된다.
- 앞 단계에서 얻은 숫자가 정수가 아니라면, 전체 숫자가 정수가 되도록 각 숫자를 적당한 정수로 곱하라.

9.92나 1.08과 같이 정수에 매우 가까운 숫자는 정수로 반올림해야 한다. 2.25, 4.33 및 2.72와 같은 숫자는 정수로 반올림해서는 안 된다.

비판적 사고 실험식을 결정하는 문제를 해결하는 전략은 화합물 100 g을 기준으로 한 계산에 기초한다. 100 g이 아닌 다른 질량을 선택하면 어떻게 되는가? 답을 얻을 수 있는가? 화합물 100 mol을 기준으로 계산해도 문제를 해결할 수 있는가?

문제 풀이 전략

실험식으로부터 분자식 구하는 방법

- 실험식을 구하라.
- 실험식에 해당하는 질량을 구하라.
- 다음의 비를 구하라.

$$\frac{\text{몰질량}}{\text{실험식량}}$$

- 앞 단계에서 구한 정수는 한 분자 안에 들어 있는 실험식의 개수를 의미한다. 실험식의 첨자에 이 정수를 곱하면 분자식을 얻을 수 있다. 이 방법을 다음의 식에 나타내었다.

$$\text{분자식} = \text{실험식} \times \frac{\text{몰질량}}{\text{실험식량}}$$

대화형 예제 3.10 실험식과 분자식 결정 I

다음과 같이 질량 백분율이 주어진 화합물에 대하여 실험식과 분자식을 결정하라.

71.65% Cl 24.27% C 4.07% H

몰질량은 98.96 g/mol이다.

풀이

목표는 무엇인가?

주어진 화합물의 실험식과 분자식 구하기

알고 있는 것은?

- 각 원소의 백분율
- 화합물의 몰질량은 98.96 g/mol이다.

실험식을 구하기 위하여 필요한 정보는?

- 화합물 100.00 g에 포함된 각 원소의 질량
- 각 원소의 몰 수

어떻게 해결할 것인가?

화합물 100.00 g에 포함된 각 원소의 질량은?

Cl 71.65 g C 24.27 g H 4.07 g

화합물 100.00 g에 포함된 각 원소의 몰 수는?

$$71.65\ \text{g Cl} \times \frac{1\ \text{mol Cl}}{35.45\ \text{g Cl}} = 2.021\ \text{mol Cl}$$

$$24.27\ \text{g C} \times \frac{1\ \text{mol C}}{12.01\ \text{g C}} = 2.021\ \text{mol C}$$

$$4.07\ \text{g H} \times \frac{1\ \text{mol H}}{1.008\ \text{g H}} = 4.04\ \text{mol H}$$

화합물의 실험식은?

각 몰 값을 최소 몰 수인 2.021로 나누면, $ClCH_2$의 실험식을 얻는다.

화합물의 분자식은?

실험식과 몰질량을 비교해야 한다.

실험식량 = 49.48 g/mol (이것을 확인하라!)

주어진 몰질량 = 98.96 g/mol

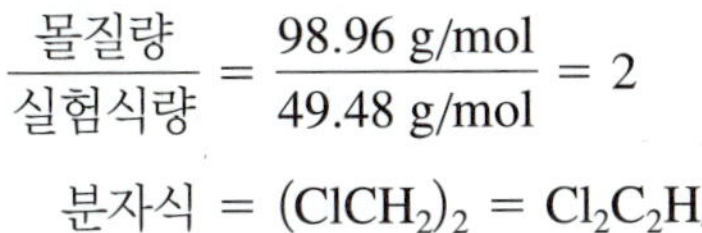

$$\frac{\text{몰질량}}{\text{실험식량}} = \frac{98.96\ \text{g/mol}}{49.48\ \text{g/mol}} = 2$$

$$\text{분자식} = (ClCH_2)_2 = Cl_2C_2H_4$$

■ 이 물질은 화학식이 $Cl_2C_2H_4$인 분자들로 구성되어 있다.

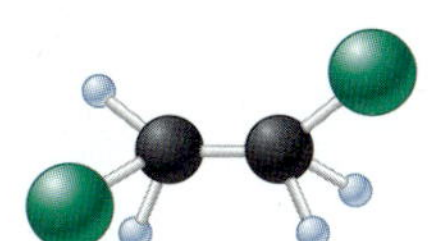

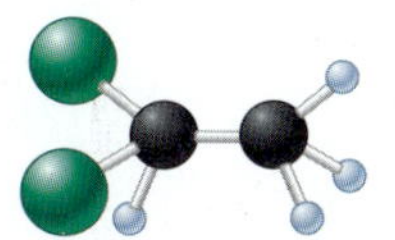

그림 3.7 다이클로로에테인의 두 가지 형태.

주의: 여기서 사용한 방법으로 화합물의 분자식은 결정할 수 있지만, 구조식은 결정할 수 없음을 주목하라. 화합물 $Cl_2C_2H_4$는 *다이클로로에테인(dichloroethane)*이라 하는데, 그림 3.7에 보이는 것처럼 두 형태가 있다. 그림에서 아래에 있는 것은 예전에 납을 첨가한 가솔린에 넣는 첨가제로 사용되었다.

연습 문제 3.97와 3.98 참조

대화형 예제 3.11 실험식과 분자식의 결정 II

어떤 흰 가루를 분석하였더니 질량비로 인 43.64%와 산소 56.36%가 들어 있었다. 화합물의 몰질량은 283.88 g/mol이다. 이 화합물의 실험식과 분자식은 무엇인가?

풀이 **목표는 무엇인가?**

주어진 화합물의 실험식과 분자식 구하기

알고 있는 것은?

- 각 원소의 백분율
- 화합물의 몰질량은 283.88 g/mol이다.

실험식을 구하기 위하여 필요한 정보는?

- 화합물 100.00 g에 포함된 각 원소의 질량
- 각 원소의 몰 수

어떻게 해결할 것인가?

화합물 100.00 g에 포함된 각 원소의 질량은?

P 43.64 g O 56.36 g

화합물 100.00 g에 포함된 각 원소의 몰 수는?

$$43.64\ \text{g P} \times \frac{1\ \text{mol P}}{30.97\ \text{g P}} = 1.409\ \text{mol P}$$

$$56.36\ \text{g O} \times \frac{1\ \text{mol O}}{16.00\ \text{g O}} = 3.523\ \text{mol O}$$

화합물의 실험식은?

각 몰 값을 최소 몰 수로 나눈다.

$$\frac{1.409}{1.409} = 1\ \text{P}\text{와} \quad \frac{3.523}{1.409} = 2.5\ \text{O}$$

따라서 화학식은 $PO_{2.5}$이다. 화합물에는 정수 개의 원자가 들어 있으므로, 실험식에서 정수만 사용되어야 한다. 가장 간단한 정수를 얻기 위하여 위의 식에 2를 곱하면 실험식 P_2O_5를 얻는다.

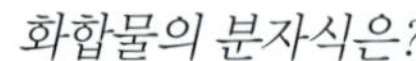

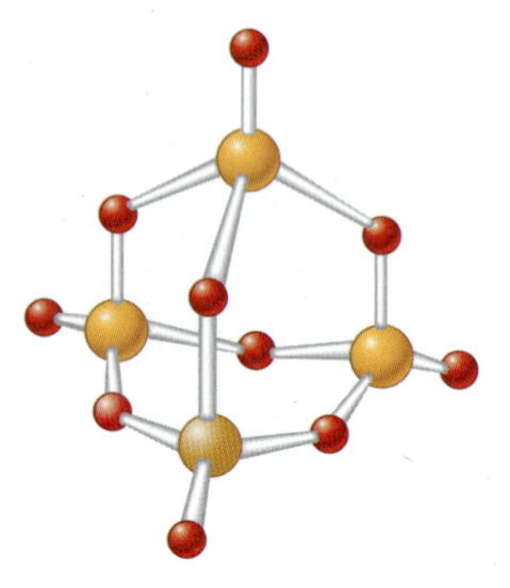

그림 3.8 P_4O_{10}의 구조. 산소 원자가 인 원자들 사이에서 다리 역할을 한다. 이 화합물은 물에 대한 친화도가 아주 커서 흔히 흡습제로 사용된다.

화합물의 분자식은?

실험식과 몰질량을 비교해야 한다.

실험식량 = 141.94 g/mol (이것을 확인하라!)

주어진 몰질량 = 283.88 g/mol

$$\frac{\text{몰질량}}{\text{실험식량}} = \frac{283.88}{141.94} = 2$$

■ 분자식은 $(P_2O_5)_2$, 즉 P_4O_{10}이다.

주의: 이 화합물의 구조식은 그림 3.8에 나타내었다.

연습 문제 3.99 참조

예제 3.10과 3.11에서 실험식량과 몰질량을 비교하여 분자식을 알아내었다. 분자식을 얻는 또 다른 방법이 있다. 예를 들면, 예제 3.10에서와 같이 화합물의 몰질량이 98.96 g/mol이라는 사실을 알았다고 하자. 이것은 1 mol의 질량이 98.96 g이라는 것을 의미한다. 각 원소의 질량 백분율을 알고 있으므로, 화합물 1 mol에 존재하는 각 원소의 질량을 구할 수 있다.

$$\text{염소:}\quad \frac{71.65\ \text{g Cl}}{100.0\ \text{g 화합물}} \times \frac{98.96\ \text{g}}{\text{mol}} = \frac{70.90\ \text{g Cl}}{\text{mol 화합물}}$$

$$\text{탄소:}\quad \frac{24.27\ \text{g C}}{100.0\ \text{g 화합물}} \times \frac{98.96\ \text{g}}{\text{mol}} = \frac{24.02\ \text{g C}}{\text{mol 화합물}}$$

$$\text{수소:}\quad \frac{4.07\ \text{g H}}{100.0\ \text{g 화합물}} \times \frac{98.96\ \text{g}}{\text{mol}} = \frac{4.03\ \text{g H}}{\text{mol 화합물}}$$

이제 화합물의 몰당 존재하는 원자들의 몰 수를 구하면 다음과 같다.

$$\text{염소:}\quad \frac{70.90\ \text{g Cl}}{\text{mol 화합물}} \times \frac{1\ \text{mol Cl}}{35.45\ \text{g Cl}} = \frac{2.000\ \text{mol Cl}}{\text{mol 화합물}}$$

$$\text{탄소:}\quad \frac{24.02\ \text{g C}}{\text{mol 화합물}} \times \frac{1\ \text{mol C}}{12.01\ \text{g C}} = \frac{2.000\ \text{mol C}}{\text{mol 화합물}}$$

$$\text{수소:}\quad \frac{4.03\ \text{g H}}{\text{mol 화합물}} \times \frac{1\ \text{mol H}}{1.008\ \text{g H}} = \frac{4.00\ \text{mol H}}{\text{mol 화합물}}$$

따라서 화합물 1 mol은 2 mol의 Cl 원자, 2 mol의 C 원자 및 4 mol의 H 원자를 포함하며, 결과적으로 예제 3.10에서와 같이 $Cl_2C_2H_4$가 된다.

> **문제 풀이 전략**
>
> **몰질량과 질량 백분율로부터 분자식 결정하기**
>
> » 질량 백분율과 몰질량을 이용하여, 화합물 1 mol에 존재하는 각 원소의 질량을 구하라.
>
> » 화합물 1 mol에 존재하는 각 원소의 몰 수를 구하라.
>
> » 앞 단계에서 구한 정수가 분자식의 아래첨자에 해당한다.

대화형 예제 3.12 분자식의 결정

커피나 차 또는 초콜릿의 자극 성분인 카페인은 질량으로 49.48%의 탄소, 5.15%의 수소, 28.87%의 질소, 16.49%의 산소를 포함하고 있으며, 몰질량은 194.2 g/mol이다. 카페인의 분자식을 구하라.

풀이

목표는 무엇인가?

카페인의 분자식 구하기

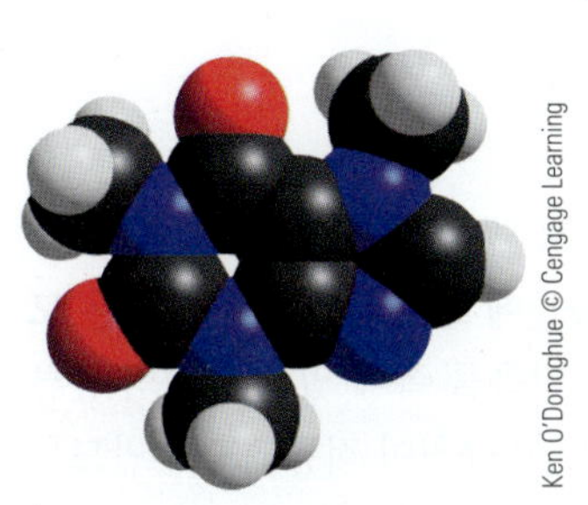

▲
컴퓨터로 만들어낸 카페인 분자.

Ken O'Donoghue © Cengage Learning

알고 있는 것은?

› 각 원소의 백분율

- › 49.48% C › 28.87% N
- › 5.15% H › 16.49% O

› 카페인의 몰질량은 194.2 g/mol이다.

분자식을 구하기 위하여 필요한 정보는?

› 카페인 1몰에 포함된 각 원소의 질량

› 카페인 1몰에 포함된 각 원소의 몰 수

어떻게 해결할 것인가?

카페인 1몰(194.2 g)에 포함된 각 원소의 질량은?

$$\frac{49.48 \text{ g C}}{100.0 \cancel{\text{g}} \text{ 카페인}} \times \frac{194.2 \cancel{\text{g}}}{\text{mol}} = \frac{96.09 \text{ g C}}{\text{mol 카페인}}$$

$$\frac{5.15 \text{ g H}}{100.0 \cancel{\text{g}} \text{ 카페인}} \times \frac{194.2 \cancel{\text{g}}}{\text{mol}} = \frac{10.0 \text{ g H}}{\text{mol 카페인}}$$

$$\frac{28.87 \text{ g N}}{100.0 \cancel{\text{g}} \text{ 카페인}} \times \frac{194.2 \cancel{\text{g}}}{\text{mol}} = \frac{56.07 \text{ g N}}{\text{mol 카페인}}$$

$$\frac{16.49 \text{ g O}}{100.0 \cancel{\text{g}} \text{ 카페인}} \times \frac{194.2 \cancel{\text{g}}}{\text{mol}} = \frac{32.02 \text{ g O}}{\text{mol 카페인}}$$

카페인 1몰(194.2 g/mol)에 포함된 각 원소의 몰 수는?

$$\text{탄소:} \quad \frac{96.09 \cancel{\text{g C}}}{\text{mol 카페인}} \times \frac{1 \text{ mol C}}{12.01 \cancel{\text{g C}}} = \frac{8.001 \text{ mol C}}{\text{mol 카페인}}$$

$$\text{수소:} \quad \frac{10.0 \cancel{\text{g H}}}{\text{mol 카페인}} \times \frac{1 \text{ mol H}}{1.008 \cancel{\text{g H}}} = \frac{9.92 \text{ mol H}}{\text{mol 카페인}}$$

$$\text{질소:}\quad \frac{56.07\ \cancel{\text{g N}}}{\text{mol 카페인}} \times \frac{1\ \text{mol N}}{14.01\ \cancel{\text{g N}}} = \frac{4.002\ \text{mol N}}{\text{mol 카페인}}$$

$$\text{산소:}\quad \frac{32.02\ \cancel{\text{g O}}}{\text{mol 카페인}} \times \frac{1\ \text{mol O}}{16.00\ \cancel{\text{g O}}} = \frac{2.001\ \text{mol O}}{\text{mol 카페인}}$$

■ 정수로 반올림하면 카페인의 분자식은 $C_8H_{10}N_4O_2$가 된다.

연습 문제 3.100 참조

3.8 화학 반응식

화학 반응

화학 변화가 일어나면 하나 이상의 물질에서 원자들이 재배치된다. 예를 들면, 천연 가스 중에 있는 메테인(CH_4)이 공기 중에서 타서 산소(O_2)와 결합하면 이산화 탄소(CO_2)와 물(H_2O)이 생긴다. 이 과정은 **반응물**(reactant, 메테인과 산소)은 화살표 왼쪽에, **생성물**(product, 이산화 탄소와 물)은 화살표 오른쪽에 표시한 **화학 반응식**(chemical equation)으로 나타낸다.

$$\underbrace{CH_4 + O_2}_{\text{반응물}} \longrightarrow \underbrace{CO_2 + H_2O}_{\text{생성물}}$$

여기서 원자들이 재배치되었음을 주목하라. *결합이 깨어지고 새 결합이 형성되었다. 화학 반응에 있어서 원자들이 생기거나 없어지지는 않는다.* **반응물에 포함된 모든 원자들은 모두 생성물 중에도 존재해야만 한다.** 즉, 화살표를 중심으로 반응물 쪽에 있는 원자의 종류와 수는 생성물 쪽에 있는 원자의 종류 및 수와 같아야 한다. 이 규칙이 적용되도록 만드는 것을 **화학식의 균형(계수) 맞추기**(balancing a chemical equation)라고 한다.

위에 나타낸 CH_4와 O_2 사이의 반응식은 위에서 균형이 맞추어져 있지 않다. 다음의 그림에서 그것을 알 수 있다.

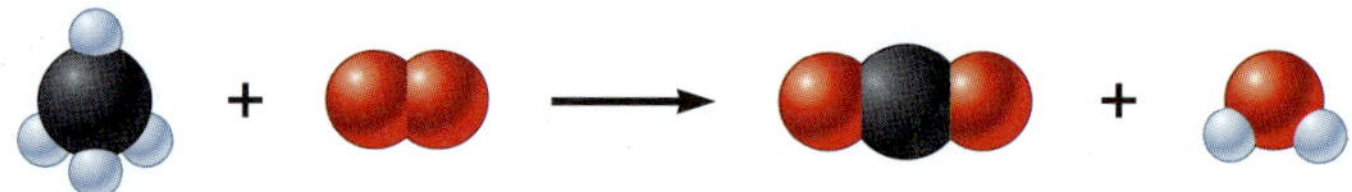

화살표 왼쪽에는 산소 원자(O_2에서)가 두 개이고, 오른쪽에는 세 개의 산소 원자(CO_2와 H_2O)가 있음을 주목하라. 수소는 왼쪽에 네 개(CH_4), 그리고 오른쪽에 두 개(H_2O)가 존재한다. 화학 반응은 원자들의 단순한 재배치(그들이 배열된 모양을 바꾸는 것)임을 기억하라. 원자는 화학 반응에서 생성되거나 소멸되지 않는다. 따라서 반응물과 생성물에 존재하는 각 원자들의 숫자는 동일하여야 한다. 간단한 시행착오를 거치면 메테인과 산소의 반응에 대하여 이 작업을 수행할 수 있다. 필요한 분자의 수는 다음과 같다.

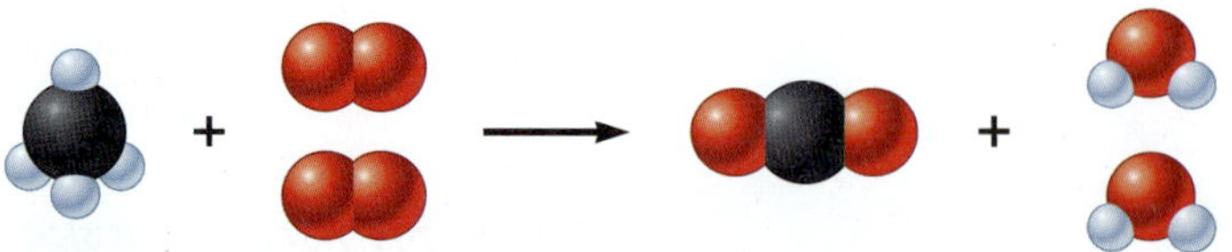

이제 반응물과 생성물에 표시된 모든 원자의 수가 동일하게 되었음을 주목하라.

앞의 예를 다음과 같은 화학 반응식으로 간단하게 나타낼 수 있다.

$$CH_4 + 2O_2 \longrightarrow CO_2 + 2H_2O$$

양쪽에서 각 원자의 수를 비교하면 반응식의 균형이 맞추어졌음을 알 수 있다.

$$\underset{\substack{1\,C \\ 4\,H}}{CH_4} + \underset{4\,O}{2O_2} \longrightarrow \underset{\substack{1\,C \\ 2\,O}}{CO_2} + \underset{\substack{4\,H \\ 2\,O}}{2H_2O}$$

이것을 요약하면 아래와 같다.

반응물	생성물
1 C	1 C
4 H	4 H
4 O	4 O

화학 반응식의 의미

화학 반응식은 반응물과 생성물의 성질, 그리고 각각의 상대적 개수 등과 같은 중요한 정보를 제공한다.

특정한 반응의 반응물과 생성물은 실험적으로 결정되어야 한다. 반응식은 반응에 관여된 화합물뿐만 아니라 그 *물리적 상태*(*physical state*)도 함께 나타낸다.

상태	기호
고체	(*s*)
액체	(*l*)
기체	(*g*)
물에 녹아 있음(수용액 상태)	(*aq*)

예를 들면, 수용액 상태의 염산을 고체 탄산 수소 소듐에 가할 때 이산화 탄소와 물 및 염화 소듐(물에 녹음)이 얻어지는 반응은 다음과 같은 반응식으로 나타낼 수 있다.

$$HCl(aq) + NaHCO_3(s) \longrightarrow CO_2(g) + H_2O(l) + NaCl(aq)$$

균형 맞춘 반응식에서 반응물과 생성물의 상대적 개수는 *계수*(*coefficient*)로 나타낸다(반응식 양쪽에 나타나는 원자의 종류와 그 수가 같아야 하므로 계수를 결정할 수 있다). 다음의 균형 맞춘 반응식을 생각해 보자.

$$CH_4(g) + 2O_2(g) \longrightarrow CO_2(g) + 2H_2O(g)$$

이 균형 맞춘 반응식은 표 3.2에서와 같이 여러 가지로 해석할 수 있다. 반응물과 생성물에서 총 질량은 모두 80 g임을 주목하라. 화학 반응식에서는 단지 원자의 재배치만 일어나므로 이것은 당연한 일이다. 화학 반응에서 원자와 질량은 보존된다.

이상의 논의에서 균형 맞춘 화학 반응식이 얼마나 많은 정보들을 알려주는지를 알 수 있을 것이다.

표 3.2 메테인 연소에 대한 균형 맞춘 반응식이 알려주는 것

반응물		생성물
$CH_4(g) + 2O_2(g)$	⟶	$CO_2(g) + 2H_2O(g)$
1분자 + 2분자	⟶	1분자 + 2분자
1 mol + 2 mol	⟶	1 mol + 2 mol
6.022×10^{23}개의 분자 + 2 (6.022×10^{23}개의 분자	⟶	6.022×10^{23}개의 분자 + 2 (6.022×10^{23}개의 분자)
16 g + 2 (32) g		44 g + 2 (18) g
반응물 80 g	⟶	생성물 80 g

3.9 화학 반응식의 균형 맞추기

균형을 맞추지 않은 반응식은 그 용도에 한계가 있다. 화학 반응식을 보면 항상 그 반응식이 균형이 맞추어진 반응식인지 아닌지를 생각해 보아야 한다. 균형을 맞추는 데 가장 중요한 원리는 화학 반응에서 원자가 보존된다는 것이다. 원자의 종류와 그 수는 반응물과 생성물에서 꼭 같아야 한다. 또한 반응물과 생성물의 종류는 실험으로 결정되어야 한다. 예를 들어, 충분한 산소 기체 존재 하에서 액체 에탄올을 태우면 생성물은 항상 이산화 탄소와 물이 된다. 이 반응에 대한 반응식의 균형을 맞출 때 반응물과 생성물의 *실체*(*identity*)를 바꾸어서는 안 된다. **화합물들의 화학식 역시 화학식의 균형을 맞출 때 절대 바꾸어서는 안 된다.** 즉, 화학식에 붙는 첨자를 바꾸어서는 안 되며, 화학식에 있는 원자를 더하거나 빼도 안 된다.

비판적 사고 여러분의 친구가 계수를 사용하지 않고 첨자를 바꾼다면 여러분은 어떻게 하겠는가? 그런 방법이 옳지 않다는 것을 친구에게 어떻게 설명하겠는가?

반응식의 균형을 맞출 때는 가장 복잡한 분자부터 시작하라.

대부분의 화학식은 시행착오적인 방법으로 균형을 맞출 수 있다. 그러나 가장 복잡한 분자(가장 많은 수의 원자를 포함하는)에서부터 시작하는 것이 항상 제일 좋다. 에탄올과 산소의 반응을 생각해 보자.

$$C_2H_5OH(l) + O_2(g) \longrightarrow CO_2(g) + H_2O(g)$$

이 반응을 분자 모형으로 나타내면 다음과 같다.

탄소와 수소 원자의 균형이 맞추어지지 않은 상태이다. 왼쪽에는 두 개의 탄소와 여섯 개의 수소가, 오른쪽에는 한 개의 탄소와 두 개의 수소가 있다. 정확한 반응물과 생성물의 개수를 알아내어 반응물과 생성물에 들어 있는 모든 원자들의 숫자를 동일하게 하여야 한다. 우리는 면밀한 "검사"(체계적인 시행착오 과정)를 통하여 반응식의 균형을 맞출 것이다.

여기에서 가장 복잡한 분자는 C_2H_5OH이다. C_2H_5OH에 있는 원자들이 포함된 생성물의 균형을 맞추는 것부터 시작한다. C_2H_5OH에 두 개의 탄소가 들어 있으므로, CO_2 앞에 2를 적어서 탄소의 개수를 맞춘다.

$$\underset{2\text{ C 원자}}{C_2H_5OH(l)} + O_2(g) \longrightarrow \underset{2\text{ C 원자}}{2CO_2(g)} + H_2O(g)$$

C_2H_5OH에 여섯 개의 수소 원자가 들어 있으므로, 수소 원자의 개수를 맞추기 위하여 H_2O 앞에 3을 쓴다.

$$\underset{(5+1)\text{ H}}{C_2H_5OH(l)} + O_2(g) \longrightarrow 2CO_2(g) + \underset{(3\times 2)\text{ H}}{3H_2O(g)}$$

마지막으로, 산소의 개수를 맞추면 된다. 위 식에서 오른쪽에는 일곱 개의 산소 원자가 있고 왼쪽에는 세 개의 산소 원자가 있다. 따라서 O_2 앞에 3을 적어 주면 산소의 개수를 맞출 수 있다.

$$\underbrace{\underset{1\text{ O}}{C_2H_5OH(l)} + \underset{6\text{ O}}{3O_2(g)}}_{7\text{ O}} \longrightarrow \underbrace{\underset{(2\times 2)\text{ O}}{2CO_2(g)} + \underset{3\text{ O}}{3H_2O(g)}}_{7\text{ O}}$$

이제 결과를 확인해 보자.

$$C_2H_5OH(l) + 3O_2(g) \longrightarrow 2CO_2(g) + 3H_2O(g)$$

C 원자 2개	C 원자 2개
H 원자 6개	H 원자 6개
O 원자 7개	O 원자 7개

따라서 위 식은 균형 맞춘 화학 반응식이다.

균형 맞춘 화학 반응식은 다음과 같이 나타낼 수 있다.

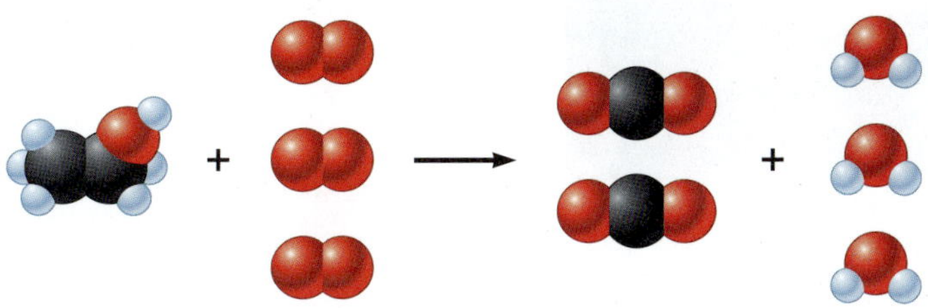

모든 원소의 균형이 맞추어져 있음을 볼 수 있다.

문제 풀이 전략

화학 반응식을 쓰고 균형을 맞추는 법

1. 어떤 반응이 일어나는지 정한다. 반응물과 생성물 및 각각의 물리적 상태를 결정한다.
2. 단계 1의 결과를 요약하는 *균형 맞추지 않은* 반응식을 적는다.
3. 가장 복잡한 분자(들)로부터 시작하여 반응식의 균형을 맞춘다. 반응물과 생성물에 포함된 원자의 종류 및 그 개수가 같도록 계수를 결정한다. 반응물 및 생성물의 화학식을 바꾸면 안 된다.

비판적 사고 화학 반응식의 균형을 맞추는 문제 풀이 전략의 하나는 가장 복잡한 분자로부터 시작하는 것이다. 다른 분자부터 맞추기 시작하면 어떻게 되겠는가? 결국에는 화학 반응식의 균형을 맞출 수 있겠는가? 제안된 방법과의 차이점은 무엇인가?

대화형 예제 3.13 화학 반응식의 균형 맞추기 I

크로뮴 화합물은 다양한 밝은 색을 낸다. 밝은 주황색인 고체 중크로뮴산 암모늄($(NH_4)_2Cr_2O_7$)에 불을 붙이면 다음 페이지에 있는 사진과 같은 화려한 반응이 일어난다. 실제 반응은 복잡하지만 여기서는 고체 산화 크로뮴(III), 질소 기체(N_2 분자로 되어 있음) 및 수증기가 생성물이라고 가정하자. 이 반응의 균형 맞춘 화학 반응식을 써라.

크로뮴산 화합물과 중크로뮴산 화합물은 발암성 물질(암을 유발하는 시약)이므로 매우 조심해서 다루어야 한다.

풀이

1. 문제로부터 반응물은 고체 $(NH_4)_2Cr_2O_7(s)$이고, 생성물은 $N_2(g)$, $H_2O(g)$, $Cr_2O_3(s)$임을 알 수 있다. 산화 크로뮴(III)의 화학식은 로마 숫자 III이 Cr^{3+}로 존재함을 표시하는 것을 알면 결정할 수 있다. 즉, 산화 이온은 O^{2-}이므로 화학식은 Cr_2O_3이어야 한다.
2. 균형을 맞추지 않은 반응식은 다음과 같다.

$$(NH_4)_2Cr_2O_7(s) \rightarrow Cr_2O_3(s) + N_2(g) + H_2O(g)$$

3. 질소와 크로뮴은 균형이 맞추어져 있지만(질소 원자와 크로뮴 원자 각각 두 개씩), 수소와 산소는 균형이 맞추어져 있지 않다. H_2O에 계수 4를 적으면 수소 원자의 균형을 맞출 수 있다.

Photos: Ken O'Donoghue © Cengage Learning

▲
중크로뮴산 암모늄의 분해.

$$(NH_4)_2Cr_2O_7(s) \rightarrow Cr_2O_3(s) + N_2(g) + 4H_2O(g)$$
$$(4 \times 2)\ H \qquad\qquad (4 \times 2)\ H$$

수소 원자의 개수를 맞추는 과정에서 산소 원자의 개수가 맞추어졌음을 주목하라. 즉, 반응물과 생성물에 각각 7개의 산소 원자가 있다.

사실성 검산

$$2\ N,\ 8\ H,\ 2\ Cr,\ 7\ O \rightarrow 2\ N,\ 8\ H,\ 2\ Cr,\ 7\ O$$

반응물의 원자　　　　반응물의 원자

반응식의 균형이 맞추어졌다.

연습 문제 3.107~3.110 참조

대화형 예제 3.14 화학 반응식의 균형 맞추기 II

1000°C에서 암모니아 기체 $NH_3(g)$는 산소 기체와 반응하여 산화 질소 기체, $NO(g)$와 수증기가 된다. 이 반응은 질산을 만드는 Ostwald 공정의 첫 단계이다. 이 반응식의 균형을 맞춰라.

풀이

1, 2. 반응의 균형을 맞추지 않은 반응식은 다음과 같다.

$$NH_3(g) + O_2(g) \rightarrow NO(g) + H_2O(g)$$

3. 이 반응식에 포함된 모든 분자들의 복잡성이 비슷하므로, 어느 분자부터 균형을 맞출지가 불확실하다. 균형을 맞추기 위하여 수소부터 시작해 보자. NH_3에 계수 2를 적고, H_2O에 계수 3을 적으면 양쪽에 수소 원자 여섯 개가 된다.

$$2NH_3(g) + O_2(g) \rightarrow NO(g) + 3H_2O(g)$$

질소의 개수는 NO에 계수 2를 적으면 된다.

$$2NH_3(g) + O_2(g) \rightarrow 2NO(g) + 3H_2O(g)$$

마지막으로, 산소에 대해서는 왼쪽에 두 개, 오른쪽에 다섯 개가 있으므로, O_2에 계수 $\frac{5}{2}$를 적으면 된다.

$$2NH_3(g) + \frac{5}{2}O_2(g) \rightarrow 2NO(g) + 3H_2O(g)$$

그러나 관례상 계수는 정수여야 하므로 식에 2를 곱해 준다.

$$4NH_3(g) + 5O_2(g) \rightarrow 4NO(g) + 6H_2O(g)$$

사실성 검산 양쪽에 모두 4 N, 12 H, 10 O가 있으므로 위의 식은 균형이 맞추어졌다.

이 반응식을 분자 모형을 이용하여 다음과 같이 나타낼 수 있다.

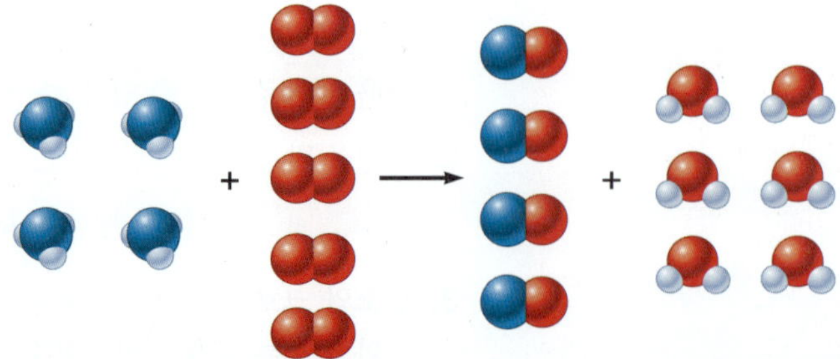

연습 문제 3.111~3.116 참조

3.10 화학량론 계산: 반응물과 생성물의 양

이 장의 앞 절에서 배운 것처럼, 화학 반응식의 계수는 분자의 질량이 아니라 *개수*(*number*)를 나타낸다. 그러나 실험실이나 공장에서 실제 반응을 시킬 때, 필요한 물질의 양을 분자 수로 직접 세어서 결정할 수는 없다. 분자의 수는 항상 무게를 달아서 결정한다. 이 절에서는 반응물의 *질량*(*mass*)을 다루는 데 화학 반응식을 어떻게 사용하는가를 다루겠다.

화학 반응식이 포함된 계산에서는 먼저 반응식의 균형이 맞추어졌는지를 확인하라.

반응의 화학량론을 취급하는 데 관계되는 원리들을 설명하기 위하여 프로페인이 산소와 반응하여 이산화 탄소와 물을 생성하는 반응을 생각해 보자. *프로페인*(*propane*) *96.1 g과 반응하는 산소의 질량은 얼마이겠는가?* 화학 반응에서 우선적으로 하여야 하는 것은 문제의 반응에 대한 *균형이 맞추어진 화학 반응식*을 적는 것이다. 이 경우의 균형 화학 반응식은 다음과 같다.

$$C_3H_8(g) + 5O_2(g) \longrightarrow 3CO_2(g) + 4H_2O(g)$$

분자 모형을 이용하여 다음과 같이 나타낼 수 있다.

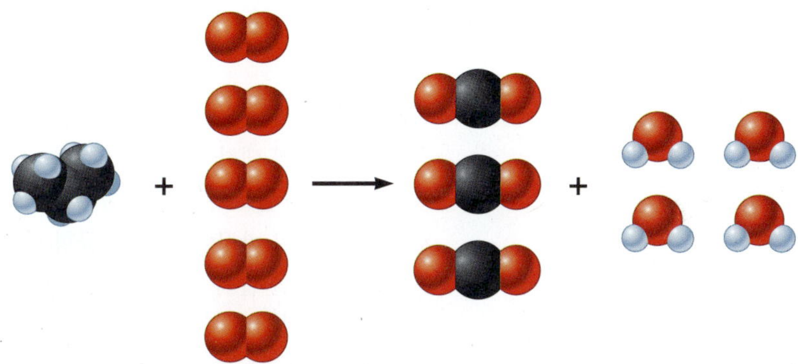

이 식은 C_3H_8 1 mol이 O_2 5 mol과 반응하여 CO_2 3 mol과 H_2O 4 mol이 되는 것을 의미한다. 반응물과 생성물의 질량을 구하는 데 위 화학 반응식을 이용하기 위하여 질량과 물 사이에 변환을 할 수 있어야 한다. 따라서 다음의 질문을 생각해 보자. *프로페인 96.1 g에는 몇 몰의 프로페인 분자가 들어 있는가?* 유효 숫자 세 자리까지 취한 프로페인의 몰질량은 44.1(즉, 3 × 12.01 + 8 × 1.008)이다. 따라서 프로페인의 몰 수는 다음과 같이 계산된다.

$$96.1\ \cancel{g\ C_3H_8} \times \frac{1\ \text{mol}\ C_3H_8}{44.1\ \cancel{g\ C_3H_8}} = 2.18\ \text{mol}\ C_3H_8$$

화학의 선구자

St. Elmo Brady(1818~1884)

St. Elmo Brady는 미국에서 화학 박사 학위를 받은 최초의 아프리카계 미국인이다. 그는 1916년 Illinois 대학교 Urbana-Champaign에서 박사 학위를 받았다. Brady는 특히 Tuskegee Institute, Howard 대학교 및 Tougaloo College를 포함한 역사적으로 흑인 대학에서 교육의 선두 주자가 되어 Howard와 Fisk의 화학 부서를 이끌었다. 그는 학부와 대학원 모두에서 뛰어난 교육자로 알려져 있었다. 그의 연구는 카복실산의 산성도에 대한 카보닐기의 영향을 명확히 분석하는 새로운 방법을 개발하는 데 기여했다.

Fisk University, John Hope and Aurelia E. Franklin Library, Special collections

이제 프로페인 1 mol이 산소 5 mol과 반응한다는 사실을 고려해야 한다. 이에 대한 가장 좋은 방법은 균형 맞춘 반응식을 써서 **몰비**(mole ratio)를 정하는 것이다. 답을 얻으려면 프로페인 몰 수를 산소 몰 수로 바꾸어야 한다. 균형 맞춘 반응식으로부터 C_3H_8 1 mol 당 O_2 5 mol이 필요함을 알 수 있으므로, 그 몰비는 다음과 같다.

$$\frac{5\text{ mol }O_2}{1\text{ mol }C_3H_8}$$

따라서 C_3H_8의 몰 수에 이 인자를 곱하면 필요한 O_2의 몰 수를 구할 수 있다.

$$2.18\ \cancel{\text{mol }C_3H_8} \times \frac{5\text{ mol }O_2}{1\ \cancel{\text{mol }C_3H_8}} = 10.9\text{ mol }O_2$$

C_3H_8의 몰 수가 상쇄되도록 몰비를 정했기 때문에 남는 단위는 O_2의 몰임을 주목하라.

원래 질문은 프로페인 96.1 g과 반응하는 데 필요한 산소의 질량에 관한 것이었으므로, O_2 10.9 mol을 *그램* 단위로 바꾸어야 한다. O_2의 몰질량이 32.0 g/mol이므로 산소의 질량은 다음과 같다.

$$10.9\ \cancel{\text{mol }O_2} \times \frac{32.0\text{ g }O_2}{1\ \cancel{\text{mol }O_2}} = 349\text{ g }O_2$$

따라서 프로페인 96.1 g을 연소시키는 데에는 349 g의 산소가 필요하다.

위의 반응에 대하여 또 다른 질문을 해보자. "*프로페인 96.1 g이 산소와 연소될 때 생성되는 이산화 탄소의 질량은 얼마인가?*" 이 문제를 풀기 위해서는 프로페인 몰 수를 이산화 탄소 몰 수로 바꾸어야 한다. 균형 맞춘 화학 반응식을 보면 C_3H_8 1 mol에 대하여 CO_2 3 mol 생성됨을 알 수 있다. 프로페인 몰 수를 이산화 탄소 몰 수로 바꾸는 데 필요한 몰비는 다음과 같다.

$$\frac{3\text{ mol }CO_2}{1\text{ mol }C_3H_8}$$

이것을 이용하여 생성물의 몰 수를 계산하면 다음과 같이 된다.

$$2.18\ \cancel{\text{mol }C_3H_8} \times \frac{3\text{ mol }CO_2}{1\ \cancel{\text{mol }C_3H_8}} = 6.54\text{ mol }CO_2$$

따라서 CO_2의 몰질량(44.0 g/mol)을 사용하면 생성된 CO_2 질량을 계산할 수 있다.

$$6.54\ \cancel{\text{mol }CO_2} \times \frac{44.0\text{ g }CO_2}{1\ \cancel{\text{mol }CO_2}} = 288\text{ g }CO_2$$

실험 11: 화학량론 2: 철(III)-페놀의 화학량론 반응

화학량론적 계산을 수행하는 일련의 단계를 다음과 같이 요약할 수 있다.

$$96.1\text{ g }C_3H_8 \xrightarrow{\frac{1\text{ mol }C_3H_8}{44.1\text{ g }C_3H_8}} 2.18\text{ mol }C_3H_8 \xrightarrow{\frac{3\text{ mol }CO_2}{1\text{ mol }C_3H_8}} 6.54\text{ mol }CO_2$$

$$\xrightarrow{\frac{44.0\text{ g }CO_2}{1\text{ mol }CO_2}} 288\text{ g }CO_2$$

비판적 사고 실험실의 동료는 당신이 실험실에서 화합물의 질량을 측정하지만 화학반응식의 균형을 맞출 때는 몰비를 사용하는 것을 보았다. 실험실 동료가 당신에게 "반응식에 질량을 사용하지 않는 이유가 무엇인가?"라는 질문을 했다. 실험실 동료가 질량을 사용하여 반응식의 균형을 맞추려고 한다면 어떻게 되겠는가? 가능한가? 혹은 불가능한가? 그 이유는 무엇인가?

문제 풀이 전략

화학 반응에서 반응물과 생성물의 질량을 계산하는 방법

1. 반응식의 균형을 맞춰라.
2. 반응물과 생성물의 질량을 몰 수로 바꿔라.
3. 균형 맞춘 반응식을 써서 필요한 몰비를 결정하라.
4. 몰비를 사용하여 원하는 반응물이나 생성물의 몰 수를 계산하라.
5. 필요하다면 몰 수를 다시 그램 수로 바꿔라.

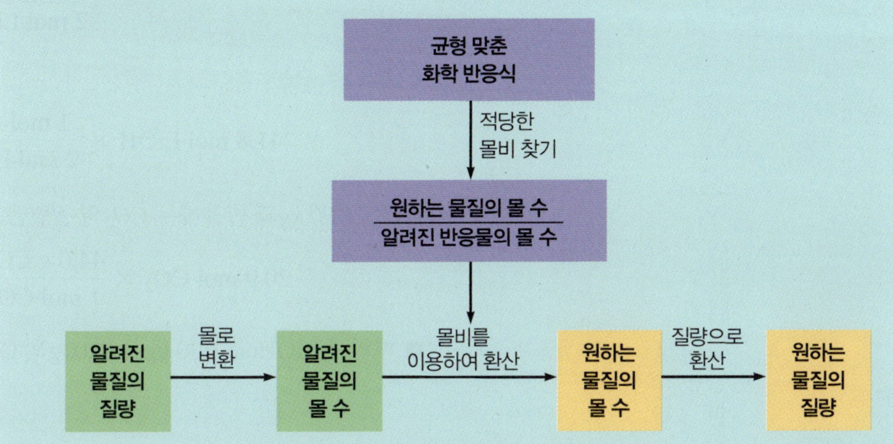

대화형 예제 3.15

화학량론 I

우주선에서 생명체가 내놓는 이산화 탄소를 제거하기 위해 사용되는 고체 수산화 리튬은 이산화 탄소와 반응하여 생성물로 고체 탄산 리튬과 물을 생성한다. 수산화 리튬 1.00 kg이 흡수할 수 있는 기체 이산화 탄소의 질량은 얼마인가?

풀이

목표는 무엇인가?

LiOH 1.00 kg에 흡수된 CO_2의 질량 계산

알고 있는 것은?

› 화학 반응식

$$LiOH(s) + CO_2(g) \longrightarrow Li_2CO_3(s) + H_2O(l)$$

› LiOH 1.00 kg

CO_2의 질량을 구하는 데 필요한 정보는?

› 균형 맞춘 화학 반응식

어떻게 해결할 것인가?

1. *균형 맞춘 반응식은?*

$$2LiOH(s) + CO_2(g) \rightarrow Li_2CO_3(s) + H_2O(l)$$

2. *LiOH의 몰 수는?*

LiOH의 몰 수를 계산하기 위하여 몰질량을 알아야 한다.

LiOH의 몰질량은?

$$6.941 + 16.00 + 1.008 = 23.95 \text{ g/mol}$$

몰질량을 이용하여 LiOH의 몰 수를 계산한다.

$$1.00 \text{ kg } \cancel{\text{LiOH}} \times \frac{1000 \text{ g } \cancel{\text{LiOH}}}{1 \text{ kg } \cancel{\text{LiOH}}} \times \frac{1 \text{ mol LiOH}}{23.95 \text{ g } \cancel{\text{LiOH}}} = 41.8 \text{ mol LiOH}$$

3. *균형 맞춘 반응식에서 CO_2와 LiOH 사이의 몰비는?*

$$\frac{1 \text{ mol } CO_2}{2 \text{ mol LiOH}}$$

4. *CO_2의 몰 수는?*

$$41.8 \text{ mol } \cancel{\text{LiOH}} \times \frac{1 \text{ mol } CO_2}{2 \text{ mol } \cancel{\text{LiOH}}} = 20.9 \text{ mol } CO_2$$

5. *LiOH 1.00 kg과 반응하는 CO_2의 질량은?*

$$20.9 \text{ mol } \cancel{CO_2} \times \frac{44.0 \text{ g } CO_2}{1 \text{ mol } \cancel{CO_2}} = 9.20 \times 10^2 \text{ g } CO_2$$

■ 따라서 LiOH(*s*) 1.00 kg은 920. g의 $CO_2(g)$를 흡수할 것이다.

연습 문제 3.117~3.120 참조

대화형 예제 3.16 화학량론 II

베이킹 소다($NaHCO_3$)는 흔히 제산제로 쓰인다. 위에서 분비되는 과량의 염산을 다음과 같이 중화시킨다.

$$NaHCO_3(s) + HCl(aq) \longrightarrow NaCl(aq) + H_2O(l) + CO_2(aq)$$

수산화 마그네슘의 현탁액인 마그네시아 또한 제산제로 쓰인다.

$$Mg(OH)_2(s) + 2HCl(aq) \longrightarrow 2H_2O(l) + MgCl_2(aq)$$

$NaHCO_3$와 $Mg(OH)_2$ 중 어느 것이 그램당 제산 효과가 더 크겠는가?

풀이

목표는 무엇인가?

$NaHCO_3$와 $Mg(OH)_2$ 각각 1 g의 산에 대한 중화 능력 비교

알고 있는 것은?

- 균형 맞춘 화학 반응식
- $NaHCO_3$ 1.00 g
- $Mg(OH)_2$ 1.00 g

어떻게 해결할 것인가?

$NaHCO_3$의 경우

1. *균형 맞춘 반응식은?*

$$NaHCO_3(s) + HCl(aq) \longrightarrow NaCl(aq) + H_2O(l) + CO_2(aq)$$

2. *$NaHCO_3$ 1.00 g의 몰 수는?*

$NaHCO_3$의 몰 수를 계산하려면 몰질량(84.01 g/mol)을 알아야 한다.

$$1.00\ \text{g}\ \cancel{NaHCO_3} \times \frac{1\ \text{mol}\ NaHCO_3}{84.01\ \text{g}\ \cancel{NaHCO_3}} = 1.19 \times 10^{-2}\ \text{mol}\ NaHCO_3$$

3. *균형 맞춘 반응식에서 HCl과 $NaHCO_3$ 사이의 몰비는?*

$$\frac{1\ \text{mol HCl}}{1\ \text{mol}\ NaHCO_3}$$

4. *HCl의 몰 수는?*

$$1.19 \times 10^{-2}\ \cancel{\text{mol}\ NaHCO_3} \times \frac{1\ \text{mol HCl}}{1\ \cancel{\text{mol}\ NaHCO_3}} = 1.19 \times 10^{-2}\ \text{mol HCl}$$

■ 따라서 1.00 g의 $NaHCO_3$는 1.19×10^{-2} mol의 HCl을 중화시킨다.

$Mg(OH)_2$의 경우

1. *균형 맞춘 반응식은?*

$$Mg(OH)_2(s) + 2HCl(aq) \longrightarrow 2H_2O(l) + MgCl_2(aq)$$

2. *$Mg(OH)_2$ 1.00 g의 몰 수는 얼마인가?*

$Mg(OH)_2$의 몰 수를 계산하려면 몰질량(58.32 g/mol)을 알아야 한다.

$$1.00\ \text{g}\ \cancel{Mg(OH)_2} \times \frac{1\ \text{mol}\ Mg(OH)_2}{58.32\ \text{g}\ \cancel{Mg(OH)_2}} = 1.71 \times 10^{-2}\ \text{mol}\ Mg(OH)_2$$

3. *균형 맞춘 반응식에서 HCl과 $Mg(OH)_2$ 사이의 몰비는?*

$$\frac{2\ \text{mol HCl}}{1\ \text{mol}\ Mg(OH)_2}$$

4. *HCl의 몰 수는?*

$$1.71 \times 10^{-2}\ \cancel{\text{mol}\ Mg(OH)_2} \times \frac{2\ \text{mol HCl}}{1\ \cancel{\text{mol}\ Mg(OH)_2}} = 3.42 \times 10^{-2}\ \text{mol HCl}$$

■ 따라서 1.00 g의 $Mg(OH)_2$는 3.42×10^{-2} mol HCl을 중화시킨다.

■ 1.00 g의 $NaHCO_3$는 1.19×10^{-2} mol의 HCl을 중화시키고, 1.00 g의 $Mg(OH)_2$는 3.42×10^{-2} mol HCl을 중화시키므로 $Mg(OH)_2$가 더 효과적인 중화제이다.

연습 문제 3.121 참조

Charles D. Winters

▲ 마그네시아 유제(milk of magnesia)는 $Mg(OH)_2(s)$의 현탁액이다.

3.11 한계 반응물의 개념

당신이 샌드위치 가게에서 일을 한다고 가정해 보자. 가장 인기 있는 샌드위치를 다음과 같이 만든다고 한다.

빵 2조각 + 고기 3조각 + 치즈 1조각 ⟶ 샌드위치

어느 날 출근한 당신에게 다음의 재료가 주어졌다.

빵 8　　고기 9조각　　치즈 5조각

몇 개의 샌드위치를 만들 수 있는가? 남는 재료는 어느 것인가?

이 문제를 풀기 위하여 각 재료로부터 몇 개의 샌드위치를 만들 수 있는지 알아보자.

$$\text{빵:}\quad \text{빵 8조각} \times \frac{1\ \text{샌드위치}}{\text{빵 2조각}} = 4\ \text{샌드위치}$$

$$\text{고기:}\quad \text{고기 9조각} \times \frac{1\ \text{샌드위치}}{\text{고기 3조각}} = 3\ \text{샌드위치}$$

$$\text{치즈:}\quad \text{치즈 5조각} \times \frac{1\ \text{샌드위치}}{\text{치즈 1조각}} = 5\ \text{샌드위치}$$

샌드위치 몇 개를 만들 수 있는가? 답은 3개이다. 고기 재료가 떨어지면 더 이상 만들 수 없다. 고기가 한계 재료이다. 그림 3.9를 참조하라.

남는 재료는 무엇인가? 샌드위치 3개를 만들기 위하여 6조각의 빵이 필요하다. 처음에 빵 8조각이 있었으므로 2조각의 빵이 남는다. 샌드위치 3개를 만들기 위하여 필요한 치즈는 3조각이다. 따라서 2조각의 치즈도 남는다.

이 예에서는 가장 많이 존재하는 고기가 당신이 만들 수 있는 샌드위치 수를 제한하는 실제 재료이다. 샌드위치를 만드는 데 다른 어떤 성분보다 고기가 많이 필요하기 때문에 이런 상황이 발생했다.

생성물을 만들기 위하여 여러 분자들이 반응할 때, 샌드위치를 만들 때와 유사한 상황이 발생한다. $N_2(g)$와 $H_2(g)$가 반응하여 $NH_3(g)$를 만드는 반응에서 비슷한 상황을 볼 수 있다.

$$N_2(g) + 3H_2(g) \longrightarrow 2NH_3(g)$$

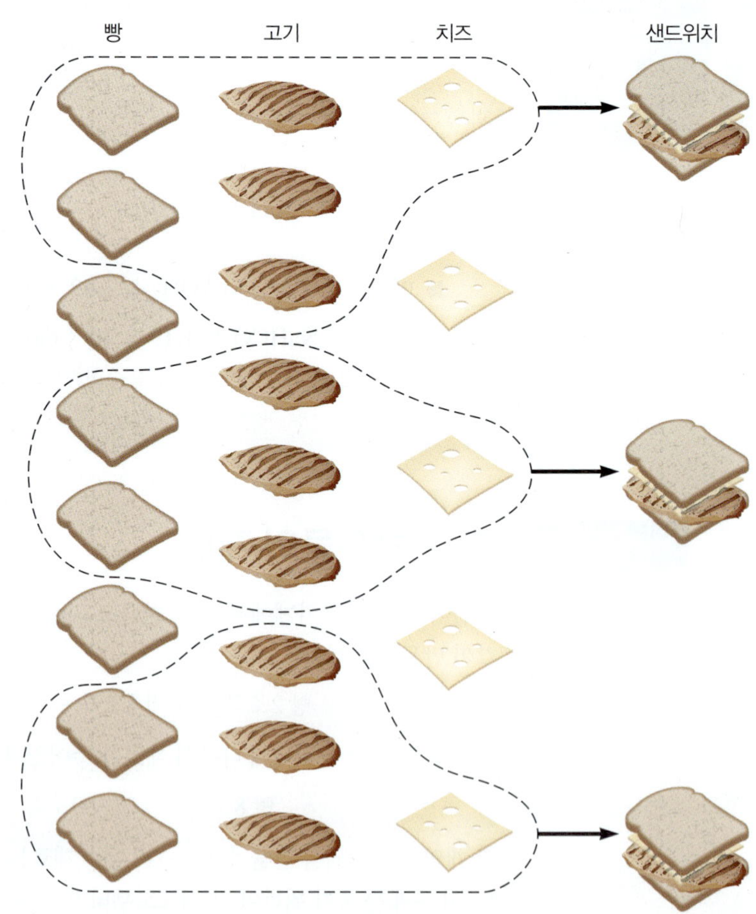

그림 3.9 샌드위치 만들기.

$N_2(g)$와 $H_2(g)$를 포함하는 다음의 용기를 생각해 보자.

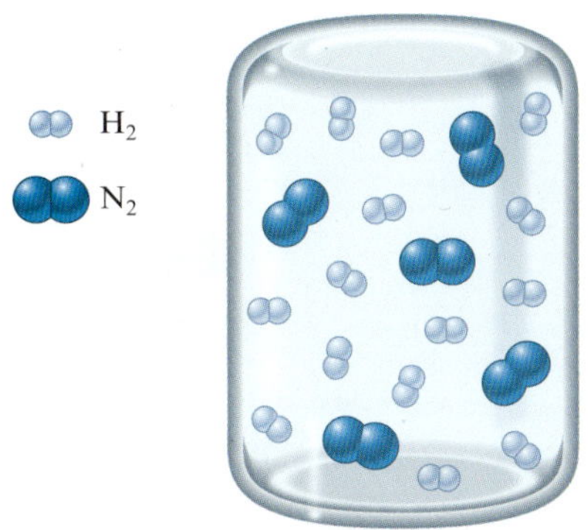

$N_2(g)$와 $H_2(g)$ 사이의 반응이 모두 진행된 후의 용기는 어떻게 변할까? 이 물음에 답하기 위하여 1개의 N_2는 3개의 H_2와 반응하여 2개의 NH_3를 생성하는 것을 알아야 한다. 이해를 돕기 위하여 반응물을 그룹별로 묶어서 표시하였다.

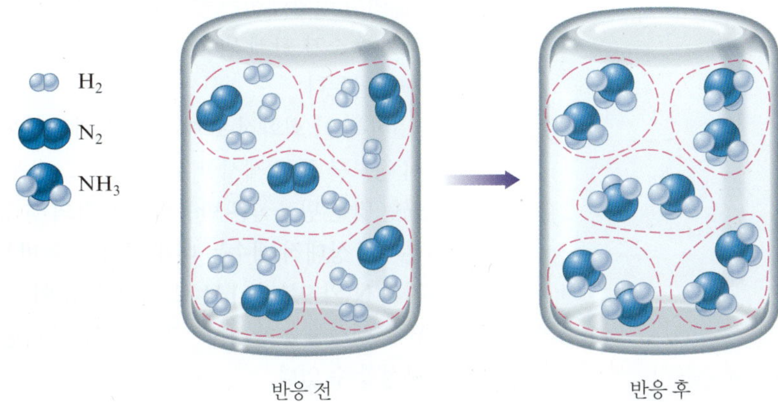

이 용기에는 어떤 반응물도 남지 않고 NH_3를 생성할 수 있는 $N_2(g)$와 $H_2(g)$ 분자가 섞여있다. 즉, N_2 분자에 대한 H_2 분자의 비는 다음과 같다.

$$\frac{15H_2}{5N_2} = \frac{3H_2}{1N_2}$$

이 비는 균형 맞춘 반응식의 비와 정확하게 일치한다.

$$3H_2(g) + N_2(g) \longrightarrow 2NH_3(g)$$

반응물의 상대적 양이 균형 맞춘 반응식에서의 비와 일치하는 이런 유형의 혼합물을 **화학량론적 혼합물**(stoichiometric mixture)이라 한다. 이 경우에 모든 반응물은 소모되어 생성물을 형성하게 된다.

이제 $N_2(g)$와 $H_2(g)$를 포함하는 다른 용기를 생각해 보자.

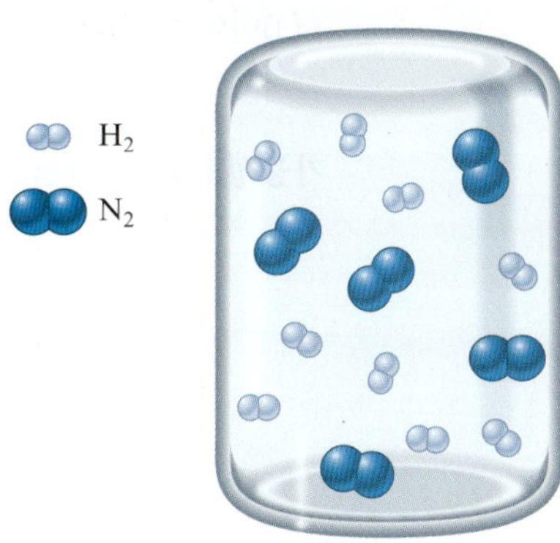

$N_2(g)$와 $H_2(g)$ 사이의 반응이 모두 진행된 후의 용기는 어떤 모습일까? 1개의 N_2는 3개의 H_2와 반응한다는 것을 명심하라. 반응물들을 그룹으로 묶어보면 다음과 같다.

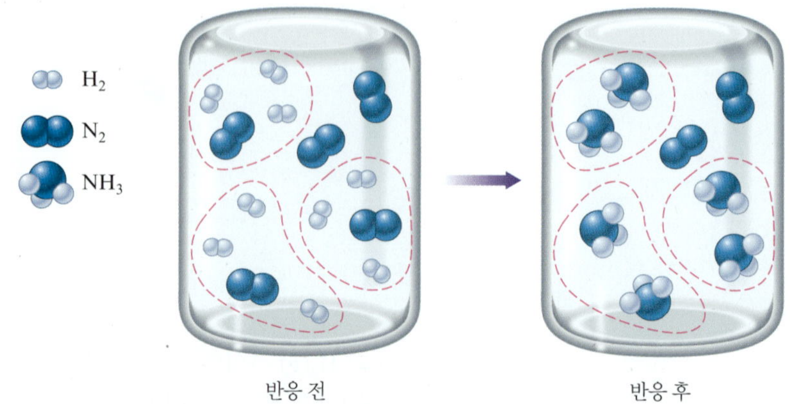

이 경우에는 수소(H_2)가 제한적이다. 즉, 모든 N_2 분자가 소모되기 전에 H_2 분자가 소모된다. 이런 상황에서는 수소의 양이 만들어지는 생성물(암모니아)의 양을 제한하게 되며, 따라서 수소가 한계 반응물이다. 반응이 진행되면 H_2 분자가 먼저 소모되고, 몇 개의 N_2 분자가 남는다.

비록 이 회화적 표현은 반응 과정에서 일어나는 변화를 보여주기 좋은 비주얼이지만, 이 정보를 표로 제시할 수도 있다. 그렇게 하려면 균형 맞춘 화학 반응식을 사용해야 한다. 균형 맞춘 반응식은 반응하는 분자의 상대적 수를 알려준다는 것을 기억하라. 서로 혼합된 분자의 상대적 개수는 대개 균형 맞춘 반응식의 계수와 다른 것이 대부분이다. 이 경우 5분자의 N_2와 9분자의 H_2로 시작한다. 이 분자 수는 어떤 반응물이 한계 반응물이고 얼마나 많은 생성물을 생성하는지 결정할 때 사용하는 숫자이다. 위의 예는 다음과 같이 데이터를 구성할 수 있다.

반응이 진행되는 동안 반응물이 소모되므로 변화량 행에서 해당 숫자는 음수이고 생성물은 양수이다.

균형 맞춘 반응식	N_2	+	$3H_2$	→	$2NH_3$
반응 전	5		9		0
변화량	−?		−?		+?
반응 후	?		?		?

*반응 전*의 행에는 N_2 분자 5개와 H_2 분자 9개(초기에는 NH_3 없음)가 표시되어 있다. *변화량* 행은 각 물질이 반응할 때 반응하는 양과 생성되는 양을 나타낸다. *반응 후* 행은 최종 반응 혼합물에 남아있는 각 물질의 양을 나타낸다. 이 표에 어떤 숫자가 속해 있는지 그림으로 표현할 수는 있지만 이렇게 하는 것이 항상 실용적이지는 않으므로 이 숫자를 결정하는 일반적인 방법을 살펴보기로 한다.

반응이 완료되었다고 가정하기 때문에 N_2 또는 H_2 값 중 적어도 하나는 *반응 후* 행에서 0이어야 한다. 즉, 적어도 하나의 반응물이 부족하다. 따라서 두 가지 가능성은 다음과 같다.

가능성 I: H_2가 먼저 모두 소모되는 경우 H_2의 변경 사항은 −9가 되어야 한다.

	N_2	+	$3H_2$	→	$2NH_3$
반응 전	5		9		0
변화량	−?		−9		+?
반응 후	?		0		?

가능성 II: N_2가 먼저 모두 소모되는 경우 N_2의 변화량은 -5가 되어야 한다.

	N_2	+	$3H_2$	→	$2NH_3$
반응 전	5		9		0
변화량	−5		−?		+?
반응 후	0		?		?

가능성 I에서는 H_2가 모두 소모되었다고 가정하고 있으며, 가능성 II에서는 N_2가 모두 소모된다고 가정하고 있다. 그러면 어떤 가능성이 올바른지 어떻게 결정하는가? 이것은 균형 맞춘 화학 반응식이 나타내는 반응으로부터 반응하는 분자의 상대적 수에서 결정한다. 이것은 *변화량*(*change*)의 행이 나타내는 것이며, 우리에게 중요한 아이디어를 제공해 준다. 즉, 변화량 *행에 있는 숫자의 비율은 균형 맞춘 반응식의 계수의 비율과 동일해야 한다*. 이를 염두에 두고 다음의 두 가지 가능성을 다시 생각해 보자.

가능성 I: H_2가 먼저 모두 소모되므로 H_2에 대한 변화량은 -9가 되어야 한다.

반응 전 행의 숫자는 원래 혼합물을 나타내기 때문에 알 수 있다. *변화량* 행에 −9가 있는 이유는 H_2가 먼저 소진된다고 가정하기 때문이다.

	N_2	+	$3H_2$	→	$2NH_3$
반응 전	5		9		0
변화량	−3		−9		+6
반응 후	2		0		6

어떻게 이러한 숫자를 생각해 냈는가? *반응 전* 행에 있는 숫자는 원래 혼합물을 나타내기 때문에 숫자는 보라색으로 표시하였다. H_2가 먼저 모두 소모된다고 가정하였기 때문에 *변화량* 행에 -9가 있다. 균형 맞춘 반응식에 있는 계수의 비를 사용하여 *변화량* 행의 다른 두 숫자를 결정한다. H_2에 대한 N_2의 계수의 비가 1: 3이므로, H_2에 대한 변화량은 -3이 되어야 한다. 즉, N_2는 H_2의 3분의 1이 소모된다. 반응물은 소모되므로 기호가 음수이다. N_2와 NH_3의 계수의 비는 1: 2이므로 NH_3의 변화량은 $+6$이 되어야 함을 알 수 있다. 즉, N_2가 소비됨에 따라 NH_3는 두 배 생성된다.

유사한 추론을 사용하여 가능성 II에 대한 표를 완성할 수 있다.

가능성 II: N_2가 먼저 모두 소모되므로 N_2에 대한 변화량은 -5가 되어야 한다.

반응물의 양은 음수일 수 없으므로 가능성 II는 올바르지 않다.

	N_2	+	$3H_2$	→	$2NH_3$
반응 전	5		9		0
변화량	−5		−15		+10
반응 후	0		−6		10

이제 H_2는 N_2보다 3배나 많이 소모되기 때문에 H_2에 대한 변화량은 -15가 되어야 한다고 판단할 수 있다. 또한, NH_3에 대한 변화량은 $+10$이어야 한다(N_2가 소비되는 양의 2배가 된다).

가능성 II를 살펴보면 N_2가 한계 반응물이 될 수 없는 이유를 알 수 있다. 모든 N_2가 반응하기 위해서는 주어진 것보다 6개의 H_2 분자가 더 필요하다. 물질의 양이 음의 값을 가질 수 없기 때문에, 가능성 II는 반응을 정확하게 나타내지 못한다.

가능성 I이 처음에 반응 용기의 그림에서 보았던 모든 정보와 일치한다는 것을 주목하라. 다시 말해서 5분자의 N_2와 9분자의 H_2로 시작하여, 반응이 끝난 후 2분자의 N_2와 6분자의 NH_3를 남긴다.

이와 같은 표를 사용하면 모든 정보가 전달된다는 점에서 편리하다. 이제 어떤 반응물이 먼저 소모되는지, 얼마나 많은 과량의 반응물이 남았는지, 얼마나 많은 생성물이 생성되는지를 알 수 있다. 또한 *변화량* 행에서 균형 맞춘 반응식의 비율을 사용해야 하기 때문에 균형 맞춘 반응식이 의미하는 바를 이해하는 것이 중요하다.

주어진 반응 혼합물로부터 생성될 수 있는 생성물의 양을 알아내기 위해서는 먼저 소모되어 생성물의 양을 제한하는 반응물을 찾아야 한다. 어떤 경우에는, 반응 혼합물이 화학량론적 혼합물이어서 모든 반응물이 동시에 소모될 수도 있다. 그러나 일반적으로, 화학량론적 혼합물이 아닌 경우가 많으므로 어떤 반응물이 제한적인가를 결정해야 한다. **반응에서 먼저 소모되어 생성물의 양을 제한하는 반응물을 한계 반응물(limiting reactant)이라 한다.**

지금까지는 반응물의 분자 수를 헤아릴 수 있는 예들을 다루었다. "현실"에서는 반응물을 눈으로 볼 수 없으며, 혹은 볼 수 있다 해도 너무 많은 수가 존재하기 때문에 반응물의 수를 직접 셀 수는 없다. 대신에 무게를 달아서 세는 방법을 사용해야 한다. 따라서 주어진 반응물의 질량으로부터 어떻게 한계 반응물을 찾는지 탐구해야 할 것이다.

반응물의 양을 이용한 한계 반응물의 결정

화학 반응에서 한계 반응물을 결정하는 방법에는 두 가지가 있다. 한 가지 방법은 어느 반응물이 먼저 소모되는가를 결정하기 위하여 반응물의 몰 수를 비교하는 것이다. 여기서는 이 방법을 고려하기로 한다.

실험실이나 화학 공장에서는 앞에서의 예처럼 몇 개의 분자보다는 훨씬 많은 양을 다룬다. 따라서 몰을 사용하여 한계 반응물을 다루는 법을 배워야 한다. 개개의 분자 대신에 분자의 몰 수를 다룬다는 것을 제외하면 기본적인 개념은 동일하다. 예를 들어, 질소 25.0 kg과 수소 5.00 kg을 혼합하여 반응시켜서 암모니아가 합성되는 반응을 생각해 보자. 이 반응이 *끝까지* 진행할 때(반응물 중의 하나가 완전히 소비될 때) 생성되는 암모니아는 어떻게 계산할 수 있을까?

앞의 예에서와 같이 다음의 균형 맞춘 반응식을 써서 질소 또는 수소 어느 것이 한계 반응물인지를 결정한 후, 생성되는 암모니아의 양을 계산해야 한다.

$$\mathrm{N_2}(g) + 3\mathrm{H_2}(g) \longrightarrow 2\mathrm{NH_3}(g)$$

우선 반응물의 몰 수를 계산하면 다음과 같다.

$$25.0\ \mathrm{kg\ \cancel{N_2}} \times \frac{1000\ \mathrm{\cancel{g\ N_2}}}{1\ \mathrm{\cancel{kg\ N_2}}} \times \frac{1\ \mathrm{mol\ N_2}}{28.0\ \mathrm{\cancel{g\ N_2}}} = 8.93 \times 10^2\ \mathrm{mol\ N_2}$$

$$5.00\ \mathrm{kg\ \cancel{H_2}} \times \frac{1000\ \mathrm{\cancel{g\ H_2}}}{1\ \mathrm{\cancel{kg\ H_2}}} \times \frac{1\ \mathrm{mol\ H_2}}{2.016\ \mathrm{\cancel{g\ H_2}}} = 2.48 \times 10^3\ \mathrm{mol\ H_2}$$

N_2 1 mol이 H_2 3 mol과 반응하므로 N_2 8.93×10^2 mol과 정확하게 반응할 H_2 몰 수는 다음과 같다.

$$8.93 \times 10^2\ \mathrm{\cancel{mol\ N_2}} \times \frac{3\ \mathrm{mol\ H_2}}{1\ \mathrm{\cancel{mol\ N_2}}} = 2.68 \times 10^3\ \mathrm{mol\ H_2}$$

어떤 반응물이 제한적인지 판단하기 위해 이전과 같이 표에 데이터를 놓을 수 있다. 이 경우 *반응 전* 및 *변화량*의 행을 살펴보기로 한다.

가능성 I: N_2가 먼저 모두 소모되는 경우

	N_2	+	$3H_2$	→	$2NH_3$
반응 전	8.93×10^2		2.48×10^3		0
변화량	-8.93×10^2		-2.68×10^3		

따라서 N_2 8.93×10^2 mol이 모두 반응하여 없어지는 데 H_2 2.68×10^3 mol이 필요하다. 그러나 문제에서 H_2는 2.48×10^3 mol밖에 없으므로 수소가 질소보다 먼저 소비되어

항상 어느 반응물이 한계 반응물인지 결정하라.

없어질 것이다. 그러나 H_2가 먼저 소모되는 경우를 선택한다면 어떻게 되겠는가? 2.48×10^3 mol의 H_2가 사용된다고 가정하면, 필요한 N_2의 몰 수를 계산할 수 있다.

$$2.48 \times 10^3 \cancel{\text{mol H}_2} \times \frac{1 \text{ mol N}_2}{3 \cancel{\text{mol H}_2}} = 8.27 \times 10^2 \text{ mol N}_2$$

*반응 전*과 *변화량*의 행에 다시 초점을 맞추어 이들 데이터를 표의 형식으로 나타내 보겠다.

가능성 II: H_2가 먼저 모두 소모되는 경우

	N_2	+	$3H_2$	→	$2NH_3$
반응 전	8.93×10^3		2.48×10^3		0
변화량	-8.27×10^3		-2.48×10^3		

따라서, 2.48×10^3 mol의 H_2는 8.27×10^2 mol의 N_2를 필요로 한다. 실제로 질소가 8.93×10^2 mol이므로 질소가 과량이다. 따라서, 이 경우 수소가 *한계 반응물*이고, 생성된 암모니아의 양을 계산할 때 수소의 양을 사용해야 한다.

$$2.48 \times 10^3 \cancel{\text{mol H}_2} \times \frac{2 \text{ mol NH}_3}{3 \cancel{\text{mol H}_2}} = 1.65 \times 10^3 \text{ mol NH}_3$$

몰을 kg으로 바꾸면 다음과 같이 된다.

$$1.65 \times 10^3 \cancel{\text{mol NH}_3} \times \frac{17.0 \text{ g NH}_3}{1 \cancel{\text{mol NH}_3}} = 2.80 \times 10^4 \text{ g NH}_3 = 28.0 \text{ kg NH}_3$$

생성된 생성물의 양을 이용한 한계 반응물의 결정

화학 반응에서 어떤 반응물이 제한적인지를 결정하는 두 번째 방법은 각 반응물을 완전히 소모함으로써 생성될 수 있는 생성물의 양을 비교하는 것이다. 5분자의 N_2와 9분자의 H_2를 반응시켜 NH_3를 형성할 때의 결과를 비교해 보면 이것을 알 수 있다.

가능성 I: H_2가 먼저 모두 소모되는 경우

	N_2	+	$3H_2$	→	$2NH_3$
반응 전	5		9		0
변화량	−3		−9		+6
반응 후	2		0		6

가능성 II: N_2가 먼저 모두 소모되는 경우

	N_2	+	$3H_2$	→	$2NH_3$
반응 전	5		9		0
변화량	−5		−15		+10
반응 후	0		−6		10

가능성 I은 H_2가 한계 반응물일 때 형성되는 NH_3의 양을 보여주며 가능성 II는 N_2가 한계 반응물일 때 형성된 NH_3의 양을 보여준다. 가능성 I은 H_2 분자가 음수로 끝나지 않기 때문에 I은 정확하다. 가능성 I에서 생성된 NH_3의 양은 가능성 II보다 적다. 이것은 가장 적은 양의 생성물을 생성하는 반응물이 먼저 소모되어 한계 반응물이어야 한다는 일반적인 개념과 일치한다. 다른 예로서, 25.0 kg (8.93×10^2 mol)의 질소와 5.00 kg (2.48×10^3 mol)의 수소의 반응을 다시 생각해 보자.

이제 얼마나 많은 NH_3가 생성될지를 결정하기 위해 이러한 양의 반응물을 사용할 것

이다. 1몰의 N_2가 2몰의 NH_3를 생성하기 때문에, 모든 N_2가 모두 소모된 경우에 형성될 NH_3의 양은 다음과 같이 계산된다.

$$8.93 \times 10^2 \text{ mol } N_2 \times \frac{2 \text{ mol } NH_3}{1 \text{ mol } N_2} = 1.79 \times 10^3 \text{ mol } NH_3$$

다음으로 H_2가 모두 반응했을 때 생성되는 NH_3의 양을 계산하면 다음과 같다.

$$2.48 \times 10^3 \text{ mol } H_2 \times \frac{2 \text{ mol } NH_3}{3 \text{ mol } H_2} = 1.65 \times 10^3 \text{ mol } NH_3$$

H_2의 경우가 N_2보다 더 적은 양의 NH_3가 생성되므로 H_2가 한계 반응물이다.

H_2가 한계 반응물이므로 생성되는 NH_3의 양은 1.65×10^3 mol이고, 킬로그램으로 환산하면 다음과 같다.

$$1.65 \times 10^3 \text{ mol } NH_3 \times \frac{17 \text{ g } NH_3}{1 \text{ mol } NH_3} = 2.80 \times 10^4 \text{ g } NH_3 = 28.0 \text{ kg } NH_3$$

대화형 예제 3.17 화학량론: 한계 반응물

높은 온도에서 고체 산화 구리(II) 위에 기체 암모니아를 통과시키면 질소 기체를 얻을 수 있다. 이 반응에서 다른 생성물은 고체 구리와 수증기이다. 18.1 g의 NH_3가 들어있는 시료를 90.4 g의 CuO과 반응시킨다면 어느 것이 한계 반응물인가? N_2는 몇 그램이 생성되는가?

풀이

목표는 무엇인가?

한계 반응물 찾기

생성되는 N_2 질량 계산하기

알고 있는 것은?

- 화학 반응식

$$NH_3(g) + CuO(s) \longrightarrow N_2(g) + Cu(s) + H_2O(g)$$

- NH_3 18.1 g
- CuO 90.4 g

필요한 정보는?

- 균형 맞춘 화학 반응식
- NH_3의 몰 수
- CuO의 몰 수

어떻게 해결할 것인가?

한계 반응물 찾기

균형 맞춘 반응식은?

$$2NH_3(g) + 3CuO(s) \longrightarrow N_2(g) + 3Cu(s) + 3H_2O(g)$$

NH_3와 CuO의 몰 수는 얼마인가?

몰 수를 계산하기 위하여 몰질량을 알아야 한다.

NH_3	17.03 g/mol
CuO	79.55 g/mol

$$18.1\ \cancel{g\ NH_3} \times \frac{1\ mol\ NH_3}{17.03\ \cancel{g\ NH_3}} = 1.06\ mol\ NH_3$$

$$90.4\ \cancel{g\ CuO} \times \frac{1\ mol\ CuO}{79.55\ \cancel{g\ CuO}} = 1.14\ mol\ CuO$$

A. 우선 어느 반응물이 먼저 소모되는지를 비교하여 한계 반응물을 결정해 보자.

균형 맞춘 반응식에서 NH_3와 CuO 사이의 몰비는?

$$\frac{3\ mol\ CuO}{2\ mol\ NH_3}$$

NH_3 1.06몰과 반응하는 데 필요한 CuO의 몰 수는?

$$1.06\ \cancel{mol\ NH_3} \times \frac{3\ mol\ CuO}{2\ \cancel{mol\ NH_3}} = 1.59\ mol\ CuO$$

따라서 NH_3 1.06 mol과 반응하는 데 필요한 CuO는 1.59 mol이다. 그러나 CuO의 양은 1.14 mol에 불과하므로 CuO가 한계 반응물이다. 즉, CuO가 NH_3보다 먼저 소비되어 없어질 것이다. 데이터를 표에 넣으면 이러한 사실을 알 수 있다.

	$2NH_3$	+	3CuO	→	생성물
반응 전	1.06		1.14		
변화량	−1.06		−1.59		

■ 여기에서 알 수 있듯이, 모든 NH_3와 반응할 CuO가 부족하므로 CuO가 한계 반응물이다.

B. 다른 방법으로 NH_3와 CuO 각각을 모두 소모했을 때 생성되는 N_2의 몰 수를 비교하여 한계 반응물을 결정해 보자.

$$1.06\ \cancel{mol\ NH_3} \times \frac{1\ mol\ N_2}{2\ \cancel{mol\ NH_3}} = 0.530\ mol\ N_2$$

$$1.14\ \cancel{mol\ CuO} \times \frac{1\ mol\ N_2}{3\ \cancel{mol\ CuO}} = 0.380\ mol\ N_2$$

앞에서와 같이 더 적은 양의 N_2를 생성하는 CuO가 한계 반응물이다.

생성되는 N_2의 질량 계산하기

생성되는 N_2의 몰 수는 ?

CuO가 한계 반응물이므로 생성된 N_2 양을 계산하는 데에는 CuO의 양을 사용하여야 한다.

균형 맞춘 반응식에서 N_2와 CuO 사이의 몰비는?

$$\frac{1\ mol\ N_2}{3\ mol\ CuO}$$

N_2의 몰 수는?

$$1.14\ \cancel{mol\ CuO} \times \frac{1\ mol\ N_2}{3\ \cancel{mol\ CuO}} = 0.380\ mol\ N_2$$

생성되는 N_2의 질량은?

N_2의 몰질량(28.02 g/mol)을 사용하여 생성되는 N_2의 질량을 계산하면 다음과 같이 된다.

$$0.380\ \cancel{\text{mol N}_2} \times \frac{28.02\ \text{g N}_2}{1\ \cancel{\text{mol N}_2}} = 10.6\ \text{g N}_2$$

연습 문제 3.133~3.138 참조

한계 반응물이 완전히 소비되어 없어질 때 생성되는 생성물의 양을 그 생성물의 **이론적 수득량**(theoretical yield)이라 한다. 예제 3.17에서 질소 10.6 g이 질소의 이론적 수득량이다. 이것은 주어진 양의 반응물로부터 얻어낼 수 있는 질소의 *최대량*(*maximum amount*)이다. 그러나 실제로는 부반응(하나 이상의 반응물 또는 생성물이 관련된 다른 반응)이나 다른 문제들로 인하여 이론적 수득량에 해당하는 생성물이 모두 얻어지지는 않는다. 생성물의 *실제 수득량*(*actual yield*)은 일반적으로 이론적 수득량에 대한 백분율로 나타내고 이를 **백분 수득률**(percent yield)이라 한다.

백분 수득률은 특정 실험실이나 산업에서의 반응에 대한 효율성을 나타내는 척도로서 중요하다.

$$\frac{\text{실제 수득량}}{\text{이론적 수득량}} \times 100\% = \text{백분 수득률}$$

예제 3.17의 반응에서 예측된 10.6 g 대신에 6.63 g의 질소가 실제로 얻어졌다면, 질소의 백분 수득률은 다음과 같다.

$$\frac{6.63\ \cancel{\text{g N}_2}}{10.6\ \cancel{\text{g N}_2}} \times 100\% = 62.5\%$$

대화형 예제 3.18 백분 수득률의 계산

*메틸 알코올*이라고도 부르는 메탄올(CH_3OH)은 가장 간단한 알코올이다. 이것은 경주용 자동차의 연료로 쓰이고 있어 미래의 휘발유 대용품이 될 수도 있다. 메탄올은 일산화 탄소와 수소를 반응시켜 만든다. 68.5 kg의 $CO(g)$가 8.60 kg의 $H_2(g)$와 반응한다면 이론적 수득량은 얼마이겠는가? 만약, 3.57×10^4 g의 CH_3OH이 실제로 얻어졌다면 메탄올의 백분 수득률은 얼마인가?

풀이 **목표는 무엇인가?**

메탄올의 이론적 수득량 계산하기

메탄올의 백분 수득률 계산하기

알고 있는 것은?

메탄올

- 화학 반응식

$$H_2(g) + CO(g) \rightarrow CH_3OH(l)$$

- 68.5 kg $CO(g)$
- 8.60 kg $H_2(g)$
- 3.57×10^4 g의 CH_3OH가 생성됨

필요한 정보는?

- 반응에 대한 균형 맞춘 반응식
- H_2의 몰 수
- CO의 몰 수
- 한계 반응물의 결정
- 생성되는 CH_3OH의 이론적인 양

어떻게 해결할 것인가?

한계 반응물 찾기

균형 맞춘 반응식은?

$$2H_2(g) + CO(g) \longrightarrow CH_3OH(l)$$

H_2와 CO의 몰 수는?
몰 수를 계산하기 위하여 몰질량을 알아야 한다.

H_2 2.016 g/mol

CO 28.02 g/mol

$$68.5\ \text{kg CO} \times \frac{1000\ \text{g CO}}{1\ \text{kg CO}} \times \frac{1\ \text{mol CO}}{28.02\ \text{g CO}} = 2.44 \times 10^3\ \text{mol CO}$$

$$8.60\ \text{kg H}_2 \times \frac{1000\ \text{g H}_2}{1\ \text{kg H}_2} \times \frac{1\ \text{mol H}_2}{2.016\ \text{g H}_2} = 4.27 \times 10^3\ \text{mol H}_2$$

$CO(g)$와 $H_2(g)$의 완전 소모에 의해 생성된 CH_3OH의 양을 계산하여 한계 반응물을 결정할 수 있다.

$$2.44 \times 10^3\ \text{mol CO} \times \frac{1\ \text{mol CH}_3\text{OH}}{1\ \text{mol CO}} = 2.44 \times 10^3\ \text{mol CH}_3\text{OH}$$

$$4.27 \times 10^3\ \text{mol H}_2 \times \frac{1\ \text{mol CH}_3\text{OH}}{2\ \text{mol H}_2} = 2.14 \times 10^3\ \text{mol CH}_3\text{OH}$$

H_2의 완전한 소모되었을 때가 보다 적은 양의 CH_3OH를 생성하기 때문에, H_2가 한계 반응물이다.

메탄올의 이론적 수득량을 계산하기

생성되는 CH_3OH의 몰 수는 얼마인가?
최대로 얻을 수 있는 메탄올의 양을 구하기 위하여 H_2의 양 및 H_2와 CH_3OH 사이의 몰비를 이용하여야 한다.

$$4.27 \times 10^3\ \text{mol H}_2 \times \frac{1\ \text{mol CH}_3\text{OH}}{2\ \text{mol H}_2} = 2.14 \times 10^3\ \text{mol CH}_3\text{OH}$$

CH_3OH의 그램 단위의 이론적 수득량은(그램 단위로)?

$$2.14 \times 10^3\ \text{mol CH}_3\text{OH} \times \frac{32.04\ \text{g CH}_3\text{OH}}{1\ \text{mol CH}_3\text{OH}} = 6.86 \times 10^4\ \text{g CH}_3\text{OH}$$

■ 따라서 주어진 양의 반응물로부터 얻을 수 있는 CH_3OH의 최대량은 6.86×10^4 g이다. 이것이 *이론적 수득량*이다.

CH_3OH의 백분 수득률은 얼마인가?

■ $$\frac{\text{실제 수득량(g)}}{\text{이론적 수득량(g)}} \times 100\% = \frac{3.57 \times 10^4\ \text{g CH}_3\text{OH}}{6.86 \times 10^4\ \text{g CH}_3\text{OH}} \times 100\% = 52.0\%$$

연습 문제 3.141과 3.142 참조

문제 풀이 전략

반응물과 생성물의 질량을 포함하는 화학량론 문제를 푸는 단계

1. 반응에 대한 균형 맞춘 반응식을 적는다.
2. 알려진 물질의 질량을 몰 수로 바꾼다.
3. 어느 것이 한계 반응물인지 정한다.
4. 한계 반응물의 양과 필요한 몰비를 사용하여 원하는 생성물의 몰 수를 계산한다.
5. 몰질량을 사용하여 몰 수를 그램 수로 바꾼다.

이 과정을 다음의 도표에 요약하였다.

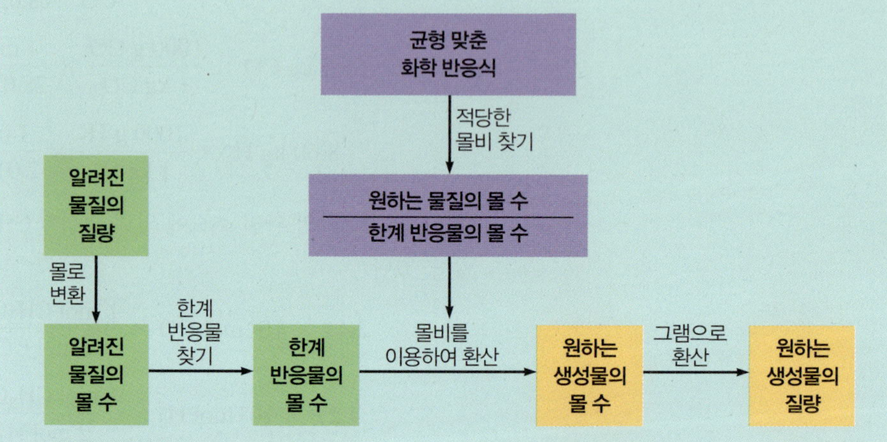

개념 정리 및 복습 For Review

주요 용어

화학량론

3.2절

질량 분석계

평균 원자 질량

3.3절

몰(mole)

Avogadro의 수

3.4절

몰질량

3.5절

개념적 문제 풀이

3.6절

질량 백분율

3.7절

실험식

분자식

화학량론

› 화학 반응에서 소비되거나 또는 생성되는 물질의 양을 다룬다.

› 시료의 질량을 측정하는 방법으로 원자의 수를 센다.

› 원자의 질량과 수를 연계하기 위하여 평균 원자 질량이 필요하다.

몰

› 12 g의 순수한 ^{12}C에 포함된 탄소 원자의 수

› 물질 6.022×10^{23} 단위

› 원소 1 mol의 질량 = 그램 단위의 원자량

몰질량

› 화합물 또는 원소 1 mol의 질량(g)

› 화합물의 경우 그 화합물의 구성 원자의 평균 질량을 합하여 얻는다.

조성 백분율

› 화합물에서의 각 원소의 질량 백분율

› $\text{질량 백분율} = \dfrac{\text{물질 1 mol 중의 원소 질량}}{\text{물질 1 mol의 질량}} \times 100\%$

3.8절
화학 반응식
반응물
생성물
화학식의 균형(계수) 맞추기
3.10절
몰비
3.11절
화학량론적 혼합물
한계 반응물
이론적 수득량
백분 수득률

실험식

- 화합물에 포함된 각 원자의 가장 간단한 정수비
- 화합물에 포함된 각 원소의 질량 백분율을 이용하여 구한다.

분자식

- 분자성 물질
  - 구성 분자의 식
  - 실험식에 정수를 곱한 형태이다.
- 이온성 물질
  - 실험식과 동일

화학 반응

- 반응물이 생성물로 변한다.
- 원자는 생성되거나 파괴되지 않는다.
- 반응물에 포함된 모든 원자는 반드시 생성물에 보존되어야 한다.

화학 반응식의 특징

- 화학 반응을 표현한다.
- 반응물은 화살표 왼쪽에 생성물은 오른쪽에 표시한다.
- 균형을 맞추면 반응하거나 생성되는 분자 또는 이온의 상대적 수를 알 수 있다.

화학량론적 계산

- 소비되는 반응물과 생성되는 생성물의 양을 균형 맞춘 반응식으로부터 계산할 수 있다.
- 가장 먼저 소비되는 반응물을 한계 반응물이라 하며, 따라서 한계 반응물은 생성되는 물질의 양을 제한한다.

수득량(률)

- 이론적 수득량은 주어진 한계 반응물로부터 얻을 수 있는 최대량을 의미한다.
- 실제 수득량은 실제로 얻는 생성물의 양으로서 이론적 수득량보다 항상 적다.
- 백분 수득률 $= \frac{\text{실제 수득량(g)}}{\text{이론적 수득량(g)}} \times 100\%$

복습 질문

1. 구슬을 이용하여 "무게를 측정하여 수를 세는 방법"을 설명하라.
2. 원자량은 상대적 질량이다. 무슨 의미인가?
3. 붕소(B, boron)의 원자 질량은 주기율표에서 10.81로 주어지지만, 붕소의 단일 원자는 질량이 10.81 u가 아니다. 설명하라.
4. 화합물의 질량을 화합물 내의 특정 원소의 원자 수로 바꾸는 데[예를 들면, 아스피린($C_9H_8O_4$) 1.00 g을 시료에 포함된 수소 원자의 수로 바꾸는 데] 필요한 세 가지 변환 인자는 무엇이며, 어떤 순서로 이들을 사용해야 하는가?
5. 그림 3.5는 유기 화합물의 분석에 이용되는 연소 장치에 대한 그림이다. 탄소, 수소, 산소로 구성된 화합물을 연소시켰을 때, 실험 결과로 얻은 CO_2의 질량과 H_2O의 질량을 이용하여 실험식을 구하는 과정을 설명하라.

6. 화합물의 실험식과 분자식의 차이는 무엇인가? 두 식이 동일할 수도 있는가? 설명하라.

7. 아래 그림에서와 같은 A_2와 AB 사이의 가상의 반응을 생각해 보자.

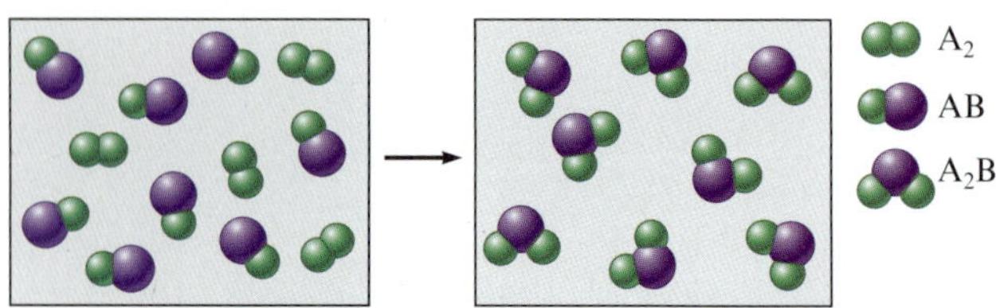

균형 맞춘 반응식은 무엇인가? 만일 2.50 mol의 A_2가 과량의 AB와 반응할 때 생성물의 양(mol)은 얼마인가? 만일 AB의 질량이 30.0 u이고, A_2의 질량이 40.0 u라면 생성물의 질량은 얼마인가? 15.0 g의 AB가 반응하기 위하여 필요한 A_2의 질량은 얼마이며, 이때 생성물의 양은 얼마인가?

8. 한계 반응물 문제란 어떤 것인가? 한계 반응물 문제를 풀기 위해 사용할 방법을 설명하라.

9. 다음과 같은 $SO_2(g)$와 $O_2(g)$의 혼합물을 생각해 보자.

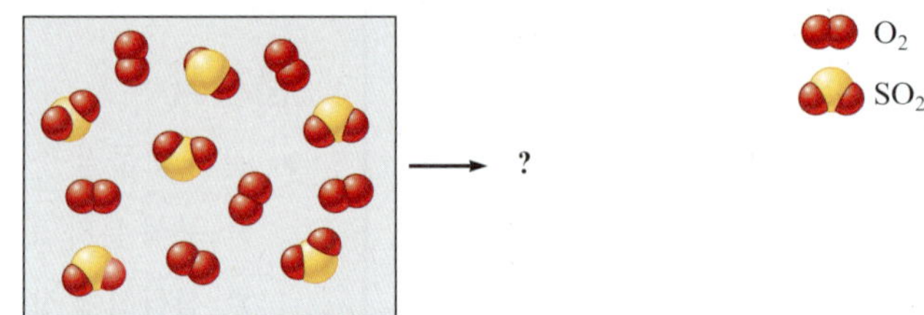

만일 $SO_2(g)$와 $O_2(g)$가 반응하여 $SO_3(g)$를 생성한다면, 반응이 완결된다고 가정하고 모든 생성물을 그려라. 반응에서의 한계 반응물은 어느 것인가? 만일 SO_2 96.0 g과 O_2 32.0 g이 반응한다면 생성물의 질량은 얼마인가?

10. 반응에서 실제 수득량이 이론적 수득량보다 흔히 작은 이유는 무엇인가?

활동 학습 질문

이 문제들은 학생들이 강의실에서 그룹을 만들어 함께 풀어보도록 고안하였다.

1. 다음은 "화학 반응식의 균형을 맞추어야 하는 이유는 무엇인가?"라는 질문에 대한 학생들의 실제 응답이다.
   a. 정확한 몰비만큼의 시약을 넣지 않으면 화학 약품은 반응을 하지 않는다.
   b. 정확한 양의 반응물을 넣지 않으면 올바른 생성물이 생기지 않는다.
   c. 특정한 양의 반응물 없이는 특정한 양의 생성물이 생기지 않는다.
   d. 균형 맞춘 반응식은 얼마만큼의 반응물이 필요하고, 얼마만큼의 생성물을 얻을 수 있는지 알려준다.
   e. 쓰여진 대로 반응이 일어나려면 그 반응에 대한 몰비를 알아야 한다.

   정답을 선택하여 설명하고, 선택하지 않은 답은 무엇이 틀렸는지 설명하라.

2. 화학식으로부터 어떤 정보를 얻을 수 있는가? 또한, 화학 반응식으로부터는 어떤 정보를 얻을 수 있는가?

3. *사실*인가, *거짓*인가? 화학식에서 가장 큰 첨자를 갖는 원자는 화합물에서 질량 백분율이 가장 큰 원자이다. *사실*이라면 예를 들어 이유를 설명하라. *거짓*일 경우 예를 들어 이유를 설명하라. 두 경우 모두 수학적인 근거를 제시하라.

4. 펜으로 종이에 자신의 이름을 쓰는 데 필요한 "잉크 분자"의 수를 어떻게 구할 수 있을까? 이를 계산하려면 무엇을 해야 하는지 설명하고, 예시 계산을 제시하라.

5. 과자를 만드는 데 중요한 재료인 계란이 없다고 하자. 즉, 다른 모든 재료는 충분하지만 버터는 1.33컵 분량만 있고 계란은 없다. 조리법에 의하면 6 dozen의 과자를 만들기 위하여 2컵 분량의 버터와 계란 3개(다른 재료들과 더불어)를 넣어야 한다. 이제 여러분은 친구에게 전화를 하여 계란을 가져오라고 부탁하려고 한다.
   a. 몇 개의 계란이 필요한가?
   b. 모든 버터를 사용하여(충분한 계란이 있다고 가정하고) 몇 개의 과자를 만들 수 있는가?

   불행하게도 몇 개의 계란이 필요한지 말하기도 전에 친구가 전화를 끊었다. 그런데 친구가 도착했을 때, 놀랍게도 모든 계란을 깨어서 그릇에 담아 왔다. 계란이 몇 개냐고 묻자, 친구는 기억나지 않는다고 한다. 그래서 그 계란의 무게를 재어보니 62.1 g이었다. 계란의 평균 질량은 34.21 g이라고 가정하자.
   a. 계란 전부와 반응하기 위한 버터의 양은 얼마인가?
   b. 몇 개의 과자를 만들 수 있는가?
   c. 계란과 버터 중 어느 것이 남겠는가?
   d. 얼마만큼 남겠는가?

6. 질소 기체(N_2)와 수소 기체(H_2)가 반응하여 암모니아(NH_3)가 된다.

   다음과 같이 밀폐된 용기에 들어있는 N_2( )와 H_2( ) 혼합물을 생각해 보자.

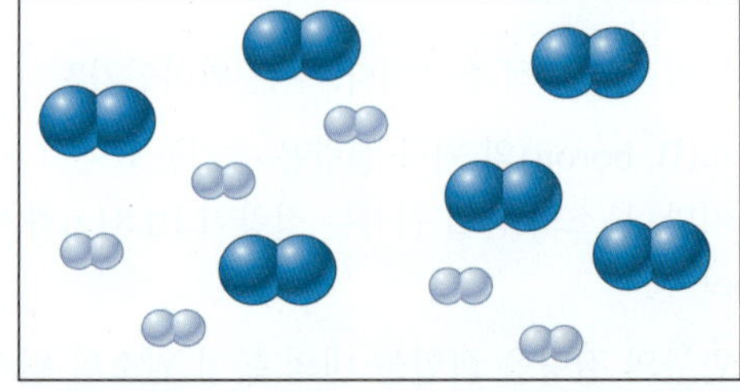

반응은 완결된다고 가정하고, 생성물의 혼합물을 나타내는 그림을 그려보라. 어떻게 그런 결론에 도달했는지 설명하라.

7. 앞의 문제에 대하여, 다음 중 어느 것이 이 반응을 가장 잘 나타내고 있는가?

a. $6N_2 + 6H_2 \longrightarrow 4NH_3 + 4N_2$
b. $N_2 + H_2 \longrightarrow NH_3$
c. $N + 3H \longrightarrow NH_3$
d. $N_2 + 3H_2 \longrightarrow 2NH_3$
e. $2N_2 + 6H_2 \longrightarrow 4NH_3$

정답을 설명하고, 선택하지 않은 답은 무엇이 잘못인지 설명하라.

8. 화학 물질 *A*는 화학 물질 *B*와 반응한다. 10.0 g의 *A*와 10.0 g의 *B*가 반응한다고 할 때, 생성되는 생성물의 양을 결정하기 위하여 어떤 정보가 필요한가? 설명하라.

9. 30.0 kg의 새로 산 석쇠에 3.0 kg의 숯을 넣었다. 모든 숯을 태운 후, 석쇠는 다시 30.0 kg이 되었다. 기체로 방출된 질량은 얼마인가? 설명하라.

10. 그림과 같이 저울 위에 놓여 있는 쇠막대를 생각해 보자.

쇠막대가 녹이 슬 때, 다음 중 어느 것이 옳은가? 답을 설명하라.

a. 저울의 눈금이 75.0 g보다 적어진다.
b. 저울의 눈금이 75.0 g이 된다.
c. 저울의 눈금이 75.0 g보다 증가한다.
d. 저울의 눈금이 75.0 g보다 증가하지만, 녹슨 부분을 제거하고 다시 무게를 재면 75.0 g이 된다.

11. 때때로 달리는 자동차의 배기관에서 물이 떨어지는 것을 볼 수 있다. 이것이 가솔린에는 원래 미량의 물이 포함되어 있다는 증거가 될 수 있는가? 설명하라.

질문 12와 13은 다음과 같은 상황을 다룬다. 화학 물질 *A*와 화학 물질 *B*를 반응시켜 하나의 생성물을 만들려고 한다. 20 g의 *B*와 완전히 반응하려면 *A*가 100 g이 필요하다.

12. 생성물의 질량은?

a. 10 g보다 적다.
b. 20에서 100 g 사이
c. 100에서 120 g 사이
d. 120 g
e. 120 g 이상

13. 생성물의 화학적 성질에 대하여 옳은 것은?

a. 성질은 화학 물질 *A*와 비슷하다.
b. 성질은 화학 물질 *B*와 비슷하다.
c. 성질은 화학 물질 *A*와 *B*의 평균 정도이다.
d. 성질이 화학 물질 *A*나 *B*와 비슷할 필요는 없다.
e. 성질이 화학 물질 *A* 또는 *B*와 비슷할 수도 있지만, 더 많은 정보가 필요하다.

정답을 설명하고, 선택하지 않은 답에 대하여 무엇이 틀렸는지 설명하라.

14. 수소와 산소가 2:1의 몰비로 균일하게 섞여 있는 혼합물과 수증기 사이에는 어떠한 차이점이 있는가?

15. 염소에는 ^{37}Cl과 ^{35}Cl, 두 개의 동위원소가 있다. 어느 것이 더 많이 존재하는가? 당신은 어떻게 알 수 있는가?

16. 탄소 원자의 평균 질량은 12.011이다. 탄소 원자 한 개를 집을 수 있다면, 질량이 12.011인 탄소를 잡을 수 있는 확률은 얼마인가? 설명하라.

17. 화학식에서 첨자가 분율이 될 수 있는가? 설명하라. 균형 맞춘 반응식에서 계수가 분율이 될 수 있는가? 설명하라. 화합물의 첨자를 바꿈으로써 화학 반응식의 균형을 맞출 수 있다. 이런 방법이 옳지 않은 이유는 무엇인가?

18. 반응식 $2A + B \longrightarrow A_2B$를 생각해 보자. 1.0 mol의 *A*와 1.0 mol의 *B*를 섞으면 몇 mol의 A_2B가 생성되는가?

19. 질량 보존 법칙에 따르면, 질량은 화학 반응을 통하여 얻거나 파괴되지 않는다. 생성물의 총 질량을 계산하기 위하여 단순히 두 반응물의 질량을 더하는 것은 왜 틀리는가?

20. 다음 중 동일한 *실험식*을 가진 화합물은 어느 것인가?

a. 아세틸렌(C_2H_2)과 벤젠(C_6H_6)
b. 에테인(C_2H_6)과 뷰테인(C_4H_{10})
c. 이산화 질소(NO_2)와 사산화 이질소(N_2O_4)
d. 다이페닐 에테르($C_{12}H_{10}O$)와 페놀(C_6H_5OH)

21. 서로 다른 세 원소의 원자를 O, □ 그리고 Δ로 표시하기로 하자. OΔ 세 분자와 □□Δ 세 분자가 반응하여 O□Δ와 OΔΔ 각각 1 분자를 만들 때, 남는 물질은 어느 것인가?

22. 화학에서 "몰(mole)"이라는 용어의 의미는 무엇인가? 몰 개념이 중요한 이유는 무엇인가?

23. 두 개의 반응물이 반응하여 하나의 생성물을 형성하는 화학 반응을 생각해 보자. 각 반응물의 질량을 알고 있다면, 생성물의 질량을 결정하기 위해 알아야 할 것은 무엇인가?

24. $3A + B \rightarrow C + D$의 반응을 생각해 보자. 4몰의 A와 2몰의 B를 반응시킬 때, 다음 중 옳은 것은?

a. 한계 반응물은 몰질량이 큰 반응물이다.
b. 6몰의 A가 필요하지만 4몰만이 존재하므로 A가 한계 반응물이다.
c. A의 몰 수보다 작은 몰 수의 B가 존재하므로 B가 한계 반응물이다.
d. B 한 분자에 대하여 세 분자의 A가 반응하므로 B가 한계 반응물이다.
e. 어느 것도 한계 반응물이 아니다.

선택한 답에 대한 근거를 제시하고, 선택하지 않은 것에 대하여 왜 옳지 않은지의 이유를 설명하라.

25. 당신은 20.0 g의 은 금속 시료를 가지고 있다. 10.0 g의 다른 금속이 주어졌으며 이 시료에는 은 금속 시료의 두 배의 원자 수가 포함되어 있다고 알려졌다. 이것이 가능한가? 만약 5.0g의 다른 금속이 있는데 그 시료가 은 금속 시료보다 원자가 3배나 많다고 하면 어떻게 될까? 이것이 가능할까? 답을 설명해보라.

26. 당신은 학생으로부터 한계 반응물이 균형 맞춘 반응에서 가장 큰 계수를 항상 가지고 있다는 말을 듣는다. 왜 이것이 사실인지 또는 사실이 아닌지 설명하라. 또 다른 학생은 한계 반응물이 가장 적은 몰이 존재하는 반응물이라고 말한다. 이것이 어떻게 사실일 수도 있고 아닐 수도 있는지 설명하라. 그러나 다른 학생은 한계 반응물이 평형 방정식에서 사용 가능한 몰/계수의 비율이 가장 낮다고 말한다. 이것은 옳은가? 예제 계산을 써서 답을 증명하라.

분홍색 번호의 질문과 연습문제에 대한 정답은 온라인에서 확인할 수 있습니다(차례의 QR을 스캔해보세요).

질문

27. 주기율표의 원자 질량은 상대적 질량과 평균 질량이다. 설명하라.

28. Avogadro의 수, 몰질량, 그리고 화합물의 화학식은 환산하는 데 중요한 세 가지 변환 인자이다. 이 변환 인자들을 이용하여 어떤 변환을 할 수 있는가?

29. 미화 1달러 지폐가 1 mol만큼 있고, 이 돈을 지구상의 모든 사람들에게 균등하게 나누어 준다면 개인이 가질 수 있는 액수는 얼마인가? 지구상의 인구는 79억 명이라 가정하라.

30. 가능한 한 많은 방법으로 CO_2 1 몰을 설명하라.

31. 다음 화합물 중 동일한 실험식을 갖는 것은 어느 것인가?

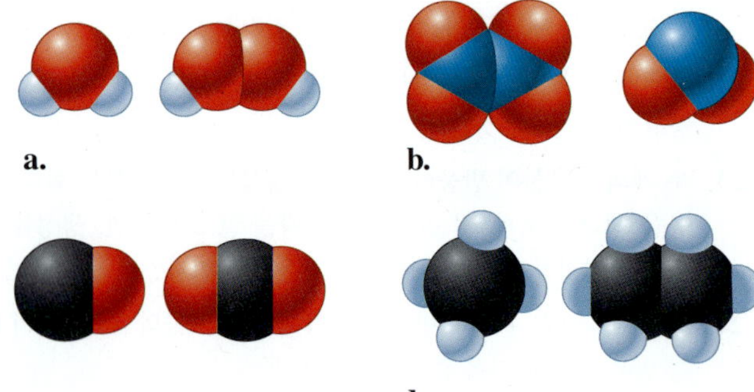

32. 화합물의 몰질량과 화학식량의 차이점은 무엇인가? 두 양이 동일한 경우와 서로 다른 경우의 예를 들어 보라. 서로 다른 경우, 몰질량은 화학식량과 어떤 관계에 있는가?

33. 화합물 1 mol 시료와 100.-g 시료, 1.0-g 시료에서 화합물 내의 각 원소의 질량 백분율은 어떻게 다른가?

34. 균형 화학 반응식에는 많은 정보가 담겨 있다. 어떤 정보들인가?

35. 반응에 대한 이론적 수득량은 무엇이며, 이 양은 한계 반응물에 어떻게 의존하는가?

36. 다음과 같은 일반적인 반응식을 생각해 보자.

$$Y_2 + 2XY \longrightarrow 2XY_2$$

한계 반응물을 포함하는 문제에서는 각각의 반응물의 양이 주어지고 생성된 생성물의 질량을 구하는 것이 일반적이다. 10.0 g의 Y_2가 10.0 g의 XY와 반응할 때, 어느 반응물이 한계 반응물(먼저 소모되는)이고, 따라서 생성된 생성물을 결정하는 두 가지 방법에 대하여 말해보라.

연습 문제

연습 문제는 비슷한 유형의 문제를 두 개씩 짝지어 놓았다.

원자 질량과 질량 분석계

37. 갈륨은 68.95 u와 70.95 u.의 질량을 갖는 두 개의 동위원소로 이루어져 있으며 더 가벼운 동위원소의 존재량이 60.16%이면 갈륨의 평균 원자 질량을 계산하라.

38. 브로민은 ^{79}Br(원자 질량 = 78.95 u)와 ^{81}Br(원자 질량 = 80.95 u)의 혼합물로 자연계에 존재한다. 다음 중 자연계에서 각 브로민 동위원소의 대략적인 상대적 존재량은 얼마인가? *힌트*: Br의 평균 원자 질량은 주기율표를 참조하라.
a. 5% ^{79}Br 및 95% ^{81}Br
b. 25% ^{79}Br 및 75% ^{81}Br
c. 50% ^{79}Br 및 50% ^{81}Br
d. 75% ^{79}Br 및 25% ^{81}Br
e. 95% ^{79}Br 및 5% ^{81}Br

39. 어떤 원소가 1.40%의 203.973 u, 24.10%의 205.9745 u, 22.10%의 206.9759 u, 52.40%의 207.9766 u의 질량을 갖는 동위원소들로 구성되어 있다. 평균 원자 질량을 구하고, 어느 원소인지 밝혀라.

40. 어떤 원소 "X"의 중요한 동위원소는 모두 다섯 개이고, 각각의 질량과 존재비는 다음과 같다. 어떤 원소인가?

동위원소	자연 존재비(백분율)	질량(u)
^{46}X	8.00%	45.95232
^{47}X	7.30%	46.951764
^{48}X	73.80%	47.947947
^{49}X	5.50%	48.947841
^{50}X	5.40%	49.944792

41. 원소 레늄(Re)은 ^{185}Re와 ^{187}Re의 두 가지 천연 동위원소를 가지고 있고, 평균 원자 질량이 186.207 u이다. ^{187}Re의 상대 존재비는 62.60%이고, 질량은 186.956 u이다. ^{185}Re의 질량을 계산하라.

42. 원소 규소(실리콘)는 자연계에서 다음 표에 나타낸 세 가지 중요한 동위원소가 존재한다고 가정하라. 빠진 정보를 채워라.

동위원소	질량(u)	존재비
^{28}Si	27.98	______
^{29}Si	______	4.70%
^{30}Si	29.97	3.09%

43. 자연에 존재하는 유로퓸은 두 가지 동위원소로 존재한다. ^{151}Eu의 질량은 150.9196 u이고 ^{153}Eu의 질량은 152.9209 u이다. 유

로퓸의 평균 원자 질량은 151.96 u이다. 두 유로퓸 동위원소의 존재비를 계산하라.

44. 원소 은(Ag)은 두 가지 천연 동위원소가 존재하는데, 그들은 각각 ^{109}Ag와 질량이 106.905 u인 ^{107}Ag이다. 은의 평균 원자 질량은 107.868 u이며, ^{107}Ag의 존재 백분율이 51.82%다. ^{109}Ag의 질량을 계산하라.

45. 브로민(Br_2)의 질량 스펙트럼은 상대적 크기가 다음과 같은 세 개의 봉우리로 구성되어 있다.

질량(u)	상대적인 크기
157.84	0.2534
159.84	0.5000
161.84	0.2466

이들 자료를 해석하라.

46. 철의 안정한 동위원소는 ^{54}Fe, ^{56}Fe, ^{57}Fe 그리고 ^{58}Fe이고, 질량 스펙트럼은 다음과 같다.

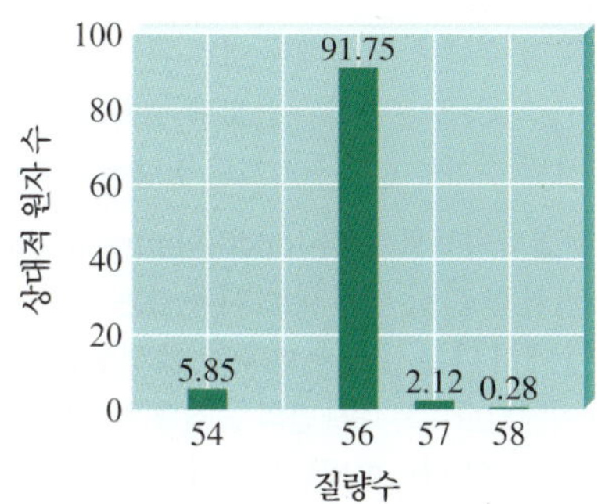

질량 스펙트럼의 자료를 이용하여 철의 평균 원자 질량을 예측하고 이 책의 맨 앞쪽에 있는 표에 주어진 값과 비교하라.

몰과 몰질량

47. 철(Fe) 원자 500.개의 질량을 계산하라.

48. 철 500.0 g에는 몇 개의 Fe 원자가 있는가? 또 몇 몰의 Fe가 있는가?

49. 다이아몬드는 순수한 탄소의 천연 형태이다. 1.00-carat(캐럿) (1.00 carat = 0.200 g)의 다이아몬드에는 탄소 원자가 몇 개가 있는가?

50. 크로뮴(Cr)은 부식에 대한 내성을 향상시키기 위해 철에 첨가되는 금속이다. 5.00×10^{20}개의 원자가 들어있는 크로뮴 시료의 몰 수를 계산하라. 그리고 시료의 질량을 구하라.

51. 어떤 금속 이온은 인과 이온성 화합물(M_xP_y)을 형성한다. 앞의 화합물의 몰질량은 238.0 g/mol이다. 금속 이온의 전하가 +2이면 이 금속은 무엇인가?

52. 어떤 전이 금속 이온은 황과 화합물(M_xS_y)을 형성한다. 화합물의 몰질량은 298.4 g/mol이다. 전이 금속 이온의 전하가 +3이면 전이 금속은 무엇인가?

53. 선택적 세로토닌 재흡수 저해제(selective serotonin reuptake inhibitors, SSRIs)는 흔히 처방하는 항우울제이다. SSRI는 뇌에서 신경 전달 물질인 세로토닌의 재흡수를 차단한다. 세로토닌의 균형을 변화시키면 뇌 세포가 화학적 메시지를 보내고 받는 것을 돕고, 차례로 기분을 향상시킨다. 두 가지의 SSRI 약물이 있는데 Prozac (fluoxetine, $C_{17}H_{18}F_3NO$) 및 Zoloft (sertraline, $C_{17}H_{17}C_{12}N$)이다. Prozac과 Zoloft의 몰질량을 결정하라.

54. 프레온(Freon)은 탄소, 염소, 플루오린을 포함하는 화합물이다. 이 물질은 유용한 물질임에도 불구하고, 성층권의 오존층을 파괴하는 것으로 알려져 있다. 1991년에 프레온을 대신하는 HFC-134a (CH_2FCF_3)와 HCFC-124 ($CHClFCF_3$)가 생산되기 시작했다. 이 두 화합물의 몰질량을 구하라.

55. 다음 물질의 몰질량을 계산하라.

a.

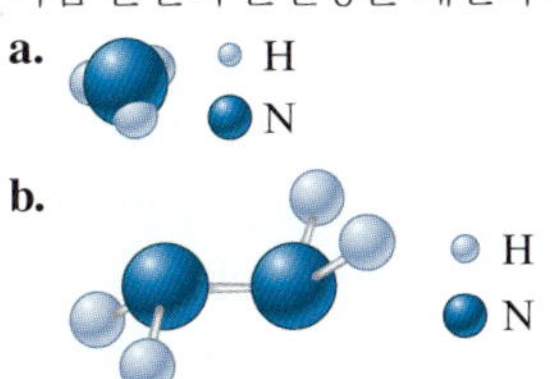

b.

c. $(NH_4)_2Cr_2O_7$

56. 다음 물질의 몰질량을 계산하라.

a.

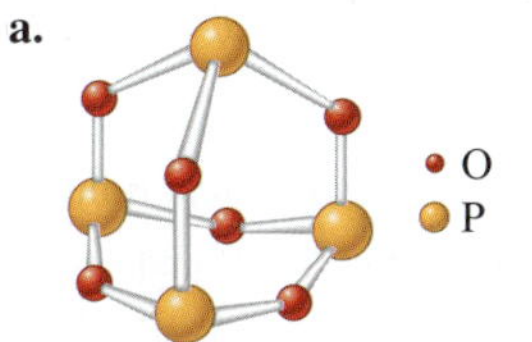

b. $Ca_3(PO_4)_2$

c. Na_2HPO_4

57. 연습 문제 55번에 나오는 화합물 1.00 g에는 몇 mol의 화합물이 포함되어 있는가?

58. 연습 문제 56번에 나오는 각 화합물 1.00 g에는 몇 mol의 화합물이 포함되는가?

59. 연습 문제 55번에 나오는 각 화합물 5.00 mol에는 몇 그램의 화합물이 포함되는가?

60. 연습 문제 56번 문제에 나오는 각 화합물 5.00 mol에는 몇 그램의 화합물이 포함되는가?

61. 연습 문제 55번 문제에 나오는 각 화합물 5.00 mol에는 몇 그램의 질소가 포함되는가?

62. 연습 문제 56번에 나오는 각 화합물 5.00 mol에는 몇 그램의 인이 포함되는가?

63. 연습문제 55의 각 화합물 1.00g에는 몇 개의 분자(또는 화학식 단위)가 존재하는가?

64. 연습 문제 56번 문제에 나오는 각 화합물 1.00 g에는 몇 개의 분자(또는 화학식 단위)가 포함되는가?

65. 연습 문제 55번에 나오는 각 화합물 1.00 g에는 몇 개의 질소 원자가 포함되는가?

66. 연습 문제 56번에 나오는 각 화합물 1.00 g에는 몇 개의 인 원자가 포함되는가?

67. 황화 알루미늄 38 g 시료에는 몇 개의 황 원자가 존재하는가?

68. 인산 바륨 3.10 g에 산소 원자가 몇 개나 있는가?

69. 메테인은 천연 가스를 구성하는 기체 중 하나이다. 다음 중 메테인 16.0 g, CH_4를 정확하게 설명하지 않는 것은?

a. 1(1.00) mol의 메테인

b. 12.0 g의 탄소를 포함하는 메테인의 양

c. 4.0 g의 수소를 포함하는 메테인의 양

d. $16.0 \times (6.02 \times 10^{23})$ 분자의 메테인을 함유하는 양

e. $4.0 \times (6.02 \times 10^{23})$ 원자의 수소를 함유하는 양

70. 휘발유의 주요 성분 중 하나는 아이소옥테인(C_8H_{18})이다. 다음 5개의 진술 중 아이소옥테인 114.2 g을 정확하게 기술하는 것은?

a. C_8H_{18} 1.00 mol을 함유하는 아이소옥테인의 양

b. 18개의 수소 원자를 포함하는 아이소옥테인의 양

c. 18.14 g의 수소를 함유하는 아이소옥테인의 양

d. 탄소 12.01 g을 함유한 아이소옥테인의 양

e. 탄소의 $12 \times (6.022 \times 10^{23})$ 원자를 함유하는 아이소옥테인의 양

71. 화학식 C_4H_{10}을 갖는 화합물 뷰테인을 생각해 보자. 뷰테인 시료가 수소의 2.59×10^{23} 원자를 함유하고 있다면, 뷰테인의 질량은 얼마인가?

72. Prevacid는 위식도 역류 질환(gastroesophageal reflux disease, GERD)을 치료하는 데 사용된다. Prevacid의 화학식은 $C_{16}H_{14}F_3N_3O_2S$이다.

a. Prevacid의 몰질량은 얼마인가?

b. Prevacid 0.75 mol 중 플루오린의 질량은 얼마인가?

c. Prevacid 0.75 mol 중 탄소 원자의 수는 얼마인가?

d. Prevacid의 4.25×10^{21} 분자의 질량은 얼마인가?

73. 드라이아이스, 에탄올 및 카페인에 대한 공간-채움 모형을 생각해 보자.

드라이아이스

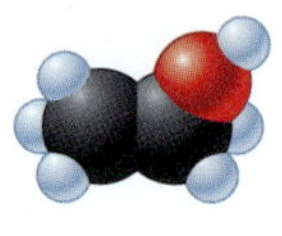

에탄올

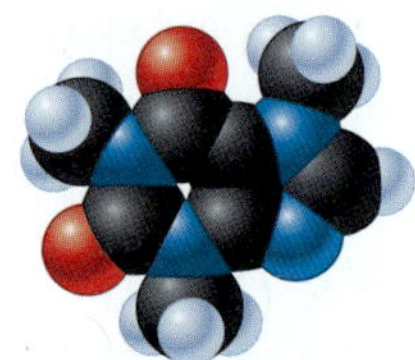

카페인

다음의 각 시료는 몇 몰인가?

a. 1.50 g의 드라이아이스

b. 2.72×10^{21} 분자의 에탄올

c. 20.0 mg의 카페인

74. 다음 각 화합물 5.00 g에 들어 있는 질소 원자의 수를 구하라.

a. 글라이신($C_2H_5O_2N$)

b. 질화 마그네슘(magnesium nitride)

c. 질산 칼슘

d. 사산화 이질소

75. 아스코브산(비타민 C, $C_6H_8O_6$)은 필수 비타민이다. 이 산은 체내에 저장되지 않으므로 음식물을 통하여 공급되어야 한다. 아스코브산의 몰질량은 얼마인가? 건강보조 식품으로 복용하는 비타민 C 정제 한 개에 500.0 mg의 비타민 C가 포함되어 있다면, 10개의 정제에 들어있는 비타민은 몇 몰에 해당하는가? 8개의 비타민 C 정제에는 몇 개의 분자가 포함되어 있는가?

76. 가장 많이 사용되는 진통제 중의 하나인 아스피린(acetylsalicylic acid)의 분자식은 $C_9H_8O_4$이다.

a. 아스피린의 몰질량을 계산하라.

b. 아스피린 정제 한 개에 500. mg의 $C_9H_8O_4$가 포함되어 있다. 몇 몰의 $C_9H_8O_4$ 분자가 포함되어 있는가? 500. mg의 정제 한 개에 몇 개의 아스피린 분자가 들어있는가?

77. 클로랄 수화물(chloral hydrate, $C_2H_3Cl_3O_2$)은 예전에 진정제와 수면제로 사용된 약물로, 범죄 영화에서 "수면제"를 만드는 원료로 사용된다.

a. 클로랄 수화물의 몰질량을 구하라.

b. 클로랄 수화물 500.0 g에는 $C_2H_3Cl_3O_2$ 몇 몰이 들어 있는가?

c. 클로랄 수화물 2.0×10^{-2} mol의 그램 단위 질량은 얼마인가?

d. 클로랄 수화물 5.0 g에는 염소 원자가 몇 개 들어 있는가?

e. 1.0 g의 Cl을 포함하는 클로랄 수화물의 질량은 얼마인가?

f. 클로랄 수화물 분자 500개의 질량은 정확하게 얼마인가?

78. 다이메틸나이트로사민[dimethylnitrosamine, $(CH_3)_2N_2O$]은 발암성 물질로서, 방부제로 사용되는 아질산 이온이 음식이나 음료 등에서 다른 물질과 반응할 때 생성된다.

a. 다이메틸나이트로사민의 몰질량은 얼마인가?

b. 250 mg의 다이메틸니트로사민에 포함된 $(CH_3)_2N_2O$ 분자의 몰 수는 얼마인가?

c. 다이메틸나이트로사민 0.050몰의 질량은 얼마인가?

d. 다이메틸나이트로사민 1.0몰에 포함된 수소 원자의 수는 몇 개인가?

e. 다이메틸나이트로사민 1.0×10^6분자의 질량은 얼마인가?

f. 다이메틸나이트로사민 한 분자의 질량은 몇 그램인가?

조성 백분율

79. 합성 고분자의 중요한 출발 물질인 다음 화합물의 질량 조성 백분율을 계산하라.

a. $C_3H_4O_2$[아크릴 플라스틱의 원료로 사용되는 아크릴산]

b. $C_4H_6O_2$[플렉시글라스(Plexiglas)의 원료로 사용되는 아크릴산 메틸]

c. C_3H_3N[올론(Orlon)의 원료로 사용되는 아크릴로나이트릴]

80. 1987년에 액체 질소 온도(77 K) 이상에서 작동하는 초전도체가 발견되었다. 이 물질의 대략적인 화학식은 $YBa_2Cu_3O_7$이다. 이 물질의 조성 백분율을 계산하라.

81. 어떤 화합물에서 질소의 질량 백분율이 46.7%였다. 이 화학종은 다음 중 어느 것인가?

82. 탄소의 질량 백분율이 증가하는 순으로 다음 물질을 배열하라.

a. 카페인, $C_8H_{10}N_4O_2$

b. 설탕, $C_{12}H_{22}O_{11}$

c. 에탄올, C_2H_5OH

83. 사린은 화학식이 사린의 각 분자에 대해 2개의 산소 원자를 갖는 신경 가스이다. 만약 사린이 질량 기준으로 22.8% O라면, 사린의 몰질량을 계산하라.

84. 어떤 금속 M은 화학식 M_2O_3를 갖는 산화물을 형성한다.

만약 M_2O_3가 질량 기준으로 68.42% M이라면, 금속의 원자 질량인 M은 얼마인가?

85. 썩은 나무의 곰팡이에서 발견된 푸른 단백질인 fungal laccase에는 0.390%(질량으로)의 Cu가 포함되어 있다. Fungal laccase 한 분자에 네 개의 Cu 원자가 들어 있다면, fungal laccase의 몰질량은 얼마인가?

86. 헤모글로빈은 포유류에서 산소를 운반하는 단백질이다. 헤모글로빈에서 Fe는 질량으로 0.347%를 차지하고 있으며, 각 헤모글로빈에는 4개의 철 원자를 포함하고 있다. 헤모글로빈의 몰질량을 계산하라.

실험식과 분자식

87. 다음 각 화합물의 조성을 성분 원소들의 질량 백분율로 나타내라.

a. 폼알데하이드(CH_2O)

b. 글루코스($C_6H_{12}O_6$)

c. 아세트산($HC_2H_3O_2$)

88. 연습 문제 87에 대한 당신의 답을 고려할 때, 조성 백분율을 얻을 수 있는 원소 분석을 통해서 실험식과 분자식 중 어느 것을 얻을 수 있는가?

89. 다음에 표시된 화합물의 실험식을 써라.

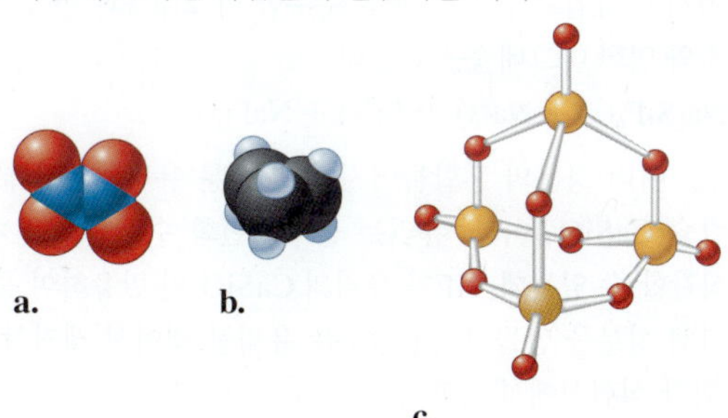

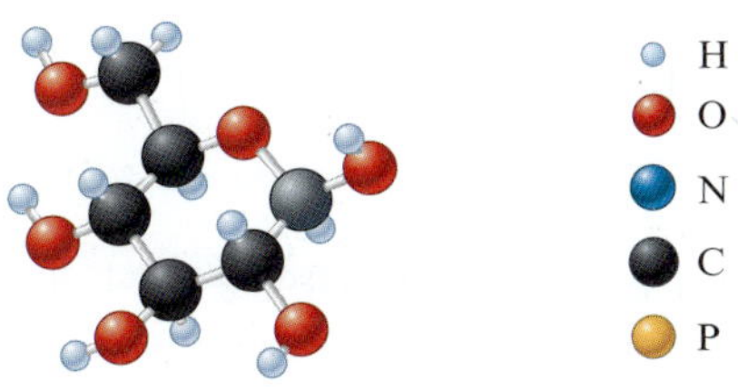

90. 다음의 실험식과 몰질량으로부터 분자식을 구하라.

a. SNH (188.35 g/mol)

b. $NPCl_2$ (347.64 g/mol)

c. CoC_4O_4 (341.94 g/mol)

d. SN (184.32 g/mol)

91. 5.00g의 철 시료는 공기 중의 산소와 반응하여 6.91 g의 철 산화물을 형성한다. 이 화합물의 실험식은 무엇인가?

92. $N_2(g)$의 70.8 g 시료는 과량의 O_2 (g)와 반응하여 화합물 N_xO_y를 형성한다. 최종 생성물의 질량은 111.2 g이다. 이 화합물의 실험식은 무엇인가?

93. 바퀴벌레를 죽이는 숙신산 다이뷰틸을 분석한 결과 62.58% C, 9.63% H 및 27.79% O로 구성되어있는 것으로 나타났다. 숙신산 다이뷰틸의 실험식은 무엇인가?

94. 가장 흔한 형태의 나일론(나일론-6)은 63.68%의 탄소, 12.38%의 질소, 9.80%의 수소, 14.14%의 산소를 포함하고 있다. 나일론-6의 실험식을 구하라.

95. 수은과 산소로만 이루어진 두 가지 이성분 화합물이 있다. 둘 중 어느 것이든 가열하면 분해되어 산소 기체는 대기 중으로 날아가고 수은만 남는다. 화합물들 중 한 화합믈 0.6498 g을 가열하였더니 0.6018 g의 수은이 남았다. 다른 화합물 0.4172 g을 가열하였더니 질량이 0.016 g 감소하였다. 각 화합물의 실험식을 구하라.

96. 요소 시료는 N 1.121 g, H 0.161 g, C 0.480 g, O 0.640 g을 포함하고 있다. 요소의 실험식을 구하라.

97. 황과 질소만으로 되어 있는 화합물에 질량으로 69.6%의 S가 들어 있고, 그 몰질량은 184 g/mol이다. 이 화합물의 실험식과 분자식을 적어라.

98. P 26.7%, N 12.1%, Cl 61.2%를 포함하며, 몰질량이 580 g/mol인 화합물의 분자식을 구하라.

99. 어떤 화합물이 47.08%의 탄소, 6.59%의 수소, 그리고 46.33%의 염소로 구성되어 있다. 이 화합물의 몰질량은 153 g/mol이다. 이 화합물의 실험식과 분자식을 구하라.

100. 말레산(maleic acid)은 C 41.39%, H 3.47%, 그리고 나머지는 산소로 구성된 유기물이다. 말레산 0.129 mol의 질량이 15.0 g이라면, 이 산의 실험식과 분자식을 적어라.

101. 설탕을 구성하는 한 가지 성분인 프럭토스(fructose)는 탄소, 수소, 그리고 산소로만 구성되어 있다. 1.50 g의 프럭토스를 완전 연소하였더니 2.20 g의 이산화 탄소와 0.900 g의 물이 생성되었다. 프럭토스의 실험식을 구하라.

102. C, H, N으로만 구성된 어떤 화합물 35.0 mg을 CO_2 33.5 mg과 H_2O 41.1 mg으로 만들었다. 이 화합물의 실험식을 구하라.

103. 일부 기침약에 사용되는 방향성 물질인 멘톨(menthol)은 C, H, O로 구성되어 있다. 0.1006 g의 멘톨 시료를 과량의 산소로 연소시키면 0.2833 g의 CO_2와 0.1160 g의 H_2O가 생성된다.

a. 멘톨에서 산소의 질량 백분율은 얼마인가?

b. 멘톨의 실험식은 무엇인가?

104. 알 수 없는 어떤 유기 화합물은 C, H, Cl만을 포함하고 있다. 화합물의 1.500 g 시료를 연소시켰을 때, 0.3678 g의 H_2O가 생성되었고, 별도의 실험에서 적절한 방법으로 반응시켜서 1.000 g의 미지의 화합물 시료에 들어있는 모든 염소는 1.950 g의 AgCl

을 형성하였다.

a. 화합물에서 염소의 질량 백분율을 구하라.

b. 알려지지 않은 화합물의 실험식을 결정하라.

105. 큐멘(cumene)은 화학 공장에서 아세톤과 페놀을 생산하는 원료로서, 탄소와 수소만으로 구성되어 있다. 큐멘 47.6 mg을 연소시켰더니 물 42.8 mg과 약간의 이산화 탄소가 만들어졌다. 큐멘의 몰질량이 115 g/mol과 125 g/mol 사이의 값을 갖는다면, 큐멘의 실험식과 분자식을 구하라.

106. 당신은 1.000 g의 아스피린 시료(탄소, 수소 및 산소로만 구성된 화합물)을 가져와서 과량의 산소로 연소시켰더니 2.20 g의 이산화 탄소와 0.400 g의 물을 얻었다. 아스피린의 몰질량은 160~190 g/mol이다. 아스피린의 분자식은 무엇인가?

화학 반응식의 균형 맞추기

107. 다음 각 화학 반응에 대한 균형 맞춘 반응식을 써라.

a. 글루코스($C_6H_{12}O_6$)가 산소 기체와 반응하여 기체 이산화 탄소와 수증기를 만든다.

b. 고체 황화 철(III)[iron(III) sulfide]이 기체 염화 수소와 반응하여 고체 염화 철(III)과 기체 황화 수소를 만든다.

c. 액체 이황화 탄소(carbon disulfide)가 기체 암모니아와 반응하여 황화 수소 기체와 고체 싸이오사이안산 암모늄(ammonium thiocyanate, NH_4SCN)을 만든다.

108. 다음의 각 반응에 대한 균형 맞춘 반응식을 써라.

a. 에탄올(C_2H_5OH)이 연소하면 이산화 탄소와 수증기가 형성된다. 연소 반응이란 어떤 물질과 산소 기체와의 반응을 말한다.

b. 질산 납(II) 수용액과 인산 소듐 수용액을 섞으면 인산 납(II) 침전이 형성되고, 다른 생성물로 질산 소듐 수용액이 얻어진다.

c. 고체 아연이 HCl 수용액과 반응하면 염화 아연 수용액과 수소 기체가 형성된다.

d. 수산화 스트론튬 수용액이 브로민화 수소산 수용액과 반응하여 물과 브로민화 스트론튬 수용액이 얻어진다.

109. 화학 강의실에서 실행하는 가장 흔한 시범 중의 하나는 진한 과산화 수소(H_2O_2) 용액에 소량의 산화 망가니즈(IV)를 첨가하는 것이다. 이 조건에서 과산화 수소가 격렬하게 분해하면서 산소 기체와 수증기를 발생시킨다. 산화 망가니즈(IV)는 과산화 수소의 분해반응에 촉매로 작용하고, 소모되지는 않는다. 과산화 수소의 분해 반응에 관한 균형 맞춘 반응식을 써라.

110. 많은 과일과 채소에 존재하는 설탕인 수크로스($C_{12}H_{22}O_{11}$)는 특정 효모 효소의 존재 하에서 반응하여 에탄올과 이산화 탄소 기체를 생성한다. 슈크로스의 이러한 반응에 대한 다음 반응식의 균형을 맞추어라.

$$C_{12}H_{22}O_{11}(aq) + H_2O(l) \rightarrow C_2H_5OH(aq) + CO_2(g)$$

111. 다음 반응식의 균형을 맞춰라.

a. $Ca(OH)_2(aq) + H_3PO_4(aq) \rightarrow H_2O(l) + Ca_3(PO_4)_2(s)$

b. $Al(OH)_3(s) + HCl(aq) \rightarrow AlCl_3(aq) + H_2O(l)$

c. $AgNO_3(aq) + H_2SO_4(aq) \rightarrow Ag_2SO_4(s) + HNO_3(aq)$

112. 다음 각 반응의 균형을 맞춰라.

a. $KO_2(s) + H_2O(l) \rightarrow KOH(aq) + O_2(g) + H_2O_2(aq)$

b. $Fe_2O_3(s) + HNO_3(aq) \rightarrow Fe(NO_3)_3(aq) + H_2O(l)$

c. $NH_3(g) + O_2(g) \rightarrow NO(g) + H_2O(g)$

d. $PCl_5(l) + H_2O(l) \rightarrow H_3PO_4(aq) + HCl(g)$

e. $CaO(s) + C(s) \rightarrow CaC_2(s) + CO_2(g)$

f. $MoS_2(s) + O_2(g) \rightarrow MoO_3(s) + SO_2(g)$

g. $FeCO_3(s) + H_2CO_3(aq) \rightarrow Fe(HCO_3)_2(aq)$

113. 다음 연소 반응의 균형을 맞춰라.

a.

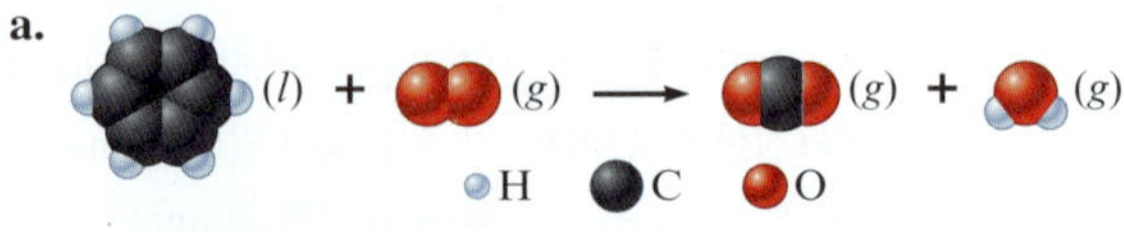

b.

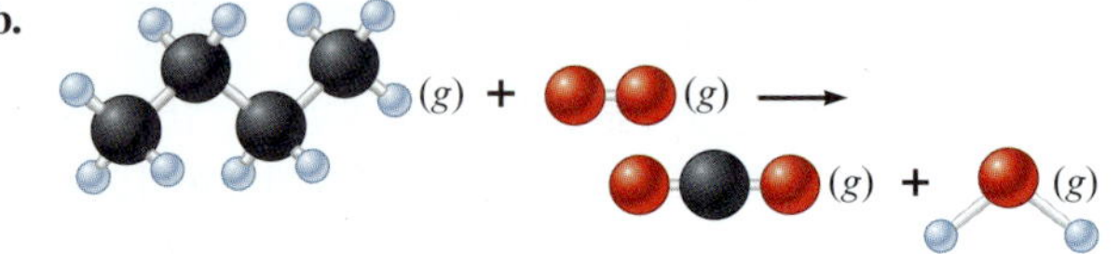

c. $C_{12}H_{22}O_{11}(s) + O_2(g) \rightarrow CO_2(g) + H_2O(g)$

d. $Fe(s) + O_2(g) \rightarrow Fe_2O_3(s)$

e. $FeO(s) + O_2(g) \rightarrow Fe_2O_3(s)$

114. 다음 화학 반응의 균형을 맞춰라.

a. $Cr(s) + S_8(s) \rightarrow Cr_2S_3(s)$

b. $NaHCO_3(s) \xrightarrow{\text{가열}} Na_2CO_3(s) + CO_2(g) + H_2O(g)$

c. $KClO_3(s) \xrightarrow{\text{가열}} KCl(s) + O_2(g)$

d. $Eu(s) + HF(g) \rightarrow EuF_3(s) + H_2(g)$

115. 화학용 또는 전자 산업용 규소는 다음의 반응들을 이용하여 만들어진다. 균형 맞춘 반응식을 완성하라.

a. $SiO_2(s) + C(s) \xrightarrow[\text{아크로}]{\text{전기}} Si(s) + CO(g)$

b. 액체인 사염화 규소를 매우 순수한 마그네슘과 반응시켜 규소와 염화 마그네슘을 만든다.

c. $Na_2SiF_6(s) + Na(s) \rightarrow Si(s) + NaF(s)$

116. 유리는 여러 성분의 혼합물이지만, 대부분 유리의 주성분은 규산 칼슘($CaSiO_3$)이다. 유리는 플루오린화 수소산으로 처리하여 식각할 수 있는데, HF가 유리의 $CaSiO_3$와 반응하여 물에 녹는 기체 성분을 만들고, 이 성분은 유리를 씻어서 제거할 수 있다. 화학 실험실에서 사용하는 부피 플라스크의 눈금을 이와 같은 방법으로 만든다. 플루오린화 수소산과 규산 칼슘 사이의 다음 반응의 균형을 맞춰라.

$$CaSiO_3(s) + HF(aq) \longrightarrow CaF_2(aq) + SiF_4(g) + H_2O(l)$$

반응 화학량론

117. 리튬과 질소(N_2)가 반응하면 질화 리튬이 형성된다. 20.0 g의 Li이 과량의 질소와 반응하였을 때 생성되는 질화 리튬의 질량은 얼마인가?

118. 아이오딘 알루미늄을 생성하는 알루미늄과 아이오딘의 반응을 생각해 보자. 과량의 알루미늄이 존재한다고 가정할 때 아이오딘화 알루미늄 10.0 g을 생산하려면 필요한 $I_2(s)$의 질량은 얼마인가?

119. 수년에 걸쳐, 테르밋 반응은 철도 레일 용접, 방화 폭발물 및 고체 연료 로켓 모터의 점화에 사용되었다. 반응은 다음과 같다.

$$Fe_2O_3(s) + 2Al(s) \longrightarrow 2Fe(l) + Al_2O_3(s)$$

15.0 g의 철을 얻기 위하여 사용해야 할 산화 철(III)과 알루미늄의 질량을 구하라. 생성물인 산화 알루미늄의 최대량은 얼마인가?

120. 성냥갑에 성냥을 그으면 염소산 포타슘과 붉은 인(적린)의 반응이 일어난다. 만일 52.9 g의 염소산 포타슘($KClO_3$)을 과량의 적린과 반응시킨다면, 생성되는 십산화 사인(P_4O_{10})의 질량은 얼마인가?

$$KClO_3(s) + P_4(s) \longrightarrow P_4O_{10}(s) + KCl(s) \text{ (균형 맞추지 않음)}$$

121. 미국의 우주 왕복선의 추진 로켓에는 알루미늄과 과염소산 암모늄이 연료로 쓰인다. 그 균형 화학 반응식은 다음과 같다.

$$3Al(s) + 3NH_4ClO_4(s) \longrightarrow Al_2O_3(s) + AlCl_3(s) + 3NO(g) + 6H_2O(g)$$

Al 1 kg당 얼마만큼의 NH_4ClO_4가 필요한가?

122. **a.** 아이소옥테인(isooctane, C_8H_{18})을 연소시키면 수증기와 이산화 탄소 기체가 생성된다. 이 반응의 균형 맞춘 방정식을 써라.

b. 가솔린이 0.692 g/mL의 밀도를 갖는 100.% 아이소옥테인이라고 가정하자. 미국에서의 연간 휘발유 소비량은 1.2×10^{10}갤런이다. 미국에서 가솔린의 연소에 의해 생성되는 이산화 탄소의 이론적인 수득량은 얼마인가?

123. Alka-Seltzer와 같은 엘릭서는 수용액에서 탄산 수소 소듐과 시트르산의 반응을 사용하여 거품을 생성한다.

$$3NaHCO_3(aq) + C_6H_8O_7(aq) \longrightarrow 3CO_2(g) + 3H_2O(l) + Na_3C_6H_5O_7(aq)$$

a. 1.0×10^2 mg $NaHCO_3$에 대해 $C_6H_8O_7$의 질량을 사용해야 하는가?

b. 그러한 혼합물로부터 어떤 질량의 $CO_2(g)$가 생성될 수 있는가?

124. 아스피린($C_9H_8O_4$)은 살리실산($C_7H_6O_3$)을 아세트산 무수물($C_4H_6O_3$)을 반응시켜 합성한다. 이 합성반응의 균형 맞춘 반응식은 다음과 같다.

$$C_7H_6O_3 + C_4H_6O \longrightarrow C_9H_8O_4 + HC_2H_3O_2$$

a. 1.00×10^2 g 살리실산을 완전히 소비하려면 아세트산 무수물이 얼마나 필요한가?

b. 이 반응에서 생성될 수 있는 아스피린의 최대 질량(이론적 수득량)은 얼마인가?

125. 박테리아를 이용한 분해법은 오수물을 처리하는 경제적인 방법이다. 아래 반응은 유기 화합물에 포함된 질소를 질산 이온으로 변환시키는 중간 과정이다. 질량으로 3.0%의 NH_4^+ 이온을 포함하는 1.0×10^4 kg의 폐수를 처리할 때 생성되는 박테리아 조직의 질량은 얼마인가? 암모늄 이온의 95%가 박테리아에 의하여 처리된다고 가정하라.

$$5CO_2(g) + 55NH_4^+(aq) + 76O_2(g) \xrightarrow{\text{박테리아}} \underset{\text{박테리아 조직}}{C_5H_7O_2N(s)} + 54NO_2^-(aq) + 52H_2O(l) + 109H^+(aq)$$

126. 인은 다음 반응에 의해 인산 칼슘으로부터 제조될 수 있다:

$$2Ca_3(PO_4)_2(s) + 6SiO_2(s) + 10C(s) \longrightarrow 6CaSiO_3(s) + P_4(s) + 10CO(g)$$

인산염은 $Ca_3(PO_4)_2$와 다른 비인 함유 화합물을 포함하는 광물이다. Phorphorite 시료가 75% $Ca_3(PO_4)_2$ 질량인 경우 phosphorite 1.0 kg에서 생산할 수 있는 P_4의 최대 양은 얼마인가? 다른 반응물은 과량으로 존재한다고 가정하라.

127. 코크스(Coke)는 불순물이 섞인 탄소로 금속 산화물에서 금속을 얻는 데 사용된다. 어떤 코크스 시료가 95%의 탄소(질량으로)로 구성되어 있다면, 1.0톤의 산화 구리(II)와 완전히 반응하는 데 필요한 코크스의 질량을 계산하라.

$$2CuO(s) + C(s) \longrightarrow 2Cu(s) + CO_2(g)$$

128. 우주 왕복선의 환경 통제팀은 과량의 CO_2(우주 비행사들이 숨쉴 때 발생하는 것으로, 내뿜는 공기 질량의 4.0%이다)를 수산화 리튬(LiOH) 알갱이와 반응시켜 탄산 리튬(Li_2CO_3)과 물을 만드는 방법으로 제거한다. 우주 왕복선에 7명의 우주 비행사가 탑승했다고 가정하고, 각 비행사가 분당 20. L의 공기를 내뿜는다면 25,000 g의 LiOH 알갱이는 깨끗한 공기를 얼마나 오랫동안 만들 수 있는가? 공기의 밀도는 0.0010 g/mL로 가정하라.

한계 반응물과 백분 수득률

129. 다음에 표시된 NO(g)와 $O_2(g)$의 반응에 대하여 생각해 보자.

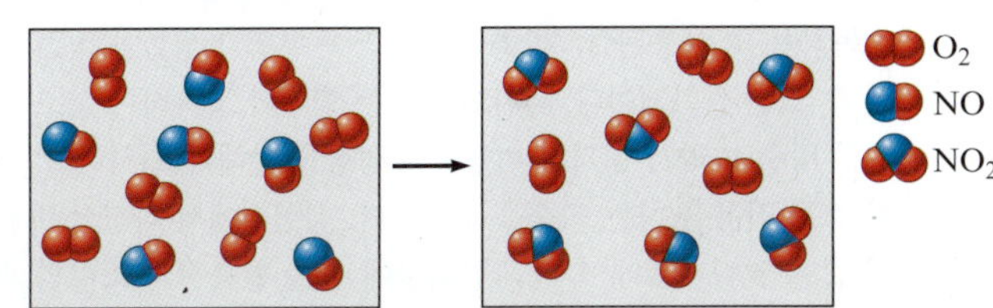

이 반응에 대한 균형 맞춘 반응식은 무엇이며 한계 반응물은 어느 것인가?

130. 원소 X와 원소 Y의 반응은 다음 다이어그램에 나와 있다. 이 반응을 가장 잘 설명하는 반응식은 무엇인가?

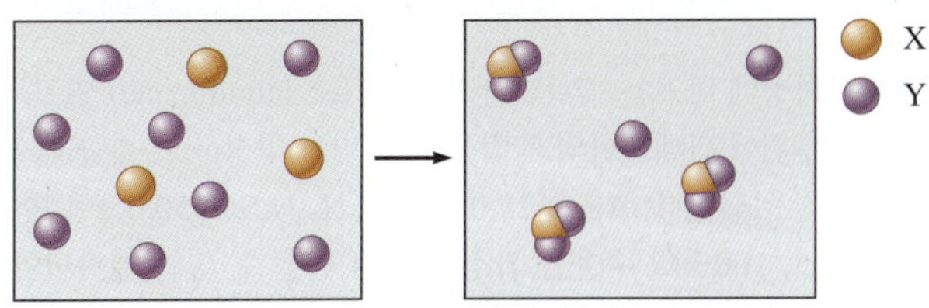

a. $3X + 8Y \rightarrow X_3Y_8$

b. $3X + 6Y \rightarrow X_3Y_6$

c. $X + 2Y \rightarrow XY_2$

d. $3X + 8Y \rightarrow 3XY_2 + 2Y$

131. 다음의 반응에 대하여 생각해 보자.

$$4NH_3(g) + 5O_2(g) \longrightarrow 4NO(g) + 6H_2O(g)$$

어떤 반응기에 초기에 O_2 10분자와 NH_3 10분자가 있었다면, 반응이 완결된 후 반응 용기에 존재하는 분자(반응물과 생성물 모두)는 모두 몇 개인가?

132. 다음 반응식을 생각해 보자.

$$2\ CH_3OH(g) + 3\ O_2(g) \longrightarrow CO_2(g) + 4\ H_2O(g)$$

용기에는 처음에는 15분자의 CH_3OH와 15개의 O_2 분자를 가지고 있다. CH_3OH와 O_2 분자가 위의 반응에 의해 완료에 반응한다고 가정하면, 총 몇 개의 분자(반응물 분자와 생성물 분자)가 용기에 존재할 것인가?

133. 암모니아는 다음의 균형 맞춘 반응식에 의하여 질소와 수소로부터 만들어진다.

$$N_2(g) + 3H_2(g) \longrightarrow 2NH_3(g)$$

a. 1.00×10^3 g의 N_2와 5.00×10^2 g의 H_2 혼합물로부터 생성되는 암모니아의 최대 질량은 얼마인가?

b. 반응하지 않고 남아있는 반응물은 어느 것이며, 남는 양은 얼마인가?

134. 다음 균형을 맞추지 않은 반응식을 생각해 보자.

$$Ca_3(PO_4)_2(s) + H_2SO_4(aq) \longrightarrow CaSO_4(s) + H_3PO_4(aq)$$

인산 칼슘 1.0 kg과 진한 황산(질량으로 98% H_2SO_4) 1.0 kg을 반응시킬 때, 얻을 수 있는 인산과 황산 칼슘의 질량은 얼마인가?

135. 과산화 수소는 여러 가지 이유로 인하여 베인 상처나 타박상을 소독하는 데 사용된다. 이 물질은 여러 종류의 미생물을 직접 죽일 수 있는 산화제이다. 과산화 수소는 혈액과 접촉하여 산소 기체를 방출(따라서 혐기성 미생물의 성장을 방해하고)시키고, 또한 소독 작용을 하는 거품을 형성한다. 실험실에서 과산화 바륨과 같은 알칼리 토금속의 과산화물에 산을 반응시켜 소량의 과산화 수소를 만들 수 있다.

$$BaO_2(s) + 2HCl(aq) \longrightarrow H_2O_2(aq) + BaCl_2(aq)$$

과산화 바륨 1.50 g을 mL당 0.0272 g의 HCl을 포함하는 염산 88.0 mL와 반응시킬 때 얻을 수 있는 과산화 수소의 질량은 얼마인가? 반응하지 않고 남는 시약은 어느 것인가? 얼마만큼 남는가?

136. 화상에 바르는 설파디아진 은(silver sulfadiazine) 연고는 상처 부위에 박테리아의 침입을 막는 막을 형성하고, 항균 물질을 직접 공급한다. Ag_2O 25.0 g과 $C_{10}H_{10}N_4SO_2$ 50.0 g이 반응한다면, 100%의 수율을 가정했을 때 얻을 수 있는 설파디아진 은, $AgC_{10}H_9N_4SO_2$의 질량은 얼마인가?

$$Ag_2O(s) + 2C_{10}H_{10}N_4SO_2(s) \longrightarrow 2AgC_{10}H_9N_4SO_2(s) + H_2O(l)$$

137. 사이안화 수소는 산업적으로 기체 암모니아, 산소, 메탄의 반응을 통해 생산된다.

$$2NH_3(g) + 3O_2(g) + 2CH_4(g) \longrightarrow 2HCN(g) + 6H_2O(g)$$

실제 수득량이 100%라 가정하고, NH_3, O_2, CH_4가 각각 5.00×10^3 kg씩 반응물에 들어 있을 때, 생성되는 HCN과 H_2O의 무게를 계산하라.

138. 아크릴로나이트릴(C_3H_3N)은 많은 종류의 합성 카펫이나 천의 출발 물질로 다음과 같은 반응을 이용하여 만들어진다.

$$2C_3H_6(g) + 2NH_3(g) + 3O_2(g) \longrightarrow 2C_3H_3N(g) + 6H_2O(g)$$

C_3H_6 15.0 g, O_2 10.0 g, NH_3 5.00g이 반응하면 100%의 수율을 가정하면 몇 g의 아크릴로나이트릴이 만들어지는가?

139. 알루미늄은 브로민과 반응하여 브로민화 알루미늄을 생성한다.

$$2Al(s) + 3Br_2(l) \longrightarrow 2AlBr_3(s)$$

어떤 실험에서, 20.0 mL의 브로민(밀도 = 3.10 g/mL)을 과량의 알루미늄과 반응시켜 50.3 g의 브로민화 알루미늄을 얻었다. 이 실험의 백분 수득률은 얼마인가?

140. Ca 고체 10.0 g과 N_2 기체 10.0 g 사이의 반응으로 질화 칼슘을 생성하는 합성 반응을 생각해 보자. 생성물의 실제 수득율이 10.0 g이면 반응의 수득률은 얼마인가?

141. 에테인(C_2H_6) 기체와 염소 기체가 반응하면 HCl과 함께 주생성물로 C_2H_5Cl을 생성한다. 그 외에도 $C_2H_4Cl_2$와 $C_2H_3Cl_3$ 등을 포함하는 많은 부생성물이 만들어진다. 당연히 이런 부생성물들은 주생성물의 수득률을 감소시킨다. 300. g의 에테인과 650. g의 염소가 반응하여 490. g의 C_2H_5Cl이 생성된 경우 백분 수득률을 계산하라.

142. 고기나 새 또는 사람에게 해로운 살충제인 DDT는 다음과 같은 반응을 이용하여 생성된다.

$$\underset{\text{클로로벤젠}}{2C_6H_5Cl} + \underset{\text{클로랄}}{C_2HOCl} \longrightarrow \underset{\text{DDT}}{C_{14}H_9Cl_5} + H_2O$$

정부 기관의 한 실험실에서 1142 g의 클로로벤젠을 485 g의 클로랄과 반응시켰다.

a. 생성되는 DDT의 질량은 얼마인가? 100% 수율을 가정하라.

b. 어느 반응물이 한계 반응물이며, 어느 반응물이 과량으로 존재하는가?

c. 과량으로 존재하는 반응물은 몇 g 남겠는가?

d. DDT의 실제 수득량이 200.0 g이라면 백분 수득률은 얼마인가?

143. 다음 반응을 생각해 보자.

$$2\ Cu(s) + S(s) \rightarrow Cu_2S(s)$$

반응이 73.0%의 수득률을 갖는다면, 10.0 g의 Cu_2S의 실제 수율을 얻기 위해서는 필요한 구리의 질량은 얼마인가?

144. 다음의 균형 맞추지 않은 반응을 생각해 보자.

$$P_4(s) + F_2(g) \longrightarrow PF_3(g)$$

반응이 78.1%의 수득률을 갖는다면 120. g의 PF_3를 생성시키기 위해서 필요한 F_2의 질량은 얼마인가?

화학 활동 문제

145. 한 화학자가 질량 분석계를 이용하여 실험하는 중에 질량이 30.0106에 해당하는 봉우리를 얻었다. $^{12}C_2{}^1H_6$, $^{12}C^1H_2{}^{16}O$, 그리고 $^{14}N^{16}O$ 중에서 이 봉우리의 질량에 해당하는 것은 어느 것인가? 관련되는 원자들의 질량은 ^1H, 1.007825; ^{16}O, 15.994915; 그리고 ^{14}N, 14.003074이다.

146. 붕소는 ^{10}B와 ^{11}B의 두 동위원소로 구성되어 있다. 염소 또한 ^{35}Cl과 ^{37}Cl의 두 동위원소가 존재한다. BCl_3의 질량 스펙트럼을 생각해 보자. BCl_3의 질량 스펙트럼에는 몇 개의 봉우리가 존재하는가? 또한 각 봉우리의 대략적인 질량은 얼마인가?

147. 주사 터널링 현미경(scanning tunneling microscopy)과 같은 기술로 인하여 원자 표면에서 각 원자를 조작하거나 재배치하여 글씨를 "쓸 수" 있다.

a. 철 원자 1.05×10^{-20} g을 이용하여 그림을 그린다면, 철 원자 몇 개가 사용되는가?

b. 가로 및 세로가 각각 20개와 14개인 백금 원자를 이용하여 원자 표면을 만들었다면 원자 표면의 질량(g)은 얼마인가?

c. 원자 표면을 b에서 구한 동일한 질량의 루테늄을 이용한다면 원자 표면을 구성하기 위해서 몇 개의 루테늄 원자가 필요한가?

* **148.** 포스핀(PH_3), 물(H_2O), 황화 수소(H_2S), 그리고 플루오린화 수소(HF) 시료를 생각해 보자. 각 시료는 119 g씩 있다. 시료에 포함된 수소 원자가 가장 적은 것부터 많은 것까지 나열하라.

149. 순수한 산화 알루미늄인 Al_2O_3는 강옥이라 부르는 광물로 자연계에서 존재하는데, 이것은 산에 의한 공격에 대한 경도와 내성으로 유명하다. 강옥의 밀도는 3.97 g/mL이다. 15.00 mL의 강옥에서 알루미늄의 원자 수를 계산하라.

150. 97 g의 카페인 시료에는 3.01×10^{23} 분자의 카페인이 들어 있다. 일반적인 10시간 에너지 음료에 420 mg의 카페인이 포함되어 있다면 음료에 몇 몰의 카페인이 들어 있는가?

151. 분자의 질량은 4.65×10^{-23} g이다. 이 분자에 대한 두 가지 가능한 화학식은 무엇인가?

152. 알코올 탈수소효소라는 효소는 Zn^{2+} 이온을 포함하고 있다. 알코올 탈수소효소의 100.0 g 시료는 Zn^{2+} 0.327 g을 함유한다. 효소의 한 분자가 1.328×10^{-19} g의 질량을 가지고 있다면, 알코올 탈수소효소의 한 분자에 존재하는 아연 이온의 수는 얼마인가?

153. XeF_n (n은 정수) 형태의 분자를 포함하는 플루오린화 제논 화합물이 있다. XeF_n 9.03×10^{20} 분자의 질량이 0.368 g이라면 n의 값은 얼마인가?

154. 아스파탐은 물에 녹았을 때 수크로스(설탕)보다 160배나 더 단 감미료이다. 이것은 뉴트라스위트(NutraSweet)라는 이름으로 시판 중이다. 아스파탐의 분자식은 $C_{14}H_{18}N_2O_5$이다.

a. 아스파탐의 몰질량을 계산하라.

b. 아스파탐 10.0 g에는 몇 mol의 분자가 들어 있는가?

c. 아스파탐 1.56 mol의 질량은 얼마인가?

d. 아스파탐 5.0 mg에는 몇 개의 분자가 있는가?

e. 아스파탐 1.2 g에는 질소 원자 몇 개가 들어 있는가?

f. 아스파탐 1.0×10^9 분자의 질량은 얼마인가?

g. 아스파탐 한 분자의 그램 단위 질량은 얼마인가?

155. 근육강화 스테로이드(anabolic steroid)는 대부분의 운동 경기에서 금지된 운동 강화 약물이다. 이 스테로이드는 $C_{20}H_{29}FO_3$의 분자식을 가지고 있다. 이 물질의 질량 조성 백분율을 구하라.

156. 수산화 소듐의 질량은 탄산 암모늄 100.0 g과 같은 수의 산소 원자를 가지고 있는가?

* **157.** 다음 물질들을 질소의 질량 백분율이 증가하는 순서로 정렬하라.

a. NO　　**c.** NH_3

b. N_2O　　**d.** DNH

158. 파라크레졸(para-cresol)은 소독제 및 제초제 제조에 사용되는 물질이다. 이 분자에는 탄소, 수소, 산소 원소를 포함하고 있다. 0.345 g의 *p*-크레졸 시료를 완전 연소시켰더니 0.983 g의 이산화 탄소와 0.230 g의 물이 생성되었다. *p*-크레졸의 실험식은 무엇인가?

159. 아드레날린은 "투쟁–도피" 호르몬으로 알려져 있다. 이 호르몬은 스트레스가 많거나 흥미진진하거나 자극적인 일에 반응하여 신체에서 방출된다. 아드레날린 화합물은 질량 기준으로 56.79%의 C, H 6.56%의 H, 28.37%의 O, 8.28%의 N가 함유되어 있다. 아드레날린의 실험식은 무엇인가?

160. 아디프산(adipic acid)은 49.31%의 C, 43.79%의 O 및 나머지 수소로 구성된 유기 화합물이다. 아디프산의 몰질량이 146.1 g/mol인 경우, 아디프산의 실험식과 분자식은 무엇인가?

161. 사이아노코발라민(비타민 B_{12})은 인간에게 필수 영양소이다. 이것은 동물 세포 조직에서는 농축되지만, 식물 세포 조직에서는 농축되지 않는다. 꼭 필요한 양은 아주 적지만, 동물성 음식을 전혀 먹지 않는 사람은 결핍증을 나타낼 수 있다. 비타민 정제에 사이아노코발라민이 사용되고 있으며, 사이아노코발라민 한 분자는 4.34%의 코발트를 포함하고 있다. 사이아노코발라민 한 분자에 코발트 한 원자가 들어 있다고 가정하고, 사이아노코발라민의 몰질량을 계산하라.

162. 위경련의 치료제로 사용되는 비스무트 알약 한 개에는 262 mg의 살리실산 비스무트(bismuth subsalicylate, $C_7H_5BiO_4$)가 들어있다. 알약 두 개를 복용했을 때 섭취한 비스무트의 양을 구하라.

163. 스타이렌은 플라스틱 포장, 일회용 용기, 단열재 등을 만드는 데 쓰이는 화합물이다. 스타이렌의 실험식은 CH이다. 스타이렌의 몰질량은 104.14 g/mol이다. 2.00-g 스타이렌 시료에 존재하는 H 원자의 수는?

164. 테레프탈산은 폴리에스터와 가소제의 제조에 사용되는 중요한 화학물질이다. 이 산은 C, H 및 O만을 포함한다. 19.81 mg의 테레프탈산을 연소시켰더니 41.98 mg의 CO_2와 6.45 mg의 H_2O를 생성한다. 0.250몰의 테레프탈산이 41.5 g의 질량을 갖는다. 테레프탈산의 분자식은 무엇인가?

165. 탄화수소의 시료(탄소와 수소로만 구성된 화합물)는 탄소의 1.04×10^{23} 원자를 함유하고 질량 기준으로 17.3%의 수소를

함유한다. 탄화수소의 몰질량이 55~65 g/mol이면 시료의 질량은 얼마인가?

166. 미지의 원소 E와 H로만 이루어진 화합물이 질량으로 91.27%의 E와 8.73%의 H를 포함하고 있다. 화합물의 식이 E_3H_8이라면, 원소 E의 원자 질량을 구하라.

167. 수화된 0.755 g의 황산 구리(II)[$CuSO_4 \cdot xH_2O$]를 가열하여 0.483 g의 무수물 황산 구리(II)($CuSO_4$)를 얻었다. x 값을 구하라. [x를 황산 구리(II)의 *수화물의 수*라고 부른다. 수화된 결정에서 단위 $CuSO_4$당 물 분자의 수를 의미한다.]

168. ABS 플라스틱은 쇼크에 저항성을 보이는 견고한 플라스틱이며, 아크릴로나이트릴(C_3H_3N), 뷰타다이엔(C_4H_6), 스타이렌(C_8H_8)의 세 가지 단량체로 만들어진다.

a. ABS 플라스틱에는 질량으로 8.80%의 N을 포함하고 있으며, 1.20 g의 ABS와 반응시키기 위하여 뷰타다이엔과 반응하는 브로민 0.605 g이 소비되었다. 브로민은 뷰타다이엔과 몰비로 1:1로 반응하며, 다른 것과는 반응하지 않는다. 아크릴로나이트릴과 뷰타다이엔의 질량 백분율을 구하라.

b. 고분자 내의 각 단량체의 상대적인 수는 얼마인가?

169. LSD(lysergic acid diethylamide, $C_{24}H_{30}N_3O$) 시료를 염화 소듐(NaCl)에 가하여 혼합물을 만들었다. 혼합물 1.00 g을 연소시켜 1.20 g의 CO_2를 얻었다면, 혼합물 중 LSD의 질량 백분율을 구하라.

170. 코르티손(cortisone) 한 분자에는 21개의 탄소 원자(와 다른 원자가 포함되어 있다.)가 포함되어 있다. 코르티손의 탄소 질량 백분율은 69.98%이다. 코르티손의 몰질량은 얼마인가?

171. 테트로도톡신(tetrodotoxin)은 일본에서 매우 인기가 있는 복어에서 발견되는 독성 물질이다. 이 화합물의 LD_{50}(실험 대상의 50.%가 죽을 수 있는 물질의 양)은 체중 1 kg에 대하여 10. μg이다. 테트로도톡신은 41.38%의 탄소, 13.16%의 질소, 5.37%의 수소 그리고 나머지는 산소로 이루어져 있다. 테트로도톡신의 실험식은 무엇인가? 만일 세 분자의 테트로도톡신의 질량이 1.59×10^{-21} g이라면 테트로도톡신의 분자식은 무엇인가? 체중 165 lb인 사람에 대한 LD_{50} 정량에 포함된 테트로도톡신 분자는 몇 개인가?

172. 이온 결합 화합물 MX_3를 다음과 같은 균형 맞지 않은 반응식을 이용하여 합성하였다.

$$M + X_2 \longrightarrow MX_3$$

시료 X_2 0.105 g에는 8.92×10^{20}개의 분자가 포함되어 있다. 화합물 MX_3에 포함된 X의 질량 백분율은 54.47%이다. M과 X_2는 어떤 원소이며 MX_3의 정확한 이름은 무엇인가? M과 X_2 각각 1.00 g을 이용하여 몇 g의 MX_3를 얻을 수 있는가?

173. 로켓에 사용되는 강력한 연료는 B_5H_9과 O_2의 혼합물로 두 물질은 다음과 같은 반응을 한다.

$$2B_5H_9(l) + 12O_2(g) \longrightarrow 5B_2O_3(s) + 9H_2O(g)$$

로켓은 한 연료 통에 126 g의 B_5H_9을 그리고 다른 연료 통에 192 g의 O_2를 채우고 두 반응물을 모두 반응시키면 몇 g의 물이 생성되는가?

* **174.** 불순물이 섞인 질산 소듐 0.4230 g을 가열하여 모두 0.2864 g의 아질산 소듐과 산소 기체로 분해하였다. 원래의 시료에 포함된 질산 소듐의 백분율을 구하라.

* **175.** 화학 반응식에 대한 다음 설명 중 옳은 것은 어느 것인가?

a. 균형 맞춘 화학 반응식의 계수는 절대 바꿀 수 없다.

b. 균형 맞춘 화학 반응식의 계수는 반응물과 생성물의 그램 수를 의미한다.

c. 화학 반응식에서 반응물은 오른쪽에 생성물은 왼쪽에 나타낸다.

d. 화학 반응식의 균형을 맞출 때, 화학식의 첨자는 절대로 바뀌지 않는다.

e. 화학 반응에서 물질은 절대로 생성되거나 파괴되지 않으므로 반응식의 양변에 동일한 수의 원자가 포함되어야 한다.

* **176.** 기체 이산화 황은 수산화 소듐과 반응하여 황화 소듐과 물을 생성한다. 이 반응에 대한 *균형 맞추지 않은* 반응식은 다음과 같다.

$$SO_2(g) + NaOH(s) \longrightarrow Na_2SO_3(s) + H_2O(l)$$

이산화 황 38.3 g을 수산화 소듐 32.8 g과 반응시켰을 때 각 생성물의 질량을 계산하라.

177. 철광석에 Fe_2O_3와 다른 불순물이 들어 있다. 752 g의 철광석 시료를 과량의 탄소와 가열시키면, 다음 반응에 의하여 453 g의 순수한 철이 얻어진다.

$$Fe_2O_3(s) + 3C(s) \longrightarrow 2Fe(s) + 3CO(g)$$

불순한 철광석 시료에 들어있는 Fe_2O_3의 질량 백분율을 구하라. Fe_2O_3가 철의 유일한 공급원이며, 반응은 100% 진행하는 것으로 가정하라.

178. Zn과 Cu 합금인 상업용 청동은 염산과 반응한다.

$$Zn(s) + 2HCl(aq) \longrightarrow ZnCl_2(aq) + H_2(g)$$

(Cu는 HCl과 반응하지 않는다.) 청동 0.5065 g을 과량의 HCl과 반응시켰더니 $ZnCl_2$ 0.0985 g이 얻어졌다.

a. 청동의 조성을 무게비로 구하라.

b. 위 과정을 바꾸지 않고 어떻게 a에서 얻을 결과를 검산해 볼 수 있겠는가?

179. 비타민 A의 몰질량은 286.4 g/mol이고, 일반적인 분자식은 미지의 원소 E를 포함하여 C_xH_yE이다. 비타민 A가 질량으로 83.86% C와 10.56% H로 되어 있다면 비타민 A의 분자식을 구하라.

180. 모든 동일한 양의 염소 기체(Cl_2)가 들어 있는 7개의 밀폐된 상자가 있다. 첫 번째 상자에 10.0 g의 소듐을 넣고 두 번째 상자부터 순차적으로 20.0 g씩 증가된 양의 소듐을 가하여 마지막 상자에 70.0 g의 소듐을 가한다. 소듐과 염소는 다음과 같이 반응하여 염화 소듐을 생성한다.

$$2Na(s) + Cl_2(g) \longrightarrow 2NaCl(s)$$

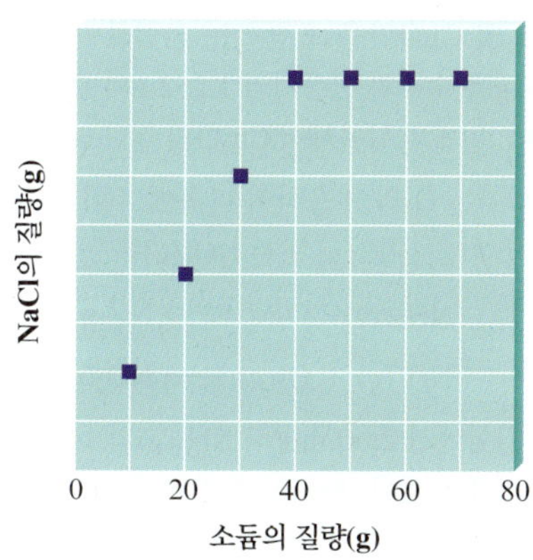

다음의 질문에 답하라.

a. 그래프의 모양을 설명하라.

b. 20.0 g의 소듐을 가했을 때 생성되는 NaCl의 질량을 계산하라.

c. 각 상자에 있는 Cl_2의 질량을 계산하라.

d. 50.0 g의 소듐을 가했을 때 생성되는 NaCl의 질량을 계산하라.

e. b와 d의 반응 후 남은 반응물을 확인하고 그 질량을 계산하라.

181. 어떤 물질 X_2Z의 조성(질량)은 40.0% X 그리고 60.0% Z였다. 화합물 XZ_2의 조성(질량)을 구하라.

도전 문제

182. 비소화 갈륨(gallium arsenide, GaAs)은 광섬유 통신 분야에서 빛을 전기적 신호로 바꾸는 반도체 기기에 널리 이용된다. 갈륨은 60.% ^{69}Ga와 40.% ^{71}Ga로 구성되어 있다. 자연에서 발견되는 비소의 동위원소는 ^{75}As의 한 종류뿐이다. 비소화 갈륨은 고분자 재료이지만 질량 스펙트럼은 화학식 GaAs나 Ga_2As_2를 갖는 토막을 보여준다. 이 두 조각에 대한 봉우리의 분포는 어떻게 되는가?

183. 수소와 질소로 구성된 세 가지 이성분 화합물에 대한 다음의 자료에 대하여 생각해 보자.

	% H(질량)	% N(질량)
I	17.75	82.25
II	12.58	87.42
III	2.34	97.66

각 기체상 화합물 1.00 L를 원소 성분으로 분해하였더니, 다음과 같은 부피의 $H_2(g)$와 $N_2(g)$를 얻었다.

	H_2 (L)	N_2 (L)
I	1.50	0.50
II	2.00	1.00
III	0.50	1.50

이 자료를 이용하여 화합물 I, II, 그리고 III의 분자식을 구하고 수소와 질소의 원자 질량의 상대값을 구하라.

184. 천연 루비듐의 평균 질량은 85.4678 u이고, 동위원소 ^{85}Rb(질량 = 84.9117 u)와 ^{87}Rb로 구성되어 있다. 천연의 루비듐에서 ^{85}Rb/^{87}Rb의 비는 2.591이다. ^{87}Rb의 질량을 구하라.

185. 탄소, 수소, 질소, 산소로만 구성된 화합물이다. 이 화합물 0.157 g을 태워서 0.213 g의 CO_2 그리고 0.0310 g의 H_2O를 얻었다. 다른 실험을 통하여 0.103 g의 시료로부터 0.0230 g의 NH_3를 얻었다. 이 화합물의 실험식은 무엇인가? *힌트*: 연소 반응은 과량의 O_2와 반응하였다고 가정한다. 모든 탄소는 CO_2가 되고, 모든 수소는 H_2O로 변한다. 두 번째 실험에서 모든 질소는 NH_3로 변한다.

186. 질산은 공업적으로 Ostwald 방법에 따라 만든다. Ostwald 과정에는 다음의 세 가지 단계가 있다.

$$4NH_3(g) + 5O_2(g) \longrightarrow 4NO(g) + 6H_2O(g)$$
$$2NO(g) + O_2(g) \longrightarrow 2NO_2(g)$$
$$3NO_2(g) + H_2O(l) \longrightarrow 2HNO_3(aq) + NO(g)$$

각 반응에 대한 수율이 100%라고 가정하고, Ostwald 과정에 의해 1.0×10^6 kg의 HNO_3을 생산하는 데 필요한 NH_3의 질량을 계산하라. 세 번째 반응에서 만들어지는 NO는 재사용되지 않는다고 가정하라.

187. 산소의 공급이 제한적이면, 금속 철은 산소와 반응하여 FeO와 Fe_2O_3의 혼합물을 생성한다. 어떤 실험에서 20.00 g의 금속 철을 11.20 g의 산소 기체와 반응시켰다. 실험이 끝난 후, 모든 철이 완전히 소모되었고 3.24 g의 산소 기체가 남았다. 이 실험에서 생성된 FeO와 Fe_2O_3의 양을 구하라.

188. 에테인(C_2H_6)과 프로페인(C_3H_8) 혼합 기체 9.780 g이 있다. 이 기체를 이산화 탄소와 물로 완전 연소시키는 데 1.120 mol의 산소가 필요하다. 처음 혼합 기체에 포함된 에테인의 질량 백분율을 구하라.

189. 아연과 마그네슘이 각각 염산과 반응하여 각 금속의 염화물과 수소 기체를 형성하였다. 아연과 마그네슘 혼합물 10.00 g을 과량의 염산과 혼합하여 수소 기체 0.5171 g을 얻었다. 처음 혼합물에 존재하는 마그네슘의 질량 백분율을 구하라.

190. 각각 $O_2(g)$와 반응하여 $NO_2(g)$와 $H_2O(g)$를 생성하는 $NH_3(g)$와 $N_2H_4(g)$의 기체 혼합물이 있다. 초기 질량이 61.00 g인 기체 혼합물을 10.00 mol의 $O_2(g)$와 반응시켰다. 반응이 완결된 후, 4.062 mol의 $O_2(g)$가 남았다. 처음의 기체 혼합물에서 $N_2H_4(g)$의 질량 백분율을 계산하라.

191. 몰질량이 62.09 g/mol인 이성분 기체 화합물에 대하여 생각해 보자. 이 화합물 1.39 g을 과량의 산소 하에서 완전히 연소시켜 1.21 g의 물을 얻었다. 화합물의 화학식을 구하라. 물이 수소를 포함하는 유일한 생성물이라고 가정하라.

192. 스칸듐 금속 2.25 g을 과량의 염산과 반응시켜 0.1502 g의 수소 기체를 얻었다. 이 반응에서 생성된 염화 스칸듐의 화학식은 무엇인가?

193. 전자 산업의 회로 기판을 생산하는 데 있어서, 절연 플라스틱 판에 0.60 mm 두께의 구리 층을 얇게 도포한다. 그 다음 화학 물질

에 저항성을 갖는 고분자 물질을 이용하여 플라스틱 판에 회로 모양을 만들고, 불필요한 구리를 화학적 에칭을 이용하여 제거한 다음, 고분자 물질을 화학 용매를 이용하여 제거하면 된다. 에칭 반응은 다음과 같다.

$$Cu(NH_3)_4Cl_2(aq) + 4NH_3(aq) + Cu(s) \longrightarrow 2Cu(NH_3)_4Cl(aq)$$

각각의 넓이가 8.0 × 16.0 cm인 10,000개의 인쇄 회로 기판을 만든다고 가정하자. 평균적으로 80.%의 구리가 기판에서 제거된다고 가정한다(구리의 밀도 = 8.96 g/cm^3). 이 반응을 위하여 필요한 $Cu(NH_3)_4Cl_2$와 NH_3의 질량을 구하라. 100% 수율을 가정하라.

194. 아스피린의 대체약인 아세트아미노펜($C_8H_9O_2N$)은 다음의 세 단계 반응을 통하여 합성된다.

I. $C_6H_5O_3N(s) + 3H_2(g) + HCl(aq) \longrightarrow C_6H_8ONCl(s) + 2H_2O(l)$

II. $C_6H_8ONCl(s) + NaOH(aq) \longrightarrow C_6H_7ON(s) + H_2O(l) + NaCl(aq)$

III. $C_6H_7ON(s) + C_4H_6O_3(l) \longrightarrow C_8H_9O_2N(s) + HC_2H_3O_2(l)$

처음 두 반응은 각각 질량으로 87%와 98%의 백분 수득률을 보인다고 한다. 전체 반응은 4 mol의 $C_6H_5O_3N$이 반응하여 3 mol의 아세트아미노펜을 만든다.

a. 전체 반응의 백분 수득률(질량으로)은 얼마인가?

b. 단계 III의 백분 수득률(질량으로)은 얼마인가?

195. 원소 X는 이염화물(XCl_2)과 사염화물(XCl_4)을 만든다. 10.00 g의 XCl_2를 과량의 염소와 반응시키면 12.55 g의 XCl_4를 만든다. 원소 X를 밝히고, X의 원자 질량을 구하라.

196. $M_2S_3(s)$를 공기 중에서 가열하면 $MO_2(s)$로 변환된다. 4.000 g의 M_2S_3 시료를 공기 중에서 가열하였더니 질량이 0.277 g 감소하였다. M의 평균 원자 질량은 얼마인가?

197. 알루미늄 금속을 주기율표의 6A족 원소와 가열하면 이온 결합 화합물이 생성된다. 미지의 6A족 원소와 반응하여 생긴 생성물에는 질량으로 12.35%의 Al이 들어 있었다. 이 화합물의 화학식은 무엇인가?

198. 질량으로 43.2%의 포타슘을 포함하는 염화 포타슘과 질산 포타슘의 혼합물을 생각해 보자. 원래의 혼합물에 포함된 KCl의 질량 백분율을 구하라.

199. 란타넘(lanthanum)을 주어진 실험에서 수소와 반응시켜 비화학양론적 화합물인 $LaH_{2.90}$을 생성시켰다. 화합물이 H^-, La^{2+} 및 La^{3+}을 포함한다고 가정하면, 존재하는 La^{2+} 및 La^{3+}의 분율을 계산하라.

200. Cu_2O 및 CuO만을 포함하는 혼합물이 있다. 이 혼합물 시료 1.500 g을 수소와 반응시켜 1.252 g의 순수한 구리 금속을 제조하였다. 원래 혼합물에서 Cu_2O의 질량 %를 계산하라.

201. 암모니아는 O_2와 반응하여 다음에 주어진 균형 맞추지 않은 반응식에 따라서 $NO(g)$ 또는 $NO_2(g)$를 형성한다.

$$NH_3(g) + O_2(g) \longrightarrow NO(g) + H_2O(g)$$

$$NH_3(g) + O_2(g) \longrightarrow NO_2(g) + H_2O(g)$$

어떤 실험에서 2.00 mol의 $NH_3(g)$와 10.00 mol의 $O_2(g)$를 밀폐 용기에 넣었다. 반응이 완결된 후, 6.75 mol의 $O_2(g)$가 남았다. 생성 혼합물 중의 $NO(g)$의 몰 수를 계산하라. (*힌트*: 두 반응이 같은 확률로 일어난다고 가정할 수 없으므로, 두 균형 맞춘 반응을 더해서 이 문제를 계산할 수 없다).

202. 아스피린(탄소, 수소, 산소로만 이루어진 화합물)정 1.00 g을 대기 중에서 태운 후, 2.20 g의 CO_2와 0.400 g의 H_2O를 얻었다. 아스피린의 몰질량은 170에서 190 g/mol 사이이다. 살리실산 1 mol과 무수 아세트산($C_4H_6O_3$) 1 mol을 반응시키면 1 mol의 아스피린과 1 mol의 아세트산($C_2H_4O_2$)을 얻는다. 이 정보들을 이용하여 살리실산의 분자식을 결정하라.

마라톤 문제

이 문제들은 여러 가지 개념과 기법을 하나의 상황으로 통합하도록 구성되었다.

203. 원자량이 40에서 55 사이인 어떤 원소 2.077 g을 산소와 반응시켜 3.708 g의 산화물을 얻었다. 이 산화물의 분자식을 구하고, 어떤 원소인지 밝혀라.

204. 다음과 같은 균형 맞춘 화학 반응식을 생각해 보자.

$$A + 5B \longrightarrow 3C + 4D$$

a. 동일한 질량의 A와 B를 반응시켰다. 다음 각 질문에 대하여 "______이기 때문에 A가 한계 반응물이다." 또는 "______이기 때문에 B가 한계 반응물이다." 또는 "______이기 때문에 한계 반응물을 결정할 수 없다." 중의 하나로 답하라.

i. A의 몰질량이 B의 몰질량보다 큰 경우

ii. B의 몰질량이 A의 몰질량보다 큰 경우

b. 반응의 생성물은 이산화 탄소(C)와 물(D)이다. 화합물 A는 이산화 탄소와 동일한 몰질량을 가졌다. 화합물 B는 이원자 분자이다. 화합물 B를 쓰고, 그 이유를 설명하라.

c. 화합물 A는 탄소가 81.71%인 탄화수소이다. 실험식과 분자식을 구하라.

Chapter 4

아이오딘화 납이 침전하는 근접 사진.
(Charles D. Winters/Science Source)

화학 반응의 종류와 용액의 화학량론

Types of Chemical Reactions and Solution Stoichiometry

우리 생활에 영향을 미치는 많은 화학 반응들은 대부분 물에 용해된 물질들에 의하여 일어난다. 예를 들어, 생명 현상을 가능하게 하는 모든 화학 반응들은 수용액 상태의 환경에서 일어나며, 또한 많은 의학적 검사는 수용액인 혈액과 다른 체액의 분석에 크게 의존하고 있다. 당분, 콜레스테롤 및 철분 등에 대한 일반적인 검사와 더불어 특정 화학 표지물에 대한 분석 결과를 통해 뚜렷한 증세가 나타나기 전에 많은 병을 진단할 수 있다.

수용액에서의 화학은 또한 환경에서도 매우 중요하다. 최근 몇 년 동안 지하수 오염 문제가 널리 공론화되고 있다. 물은 생명 유지에 필수적이며, 따라서 충분한 양의 깨끗한 물을 확보하는 것이 모든 문명사회에서 매우 중요한 과제이다.

인체의 내부, 대기, 지하수, 해양, 지역 수질 처리 공장, 머리를 감을 때의 머리카락 등 다양한 장소에서 일어나는 화학 반응을 이해하기 위해서는 물에 용해된 물질들이 서로 어떻게 반응하는가를 알아야 한다.

그러나 용액의 반응에 관하여 논의하기 이전에 먼저 용액의 성질, 특히 물이 *용매*(*solvent*)로 작용하는 용액을 논의하기로 한다. 이러한 용액들을 **수용액**(aqueous solution)이라고 한다. 이 장에서는 물질들이 물에 녹은 후에 보여 주는 여러 가지의 성질과, 이들 물질들 사이에서 일어나는 여러 가지 종류의 반응들에 대해 살펴보기로 한다. 제3장에서 화학 반응을 다룰 때 배운 여러 과정들이 수용액에서 일어나는 반응들에 대해서도 적용할 수 있음을 알게 될 것이다. 수용액에서 일어나는 반응의 종류를 이해하기 위해서는 우선 존재하는 화학종을 알아야 하며 또한 물의 성질을 이해하여야 한다.

4.1 물, 가장 흔한 용매

물은 우리의 생명을 유지시켜 주는 여러 가지 반응에 중요할 뿐만 아니라, 간접적인 방법으로 우리의 생활에 많은 영향을 미친다. 물은 지구의 온도를 조절하는 데 도움이 되고 있으며, 기존 자동차의 연소 엔진, 전기 자동차의 배터리팩, 원자력 발전소 및 많은 산업 공정의 온도를 낮추는 데 사용되고, 지구상에서 수송 수단을 제공할 뿐만 아니라, 식품으로 이용되는 여러 가지 생물체의 성장에 매개체 역할을 하는 등 그 역할이 매우 다양하다.

물이 가지고 있는 여러 중요한 성질 중 하나는 물이 수많은 물질들을 녹일 수 있다는 것이다. 예를 들면, 여러분이 채소를 조리하는 물에 소금을 뿌리면 소금은 마치 설탕을 냉차에 넣었을 때처럼 없어질 것이다. 그러나 두 경우에 "없어진" 물질이 계속 존재하고 있다는 것은 맛을 보면 알 수 있다. 고체가 녹을 때 어떤 일이 일어나는가? 이 과정을 이해하기 위하여, 물의 성질을 이해할 필요가 있다. 액체 상태의 물은 H_2O 분자들의 집단으로 이루어져 있다. 각각의 물 분자는 굽은 구조 또는 V-자 모양을 하고 있으며, H—O—H의 각도는 대략 105도이다.

105°
H O H

물 분자의 O—H 결합은 산소와 수소 원자 사이에 전자를 공유함으로써 형성되는 공유결합이다. 그러나 결합 전자들은 두 원자 사이에 동등하게 공유되어 있지 않다. 뒤에 논의하겠지만, 산소 원자는 수소 원자보다 전자에 대해 더 큰 친화력을 가지고 있다. 만일 전자들이 두 원자들 사이에서 균등하게 공유되었다면 두 원자는 전기적으로 중성일 것이다. 왜냐하면 각 원자들의 주위에 존재하는 평균적인 전자의 수가 그 원자핵의 양성자 수와 같기 때문이다. 그러나 산소 원자가 전자에 대해 보다 큰 친화력을 가지고 있기 때문에 공유된 전자들은 수소 원자보다 산소 원자 근처에서 보다 많은 시간을 보내려고 한다. 따라서 산소 원자는 약간의 음전하를 가지고, 수소 원자는 약간의 양전하를 가진다. 이러한 현상을

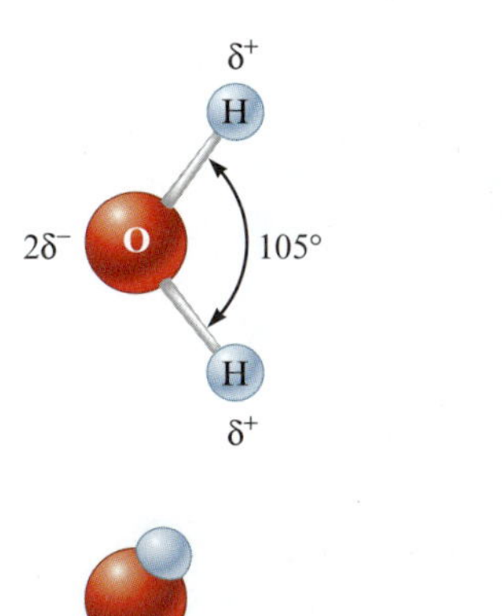

그림 4.1 (위) 물 분자는 극성이다. (아래) 물 분자의 공간-채움 모형.

그림 4.1에 나타내었다. 여기서 δ(델타)는 *부분* 전하(단위 전하보다 작은 전하)를 나타낸다. 이렇게 물 분자의 전하 분포가 균일하지 않으므로, 물을 **극성 분자**(polar molecule)라고 부른다. 바로 이 극성 덕분에 물은 여러 화합물들을 녹일 수 있는 능력을 갖는다.

이온성 고체가 물에 녹는 상황을 그림 4.2에 모식적으로 나타내었다. 물 분자의 양전하의 말단이 음전하를 띤 음이온에 끌리고, 음전하 말단이 양전하를 띤 양이온에 끌림에 주목하라. 이와 같은 과정을 **수화**(hydration)라고 한다. 물속에서는 이온들이 수화되기 때문에 염의 이온들은 떨어져 나와 녹게 된다. 이때 고체 상태에서 존재하는 양이온과 음이온 사이의 강한 힘이 물-이온 사이의 강한 상호작용으로 바뀌게 된다.

이온성 물질(염)이 물에 녹으면 *독립적인*(*individual*) 양이온과 음이온으로 분해된다는 것을 기억하는 것이 매우 중요하다. 가령, 질산 암모늄(NH_4NO_3)이 물에 녹아서 만들어지는 용액에는 서로 독립적으로 움직이는 NH_4^+와 NO_3^- 이온이 들어 있다. 이 과정을 다음과 같이 나타낼 수 있다.

$$NH_4NO_3(s) \xrightarrow{H_2O(l)} NH_4^+(aq) + NO_3^-(aq)$$

여기서 (*aq*)는 이온들이 몇 개의 물 분자에 의해 수화되어 있음을 나타낸다.

물에 대한 이온성 물질들의 **용해도**(solubility)는 천차만별이다. 예를 들면, 염화 소듐(NaCl)은 물에 잘 녹는 데 비하여 염화 은(Ag^+와 Cl^- 이온을 포함)은 거의 녹지 않는다. 물에 대한 이온성 물질들의 용해도 차이는 이온들 간의 인력(이 힘이 고체들을 결합시켜 준다)의 세기와 이온들의 물 분자에 대한 인력(이 힘이 물에서 고체들을 분해시킨다)의 크기에 의해 결정된다. 용해도는 복잡한 과정으로 제11장에서 상세히 논의할 것이지만, 다만 여기에서 기억해 두어야 할 가장 중요한 것은 이온성 고체가 물에 녹으면 이온들은 수화되어 흩어진다(독립적으로 움직인다)는 것이다.

물은 또한 많은 비이온성 물질들을 녹인다. 예를 들면, 에탄올(C_2H_5OH)은 물에 잘 녹는다. 포도주, 맥주 및 많은 음료수들은 에탄올과 다른 물질들의 수용액이다. 왜 에탄올은 물에 잘 녹을까? 그 답은 알코올 분자의 구조에 있다. 그림 4.3(a)에 나타낸 바와 같이, 알

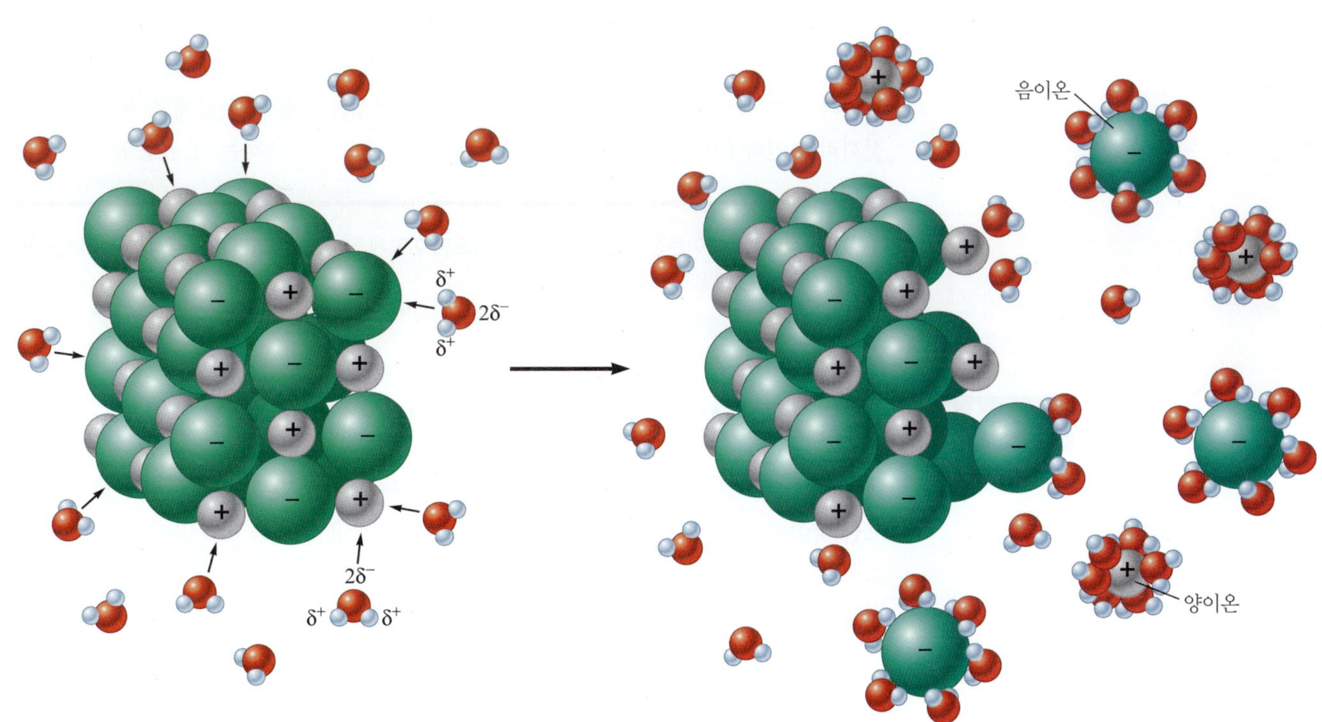

그림 4.2 극성인 물 분자는 염의 양이온 및 음이온과 상호작용을 하여 용해 과정을 도와준다.

직업 속의 화학

치과 의사

John Chun 박사는 품질 보증 화학자로 경력을 쌓은 후 개인 치과 의원을 운영하고 있다. 그는 Collage Park의 Maryland 대학교에서 화학 학사 학위를, Baltimore의 Maryland 대학교에서 치의학 박사(DDS) 학위를 받았다. 그가 치과 의사라는 직업에서 가장 좋아하는 점 중 하나는 환자들과의 높은 수준의 개인적 소통이다.

그의 화학적 배경은 치과 분야에서도 여전히 적용되며, 아민, 산, 효소, 중합, 용해도 등에 대한 지식은 제품의 기능과 환자의 반응을 이해하는 데 중요한 요소라고 그는 생각한다. Chun 박사는 탄탄한 화학 기초가 매일 더 나은 진료 경험을 제공하는 데 도움이 된다고 믿는다.

Dr. John Chun

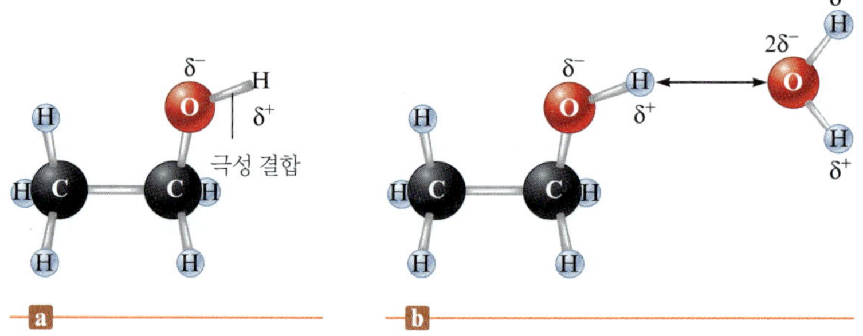

그림 4.3 (**a**) 에탄올 분자는 물 분자의 −OH 결합과 유사한 극성 O—H 결합을 갖는다. (**b**) 극성인 물 분자는 에탄올의 극성 O—H 결합과 강한 인력을 나타낸다. 이것은 "비슷한 것은 비슷한 것을 녹인다"가 적용되는 한 경우이다.

코올 분자는 물 분자처럼 극성 O—H 결합을 갖고 있기 때문에 물에 잘 녹는다. 물과 에탄올의 상호작용을 그림 4.3(b)에 나타내었다.

물에 녹지 않는 물질도 많다. 예를 들면, 순수한 물은 동물의 지방을 녹이지 못한다. 왜냐하면 지방 분자는 비극성이어서 극성인 물 분자와 효과적으로 상호작용을 할 수 없기 때문이다. 일반적으로, 극성 및 이온성 물질들은 비극성 물질들보다 물에 잘 녹는다. "비슷한 것끼리 녹인다(Like dissolves like)"라는 말은 용해도를 예측하는 데 유용한 규칙이다.

비판적 사고 이온성 고체가 물에 녹지 않으면 어떻게 될까? 그렇다면 수용액에서 일어나는 화학 반응의 방식은 어떻게 달라질까?

4.2 수용액의 성질: 센전해질과 약전해질

제1장에서 논의한 바와 같이 용액은 균일 혼합물이다. 즉, 용액 전체가 똑같다(커피 첫 한 모금 맛이나, 마지막 한 모금 맛이나 똑같다). 그러나 용해된 물질의 양이 달라지면 용액의 조성은 변한다(커피를 묽게 만들 수도 있고 진하게 만들 수도 있다). 이 절에서는 어떤 물질(**용질**, solute)이 물(**용매**, solvent)에 녹을 때 일어나는 현상을 알아본다.

용액의 특성을 나타내는 아주 유용한 성질이 **전기 전도도**(electrical conductivity)이다. 전기 전도도는 전류를 흐르게 하는 능력으로, 그림 4.4의 장치로 간편하게 알아볼 수 있다. 만일 용기 속의 용액에 전류가 흐르면 전구는 빛을 낸다. 순수한 물에서는 전류가 흐

그림 4.4 수용액의 전기 전도도. 폐회로가 이루어져 전류가 흐르기 위해서는 용액에 반드시 전하 운반체(이온)가 있어야 한다. *주의*: 용액에는 물 분자가 존재하지만 이 그림에서는 나타내지 않았다. (**a**) 센전해질인 염산 용액은 전류를 잘 흐르게 하는 이온을 가지고 있어서 전구가 밝게 빛난다. (**b**) 아세트산 용액은 약전해질이어서 적은 양의 이온이 존재하며, 따라서 센전해질처럼 전류를 흐르게 하지 못한다. 전구는 어둡게 빛을 낼 뿐이다. (**c**) 설탕 용액은 비전해질이어서, 용액 내에 이온이 존재하지 않아 전류가 흐르지 않으며, 전구는 빛을 내지 않는다.

*전해질*은 물에 녹아서 전류를 흐르게 하는 용액을 만드는 물질이다.

르지 않으나, 어떤 수용액에서는 효과적으로 전류가 흘러 전구가 매우 밝은 빛을 낸다. 이러한 용액에는 **센전해질**(strong electrolyte)이 들어 있다. 어떤 용액에 약간의 전류가 흐르면 전구는 희미한 빛을 내게 된다. 이러한 용액에는 **약전해질**(weak electrolyte)이 들어 있다. 어떤 용액에는 전류가 흐르지 않아 전구에 빛을 내지 않는다. 이러한 용액에는 **비전해질**(nonelectrolyte)이 들어 있다.

용액의 전도성에 관한 기본적인 지식은 1880년대 초 스웨덴 Uppsala 대학에서 용액의 성질에 관한 연구를 하던 물리학과 대학원생인 Arrhenius(1859~1927)가 처음으로 밝혀내었다. Arrhenius는 용액의 전도도가 그 용액 속에 존재하는 이온 때문이라고 믿었다. 그의 생각은 처음에는 대다수 과학자들의 비웃음을 받았으나, 1890년대 후반 원자에는 전하를 띤 입자가 존재한다는 사실이 알려진 후, 그의 이온설은 바로 인정되어 널리 받아들여졌다.

Arrhenius가 가정한 대로, 용액에서 전류가 흐르는 정도는 존재하는 이온의 수에 비례한다. 염화 소듐과 같은 물질들은 수용액에서 쉽게 이온들을 만들어 내므로 센전해질이다. 아세트산과 같은 다른 부류의 물질들은 물에 녹을 때 상대적으로 적은 수의 이온이 생겨 약전해질이다. 설탕과 같은 세 번째 부류의 물질들이 물에 녹을 때에는 이온이 만들어지지 않으므로 비전해질이다.

센전해질

센전해질은 그림 4.4(a)에 나타낸 바와 같이, 물에 녹았을 때 완전히 이온으로 분리되는 물질들이다. 여기에서는 (1) 물에 녹는 염, (2) 센산, (3) 센염기 등과 같이 몇 가지 종류의 센전해질을 살펴보기로 한다.

그림 4.2에서 보는 바와 같이 염은 양이온과 음이온의 배열로 이루어져 있고, 염이 녹

그림 4.5 고체 NaCl이 용해되면 Na^+와 Cl^2 이온들이 물속에서 무질서하게 분산된다.

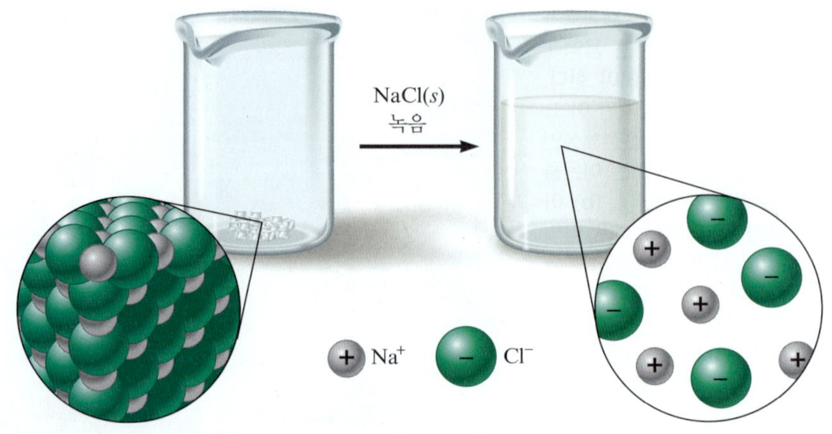

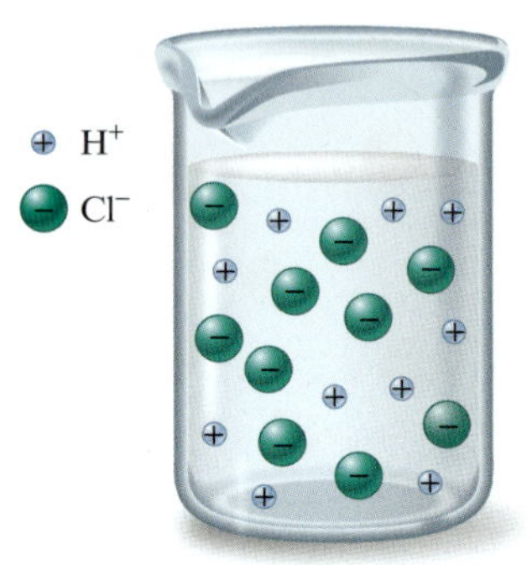

그림 4.6 HCl(*aq*)은 완전히 이온화한다.

을 때에는 이들이 분리되면서 수화된다. 예를 들면, NaCl이 물에 녹으면 용액 내에 수화된 Na^+와 Cl^- 이온들을 생성한다(그림 4.5 참조). 실제로 NaCl 분자는 존재하지 않기 때문에 NaCl은 센전해질이다. 이들 수용액은 분자 수준의 그림에는 들어있지는 않지만 수백만의 물 분자를 포함하고 있다는 것을 알아야 한다.

Arrhenius의 가장 중요한 발견 중의 하나는 산의 성질이다. 산성은 감귤류의 신맛과 관련이 있다. 사실, 산(*acid*)이란 말은 라틴어로 "시다"는 의미의 *acidus*에서 유래되었다. 무기산인 황산(H_2SO_4)과 질산(HNO_3)은 1300년경 발견되었는데, 광물질을 처리할 때 얻어졌기 때문에 이러한 이름이 붙게 되었다.

산은 Arrhenius 이전에 이미 수백 년 동안 알려져 왔으나, 아무도 산의 성질을 인식하지 못하고 있었다. Arrhenius는 용액에 관한 연구에서 HCl, HNO_3, H_2SO_4와 같은 물질들이 물에 녹을 때, 센전해질처럼 행동함을 알아냈다. 그는 이와 같은 현상을 물에서 일어나는 이온화 반응의 결과라고 가정하였다. 예를 들면 다음과 같다.

$$HCl \xrightarrow{H_2O} H^+(aq) + Cl^-(aq)$$
$$HNO_3 \xrightarrow{H_2O} H^+(aq) + NO_3^-(aq)$$
$$H_2SO_4 \xrightarrow{H_2O} H^+(aq) + HSO_4^-(aq)$$

산에 대한 Arrhenius의 정의는 용액에서 H^+를 내는 물질이다.

따라서 Arrhenius는 **산**(acid)은 물에 녹아 H^+ 이온(양성자)를 만들어내는 물질이라고 제안하였다.

오늘날에는 물의 극성이 용액에서 산이 H^+를 생성하는 데 중요한 역할을 하고 있다는 것을 알고 있다. 실제로 산의 이온화를 다음 식과 같이 나타내는 것이 가장 적절한데,

$$HA(aq) + H_2O(l) \longrightarrow H_3O^+(aq) + A^-(aq)$$

이 과정에서 물이 중요한 역할을 하고 있음을 강조하고 있다.

센전해질은 수용액에서 완전히 해리(이온화)한다.

전도도 연구 결과에 의하면, HCl, HNO_3, H_2SO_4가 물에 녹으면 *사실상 모든 분자가 해리하면서 이온화한다*. 이러한 물질들은 센전해질이고, 따라서 **센산**(strong acid)이라고 부른다. 이 세 물질은 매우 중요한 화학 물질이기 때문에 이들에 관해 많은 것을 더 배우겠지만, 지금은 다음 사실만 강조하겠다.

과염소산, $HClO_4(aq)$은 또 다른 센산이다.

황산, 질산, 염산은 수용액이므로, 화학 반응식에서는 $H_2SO_4(aq)$, $HNO_3(aq)$, $HCl(aq)$로 써야 하지만, 가끔 (*aq*) 기호를 생략하는 경우가 있다.

센산은 완전히 해리하여 이온을 만들어내는 산이다. 이것은 HCl 분자 100개가 물에 녹을 때, H^+ 이온 100개와 Cl^- 이온 100개를 만들어냄을 의미한다. 따라서 수용액에는 HCl 분자가 존재하지 않는다(그림 4.6).

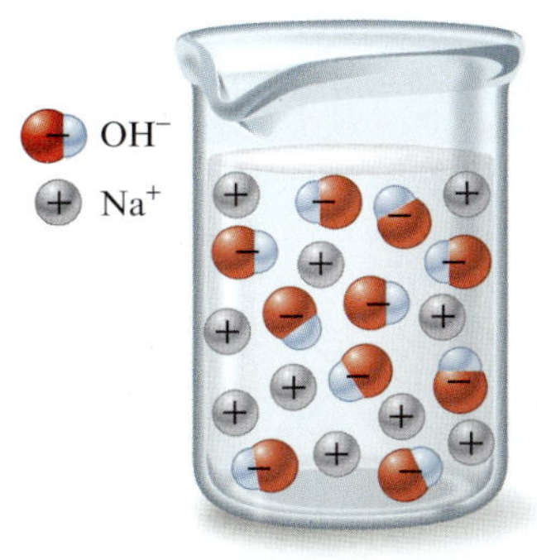

그림 4.7 수산화 소듐의 수용액.

황산은 특별한 경우이다. 분자식 H_2SO_4는 이 산이 물에 녹을 때 분자당 두 개의 H^+ 이온을 생성한다는 것을 나타낸다. 그러나 첫 번째 H^+ 이온만이 완전히 해리된다. 두 번째 H^+는 후에 논의할 특정 조건에서 해리된다. 따라서 H_2SO_4 수용액에는 대부분 H^+ 이온과 HSO_4^- 이온이 들어 있다.

다른 중요한 센전해질로 **센염기**(strong base)가 있다. 센염기는 수산화 이온(OH^-)을 가지고 있으며, 물에 녹을 때 양이온과 OH^- 이온이 분리되어 독립적으로 행동한다. 염기가 들어 있는 용액은 쓴 맛을 가지며 미끈미끈한 느낌을 준다. 가장 흔히 쓰이는 염기성 용액은 다음과 같이, 고체 수산화 소듐(NaOH)이나 수산화 포타슘(KOH)을 물에 녹여 만든다(그림 4.7).

$$NaOH(s) \xrightarrow{H_2O} Na^+(aq) + OH^-(aq)$$
$$KOH(s) \xrightarrow{H_2O} K^+(aq) + OH^-(aq)$$

약전해질

약전해질은 수용액에서 소량만이 해리(이온화)한다.

약전해질은 물에서 일부만 이온화하는 물질들이다. 즉, 그림 4.4(b)에서 보듯이, 이들은 물에 녹을 때 상대적으로 적은 수의 이온을 만들어낸다. 가장 일반적인 약전해질은 약산과 약염기이다.

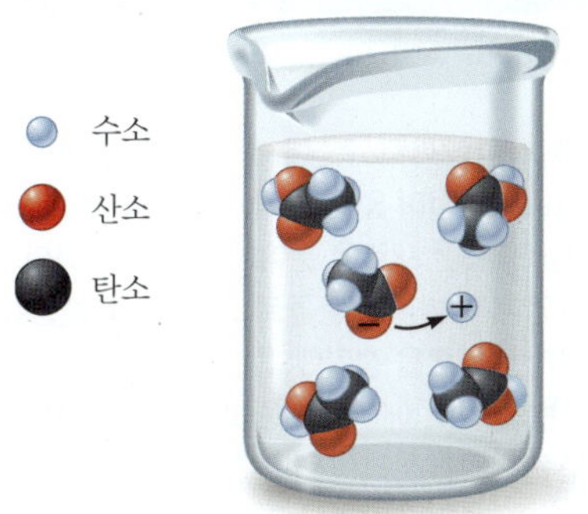

그림 4.8 아세트산($HC_2H_3O_2$)은 대부분 해리되지 않은 상태로 물에서 존재하는 약산이다. 분자들 중 극히 일부만이 이온화되어 있다.

식초의 주요한 성분은 아세트산($HC_2H_3O_2$)이다. 이 화학식은 서로 다른 두 개의 수소가 있음을 보여 준다. 산의 화학식은 흔히 산성 수소 원자(들)(용액에서 H^+ 이온을 만들어내는 원자)을 먼저 쓴다. 비산성 수소는 분자식의 뒷부분에 적는다. 따라서 화학식 $HC_2H_3O_2$는 하나의 산성 수소와 세 개의 비산성 수소 원자가 있음을 나타낸다. 물에서의 아세트산 해리 반응식은 다음과 같이 적을 수 있다.

$$HC_2H_3O_2(aq) + H_2O(l) \rightleftharpoons H_3O^+(aq) + HC_2H_3O_2^-(aq)$$

아세트산은 수용액에서 약 1% 정도의 분자들만 해리한다는 점에서 센산과 아주 다르다. 예를 들면, 1 L당 0.1 mol의 $HC_2H_3O_2$를 포함하는 용액에서 물에 녹은 $HC_2H_3O_2$ 분자 100개 중 대략 99개가 $HC_2H_3O_2$ 분자로 존재한다(그림 4.8). 즉, 100개 중 하나의 분자만 해리되어 한 개의 H^+ 이온과 한 개의 $C_2H_3O_2^-$ 이온을 생성한다. 이중 화살표는 반응이 양방향으로 일어남을 의미한다.

아세트산은 약전해질이기 때문에 **약산**(weak acid)이라고 한다. 아세트산과 같이 *수용액에서 아주 약간 해리(이온화)하는 산을 약산이라고 한다.*

가장 일반적인 약염기는 암모니아(NH_3)이다. 암모니아가 물에 녹을 때, 다음과 같은 반응이 일어난다.

$$NH_3(aq) + H_2O(l) \rightleftharpoons NH_4^+(aq) + OH^-(aq)$$

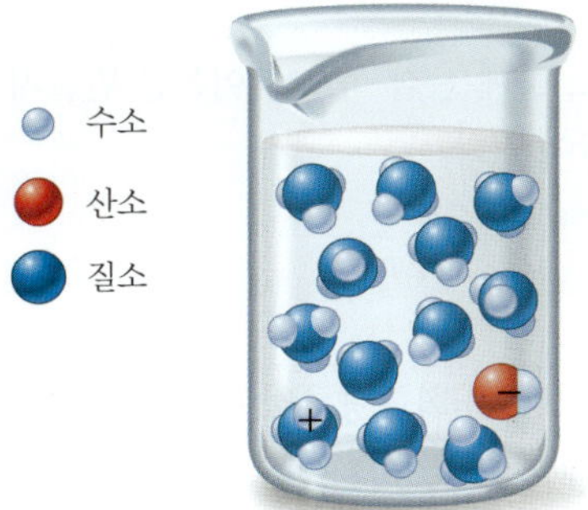

그림 4.9 물에서 NH_3의 반응

OH^- 이온들이 생기므로, 용액은 *염기성*이다. 암모니아는 **약염기**(weak base)이다. 그 이유는 *이 용액은* 아주 적은 수의 이온만을 만드는 *약전해질*이기 때문이다. 실제로 리터당 0.1 mol의 NH_3를 포함하는 용액에서 100개의 암모니아 분자가 녹을 때, 단지 한 개의 NH_4^- 이온과 한 개의 OH^- 이온이 만들어지고, 나머지 99개의 NH_3 분자는 반응을 하지 않은 상태로 남아 있다(그림 4.9). 이중 화살표는 반응이 양방향으로 일어남을 의미한다.

비전해질

비전해질은 그림 4.4(c)에 보인 바와 같이, 물에 녹아서 이온을 생성하지 않는 물질이다. 에탄올(구조식은 그림 4.3 참조)은 비전해질의 한 예로, 물에 녹으면 전체 C_2H_5OH 분자들이 물에 분산된다. 분자들은 이온으로 해리하지 않으므로, 용액에는 전류가 흐르지 않는

화학 관련 읽을거리 Chemical Connections

Arrhenius: 용액과 함께 살아온 화학자

과학이란 인간의 연약함, 개성, 계략 및 편견에 영향을 받는 인간 노력의 산물이다. 과학 지식의 진보가 역경의 과정을 통하여 이루어진다는 것을 보여 주는 훌륭한 예가, 바로 스웨덴의 화학자인 Svante Arrhenius의 이야기이다.

Arrhenius는 1880년경 Uppsala 대학에서 박사 과정을 시작할 때, 용액에 흐르는 전기를 연구하기로 결심했다. 이 문제는 한 세기 동안 과학자들을 곤란하게 만든 문제였다. 첫 번째 실험은 1770년대에 Cavendish가 한 실험으로, 자신이 받은 전기 쇼크에 대한 생리학적 반응을 이용하여, 빗물의 전도도를 염 용액의 전도도와 비교하였다. Arrhenius는 전류를 측정하기 위하여 실험 장치들을 설치하였으나 무게를 달고, 측정하고, 실험 자료를 기록하는 작업은 여간 지루한 작업이 아니었다.

많은 실험을 한 후, Arrhenius는 실험실을 떠나 그의 고향집으로 돌아가 그가 얻은 자료를 설명할 수 있는 모형을 생각해 내는 데 골몰하였다. 그는 "나는 1883년 5월 17일 밤에 모형에 관한 아이디어가 떠올랐는데, 그날 밤 관련 문제 전체에 대한 답을 얻을 때까지 잠을 이룰 수 없었다."라고 적었다. 그의 아이디어는 이온 때문에 용액에 전기가 흐른다는 것이었다.

Uppsala에 돌아온 후, Arrhenius는 그의 지도 교수이며 홀뮴과 툴륨(thulium) 원소를 발견한 유명한 화학자인 Cleve 교수에게 새로운 이론이 담긴 박사 논문을 제출하였다. Cleve 교수의 무관심은 Arrhenius가 예측했던 것이었다. 새로운 생각에 대한 Cleve 교수의 반대는 계속되었다. 그는 10년 전에 소개된 Mendeleev의 주기율표조차 받아들이지 않고 있었다.

박사 학위가 수여되기 전에 교수들로 구성된 심사위원회 앞에서 박사 논문을 방어하는 것이 오랜 관습이다. 비록 이러한 절차가 오늘날까지도 대부분의 대학교에서 행해지고 있지만, 많은 문제들이 실제로 방어하기 이전에 심사 교수들과 개인적으로 만나 해결되기도 한다. 그러나 Arrhenius의 경우에 있어서 논문 방어는 악의에 차고, 굴욕감을 줄 수 있는 공개 토론이었다. Arrhenius는 그의 심사 교수들에게 대항하는 것은 현명하지 못하다는 것을 안 후에, 논문 심사 때 그의 새로운 이론을 중요하게 다루지 않았다. 그의 생각은 들어맞았다. 마지못해 박사 학위를 수여한 심사 교수들은 그때까지도 그의 이론을 믿지 않았고, 그를 별 볼 일 없는 과학자로 여기고 있었다.

이러한 좌절에도 아랑곳하지 않고, Arrhenius는 연구를 계속해 나갔다. 그는 그의 이론의 성공을 꼭 보리라고 결심하였다. Arrhenius는 몇몇 유명한 과학자들의 도움을 받아 그의 이론을 인식시키려고 하였다.

결국 이온 이론은 받아들여졌고, Arrhenius의 명성은 널리 퍼지게 되었다. 아울러 많은 영광이 Arrhenius에게로 돌아가 결국은 1903년 노벨 화학상까지 수상하게 되었다. 그러나 Arrhenius는 이미 얻은 명예에 만족하지 않고, 천문학을 포함한 새로운 분야에 관심을 쏟았다. 그는 태양계가 별들의 충돌로 인해 생겨났을지도 모른다는 이론을 정립했다. 또한 그는 혈청을 사용한 병의 치료, 에너지 자원과 보존 및 생명의 기원 등 광범위한 분야의 연구를 수행하였다.

Svante August Arrhenius.

Arrhenius의 생애와 그의 과학적 업적에 관하여 더 알고자 한다면, 그의 Willard Gibbs상 수상 기념 강연 내용이 도움이 될 것이다. *Journal of the American Chemical Society* 36(1912): 353 참조.

다. 또 다른 전형적인 비전해질은 설탕($C_{12}H_{22}O_{11}$)으로, 물에는 잘 녹으나 이온은 만들지 않는다. 설탕 분자는 반응하지 않고 그대로 용액 내에 남아 있다.

4.3 용액의 조성

화학 반응은 흔히 두 용액을 섞을 때 일어난다. 이러한 경우에 화학량론적인 계산을 하기 위해서는 (1) 물에 녹아 있는 화학 물질의 정확한 형태에 따른 *반응의 성질*, (2) 용액에 존재하는 *화학 물질의 양*인 농도 두 가지를 알아야 한다.

한 용액의 농도를 표현하는 여러 가지 방법에 관해 제11장에서 자세히 배울 것이다. 이 절에서는 가장 많이 이용되는 농도인 **몰농도**(molarity, M)만을 알아보기로 한다. 몰농도는 *용액 1 L 부피에 들어 있는 용질의 몰 수*이다.

$$M = \text{몰농도} = \frac{\text{용질의 몰 수}}{\text{용액의 L}}$$

용액 1 L에 용질 1.0 mol이 들어 있으면 이 용액은 1.0 몰농도 용액(1.0 M이라고 적는다)이 된다.

대화형 예제 4.1 몰농도 계산 I

11.5 g의 고체 수산화 소듐(NaOH)을 물에 녹여 1.50 L의 용액을 만들었을 때, 몰농도를 계산하라.

풀이 **목표는 무엇인가?**

NaOH 용액의 몰농도 구하기

알고 있는 것은?

- 11.5 g NaOH
- 1.50 L 용액

몰농도를 구하는 데 필요한 정보는?

- 용질의 몰 수
- $\text{몰농도} = \dfrac{\text{용질의 mol}}{\text{L 용액}}$

어떻게 해결할 것인가?

NaOH (40.00 g/mol)의 몰 수는?

$$11.5\ \text{g}\ \cancel{\text{NaOH}} \times \frac{1\ \text{mol NaOH}}{40.00\ \text{g}\ \cancel{\text{NaOH}}} = 0.288\ \text{mol NaOH}$$

용액의 몰농도는?

$$\blacksquare\ \text{몰농도} = \frac{\text{용질의 mol}}{\text{용액의 L}} = \frac{0.288\ \text{mol NaOH}}{1.50\ \text{L 용액}} = 0.192\ M\ \text{NaOH}$$

사실성 검산 몰농도에 옳은 단위이다.

연습 문제 4.39과 4.40 참조

대화형 예제 4.2 몰농도 계산 II

1.56 g의 HCl 기체를 물에 녹여 26.8 mL의 용액을 만들었을 때, 몰농도를 계산하라.

풀이 **목표는 무엇인가?**

HCl 용액의 몰농도 구하기

알고 있는 것은?

- 1.56 g HCl
- 26.8 mL 용액

몰농도를 구하는 데 필요한 정보는?

- 용질의 몰 수

› 몰농도 $= \dfrac{\text{용질의 mol}}{\text{용액의 L}}$

어떻게 해결할 것인가?

HCl (36.46 g/mol)의 몰 수는?

$$1.56\ \text{g}\ \cancel{\text{HCl}} \times \frac{1\ \text{mol HCl}}{36.46\ \text{g}\ \cancel{\text{HCl}}} = 4.28 \times 10^{-2}\ \text{mol HCl}$$

L 단위로 용액의 부피는?

$$26.8\ \cancel{\text{mL}} \times \frac{1\ \text{L}}{1000\ \cancel{\text{mL}}} = 2.68 \times 10^{-2}\ \text{L}$$

용액의 몰농도는?

$$\blacksquare\ \text{몰농도} = \frac{4.28 \times 10^{-2}\ \text{mol HCl}}{2.68 \times 10^{-2}\ \text{L 용액}} = 1.60\ M\ \text{HCl}$$

사실성 검산 단위가 몰농도와 일치한다.

연습 문제 4.39와 4.40 참조

대화형 예제 4.3 이온의 농도 I

다음 각 용액에 들어 있는 모든 이온의 농도를 나타내라.

a. 0.50 M $Co(NO_3)_2$

b. 1 M $Fe(ClO_4)_3$

풀이 **목표는 무엇인가?**

용액에 들어 있는 각 이온의 몰농도 구하기

알고 있는 것은?

› 0.50 M $Co(NO_3)_2$

› 1 M $Fe(ClO_4)_3$

용액에 들어 있는 각 이온의 몰농도를 구하는 데 필요한 정보는?

› 각 이온의 몰 수

▲ $Co(NO_3)_2$의 수용액.

어떻게 해결할 것인가?

$Co(NO_3)_2$에 대해

녹아 있는 이온의 균형 맞춘 반응식은?

$$Co(NO_3)_2(s) \xrightarrow{H_2O} Co^{2+}(aq) + 2NO_3^-(aq)$$

각 이온의 몰농도는?

■ Co^{2+} $1 \times 0.50\ M = 0.50\ M\ Co^{2+}$

■ NO_3^- $2 \times 0.50\ M = 1.0\ M\ NO_3^-$

$Fe(ClO_4)_3$에 대해

녹아 있는 이온의 균형 맞춘 반응식은?

$$Fe(ClO_4)_3(s) \xrightarrow{H_2O} Fe^{3+}(aq) + 3ClO_4^-(aq)$$

각 이온의 몰농도는?

- Fe^{3+} $1 \times 1\,M = 1\,M\ Fe^{3+}$
- ClO_4^- $3 \times 1\,M = 3\,M\ ClO_4^-$

연습 문제 4.41과 4.42 참조

$M = \dfrac{\text{용질의 몰 수}}{\text{용액의 L}}$

몰농도가 정확히 알려진 용액의 일정 부피 속에 존재하는 용질의 몰 수를 구해야 할 경우가 있다. 이것은 몰농도의 정의에서 쉽게 얻을 수 있다. 용액의 몰농도에 특정 시료 용액의 부피(리터 단위)를 곱하면 이 시료에 존재하는 용질의 몰 수를 얻는다.

$$\text{용액의 L} \times \text{몰농도} = \cancel{\text{용액의 L}} \times \frac{\text{용질의 몰 수}}{\cancel{\text{용액의 L}}} = \text{용질의 몰 수}$$

예제 4.4와 4.5는 이 과정을 보여준다.

대화형 예제 4.4 이온의 농도 II

$1.0 \times 10^{-3}\,M$의 $ZnCl_2$ 1.75 L에 녹아 있는 Cl^- 이온의 몰 수를 구하라.

풀이

목표는 무엇인가?

용액에 들어 있는 Cl^- 이온의 몰 수 구하기

알고 있는 것은?

- $1.0 \times 10^{-3}\,M\ ZnCl_2$
- 1.75 L

Cl_2 이온의 몰 수를 구하는 데 필요한 정보는?

- $ZnCl_2$의 용해에 대한 균형 맞춘 반응식

어떻게 해결할 것인가?

이온들의 용해에 대한 균형 맞춘 반응식은?

$$ZnCl_2(s) \xrightarrow{H_2O} Zn^{2+}(aq) + 2Cl^-(aq)$$

용액에 들어 있는 Cl^-의 몰농도는?

$$2 \times (1.0 \times 10^{-3}\,M) = 2.0 \times 10^{-3}\,M\ Cl^-$$

Cl^-의 몰 수는?

- $1.75\ \text{L 용액} \times 2.0 \times 10^{-3}\,M\ Cl^- = 1.75\ \cancel{\text{L 용액}} \times \dfrac{2.0 \times 10^{-3}\ \text{mol}\ Cl^-}{\cancel{\text{L 용액}}}$
  $= 3.5 \times 10^{-3}\ \text{mol}\ Cl^-$

연습 문제 4.43 참조

대화형 예제 4.5 농도와 부피 I

일반적으로 혈청에는 약 0.14 *M*의 NaCl이 녹아 있다. 1.0 mg의 NaCl을 포함하는 혈액의 부피는 얼마인가?

풀이 **목표는 무엇인가?**

1.0 mg의 NaCl이 들어 있는 혈액의 부피 구하기

알고 있는 것은?

- 0.14 *M* NaCl
- 1.0 mg NaCl

1.0 mg NaCl이 들어 있는 혈액의 부피를 구하는 데 필요한 정보는?

- NaCl의 몰 수(1.0 mg의 NaCl)

어떻게 해결할 것인가?

NaCl (58.44 g/mol)의 몰 수는?

$$1.0\ \text{mg NaCl} \times \frac{1\ \text{g NaCl}}{1000\ \text{mg NaCl}} \times \frac{1\ \text{mol NaCl}}{58.44\ \text{g NaCl}} = 1.7 \times 10^{-5}\ \text{mol NaCl}$$

1.0 mg (1.7×10^{-5} mol) NaCl이 들어 있는 0.14 M NaCl의 부피는?

이 용액의 몰농도를 곱하였을 때 1.7×10^{-5} mol의 NaCl이 얻어지는 부피(V)를 구하면 된다. 즉,

$$V \times \frac{0.14\ \text{mol NaCl}}{\text{L 용액}} = 1.7 \times 10^{-5}\ \text{mol NaCl}$$

위 식을 풀어 다음과 같이 부피를 구한다.

$$V = \frac{1.7 \times 10^{-5}\ \text{mol NaCl}}{\frac{0.14\ \text{mol NaCl}}{\text{L 용액}}} = 1.2 \times 10^{-4}\ \text{L 용액}$$

■ 따라서 0.12 mL 혈액 속에는 1.7×10^{-5} mol NaCl, 즉 1.0 mg의 NaCl이 들어 있다.

연습 문제 4.45와 4.46 참조

표준 용액(standard solution)이란 *농도를 정확히 알고 있는 용액*이다. 화학 분석에 흔히 쓰는 표준 용액은 그림 4.10과 예제 4.6에 나타낸 방법으로 만들 수 있다.

대화형 예제 4.6 농도를 알고 있는 용액

어떤 포도주에 들어 있는 알코올의 양을 분석하는 데 0.200 *M*의 $K_2Cr_2O_7$(중크로뮴산 포타슘) 수용액 1.00 L가 필요했다. 이 용액을 만드는 데 필요한 고체 $K_2Cr_2O_7$의 양은 얼마인가?

풀이 **목표는 무엇인가?**

용액을 만드는 데 필요한 $K_2Cr_2O_7$의 질량 구하기

알고 있는 것은?

- 0.200 *M* $K_2Cr_2O_7$ 1.00 L가 필요하다.

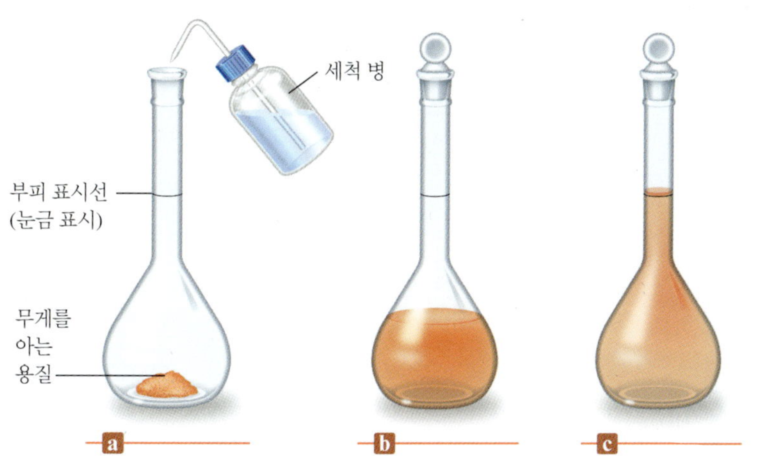

그림 4.10 표준 용액을 만드는 과정. (**a**) 질량을 측정한 물질(용질)을 부피 플라스크에 넣은 후, 소량의 물을 가한다. (**b**) 플라스크의 *마개를 막고* 조심스럽게 돌리면서 흔들어 고체를 물에 녹인다. (**c**) 물을 플라스크의 목 부분에 나타낸 표시선까지 넣는다. 그리고 플라스크를 몇 번 거꾸로 세워 완전히 섞어준다.

$K_2Cr_2O_7$의 질량을 구하는 데 필요한 정보는?

› 필요한 용액에 들어 있는 $K_2Cr_2O_7$의 몰 수

어떻게 해결할 것인가?

필요한 $K_2Cr_2O_7$의 몰 수는?

$$M \times V = \text{mol}$$

$$1.00\ \cancel{\text{L 용액}} \times \frac{0.200\ \text{mol}\ K_2Cr_2O_7}{\cancel{\text{L 용액}}} = 0.200\ \text{mol}\ K_2Cr_2O_7$$

용액을 만드는 데 필요한 $K_2Cr_2O_7$의 질량은?

$$0.200\ \cancel{\text{mol}\ K_2Cr_2O_7} \times \frac{294.20\ \text{g}\ K_2Cr_2O_7}{\cancel{\text{mol}\ K_2Cr_2O_7}} = 58.8\ \text{g}\ K_2Cr_2O_7$$

■ 0.200 M의 $K_2Cr_2O_7$ 1.00 L를 만들려면 58.8 g의 $K_2Cr_2O_7$의 무게를 단 후 1.00-L의 부피 플라스크에 넣고, 증류수를 플라스크 표시선까지 넣는다.

연습 문제 4.51a,c와 4.52c,e 참조

묽힘

물을 가하여 묽히더라도 용질의 몰 수는 변하지 않는다.

실험에서 시간과 공간을 아끼기 위해서, 흔히 진한 형태로 된 용액[*저장 용액*(*stock solutions*)이라고 부른다]을 구입하거나 만든다. 그런 다음 물을 첨가해서 원하는 몰농도의 용액을 얻는다. 이 과정을 **묽힘**(dilution)이라고 한다. 예를 들면, 흔히 쓰이는 산은 진한 형태로 되어 있는 용액을 구입하여 필요한 대로 묽혀서 쓴다. 통상적인 묽힘 계산에서는 원하는 농도의 용액을 얻기 위해 가해야 할 물의 양을 구하는 것이다. 이러한 계산의 핵심은, 묽히는 과정에서는 물만을 첨가하므로 다음 관계가 성립한다는 것이다.

$$\text{묽힘 후의 용질의 몰 수} = \text{묽힘 전의 용질의 몰 수}$$

가령 17.4 M의 아세트산($HC_2H_3O_2$) 저장 용액으로부터 1.00 M의 아세트산 500. mL를 만드는 것을 생각해 보자. 필요한 저장 용액의 부피는 얼마인가? 첫 단계는 부피와 몰농도를 곱하여 최종 용액에 들어 있는 아세트산의 몰 수를 구하는 것이다(부피는 L 단위로 바꿔야 함을 기억하라).

$$500.\ \cancel{\text{mL 용액}} \times \frac{1\ \cancel{\text{L 용액}}}{1000\ \cancel{\text{mL 용액}}} \times \frac{1.00\ \text{mol}\ HC_2H_3O_2}{\cancel{\text{L 용액}}} = 0.500\ \text{mol}\ HC_2H_3O_2$$

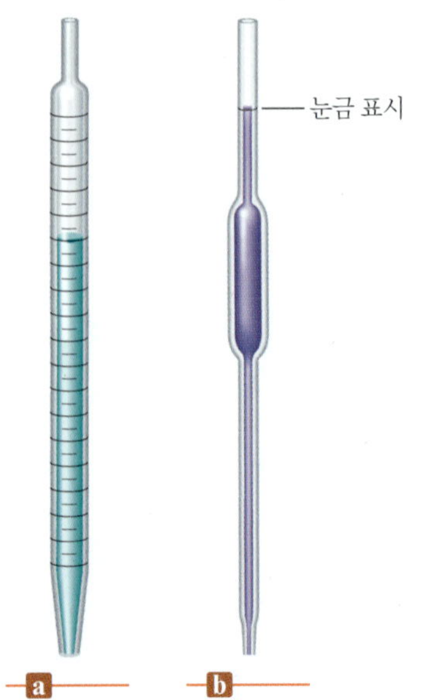

그림 4.11 (a) 측정 피펫에는 눈금이 새겨져 있어 액체의 부피를 정확히 측정할 수 있다. (b) 부피(옮김) 피펫은 한 가지 부피만을 정확히 측정할 수 있다. 액체를 표시선까지 채우면 피펫에 표기된 부피를 옮기는 것이다.

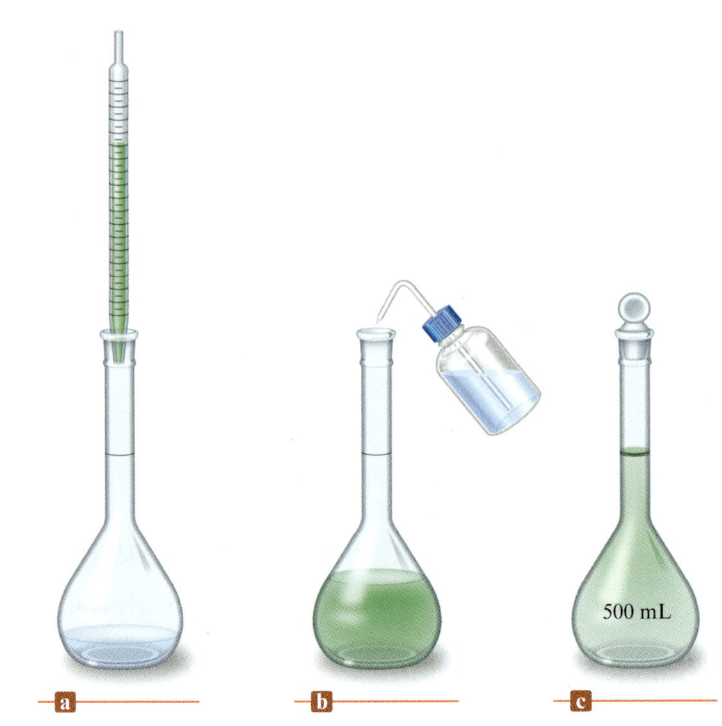

그림 4.12 (a) 측정 피펫을 써서 17.4 *M* 아세트산 28.7 mL를 부피 플라스크에 옮긴다. (b) 물을 눈금 표시선까지 넣는다. (c) 만들어진 용액은 1.00 *M* 아세트산 용액이다.

이어서 $HC_2H_3O_2$ 0.500 mol이 들어 있는 17.4 *M* 아세트산의 부피 *V*를 구한다.

$$V \times \frac{17.4 \text{ mol } HC_2H_3O_2}{\text{L 용액}} = 0.500 \text{ mol } HC_2H_3O_2$$

이 식을 *V*에 대해 풀면 다음과 같다.

$$V = \frac{0.500 \text{ } \cancel{\text{mol } HC_2H_3O_2}}{\frac{17.4 \text{ } \cancel{\text{mol } HC_2H_3O_2}}{\text{L 용액}}} = 0.0287 \text{ L 또는 } 28.7 \text{ mL 용액}$$

따라서 1.00 *M* 아세트산 용액 500 mL를 만들려면, 17.4 *M*의 아세트산 28.7 mL를 취해서 총 부피가 500 mL가 되도록 묽힌다.

일반적인 묽힘 과정에서는 두 가지 유리 기구, 즉 피펫과 부피 플라스크를 사용한다. *피펫(pipet)*은 주어진 용액의 부피를 정확히 측정하여 옮기는 도구이다. 널리 쓰이는 피펫에는 두 가지 종류, 즉 *부피(옮김) 피펫*과 *측정 피펫*이 있다(그림 4.11). 부피 피펫은 5 mL, 10 mL, 25 mL 등과 같이 특정 크기로 만들어진다. 측정 피펫은 부피 피펫을 쓸 수 없는 부피를 잴 때 사용한다. 예를 들어, 측정 피펫을 이용하여 17.4 *M*의 아세트산 28.7 mL를 500 mL 부피 플라스크에 옮긴 후, 그림 4.12에 나타낸 대로 물을 표시선까지 첨가하여 묽힌다.

대화형 예제 4.7 농도와 부피 II

0.10 *M*의 H_2SO_4 용액 1.5 L를 만드는 데 필요한 16 *M* 황산의 부피는 얼마인가?

풀이 **목표는 무엇인가?**

필요한 H_2SO_4의 부피 구하기

알고 있는 것은?

- 0.10 M H_2SO_4 1.5 L가 필요하다.
- 16 M의 H_2SO_4을 가지고 있다.

H_2SO_4의 부피를 구하는 데 필요한 정보는?

- 필요한 용액에 들어 있는 H_2SO_4의 몰 수

어떻게 해결할 것인가?

필요한 H_2SO_4의 몰 수는?

$$M \times V = \text{mol}$$

$$1.5\ \text{L 용액} \times \frac{0.10\ \text{mol } H_2SO_4}{\text{L 용액}} = 0.15\ \text{mol } H_2SO_4$$

0.15 mol의 H_2SO_4이 들어 있는 16 M의 황산 부피는?

$$V \times \frac{16\ \text{mol } H_2SO_4}{\text{L 용액}} = 0.15\ \text{mol } H_2SO_4$$

V에 대하여 풀면 다음과 같이 된다.

$$V = \frac{0.15\ \text{mol } H_2SO_4}{\frac{16\ \text{mol } H_2SO_4}{1\ \text{L 용액}}} = 9.4 \times 10^{-3}\ \text{L 또는 } 9.4\ \text{mL 용액}$$

■ 16 M H_2SO_4를 이용하여 0.10 M H_2SO_4 1.5 L를 만들기 위해서는 진한 산 9.4 mL를 취해서 물로 1. 5 L가 되도록 정확히 묽힌다. 올바른 방법은 증류수 약 1 L에 진한 산 9.4 mL를 가한 후 물을 더 가하여 1.5 L로 묽히는 것이다.

산을 묽힐 때는 "반드시 산을 물에 넣어야 한다."

연습 문제 4.51b,d와 4.52a,b,d 참조

앞에서 언급한 바와 같이, 묽힘과 관련된 계산에서 가장 중요한 것은 용질의 몰 수가 묽힘으로 변하지 않는다는 것을 인식하는 것이다. 이것을 다음 식과 같이 나타낼 수 있다.

$$M_1V_1 = M_2V_2$$

여기서, M_1과 V_1은 각각 원 용액(묽히기 전)의 몰농도와 부피이고, M_2와 V_2는 묽힌 용액의 몰농도와 부피이다.

$$\begin{aligned} M_1 \times V_1 &= \text{묽힘 전의 용질의 몰 수} \\ &= \text{묽힘 후의 용질의 몰 수} = M_2 \times V_2 \end{aligned}$$

이므로 위의 식은 타당하다. $M_1V_1 = M_2V_2$ 식을 이용하여 예제 4.7을 다시 풀어보자. 이때

$$M_1 = 16\,M \qquad M_2 = 0.10\,M \qquad V_2 = 1.5\ \text{L}$$

이고, V_1은 구하려는 미지수이다. 묽힘에서 $M_1V_1 = M_2V_2$는 항상 성립한다. 이 식이 만들어진 과정을 이해한다면 기억하기 쉬울 것이다.

4.4 화학 반응의 종류

지금까지의 살펴본 반응들은 수많은 화학 반응의 극히 작은 부분에 불과하다고 할 수 있다. 이들 모든 반응을 이해하기 위하여 몇 종류로 분류할 필요가 있다. 여러 가지 방법이 있으나, 여기에서는 화학자들이 가장 많이 쓰는 분류 방법을 사용하기로 한다.

용액 반응의 종류

- » 침전 반응
- » 산-염기 반응
- » 산화-환원 반응

거의 모든 반응들은 이들 세 반응 종류 중 어느 하나에 속한다. 다음 절에서 각 반응에 관해 설명한다.

4.5 침전 반응

*침전 반응은 이중치환 반응*이라고도 부른다.

두 용액이 섞일 때, 때때로 불용성 물질이 만들어진다. 즉, 고체가 형성되어 용액에서 분리된다. 이와 같은 반응을 **침전 반응**(precipitation reaction)이라 하며, 생성된 고체를 **침전**(precipitate)이라 한다. 예를 들면, 노란색의 크로뮴산 포타슘 수용액($K_2CrO_4(aq)$)을 무색의 질산 바륨 수용액($Ba(NO_3)_2(aq)$)에 가하면 침전 반응이 일어난다. 그림 4.13에 나타낸 바와 같이 이 용액들이 섞이면 노란색의 고체가 생성된다. 이 화학적 변화를 나타내는 반응식은 무엇일까? 반응식을 쓰기 위해서는 먼저 반응물과 생성물이 무엇인지 알아야 한다. 반응물은 이미 $K_2CrO_4(aq)$와 $Ba(NO_3)_2(aq)$이라고 주어졌다. 그러면 생성물이 무엇인지 예측할 수 있는 방법은 없는가? 특히 노란색 고체는 무엇인가?

침전 반응의 정량적인 면은 제15장에서 다룬다.

이 고체의 성질을 예측하는 가장 좋은 방법은 가능한 생성물이 어떤 것이 있는지를 생각해 보는 것이다. 이를 위해서 두 반응물 용액을 섞은 후에 생성된 용액에 어떤 화학종들이 존재하는지를 알아야 한다. 첫째로, 각 반응물 용액의 성질을 살펴보자. 화학식 $Ba(NO_3)_2(aq)$로부터 질산 바륨(흰색 고체)이 물에 용해되어 있음을 알 수 있다. 질산 바륨에는 Ba^{2+}와 NO_3^-이 들어 있다. *기억할 것: 고체 이온을 포함하고 있는 고체 물질이 물에 녹으면 거의 모든 경우 이온들은 분리되어* 독립적으로 행동한다. 즉, $Ba(NO_3)_2(aq)$에는 $Ba(NO_3)_2$ 분자는 들어있지 않고, 단지 분리된 Ba^{2+}와 NO_3^-만이 들어 있다[그림 4.14(a) 참조].

그림 4.13 노란색의 크로뮴산 포타슘 수용액을 무색의 질산 바륨 수용액에 가하면 노란색의 크로뮴산 바륨이 침전된다.

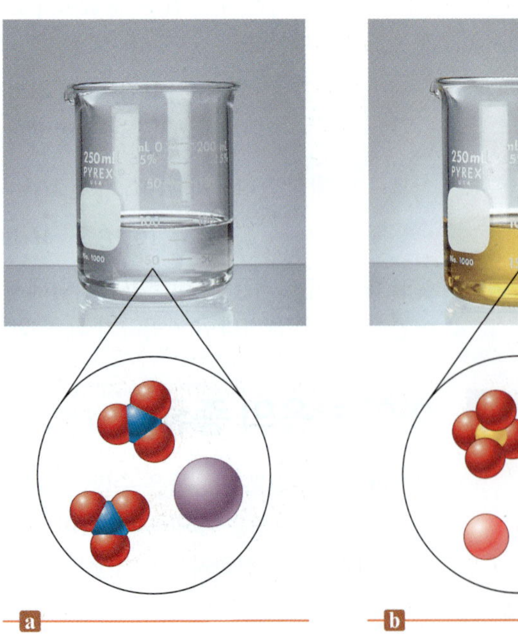

그림 4.14 반응물 용액. (**a**) $Ba(NO_3)_2(aq)$와 (**b**) $K_2CrO_4(aq)$.

이온성 물질들이 물에 녹아 있는 용액에는 분리된 이온들이 들어있다.

마찬가지로 고체 크로뮴산 포타슘은 K^+와 CrO_4^{2-} 이온을 포함하므로, 크로뮴산 포타슘 수용액(고체 K_2CrO_4를 물에 용해시켜 만든다)은 이들 두 이온들을 포함한다[그림 4.14(b) 참조].

$K_2CrO_4(aq)$와 $Ba(NO_3)_2(aq)$를 섞을 때 일어나는 반응을 두 가지 방식으로 나타낼 수 있다. 첫 번째는

$$K_2CrO_4(aq) + Ba(NO_3)_2(aq) \longrightarrow \text{생성물}$$

로 쓸 수 있으나, 보다 정확한 표기는

$$\underbrace{2K^+(aq) + CrO_4^{2-}(aq)}_{\substack{K_2CrO_4(aq)\text{에} \\ \text{들어 있는 이온들}}} + \underbrace{Ba^{2+}(aq) + 2NO_3^-(aq)}_{\substack{Ba(NO_3)_2(aq)\text{에} \\ \text{들어 있는 이온들}}} \longrightarrow \text{생성물}$$

이다. 따라서 혼합된 용액은 다음 이온들이 들어있다[그림 4.15(a) 참조].

$$K^+ \quad CrO_4^{2-} \quad Ba^{2+} \quad NO_3^-$$

이 이온들이 어떻게 반응하여 노란색 고체를 만들까? 이것은 쉽게 답할 수 있는 문제는 아니다. 사실 어떤 화학 반응의 생성물을 예측한다는 것은 화학을 처음 배우는 학생들로서는 가장 어려운 문제가 아닐 수 없다. 경험 있는 화학자라 할지라도 새로운 반응을 접하면 무엇이 일어나는지 확신하기가 어렵다. 사람들은 여러 가지의 가능한 경우를 생각해내고, 각각의 경우들의 일어날 가능성을 고려한 후 예측을 한다(지식에 근거한 추측). 생성물을 *실험적으로* 확인한 후에만 실제로 어떤 반응이 일어났는지 알 수 있다. 그러나 지식에 근거한 추측은 어디에서 시작해야 할지를 알려 주기 때문에 매우 유용하다. 즉, 어떤 종류의 생성물이 가능한지 알려 준다. 위의 반응에서 생성물을 예측하기에 도움이 되는 사실들은 다음과 같다.

1. 이온들이 고체 화합물을 만들 때, 그 화합물은 전하를 가지지 않는다. 따라서 이 반응의 생성물들은 *양이온과 음이온을 모두* 포함해야 한다. 예를 들면, K^+와 Ba^{2+}는 결합하여 고체를 만들 수 없으며, CrO_4^{2-}와 NO_3^-도 마찬가지로 고체를 만들지 못한다.
2. 대부분의 이온성 물질들은 한 종류의 양이온과 한 종류의 음이온을 포함한다(예를 들면, NaCl, KOH, Na_2SO_4, K_2CrO_4, $Co(NO_3)_2$, NH_4Cl, Na_2CO_3).

따라서 위의 K^+, CrO_4^{2-}, Ba^{2+}, NO_3^- 이온들 중에서 양이온과 음이온 사이에 가능한 조합은

$$K_2CrO_4 \quad KNO_3 \quad BaCrO_4 \quad Ba(NO_3)_2$$

이다. 이들 중 어떤 것이 노란색 고체일 것인가? K_2CrO_4와 $Ba(NO_3)_2$는 반응물이므로, 이

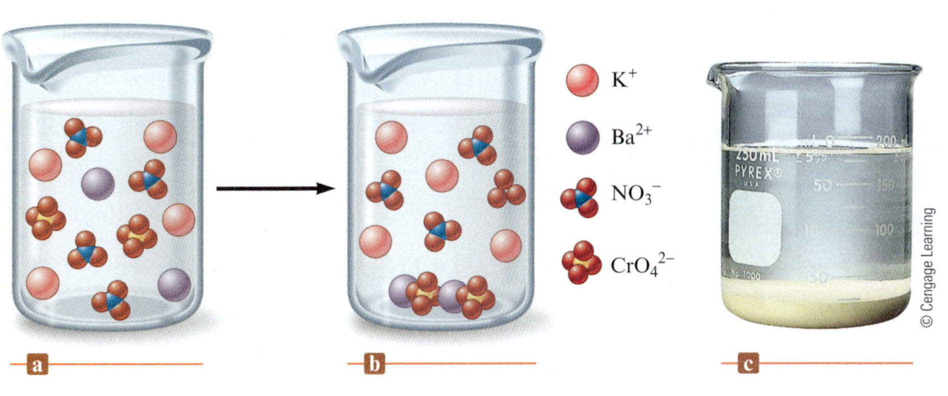

그림 4.15 $K_2CrO_4(aq)$와 $Ba(NO_3)_2(aq)$의 반응. **(a)** 반응이 일어나기 전 혼합 용액의 분자 수준 "그림". **(b)** 반응이 일어나서 $BaCrO_4(s)$가 형성된 후 용액의 분자 수준 "그림". *주의:* $BaCrO_4(s)$는 분자가 아니다. 실제로 $BaCrO_4(s)$에는 Ba^{2+}와 CrO_4^{2-} 이온이 격자로 쌓여 있다. **(c)** 반응이 일어난 후 바닥의 고체 $BaCrO_4$를 보여주는 용액의 사진.

그림 4.16 질산 은 용액과 염화 포타슘 용액을 섞으면 염화 은이 침전되고, K^+와 NO_3^-는 용액 내에 남아 있다.

들을 아니다. 이들은 혼합한 두 용액 속에 들어(녹아) 있었다. 따라서 고체를 형성할 가능성이 있는 것은

$$KNO_3 \text{ 와 } \quad BaCrO_4$$

이다. 이 중 어떤 것이 노란색 고체인지를 알아내려면 더 많은 사실을 알아야 한다. K^+와 NO_3^-가 모두 무색이라는 것은 화학을 공부한 사람들은 대개 알고 있는 사실이다. 따라서 고체가 KNO_3라면, 노란색이 아니라 흰색이어야 할 것이다. 한편 CrO_4^{2-}은 노란색이므로(그림 4.14에서 $K_2CrO_4(aq)$가 노란색임을 확인하라), 노란색 고체는 $BaCrO_4$인 것이 확실하다. 추가적인 검사로 이것을 확인할 수 있다.

지금까지, $K_2CrO_4(aq)$와 $Ba(NO_3)_2(aq)$ 사이의 반응 생성물 중 한 가지는 $BaCrO_4(s)$인 것을 확인하였다. 그러면 K^+와 NO_3^-는 어떻게 될 것인가? 그 답은 이들 이온들이 용액 내에 녹은 채로 남아 있다는 것이다. K^+와 NO_3^- 이온들은 물에 녹아 있을 때 고체 KNO_3를 형성하지 않는다. 다시 말해, 고체 KNO_3를 혼합 용액과 같은 양의 물에 넣으면 녹을 것이다. 그러므로 $K_2CrO_4(aq)$와 $Ba(NO_3)_2(aq)$를 섞었을 때 $BaCrO_4(s)$가 형성되고, KNO_3는 용액 내에 남아 있게 된다($KNO_3(aq)$라고 쓴다). 이 침전 반응의 전체 반응식을 반응물과 생성물의 화학식을 사용하여 나타내면 다음과 같다.

$$K_2CrO_4(aq) + Ba(NO_3)_2(aq) \longrightarrow BaCrO_4(s) + 2KNO_3(aq)$$

물이 존재하는 한 KNO_3는 분리된 이온으로 용해되어 있다(이 반응은 그림 4.15에 잘 나타내었다. 용기의 바닥에 고체 $BaCrO_4$가 있고, K^+와 NO_3^- 이온은 용액 내에 분산되어 있다.) 고체 $BaCrO_4$를 제거하고 물을 증발시키면 흰색 고체 KNO_3가 얻어질 것이다. 이것은 물이 제거될 때 K^+와 NO_3^- 이온이 서로 결합하여 고체 KNO_3를 만드는 것이다.

예를 하나 더 들어 보자. 질산 은($AgNO_3$)이 들어 있는 수용액과 염화 포타슘(KCl)이 들어 있는 수용액을 혼합하면 흰색 침전이 생성된다(그림 4.16). 이 반응은 다음과 같이 나타낼 수 있다.

$$AgNO_3(aq) + KCl(aq) \longrightarrow \text{미지의 흰색 고체}$$

이온성 물질들이 물에 녹으면 이온들로 분리되므로, 이 식은 다음과 같이 나타낼 수 있다.

$$\underbrace{Ag^+, NO_3^-}_{\text{질산 은 용액}} + \underbrace{K^+, Cl^-}_{\text{염화 포타슘 용액}} \longrightarrow \underbrace{Ag^+, NO_3^-, K^+, Cl^-}_{\text{반응 전의 혼합 용액}} \longrightarrow \text{흰색 고체}$$

흰색 고체는 양이온과 음이온을 모두 포함하여야 하므로, 이 이온들로부터 생성될 수 있는 고체 화합물들은 다음과 같다.

$$AgNO_3 \quad KCl \quad AgCl \quad KNO_3$$

$AgNO_3$와 KCl은 혼합 전에 두 반응물 용액에 녹아 있었기 때문에 이들은 흰색 고체 생성물이 아니다. 따라서 두 가능한 조합은

$$AgCl \text{과} \quad KNO_3$$

이다. 첫 번째 예에서, KNO_3가 물에 아주 잘 녹는다는 것을 알았다. 따라서 두 반응물을 혼합했을 때 고체 KNO_3는 생성되지 않을 것이므로, 이 반응의 고체 생성물은 $AgCl(s)$이다(실험으로 확인할 수 있다). 이 반응의 반응식은 이제 다음과 같이 쓸 수 있다.

$$AgNO_3(aq) + KCl(aq) \longrightarrow AgCl(s) + KNO_3(aq)$$

그림 4.17은 $AgNO_3$와 KCl 수용액을 혼합했을 때의 결과를 반응의 미시적 그림과 함께 나타낸 것이다.

위의 두 예에서, 우리는 생성물을 알아내기 위하여 화학적 이론(고체의 알짜 전하가 0

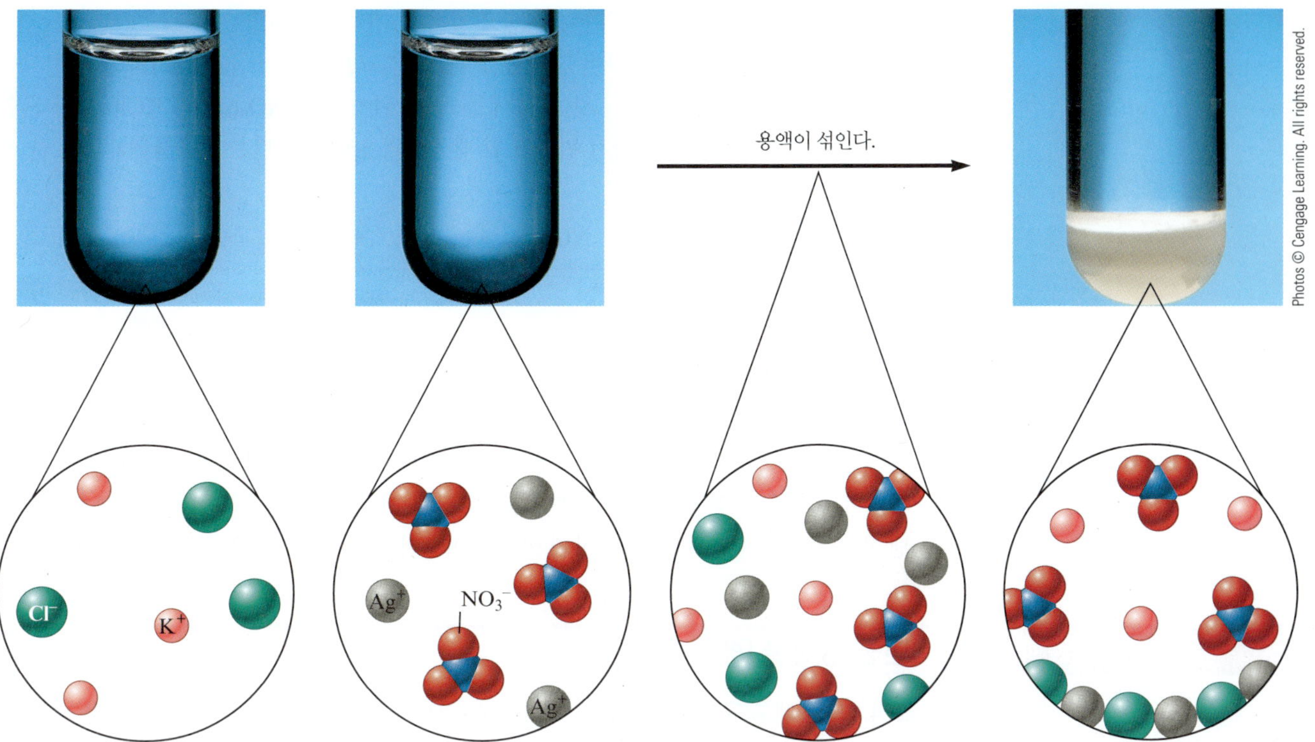

그림 4.17 KCl(*aq*)와 $AgNO_3$(*aq*)이 반응하여 AgCl(*s*)이 생성되는 것을 보여주는 사진과 분자 수준 그림. 반응이 일어나기 전 혼합 용액의 사진은 반응을 보여주기 위한 가상의 단계이기 때문에 있을 수 없다. 실제로 두 용액을 섞으면 반응은 즉시 일어나게 된다.

이다)과 몇 가지 사실들(KNO_3은 물에 아주 잘 녹는다, CrO_4^{2-}는 노란색이다 등등)을 모두 이용하였다. **화학을 공부하기 위해서는 기본 개념을 이해하고, 주요 사실들을 기억하는 것이 중요하다.** 침전 반응에서 형성되는 고체 생성물이 무엇인지 예측하기 위해서는 일반적인 이온 결합 화합물들의 용해도에 관한 지식이 필요하다. 침전 반응 생성물을 예측하는 데 도움이 되라고 표 4.1에 몇 가지 간단한 규칙을 제시하였다. 여러분은 이 규칙들을 암기하여야 할 것이다.

표 4.1의 용해도 규칙에서 *약간 녹는다*라는 표현은 녹는 고체의 양이 미미하다는 의미이다. 이 고체는 인간의 눈으로는 녹지 않는 것으로 보이므로, *불용성*과 *약간 녹는다*라는 것은 종종 같은 의미로 쓰인다.

표 4.1에 들어 있는 정보를 이용하면 $AgNO_3$ 용액과 KCl 용액을 혼합할 때 만들어지는 흰색 고체가 AgCl이라는 것을 알 수 있다. 규칙 1과 2에 의하여 KNO_3는 물에 가용성

표 4.1 물에 대한 염의 용해도를 예측하는 간단한 규칙

1. 대부분의 질산(NO_3^-)염은 물에 녹는다.
2. 대부분의 알칼리 금속 이온(Li^+, Na^+, K^+, Cs^+, Rb^+)과 암모늄 이온(NH_4^+)을 포함한 염은 물에 녹는다.
3. 대부분의 염화물, 브로민화물, 아이오딘화물들은 물에 녹는다. 중요한 예외는 Ag^+, Pb^{2+}, Hg_2^{2+} 이온을 포함한 염이다.
4. 대부분의 황산염은 물에 녹는다. 중요한 예외는 $BaSO_4$, $PbSO_4$, Hg_2SO_4, $CaSO_4$이다.
5. 대부분의 수산화물은 약간 녹는다. 물에 녹는 중요한 수산화물은 NaOH와 KOH이다. 화합물 $Ba(OH)_2$, $Sr(OH)_2$, $Ca(OH)_2$는 조금 녹는다.
6. 규칙 2의 양이온이 포함된 염을 제외하고, 대부분의 황화(S^{2-}), 탄산(CO_3^{2-}), 크로뮴산(CrO_4^{2-}), 인산(PO_4^{3-})염은 약간 녹는다.

이고, 규칙 3에 의하여 AgCl은 불용성임을 알 수 있기 때문이다.

이온성 물질을 포함한 용액을 혼합했을 때, *이온 교환*(*ion interchange*)의 개념을 고려하면 생성물 결정에 도움이 될 것이다. 예를 들면, 위에서 $AgNO_3(aq)$와 $KCl(aq)$를 혼합시킨 반응의 생성물을 결정하기 위하여 한 반응물의 양이온과 다른 반응물의 음이온을 조합하였다.

$$Ag^+ + NO_3^- + K^+ + Cl^- \longrightarrow$$

가능한 고체 생성물

표 4.1의 용해도 규칙을 이용하여 이들 생성물 중 어느 것이 고체 물질인지를 알 수 있다.

반응이 일어나기 전, 용액에 들어 있는 이온들이 무엇인지 생각한다.

수용액 화학을 다룰 때는 먼저 반응 전에 용액에 들어 있는 실제 성분들이 무엇인지를 파악한 후 이들 성분이 서로 어떤 반응을 일으키는가를 알아보아야 한다. 예제 4.8에 나타낸 세 가지 서로 다른 반응을 통하여 이를 살펴보자.

대화형 예제 4.8 반응 생성물 예측

표 4.1의 용해도 규칙을 이용하여, 다음의 두 용액을 섞을 때 일어나는 현상을 예측하라.

a. $KNO_3(aq)$와 $BaCl_2(aq)$

b. $Na_2SO_4(aq)$와 $Pb(NO_3)_2(aq)$

c. $KOH(aq)$와 $Fe(NO_3)_3(aq)$

풀이

a. $KNO_3(aq)$는 고체 KNO_3가 물에 녹아 수화된 $K^+(aq)$와 $NO_3^-(aq)$가 들어 있는 수용액을 의미하며, 마찬가지로 $BaCl_2(aq)$는 고체 $BaCl_2$가 물에 녹아 수화된 $Ba^{2+}(aq)$와 $Cl^-(aq)$가 들어 있는 수용액을 의미한다. 이들 두 용액을 섞은 용액에는 K^+, NO_3^-, Ba^{2+}, Cl^-가 들어 있다. 모든 이온들이 수화되어 있으므로 (aq)는 생략한다. 가능한 고체 생성물을 얻기 위하여, 한 반응물로부터 생성된 양이온과 다른 반응물의 음이온을 결합시켜 염을 생성시킨다.

$$K^+ + NO_3^- + Ba^{2+} + Cl^- \longrightarrow$$

가능한 고체 생성물

표 4.1의 규칙에 의하여 KCl과 $Ba(NO_3)_2$는 물에 녹으므로 $KNO_3(aq)$와 $BaCl_2(aq)$를 혼합하면 침전물이 생기지 않으며, 모든 이온들이 용액 속에 녹아 있다. 아무런 화학 반응이 일어나지 않는다.

b. (a)와 같은 방법으로, 반응이 일어나기 전에 혼합 용액에 존재하는 이온은 Na^+, SO_4^{2-}, Pb^{2+}, NO_3^-이다. 침전될 가능성이 있는 염은 다음 조합과 같다.

$$Na^+ + SO_4^{2-} + Pb^{2+} + NO_3^- \longrightarrow$$

$NaNO_3$는 물에 녹으며, $PbSO_4$는 불용성이다(표 4.1의 규칙 4). 따라서 이들 용액을 혼합하면 $PbSO_4$의 침전이 생길 것이다. 이 반응의 균형 맞추어진 반응식은 다음과 같다.

$$Na_2SO_4(aq) + Pb(NO_3)_2(aq) \longrightarrow PbSO_4(s) + 2NaNO_3(aq)$$

▲ KOH 수용액과 $Fe(NO_3)_3$ 수용액을 혼합하면 고체 $Fe(OH)_3$가 생성된다.

c. 반응이 일어나기 전에 혼합 용액에 존재하는 이온은 K^+, OH^-, Fe^{3+}, NO_3^-이다. 침전 가능성이 있는 염은 KNO_3와 $Fe(OH)_3$이다. 표 4.1의 용해도 규칙에 따르면 K^+와 NO_3^-의 염은 물에 녹는다. 그러나 $Fe(OH)_3$는 약간만 녹으므로(규칙 5) 침전을 만들 것이다. 균형 맞추어진 반응식은 다음과 같다.

$$3KOH(aq) + Fe(NO_3)_3(aq) \longrightarrow Fe(OH)_3(s) + 3KNO_3(aq)$$

연습 문제 4.61과 4.62 참조

4.6 용액에서의 화학 반응의 반응식

이 절에서는 용액 내에서 일어는 화학 반응의 반응식의 종류를 살펴보기로 한다. 예를 들면, 크로뮴산 포타슘 수용액을 질산 바륨 수용액과 혼합하면 침전($BaCrO_4$)이 생성되고, 질산 포타슘이 녹아 있는 반응이 일어난다. 지금까지는 이 반응의 전체 반응식, 즉 **화학식 반응식**(formula equation)을 다음과 같이 써 왔다.

$$K_2CrO_4(aq) + Ba(NO_3)_2(aq) \longrightarrow BaCrO_4(s) + 2KNO_3(aq)$$

그러나 이 식이 반응물과 생성물을 나타내기는 하지만, 용액 속에서 실제로 일어나는 현상을 분명히 보여 주지는 못한다. 앞에서 살펴보았듯이 크로뮴산 포타슘 수용액, 질산 바륨 수용액과 질산 포타슘 수용액에는 분자 반응식에 나타낸 분자가 아닌 각각의 이온들이 들어 있다. 따라서 다음과 같은 **완전 이온 반응식**(complete ionic equation)을 이용하여 용액 속의 반응물과 생성물을 실제 형태대로 나타내는 것이 보다 좋은 방법이다.

센전해질은 물에 녹아서 이온들로 완전히 분리되는 물질이다.

$$2K^+(aq) + CrO_4^{2-}(aq) + Ba^{2+}(aq) + 2NO_3^-(aq) \longrightarrow BaCrO_4(s) + 2K^+(aq) + 2NO_3^-(aq)$$

완전 이온 반응식에서는 모든 센전해질 물질을 이온으로 나타낸다.

완전 이온 반응식은 이온들 중의 일부만이 반응에 참여함을 보여 주고 있다. K^+와 NO_3^-는 반응 전과 반응 후에도 계속 용액 속에 존재한다. 이와 같이 용액에서 일어나는 반응에 직접 참여하지 않는 이온들을 **구경꾼 이온**(spectator ion)이라고 부른다. 이 반응에 실제로 참여하는 이온은 Ba^{2+}와 CrO_4^{2-} 이온이고, 두 이온이 결합하여 고체 $BaCrO_4$를 만든다.

$$Ba^{2+}(aq) + CrO_4^{2-}(aq) \longrightarrow BaCrO_4(s)$$

알짜 이온 반응식은 반응에서 변화되는 성분만을 나타낸다.

이 식을 **알짜 이온 반응식**(net ionic equation)이라고 하며, 반응에 직접 참여하는 용액 성분으로만 나타낸다. 화학자들은 보통 용액에서 일어나는 반응을 알짜 이온 반응식으로 나타내는데, 그 이유는 이 식이 반응물과 생성물의 실제 형태를 나타내고 있고, 아울러 변화에 참여하는 화학종만을 보여 주고 있기 때문이다.

용액 속의 반응을 설명하는 데는 세 가지 형태의 반응식이 이용된다

» **화학식 반응식**은 전체 반응의 화학량론을 나타내지만 용액 속의 반응물과 생성물의 실제 형태를 나타내지는 않는다.
» **완전 이온 반응식**은 센전해질인 반응물과 생성물을 모두 이온으로 나타낸다.
» **알짜 이온 반응식**은 변화에 참여하는 용액 성분만을 나타내고, 구경꾼 이온은 나타내지 않는다.

대화형 예제 4.9

화학 반응식 쓰기

다음 각 반응에 대하여 화학식 반응식, 완전 이온 반응식, 알짜 이온 반응식을 써라.

a. 염화 포타슘 수용액을 질산 은 수용액에 가하여 염화 은의 침전과 수용성 질산 포타슘이 생성된다.

b. 수산화 포타슘 수용액을 질산 철(III)과 혼합하여 수산화 철(III)이 침전되고, 질산 포타슘의 수용액이 생성된다.

풀이 **a. 화학식 반응식**

$$KCl(aq) + AgNO_3(aq) \longrightarrow AgCl(s) + KNO_3(aq)$$

완전 이온 반응식

(이 경우 물에 녹아 있는 화합물은 모두 분리된 이온으로 존재한다는 것을 *기억하라.*)

$$K^+(aq) + Cl^-(aq) + Ag^+(aq) + NO_3^-(aq) \longrightarrow AgCl(s) + K^+(aq) + NO_3^-(aq)$$

K^+: 구경꾼 이온, NO_3^-: 구경꾼 이온, $AgCl(s)$: 고체, 분리된 이온으로 쓰지 않음, K^+: 구경꾼 이온, NO_3^-: 구경꾼 이온

다음과 같이 구경꾼 이온들을 소거하면

$$\cancel{K^+}(aq) + Cl^-(aq) + Ag^+(aq) + \cancel{NO_3^-}(aq) \longrightarrow AgCl(s) + \cancel{K^+}(aq) + \cancel{NO_3^-}(aq)$$

다음과 같은 알짜 이온 반응식을 얻는다.

알짜 이온 반응식

$$Cl^-(aq) + Ag^+(aq) \longrightarrow AgCl(s)$$

b. 화학식 반응식

$$3KOH(aq) + Fe(NO_3)_3(aq) \longrightarrow Fe(OH)_3(s) + 3KNO_3(aq)$$

완전 이온 반응식

$$3K^+(aq) + 3OH^-(aq) + Fe^{3+}(aq) + 3NO_3^-(aq) \longrightarrow Fe(OH)_3(s) + 3K^+(aq) + 3NO_3^-(aq)$$

알짜 이온 반응식

$$3OH^-(aq) + Fe^{3+}(aq) \longrightarrow Fe(OH)_3(s)$$

연습 문제 4.65~4.70 참조

4.7 침전 반응의 화학량론

제3장에서 화학량론의 기본 원리인 화학 반응에 관여한 반응물과 생성물의 양을 계산하는 방법에 대하여 공부하였다. 계산하기 전에 모든 양을 몰 단위로 바꾸고, 균형 맞춘 반응식의 계수를 이용하여 화합물들의 몰 수의 비를 얻는다는 것을 기억할 것이다. 반응물이 섞여 있을 경우에는 어느 반응물이 한계 반응물인지를 결정해야 한다. 왜냐하면 제일 먼저 소모되는 반응물이 생성물의 양을 결정하기 때문이다. 이 원리는 용액 내에서 일어나는 반응에도 그대로 적용된다. 그러나 이 경우, 두 가지 강조되어야 할 점이 있다. 첫째는 두 용액을 섞었을 때 어떤 반응이 실제로 일어나는지 바로 알 수 없는 경우가 종종 있게 된다. 이

런 경우 모든 가능한 반응들을 생각해 내고, 그중에서 실제로 일어날 수 있는 반응을 결정한다. 이러한 과정에서 첫 번째 단계는 4.5절에서 본 바와 같이, 용액 내에 실제로 존재하는 모든 화학종들을 적는 일이다. 용액 반응의 두 번째 강조할 점은 반응물의 몰 수를 구하기 위하여 4.3절에서 다루었던 대로 용액의 부피와 몰농도를 사용하여야 한다는 것이다.

예제 4.10에서, 용액 내 반응의 화학량론 계산 방법을 소개하기로 한다.

비판적 사고 모든 이온성 고체가 물에 녹으면 어떻게 될까? 이것이 수용액에서의 반응에 대한 화학량론 계산에 어떤 영향을 미칠까?

대화형 예제 4.10 필요한 반응물의 질량 구하기

0.100 M $AgNO_3$ 용액 1.50 L에 들어 있는 모든 Ag^+ 이온을 AgCl 형태로 침전시키는 데 필요한 고체 NaCl의 질량을 계산하라.

풀이 **목표는 무엇인가?**

Ag^+를 침전시키는 데 필요한 고체 NaCl의 질량 구하기

알고 있는 것은?

› 1.50 L의 0.100 M $AgNO_3$

NaCl의 질량을 구하는 데 필요한 정보는?

› 용액에 들어 있는 Ag^+의 몰 수

어떻게 해결할 것인가?

혼합 용액에 들어 있는 이온들은 무엇인가?

$$Ag^+ \qquad NO_3^- \qquad Na^+ \qquad Cl^-$$

침전 반응의 균형 맞춘 알짜 이온 반응식은?

표 4.1에서 $NaNO_3$는 물에 녹으며 AgCl은 물에 녹지 않음을 주목하라. 그러므로 다음 알짜 이온 반응식에 따라 고체 AgCl이 형성된다.

$$Ag^+(aq) + Cl^-(aq) \longrightarrow AgCl(s)$$

용액에 존재하는 Ag^+ 이온의 몰 수는?

$$1.50\ \cancel{L} \times \frac{0.100\ \text{mol}\ Ag^+}{\cancel{L}} = 0.150\ \text{mol}\ Ag^+$$

모든 Ag^+ 이온과 반응하는 데 필요한 Cl^- 이온의 몰 수는?

Ag^+와 Cl^-는 1:1 비율로 반응하기 때문에, 0.150 mol의 Cl^- 이온, 즉 0.150 mol의 NaCl이 필요하다.

필요한 NaCl의 질량은?

$$\blacksquare\ 0.150\ \cancel{\text{mol NaCl}} \times \frac{58.44\ \text{g NaCl}}{\cancel{\text{mol NaCl}}} = 8.77\ \text{g NaCl}$$

연습 문제 4.73 참조

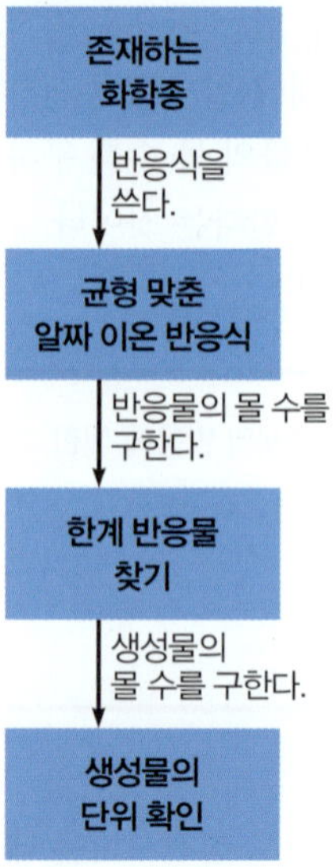

존재하는 화학종

반응식을 쓴다.

균형 맞춘 알짜 이온 반응식

반응물의 몰 수를 구한다.

한계 반응물 찾기

생성물의 몰 수를 구한다.

생성물의 단위 확인

예제 4.10에서, 용액 반응에 관한 화학량론 계산 방법은 다른 종류의 반응에 사용된 방법과 아주 유사하다는 것을 알 수 있다. 이들 문제를 푸는 가장 유용한 과정은 다음과 같다.

문제 풀이 전략

용액 반응의 화학량론 문제 풀이

1. 혼합 용액에 들어 있는 화학종을 알아내고, 어떠한 반응이 일어날 것인지를 결정한다.
2. 그 반응에 대한 균형 맞춘 반응식을 적는다.
3. 반응물의 몰 수를 계산한다.
4. 한계 반응물을 결정한다.
5. 필요하다면 생성물의 몰 수를 계산한다.
6. 필요에 따라 그램이나 다른 단위로 바꾼다.

대화형 예제 4.11 형성된 생성물의 질량 구하기

Na_2SO_4와 $Pb(NO_3)_2$ 수용액을 섞으면 $PbSO_4$가 침전된다. 0.0500 *M* $Pb(NO_3)_2$ 1.25 L와 0.0250 *M* Na_2SO_4 2.00 L를 혼합하였을 때 생성되는 $PbSO_4$의 질량을 계산하라.

풀이 **목표는 무엇인가?**

생성된 고체 $PbSO_4$의 질량 구하기

알고 있는 것은?

- 1.25 L의 0.0500 *M* $Pb(NO_3)_2$
- 2.00 L의 0.0250 *M* Na_2SO_4
- 화학 반응식

$$Pb^{2+}(aq) + SO_4^{2-}(aq) \longrightarrow PbSO_4(s)$$

필요한 정보는?

- 한계 반응물

어떻게 해결할 것인가?

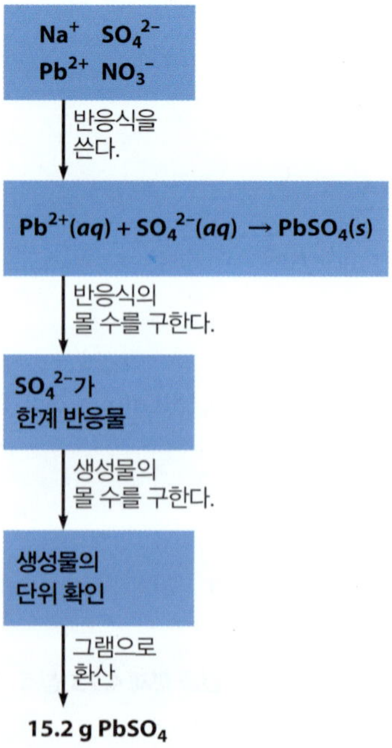

Na^+ SO_4^{2-} Pb^{2+} NO_3^-

반응식을 쓴다.

$Pb^{2+}(aq) + SO_4^{2-}(aq) \rightarrow PbSO_4(s)$

반응식의 몰 수를 구한다.

SO_4^{2-}가 한계 반응물

생성물의 몰 수를 구한다.

생성물의 단위 확인

그램으로 환산

15.2 g $PbSO_4$

1. *혼합된 용액 내에 존재하는 이온들은?*

$$Na^+ \qquad SO_4^{2-} \qquad Pb^{2+} \qquad NO_3^-$$

반응은?

$NaNO_3$는 물에 녹으며, $PbSO_4$는 불용성이기 때문에, 고체 $PbSO_4$가 생성된다.

2. *반응의 균형 맞춘 알짜 이온 반응식은?*

$$Pb^{2+}(aq) + SO_4^{2-}(aq) \longrightarrow PbSO_4(s)$$

3. *용액에 존재하는 반응물의 몰 수는?*

$$1.25\ \cancel{L} \times \frac{0.0500\ \text{mol}\ Pb^{2+}}{\cancel{L}} = 0.0625\ \text{mol}\ Pb^{2+}$$

$$2.00\ \cancel{L} \times \frac{0.0250\ \text{mol}\ SO_4^{2-}}{\cancel{L}} = 0.0500\ \text{mol}\ SO_4^{2-}$$

4. *한계 반응물은?*

Pb^{2+}와 SO_4^{2-}는 1:1의 비율로 반응하므로, SO_4^{2-} 이온이 한계 시약이다(0.0500 mol의 SO_4^{2-}는 0.0625 mol의 Pb^{2+}보다 작다).

5. *생성된 $PbSO_4$의 몰 수는?*

SO_4^{2-}가 한계 반응물이므로 단지 0.0500 mol의 고체 $PbSO_4$가 생성될 것이다.

6. *생성된 $PbSO_4$의 질량은?*

$$■\ 0.0500\ \cancel{\text{mol PbSO}_4} \times \frac{303.3\text{ g PbSO}_4}{1\ \cancel{\text{mol PbSO}_4}} = 15.2\text{ g PbSO}_4$$

연습 문제 4.75과 4.76 참조

4.8 산-염기 반응

이 장의 앞부분에서, Arrhenius의 산-염기에 대한 개념을 살펴보았다. 산은 물에 녹았을 때 H^+ 이온을 만들어내는 물질이고, 염기는 OH^- 이온을 만들어내는 물질이다. 이러한 개념들이 기본적으로는 올바른 생각이나, OH^- 이온을 만들어내지 못하는 물질도 포함할 수 있는 보다 일반적인 염기를 정의하는 것이 편리하다. 이러한 새로운 정의를 Johannes N. Brønsted(1879~1947)와 Thomas M. Lowry(1874~1936)가 제시하였는데 산-염기를 다음과 같이 정의하였다.

산과 염기에 대한 Brønsted-Lowry 개념은 제14장에서 자세히 다룬다.

산(acid)은 양성자 주개이다.

염기(base)는 양성자 받개이다.

산-염기 반응이 일어날지 어떻게 알 수 있는가? 화학에 관한 경험이 없는 사람이 느끼는 가장 어려운 일 중의 하나는 두 용액을 혼합할 때 무슨 반응이 일어나는가를 예측하는 것이다. 침전 반응의 경우에는 혼합 용액에 실제로 존재하는 화학종에 관심을 두는 것이 가장 좋은 방법이었다. 산-염기 반응의 경우도 마찬가지이다. 예를 들면, 염산(HCl) 수용액과 수산화 소듐(NaOH) 수용액을 혼합하면, 혼합 용액에는 H^+, Cl^-, Na^+, OH^- 이온이 존재한다. HCl은 센산이고, NaOH는 센염기이므로 이온들은 분리된다. 반응이 일어난다면 어떠한 반응이 일어날 것인지 예측할 수 있을까? 우선 NaCl 침전이 생길까? 표 4.1에 따르면 NaCl은 물에 녹으므로 침전을 만들지 않을 것이다. Na^+와 Cl^-는 구경꾼 이온이다. 또한 물은 비전해질이어서 많은 양의 H^+, OH^- 이온이 용액 속에서 함께 존재할 수 없다. 따라서 이들 이온들이 반응하여 물 분자를 만들 것이다.

$$H^+(aq) + OH^-(aq) \longrightarrow H_2O(l)$$

이 식이 HCl과 NaOH 수용액을 혼합할 때 일어나는 반응에 대한 알짜 이온 반응식이다.

다음으로, 아세트산($HC_2H_3O_2$) 수용액과 수산화 포타슘(KOH) 수용액을 혼합하는 경우를 살펴보자. 앞에서 논의한 전도도의 관점에서 보면, 아세트산의 수용액은 약전해질이므로 아세트산은 거의 해리하지 않는다. 실제로 0.1 M $HC_2H_3O_2$에는 $HC_2H_3O_2$ 분자 99%가 해리되지 않은 상태로 남아 있다. 그러나 고체 KOH를 물에 녹이면 KOH는 완전히 해리되어 K^+와 OH^- 이온을 만들어낸다. $HC_2H_3O_2$와 KOH 수용액을 혼합하여 얻은 용액에서 *아무런 반응도 일어나지 않았을 때* 존재하는 화학종은 $HC_2H_3O_2$, K^+, OH^-이다. 어떤 반응이 일어나겠는가? 가능한 반응으로는 K^+와 OH^-의 반응이 있으나, KOH는 가용성이므로 침전이 생기지 않는다. 또 다른 가능한 반응은 수산화 이온(양성자 받개)과 양성자 주개 사이의 반응이다. 용액에는 양성자의 공급원 $HC_2H_3O_2$ 분자가 있다. OH^- 이온은 양성자에 대한 큰 친화력이 있어, $HC_2H_3O_2$ 분자로부터 양성자를 빼앗아 올 수 있다. 이때 일어나는 반응에 대한 알짜 이온 반응식은 다음과 같다.

$$OH^-(aq) + HC_2H_3O_2(aq) \longrightarrow H_2O(l) + C_2H_3O_2^-(aq)$$

이 반응은 매우 중요한 일반적 원리를 알려 주고 있다. **수산화 이온은 매우 센 염기이므로, 화학량론적 계산 시 우리가 접하게 되는 모든 약산과 완전히 반응한다고 가정할 수 있다.** 물론 OH^- 이온은 센산 용액에 존재하는 H^+ 이온과도 완전히 반응한다.

이제부터는 수용액에서 일어나는 산-염기 반응들에 대한 화학량론을 다룬다. 이 과정은 앞에서 침전 반응에 사용하였던 방법과 근본적으로 같은 것이다.

존재하는 화학종
↓ 반응식을 쓴다.
균형 맞춘 알짜 이온 반응식
↓ 반응물의 몰 수를 구한다.
한계 반응물 찾기
↓ 생성물의 몰 수를 구한다.
생성물의 단위 확인

문제 풀이 전략

산-염기 반응에 관한 계산

1. 반응이 일어나기 전의 혼합 용액에 존재하는 화학종을 적고, 어떤 반응이 일어날지를 결정한다.
2. 이 반응에 대하여 균형을 맞춘 알짜 이온 반응식을 적는다.
3. 반응물의 주어진 양을 몰로 나타낸다. 용액에서 일어나는 반응에 대해서는 초기 용액의 부피와 몰농도를 이용한다.
4. 한계 반응물을 결정한다.
5. 필요한 반응물 또는 생성물의 몰 수를 계산한다.
6. 문제의 필요에 따라 그램이나 부피로 환산한다.

산-염기 반응은 흔히 **중화 반응**(neutralization reaction)이라고 부른다. 용액에 존재하는 산과 완전히 반응할 수 있는 염기를 가했을 때, 산이 *중화되었다*고 말한다.

대화형 예제 4.12 중화 반응 I

0.350 *M*의 NaOH 용액 25.0 mL를 중화하는 데 필요한 0.100 *M*의 HCl 용액의 부피는 얼마인가?

풀이

목표는 무엇인가?

중화하는 데 필요한 0.100 *M*의 HCl 용액의 부피 구하기

알고 있는 것은?

- 25 mL의 0.350 *M* NaOH
- 0.100 *M* HCl
- 화학 반응식

$$H^+(aq) + OH^-(aq) \longrightarrow H_2O(l)$$

어떻게 해결할 것인가?

산-염기 반응의 계산 문제를 풀 때는 문제 풀이 전략을 사용하라.

1. *혼합된 용액 내에 존재하는 이온들은?*

$$H^+ \quad Cl^- \quad Na^+ \quad OH^-$$

반응은?

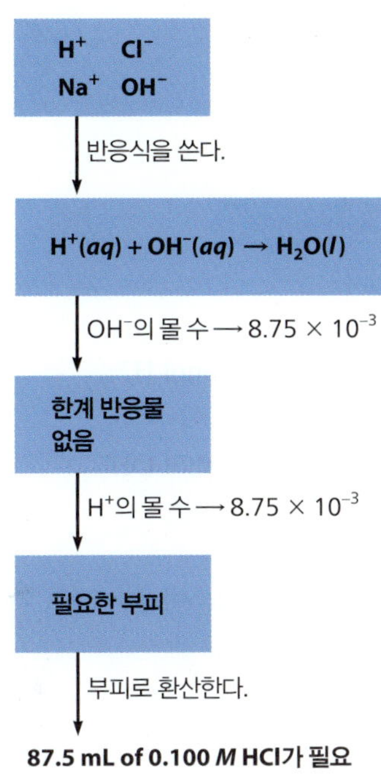

다음 두 반응이 가능하다.

$$Na^+(aq) + Cl^-(aq) \longrightarrow NaCl(s)$$
$$H^+(aq) + OH^-(aq) \longrightarrow H_2O(l)$$

NaCl은 물에 녹기 때문에 첫 번째 반응은 일어나지 않는다(Na^+와 Cl^-는 구경꾼 이온이다). 그러나 앞에서 본 바와 같이 H^+와 OH^- 이온은 H_2O를 형성한다.

2. *반응의 균형 맞추어진 알짜 이온 반응식은?*

$$H^+(aq) + OH^-(aq) \longrightarrow H_2O(l)$$

3. *용액에 존재하는 반응물의 몰 수는?*

$$25.0\ \cancel{\text{mL NaOH}} \times \frac{1\ \cancel{\text{L}}}{1000\ \cancel{\text{mL}}} \times \frac{0.350\ \text{mol OH}^-}{\cancel{\text{L NaOH}}} = 8.75 \times 10^{-3}\ \text{mol OH}^-$$

4. *한계 반응물은?*

이 문제는 시료에 들어 있는 OH^- 이온과 완전히 반응을 할 수 있는 만큼의 가해준 H^+이온의 양을 계산하는 것이다. 따라서 한계 반응물을 결정할 필요가 없다.

5. *필요한 H^+의 몰 수는?*

H^+와 OH^- 이온은 1:1 비율로 반응을 하므로, OH^- 이온을 중화시키는 데 필요한 H^+ 이온의 몰 수는 8.75×10^{-3} mol이다.

6. *필요한 HCl의 부피는?*

$$V \times \frac{0.100\ \text{mol H}^+}{\text{L}} = 8.75 \times 10^{-3}\ \text{mol H}^+$$

V에 대하여 풀면 다음과 같이 된다.

$$\blacksquare\ V = \frac{8.75 \times 10^{-3}\ \cancel{\text{mol H}^+}}{\dfrac{0.100\ \cancel{\text{mol H}^+}}{\text{L}}} = 8.75 \times 10^{-2}\ \text{L}$$

연습 문제 4.87와 4.88 참조

대화형 예제 4.13 중화 반응 II

0.250 *M* HNO_3 28.0 mL와 0.320 *M* KOH 53.0 mL를 혼합하였다. 이 반응에 의해 생긴 물의 양을 계산하라. 반응이 완결된 후 존재하는 H^+ 또는 OH^- 이온의 농도는 얼마인가?

풀이 **목표는 무엇인가?**

반응이 완결된 후에 과량으로 남아있는 H^+ 또는 OH^-의 농도 구하기

알고 있는 것은?

- 28.0 mL의 0.250 *M* HNO_3
- 53.0 mL의 0.320 *M* KOH
- 화학 반응식

$$H^+(aq) + OH^-(aq) \longrightarrow H_2O(l)$$

어떻게 해결할 것인가?

산-염기 반응의 계산 문제를 풀 때는 문제풀이 전략을 사용하라.

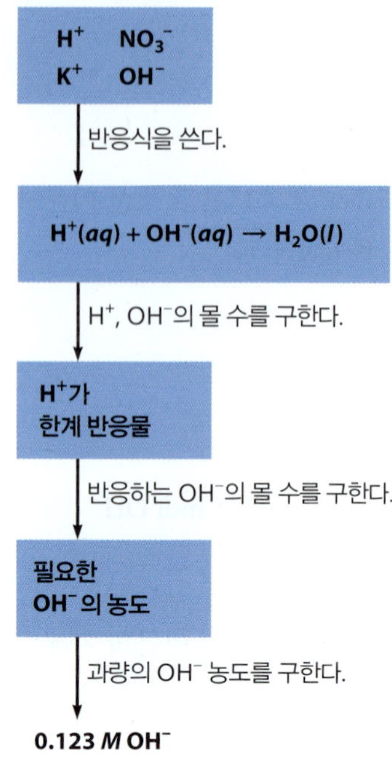

1. *혼합된 용액 내에 존재하는 이온들은?*

$$H^+ \quad NO_3^- \quad K^+ \quad OH^-$$

2. *반응의 균형 맞춘 알짜 이온 반응식은?*

$$H^+(aq) + OH^-(aq) \longrightarrow H_2O(l)$$

3. *용액에 존재하는 반응물의 몰 수는?*

$$28.0\ \cancel{\text{mL HNO}_3} \times \frac{1\ \cancel{\text{L}}}{1000\ \cancel{\text{mL}}} \times \frac{0.250\ \text{mol H}^+}{\cancel{\text{L HNO}_3}} = 7.00 \times 10^{-3}\ \text{mol H}^+$$

$$53.0\ \cancel{\text{mL KOH}} \times \frac{1\ \cancel{\text{L}}}{1000\ \cancel{\text{mL}}} \times \frac{0.320\ \text{mol OH}^-}{\cancel{\text{L KOH}}} = 1.70 \times 10^{-2}\ \text{mol OH}^-$$

4. *한계 반응물은 어느 것인가?*

H^+와 OH^- 이온이 1:1의 비율로 반응을 하므로, 한계 시약은 H^+ 이온이다.

5. *반응하는 OH^- 이온의 양은?*

존재하는 H^+을 중화시키는 데는 7.00×10^{-3} mol의 OH^-가 필요하다.

과량으로 존재하는 OH^- 이온의 양은?

과량으로 존재하는 OH^- 이온의 양은 다음과 같이 구할 수 있다.

$$\text{초기의 양} - \text{소비된 양} = \text{과량으로 존재하는 양}$$

$$1.70 \times 10^{-2}\ \text{mol OH}^- - 7.00 \times 10^{-3}\ \text{mol OH}^- = 1.00 \times 10^{-2}\ \text{mol OH}^-$$

혼합된 용액의 부피는?

혼합된 용액의 부피는 각 용액 부피의 합이다.

$$\text{초기의 HNO}_3\ \text{부피} + \text{초기의 KOH 부피} = \text{전체 부피}$$

$$28.0\ \text{mL} + 53.0\ \text{mL} = 81.0\ \text{mL} = 8.10 \times 10^{-2}\ \text{L}$$

6. *과량으로 들어 있는 OH^- 이온의 몰농도는?*

$$\blacksquare \quad \frac{\text{mol OH}^-}{\text{L 용액}} = \frac{1.00 \times 10^{-2}\ \text{mol OH}^-}{8.10 \times 10^{-2}\ \text{L}} = 0.123\ M\ \text{OH}^-$$

사실성 검산 계산된 몰농도는 기대한 바와 같이 초기의 몰농도보다 작다.

연습 문제 4.89와 4.90 참조

산–염기 적정

이상적으로는 종말점과 화학량론적 당량점이 일치하여야 한다.

부피 분석(volumetric analysis)은 적정을 하여 어떤 물질의 양을 측정하는 방법이다. **적정**(titration)은 농도를 알고 있는 용액[*적정시약*(*titrant*)]을 뷰렛으로부터, 분석하려는 물질의 용액[*분석시약*(*analyte*)]에 가하여, 적정시약에 포함된 물질이 분석시약과 반응하도록 한다. 적정을 할 때에는 분석 대상 물질과 완전히 반응할 때까지 적정시약이 가해지는데, 이 적정이 완결되는 점을 **당량점**(equivalence point) 또는 **화학량론적 종말점**(stoichiometric end point)이라고 한다. 이 점은 흔히 **지시약**(indicator)이라 부르는 화학 물질을 적정하기 전에 반응 용액에 넣어 주어서, 당량점이나 또는 그 부근에서 색 변화가 일어나는 것으로 알 수 있다. 지시약의 색이 *실제로* 변화하는 점을 적정의 **종말점**(endpoint)이라고 한다. 이상적으로는 종말점(지시약의 색이 변하는 점)과 화학량론적 종말점(적정시약이 분석시약과 딱 맞게 반응하는 양이 가해진 점)이 일치하는 지시약을 선택하여야 한다.

a b c

그림 4.18 산을 염기로 적정. (**a**) 적정시약(염기)은 뷰렛에 들어 있고, 플라스크에는 약간의 지시약과 함께 산 용액이 들어 있다. (**b**) 적정 중에 염기를 한 방울씩 가하면 염기 방울이 산 용액을 만날 때마다 지시약의 색 변화가 일어나지만 혼합되면 색이 사라진다. (**c**) 화학량론적 지점(당량점)은 완전한 지시약의 색 변화에 의해 알 수 있다. 가해준 염기의 부피는 뷰렛 눈금에 나타난 최종 부피와 초기 부피의 차이이다.

적정을 올바르게 수행하는 데 필요한 조건

- 적정시약과 분석물질 사이의 정확한 반응을 알아야 한다(또한 반응이 빨라야 한다).
- 화학량론적 지점(당량점)을 정확히 알아야 한다.
- 당량점에 이르는 데 필요한 적정시약의 정확한 부피를 알아야 한다.

분석하려는 시약이 염기 또는 산인 경우에 필요한 적정시약은 각각 센산 또는 센염기가 된다. 이러한 경우를 *산–염기 적정*(*acid-base titration*)이라고 한다. 산–염기 적정에서 많이 쓰이는 지시약으로 페놀프탈레인이 있는데, 산성에서는 무색이지만 염기성 용액에서는 분홍색이다. 따라서 산을 염기로 적정할 때, 산이 모두 반응하고 과량의 염기 첫 방울이 가해지기 전까지 페놀프탈레인은 무색으로 남아 있게 된다. 이 경우, 용액이 무색으로부터 분홍색으로 변하는 종말점은 화학량론적 종말점에서 한 방울의 염기를 가할 때 얻어진다. 이 적정 과정을 그림 4.18에 나타내었다.

이 절에서는 산–염기 적정을 간단히 다루고, 분석하려는 물질에 산이 포함되어 있을 경우, 존재하는 산의 양은 보통 수산화 이온이 들어 있는 표준 용액으로 적정하여 알 수 있으며, 예제 4.15에서 설명하였다. 예제 4.14를 통하여 수산화 소듐 용액의 농도를 정확히 측정하는 방법을 배울 수 있는데, 이 과정을 *용액의 표준화*(*standardizing the solution*)라고 한다.

대화형 예제 4.14 중화 적정

어떤 학생이 수산화 소듐 용액의 표준화 실험(정확한 농도의 측정)을 하고자 한다. 이 학생은 1.3009 g의 프탈산 수소 포타슘($KHC_8H_4O_4$, 또는 KHP)을 저울에 달았다. KHP는 물에 녹으면 K^+ 이온과 $HC_8H_4O_4^-$ 이온을 생성한다. KHP는 몰질량이 204.22 g/mol이고, 분자 내에 산성 수소 한 개를 가지고 있다. KHP를 증류수에 녹이고, 지시약으로 페놀프탈레인을 가하여 이 용액을 수산화 소듐 용액으로 페놀프탈레인의 종말점까지 적정하였다. 적정의 처음과 마지막의 뷰렛의 눈금을 읽어, 그 차이로부터 1.3009 g의 KHP와 정확하게 반응하는 데 필요한 수산화 소듐의 부피가 41.20 mL인 것을 알 수 있었다. 수산화 소듐 용액의 농도를 계산하라.

풀이

목표는 무엇인가?

NaOH 용액의 농도 구하기

알고 있는 것은?

- 1.3009 g $KHC_8H_4O_4$ (KHP), 몰질량(204.22 g/mol)
- KHP를 중화시키는 데 41.20 mL의 NaOH 용액이 필요
- 화학 반응식

$$HC_8H_4O_4^-(aq) + OH^-(aq) \longrightarrow H_2O(l) + C_8H_4O_4^{2-}(aq)$$

어떻게 해결할 것인가?

산–염기 반응의 계산 문제를 풀 때는 문제풀이 전략을 사용하라.

1. *혼합된 용액 내에 존재하는 이온들은?*

$$K^+ \qquad HC_8H_4O_4^- \qquad Na^+ \qquad OH^-$$

2. *반응의 균형 맞춘 알짜 이온 반응식은?*

$$HC_8H_4O_4^-(aq) + OH^-(aq) \longrightarrow H_2O(l) + C_8H_4O_4^{2-}(aq)$$

3. *KHP의 몰 수는?*

$$1.3009\ \cancel{g\ KHC_8H_4O_4} \times \frac{1\ mol\ KHC_8H_4O_4}{204.22\ \cancel{g\ KHC_8H_4O_4}} = 6.3701 \times 10^{-3}\ mol\ KHC_8H_4O_4$$

4. *한계 반응물은?*

이 문제는 들어 있는 KHP와 완전히 반응을 할 수 있는 만큼의 가해준 OH^- 이온의 양을 계산하는 것이다. 따라서 한계 반응물을 결정할 필요가 없다.

5. *필요한 OH^-의 몰 수는?*

존재하는 KHP를 중화시키는 데 6.3701×10^{-3} mol의 OH^-가 필요하다.

6. *NaOH 용액의 몰농도는?*

■ $$\text{NaOH의 몰농도} = \frac{mol\ NaOH}{L\ 용액} = \frac{6.3701 \times 10^{-3}\ mol\ NaOH}{4.120 \times 10^{-2}\ L} = 0.1546\ M$$

이 수산화 소듐 표준 용액은 다른 실험에 사용할 수 있다(예제 4.15 참조).

$HC_8H_4O_4^-$
탈산 수소 이온

연습 문제 4.91과 4.95 참조

비판적 사고 예제 4.14에서는 NaOH 수용액의 농도를 측정하는 데 페놀프탈레인을 지시약으로 사용하였다. 당량점 이후에 종말점이 나타나는 지시약을 사용하면 어떻게 될까? 계산한 NaOH의 농도는 어떻게 달라질까?

대화형 예제 4.15 중화 반응에 의한 분석

어떤 환경 화학자가 사염화 탄소(CCl_4)와 분자당 한 개의 산성 수소를 포함하고 있는 벤조산(benzoic acid, $HC_7H_5O_2$)을 생산하는 산업 공정에서 나온 유출액(방출되는 폐기물)을 분석하였다. 무게가 0.3518 g인 유출액 시료를 물에 넣고 격렬하게 흔들었고, 이 수용액을 중화하는 데 0.1546 *M*의 NaOH 10.59 mL가 소비되었다. 초기 시료에 들어 있는 $HC_7H_5O_2$의 질량 백분율을 계산하라.

풀이

목표는 무엇인가?

초기 시료에 들어 있는 $HC_7H_5O_2$의 질량 백분율 구하기

알고 있는 것은?

- 0.3518 g의 유출액(초기 시료)
- $HC_7H_5O_2$를 중화시키는 데 0.1546 *M* NaOH 10.59 mL가 소비
- 화학 반응식

$$HC_7H_5O_2(aq) + OH^-(aq) \longrightarrow H_2O(l) + C_7H_5O_2^-(aq)$$

어떻게 해결할 것인가?

산-염기 반응의 계산 문제를 풀 때는 문제풀이 전략을 사용하라.

1. *혼합된 용액 내에 존재하는 이온들은?*

$$HC_7H_5O_2 \qquad Na^+ \qquad OH^-$$

2. *반응의 균형 맞춘 알짜 이온 반응식은?*

$$HC_7H_5O_2(aq) + OH^-(aq) \longrightarrow H_2O(l) + C_7H_5O_2^-(aq)$$

3. *필요한 OH^-의 몰 수는?*

$$10.59\ \cancel{\text{mL NaOH}} \times \frac{1\ \cancel{\text{L}}}{1000\ \cancel{\text{mL}}} \times \frac{0.1546\ \text{mol OH}^-}{\cancel{\text{L NaOH}}} = 1.637 \times 10^{-3}\ \text{mol OH}^-$$

4. *한계 반응물은?*
이 문제는 들어 있는 $HC_7H_5O_2$와 완전히 반응을 할 수 있는 만큼의 가해준 OH^- 이온의 양을 계산하는 것이다. 따라서 한계 반응물을 결정할 필요가 없다.

5. *존재하는 $HC_7H_5O_2$의 질량은?*

$$1.637 \times 10^{-3}\ \cancel{\text{mol HC}_7\text{H}_5\text{O}_2} \times \frac{122.12\ \text{g HC}_7\text{H}_5\text{O}_2}{1\ \cancel{\text{mol HC}_7\text{H}_5\text{O}_2}} = 0.1999\ \text{g HC}_7\text{H}_5\text{O}_2$$

6. *유출액에 들어 있는 $HC_7H_5O_2$의 질량 백분율은?*

$$\blacksquare\ \frac{0.1999\ \cancel{\text{g}}}{0.3518\ \cancel{\text{g}}} \times 100\% = 56.82\%$$

사실성 검산 계산된 $HC_7H_5O_2$ 백분율은 기대하는 것과 같이 100%보다 작다.

연습 문제 4.96 참조

복잡한 용액 반응의 문제를 푸는 첫 단계는 용액 속에 존재하는 모든 성분을 적고, 각 성분의 화학적 성질에 초점을 맞추는 것이다. 센전해질이 들어 있으면 분리된 이온을 써라.

적정에 관한 문제를 풀 때, 먼저 결정해야 할 것은 어떤 반응이 일어날 것인가 하는 것이다. 적정 용액에 많은 성분이 존재하여 다루기가 어려운 경우가 있다. 용액 반응의 문제를 푸는 핵심은 용액 속에 들어 있는 모든 성분을 적고 각 성분의 화학적 성질에 초점을 맞추는 것이다. 지금까지 용액 속에 존재하는 이온들 사이의 반응을 다루면서 이러한 접근 방법을 계속 강조해 왔다. 장 뒤의 문제들을 풀면서 어떤 반응이 일어나는지를 결정하기 이전에 용액의 성분을 적는 습관을 기르도록 하라.

4.9 산화–환원 반응

앞에서 살펴본 바와 같이 많은 중요한 물질들이 이온성을 띠고 있다. 예를 들면, 염화 소듐은 소듐과 염소 기체 사이의 반응으로 만들어진다.

$$2Na(s) + Cl_2(g) \longrightarrow 2NaCl(s)$$

이 반응에서는 중성 소듐 원자를 포함하고 있는 고체 소듐과 이원자 분자인 Cl_2를 포함하고 있는 염소 기체가 반응하여 이온성 고체 NaCl을 형성하는데, 이 생성물에는 Na^+와 Cl^- 이온이 들어 있다. 이 과정을 그림 4.19에 나타내었다. 이와 같이 반응 중에 한 개 이상의 전자가 이동하는 반응을 **산화–환원 반응**(oxidation-reduction 또는 redox reaction)이라고 한다.

많은 중요한 화학 반응에 산화와 환원이 들어있다. 식물에서 이산화 탄소와 물을 당 분자로 변화시켜 태양으로부터의 에너지를 저장하는 광합성 반응은 매우 중요한 산화–환

그림 4.19 고체 소듐과 기체 염소가 고체 염화 소듐을 형성하는 반응.

원 반응이다. 실제로 에너지를 만들어내는 데 이용되는 대부분의 반응은 산화-환원 반응이다. 당류, 지방, 단백질의 산화는 인간 생활에 필요한 에너지를 공급해 준다. 문명 생활에 필요한 대부분의 에너지를 공급하는 연소 반응에도 산화와 환원이 관여한다. 한 예로 메테인과 산소의 반응을 들 수 있다.

$$CH_4(g) + 2O_2(g) \longrightarrow CO_2(g) + 2H_2O(g) + \text{에너지}$$

비록 이 반응에 관여하는 반응물이나 생성물이 이온성이 아닐지라도, 이 반응에는 탄소 원자로부터 산소 원자로의 전자 이동이 관여하고 있다. 이러한 사실을 설명하기 위해서 산화 상태의 개념을 도입하여야 한다.

산화 상태

산화 상태[oxidation state, *산화수(oxidation number)*라고도 함]의 개념은 산화-환원 반응, 특히 공유 결합 화합물의 산화-환원 반응에서 전자 이동을 알아낼 수 있는 방법을 제공한다. 공유 결합 화합물에서 전자는 두 원자들 사이에 공유된다. 공유 결합 화합물의 각 원자의 산화 상태는 공유하고 있는 전자들을 임의로 각 원자들에 할당하는 방법으로 결정한다. 다음과 같은 방법으로 할당한다. 우선 동일한 두 원자 사이의 공유 결합인 경우 공유된 전자를 반으로 나누어 두 원자에 할당한다. 두 원자가 다를 경우에는(전자들이 균등하게 공유되지 않을 때) 전자에 대해 보다 강한 친화력을 가진 원자에 모든 전자를 할당한다. 예를 들면 4.1절에서 물 분자에 대하여 논의할 때, 산소 원자가 수소 원자보다 전자에 대한 친화력이 강하다고 하였다. 따라서 물 분자에서 산소와 수소 원자의 산화 상태를 결정할 때, 산소 원자가 모든 전자를 가진 것으로 가정한다. 중성 수소 원자는 한 개의 전자를 가지고 있으므로, 물 분자의 산소는 형식적으로 두 개의 전자를 수소 원자들로부터 받아 두 개의 *과잉* 전자를 가지고(따라서 산소의 산화 상태는 −2이다), 수소 원자들은 전자를 가지지 않아 산화 상태는 +1이 된다.

이와 같이 공유 결합 화합물에서 원자들의 *산화 상태*(또는 *산화수*)는 결합된 두 원자가 같을 경우, 공유한 전자를 동등하게 나누어 가질 때 원자가 가지는 가상의 전하로 나타내고, 원자들이 다를 경우에는 각 결합에 관여한 원자들 중 전자에 대한 친화력이 큰 원자가 모든 결합 전자를 가질 때 원자들이 나타낼 가상의 전하로 정의한다. 당연히 단일 원자 이온을 포함한 이온 결합 화합물에서는 그 이온의 전하가 산화 상태와 같다.

이러한 원칙들로부터 얻어진 산화 상태를 정하는 규칙을 표 4.2에 요약하였다. 이 간단한 규칙을 이용하면 대부분의 화합물에 대해 산화 상태를 정할 수 있다. 이 규칙을 적용하기 위해서는 *전기적으로 중성인 화합물의 산화 상태의 합은 0이 되어야 한다*는 것을 알아야 한다. 이온의 경우에는 산화 상태의 합이 이온의 전하와 같아야 한다. 예제 4.16에 이 원리를 설명하였다.

표 4.2 산화 상태를 정하는 규칙

산화 상태	요약	예
• 원소에 있는 원자는 0	원소: 0	$Na(s)$, $O_2(g)$, $O_3(g)$, $Hg(l)$
• 단원자 이온은 그 이온의 전하와 같다	단원자 이온: 이온의 전하	Na^+, Cl^-
• 화합물에 있는 플루오린은 −1	플루오린: −1	HF, PF_3
• 화합물에 있는 산소는 보통 −2 예외: O_2^{2-}를 포함하는 과산화물에 있는 산소는 −1	산소: −2	H_2O, CO_2
• 공유 결합에 있는 수소는 +1	수소: +1	H_2O, HCl, NH_3

여기에서 주목하여야 할 것은 이온의 실제 전하는 +나 − 부호 *앞에* 숫자를 써서 $n+$ 또는 $n-$로 쓰는 데 반해, 산화 상태(실제 전하가 아님)는 + 또는 − 부호 *뒤에* 써서 $+n$ 또는 $-n$으로 쓴다는 것이다.

비판적 사고 산소의 산화 상태를 −2 대신 −1로 정의하면 어떻게 될까? 만약 그렇게 되었을 때 수소의 산화 상태는 어떤 영향이 있겠는가?

대화형 예제 4.16 산화 상태의 결정

다음 화합물에서 각 원자의 산화 상태를 나타내라.

a. CO_2 **b.** SF_6 **c.** NO_3^-

풀이 **a.** 산소의 산화 상태에 대하여 특수한 규칙이 있으므로, 이 숫자부터 정하기로 한다. 산소의 산화 상태는 −2이다. 탄소 원자의 산화 상태는 CO_2가 전하를 띠지 않고 있어, 산소와 탄소의 산화 상태의 합이 0이어야 한다는 사실로부터 알아낼 수 있다. 각 산소는 −2이고, 두 개의 산소 원자가 있으므로 탄소 원자의 산화 상태는 +4이다.

CO_2
↗ ↖
+4 각 산소에 대하여 −2

사실성 검산 이 값들은 원자들의 수를 고려하여 산화 상태의 합이 0이 되는가를 보아 검산할 수 있다.

$$1(+4) + 2(-2) = 0$$
↗ ↑
C 원자의 수 O 원자의 수

b. 황에 대하여는 특별한 규칙이 없으므로, 먼저 각 플루오린 원자의 산화 상태를 −1로 적는다. 그러면 플루오린 원자들의 산화 상태의 합인 −6과 균형을 맞추기 위하여 황의 산화 상태가 +6이 되어야 한다.

SF_6
↗ ↖
+6 각 플루오린에 대하여 −1

사실성 검산 $+6 + 6(-1) = 0$

c. 산소는 −2의 산화 상태를 가진다. 산소 원자 세 개의 산화 상태의 합이 −6이고, NO_3^- 이온의 알짜 전하는 −1이므로, 질소는 +5의 산화 상태를 가져야 한다.

NO_3^-
↗ ↖
+5 각 산소에 대하여 −2

사실성 검산 $+5 + 3(-2) = -1$

이 경우에는 합이 −1(이온의 전체 전하가 −1임)이 됨을 유의하라.

연습 문제 4.97~4.100 참조

Fe_3O_4 화합물을 예로 들어 산화 상태에 대해 더 살펴보자. 이 화합물은 자철광의 주성분으로, 여러 가지 암석과 흙에서 볼 수 있는 붉은 빛깔을 내는 철광석이다. 먼저 Fe_3O_4의 각 원자의 산화 상태를 결정하기 위해 각 산소 원자에 산화 상태 −2를 부여하자. 네 개 산

▲ 자철석은 Fe_3O_4를 함유한 자성 광물이다. 나침반의 자침이 광석을 가리키고 있다.

소 원자의 산화 상태의 합인 −8과 균형을 맞추기 위하여 세 개의 철 원자는 +8의 산화 상태를 가져야 한다. 이것은 각 철 원자의 산화 상태가 $+\frac{8}{3}$임을 의미한다. 전하는 정수로 표현하기 때문에 산화 상태가 정수가 아닌 값으로 나타나는 것이 이상하게 보일 수 있다. 그러나 비록 드물기는 하지만, 정수가 아닌 산화 상태가 존재한다. 왜냐하면 표 4.2의 규칙으로 전자를 할당하는 방법이 다소 임의성을 띠고 있기 때문이다. Fe_3O_4를 예로 들면, 이 규칙은 모든 철 원자가 동등하다고 가정하고 있지만 실제로는 이 화합물의 화학식 단위에는 O^{2-} 이온 4개, Fe^{3+} 이온 2개와 Fe^{2+} 이온 1개가 들어있다고 볼 수 있다(철의 "평균" 전하는 위에서 결정한 산화 상태와 같은 $\frac{8}{3}$+임을 유의하라). 정수가 아닌 산화 상태를 이상하게 생각하지 말고 정수 산화 상태와 똑같이 전자를 이동을 추적하는 데 사용하면 된다.

산화–환원 반응의 특징

산화–환원 반응의 특징은 전자 이동이다. 몇몇 경우에는 다음 반응에서와 같이 전자 이동이 일어나서 이온이 만들어진다.

$$2Na(s) + Cl_2(g) \longrightarrow 2NaCl(s)$$

그러나 어떤 경우 전자 이동이 분명하지 않다. 예를 들어, 메테인의 연소 반응을 살펴보자(각 원자의 산화 상태를 나타내었다).

$$CH_4(g) + 2O_2(g) \longrightarrow CO_2(g) + 2H_2O(g)$$

산화 상태: −4 +1 (각 H) 0 +4 −2 (각 O) +1 −2 (각 H)

영어로 산화와 환원을 기억하기에 도움이 되는 방법으로는 OIL RIG (**O**xidation **I**nvolves **L**oss; **R**eduction **I**nvolves **G**ain). 또 다른 방법으로는 LEO는 GER이다(**L**oss of **E**lectrons, **O**xidation; **G**ain of **E**lectrons, **R**eduction).

O_2에서 산소는 원소 형태로 존재하기 때문에 산소 원자의 산화 상태는 0이다. 이 반응식에는 이온 결합 화합물이 하나도 없지만, 그래도 반응을 전자의 이동으로 설명하는 것은 가능하다. 탄소 원자의 산화 상태는 CH_4에서 −4이지만, CO_2에서는 +4이다. 이러한 변화는 여덟 개 전자의 손실로 설명할 수 있다(기호 e^-는 전자를 나타낸다).

$$CH_4 \longrightarrow CO_2 + 8e^-$$

−4 +4

한편, 각 산소 원자의 산화 상태는 O_2의 0인 상태에서 H_2O와 CO_2의 −2 상태로 변하므로, 각 원자는 두 개의 전자를 얻게 된다. 네 개의 산소 원자가 관여하므로 여덟 개의 전자를 얻게 된다.

$$2O_2 + 8e^- \longrightarrow CO_2 + 2H_2O$$

0 4(−2) = −8

수소 원자의 산화 상태는 변하지 않았으므로 전자 이동 과정에 관여하지 않았다.

위와 같은 사실을 근거로, 몇 가지 중요한 술어를 정의할 수 있다. **산화**(oxidation)란 산화 상태의 *증가*(전자를 잃어버림)이고, **환원**(reduction)이란 산화 상태의 *감소*(전자를 얻음)를 나타낸다. 따라서 다음 반응에서

$$2Na(s) + Cl_2(g) \longrightarrow 2NaCl(s)$$

0 0 +1 −1

소듐은 산화되었고, 염소는 환원되었다. 덧붙여서, Cl_2를 **산화제**(oxidizing agent; **전자 받개**, electron acceptor)라 하고, Na는 **환원제**(reducing agent; **전자 주개**, electron donor)라고 한다. 이 술어들을 그림 4.20에 요약하였다.

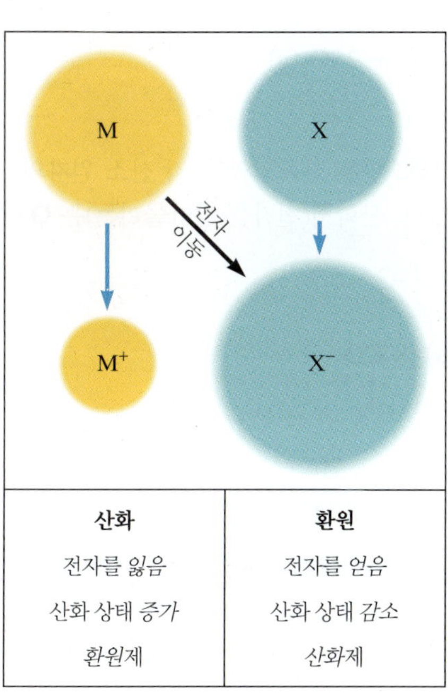

산화	환원
전자를 *잃음*	전자를 *얻음*
산화 상태 *증가*	산화 상태 *감소*
환원제	*산화제*

그림 4.20 산화–환원 반응 과정의 요약. 여기서 M은 산화되고, X는 환원된다.

다음 반응에 관하여,

$$\underset{-4\ \ +1}{CH_4(g)} + \underset{0}{2O_2(g)} \longrightarrow \underset{+4\ \ -2}{CO_2(g)} + \underset{+1\ \ -2}{2H_2O(g)}$$

다음과 같이 말할 수 있다.

- 탄소의 산화 상태가 증가하였기 때문에 메테인은 산화되었다(탄소는 형식적으로 전자를 잃었다).
- 산소의 산화 상태가 감소했기 때문에 산소는 환원되었다(산소는 형식적으로 전자를 얻었다).
- CH_4는 환원제이다.
- O_2는 산화제이다.

산화제 또는 환원제라고 부를 때에는 산화 상태가 변하는 원소만을 말하는 것이 아니라 *화합물 전체*를 뜻한다는 것을 주의하라.

대화형 예제 4.17 산화-환원 반응

광석으로부터 금속을 얻는 야금술에는 언제나 산화-환원 반응이 관여한다. 납의 주요 광석인 방연광(황화 납, PbS)의 경우, 반응의 첫 단계는 황화 납이 산화물로 변하는 것이다[*배소 과정*(*roasting*)].

$$2PbS(s) + 3O_2(g) \longrightarrow 2PbO(s) + 2SO_2(g)$$

그런 다음 산화물을 일산화 탄소로 처리하여 자유 금속 원소를 얻는다.

$$PbO(s) + CO(g) \longrightarrow Pb(s) + CO_2(g)$$

각 반응에 대해 산화 및 환원된 원자를 찾고, 산화제와 환원제를 지적하라.

풀이 첫 번째 반응의 경우, 산화 상태는 다음과 같다.

$$\underset{+2\ \ -2}{2PbS(s)} + \underset{0}{3O_2(g)} \longrightarrow \underset{+2\ \ -2}{2PbO(s)} + \underset{+4\ \ -2\ (\text{각 O})}{2SO_2(g)}$$

*산화*는 산화 상태가 증가하는 반응이고, *환원*은 산화 상태가 감소하는 반응이다.

황 원자의 산화 상태는 −2에서 +4로 증가하였으므로 황은 산화되었다. 각 산소 원자의 산화 상태는 0에서 −2로 감소하였으므로 환원되었다. 산화제(전자를 받아들이는)는 O_2이고, 환원제(전자를 주는)는 PbS이다.

두 번째 반응의 경우, 산화 상태는 다음과 같다.

$$\underset{+2\ \ -2}{PbO(s)} + \underset{+2\ \ -2}{CO(g)} \longrightarrow \underset{0}{Pb(s)} + \underset{+4\ \ -2\ (\text{각 O})}{CO_2(g)}$$

산화-환원 반응에서 산화제는 환원되고 환원제는 산화된다.

납은 환원되었고(산화 상태가 +2에서 0으로 감소되었다), 탄소는 산화되었다(산화 상태가 +2에서 +4로 증가하였다). 따라서 PbO는 산화제이고, CO는 환원제이다.

연습 문제 4.103과 4.104 참조

비판적 사고 Dalton은 원자는 더 이상 쪼개어지지 않는다고 믿었다. Thomson과 Rutherford는 이것이 사실이 아님을 밝히는 데 기여하였다. 원자가 더 이상 쪼개어지지 않는 존재이면 어떻게 될까? 그렇다면 이 장에서 공부한 반응 유형은 어떻게 달라질까?

4.10 산화–환원 반응식의 균형 맞추기

수용액에서의 산화–환원 반응은 흔히 복잡하기 때문에 간단한 검사로 반응식의 균형을 맞추기가 어려울 수 있다. 이 절에서는 수용액에서 일어나는 산화–환원 반응의 균형을 맞추기 위한 특별한 방법을 논의할 것이다. 이 방법을 *반쪽–반응식 법*(*half-reaction method*)이라고 한다.

수용액에서 반쪽–반응식 법을 이용하는 산화–환원 반응식의 균형을 맞추기

수용액에서 일어나는 산화–환원 반응의 경우, 반응을 두 개의 **반쪽–반응**(half-reaction), 즉 산화 반쪽–반응식과 환원 반쪽–반응식으로 분리하는 것이 유용하다. 예를 들어, 세륨(IV) 이온과 주석(II) 이온 사이의 산화–환원 반응에 대한 균형 맞추지 않은 반응식을 생각해 보자.

$$Ce^{4+}(aq) + Sn^{2+}(aq) \longrightarrow Ce^{3+}(aq) + Sn^{4+}(aq)$$

이 반응은 *환원되는* 물질을 포함하는 다음의 반쪽–반응식과

$$Ce^{4+}(aq) \longrightarrow Ce^{3+}(aq)$$

산화되는 물질을 포함하는 다음의 반쪽–반응식으로 분리한다.

$$Sn^{2+}(aq) \longrightarrow Sn^{4+}(aq)$$

일반적인 절차는 반쪽–반응에 대한 반응식을 개별적으로 균형을 맞춘 다음, 두 반쪽–반응식을 더하면 균형 맞춘 반응식이 얻어진다. 산화–환원 반응식의 균형을 맞추기 위한 반쪽–반응식 방법은 반응이 산성 용액 또는 염기성 용액에서 일어나는가에 따라 약간의 차이가 있다.

문제 풀이 전략

산성 용액에서 일어나는 산화 환원 반응식의 균형을 맞추는 반쪽–반응식 법

1. 산화 및 환원 반쪽–반응에 대한 반응식을 따로 적는다.
2. 각각의 반쪽–반응에 대해,
   - **a.** 수소와 산소를 제외한 모든 원소의 균형을 맞춘다.
   - **b.** H_2O를 사용하여 산소의 균형을 맞춘다.
   - **c.** H^+을 사용하여 수소의 균형을 맞춘다.
   - **d.** 전자를 사용하여 전하를 균형을 맞춘다.
3. 필요하다면, 균형 맞춘 반쪽–반응식에 정수를 곱하여 두 반쪽–반응에서 이동한 전자의 수를 같게 한다.
4. 두 반쪽–반응식을 더하여 동일한 화학종을 없앤다.
5. 원소 및 전하의 균형이 맞추어졌는지 확인한다.

(*계속*)

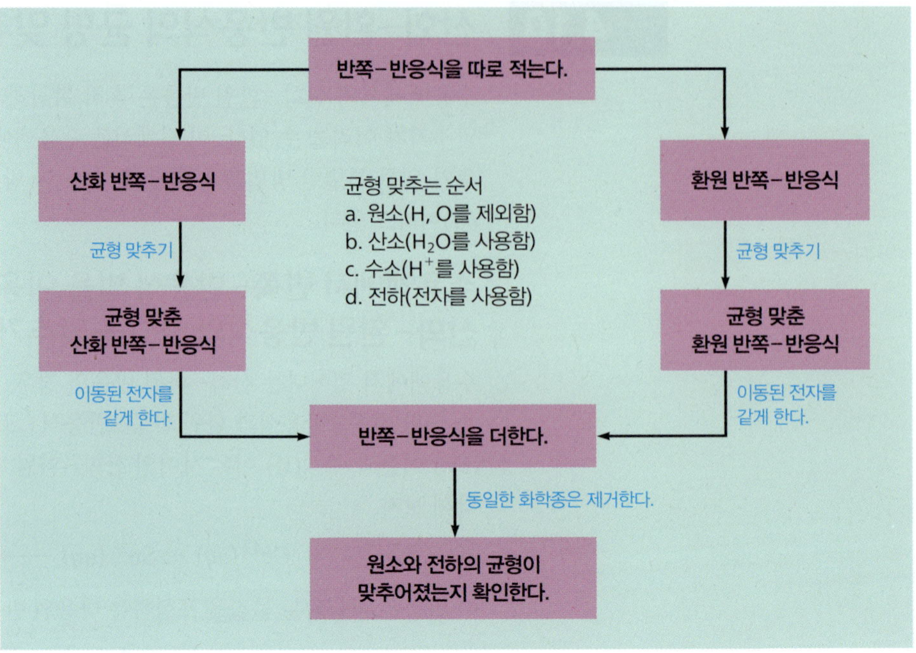

먼저, 위 방법을 산성 용액에서 과망가니즈산 염과 철(II) 이온 사이의 반응식을 균형 맞추는 것으로 이 방법을 설명하겠다.

$$MnO_4^-(aq) + Fe^{2+}(aq) \xrightarrow{\text{산}} Fe^{3+}(aq) + Mn^{2+}(aq)$$

이 반응은 철광석에 들어 있는 철의 함량을 알아내는 데 이용할 수 있다.

1. *반쪽−반응에 대한 식을 적고 확인한다.* 과망가니즈산 이온이 관여되는 반쪽−반응의 산화 상태를 보면 망가니즈가 환원되었음을 알 수 있다.

$$\underset{+7 \quad -2\,(\text{각 O})}{MnO_4^-} \longrightarrow \underset{+2}{Mn^{2+}}$$

이 반응은 *환원 반쪽−반응*(*reduction half-reaction*)이다. 다른 반쪽−반응은 철(II) 이온이 철(III) 이온으로 산화되는 과정으로서 *산화 반쪽−반응*(*oxidation half-reaction*)이다.

$$\underset{+2}{Fe^{2+}} \longrightarrow \underset{+3}{Fe^{3+}}$$

2. *각 반쪽−반응의 균형을 맞춘다.* 환원 반응에 대하여,

$$MnO_4^-(aq) \longrightarrow Mn^{2+}(aq)$$

a. 망가니즈는 균형이 맞추어져 있다.

b. 반응식의 오른쪽에 $4H_2O$를 더하여 산소의 균형을 맞춘다.

$$MnO_4^-(aq) \longrightarrow Mn^{2+}(aq) + 4H_2O(l)$$

c. 다음으로, 왼편에 $8H^+$를 더하여 수소의 균형을 맞춘다.

$$8H^+(aq) + MnO_4^-(aq) \longrightarrow Mn^{2+}(aq) + 4H_2O(l)$$

d. 모든 원소의 균형은 맞추어졌지만 이제 전자를 사용하여 전하의 균형을 맞추어야 한다. 이 시점에서 환원 반쪽−반응에서 반응물과 생성물에 대해 다음과 같은 전체 전하를 갖는다.

$$\underbrace{8H^+(aq) + MnO_4^-(aq)}_{7+} \longrightarrow \underbrace{Mn^{2+}(aq) + 4H_2O(l)}_{2+}$$

(8+ + 1− → 2+ + 0)

화살표의 왼쪽에 5개의 전자를 더하면 전하가 같아진다.

$$\underbrace{5e^- + 8H^+(aq) + MnO_4^-(aq)}_{2+} \longrightarrow \underbrace{Mn^{2+}(aq) + 4H_2O(l)}_{2+}$$

이제 *원소*(*elements*)와 *전하*(*charges*)의 균형이 모두 맞추어졌으므로 이 반응식이 균형 맞춘 환원-반쪽-반응식을 나타낸다. MnO_4^-(Mn은 +7의 산화 상태)를 Mn^{2+}(Mn은 +2의 산화 상태를 갖는다)로 환원시키는 데 5개의 전자가 필요하기 때문에, 이 반응식의 반응 물질 쪽에 5개의 전자가 나타난다는 사실이 타당하다.

다음의 산화 반응을 살펴보자.

$$Fe^{2+}(aq) \longrightarrow Fe^{3+}(aq)$$

원소는 균형이 맞추어져 있으므로, 단순히 전하의 균형만 맞추면 된다.

$$\underbrace{Fe^{2+}(aq)}_{2+} \longrightarrow \underbrace{Fe^{3+}(aq)}_{3+}$$

오른쪽 편에 1개의 전자를 더하면 양편의 전하는 모두 2+가 된다.

$$\underbrace{Fe^{2+}(aq)}_{2+} \longrightarrow \underbrace{Fe^{3+}(aq) + e^-}_{2+}$$

환원 반쪽-반응에서 얻은 전자의 수는 산화 반쪽-반응에서 잃은 전자의 수와 같아야 한다.

3. *두 개의 반쪽-반응에서 이동 전자의 수를 같게 한다.* 환원 반쪽-반응은 5개의 전자가 필요하고, 산화 반쪽-반응은 단지 하나의 전자를 잃기 때문에, 산화 반쪽-반응식에 5를 곱한다.

$$5Fe^{2+}(aq) \longrightarrow 5Fe^{3+}(aq) + 5e^-$$

4. *반쪽-반응식을 더한다.* 두 반쪽-반응식을 더하면 다음 반응식이 얻어진다.

$$5e^- + 5Fe^{2+}(aq) + MnO_4^-(aq) + 8H^+(aq) \longrightarrow 5Fe^{3+}(aq) + Mn^{2+}(aq) + 4H_2O(l) + 5e^-$$

양쪽의 전자를 상쇄시켜 제거하면 최종 균형 맞춘 반응식이 얻어진다.

$$5Fe^{2+}(aq) + MnO_4^-(aq) + 8H^+(aq) \longrightarrow 5Fe^{3+}(aq) + Mn^{2+}(aq) + 4H_2O(l)$$

5. *원소와 전하가 균형이 맞추어졌는지 확인한다.*

원소의 균형: 5Fe, 1Mn, 4O, 8H $\longrightarrow$ 5Fe, 1Mn, 4O, 8H

전하의 균형: $5(2+) + (1-) + 8(1+) = 17+ \longrightarrow 5(3+) + (2+) + 0 = 17+$

반응식은 균형이 맞추어졌다.

대화형 예제 4.18 산화-환원 반응식의 균형 맞추기(산성 용액)

중크로뮴산 포타슘($K_2Cr_2O_7$)은 밝은 주황색 화합물로서, 환원되면 청자색의 Cr^{3+} 이온으로 환원된다. 특정 조건 하에서, $K_2Cr_2O_7$은 에탄올(C_2H_5OH)과 다음과 같이 반응한다.

$$H^+(aq) + Cr_2O_7^{2-}(aq) + C_2H_5OH(l) \longrightarrow Cr^{3+}(aq) + CO_2(g) + H_2O(l)$$

반쪽-반응식 법을 사용하여 이 반응식의 균형을 맞춰라.

풀이 **1.** 환원 반쪽-반응은 다음과 같다.

▲
중크로뮴산 포타슘이 에탄올과 반응하면 Cr^{3+} 이온이 포함된 청자색 용액이 형성된다.

$$Cr_2O_7{}^{2-}(aq) \longrightarrow Cr^{3+}(aq)$$

크로뮴은 $Cr_2O_7{}^{2-}$에서 +6의 산화 상태에서 Cr^{3+}의 +3으로 환원된다.

산화 반쪽-반응은 다음과 같다.

$$C_2H_5OH(l) \longrightarrow CO_2(g)$$

탄소는 C_2H_5OH에서 −2의 산화 상태에서 CO_2의 +4로 산화된다.

2. 먼저, 환원 반쪽-반응식에 있는 수소와 산소를 제외한 모든 원소들의 균형을 맞춘다.

$$Cr_2O_7{}^{2-}(aq) \longrightarrow 2Cr^{3+}(aq)$$

H_2O를 사용하여 산소의 균형을 맞춘다.

$$Cr_2O_7{}^{2-}(aq) \longrightarrow 2Cr^{3+}(aq) + 7H_2O(l)$$

H^+를 사용하여 수소의 균형을 맞춘다.

$$14H^+(aq) + Cr_2O_7{}^{2-}(aq) \longrightarrow 2Cr^{3+}(aq) + 7H_2O(l)$$

전자를 사용하여 전하의 균형을 맞춘다.

$$6e^- + 14H^+(aq) + Cr_2O_7{}^{2-}(aq) \longrightarrow 2Cr^{3+}(aq) + 7H_2O(l)$$

다음으로, 산화 반쪽-반응의 균형을 맞춘다.

$$C_2H_5OH(l) \longrightarrow CO_2(g)$$

탄소의 균형을 맞춘다.

$$C_2H_5OH(l) \longrightarrow 2CO_2(g)$$

H_2O를 사용하여 산소의 균형을 맞춘다.

$$C_2H_5OH(l) + 3H_2O(l) \longrightarrow 2CO_2(g)$$

H^+를 사용하여 수소의 균형을 맞춘다.

$$C_2H_5OH(l) + 3H_2O(l) \longrightarrow 2CO_2(g) + 12H^+(aq)$$

그 다음 오른쪽 편에 $12e^-$를 더하여 전하의 균형을 맞춘다.

$$C_2H_5OH(l) + 3H_2O(l) \longrightarrow 2CO_2(g) + 12H^+(aq) + 12e^-$$

3. 환원 반쪽-반응에서 왼쪽에는 6개의 전자가 있고, 산화 반쪽-반응의 오른쪽에는 12개의 전자가 있다. 따라서 환원 반쪽-반응에 2를 곱하면 다음의 식이 얻어진다.

$$12e^- + 28H^+(aq) + 2Cr_2O_7{}^{2-}(aq) \longrightarrow 4Cr^{3+}(aq) + 14H_2O(l)$$

4. 두 반쪽-반응식을 더한 다음, 동일한 화학종은 상쇄시켜 제거하면 다음의 식이 얻어진다.

환원 반쪽-반응식: $12e^- + 28H^+(aq) + 2Cr_2O_7^{2-}(aq) \longrightarrow 4Cr^{3+}(aq) + 14H_2O(l)$

산화 반쪽-반응식: $C_2H_5OH(l) + 3H_2O(l) \longrightarrow 2CO_2(g) + 12H^+(aq) + 12e^-$

완전한 반응식: $16H^+(aq) + 2Cr_2O_7^{2-}(aq) + C_2H_5OH(l) \longrightarrow 4Cr^{3+} + 11H_2O(l) + 2CO_2(g)$

5. 원소와 전하의 균형이 맞추어졌는지 확인한다.

원소의 균형: 22H, 4Cr, 15O, 2C $\longrightarrow$ 22H, 4Cr, 15O, 2C

전하의 균형: $+16 + 2(-2) + 0 = 12+ \longrightarrow 4(+3) + 0 + 0 = +12$

연습 문제 4.105와 4.106 참조

산화 환원 반응은 산성 용액(H^+ 이온이 포함된 반응)뿐만 아니라 염기성 용액(OH^- 이온이 포함된 반응)에서도 일어난다. 반응식을 균형 맞추기 위한 반쪽-반응식 법은 산성 용액에서와는 약간 다르다.

문제 풀이 전략

염기성 용액에서 일어나는 산화 환원 반응식의 균형을 맞추는 반쪽-반응식 법

1. *마치 H^+ 이온이 존재한다고 가정하여*, 산성 용액의 경우에 대한 반쪽-반응식 법을 이용하여, 최종적인 균형 반응식을 얻는다.
2. 위에서 얻은 반응식의 양쪽에 H^+ 이온의 수와 같은 수의 OH^- 이온을 더한다. (이 과정을 통해 H^+는 H_2O로 만들어 제거한다.)
3. H^+과 OH^- 이온이 모두 포함되어 있는 쪽에는 H_2O를 형성시킨다. 그런 후 반응식의 양쪽에 나타나는 H_2O 분자를 제거한다.
4. 원소와 전하의 균형이 맞추어졌는지를 확인한다.

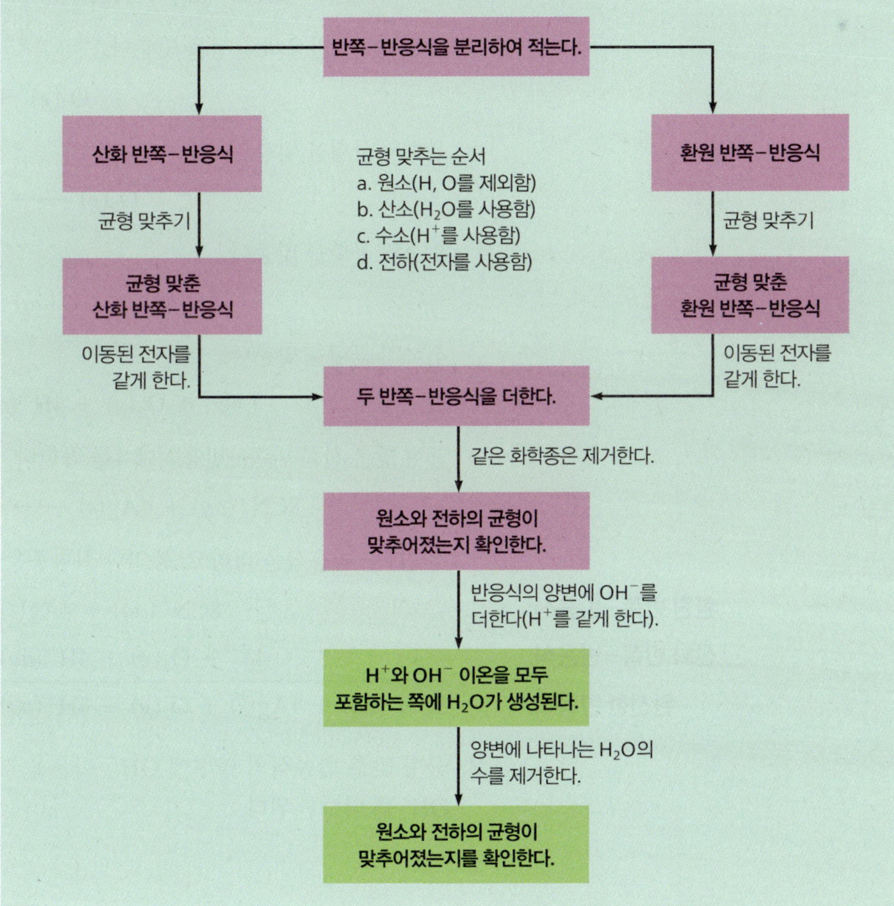

비판적 사고 염기성 용액에서 일어나는 산화–환원 반응의 균형을 맞출 때, 산성 용액에 대해 했던 것과 같은 반쪽–반응식 법을 먼저 사용하라고 설명하였다. H^+ 대신 OH^-를 먼저 더해주면 어떻게 될까? 이렇게 하면 어떤 잠재적 문제가 있는가?

대화형 예제 4.19 산화–환원 반응식의 균형 맞추기(염기성 용액)

은(silver)은 때때로 자연에서 덩어리 형태로 발견되기도 하고, 더 흔하게는 다른 금속 및 그들의 광석과 혼합되어 발견된다. 사이안화 이온이 들어 있는 수용액은 염기성 용액에서 일어나는 다음 반응을 사용하여 종종 은을 추출하는 데 사용된다.

$$Ag(s) + CN^-(aq) + O_2(g) \xrightarrow{\text{염기}} Ag(CN)_2^-(aq)$$

반쪽–반응식 법을 사용하여 이 반응식의 균형을 맞춰라.

풀이

1. H^+ 이온이 존재하는 것처럼 반응식의 균형을 맞춘다. 산화 반쪽–반응식의 균형을 맞춘다.

$$CN^-(aq) + Ag(s) \longrightarrow Ag(CN)_2^-(aq)$$

탄소와 질소의 균형을 맞춘다.

$$2CN^-(aq) + Ag(s) \longrightarrow Ag(CN)_2^-(aq)$$

전하의 균형을 맞춘다.

$$2CN^-(aq) + Ag(s) \longrightarrow Ag(CN)_2^-(aq) + e^-$$

환원 반쪽–반응의 균형을 맞춘다.

$$O_2(g) \longrightarrow$$

산소의 균형을 맞춘다.

$$O_2(g) \longrightarrow 2H_2O(l)$$

수소의 균형을 맞춘다.

$$O_2(g) + 4H^+(aq) \longrightarrow 2H_2O(l)$$

전하의 균형을 맞춘다.

$$4e^- + O_2(g) + 4H^+(aq) \longrightarrow 2H_2O(l)$$

균형 맞춘 산화 반쪽–반응식에 4를 곱한다.

$$8CN^-(aq) + 4Ag(s) \longrightarrow 4Ag(CN)_2^-(aq) + 4e^-$$

두 반쪽–반응식을 더하고, 동일한 화학종은 제거한다.

환원 반쪽–반응식: $8CN^-(aq) + 4Ag(s) \longrightarrow 4Ag(CN)_2^-(aq) + 4e^-$

산화 반쪽–반응식: $4e^- + O_2(g) + 4H^+(aq) \longrightarrow 2H_2O(l)$

완전한 반응식: $8CN^-(aq) + 4Ag(s) + O_2(g) + 4H^+(aq) \longrightarrow 4Ag(CN)_2^-(aq) + 2H_2O(l)$

2. 균형 맞춘 반응식의 양변에 OH^- 이온을 더하여 H^+ 이온을 제거한다. 양쪽에 4개의 OH^-를 더하면 된다.

$$8CN^-(aq) + 4Ag(s) + O_2(g) + \underbrace{4H^+(aq) + 4OH^-(aq)}_{4H_2O(l)} \longrightarrow$$

$$4Ag(CN)_2^-(aq) + 2H_2O(l) + 4OH^-(aq)$$

3. 가능한 많은 H_2O 분자를 제거한다.

$$8CN^-(aq) + 4Ag(s) + O_2(g) + 2H_2O(l) \longrightarrow 4Ag(CN)_2^-(aq) + 4OH^-(aq)$$

4. 원소와 전하의 균형이 맞추어졌는지 확인한다.

원소의 균형: 8C, 8N, 4Ag, 4O, 4H ⟶ 8C, 8N, 4Ag, 4O, 4H

전하의 균형: $8(1-) + 0 + 0 + 0 = 8- \longrightarrow 4(1-) + 4(1-) = 8-$

연습 문제 4.107과 4.108 참조

4.11 간단한 산화–환원 적정

4.8절에서 부피 분석, 특히 산–염기 적정에 대해 논의하였다. 산화–환원 반응(4.9절 및 4.10절에서 논의됨)은 부피 분석 과정에도 사용될 수 있다. 예를 들어, 환원 물질은 센산화제 용액으로 적정될 수 있으며 그 반대의 경우도 마찬가지이다. 가장 많이 사용되는 세 가지 산화제는 *과망가니즈산 포타슘*(*potassium permanganate*, $KMnO_4$), *중크로뮴산 포타슘*(*potassium dichromate*, $K_2Cr_2O_7$) 및 *황산 세륨*[*cerium hydrogen sulfate*, $Ce(HSO_4)_4$]의 수용액이다.

센산화제인 과망가니즈산 이온(MnO_4^-)은 몇 가지 다른 반응이 일어날 수 있다. 산성 용액에서 일어나는 반응은 가장 일반적으로 사용되는 반응이다.

$$MnO_4^-(aq) + 8H^+(aq) + 5e^- \longrightarrow Mn^{2+}(aq) + 4H_2O(l)$$

과망가니즈산 염은 MnO_4^- 이온이 진한 자주색이고 Mn^{2+} 이온이 거의 무색이어서 자체 지시약으로 사용되는 이점이 있다. 적정되는 용액에 일부 환원제가 남아있는 한 용액은 무색으로 남아 있다(존재하는 다른 모든 종은 무색임). 첨가되는 자주색 MnO_4^- 이온은 본질적으로 무색의 Mn^{2+} 이온으로 변환되기 때문이다. 그러나 모든 환원제가 소비되면 과망가니즈산 적정액의 다음 방울이 적정 용액을 자주색(분홍색)으로 바뀐다. 따라서 종말점(색 변화가 적정을 중지해야 함을 나타냄)은 화학량론적 점(모든 환원제가 소비된 실제 지점)을 넘어서 약 한 방울이 추가로 가해질 때 나타난다.

아래의 예제 문제는 과망가니즈산 염을 사용하는 일반적인 부피 측정 분석을 설명하고 있다.

예제 4.20 산화–환원 적정

철광석은 종종 산화물의 혼합물로 이루어져 있으며, Fe^{2+}과 Fe^{3+} 이온을 모두 포함하고 있다. 그러한 광석에 들어 있는 철 함량은 산성 용액에서 모든 철을 Fe^{2+} 이온으로 환원시킨 다음, 과망가니즈산 포타슘의 표준 용액으로 적정하여 분석할 수 있다. 반응 용액에서 MnO_4^-는 Mn^{2+}로 환원되고, Fe^{2+}은 Fe^{3+}로 산화된다. 0.3500 g의 철광석 시료를 산성 용액에 용해시키고 모든 철을 Fe^{2+}로 환원시켰다. 그 다음 용액을 1.621×10^{-2} M $KMnO_4$ 용액으로 적정하였다. 적정은 과망가니즈산 염 용액 41.56 mL가 들어갔을 때, 밝은 보라색(분홍색) 종말점에 도달하였다. 철광석에 들어 있는 철의 질량 %를 결정하라.

풀이 목표는 무엇인가?

철광석에서 철의 질량 %를 결정하여야 한다.

어떻게 해결할 것인가?

$$\text{철의 질량 \%} = \frac{\text{철의 질량}}{\text{철 광석의 질량}} = \times 100\%$$

혼합물의 질량이 0.3500 g이라는 것을 알고 있으므로, 질문을 "*철의 질량은 얼마인가?*"라고 바꾼다.

모든 철 금속은 Fe^{2+}로 변환되고, Fe^{2+} 이온은 알고 있는 부피 및 몰농도의 MnO_4^-와 반응한다. 부피와 몰농도로부터 몰 수를 얻을 수 있으며, 균형 맞춘 반응식의 몰비를 사용하여 철의 몰 수를 결정할 수 있다. 철의 원자량을 사용하여 몰 수를 질량으로 변환시킨다.

문제로부터 이것은 산화-환원 반응이라는 것이 분명하므로 반응식의 균형을 맞추어야 한다.

먼저 반응에 대한 균형 맞추지 않은 반응식을 쓴다.

$$H^+(aq) + MnO_4^-(aq) + Fe^{2+}(aq) \longrightarrow Fe^{3+}(aq) + Mn^{2+}(aq) + H_2O(l)$$

반쪽-반응식 법을 사용하여 반응식의 균형을 맞춘다.

$$8H^+(aq) + MnO_4^-(aq) + 5Fe^{2+}(aq) \longrightarrow 5Fe^{3+}(aq) + Mn^{2+}(aq) + 4H_2O(l)$$

적정에 필요한 MnO_4^-의 몰 수는 사용된 과망가니즈산 용액의 부피와 농도에서 알 수 있다.

$$41.56\text{ mL} \times \frac{1\text{ L}}{1000\text{ mL}} \times \frac{1.621 \times 10^{-2}\text{ mol } MnO_4^-}{\text{L}} = 6.737 \times 10-^{4}\text{ mol } MnO_4^-$$

균형 맞춘 반응식은 Fe^{2+}는 MnO_4^-보다 5배 더 많이 필요함을 보여준다.

$$6.737 \times 10^{-4}\text{ mol } MnO_4^- \times \frac{5\text{ mol } Fe^{2+}}{1\text{ mol } MnO_4^-} = 3.368 \times 10^{-3}\text{ mol } Fe^{2+}$$

따라서 0.3500 g의 철 광석 시료에는 3.368×10^{-3} mol의 철이 포함되어 있다. 존재하는 철의 질량은 다음과 같다.

$$3.368 \times 10^{-3}\text{ mol Fe} \times \frac{55.85\text{ g Fe}}{1\text{ mol Fe}} = 0.1881\text{ g Fe}$$

■ 철 광석에 들어 있는 철의 질량 %는 다음과 같다.

$$\frac{0.1881\text{ g}}{0.3500\text{ g}} \times 100\% = 53.74\%$$

연습 문제 4.111~4.114 참조

개념 정리 및 복습 For Review

주요 용어

수용액

4.1절

극성 분자

수화

용해도

4.2절

용질

용매

전기 전도도

센전해질

약전해질

비전해질

산

센산

센염기

약산

약염기

4.3절

몰농도

표준 용액

묽힘

4.5절

침전 반응

침전

4.6절

화학식 반응식

완전 이온 반응식

구경꾼 이온

알짜 이온 반응식

4.8절

산

염기

중화 반응

부피 분석

적정

화학량론적 종말점(당량점)

지시약

용액에서의 화학 반응은 일상생활에서 매우 중요하다.

물은 많은 이온성 물질과 극성 물질을 녹일 수 있는 극성 용매이다.

전해질

- 센전해질: 100% 해리되어 이온으로 분리됨. 전류가 잘 흐름
- 약전해질: 녹아있는 분자들 가운데 약간만 이온으로 분리됨. 전류가 약간 흐름
- 비전해질: 녹아 있는 물질이 이온을 만들지 않음. 전류가 흐르지 않음

산과 염기

- Arrhenius 모형
  - 산: H^+를 생성함
  - 염기: OH^-를 생성함
- Brønsted-Lowry 모형
  - 산: 양성자 주개
  - 염기: 양성자 받개
- 센산: H^+와 음이온으로 분리되어 완전히 이온화됨
- 약산: 소량만 이온화됨

몰농도

- 용액의 조성을 나타내는 한 가지 방법

$$몰농도(M) = \frac{용질의\ 몰\ 수}{용액의\ 부피(L)}$$

- 용질의 몰 수 = 용액의 부피(L) × 몰농도(M)
- 표준 용액: 정확한 몰농도를 아는 용액

묽힘

- 용매를 더해 몰농도를 감소시키는 것
- 묽힘 이후의 용질의 몰 수 = 묽히기 이전의 용질의 몰 수

$$M_1V_2 = M_1V_2$$

용액 반응을 나타내는 반응식의 종류

- 화학식 반응식: 모든 반응물과 생성물을 완전한 화학식으로 표시
- 완전 이온 반응식: 센전해질인 모든 생성물과 반응물을 이온으로 표시
- 알짜 이온 반응식: 변화가 일어나는 화합물만 표시. 구경꾼 이온은 포함시키지 않음

용해도 규칙

- 실험 관찰에 근거함

종말점

4.9절

산화-환원 반응

산화 상태

산화

환원

산화제(전자 받개)

환원제(전자 주개)

4.10절

반쪽-반응

- 침전 반응의 결과를 예측할 수 있게 도와줌

중요한 용액 반응의 유형

- 산-염기 반응: H^+ 이온의 이동
- 침전 반응: 고체의 형성
- 산화-환원 반응: 전자의 이동

적정

- 용액에 들어 있는 물질과 반응하는 데 필요한 표준 용액(적정시약)의 부피를 측정
- 화학량론적 종말점(당량점): 분석하려고 하는 물질과 정확히 반응할 수 있을 만큼 적정시약이 가해진 시점
- 종말점: 지시약의 색깔이 변한 시점

산화-환원 반응

- 일련의 규칙을 사용하여 산화 상태를 할당하여 전자의 이동을 추적한다.
- 산화: 산화 상태의 증가(전자를 잃음)
- 환원: 산화 상태의 감소(전자를 얻음)
- 산화제: 전자를 얻음(환원됨)
- 환원제: 전자를 잃음(산화됨)
- 산화-환원 반응식은 산화 상태법으로 균형을 맞출 수 있다.

복습 질문

1. 용질 뒤에 붙어 있는 (*aq*) 표시는 수화되었음을 나타낸다. KBr(*aq*)과 C_2H_5OH(*aq*)를 예로 들어 수용성 이온 결합 화합물과 수용성 공유 결합 화합물의 수화 과정을 각각 설명하라.

2. 센전해질, 약전해질, 비전해질의 특성을 설명하고, 각각의 예를 들라. 어떤 수용성 물질이 센전해질인지, 약전해질인지, 비전해질인지를 결정하는 실험적인 방법을 설명하라.

3. *약간 녹음*이라는 용어와 *약전해질*이라는 용어가 어떻게 다른지 설명하라.

4. 몰농도는 용액의 부피와 용액 가운데 있는 용질의 몰 수를 연관지어주는 변환 인자이다. 몰농도를 변환 인자로 사용하여 용질의 몰 수로부터 용액의 부피를 계산하려면 어떻게 해야 하는가? 또 용액의 부피로부터 용질의 몰 수를 계산하려면 어떻게 해야 하는가?

5. 묽힘이란 무엇인가? 묽힘 과정에서 변하지 않는 것은 무엇인가? 묽힘에 관련된 문제를 해결할 때 $M_1V_1 = M_2V_2$ 식이 성립하는 이유를 설명하라.

6. 다음과 같이 비커의 용액을 섞을 때 생성되는 혼합물을 분자 수준의 그림으로 묘사하라(그림 4.17 참조).

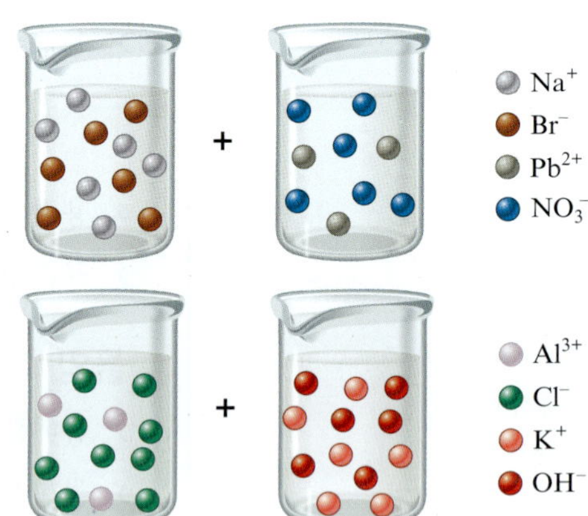

7. 화학식 반응식, 완전 이온 반응식, 알짜 이온 반응식의 차이를 설명하라. 질문 6에 있는 각 반응에 대해 세 가지 균형 맞춘 반응식을 써라.

8. 산-염기 반응이란 무엇인가? 센염기는 수산화 이온을 포함하고 있는 수용성 이온 결합 화합물이다. 센염기들을 써라. 센염기가 산과 반응할 때 항상 생성되는 것은 무엇인가? *적정*, *화학량론적 종말점*, *중화*, *표준화* 등의 용어를 설명하라.

9. *산화*, *환원*, *산화제*, *환원제* 등의 용어를 정의하라. 주어진

화학 반응이 산화-환원 반응인지 어떻게 알 수 있는가?

10. 반쪽-반응이란 무엇인가? 산화 반쪽-반응에서 잃은 전자의 수는 왜 환원 반쪽-반응에서 얻은 전자의 수와 같아야 하는가? 산화 환원 반응의 균형을 맞추기 위한 반쪽-반응식 법의 단계를 간략하게 요약하라. 산화 환원 반응(또는 반응)에서 균형을 이루는 두 가지 항목은 무엇인가?

활동 학습 질문

이 문제들은 학생들이 강의실에서 그룹을 만들어 풀어보도록 고안하였다.

1. HCl 용액을 크게 확대시켜 HCl을 "볼" 수 있다고 가정하고 이 확대된 모양을 그림으로 나타내라. 마그네슘 조각을 떨어뜨리면 마그네슘은 사라지고 수소 기체가 방출될 것이다. 이 변화를 원소 기호로 나타내고, 균형 맞춘 반응식을 써라.

2. 식염수가 있다. 이 용액을 끓일 때 이 염의 농도에 어떤 변화가 있겠는가? (증가, 감소, 또는 변화 없음) 답을 설명하는 그림을 그려라.

3. 농도가 x인 설탕 용액이 있다(용액 *A*). 이 용액의 1/4을 비커에 붓고 같은 양의 물을 가한다(용액 *B*).

a. 용액 *A*와 *B*에서 설탕의 비는 얼마인가?

b. 용액 *A*와 *B*의 부피를 비교하라.

c. 용액 *A*와 *B*에서 설탕의 농도의 비는 얼마인가?

4. 아이오딘화 포타슘 수용액에 질산 납 수용액을 가하였다. 각각의 용액과 생성물을 포함한 혼합 용액의 확대된 모습을 그려라. 이 반응의 균형 맞춘 반응식을 써라.

5. 다음 분자들을 질소 원자의 산화 상태가 가장 낮은 것부터 순서대로 나열하라. HNO_3, NH_4Cl, N_2O, NO_2, $NaNO_2$

6. 어떤 것이 전자를 얻을 때 왜 *환원되었다*라고 하는가? 실제로 무엇이 감소되었는가?

7. 농도가 같은 HCl 수용액과 H_2SO_4 수용액이 있다. NaOH의 수용액을 중화시키려고 할 때, 이 산 용액 중 더 많은 부피(mL)를 가해야 하는 것은 어느 것인가?

a. HCl 용액

b. H_2SO_4 용액

c. 산의 농도를 알아야 이 문제에 답할 수 있다.

d. NaOH의 농도와 부피를 알아야 이 문제에 답할 수 있다.

e. c와 d

이유를 설명하라.

8. 진한 용액과 묽은 용액의 차이를 분자 수준의 그림으로 나타내라.

9. 두 가지 용해성 화합물을 구별하기 위해 분자 수준의 그림을 그려라. 하나는 센전해질이고 다른 하나는 비전해질이다.

10. 표 4.1에 주어진 일반적인 용해도 규칙에 근거하여, 다음의 수용액이 혼합시키면 어떤 침전이 생성되는지를 예측하라. 침전물이 형성되지 않으면 어떤 규칙이 적용되는지 표시하라.

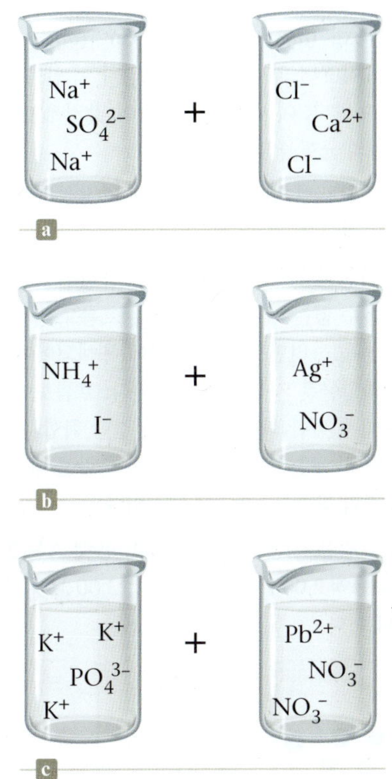

11. 어떤 학생이 0.10 *M* NaCl 용액 150.0 mL를 만들려고 한다. 그 학생은 고체 상태의 NaCl을 가지고 있고, 그 학생의 실험실 파트너는 2.5 *M* NaCl 용액을 가지고 있다. 0.10 *M* NaCl 용액을 어떻게 만드는지 설명하라.

12. 백열 전구가 켜지는 전기 회로의 전극을 H_2SO_4 용액에 넣었더니 백열 전구가 밝게 불이 들어왔다. 이 용액에 묽은 염 용액을 첨가했더니 백열 전구가 어두워졌다. 다음 물질 중 어느 염을 용액에 넣은 것인가?

a. $Ba(NO_3)_2$

b. $NaNO_3$

c. K_2SO_4

d. $Ca(NO_3)_2$

답을 선택한 이유를 설명하라. 답이 아닌 것들은 왜 아닌지 설명하라.

13. 화학종 A로 이루어진 2개의 용액이 있다. A의 농도(몰농도)가 가장 큰 것을 가려내기 위하여 다음 중 반드시 알아야 하는 것은 무엇인가? (2개 이상의 답이 있을 수 있다.)

a. 각 용액에 들어 있는 A의 질량

b. A의 몰질량

c. 각 용액에 가해진 물의 부피

d. 용액의 전체 부피

이유를 설명하라.

14. 염 용액에서 몰농도를 계산하기 위하여 반드시 알아야 할 것은 무엇인지 모두 고르고, 그 이유를 설명하라. (한 개 이상의 답이 있을 수 있다.)

a. 첨가된 염의 질량

b. 염의 몰질량

c. 첨가된 물의 부피

d. 용액의 전체 부피

15. 반응식 $Ag^+(aq) + Cu^+(s) \rightarrow Cu^{2+}(aq) + Ag(s)$는 반응식의 양변에 각 원소의 수가 같다. 그러나 이 반응식은 균형이 맞추어져 있지 않다. 이 반응식의 균형이 맞지 않은 이유는 무엇인가? 반응식의 균형을 맞춰라.

16. 산화 환원 반응의 균형을 맞출 때 방정식의 어느 한쪽에 물을 첨가하는 것이 왜 허용되는가?

17. 어떤 화합물들이 센전해질인지, 약전해질인지, 비전해질인지, 지정할 수 없는지 예측할 수 있는 흐름도를 만들어라. 특정 전해질 지정을 하려면 화합물이 물에 용해되어야 하므로 물에 녹지 않는 화합물은 지정을 하지 않는다. 흐름도에서 다루어야 할 범주는 이온 결합 화합물 대 공유 결합 화합물, 가용성 대 불용성 화합물, 산 또는 염기인 공유 결합 화합물 대 산이나 염기가 아닌 공유 결합 화합물, 센산 대 약산이다.

18. 아래 그림은 수용액을 나타낸다. 용액 A는 2.00 *M* 질산 구리(II) 수용액 2.00 L이다. 용액 B는 3.00 *M* 수산화 포타슘 수용액 2.00 L이다.

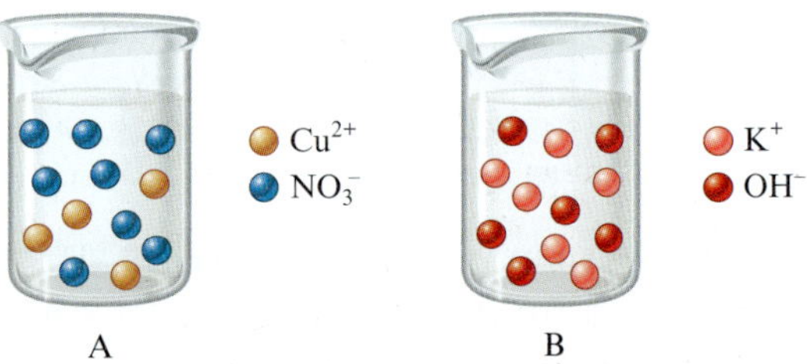

a. 침전 반응이 일어난 후 용액 A와 B를 함께 섞어 만든 용액의 그림을 그려라. 이 그림이 올바른 상대 부피를 표시하는지 확인하라. 용액 A와 용액 B를 비교하고 올바른 상대 이온의 수와 정확한 상대량 고체가 형성되었다.

b. 형성된 고체의 질량과 용액(위의 a)에 남아 있는 모든 이온의 *M* 단위의 농도를 결정하라.

분홍색 번호의 질문과 연습문제에 대한 정답은 온라인에서 확인할 수 있습니다(차례의 QR을 스캔해보세요).

질문

19. 다음 물질들을 물에 녹일 때 결과가 어떻게 달라질지 설명하라.

a. 극성 용질과 비극성 용질

b. KF와 $C_6H_{12}O_6$

c. RbCl과 AgCl

d. HNO_3와 CO

20. 일반 화학 실험실에서 사용하는 대표적인 용액은 3.0 *M* HCl이다. 3.0 *M* HCl 2.0 L를 만드는 방법을 자세히 설명하라. 3.0 *M* $HC_2H_3O_2$ 용액 2.0 L를 만드는 방법은 3.0 *M* HCl 용액을 만드는 방법과 어떻게 다른가?

21. 1.0 *M* KBr 용액을 묽혔다. 묽히면 다음 중 어떤 일이 일어나겠는가?

a. 몰농도가 증가한다. 부피는 일정하다. KBr의 몰 수는 감소한다.

b. 몰농도가 증가한다. 부피가 증가한다. KBr의 몰 수는 일정하다.

c. 몰농도가 감소한다. 부피가 감소한다. KBr의 몰 수는 일정하다.

d. 몰농도가 감소한다. 부피는 증가한다. KBr의 몰 수는 일정하다.

e. 몰농도가 증가한다. 부피는 일정하다. KBr의 몰 수는 증가한다.

22. 탄산 칼슘은 일부 제산제의 활성 성분이다. 질산 칼슘은 일부 불꽃놀이의 "활성 성분"이다. 둘 다 흰색 분말이다. 탄산 칼슘과 칼슘의 경우 질산염이 부주의하게 혼합되면 쏟아져 나올 것이다. 탄산 칼슘과 질산 칼슘을 물에 혼합하면 두 물질은 분리할 수 있겠는가? 아니라면 그 이유는 무엇인가?

23. 다음 중 옳은 설명은 어느 것인가? 틀린 문장은 바르게 고쳐라.

a. 진한 수용액은 항상 센전해질이나 약전해질이 들어있다.

b. 센전해질은 물속에서 해리되어 이온을 형성한다.

c. 산은 센전해질이다.

d. 물속에서 모든 이온성 화합물은 센전해질이다.

24. 다음 1.0 *M* 용액 중 *가장 나쁜* 전기 전도체는 어느 것인가? 설명하라.

a. $SrCl_2$

b. HF

c. CH_3OH

d. NH_4NO_3

e. $FeSO_4$

25. 다음 다섯 가지 화합물 중 물에 용해되는 화합물은 어느 것인가?

a. 염화 아연

b. 질산 철(II)

c. 황산 납(II) 황산염

d. 코발트(III) 황화물

e. 크로뮴산 마그네슘

26. 어떤 학생이 1.00 *M* NaOH(몰질량 = 40.00 g/mol) 용액 1.00 L를 만들려고 한다. 고체 상태의 NaOH가 있다면 어떤 방법으로 만들어야 할까? 만약 2.00 *M* NaOH 용액이 있다면 어떤 방법으로 만들어야 할까? NaOH 몰농도를 세 개의 유효 숫자로 나타내려면 부피와 질량을 측정할 때 필요한 유효 숫자는 몇 개일까?

27. 물에 녹는 브로민화 염화물 세 가지와 물에 녹지 않는 브로민화 염화물 세 가지를 나열하라. 황산염, 수산화염, 인산염에 대해서도 물에 녹는 염 세 가지와 물에 녹지 않는 염 세 가지를 나열하라. 물에 녹지 않는 Pb^{2+} 염 여섯 가지와 물에 녹는 Pb^{2+} 염 한 가지를 써라.

28. 질산 납 1.0 mol을 수용액 상태의 2.0 mol 아이오딘화 포타슘에 가했더니 노란색 침전이 형성되었다. 침전이 가라앉은 후에 침전 위에 있는 용액은 전기를 통할 것인가? 왜 그런지 설명하라. 완전 이온 반응식을 사용하여 설명하라.

29. 산과 염기는 각각 무엇인가? 산-염기 반응을 양성자 이동 반응이라고 부르기도 하는 이유는 무엇인가?

30. 어떤 학생이 1.00 *M* 산 용액 1.00 L를 가지고 있다. 그런데 이상하게도 이 산과 완전히 반응하는 데 1.00 *M* NaOH가 2.00 L 사용되었다. 산을 전부 반응시키는 데 이와 같이 두 배의 NaOH가 필요한 이유를 설명하라.

또 다른 실험에서 학생이 0.020 *M* HCl 용액 10.0 mL를 가지고 있다. 그런데 이번에는 HCl을 모두 반응시키는 데 0.020 *M* 농도의 센염기 5.00 mL가 사용되었다. HCl을 모두 반응시키는 데 이와 같이 절반의 센염기가 필요한 이유를 설명하라.

31. 다음 용어들의 차이점을 구별하여 설명하라.

a. 환원된 화학종과 환원제
b. 산화된 화학종과 산화제
c. 산화 상태와 실제 전하(actual charge)

32. 제3장에서 반응의 균형을 맞출 때, 반응은 전하 균형뿐만 아니라 질량도 균형을 맞추어야 한다는 것을 언급하지 않았다. 전하 균형과 질량 균형은 무엇을 의미하는가? 산화 환원 반응의 전하 균형은 어떻게 맞추는가?

연습 문제

연습 문제는 비슷한 문제를 두 개씩 짝지어 놓았다.

수용액: 센전해질과 약전해질

33. 다음 각각의 센전해질이 물에 녹았을 때 각 성분 이온으로 "쪼개지는" 분자 수준의 그림을 그려서 보여라.

a. NaBr
b. $MgCl_2$
c. $Al(NO_3)_3$
d. $(NH_4)_2SO_4$
e. NaOH
f. $FeSO_4$
g. $KMnO_4$
h. $HClO_4$
i. $NH_4C_2H_3O_2$ (아세트산 암모늄)

34. 수용액에서의 미시적 그림 화합물들은 다음의 어떤 화합물과 일치하는가?

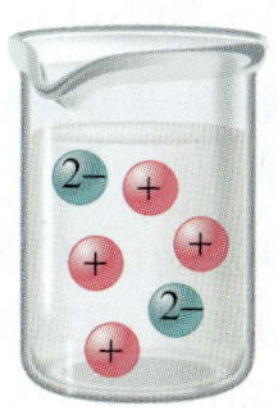

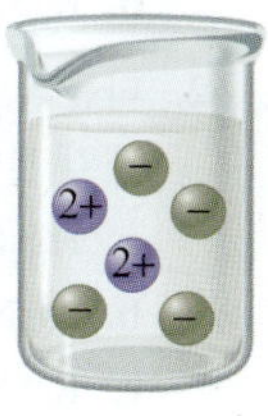

i. ii. iii. iv.

a. 질산 바륨
b. 염화 소듐
c. 탄산 포타슘
d. 황산 마그네슘

어떤 그림이 $HNO_3(aq)$를 가장 잘 나타내고 있는가? $HC_2H_3O_2(aq)$을 잘 나타내는 그림이 없는 이유는?

35. 당신은 Chem 103 실험실의 선반에서 시약병을 발견하였다. "0.10 M $CuSO_4$" 라벨이 붙어 있었다. 다음 중 병에 무엇이 들어 있는지 *가장* 잘 설명하는 문장은 무엇인가?

a. $CuSO_{24}$는 물에 용해되지 않기 때문에 병 바닥의 고체이다.
b. 용액 속에 떠다니는 $CuSO_2$ 분자가 있다.
c. 용액에는 구리 이온, 황 이온 및 산소 이온이 떠다니고 있다.
d. 구리 이온과 황산염 이온이 주변에 떠다니고 있다.

36. 1.0-*M* 수용액 HF를 가지고 있다. 이 용액에는 어떤 이온 및 / 또는 분자가 존재하는가?

a. H^+ 이온과 F^- 이온만 존재한다.
b. 오직 HF 분자와 H_2O 분자만 존재한다.
c. HF 분자, H^+ 이온, F^- 이온 및 H_2O 분자가 모두 존재한다.
d. 오직 H^+ 이온, F^- 이온 및 H_2O 분자만 존재한다.
e. 오직 HF 분자만 존재한다.

37. 염화 칼슘은 센전해질이다. 물에 녹으면 물의 녹는점을 낮추는 센전해질로, 얼음과 눈을 녹이는 데 도움을 주기 위해 도로에서 흔히 뿌리는 "소금"이다. 이 물질이 물에 녹았을 때 어떻게 분해되는지 보여주는 반응을 써라.

38. 운동 선수들이 부상을 치료하기 위해 흔히 뜨거운 팩과 찬 팩을 사용한다. 이것들은 모두 건조한 화학 물질과 주머니 구조의 물로 되어 있다. 팩에 충격을 주면 물의 주머니 구조가 파괴되어 화학 물질을 녹이며, 이 반응 결과 용액은 차가워지거나 또는 뜨거워진다. 열 팩에는 황산 마그네슘이 많이 쓰이고, 찬 팩에는 흔히 질산 암모늄을 사용한다. 이들 센전해질들이 물에 녹을 때, 어떻게 해리되는지 반응식을 써라.

용액의 농도: 몰농도

39. 다음 용액의 몰농도를 계산하라.

a. $NaHCO_3$ 5.623 g을 물에 녹여 250.0 mL의 용액을 만들 때
b. $K_2Cr_2O_7$ 184.6 mg을 물에 녹여 500.0 mL의 용액을 만들 때
c. 금속 구리 0.1025 g을 진한 HNO_3 35 mL에 녹여 Cu^{2+}를 만든 후에 물을 첨가해 총 부피가 200.0 mL가 되었을 때(Cu^{2+}의 몰농도를 계산하라.)

40. 에탄올(C_2H_5OH) 수용액은 75.0 mL의 에탄올(밀도 = 0.79 g/cm^3)에 물을 가하여 전체 부피가 250.0 mL가 되도록 하여 만든다. 이 용액에서의 에탄올의 몰농도는 얼마인가?

41. 다음 센전해질 용액에 존재하는 모든 이온의 농도를 구하라.

a. $Ca(NO_3)_2$ 0.100 mol이 100.0 mL 용액에 녹아 있을 때
b. Na_2SO_4 2.5 mol이 1.25 L 용액에 존재할 때
c. NH_4Cl 5.00 g이 500.0 mL 용액에 녹아 있을 때
d. K_3PO_4 1.00 g이 250.0 mL 용액에 녹아 있을 때

42. 센전해질인 다음 용액에 존재하는 모든 이온의 농도를 계산하라.

a. 인산 소듐 0.0200 mol이 들어 있는 10.0 mL 용액
b. 질산 바륨 0.300 mol이 들어 있는 600.0 mL 용액
c. 염화 포타슘 1.00 g이 들어 있는 0.500 L 용액
d. 황산 암모늄 132 g이 들어 있는 1.50 L 용액

43. 다음의 센전해질 용액들 중 가장 많은 Cl^-의 몰 수를 가진 것은? 0.30 *M* $AlCl_3$ 용액 100.0 mL, 0.60 *M* $MgCl_2$ 50.0 mL 또는 0.40 *M* NaCl 200.0 mL.

44. 다음 센전해질 용액 중 최대 이온 수를 포함하는 것은 어느 것인가? 0.100 *M* NaOH 100.0 mL, 0.200 *M* $BaCl_2$ 50.0 mL 또는 0.150 *M* Na_3PO_4 75.0 mL

45. 0.400 *M* 수산화 소듐 용액 250.0 mL에 들어있는 NaOH의 질량은 얼마인가?

46. 10. g의 $AgNO_3$를 가지고 있다. 0.25 *M* $AgNO_3$의 용액을 만든다면 그 부피는 얼마인가?

47. 정상 혈중 소듐 농도는 135~145 mmol/L이다. 환자의 혈액 내 소듐 수치가 다음과 같이 측정되었다고 가정하자: 137 mmol/L 이 환자에게서 15.0 mL의 혈액을 채취하면 소듐의 질량은 얼마나 될까?

48. 고밀도 지질단백질(HDL) 콜레스테롤은 "좋은" 콜레스테롤이다. 이 HDL 콜레스테롤을 적절하게 섭취하면 심장병과 뇌졸중의 위험이 줄어들기 때문이다. 건강한 개인의 경우 HDL 수치는 40~59 mg/dL 사이이다. 이 HDL 콜레스테롤의 범위는 mol/L 단위로는 얼마인가? 콜레스테롤의 화학식은 $C_{27}H_{46}O$이다.

49. 0.275 *M* $C_{12}H_{22}O_{11}$ 용액 시료가 230 mL가 남아 있다. 이것을 밤새 핫플레이트 위에 올려 놓았다. 다음 날 아침 용액은 1.10 *M*이 되었다. 0.275 *M* $C_{12}H_{22}O_{11}$ 용액에서 증발한 물의 양은 얼마인가?

50. 뚜껑을 덮지 않은 비커에 0.875 *M* K_2CO_3 용액 100.0 mL가 담긴 용액을 생각해 보자. 용액의 일부 물이 증발하였다. 며칠 후에 남은 용액의 K^+ 농도가 2.334 *M*인 것으로 확인되었다. 원래 용액에서 증발한 물의 양은 얼마인가?

51. 다음 용액 각각 2.00 L를 만드는 방법을 설명하라.

a. 고체 NaOH에서 0.250 *M* NaOH

b. 1.00 *M* NaOH 저장 용액에서 0.250 *M* NaOH

c. 고체 K_2CrO_4에서 0.100 *M* K_2CrO_4

d. 1.75 *M* K_2CrO_4 저장 용액에서 0.100 *M* K_2CrO_4

52. 다음 각각의 0.50 *M* 용액 1.00 L를 만드는 방법을 설명하라.

a. "농축된"(18 *M*) 황산의 H_2SO_4

b. "농축된"(12 *M*) 시약의 HCl

c. $NiCl_2$ 염으로부터의 $NiCl_2 \cdot 6H_2O$

d. "농축된"(16 *M*) 시약의 HNO_3

e. 순수한 고체로부터 얻은 탄산 소듐

53. 황산 암모늄 10.8 g을 용해시켜 용액을 제조한다. 충분한 물에 넣어 100.0 mL의 저장 용액을 만들었다. 이 원액 시료 10.00 mL를 물 50.00 mL에 첨가하였다. 암모늄 이온의 농도를 계산하고 최종 용액의 황산 이온과 암모늄 이온의 농도를 계산하라.

54. 0.100 *M* HNO_3 용액 50.00 mL와 0.200 *M* HNO_3 100.00 mL를 혼합하여 용액을 만들었다. 질산의 최종 질산 용액의 몰농도를 계산하라.

55. 3.0 *M* 탄산 소듐 용액 70.0 mL에 1.0 *M* 중탄산 소듐 30.0 mL를 넣었을 때의 소듐 이온 농도를 계산하라.

56. 0.250 *M* $CoCl_2$ 용액 50.0 mL에 0.350 *M* $NiCl_2$ 25.0 mL를 넣었다고 가정하라. 혼합한 후의 각 이온들의 몰농도를 계산하라. 혼합 용액의 부피를 예측하라.

57. 동화작용 스테로이드는 근육 성장과 체중 증가를 자극한다. 대사 스테로이드의 일종인 fluoxymesterone ($C_{20}H_{29}FO_3$)을 분석하는 데 쓸 표준 용액을 만들었다. 먼저 fluoxymesterone 10.0 mg을 충분한 물에 녹여 총 부피가 500.0 mL인 저장 용액을 만들었다. 이 용액 100.0-μL를 덜어내어 최종 부피가 100.0 mL가 되도록 묽혔다. 최종 용액의 몰농도를 구하라.

58. 1.584 g의 순수한 망가니즈 금속을 질산에 녹인 다음 최종 부피가 1.000 L가 되게 하여 Mn^{2+} 이온이 들어 있는 저장 용액을 만들었다. 그 다음 다음과 같이 용액들을 묽혔다.

용액 *A*는 50.00 mL의 저장 용액을 1000.0 mL가 되게 묽혔다.
용액 *B*는 *A* 용액 10.00 mL를 250.0 mL가 되게 묽혔다.
용액 *C*는 *B* 용액 10.00 mL를 500.0 mL가 되게 묽혔다.
저장 용액의 농도와 *A*, *B*, *C* 용액의 농도를 계산하라.

침전 반응

59. 표 4.1에 주어진 용해도 규칙을 사용하여, 다음 물질 중 어느 것이 물에 용해되는지를 예측하라.

a. 질산 알루미늄

b. 염화 마그네슘

c. 황산 루비듐

d. 수산화 니켈(II)

e. 황화 납(II)

f. 수산화 마그네슘

g. 인산 철(III)

60. 표 4.1에 주어진 일반적인 용해도 규칙을 사용하여, 다음 물질 중 어느 것이 물에 용해되는지를 예측하라.

a. 염화 아연

b. 질산 납(II)

c. 황산 납(II)

d. 아이오딘화 소듐

e. 황화 코발트(III)

f. 수산화 크로뮴(III)

g. 탄산 마그네슘

h. 탄산 암모늄

61. 다음의 용액들을 혼합했을 때, 어떤 침전물(생성된다면)이 생길 것인가?

a. $FeSO_4(aq) + KCl(aq)$

b. $Al(NO_3)_3(aq) + Ba(OH)_2(aq)$

c. $CaCl_2(aq) + Na_2SO_4(aq)$

d. $K_2S(aq) + Ni(NO_3)_2(aq)$

62. 다음의 용액들을 혼합했을 때, (만일 생성된다면) 어떤 침전물이 생길 것인가?

a. $Hg_2(NO_3)_2(aq) + CuSO_4(aq)$

b. $Ni(NO_3)_2(aq) + CaCl_2(aq)$

c. $K_2CO_3(aq) + MgI_2(aq)$

d. $Na_2CrO_4(aq) + AlBr_3(aq)$

63. 0.50 *M* $Pb(NO_3)_2$의 25.0 mL는 4개의 분리된 비커에 다음과 같이 첨가된다:

비커 I	50.0 mL의 0.25 *M* NaCl
비커 II	50.0 mL의 0.25 *M* NaOH
비커 III	50.0 mL의 0.25 *M* Na_3PO_4
비커 IV	50.0 mL의 0.25 *M* Na_2SO_4

$Pb(NO_3)_2$ 용액을 첨가한 후, 비커는 어떤 형태로 침전될 것인가? 형성되는 침전물에 대한 화학식을 써라.

64. 0.10-M $Ba(NO_3)_2$ 용액을 4개의 분리된 비커에 다음과 같이 첨가한다:

비커 I	50.0 mL의 0.10 M Na_2SO_4
비커 II	50.0 mL의 0.10 M K_2CO_3
비커 III	50.0 mL의 0.10 M NH_4Cl
비커 IV	50.0 mL의 0.10 M RbOH

$Ba(NO_3)_2$가 각각의 비커에 첨가될 때 어떤 침전물이 형성되는가?

65. 연습 문제 61의 반응에 대한 균형 맞춘 반응식, 완전한 이온 반응식, 알짜 이온 반응식을 써라. 침전물이 형성되지 않으면 "반응 없음"이라고 써라.

66. 연습 문제 62의 반응에 대하여 균형 맞춘 반응식, 완전한 이온 반응식, 알짜 이온 반응식을 써라. 침전물이 형성되지 않으면 "반응 없음"이라고 써라.

67. 두 비커에 있는 화합물을 섞을 때 발생하는 반응의 균형 맞춘 화학식 반응식과 알짜 이온 반응식을 써라. 각 반응에서 구경꾼 이온이 나타내는 색은 무엇인가?

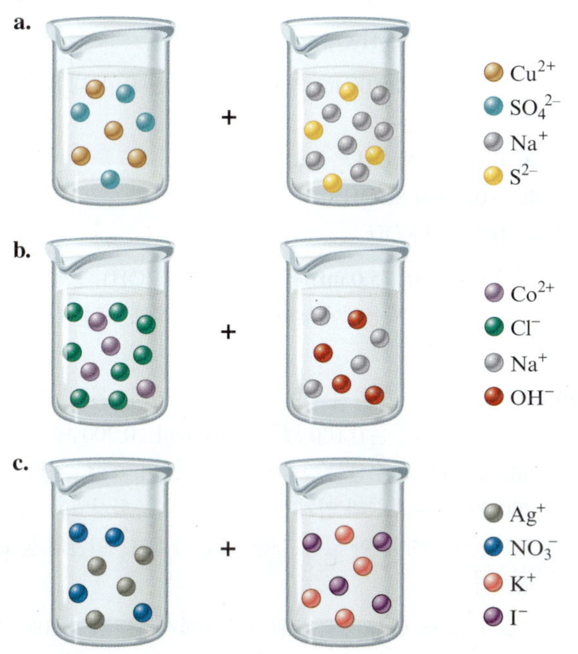

68. 다음의 난용성 이온 결합 화합물은 침전 반응을 이용하여 얻을 수 있다. 각 반응의 균형 맞춘 화학식 반응식을 써라.

a. $Fe(OH)_3(s)$ **c.** $PbSO_4(s)$
b. $Hg_2Cl_2(s)$ **d.** $BaCrO_4(s)$

69. 다음 수용액들을 혼합했을 때, 일어날 수 있는 반응의 알짜 이온 반응식을 써라.

a. 황산 암모늄과 질산 바륨
b. 질산 납(II)과 염화 소듐
c. 인산 소듐과 질산 포타슘
d. 브로민화 소듐과 염화 루비듐
e. 염화 구리(II)와 수산화 소듐

70. 다음 수용액들을 혼합했을 때, 일어날 수 있는 반응의 알짜 이온 반응식을 써라.

a. 염화 크로뮴(III)과 수산화 소듐
b. 질산 은과 탄산 암모늄
c. 황산 구리(II)와 질산 수은(I)
d. 질산 스트론튬과 아이오딘화 포타슘

71. 용액은 이온 Ag^+, Pb^{2+} 및 Ni^{2+}를 함유한다. NaCl, Na_2SO_4 및 Na_2S의 용액은 침전물의 형성을 통해 양이온을 서로 분리할 수 있다. 분리를 수행하기 위해서는 어떤 순서로 해결책이 추가되어야 하는가? 양이온을 효과적으로 서로 분리하기 위해서는 한 번에 하나의 침전물만 형성되어야 한다. 각각의 용액이 첨가된 후, 다음 용액이 나머지 액체에 첨가되기 전에 모든 침전물이 제거된다고 가정한다.

a. 먼저 첨가된 Na_2SO_4; 두 번째 첨가된 NaCl; 마지막으로 첨가된 Na_2S
b. 먼저 첨가된 Na_2SO_4; 두 번째 첨가된 Na_2S; 마지막으로 첨가된 NaCl
c. 먼저 첨가된 Na_2S; 두 번째 첨가된 NaCl; 마지막으로 첨가된 Na_2SO_4
d. 먼저 첨가된 NaCl; 두 번째 첨가된 Na_2S; 마지막으로 첨가된 Na_2SO_4
e. 먼저 첨가된 NaCl; 두 번째 첨가된 Na_2SO_4; 마지막으로 첨가된 Na_2S

72. 어떤 시료에 Hg_2^{2+}, Ba^{2+} 및 Mn^{2+}의 임의의 또는 전부를 포함할 수 있다.

a. 시료 용액에 NaCl 수용액을 첨가하였을 때 침전물이 형성되지 않았다.
b. 시료 용액에 Na_2SO_4 수용액을 첨가했을 때 침전물이 형성되지 않았다.
c. 시료 용액을 NaOH로 염기성으로 만들 때 형성된 침전물

시료 용액에 어떤 이온 또는 이온이 존재하는가?

73. $AgNO_3$ 0.100-M 용액의 75.0 mL로부터 모든 은 이온을 침전시키기 위해서는 어떤 질량의 Na_2CrO_4가 필요한가?

74. 0.250 M $Pb(NO_3)_2$의 150.0 mL로부터 모든 납(II) 이온을 침전시키기 위해서는 어떤 부피의 0.100 M Na_3PO_4가 필요한가?

75. 철(III) 수산화물 침전물은 75.0 mL의 0.105 M 철(III) 질산염과 125 mL의 0.150 M 수산화 소듐을 반응시켜 생성될 수 있는가?

76. 0.100 M 염화 바륨 용액을 0.100 M 황산 철(III) 용액 100.0 mL와 혼합하였을 때 생성되는 황산 바륨의 질량은 얼마인가?

77. 1.00 M $AgNO_3$의 50.00 mL가 1.00 M K_3PO_4의 25.00 mL와 혼합되어 침전물이 형성된다고 생각하자.

a. 몇 몰의 침전물이 형성될 수 있는가? 반응은 100 % 수득률로 진행된다고 가정하라.
b. 반응이 완료된 후 혼합물에 들어있는 인산 음이온(PO_4^{3-})의 농도를 계산하라.

78. 0.20 M 질산 은 100.0 mL와 0.15 M 염화 칼슘 100.0 mL의 반

응으로 어떤 질량의 염화 은을 제조할 수 있는가? 침전이 완료된 후 용액에 남아 있는 각 이온의 농도를 계산하라.

79. 0.200 *M* 수산화 칼륨 수용액 100.0 mL의 분액을 0.200 *M* 질산 마그네슘 수용액 100.0 mL와 혼합하였다.

a. 일어나는 모든 반응에 대해 균형 맞춘 화학 반응식을 작성하라.

b. 어떤 형태의 침전물인가?

c. 어떤 질량의 침전물이 생성되는가?

d. 침전이 완료된 후 용액에 남아있는 각 이온의 농도를 계산한다.

80. 0.300 *M* $Ba(NO_3)_2$의 150.0 mL와 0.300 *M* Na_3PO_4의 120.0 mL 사이의 반응을 생각해 보자. 반응이 100% 수득률을 갖는다고 가정한다.

a. 반응이 완결된 후 용액에 어떤 이온들이 존재하는가?

i. 반응이 완결된 후, 용액에 이온이 없다.

ii. 반응이 완결된 후, Ba^{2+}, NO_3^-, Na^+ 및 PO_4^{3-} 이온들 모두 존재한다.

iii. 오직 Ba^{2+}, NO_3^-, Na^+ 이온들만 존재한다.

iv. 반응이 완결된 후, 오직 NO_3^-, Na^+ 이온들만 존재한다.

v. 반응이 완결된 후, 오직 NO_3^-, Na^+, PO_4^{3-} 이온들만 존재한다.

b. 반응이 완료된 후에 몇 몰의 침전물이 형성되는가?

c. 반응이 완료된 후에 존재하는 이온의 농도를 계산하라.

81. 화학식 M_2SO_4를 갖는 순수 화합물의 1.42 g 시료를 물에 용해시키고 과량의 수성 염화 칼슘으로 처리하여 모든 황산 이온을 황산 칼슘으로 침전시켰다. 침전물을 모아서 건조시켰더니 무게가 1.36 g인 것으로 밝혀졌다. M의 원자 질량을 결정하고 M이 무엇인지 말하라.

82. 질산 소듐과 염화 소듐 혼합물 1.50 g이 있다. 이 혼합물을 100 mL 물에 녹이고 과량의 0.500 *M* 질산 은 용액을 가했다. 그 결과 흰색 고체가 생겼는데, 이것을 모아 건조하고 측정하였더니 질량이 0.641 g이었다.

a. 여러분이 용액을 좀 더 자세하게 볼 수 있다면(원자-분자 수준까지) 여러분이 보게 되는 화학종들을 나열해보라(전하가 있다면 포함하라).

b. 고체를 만드는 반응의 알짜 이온 반응식을 써라(상과 전하도 포함).

c. 처음에 있었던 미지 혼합물에서 염화 소듐의 백분율을 계산하라.

산-염기 반응

83. 다음의 각 산-염기 반응에 대하여 화학식 반응식, 완전 이온 반응식, 알짜 이온 반응식을 써라.

a. $HClO_4(aq) + Mg(OH)_2(s) \rightarrow$

b. $HCN(aq) + NaOH(aq) \rightarrow$

c. $HCl(aq) + NaOH(aq) \rightarrow$

84. 다음의 각 산-염기 반응에 대하여 화학식 반응식, 완전 이온 반응식, 알짜 이온 반응식을 써라.

a. $HNO_3(aq) + Al(OH)_3(s) \rightarrow$

b. $HC_2H_3O_2(aq) + KOH(aq) \rightarrow$

c. $Ca(OH)_2(aq) + HCl(aq) \rightarrow$

85. 다음 용액들을 섞었을 때 일어나는 산-염기 반응에 대한 균형 맞춘 화학식 반응식을 써라.

a. 수산화 포타슘 수용액과 질산

b. 수산화바륨 수용액과 염산

c. 과염소산[$HClO_4(aq)$]과 고체 수산화 철(III)

d. 고체 수산화 은과 브로민산

e. 수산화 스트론튬 수용액과 아이오딘산

86. 다음의 염이 화학식 반응식에서 생성물로 나타나려면 어떤 수용액과 염기 수용액을 반응시켜야 하겠는가? 각 반응의 균형 맞춘 화학식 반응식을 써라.

a. 과염소산 포타슘

b. 질산 세슘

c. 아이오딘화 칼슘

87. 0.200 *M* NaOH 50.00 mL와 완전히 반응하는 데 필요한 다음 각 산의 부피는 얼마인가?

a. 0.100 *M* HCl

b. 0.150 *M* HNO_3

c. 0.200 *M* $HC_2H_3O_2$(산성 수소 1개)

88. 0.200 *M* HCl 25.00 mL와 반응하는 데 필요한, 다음 각 염기의 부피는 얼마인가?

a. 0.100 *M* NaOH

b. 0.0500 *M* $Sr(OH)_2$

c. 0.250 *M* KOH

89. 염산(0.250 *M*, 75.0 mL)을 0.0550 *M* $Ba(OH)_2$ 용액 225.0 mL에 가하였다. 이 용액에 남아 있는 과량의 H^+ 또는 OH^- 이온의 농도는 얼마인가?

90. 용액들이 서로 중화될 것이라고 생각하면서 4가지 시약을 섞는다. 섞인 용액들은 0.100 *M* 염산 50.0 mL, 0.200 *M* 질산 100.0 mL, 0.0100 *M* 수산화 칼슘 500.0 mL, 0.100 *M* 수산화 루비듐 200.0 mL이다. 산과 염기가 정확히 서로 중화시켰는가? 그렇지 않다면 용액에 남아 있는 과량의 H^+나 OH^- 이온의 농도를 계산하라.

91. 25.00 mL에 염산 용액을 완전히 중화시키는 데 0.106 *M* 수산화 소듐 24.16 mL가 필요하다. 처음의 염산 용액의 농도는 얼마인가?

92. 아세트산($HC_2H_3O_2$) 수용액인 식초 10.00 mL 시료를 0.5062 *M* NaOH로 적정하였더니 16.58 mL가 소모되어 당량점에 도달하였다.

a. 아세트산의 몰농도는?

b. 식초의 밀도가 1.006 g/cm^{3}일 때, 식초에 포함된 아세트산의 질량 퍼센트는?

93. 0.0500 *M* 질산 용액 35.00 mL를 중화시키는 데 필요한 0.0200 *M* 수산화 칼슘 용액의 부피를 구하라.

94. 미지의 센염기 30.0 mL를 0.150 *M* HNO_3 용액 12.0 mL를 가하여 중화시켰다. 미지 염기의 농도가 0.0300 *M*일 때 미지 염기로 가능한 것은 무엇인가?

95. 일반적인 입문 화학 실험으로 다음을 표준화하는 것이 있다. (센 염기의 정확한 농도를 결정하는 방법이다.) 표준화에 사용되는 대표적인 산은 프탈산 수소 포타슘($KHC_8H_4O_4$, 약칭 KHP라고도 한다)이다. KHP의 몰질량 = 204.22 g/mol이고 이 물질은 용액에서 K^+ 이온 및 $HC_8H_4O_4^-$ 이온으로 존재한다. 여기서 $HC_8H_4O_4^-$ 이온은 하나의 산성 양성자를 가지고 있다. 표준화하는 적정에서 0.1082 g KHP와 완전히 반응하는 데 수산화 소듐 용액 34.67 mL가 필요하였다. 수산화 소듐의 몰농도를 구하라.

96. 어떤 학생이 농도를 모르는 프탈산 수소 포타슘($KHC_8H_4O_4$, 약칭 KHP라고도 한다)을 0.1000 *M* NaOH 용액 20.46 mL로 적정하였다. KHP는 한 개의 산성 수소를 가지고 있으며, 몰질량은 204.22 g/mol이다. 수산화 소듐과 완전히 반응하였을 때 수산화 소듐과 반응한 KHP의 질량은 얼마인가?

산화–환원 반응

97. 다음 화합물에 있는 각 원자의 산화 상태를 나타내라.

a. $KMnO_4$
b. NiO_2
c. $Na_4Fe(OH)_6$
d. $(NH_4)_2HPO_4$
e. P_4O_6
f. Fe_3O_4
g. $XeOF_4$
h. SF_4
i. CO
j. $C_6H_{12}O_6$

98. 다음 화합물에 있는 각 원자의 산화 상태를 나타내라.

a. UO_2^{2+}
b. As_2O_3
c. $NaBiO_3$
d. As_4
e. $HAsO_2$
f. $Mg_2P_2O_7$
g. $Na_2S_2O_3$
h. Hg_2Cl_2
i. $Ca(NO_3)_2$

99. 다음 화합물에 있는 질소의 산화 상태를 나타내라.

a. Li_3N
b. NH_3
c. N_2H_4
d. NO
e. N_2O
f. NO_2
g. NO_2^-
h. NO_3^-
i. N_2

100. 다음 화합물에 있는 각 원자의 산화 수를 나타내라.

a. $SrCr_2O_7$
b. $CuCl_2$
c. O_2
d. H_2O_2
e. $MgCO_3$
f. Ag
g. $PbSO_3$
h. PbO_2
i. $Na_2C_2O_4$
j. CO_2
k. $(NH_4)_2Ce(SO_4)_3$
l. Cr_2O_3

101. 다음의 반응을 생각해 보자.

$$2NO(g) + 2CO(g) \longrightarrow 2CO_2(g) + N_2(g)$$

이 반응에 대한 다음 설명 중 어느 것이 *사실*인가? 잘못된 설명을 수정하라.

a. 산소를 산화시킨다.
b. CO는 이 반응에서 산화제이다.
c. 이 반응에서 탄소가 감소한다.

102. 다음과 같은 반응을 생각해 보자.

$$6H^+(aq) + 5H_2C_2O_4(aq) + 2MnO_4(s) \longrightarrow 10CO_2(g) + 2Mn^{2+}(aq) + 8H_2O(l)$$

다음 중 *틀린* 설명은 무엇인가? 잘못된 설명을 수정하라.

a. 탄소는 환원된다.
b. MnO_4^-에서 망간의 산화 상태는 +7이다.
c. MnO_4^-는 환원제이다.
d. $H_2C_2O_4$에서 탄소의 산화 상태는 +3이다.

103. 다음 반응 중 어느 것이 산화–환원 반응인지 명시하고, 산화–환원 반응 중에 산화제, 환원제, 산화되는 물질, 환원되는 물질을 확인하라.

a. $Cu(s) + 2Ag^+(aq) \rightarrow 2Ag(s) + Cu^{2+}(aq)$
b. $HCl(g) + NH_3(g) \rightarrow NH_4Cl(s)$
c. $SiCl_4(l) + 2H_2O(l) \rightarrow 4HCl(aq) + SiO_2(s)$
d. $SiCl_4(l) + 2Mg(s) \rightarrow 2MgCl_2(s) + Si(s)$
e. $Al(OH)_4^-(aq) \rightarrow AlO_2^-(aq) + 2H_2O(l)$

104. 다음 반응식 중에서 산화–환원 반응을 나타내는 것은 어느 것인가 표시하고 산화제, 환원제, 산화되는 화학종, 환원되는 화학종을 나타내라.

a. $CH_4(g) + H_2O(g) \rightarrow CO(g) + 3H_2(g)$
b. $2AgNO_3(aq) + Cu(s) \rightarrow Cu(NO_3)_2(aq) + 2Ag(s)$
c. $Zn(s) + 2HCl(aq) \rightarrow ZnCl_2(aq) + H_2(g)$
d. $2H^+(aq) + 2CrO_4^{2-}(aq) \rightarrow Cr_2O_7^{2-}(aq) + H_2O(l)$

105. 반쪽–반응식 법을 사용하여 산성 용액에서 일어나는 다음 산화 환원 반응의 균형을 맞춰라.

a. $I^-(aq) + ClO^-(aq) \rightarrow I_3^-(aq) + Cl^-(aq)$
b. $As_2O_3(s) + NO_3^-(aq) \rightarrow H_3AsO_4(aq) + NO(g)$
c. $Br^-(aq) + MnO_4^-(aq) \rightarrow Br_2(l) + Mn_2^+(aq)$
d. $CH_3OH(aq) + Cr_2O_7^{2-}(aq) \rightarrow CH_2O(aq) + Cr_3^+(aq)$

106. 반쪽–반응식 법을 사용하여 산성 용액에서 일어나는 다음 산화 환원 반응의 균형을 맞춰라.

a. $Cu(s) + NO_3^-(aq) \rightarrow Cu^{2+}(aq) + NO(g)$
b. $Cr_2O_7^{2-}(aq) + Cl^-(aq) \rightarrow Cr^{3+}(aq) + Cl_2(g)$
c. $Pb(s) + PbO_2(s) + H_2SO_4(aq) \rightarrow PbSO_4(s)$
d. $Mn^{2+}(aq) + NaBiO_3(s) \rightarrow Bi^{3+}(aq) + MnO_4^-(aq)$
e. $H_3AsO_4(aq) + Zn(s) \rightarrow AsH_3(g) + Zn^{2+}(aq)$

107. 염기성 용액에서 일어나는 다음 산화 환원 반응의 균형을 맞춰라.

a. $Al(s) + MnO_4^-(aq) \rightarrow MnO_2(s) + Al(OH)_4^-(aq)$
b. $Cl_2(g) \rightarrow Cl^-(aq) + OCl^-(aq)$
c. $NO_2^-(aq) + Al(s) \rightarrow NH_3(g) + AlO_2^-(aq)$

108. 염기성 용액에서 일어나는 다음 산화 환원 반응의 균형을 맞춰라.

a. $Cr(s) + CrO_4^{2-}(aq) \rightarrow Cr(OH)_3(s)$
b. $MnO_4^-(aq) + S^{2-}(aq) \rightarrow MnS(s) + S(s)$
c. $CN^-(aq) + MnO_4^-(aq) \rightarrow CNO^-(aq) + MnO_2(s)$

109. 1774년에 C. W. Scheele는 염화 소듐을 산화 망가니즈(IV)로 산화시켜 염소 기체를 처음 제조하였다. 반응은 다음과 같다.

$$NaCl(aq) + H_2SO_4(aq) + MnO_2(s) \longrightarrow Na_2SO_4(aq) + MnCl_2(aq) + H_2O(l) + Cl_2(g)$$

반응의 균형을 맞춰라.

110. 금 금속은 진한 질산 또는 진한 염산에 용해되지 않는다. 그러나 두 개의 진한 산이 혼합된 왕수에 용해된다. 반응 생성물은 $AuCl_4^-$ 이온과 NO 기체이다. 왕수에서 금의 용해에 대한 균형 맞춘 반응식을 써라.

111. 과망니즈산 염 용액은 옥살산($H_2C_2O_4$)으로 적정하여 표준화한다. 옥살산 0.1058 g과 완전히 반응하는 데 과망가니즈산 염 용액이 28.97 mL가 소요되었다. 이 반응의 균형 맞추지 않은 반응식은 다음과 같다.

$$MnO_4^-(aq) + H_2C_2O_4(aq) \xrightarrow{\text{산성}} Mn^{2+}(aq) + CO_2(g)$$

과망가니즈산 염 용액의 몰농도는 얼마인가?

112. 철광석의 철 함량은 표준 KMnO4 용액으로 적정하여 결정할 수 있다. 철광석은 HCl에 용해시켜 모든 철은 Fe^{2+} 이온으로 환원시킨다. 이 용액을 산성 용액에서 $KMnO_4$ 용액으로 적정하면 Fe^{3+}과 Mn^{2+} 이온이 생성된다. 철광석 0.6128 g으로 만든 용액을 적정하는 데 0.0198 *M* $KMnO_4$ 38.37 mL가 필요하였다. 철광석에 포함된 철의 질량 %는 얼마인가?

113. Fe^{2+} 이온을 포함하는 용액의 50.00-mL 시료를 0.0216 *M* $KMnO_4$ 용액으로 적정한다. 반응에 의해 모든 Fe^{2+} 이온을 Fe^{3+} 이온으로 산화시키기 위해서는 20.62 mL의 $KMnO_4$ 용액이 필요하다.

$$MnO_4^-(aq) + Fe^{2+}(aq) \xrightarrow{\text{산성}} Mn^{2+}(aq) + Fe^{3+}(aq)$$

(균형 맞추지 않은 반응식)

a. 시료 용액에서 Fe^{2+} 이온의 농도는 얼마인가?

b. 같은 적정을 하기 위해 0.0150 *M* $K_2Cr_2O_7$ 용액의 부피는 얼마가 필요한가? 반응은 다음과 같다.

$$Cr_2O_7^{2-}(aq) + Fe^{2+}(aq) \xrightarrow{\text{산성}} Cr^{3+}(aq) + Fe^{3+}(aq)$$

(균형 맞추지 않은 반응식)

114. 혈액의 알코올(C_2H_5OH) 함량은 혈액 시료를 산성에서 중크로뮴산 포타슘 용액으로 적정하여 결정하며, 이때의 적정 생성물은 $Cr^{3+}(aq)$와 이산화 탄소이다. 중크로뮴산 이온($Cr_2O_7^{2-}$)은 용액에서 오렌지색이고, Cr^{3+} 이온은 초록색이므로 반응을 모니터할 수 있다. 균형을 맞추지 않은 산화 환원 반응식은 다음과 같다.

$$Cr_2O_7^{2-}(aq) + C_2H_5OH(aq) \rightarrow Cr^{3+}(aq) + CO_2(g)$$

혈액 30.0 g을 적정하는 데 31.05 mL의 0.0600 *M* 중크뮴산 포타슘 용액이 필요하였다. 혈액 중의 알코올의 질량 %를 결정하라.

화학 활동 문제

115. 0.02 *M* 아이오딘산 포타슘 용액 1 L를 만들려고 한다. 최종 농도는 0.02 *M*의 1% 이내여야 하고 농도는 유효 숫자 4자리까지 정확하여야 한다. 이 용액을 만드는 방법을 설명하라. 사용할 초자 기구, 사용할 저울의 정확도, 사용할 KIO_3의 허용 질량 범위를 규정하라.

116. 아래 그림은 용질이 같은 네 가지 수용액의 분자 그림이다. 가장 진한 것부터 가장 묽은 것 순으로 나열하라.

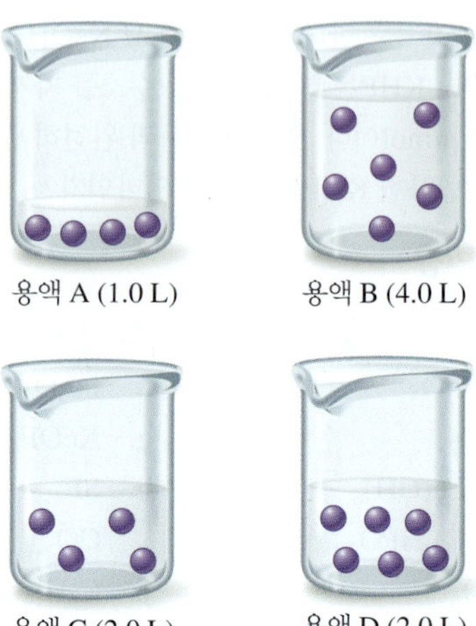

117. 인간의 몸속에는 대략 5.0 L의 혈액이 있다. 사람이 32.0 g의 설탕($C_{12}H_{22}O_{11}$, 342.30 g/mol)을 먹었을 때, 모든 설탕이 혈관 속에 녹아있다면, 혈당 몰농도는 어떻게 변하겠는가?

* **118.** 0.160 g $MgCl_2$가 녹아있는 용액 100.0 mL가 있다. 이 용액에 존재하는 모든 이온의 농도를 계산하라.

* **119.** 많은 식물은 줄기와 잎에 옥살산인 $H_2C_2O_4$가 포함되어 있기 때문에 독성이 있다. 옥살산을 섭취하면 호흡기 부종과 질식을 유발한다. $H_2C_2O_4$ 0.6706 g을 충분한 물에 녹여 100.0 mL의 용액을 만든다. 10.00 mL를 분취하여 최종 부피가 250.0 mL가 되도록 묽힌다. 옥살산 용액의 최종 몰농도는 얼마인가?

120. 처방전 없이 살 수 있는 많은 제산제 정제는 탄산 칼슘을 유효 성분으로 사용하여 만들며, 이러한 정제를 식이 칼슘 보충제로 사용할 수 있다. 위산 과다에 대한 제산제인 탄산 칼슘은 위장에 존재하는 염산과 결합하여 염화 칼슘 용액을 생성하고 위산을 물로 전환하며 이산화 탄소 기체를 방출한다(위장염을 앓고 있는 사람은 "트림"을 하게 된다). 이 과정에 대한 균형 맞춘 화학 반응식을 써라.

121. 표 4.1에 주어진 용해도 규칙을 사용하여 수용액에서 다음 이온들이 침전을 형성하는 세 가지 시약 이름을 써라. 각각의 완전 이온 반응식을 써라.

a. 염화 이온
b. 칼슘 이온
c. 철(III) 이온
d. 황산 이온
e. 수은(I) 이온(Hg_2^{2+})
f. 은 이온

122. Tris(pentafluorophenyl)borane (BARF)은 전이 금속 화합물 촉매 존재하에 ethylene이나 propylene의 중합반응을 개시하는 데 사용된다. 이 물질(BARF)은 C, F, B로만 구성되어 있다. C의

질량 퍼센트는 42.23%, F의 질량 퍼센트는 55.66%이다.

a. BARF의 실험식은 무엇인가?

b. BARF 시료 2.251 g을 347.0 mL의 용액에 용해시켰더니 0.01267 *M*의 용액이 되었다. BARF의 분자식은 무엇인가?

* **123.** 0.249 *M* $Ni(NO_3)_2$ 용액 150.0 mL에 들어 있는 니켈(II) 이온을 모두 침전시키는 데 필요한 0.100 *M* NaOH 용액의 부피는 얼마인가?

* **124.** 0.200 *M* 인산 소듐(sodium phosphate) 500.0 mL를 0.289 *M* 염화 바륨 용액 400.0 mL와 섞었다. 생성된 고체의 질량은?

125. 1 L 비커에 0.307 *M* 크로뮴산 암모늄 203 mL와 0.269 *M* 아질산 크로뮴(III) 137 mL를 혼합하여 질산 암모늄과 크로뮴산 크로뮴(III)을 생성하였다. 일어난 반응의 균형 맞춘 반응식을 써라. 반응의 수득 백분율이 88.0%일 때 얻어진 크로뮴산 크로뮴(III)의 질량은 얼마인가?

126. 질산 마그네슘과 염화 마그네슘 혼합물 1.50 g을 물에 녹인 후, 0.500 *M* 질산 은을 완전히 침전하여 다 떨어질 때까지 한 방울씩 가하였다. 형성된 흰색 침전량은 0.641 g이었다.

a. 혼합물에서 염화 마그네슘의 질량 백분율을 계산하라.

b. 완전한 침전이 형성되었다고 확신할 수 있는 질산 은의 최소 부피를 결정하라.

127. 알칼리 토금속의 염화물 시료 1.00 g을 과량의 질산 은으로 처리하였다. 염화 이온이 모두 염화 은 1.38 g으로 회수되었다. 이 금속은 무엇인가?

* **128.** 0.257 *M* 질산 은 450.0 mL를 0.200 *M* 염화 칼슘 용액 400.0 mL와 혼합하였다. 반응이 완료된 후 용액 중의 Cl^-의 농도는?

129. 가루 형태의 발 무좀약 시료 1.343 g에 들어 있는 아연을 $ZnNH_4PO_4$로 침전시켰다. 이 침전을 가열하여 ZnP_2O_7 0.4089 g을 얻었다. 무좀약 시료 중의 아연의 질량 백분율을 구하라.

130. NaCl과 $Al_2(SO_4)_3$로만 된 혼합물이 있다. 이 혼합물 시료 1.45 g을 물에 녹이고 과량의 NaOH를 가하였더니 $Al(OH)_3$ 침전이 형성되었다. 이 침전을 거른 후 건조시켜 무게를 측정하였다. 침전물의 질량은 0.107 g이었다. 시료 중 $Al_2(SO_4)_3$의 질량 백분율을 구하라.

131. 9.486 g의 살충제 농약 시료에는 Tl_2SO_4와 기타 탈륨이 포함되지 않은 화합물의 혼합물이 포함되어 있다. 시료를 물에 용해시키고 과량의 KI를 첨가하면 아이오딘화 탈륨(I)의 침전이 형성된다. 0.1824 g의 TlI이 생성되었다면 원래 살충제 시료에서 Tl_2SO_4의 질량 백분율을 계산하라. Tl_2SO_4의 몰질량은 504.9 g/mol이고, KI의 몰질량은 166.0 g/mol이고, TlI의 몰질량은 331.3 g/mol이고, Tl의 몰질량은 204.4 g/mol이다.

132. 어떤 혼합물이 NaCl과 $Fe(NO_3)_3$만으로 이루어져 있다. 0.456 g의 혼합물 시료를 물에 녹인 후, 과량의 NaOH를 가하였더니 $Fe(OH)_3$의 침전이 생겼다. 침전물을 거른 후 건조시켜 무게를 달았더니 질량이 0.107 g이었다. 다음을 계산하라.

a. 시료 내의 철의 질량

b. $Fe(NO_3)_3$의 질량

c. 시료 중의 $Fe(NO_3)_3$의 질량 백분율

133. 한 학생이 0.400 *M* HCl 용액 100.0 mL에 NaOH 용액 50.0 mL를 넣었다. 이어서 과량의 질산 크로뮴(III) 수용액을 넣었더니 침전이 2.06 g이 생성되었다. NaOH의 농도를 구하라.

134. 위통을 막는 제산제로 주로 쓰이는 물질 중에 MgO와 $Mg(OH)_2$ 및 $Al(OH)_3$ 등이 있다.

a. 이들과 염산이 중화 반응을 일으킬 때의 균형 맞추어진 반응식을 써라.

b. 이들 중에 그램당 가장 많은 양의 0.10 *M* HCl을 중화시킬 수 있는 것은?

135. 아스피린의 활성 성분은 아세틸살리실산이다. 아세틸살리실산 3.210 g과 완전히 반응하는 데 0.5065 *M* 수산화 소듐 35.17 mL가 소모되었다. 아세틸살리실산은 하나의 산성 수소를 가진다. 아세틸살리실산의 몰질량은 얼마인가?

136. 염산과 마그네슘 금속이 반응하면 수소 기체와 염화 마그네슘 수용액이 생성된다. 3.00 g의 마그네슘과 반응하는 데 필요한 5.0 *M* HCl의 부피는 얼마인가?

137. 미지의 산(실험식 = $C_3H_4O_3$) 2.20 g을 1.0 L의 물에 녹인 용액을 적정하는 데 0.500 *M* NaOH 25.0 mL가 필요하였다. 미지의 산이 한 개의 산성 수소를 가졌다고 가정하고, 이 산의 분자식을 써라.

138. 카민산(caminic acid)은 연지 벌레로부터 추출된 천연 붉은 색소로 탄소, 수소, 산소로만 되어 있다. 이것은 19세기 초반에 염료로서 사용되었다. 이것을 질량비로 C 53.66%와 H 4.09%로 되어 있다. 0.3602 g 카민산을 중화하는 데 0.0406 *M* NaOH 18.02 mL가 필요하다. 분자당 하나의 산성 수소만이 있다고 가정했을 때 카민산의 분자식은 무엇인가?

* **139.** $Ca(OH)_2$ 수용액 50.00 mL 시료를 중화시키기 위해 34.66 mL의 0.944-*M* 질산을 필요로 한다. 수산화 칼슘의 원래 용액의 몰농도를 계산하라.

140. 센산 용액을 생각해 보자. 질산 납을 센산 용액의 일부에 첨가하면 침전물이 형성된다. 두 번째 실험에서, 센산 용액 50.0 mL는 완전한 반응을 위해 1.00 *M* KOH의 201.5 mL를 필요로 한다. 50.0 mL의 센산 용액에 16.3 g의 센산이 포함되어 있으며, 이 산이 하나의 산성 수소를 가지고 있다고 가정한다면 이 센산은 어떤 것인가?

141. 염화 클로리손다민(chlorisondamine chloride, $C_{14}H_{20}Cl_6N_2$)은 고혈압 치료에 쓰이는 약이다. 이 약품이 들어 있는 1.28 g의 시료를 유기 물질을 분해시키는 시약과 반응시켜 모든 염소를 염소 이온으로 유리시켰다. 염소 이온이 들어 있는 이 용액을 과량의 질산 은과 반응시켰더니 0.104 g의 AgCl이 침전되었다. 이 약품에 들어 있는 클로리손다민의 질량 백분율을 계산하라. 이 약품이 유일하게 염소 이온을 내놓는다고 가정하라.

142. 설탕 대체제인 사카린($C_7H_5NO_3S$)을 정제 형태로 조제하는 경우도 있다. 총 질량이 0.5894 g의 사카린 정제 10개를 물에 용해시킨 다음 사카린을 산화시켰다. 사카린 내의 모든 황은 황산염 이온으로 전환되었다. 여기에 과량의 염화 바륨($BaCl_2$) 용액을 첨가하였다. 얻어진 $BaSO_4$의 질량은 0.5032 g이었다. 사카린

정제당 평균 질량은 얼마인가? 한 정제에 들어있는 사카린의 평균 질량 백분율은 얼마인가?

143. Douglasite는 염소를 포함하는 광물이다. Douglasite 0.455-g 시료를 분해하여 모든 염소가 염소 이온으로 만들었다. 29.2 mL의 0.100 *M* $Pb(NO_3)_2$ 용액을 사용하여 douglasite 시료로부터 나온 모든 Cl^-를 $PbCl_2(s)$로 침전시켰다. Douglasite 광석에 들어있는 염소의 질량 퍼센트를 계산하라. Douglasite에는 Pb^{2+} 이온은 없다고 가정한다.

144. 많은 산화-환원 반응은 반응식을 살펴봄으로써 간단히 균형을 맞출 수 있다. 다음 반응들을 반응식을 검토하여 균형을 맞춰라. 각 반응에서 환원되는 물질과 산화되는 물질을 지적하라.

a. $Al(s) + HCl(aq) \rightarrow AlCl_3(aq) + H_2(g)$

b. $CH_4(g) + S(s) \rightarrow CS_2(l) + H_2S(g)$

c. $C_3H_8(g) + O_2(g) \rightarrow CO_2(g) + H_2O(l)$

d. $Cu(s) + Ag^+(aq) \rightarrow Ag(s) + Cu^{2+}(aq)$

145. 강철의 망가니즈 함량을 결정하는 고전적인 방법 중 하나는 모든 망가니즈를 짙게 착색된 과망가니즈산 이온으로 변환한 다음 빛의 흡수를 측정하는 것이다. 강철을 먼저 질산에 용해시키면 망가니즈(II) 이온과 이산화 질소 기체가 생성된다. 그런 다음 이 용액을 산성에서 과아이오딘산 이온을 포함하는 용액과 반응시킨다. 이때의 생성물은 과망가니즈산 염 및 아이오딘산 이온이다. 이 두 가지 모두에 대해 균형 맞춘 화학반응식을 써라.

도전 문제

146. 염화 소듐과 황산 포타슘 혼합물 10.0 g을 물에 녹였다. 이 수용액을 과량의 질산 납(II)과 반응시켜 고체 21.75 g을 얻었다. 혼합물 중의 염화 소듐의 질량 백분율을 구하라.

147. 백만 분율(ppm)과 십억 분율(ppb) 단위는 환경 화학자들이 많이 사용한다. 일반적으로 1 ppm은 용액 10^6당 용질 1을 의미한다. 질량에 대한 수식은 다음과 같다.

$$\text{ppm} = \frac{\mu\text{g 용질}}{\text{g 용액}} = \frac{\text{mg 용질}}{\text{kg 용액}}$$

매우 묽은 수용액의 경우, 1.0 ppm 농도는 용액 1.0 g과 같은 용액 1.0 mL당 용질 1.0 μg과 같다. 10억 분의 1도 비슷한 방법으로 정의된다. 다음 수용액의 몰농도를 계산하라.

a. H_2O 속의 5.0 ppb Hg

b. H_2O 속의 1.0 ppb $CHCl_3$

c. H_2O 속의 10.0 ppm As

d. H_2O 속의 0.10 ppm DDT ($C_{14}H_9Cl_5$)

148. 분광 분석법으로 여러 물질들을 분석할 때, 농도를 아는 일련의 표준 용액을 측정하여 검정곡선을 그린다. 상업적으로 생산한 1000.0 ppm 용액으로부터 구리가 10.0, 25.0, 50.0, 75.0, 100. ppm이 포함된 표준 용액을 어떻게 만들 것인가? 각각의 용액의 최종 부피는 100.0 mL라고 가정한다(용어 정의에 대한 것은 연습 문제 147 참조).

149. 대부분의 이온 결합 화합물의 코발트는 Co(II)이거나 Co(III)이다. 염소 이온과 수화된 물이 들어 있는 한 코발트 화합물을 분석하여 다음과 같은 결과를 얻었다. 시료 0.256 g을 물에 녹인 후, 과량의 질산 은을 가하였다. 염화 은을 거른 후 건조시켜 무게를 달았더니 질량이 0.308 g이었다. 또 다른 0.416 g 시료를 물에 녹인 후, 과량의 수산화 소듐을 가하였다. 수산화 염을 거른 후, 불꽃에서 가열하였더니 산화 코발트(III)가 생성되었는데 그 질량은 0.145 g이었다.

a. 질량 백분율로 나타낸 화합물의 조성은?

b. 화합물이 구조식 단위당 한 개의 코발트 원자를 포함하고 있다고 가정할 때, 화학식은?

c. 설명한 세 반응의 균형 맞춘 반응식을 써라.

150. PCB(polychlorinated biphenyl)는 변압기의 유전체로 많이 사용된다. PCB의 잠재적 유독성 때문에 환경에서 이 물질의 검출은 매우 중요하다. PCB는 다음 반응으로 생산한다.

$$C_{12}H_{10} + nCl_2 \rightarrow C_{12}H_{10-n}Cl_n + nHCl$$

이 반응은 PCB를 혼합물 형태로 생성한다. 이 혼합물을 분석하려면 PCB를 분해하여 생성된 Cl^-를 AgCl로 침전시켜 분석한다.

a. *n* 값의 평균값을 PCB 혼합물의 질량과 생성된 AgCl의 질량을 관련짓는 일반식을 써라.

b. 상업용 PCB 0.1947 g의 시료로부터 AgCl 0.4791 g이 얻어졌다. 이 시료의 평균 *n* 값을 구하라.

151. 금속 아연 19.0 g을 과량의 질산 은과 반응시켜 금속 은과 질산 아연이 생성되는 반응을 생각해 보자. 모든 금속 아연이 반응하기 전에 반응을 중단하여 29.0 g의 고체 금속을 얻었다. 혼합물 29.0 g 중에 포함된 각 금속의 질량을 구하라.

152. 염화 소듐과 염화 포타슘이 섞여 있는 어떤 혼합물 시료 0.1586 g을 물에 녹였다. 모든 염화 이온을 완전히 침전시키는 데 0.1000 *M* $AgNO_3$ 용액 22.90 mL가 소모되었다. 질량 백분율로 나타낸 이 화합물의 조성은?

153. Na_2SO_4와 K_2SO_4의 고체 혼합물이 있다. 이 혼합물 0.205 g을 물에 녹인 후 과량의 $BaCl_2$ 수용액을 가하였다. 생성된 $BaSO_4$를 거른 후 건조시켜 무게를 달았을 때, 질량이 0.298 g이었다. 시료 중에 포함된 SO_4^{2-} 이온의 질량은 얼마인가? 시료 중에 SO_4^{2-} 이온의 질량 백분율은 얼마인가? 이 시료의 Na_2SO_4와 K_2SO_4의 질량 백분율 조성은?

154. 아연과 마그네슘 금속은 각각 다음 반응식에 따라 염산과 반응한다.

$$Zn(s) + 2HCl(aq) \longrightarrow ZnCl_2(aq) + H_2(g)$$
$$Mg(s) + 2HCl(aq) \longrightarrow MgCl_2(aq) + H_2(g)$$

아연과 마그네슘의 혼합물 10.00 g을 화학량론적인 양의 염산으로 반응시킨 후 3.00 *M* 질산 은 156 mL로 반응시켜 가능한 최대량의 염화 은을 생성시켰다.

a. 처음에 존재한 혼합물에 들어 있는 마그네슘의 질량 백분율은 얼마인가?

b. 78.0 mL의 HCl을 가했을 때 HCl의 농도는 얼마인가?

155. 실험실에서 질산 납(II) 용액 100.0 mL를 만들었는데, 그만 뚜껑을 닫는 것을 잊고 말았다. 다음에 와보니 용액은 80.0 mL만

남았다(나머지는 증발). 게다가 용액의 초기 농도도 알지 못했다. 이 용액 2.00 mL를 취하여 진한 염화 소듐 용액을 과량 가했더니 3.407 g의 고체가 얻어졌다. 처음에 만든 질산 납(II) 용액의 농도는 얼마인가?

156. 황산 구리(II)는 철과 반응한다. 일어날 수 있는 두 반응은 다음과 같다.

$$\text{황산 구리(II)}(aq) + \text{철}(s) \longrightarrow \text{구리}(s) + \text{황산 철(II)}(aq)$$

$$\text{황산 구리(II)}(aq) + \text{철}(s) \longrightarrow \text{구리}(s) + \text{황산 철(III)}(aq)$$

비커에 0.500 *M* 황산 구리(II) 용액 87.7 mL를 넣고 여기에 2.00 g의 철을 넣었더니 위 반응 중 하나가 일어난 후 구리 2.27 g을 분리하였다. 위 화학 반응 중 어느 것이 일어난 것인가? 얻은 이유는 무엇인가?

157. 두 개의 뷰렛 Y와 Z에 담겨 있는 용액을 0.300 *M* HCl 275.0 mL가 들어 있는 비커에 동시에 흘려 넣는다. 뷰렛 Y에는 0.150 *M* NaOH이 들어 있고, 뷰렛 Z에는 0.250 *M* KOH가 들어있다. Y와 Z를 동시에 흘리기 시작한 후 60.65분이 되었을 때 당량점에 도달하였다. 당량점에서 비커 속의 용액의 부피는 655 mL이다. 뷰렛 Y와 Z의 흐름 속도를 계산하라. 실험 동안 흐르는 속도는 일정하다고 가정한다.

158. 각 산–염기 반응의 반응식을 완결하고, 균형을 맞춰라.

a. $H_3PO_4(aq) + NaOH(aq) \rightarrow$ 세 개의 산성 수소가 있다.

b. $H_2SO_4(aq) + Al(OH)_3(s) \rightarrow$ 두 개의 산성 수소가 있다.

c. $H_2Se(aq) + Ba(OH)_2(aq) \rightarrow$ 두 개의 산성 수소가 있다.

d. $H_2C_2O_4(aq) + NaOH(aq) \rightarrow$ 두 개의 산성 수소가 있다.

159. 0.141 *M* H_3PO_4 14.20 mL를 정확히 중화하는 데 필요한 0.0521 *M* $Ba(OH)_2$의 양은 얼마인가? 인산은 세 개의 산성 수소를 가지고 있다.

160. 황(S)을 포함한 유기화합물을 연소시키면 이산화 황(SO_2)이 생성된다. 생성된 SO_2의 양은 다음과 같이 과산화 수소(H_2O_2)와의 반응을 이용하여 구할 수 있다.

$$H_2O_2(aq) + SO_2(g) \longrightarrow H_2SO_4(aq)$$

반응을 통해 얻은 황산을 NaOH 표준 용액으로 적정한다. 1.302 g의 석탄 시료를 연소시켜 SO_2를 모은 후, 과산화 수소 용액에 넣어 반응이 일어나도록 하였다. 생성된 황산을 중화시키는 데 0.1000 *M* NaOH 28.44 mL가 소모되었다. 연료에 들어 있는 황의 질량 백분율을 구하라. 황산은 2개의 산성 수소를 가지고 있다.

161. 다음 산 용액 중 100.0 mL의 산 용액이 0.20-*M* $Ba(OH)_2$ 용액의 50.0 mL를 정확히 중화(반응)시킬 수 있는 것은?

a. 0.050 *M* HCl

b. 0.10 *M* HNO_3

c. 0.40 *M* HBr

d. 0.20 *M* H_2SO_4

e. 0.10 *M* H_2SO_3

162. 자동차 전지의 황산 시료 10.00 mL를 완전히 중화시키는 데 2.12 *M*의 NaOH 용액 35.08 mL가 소모되었다. 황산 용액의 몰농도를 구하라. 황산은 두 개의 산성 수소를 가지고 있다.

163. 0.500-L의 H_2SO_4 시료 용액 100.0-mL를 취한 다음 0.213 *M* NaOH 50.0 mL를 가하여 분석하였다. 이 반응이 일어난 후에, 과량의 OH^- 이온이 용액에 남았다. 과량의 염기를 중화시키는 데 0.103 *M* HCl 용액 13.21 mL가 쓰였다. 원래의 H_2SO_4 시료의 몰농도를 구하라. 황산은 2개의 산성 수소를 가지고 있다.

164. 이양성자산 시료 6.50 g을 완전히 반응시키는 데 0.750 *M* NaOH 용액 137.5 mL가 필요하다. 이 산의 몰질량은 얼마인가?

165. 레몬 주스에 들어 있는 시트르산의 분자식은 $C_6H_8O_7$이다. 시트르산 시료 0.250 g을 물 25.0 mL에 녹인 용액을 완전히 중화시키는 데 0.105 *M* NaOH 37.2 mL가 소모되었다. 시트르산은 분자당 몇 개의 산성 수소를 가지고 있는가?

166. 자연에 존재하는 20개의 아미노산 중 하나인 글루탐산은 $C_5H_9O_4N$의 분자식을 가지고 있다. 75.0 mL의 용액에 용해된 0.250-g의 글루탐산 시료는 모든 산과 완전히 반응하기 위해 0.200 *M* KOH의 17.0 mL가 필요하다. 다음 중 글루탐산에 *가장* 적합한 화학식은 무엇인가?

a. $HC_55H_8O_4N$

b. $H_2C_5H_7O_4N$

c. $H_3C_5H_6O_4N$

d. $H_4C_5H_5O_4N$

e. $H_6C_5H_3O_4N$

167. 미지의 산 H_2X는 다음의 균형을 맞추지 않은 반응식에 따라 OH^-에 의해 완전히 중화된다.

$$H_2X(aq) + OH^-(aq) \longrightarrow X^{2-}(aq) + H_2O(l)$$

생성물 X^{2-} 이온은 총 36개의 전자를 가지고 있다. 원소 X는 무엇인가? H_2X의 이름은 무엇인가? H_2X 시료를 완전히 중화시키기 위해 0.175 *M* OH^- 35.6 mL가 필요하다. 사용된 H_2X 시료의 질량은 얼마인가?

168. 공장에서 65.0 ppm HCl이 포함되어 있는 물을 3.50×10^3 (L/s)의 속력으로 강으로 흘려보낸다. 공장 상류의 강물의 유속은 5.00×10^4 (L/s)이다. (정의에 대해서는 연습 문제 147 참조)

a. 공장의 하류에 흐르는 강물의 총 유속을 구하라.

b. 공장 하류의 강물에 포함된 HCl의 농도를 ppm 단위로 구하라.

c. 강 하류에 또 다른 공장이 있다. 이 공장에서는 강물에서 유속 1.80×10^4 (L/s)로 물을 취하여 사용한다. 이 공장에서 석회를 사용하여 산성을 중화시킨다.

$$CaO(s) + 2H^+(aq) \longrightarrow Ca^{2+}(aq) + H_2O(l)$$

공장에서 하루에 8.00시간 작업하는 동안 사용한 $CaO(s)$의 질량을 구하라.

d. 초기의 강물 속에는 10.2 ppm Ca^{2+}가 포함되어 있다. 첫 번째 공장에서 방출한 폐수 속에는 Ca^{2+} 이온이 포함되어 있지 않았지만, 두 번째 공장에서는 중화 과정 후에 생성된 Ca^{2+} 이온이 든 폐수를 강물에 흘려보냈다. 만일 두 번째 공장에서 사용한 물의 90.0%를 강으로 흘려보냈다면, 공장 하류에 포함되어 있는 Ca^{2+}의 농도를 ppm 단위로 구하라.

169. KHP(연습 문제 95 참조) 시료 0.4016 g을 적정하는 데 수산화 소듐 용액 25.06 ± 0.05 mL가 소모되었다. 수산화 소듐 용액의 농도와 그 불확실성을 구하라(부록 1.5 참조). 단, 질량의 불확실성은 무시한다.

170. 트라이아이오딘화 이온은 산성 용액에서 다음과 같은 반응(균형 맞추지 않음)에 의해 용액에서 생성된다.

$$IO_3^-(aq) + I^-(aq) \longrightarrow I_3^-(aq)$$

트라이아이오딘화 이온의 농도는 싸이오황산 소듐(sodium thiosulfate, $Na_2S_2O_3$) 용액으로 적정하여 결정한다. 이 적정 반응의 생성물은 아이오딘화 이온 및 테트라싸이온산 이온($S_4O_6^{2-}$)이다.

a. IO_3^-와 I^- 이온의 반응에 대한 반응식의 균형을 맞춰라.

b. 아이오딘산 포타슘 0.6013 g의 시료를 물에 용해시켰다. 이어서, 염산 및 고체 아이오딘산 포타슘을 첨가하였다. IO_3^- 이온을 모두 I_3^- 이온으로 변환시키는 데 필요한 최소 고체 KI 질량과 3.00 *M* HCl의 최소 부피는 얼마인가?

c. 산성 용액에서 I_3^-와 $S_2O_3^{2-}$의 반응식을 쓰고 균형을 맞춰라.

d. KIO_3의 0.0100 *M* 용액 25.00 mL 시료를 과량의 KI와 반응시켰다. I_3^- 이온을 적정하기 위해서는 32.04 mL의 $Na_2S_2O_3$ 용액이 필요하다. $Na_2S_2O_3$ 용액의 몰농도는 얼마인가?

e. 고체 KIO_3를 사용하여 d의 KIO_3 용액을 500.0 mL를 만드는 방법을 설명하라.

171. 강철 깡통의 코팅재에 들어 있는 크로뮴을 조사하였다. 크로뮴 막의 두께는 산에 깡통 시료를 용해시키고 퍼옥시다이황산(peroxydisulfate) 이온을 사용하여 Cr^{3+} 이온을 $Cr_2O_7^{2-}$으로 산화시켜 결정할 수 있다.

$$S_2O_8^{2-}(aq) + Cr^{3+}(aq) + H_2O(l) \longrightarrow Cr_2O_7^{2-}(aq) + SO_4^{2-}(aq) + H^+(aq)$$ (균형이 맞추어져 있지 않음)

미반응한 $S_2O_8^{2-}$를 제거한 후, 과량의 황산 암모늄 철[$Fe(NH_4)_2(SO_4)_2 \cdot 6H_2O$]을 첨가하여 첫 번째 반응에서 생성된 $Cr_2O_7^{2-}$와 반응시킨다. 과량의 황산 암모늄 철로부터 미반응 Fe^{2+} 이온은 별도의 $K_2Cr_2O_7$ 용액으로 적정한다. 적정 반응은 다음과 같다.

$$H^+(aq) + Fe^{2+}(aq) + Cr_2O_7^{2-}(aq) \longrightarrow Fe^{3+}(aq) + Cr^{3+}(aq) + H_2O(l)$$ (균형이 맞추어져 있지 않음)

a. 두 반응에 대한 균형 맞춘 화학 반응식을 써라.

b. 한 분석에서, 크로뮴으로 도금된 깡통의 40.0 cm^2 시료를 이 절차에 따라 처리하였다. 용해시키고 과량의 $S_2O_8^{2-}$를 제거한 후, $Fe(NH_4)_2(SO_4)_2 \cdot 6H_2O$ 3.000 g을 첨가하였다. 과량의 Fe^{2+}와 완전히 반응하는 데 0.0520 *M* $K_2Cr_2O_7$ 용액 8.58 mL가 소요되었다. 깡통의 크로뮴 막의 두께를 계산하라. (크로뮴의 밀도는 7.19 g/cm^3이다.)

172. 광석 시료에 있는 바나듐을 VO^{2+}로 바꾼 후 VO^{2+} 이온을 산성 용액에서 MnO_4^-로 적정하면 $V(OH)_4^+$와 망가니즈(II) 이온이 생긴다. 용액을 적정하는 데 0.02250 *M* MnO_4^- 용액 26.45 mL가 소모되었다. 광석에 있는 바나듐의 질량 백분율이 58.1%일 때, 광석 시료의 질량은 얼마인가?

마라톤 문제

이 문제들은 여러 가지 개념과 기술을 하나의 상황으로 통합하도록 만들어졌다.

173. 세 명의 학생들에게 어떤 황산염 중의 금속을 확인하라는 과제가 주어졌다. 그들은 0.1472 g의 염 시료를 물에 녹이고, 과량의 염화 바륨 용액으로 반응시켜 황산 바륨의 침전을 생성시켰다. 침전물을 거르고 말려서 질량을 측정하였더니 0.2327 g이었다.

세 학생들은 각각 결과를 분석하여 다른 결론을 얻었다. Pat는 금속이 타이타늄이라고 하였고, Chris는 소듐, Randy는 갈륨으로 결론지었다. 각 학생이 생각한 황산염의 화학식은?

이 책과 *CRC Handbook of Chemistry and Physics*와 같은 참고 문헌으로부터 갈륨, 소듐, 타이타늄의 황산염에 대한 자료를 찾아라. 어느 학생의 답이 맞는지 알기 위해서, 어떤 실험을 더 해야 한다고 생각하는가?

174. 두 개의 500.0 mL 수용액이 있다. 용액 A는 질소가 질량으로 8.246% 들어 있는 금속 질산염의 용액이다. 용액 B의 이온 결합 화합물은 포타슘, 크로뮴과 산소로 구성되어 있다. 크로뮴은 +6의 산화 상태를 가지며, 화학식에는 2개의 포타슘과 1개의 크로뮴이 있다. 각 용액에 있는 용질의 질량은 같다. 용액을 함께 넣으면, 붉은 핏빛의 침전물이 형성된다. 반응이 끝난 후 고체를 말려서 질량을 측정하였더니 331.8 g이었다.

a. 용액 A와 용액 B에 있는 이온 결합 화합물은 무엇인가?

b. 붉은 핏빛의 침전물은 무엇인가?

c. 원래 용액에 있는 모든 이온의 농도를 몰농도로 계산하라.

d. 최종 용액에 있는 모든 이온의 농도를 몰농도로 계산하라.

Chapter 5

밝은 하늘 아래 떠 있는 세 개의 알록달록한 풍선 패턴. (ImpossiAble/Getty Images)

기체

Gases

물질은 기체, 액체, 고체의 세 가지 다른 물리적 상태로 존재한다. 비록 보통의 조건에서 기체 상태로 존재하는 물질은 상대적으로 적지만, 기체는 매우 중요하다. 예를 들어, 우리는 기체 용액 속에서 살고 있다. 지구의 대기는 주로 질소(N_2)와 산소(O_2)로 구성된 기체의 혼합물로, 생명을 유지하고, 산업공정에서 발생되는 기체 폐기물의 저장소 역할을 한다. 대기 중의 이런 기체 폐기물의 화학 반응은 스모그와 산성비를 포함한 다양한 유형의 오염을 초래한다. 또한 대기 중의 기체는 태양의 해로운 방사선으로부터 우리를 보호해 주고 열복사를 지구로 반사시켜 지구를 따뜻하게 유지시켜 준다. 사실, 화석 연료의 연소의 생성물인 이산화 탄소의 증가가 심각한 지구 온난화를 야기하고 있어 큰 관심을 받고 있다.

이 장에서는 기체의 특성을 공부할 것이다. 먼저 기체의 특성을 파악하여 여러 가지 법칙을 이끌어 내며, 그 특성들이 서로 어떻게 관련되어 있는지 알아볼 것이다. 그 다음 기체의 거동을 설명하는 하나의 모형을 제시하여 각 기체 입자의 거동이 기체(수많은 입자의 집합체)의 관찰된 특성과 어떻게 연결되어 있는지를 보여줄 것이다.

기체에 대한 연구는 실제로 과학적 연구가 어떻게 이루어지는지를 보여주는 매우 훌륭한 예이다. 즉, 기체 연구는 관찰을 통해 자연 법칙을 찾고, 모형을 통해 이 자연 법칙을 어떻게 설명할 수 있는지를 잘 보여준다.

5.1 압력

25°C와 대기압에서 기체 상태의 물은 액체 상태의 물보다 1200배 정도의 공간을 더 차지한다.

용기에 채워진 기체는 쉽게 압축되며 어떤 다른 기체와도 완전하게 혼합된다. 기체의 가장 명확한 특성 중 하나는 주위에 압력을 가하는 것이다. 예를 들어 풍선에 공기를 불어 넣으면 내부의 공기는 풍선의 신축성 있는 면을 밀어 팽팽하게 유지시킨다.

앞에서 언급했듯이 우리에게 가장 친숙한 기체들이 지구 대기를 형성한다. 이러한 기체의 혼합물인 공기가 가하는 압력은 그림 5.1과 같은 실험으로 설명할 수 있다. 금속 통에 물을 조금 넣고 끓이면 수증기가 금속 통에 완전히 채워진다. 그런 다음, 금속 통을 밀봉하고 냉각시키면 금속 통이 찌그러진다. 그 이유는 무엇일까? 금속 통을 찌그러지게 하는 것은 대기압이다. 공기가 들어가지 못하도록 금속 통을 밀봉한 뒤 냉각시키면 수증기는 아주 작

Charles D. Winters

a

Charles D. Winters

b

그림 5.1 대기압에서 기체가 가하는 압력을 이해하기 위하여 큰 금속 통에 물을 넣고 끓인 다음 (**a**), 가열을 멈추고 통을 밀봉한다. 통이 냉각됨에 따라 수증기가 응축되고 통 안의 기체 압력은 낮아져 금속 통을 찌그러뜨리는 원인이 된다(**b**).

직업 속의 화학

출판사 총괄 발행인

Dr. Leanne Mullen

Leanne Mullen 박사는 세계 최대 규모의 과학, 기술, 의학 출판사 중 한 곳에서 총괄 발행인(executive publisher)으로 일하고 있다. 그녀는 그곳에서 13개의 학술지를 관리하고, 40명의 학자들과 함께 제출되는 모든 연구의 정확성을 검토하는 일을 맡고 있다. 학술 출판 분야로 진로를 바꾸기 전, 그녀는 York 대학교에서 화학 석사 학위를, Cambridge 대학교에서 재료과학 박사 학위를 취득했으며, 이후 Bristol 대학교에서 박사 후 과정을 밟았다.

과학 출판과 같은 인접 분야에서 커리어를 쌓은 대부분의 과학자들처럼, Mullen 박사 역시 화학을 공부한 경험이 문제 해결 능력과 전문 용어에 대한 이해력을 키워 주었고, 그 덕분에 항상 흥미로운 연구와 과학의 세계에서 성공적으로 일할 수 있었다고 말한다.

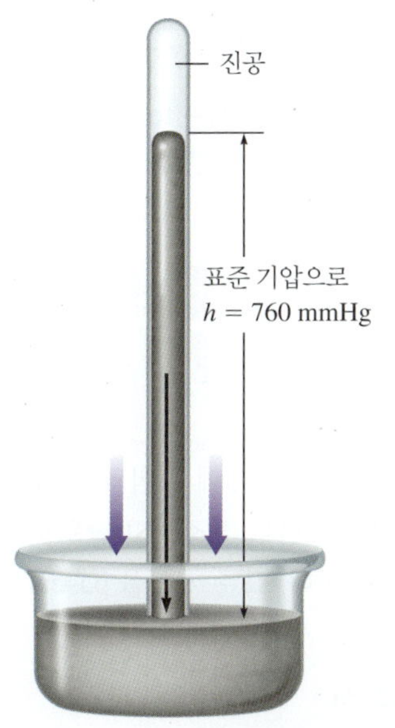

그림 5.2 Torricelli의 기압계. 수은으로 완전히 채워진 관이 수은이 담긴 접시 속에 거꾸로 담겨져 있다. 관 속의 수은 기둥이 접시의 수은 "표면에 가하는" 압력(관 속의 검은 화살표)이 접시 내 나머지 표면에 가하는 공기의 압력(보라색 화살표)과 같을 때까지 수은 기둥의 높이가 낮아진다.

은 부피의 물로 응축된다. 기체로서의 물은 통을 채울 수 있었으나, 냉각된 뒤 액체로서의 물은 전혀 통을 완전히 채우지 못한다. 즉, 냉각 전 기체로 존재하던 물 분자는 지금 적은 양의 액체로 응축되어 있고, 극히 일부 남은 기체 물 분자만이 밖으로 압력을 가하며 대기압에 저항한다. 결과적으로 대기의 기체 분자들이 가하는 압력으로 금속 통은 찌그러진다.

이탈리아 물리학자이며 Galileo의 제자인 Evangelista Torricelli(1608~1647)는 1643년 대기압을 측정하는 장치인 **기압계**(barometer)를 발명하였다. Torricelli는 기압계를 그림 5.2에서와 같이 한쪽 끝이 막힌 유리관에 액체 수은을 채우고, 그 관을 수은이 담긴 접시 속으로 거꾸로 집어넣어 만들었다. 많은 양의 수은이 관 안에 그대로 남아 있음을 눈여겨보라. 실제로 해수면에서 실험한 결과, 수은 기둥의 평균 높이는 760 mm였다. 왜 수은이 마치 중력과 관계가 없는 듯 그대로 관 속에 머물러 있을까? 그림 5.2는 대기상의 기체가 수은 접시 표면에 가하는 압력이 관 속의 수은을 일정 높이로 어떻게 머무를 수 있게 하는지 보여준다.

중력에 의하여 지구 중심으로 끌어당겨진 공기는 대기압을 형성한다. 다시 말하면, 대기압은 공기의 무게 때문에 생긴 결과이다. 기상 상태가 변하면 대기압도 변하기 때문에 해수면의 대기를 기준으로 하는 수은의 높이도 변한다. 대기압이 항상 760 mm인 것은 아니다. 기상학자가 말하는 "낮은"이라는 것은 대기압이 감소하고 있음을 의미한다. 이 상태는 가끔 폭풍우와 관련이 있다.

또한 대기압은 고도에 따라 달라진다. 예를 들면, 미국 Colorado의 Breckenridge(고도 9600 feet)에서 Torricelli 기압계의 수은 높이가 520 mm으로 나타나는데, 이는 그 지역의 대기가 "희박"하기 때문이다. 즉, 해수면보다 Breckenridge에서 압력을 가하는 공기의 양이 더 적다는 것이다.

압력의 단위

압력을 측정하는 계기[예를 들어 그림 5.3의 **압력계**(manometer)]는 주로 수은을 사용하기 때문에, 보통 압력의 단위를 기체 압력에 대한 수은의 높이(밀리미터 단위)로 나타낸다. **mm Hg**라는 단위는 Torricelli의 이름을 따서 **torr**라고도 한다. 화학자들은 *mm Hg*와 *torr*를 구분 없이 사용한다. 압력의 한 단위는 **표준 기압**(standard atmosphere, 약자로 atm)이다.

$$1\ \text{표준 기압} = 1\ \text{atm} = 760\ \text{mm Hg} = 760\ \text{torr}$$

Torricelli 사망 후 독일의 물리학자 Otto von Guericke는 공기 펌프를 발명했다. 1663년 프러시아 왕 앞에서 Guericke는 두 개의 반구를 서로 붙여 놓고 밸브를 통해 내부의 공기를 뺀 후 양쪽에서 몇 마리의 말들이 잡아당겨도 이 반구를 분리할 수 없음을 보여주었다. 그리고 몰래 밸브를 열어 공기를 넣은 뒤 반구들을 손으로 쉽게 분리시켜 왕을 놀라게 했다. 이 일로 Guericke는 종신 연금을 받았다.

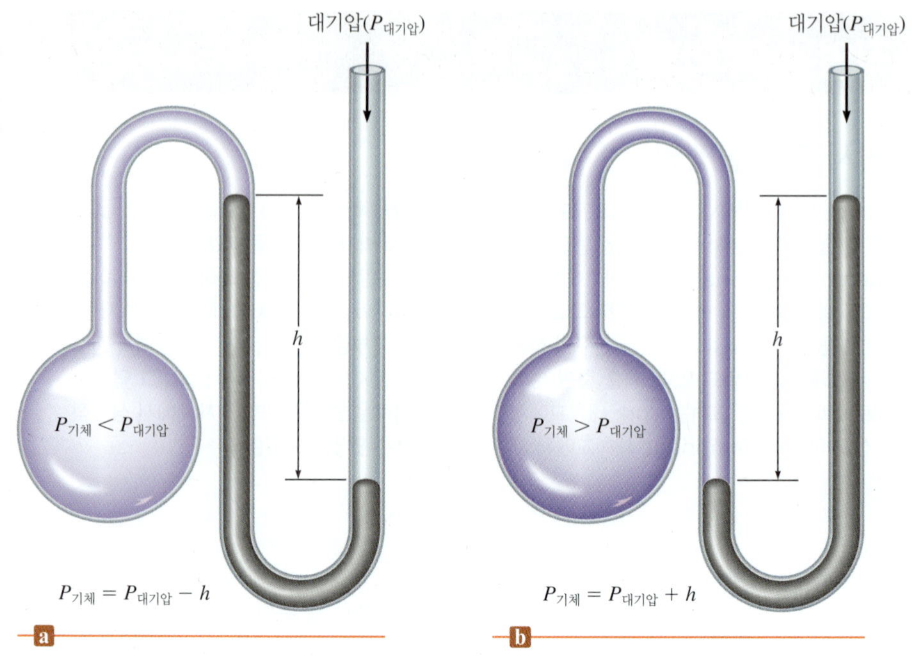

그림 5.3 용기 내 기체의 압력을 측정하는 간단한 압력계 장치. 기체의 압력은 torr 단위의 h(수은의 높이 차이)로 주어진다. (**a**) 기체 압력 = 대기압 − h (**b**) 기체 압력 = 대기압 + h

그러나 압력은 단위 면적당 힘으로 정의되므로,

$$압력 = \frac{힘}{면적}$$

압력의 기본 단위는 힘의 단위를 면적의 단위로 나눈 것이다. SI 계에서 힘의 단위는 newton (N)이고, 면적의 단위는 제곱미터(m^2)이다(제1장 SI 계 단위 참조). SI 단위로 압력의 단위는 제곱미터당 newton (N/m^2)으로 **pascal** (Pa)이라 한다. 표준 기압을 pascal로 표시하면

$$1\ 표준\ 기압 = 101{,}325\ \text{Pa}$$

이므로, 1기압은 대략 10^5 pascal이다. Pascal은 매우 작은 단위로 일상생활에서는 일반적으로 사용되지 않으며, 이 책에서는 가끔 사용할 것이다. 그러나 예제 5.1에서와 같이 torr나 atm으로 표현된 압력을 간단하게 pascal 단위로 환산할 수 있다.

1 atm = 760 mm Hg
= 760 torr
= 101,325 Pa
= 29.92 in Hg
= 14.7 lb/in^2

대화형 예제 5.1

압력 단위의 환산

어떤 기체의 압력이 49 torr로 측정되었다. 이 압력을 atm과 pascal로 환산하라.

풀이

$$49\ \cancel{\text{torr}} \times \frac{1\ \text{atm}}{760\ \cancel{\text{torr}}} = 6.4 \times 10^{-2}\ \text{atm}$$

$$6.4 \times 10^{-2}\ \cancel{\text{atm}} \times \frac{101{,}325\ \text{Pa}}{1\ \cancel{\text{atm}}} = 6.5 \times 10^{3}\ \text{Pa}$$

연습 문제 5.43과 5.44 참조

5.2 Boyle, Charles, Avogadro의 기체 법칙

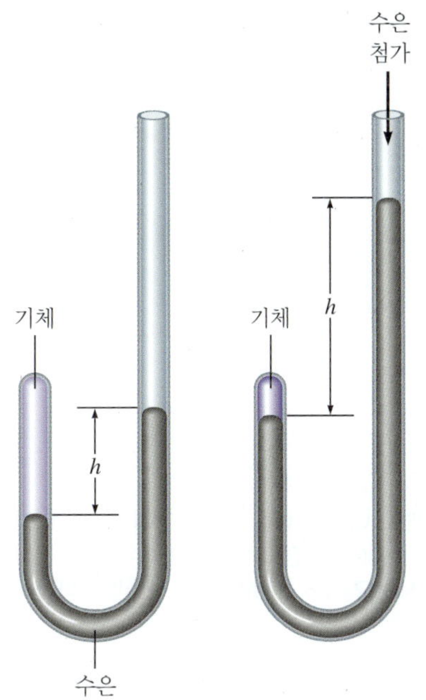

그림 5.4 Boyle이 사용했던 것과 유사한 J-관. 수은을 첨가하면 갇힌 부분의 기체 압력은 증가하여 부피가 감소한다.

이 절에서는 기체의 특성에 관련된 수학적 법칙들을 고려할 것이다. 기체의 특성을 알아보는 실험을 통해 관련된 법칙들을 유도할 수 있다. 이들 실험 결과로부터 특성들 간의 수학적 관계를 발견할 수 있고, 이 관계들은 도표를 통해 그림으로 나타낸다.

우리는 이 법칙들을 역사적으로 접근하여, 실제적으로 과학적 연구가 어떻게 진행되는지를 여러분들이 이해할 수 있도록 할 것이다.

Boyle의 법칙

아일랜드 화학자 Robert Boyle(1627~1691)은 최초로 기체에 관한 정량적 실험을 하였다. 그는 한쪽 끝이 막힌 J-관(그림 5.4)을 그의 집 각 층의 입구에 설치하고 모아진 기체의 압력과 부피와의 관계를 연구하였다. Boyle의 실험으로부터 얻어진 대표적인 값들을 표 5.1에 표시하였다. 이 자료로부터 포집된 공기의 압력과 부피의 곱이 측정 오차 범위 내에서 일정하게 유지된다는 것을 알 수 있다(표 5.1의 세 번째 열 참조). 이것을 다음의 식으로 나타낼 수 있다.

$$PV = k$$

이 식을 **Boyle의 법칙**(Boyle's law)이라 하고, k는 특정 온도에서 주어진 공기 시료의 상수이다.

표 5.1에 있는 자료를 두 개의 다른 도표로 나타내면 쉽게 이해할 수 있다. 그림 5.5(a)는 P를 V에 대해서 그래프를 그린 것으로 *쌍곡선(hyperbola)* 모양을 나타내고 있다. 이 그림에서 부피가 약 절반(58.8에서 29.1로)으로 줄어들 때 압력은 두 배(24.0에서 48.0으로)가 된다. 다시 말해서, 압력과 부피 사이에 *반비례 관계(inverse relationship)*가 있음을 알 수 있다. Boyle의 법칙을 다음과 같이 정리하여 두 번째 유형의 그림을 얻을 수 있다.

Boyle의 법칙: 일정 온도에서 $V \propto 1/P$

$$V = \frac{k}{P} = k\frac{1}{P}$$

이 식은 다음과 같은 형태의 직선 방정식이다.

$$y = mx + b$$

여기에서 m은 직선의 기울기이며, b는 절편이다. 이 경우 $y = V$, $x = 1/P$, $m = k$, $b = 0$이다. 따라서 Boyle의 자료를 이용한 $1/P$ 대 V의 도표는 그림 5.5(b)와 같이 절편이 0인 직선을 나타낸다.

Boyle의 연구 이후로 3세기 동안 측정 기술이 매우 발달하였다. 정확한 측정 결과 Boyle의 법칙은 매우 낮은 압력에서만 성립하고 더 높은 압력에서는 PV가 일정한 상수가 아니라 압력에 따라 변한다는 것을 알 수 있었다. 1 atm 이하에서 몇 가지 기체에 대한 결

표 5.1 Boyle이 실험으로 얻은 자료

압력(in Hg)	부피(in^3)	압력 × 부피 (in Hg × in^3)
117.5	12.0	14.1×10^2
87.2	16.0	14.0×10^2
70.7	20.0	14.1×10^2
58.8	24.0	14.1×10^2
44.2	32.0	14.1×10^2
35.3	40.0	14.1×10^2
29.1	48.0	14.0×10^2

그림 5.5 표 5.1의 Boyle의 자료에 대한 그래프. (a) V에 대한 P의 그림은 압력이 절반이 될 때 부피가 배가 되는 것을 나타낸다. (b) $1/P$에 대한 V의 그래프는 직선으로 나타난다. 이 선의 기울기는 상수 k 값과 같다.

그래프 작성은 부록 1.3 참조.

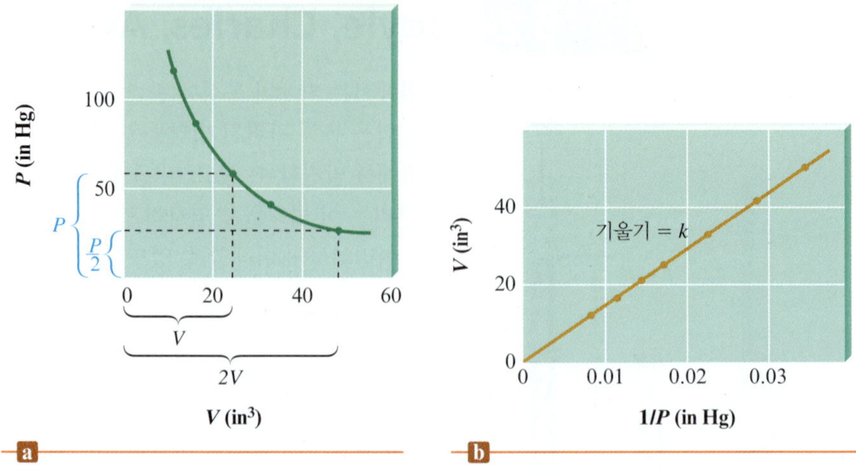

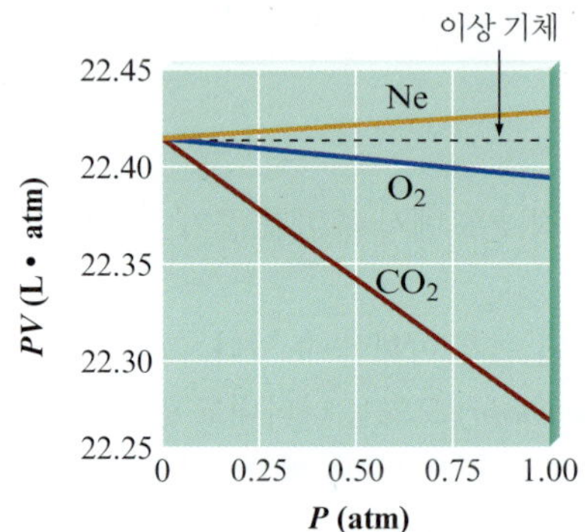

그림 5.6 1 atm 이하에서 몇 가지 기체의 P에 대한 PV의 그래프. 이상 기체는 점선과 같이 PV 값이 일정할 것으로 기대된다. 이산화 탄소는 PV가 가장 크게 변하지만, 실제로 이 정도의 변화는 매우 작은 것이다. PV는 0.25 atm에서 22.39 L · atm이지만 1.00 atm에서는 22.26 L · atm으로 변한다. 따라서 Boyle의 법칙은 상대적으로 낮은 압력에서 잘 적용된다.

과를 그림 5.6에 나타내었다. P와 V의 곱은 낮은 압력에서 압력이 변함에 따라 아주 조금 변하지만, 압력이 높아짐에 따라 P와 V의 곱의 변화가 점점 더 커져 PV가 명백히 압력에 의존하는 복잡한 상관관계가 있음을 알 수 있다. 이러한 편차와 그 이유에 대해서는 5.8절에서 상세히 논의할 것이다. *Boyle의 법칙에 따르는 기체를* ***이상 기체***(*ideal gas*)*라고 한다.* 이상 기체의 특성에 대해서는 5.3절에서 좀 더 상세히 논의할 것이다.

일정한 온도에서 압력이 변할 때의 기체의 부피, 또는 부피가 변할 때의 압력을 예측하고자할 때 Boyle의 법칙을 사용할 수 있다. 1 atm 정도까지는 Boyle의 법칙의 편차는 작기 때문에, 따로 명시되어 있지 않은 이상 기체는 Boyle의 법칙을 따른다고 가정한다.

대화형 예제 5.2 Boyle의 법칙 I

산성비의 주요 원인인 이산화 황(SO_2)은 화력 발전과 자동차에서 발생한다. 부피가 1.53 L이고 압력이 5.6×10^3 Pa인 SO_2 기체 시료가 있다. 일정한 온도에서 압력이 1.5×10^4 Pa로 변한다면 기체의 부피는 얼마인가?

풀이

목표는 무엇인가?

새로운 기체의 부피 계산하기

알고 있는 것은?

- $P_1 = 5.6 \times 10^3$ Pa
- $P_2 = 1.5 \times 10^4$ Pa
- $V_1 = 1.53$ L
- $V_2 = ?$

필요한 정보는?

- Boyle의 법칙

$$PV = k$$

Boyle의 법칙은 $P_1V_1 = P_2V_2$로 쓸 수 있다.

어떻게 해결할 것인가?

알고 있는 유용한 형태의 Boyle의 법칙은?

▲ 압력이 증가함에 따라 SO_2의 부피는 감소한다.

$$P_1V_1 = P_2V_2$$

V_2에 대해서 방정식을 풀면

$$V_2 = \frac{P_1V_1}{P_2} = \frac{5.6 \times 10^3 \text{ Pa} \times 1.53 \text{ L}}{1.5 \times 10^4 \text{ Pa}} = 0.57 \text{ L}$$

■ 새로운 기체의 부피는 0.57 L이다.

사실성 검산 최종 부피 0.57 L는 최초의 부피보다 작다. 압력이 증가함에 따라 부피는 감소할 것이기 때문에 답은 타당하다.

연습 문제 5.49 참조

예제 5.2에서 압력이 증가했으므로 부피가 감소한 것은 타당하다. **오차를 없애기 위해서는 문제에 대한 해답이 물리적으로 또는 상식적으로 타당한지 검사하는 습관을 길러야 한다.**

Boyle의 법칙은 실제 기체에 대해서 근사적으로만 맞는다는 것을 이미 말하였다. 실제 기체에서의 편차의 정도를 결정하기 위해서는 예제 5.3에서 보여준 것 같이 기체의 부피에 대한 압력 변화의 영향에 대한 연구를 수행해야 한다.

예제 5.3 Boyle의 법칙 II

암모니아 기체가 Boyle의 법칙을 얼마나 잘 따르는가를 연구하기 위해, 0°C에서 1.0 mol의 NH_3의 부피를 여러 압력에서 측정하였다. 아래의 실험 결과를 이용하여 여러 압력에서 NH_3에 대한 Boyle의 법칙 상수를 계산하라.

실험	압력(atm)	부피(L)
1	0.1300	172.1
2	0.2500	89.28
3	0.3000	74.35
4	0.5000	44.49
5	0.7500	29.55
6	1.000	22.08

풀이 NH_3가 이러한 조건하에서 Boyle의 법칙에 얼마나 잘 따르는가를 알아보기 위해 각 실험마다 주어진 값에 대한 k(단위: L · atm) 값을 계산한다.

실험	1	2	3	4	5	6
$k = PV$	22.37	22.32	22.31	22.25	22.16	22.08

낮은 압력에서는 Boyle의 법칙과 편차가 매우 작지만, 압력이 증가함에 따라 k 값이 한 방향으로 규칙적으로 변화함을 알 수 있다. NH_3에 대한 "이상적인" k 값을 구하기 위해서는 그림 5.7에서처럼 P에 대한 PV를 도시하고, 기체가 가장 이상적으로 거동하는 0 atm (이에 대한 이유는 후에 논의될 것이다)까지 외삽(실험값 왼쪽으로 선을 연장함)하여 절편 값을 얻는다. 이러한 외삽법에 의해서 얻어진 k 값은 22.41 L · atm이다. 이 값은 그림 5.6에서 나타낸 것처럼 0°C에서 CO_2, O_2, Ne 기체들에 대한 유사한 그림에서 얻은 값과 같다.

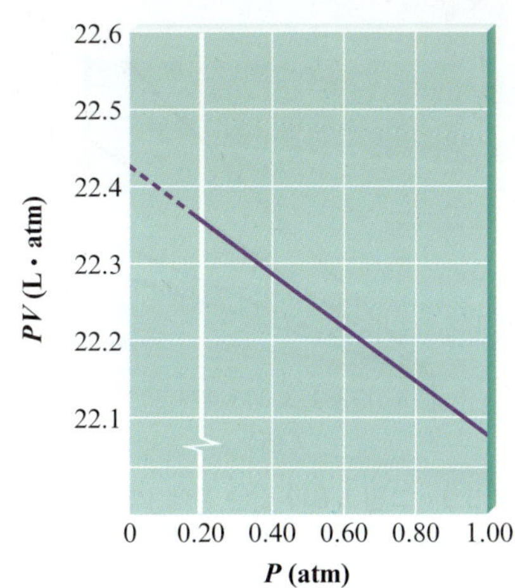

그림 5.7 1 mol 암모니아의 P에 대한 PV의 그래프. 자료를 외삽하여 나타낸 점선에서 0 atm일 때 PV의 "이상적"인 값은 22.41 L · atm임을 알 수 있다.

연습 문제 5.147 참조

Charles의 법칙

Boyle의 발견 이후 과학자들은 계속해서 기체의 성질을 연구하였다. 이들 과학자 중의 한 명이 프랑스 물리학자 Jacques Charles(1746~1823)였는데, 그는 최초로 수소 기체를 풍선에 넣어 비행기구를 만들었다. Charles은 1787년에 일정한 압력에서 기체의 부피는 온도에 따라 *선형*(*linearly*)으로 증가한다는 사실을 발표하였다. 즉, 일정한 압력에서 온도(℃) 변화에 대한 기체의 부피의 변화는 직선을 나타낸다. 여러 기체에 대한 이러한 거동을 그림 5.8에 나타내었다. 그림에서 직선의 기울기는 각 기체 시료의 몰 수가 다르기 때문에 각기 다른 값을 갖는다. 이 그림 중 대단히 흥미로운 특징은 같은 온도인 −273℃에서 모든 기체의 부피가 0이 되는 것이다. Kelvin 온도 척도로 이 점이 0 K로 정의되며, Kelvin 온도와 섭씨 온도 사이에는 다음 관계식이 성립한다.

$$K = ℃ + 273$$

그림 5.8에 나타낸 기체의 부피를 Kelvin 온도의 척도로 그리면, 그림 5.9가 된다. 이 경우 각 기체의 부피는 *온도에 정비례*하며 온도가 0 K일 때 0으로 수렴한다. 이러한 거동을 **Charles의 법칙**(Charles's law)이라 하고 다음과 같은 방정식으로 나타낼 수 있다.

Charles의 법칙: 일정한 압력에서 $V \propto T$ (K 단위)

$$V = bT$$

여기에서 T는 Kelvin 온도로 표현하며, b는 비례 상수이다.

Charles의 법칙을 설명하기 전에 0 K의 중요성을 생각해 보자. 0 K 밑의 온도에서 부피는 음의 값이 된다. 기체의 부피는 음의 값을 가질 수 없으므로 0 K는 특별한 의미가 있다. 실제로 0 K를 **절대 영도**(absolute zero)라 하며 이 온도에 도달할 수 없다는 수많은 증거가 있다. 실험적으로 0.000000001 K까지는 내릴 수 있었으나, 0 K에는 결코 도달할 수 없었다.

비판적 사고 Charles의 법칙에 따르면, 일정한 압력과 몰 수에서 기체의 부피는 Kelvin 온도와 직접적인 연관이 있다. 만약에 일정한 압력과 몰 수에서 기체의 부피가 섭씨 온도와 직접적인 연관이 있다면 어떻게 될까? 어떤 차이점을 우리가 알아낼 수 있을까?

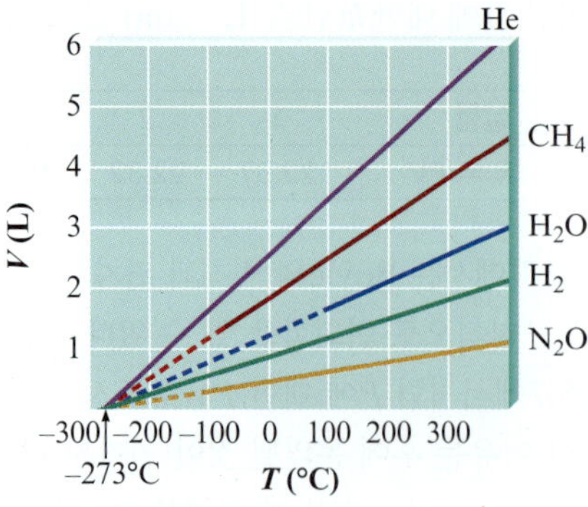

그림 5.8 몇 가지 기체의 T(℃)에 대한 V의 그래프. 직선은 기체의 실험값을 나타낸다. 점선은 기체가 액체나 고체가 되는 영역으로 외삽한 것이다. 여러 기체 시료들의 몰 수는 기체에 따라 다름을 주의하라.

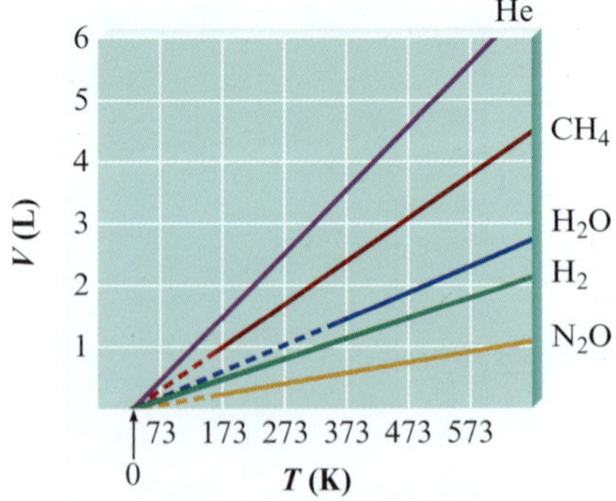

그림 5.9 그림 5.8과 같은 T 대 V의 그래프. 이 그림에서는 Kelvin 온도 척도를 사용하였다.

대화형 예제 5.4 Charles의 법칙

15°C와 1 atm에서 어떤 기체의 부피가 2.58 L이다. 38°C와 1 atm에서 이 기체의 부피는 얼마인가?

풀이

목표는 무엇인가?

새로운 기체의 부피 계산하기

알고 있는 것은?

- $T_1 = 15°C + 273 = 288$ K
- $T_2 = 38°C + 273 = 311$ K
- $V_1 = 2.58$ L
- $V_2 = ?$

필요한 정보는?

- Charles의 법칙

$$\frac{V}{T} = b$$

Charles의 법칙은 다음과 같이 쓸 수 있다.

$$\frac{V_1}{T_1} = \frac{V_2}{T_2}$$

어떻게 해결할 것인가?

알고 있는 유용한 형태의 Charles의 법칙은?

$$\frac{V_1}{T_1} = \frac{V_2}{T_2}$$

V_2는?

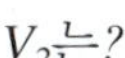

$$V_2 = \left(\frac{T_2}{T_1}\right)V_1 = \left(\frac{311\ \cancel{K}}{288\ \cancel{K}}\right)2.58\ L = 2.79\ L$$

사실성 검산 나중 부피는 처음 부피보다 큰데, 이것은 기체가 가열될 때 팽창한다는 물리적 사실에 부합한다.

연습 문제 5.50 참조

Avogadro의 법칙

제2장에서 이탈리아 화학자 Avogadro가 1811년에 동일한 온도와 압력에서 부피가 같은 기체는 같은 수의 "입자"를 갖는다는 것을 어떻게 가정했는지를 설명하였다. 이것이 **Avogadro의 법칙**(Avogadro's law)으로 그림 5.10으로 설명될 수 있으며, 수학적으로는 다음과 같이 표현할 수 있다.

$$V = an$$

여기에서 V는 기체의 부피이며, n은 기체 입자의 몰 수, a는 비례 상수이다. 이 식은 *일정한 온도와 압력에서 기체의 부피는 기체의 몰 수에 정비례한다는 것을 나타낸다.* 이 관계식은 기체의 압력이 낮을 때 잘 적용된다.

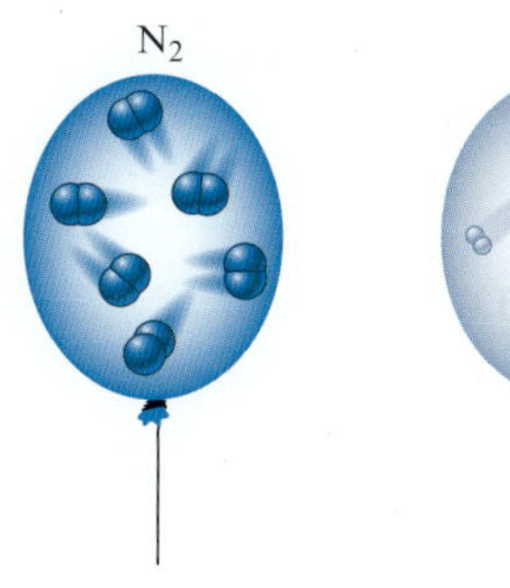

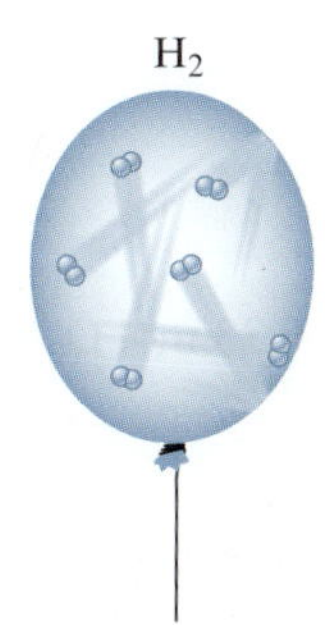

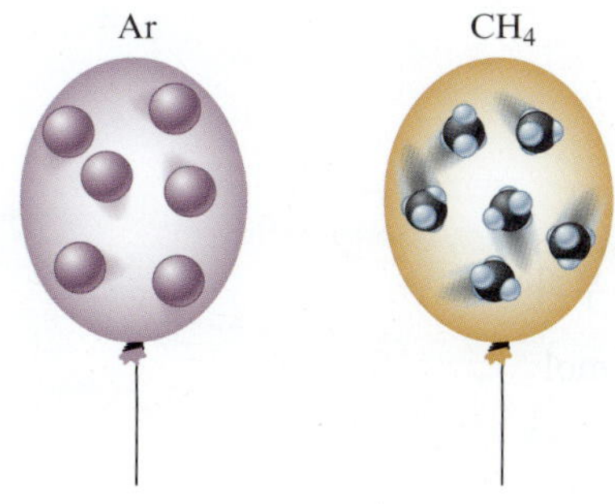

그림 5.10 25°C, 1 atm에서 풍선에 각각의 기체 1.0 L가 들어 있다. 각 풍선은 0.041 mol의 기체, 2.5×10^{22}개의 분자를 포함한다.

대화형 예제 5.5 Avogadro의 법칙

1 atm 압력과 25°C에서 0.50 mol의 산소(O_2) 기체의 부피는 12.2 L이다. 같은 온도와 압력에서 이 O_2가 모두 오존(O_3)으로 변한다면, 오존의 부피는 얼마인가?

풀이 **목표는 무엇인가?**

0.50 mol 산소로부터 생성되는 오존의 부피 계산하기

알고 있는 것은?

- $n_1 = 0.50 \text{ mol } O_2$
- $V_1 = 12.2 \text{ L } O_2$
- $n_2 = ? \text{ mol } O_3$
- $V_2 = ? \text{ L } O_3$

필요한 정보는?

- 균형 맞춘 반응식
- O_3의 몰 수
- Avogadro의 법칙

$$V = an$$

어떻게 해결할 것인가?

0.50 mol O_2로부터 생성되는 O_3의 몰 수는?

균형 맞춘 반응식은?

$$3O_2(g) \longrightarrow 2O_3(g)$$

O_3와 O_2의 몰비는?

$$\frac{2 \text{ mol } O_3}{3 \text{ mol } O_2}$$

이제 생성되는 O_3의 몰 수를 계산할 수 있다.

$$0.50 \cancel{\text{mol } O_2} \times \frac{2 \text{ mol } O_3}{3 \cancel{\text{mol } O_2}} = 0.33 \text{ mol } O_3$$

생성되는 O_3의 부피는?

Avogadro의 법칙에서 $V = an$이며, 이것을 정리하면 다음과 같다.

$$\frac{V}{n} = a$$

a는 상수이므로 다음과 같이 쓸 수 있다.

Avogadro의 법칙은 다음과 같이 쓸 수 있다.

$$\frac{V_1}{n_1} = \frac{V_2}{n_2}$$

$$\frac{V_1}{n_1} = a = \frac{V_2}{n_2}$$

여기에서 V_1은 n_1 몰의 O_2 부피이며, V_2는 n_2 몰의 O_3 부피이다.

- $n_1 = 0.50 \text{ mol}$
- $V_1 = 12.2 \text{ L}$
- $n_2 = 0.33 \text{ mol}$
- $V_2 = ?$

V_2에 대해서 풀면 다음과 같다.

$$\blacksquare \; V_2 = \left(\frac{n_2}{n_1}\right)V_1 = \left(\frac{0.33 \cancel{\text{mol}}}{0.50 \cancel{\text{mol}}}\right)12.2 \text{ L} = 8.1 \text{ L}$$

사실성 검산 O_2가 O_3로 되면서 기체의 몰 수가 감소하였으므로, 부피가 감소하였다는 것을 알 수 있다.

연습 문제 5.51와 5.52 참조

5.3 이상 기체 법칙

실험 관찰을 통해서 발견한 기체의 거동을 기술하는 세 가지 법칙을 앞에서 공부하였다.

$$\text{Boyle의 법칙:} \quad V = \frac{k}{P} \quad (\text{일정한 } T\text{와 } n)$$

$$\text{Charles의 법칙:} \quad V = bT \quad (\text{일정한 } P\text{와 } n)$$

$$\text{Avogadro의 법칙:} \quad V = an \quad (\text{일정한 } T\text{와 } P)$$

이러한 관계식은 기체의 부피가 압력, 온도, 몰 수에 어떻게 의존하는가를 나타내며, 다음과 같이 조합될 수 있다.

$$V = R\left(\frac{Tn}{P}\right)$$

$R = 0.08206 \frac{\text{L} \cdot \text{atm}}{\text{K} \cdot \text{mol}}$

여기에서 R은 비례 상수이며, **만유 기체 상수**(universal gas constant)라고 한다. 압력을 기압으로, 부피를 리터로 표시할 때 R 값은 0.08206 L · atm/K · mol이다. 이 방정식을 **이상 기체 법칙**(ideal gas law)이라는 친숙한 형태로 정리할 수 있다.

$$PV = nRT$$

이상 기체 법칙은 기체에 대한 *상태 방정식*(*equation of state*)이고, 주어진 시점에서의 기체의 *상태*(*state*)는 압력, 부피, 온도, 몰 수로 표현된다. 이 성질들 중 어느 세 가지만 알면 기체의 상태를 완전히 정의할 수 있다. 왜냐하면 네 번째 성질은 이상 기체 법칙의 방정식으로 결정할 수 있기 때문이다.

여기에서 주목할 점은 이상 기체 법칙은 경험적인 방정식이라는 것이다. 즉, 이상 기체 방정식은 기체 성질을 실험적으로 측정하여 얻어진 것을 근거로 하고 있다. 이 방정식을 따르는 기체를 *이상적으로*(*ideally*) 거동한다고 말한다. 이상 기체 방정식은 극한 법칙(limiting law)으로 간주된다. 즉, 이 법칙은 실제 기체가 낮은 압력과 높은 온도 조건에 *접근할* 때의 거동을 나타낸다. 따라서 이상 기체는 가상적 물질이다. 그러나 대부분의 실제 기체는 1 atm 이하에서 이상 기체 방정식을 따른다고 말할 수 있을 정도로 아주 근소한 차이를 보인다. 따라서 이 책에서 기체를 포함하는 문제를 다룰 때 이상 기체가 아니라는 표시가 없으면 반드시 이상 기체의 거동이라고 가정하도록 한다.

이상 기체 법칙은 1 atm보다 낮은 압력에서 가장 잘 맞는다.

이상 기체 법칙은 다양한 문제를 해결하는 데 사용될 수 있다. 예제 5.6은 그중 한 예로, 기체의 다른 세 가지 성질이 주어지고 나머지 하나의 성질을 구하는 문제이다.

대화형 예제 5.6 이상 기체의 법칙 I

0°C, 1.5 atm에서 수소(H_2) 기체 시료의 부피는 8.56 L이다. 이 기체 시료에 있는 H_2 분자의 몰 수를 계산하라.

풀이 **목표는 무엇인가?**

H_2 분자의 몰 수 계산하기

알고 있는 것은?

- $n = ?\ \text{mol}\ H_2$
- $V = 8.56\ \text{L}$
- $P = 1.5\ \text{atm}$
- $T = 0°\text{C} + 273 = 273\ \text{K}$

▲
염산과 아연을 반응시키면 수소 기체의 기포가 발생한다.

필요한 정보는?

› 이상 기체 법칙

$$PV = nRT$$

› $R = 0.08206\ \text{L} \cdot \text{atm} / \text{K} \cdot \text{mol}$

어떻게 해결할 것인가?

시료에 있는 H_2 분자의 몰 수는?

› 이상 기체 방정식을 n에 대하여 풀면 다음과 같다.

$$■\ n = \frac{(1.5\ \cancel{\text{atm}})(8.56\ \cancel{\text{L}})}{\left(0.08206 \frac{\cancel{\text{L}} \cdot \cancel{\text{atm}}}{\cancel{\text{K}} \cdot \text{mol}}\right)(273\ \cancel{\text{K}})} = 0.57\ \text{mol}$$

연습 문제 5.53~5.60 참조

여러 가지 방법으로 기체 법칙에 관한 문제를 풀 수 있다. 이 법칙은 Boyle의 법칙, Charles의 법칙, Avogadro의 법칙 문제로 분류하여 해결할 수 있으나, 상황에 따라 적용될 수 있는 알맞은 법칙을 찾아야 한다. 이에 비해 이상 기체 법칙은 실제로 기체에 관한 어떠한 문제에도 적용할 수 있으며 또한 기억하기도 쉽다는 장점이 있다.

이상 기체 법칙으로 기체의 상태 변화를 기술할 때 기본적인 가정은, 이 방정식이 초기 상태와 최종 상태에서 동일하게 적용된다. 상태의 변화를 다룰 때 항상 *등호의 한쪽에는 변수들을, 다른 한쪽에는 상수들을 둔다*. 몇 개의 예제를 통해 이를 알아보자.

대화형 예제 5.7 이상 기체의 법칙 II

암모니아 기체가 압력 1.68 atm에서 부피가 7.0 mL였다. 같은 온도에서 부피를 2.7 mL로 압축하였을 때, 이상 기체 법칙을 이용하여 최종 압력을 계산하라.

풀이

목표는 무엇인가?

이상 기체 방정식을 사용하여 최종 압력 구하기

알고 있는 것은?

› $P_1 = 1.68\ \text{atm}$ › $P_2 = ?$

› $V_1 = 7.0\ \text{mL}$ › $V_2 = 2.7\ \text{mL}$

필요한 정보는?

› 이상 기체 법칙

$$PV = nRT$$

› $R = 0.08206\ \text{L} \cdot \text{atm} / \text{K} \cdot \text{mol}$

어떻게 해결할 것인가?

변하는 변수는 무엇인가?

$$P, V$$

변하지 않는 변수는 무엇인가?

$$n, R, P$$

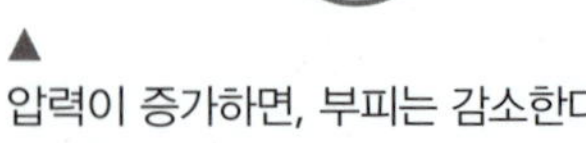

▲
압력이 증가하면, 부피는 감소한다.

등호의 한쪽에 변하는 변수를, 다른 쪽에 변하지 않는 변수를 각각 모아 이상 기체 법칙을 쓴다.

$$PV = nRT$$

변수 ↗ ↖ 상수

여기에서 n과 T는 일정하므로 $P_1V_1 = nRT$와 $P_2V_2 = nRT$로 쓸 수 있다. 이들을 조합하면

$$P_1V_1 = nRT = P_2V_2 \qquad \text{즉,} \qquad P_1V_1 = P_2V_2$$

$P_1 = 1.68$ atm, $V_1 = 7.0$ mL, $V_2 = 2.7$ mL일 때, P_2에 대해서 풀면

$$■\ P_2 = \left(\frac{V_1}{V_2}\right)P_1 = \left(\frac{7.0\ \cancel{\text{mL}}}{2.7\ \cancel{\text{mL}}}\right)1.68\ \text{atm} = 4.4\ \text{atm}$$

사실성 검산 이 답은 타당한가? 계산 결과에 나타난 것과 같이 일정한 온도에서 부피의 감소는 압력의 증가를 의미한다. 계산된 최종 압력은 4.4 atm임을 주목하라. 대부분의 기체는 1 atm 이상의 압력에서 이상적으로 거동하지 않는다. 따라서 실제로 기체의 압력을 *측정한다면* 측정치는 4.4 atm과 다소 차이가 날 것으로 예상된다.

연습 문제 5.63~5.64 참조

대화형 예제 5.8 이상 기체의 법칙 III

5°C에서 부피가 3.8 L인 메테인 기체 시료를 일정한 압력에서 86°C로 가열하였을 때 기체의 부피를 계산하라.

풀이 **목표는 무엇인가?**

이상 기체 방정식을 사용하여 최종 압력 구하기

알고 있는 것은?

- $T_1 = 5°\text{C} + 273 = 278\ \text{K}$
- $T_2 = 86°\text{C} + 273 = 359\ \text{K}$
- $V_1 = 3.8\ \text{L}$
- $V_2 = ?$

필요한 정보는?

- 이상 기체 법칙

$$PV = nRT$$

- $R = 0.08206\ \text{L} \cdot \text{atm/K} \cdot \text{mol}$

어떻게 해결할 것인가?

변하는 변수는 무엇인가?

$$V, T$$

변하지 않는 변수는 무엇인가?

$$n, R, P$$

등호의 한쪽에 변하는 변수를, 다른 쪽에 변하지 않는 변수를 각각 모아 이상 기체 법칙을 쓴다.

$$\frac{V}{T} = \frac{nR}{P}$$

이 식은 다음과 같이 쓸 수 있다.

$$\frac{V_1}{T_1} = \frac{nR}{P} \quad 와 \quad \frac{V_2}{T_2} = \frac{nR}{P}$$

이 식을 조합하면

$$\frac{V_1}{T_1} = \frac{nR}{P} = \frac{V_2}{T_2} \quad 또는 \quad \frac{V_1}{T_1} = \frac{V_2}{T_2}$$

› V_2에 대해서 풀면:

$$■ \ V_2 = \frac{T_2 V_1}{T_1} = \frac{(359 \text{ K})(3.8 \text{ L})}{278 \text{ K}} = 4.9 \text{ L}$$

사실성 검산 이 답은 타당한가? 이 경우 일정한 압력에서 온도가 증가하면 부피도 증가해야 한다. 그러므로 이 답은 타당하다.

연습 문제 5.65~5.67 참조

예제 5.8은 Charles의 법칙 문제라 할 수 있고, 예제 5.7은 Boyle의 법칙 문제라고 할 수 있다. 그러나 두 경우 모두 이상 기체 법칙으로부터 출발하였다. 이상 기체 법칙은 실제로 기체에 관한 어떠한 문제에도 적용할 수 있으며 또한 기억하기도 쉽다는 장점이 있다.

대화형 예제 5.9 이상 기체의 법칙 IV

다이보레인(B_2H_6) 기체는 공기에 노출되면 불꽃을 내며 탄다. 다이보레인 기체 시료의 부피가 −15°C와 345 torr 압력에서 3.48 L였다. 온도와 압력을 각각 36°C와 468 torr로 증가시켰을 때 이 기체 시료의 부피는 얼마가 될까?

풀이 **목표는 무엇인가?**

이상 기체 방정식으로 최종 부피 구하기

알고 있는 것은?

이상 기체 법칙을 이용할 때 온도는 항상 Kelvin 온도로 환산하여야 한다.

› $T_1 = 15°C + 273 = 258$ K	› $T_2 = 36°C + 273 = 309$ K
› $V_1 = 3.48$ L	› $V_2 = ?$
› $P_1 = 345$ torr	› $P_2 = 468$ torr

필요한 정보는?

› 이상 기체 법칙

$$PV = nRT$$

› $R = 0.08206 \text{ L} \cdot \text{atm} / \text{K} \cdot \text{mol}$

어떻게 해결할 것인가?

변하는 변수는 무엇인가?

$$P, V, T$$

변하지 않는 변수는 무엇인가?

$$n, R$$

등호의 한쪽에 변하는 변수를, 다른 쪽에 변하지 않는 변수를 각각 모아 이상 기체 법칙을 쓴다.

$$\frac{PV}{T} = nR$$

이 식은 다음과 같이 쓸 수 있다.

$$\frac{P_1V_1}{T_1} = nR = \frac{P_2V_2}{T_2} \quad \text{또는} \quad \frac{P_1V_1}{T_1} = \frac{P_2V_2}{T_2}$$

› V_2에 대해서 풀면:

$$\blacksquare\ V_2 = \frac{T_2P_1V_1}{T_1P_2} = \frac{(309\ \cancel{K})(345\ \cancel{torr})(3.48\ L)}{(258\ \cancel{K})(468\ \cancel{torr})} = 3.07\ L$$

연습 문제 5.69와 5.70 참조

예제 5.9에 사용된 방정식은 압력의 *비(ratio)*를 포함하고 있으므로 압력을 atm 단위로 환산할 필요가 없다. Torr 단위는 상쇄된다. ($P_1 = \frac{345}{760}$과 $P_2 = \frac{468}{760}$을 대입하여도 같은 결과를 얻는다). 그러나 온도는 *항상* 273을 *더하여* Kelvin 온도로 환산*하여야 하며*, 이 환산 인자는 상쇄되지 않기 때문에 주의하여야 한다.

이상 기체 법칙을 이용하여 해결할 수 있는 여러 가지 형태의 문제 중의 또 다른 예가 예제 5.10이다.

대화형 예제 5.10 이상 기체의 법칙 V

13°C, 568 torr 상태의 아르곤 기체 시료 0.35몰을 56°C로 가열하여 압력이 897 torr가 되었다. 이때 부피 변화를 계산하라.

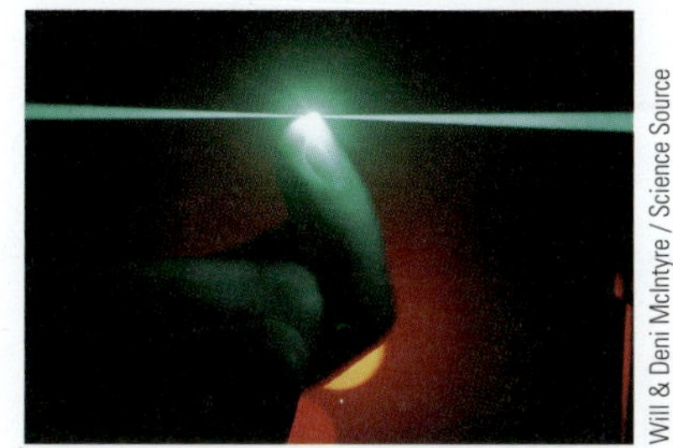

▲ 아르곤 레이저 빔.

풀이

목표는 무엇인가?

이상 기체 방정식으로 최종 부피 구하기

알고 있는 것은?

상태 1	상태 2
$n_1 = 0.35$ mol	$n_2 = 0.35$ mol
$P_1 = 568\ \cancel{torr} \times \frac{1\ atm}{760\ \cancel{torr}} = 0.747$ atm	$P_2 = 897\ \cancel{torr} \times \frac{1\ atm}{760\ \cancel{torr}} = 1.18$ atm
$T_1 = 13°C + 273 = 286$ K	$T_2 = 56°C + 273 = 329$ K

필요한 정보는?

› 이상 기체 법칙 $PV = nRT$

› $R = 0.08206\ L \cdot atm/K \cdot mol$

› V_1과 V_2

어떻게 해결할 것인가?

V_1은 얼마인가?

$$V_1 = \frac{n_1RT_1}{P_1} = \frac{(0.35\ \cancel{mol})(0.08206\ L \cdot \cancel{atm}/\cancel{K} \cdot \cancel{mol})(286\ \cancel{K})}{(0.747\ \cancel{atm})} = 11\ L$$

V_2은 얼마인가?

$$V_2 = \frac{n_2RT_2}{P_2} = \frac{(0.35\ \cancel{mol})(0.08206\ L \cdot \cancel{atm}/\cancel{K} \cdot \cancel{mol})(329\ \cancel{K})}{(1.18\ \cancel{atm})} = 8.0\ L$$

부피 ΔV의 변화는?

$$\blacksquare\ \Delta V = V_2 - V_1 = 8.0\ L - 11\ L = -3\ L$$

부피가 감소했기 때문에 부피의 *변화*는 음의 값을 갖는다.

주의: 예제 5.9와 달리 이 문제에서는 부피를 각각 계산하였고, 환산 인자가 상쇄되지 않으므로, 압력을 torr에서 R의 압력 단위인 atm으로 환산하여야 한다.

연습 문제 5.71 참조

5.4 기체 화학량론

계산에서 273.15 K를 사용하면 예제 5.3에서 얻어진 몰부피는 22.41 L와 같은 값이 된다.

이상 기체 1몰이 0°C (273.2 K), 1 atm 조건에 있다고 가정하면, 이상 기체 법칙으로부터 부피는 다음과 같이 주어진다.

$$V = \frac{nRT}{P} = \frac{(1.000\ \cancel{\text{mol}})(0.08206\ \text{L}\cdot\cancel{\text{atm}}/\cancel{\text{K}}\cdot\cancel{\text{mol}})(273.2\ \cancel{\text{K}})}{1.000\ \cancel{\text{atm}}} = 22.42\ \text{L}$$

22.42 L의 부피를 이상 기체(0°C, 1 atm에서)의 **몰부피**(molar volume)라고 한다. 몇 가지 기체의 측정된 몰부피를 표 5.2에 나타내었다. 그중 일부 기체의 몰부피는 이상 기체의 값과 비슷하지만, 다른 기체들은 상당한 차이가 난다. 이 장의 뒷부분에서 이 차이에 대한 이유를 알아볼 것이다.

표준 온도와 압력은 현재 IUPAC(국제 순수 및 응용화학 연맹)에서 0°C와 1 bar로 정의하고 있지만, 이전 정의를 계속 사용할 예정이다.

표준 온도와 압력(standard temperature and pressure, 간단히 **STP**)이라고 하는 0°C와 1 atm의 상태가 기체의 성질에 대한 기준이 되는 조건이다. 예를 들면, 이상 기체의 몰부피는 STP에서 22.42 L(그림 5.11)이다.

비판적 사고 만약에 STP가 실온 상태(22°C)와 1 atm으로 정의되었다면 어땠을까? 이 정의의 변화는 이상 기체 몰부피에 어떠한 영향을 미쳤을까? 수치를 사용하여 설명해 보라.

대화형 예제 5.11 기체 화학량론 I

질소 기체 시료의 부피는 STP에서 1.75 L이다. 이 N_2 기체 시료의 몰 수를 계산하라.

풀이 이상 기체 방정식을 이용하여 이 문제를 해결할 수도 있지만, STP에서 이상 기체의 몰부피를 이용하는 것이 더 간단하다. STP에서 이상 기체의 몰부피는 22.42 L이므로, STP에서 1.75 L N_2의 몰 수는 1 mol보다 작을 것이다. 1.75 L와 22.42 L의 비를 이용하여 몰 수를 계산할 수 있다.

$$1.75\ \cancel{\text{L N}_2} \times \frac{1\ \text{mol N}_2}{22.42\ \cancel{\text{L N}_2}} = 7.81 \times 10^{-2}\ \text{mol N}_2$$

연습 문제 5.73과 5.74 참조

sirtravelalot/Shutterstock

그림 5.11 기체 22.42 L는 이 비치볼 크기 정도의 부피이다.

표 5.2 0°C, 1 atm에서 여러 기체의 몰부피

기체	몰부피(L)
산소(O_2)	22.397
질소(N_2)	22.402
수소(H_2)	22.433
헬륨(He)	22.434
아르곤(Ar)	22.397
이산화 탄소(CO_2)	22.260
암모니아(NH_3)	22.079

많은 화학 반응에 기체가 포함되어 있다. 이 기체들이 이상적으로 거동한다고 가정하면 압력, 부피, 온도가 주어진 기체에 대한 화학량론적 계산이 가능하다.

대화형 예제 5.12 기체 화학량론 II

생석회(CaO)는 탄산 칼슘($CaCO_3$)의 열분해를 통하여 생성된다. 다음 반응에 따라서 152 g의 $CaCO_3$가 열분해될 경우, 생성된 CO_2의 부피를 STP 조건에서 계산하라.

$$CaCO_3(s) \longrightarrow CaO(s) + CO_2(g)$$

풀이

목표는 무엇인가?

화학량론으로 생성된 CO_2의 부피 구하기

알고 있는 것은?

› $CaCO_3(s) \longrightarrow CaO(s) + CO_2(g)$

필요한 정보는?

› STP에서 기체의 몰부피는 22.42 L

어떻게 해결할 것인가?

화학량론 문제를 풀기 위하여 제3장에서 배웠던 방법을 적용하자.

1. *균형 맞춘 화학 반응식은?*

$$CaCO_3(s) \longrightarrow CaO(s) + CO_2(g)$$

2. *$CaCO_3$ (100.09 g/mol)의 몰 수는?*

$$152\ \text{g}\ \cancel{CaCO_3} \times \frac{1\ \text{mol}\ CaCO_3}{100.09\ \text{g}\ \cancel{CaCO_3}} = 1.52\ \text{mol}\ CaCO_3$$

3. *균형 맞춘 화학 반응식에서 CO_2와 $CaCO_3$의 몰비는?*

$$\frac{1\ \text{mol}\ CO_2}{1\ \text{mol}\ CaCO_3}$$

4. *CO_2의 몰 수는?*
몰비가 1이기 때문에 CO_2의 몰 수는 $CaCO_3$와 같이 1.52몰이다.

5. *생성된 CO_2의 부피는?*
시료가 STP 상태에 있기 때문에 몰부피를 이용하여 계산할 수 있다.

$$■\ 1.52\ \text{mol}\ \cancel{CO_2} \times \frac{22.42\ \text{L}\ CO_2}{1\ \text{mol}\ \cancel{CO_2}} = 34.1\ \text{L}\ CO_2$$

› 그러므로 152 g의 $CaCO_3$가 분해하여 STP에서 34.1 L의 CO_2를 생성한다.

연습 문제 5.75~ 5.78 참조

STP에서 측정된 이상 기체의 몰부피는 22.42 L임을 기억하라.

예제 5.12의 마지막 단계에서 몰 수로부터 기체의 부피를 계산하였다. 조건이 STP로 주어졌기 때문에 STP에서 기체의 몰부피를 이용할 수 있었다. 만약 문제의 조건이 STP와 다르면 이상 기체 법칙으로 부피를 계산하여야 한다.

대화형 예제 5.13 기체 화학량론 III

25°C, 1.65 atm에서 부피가 2.80 L인 메테인 기체를 31°C, 1.25 atm에서 부피가 35.0 L인 산소 기체와 혼합하였다. 혼합물을 점화시켜 이산화 탄소와 수증기를 생성하였다. 압력이 2.50 atm이고 온도가 125°C에서 생성된 CO_2의 부피를 계산하라.

풀이 **목표는 무엇인가?**

생성된 CO_2의 부피 구하기

알고 있는 것은?

	CH_4	O_2	CO_2
P	1.65 atm	1.25 atm	2.50 atm
V	2.80 L	35.0 L	?
T	25°C + 273 = 298 K	31°C + 273 = 304 K	125°C + 273 = 398 K

필요한 정보는?

- 균형 맞춘 화학 반응식
- 이상 기체 법칙

$$PV = nRT$$

- $R = 0.08206\ \text{L} \cdot \text{atm}/\text{K} \cdot \text{mol}$

어떻게 해결할 것인가?

화학량론 문제를 풀기 위하여 제3장에서 배웠던 방법을 적용하자.

1. *균형 맞춘 화학 반응식은?*
반응에 대한 설명에서 균형 맞지 않은 반응식은 다음과 같다.
$$CH_4(g) + O_2(g) \longrightarrow CO_2(g) + H_2O(g)$$
다음과 같이 균형 맞춘 화학 반응식을 쓸 수 있다.
$$CH_4(g) + 2O_2(g) \longrightarrow CO_2(g) + 2H_2O(g)$$

2. *한계 반응물은 무엇인가?*
이상 기체 법칙으로 각 반응물의 몰 수를 계산하여 한계 반응물을 결정할 수 있다.
$$n_{CH_4} = \frac{PV}{RT} = \frac{(1.65\ \cancel{\text{atm}})(2.80\ \cancel{\text{L}})}{(0.08206\ \cancel{\text{L}} \cdot \cancel{\text{atm}}/\cancel{\text{K}} \cdot \text{mol})(298\ \cancel{\text{K}})} = 0.189\ \text{mol}$$
$$n_{O_2} = \frac{PV}{RT} = \frac{(1.25\ \cancel{\text{atm}})(35.0\ \cancel{\text{L}})}{(0.08206\ \cancel{\text{L}} \cdot \cancel{\text{atm}}/\cancel{\text{K}} \cdot \text{mol})(304\ \cancel{\text{K}})} = 1.75\ \text{mol}$$
연소 반응에 대한 균형 맞춘 화학 반응식에서 1 mol의 CH_4에 2 mol O_2가 필요하다. 따라서 0.189 mol의 CH_4를 연소시키는 데 필요한 O_2의 몰 수는 다음과 같이 계산된다.
$$0.189\ \cancel{\text{mol CH}_4} \times \frac{2\ \text{mol O}_2}{1\ \cancel{\text{mol CH}_4}} = 0.378\ \text{mol O}_2$$
따라서 한계 반응물은 CH_4이다.

3. *CO_2의 몰 수는?*
CH_4이 한계 반응물이기 때문에, CH_4의 몰 수로부터 생성되는 CO_2의 몰 수를 결정할 수 있다.

$$0.189 \text{ mol CH}_4 \times \frac{1 \text{ mol CO}_2}{1 \text{ mol CH}_4} = 0.189 \text{ mol CO}_2$$

4. *생성된 CO_2의 부피는?*

문제에서의 조건이 STP 상태가 아니기 때문에 이상 기체 법칙을 이용하여 부피를 계산해야 한다.

$$V = \frac{nRT}{P}$$

여기에서 $n = 0.189$ mol, $T = 125°C + 273 = 398$ K, $P = 2.50$ atm, $R = 0.08206$ L · atm /K · mol이다. 따라서

$$V = \frac{(0.189 \text{ mol})(0.08206 \text{ L} \cdot \text{atm/K} \cdot \text{mol})(398 \text{ K})}{2.50 \text{ atm}} = 2.47 \text{ L}$$

이것이 이들 조건에서 생성된 CO_2의 부피이다.

연습 문제 5.79와 5.82 참조

기체의 몰질량

이상 기체 법칙의 가장 중요한 용도 중의 하나는 측정된 기체의 밀도로부터 몰질량(분자량)을 계산하는 것이다. 기체의 밀도와 몰질량 사이의 관계를 알아보기 위해 기체의 몰 수 n을 다음과 같이 표현할 수 있다.

$$n = \frac{\text{기체 그램 수}}{\text{몰질량}} = \frac{\text{질량}}{\text{몰질량}} = \frac{m}{\text{몰질량}}$$

이상 기체 방정식에 대입하면

$$P = \frac{nRT}{V} = \frac{(m/\text{몰질량})RT}{V} = \frac{m(RT)}{V(\text{몰질량})}$$

$$\text{밀도} = \frac{\text{질량}}{\text{부피}}$$

m/V는 기체의 밀도 d이고, 리터당 그램의 단위이다. 따라서

$$P = \frac{dRT}{\text{몰질량}}$$

또는

$$\text{몰질량} = \frac{dRT}{P} \qquad (5.1)$$

따라서 주어진 온도와 압력에서 기체의 밀도를 알면 기체의 몰질량을 계산할 수 있다.

대화형 예제 5.14 기체 밀도/몰질량

1.50 atm, 27°C에서 기체의 밀도를 측정하였더니 1.95 g/L이었다. 기체의 몰질량을 계산하라.

풀이 **목표는 무엇인가?**

기체의 몰질량 구하기

알고 있는 것은?

- $P = 1.50$ atm
- $T = 27°C + 273 = 300.$ K

› $d = 1.95$ g/L

필요한 정보는?

› 몰질량 $= \frac{dRT}{P}$

› $R = 0.08206$ L · atm /K · mol

어떻게 해결할 것인가?

$$\text{■ 몰질량} = \frac{dRT}{P} = \frac{\left(1.95\frac{\text{g}}{\cancel{\text{L}}}\right)\left(0.08206\frac{\cancel{\text{L}}\cdot\cancel{\text{atm}}}{\cancel{\text{K}}\cdot\text{mol}}\right)(300.\ \cancel{\text{K}})}{1.50\ \cancel{\text{atm}}} = 32.0\ \text{g/mol}$$

사실성 검산 이 값은 몰질량에 부합하는 단위이다.

연습 문제 5.87~5.90 참조

기체의 밀도와 몰질량을 포함하는 방정식을 암기할 수 있지만, 이상 기체 방정식과 밀도의 정의, 몰 수와 몰질량 사이의 관계를 기억하는 것이 더 간단하다. 그러면 필요할 때마다 적절한 방정식을 유도할 수 있다. 이러한 접근 방법으로 개념을 명확히 이해할 수 있으며, 방정식 하나라도 덜 기억해도 된다는 것을 의미한다.

5.5 Dalton의 부분압 법칙

John Dalton이 원자론을 제안하는 데 기초가 되었던 많은 실험들 중 기체 혼합물에 관한 실험이 있다. 1803년 Dalton은 그의 관찰을 다음과 같이 요약하였다: *용기 속의 기체 혼합물이 가하는 전체 압력은 각각의 기체가 홀로 있을 때 가하는 압력들의 합과 같다.* **Dalton의 부분압 법칙**(Dalton's law of partial pressure)이라고 알려진 이 법칙은 다음과 같이 나타낼 수 있다.

$$P_{\text{전체}} = P_1 + P_2 + P_3 + \cdots$$

여기에서 아래 첨자는 각각의 기체(기체 1, 기체 2 등)를 의미한다. 압력 P_1, P_2, P_3 등을 각 기체의 **부분압**(partial pressure)이라고 한다. 즉, 각 기체가 용기 속에 홀로 있을 때 가하는 압력이다.

각 기체가 이상적으로 거동한다고 가정하면, 각 기체의 부분압을 다음과 같이 이상 기체 법칙으로 계산할 수 있다.

$$P_1 = \frac{n_1RT}{V}, \qquad P_2 = \frac{n_2RT}{V}, \qquad P_3 = \frac{n_3RT}{V}, \qquad \cdots$$

혼합물의 전체 압력 $P_{\text{전체}}$는 다음과 같이 나타낼 수 있다.

$$\begin{aligned} P_{\text{전체}} &= P_1 + P_2 + P_3 + \cdots = \frac{n_1RT}{V} + \frac{n_2RT}{V} + \frac{n_3RT}{V} + \cdots \\ &= (n_1 + n_2 + n_3 + \cdots)\left(\frac{RT}{V}\right) \\ &= n_{\text{전체}}\left(\frac{RT}{V}\right) \end{aligned}$$

여기에서 $n_{\text{전체}}$는 혼합물에서 모든 기체의 몰 수의 합이다. 따라서 이상 기체의 혼합물에서는 각 기체 입자의 종류나 조성보다 *입자의 전체 몰 수*가 중요하다. 이 개념을 그림 5.12에 설명하였다. 이와 같은 중요한 관찰 결과는 이상 기체의 몇 가지 기본적 특성을 나타낸다. 이상 기체의 압력은 기체 입자의 종류(조성)에 영향을 받지 않는다는 사실은 이상 기체에

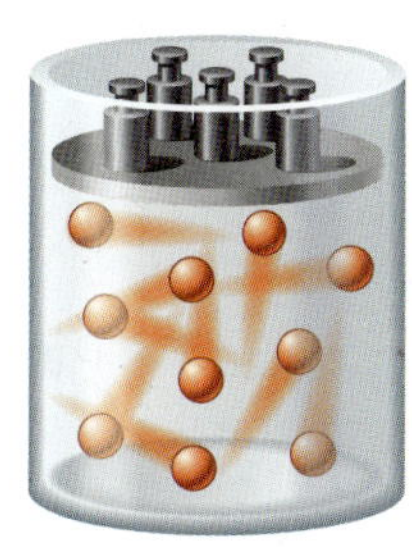
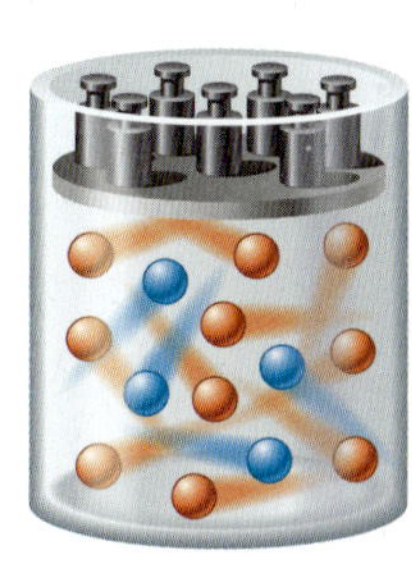

그림 5.12 용기 내의 혼합 기체에서 각 기체의 부분압은 그 기체의 몰 수에 의존한다. 전체 압력은 각 기체가 어떤 기체이건 간에 부분압의 합이며, 전체 기체의 입자 수에 의존한다. 부피가 일정하다는 점에 주목하라.

관한 두 가지 점을 시사한다. (1) 각 기체 입자의 부피는 중요하지 않다. (2) 기체 입자 간에 작용하는 힘도 중요하지 않다. 만약 이러한 요소들이 중요하다면 기체의 압력은 각 기체 입자의 성질에 따라 달라질 것이다. 이러한 사실들은 이상 기체의 거동을 설명하기 위하여 제시하는 모형에 큰 영향을 줄 것이다.

대화형 예제 5.15 Dalton의 법칙 I

스쿠버 다이빙용 휴대용 호흡기에는 "잠수병"을 예방하기 위하여 헬륨과 산소의 혼합 기체가 사용된다. 스쿠버 다이빙을 위해 25°C, 1.0 atm에서 46 L의 He과 12 L의 O_2를 부피 5.0 L의 탱크에 주입하였다. 25°C에서 탱크 안의 각 기체의 부분압과 전체 압력을 계산하라.

풀이

목표는 무엇인가?

각 기체의 부분압 구하기
25°C에서 탱크 안의 전체 압력 구하기

알고 있는 것은?

	He	O_2	탱크
P	1.00 atm	1.00 atm	? atm
V	46 L	12 L	5.0 L
T	25°C + 273 = 298 K	25°C + 273 = 298 K	25°C + 273 = 298 K

필요한 정보는?

› 이상 기체 법칙

$$PV = nRT$$

› $R = 0.08206\ \mathrm{L \cdot atm/K \cdot mol}$

어떻게 해결할 것인가?

각 기체의 몰 수는?

$$n = \frac{PV}{RT}$$

$$n_{He} = \frac{(1.0\ \cancel{\mathrm{atm}})(46\ \cancel{\mathrm{L}})}{(0.08206\ \cancel{\mathrm{L}} \cdot \cancel{\mathrm{atm}}/\cancel{\mathrm{K}} \cdot \mathrm{mol})(298\ \cancel{\mathrm{K}})} = 1.9\ \mathrm{mol}$$

$$n_{O_2} = \frac{(1.0\ \cancel{\mathrm{atm}})(12\ \cancel{\mathrm{L}})}{(0.08206\ \cancel{\mathrm{L}} \cdot \cancel{\mathrm{atm}}/\cancel{\mathrm{K}} \cdot \mathrm{mol})(298\ \cancel{\mathrm{K}})} = 0.49\ \mathrm{mol}$$

탱크 안의 각 기체의 부분압은?

혼합 기체가 들어 있는 탱크의 부피는 5.0 L이고 온도는 25°C이다. 이 자료와 이상 기체 법칙을 이용하여 각 기체의 부분압을 계산할 수 있다.

$$P = \frac{nRT}{V}$$

$$\blacksquare \; P_{He} = \frac{(1.9\ \cancel{mol})(0.08206\ \cancel{L}\cdot atm/\cancel{K}\cdot \cancel{mol})(298\ \cancel{K})}{5.0\ \cancel{L}} = 9.3\ atm$$

$$\blacksquare \; P_{O_2} = \frac{(0.49\ \cancel{mol})(0.08206\ \cancel{L}\cdot atm/\cancel{K}\cdot \cancel{mol})(298\ \cancel{K})}{5.0\ \cancel{L}} = 2.4\ atm$$

탱크 안의 혼합 기체의 전체 압력은?

전체 압력은 부분압의 합이므로

$$\blacksquare \; P_{전체} = P_{He} + P_{O_2} = 9.3\ atm + 2.4\ atm = 11.7\ atm$$

연습 문제 5.93과 5.94 참조

혼합물에서 전체 몰 수에 대한 주어진 성분의 몰 수의 비율인 **몰분율**(mole fraction)을 정의할 필요가 있다. 그리스 문자 카이(χ)를 사용하여 몰분율을 나타낸다. 예를 들면, 혼합물에서 어떤 주어진 성분에 대한 몰분율(χ_1)은 다음과 같다.

$$\chi_1 = \frac{n_1}{n_{TOTAL}} = \frac{n_1}{n_1 + n_2 + n_3 + \cdots}$$

이상 기체 방정식으로부터, 기체의 몰 수는 다음과 같이 기체의 압력에 정비례함을 알 수 있다.

화학 관련 읽을거리 Chemical Connections

에어백 화학

현대 자동차에 필수로 장착되는 에어백은 자동차 사고에 의한 인명 피해 및 부상을 현저하게 감소시켰다. 에어백은 차의 핸들과 대시보드에 필수적으로 내장되어 있으며, 현재 많은 자동차들에는 탑승자의 무릎, 머리, 어깨 등을 보호하기 위해 추가로 에어백이 장착되어 있다. 그리고 실제로 어떤 자동차 회사들은 안전띠에 에어백을 내장시키기도 한다. 또한, 에어백의 급격한 팽창이 영유아들에게 심각한 부상을 입힐 수 있는데, 이를 방지하기 위해 탑승자의 몸무게에 비례하여 부푸는 힘이 조절되는 "스마트" 에어백이 현재 모든 차에 장착되어 있다.

"에어백"이란 용어는 사실 부적절한 명칭인데, 그 이유는 공기가 에어백을 부풀리는 과정에 관여하지 않기 때문이다. 사실 에어백은 폭발적인 질소 기체 형성에 의해 급격히 부풀려지는 것이다(30 ms 이내). 기존에는 아자이드화 소듐(NaN_3)의 폭발적 분해를 통해 생성된 질소로 인하여 에어백이 부풀게 되었는데, 현재는 독성이 더 약한 물질로 대체되었다.

$$2NaN_3(s) \rightarrow 2Na(s) + 3N_2(g)$$

에어백을 부풀게 하는 센서는 매우 빨리 반응해야 한다. 예를 들어, 자동차가 콘크리트 교각에 충돌하는 상황을 생각해 보자. 이러한 상황이 일어날 때 가속도계는 조절 장치에 충돌이 일어나고 있다는 신호를 보내게 된다. 그러고 나서 자동차에 내장된 컴퓨터 중앙처리장치는 여러 가속도계와 도어 압력 센서로부터 측정된 감속의 정도를 분석하고, 이를 바탕으로 에어백을 터뜨리는 적절한 상황인지 판단하게 된다. 이 모든 과정이 초기 충돌로부터 8 ms에서 40 ms 사이에 일어나게 된다.

에어백은 반드시 쿠션 효과(cushioning effect)를 제공해야 하기 때문에, 에어백에 기체가 채워짐과 동시에 배출된다. 심지어 충돌 중에도 에어백의 최대 압력은 5 psi (pounds per square inch) 정도이다. 에어백은 폭발적인 화학반응으로 인명에 피해를 주는 대신 인명을 구하는 대표적인 사례이다.

Courtesy, Chrysler

▲ 부푼 에어백.

$$n = P\left(\frac{V}{RT}\right)$$

즉, 혼합물의 각 성분에 대해서는

$$n_1 = P_1\left(\frac{V}{RT}\right), \qquad n_2 = P_2\left(\frac{V}{RT}\right), \qquad \cdots$$

따라서 압력으로 몰분율을 표현할 수 있다.

$$\chi_1 = \frac{n_1}{n_{전체}} = \frac{\overbrace{P_1(V/RT)}^{n_1}}{\underbrace{P_1(V/RT)}_{n_1} + \underbrace{P_2(V/RT)}_{n_2} + \underbrace{P_3(V/RT)}_{n_3} + \cdots}$$

$$= \frac{(V/RT)P_1}{(V/RT)(P_1 + P_2 + P_3 + \cdots)}$$

$$= \frac{P_1}{P_1 + P_2 + P_3 + \cdots} = \frac{P_1}{n_{전체}}$$

즉, 이상 기체의 혼합물에서 각 성분의 몰분율은 각 성분의 부분압에 정비례한다.

$$\chi_2 = \frac{n_2}{n_{전체}} = \frac{P_2}{P_{전체}}$$

대화형 예제 5.16 Dalton의 법칙 II

대기압이 743 torr일 때 산소의 부분압은 156 torr였다. O_2의 몰분율을 계산하라.

풀이

목표는 무엇인가?

O_2의 몰분율 구하기

알고 있는 것은?

- $P_{O_2} = 156$ torr
- $P_{전체} = 743$ torr

어떻게 해결할 것인가?

O_2의 몰분율은 다음과 같이 계산된다.

$$\blacksquare\ \chi_{O_2} = \frac{P_{O_2}}{P_{전체}} = \frac{156\ \text{torr}}{743\ \text{torr}} = 0.210$$

몰분율은 단위가 없음을 주의한다.

연습 문제 5.99와 5.101 참조

몰분율에 대한 표시는

$$\chi_1 = \frac{P_1}{P_{전체}}$$

이 식을 정리하면

$$P_1 = \chi_1 \times P_{전체}$$

즉, *기체 혼합물의 특정 성분의 부분압은 전체 압력에 그 성분의 몰분율을 곱한 값이다.*

대화형 예제 5.17 Dalton의 법칙 III

공기 중의 질소의 몰분율은 0.7808이다. 대기압이 760. torr일 때, 공기 중의 질소의 부분압을 계산하라.

풀이 질소의 부분압은 다음과 같이 계산할 수 있다.

$$P_{N_2} = \chi_{N_2} \times P_{전체} = 0.7808 \times 760.\ \text{torr} = 593\ \text{torr}$$

연습 문제 5.100과 5.102 참조

수상 치환에 의한 기체의 포집

수상 치환에 의해 기체를 포집할 때는 언제나 기체 혼합물이 생성된다. 예를 들면, 그림 5.13은 염소산 포타슘 고체가 분해되어 생성된 산소가 포집되는 과정을 보여준다. 이 경우 포집병 속에는 수증기와 포집된 산소의 혼합 기체가 들어 있다. 수증기가 함께 존재하는 이유는 물 분자가 액체 표면으로부터 이탈하여 이 표면 위 공간에 모이기 때문이다. 또한 기체 물 분자는 액체 속으로 되돌아오기도 한다. 물 분자가 액체 표면으로부터 탈출하는 증발 속도와 액체 표면으로 되돌아오는 응축 속도가 같아지면, 증기 상태의 물 분자의 수는 일정해지고 이에 따라 수증기의 압력도 일정해진다. 온도에 의존하는 이 압력을 *물의 증기압(vapor pressure of water)*이라고 한다.

대화형 예제 5.18 기체의 수상 치환

고체 염소산 포타슘($KClO_3$)을 시험관에서 가열하면(그림 5.13 참조) 다음 반응에 따라 분해된다.

$$2KClO_3(s) \longrightarrow 2KCl(s) + 3O_2(g)$$

전체 압력이 754 torr이고 온도가 22°C인 조건에서 생성된 산소를 수상 치환하였다. 포집된 기체의 부피는 0.650 L이고, 22°C에서 물의 증기압은 21 torr이다. 포집된 기체에서 O_2의 부분압과 분해된 $KClO_3$의 질량을 계산하라.

풀이 **목표는 무엇인가?**

포집된 O_2의 부분압 구하기

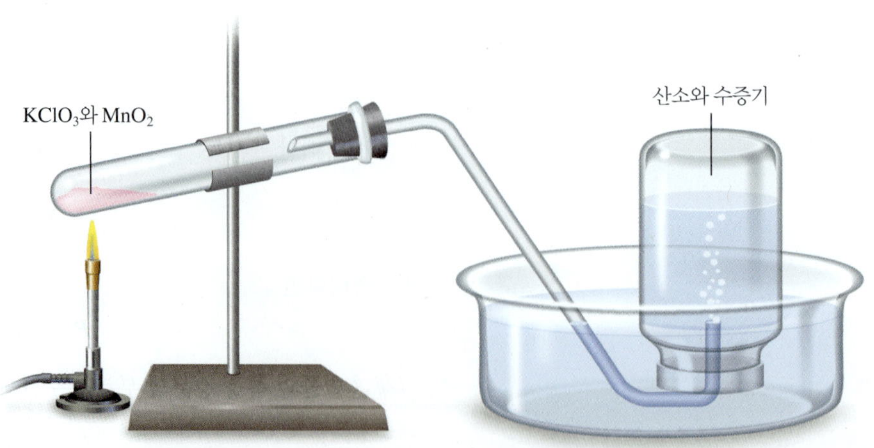

그림 5.13 $KClO_3$의 열분해에 의한 산소의 생성. $KClO_3$에 MnO_2를 혼합하면 반응이 더 빨리 일어난다.

처음 시료의 $KClO_3$ 질량 계산하기

알고 있는 것은?

	포집된 기체	수증기
P	754 torr	21 torr
V	0.650 L	
T	22°C + 273 = 295 K	22°C + 273 = 295 K

어떻게 해결할 것인가?

O_2의 부분압은?

$$P_{전체} = P_{O_2} + P_{H_2O} = P_{O_2} + 21\ \text{torr} = 754\ \text{torr}$$

$$■ \quad P_{O_2} = 754\ \text{torr} - 21\ \text{torr} = 733\ \text{torr}$$

생성된 O_2의 몰 수는?

이상 기체의 법칙을 이용하여 산소의 몰 수를 결정한다.

$$n_{O_2} = \frac{P_{O_2}V}{RT}$$

O_2의 압력 단위를 환산하면 다음과 같다.

$$P_{O_2} = 733\ \text{torr} = \frac{733\ \cancel{\text{torr}}}{760\ \cancel{\text{torr}}/\text{atm}} = 0.964\ \text{atm}$$

생성된 O_2의 몰 수는 다음과 같이 계산된다.

$$V = 0.650\ \text{L}$$

$$T = 22°\text{C} + 273 = 295\ \text{K}$$

$$R = 0.08206\ \text{L} \cdot \text{atm/K} \cdot \text{mol}$$

$$n_{O_2} = \frac{(0.964\ \cancel{\text{atm}})(0.650\ \cancel{\text{L}})}{(0.08206\ \cancel{\text{L}} \cdot \cancel{\text{atm}}/\cancel{\text{K}} \cdot \text{mol})(295\ \cancel{\text{K}})} = 2.59 \times 10^{-2}\ \text{mol}$$

이만큼의 O_2를 발생시키는 데 필요한 $KClO_3$의 몰 수는?

화학량론 문제를 풀 때의 방법론을 이용하자.

1. *균형 맞춘 화학 반응식은?*

$$2KClO_3(s) \longrightarrow 2KCl(s) + 3O_2(g)$$

2. *균형 맞춘 화학 반응식에서 $KClO_3$와 O_2 사이의 몰비는?*

$$\frac{2\ \text{mol KClO}_3}{3\ \text{mol O}_2}$$

3. *$KClO_3$의 몰 수는?*

$$2.59 \times 10^{-2}\ \cancel{\text{mol O}_2} \times \frac{2\ \text{mol KClO}_3}{3\ \cancel{\text{mol O}_2}} = 1.73 \times 10^{-2}\ \text{mol KClO}_3$$

4. *처음 시료에서 $KClO_3$ (분자 질량 122.6 g/mol)의 질량은?*

$$■ \quad 1.73 \times 10^{-2}\ \cancel{\text{mol KClO}_3} \times \frac{122.6\ \text{g KClO}_3}{1\ \cancel{\text{mol KClO}_3}} = 2.12\ \text{g KClO}_3$$

따라서 처음 시료에는 2.12 g의 $KClO_3$가 포함되어있다.

연습 문제 5.103~5.106 참조

5.6 기체의 분자 운동론

지금까지는 기체의 거동을 실험적인 관점에서 생각해 왔다. 여러 다른 형태의 실험을 관찰한다면 1 atm 이하의 압력에서 대부분의 기체는 이상 기체 법칙을 따른다는 것을 알 수 있다. 지금 이러한 거동을 설명할 수 있는 모형을 만들고자 한다.

이에 앞서 간단히 과학적인 방법을 복습하도록 하자. 법칙이란 많은 실험에서 관찰되어온 거동을 일반화시키는 방법이다. 법칙은 유사한 계에서 거동을 예측할 수 있어 대단히 유용하다. 예를 들어, 화학자가 새로운 기체를 만들었을 때, 주어진 압력과 온도에서 기체의 밀도만 측정하면 그 화합물의 신뢰할 만한 몰질량 값을 얻을 수 있다.

그러나 법칙이 관찰된 거동을 잘 설명한다 해도 *왜* 자연이 그러한 형태로 거동하는지는 말해 주지 않는다. 이것이 과학자들에게는 중요한 의문이다. 이러한 의문을 해결하기 위해서 이론(모형)을 만든다. 화학에서는 개개의 원자나 분자들(미시적인 입자)이 어떻게 하여 거시적인 계(수많은 원자와 분자의 집합)에서 관찰되는 거동의 원인이 되는지를 고찰하여 모형을 만든다.

모형이 문제의 관측된 거동을 잘 설명하고 미래의 실험 결과를 올바르게 예측한다면 성공적인 모형이라 할 수 있다. 모형이 절대적인 진리는 아님을 이해하는 것도 중요하다. 사실 *어떤 모형이라도* 원초적으로 *근사적이며*, 어떤 면에서는 틀리기도 한다. 모형은 간단한 것부터 대단히 복잡한 것까지 있으며, 간단한 모형으로 근사적인 거동을 예측하고 더 복잡한 모형으로 관측된 정량적인 거동을 매우 세밀하게 설명할 수 있다. 이 책에서는 예상되는 현상을 근사적으로 묘사하고, 대단히 중요한 실험 결과도 잘 설명할 수 있는 간단한 모형에 역점을 둘 것이다.

이러한 형태의 모형의 예로 **분자 운동론**(kinetic molecular theory, KMT)이 있으며, 이것은 이상 기체의 성질을 설명하기 위하여 만들어진 간단한 모형이다. 이 모형은 개개의 기체 입자(원자 또는 분자)의 거동에 대한 가정에 근거를 두고 있다. 이상 기체의 입자에도 관계된 분자 운동론의 가정은 다음과 같다.

분자 운동론의 가정

1. 입자는 입자 사이의 거리에 비해 매우 작아서 입자의 부피는 무시(0으로 간주)할 수 있다(그림 5.14).
2. 입자는 끊임없이 운동하고, 입자가 용기의 벽에 충돌하는 것이 기체에 의한 압력의 원인이 된다.

(*계속*)

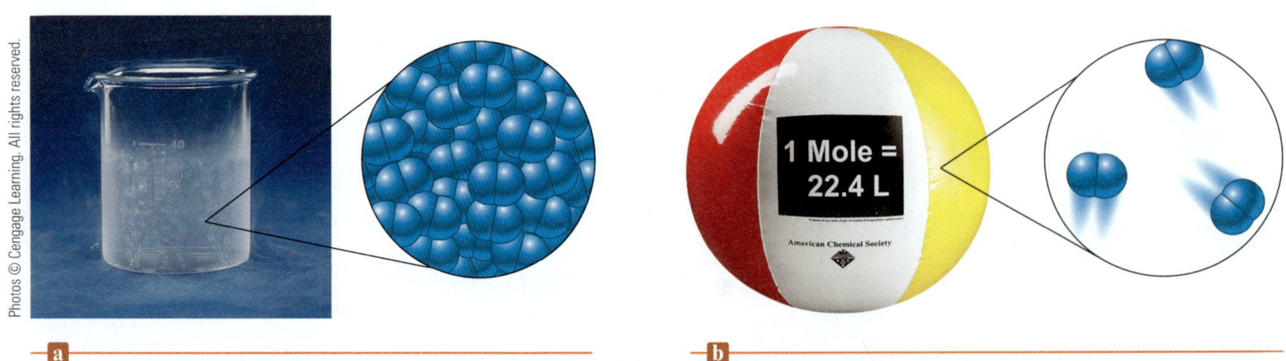

그림 5.14 (**a**) 1 mol의 $N_2(l)$의 부피는 대략 35 mL이고, 밀도는 0.81 g/mL이다. (**b**) 1 mol의 $N_2(g)$의 부피는 22.42 L (STP)이고, 밀도는 1.2×10^{-3} g/mL이다. 그러므로 기체 N_2와 액체 N_2의 부피 비율은 22.42/0.035 = 640이고, 분자 간 거리는 $N_2(g)$가 9배 멀리 떨어져 있다.

3. 입자 간에 서로 힘이 작용하지 않는다고 가정한다. 즉, 입자는 서로 끌거나 반발하지 않는다고 가정한다.
4. 기체 입자 집합의 평균 운동 에너지는 기체의 Kelvin 온도에 정비례한다고 가정한다.

물론 실제 기체에서 분자들은 한정된 부피를 가지고 있고, 서로 간에 힘이 작용한다. 그래서 *실제 기체*는 이 가정에 부합되지 않는다. 그러나 이 가정들이 *이상 기체*의 거동을 잘 설명한다는 것을 알게 될 것이다.

모형의 타당성은 그 예측이 실험적 관찰과 얼마나 잘 일치하는가에 달려 있다. 기체 운동 모형은 이상 기체란 부피와 상호 간의 인력이 없는 입자로 구성되어 있으며, 기체가 용기의 벽에 충돌하여 압력이 나타난다고 가정한다.

이상 기체 방정식을 $PV = nRT$로 요약했을 때, 이 모형이 기체의 성질들을 어떻게 설명하는가를 알아보자.

압력과 부피(Boyle의 법칙)

주어진 온도와 기체의 양에 대해(n, T는 일정) 기체의 부피가 감소하면 압력이 증가한다.

$$P = \underbrace{(nRT)}_{\text{일정}}\frac{1}{V}$$

그림 5.15에서와 같이 부피가 감소하면 기체 입자가 벽면에 더 자주 충돌하여 압력이 증가하기 때문에 이것은 분자 운동론 면에서 타당하다.

압력과 온도

이상 기체의 법칙에 따라, 일정한 부피에서 주어진 이상 기체의 양에 대해, 압력은 온도에 정비례한다.

$$P = \underbrace{\left(\frac{nR}{V}\right)}_{\text{일정}}T$$

기체의 온도가 증가하면 기체 입자의 속도가 빨라져 기체 입자는 더 큰 힘과 더 자주 벽에 충돌하기 때문에 이 거동은 KMT로 설명된다. 그림 5.16에서 보인 것처럼, 같은 부피에서 이러한 거동은 기체의 압력을 증가시킨다.

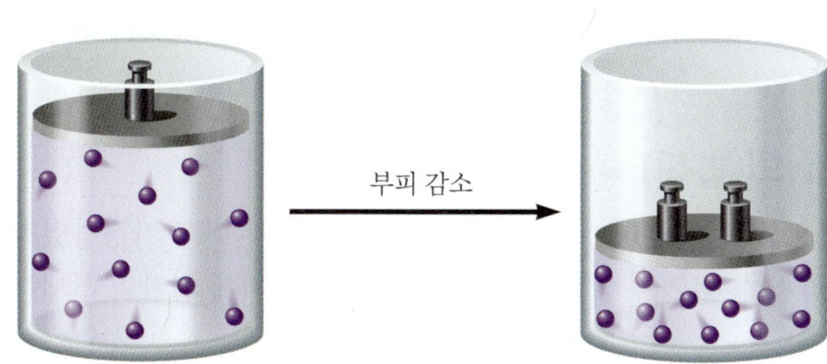

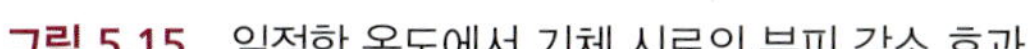
그림 5.15 일정한 온도에서 기체 시료의 부피 감소 효과.

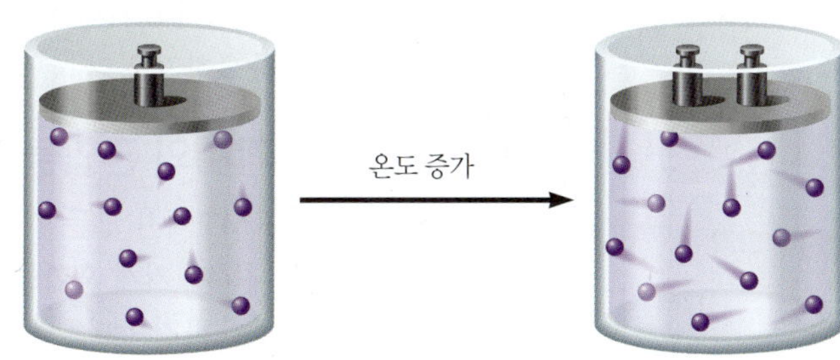

그림 5.16 일정한 부피에서 기체 시료의 온도 증가 효과.

비판적 사고 여러분은 분자운동론의 가정에 대해서 배웠다. 만약 세 번째 가정이 옳지 않을 수 있다면 어떻게 될까? 이 사실이 측정된 기체의 압력에 어떤 영향을 미칠까?

부피와 온도(Charles의 법칙)

이상 기체의 법칙에 따르면 일정한 압력에서 주어진 기체의 부피는 절대 온도에 정비례한다.

$$V = \underbrace{\left(\frac{nR}{P}\right)}_{\text{일정}} T$$

이것을 그림 5.17에서와 같이 KMT로 설명할 수 있다. 기체를 높은 온도로 가열하면 기체 분자의 속도가 증가하고, 이에 따라 기체 입자가 벽에 자주, 그리고 더 강한 힘으로 충돌한다. 이 상황에서 압력을 일정하게 유지시키는 방법은 용기의 부피를 증가시키는 것뿐이다. 즉, 속도의 증가를 부피의 증가로 상쇄하였다.

부피와 몰 수(Avogadro의 법칙)

이상 기체 법칙은 일정한 온도와 압력에서 기체의 부피가 존재하는 기체 입자의 수에 따라 결정된다는 것을 나타낸다.

$$V = \underbrace{\left(\frac{RT}{P}\right)}_{\text{일정}} n$$

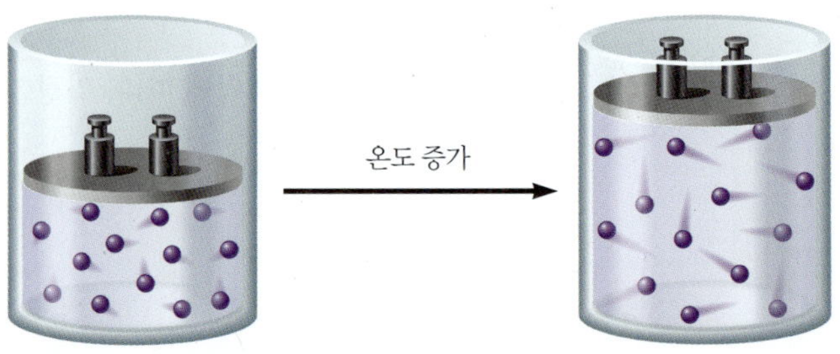

그림 5.17 일정한 압력에서 기체 시료의 온도 증가 효과.

같은 온도에서 부피가 일정하게 유지되면(그림 5.18 참조) 기체 입자 수의 증가는 압력을 증가시키기 때문에 이 식은 KMT 면에서 타당하다. 원래의 압력으로 되돌아오려면 부피가 증가되어야 한다.

일정한 P와 T에서 기체의 부피는 존재하는 기체 입자 수에 의존한다. 입자의 부피는 입자 사이의 거리에 비해 너무 작기 때문에 이상적으로 거동하는 기체에서 각 입자의 부피는 중요하지 않다.

기체의 혼합물(Dalton의 법칙)

KMT에서 모든 기체 입자는 서로 독립적이고 각 입자의 부피는 무시된다고 가정하였기 때문에 기체 혼합물의 전체 압력은 각 기체 압력의 합이 된다. 따라서 기체 입자의 실체는 중요하지 않다.

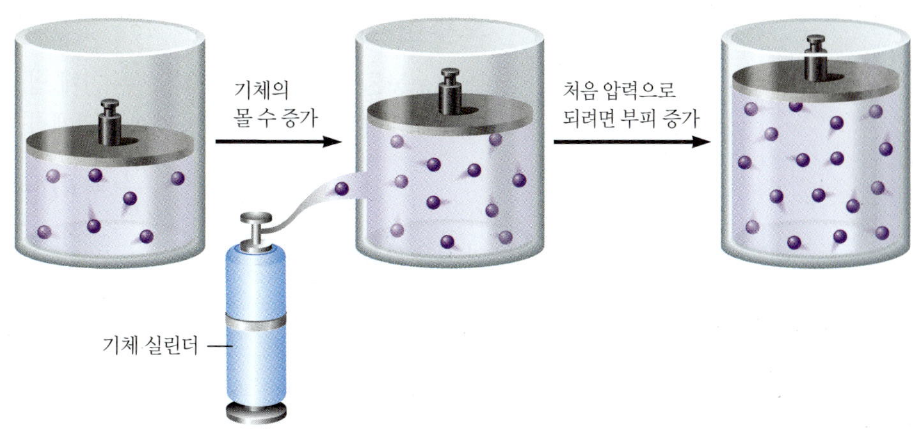

그림 5.18 일정한 온도와 압력에서 기체 입자 몰 수의 증가 효과.

이상 기체 법칙의 유도

KMT의 가정으로 이상 기체의 관찰된 거동을 정성적으로 설명할 수 있었다. 더 나아가 KMT의 가정을 물리학의 원리에 적용시키면 이상 기체 법칙을 효과적으로 유도할 수 있다.

부록 2에 상세히 기술한 바와 같이 속도, 운동량, 힘, 압력의 정의를 이상 기체 입자의 집합체에 적용하여 다음과 같이 압력에 대한 식을 *유도*할 수 있다.

$$P = \frac{2}{3}\left[\frac{nN_A(\frac{1}{2}m\overline{u^2})}{V}\right]$$

여기에서 P는 기체의 압력, n은 기체의 몰 수, N_A는 Avogadro의 수, m은 각 입자의 질량, $\overline{u^2}$는 입자의 속도 제곱의 평균, V는 용기의 부피이다.

$\frac{1}{2}m\overline{u^2}$라는 양은 기체 입자의 평균 운동 에너지를 나타낸다. 만일 각 입자의 평균 운동 에너지에 1 mol의 입자 수 N_A를 곱하면 기체 입자 1 mol에 대한 평균 운동 에너지를 얻는다.

$$(\mathrm{KE})_{평균} = N_A(\tfrac{1}{2}m\overline{u^2})$$

KE = $\frac{1}{2}m\overline{u^2}$로 주어지는 운동 에너지(KE)는 입자의 운동에 기인한 에너지이다.

이 정의를 사용하여 압력에 대한 식을 다음과 같이 쓸 수 있다.

$$P = \frac{2}{3}\left[\frac{n(\mathrm{KE})_{평균}}{V}\right] \quad 또는 \quad \frac{PV}{n} = \frac{2}{3}(\mathrm{KE})_{평균}$$

분자 운동론의 네 번째 가정은 기체 입자들의 평균 운동 에너지는 Kelvin 온도에 정비례한다는 것이다. 즉, $(\mathrm{KE})_{평균} \propto T$ 이므로

$$\frac{PV}{n} = \frac{2}{3}(\mathrm{KE})_{평균} \propto T \quad 또는 \quad \frac{PV}{n} \propto T$$

이 식은 분자 운동론의 가정으로부터 *유도*된 것인데, 실험으로 얻은 이상 기체 법칙과 어떻게 비교될 수 있을까? 이상 기체 법칙

$$\frac{PV}{n} = RT \quad 실험에서$$

을 분자 운동론에서 얻은 결과와 비교해 보자.

$$\frac{PV}{n} \propto T \quad 이론에서$$

만약 기체 상수 R이 두 번째 식의 비례 상수라고 생각하면 이 두 식은 정확히 같은 꼴이다.

이상 기체 법칙과 분자 운동론의 예측이 일치하는 것은 이 모형이 타당하다는 것을 입증하는 것이다. 우리가 이상 기체의 입자에 대해 가정해 온 특성은 적어도 어떤 조건에서는 실제의 거동과 같음을 알 수 있다.

온도의 의미

분자 운동론으로부터 Kelvin 온도는 기체 입자의 평균 운동 에너지의 척도임을 알 수 있다. 온도와 평균 운동 에너지의 정확한 관계식을 방정식들을 조합하여 얻을 수 있다.

$$\frac{PV}{n} = RT = \frac{2}{3}(\text{KE})_{평균}$$

이 식은 다음과 같이 쓸 수 있다.

$$(\text{KE})_{평균} = \frac{3}{2}RT$$

이 식은 대단히 중요한 관계식으로, 기체의 Kelvin 온도의 의미를 요약한 것이다. 즉, Kelvin 온도는 기체 입자의 무질서한 운동의 지표로서 입자가 더 높은 온도에서 더 많이 운동함을 뜻한다.

제곱평균근 속도

분자 운동론으로부터 얻은 방정식에서 기체 입자의 평균 속도는 특별한 종류의 평균이다. $\overline{u^2}$는 입자 속도의 *제곱* 평균을 의미한다. $\overline{u^2}$의 제곱근을 **제곱평균근 속도**(root mean square velocity)라 하며 u_{rms}로 표시한다.

$$u_{\text{rms}} = \sqrt{\overline{u^2}}$$

다음 방정식으로부터 u_{rms}에 대한 식을 얻을 수 있다.

$$(\text{KE})_{평균} = N_{\text{A}}(\tfrac{1}{2}m\overline{u^2}) \quad 및 \quad (\text{KE})_{평균} = \frac{3}{2}RT$$

이 방정식을 조합하면 다음과 같다.

$$N_{\text{A}}(\tfrac{1}{2}m\overline{u^2}) = \frac{3}{2}RT \quad 또는 \quad \overline{u^2} = \frac{3RT}{N_{\text{A}}m}$$

방정식의 양변에 제곱근을 취하면

▲ (a) 실온에서 공기로 부푼 풍선. (b) 풍선을 온도 77 K의 액체 질소에 담근다. (c) 온도가 낮아짐에 따라 풍선 내부의 분자들의 움직임이 느려져 풍선은 푹 꺼진다. 분자가 느리게 움직여 압력이 낮아진다.

$$\sqrt{\overline{u^2}} = u_{\rm rms} = \sqrt{\frac{3RT}{N_A m}}$$

이 식에서 m은 킬로그램 단위로 나타낸 기체 단일 입자의 질량이다. 1 mol의 입자 수 N_A에 m을 곱하면 *킬로그램*으로 나타낸 기체 1 *mol*의 질량이 된다. 이 양을 M이라 하고, $u_{\rm rms}$에 대한 식에서 $N_A m$ 대신 M을 대입하면 다음과 같다.

$$u_{\rm rms} = \sqrt{\frac{3RT}{M}}$$

$R = 0.08206\frac{\rm L \cdot atm}{\rm K \cdot mol}$

$R = 8.3145\frac{\rm J}{\rm K \cdot mol}$

이 방정식을 사용하기 전에 R의 단위를 생각할 필요가 있다. 지금까지는 R 값으로 0.08206 L · atm /K · mol을 사용하였으나 $u_{\rm rms}$에 대한 바람직한 단위(초당 미터)를 얻기 위하여 다른 단위로 환산하여야 한다. SI 계에서 가장 자주 쓰이는 에너지 단위는 **주울**(joule, J)이다. 주울은 kg · $\rm m^2/s^2$으로 정의된다. R을 주울 단위로 환산하면 8.3145 J/K · mol의 값을 갖는다. R을 이 단위로 $\sqrt{3RT/M}$ 식에 사용하면, $u_{\rm rms}$는 우리가 원하는 초당 미터의 단위가 된다.

대화형 예제 5.19 제곱평균근 속도

25°C의 헬륨 기체 시료에서 원자의 제곱평균근 속도를 구하라.

풀이

목표는 무엇인가?

He 원자에 대한 제곱평균근 속도 결정하기

알고 있는 것은?

- $T = 25°\text{C} + 273 = 298\ \text{K}$
- $R = 8.3145\ \text{J/K} \cdot \text{mol}$

필요한 정보는?

- 제곱평균근 속도식, $u_{\rm rms} = \sqrt{\frac{3RT}{M}}$

어떻게 해결할 것인가?

1 mol He의 킬로그램 단위의 질량은?

$$M = 4.00\frac{\rm g}{\rm mol} \times \frac{1\ \rm kg}{1000\ \rm g} = 4.00 \times 10^{-3}\ \rm kg/mol$$

He 원자의 제곱평균근 속도는?

$$u_{\rm rms} = \sqrt{\frac{3\left(8.3145\frac{\rm J}{\rm K \cdot mol}\right)(298\ \rm K)}{4.00 \times 10^{-3}\frac{\rm kg}{\rm mol}}} = \sqrt{1.86 \times 10^6\frac{\rm J}{\rm kg}}$$

J의 단위는 kg · $\rm m^2/s^2$이므로 다음과 같이 된다.

$$\blacksquare\ u_{\rm rms} = \sqrt{1.86 \times 10^6\frac{\rm kg \cdot m^2}{\rm kg \cdot s^2}} = 1.36 \times 10^3\ \rm m/s$$

사실성 검산 결과에서 나온 단위는 속도에 대한 올바른 단위이다.

연습 문제 5.117과 5.118 참조

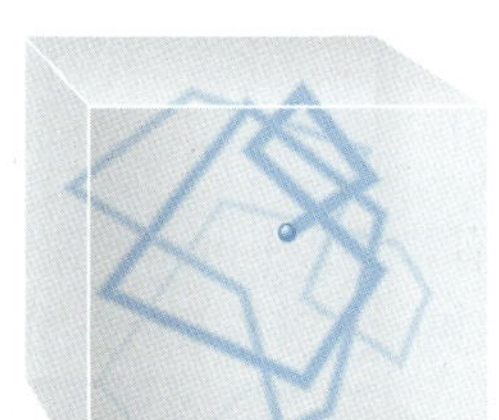

그림 5.19 기체에서 한 입자의 행적. 입자는 용기의 벽면은 물론 다른 입자와의 충돌로 경로가 계속 바뀔 것이다.

지금까지는 기체가 실제로 운동하는 속도의 범위에 관해 아무것도 논의하지 않았다. 실제 기체에는 입자들 간에 많은 충돌이 있다. 예를 들어, 다음 절에서도 보겠지만, 암모니아와 같이 자극성 있는 기체가 방 안 공기 중에 고루 퍼지는 데는 약간의 시간이 걸린다. 이와 같이 시간이 걸리는 것은 NH_3 분자가 공기 중의 O_2와 N_2 분자와 충돌하며 서서히 혼합되기 때문이다.

특정한 기체 입자의 행로를 추적할 수 있다면 그림 5.19에 나타난 모양과 같이 매우 불규칙할 것이다. 어떤 기체 속에서 입자의 충돌 간에 움직인 평균 거리를 *평균 자유 행로*(*mean free path*)라고 한다. 이것은 대단히 짧은 거리이다(STP에서 O_2의 경우 1×10^{-7} m). 기체 입자들 사이에 많은 충돌이 일어나면, 그 결과로 운동 에너지가 교환되어 입자들의 속도가 넓은 분포를 갖는다. STP에서 산소 기체의 u_{rms}가 500 m/s 정도이지만, 대부분의 O_2 분자는 이 속도와 다르다. STP에서 산소 기체의 분자 속도의 실제 분포는 그림 5.20과 같다. 이 그림은 특정한 속도를 가진 기체 분자의 상대적 개수를 나타낸 것이다.

기체의 속도 분포에 대한 온도(*temperature*)의 영향을 살펴보자. 그림 5.21은 세 가지 온도에서 질소 기체의 속도 분포를 보여준다(이를 Maxwell-Boltzmann 분포라 한다). 온도가 상승함에 따라 평균 속도를 나타내는 곡선의 봉우리가 더 큰 값으로 옮겨가면서 속도의 범위도 커짐을 알 수 있다. 곡선의 봉우리는 최빈 속도(most probable velocity, 기체에서 여러 입자들의 움직이는 속도를 측정했을 때 가장 빈도가 높은 속도)를 나타낸다. 운동 에너지가 온도의 증가에 따라 커지기 때문에 곡선의 봉우리가 온도의 증가에 따라 더 높은 값으로 이동하는 것은 당연하다.

5.7 분출과 확산

운동 분자 이론의 가정은 관련 물리 법칙과 결합될 때, 기체가 이상 기체 거동에 가까워짐에 따라 실험적으로 관찰된 거동을 성공적으로 설명하는 방정식을 도출하였다. 기체와 관련된 두 가지 현상으로 이 모형을 더 시험할 수 있다.

분출(effusion)은 그림 5.22와 같이 작은 구멍을 통하여 빈 방으로 기체가 이동해 가는 것을 설명하는 데 사용되는 용어이다. 분출 속도는 기체가 방으로 이동해가는 속도이다.

확산(diffusion)은 기체의 혼합을 설명하는 데 유용한 용어이다. 자극적 냄새가 나는 암

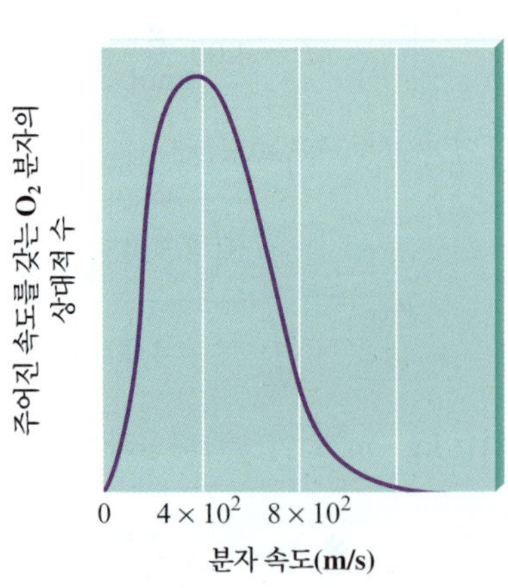

그림 5.20 STP에서 주어진 속도로 움직이는 O_2 분자의 상대적인 수를 나타낸 그림.

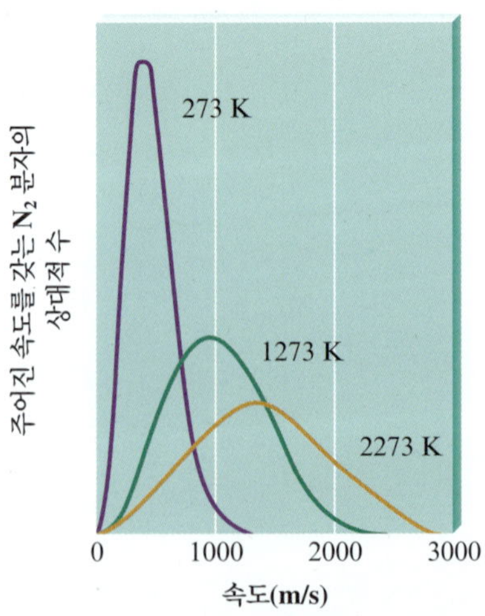

그림 5.21 세 가지 온도에서, 주어진 속도로 움직이는 N_2 분자의 상대적인 수를 나타낸 그림. 온도가 증가하면 평균 속도와 속도의 분포가 다 같이 증가한다.

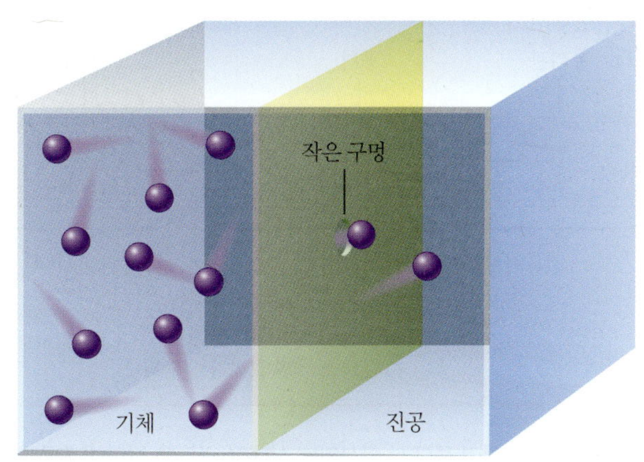

그림 5.22 빈 방으로 기체의 분출. 분출 속도(기체가 작은 구멍을 통과하여 옮겨가는 속도)는 기체 분자 질량의 제곱근에 반비례한다.

모니아 소량을 교실에 뿌리면 교실 안에 있는 모든 사람들이 냄새를 맡기까지 약간의 시간이 걸린다. 이는 암모니아가 공기와 섞이는 시간이 필요하기 때문이다. 확산 속도는 기체의 혼합 속도이다.

분출

스코틀랜드 화학자 Thomas Graham(1805~1869)은 기체의 분출 속도가 입자 질량의 제곱근에 반비례한다는 것을 발견하였다. 다른 식으로 표현하면, 동일한 온도와 압력에서 두 기체의 상대적 분출 속도는 기체 질량의 제곱근의 비에 반비례한다.

$$\frac{\text{기체 1의 분출 속도}}{\text{기체 2의 분출 속도}} = \frac{\sqrt{M_2}}{\sqrt{M_1}}$$

$\frac{\sqrt{M_2}}{\sqrt{M_1}}$ 비에서 단위가 상쇄되기 때문에 Graham의 법칙에서 몰질량의 단위는 g/mol 또는 kg/mol이 될 수 있다.

여기에서 M_1과 M_2는 기체의 몰질량이다. 이 식을 **Graham의 분출 법칙**(Graham's law of effusion)이라고 한다.

대화형 예제 5.20

분출 속도

원자로의 원료를 생산하기 위한 농축 과정에서 사용되는 기체인 육플루오린화 우라늄(UF_6)과 수소 기체(H_2)의 분출 속도의 비를 계산하라(그림 5.23).

풀이 먼저 몰질량을 계산한다. H_2 = 2.016 g/mol, UF_6 = 352.02 g/mol이다. Graham의 법칙을 사용하면

$$\blacksquare \quad \frac{H_2\text{의 분출 속도}}{UF_6\text{의 분출 속도}} = \frac{\sqrt{M_{UF_6}}}{\sqrt{M_{H_2}}} = \sqrt{\frac{352.02}{2.016}} = 13.2$$

매우 가벼운 H_2 분자의 분출 속도는 훨씬 더 무거운 UF_6 분자의 분출 속도의 약 13배이다.

연습 문제 5.125~5.130 참조

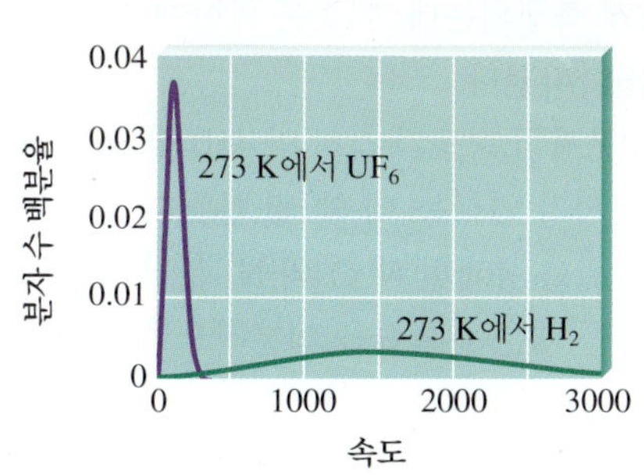

그림 5.23 H_2와 UF_6의 상대적 분자 속도 분포.

기체에 대한 분자 운동론의 모형으로 Graham의 법칙, 즉 기체의 상대적인 분출 속도를 정확히 예측할 수 있을까? 이 의문에 답을 얻기 위해서 기체의 분출 속도는 입자의 평균 속도에 직접적인 관련이 있다는 것을 알아야 한다. 기체 입자가 더 빨리 움직일수록 분출 구멍을 더욱 잘 빠져나갈 것이다. 따라서 같은 온도(T)와 압력에 있는 두 기체에 대해 다음과 같이 *예측*할 수 있다.

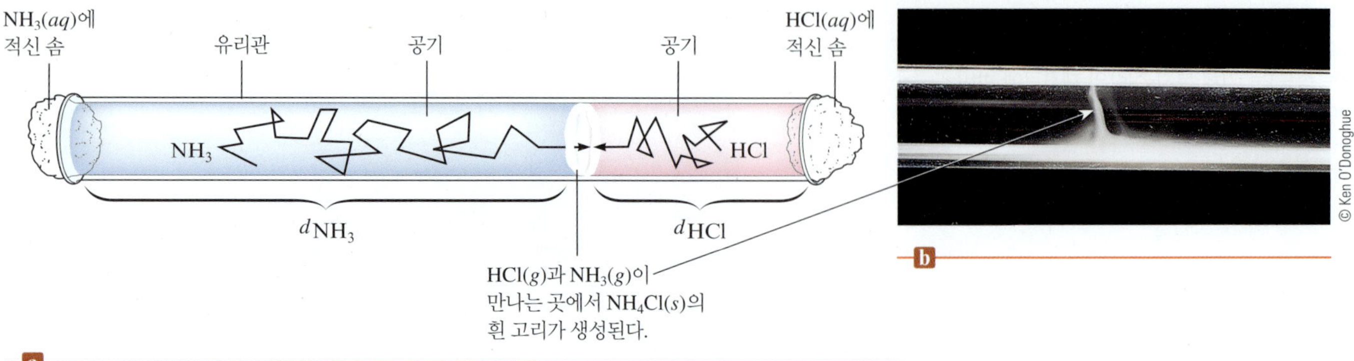

그림 5.24 NH_3와 HCl 분자가 공기 중에서 확산되는 상대적 속도를 나타낸 그림. **(a)** 하나는 HCl(*aq*)에 적시고 다른 하나는 $NH_3(aq)$에 적신 두 개의 솜 마개를 양 끝에 동시에 끼운다. 솜 마개로부터 증발한 기체 상태의 NH_3와 HCl은 서로 맞은 편으로 확산하여 이들이 만나는 곳에서 반응하여 $NH_4Cl(s)$을 생성한다. **(b)** HCl(*g*)과 $NH_3(g)$이 관에서 만나 $NH_4Cl(s)$의 흰 고리가 생성된다.

$$\frac{\text{기체 1의 분출 속도}}{\text{기체 2의 분출 속도}} = \frac{\text{기체 1의 } u_{\text{rms}}}{\text{기체 2의 } u_{\text{rms}}} = \frac{\sqrt{\dfrac{3RT}{M_1}}}{\sqrt{\dfrac{3RT}{M_2}}} = \frac{\sqrt{M_2}}{\sqrt{M_1}}$$

이 식은 Graham의 법칙과 같고, 따라서 분자 운동론의 모형은 기체의 분출에 관한 실험 결과와도 일치한다.

확산

그림 5.24와 같이 암모니아와 염산에 적신 두 솜 마개를 긴 관의 양쪽 끝에 동시에 끼어 놓고 관찰함으로써 확산을 설명할 수 있다. 몇 분 후에 NH_3와 HCl 분자들이 충돌하여 염화암모늄(NH_4Cl)의 흰 고리가 생긴다.

$$NH_3(g) + HCl(g) \longrightarrow \underset{\text{흰 고체}}{NH_4Cl(s)}$$

첫 근사적 접근으로 두 기체가 이동한 거리가 두 기체 분자의 상대 속도와 관련이 있다고 생각해 보자.

$$\frac{NH_3\text{가 이동한 거리}}{NCl\text{이 이동한 거리}} = \frac{NH_3\text{의 } u_{\text{rms}}}{HCl\text{의 } u_{\text{rms}}} = \sqrt{\frac{M_{HCl}}{M_{NH_3}}} = \sqrt{\frac{36.5}{17}} = 1.5$$

그러나 조심스럽게 실험하면 그 비율이 1.5보다 낮게 측정되는데, 이것은 확산에 대한 정량적인 분석이 더 복잡한 분석을 필요로 한다는 것을 나타낸다.

관을 통한 기체의 확산은 25°C에서 HCl 및 NH_3 분자의 속도가 각각 약 450 및 660 m/s라는 사실에 비추어 놀랍게 느리다. NH_3와 HCl 분자가 만나는 데 왜 몇 분이나 소요될까? 그것은 관 속에 공기가 있어 NH_3와 HCl 분자가 관을 통과할 때 O_2와 N_2 분자들과 많은 충돌을 하기 때문이다. 기체가 혼합될 때 많은 충돌 때문에 확산을 이론적으로 설명하기가 매우 복잡하다.

5.8 실제 기체

이상 기체는 가상적 개념이다. 낮은 압력과 높은 온도에서는 많은 기체들이 이상 기체 법칙에 매우 근접해 있지만, 어떠한 기체도 이상 기체 법칙을 *정확히* 따르지는 않는다. 따라서 이상 기체 거동을 제한된 조건하에서 *실제 기체가 이상 기체 법칙에 근접하게 따르는* 것으로 생각하는 것이 좋다.

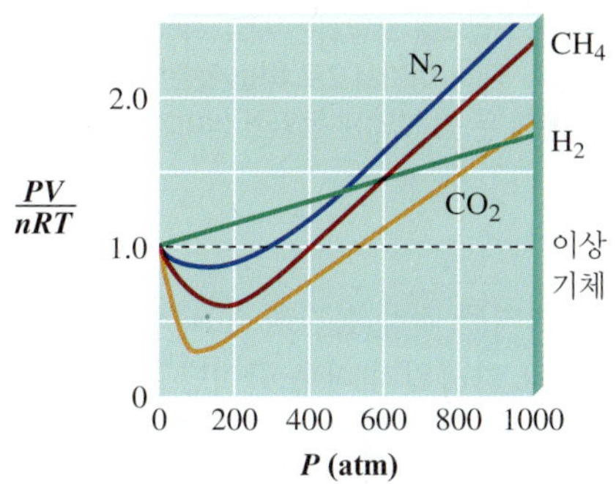

그림 5.25 몇 가지 기체의 P에 대한 PV/nRT의 그래프(200 K). 이상적인 거동($PV/nRT = 1$)에서 상당히 벗어나는 것을 알 수 있다. 낮은 압력(1기압 이하)에서만 이상적 거동에 가깝다.

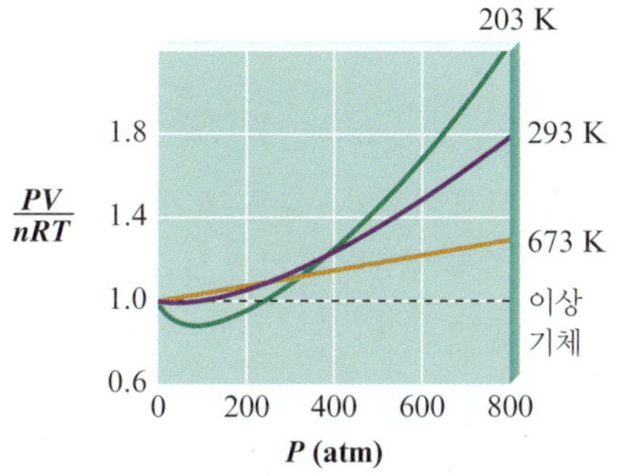

그림 5.26 세 온도에서 질소 기체의 P에 대한 PV/nRT의 그래프. 모든 경우 비이상적인 거동이 명백하지만, 온도가 높을수록 벗어남이 작다.

분자 운동론이라는 단순한 모형으로, 즉 기체 입자는 상호 간에 인력이 작용하지 않고 자체 부피도 없다는 가정 아래 이상적인 거동을 성공적으로 설명할 수 있었다. 그러나 실제 기체의 거동이 이상 기체 법칙으로 예측된 것에서 얼마나 벗어나는지를 조사하고, 관찰된 거동을 설명하기 위하여 분자 운동론을 어떻게 수정할 것인가를 결정하는 일은 매우 중요하다. 모형은 하나의 근사이고 피할 수 없는 결점이 있기 때문에 모형의 결함으로부터 배울 준비를 해야 한다. 사실 우리는 성공적인 모형보다 실패한 모형에서 자연에 관해 더 많은 것을 배울 수 있다.

실험적으로 관찰된 실제 기체의 거동을 기체의 압력, 부피, 온도, 몰 수를 측정하여 조사하고, PV/nRT라는 양이 압력에 따라 어떻게 변화하는가를 관찰해 보자. 몇 가지 기체를 P에 대해 PV/nRT를 도시하면 그림 5.25와 같다. 이상 기체는 모든 조건에서 PV/nRT가 1이다. 그러나 실제 기체는 대단히 낮은 압력(보통 1 atm 이하)에서만 1에 근접한다. 온도의 영향을 알아보기 위해 몇 가지 온도에서 질소 기체의 PV/nRT를 P에 대해 그래프를 그린 것을 그림 5.26에 나타내었다. 온도가 증가함에 따라 기체가 점점 더 이상적으로 거동함을 알 수 있다. 이 그림에서 알 수 있는 중요한 결론은 실제 기체는 *낮은 압력과 높은 온도*에서 이상적 거동에 가장 접근한다는 것이다.

보다 많은 자료를 수집해서 모형을 수정해 나가는 것이 과학에서 가장 중요한 절차 중의 하나이다. 만약 이상 기체 법칙을 설명하는 단순한 모형을 어떻게 수정해야 할 것인지를 이해하여 새로운 모형이 실제로 관측되는 기체의 거동에 잘 들어맞도록 한다면, 기체의 실제 거동을 보다 분명히 이해할 수 있을 것이다. 이를 위한 질문은 다음과 같다. 실제 기체의 거동을 설명하기 위해 분자 운동론의 가정을 어떻게 수정해야 하는가? 이 분야의 중요한 연구가 Amsterdam 대학의 물리학 교수인 Johannes van der Waals(1837~1923)에 의해 처음으로 이루어졌는데, 그는 이 업적으로 1910년 노벨상을 수상하였다. 그의 연구를 이해하기 위해 이상 기체 법칙으로부터 시작해 보자.

$$P = \frac{nRT}{V}$$

이 방정식은 서로 인력이 작용하지 않고 부피가 없는 입자로 구성된 가상적인 기체의 거동을 나타낸 것이다. 반대로 실제 기체는 일정한 부피를 가진 원자나 분자로 구성되어 있다. 그래서 실제 기체에서는 기체 입자 자체가 공간의 일부분을 이미 차지하고 있기 때문에 기체 입자가 움직일 수 있는 유용한 부피는 용기의 부피보다 적다. 이러한 차이를 설명하기 위해 van der Waals는 실제 부피를 용기의 부피 V에서 분자의 부피에 대한 보정 인자 nb를 뺀 것으로 나타내었다. 여기에서 n은 기체의 몰 수이고, b는 실험적인 상수(방정식을 실험 결과에 맞추어 결정한 값)이다. 따라서 어떤 주어진 기체 분자가 *실제로 움직일 수 있는* 공간의 부피는 $V - nb$가 된다.

이상 기체 방정식을 보정하면 다음과 같다.

$$P' = \frac{nRT}{V - nb}$$

이 식은 기체 입자의 부피를 고려하였다.

P′는 입자의 한정된 부피를 보정한 것이지만 입자 간 인력은 고려되지 않았다.

다음 단계는 실제 기체 입자들 사이에서 작용하는 인력을 고려해야 한다. 이러한 인력의 영향으로 관찰된 압력 $P_{관찰}$은 기체 입자의 인력이 없을 때의 압력보다 더 낮다.

$$P_{관찰} = (P' - \text{보정 인자}) = \left(\frac{nRT}{V - nb} - \text{보정 인자}\right)$$

다음 모형을 이용하여 이 결과를 이해할 수 있다. 기체 입자가 서로 접근할 때 인력이 발생하면, 입자 간 인력이 없을 때 벽에 충돌하는 것보다 더 약하게 충돌할 것이다(그림 5.27 참조).

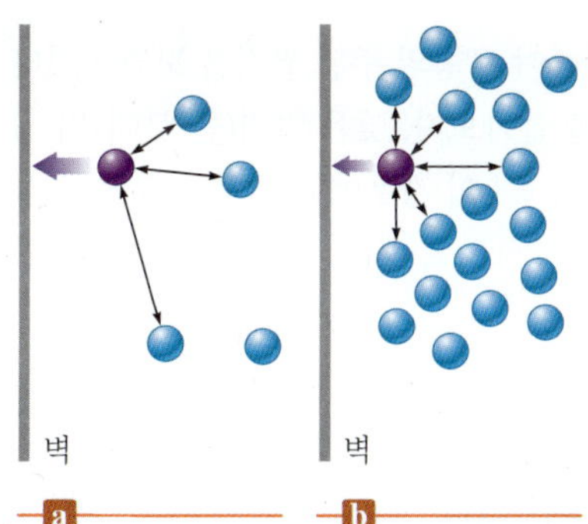

그림 5.27 (a) 낮은 농도에서 기체—입자 간에 상대적으로 적은 수의 상호작용. 관측된 기체 입자는 이상 기체에서 예측한 것과 비슷한 압력을 벽면에 가한다. (b) 높은 농도에서 기체—입자들 간의 더 많은 상호작용. 관측된 기체 입자는 인력이 없을 때 예측되는 것보다 더 낮은 압력을 벽면에 가한다.

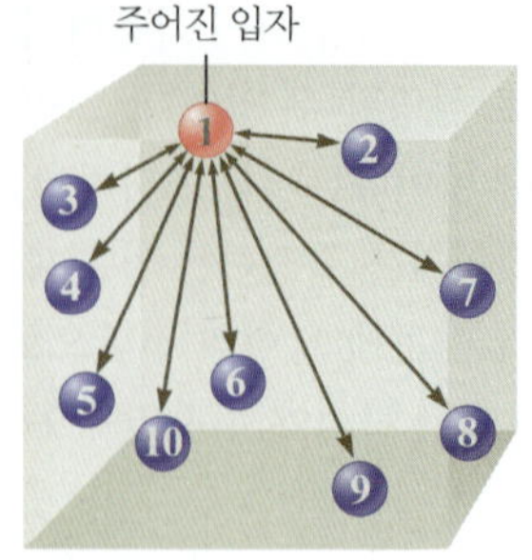

10개의 입자로 되어 있는 기체 시료

그림 5.28 기체 입자 간 입자쌍의 상호작용에 관한 설명. 10개의 입자를 포함하는 시료 속에서 각 입자는 9개의 가능한 쌍을 이룰 수 있어 구별되는 10(9)/2 = 45 쌍이 있다. 여기서 2로 나눈 것은 입자 ❶을 기준으로 할 때 ❶···❷와 입자 ❷를 기준으로 할 때 ❷···❶이 두 번 고려된 동일한 쌍이기 때문이다. 따라서 2로 나누어 실제 쌍 수를 결정한다.

보정 인자의 크기는 리터당 기체의 몰 수(n/V)로 정의된 기체 분자의 농도에 따라 달라질 것이다. 농도가 진해질수록 기체 입자의 쌍은 서로 가까워져 더욱 끌어당길 것이다. 많은 수의 입자에 대해서 서로 끌어당기는 입자 쌍의 수는 전체 입자 수의 제곱에 의존하며, 따라서 농도의 제곱 $(n/V)^2$에 의존하게 된다. 이것을 다음과 같이 증명할 수 있다. N개의 입자를 포함한 기체 시료에서 각 입자마다 그림 5.28과 같이 $N-1$개의 상대가 있다. 1···2 쌍은 2···1 쌍과 같으므로 두 번 포함되었다. 따라서 N개의 입자에 대해서 $N(N-1)/2$개의 쌍이 존재하며, 만일 N이 매우 크다면 $N-1$은 대략 N과 같으므로 $N^2/2$의 가능한 쌍을 가지게 된다. 따라서 입자의 인력에 대해 이상 기체의 압력을 보정하면 다음과 같다.

$$P_{관찰} = P' - a\left(\frac{n}{V}\right)^2$$

여기에서 a는 비례 상수($N^2/2$에서 $\frac{1}{2}$을 포함)이다. 주어진 실제 기체의 a 값은 그 기체의 실제 거동을 측정하여 결정된다. 입자의 부피와 입자 간 인력을 모두 보정하면 다음 식이 된다.

지금 입자의 한정된 부피와 입자 간 인력을 동시에 보정하였다.

$$\underset{\text{관찰된 압력}}{P_{관찰}} = \frac{nRT}{\underset{\text{용기의 부피}}{V} - \underbrace{nb}_{\text{보정 부피}}} - a\underbrace{\left(\frac{n}{V}\right)^2}_{\text{보정 압력}}$$

이 식을 정리하면 **van der Waals 방정식**(van der Waals equation)이 된다.

$P_{관찰}$은 보통 단순히 P로 부른다.

$$\underbrace{\underbrace{\left[P_{관찰} + a\left(\frac{n}{V}\right)^2\right]}_{\text{보정된 압력}}}_{P_{이상}} \times \underbrace{\underbrace{(V - nb)}_{\text{보정된 부피}}}_{V_{이상}} = nRT$$

표 5.3 여러 가지 기체의 Van der Waals 상수

기체	$a\left(\frac{atm \cdot L^2}{mol^2}\right)$	$b\left(\frac{L}{mol}\right)$
He	0.0341	0.0237
Ne	0.211	0.0171
Ar	1.35	0.0322
Kr	2.32	0.0398
Xe	4.19	0.0511
H_2	0.244	0.0266
N_2	1.39	0.0391
O_2	1.36	0.0318
Cl_2	6.49	0.0562
CO_2	3.59	0.0427
CH_4	2.25	0.0428
NH_3	4.17	0.0371
H_2O	5.46	0.0305

상수 a, b 값은 주어진 기체에 대해 얻은 실험값에 맞추어 결정된다. 즉, 모든 조건하에서 얻은 관찰된 압력과 잘 맞을 때까지 a와 b를 변화시켜 결정한다. 여러 가지 기체에 대한 a와 b 값을 표 5.3에 나열하였다.

Van der Waals가 분자 운동론의 기본 가정을 수정하여 모형의 주된 결점을 보완하였다는 것을 실험적 연구로 알 수 있다. 먼저 부피의 영향을 알아보자. 낮은 압력(큰 부피)의 기체에서 용기의 부피는 기체 입자의 부피보다 훨씬 크다. 즉, 이 경우에는 기체가 운동할 수 있는 유효 부피는 용기의 부피와 같으며, 그 기체는 이상적으로 행동한다. 반면에 높은 압

그림 5.29 기체 입자가 자체가 차지하는 부피는 (a) 큰 용기의 부피(낮은 압력)가 (b) 작은 용기의 부피(높은 압력)에서보다 덜 중요하다.

력(작은 부피)에서는 기체 입자가 차지하는 부피의 중요성이 커지며, 따라서 기체가 운동할 수 있는 유효 부피는 용기의 부피보다 상당히 작아진다. 이 현상을 그림 5.29로 설명할 수 있다. 일반적으로 부피 보정 상수 b는 기체 입자가 커짐에 따라 증가한다. 표 5.3은 이러한 주장을 뒷받침하고 있다.

높은 온도에서 실제 기체가 좀 더 이상적으로 거동한다는 사실 역시 van der Waals 모형으로 설명할 수 있다. 높은 온도에서는 입자들이 매우 빠르게 운동하기 때문에 입자 간 인력의 영향은 그다지 중요하지 않다.

Van der Waals가 실제 기체의 거동을 설명하기 위해 분자 운동론을 보정한 것은 물리적 의미가 있으며 기체 거동의 원리를 입자 수준에서 이해할 수 있도록 해 준다. 많은 중요한 화학 반응이 기체 상태에서 일어나기 때문에 이것은 중요한 의미를 지닌다. 실제로 대기라는 기체 혼합물은 우리의 생존에 매우 긴요하다. 5.10절에서 대기 중에서 일어나는 중요한 반응을 알아볼 것이다.

5.9 몇 가지 실제 기체의 특성

몇 가지 흔한 기체의 특성을 조사해 보면 기체의 거동을 더 완벽하게 이해할 수 있다. H_2, N_2, CH_4, CO_2 기체의 압축성 $\left(\frac{PV}{nRT}\right)$을 P에 대해 도시한 그림 5.25에서 기체들이 각각 다른 거동을 나타냄을 보았다. 예컨대 $H_2(g)$에 대한 그래프는 다른 기체와는 달리 압축성이 이상적인 값인 (1.0) 이하로 떨어지는 법이 없다. 다른 기체에 비해 H_2의 특별한 점은 무엇인가? 실제 기체의 압축성이 1.0 이하로 떨어지는 이유는 실제 기체에는 분자 간의 인력이 작용하여 실제로 관측되는 압력이 이상 기체에서 예상되는 압력보다 낮기 때문이라는 점을 5.8절에서 설명한 바 있다. 바로 이 점에서 H_2 분자는 서로 매우 낮은 인력을 가지게 되며, 이는 표 5.3에 있는 H_2에 대한 van der Waals 상수 a 값을 보면 확인할 수 있다. 즉, H_2, N_2, CH_4, CO_2와 같은 기체들 중에서 H_2의 값이 가장 낮다. 상수 a 값은 예상되는 압력에 관측된 압력을 맞추기 위하여 얼마만큼 보정할 것인지를 나타내는 값이다.

$$P_{이상} = P_{관찰} + a\left(\frac{n}{V}\right)^2$$

상수 a 값이 작다는 것은 기체 분자들 사이의 분자 간 힘이 작음을 의미한다.

또한 N_2에 대한 압축성은 1.0 이하로 떨어지지만 CH_4만큼 벗어나지 않으며, 마찬가지로 CH_4 역시 CO_2만큼 벗어나지 않음을 볼 수 있다. 이러한 거동으로부터 요약해 보면 분자 간 인력의 중요성은 다음과 같은 순서로 증가한다.

$$H_2 < N_2 < CH_4 < CO_2$$

이 순서는 표 5.3에 있는 이 기체들에 대한 상수 a의 상대적인 값을 반영하고 있다. 여기에서의 요점은 실제 기체의 거동으로부터 기체 분자들 사이에 작용하는 분자 간 인력의 상대적 중요성을 알 수 있다는 점이다.

비판적 사고 여러분은 어떤 기체도 완벽히 이상적으로 거동하진 않지만, 높은 온도와 낮은 압력(큰 부피) 조건하에서 기체들은 더욱더 이상적인 거동에 가깝게 거동한다는 사실을 배웠다. 만약 기체들이 어느 조건에서나 이상적으로 거동한다면 어떨까? 만약 그렇다면 세상은 어떻게 달라졌을까?

5.10 대기 화학

표 5.4 해수면에서의 대기 조성 (건조한 공기)*

성분	몰분율
N_2	0.78084
O_2	0.20948
Ar	0.00934
CO_2	0.000345
Ne	0.00001818
He	0.00000524
CH_4	0.00000168
Kr	0.00000114
H_2	0.0000005
NO	0.0000005
Xe	0.000000087

*대기에 포함된 수증기의 양은 조건에 따라 다르다.

우리에게 가장 중요한 기체는 지구 표면을 둘러싸고 있는 **대기**(atmosphere)의 기체이다. 주성분은 N_2와 O_2이지만 H_2O나 CO_2와 같이 다른 중요한 기체를 많이 포함하고 있다. 해수면 근처에서 수증기를 제외한 대기의 평균 조성을 표 5.4에 나타내었다. 중력의 영향 때문에 대기의 조성은 일정하지 않다. 무거운 분자일수록 지구 표면 부근에 존재하고, 가벼운 분자는 높은 곳으로 이동하며, 일부는 지구 밖으로 유실된다. 대기는 매우 복잡하고 활동적인 계이지만, 편의상 고도에 따른 온도 변화 방식에 의하여 몇 개의 층으로 나눌 수 있다(그림 5.30).

대기의 높은 층에서 일어나는 화학 작용은 태양과 우주에서 오는 높은 에너지의 복사선과 입자의 영향을 받아 대부분 결정된다. 실제로 대기 상층은 지구상의 비교적 약한 분자들에게 치명적일 수도 있는 높은 에너지 복사선이 지구에 도달하는 것을 막는 중요한 역할을 한다. 특히 대기 상부에 있는 오존층은 지상에 침투하는 높은 에너지의 자외선을 차단한다. 오존의 농도를 조절하는 자연적 인자와 대기 중으로 방출된 화학물질에 의한 영향을 밝히려는 심도 있는 연구가 진행되고 있다.

인간의 활동은 지구 표면에서 가장 가까운 대류권(troposphere)에서 일어나는 화학작용에 큰 영향을 미친다. 고도의 산업화 과정에서 수백만 톤의 기체와 입자들이 대류권에 방출된다. 사실, 대기가 그렇게 많은 물질을 흡수하면서도 지금까지 비교적 큰 영구적 변화를 겪지 않았다는 것은 놀라운 일이다.

그러나 중대한 변화가 일어나고 있다. 많은 대도시 주변의 **대기 오염**(air pollution)이 심각해지고 지구의 기상에 장기적인 변화가 일어날 가능성이 있다. 제6장에서 오염에 대한 장기적인 영향 중 일부를 논의할 것이다. 이 절에서는 오염에 관해서 단기적이고 국부적인 영향에 대해 알아보자.

두 가지 주요 오염원은 교통수단과 전기의 생산이다. 자동차 연료를 연소시킬 때 연소되지 않은 많은 물질과 함께 CO, CO_2, NO, NO_2가 발생된다. 이러한 혼합물이 지표 근처에서 정체된 채 반응하여 잠재적으로 생태계를 자극하고 해를 끼치는 화합물을 생성한다.

오염된 공기의 복잡한 화학 반응은 질소 산화물(NO_x)을 중심으로 일어난다. 자동차나 트럭의 가솔린과 디젤 내연 기관에서 N_2와 O_2가 반응하여 소량의 NO가 발생되며, 배기가스와 함께 공기 중으로 방출된다. NO는 공기 중에서 바로 산화되어 NO_2가 되며, 햇빛으로부터 에너지를 흡수하여 다시 일산화 질소와 유리 산소 원자로 분해된다.

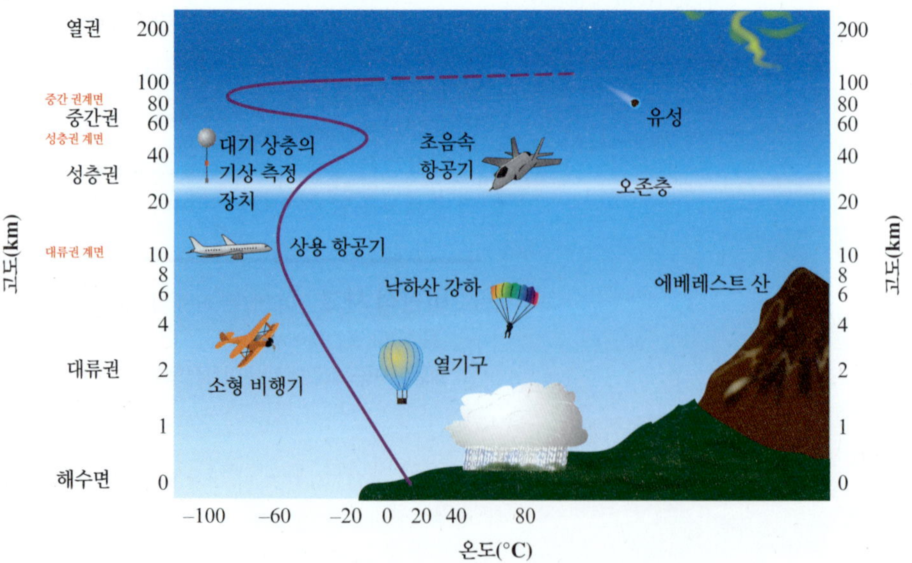

그림 5.30 고도에 따른 온도의 변화.

$$NO_2(g) \xrightarrow[\text{에너지}]{\text{복사}} NO(g) + O(g)$$

산소 원자는 반응성이 크고 O_2와 결합하여 오존(*ozone*)이 된다.

$$O(g) + O_2(g) \longrightarrow O_3(g)$$

OH 라디칼은 전하를 가지지 않는다 [그것은 수산화 이온(OH^-)보다 전자가 하나 더 적다].

오존 또한 반응성이 커서 다른 오염 물질과 직접 반응할 수 있고, 빛을 흡수하여 들뜬 상태인 O_2 분자(O_2*)와 O 원자(O*)로 분해된다. 들뜬 상태의 O 원자(O*)는 물과 반응하여 두 개의 하이드록실 라디칼(OH)을 생성한다.

$$O^* + H_2O \longrightarrow 2OH$$

OH 라디칼은 반응성이 매우 큰 산화제이다. 예를 들면 OH는 NO_2와 반응하여 질산을 생성한다.

$$OH + NO_2 \longrightarrow HNO_3$$

OH 라디칼은 오염된 공기 중에 있는 불연소된 탄화수소와 반응하여 호흡기에 지장을 주거나, 눈을 따끔거리게 하거나, 눈물이 나게 하는 화합물을 생성한다.

이런 전체 과정에 의해 생성된 최종 생성물들은 반응을 일으키는 데 빛이 필요하기 때문에 자주 **광화학적 스모그**(photochemical smog)라 불린다. 앞에서 논의된 반응들을 묶어서 조사하면 광화학적 스모그의 생성물을 좀 더 분명하게 이해할 수 있다.

여기서 O_2로 나타내지만, NO에 대한 실제 산화제는 OH 또는 유기 오염물의 산화에 의해 형성된 CH_3COO와 같은 유기 과산화물이다.

$$\begin{aligned} NO_2(g) &\longrightarrow NO(g) + O(g) \\ O(g) + O_2(g) &\longrightarrow O_3(g) \\ NO(g) + \tfrac{1}{2}O_2(g) &\longrightarrow NO_2(g) \\ \hline \text{알짜 반응:} \quad \tfrac{3}{2}O_2(g) &\longrightarrow O_3(g) \end{aligned}$$

NO_2 분자는 소비되지 않고 오존의 형성을 돕는다는 것을 유의하라. 그다음 형성된 오존은 OH와 다른 오염 물질의 형성으로 이어진다.

다른 주요 오염원은 전기를 생산하기 위해 석탄을 태우는 것에서 비롯된다. 미국 중서부에서 발견되는 석탄의 대부분은 많은 양의 황을 함유하고 있으며, 이 황은 연소될 때 이산화 황을 발생시킨다.

$$S\,(\text{석탄에서}) + O_2(g) \longrightarrow SO_2(g)$$

이산화 황이 공기 중에서 삼산화 황으로 바뀌면 추가 산화 반응이 일어나지만, 이 반응은 고체 입자가 없으면 매우 느리게 진행된다.

$$2SO_2(g) + O_2(g) \longrightarrow 2SO_3(g)$$

삼산화 황은 공기 중에 있는 작은 물방울과 결합하여 황산이 되기 때문에 심각한 문제를 유발한다.

$$SO_3(g) + H_2O(l) \longrightarrow H_2SO_4(aq)$$

Robert Krueger/US Forest Service/Getty Images

그림 5.31 콜로라도의 Wilderness 호수에서 산성비의 여부를 시험하는 모습.

황산은 생물과 건축 자재 모두에 부식성이 매우 강하다. 이러한 형태의 오염의 다른 결과는 **산성비**(acid rain)이다. 미국의 북동부와 캐나다의 남동부의 많은 지역에서 산성비로 인해 일부 담수 호수의 물이 생명체가 살기 어려운 산성으로 변하고 있다(그림 5.31).

하지만 지난 수십 년간 공기의 질이 개선되었기 때문에 나쁜 소식만 있는 것은 아니다. 1970년에 미국 환경 보호청(Environmental Protection Agency, EPA)이 설립되었고, 과학기술에 기반한 대기 오염 문제 해결을 요구하는 대기오염방지법 개정안이 제정되었다. EPA의 최근 연구에 따르면 1990년 이후 주요 대기 오염 물질의 배출량이 약 50% 감소했다. 그림 5.32는 1970년부터 2020년까지 NO_x (NO 및 NO_2)와 SO_2 기체의 농도 감소를 보여준다.

그림 5.32 연간 NO_x (NO 및 NO_2)와 SO_2의 농도 변화(배출량은 1000톤 단위).

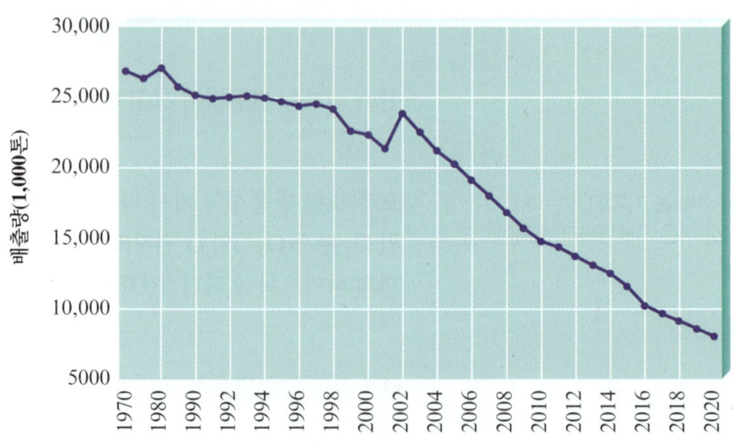

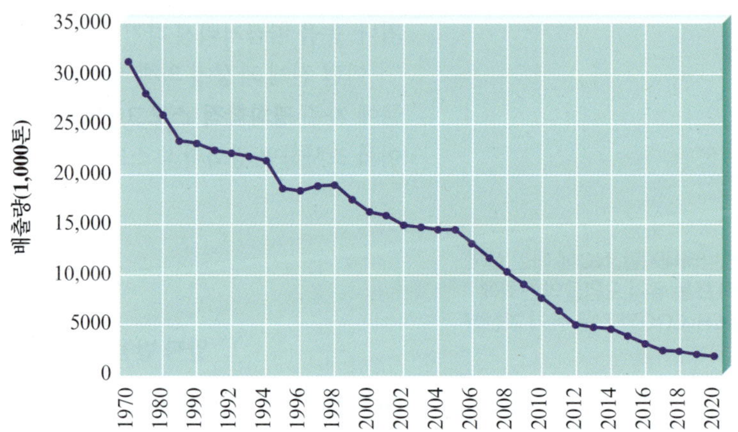

개념 정리 및 복습 For Review

주요 용어

5.1절

기압계

압력계

mm Hg

torr

표준 기압

Pascal

5.2절

Boyle의 법칙

이상 기체

Charles의 법칙

절대 영도

Avogadro의 법칙

기체의 상태

- 기체의 압력(P), 부피(V), 온도(T) 그리고 양(몰, n)을 알면 기체의 상태를 완전히 설명할 수 있다.
- 압력
  - 보통의 단위

$$1 \text{ torr} = 1 \text{ mm Hg}$$
$$1 \text{ atm} = 760 \text{ torr}$$

  - SI 단위: pascal

$$1 \text{ atm} = 101{,}325 \text{ Pa}$$

기체 법칙

- 기체의 특성을 관찰함으로써 발견된다.
- Boyle의 법칙: $PV = k$
- Charles의 법칙: $V = bT$
- Avogadro의 법칙: $V = an$

5.3절

만유 기체 상수

이상 기체 법칙

5.4절

몰부피

표준 온도와 압력(STP)

5.5절

Dalton의 부분압 법칙

부분압

몰분율

5.6절

분자 운동론(KMT)

제곱평균근 속도

주울(Joule)

5.7절

확산

분출

Graham의 분출 법칙

5.8절

실제 기체

Van der Waals 방정식

5.10절

대기

공기 오염

광화학 스모그

산성비

- 이상 기체 법칙: $PV = nRT$
- Dalton의 부분압 법칙: $P_{전체} + P_1 + P_2 + P_3 + \cdots$ (P_n은 기체 혼합물에서 성분 n의 부분압을 나타낸다.)

분자 운동론(KMT)

- 이상 기체의 거동을 설명하는 모형
- KMT의 가정
  - 기체 입자의 부피는 0이다.
  - 입자 간 상호작용이 없다.
  - 입자들은 일정한 운동을 하며, 용기의 벽에 충돌하여 압력이 발생된다.
  - 기체 입자의 평균 운동 에너지는 기체의 Kelvin 온도에 정비례한다.

기체의 성질

- 기체 입자는 일정 범위의 속도 분포를 갖는다.
- 기체의 제곱평균근 속도(rms)는 입자 속도의 제곱의 평균에 대한 제곱근을 의미한다.

$$u_{rms} = \sqrt{\frac{3RT}{M}}$$

- 확산: 둘 이상 기체의 혼합
- 분출: 작은 구멍을 통해 빈 공간으로 기체가 이동하는 과정

실제 기체의 거동

- 실제 기체는 높은 온도와 낮은 압력에서만 이상적으로 거동한다.
- 실제 기체의 거동을 설명하기 위하여 이상 기체 방정식을 어떻게 수정해야 할 것인지를 이해한다면 분자 수준에서 기체의 거동을 이해할 수 있다.
- Van der Waals는 실제 기체의 거동을 묘사하기 위하여 입자의 상호작용과 입자의 부피를 고려해야 함을 발견하였다.

복습 질문

1. 대기압 또는 용기 안의 기체의 압력을 측정하기 위해 기압계와 압력계가 어떻게 작동하는지를 설명하라.

2. Boyle의 법칙, Charles의 법칙, Avogadro의 법칙은 무엇인가? 각 법칙에서 선형 관계를 나타내기 위해 어떤 그래프를 그려야 하는가?

3. Boyle의 법칙, Charles의 법칙, Avogadro의 법칙이 이상 기체 법칙의 어떤 특수한 경우인지 설명하라. 이상 기체 법칙을 이용하여 P와 n(일정한 V와 T에서), P와 T(일정한 V와 n에서)의 관계를 결정하라.

4. 다음 관찰을 이론적으로 설명하라.

a. 에어로졸 용기를 가열하면 폭발한다.

b. 빨대로 탄산 음료를 마실 수 있다.

c. 두께가 얇은 용기 내의 공기를 진공 펌프로 제거하면 용기는 찌그러진다.

d. 테니스 공 제조사들은 고도가 높은 곳과 고도가 낮은 곳에서 사용하는 다양한 종류의 테니스 공을 생산한다.

5. 기체 X가 기체 X_2로 되는 반응을 생각해 보자.

$$2X(g) \longrightarrow X_2(g)$$

같은 몰 수의 X를 두 개의 용기에 각각 담았다. 용기 하나는 부피가 변하지 않는 것이고, 다른 하나는 부피가 쉽

게 변하여 내부 압력과 외부 압력이 같게 유지되는 용기이다. 위 반응을 두 용기에서 진행시켜 반응물이 생성물로 바뀔 때 각 용기 내 기체의 압력과 밀도에 대한 변화를 설명하라.

6. Boyle의 법칙, Charles의 법칙, Avogadro의 법칙, Dalton의 부분압 법칙 등이 이상 기체에 대해 진실임을 기체 분자 운동론(KMT)을 이용하여 설명하라. KMT를 이용하여 n에 대한 P(일정한 V와 T에서), T에 대한 P(일정한 V와 n에서)의 관계를 설명하라.

7. 다음 그림에 두 개의 속도 분포 곡선 A와 B가 있다.

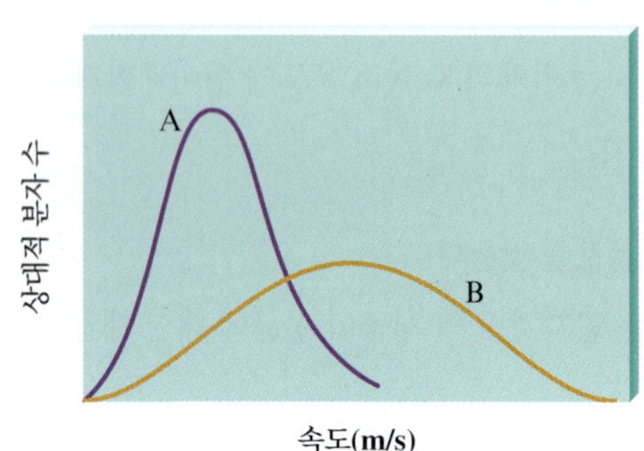

   a. 두 곡선이 STP에서 1.0 L의 $He(g)$과 1.0 L의 $Cl_2(g)$의 속도 분포를 나타낸 것이라면 각 기체에 대응되는 곡선은 어느 것인가? 이유를 설명하라.
   b. 두 곡선이 273 K와 1273 K에서 1.0 L $O_2(g)$의 속도 분포를 나타낸 것이라면 각 온도에 대응되는 곡선은 어느 것인가? 어떤 온도 조건하에서 $O_2(g)$는 가장 이상적으로 거동하겠는가? 이유를 설명하라.

8. 분자식을 모르는 새로 합성한 기체의 몰질량을 결정하는 데 이용될 수 있는 두 가지 방법을 간단히 설명하라.

9. Van der Waals 방정식에서 비이상적인 기체의 거동을 보정하기 위해 관찰된 압력에 어떤 항을 더해 주고 용기의 부피로부터는 어떤 항을 빼주는 이유를 설명하라.

10. 실제 기체가 항상 이상적으로 거동하지 않는 이유는 무엇인가? 실제 기체는 어떤 조건에서 가장 이상적으로 거동하는가? 그 이유는?

활동 학습 질문

이 문제들은 학생들이 강의실에서 그룹을 만들어 함께 풀어보도록 고안하였다.

1. 다음 장치를 생각해 보자. 시험관을 침투가 되지 않는 탄성 막으로 덮고 용기에 넣은 다음 코르크 마개로 밀봉한다. 주사기 바늘이 코르크 마개를 통과하도록 찌른다.

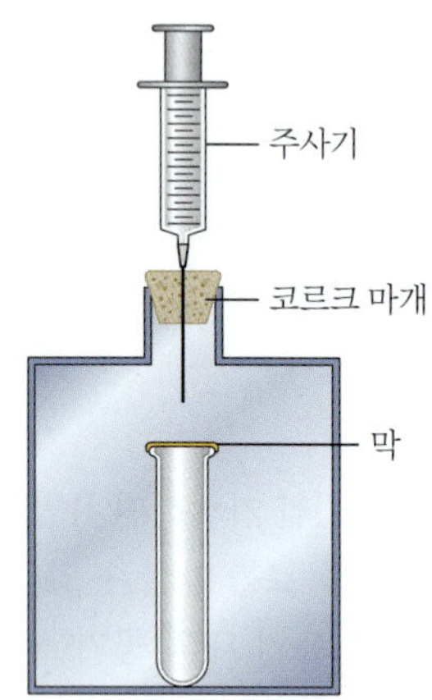

   a. 주사기의 유리봉을 밀면 시험관을 덮고 있는 막은 어떻게 될까?
   b. 주사기의 유리봉을 민 후 멈추고 그대로 유지하면 막에서 어떤 변화가 일어날까?

2. 그림 5.2의 기압계를 보자. 기압계가 어떻게 작동하는지를 가장 잘 설명한 것은?
   a. 관 밖의 공기압은 관 안과 밖의 공기압이 같아질 때까지 관에 있는 수은을 움직이도록 한다.
   b. 관 안의 공기압은 관 안과 밖의 공기압이 같아질 때까지 관에 있는 수은을 움직이도록 한다.
   c. 관 밖의 공기압은 관 안에 있는 수은의 무게와 같다.
   d. 수은의 모세관 작용이 수은을 관 위로 올라가도록 한다.
   e. 관 위쪽에 형성된 진공이 수은을 멈추게 한다.

   답을 선택하고 그 이유를 설명하라. 나머지는 무엇이 잘못되었는지 설명하라. 그림을 참조!

3. 다음 기압계는 대기압에서 수은의 높이를 보여준다. 같은 대기압에서 나머지 다른 기압계의 수은의 높이를 표시하고 그 이유를 설명하라.

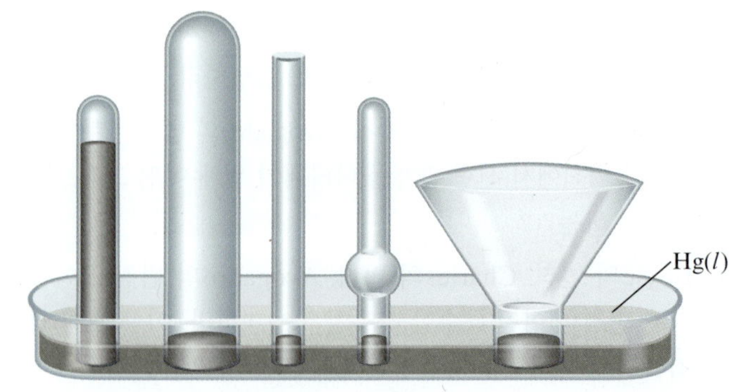

4. 부피가 일정한 밀봉된 용기 내 기체의 온도를 올리면 기체의 밀도는 어떻게 되는가? 일정한 압력하에 피스톤이 달린 용기로 똑같은 실험을 하면 동일한 결과를 얻을 수 있는가? (그림 5.17 참조)

5. 다음 그림은 플라스크 내 공기를 확대한 것이다.

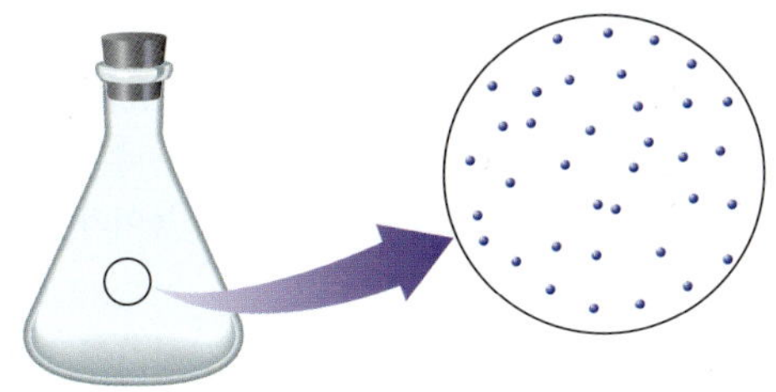

점들 사이에는 무엇이 있을 것이라고 생각되는가? (점은 공기 입자를 나타낸다.)

a. 공기
b. 먼지
c. 오염 물질
d. 산소
e. 아무것도 없다.

6. 물에 빨대를 넣고 손가락으로 위 구멍을 막은 다음 빨대를 물 밖으로 들어 올리면 어느 정도의 물이 빨대 안에 남아 있다. 이를 설명하라.

7. 화학과 학생이 다음과 같은 이야기를 했다. 타이어 공기가 약간 빠져 주유소에 갔는데, 타이어에 공기를 넣으면서 분자 운동론을 생각했다. 공기가 빠진 타이어에 공기를 넣으면 압력과 부피가 증가한다는 것을 알았다. "음, 이 현상은 압력과 부피가 서로 반비례한다고 화학 시간에 배운 것과 정반대인데"라고 생각했다. 이 상황에서 학생의 논리 오류는 어디에 있는가? *왜* 압력과 부피가 반비례 관계에 있다고 생각하는지 설명하라(그림을 그리고, 분자 운동론을 이용한다).

8. 기체인 X, Y는 반응하여 기체 XY를 생성하지만 반응이 일어나는 데 약간 시간이 걸린다. 두 기체 X, Y를 피스톤(자유롭게 움직인다)이 달린 용기에 넣고 부피를 관찰하라. 반응이 일어나면 용기의 부피는 어떻게 되는가? (그림 5.18 참조)

9. 풍선 안의 공기에 열을 가하면 따뜻해진 공기 풍선이 올라가는 이유를 가장 잘 설명한 것은?

a. Charles의 법칙에 의하면 기체의 온도는 부피에 정비례한다. 따라서 풍선의 부피가 증가하고 밀도가 낮아져 풍선이 올라간다.
b. 풍선 안의 따뜻한 공기가 올라간다. 따라서 풍선이 올라간다.
c. 기체의 온도는 압력에 정비례한다. 따라서 압력이 증가하여 풍선이 올라간다.
d. 기체의 일부는 풍선 밑바닥으로 새어 나와 풍선 안의 기체 질량을 감소시킨다. 이 현상은 풍선 안의 기체의 밀도를 감소시켜 풍선이 올라가도록 한다.
e. 온도는 기체 분자의 제곱평균근 속도에 정비례한다. 그래서 분자들이 빠르게 움직여 풍선을 때리고 그 결과 풍선이 올라간다.

답을 선택하고 그 이유를 설명하라. 나머지는 무엇이 잘못되었는지 설명하라.

10. 기체가 채워진 밀봉된 단단한 용기의 확대도를 그려라. 또한 기체를 크게 가열하였을 때의 모습을 그려라. 그런 후 용기에 들어있는 물질의 끓는점 이상으로 온도를 유지하면서 기체를 상당히 냉각시켰을 때의 모습을 그려라. 마지막으로 용기 내의 기체를 뽑아내어 압력을 절반으로 감소시켰을 때의 상황을 그려라.

11. 헬륨이 든 풍선을 놓아주면 공중으로 올라가 결국 터진다. 이 상황을 설명하라.

12. 같은 압력과 온도에서 같은 크기의 두 용기에 서로 다른 기체를 주입하였다면 각 기체의 몰 수에 관해 어떠한 사실을 말할 수 있는가? 이것이 옳은 이유는 무엇인가?

13. Boyle의 법칙, Charles의 법칙, Avogadro의 법칙이 어떻게 이상 기체 법칙의 특별한 경우인지 설명하라.

14. 아래의 그림에 나타낸 것처럼 밸브로 연결된 두 개의 구형 용기에 헬륨 기체가 담겨져 있다. 처음에는 밸브가 잠긴 상태이다. 밸브를 열었을 때 아래 장치의 전체 압력은 5 atm보다 작아질까, 커질까? 아니면 정확히 5 atm이 될 것인가? 답에 대한 이유를 설명하라.

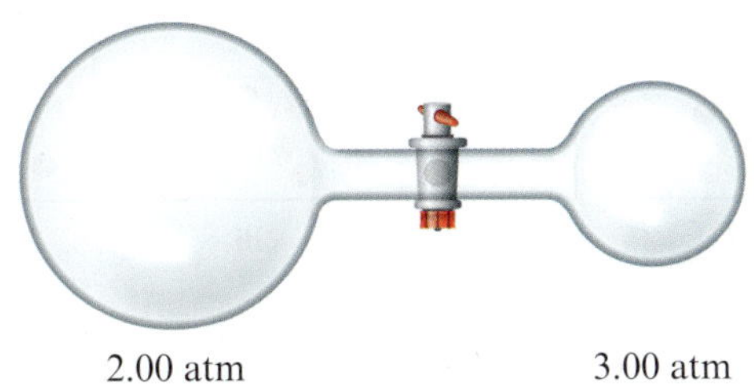

15. 다음의 그럴듯한 모순에 대하여 설명하라. 같은 압력과 온도에서 똑같은 부피의 용기에 A와 B의 두 기체를 각각 담았다. 각 기체의 몰 수는 같다. 온도가 같기 때문에 두 기체의 평균 운동 에너지도 같다. 계의 에너지가 병진 운동으로 전환되기에(분자들이 움직이는) rms 속도도 같고, 각 기체 입자는 평균적으로 동일한 상대 속도로 움직인다. A와 B가 다른 기체이기 때문에 각 기체의 몰질량은 서로 다르다. 만약 A가 B보다 몰질량이 크다면 A 입자는 더 강한 힘으로 용기의 면을 때릴 것이다. 그래서 A 기체가 든 용기의 압력은 B 기체가 든 용기의 압력보다 높아야만 한다. 그러나 초기에 압력이 같다고 가정하였다.

16. 1 atm 공기가 든 플라스크 주둥이에 풍선을 덮었다. 풍선의 부피가 플라스크의 부피와 같아지도록 플라스크 밑면을 가열하였다.

a. 공기가 많이 들어 있는 쪽이 풍선인가, 플라스크인가? 아니면 같은 양이 담겨 있는가? 설명하라.
b. 풍선과 플라스크 중에서 압력이 더 높은 쪽은? 아니면 똑같은가? 설명하라.

17. Dalton의 부분압 법칙은 이상 기체 모형에 어떻게 도움이 되겠는가? 즉, 분자 운동론의 어느 가정이 그 모형을 설명할 수 있는가?

18. 같은 조건의 압력과 온도에서 암모니아 기체는 공기보다 밀도가 작다. 이 사실을 설명하라.

19. 아래 열거한 물리적 양들에 대하여, 각 수량을 어떻게 결정할 수 있는지 설명하라.

a. 평균 운동에너지

b. 밀도
c. 기체의 부분압
d. 제곱평균근 속도
e. 다른 기체와 비교한 기체의 분출 속도

20. 15°C에서 제논 기체 1 mol이 두 용기에 담겨 있다. 용기 A의 부피는 3.0 L이고 용기 B는 1.0 L이다. 두 용기 사이의 다음 양들을 비교하여 설명하라.
a. Xe 원자들의 평균 운동 에너지
b. Xe 원자가 용기 벽에 충돌하는 힘
c. Xe 원자의 제곱평균근 속도
d. 기체 밀도
e. Xe 시료의 압력

21. 고체, 액체 및 기체 간의 차이를 보여주는 분자 수준의 모습을 그려라.

22. 동일한 온도에서 다음 기체 시료를 생각해 보자.

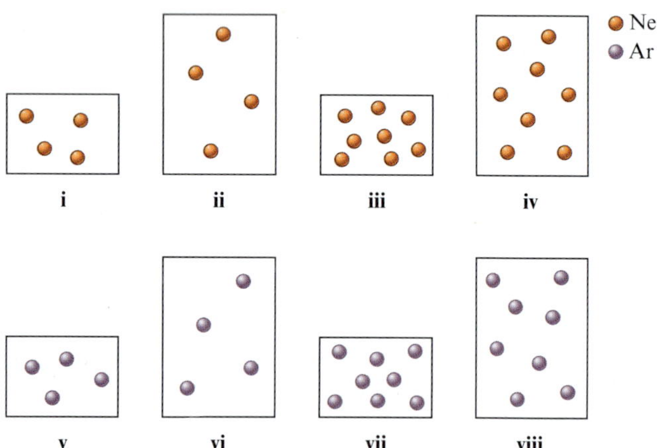

각 시료를 낮은 것부터 높은 순서로 정렬하라.
a. 압력
b. 평균 운동 에너지
c. 밀도
d. 평균 제곱근 속도

참고: 일부 기체 시료는 이러한 특성에 대해 동일한 값을 가질 수 있다. 큰 용기의 부피가 작은 용기 부피의 두 배이고 아르곤 원자의 질량이 네온 원자 질량의 두 배라고 가정한다.

23. $NH_3(g)$는 일정한 압력과 온도에서 질소 기체와 수소 기체로 분해되므로 생성 기체의 부피는 반응한 NH_3 부피의 두 배이다. 설명하라. $NH_3(g)$는 일정한 부피와 온도에서 질소 기체와 수소 기체로 분해되기 때문에 전체 압력은 어느 정도 증가한다. 압력이 증가하는 이유는 무엇이며 반응물이 완전히 생성물로 전환될 때 압력이 증가하는 요인은 무엇인가? 생성물 기체의 부분압은 NH_3의 초기 압력과 어떻게 되는가?

분홍색 번호의 질문과 연습문제에 대한 정답은 온라인에서 확인할 수 있습니다(차례의 QR을 스캔해보세요).

질문

24. 실온에서 물은 몰부피가 18 mL인 액체이다. 105°C와 1 atm에서 물은 기체로서 몰부피가 30 L보다 크다. 몰부피의 차이가 왜 큰지 설명하라.

25. 수은(d = 13.6 g/cm^3) 대신 물(d = 1.0 g/cm^3)을 이용하여 기압계를 만들면 1.0 atm에서 물관의 높이는 수은관의 높이보다 높을까, 낮을까, 또는 같을까? 만약 관의 높이가 다르다면 어떤 요인 때문인지 설명하라.

26. 감자칩 봉지가 캘리포니아 로스엔젤레스에서 채워지고 봉해진 후 스키 시즌에 네바다의 Lake Tahoe로 운반되었다. Lake Tahoe에 도착한 후 봉지의 부피가 늘어났음을 알았다. 부피 증가를 초래한 가장 그럴듯한 외부적 요인은 무엇인가?

27. Boyle의 법칙은 여러 가지 방법의 그래프로 나타낼 수 있다. 다음 그래프 중 Boyle의 법칙(일정한 T와 n을 가정)을 올바르게 표현하지 *못한* 것은 어느 것인가? 설명하라.

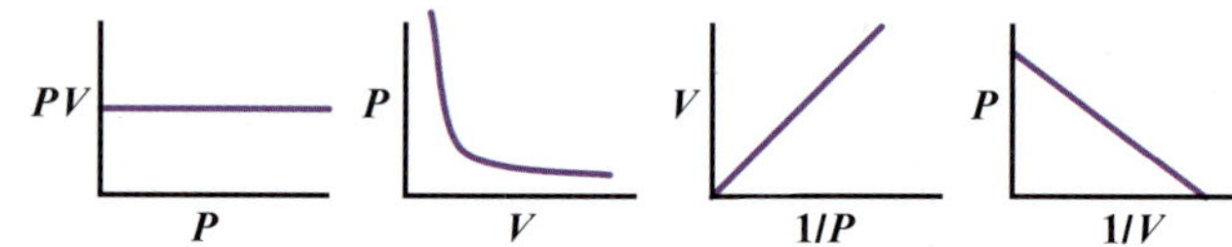

28. 기상 관측용 풍선이 지표면에서 상승함에 따라 대기압이 낮아져 풍선의 부피가 팽창하는 경향이 있다. 그러나 대기 상층부의 온도는 지표면보다 훨씬 낮다. 이러한 온도 효과는 풍선을 팽창시킬까 또는 수축시킬까? 실제 기상 관측용 풍선은 고도 상승에 따라 부피가 팽창한다. 이러한 현상은 무엇을 의미하는가?

29. 동일한 질량의 세 가지 다른 기체(X, Y, Z)를 혼합하였다. 일정한 온도에서 밀폐된 견고한 용기에 보관하였다. 기체 X의 몰질량이 기체 Y 또는 기체 Z의 몰질량보다 클 경우 기체 X의 분압에 관한 다음 문장 중 옳은 것은? 이상적인 기체 거동을 가정한다.
a. 전체 압력의 1/3에 해당한다.
b. 전체 압력의 1/3 미만이다.
c. 전체 압력의 1/3보다 크다.
d. 전체 압력의 1/3 이하일 수 있다.

30. 두 개의 용기에 각각 2 mol의 Ne(g)이 채워져 있다. 용기 하나는 단단해서 일정한 부피를 유지하며, 다른 용기는 풍선처럼 유연성이 있어 외부 압력과 내부 압력이 서로 같아지도록 부피가 변할 수 있다. 두 용기의 온도를 올리면 각 용기 내부에 있는 기체의 압력과 밀도에 어떠한 변화가 일어나는가? 외부 압력은 일정하다고 가정한다.

31. 예제 5.11에서 STP 상태에서 $N_2(g)$의 몰부피는 22.42 L/mol N_2이다. 어떻게 이 값이 계산되었는가? 이상 기체 거동을 가정했을 때 He(g)의 몰부피를 $N_2(g)$의 몰부피와 STP 상태에서 비교하면 어떠한가? 1.000기압과 25°C에서 $N_2(g)$의 몰부피는 22.42 L/mol보다 큰가, 작은가, 또는 같은가? 설명하라. 1.000기압과 0.0°C에서 수상치환을 통해 포집한 $N_2(g)$의 몰부피는 22.42 L/mol보다 큰가, 작은가, 또는 같은가? 설명하라.

32. 같은 부피를 갖는 두 개의 풍선이 있다. 한 개의 풍선에는 아르곤이 들어있고 다른 한 개의 풍선에는 네온이 들어있다. 두 개의 풍선에서 Ar과 Ne 사이의 대략적인 질량비는 얼마인가?

33. 이상 기체 분자를 가정하여 다음 질문에 대해 답하라.
  a. 기체 분자의 평균 분자 운동 에너지는 온도와 어떤 관계가 있는가?
  b. 기체 분자의 평균 속도는 온도와 어떤 관계가 있는가?
  c. 일정 온도에서 기체 분자의 평균 속도는 기체 분자의 분자량과 어떤 관계가 있는가?

34. 아래의 그림에 있는 플라스크들을 생각해 보자. 연결관의 부피는 무시할 정도로 작다고 가정할 때, 플라스크들 사이에 위치한 멈춤 꼭지가 열린 후에 어떻게 변할 것인지를 그려 보라. 또한, 각 경우의 최종 압력이 원래 압력에 비해 어떻게 변했을지 구하라. 온도는 일정하다고 가정한다.

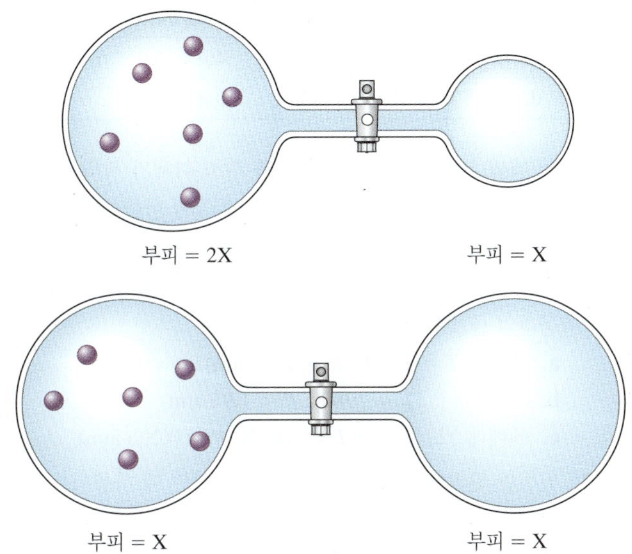

35. 1 mol의 $CH_4(g)$ 시료에 있는 모든 분자는 273 K에서 동일한 운동 에너지를 가지는가? 1 mol의 $N_2(g)$ 시료에 있는 모든 분자는 546 K에서 동일한 속도를 가지는가? 설명하라.

36. 여러분은 두 개의 풍선을 들고 있는데, 각각 같은 질량의 기체로 채워져 있다. 하나의 풍선은 Ne 기체가 들어 있고 다른 풍선은 Ar 기체가 들어있다. 일정한 온도에서 각 풍선 내부의 기체의 밀도를 비교하라.

37. 이산화 질소 기체는 질소 기체와 산소 기체로 분해된다. 일정한 온도와 용기 부피에서 이산화 질소 4.0 atm을 분해하면 총 압력은 6.0 atm로 증가한다. 이산화 질소가 분해될 때 압력이 50.% 증가한 이유는 무엇인가? 최종 반응 혼합물에서 질소 기체와 산소 기체의 부분압은 얼마인가?

38. 다음 설명 중 옳은 것은? 잘못된 설명은 바로잡아라.
  a. 일정한 온도에서 기체 분자가 가벼울수록 평균 속도는 빠르다.
  b. 일정한 온도에서 기체 분자가 무거울수록 평균 운동 에너지는 더 커진다.
  c. 실제 기체는 용기의 부피가 비교적 크고 기체 분자가 상대적으로 빠르게 움직일 때 가장 이상적으로 행동한다.
  d. 온도가 증가하면 기체 거동에 미치는 입자 간 상호작용의 효과는 커진다.
  e. 일정한 V와 T에서 용기에서 기체 분자의 수가 증가하면 단위 부피당 충돌 횟수가 많아져 압력이 높아진다.
  f. 기체 분자 운동론에 따르면 기체의 부피와 몰 수가 일정할 때 압력은 온도에 반비례할 것으로 예상된다.

39. 표 5.3에 있는 H_2, CO_2, N_2, CH_4 기체의 van der Waals 상수 a 값으로부터 어느 기체 분자가 가장 강한 분자 간의 인력을 보이는지를 예측하라.

40. 표의 값을 보지 않고 H_2, N_2, CH_4, C_2H_6, C_3H_8 기체 중 어느 기체의 van der Waals 상수 b 값이 가장 큰가를 예측하라.

41. 그림 5.6에 세 가지 기체의 P에 대한 PV의 그래프를 나타내었다. 어느 기체가 가장 이상적으로 거동하는가? 설명하라.

42. 이상 기체 입자는 부피도 없고 상호 간의 인력이나 반발력이 없다고 가정한다. Dalton의 부분압 법칙을 설명하는 데 이 가정이 중요한 이유는 무엇인가?

연습 문제

이 연습 문제는 비슷한 유형의 문제를 두 개씩 짝지어 놓았다.

압력

43. 프레온-12 (CF_2Cl_2)는 일반적으로 가정용 중앙 에어컨의 냉매로 사용되었다. 오존층 파괴로 인해 1996년에 제조가 금지되었다. 프레온-12의 일반적인 대체품은 테트라플루오로에탄(CF_3CH_2F)이다. R-134a라고 한다. R-134a를 4.8 atm의 압력으로 충전한 에어컨 장치를 생각해 보라. 이 압력을 다음 각 단위의 압력(1 atm = 14.7 psi)으로 나타내라.
  a. mmHg
  b. torr
  c. Pa
  d. psi

44. 기체 실린더 내부의 압력이 2200 psi(제곱인치당 파운드: 1 atm = 14.7 psi)였다. 이 압력을 다음 단위로 환산하라.
  a. 표준 기압
  b. 메가파스칼(MPa)
  c. torr

45. 다음과 같이 밀폐된 관의 기압계는 대기압보다 낮은 압력을 측정하기 위해 사용할 수 있다. 수은 위는 진공이다. 플라스크가 진공일 때에는 U자 관 양쪽의 수은 높이가 같다. 플라스크에 기체 시료를 넣으면 수은의 높이는 달라진다. 플라스크 내부의 기체 압력을 높이 차 h로부터 구할 수 있다. h가 6.5 cm라면 플라스크 내부의 압력을 torr, pascal, atm 단위로 각각 계산하라.

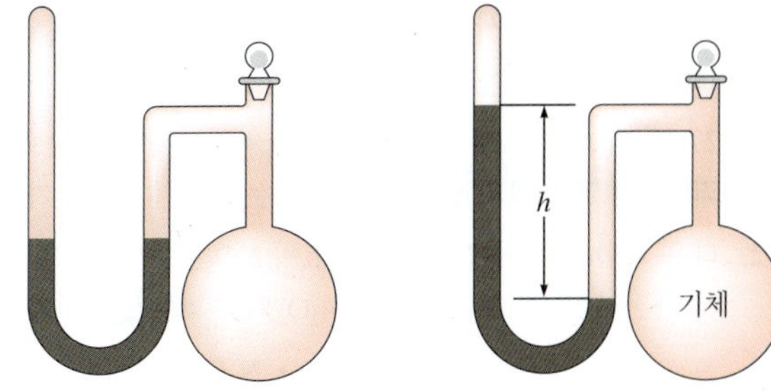

46. 연습 문제 45의 밀폐된 관 압력계가 수은 수준과 20.0인치의 높이 차이가 있다면, 플라스크 안의 압력을 torr와 atm 단위로 계산하라.

47. 열린 관의 기압계 그림은 다음과 같다.

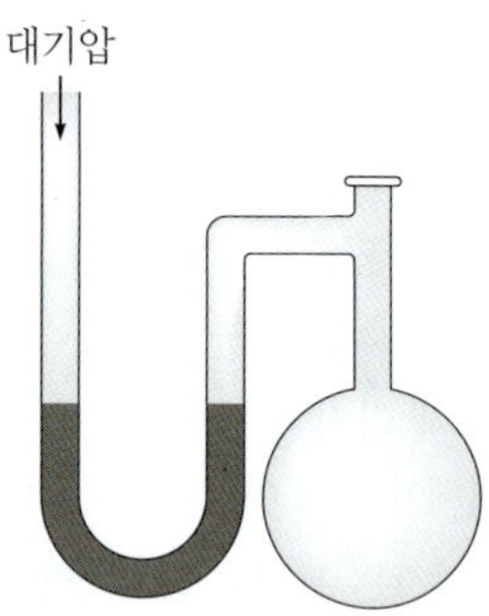

플라스크의 주둥이를 열면 양면의 수은 높이는 같다. 플라스크에 기체를 주입하여 다음과 같이 되었을 때, 플라스크의 압력을 torr, atm, pascal 단위로 계산하라.

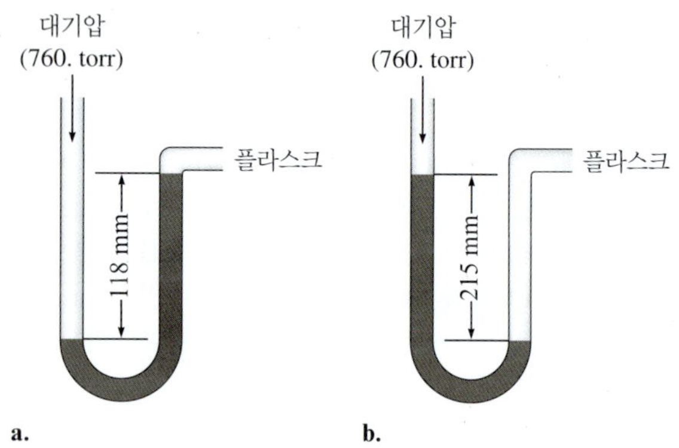

c. 대기압이 635 torr라면 a와 b의 플라스크 내 압력(torr 단위)은 얼마인가?

48. a. 연습 문제 47에서 개방된 관의 기압계에 수은(밀도 = 13.6 g/cm^3) 대신 비휘발성 실리콘 오일(밀도 = 1.30 g/cm^3)을 넣었을 때, *a*와 *b*의 플라스크 속의 압력을 torr, atm, pascal 단위로 계산하라.

b. 비교적 차이가 작은 압력을 측정하기 위하여 기압계에 수은보다 밀도가 낮은 유체를 사용한다면 어떠한 장점이 있을까?

기체 법칙

49. 에어로졸 캔은 5.20 atm에서 400. mL의 압축 기체를 담을 수 있다. 에어로졸 캔의 모든 기체가 큰 플라스틱 백(bag)에 분사하였더니, 플라스틱 백의 부피가 2.14 L가 되었다. 플라스틱 백 안 기체의 압력은 얼마인가? 일정한 온도를 가정하라.

50. 풍선이 20.0°C에서 7.00×10^2 mL의 부피로 채워져 있다. 이때 1.00×10^2 K의 온도로 냉각된다면 풍선의 부피는 얼마인가?

51. 27.1 g의 Ar(g)이 4.21 L의 부피를 차지한다면, 같은 온도와 압력에서 1.29 mol의 Ne(g)이 차지하는 부피는 얼마인가?

52. 다음 화학 반응식에서, 25.0 mL의 NO_2 기체가 같은 조건하에서 완전히 N_2O_4로 되었다면, N_2O_4의 부피는 얼마인가?

$$2NO_2(g) \longrightarrow N_2O_4(g)$$

53. 이상 기체에 대한 다음의 표를 완성하라.

	P (atm)	*V* (L)	*n* (mol)	*T*
a.	5.00		2.00	155°C
b.	0.300	2.00		155 K
c.	4.47	25.0	2.01	
d.		2.25	10.5	75°C

54. 이상 기체에 대한 다음의 표를 완성하라.

	P	*V*	*n*	*T*
a.	7.74×10^3 Pa	12.2 mL		25°C
b.		43.0 mL	0.421 mol	223 K
c.	455 torr		4.4×10^{-2} mol	331°C
d.	745 mm Hg	11.2 L	0.401 mol	

55. 두 개의 200.0 L 탱크에 헬륨과 수소 기체가 각각 들어 있다. 24°C에서 탱크의 압력이 2.70 atm 되도록 하는 데 필요한 각 기체의 질량을 계산하라.

56. 인간의 평균 폐활량은 6.0 L이다. 다음 주어진 상황에서 폐 속의 공기의 몰 수는 얼마나 되는가?

a. 해수면(T = 298 K, P = 1.00 atm)

b. 수심 10. m (T = 298 K, P = 1.97 atm)

c. 에베레스트산 정상(T = 200. K, P = 0.296 atm)

57. 일정한 부피에서 에너지 변화를 계산하는 데 사용되는 장치 중 하나는 통 열량계이다. 22°C에서 통의 강철 반응 용기 75.0 mL의 열량계에 산소 기체를 채워 14.5 atm의 압력으로 유지하였다. 반응 용기에 들어있는 산소의 질량을 계산하라.

58. 온도 22°C에서 5.0 L 플라스크에 0.60 g의 O_2가 있다면, 플라스크 안의 압력(atm)은 얼마인가?

59. 0.200 mol의 He(g)을 함유한 밀봉된 기상 관측 기구가 지표면 위 15 km까지 올라갔다. 이 고도에서 풍선의 부피는 76.0 torr의 압력에서 37.0 L이다. 지표 위 15 km 상공의 지구 대기 온도는 얼마인가?

60. 어떤 사람이 밀도가 1.149 g/mL인 액체 산소 $O_2(l)$ 한 방울을 실수로 삼켰다. 한 방울의 부피가 0.050 mL라면 그 사람의 위 속의 온도 37°C와 압력 1.0 atm에서 기체의 부피는 얼마인가?

61. 일반 성인은 한 번 숨을 쉴 때, 450 mL의 공기를 들이마신다. 745 torr와 22°C에서 한 숨에 들이마시는 공기 입자는 몇 개인가?

62. N_2O는 치아의 가벼운 마취 및 진통 효과 때문에, 의학이나 치의학에서 환자를 진정시키는 데 사용하는 기체이다. 또한 N_2O는 비인화성 기체이다. 298 K, 10.5 atm에서 N_2O가 부피 5.00 L의 실린더에 담겨 있다면, 이 안에 존재하는 N_2O 분자는 몇 개인가? 그리고 실린더 안의 기체를 큰 풍선에 옮겼을 때 압력이 745 torr라면, 298 K에서 풍선의 부피는 얼마가 되겠는가?

63. 25°C에서 0.50몰의 Kr을 포함하는 기체 시료는 0.75 atm의 압력을 가하였다. 더 많은 Kr을 견고한 용기에 첨가하고 온도를

50°C로 증가시켰더니 그 결과 2.5 atm이었다. 용기에 첨가된 Kr의 몰 수는 얼마인가?

64. 자전거 타이어에 공기를 넣어 19°C에서 압력이 75 psi가 되었다. 한여름 아스팔트 위에서 자전거를 타는데 타이어의 온도가 58°C로 높아졌고 부피도 4.0% 팽창하였다. 이때 타이어의 압력은 얼마인가?

65. 두 개의 기체를 담을 수 있는 용기가 다음과 같은 조건에 있다.

용기 A	용기 B
내용물: $SO_2(g)$	내용물: 미지의 기체
압력 = P_A	압력 = P_B
기체 몰 수 = 1.0 mol	기체 몰 수 = 2.0 mol
부피 = 1.0 L	부피 = 2.0 L
온도 = 7°C	온도 = 287°C

용기 B의 압력은 용기 A의 압력과 어떤 관련이 있는가?

66. 다음에서 두 개의 분리된 기체 용기를 생각해 보자.

	용기 A	용기 B
내용물	$Cl_2(g)$	$O_2(g)$
기체의 몰 수	4.0 mol	1.0 mol
온도	350 K	3500 K
압력	0.40 atm	0.20 atm

A 용기의 부피는 B 용기의 부피와 어떤 관계가 있는가?

67. 내부 압력 2500 torr을 견딜 수 있지만 그 이상은 견딜 수 없는 플라스크는 21°C 및 758 torr에서 기체로 채웠다. 플라스크가 가열되면 몇 도에서 터지는가?

68. 반경이 1.00 cm인 유연한 공 안에 7°C의 이상 기체가 들어 있다. 일정한 압력에서 기체를 88°C까지 가열하였을 때 공의 반지름은 얼마가 되는가? [구의 부피 = $(4/3)\pi r^3$.]

69. 온도 30.°C와 압력 710. torr에서 부피가 5.0×10^2 mL인 이상 기체가 실린더에 들어 있다. 기체를 25 mL 부피로 압축하면 온도가 820.°C까지 올라간다. 이때 기체의 압력은 얼마인가?

70. 1.00×10^3 g의 아르곤 기체가 들어 있는 압축 기체 실린더의 내부 압력이 18°C에서 2050. psi였다. 26°C에서 650. psi로 감압되었다면 실린더에 남아있는 기체의 양은 얼마인가?

71. 23°C와 1.00 atm에서 1.00 L의 헬륨이 들어 있는 풍선이 있다. 이 풍선이 −31°C와 압력이 220. torr인 고도까지 올라갔다. 1.00 atm에서 220. torr까지 압력이 낮아짐에 따라 풍선 부피에 어떤 변화가 있겠는가?

72. 21°C와 745 torr에서 부피가 4.00×10^3 m^3의 공기가 들어 있는 기구가 있다. 기구의 부피를 4.20×10^3 m^3로 팽창시키려고 기구 내 공기 온도를 62°C까지 올렸다. 처음 기구 안의 공기 몰 수에 대한 가열된 공기 몰 수의 비는 얼마인가? (*힌트*: 기구의 입구는 열려 있어 공기의 출입이 가능하다. 그래서 기구 내 압력은 항상 대기압과 같다)

기체 밀도, 몰질량, 반응 화학량론

73. 다음과 같은 반응에서

$$4Al(s) + 3O_2(g) \longrightarrow 2Al_2O_3(s)$$

어떤 알루미늄 시료와 완전히 반응하기 위해 STP에서 2.00 L의 순수한 산소가 필요하다면 반응한 알루미늄의 질량은 얼마인가?

74. 비어있는 풍선에 드라이아이스(고체 CO_2) 4.00 g을 넣었다. STP에서 드라이아이스가 모두 승화(기체상의 CO_2로 변환)되었을 때 풍선의 부피는 얼마인가?

75. 심한 충격으로 강철 공이 스프링을 눌러 전기적으로 뇌관이 점화되면 에어백은 부풀게 된다. 이것은 다음 반응과 같이 아자이드화 소듐(NaN_3)이 폭발적으로 분해되기 때문이다.

$$2NaN_3(s) \longrightarrow 2Na(s) + 3N_2(g)$$

STP에서 에어백이 70.0 L까지 팽창하려면 $NaN_3(s)$가 몇 그램 필요한가?

76. 진한 과산화 수소 용액은 소량의 전이 금속(Mn 또는 Fe 등) 이온에 의해 폭발적으로 분해한다.

$$2H_2O_2(aq) \longrightarrow 2H_2O(l) + O_2(g)$$

질량 비로 50.0%의 과산화 수소 125 g의 용액이 분해될 때 발생하는 순수한 $O_2(g)$의 부피는 27°C와 746 torr에서 얼마인가? 물의 증기압은 무시된다고 가정한다.

77. 1897년에 스웨덴 탐험가 Andreé가 기구로 북극에 가려고 시도했다. 기구를 수소로 채웠는데 수소 기체는 철 조각과 묽은 황산을 반응시켜 얻었다. 반응은 다음과 같다.

$$Fe(s) + H_2SO_4(aq) \longrightarrow FeSO_4(aq) + H_2(g)$$

기구의 부피는 4800 m^3이고 기체를 채우는 동안 수소 기체의 손실은 약 20.%이었다. 기구에 수소를 가득 채우는 데 필요한 철 조각과 98%(질량으로) 황산의 양은 얼마인가? (온도는 0°C, 압력은 1.0 atm이며, 100% 수득률을 가정한다.)

78. 황산을 합성하는 데 사용하기 위해 매년 엄청난 양의 삼산화 황(SO_3)이 생산된다.

$$S(s) + O_2(g) \longrightarrow SO_2(g)$$

$$2SO_2(g) + O_2(g) \longrightarrow 2SO_3(g)$$

황 5.00 g을 삼산화 황으로 완전히 바꾸기 위해서는 350.°C, 5.25 atm에서 어느 정도 부피의 $O_2(g)$가 필요한가?

79. 불활성 기체는 반응성이 없지만, 특정 고온 조건에서는 무거운 불활성 기체가 화합물을 형성할 수 있다. 예를 들어, 크립톤은 염소와 반응하여 사염화 크립톤을 생성한다. 15.0 L의 견고한 용기에 0.500기압의 크립톤 기체와 1.50 기압의 염소 기체를 350.°C에서 채웠다. 350.°C에서 반응이 완료된 후 수득률을 100%라고 가정할 때 사염화 크립톤의 질량은 얼마인가?

80. 아크릴로나이트릴(C_3H_3N)을 생성하는 중요한 과정은 다음과 같다.

$$2C_3H_6(g) + 2NH_3(g) + 3O_2(g) \longrightarrow 2C_3H_3N(g) + 6H_2O(g)$$

25°C에서 150. L의 반응기가 다음과 같은 부분압으로 채워졌다.

$$P_{C_3H_6} = 0.500 \text{ MPa}$$
$$P_{NH_3} = 0.800 \text{ MPa}$$
$$P_{O_2} = 1.500 \text{ MPa}$$

이 기체 혼합물로부터 생성되는 아크릴로나이트릴의 질량은? (MPa = 10^6 Pa)

81. 27°C와 2.00 atm에서 액체 메탄올(density = 0.850 g/mL) 50.0 mL와 산소 22.8 L의 반응을 생각해 보자. 생성물은 이산화 탄소와 수증기이다. 반응이 종결되었을 때 수증기의 몰 수를 계산하라.

82. 요소(urea, H_2NCONH_2)는 비료의 질소 공급원으로 광범위하게 사용된다. 상업적으로 암모니아와 이산화 탄소를 반응시켜 생산한다.

$$2NH_3(g) + CO_2(g) \xrightarrow[\text{압력}]{\text{열}} H_2NCONH_2(s) + H_2O(g)$$

90. atm과 223°C에서 암모니아를 500. L/min 속도로 반응기에 넣고, 45 atm과 223°C에서 이산화 탄소를 600. L/min로 반응기에 넣는다. 수득률을 100%로 가정하면 이 반응에서 분당 생성되는 요소의 양은 얼마인가?

83. 사이안화 수소(hydrogen cyanide)는 상업적으로 높은 온도에서 메테인[$CH_4(g)$], 암모니아[$NH_3(g)$], 산소[$O_2(g)$]를 반응시켜 제조한다. 다른 생성물은 수증기이다.

a. 화학 반응식을 써라.

b. 20.0 L $CH_4(g)$, 20.0 L $NH_3(g)$, 20.0 L $O_2(g)$로부터 생산되는 $HCN(g)$의 부피는 얼마인가? 모든 기체의 부피는 같은 온도와 압력에서 측정한다.

84. 에타인(ethyne)은 다음 반응과 같이 에테인(ethane)으로 전환된다.

$$C_2H_2(g) + 2\ H_2(g) \rightarrow C_2H_6(g)$$

25.0 atm와 300.°C에서 에텐은 2000. L/min 속도로, 수소는 2000. L/min 속도로 촉매 반응기에 주입된다. 반응 1분에 480 몰의 C_2H_6가 생성되면 반응의 수득률은 얼마인가?

85. STP에서 밀도가 가장 작은 불활성 기체는 무엇인가?

86. 미지의 기체는 CH_2의 실험식을 가지고 있다. 미지의 기체의 밀도는 동일한 온도와 압력에서 $O_2(g)$의 밀도보다 2.19배 크다. 미지 기체의 분자식은 무엇인가?

87. 미지의 이원자 기체의 밀도는 STP에서 3.164 g/L이다. 이 기체는 무엇인가?

88. 실험식이 CHCl인 기체 화합물이 373 K와 750. torr 상태에서 256 mL 플라스크에 0.800 g이 들어 있다. 분자식을 구하라.

89. UF_6는 원자로와 핵무기에 사용하기 위해 우라늄을 농축하는 과정에서 사용된다. 농축 과정에서 UF_6는 기체 상태여야 한다. 육플루오린화 우라늄(uranium hexafluoride)은 실온에서 고체이지만 56°C에서 끓는다. 60.°C와 745 torr에서 이 물질의 밀도를 구하라.

90. 사염화 규소(silicon tetrachloride, $SiCl_4$)와 트라이클로로실레인(trichlorosilane, $SiHCl_3$)은 둘 다 전자기기 수준의 실리콘을 생산하는 데 사용되는 출발 물질이다. 85°C, 635 torr에서 순수한 $SiCl_4$과 $SiHCl_3$의 밀도를 구하라.

부분압

91. 아래 그림에 나타낸 기체의 부분압을 각각 구하라. *주의*: 각 기체의 상대적인 양은 아래 그림에 묘사된 대로이다.

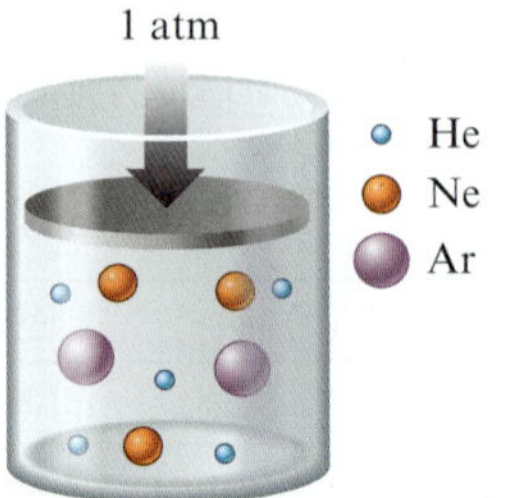

92. 아래 그림을 생각해 보자.

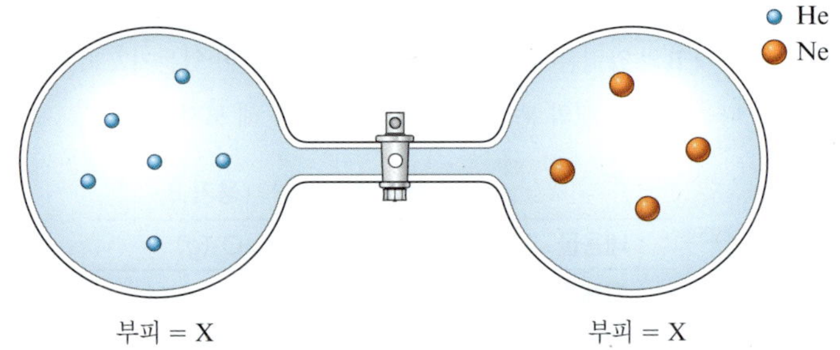

a. 헬륨과 네온 중 어느 기체가 얼마나 더 초기 압력이 높은가?

b. 연결관의 부피가 무시할 정도로 작다고 가정할 때, 플라스크들 사이에 위치한 멈춤 꼭지가 열린 후에 어떻게 변할 것인지를 그려보라.

c. 온도가 일정하다고 가정할 때, 최종 압력을 헬륨과 네온의 초기 압력과 비교하여 구하라.

d. 온도가 일정하다고 가정할 때, 헬륨과 네온 각각의 최종 부분압을 이들의 초기 압력과 비교하여 구하라.

93. 150 ft보다 더 깊이 스쿠버 다이빙을 하는 경우 스쿠버 탱크의 질소는 헬륨으로 종종 대체된다. 5.00 L의 빈 탱크에 15.2 g의 He(g)과 30.6 g의 O_2(g)가 22°C에서 채워졌을 때, 각 기체의 부분압과 전체 압력을 구하라.

94. 27°C에서 1.00 g의 H_2와 1.00 g의 He의 혼합물이 부피가 1.00 L 용기에 들어 있다. 각 기체의 부분압과 전체 압력을 계산하라.

95. 다음 플라스크를 생각해 보자. 두 플라스크 사이의 멈춤 꼭지를 열면 H_2와 N_2의 최종 부분압은 각각 얼마인가? (전체 부피를 3.00 L라고 가정하라.) 또 전체 압력(torr 단위)은 얼마인가?

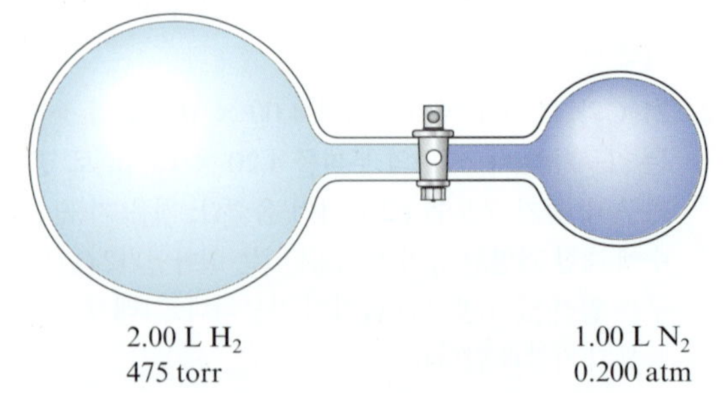

96. 연습 문제 95번의 플라스크 기구에 360. torr, 2.00 L의 H_2, 미지 압력을 가진 1.00 L의 N_2가 채워져 있다. 두 플라스크 사이의 멈춤 꼭지를 연 뒤 플라스크의 전체 압력이 320. torr이었다면, 1.00 L 플라스크에 들어있는 N_2의 초기 압력은 얼마였을까?

97. 다음 그림과 같은 세 개의 플라스크를 생각해 보자. 연결된 관의 부피는 무시할 때, 모든 멈춤 꼭지가 열린 후 각 기체의 부분압과 전체 압력은 얼마인가?

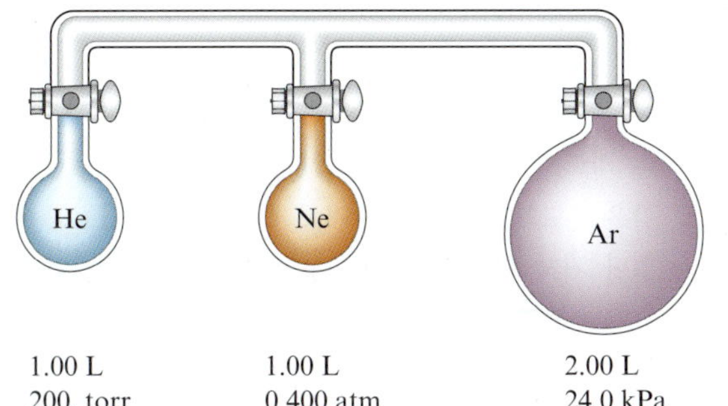

98. 0°C에서 1.0 L 플라스크에 5.0×10^{-2} mol의 N_2, 1.5×10^2 mg의 O_2, 5.0×10^{21}개의 NH_3 분자가 들어 있다. 각 기체의 부분압과 플라스크 내 전체 압력은 얼마인가?

99. 사이클로프로페인과 산소의 혼합 기체는 일반적인 마취제로 사용된다. 이 마취제가 담긴 풍선에서 사이클로프로페인과 산소의 부분압은 각각 170. torr와 570. torr였을 때, 이 혼합 기체에서 사이클로프로페인의 몰분율을 구하라.

100. 50.0-L 견고한 용기에 특정 질량의 $H_2(g)$와 동일한 질량의 $He(g)$이 들어 있다. (수소 기체의 질량은 헬륨 기체의 질량과 같다.) 용기의 총 압력은 25°C에서 3.0 atm이다. 이 용기의 $H_2(g)$의 분압은 얼마인가?

101. 두 기체의 혼합물에서 $CH_4(g)$의 부분압은 0.175 atm이고, $O_2(g)$의 부분압은 0.250 atm이다.

a. 혼합물에서 각 기체의 몰분율은 얼마인가?

b. 혼합물이 65°C에서 10.5 L의 부피를 차지할 때 혼합물의 전체 몰 수는 얼마인가?

c. 혼합물에서 각 기체의 그램 수는 얼마인가?

102. 탱크에는 27°C에서 52.5g의 산소 기체와 65.1g의 이산화 탄소 기체가 혼합되어 있다. 탱크의 총 압력은 9.21 atm이다. 용기 내 각 기체의 분압을 계산하라.

103. 헬륨은 총 압력에서 20.°C와 1.00 atm의 물 위에서 수집된다. 0.586 g 헬륨을 얻기 위해서는 기체의 부피는 얼마인가? (20.°C에서 물의 증기압은 17.5 torr이다.)

104. 물 위에서 총 압력 785 torr, 25°C에서 2.00-L의 $O_2(g)$ 시료을 수집했다. $O_2(g)$를 건조했을 때(수증기 제거), 기체의 부피는 25°C에서 1.94 L, 785 torr였다. 25°C에서 물의 증기압을 계산하라.

105. 실험실에서 금속 아연에 염산 수용액을 부어 소량의 수소 기체를 얻을 수 있다.

$$Zn(s) + 2HCl(aq) \longrightarrow ZnCl_2(aq) + H_2(g)$$

전형적으로 수소 기체는 수상 치환하여 포집하는데, 이때 수증기도 수소와 함께 존재한다. 30.°C에서 수소 기체 240. mL를 포집했는데 포집된 기체의 압력이 1.032 atm이었다. 시료에서 수소 기체의 부분압은 얼마인가? 이만큼의 수소 기체를 얻는 데 몇 그램의 아연이 필요한가? (30°C에서 수증기 압력은 32 torr이다.)

106. 높은 온도에서 염소산 소듐은 염화 소듐과 산소 기체로 분해된다. 불순물이 포함된 염소산 소듐 0.8765 g 시료를 산소가 더 이상 발생하지 않을 때까지 가열하였다. 22°C에서 수상 치환한 산소 기체의 부피는 57.2 mL이고 압력은 734 torr였다. 시료에서 $NaClO_3$의 질량 백분율을 계산하라(22°C에서 수증기 압력은 19.8 torr이다).

107. 제논과 플루오린 두 기체를 니켈 반응기에 넣고 400°C로 가열하면 이성분 화합물이 생성된다. 100.0 mL의 니켈 용기를 제논과 플루오린으로 채웠을 때, 25°C에서 부분압이 각각 1.24 atm과 10.10 atm이었다. 반응 용기를 400°C로 가열하여 반응시키고 난 다음, F_2는 기체로 플루오린화 제논은 비휘발성 고체로 되는 온도까지 냉각시켰다. 남아 있는 F_2 기체를 다른 100.0 mL 니켈 용기에 옮겨 25°C에서 압력을 측정해 보니 7.62 atm이었다. 모든 제논이 반응되었다고 가정하고 생성물의 분자식을 결정하라.

108. 25°C의 3.00-L 강체 용기에서 1.20몰의 $O_2(g)$와 1.60몰의 고체 C(흑연)를 반응시켜 $CO(g)$를 생성하였다. 반응이 완료된 후 25°C에서 용기의 최종 총 압력은 얼마인가?

109. 아자이드화 수소(HN_3)를 가열하면 다음 반응과 같이 분해한다 (*균형 맞추지 않음*).

$$HN_3(g) \longrightarrow N_2(g) + H_2(g)$$

3.0 atm의 순수한 HN_3가 처음 분해되면 반응 용기 내의 최종적인 전체 압력은 얼마인가? 그리고 질소와 수소 기체의 부분압은 각각 얼마인가? 반응 용기의 부피와 온도는 일정하다고 가정하라.

110. 강철 반응 용기에는 2.00 atm의 $N_2(g)$와 2.00 atm의 $O_2(g)$가 충전되어 있다. 스파크를 시켰더니 기체가 반응하여 $NO_2(g)$가 형성되었다. 일정한 온도를 가정할 때, 반응이 완료된 후 용기의 압력은 얼마인가?

111. 같은 몰 수의 이산화 황 기체와 산소 기체가 가변성 부피의 반응 용기에서 혼합된 뒤 점화와 함께 반응이 시작되어 삼산화 황 기체를 생성하였다. 반응이 완결되었다고 가정하고, 동일한 온도와 압력에서 초기 기체 혼합물에 대한 최종 기체 혼합물의 부피의 비는 얼마인가?

112. $Cl_2(g)$와 $N_2(g)$ 같은 몰 수를 4.00-L 가변성 용기에 넣었다. 스파크를 발생시켰더니 기체가 반응하여 $NCl_3(g)$를 형성하였다. 반응이 완결된 후 용기의 최종 부피를 결정하라. 일정한 압력과 온도를 가정하라.

113. 매우 효과적인 몇몇 로켓 연료는 가벼운 액체들로 구성된다. 사산화 이질소와 혼합된 다이메틸하이드라진[$(CH_3)_2N_2H_2$]으로 이루어진 연료가 달 탐사 비행에서 달 착륙선을 움직이는 데 사용되었다. 두 성분의 반응은 다음과 같다.

$$(CH_3)_2N_2H_2(l) + 2N_2O_4(l) \longrightarrow 3N_2(g) + 4H_2O(g) + 2CO_2(g)$$

다이메틸하이드라진 150 g이 과량의 사산화 이질소와 반응하여 생성된 기체가 127°C에서 진공 상태의 250 L 용기에 포집되었다면, 생성된 질소 기체의 부분압 및 용기의 전체 압력은 얼마가 되겠는가? 반응 수득률은 100%라고 가정한다.

114. 2A족 금속(여기에서는 M으로 표시)의 산화물은 이산화 탄소와 다음과 같이 반응한다.

$$MO(s) + CO_2(g) \longrightarrow MCO_3(s)$$

MgO와 CuO가 혼합되어 있는 시료 2.85 g을 3.00 L 용기에 넣고 20.°C에서 740. torr까지 CO_2를 채웠다. 반응이 완결되고 난 후 플라스크 안의 압력은 20.°C에서 390. torr이었다. 혼합물에서 MgO의 질량 백분율은 얼마인가? 오직 MgO만 CO_2와 반응한다고 가정하라.

분자 운동론과 실제 기체

115. 273 K와 546 K에서 $CH_4(g)$과 $N_2(g)$ 분자들의 평균 운동 에너지를 각각 계산하라.

116. 25°C에서 100. L 플라스크에 메테인(CH_4)과 아르곤 혼합 기체가 들어 있다. 혼합 기체 속의 아르곤의 질량은 228 g이고 메테인의 몰분율은 0.650이다. 기체 혼합물의 전체 운동 에너지를 계산하라.

117. 273 K와 546 K에서 $CH_4(g)$과 $N_2(g)$ 분자들의 제곱평균근 속도를 각각 계산하라.

118. 1.00 atm에서 같은 몰 수를 포함하는 1.0 L의 $He(g)$와 $UF_6(g)$ 각각의 시료를 생각해 보자. 두 기체가 동일한 제곱평균근 속도가 될 때, 두 시료의 온도 비는 얼마인가?

119. 피스톤이 안에 있는 용기에 기체가 들어 있다. 기체의 성질 중 하나를 바꿔 아래의 그림과 같은 변화가 일어났다고 하자.

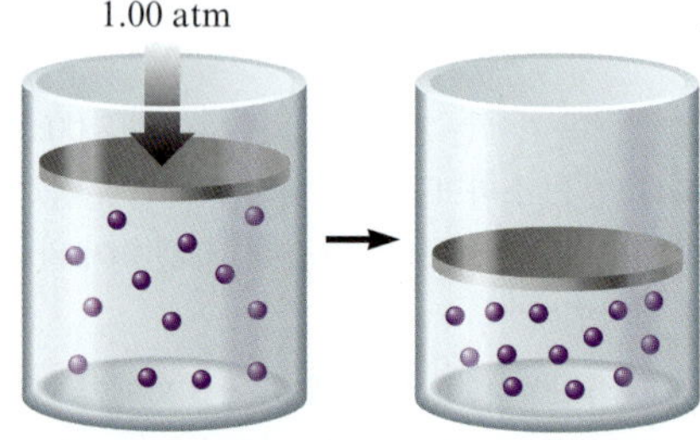

위와 같은 변화가 일어나게 만들 수 있는 두 가지 다른 조건 변화를 기술하라. 그리고 왜 각각의 조건 변화가 위와 같은 변화를 일으키는지 설명하라.

120. 피스톤이 장착된 용기에 기체가 들어 있고 다음 그림과 같이 기체의 조건 중 하나를 변경하여 변화를 발생시킨다.

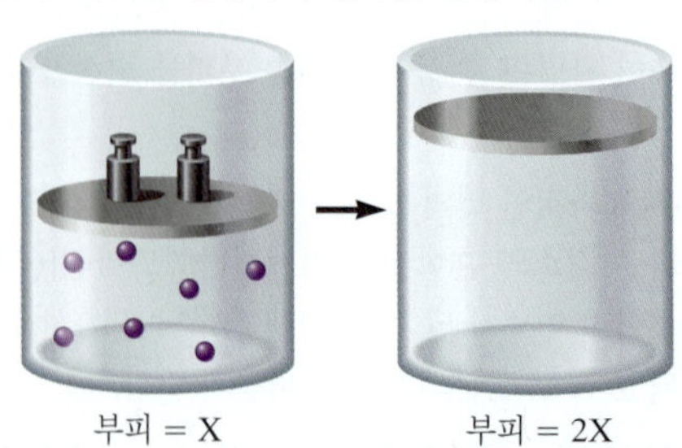

위와 같은 변화가 일어나게 만들 수 있는 세 가지 다른 조건 변화를 기술하라. 그리고 왜 각각의 조건 변화가 위와 같은 변화를 일으키는지 설명하라.

121. STP에서 네온 기체가 들어 있는 1.0 L의 용기를 생각해 보자. 평균 운동 에너지, 평균 속도, 기체 분자와 용기 벽과의 충돌 빈도수는 다음 각 조건에서 증가할까, 감소할까? 또는 그대로 유지될까?

a. 온도를 100°C로 상승 시
b. 온도를 −50°C로 감소 시
c. 부피가 0.5 L로 감소 시
d. 네온 몰 수를 두 배 증가 시

122. 같은 온도와 압력에서 두 기체 A와 B가 각각 1.0 L 용기에 들어 있다. 기체 A의 질량은 0.34 g이고 기체 B의 질량은 0.48 g이다.

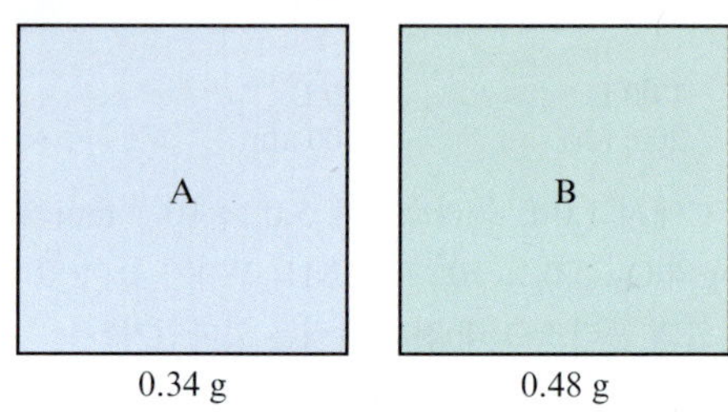

a. 더 많은 분자가 존재하는 기체 시료는 어느 것인가? 이유를 설명하라.
b. 평균 운동 에너지가 더 큰 기체 시료는 어느 것인가? 이유를 설명하라.
c. 평균 속도가 더 빠른 기체 시료는 어느 것인가? 이유를 설명하라.
d. 더 큰 기체 B의 분자가 용기 벽에 더 강하게 충돌하는 데, 두 용기 내의 압력은 어떻게 서로 같을 수 있을까?

123. 서로 다른 기체로 채워진 세 개의 동일한 플라스크를 생각해 보자.

플라스크 A: CO (760 torr, 0°C)
플라스크 B: N_2 (250 torr, 0°C)
플라스크 C: H_2 (100 torr, 0°C)

a. 어떤 플라스크 내에 분자들이 가장 큰 평균 운동 에너지를 가질까?
b. 어떤 플라스크 내에 분자들이 가장 큰 평균 속도를 가질까?

124. STP에서 H_2, Xe, Cl_2, O_2 각각 1.0 L 기체 시료를 생각해 보자.

a. 기체를 평균 운동 에너지가 증가하는 순으로 나열하라.
b. 기체를 평균 속도가 증가하는 순으로 나열하라.
c. 어떻게 O_2와 H_2의 1.0-L 시료를 각각 동일한 평균 속도로 분리할 수 있는가?

125. 기체 A는 기체 B보다 분출 속도가 9배 빠르다. 다음 기체 A와 기체 B의 몰질량에 대한 설명 중에서 옳은 것은 어느 것인가?

a. 기체 A는 기체 B보다 몰질량이 3배 더 무겁다.
b. 기체 A는 기체 B보다 몰질량이 9배 더 무겁다.
c. 기체 A는 기체 B보다 몰질량이 81배 더 무겁다.
d. 기체 B는 기체 A보다 몰질량이 3배 더 무겁다.
e. 기체 B는 기체 A보다 몰질량이 81배 더 무겁다.

126. 미지의 기체의 분출 속도는 다음과 같이 결정된다. 4 mL/분 같은 조건에서 분출 속도는 CH_4는 8 mL/분이다. 미지의 기체는 다음 중 어느 것인가? H_2, He, O_2, SO_2?

127. 미지의 기체의 분출 속도를 측정한 결과 31.50 mL/min으로 나타났다. 동일한 실험 조건하에서, $O_2(g)$의 분출 속도는 30.50 mL/min인 것으로 밝혀졌다. 알 수 없는 기체가 CH_4, CO, NO, CO_2 및 NO_2 가운데 한 가지라면 기체는 어떤 것인가?

128. 어떤 기체의 분출 속도를 측정하였더니 24.0 mL/min이었다. 똑같은 조건에서 순수한 메테인(CH_4) 기체의 분출 속도는 47.8 mL/min이다. 미지 기체의 몰질량은 얼마인가?

129. 어떤 온도에서 1.0 L의 기체 A가 다공성 장벽을 통해 유출되는 데 3.0분이 걸렸다. 동일한 조건에서 1.0 L의 기체 B가 다공성 장벽을 통해 유출되는 데 12.0분이 걸렸다. 다음 중 기체 A와 기체 B가 무엇인지를 옳게 나타낸 것은?

a. 기체 A = CH_4 및 기체 B = He

b. 기체 A = He 및 기체 B = CH_4

c. 기체 A = N_2 및 기체 B = BH_3

d. 기체 A = O_2 및 기체 B = H_2

e. 기체 A = H_2 및 기체 B = O_2

130. 헬륨 1.0 L를 구멍을 통해 분출시키는 데 4.5분이 걸린다. 같은 조건에서 Cl_2 기체 1.0 L를 분출시키는 데 얼마나 걸리겠는가?

131. 다음 중 $SO_2(g)$ 시료가 *가장* 이상적으로 작용하는 조건은 무엇인가?

a. 40 K, 50 atm

b. 4000 K, 0.50 atm

c. 40 K, 0.50 atm

d. 4,000 K, 50 atm

132. 어떤 온도와 압력에서 "실제" 기체가 들어있는 용기를 생각해 보자. 즉 기체가 "이상적으로" 작용하고 있지 않다. 압력과 용기의 부피와 압력이 "이상적으로" 작용하고 있는 경우와 비교하여 "실제" 기체의 측정된 부피와 압력에 대해 다음 중 옳은 것은? *힌트*: van der Waals 방정식을 참조하라.

a. $P_{측정} > P_{이상}$; $V_{측정} > V_{이상}$

b. $P_{측정} > P_{이상}$; $V_{이상} = V_{측정}$

c. $P_{이상} > P_{측정}$; $V_{측정} > V_{이상}$

d. $P_{이상} > P_{측정}$; $V_{이상} > V_{측정}$

e. $P_{이상} = P_{측정}$; $V_{이상} > V_{측정}$

133. 25.0°C에서 1.0000 L 용기에 들어 있는 0.5000 mol N_2가 가하는 압력을 계산하라.

a. 이상 기체 법칙을 이용하여

b. van der Waals 방정식을 이용하여

c. 두 결과를 비교하라.

134. 25.0°C에서 10.000 L 용기에 들어 있는 0.5000 mol N_2가 가하는 압력을 계산하라.

a. 이상 기체 법칙을 이용하여

b. van der Waals 방정식을 이용하여

c. 결과를 비교하라.

d. 결과를 연습 문제 133의 결과와 비교하라.

대기 화학

135. 표 5.4를 이용하여 전체 압력이 1.0 atm인 건조한 공기에서 He의 부분압을 계산하라. 25°C에서 cm^3당 He 원자의 수를 계산하라.

136. 해수면(1.00 atm)에서 25°C의 공기 1.0 L를 수집하였다. 15 km 상공에서 이 공기의 부피를 계산하라(그림 5.30 참조). 15 km 상공에서 압력은 약 0.1기압이다.

137. 대기에서 황산이 생성되는 반응을 써라.

138. 산성비 성분인 황산이 석회석과 대리석과 반응할 때의 반응식을 써라(석회석과 대리석의 성분은 둘 다 탄산 칼슘이다).

139. 대기 과학자는 공기 중에 미량으로 존재하는 화합물의 농도를 표시하기 위하여 흔히 혼합비를 사용한다. 혼합비는 ppmv(부피비로 백만 분의 1)로 표시된다.

$$X\text{의 ppmv} = \frac{\text{STP에서 } X\text{의 부피}}{\text{STP에서 전체 공기 부피}} \times 10^6$$

11월 어느 날, 콜로라도 Denver의 도심에서 대기 중 일산화탄소의 농도가 3.0×10^2 ppmv에 달했다. 그 시간에 대기압은 628 torr이고 온도는 0°C였다.

a. CO의 부분압은 얼마인가?

b. 세제곱 미터당 분자 수로 환산한 CO의 농도는 얼마인가?

c. 세제곱 센티미터당 분자 수로 환산한 CO의 농도는 얼마인가?

140. 대기 중의 극미량 유기 화합물은 먼저 농축한 다음 기체 크로마토그래피로 측정한다. 농축 단계에서는 많은 양의 공기를 유기 화합물을 흡착하는 다공성 물질로 채워진 관에 강제로 통과시킨다. 그 관을 기체 크로마토그래피와 연결하고 열을 가해 흡착된 화합물을 탈착시킨다. 유기 화합물은 컬럼 안에서 분리되고 정량된다. 대기 중 벤젠과 톨루엔을 분석하기 위하여 748 torr와 23°C의 공기 3.00 L가 관을 통과하였다. 기체 크로마토그래피로 분석한 결과 공기 중에 89.6 ng의 벤젠(C_6H_6)과 153 ng의 톨루엔(C_7H_8)이 포함되어 있었다. 혼합 비율(연습 문제 139)을 계산하고 벤젠과 톨루엔의 세제곱 센티미터당 분자 수를 구하라.

화학 활동 문제

141. 유리 용기에 질소 기체가 28 g 들어있다. 이상 기체로 가정하고, 다음 중 어떤 조건에서 용기벽에 가하는 압력이 두 배가 될 것인가?

a. 28 g의 산소 기체를 추가

b. 용기의 온도를 −73°C에서 127°C로 증가

c. 용기의 반을 채울 만큼 수은을 첨가

d. 32 g의 산소 기체를 추가

e. 용기의 온도를 30.°C에서 60.°C로 증가

142. 다음 설명 중 맞는 내용을 모두 골라라.

a. 기체의 온도와 압력이 일정하다고 가정할 때, 기체의 몰 수가 두 배가 되면, 부피도 두 배가 된다.

b. 압력과 기체 몰 수가 일정하다고 가정할 때, 기체의 온도가 25°C에서 50°C로 증가하면 기체의 부피는 두 배가 된다.

c. 기압을 측정하는 장비를 기압계(barometer)라 한다.

d. 온도와 기체 몰 수가 일정하다고 가정할 때, 기체의 부피가 반으로 줄어들면, 압력은 두 배가 된다.

143. 당신은 파란색과 주황색 두 개의 풍선을 들고 있다. 파란색 풍선은 He를 포함하고 있고, 주황색 풍선의 4배의 부피이다. 주황색 풍선에는 Ne이 들어 있다. 풍선에 있는 He : Ne의 대략적인 질량 비율을 결정하라.

144. 부피가 같고 온도가 같은 두 개의 강철 용기를 생각해 보자. 탱크 중 하나에 25 g의 Ar(g)이 들어 있어 1.0 atm의 압력이 발생한다. 다른 탱크에는 2.0 atm의 압력을 생성하는 20 g의 기체가 있다. 두 번째 용기에 있는 기체가 CH_4, N_2, He, O_2 SO_2 중의 하나라면 두 번째 용기에 있는 기체는 무엇인가?

145. 다음 항에서 첫 번째 특성이 두 번째 특성에 따라 어떻게 변하는지를 그림으로 그려라(이상 기체 1 mol과 T는 Kelvin 온도라 가정한다).

a. 일정한 T에서 PV 대 V

b. 일정한 V에서 P 대 T

c. 일정한 P에서 T 대 V

d. 일정한 T에서 P 대 V

e. 일정한 T에서 P 대 $1/V$

f. PV/T 대 P

146. STP에서 1.0 L의 Cl_2는 5.0 L의 F_2와 완전히 반응하여 2.0 L의 기체 생성물을 만든다. 생성물의 화학식은 무엇인가?

147. Boyle의 법칙은 $PV = k$(일정한 T와 n에서)이다. 표 5.1은 Robert Boyle이 행한 압력–부피 실험으로부터 얻어진 실제 자료이다. 대부분의 실험에서 k 값은 14.1×10^2 Hg · in^{3}이다. k 값을 atm · L의 단위로 나타내라. 예제 5.3에서는 여러 압력과 부피에서 NH_3에 대해서 k 값이 얻어졌다. 예제 5.3과 표 5.1에서 얻어진 k 값이 왜 크게 다른지를 설명하라.

148. 강철 실린더에 150.0몰의 아르곤 기체가 25°C, 8.93 MPa의 상태로 담겨 있다. 일부의 아르곤 기체가 사용된 후, 온도와 압력이 19°C, 2.00 MPa이 되었다. 실린더에 얼마만큼(질량)의 아르곤 기체가 남아 있겠는가?

149. 어느 정도 탄성이 있는 기상 관측 기구에 855 L의 헬륨기체가 들어 있다. 이 기구는 초기에 해수면에서 온도와 기압이 25°C, 730 torr의 상태에 있었다. 기구는 후에 온도와 기압이 15°C, 605 torr인 고도 6000 ft로 올라갔다. 해수면에서 고도 6000 ft로 올라감에 따라 기구의 부피는 어떻게 변하였을까?

150. 2.747 g의 망가니즈 금속이 과량의 HCl과 반응하여 373 K와 0.951 atm에서 3.22 L의 $H_2(g)$와 염화 망가니즈 화합물($MnCl_x$)을 생성하였다. 반응에서 생성된 염화 망가니즈 화합물의 분자식은 무엇인가?

151. 100.°C와 600. torr 조건에서 1.00 L의 기체 시료에는 질량비로 50.0% 헬륨과 50.0%의 제논이 들어있다. 각 기체의 부분압은 얼마인가?

152. 산소와 혼합하여 마취제로 쓰이는 사이클로프로페인 기체는 질량비로 85.7%의 C와 14.3%의 H로 구성되어 있다. STP에서 사이클로프로페인의 밀도가 1.88 g/L이라면, 사이클로프로페인의 분자식은 무엇인가?

153. 진공 상태에서 부피가 936 mL인 큰 플라스크의 질량이 134.66 g이었다. 이후 이 플라스크에 미지의 몰질량을 가진 기체가 31°C에서 0.967기압으로 채워졌다. 기체가 채워진 후의 질량은 135.87 g이었다. 이 기체의 몰질량은 얼마인가?

154. "Méthode Champenoise"에서는 포도즙을 와인병에서 발효시켜 스파클링 와인을 생산한다. 반응은 다음과 같다.

$$C_6H_{12}O_6(aq) \longrightarrow 2C_2H_5OH(aq) + 2CO_2(g)$$

750. mL 포도즙(밀도 = 1.0 g/cm^3)을 총 부피 825 mL의 병에서 12% 부피가 에탄올(C_2H_5OH)이 될 때까지 발효시킨다. CO_2가 H_2O에 용해되지 않는다고 가정할 때(이것은 실제로 잘못된 가정), 25°C에서 와인 병 내부의 CO_2의 압력은 얼마인가? (에탄올 밀도는 0.79 g/cm^{3}이다.)

155. 유기화합물에 포함된 질소의 함유량은 Dumas법에 의해 구할 수 있다. 미지의 물질을 우선 고온에서 CuO(s)와 반응시킨다.

$$\text{화합물} \xrightarrow[\text{CuO}(s)]{\text{뜨거운}} N_2(g) + CO_2(g) + H_2O(g)$$

생성물 기체들이 고농도의 KOH 용액을 통과하면 이산화 탄소가 제거된다. 그 후에 남은 질소가 포함된 기체는 수증기로 포화된다. 어떤 실험에서 0.253 g의 시료가 25°C, 726 torr에서 수증기로 포화된 31.8 mL의 질소기체를 생성하였다면, 시료에서 질소의 질량 백분율(%)은 얼마인가? (수증기압은 25°C에서 23.8 torr이다.)

156. 고압 산소 요법은 일산화 탄소 중독 환자나 잠수병에 걸린 다이버를 치료하는 데 사용된다. 고압 산소 요법에서, 환자는 7.0 ft 길이에 3.0 ft 지름을 가진 챔버 안에 들어가며, 이 챔버의 전체 압력이 2.50 atm이 되게끔 산소가 채워진다. 25°C에서 고압 챔버 전체 압력이 2.50 atm이 되게끔 산소를 채우기 위해 압력이 95 atm인 산소 탱크를 이용했을 경우, 필요한 산소의 부피를 구하라. 단, 환자가 이 챔버 전체 부피의 32.0%를 차지하며, 산소를 채우기 전에 초기의 고압 챔버는 1.00 atm의 공기로 채워져 있다고 가정한다.

157. 15.0 L의 용기에 수소를 채워 압력이 2.00×10^2 atm로 되었다. 이 용기로 부피가 2.00 L까지 팽창되는 풍선을 1.00 atm으로 몇 개나 부풀릴 수 있겠는가? 단 온도 변화는 없고 용기의 압력은 1.00 atm 이상 유지되어야 한다.

158. 25°C에서 부피를 알 수 없는 유리구 용기에 들어 있는 헬륨의 압력은 1.960 atm이다. 헬륨 일부를 뽑아내 25°C, 1.00 atm에서 측정한 부피가 1.75 cm^{3}이다. 용기에 남아 있는 헬륨의 압력이 1.710 atm이라면 유리구 용기의 부피는 얼마인가?

159. 몰리브데넘 금속은 휘수연광(MoS_2)으로부터 생산할 수 있다. 휘수연광을 먼저 공기 중에서 산화시켜 삼산화 몰리브데넘과 이산화 황을 생성하고, 그때 삼산화 몰리브데넘을 수소로 환원시켜 금속 몰리브데넘을 얻는다. 그 반응식은 다음과 같다.

$$MoS_2(s) + \tfrac{7}{2}O_2(g) \longrightarrow MoO_3(s) + 2SO_2(g)$$
$$MoO_3(s) + 3H_2(g) \longrightarrow Mo(s) + 3H_2O(l)$$

MoS_2으로부터 순수 몰리브데넘 1.00×10^3 kg을 생산하는 데 필요한 공기와 수소 기체의 부피는 17°C, 1.00 atm에서 각각 얼마인가? 공기는 부피의 비로 21%의 산소를 포함하고 있고, 각 반응에서 수득률은 100%라고 가정한다.

160. 실레인(SiH_4)은 메테인(CH_4)의 규소 유사체이다. 실레인은 다음 화학식을 따라 산업적으로 만들어진다.

$$Si(s) + 3HCl(g) \longrightarrow HSiCl_3(l) + H_2(g)$$
$$4HSiCl_3(l) \longrightarrow SiH_4(g) + 3SiCl_4(l)$$

a. 10.0 atm, 35°C에서 15.0 L의 HCl이 사용되었을 때 $HSiCl_3$ (d = 1.34 g/mL) 156 mL가 얻어졌다면, $HSiCl_3$의 배분 수득률은 얼마인가?

b. 156 mL $HSiCl_3$를 가열했을 때 반응 수율이 93.1%라면 10.0 atm 및 35°C에서 SiH_4의 부피는 얼마인가?

161. 천연 가스는 주로 메테인(CH_4)과 에테인(C_2H_6)이 주성분인 탄화수소의 혼합물이다. 전형적인 혼합물은 $\chi_{메테인}$ = 0.915와 $\chi_{에테인}$ = 0.085의 몰분율을 가진다. 20.°C, 1.44 atm에서 15.00 L 용기에 있는 천연 가스에서 두 기체의 부분압은 얼마인가? 천연 가스 시료에서 두 기체가 완전히 연소했다고 가정했을 때 생성된 물의 질량은 얼마인가?

162. 질산은 상업적으로 Ostwald 과정으로 제조된다. 첫 단계에서 암모니아를 산화시켜 일산화 질소를 얻는다.

$$4NH_3(g) + 5O_2(g) \longrightarrow 4NO(g) + 6H_2O(g)$$

이 반응을 다음 장치에서 수행한다고 가정하자.

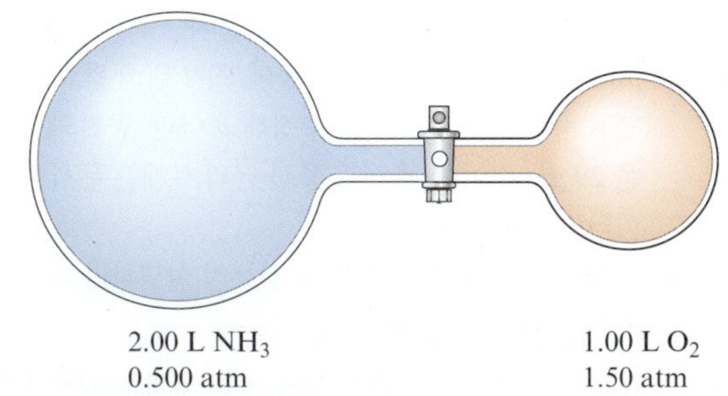

두 반응 용기 사이의 멈춤 꼭지를 열고 적절한 촉매를 사용하여 반응을 진행시킨다. 반응이 종결된 후 NO의 부분압을 계산하라. 반응은 100% 진행되고 전체 반응 용기의 부피는 3.00 L, 온도는 일정하다고 가정한다.

163. C, H, N만을 포함한 화합물에서 질량비로 C는 58.51%이고 H은 7.37%이다. 헬륨의 분출 속도는 그 화합물보다 3.20배 빠르다. 이 화합물의 실험식과 분자식을 결정하라.

164. 19세기에 화학에서 논쟁거리 중의 하나가 베릴륨 원소(Be)에 관한 것이었다. Berzelius는 최초로 베릴륨이 3가의 원소(Be^{3+} 이온을 형성함)이며, 분자식이 Be_2O_3인 산화물이 된다고 주장하였다. 따라서 베릴륨의 원자량이 13.5라고 예상하게 되었다. 주기율표를 체계화하는 과정에서 Mendeleev는 베릴륨이 2가(Be^{2+} 이온을 형성함)이며, 분자식이 BeO인 산화물이 된다고 제안하였다. 이렇게 가정하면 원자량은 9.0이 된다. 1894년 A. Combes (*Comptes Renders* 1894, p.1221)는 베릴륨과 음이온 $C_5H_7O_2^-$를 반응시켜 기체 생성물의 밀도를 측정하였다. 두 가지 다른 실험을 한 Combes의 자료는 다음과 같다.

	I	II
질량	0.2022 g	0.2224 g
부피	22.6 cm^3	26.0 cm^3
온도	13°C	17°C
압력	765.2 mm Hg	764.6 mm Hg

만일 베릴륨이 2가의 금속이라면 생성물의 분자식은 $Be(C_5H_7O_2)_2$일 것이고, 만일 3가라면 분자식은 $Be(C_5H_7O_2)_3$일 것이다. Combes의 자료로 베릴륨이 2가 금속이라는 것을 확신하는 데 어떻게 도움이 되었는지 설명하라.

165. 어떤 유기 화합물이 C, H, N, O를 포함하고 있다. 과량의 산소와 함께 이 화합물 0.1023 g을 연소시켜 0.2766 g의 CO_2 0.0991 g의 H_2O를 얻었다. 이 화합물 0.4831 g을 가지고 Dumas 법(연습 문제 137 참조)으로 질소에 대해 분석한 결과 STP에서 건조한 27.6 mL의 N_2를 얻었다. 세 번째 실험에서 이 화합물의 기체 밀도는 127°C와 256 torr에서 4.02 g/L이었다. 이 화합물의 실험식과 분자식을 결정하라.

166. 125°C의 20.0 L 스테인리스 스틸 용기에 2.00 atm의 $H_2(g)$ 및 3.00 atm의 $O_2(g)$를 채웠다. 그 다음 스파크로 불을 붙였더니 기체 혼합물은 수증기를 생성하였다. 반응이 완료된 후 탱크를 125°C로 유지하였을 때 내부의 압력은 얼마인가?

167. He, N_2, F_2가 들어 있는 2.5 L의 기체 시료를 생각해 보자. 모든 기체는 STP 상태로 있으며 이상 기체 거동을 한다. 이 기체들을 평균 운동 에너지가 증가하는 순서대로, 그리고 평균 속도가 증가하는 순서로 나열하라.

168. C, H, N만을 포함하고 있는 어떤 화합물에 대한 데이터는 다음과 같다:

i. 35.0 mg의 이 화합물을 완전히 연소시켰더니 33.5 mg의 CO_2와 41.1 mg의 물이 생성되었다.

ii. Dumas 법(연습 문제 155번 참조)을 이용하여 이 화합물 65.2 mg을 질소 분석을 하였더니 25°C, 740. torr에서 35.6 mL의 건조된 N_2 기체가 발생하였다.

iii. 기체 상태인 이 화합물의 분출 속도를 측정한 결과 24.6 mL/min이었다. 동일한 조건에서 아르곤 기체의 분출 속도는 26.4 mL/min이다.

이 화합물의 분자식을 구하라.

169. 둘 다 STP에 있는 $SO_2(g)$의 2.0 L 시료와 $F_2(g)$의 2.0 L 시료를 생각해보자. 두 기체 시료에 대한 다음 설명 중 *틀린* 것은 무엇인가? 잘못된 설명을 수정하라.

a. 평균적으로 F_2 분자와 SO_2 분자는 동일한 빈도로 각 용기의 벽과 충돌한다.

b. F_2 분자의 몰 수는 SO_2 분자의 몰 수보다 크다.

c. SO_2 분자의 평균 운동 에너지는 F_2 분자의 평균 운동 에너지보다 크다.

d. 평균적으로 SO_2 분자는 F_2 분자보다 각 용기의 벽과 더 강하게 충돌한다.

170. 다음 그림을 생각해 보자.

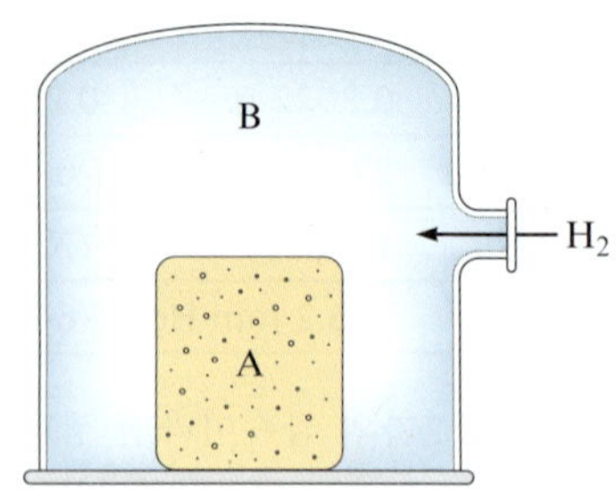

용기 A(다공성 벽으로 된)는 STP에서 공기를 채우고, 더 큰 밀폐된 용기 B에 넣은 다음 $H_2(g)$ 기체를 용기 B에 흘려 보낸다. 용기 A 안의 압력에 어떤 변화가 일어날지를 설명하라. 당신의 답을 설명하라.

도전 문제

171. 한 화학자가 $BaO(s)$와 $CaO(s)$가 포함되어 있는 5.14 g의 혼합물을 30.0°C에서 $CO_2(g)$의 압력이 750. torr인 1.50 L의 플라스크에 넣었다. $BaCO_3(s)$와 $CaCO_3(s)$가 생성되는 반응이 완결된 뒤 남아 있는 CO_2의 압력은 230. torr였다. 혼합물에서 $BaO(s)$와 $CaO(s)$의 질량 백분율을 계산하라.

172. 0.362 g의 Cr과 Zn의 혼합물을 과량의 염산과 반응시켰다. 두 금속이 완전히 반응하여 27°C와 750. torr에서 225 mL의 건조된 수소 기체가 포집되었다. 금속 혼합물에서 Zn의 질량 백분율을 계산하라[Zn과 HCl이 반응하여 염화 아연과 수소 기체가 발생하고, Cr과 HCl과의 반응은 염화 크로뮴(III)과 수소 기체를 생성한다].

173. 0.959 atm과 298 K에서 탄화수소(탄소와 수소로만 이루어진 화합물) 시료가 있다. 모든 시료를 산소 속에서 태워 1.51기압과 375 K에서 이산화 탄소와 수증기로 이루어진 기체를 포집하였다. 이 생성된 기체 혼합물은 밀도가 1.391 g/L이고 순순한 탄화수소 부피의 4배에 달하는 부피를 차지하였다. 탄화수소의 분자식을 구하라.

174. 피스톤으로 막혀 있는 용기 내에 약간의 He과 같은 몰 수의 SO_2와 O_2 기체의 혼합물이 있다. 이 기체 혼합물의 밀도는 STP에서 1.924 g/L이다. 기체는 이상적인 거동을 하며, 온도 및 압력은 일정하다고 가정한다.

a. 원래 기체 혼합물에서 He의 몰분율은 얼마인가?

b. SO_2와 O_2는 완전히 반응해서 SO_3가 생성된다. 반응이 완결된 후 기체 혼합물의 밀도는 얼마인가?

175. 메테인(CH_4) 기체를 1.50 atm과 실온에서 200. L/mim의 속도로, 공기를 1.00 atm과 같은 온도에서 연소로에 보낸 뒤 점화시킨다.

a. CH_4가 $CO_2(g)$와 $H_2O(g)$로 완전 연소되려면 반응에 필요한 산소의 세 배가 요구된다. 공기는 산소와 질소가 21:79 mol 비율로 조성되었다고 가정하고, 요구된 산소의 양을 공급하는 데 필요한 공기의 유속을 계산하라.

b. a에서 어떤 조건에서는 메테인이 불완전 연소로 $CO_2(g)$와 $CO(g)$의 혼합물이 생성된다. 배기 기체에서 탄소는 95.0%가 CO_2로 존재한다. 나머지 탄소는 CO 상태로 존재한다. 배기 기체의 조성을 CO, CO_2, O_2, N_2, H_2O의 몰분율로 계산하라. CH_4는 완전히 반응하지만 질소는 전혀 반응하지 않는다고 가정한다.

176. 강철 실린더에 5.00 mol의 흑연(순수 탄소)과 5.00 mol의 O_2를 넣고 혼합하여 점화시키면 모든 흑연은 반응한다. 연소로 $CO_2(g)$와 $CO(g)$의 혼합물이 생성된다. 실린더를 반응 전의 온도로 냉각시켜 실린더의 압력을 측정한 결과 반응 전보다 17.0% 높아졌다. 반응 후의 기체 혼합물에서 CO, CO_2, O_2의 몰분율을 계산하라.

177. 열기구가 들어 올릴 수 있는 총 질량은 열기구의 부피에 해당하는 공기의 질량과 열기구 내 기체의 질량 차이이다. 지름이 5.00 m의 대략적 구로 65°C까지 가열될 수 있는 열기구를 생각해 보자. 주위의 공기 온도는 21°C이다. 열기구 내 압력은 대기의 압력과 같으며, 745 torr이다.

a. 열기구가 들어 올릴 수 있는 총 질량은? 공기의 평균 분자량은 29.0 g/mol이라고 가정한다(*힌트*: 가열된 공기는 찬 공기보다 밀도가 작다).

b. 열기구를 21°C와 745 torr에서 헬륨으로 채웠을 때(부피도 a에서와 같음) 열기구가 들어 올릴 수 있는 총 질량은?

c. 통상적 대기압이 630. torr인 Colorado주 Denver에 a의 열기구가 있다면 열기구가 들어 올릴 수 있는 총 질량은?

178. 어린이들의 만화처럼 한 아이가 헬륨이 담긴 풍선 끈 여러 개를 잡고 하늘에 떠 있는 장면을 상상해 보자.

a. 50파운드 무게인 아이가 공중에 뜨기 위해 필요한 10. L짜리 헬륨 풍선의 최소 개수를 추정해 보아라. 공기의 평균 몰질량은 29 g/mol이며, 풍선과 풍선 끈의 무게는 무시할 만한 수준이라고 가정한다.

b. 풍선이 아이를 왜 뜨게 할 수 있는지 설명하라.

179. 1.00 atm, 25°C에서 헬륨 풍선이 있다. 헬륨 풍선과 같은 부피로 같은 정도의 들어 올리는 힘을 가진 뜨거운 공기로 채워진 풍선을 만들려고 한다. 공기는 부피에서 79.0%의 질소와 21.0%의 산소로 구성되어 있다. 풍선 부피만큼의 공기 질량과 풍선 내부 기체의 질량 사이의 차이에 의해 풍선의 들어 올리는 힘이 결정된다.

a. 뜨거운 공기로 채워진 풍선의 온도는 25°C보다 높을까 아니면 낮을까? 이유를 설명하라.

b. 뜨거운 공기로 채워진 풍선이 1.00 atm, 25°C에 있는 헬륨 풍선과 같은 정도의 들어 올리는 힘을 가지게 하려면 공기의 온도는 얼마가 되어야 하는가? 대기 조건은 1.00 atm, 25°C라고 가정하라.

180. 이상 기체 법칙은 낮은 압력과 높은 온도에서 가장 잘 맞는다고 한다. 이러한 조건하에서 van der Waals 방정식이 이상 기체 법칙으로 어떻게 단순화되는가를 설명하라.

181. 미지의 기체상 이성분 화합물(두 개의 다른 원소로 구성된 화합물)이 있다. 이 화합물 10.0 g을 과량의 산소로 연소시켰을 때 16.3 g의 물이 생성되었다. 동일한 온도와 압력 조건에서 이 화

합물의 밀도는 산소 기체 밀도의 1.38배이다. 가능한 미지 화합물은 무엇인가?

182. 질소 기체(N_2)가 수소 기체(H_2)와 반응하여 암모니아 기체(NH_3)를 생성한다. 피스톤(이 피스톤은 용기의 부피를 변화시켜 용기 내 압력을 일정하게 유지시킬 수 있다)이 부착된 15.0 L의 용기에 질소와 수소 기체를 넣었다. 각 반응물의 초기 부분압이 1.00 atm이다. 온도가 일정하고 반응이 완전히 진행되었다고 가정한다.

a. 반응이 완전히 진행된 다음 용기 내 암모니아의 부분압력을 계산하라.

b. 반응이 완전히 진행된 다음 용기의 부피를 계산하라.

183. 교실에 학생들이 같은 간격으로 열 줄로 서 있다고 가정하자. 첫 번째 줄 학생들 중 한 명이 웃음기체(N_2O)를 방출하고, 이와 동시에 열 번째 줄에 있는 한 학생이 눈물이 나게 하는 최루 가스(몰질량: 176 g/mol)를 방출했다면, 몇 번째 줄의 학생들이 처음으로 동시에 웃으면서 울게 될 것인가?

마라톤 문제

이 문제들은 여러 가지 개념과 기법을 하나의 상황으로 통합하도록 구성되었다.

184. 다른 두 이원자 분자 기체(A_2, B_2)가 같은 몰 수만큼 피스톤이 있는 용기에 담겨 있다. 이 두 기체는 반응하여 한 가지 생성물인 A_xB_y를 생성한다. 반응이 완결된 후 시료의 밀도가 반응하기 전의 밀도보다 1.5배 커졌다(반응 후 온도는 초기의 온도로 돌아왔다).

a. 생성물의 화학식을 써라. 그리고 주어진 조건에 대해 두 개 이상의 해답이 도출되는 것이 가능한지 설명하라.

b. 주어진 정보만으로 분자식을 결정할 수 있는가? 아니면 실험식만 결정할 수 있는가?

Chapter 6

하늘을 배경으로 한 용암의 아름다운 풍경. Grindavik, Iceland.
(Hafsteinn Karlsson/500px/Getty Images)

열화학

Thermochemistry

에너지는 우리의 일상생활에 필수적인 요소이다. 공장이나 자동차에 사용되는 석탄과 기름이 현대 산업 사회의 동력이 되듯이, 우리가 먹는 음식은 우리가 살아가는 데 필요한 에너지를 우리 몸에 제공해 준다.

과거에는 탄소 기반 화석 연료를 대량으로 쉽게 구할 수 있었다. 이러한 풍부한 연료 공급으로 세계적으로 막대한 에너지 수요를 가진 사회가 형성되었고, 우리는 매일 수백만 배럴의 석유를 소비하고 있다. 지금 우리는 점점 줄어드는 석유 공급에 위험할 정도로 의존하고 있으며, 이러한 의존은 오늘날 국제 사회의 중요한 갈등 원인이 되고 있다. 매우 짧은 시간 동안 우리는 저렴하고 풍부했던 석유 공급 시대에서 높은 가격과 불확실한 공급의 시대로 이동하게 되었다. 현재의 생활 수준을 유지하기 위해서는 석유를 대체할 에너지를 찾아야 한다. 이를 위해 우리는 화학과 에너지 사이의 관계를 이해해야 하며, 이 장에서 이를 살펴볼 것이다.

화석 연료에는 추가적인 문제가 있다. 화석을 태워서 나오는 폐기물 연료는 환경에 큰 영향을 미친다. 예를 들어, 탄소 기반 연료가 연소되면 탄소가 산소와 반응하여 이산화 탄소를 형성하고, 이는 공기로 방출된다. 이산화 탄소의 대부분은 광합성, 탄산염 물질의 형성 등 다양한 자연 과정에서 소비되지만, 대기 중 이산화 탄소는 꾸준히 증가하고 있다. 이러한 증가는 대기 중 이산화 탄소가 지구 표면에서 복사되는 열을 흡수하여 지구를 향해 다시 복사하기 때문에 중요하다. 또한 화석 연료에 함유된 불순물이 공기의 구성 성분과 반응하여 대기 오염을 일으킨다. 우리는 제5장에서 이 문제의 몇 가지 측면을 논의했다.

에너지는 거시적인 규모에서 우리 사회에 중요할 뿐 아니라, 미시적인 규모에서 각각의 유기체에도 매우 중요하다. 유기체 세포는 화학 반응에서 나오는 에너지로 작동하는 작은 화학 공장이다. 세포 호흡 과정은 당과 다른 영양소에 저장된 에너지를 추출하여 세포의 여러 기능을 수행한다. 비록 이 추출 과정은 더 복잡하고 정교하지만, 세포가 "연료" 분자로부터 얻는 에너지는 연료를 태워 내연 기관을 움직일 때 얻는 에너지와 동일하다.

에너지를 한 형태에서 다른 형태로 전환하는 것은 기계의 엔진이든 유기체의 세포이든 동일한 원리에 의해 이루어지는데, 이러한 원리를 이 장에서 공부하게 된다.

6.1 에너지의 본질

우주의 에너지 총량은 일정하다.

에너지라는 개념이 친숙하기는 하지만, 에너지를 명확하게 정의하기는 쉽지 않다. **에너지**(energy)는 *일을 하거나 열을 발생시킬 수 있는 능력*이라고 정의한다. 이 장에서는 화학변화 과정에 수반되는 열의 전달에 대해 집중적으로 설명하고자 한다.

에너지의 가장 중요한 특성은 그 양이 보존된다는 것이다. **에너지 보존 법칙**(law of conservation of energy)에 의하면, *에너지는 다른 형태로 바뀔 수는 있지만 새로 만들어지거나 소멸되지 않는다.* 즉, 우주의 에너지는 일정하다. 에너지는 퍼텐셜 에너지와 운동 에너지로 분류할 수 있다. **퍼텐셜 에너지**(potential energy)는 위치 또는 조성의 변화에 따른 에너지를 말한다. 예를 들어, 댐 안의 물은 터빈을 통과하면서 일로 바뀔 수 있는 퍼텐셜 에너지를 갖고 있으며, 이 퍼텐셜 에너지의 변화 과정에서 전기가 발생하게 된다. 인력과 척력도 퍼텐셜 에너지를 갖게 하는 요인이다. 가솔린이 연소할 때 방출되는 에너지는 반응물과 생성물을 이루고 있는 원자핵과 전자 사이의 인력의 차이로부터 발생한다. **운동 에너지**(kinetic energy)는 물체의 운동에 따른 에너지이며, 물체의 질량(m)과 속도(v)의 함수이다: $KE = \frac{1}{2}mv^2$.

▲ 댐 뒤의 물에는 위치 때문에 퍼텐셜 에너지가 생긴다. 그만큼 댐을 통해 흐르는 물은 움직임으로 인해 운동 에너지가 발생한다.

에너지는 한 가지 형태에서 다른 형태로 바뀔 수 있다. 그림 6.1(a)의 두 공을 예로 보자. 공 A는 높은 위치에 있으므로 공 B보다 퍼텐셜 에너지가 높다. A를 놓으면 언덕을 굴러 내려와 B에 충돌하게 되며, 최종적으로 그림 6.1(b)와 같이 놓이게 된다. 공의 초기 위

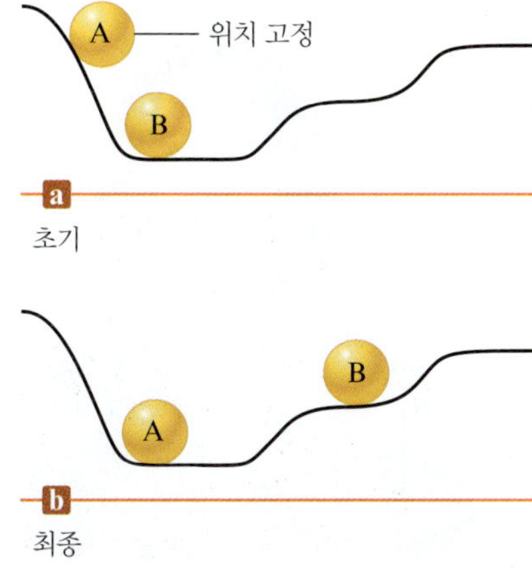

그림 6.1 (a) 초기 위치에서 공 A는 공 B보다 높은 퍼텐셜 에너지를 가지고 있다. (b) A가 언덕을 굴러 내려온 후에는, A가 잃은 퍼텐셜 에너지는 언덕의 구성 성분의 무작위 운동(마찰 가열)과 B의 퍼텐셜 에너지 증가로 전환된다.

치로부터 최종 위치로 바뀌는 과정에서 어떤 일이 일어났는가? A의 퍼텐셜 에너지가 감소하였으나, 에너지는 보존되어야 하므로 A가 잃은 에너지가 어디로 전달되었는지를 설명할 수 있어야 한다. 이 에너지는 어떻게 분배되었는가?

처음에 공이 언덕을 굴러 내려오면서 A의 퍼텐셜 에너지는 운동 에너지로 변화하게 된다. 운동 에너지의 일부는 공 B에 전달되어 B를 높은 위치로 보내게 된다. 따라서 B의 퍼텐셜 에너지가 증가하였다. 그러나 B의 최종 위치는 A의 처음 위치보다 낮으므로, 일부 에너지는 두 공 사이의 에너지 전달만으로는 설명이 되지 않는다. 최종 위치에서 두 공은 멈추어 있으므로 없어진 에너지를 운동 때문이라고 할 수 없다. 남아 있는 에너지에 무슨 일이 일어난 것일까?

이 문제는 언덕 표면과 공 사이의 상호작용으로 설명할 수 있다. 공이 언덕을 굴러 내려오는 과정에서 일부 운동 에너지는 언덕 표면에 열로 전달되게 된다. 이와 같은 에너지 전이를 *마찰 가열*(*frictional heating*)이라고 한다. 공이 언덕을 굴러 내려올 때, 언덕의 온도가 아주 미세하게 높아지게 된다.

더 논의를 진행하기 전에, 열과 온도의 차이점을 명확히 해 둘 필요가 있다. *온도*(*temperature*)는 특정 물질을 이루고 있는 입자의 무질서한 운동을 나타내는 성질이다. 반면에 **열**(heat)은 두 물체 사이의 온도 차이에 의한 에너지의 *전달*(*transfer*)을 포함하는 개념이다. 흔히 알고 있는 것과는 다르게, 열은 특정한 물체에 들어있는 물질이 아니다. 다음 절에서 열의 개념에 대해 보다 자세히 논의할 것이다.

열은 온도차에 의해 에너지 전달을 수반한다.

그림 6.1에서 초기 배열에서 최종 배열로 이동할 때, 공 B는 공 A가 공 B에 일을 했기 때문에 퍼텐셜 에너지를 얻게 된다. **일**(work)은 거리를 따라 작용하는 힘으로 정의된다. B를 원래 위치에서 최종 위치로 올리기 위해서는 일이 필요하다. A에 퍼텐셜 에너지로 저장되어 있던 초기 에너지의 일부가 일을 통해 B로 전달되어, 그 결과 B의 위치 에너지가 증가한다. 따라서 에너지 전달에는 두 가지 방법이 있다. 일에 의한 전달과 열에 의한 전달이다.

그림 6.1에서 공 A가 언덕을 굴러 바닥까지 내려올 때는, 항상 동일한 양의 퍼텐셜 에너지를 잃게 된다. 그러나 에너지 전달 과정이 어떻게 열과 일로 나눠지는가는 특정한 조건, 즉 **경로**(pathway)에 따라 달라진다. 예를 들어, 언덕 표면이 매우 거칠어서 퍼텐셜 에너지가 모두 마찰열로 변할 수도 있을 것이다. 그렇다면 A가 너무 천천히 움직일 것이기 때문에, B에 충돌해도 B를 더 높은 곳으로 이동시키지 못할 것이다. 이 경우엔 아무런 일도 수행되지 않은 것이다. 언덕 표면의 상태와는 관계없이, 전달된 *전체 에너지*(*total energy*)는 일정하다. 그러나 열과 일의 양은 달라진다. 에너지 변화량은 경로에 무관하지만, 열과 일은 변화 경로에 따라 달라진다.

여기에서 우리는 **상태 함수**(state function) 또는 **상태 성질**(state property)이라는 매우 중요한 개념을 만나게 된다. 상태 함수는 *현재 상태*에 의해서만 그 값이 결정되는 계의 특성을 나타낸다. 상태 함수(성질)는 계의 과거(또는 미래)와는 아무런 관계가 없다. 다른 말로 표현하자면, 상태 함수의 값은 계가 현재 상태에 어떻게 도달하였는지와는 무관하다는 것이다. 상태 함수는 현재 상태의 특성에만 의존한다. 이것은 상태 함수의 매우 중요한 특성을 알려준다: 한 상태에서 다른 상태로 변화하였을 때, 상태 함수(성질)의 변화량은 변화 경로에 무관하게 결정된다.

상태 함수와 비상태 함수의 차이점에 관한 일상의 비유는 지표면에서의 고도와 두 지점 사이의 거리이다. Chicago(해발 674 ft)에서 Denver(해발 5280 ft)로 여행을 할 때의 고도 변화는, 여행 경로에 관계없이 $5280 - 674 = 4606$ ft가 된다. 그러나 여행한 거리는 어떤 길을 따라 이동했는가에 따라 달라진다. 따라서 고도 변화는 경로에 관계없는 함수이지만,

직업 속의 화학

식품영양 담당 부사장

Lesley Vogel은 선도적인 식품 및 영양 식사 서비스 및 케이터링 회사의 부사장이다. 영국뿐만 아니라 콜롬비아, 캐나다 35개 주에 서비스를 제공하고 있다. Lesley는 영양학과 식품과학을 전공했고 예일-뉴헤이븐 병원에서 영양학 인턴십을 마쳤다. 영양 프로그램을 개발할 때, Lesley는 인체의 생화학에 대한 자신의 지식을 활용한다.

그녀가 자신의 직업에서 가장 좋아하는 점은 자신이 일하는 회사가 서비스를 제공하는 사람들의 건강과 삶에 직접적으로 긍정적인 영향을 미칠 수 있다는 것이다.

Lesley Vogel

에너지는 상태 함수이지만, 열과 일은 상태 함수가 아니다.

이동 거리는 경로에 따라 변한다. 고도는 상태 함수이며, 이동 거리는 상태 함수가 아니다.

앞의 예에서 에너지는 상태 함수이지만, 열과 일은 상태 함수가 아니다.

열전달 과정

열이라는 것은 두 물체의 온도 차이에 따른 에너지의 전달이라고 정의되었다. 서로 다른 온도를 가진 두 물체가 접촉하게 되면, 그 두 물체는 결국에 동일한 중간 온도에 도달하게 된다는 것을 경험적으로 알고 있다. 예를 들어, 당신이 친구와 음료를 마시고 있다고 생각해 보자. 당신은 차가운 레모네이드를, 친구는 뜨거운 차를 한잔 마시고 있다. 만일 두 음료를 충분히 오랜 시간 동안 놓아둔다면, 차의 온도는 낮아질 것이고, 레모네이드의 온도는 올라갈 것이다. 결국엔 차와 레모네이드의 온도는 그 방의 온도와 같아질 것이다. 에너지는 열의 형태로 뜨거운 차에서 주위(방 안의 공기)로, 그리고 주위에서 차가운 레모네이드로 전달된 것이다. 이처럼 에너지는 항상 "뜨거운 물체"에서 "차가운 물체"로 이동한다는 것을 알 수 있다. 어떻게 이런 과정이 진행될 수 있을까?

이 질문에 답하기 위해, 다음과 같은 간단한 계를 생각해 보자. 그림 6.2와 같이 두 기체 시료는 온도가 서로 다르며, 인접해 있다. 두 시료를 분리하고 있는 벽은 얇은 막이라고 하자.

제5장에서 다룬 것처럼, 온도는 기체의 운동 에너지를 나타내는 척도이다. 즉, 온도는 기체 입자의 무작위 운동의 지표라고 할 수 있다. 더 높은 온도라는 것은 기체가 더 큰 평균 운동 에너지를 가지고 있다는 말이고, 이는 기체 입자가 더 빠른 평균 속도를 가진다는 말이다. 속도는 입자에 달려있는 '꼬리'로 그림 6.2에 나타내었으며, 꼬리가 길수록 속도가 빠르다는 것을 보여준다.

상자의 왼편에 있는 기체 입자는 더 높은 온도에 있기 때문에, 오른편에 있는 입자들보다 더 빠른 평균 속도로 움직인다. 왼편의 ("뜨거운") 입자가 막과 충돌하는 바로 그때, 오른편의 ("차가운") 입자가 막의 바로 반대쪽에 충돌한다고 생각해 보자. 그러면, 왼편에서 빠르게 움직이는 입자로부터 오른편의 천천히 움직이는 입자에게 에너지가 전달될 것이다. 빠른 속도로 움직이던 입자의 속도는 느려질 것이고, 천천히 움직이던 입자의 속도는 빨라질 것이다. 이 과정이 계속되면서 왼편의 평균 운동 에너지는 감소하게 되고, 오른편의 평균 운동 에너지는 증가할 것이다. 결국에는 양쪽의 평균 운동 에너지가 같아지게 되고, 기체 시료의 온도도 같아지게 될 것이다. 이렇게 되면, 입자들이 운동을 계속하고는 있지만 양쪽 모두 같은 평균 속도로 움직일 것이다.

기체 입자들이 공유한 벽을 두드리는 것을 떠올려 보는 것이 쉽기는 하지만, 유사한 과

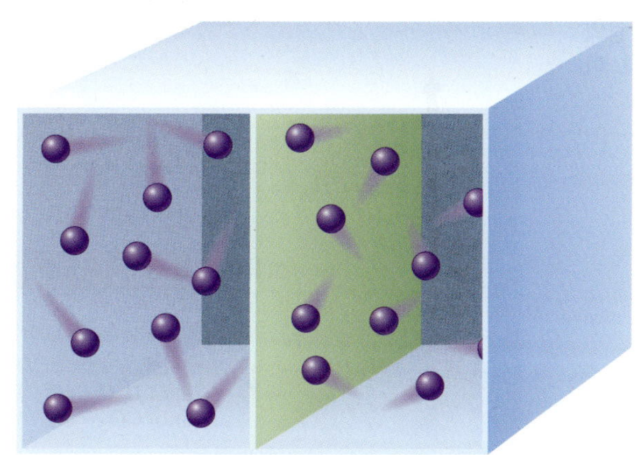

그림 6.2 서로 다른 온도의 인접한 공간에 들어있는 입자들.

정이 고체나 액체에서도 일어난다. 원자나 분자는 항상 움직이고 있다(그 움직임이 고체 격자에서처럼 단순히 진동일 뿐이기도 하지만). 온도는 기체에서와 마찬가지로 고체나 액체 입자들의 평균 운동 에너지의 척도이다. 어떠한 "뜨거운 물체"라도 "차가운 물체"와 열적으로 접촉하고 있으면, 빠르게 움직이던 입자가 줄어들고, 천천히 움직이던 입자가 늘어나는 과정을 통해 에너지가 전달된다. 그러므로 시료들은 결국 열적 평형에 도달하게 된다. 즉, 입자들은 동일한 평균 운동 에너지를 가지게 되고, 따라서 온도가 같아지게 된다.

화학 에너지

앞에서 보여 준 역학적 변화의 예는 화학 변화가 일어나는 계에도 적용할 수 있다. 예를 들어, 메테인은 여러 미국 가정에서 난방용으로 쓰이고 있으며 이것의 연소반응식은 다음과 같다.

$$CH_4(g) + 2O_2(g) \longrightarrow CO_2(g) + 2H_2O(g) + \text{에너지(열)}$$

이 반응을 논의하기 위하여 우주를 계와 주위의 두 부분으로 나누어 보자. **계**(system)는 우주에서 우리의 관심 대상이 되는 부분이고, 이 부분을 제외한 우주의 모든 부분을 **주위**(surroundings)라고 한다. 이 경우 계는 반응물과 생성물로 정의한다. 주위는 반응 용기(예를 들면, 난로), 방, 그리고 반응물과 생성물을 제외한 모든 것으로 구성된다.

반응에 의해 열이 발생하면 **발열**(exothermic, *exo*-란 "바깥으로"라는 의미의 접두어)이라고 하며, 에너지가 *계의 바깥으로* 방출된다. 예를 들면, 메테인의 연소에서는 에너지가 열의 형태로 계에서 주위로 흘러나간다. 주위로부터 열을 흡수하는 반응은 **흡열**(endothermic)이라고 한다. 열이 *계의 내부로* 흘러 들어갈 때 그 과정은 흡열 과정이다. 예를 들어, 질소와 산소로부터 산화 질소가 만들어지는 반응은 흡열 반응이다:

$$N_2(g) + O_2(g) + \text{에너지(열)} \longrightarrow 2NO(g)$$

발열 반응에서 열로 방출되는 에너지는 어디에서 기인한 것일까? 이 물음에 대한 답은 생성물과 반응물의 퍼텐셜 에너지의 차이에 있다. 그러면 반응물과 생성물 중 어느 쪽의 퍼텐셜 에너지가 낮을까? 발열 반응에서 에너지는 계에서 주위로 전달되지만, 전체 에너지는 보존된다는 것은 이미 알고 있다. 따라서 *주위가 얻은 에너지는 계가 잃은 에너지와 같아야 한다.* 메테인이 연소할 때 계의 에너지는 감소하는데, 이것은 생성물인 CO_2 1 mol과 H_2O 2 mol의 퍼텐셜 에너지가 반응물인 CH_4 1 mol과 O_2 2 mol의 퍼텐셜 에너지보다 더 낮다는 것을 의미한다. 주위로의 열 흐름은 반응이 일어나는 계의 퍼텐셜 에너지가 낮아지는 것에 기인한다. 이는 언제나 참인 명제이다. *모든 발열 반응에서는 화학 결합에 저장되었던 퍼텐셜 에너지의 일부가 열을 통해 열에너지(무질서한 운동 에너지)로 변환된다.*

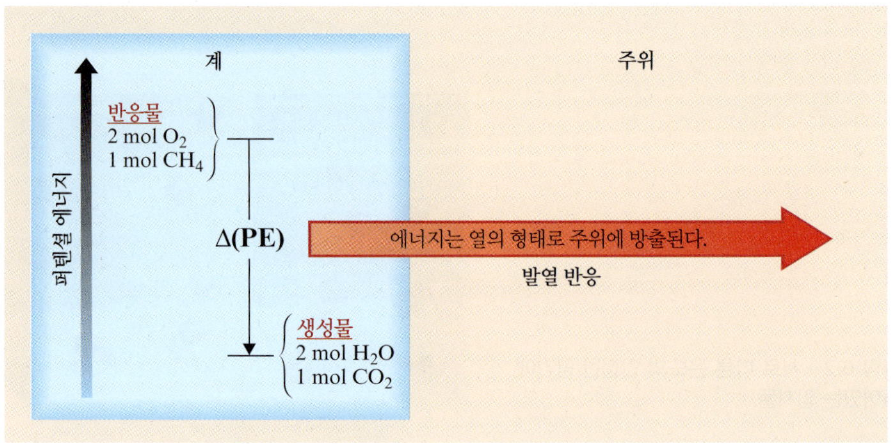
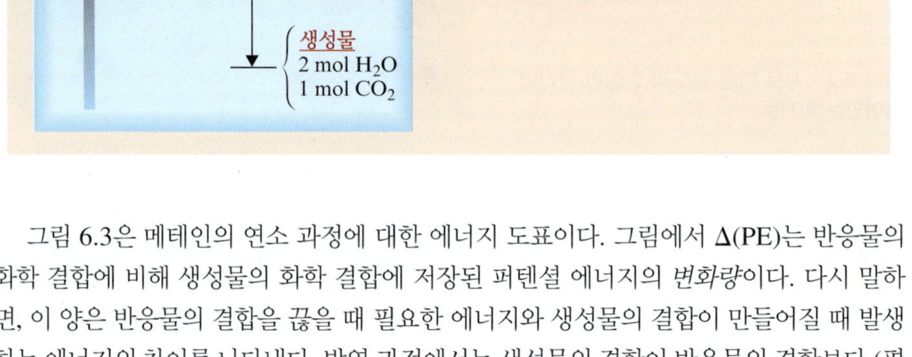

그림 6.3 메테인의 연소는 Δ(PE)만큼의 에너지를 열의 형태로 주위에 방출한다. 이는 발열 과정이다.

그림 6.3은 메테인의 연소 과정에 대한 에너지 도표이다. 그림에서 Δ(PE)는 반응물의 화학 결합에 비해 생성물의 화학 결합에 저장된 퍼텐셜 에너지의 *변화량*이다. 다시 말하면, 이 양은 반응물의 결합을 끊을 때 필요한 에너지와 생성물의 결합이 만들어질 때 발생하는 에너지의 차이를 나타낸다. 발열 과정에서는 생성물의 결합이 반응물의 결합보다 (평균적으로) 더 강하다. 즉, 생성물에서 새로운 결합이 형성될 때 방출되는 에너지는 반응물에서 결합이 끊어질 때 소모되는 에너지보다 더 크다. 알짜 결과는 Δ(PE)에 해당하는 에너지가 열의 형태로 주위에 전달되는 것이다.

흡열 반응의 경우는 정반대의 현상이 생기며, 이를 그림 6.4에 보여주고 있다. 열의 형태로 계로 유입되는 에너지가 계의 퍼텐셜 에너지를 증가시킨다. 이 경우 생성물이 반응물보다 큰 퍼텐셜 에너지(평균적으로 더 약한 결합)를 갖는다.

에너지와 그 상호변환을 다루는 분야를 **열역학**(thermodynamics)이라고 부른다. 에너지 보존 법칙을 종종 **열역학 제1법칙**(first law of thermodynamics)이라 하며, 다음과 같이 표현할 수 있다: *우주의 에너지는 일정하다.*

줄(Joule, J)은 에너지의 기본 SI 단위이다.

$$J = \frac{kg \cdot m^2}{s^2}$$

$1\ kJ = 10^3\ J$.

계의 **내부 에너지**(internal energy) E는 그 계를 이루고 있는 모든 "입자"의 운동 에너지와 퍼텐셜 에너지의 합으로 정확하게 정의할 수 있다. 계의 내부 에너지는 일 그리고/또는 열의 흐름에 의해 변화될 수 있다. 즉,

$$\Delta E = q + w$$

여기에서 ΔE는 계의 내부 에너지의 변화량, q는 열, w는 일을 나타낸다.

열역학적인 양은 항상 두 부분으로 구성된다. 즉, 변화의 크기를 나타내는 *숫자*와 흐름의 방향을 말해 주는 *부호*이다. *부호는 계의 관점에서 나타낸다.* 예를 들면, 일정량의 에너

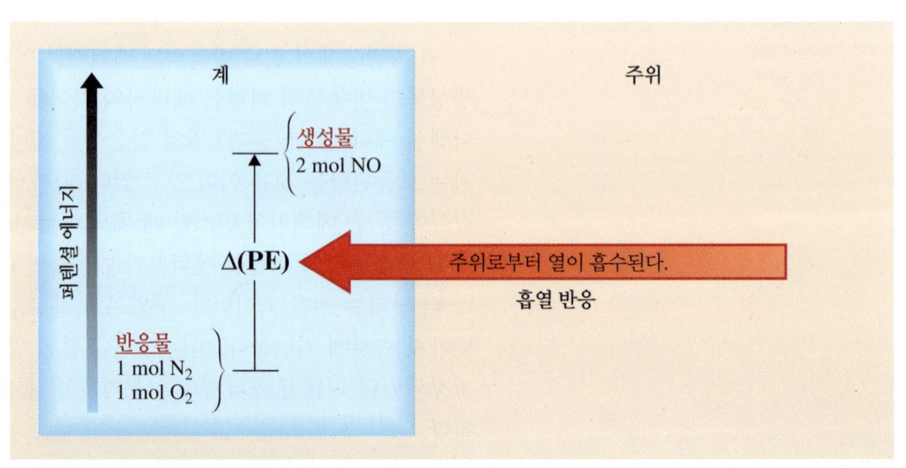

그림 6.4 질소와 산소로부터 산화 질소가 생성되는 반응의 에너지 도표. 이 반응은 흡열 과정이다. 즉, Δ(PE)만큼의 열이 주위에서 계로 유입된다.

지가 열의 형태로 계로 유입되면(흡열 과정) q는 $+x$이며, 이때 양의 부호는 *계의 에너지가 증가함*을 나타낸다. 반대로 열이 *계에서* 주위로 방출되면(발열 반응) q는 $-x$이며, 이때 음의 부호는 *계의 에너지가 감소함*을 뜻한다.

이 책에서는 일도 같은 방식으로 표기한다. 계가 주위에 일을 하면(에너지가 계로부터 주위로 흘러나간다) w는 음수이고, 주위가 계에 일을 하면(에너지가 계로 흘러 들어간다) w는 양수이다. 일도 계를 중심으로 정의하면 모든 열역학적인 양이 일관성을 갖는다. 즉, 이렇게 규칙을 정하면 q와 w의 부호는 계에 어떤 변화가 일어났는지를 나타내게 된다: 그러면 $\Delta E = q + w$을 사용할 수 있다.

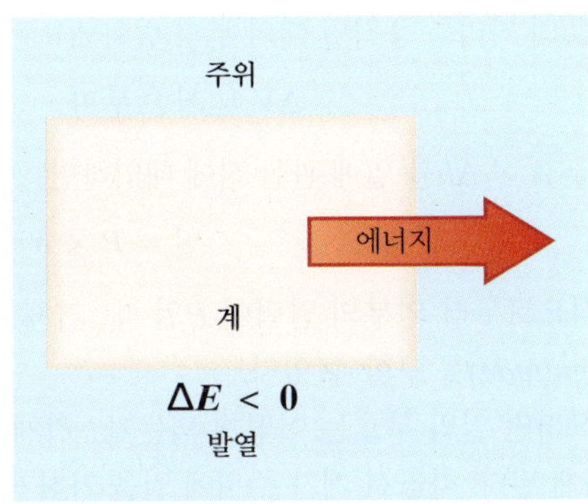

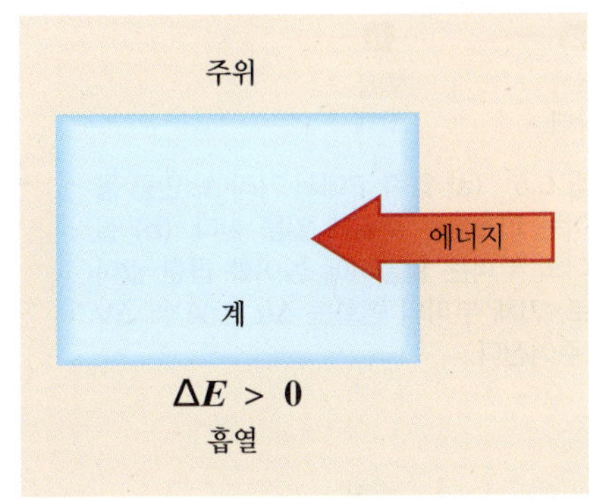

이 책에서는 계의 관점에서 변화 과정을 나타낸다; $q = -x$는 발열 과정이며, $q = +x$는 흡열 과정이다.

이 책에서는 *항상* 계의 관점에서 열역학적 변화를 다룬다. 이 규칙이 모든 과학 분야에 적용되는 것은 아니다. 예를 들어, 공학자들은 기계가 일을 하도록 설계하는 직종에 있으므로, 계(기계)가 에너지를 일의 형태로 주위로 전달되도록 한다. 따라서 공학자는 주위의 관점에서 일을 정의한다. 그들의 규칙에 따르면, 계로부터 흘러나간 일이 양의 부호를 갖는데, 이렇게 해야 주위의 에너지가 증가하기 때문이다. 이 경우에는 열역학 제1법칙을 $\Delta E = q - w'$으로 나타내는데, w'은 주위의 관점에서 본 일이라는 것을 강조하는 것이다.

대화형 예제 6.1 내부 에너지

15.6 kJ의 열이 계로 유입되고, 1.4 kJ의 일이 가해진 흡열 과정이 일어나는 계의 ΔE를 구하라.

풀이 사용할 식은 다음과 같다.

$$\Delta E = q + w$$

흡열 과정이므로 $q = +15.6$ kJ이고, 계에 일이 가해졌으므로 $w = +1.4$ kJ이다. 따라서,

$$\Delta E = 15.6 \text{ kJ} + 1.4 \text{ kJ} = 17.0 \text{ kJ}$$

■ 계는 17.0 kJ의 에너지를 얻었다.

연습 문제 6.37~6.39 참조

화학 변화 과정과 관련된 일의 흔한 형태는 기체에 의한 일(*팽창*, *expansion*)과 기체에 가해진 일(*압축*, *compression*)이다. 예를 들어, 자동차 엔진에서는 가솔린의 연소로 생긴 열이 실린더 내의 기체를 팽창시켜 피스톤을 밀어내며, 이 운동이 자동차를 움직이게 한다.

그림 6.5와 같이 움직일 수 있는 피스톤이 있는 원통형 용기에 기체가 들어 있다고 가정해 보자. 피스톤의 면적을 A라 하고 피스톤에 작용하는 힘을 F라 하자. 압력은 단위 면적당 작용하는 힘이므로, 기체의 압력은 다음과 같다.

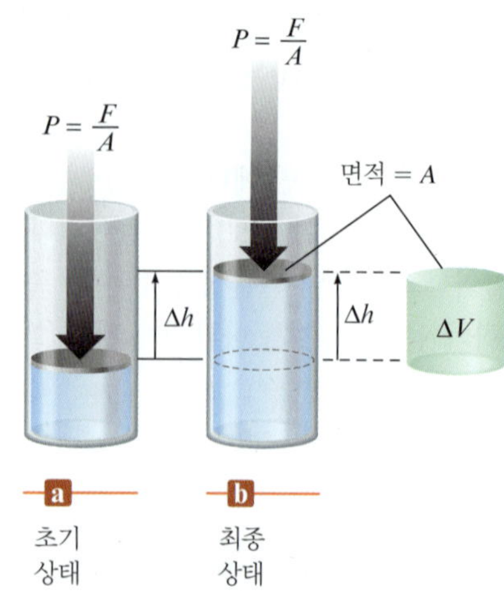

그림 6.5 (a) 압력, P에서 거리 Δh만큼 움직이는 피스톤은 주위에 일을 한다. (b) 실린더의 부피는 밑넓이에 높이를 곱한 값이므로, 기체 부피의 변화는 $\Delta h \times A = \Delta V$로 주어진다.

$$P = \frac{F}{A}$$

일은 일정 거리에 걸쳐 작용한 힘으로 정의되므로, 피스톤이 Δh의 거리를 움직였다면 그림 6.5에 나타낸 것처럼 일의 양은 다음 식으로 나타낼 수 있다.

$$\text{일} = \text{힘} \times \text{거리} = F \times \Delta h$$

$P = F/A$ 또는 $F = P \times A$이므로,

$$\text{일} = F \times \Delta h = P \times A \times \Delta h$$

실린더의 부피는 피스톤의 넓이에 실린더의 높이를 곱한 값이므로(그림 6.5 참조), 피스톤이 Δh의 거리를 움직일 때의 부피 변화 ΔV는 다음과 같다.

$$\Delta V = \text{최종 부피} - \text{초기 부피} = A \times \Delta h$$

$\Delta V = A \times \Delta h$를 일에 관한 식에 대입하면

$$\text{일} = P \times A \times \Delta h = P\Delta V$$

이 식으로부터 외부의 압력이 P일 때, 기체를 ΔV만큼 팽창시키는 데 필요한 일의 *크기*(*magnitude*)를 구할 수 있다.

그러면 일의 부호는 어떻게 되는가? 기체(계)가 팽창하면 피스톤은 압력에 반하여 움직이게 된다. 따라서 계가 주위에 일을 가하게 되고, 계의 관점에서 보면 일은 음의 부호를 가져야 한다.

기체가 팽창하면(ΔV는 양의 값) 주위에 일이 가해지기 때문에(w는 음의 값), w와 $P\Delta V$는 반대의 부호를 갖는다.

기체가 *팽창*(*expanding*)하면 부피가 증가하기 때문에 ΔV는 양의 값을 갖게 된다. 따라서 ΔV와 w는 반대 부호를 가져야 하며, 다음의 식을 얻는다.

$$w = -P\Delta V$$

여기에서 외부 압력 P에 대해 팽창하는 기체의 경우, 일이 계로부터 흘러나가기 때문에 w가 음의 값을 갖는 것은 당연한 결과이다. 기체가 *압축*(*compress*)될 때는 ΔV가 음의 값을 갖게 되고(부피 감소), w는 양의 값(계로 일이 흘러들어옴)이 된다.

비판적 사고 당신이 화학 문제에서 ΔE를 계산하고 있다고 생각하자. 당신이 계와 주위를 혼동하여 사용하면 어떤 일이 생기는가? 계산 결과의 크기에는 어떤 영향을 미치겠는가? 부호에는 어떤 영향이 있겠는가?

대화형 예제 6.2 *PV* 일

외부의 압력은 15 atm으로 일정하고, 기체의 부피가 46 L에서 64 L로 팽창하였을 때, 일의 양을 계산하라.

풀이 압력이 일정한 기체에 대하여,

$$w = -P\Delta V$$

이상 기체의 경우 부피가 변할 때만 일을 할 수 있다. 따라서 일정한 부피하에서 기체를 가열하면 내부의 압력은 증가하지만, 아무런 일도 해 주는 것이 아니다.

이 경우, $P = 15$ atm이고, $\Delta V = 64 - 46 = 18$ L이다. 그러므로

$$\blacksquare\ w = -15\ \text{atm} \times 18\ \text{L} = -270\ \text{L} \cdot \text{atm}$$

이 된다. 기체가 팽창하므로, 주위에 일을 가하는 과정이다.

사실성 검산 에너지가 기체에서 흘러나가므로, w는 음의 값을 갖게 된다.

연습 문제 6.43~6.45 참조

"PV 일"을 다룰 때, $P\Delta V$에서 P는 계를 압축시키거나 계의 팽창을 막는 외부의 압력임에 유의하여야 한다.

대화형 예제 6.3 내부 에너지, 열과 일

풍선 내의 공기를 가열하여 풍선을 최대한으로 부풀게 하였다. 이 과정의 최종 단계에서, 1.3×10^8 J의 에너지가 열로 공급되면서, 풍선의 부피는 4.00×10^6 L에서 4.50×10^6 L로 증가하였다. 외부의 압력이 1.0 atm으로 일정하였다고 가정하여, 이 과정에서의 ΔE를 계산하라. (L · atm과 J의 변환에는 1 L · atm = 101.3 J을 사용하라.)

풀이

목표는 무엇인가?

ΔE 계산하기

알고 있는 것은?

- $V_1 = 4.00 \times 10^6$ L
- $q = +1.3 \times 10^8$ J
- $P = 1.0$ atm
- 1 L · atm = 101.3 J
- $V_2 = 4.50 \times 10^6$ L

필요한 정보는?

- $\Delta E = q + w$

어떻게 해결할 것인가?

기체에 가해진 일은?

$$w = -P\Delta V$$

ΔV는?

$$\Delta V = V_2 - V_1 = 4.50 \times 10^6 \text{ L} - 4.00 \times 10^6 \text{ L} = 5.0 \times 10^5 \text{ L}$$

일은?

$$w = -P\Delta V = -1.0 \text{ atm} \times (5.0 \times 10^5 \text{ L}) = -5.0 \times 10^5 \text{ L} \cdot \text{atm}$$

기체가 팽창하여 주위에 일이 가해지므로 음의 부호는 이치에 맞는다. ΔE를 계산하려면 q와 w를 합해야 한다. 그러나 q는 J 단위로 주어졌고 w는 L · atm 단위이므로, w를 J 단위로 환산하여야 한다:

$$w = -5.0 \times 10^5 \cancel{\text{L} \cdot \text{atm}} \times \frac{101.3 \text{ J}}{\cancel{\text{L} \cdot \text{atm}}} = -5.1 \times 10^7 \text{ J}$$

따라서

$$\blacksquare\ \Delta E = q + w = (+1.3 \times 10^8 \text{ J}) + (-5.1 \times 10^7 \text{ J}) = 8 \times 10^7 \text{ J}$$

▲
열기구(balloon)에서 공기를 가열하는 데 프로페인 버너가 사용된다.

Carlos Caetano/Shutterstock.com

사실성 검산 공급된 열의 양에 의해 증가된 에너지가 기체가 팽창하며 수행한 일의 양보다 크므로, 풍선 속 기체의 내부 에너지는 알짜 증가하였다. 따라서 ΔE는 양의 값을 갖게 된다.

연습 문제 6.46~6.48 참조

6.2 엔탈피와 열량계

엔탈피

지금까지 우리는 계의 내부 에너지에 대해 알아보았다. 계의 성질 중 덜 친숙한 **엔탈피**(enthalpy, H)라는 성질이 있는데, 다음과 같이 정의된다.

$$H = E + PV$$

여기에서 E는 계의 내부 에너지, P는 계의 압력, 그리고 V는 계의 부피이다.

엔탈피는 상태 함수이다. 엔탈피 변화는 두 상태 사이의 경로에는 무관하다.

내부 에너지, 압력, 부피는 모두 상태 함수이므로, *엔탈피도 상태 함수이다.* 그런데 정확히 엔탈피란 무엇인가? 이 질문에 대한 답을 얻기 위하여 일정한 압력하에서 수행되고, 허용되는 일은 오직 압력−부피의 일 ($w = -P\Delta V$)인 과정을 생각해 보자. 이와 같은 조건에서,

$$\Delta E = q_P + w$$

이전 절에서 보았듯이 w와 $P\Delta V$의 부호는 서로 반대이다:
$w = -P\Delta V$

위 식은 다음과 같이 쓸 수 있다.

$$\Delta E = q_P - P\Delta V$$

다시 정리하면

$$q_P = \Delta E + P\Delta V$$

이 된다. 여기에서 q_P는 일정한 압력하에서의 열의 양을 나타낸다.

이제 q_P를 엔탈피의 변화와 연결해 보자. 엔탈피의 정의는 $H = E + PV$이다. 따라서, 다음과 같이 말할 수 있다.

$$H\text{의 변화} = (E\text{의 변화}) + (PV\text{의 변화})$$

또는

$$\Delta H = \Delta E + \Delta(PV)$$

P가 일정하므로 PV 변화는 부피 변화에만 기인한다. 따라서

$$\Delta(PV) = P\Delta V$$

식을 다시 쓰면,

$$\Delta H = \Delta E + P\Delta V$$

이 식은 q_P를 구할 때 사용한 식과 동일하다:

$$q_P = \Delta E + P\Delta V$$

따라서 일정한 압력 하에서 수행되고, 오직 부피 변화에 의한 일만 허용되는 과정의 경우에는 다음 식을 얻게 된다.

$$\Delta H = q_P$$

압력이 일정한 경우에서만 $\Delta H = q$이다.

ΔH = 열이 되는 일정 압력 조건 이외에는, 계의 엔탈피 변화를 쉽게 해석할 수는 없다.

일정한 압력하에서(오직 PV 일만 허용됨), 계의 엔탈피 변화(ΔH)는 열로서의 에너지 흐름과 같다. 이는 일정한 압력하에서 진행되는 반응의 경우에는 열의 흐름이 계의 엔탈피 변화의 척도임을 의미한다. 이런 이유 때문에 일정 압력하에서 일어나는 반응에 대해 *반응열*(*heat of reaction*)과 *엔탈피 변화*(*change in enthalpy*)라는 용어를 혼용하는 것이다.

화학 반응에서 엔탈피 변화는 다음 식으로 주어진다.

$$\Delta H = H_{\text{생성물}} - H_{\text{반응물}}$$

압력이 일정할 때, 발열은 ΔH가 음의 값을 가지며, 흡열은 ΔH가 양의 값을 갖는다.

반응 생성물이 반응물보다 엔탈피가 클 경우, ΔH는 양수이다. 따라서 계는 열을 흡수하며, 반응은 흡열 반응이다. 반대로, 생성물의 엔탈피가 반응물의 엔탈피보다 작으면 ΔH

는 음수가 된다. 즉, 생성물의 엔탈피가 반응물보다 작아져 열이 방출되는 발열 반응이다.

대화형 예제 6.4 **엔탈피**

메테인(CH_4) 1 mol을 일정한 압력하에서 연소시킬 때, 890 kJ의 에너지가 열로 방출된다. 메테인 5.8 g을 일정한 압력하에서 연소시키는 과정에서의 ΔH를 계산하라.

풀이 **목표는 무엇인가?**

ΔH 계산하기

알고 있는 것은?

- $q_P = \Delta H = -890$ kJ/mol CH_4
- 질량 = 5.8 g CH_4
- CH_4의 몰질량 = 16.04 g

어떻게 해결할 것인가?

연소된 CH_4의 몰 수는?

$$5.8 \text{ g } \cancel{CH_4} \times \frac{1 \text{ mol } CH_4}{16.04 \text{ g } \cancel{CH_4}} = 0.36 \text{ mol } CH_4$$

ΔH는?

$$\Delta H = 0.36 \cancel{\text{mol } CH_4} \times \frac{-890 \text{ kJ}}{\cancel{\text{mol } CH_4}} = -320 \text{ kJ}$$

따라서 CH_4 시료 5.8 g을 일정한 압력하에서 연소시킬 때,

$$\Delta H = \text{열흐름} = -320 \text{ kJ}$$

사실성 검산 이 경우, 5.8 g의 CH_4 시료가 연소되었다. 이 양은 1 mol보다 작기 때문에 890 kJ보다 작은 열이 방출될 것이다.

연습 문제 6.55~6.58 참조

열량계

화학 반응 과정에 관련된 열을 실험적으로 측정하는 장치를 **열량계**(calorimeter)라고 한다. **열계량법**(calorimetry)은 열을 측정하는 과학적인 방법으로, 물체가 열을 흡수하거나 방출할 때 온도의 변화를 관찰하는 방법에 기초를 두고 있다. 물질에 따라 같은 열을 흡수했을 때 변화하는 정도가 다르다. 어떤 물질은 1도 올리는 데 많은 열을 필요로 하며, 어떤 물질은 소량의 열을 흡수해도 같은 온도의 변화를 보여준다. **열용량** C (heat capacity)는 이러한 성질의 척도이며, 다음과 같이 정의된다.

$$C = \frac{\text{흡수된 열}}{\text{온도 상승}}$$

비열: 물질 1 g의 온도를 1°C 올리는 데 필요한 에너지

몰열용량: 물질 1몰의 온도를 1°C 올리는 데 필요한 에너지

원소나 화합물을 가열할 때, 필요한 에너지는 물질의 양에 따라 달라진다. (예를 들어, 물 1 g을 1도 올리는 것보다 물 2 g을 1도 올릴 경우 두 배의 열이 더 필요하다.) 따라서 물질의 열용량을 정의할 때는 반드시 물질의 양이 명시되어야 한다. 물질 *1 g당* 열용량을 **비열**(specific heat capacity)이라 하며, 단위는 J/°C · g 또는 J/K · g이다. *1몰당* 열용량을 **몰열용량**(molar heat capacity)이라 하며, 단위는 J/°C · mol 또는 J/K · mol이다. 몇 가

표 6.1 몇 가지 흔한 물질의 비열

물질	비열(J/°C·g)
$H_2O(l)$	4.18
$H_2O(s)$	2.03
$Al(s)$	0.89
$Fe(s)$	0.45
$Hg(l)$	0.14
$C(s)$	0.71

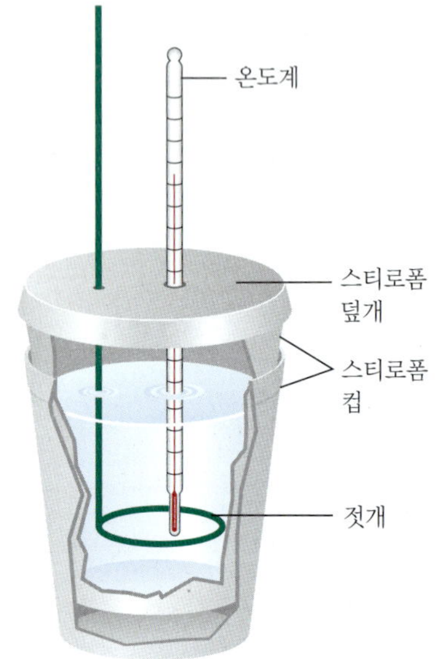

그림 6.6 두 개의 스티로폼 컵으로 구성된 커피-컵 열량계.

온도가 같은 두 반응물을 혼합하였을 때, 용액의 온도가 높아지면 반응은 발열이다. 흡열 반응은 용액의 온도를 낮춘다.

지 물질의 비열을 표 6.1에 실었다. 이 표에서 볼 수 있는 것과 같이 금속의 비열은 물의 비열과 매우 다르다. 물 1 g보다 금속 1 g을 1°C만큼 올리는 데 훨씬 더 적은 에너지가 필요하다.

매우 정확한 실험을 위하여 사용하는 열량계는 정밀 기계이지만, 열계량법의 기본 원리를 공부하는 데는 아주 간단한 열량계를 사용해도 충분하다. 두 개의 겹쳐 놓은 스티로폼 컵과, 젓개와 온도계를 꽂을 수 있는 뚜껑이 필요하다(그림 6.6). 이 장치를 "커피-컵 열량계"라고 부른다. 바깥 컵은 추가로 절연을 해 주며, 안쪽 컵은 반응이 일어나는 용액을 담게 된다.

그림 6.6에 나타낸 것과 같은 간단한 열량계를 사용하는 열 측정법은, 과정이 진행되는 동안 압력(대기압)이 일정하게 유지되므로, **일정 압력 열계량법**(constant-pressure calorimetry)의 한 예라고 할 수 있다. 일정 압력 열계량법은 용액에서 일어나는 반응에 대한 엔탈피(반응열) 측정에 쓰인다. 이와 같은 조건에서는, 엔탈피 변화량은 열의 양과 같다는 것을 기억하라. 즉, $\Delta H = q_P$.

한 예로, 25°C의 1.0 *M* HCl 50.0 mL와 역시 25°C의 1.0 *M* NaOH 50.0 mL를 열량계 안에서 섞는다고 생각해 보자. 반응물을 저어서 혼합한 후, 용액의 온도를 측정한 결과 31.9°C가 되었다. 4.8절에서 보았듯이 이 반응의 알짜 이온 반응식은 다음과 같다.

$$H^+(aq) + OH^-(aq) \longrightarrow H_2O(l)$$

이 두 반응물(처음에는 동일한 온도)을 혼합하면, 혼합 용액의 온도가 증가하는 것이 관찰된다. 따라서, 이 화학 반응에서 에너지는 열의 형태로 반드시 방출된다. 이렇게 방출된 에너지는 용액 성분의 무질서한 운동을 증가시키고, 이는 온도 증가로 이어진다. 방출된 에너지의 양은 온도 변화, 용액의 질량 및 용액의 비열로부터 결정할 수 있다. 근사적 결과를 얻으려면 열량계 자체는 열을 흡수하거나 방출하지 않으며, 용액의 밀도가 1.0 g/mL인 순수한 물인 것처럼 가정하면 된다.

물의 온도를 1°C 올리는 데 필요한 열량도 알아야 한다. 표 6.1을 보면 물의 비열은 4.18 J/°C · g인 것을 볼 수 있다. 이는 물 1 g을 1°C 올리는 데 4.18 J의 에너지가 필요함을 의미한다.

이와 같은 가정과 정의에 따라 중화 반응에 대한 열(엔탈피 변화)을 계산할 수 있다.

방출된 반응 에너지(열의 형태)

= 용액이 흡수한 에너지(열의 형태)

= 비열 × 용액의 질량 × 온도 증가분

$= s \times m \times \Delta T$

이 경우, 온도 증가분 ΔT = 31.9°C − 25.0°C = 6.9°C이고, 용액의 질량(m) = 100.0 mL × 1.0 g/mL = 1.0×10^2 g이다. 따라서,

$$\text{방출된 에너지(열의 형태)} = s \times m \times \Delta T$$
$$= \left(4.18 \frac{\text{J}}{\cancel{°\text{C}} \cdot \cancel{\text{g}}}\right)(1.0 \times 10^2\ \cancel{\text{g}})(6.9\cancel{°\text{C}})$$
$$= 2.9 \times 10^3\ \text{J}$$

이 용액들의 양을 두 배씩 섞으면 에너지가 얼마나 방출될까? 두 배의 열이 생성될 것으로 예상할 수 있다. 반응열은 *크기 성질*(*extensive property*)로, 물질의 양에 직접적으로 의존한다. 이 경우에는 반응물의 양에 정비례한다. 이에 반하여 *세기 성질*(*intensive property*)은 물질의 양에 무관하다. 예를 들면, 온도는 세기 성질이다.

반응 엔탈피는 반응 물질의 몰 수로 표현되는 것이 보통이다. 위의 실험에서 소모된 H^+

화학 관련 읽을거리 Chemical Connections

자연에는 열을 발생하는 식물이 있다

부두 백합(voodoo lily)은 아름답고 고혹적이지만, 악취가 나는 식물이다. 이 이국적인 모습의 백합은 정교한 생식 메커니즘이 특징적이다—보라색 꽃의 높이가 90 cm나 되는데, 두건 모양의 잎이 가려주고 있다. 그러나 이 꽃에 접근하려는 사람은 엄청난 악취를 각오해야 한다.

이런 악취에도 불구하고 생물학자들은 이 불쾌한 꽃에 지대한 관심을 갖고 있는데, 이는 이 꽃이 열을 생성하는 능력을 갖고 있기 때문이다. 신진대사가 최상의 상태에 도달했을 때, 이 꽃의 온도는 주위보다 15°C나 더 높기도 하다. 이 정도의 열을 발생시키려면 이 식물의 신진대사율이 날고 있는 벌새의 신진대사율과 맞먹어야 한다.

그렇다면 이렇게 강한 열을 생성하는 목적은 무엇일까? 경쟁이 치열한 열대우림 기후에서 제한된 양의 먹이만을 얻는 식물로 보아서는, 열 생성은 에너지의 막대한 낭비처럼 보인다. 이 미스터리에 대한 대답은 부두 백합이 주로 썩은 고기를 좋아하는 곤충들에 의해 수분된다는 것이다. 부두 백합은 썩은 고기의 특징적인, 냄새나는 화학 물질들을 "만들어서" 주위로 방출하여, 고기를 먹는 딱정벌레와 파리들을 주변으로 유인한다. 일단 곤충이 수분실로 들어가면 높은 온도(43°C까지 높을 수 있다)로 인해 곤충들은 계속 활발하게 수분 활동을 수행하게 되는 것이다.

부두 백합은 열을 발생하는 많은 식물들 중의 한 예라 할 수 있다. 또 하나의 흥미로운 예는 동부 스컹크 양배추라는 것이 있는데, 이 양배추는 쌓인 눈더미 속에서 충분한 열을 방출하여 자신만의 얼음 동굴을 만들어 꽃을 피운다. 이러한 식물들은 생물학자들에게 특별한 관심사가 되었는데, 이는 "보통" 식물들에서는 매우 미묘한 대사 반응을 연구할 수 있는 기회를 제공하기 때문이다. 한 예로, 최근의 연구에서는 아스피린의 주성분인 살리실산이 열 생성 식물의 대사를 촉진시킨다는 사실을 밝혀내기도 했다.

열 생성 식물이 보여주는 극적인 열 효과 외에도 생물학자들이 관심을 가지고 연구하는 분야 중의 하나는 일반 식물을 열계량법으로 연구하는 것이다. 예를 들면, 발생하는 열을 연구할 수 있는 매우 정교한 열량계가 고안되었는데, 이로부터 빵 부스러기 크기 정도의 세포 군집의 대사 작용을 연구할 수 있게 되었다. 과학자들에 따르면 단 몇 분이면 되는 열량 측정 한 번으로 식물의 평생 동안의 성장률을 예측하는 데 사용할 수도 있다고 한다. 이것이 사실이라면, 성체로 잘 자라날 가능성이 높은 식물을 선택하는 매우 효율적인 방법이 될 수 있을 것이다.

식물에 의해 생성되는 열은 식물의 대사 작용에 대해 공부할 수 있는 매우 좋은 방법이므로, 이는 "매우 관심을 끄는" 연구 분야로 지속될 것이다.

부두 백합의 악취는 곤충을 끌어들여 자신의 수분 과정에 사용한다.

이온의 몰 수는 다음과 같다.

$$50.0\ \cancel{\text{mL}} \times \frac{1\ \cancel{\text{L}}}{1000\ \cancel{\text{mL}}} \times \frac{1.0\ \text{mol H}^+}{\cancel{\text{L}}} = 5.0 \times 10^{-2}\ \text{mol H}^+$$

따라서 H^+ 이온 5.0×10^{-2} mol이 반응할 때 2.9×10^3 J의 열이 방출되므로, 따라서 H^+ 이온 1.0 mol이 중화될 때는,

$$\frac{2.9 \times 10^3\ \text{J}}{5.0 \times 10^{-2}\ \text{mol H}^+} = 5.8 \times 10^4\ \text{J/mol}$$

만큼의 열이 방출된다. 따라서 다음 반응에서 1몰당 엔탈피 변화량의 *크기(magnitude)*는 58 kJ/mol이다.

$$H^+(aq) + OH^-(aq) \longrightarrow H_2O(l)$$

열이 *방출*되었으므로, $\Delta H = -58$ kJ/mol이다.

요약하자면, 물체의 온도가 변화되면 열은 다음 식으로 계산된다.

$$q = s \times m \times \Delta T$$

이 예를 통하여 에너지 흐름의 방향과 최종 계산 결과에서 정확한 부호를 할당하는 것을 유념해야 한다.

여기에서 s는 비열용량, m은 질량, ΔT는 온도 변화이다. ΔT가 양수일 때는 q 또한 양의 부호를 갖는다는 것에 유의하라. 물체가 열을 흡수하였으므로 그 물체의 온도는 증가한다.

대화형 예제 6.5 일정 압력 열계량법

25.0°C의 1.00 *M* $Ba(NO_3)_2$ 용액 1.00 L를 25.0°C의 1.00 *M* Na_2SO_4 용액 1.00 L와 열량계에서 혼합하였더니, 흰색의 고체 $BaSO_4$가 생기면서 혼합물의 온도가 28.1°C로 증가하였다. 열량계가 흡수하는 열은 무시하며, 용액의 비열은 4.18 J/°C · g이고, 최종 용액의 밀도를 1.0 g/mL라고 가정할 때, 1 mol의 $BaSO_4$가 생성될 때의 엔탈피 변화를 구하라.

풀이

목표는 무엇인가?

생성된 $BaSO_4$의 몰당 ΔH 계산

알고 있는 것은?

- 1.00 L의 1.00 *M* $Ba(NO_3)_2$
- 1.00 L의 1.00 *M* Na_2SO_4
- $T_{초기} = 25.0°C$
- $T_{최종} = 28.1°C$
- 용액의 비열 = 4.18 J/°C · g
- 최종 용액의 밀도 = 1.0 g/mL

필요한 정보는?

- 반응의 알짜 이온 반응식

반응이 일어나기 전의 용액 속에는 Ba^{2+}, NO_3^-, Na^+, SO_4^{2-} 이온이 있다. $NaNO_3$는 물에서 매우 잘 녹기 때문에 Na^+와 NO_3^- 이온은 구경꾼 이온이고, 이 조건에서는 침전하지 않는다. 그러므로 이 반응의 알짜 이온 반응식은 다음과 같다.

$$Ba^{2+}(aq) + SO_4^{2-}(aq) \longrightarrow BaSO_4(s)$$

어떻게 해결할 것인가?

ΔH는?

온도가 증가하므로 $BaSO_4$의 생성 과정은 발열 반응이어야 한다; ΔH는 음의 값을 갖게 된다.

반응에 의해 발생한 열
 = 용액이 흡수한 열
 = 비열 × 용액의 질량 × 온도 증가분

최종 용액의 질량은?

$$\text{용액의 질량} = 2.00 \cancel{L} \times \frac{1000 \cancel{mL}}{1 \cancel{L}} \times \frac{1.0\ g}{\cancel{mL}} = 2.0 \times 10^3\ g$$

열이 발생(방출)될 때 q의 부호는 음수임을 기억하라.

증가한 온도는?

$$\Delta T = T_{최종} - T_{처음} = 28.1°C - 25.0°C = 3.1°C$$

반응에 의해 방출되는 열량은?

$$\text{발열량} = (4.18\ J/\cancel{°C} \cdot \cancel{g})(2.0 \times 10^3\ \cancel{g})(3.1\cancel{°C}) = 2.6 \times 10^4\ J$$

따라서

$$q = q_P = \Delta H = -2.6 \times 10^4\ J$$

생성된 $BaSO_4$의 몰당 ΔH는 얼마인가?

1.0 *M* $Ba(NO_3)_2$ 용액 1.0 L는 Ba^{2+} 이온 1 mol을 포함하고, 1.0 *M* Na_2SO_4 용액 1.0 L는

SO_4^{2-} 이온 1.0 mol을 포함하므로, 이 실험에서는 $BaSO_4$ 고체 1.0 mol이 생성된다. 따라서 $BaSO_4$ 1 mol이 생성될 때의 엔탈피 변화는 다음과 같다.

$$\blacksquare\ \Delta H = -2.6 \times 10^4 \text{ J/mol} = -26 \text{ kJ/mol}$$

연습 문제 6.73~6.76 참조

열계량법 실험은 일정 부피에서도 수행할 수 있는데 이를 **일정-부피 열계량법**(constant-volume calorimetry)이라고 한다. 예를 들어, 일회용 핫팩을 작동시키면 염화 칼슘이 물에 녹으면서 발열로 인해 핫팩이 매우 뜨거워진다. 이 반응은 핫팩 내부에서 일어나며, 부피가 변하지 않는다. 이러한 조건에서는 일은 수행되지 않는다(압력-부피 일이 수행되려면 반드시 부피가 변해야 하므로). 일정 부피에서 에너지 변화를 측정하기 위해서는 "통 열량계"(그림 6.7)를 사용한다. 질량을 측정한 반응물을 강철 용기("통")에 넣고 점화시킨다. 에너지 변화는 물과 열량계 다른 부분의 온도 증가분을 측정하여 결정한다. 일정-부피 과정에서는, 부피의 변화 ΔV가 0이므로 일($-P\Delta V$)도 0이 된다. 따라서 다음 관계가 성립한다.

$$\Delta E = q + w = q = q_V \qquad \text{(일정 부피)}$$

가솔린의 한 성분인 옥테인(C_8H_{18})의 연소열을 측정한다고 가정해 보자. 옥테인 시료 0.5269 g을 열용량이 11.3 kJ/°C으로 알려진 통 열량계에 넣는다. 이는 열량계 속에 있는 물과 그 외의 부속품의 온도를 1°C 올리는 데 11.3 kJ의 에너지가 필요함을 뜻한다. 옥테인을 과량의 산소 존재하에서 점화시켰더니 열량계의 온도가 2.25°C 증가했다. 방출된 열량은 다음과 같이 계산된다.

반응에 의해 방출된 에너지
= 온도 증가분 × 1°C 온도 증가에 필요한 에너지
= ΔT × 열량계의 열용량
= $2.25\cancel{°C} \times 11.3 \text{ kJ}/\cancel{°C} = 25.4 \text{ kJ}$

즉, 0.5269 g의 옥테인을 연소시키면 25.4 kJ의 에너지가 발생한다. 옥테인의 몰 수는 다음과 같다.

$$0.5269 \text{ g } \cancel{\text{옥테인}} \times \frac{1 \text{ mol 옥테인}}{114.2 \text{ g } \cancel{\text{옥테인}}} = 4.614 \times 10^{-3} \text{ mol 옥테인}$$

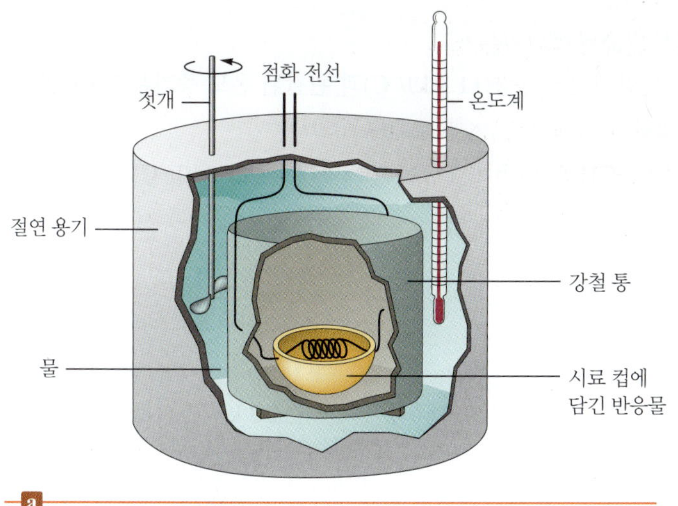

그림 6.7 통 열량계. (**a**) 반응은 견고한 강철 통 내부에서 수행되며 발생된 열은 주위 물 및 기타 열량계 부품에 의해 흡수된다. 반응에 의해 생성된 에너지의 양은 온도 증가로부터 계산될 수 있다. (**b**) 사진은 실제 분해된 "통"이다.

옥테인 4.614×10^{-3}몰로부터 25.4 kJ의 에너지가 발생했으므로, 몰당 발생한 에너지는 다음과 같다.

$$\frac{25.4 \text{ kJ}}{4.614 \times 10^{-3} \text{ mol}} = 5.50 \times 10^3 \text{ kJ/mol}$$

이 반응은 발열 반응이므로, ΔE는 음의 값을 갖는다.

$$\Delta E_{\text{연소}} = -5.50 \times 10^3 \text{ kJ/mol}$$

이 경우 일이 수행되지 않았으므로 ΔE는 열과 같다.

$$\text{즉, } w = 0 \text{ 이므로,} \qquad \Delta E = q + w = q$$

따라서 $q = -5.50 \times 10^3$ kJ/mol이 된다.

예제 6.6 일정 부피 열계량법

수소가 갖는 연료로서의 잠재력은 6.6절에서 논의된다.

물의 분해로부터 얻을 수 있는 수소를 천연 가스(주로 메테인은 온실 가스이지만 수소는 온실 가스가 아니므로)의 대체 연료로 사용하자는 제안이 있었다. 이러한 연료의 연소 에너지를 비교하기 위하여, 열용량이 11.3 kJ/°C인 통 열량계를 이용하여 다음 실험이 수행되었다. 과량의 산소하의 열량계 내부에서 메테인 1.50 g을 연소시켰을 때 온도가 7.3°C 증가하였다. 과량의 산소와 수소 1.15 g을 연소시켰을 때에는 온도가 14.3°C 증가하였다. 수소와 메테인의 연소에너지(g당)를 비교하라.

풀이

목표는 무엇인가?

H_2와 CH_4의 그램당 연소 엔탈피, ΔH의 계산

알고 있는 것은?

- 1.50 g $CH_4 \Rightarrow \Delta T = 7.3°C$
- 1.15 g $H_2 \Rightarrow \Delta T = 14.3°C$
- 열량계의 비열 = 11.3 kJ/°C

필요한 정보는?

- $\Delta H = \Delta T \times$ 열량계의 비열

어떻게 해결할 것인가?

각각의 연소에서 방출된 에너지는?

CH_4에 대하여, 열량계의 열용량(11.3 kJ/°C)과 관찰된 온도 증가분 7.3°C를 사용하여 연소에너지를 계산할 수 있다:

이 예제에서는 에너지 흐름의 방향을 말로서 표현하였다. 부호로 에너지 흐름의 방향을 표시하면 다음과 같다.

메테인: $\Delta E_{\text{연소}} = -55$ kJ/g

수소: $\Delta E_{\text{연소}} = -141$ kJ/g

$$1.5 \text{ g } CH_4\text{의 연소에서 } \textit{방출된} \text{ 에너지} = (11.3 \text{ kJ/°C})(7.3°C) = 83 \text{ kJ}$$

$$1 \text{ g } CH_4\text{의 연소에서 } \textit{방출된} \text{ 에너지} = \frac{83 \text{ kJ}}{1.5 \text{ g}} = 55 \text{ kJ/g}$$

H_2에 대하여,

$$H_2 \text{ 1.15 g 연소에서 } \textit{방출된} \text{ 에너지} = (11.3 \text{ kJ/°C})(14.3°C) = 162 \text{ kJ}$$

$$H_2 \text{ 1 g 연소에서 } \textit{방출된} \text{ 에너지} = \frac{162 \text{ kJ}}{1.15 \text{ g}} = 141 \text{ kJ/g}$$

연소 에너지는 어떻게 비교되는가?

■ 수소 1 g을 연소시킬 때 방출되는 에너지는 메테인 1 g의 경우보다 약 2.5배 정도 되는데, 이는 수소가 잠재적으로 유용한 연료임을 보여준다.

연습 문제 6.79과 6.82 참조

6.3 Hess의 법칙

ΔH는 반응 경로에는 무관하다.

엔탈피는 상태 함수이므로 처음 상태에서 나중 상태로의 변할 때 엔탈피 변화는 경로와는 무관하다. 이것은 *특정한 반응물에서 특정한 생성물이 만들어질 때, 반응이 한 단계로 이루어지거나 또는 여러 단계에 걸쳐 일어남에 관계없이 엔탈피 변화량은 같다*는 것을 의미한다. 이 원리는 **Hess의 법칙**(Hess's law)으로 알려져 있으며, 질소가 산화되어 이산화 질소가 생성되는 반응을 살펴보면 이해할 수 있을 것이다. 전체 반응을 한 단계로 쓸 수 있으며, 이때의 엔탈피 변화를 ΔH_1이라고 하자.

$$N_2(g) + 2O_2(g) \longrightarrow 2NO_2(g) \qquad \Delta H_1 = 68\text{ kJ}$$

이 반응은 두 단계로 수행될 수 있는데, 각 단계의 엔탈피 변화를 ΔH_2와 ΔH_3로 나타내자.

$$N_2(g) + O_2(g) \longrightarrow 2NO(g) \qquad \Delta H_2 = 180\text{ kJ}$$
$$2NO(g) + O_2(g) \longrightarrow 2NO_2(g) \qquad \Delta H_3 = -112\text{ kJ}$$
$$\text{알짜 반응:}\quad N_2(g) + 2O_2(g) \longrightarrow 2NO_2(g) \qquad \Delta H_2 + \Delta H_3 = 68\text{ kJ}$$

두 단계의 합이 알짜 반응이 되며, 다음 관계가 성립한다.

$$\Delta H_1 = \Delta H_2 + \Delta H_3 = 68\text{ kJ}$$

Hess의 법칙의 원리를 그림 6.8에 도표로 나타내었다.

엔탈피 변화의 특성

반응의 방향이 반대로 되면 ΔH의 부호가 반대로 된다.

반응 엔탈피를 계산하기 위하여 Hess의 법칙을 사용할 때에는 ΔH의 두 가지 특성을 이해하는 것이 중요하다.

반응에서의 ΔH의 특성

» 반응이 역으로 진행되면 ΔH의 부호는 반대로 된다.
» ΔH의 크기는 반응에 참여하는 반응물과 생성물의 양에 정비례한다. 균형 맞춘 반응식의 계수를 정수배하면 ΔH의 값에도 같은 정수만큼 곱해 주어야 한다.

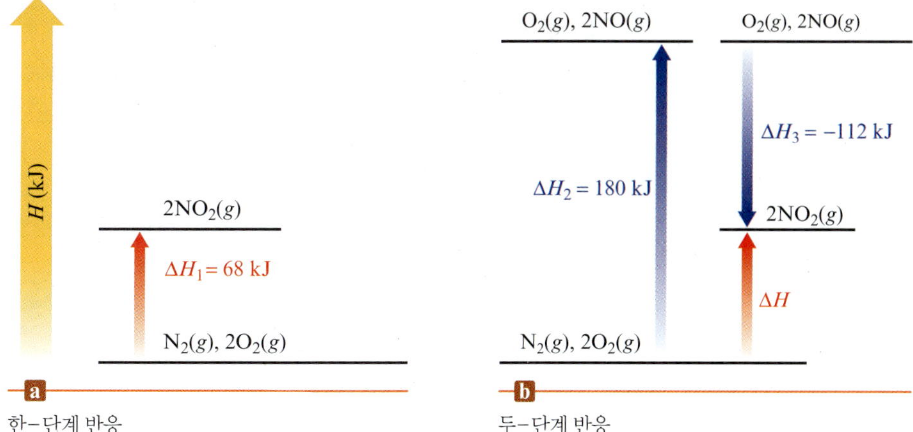

그림 6.8 Hess의 법칙의 원리. 질소와 산소가 반응하여 이산화 질소를 형성할 때, 반응이 (**a**) 한 단계로 일어나든 (**b**) 두 단계로 일어나든 관계없이 동일한 엔탈피 변화가 일어난다.

이 두 규칙 모두 엔탈피 변화의 성질로부터 직접적으로 설명할 수 있다. 첫 번째 규칙은 ΔH의 *부호*가 일정한 압력하에서 열 흐름의 *방향*을 나타낸다는 사실로 설명할 수 있다. 반응의 방향이 반대로 바뀌면 열 흐름의 방향도 마찬가지로 바뀔 것이다. 이를 살펴보기 위해, 비활성 기체로부터 만들어진 최초의 이성분 화합물인 사플루오린화 제논의 합성을 생각해 보자.

$$Xe(g) + 2F_2(g) \longrightarrow XeF_4(s) \qquad \Delta H = -251 \text{ kJ}$$

이 반응은 발열이며, 251 kJ의 에너지가 열로서 주위로 방출된다. 반면에, 무색의 XeF_4 결정이 다음과 같은 식에 따라 원소 상태로 분해된다면

$$XeF_4(s) \longrightarrow Xe(g) + 2F_2(g)$$

흡열 반응이 일어나는데 251 kJ만큼의 에너지가 계에 공급되어야 하므로, 반대 방향의 에너지의 흐름이 일어난다. 따라서 이 반응의 $\Delta H = +251$ kJ이 된다.

두 번째 규칙은 ΔH가 반응하는 물질의 양에 의존하는 크기 성질이라는 사실에 기인한다. 예를 들어, 다음 반응에서는 251 kJ의 에너지가 발생한다.

$$Xe(g) + 2F_2(g) \longrightarrow XeF_4(s)$$

그러면, 반응물과 생성물의 양이 다음과 같이 두 배로 될 때는

$$2Xe(g) + 4F_2(g) \longrightarrow 2XeF_4(s)$$

두 배의 열이 발생할 것이다:

$$\Delta H = 2(-251 \text{ kJ}) = -502 \text{ kJ}$$

Courtesy, Argonne National Laboratory

▲
XeF_4의 결정은 불활성 기체 원소를 포함하는 것으로 최초로 보고된 이성분 화합물이다.

비판적 사고 Hess의 법칙이 사실이 아니라면 어떻게 될까? 사실이 아닐 경우 생길 수 있는 파문들은 무엇일까?

대화형 예제 6.7

Hess의 법칙 I

탄소에는 두 가지 형태가 있는데, *흑연(graphite)*은 "연필심"에 사용되고 자물쇠의 윤활제로도 쓰이는 부드럽고 검으며 미끄러운 물질이다. 반면, *다이아몬드(diamond)*는 광채가 나는 단단한 보석이다. 흑연의 연소 엔탈피(−394 kJ/mol)와 다이아몬드의 연소 엔탈피(−396 kJ/mol)를 이용하여 흑연이 다이아몬드로 변환할 때의 ΔH를 계산하라.

$$C_{\text{흑연}}(s) \longrightarrow C_{\text{다이아몬드}}(s)$$

풀이 **목표는 무엇인가?**

흑연이 다이아몬드로 변환될 때의 ΔH 계산

알고 있는 것은?

연소 반응

- $C_{\text{흑연}}(s) + O_2(g) \longrightarrow CO_2(g) \qquad \Delta H = -394$ kJ
- $C_{\text{다이아몬드}}(s) + O_2(g) \longrightarrow CO_2(g) \qquad \Delta H = -396$ kJ

어떻게 해결할 것인가?

흑연을 다이아몬드로 변환시키는 반응식을 얻기 위하여 연소반응식을 어떻게 결합시키는가?

두 번째 반응의 좌변과 우변을 바꾸고(ΔH의 부호를 반드시 바꿔야 한다), 두 반응식을 서로 더하면, 원하는 반응식을 얻게 된다:

$$\begin{array}{lll} C_{흑연}(s) + O_2(g) \longrightarrow CO_2(g) & & \Delta H = -394 \text{ kJ} \\ CO_2(g) \longrightarrow C_{다이아몬드}(s) + O_2(g) & & \Delta H = -(-396 \text{ kJ}) \\ \hline C_{흑연}(s) \longrightarrow C_{다이아몬드}(s) & & \Delta H = 2 \text{ kJ} \end{array}$$

■ *흑연이 다이아몬드로 변환되는 데 필요한 ΔH는*

$$\Delta H = 2 \text{ kJ/mol 흑연}$$

위에 나타낸 반응식의 ΔH 값들을 더하면 이 값이 얻어진다. 이 과정은 ΔH가 양수이므로 흡열 반응이다.

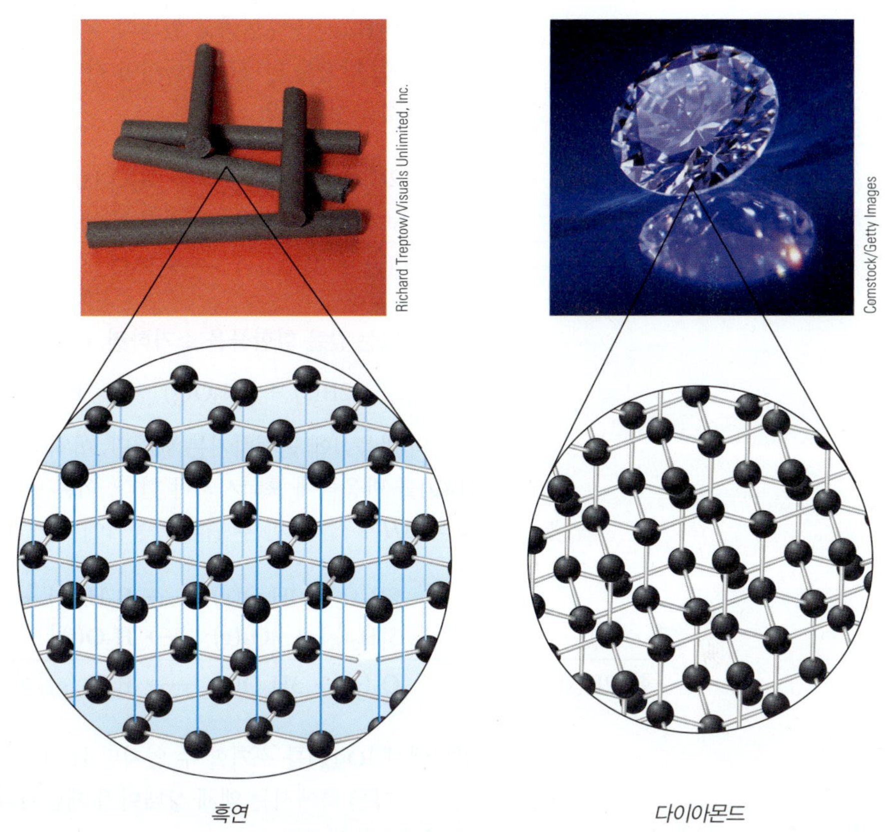

흑연 *다이아몬드*

연습 문제 6.83과 6.84 참조

대화형 예제 6.8 Hess의 법칙 II

다이보레인(B_2H_6)은 반응성이 매우 큰 붕소수소화물인데, 미국 우주 프로그램에서 로켓 연료로 고려된 적이 있다. 다음 반응과 같이 원소로부터 다이보레인을 합성할 때의 ΔH를 계산하라.

$$2B(s) + 3H_2(g) \longrightarrow B_2H_6(g)$$

다음 자료를 이용하라.

반응	ΔH
(a) $2B(s) + \ + \frac{3}{2}O_2(g) \longrightarrow B_2O_3(s)$	−1273 kJ
(b) $B_2H_6(g) + 3O_2(g) \longrightarrow B_2O_3(s) + 3H_2O(g)$	−2035 kJ
(c) $H_2(g) + \ + \frac{1}{2}O_2(g) \longrightarrow H_2O(l)$	−286 kJ
(d) $H_2O(l) \longrightarrow H_2O(g)$	44 kJ

풀이 원하는 반응의 ΔH를 구하기 위해서는 위의 반응식 (a), (b), (c), (d)를 적절히 조합하여 반응식을 만들어 내고, ΔH 값들을 더하면 된다. 이는 문제가 원하는 반응의 반응물과 생성물에 초점을 맞추어 생각하면 가능하다. 반응물은 $B(s)$와 $H_2(g)$이고, 생성물은 $B_2H_6(g)$이다. 정확한 반응식을 어떻게 구할 수 있을까? 반응식 (a)는 반응물로 $B(s)$를 포함하고 있는데, 문제의 반응에서도 그러하다. 따라서 반응식 (a)는 그대로 사용할 수 있다. 반응식 (b)는 반응물로 $B_2H_6(g)$를 포함하고 있는데, 문제의 반응에서는 생성물이 되어야 한다. 따라서 반응식 (b)는 방향을 반대로 만들어야 하며, ΔH의 부호도 그에 따라 바뀌어야 한다. 여기까지의 과정을 정리하면

$$\begin{array}{lll}
\text{(a)} & 2B(s) + \frac{3}{2}O_2(g) \longrightarrow B_2O_3(s) & \Delta H = -1273\text{ kJ} \\
-\text{(b)} & B_2O_3(s) + 3H_2O(g) \longrightarrow B_2H_6(g) + 3O_2(g) & \Delta H = -(-2035\text{ kJ}) \\
\hline
\text{합:} & B_2O_3(s) + 2B(s) + \frac{3}{2}O_2(g) + 3H_2O(g) \longrightarrow B_2O_3(s) + B_2H_6(g) + 3O_2(g) & \Delta H = 762\text{ kJ}
\end{array}$$

양변에 있는 같은 화합물을 소거하면, 다음 식을 얻을 수 있다.

$$2B(s) + 3H_2O(g) \longrightarrow B_2H_6(g) + \frac{3}{2}O_2(g) \qquad \Delta H = 762\text{ kJ}$$

문제의 반응식에 근접하기는 했지만, 아직도 $H_2O(g)$와 $O_2(g)$를 제거하여야 하며, 반응물 $H_2(g)$를 반응물에 포함시켜야 한다. 이는 반응식 (c)와 (d)를 사용하면 가능하다. 반응식 (c)와 ΔH에 3을 곱한 후 위의 반응식에 더하면,

$$\begin{array}{lll}
 & 2B(s) + 3H_2O(g) \longrightarrow B_2H_6(g) + \frac{3}{2}O_2(g) & \Delta H = 762\text{ kJ} \\
3 \times \text{(c)} & 3[H_2(g) + \frac{1}{2}O_2(g) \longrightarrow H_2O(l)] & \Delta H = 3(-286\text{ kJ}) \\
\hline
\text{합:} & 2B(s) + 3H_2(g) + \frac{3}{2}O_2(g) + 3H_2O(g) \longrightarrow B_2H_6(g) + \frac{3}{2}O_2(g) + 3H_2O(l) & \Delta H = -96\text{ kJ}
\end{array}$$

양변에서 $\frac{3}{2}O_2(g)$를 소거할 수 있지만 H_2O는 소거할 수 없는데, 이는 한쪽에서는 기체 상태이고, 다른 쪽에서는 액체 상태이기 때문이다. 이는 반응식 (d)에 3을 곱한 후 위의 결과에 더해주면 해결된다:

$$\begin{array}{lll}
 & 2B(s) + 3H_2(g) + 3H_2O(g) \longrightarrow B_2H_6(g) + 3H_2O(l) & \Delta H = -96\text{ kJ} \\
3 \times \text{(d)} & 3[H_2O(l) \longrightarrow H_2O(g)] & \Delta H = 3(44\text{ kJ}) \\
\hline
 & 2B(s) + 3H_2(g) + 3H_2O(g) + 3H_2O(l) \longrightarrow B_2H_6(g) + 3H_2O(l) + 3H_2O(g) & \Delta H = +36\text{ kJ}
\end{array}$$

이로부터 문제가 요구하는 반응식을 얻을 수 있다:

$$2B(s) + 3H_2(g) \longrightarrow B_2H_6(g) \qquad \Delta H = +36\text{ kJ}$$

■ 따라서 원소들로부터 다이보레인 1 mol을 합성할 때의 ΔH는 +36 kJ이다.

연습 문제 6.85~6.90 참조

문제 풀이 전략

Hess의 법칙

Hess의 법칙을 포함하는 계산에서는 몇 개의 반응식을 변형하고 결합하여 원하는 반응식을 구하는 과정이 필요하다. 이러한 과정에서는 다음 각 단계를 수행해야 한다.

» 필요한 반응식으로부터 시작하여 *거꾸로* 진행한다. 주어진 다른 반응식을 어떻게 변형할지를 결정하기 위해 반응물과 생성물을 사용한다.

» 필요한 반응물과 생성물을 맞추기 위해 필요에 따라 반응식의 양변을 바꾼다.

» 반응물과 생성물의 숫자를 맞추기 위해 반응식에 적당한 숫자를 곱한다.

이 과정은 시행착오를 거칠 수밖에 없지만, 최종 반응식을 안내자로 이용하면 상당히 체계적일 수 있다.

6.4 표준 생성 엔탈피

일정 압력하에서 일어나는 반응의 경우, 열량계를 사용하여 엔탈피 변화를 측정할 수 있다. 그러나 이는 매우 어려운 과정일 수도 있다. 실제로 어떤 반응은 측정 자체가 불가능한 경우가 있는데, 그런 반응은 열량계로 연구하는 것이 적당하지 않기 때문이다. 고체 상태의 흑연을 다이아몬드로 변환하는 반응이 그 한 예이다:

$$\mathrm{C}_{흑연}(s) \longrightarrow \mathrm{C}_{다이아몬드}(s)$$

이 반응은 정상 조건에서는 너무 느리기 때문에 이 반응의 ΔH 값을 열량계로 직접 측정하여 얻을 수는 없다. 그러나 예제 6.7에서 보았듯이, 연소열로부터 이 반응의 ΔH를 계산할 수 있다. 이것은 화학 반응의 ΔH 값을 *계산*할 수 있다는 것이 얼마나 유용한가를 보여주는 한 예에 불과하다. 이제 표준 생성 엔탈피를 사용하여 ΔH를 계산하는 방법을 보일 것이다.

어느 화합물의 **표준 생성 엔탈피**(standard enthalpy of formation, ΔH_f°)는 *모든 물질들이 표준 상태에서 존재하고, 화합물을 이루고 있는 원소들로부터 그 화합물 1 mol이 형성될 때 수반되는 엔탈피의 변화*로 정의한다.

ΔH°와 같은 열역학적 함수에 붙은 *도 기호*(*degree symbol*)는 표준 상태에서 진행된 과정임을 나타낸다. 물질의 **표준 상태**(standard state)는 정확하게 정의된 기준이 되는 상태를 말한다. 열역학 함수 값은 관여하는 물질의 농도(또는 압력)에 의존하기 때문에, 두 가지 물질의 열역학 함수 값을 적절하게 비교하기 위해서는 공통의 기준을 사용해야 한다. 이 사실은 특별히 중요한데, 대부분의 열역학적 성질에 대해 상대적인 *변화량*(*change*)만을 측정할 수 있기 때문이다. 예를 들어, 엔탈피의 절대값을 측정할 수 있는 방법은 없다. 열 흐름에 대한 실험을 통해서만 엔탈피 변화량(ΔH 값)을 측정할 수 있다.

국제 순수 및 응용 화학 연맹(International Union of Pure and Applied Chemists, IUPAC)은 표준 압력으로 1 atm (101,305 Pa) 대신에 1 bar (100,000 Pa)를 채택하였다. 현재 두 표준이 모두 널리 사용되고 있다.

표준 상태는 5.4절의 기체에서 논의한 표준 온도와 압력(STP)과 같은 것이 *아니다*.

표준 상태의 통상적인 정의

화합물의 경우

» 기체 상태 물질의 표준 상태는 정확히 1 atm의 압력이다.

» 응축 상태(액체 또는 고체)로 존재하는 순물질의 표준 상태는 순수한 액체 또는 고체 상태이다.

» 용액에 존재하는 물질의 경우, 표준 상태는 정확히 1 *M*의 농도이다.

(*계속*)

GIPhotoStock Images/Science Source

▲
갈색의 이산화 질소 기체.

원소의 경우

» 원소의 표준 상태는 1 atm, 25°C의 조건에서 그 원소가 존재하는 형태이다. [산소의 표준 상태는 1 atm의 $O_2(g)$; 소듐의 경우는 $Na(s)$; 수은의 경우는 $Hg(l)$; 등등].

표준 상태에 있는 원소로부터 이산화 질소가 생성되는 반응을 다시 생각해 보면, 생성 엔탈피의 정의에 대한 몇 가지 중요한 특성이 명확해질 것이다:

$$\tfrac{1}{2}N_2(g) + O_2(g) \longrightarrow NO_2(g) \qquad \Delta H_f^\circ = 34 \text{ kJ/mol}$$

두 원소가 모두 표준 상태에 있고, 생성물이 1 mol 만들어지도록 반응식이 쓰인 것에 유의하라. 생성 엔탈피는 *항상* 표준 상태에서 생성물 1 mol이 만들어질 때의 값으로 나타낸다.

메탄올의 생성 반응은 다음과 같이 쓸 수 있다.

$$C(s) + 2H_2(g) + \tfrac{1}{2}O_2(g) \longrightarrow CH_3OH(l) \qquad \Delta H_f^\circ = -239 \text{ kJ/mol}$$

탄소의 표준 상태는 흑연이고, 산소와 수소의 표준 상태는 이원자 기체이며, 메탄올의 표준 상태는 액체이다.

표 6.2 25°C에서 몇 가지 화합물의 표준 생성 엔탈피

화합물	ΔH_f°(kJ/mol)
$NH_3(g)$	−46
$NO_2(g)$	34
$H_2O(l)$	−286
$Al_2O_3(s)$	−1676
$Fe_2O_3(s)$	−826
$CO_2(g)$	−394
$CH_3OH(l)$	−239
$C_8H_{18}(l)$	−269

몇 가지 화합물의 ΔH_f° 값을 표 6.2에 수록하였다. 부록 4에서 더 많은 값들을 찾아볼 수 있다. 도표화된 ΔH_f° 값들의 중요성은 이 값들을 사용하여 여러 반응의 엔탈피를 계산할 수 있다는 점에 있다. 어떻게 계산하는지 보기 위하여, 메테인의 연소에 대한 표준 엔탈피 변화를 계산해 보도록 하자:

$$CH_4(g) + 2O_2(g) \longrightarrow CO_2(g) + 2H_2O(l)$$

엔탈피는 상태 함수이므로 Hess의 법칙을 사용할 수 있고, 반응물로부터 생성물로 가는 *어떠한* 편리한 경로라도 선택할 수 있으며, 선택한 경로를 따라서 엔탈피 변화를 모두 합하면 된다. 그림 6.9에서와 같은 편리한 경로는, 반응물을 표준 상태의 원소로 분해시키는 반응 (a)와 (b), 그리고 이들 원소로부터 생성물을 얻는 반응 (c)와 (d)로 구성되어 있다. 원자들이 화학 반응에서 보존되기 때문에, 이와 같은 일반적인 경로는 어떤 반응에도 적용 가능하다.

그림 6.9에서 메테인이 원소로 분해되는 반응 (a)는

$$CH_4(g) \longrightarrow C(s) + 2H_2(g)$$

다음과 같은 메테인 생성 반응의 역반응일 뿐이다:

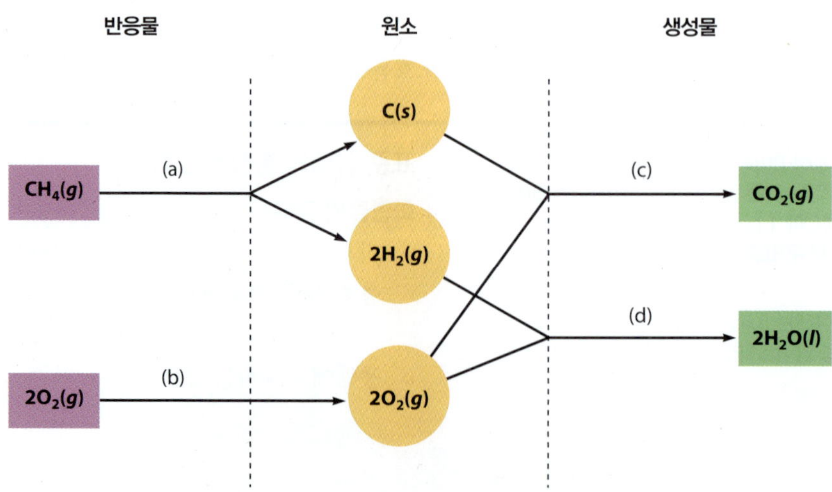

그림 6.9 메테인의 연소에 대한 이와 같은 경로에서, 우선 반응 (a)와 (b)를 통해 반응물이 표준 상태의 원소들로 분해되고, 이 원소들은 반응 (c)와 (d)의 생성물로 조합되는 데 사용된다.

$$C(s) + 2H_2(g) \longrightarrow CH_4(g) \qquad \Delta H_f^\circ = -75\ \text{kJ/mol}$$

반응의 방향을 반대로 하는 것은 ΔH의 크기는 그대로 두면서 부호만 바꾸는 것이므로, 반응 (a)의 ΔH는 $-\Delta H_f^\circ$, 즉 75 kJ이다. 따라서 $\Delta H^\circ_{(a)} = 75$ kJ이다.

다음으로 반응 (b)를 생각해 보자. 여기에서 산소는 이미 표준 상태의 원소이므로 바꿀 필요가 없다. 따라서 $\Delta H^\circ_{(b)} = 0$이다.

다음 단계인 반응 (c)와 (d)에서는, 반응 (a)와 (b)에서 생성된 원소를 사용하여 생성물을 만든다. 반응 (c)는 단순히 이산화 탄소의 생성 반응임을 주목하라:

$$C(s) + O_2(g) \longrightarrow CO_2(g) \qquad \Delta H_f^\circ = -394\ \text{kJ/mol}$$

따라서,

$$\Delta H^\circ_{(c)} = CO_2(g)\text{에 대한 } \Delta H_f^\circ = -394\ \text{kJ}$$

반응 (d)는 물의 생성 반응이다:

$$H_2(g) + \tfrac{1}{2}O_2(g) \longrightarrow H_2O(l) \qquad \Delta H_f^\circ = -286\ \text{kJ/mol}$$

그러나 균형 맞춘 반응식에서 물 2 mol이 필요하므로, 원소로부터 물 2 mol을 만들어야 한다.

$$2H_2(g) + O_2(g) \longrightarrow 2H_2O(l)$$

따라서

$$\Delta H^\circ_{(d)} = H_2O(l)\text{에 대한 } \Delta H_f^\circ \times 2 = 2(-286\ \text{kJ}) = -572\ \text{kJ}$$

이제 반응물로부터 생성물까지의 경로를 완성하였다. 이 반응의 엔탈피 변화는 각 단계의 ΔH 값(부호까지 포함하여)의 합이다.

$$\begin{aligned}\Delta H^\circ_{\text{반응}} &\\ &= \Delta H^\circ_{(a)} + \Delta H^\circ_{(b)} + \Delta H^\circ_{(c)} + \Delta H^\circ_{(d)} \\ &= [CH_4(g)\text{에 대한 } -\Delta H_f^\circ] + 0 + [CO_2(g)\text{에 대한 } \Delta H_f^\circ] + [H_2O(l)\text{에 대한 } \Delta H_f^\circ \times 2] \\ &= -(-75\ \text{kJ}) + 0 + (-394\ \text{kJ}) + (-572\ \text{kJ}) \\ &= -891\ \text{kJ}\end{aligned}$$

이러한 과정을 그림 6.10에 도표로 나타내었다. 반응물이 분해되어 원소로 변환되고 [$O_2(g)$는 그렇지 않다] 이들 원소로부터 생성물이 만들어지는 것에 주목하라. 반응물을 원소로 변환하는 데 필요한 에너지는 매우 작지만, 이들 원소로부터 생성물이 형성될 때에는 많은 양의 에너지가 방출되기 때문에 강한 발열 반응임을 알 수 있을 것이다. 이 반응이 왜

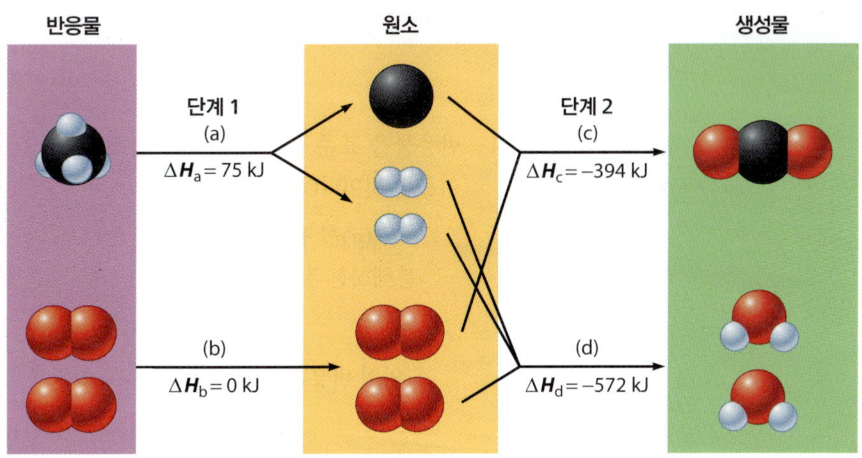

그림 6.10 반응, $CH_4(g) + 2O_2(g) \rightarrow CO_2(g) + 2H_2O(l)$에 대한 에너지 변화의 개략도.

빼다는 것은 부호를 반대로 하여 더해준다는 것을 의미한다.

집이나 사무실을 따뜻하게 하는 열을 생산하는 매우 유용한 반응인지에 대한 이유이다.

이 예에서 사용한 경로를 주의 깊게 검토해 보자. 우선 반응물을 표준 상태의 원소로 분해하였다. 이 과정에서는 생성 반응을 반대로 하였으며, 생성 엔탈피의 부호를 그에 따라 반대로 바꿔주었다. 그 후 이들 원소로부터 생성물이 만들어졌다. 여기서는 생성 반응과 그에 따른 생성 엔탈피가 포함되었다. 이 전 과정을 다음과 같이 요약할 수 있다: **주어진 반응의 엔탈피 변화는 생성물의 생성 엔탈피에서 반응물의 생성 엔탈피를 빼줌으로써 계산할 수 있다. 균형 맞춘 반응식에서 요구되는 대로 생성 엔탈피에 정수를 곱해야 함을 기억하라.** 이 문장은 다음과 같이 기호로 나타낼 수 있다:

$$\Delta H°_{\text{반응}} = \Sigma n_p \Delta H_f°(\text{생성물}) - \Sigma n_r \Delta H_f°(\text{반응물}) \quad \textbf{(6.1)}$$

여기에서 Σ (시그마) 기호는 "모든 항을 더하라"는 것을 의미하며, n_p와 n_r은 각각 생성물과 반응물의 몰 수를 의미한다.

표준 상태의 원소는 $\Delta H_f°$ 값을 이용한 엔탈피 계산에 포함시키지 않는다.

원소는 상태를 변화시킬 필요가 없으므로, 위의 계산에 포함시키지 않는다. 즉, 원소의 $\Delta H_f°$는 0이기 때문이다. 원소의 생성 엔탈피를 사실상 0으로 *정의*한 셈인데, 이는 반응의 엔탈피 변화를 계산할 때 원소를 기준으로 삼았기 때문이다.

문제 풀이 전략

엔탈피 계산

- 반응의 방향을 반대로 바꾸면 ΔH의 크기는 바뀌지 않지만, 부호가 반대가 된다.
- 균형 맞춘 반응식을 정수배할 때에는 그 반응의 ΔH 값도 같은 정수로 곱해야 한다.
- 주어진 반응의 엔탈피 변화는 반응물과 생성물의 생성 엔탈피로부터 계산할 수 있다:

$$\Delta H°_{\text{반응}} = \Sigma n_p \Delta H_f°(\text{생성물}) - \Sigma n_r \Delta H_f°(\text{반응물})$$

- 표준 상태에 있는 원소는 $\Delta H_{\text{반응}}$ 계산에서 포함시키지 않는다. 즉, 표준 상태 원소의 $\Delta H_f°$ 값은 0이다.

대화형 예제 6.9 표준 생성 엔탈피를 이용하여 반응 엔탈피 구하기 I

표 6.2의 표준 생성 엔탈피 값을 사용하여 암모니아가 공기 중에서 연소되어 이산화 질소와 물을 생성할 때 일어나는 전체 반응의 표준 엔탈피 변화를 계산하라. 이 반응은 질산 제조 과정의 첫 단계이다.

$$4NH_3(g) + 7O_2(g) \longrightarrow 4NO_2(g) + 6H_2O(l)$$

풀이 반응물을 표준 상태의 원소로 분해한 후, 그 원소들을 사용하여 생성물을 만드는 경로를 이용할 것이다(그림 6.11 참조).

› *$NH_3(g)$를 원소로 분해*[그림 6.11의 반응 (a)]. 첫 단계는 4 mol의 NH_3를 N_2와 H_2로 분해하는 것이다:

$$4NH_3(g) \longrightarrow 2N_2(g) + 6H_2(g)$$

위의 반응은 NH_3 생성 반응의 *역반응*에 4를 곱한 것과 같다:

$$\tfrac{1}{2}N_2(g) + \tfrac{3}{2}H_2(g) \longrightarrow NH_3(g) \qquad \Delta H_f° = -46\ \text{kJ/mol}$$

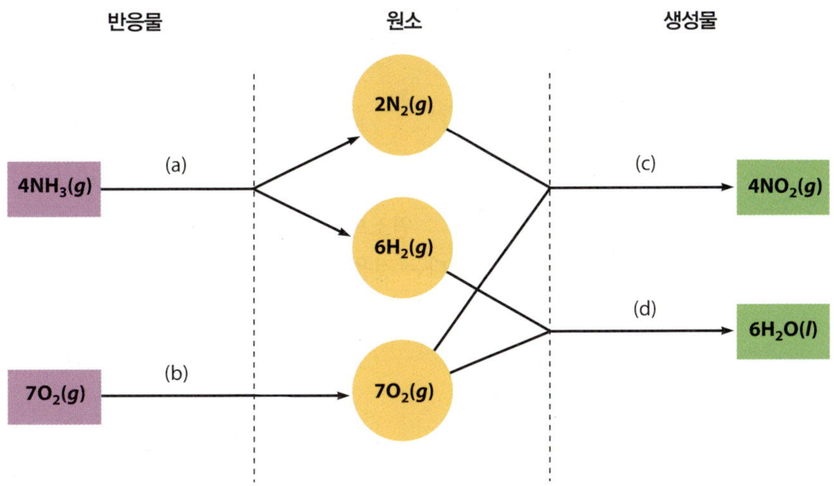

그림 6.11 암모니아의 연소에 대한 경로.

따라서

$$\Delta H°_{(a)} = 4\ \text{mol}[-(-46\ \text{kJ/mol})] = 184\ \text{kJ}$$

› *원소 상태의 산소*[그림 6.11의 반응 (b)]. $O_2(g)$는 표준 상태에서 원소 상태이므로, $\Delta H°_{(b)} = 0$이다.

이제 전체 반응의 생성물로 조합해서 만들 수 있는 $N_2(g)$, $H_2(g)$, $O_2(g)$ 원소가 준비되었다.

› *원소로부터 $NO_2(g)$의 합성*[그림 6.11의 반응 (c)]. 전체 반응식에는 4 mol의 NO_2가 있다. 따라서 필요한 반응식은 $NO_2(g)$ 생성 반응식에 4를 곱해 얻을 수 있다:

$$4 \times [\tfrac{1}{2}N_2(g) + O_2(g) \longrightarrow NO_2(g)]$$

따라서,

$$\Delta H°_{(c)} = 4 \times \Delta H_f^\circ \text{ for } NO_2(g)$$

표 6.2에서 $NO_2(g)$의 $\Delta H_f° = 34$ kJ/mol이므로

$$\Delta H°_{(c)} = 4\ \text{mol} \times 34\ \text{kJ/mol} = 136\ \text{kJ}$$

› *원소로부터 $H_2O(l)$ 합성* [그림 6.11의 반응 (d)]. 전체 반응식에는 6 mol의 $H_2O(l)$가 있으므로, 필요한 반응식은 $H_2O(l)$ 생성 반응식에 6을 곱해 얻을 수 있다:

$$6 \times [H_2(g) + \tfrac{1}{2}O_2(g) \longrightarrow H_2O(l)]$$

그리고

$$\Delta H°_{(d)} = 6 \times [H_2O(l)\text{에 대한 } \Delta H_f°]$$

표 6.2에서 $H_2O(l)$의 $\Delta H_f°$ 값은 -286 kJ/mol이므로

$$\Delta H°_{(d)} = 6\ \text{mol}\ (-286\ \text{kJ/mol}) = -1716\ \text{kJ}$$

위의 과정을 다음과 같이 요약할 수 있다:

$$\begin{array}{lcl} 4NH_3(g) \xrightarrow{\Delta H°_{(a)}} & \left[\begin{array}{l} 2N_2(g) + 6H_2(g) \\ 7O_2(g) \end{array} \right] & \begin{array}{l} \xrightarrow{\Delta H°_{(c)}} 4NO_2(g) \\ \xrightarrow{\Delta H°_{(d)}} 6H_2O(l) \end{array} \\ 7O_2(g) \xrightarrow{\Delta H°_{(b)}} & \text{표준 상태의 원소} & \end{array}$$

전체 반응의 $\Delta H°$ 값은 각 단계에서 구한 $\Delta H°$ 값을 더해 구할 수 있다:

$$\Delta H°_{반응} = \Delta H°_{(a)} = \Delta H°_{(b)} + \Delta H°_{(c)} + \Delta H°_{(d)}$$
$$= [4 \times -\Delta H_f°(NH_3(g))] + 0 + [4 \times \Delta H_f°(NO_2(g))] + [6 \times \Delta H_f°(N_2O(l))]$$
$$= [4 \times \Delta H_f°(NO_2(g))] + [6 \times \Delta H_f°(N_2O(l))] - [4 \times \Delta H_f°(NH_3(g))]$$
$$= \Sigma n_p \Delta H_f°(생성물) - \Sigma n_r \Delta H_f°(반응물)$$

원소의 $\Delta H_f°$는 표준 상태에서 0이므로 원소 상태의 반응물과 생성물은 포함되지 않는다는 것을 기억하라. 앞에서 구한 식 (6.1) 형태의 식이 다시 구해졌음을 유의하라. 최종 풀이는 다음과 같다.

■ $\Delta H°_{반응} = [4 \times (34\ kJ)] + [6 \times (-286\ kJ)] - [4 \times (-46\ kJ)]$
$= -1396\ kJ$

연습 문제 6.97과 6.98 참조

식 (6.1)에 대한 기초를 살펴보았으므로, 앞으로의 연습 문제에서는 ΔH를 구할 때 식 (6.1)을 바로 사용할 것이다.

대화형 예제 6.10 표준 생성 엔탈피를 이용하여 반응 엔탈피 구하기 II

생성 엔탈피를 이용하여 테르밋 반응의 표준 엔탈피 변화를 계산하라:

$$2Al(s) + Fe_2O_3(s) \longrightarrow Al_2O_3(s) + 2Fe(s)$$

이 반응은 분말 알루미늄과 산화 철(III)의 혼합물을 마그네슘 퓨즈로 점화시키면 일어난다.

풀이

목표는 무엇인가?

반응의 ΔH 계산

알고 있는 것은?

- $Fe_2O_3(s)$의 $\Delta H_f° = -826\ kJ/mol$
- $Al_2O_3(s)$의 $\Delta H_f° = -1676\ kJ/mol$
- $Al(s)$의 $\Delta H_f°$ = $Fe(s)$의 $\Delta H_f° = 0$

필요한 정보는?

- 식 (6.1)을 사용한다:

$$\Delta H° = \Sigma n_p \Delta H_f°(생성물) - \Sigma n_r \Delta H_f°(반응물)$$

어떻게 해결할 것인가?

■ $\Delta H°_{반응} = \Delta H_f°(Al_2O_3(s)) - \Delta H_f°(Fe_2O_3(s))$
$= -1676\ kJ - (-826\ kJ) = -850.\ kJ$

이 반응은 매우 격렬한 발열 반응이기 때문에 생성되는 철은 초기에 용융된 상태로 있다. 이 과정은 종종 시범 강의에 이용되며, 배의 프로펠러와 같은 대형 강철 제품의 용접에 사용되기도 한다.

연습 문제 6.101과 6.102 참조

▲ 테르밋 반응은 가장 에너지가 많이 발생하는 화학 반응 중 하나이다.

비판적 사고 ΔH반응의 계산에서, 표준 상태에 있는 원소의 ΔH_f°를 0으로 정의하였다. 만일 표준 상태에 있는 원소의 ΔH_f°를 10 kJ/mol로 정의하면 어떻게 되는가? 이렇게 되면 ΔH반응을 결정하는 데 어떤 영향이 있는가? 계산을 통한 예를 들어 당신의 답을 증명하라.

대화형 예제 6.11 표준 생성 엔탈피를 이용하여 반응 엔탈피 구하기 III

최근까지 메탄올(CH_3OH)은 경주용 자동차의 고성능 엔진 연료로 사용되었다. 표 6.2의 자료를 이용하여 메탄올 1 g과 가솔린 1 g의 표준 연소 엔탈피를 비교해 보라. 가솔린은 실제로는 여러 화합물의 혼합물이지만, 이 문제에서는 가솔린이 순수한 액체 상태 옥테인(C_8H_{18})이라고 가정한다.

풀이 **목표는 무엇인가?**

메탄올과 옥테인의 연소에 대한 ΔH의 비교

알고 있는 것은?

› 표 6.2의 표준 생성 엔탈피

어떻게 해결할 것인가?

메탄올의 경우:

메탄올의 연소 반응은?

$$2CH_3OH(l) + 3O_2(g) \longrightarrow 2CO_2(g) + 4H_2O(l)$$

$\Delta H_{반응}$은?

표 6.2의 표준 생성 엔탈피와 식 (6.1)을 이용하면,

$$\begin{aligned}\Delta H^\circ_{반응} &= [2 \times \Delta H_f^\circ(CO_2(g))] + [4 \times \Delta H_f^\circ(H_2O(l)] - [2 \times \Delta H_f^\circ(CH_3OH(l))] \\ &= [2 \times (-394\ kJ)] + [4 \times (-286\ kJ)] - [2 \times (-239\ kJ)] \\ &= -1.45 \times 10^3\ kJ\end{aligned}$$

1 g당 연소 엔탈피는?

메탄올 2 mol이 연소하면 1.45×10^3 kJ의 열이 발생한다. 메탄올의 몰질량은 32.04 g/mol이다. 이는 메탄올 64.08 g이 연소하면 1.45×10^3 kJ의 열이 발생한다는 것을 의미한다. 메탄올 1 g당 연소 엔탈피는 다음과 같다.

$$\frac{-1.45 \times 10^3\ kJ}{64.08\ g} = -22.6\ kJ/g$$

옥테인의 경우:

옥테인의 연소 반응은?

$$2C_8H_{18}(l) + 25O_2(g) \longrightarrow 16CO_2(g) + 18H_2O(l)$$

$\Delta H_{반응}$은?

표 6.2의 표준 엔탈피 자료와 식 (6.1)을 이용하면,

$$\begin{aligned}\Delta H^\circ_{반응} &= [16 \times \Delta H_f^\circ(CO_2(g))] + [18 \times \Delta H_f^\circ(H_2O(l))] - [2 \times \Delta H_f^\circ(C_8H_{18}(l))] \\ &= [16 \times (-394\ kJ)] + [18 \times (-286\ kJ)] - [2 \times (-269\ kJ)] \\ &= -1.09 \times 10^4\ kJ\end{aligned}$$

1 g당 연소 엔탈피는?
이것은 옥테인 2 mol이 연소할 때 발생하는 열량이다. 옥테인의 몰질량은 114.22 g/mol 이므로, 옥테인 1 g당 연소 엔탈피는 다음과 같다.

$$\frac{-1.09 \times 10^4 \text{ kJ}}{2(114.22 \text{ g})} = -47.7 \text{ kJ/g}$$

■ 옥테인의 g당 연소 엔탈피는 메탄올에 비해 두 배 정도 된다. 이 결과만 보면, 일반적으로 무게가 매우 중요한 고려 대상인 경주용 자동차의 경우에는 가솔린이 메탄올보다 우수한 연료로 보여진다. 그렇다면, 왜 메탄올이 경주용 자동차에 사용되었을까? 답은, 메탄올이 고성능 엔진에서 훨씬 부드럽게 연소하기 때문에, 이 장점이 무게의 단점을 상쇄시키고도 남는다는 사실에 있다.

오늘날 인디애나폴리스 500에서 사용되는 차들은 메탄올 대신에 에탄올을 사용한다.

연습 문제 6.109 참조

6.5 현재의 에너지 자원

목재용 식물, 석탄, 석유, 천연 가스에는 엄청난 양의 에너지가 저장되어 있는데, 이 에너지는 원래 태양으로부터 온 것이다. 광합성 과정을 통해 식물은 에너지를 저장하며, 이 에너지는 식물 자체를 태우거나, 또는 수백만 년에 걸쳐 **화석 연료**(fossil fuel)로 변환된 부산물을 태움으로써 얻을 수 있다. 미국은 현재 에너지 공급을 석유에 크게 의존하고 있지만, 이러한 의존도는 그림 6.12에서 볼 수 있듯이 비교적 최근에 나타난 현상이다. 이 절에서는 에너지 자원과 에너지 자원이 환경에 미치는 영향을 살펴보고자 한다.

석유와 천연 가스

명확히 규명된 것은 아니지만, 석유와 천연 가스는 대략 5억 년 전에 살았던 해양 생물의 잔해로부터 만들어졌을 가능성이 있다. **석유**(petroleum)는 점성이 큰 검은색 액체로, 주로 탄소와 수소를 포함하는 *탄화수소*(*hydrocarbon*)로 되어 있다. (탄소는 자기들끼리 결합하여 다양한 길이의 사슬을 만드는 정도에 있어서 여러 원소들 중 독특하다고 할 수 있다.) 표 6.3은 흔히 볼 수 있는 몇 가지 탄화수소의 화학식과 이름을 보여준다. 석유 퇴적층에서 발견되는 **천연 가스**(natural gas)의 주성분은 메테인이지만 에테인, 프로페인, 그리고 뷰테인도 상당량 포함되어 있다. 지난 몇 년에 걸쳐 엄청난 양의 천연 가스가 셰일 퇴적층 깊이 묻혀 있다는 것이 확실해지고 있다. 전 세계의 이러한 퇴적층에 회수 가능한 천연 가스가

표 6.3 몇 가지 흔히 보는 탄화수소의 이름과 화학식

화학식	이름
CH_4	메테인
C_2H_6	에테인
C_3H_8	프로페인
C_4H_{10}	뷰테인
C_5H_{12}	펜테인
C_6H_{14}	헥세인
C_7H_{16}	헵테인
C_8H_{18}	옥테인

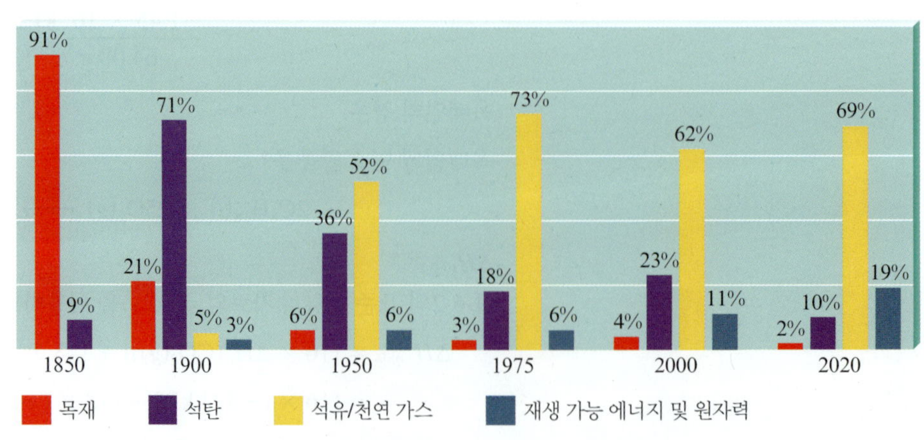

그림 6.12 미국에서 사용되는 에너지 자원.

▲
멕시코 만에 있는 석유 시추선.

200조 입방 미터까지 있을 수 있다고 예측된다. 미국 동부에 있는 1마일 깊이의 Marsellus Shale 퇴적층에는 회수 가능한 가스가 2조 입방 미터만큼 저장되어 있다고 한다. 이러한 가스 퇴적층의 문제점은 셰일 층이 아주 뚫기 어렵다는 점과, 가스가 저절로 유정으로 흘러들어오지 않는다는 데 있다. 현재는 가스 퇴적층에 도달하는 데 수압 분쇄 또는 "프래킹(fracking)"이라고 부르는 방법이 사용된다. 프래킹은 물, 모래, 그리고 화학 첨가물의 현탁액을 셰일층에 박힌 유정 보어(well bore)를 통해 강한 압력으로 주입하는 과정이다. 이 방법은 바위를 조각내어 유정으로 가스가 흘러들게 한다. 프래킹이 점점 많이 이용됨에 따라 지하수의 오염, 공기 질의 저하, 그리고 이 과정에 연관된 폐기물의 무단 투기와 같은 환경문제가 생겨나고 있다. 그러나 이러한 위험성에도 불구하고, 2020년 기준으로 미국 천연 가스 공급량의 약 3분의 2는 프래킹을 통해 얻어진 천연 가스가 차지하고 있다.

석유는 조성이 다양하지만, 대체로 탄소가 5~25개 정도인 사슬 모양의 탄화수소로 되어 있다. 석유를 효율적으로 사용하려면 끓여서 몇 부분으로 분리해야 한다. 보다 가벼운 분자(끓는점이 가장 낮은 분자)를 끓여서 제거하면, 보다 무거운 성분이 남게 된다. 다양한 석유 성분의 상업적 이용은 표 6.4에 나타내었다.

표 6.4 다양한 석유 성분의 용도

탄소 원자 수에 따른 석유 성분	주요 용도
C_5~C_{10}	가솔린
C_{10}~C_{18}	등유 제트연료
C_{15}~C_{25}	디젤연료 난방유 윤활유
$>C_{25}$	아스팔트

석탄

석탄(coal)은 땅속에 묻힌 식물의 잔해가 오랫동안 높은 압력과 열을 받아 만들어졌다. 식물은 셀룰로스를 다량 함유하는데, 셀룰로스는 실험식이 CH_2O이며 몰질량이 약 500,000 g/mol인 복잡한 분자이다. 지구상에서 여러 시대, 여러 곳에서 번창했던 식물과 나무가 죽어서 묻힌 후, 화학적 변화에 의하여 점차 셀룰로스 분자의 산소 및 수소 함량이 감소하였다. 석탄은 네 단계에 걸쳐 "숙성"된다: 갈탄, 아역청탄, 역청탄, 무연탄. 각 단계를 거치면서 탄소–대–산소, 그리고 탄소–대–수소의 비율이 증가한다: 즉, 상대적인 탄소의 양이 점차 증가한다. 다양한 석탄의 전형적인 원소 조성이 표 6.5에 나와 있다. 일정량의 석탄을 연소시켰을 때 탄소의 함량이 높을수록 에너지가 많이 발생한다. 따라서, 무연탄이 가장 양질의 석탄이며, 갈탄은 가장 값어치가 떨어진다.

석탄은 생성 연대와 지역에 따라 다양한 조성을 갖는다.

석탄은 미국에서 중요하고 풍부한 연료로 현재 전체 에너지의 약 10%를 차지한다. 그러나 석탄의 지하 채굴은 비용이 많이 들 뿐만 아니라 위험이 따르며, 비옥한 중서부의 경작지나 경관이 좋은 서부 지역에서의 노천 채굴은 명백한 문제를 일으킨다. 더구나 석탄이 연소하면, 특히 황의 함량이 큰 석탄의 경우에는 이산화 황과 같은 대기 오염 물질이 발생되는데, 이 화합물은 제5장에서 배웠듯이 산성비의 원인이 된다. 그러나 석탄이 순수하게 탄소로만 이루어졌을지라도, 연소되면서 생기는 이산화 탄소는 지구의 기후에 큰 영향을 미친다.

이산화 탄소가 기후에 미치는 영향

지구는 엄청난 양의 복사 에너지를 태양으로부터 받으며, 이 중 약 30%는 대기에 의해 반사되어 우주로 돌아간다. 나머지는 대기를 통과하여 지표에 도달한다. 일부는 식물이 흡수

표 6.5 몇 가지 종류의 석탄에 대한 원소 조성

	각 원소의 질량 백분율				
석탄의 종류	C	H	O	N	S
갈탄	71	4	23	1	1
아역청탄	77	5	16	1	1
역청탄	80	6	8	1	5
무연탄	92	3	3	1	1

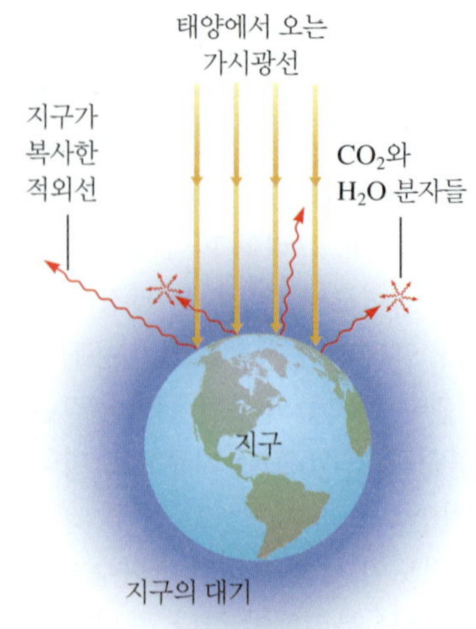

그림 6.13 지구의 대기는 태양으로부터 오는 가시광선을 투과시킨다. 가시광선이 지구 표면에 부딪친 후, 그 일부는 적외선 복사로 변한다. 지표면으로부터의 적외선 복사는 대기에 있는 CO_2, H_2O, 그리고 이보다는 좀 더 소량으로 존재하는 분자들(예를 들어, CH_4와 N_2O)에 의해 강하게 흡수된다. 결과적으로, 대기는 어느 정도의 에너지를 빠져나가지 못하게 하는데, 이는 온실의 유리와 같은 역할을 하며 지구를 지속적으로 더워지게 한다.

지구 표면의 평균 온도는 298 K이다. "온실 효과"가 없다면 온도는 255 K가 될 것이다.

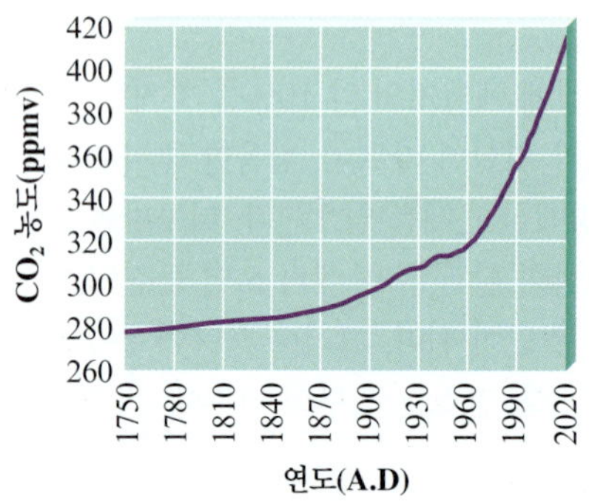

그림 6.14 지난 270년 동안의 대기 중 CO_2 농도. 지난 90년간 CO_2의 농도가 상당히 증가했음에 주목하라.
(출처: https://www.climate.gov/sites/default/files/2021-07/CO2_emissions_vs_concentrations_1751-2020_1400x700.gif)

하여 광합성에 쓰이고, 바다에 흡수되어 물을 증발시키지만, 대부분은 토양과 바위와 물이 흡수하여 지표의 온도를 높인다. 이 에너지는 더워진 표면으로부터 주로 *적외선 복사*(*infrared radiation*) 또는 *열복사*(*heat radiation*)의 형태로 적외선으로 다시 방출된다.

대기는 유리창과 같이 가시광선은 투과시키지만, 적외선 복사를 모두 통과시키지는 않는다. 대기 중에 있는 분자, 특히 H_2O와 CO_2는 적외선을 강하게 흡수하여 다시 지구로 방출한다(그림 6.13). 따라서 일정량의 열에너지는 지구의 대기에 의해 갇히게 되어, 대기가 없다고 가정할 때보다 지구를 훨씬 더 덥게 만든다. 대기는 어느 면에서 온실의 유리창과 같은 역할을 하는데, 이 유리창은 가시광선은 통과시키지만 적외선을 흡수하여 온실 내부의 온도를 높이기 때문이다. 이와 같은 **온실 효과**(greenhouse effect)는 금성에서는 더욱 두드러지는데, 대기의 높은 밀도 때문에 금성 표면의 온도가 매우 높을 것으로 생각되고 있다.

따라서 지표의 온도는 이산화 탄소와 같은 온실 가스는 물론 대기 중의 물의 함량에 의하여 크게 좌우된다. 대기 중 수분(습도)의 영향은 미국 중서부 지방에서 잘 볼 수 있다. 여름에 습도가 높은 날에는 태양열이 밤까지도 유지되어 밤에도 기온이 매우 높다. 반면에 겨울에는 맑은 날 밤이 가장 추운데, 이는 습도가 낮아 에너지인 열이 우주 공간으로 쉽게 복사되어 나가기 때문이다.

대기의 수분 함량은 물 순환(증발 및 강수량)에 의하여 조절되며, 평균값은 여러 해를 걸쳐 일정하게 유지된다. 그러나 화석 연료를 더 많이 사용함에 따라, 이산화 탄소의 농도가 증가되었다. 인공위성 관측 결과는 이산화 탄소의 농도 증가가 지구 대기를 온난화하는 데 기여했다는 증거를 보여준다.

그렇다면 장기적인 영향을 얼마나 잘 예측할 수 있을까? 지구의 나이에 비하면 우리가 기후와 날씨를 연구해온 기간은 극히 짧기 때문에, 태양 변화와 같은 장기적 기후 조절 요인들은 아직 명확히 이해되지 않고 있다. 예를 들어, 우리는 왜 빙하기가 주기적으로 지구에 오는지 모른다. 따라서 이산화 탄소 증가가 어떤 영향을 미칠지를 추정하기란 쉽지 않다.

실제로 지난 세기에 걸친 지구의 평균 온도 변이는 다소 혼란스럽다. 북반구의 경우 지난 일 세기 동안 처음 60년간 평균 기온이 약 0.8°C 상승했고, 다음 25년 동안 약 0.5°C 하강하고 이후 15년간 다시 0.2°C 상승했다. 이러한 변화는 이산화 탄소 농도의 꾸준한 증가와 정확히 일치하지는 않는다. 반면, 남반구와 적도 부근에서는 지난 세기 동안 평균 기온이 지속적으로 상승하여 총 약 0.4°C 상승을 기록했으며, 이는 같은 기간 이산화 탄소 농도 증가로 예측되는 변화와 비교적 잘 일치한다. 또 다른 중요한 사실은, 비록 그 상승 폭은 모형이 예측한 것보다는 낮았지만 지난 10년이 기상 관측 사상 가장 더웠던 10년을 기록했다는 점이다.

대기 중 이산화 탄소 농도와 지구 기온 변화의 관계를 설명하는 모형들은 매우 복잡하며 오차의 가능성도 존재한다. 그러나 한 가지는 분명하다. 대기 중 이산화 탄소 농도의 증가는 매우 두드러지게 나타나고 있다(그림 6.14). 우리는 미래의 에너지 수요를 고려하는 과정에서 이러한 증가가 의미하는 바를 반드시 생각해야 한다.

개념 정리 및 복습 For Review

주요 용어

6.1절

에너지
에너지 보존 법칙
퍼텐셜 에너지
운동 에너지
열
일
경로
상태 함수(성질)
계
주위
발열
흡열
열역학
열역학 제1법칙
내부 에너지

6.2절

엔탈피
열량계
열계량법
열용량
비열
몰열용량
일정 압력 열량계법
일정 부피 열량계법

6.3절

Hess의 법칙

6.4절

표준 생성 엔탈피
표준 상태

6.5절

화석 연료
석유
천연 가스
석탄
온실 효과

에너지

- 일을 하거나 열을 발생시킬 수 있는 능력
- 보존됨(열역학 제1법칙)
- 한 가지 형태에서 다른 형태로 바뀔 수 있다.
- 상태 함수이다.
- 퍼텐셜 에너지: 저장된 에너지
- 운동 에너지: 움직임에 의한 에너지
- 계의 내부 에너지는 퍼텐셜 에너지와 운동 에너지의 합이다.
- 계의 내부 에너지는 열과 일에 의해 변화된다:

$$\Delta E = q + w$$

일

- 일정한 거리 동안 작용한 힘
- 기체를 팽창과 수축에 대하여
- 상태 함수가 아님

$$w = -P\Delta V$$

열

- 온도 차이에 의한 에너지의 흐름
- 발열: 계로부터 흘러나가는 열로서의 에너지
- 흡열: 계로 흘러들어오는 열로서의 에너지
- 상태 함수가 아님
- 화학 반응에 대해 열량계법으로 측정함

엔탈피

- $H = E + PV$
- 상태 함수이다.
- Hess의 법칙: 특정한 반응물들에서 특정한 생성물들이 만들어질 때, 반응이 한 단계로 이루어지든 몇 단계에 걸쳐 일어나든 관계없이 엔탈피 변화량은 같다.
- 표준 생성 엔탈피(ΔH_f°)는 화학 반응에서의 ΔH를 구할 때 사용될 수 있다.

$$\Delta H^\circ_{\text{반응}} = \Sigma n_p \Delta H_f^\circ(\text{생성물}) - \Sigma n_r \Delta H_f^\circ(\text{반응물})$$

에너지 사용

- 화석 연료로부터의 에너지원은 공급의 어려움과 환경에 미치는 영향에 연관되어 있다.
- 온실효과는 이산화 탄소와 같은 적외선을 잘 흡수하는 기체가 대기로 방출됨에 따라 발생하며, 지구 온난화를 초래한다.

복습 질문

1. 다음 용어를 정의하라. 퍼텐셜 에너지, 운동 에너지, 경로-의존 함수, 상태 함수, 계, 주위.
2. 두 가지 다른 반응에 대한 다음의 퍼텐셜 에너지 그림을 보자.

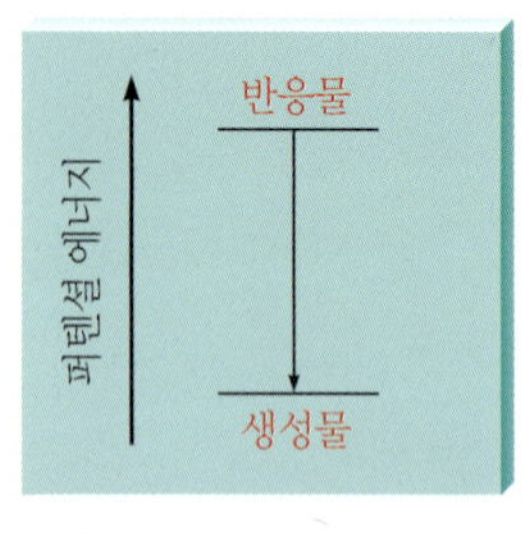

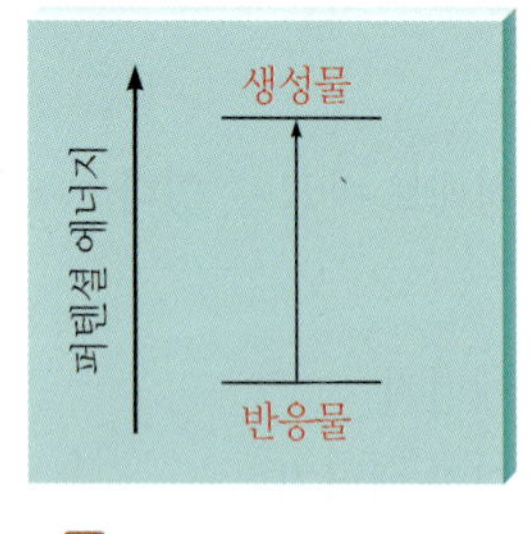

어떤 그림이 발열 반응을 나타내는가? 그림 a에서 반응물은 생성물에 비해 일반적으로 결합의 세기가 더 강하겠는가 아니면 약하겠는가? 그림 b에서 반응물이 생성물이 되기 위하여 퍼텐셜 에너지를 반드시 얻어야 하는가? 이것은 어떻게 일어나는가?

3. 열역학 제1법칙은 무엇인가? 계의 내부 에너지 E는 어떻게 변화하는가? 이 책에서 사용되는 열역학 함수 값들의 부호 규칙은 무엇인가?
4. 기체가 팽창할 때 w의 부호는 무엇인가? 그 이유는? 기체가 수축될 때 w의 부호는 무엇인가? 그 이유는? 물이 끓는 과정에서 w와 q의 부호는?
5. 압력이 일정할 때 얻거나 방출되는 열의 양(q_P)은 얼마인가? 부피가 일정할 때 얻거나 방출되는 열의 양(q_V)은? 통 열량계로는 ΔE 값을 직접 구할 수 있는 반면, 커피-컵 열량계로는 ΔH 값을 직접 측정할 수 있는 이유를 설명하라.
6. 고성능 음향 기기에서는 열이 많이 난다. 열을 방출하고 전자 부품에 손상이 가지 않도록 열을 방출하는 금속 날개들이 부착되어 있다. 철과 알루미늄 중 금속 날개로 적당한 물질은 무엇일까? 그 이유는? (표 6.1의 비열 참조)
7. 열량계로 반응의 ΔH 또는 ΔE 값을 측정하는 방법에 대해 설명하라. 흡열 반응에서 열량계의 온도는 올라가는가, 내려가는가? 발열 반응의 경우는? 설명하라.
8. Hess의 법칙은 무엇인가? 역반응이 일어날 때 ΔH의 크기와 부호는 어떻게 바뀌는가? 균형이 맞추어진 반응식에서 각 화합물의 계수에 n을 곱하면, ΔH의 크기와 부호는 어떻게 바뀌는가?
9. 표준 생성 엔탈피를 정의하라. 원소와 화합물의 표준 상태는 무엇인가? Hess의 법칙을 이용하여 다음 식으로부터 반응의 $\Delta H°$를 구할 수 있는 이유를 설명하라.

$$\Delta H°_{\text{반응}} = \Sigma n_p \Delta H_f°(\text{생성물}) - \Sigma n_r \Delta H_f°(\text{반응물})$$

10. 화석 연료에 의존하고 있는 세계가 안고 있는 문제에 대해 설명하라.

활동 학습 질문

이 문제들은 학생들이 강의실에서 그룹을 만들어 함께 풀어보도록 고안하였다.

1. 붙여놓은 물체는 결국 같은 온도가 된다. 어느 방에 들어가서 그 안에 있는 금속 조각을 만지면, 플라스틱보다 더 차갑게 느껴지는 이유는 무엇인가?
2. *더 낮은 에너지*라는 것은 무엇을 의미하는가? 수소와 산소 기체 혼합물과 액체인 물 중에서 어느 쪽의 에너지가 더 낮은가? 이를 어떻게 알 수 있는가? 두 가지 중 어느 것이 더 안정한가? 이를 어떻게 알 수 있는가?
3. 계의 내부 에너지는 계에 있는 모든 입자의 운동 에너지와 위치 에너지의 합으로 정의된다. 그림 6.1은 위치 에너지와 운동 에너지를 논의하기 위해 언덕 위의 공에 대한 비유를 사용한다. 위치 에너지와 운동 에너지가 화학 반응에 어떻게 적용되는지 설명하라.
4. 통나무 아래에 놓여 있는 발화용 종이에 성냥으로 불을 붙여서 벽난로에 불이 타오르기 시작한다. *발열, 흡열, 계, 주위, 퍼텐셜 에너지, 운동 에너지* 등의 용어를 사용하여 이 상황에서 모든 에너지의 이동을 설명하라.
5. 액체인 물이 얼음으로 변했다. 이 과정은 발열인가 흡열인가? 이 과정을 *계, 주위, 열, 퍼텐셜 에너지, 운동 에너지* 등의 용어를 사용하여 무엇이 일어나고 있는지 설명하라.
6. 발열 반응에서는 계에서 열이 방출된다. 발열 반응에 대하여 계에서 열은 어디에서 오는가? 흡열 반응에서 계는 열을 얻는다. 흡열 반응에 대하여 계에 추가된 열은 어디로 가는가?
7. 차가운 물이 담긴 비커에 뜨거운 금속 조각을 넣었다. 계는 뜨거운 금속이라고 가정하면 뜨거운 금속에 무슨 일이 일어나는가? 흡열 과정인가 아니면 발열 과정인가? 계가 냉수라고 가정하면 흡열 과정 또는 발열 과정에서 냉수에 어떤 일이 발생하는가? 설명하라.
8. 이동 가능한 피스톤이 장착된 실린더 내에 압력이 3.0 atm이고, 부피가 5.0 L인 기체가 있다. 외부 압력을 1.5 atm으로 변경하여 부피를 10.0 L로 변경하였다.
   - **a.** 행한 일을 계산하고, 부호를 바르게 나타내라.
   - **b.** 앞의 데이터를 사용하되, 두 단계로 진행되는 과정을 생각해 보자. 첫 번째 단계가 끝나면, 외부압력은 2.0 atm으로 변하여 부피가 7.5 L로 변한다. 두 번째 단계가 끝나면 외부 압력

을 1.5 atm으로 바꾸면 최종부피는 10.0 L가 된다. 행한 일을 계산하고, 부호를 바르게 나타내라.

9. 활동 학습 질문 6에서처럼, 계의 초기 상태와 마지막 상태가 같더라도 변화가 일어나는 과정이 다르면 일의 양이 달라진다. 이 결과에 의하면 일은 상태 함수인가?

a. 일이 상태 함수가 아닌 것을 어떻게 알 수 있는지 설명하라.

b. 두 단계로 변화가 일어나면 왜 일의 양이 증가하는가?

10. 에너지가 보존되지 않는다면 어떻게 될까? 이것이 우리 삶에 어떤 영향을 미칠까?

11. Hess의 법칙은 열역학 제1법칙의 다른 표현에 불과하다. 설명하라.

12. 식 $w = -P\Delta V$에서, 왜 마이너스 부호가 있는가?

13. 알루미늄 캔이 청량음료 용기로 적합한 이유를 설명하라. 스티로폼 컵은 커피는 뜨겁게, 그리고 콜라는 차갑게 유지하는 데 사용된다. 그 이유는 무엇인가?

14. 아래의 각 상황 a~c에 대해 i~iii를 사용하여 다음 문장을 완성하라: "물의 최종 온도는......가 되어야 한다."

i. 50°C와 90°C 사이

ii. 50°C

iii. 10°C와 50°C 사이

a. 90°C의 물 100.0 g을 10°C의 물 100.0 g에 부었다.

b. 90°C의 물 100.0 g을 10°C의 물 500.0 g에 부었다.

c. 10°C의 물 50.0 g이 스티로폼 컵에 들어 있다. 이 물에 90°C인 50.0 g의 쇠구슬을 넣었다.

15. 에너지에 대한 다음 문장에 대하여 생각해 보자: "열은 에너지의 한 형태이며, 에너지는 보존된다. 계에서 잃어버린 열의 양은 주위에서 얻은 열의 양과 같아야 한다. 그러므로 열은 보존된다." 이 문장에서 옳다고 생각되는 부분을 모두 표시하라. 또한 틀리다고 생각되는 부분을 모두 표시하라. 틀린 부분은 올바르게 수정하고, 그 이유를 설명하라.

16. a. 일정한 압력과 온도에서 $w = -P\Delta V$이다. 이상기체 법칙을 사용하여 일정한 압력과 온도에서 n, R, T에 대한 일의 식을 유도하라.

b. $2N_2O_5(g) \rightarrow 4NO_2(g) + O_2(g)$ 반응과 다음 데이터를 생각해 보자.

물질	$\Delta H_f°$
$N_2O_5(g)$	11.3 kJ/mol
$NO_2(g)$	33.2 kJ/mol
$O_2(g)$	?

1.00 atm, 25°C에서 이 반응에 대한 w와 ΔE를 계산하라.

분홍색 번호의 질문과 연습문제에 대한 정답은 온라인에서 확인할 수 있습니다(차례의 QR을 스캔해보세요).

질문

17. 시카고 일리노이에서 콜로라도 덴버까지 비행기 여행을 한다고 한다. 이 여행 과정에 대한 경로의존함수와 상태 함수의 예를 몇 개 들어보라.

18. 평균 결합 세기는 반응물과 생성물의 상대적인 퍼텐셜 에너지와 어떤 관계가 있는가?

19. 가솔린이 순수한 $C_8H_{18}(l)$이라고 가정하고, 가솔린이 연소하여 $CO_2(g)$와 $H_2O(g)$가 만들어지는 과정에서의 q와 w의 부호를 예측하라.

20. 다음 설명들 중 *옳은 것*은 어느 것인가? 설명하라.

a. 우주의 에너지(E)는 일정하다.

b. 우주의 열량은 일정하다.

c. 우주의 일의 양은 일정하다.

21. 다음 설명 중 *틀린* 것은 무엇인가? 틀린 것을 정정하라.

a. 계로 유입되는 열보다 계가 하는 일이 더 많을 때, 계의 내부 에너지가 감소한다.

b. 일정한 부피에서 계의 내부 에너지 변화는 열 흐름의 양($\Delta E = q_v$)과 같다.

c. 계에서 일이 완료되고 열이 계로 유입되면 계의 내부 에너지가 증가한다.

d. 일정한 외부 압력에 의해 기체가 팽창할 때, 주위는 계에 대하여 일을 행하고 있다.

22. ΔH와 ΔE의 차이점은 무엇인가?

23. 해안 지역의 온도 변화가 내륙 지역보다 작은 이유를 설명하라.

24. 통 열량계에서는 ΔE를 바로 얻을 수 있는 반면, 커피-컵 열량계에서는 ΔH를 바로 얻을 수 있는 이유를 설명하라.

25. $CH_4(g)$의 연소 반응에서 $H_2O(l)$가 생성될 때의 연소 엔탈피는 −891 kJ/mol이고, $H_2O(g)$가 생성될 때의 연소 엔탈피는 −803 kJ/mol이다. 이 데이터와 Hess의 법칙을 이용하여 물의 증발 엔탈피를 구하라.

26. 반응의 엔탈피 변화는 상태 함수이고, 크기 성질이다. 이를 설명하라.

27. 표준 생성 엔탈피는 상대적인 값이다. $\Delta H_f°$는 무엇에 대한 상대적인 값인가?

28. 메테인의 연소는 다음과 같이 표현할 수 있다:

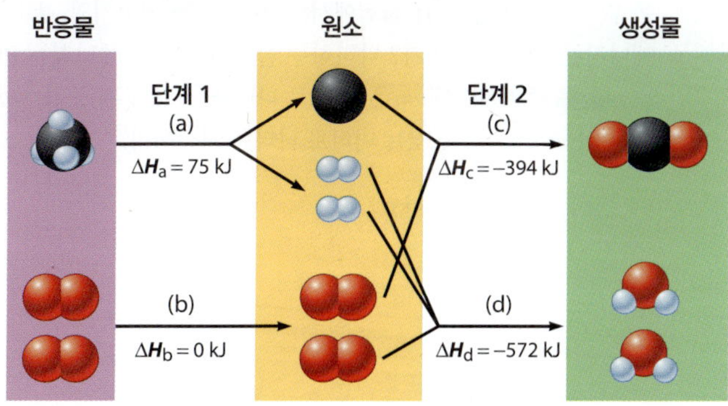

a. 위에 주어진 정보를 사용하여 메테인이 연소하여 $CO_2(g)$와 $2H_2O(l)$을 형성할 때의 ΔH 값을 계산하라.

b. 표준 상태에서 원소의 $\Delta H_f°$는 얼마인가? 왜 그런가? 위의 그림을 사용하여 당신의 답을 설명하라.

c. 반응 $CO_2(g) + 2H_2O(l) \rightarrow CH_4(g) + O_2(g)$의 ΔH를 메테

인의 연소 반응의 ΔH와 비교 설명하라. 답에 대한 이유를 설명하라.

29. 뜨거운 커피를 채우기 전에 보온병을 뜨거운 물로 씻는 것이 왜 좋은 생각인가?

30. 광합성을 하는 식물들이 포도당, 셀룰로스 등을 생산하는 반응은 다음과 같다.

$$6CO_2(g) + 6H_2O(l) \xrightarrow{\text{햇빛}} C_6H_{12}O_6(s) + 6O_2(g)$$

대규모의 삼림 파괴가 온실 효과를 어떻게 악화시키는가?

31. 화석 연료의 불완전 연소란 무엇인가? 왜 이것이 문제가 될 수 있는가?

32. 대체 연료로서 수소의 장점과 단점을 설명하라.

연습 문제

연습 문제는 비슷한 유형의 문제를 두 개씩 짝지어 놓았다.

퍼텐셜 및 운동 에너지

33. 속도가 1.0×10^2 mi/h인 야구공(질량 = 5.25 oz)의 운동 에너지를 계산하라.

34. 질량이 2.0 kg이고 속도가 1.0 m/s인 물체와, 질량이 1.0 kg이고 속도가 2.0 m/s인 물체 중 어느 것이 운동 에너지가 더 큰가?

35. 다음 그림을 참조하여 질문에 답하라.

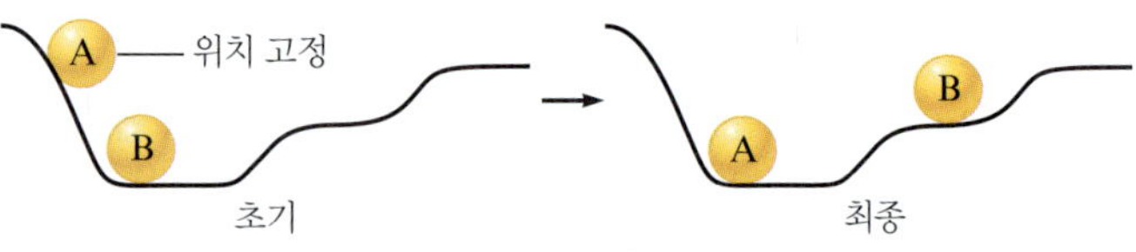

a. 초기 및 최종 상태에서 공 A와 B의 퍼텐셜 에너지를 비교하라.

b. 위의 오른쪽 그림에서 공 A는 멈추었지만, 에너지는 반드시 보존되어야 한다. 공 A의 퍼텐셜 에너지에 어떤 일이 일어났는가?

36. 다음 그림을 생각해 보자. 공 A가 떨어져 공 B에 부딪히게 한다. I 지점에서 공 A의 에너지 전부가 공 B에 전달되며, 에너지 손실은 없다고 가정한다. II 지점에서 공 B의 운동 에너지와 퍼텐셜 에너지는 각각 얼마인가? 낙하하는 물체의 퍼텐셜 에너지는 PE = mgz로 주어지는데, m은 kg으로 나타낸 질량, g는 중력 가속도(9.81 m/s^2), 그리고 z는 미터로 나타낸 거리이다.

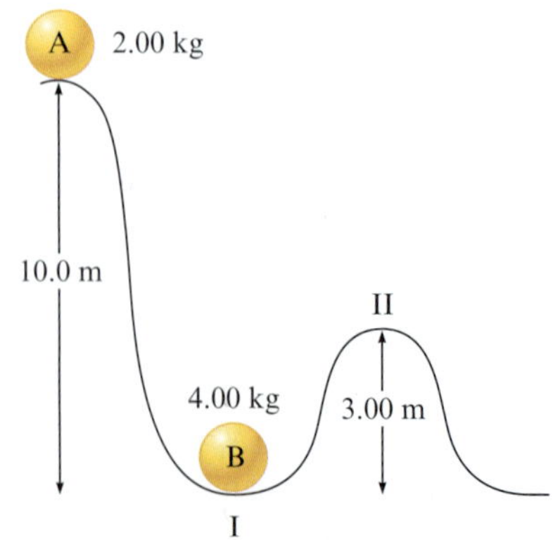

열과 일

37. 45 kJ의 열을 흡수한 어떤 기체가 29 kJ의 일을 했다. 이때의 ΔE를 계산하라.

38. 다음 각 경우의 ΔE를 계산하라.

a. $q = -47$ kJ, $w = +88$ kJ

b. $q = +82$ kJ, $w = -47$ kJ

c. $q = +47$ kJ, $w = 0$

d. 이 중 어느 경우에 주위가 계에 일을 수행하는가?

39. 계가 다음 두 단계로 이루어진 과정을 겪는다:

단계 1: 35 J의 일이 계에 가해지면서, 계는 72 J의 열을 흡수하였다.

단계 2: 72 J의 일을 계가 수행하면서, 계는 35 J의 열을 흡수하였다.

전체 과정에서의 ΔE를 계산하라.

40. 다음 변화 과정에서의 내부 에너지 변화량을 계산하라.

a. 100. J의 일이 기체를 압축하는 데 필요하였다. 이와 동시에, 기체는 23 J의 열을 방출하였다.

b. 외부의 압력이 1.90 atm으로 일정할 때, 피스톤이 8.30 L에서 2.80 L로 압축되었다. 이 과정에서 계가 알짜로 350. J의 열을 흡수하였다.

c. 외부의 압력이 1.00 atm으로 일정할 때, 피스톤이 11.2 L에서 29.1 L로 팽창하였다. 이 과정에서 1037 J의 열이 흡수되었다.

41. 기체에서 두 단계로 수행되는 다음과 같은 *순환* 과정을 생각해 보자.

단계 1: 20 J의 열이 기체에서 제거되고 15 J의 압축 작업이 수행되었다.

단계 2: 기체가 초기 상태로 다시 팽창됨에 따라 25 J의 열이 기체에 추가되었다.

이 과정과 관련하여 다음 설명 중 어느 것이 *옳은가*?

a. 단계 1에서는 주위 환경이 계에 작용한다.

b. 단계 2의 경우, $\Delta E_2 = -35$ J.

c. 단계 2의 경우, $w_2 = -20$ J.

42. 계에 45 J의 열을 추가하고 10 J의 팽창 일을 수행한 후 냉각 및 압축을 통해 계를 초기 상태로 되돌렸다. 다음 중 이 과정에 대해 어느 설명이 *사실*인가?

a. 압축 단계에서 행한 일의 양은 계가 수행한 일과 정확히 동일하다.

b. 팽창 단계의 경우, $\Delta E = 55$ J.

c. 압축 단계에서 $q = -45$ J.

d. 이 전체 과정의 내부 에너지 변화는 0이다.

43. 외부의 압력이 2.00 atm으로 일정할 때, 압력이 15.0 atm이며 부피가 10.0 L인 이상 기체가 일정한 온도하에서 팽창하도록 하였다. 팽창 과정에서의 일을 kJ 단위로 구하라. (*힌트*: Boyle 의 법칙 이용)

44. 피스톤이 실린더가 10. L에서 25 L로 팽창하는 과정에서 주위

에 210. L · atm의 일을 수행하였다. 이와 동시에, 45 J의 열이 주위에서 계로 전달되었다. 피스톤이 얼마만큼의 외부 압력에 대해 일을 하였는가?

45. 피스톤이 장착된 실린더 속에 공기와 가솔린 기체 혼합물이 들어 있다고 생각하자. 처음 부피는 40. cm^3이다. 연소 에너지 전부가 피스톤을 밀어내는 일로 전환된다고 하면, 이 혼합물의 연소로 950. J의 에너지가 방출될 때, 외부 압력 650. torr에 대해 얼마의 부피로 팽창하겠는가?

46. 계의 부피가 증가하면서, 주위로부터 52.5 J의 에너지를 열의 형태로 흡수하였다. 외부의 압력 0.500 atm에 대해 피스톤이 일을 수행한다. 계의 최종 부피는 58.0 L이다. 계의 내부 에너지가 102.5 J 감소하였다면, 계의 최초 부피는 얼마였겠는가?

47. 0.0°C, 1.00 atm에서 39.1 mol의 헬륨으로 채워진 풍선의 부피가 876 L였다. 압력이 일정할 때 풍선의 온도가 38.0°C로 증가됨에 따라 부피가 998 L로 증가하였다. 풍선 속에 있는 헬륨의 q, w, ΔE를 계산하라. (헬륨 기체의 몰열용량은 20.8 J/°C · mol이다.)

48. 1.00 atm, 100.°C에서 $H_2O(g)$ 1 mol의 부피는 30.6 L였다. 같은 압력과 온도에서 $H_2O(g)$ 1 mol이 $H_2O(l)$ 1 mol로 응축되면서 40.66 kJ의 열이 방출되었다. 이 온도와 압력에서 $H_2O(l)$의 밀도는 0.996 g/cm^3라고 한다면, 수증기 1 mol이 1.00 atm, 100.°C에서 응축될 때의 ΔE를 계산하라.

엔탈피의 성질

49. 공기 오염 물질 중 하나인 NO는 고온의 내연 기관 내에서 다음 반응으로 만들어진다:

$$N_2(g) + O_2(g) \longrightarrow 2NO(g) \qquad \Delta H = 180 \text{ kJ}$$

N_2와 O_2에서 NO를 만들기 위해서는 높은 온도가 필요한 이유는 무엇인가?

50. 다음은 황산 제조 공정의 마지막 단계이다.

$$SO_3(g) + H_2O(l) \longrightarrow H_2SO_4(aq)$$

이 반응의 엔탈피 변화는 −227 kJ이다. 황산 공장을 설계할 때, 반응물을 가열 장치가 필요한가, 아니면 냉각 장치가 필요한가? 설명하라.

51. 다음 과정은 발열인가? 흡열인가?

a. 고체 KBr을 물에 용해시켰더니 용액이 차가워졌다.
b. 천연 가스(CH_4)가 난로에서 탄다.
c. 진한 H_2SO_4을 물에 넣으면 용액이 매우 뜨거워진다.
d. 물이 주전자에서 끓는다.

52. 다음 공정은 발열 과정인가, 흡열 과정인가?

a. 자동차 엔진의 가솔린 연소
b. 냉수관에 응축된 물
c. $CO_2(s) \longrightarrow CO_2(g)$
d. $F_2(g) \longrightarrow 2F(g)$

53. P = 1.00 atm 및 T = 298 K에서 다음 과정을 생각해 보자.

$$H_2O(g) \rightarrow H_2O(l)$$

이 과정에 대한 q와 w의 대수적 부호는 무엇인가?

54. 25°C 및 1.00기압에서 다음 반응을 생각해 보자.

$$F_2(g) \rightarrow 2F(g)$$

이 반응에 대한 q와 w의 대수적 부호는 무엇인가?

55. 상업용 열주머니(heat pack)에서의 반응은 다음과 같다.

$$4Fe(s) + 3O_2(g) \longrightarrow 2Fe_2O_3(s) \qquad \Delta H = -1652 \text{ kJ}$$

a. 4.00 mol의 철이 과량의 O_2와 반응할 때 나오는 열의 양은 얼마인가?
b. 1.00 mol의 Fe_2O_3가 생성될 때 나오는 열의 양은 얼마인가?
c. 1.00 g의 철이 과량의 O_2와 반응할 때 나오는 열의 양은 얼마인가?
d. 10.0 g의 Fe와 2.00 g의 O_2와의 반응에서 나오는 열의 양은 얼마인가?

56. 다음 반응을 생각해 보자:

$$2H_2(g) + O_2(g) \longrightarrow 2H_2O(l) \qquad \Delta H = -572 \text{ kJ}$$

a. 1.00 mol의 $H_2O(l)$이 만들어질 때 발생하는 열의 양은 얼마인가?
b. 4.03 g의 수소가 과량의 산소와 반응할 때 발생하는 열의 양은 얼마인가?
c. 186 g의 산소가 과량의 수소와 반응할 때 발생하는 열의 양은 얼마인가?
d. *Hindenburg* 비행선을 채우는 데 필요한 수소의 부피는 1.0 atm, 25°C에서 2.0×10^8 L였다. 모든 수소가 반응했다고 가정하며 *Hindenburg* 비행선이 폭발했을 때 발생한 열의 양은 얼마인가?

57. 다음은 프로페인의 연소반응이다.

$$C_3H_8(g) + 5O_2(g) \longrightarrow 3CO_2(g) + 4H_2O(l) \qquad \Delta H = -2221 \text{ kJ}$$

예제 6.3에서의 모든 열은 프로페인의 연소로부터 나온다고 가정하자. 열 이동 과정의 효율이 60.%라고 가정할 때, 이러한 양의 에너지를 공급하기 위해 필요한 프로페인의 양은 얼마인가?

58. 다음 반응을 생각해 보자:

$$CH_4(g) + 2O_2(g) \longrightarrow CO_2(g) + 2H_2O(l) \qquad \Delta H = -891 \text{ kJ}$$

다음 각 경우의 엔탈피 변화를 계산하라.

a. 1.00 g의 메테인이 과량의 산소 중에서 연소된다.
b. 740. torr, 25°C의 메테인 1.00×10^3 L가 과량의 산소 중에서 연소된다.

59. 298 K, 1.0 atm에서 일어나는 $H_2O(l) \longrightarrow H_2O(g)$ 과정에서, ΔH는 ΔE에 비하여 2.5 kJ/mol만큼 크다. 2.5 kJ/mol의 차이가 나타내는 것은 무엇인가?

60. 일정한 압력하에서 일어나는 다음 반응에서 $\Delta H > \Delta E$, $\Delta H < \Delta E$, 또는 $\Delta H = \Delta E$인지를 예측하라.

a. $2HF(g) \longrightarrow H_2(g) + F_2(g)$
b. $N_2(g) + 3H_2(g) \longrightarrow 2NH_3(g)$
c. $4NH_3(g) + 5O_2(g) \longrightarrow 4NO(g) + 6H_2O(g)$

열량계와 열용량

61. 표 6.1의 물질을 생각해 보자. 25.0 g의 물질의 온도를 15.0°C에서 37.0°C로 올릴 때, 가장 많은 에너지가 필요한 것은 어느 것인가? 에너지의 양을 계산하라. 표 6.1의 물질 중에서 550. g의 물질이 10.7 kJ의 열을 흡수할 때 온도가 가장 많이 변하는 것은 어느 것인가? 온도 변화를 계산하라.

62. 은(Ag)의 비열은 0.24 J/°C · g이다.
   a. 은 150.0 g을 273 K에서 298 K까지 올리는 데 필요한 에너지를 계산하라.
   b. 1.0 mol의 Ag를 1.0°C만큼 올리는 데 필요한 에너지를 계산하라. (이 에너지를 은의 *몰열용량*이라 한다.)
   c. 순수한 은 시료를 12.0°C에서 15.2°C로 가열하는 데 1.25 kJ의 에너지가 필요하다. 은 시료의 질량을 계산하라.

63. 표 6.1에 있는 물질 중 하나의 5.00 g 시료를 25.2°C에서 55.1°C로 가열할 때, 133 J의 에너지가 소비되었다. 이 물질은 무엇인가?

64. 어떤 액체 125.6 g의 온도를 20.0°C에서 53.5°C로 올리는 데 585 J이 필요하다. 액체 10.0g의 온도를 −10.0°C에서 75.0°C로 변화시키는 데 필요한 에너지의 양은 얼마인가?

65. 280. K의 물 30.0 g과 330. K의 물 50.0 g이 혼합된다. 주위로 열의 손실이 전혀 없다고 가정하고, 섞인 물의 최종 온도를 계산하라.

66. 생물학 실험에 37.0°C(체온)로 유지되는 수조를 준비해야 한다. 차가운 수돗물의 온도가 22.0°C이고, 뜨거운 수돗물의 온도가 55.0°C라고 한다. 어느 학생이 90.0 g의 냉수를 가지고 시작한다면, 37.0°C에 도달하기 위해서는 몇 g의 뜨거운 물이 섞여야 하겠는가?

67. 85°C에서 25.0 g 강철 시료(열용량 = 0.490 J/°C · g)를 20.0°C의 물 75.0 g에 넣었다. 주변으로의 열 손실이 없다고 가정하고 강철−물 혼합물의 온도를 계산하라.

68. 알려지지 않은 순수한 금속으로 만들어진 작은 조각상의 질량은 622.5 g이다. 처음에 26.00°C인 조각상을 100.00°C의 물 1.000 kg에 넣었다. 조각상과 물의 최종 온도는 91.33°C이었다. 물의 비열용량을 4.184 J/°C · g이라고 하면 이 조각상의 금속은 무엇인가?
   a. $Au(s)$ = 0.127 J/°C·g
   b. $Ag(s)$ = 0.231 J/°C·g
   c. $Zn(s)$ = 0.382 J/°C·g
   d. $Fe(s)$ = 0.448 J/°C·g
   e. $Al(s)$ = 0.892 J/°C·g

69. 니켈 시료(비열용량 = 0.444 J/°C · g)를 99.8°C로 가열하였다. 그 다음 23.5°C의 물 150.0 g이 들어 있는 커피−컵 열량계에 넣었다. 만약 니켈−물 혼합물의 최종 온도가 25.0°C였다면, 원래 니켈의 질량은 얼마인가? 주위로 열 손실이 없다고 가정한다.

70. 110. g의 구리(비열 = 0.20 J/°C · g)를 82.4°C로 가열한 후, 22.3°C의 물이 들어있는 커피−컵 열량계 속에 넣었다. 물과 구리의 최종 온도는 24.9°C였다. 구리가 잃은 열이 모두 물에 흡수되었다고 가정하면, 커피−컵 열량계 속의 물의 질량은 얼마인가?

71. 5.00 g의 알루미늄 시료 조각(비열 = 0.89 J/°C · g)과 10.00 g의 철 조각(비열 = 0.45 J/°C · g)을 100.0°C로 가열하였다. 뜨거워진 알루미늄과 철 조각을 22.0°C의 물 97.3 g 속에 넣었다. 주위로의 열 손실은 없다고 가정하고, 금속과 물의 최종 온도를 계산하라.

72. 산소하에서 수소를 연소시키면, 120. J/g의 에너지가 발생하며, 같은 조건하에서 메테인을 연소시키면, 50. J/g의 에너지가 발생한다. 만일 수소 5.0 g과 메테인 10. g의 혼합 기체를 연소시키고, 방출된 열을 25.0°C, 50.0 g의 물로 전달하면 물의 최종 온도는 얼마이겠는가?

73. 커피−컵 열량계에서 0.100 *M* $AgNO_3$ 50.0 mL를 0.100 *M* HCl 50.0 mL와 섞을 때 다음 반응이 일어났다.

$$Ag^+(aq) + Cl^-(aq) \longrightarrow AgCl(s)$$

두 용액은 처음에 22.60°C였고, 최종 온도는 23.40°C였다고 한다. AgCl이 형성되는 위 반응에 수반되는 반응열을 kJ/mol 단위로 계산하라. 섞인 용액의 질량은 100.0 g이고, 비열은 4.18 J/°C · g이라고 가정한다.

74. 커피−컵 열량계에 1.0 *M* NaOH 100.0 mL와 1.0 *M* HCl 100.0 mL를 섞었다. 두 용액의 처음 온도는 24.6°C였다. 반응 후 최종 온도는 31.3°C이다. 모든 용액의 밀도가 1.0 g/cm^3, 비열이 4.18 J/°C · g로 가정하고, NaOH와 HCl의 중화반응에서 엔탈피 변화를 계산하라. 열량계와 주위에 열을 잃지 않은 것으로 가정한다.

75. 커피−컵 열량계에는 22.0°C에서 60.00 g의 물이 들어 있다. NH_4NO_3 시료 4.25 g을 열량계의 물에 첨가하였다. NH_4NO_3이 용해된 후의 용액의 온도는 16.9°C였다. 질산 암모늄 용해에 대한 엔탈피 변화를 kJ/mol 단위로 계산하라. 열량계에 열 손실이 없고 용액의 열용량은 4.18 J/°C · g이다.

76. $NaHCO_3$(몰질량 = 84.01 g/mol) 2.00 g이 1.00 *M* HCl 50.0 mL와 반응하면 커피−컵 열량계의 온도가 28.1°C에서 24.8°C로 감소한다. 일어나는 반응은 다음과 같다.

$$NaHCO_3(s) + HCl(aq) \rightarrow NaCl(aq) + CO_2(g) + H_2O(l)$$

1.00 *M* HCl 50.0 mL의 질량이 50.0 g이고 용액의 열용량이 4.18 J/°C · g이라고 가정하고 위의 반응에 대한 ΔH를 계산하라.

77. 다음 $CaCl_2$의 용해 반응을 생각해 보자.

$$CaCl_2(s) \longrightarrow Ca^{2+}(aq) + 2Cl^-(aq) \qquad \Delta H = -81.5 \text{ kJ}$$

25.0°C의 $CaCl_2$ 시료 11.0 g을 같은 온도의 물 125 g에 녹였다. 주위로 잃은 열이 없고, 용액의 비열이 4.18 J/°C · g이라고 가정할 때, 용액의 최종 온도를 계산하라.

78. 다음 반응을 생각해 보자.

$$2HCl(aq) + Ba(OH)_2(aq) \longrightarrow BaCl_2(aq) + 2H_2O(l) \qquad \Delta H = -118 \text{ kJ}$$

0.500 *M* HCl 100.0 mL와 0.100 *M* $Ba(OH)_2$ 300.0 mL이 혼합되었을 때의 열을 계산하라. 두 용액의 처음 온도는 25.0°C이고, 최종 혼합물의 질량은 400.0 g이고, 비열은 4.18 J/°C · g이라고 가정하여 혼합물의 최종 온도를 계산하라.

79. 퀴논은 광합성에 관련된 중요한 분자이다. 특정 효소 안에서 퀴논에 의해 중개되는 전자 전달과정으로 식물은 물, 이산화 탄소, 그리고 태양 에너지를 흡수하여, 포도당을 만들어낸다. 열용량이 1.56 kJ/°C인 통 열량계에서 0.1964 g의 퀴논을 열량계에서 연소시켰다. 열량계의 온도가 3.2°C만큼 올라갔다. 퀴논의 g당 및 몰당 연소 에너지를 계산하라.

80. 음식의 에너지 함량은 보통 통 열량계를 사용하여 결정한다. 버터 시료 3.0 g을 열용량이 2.67 kJ/°C인 통 열량계에서 연소시켰다고 생각하자. 열량계의 온도가 23.5°C에서 27.3°C로 증가했다면, 버터 1 g당 연소열은 얼마인지 계산하라.

81. 통 열량계의 열용량을 결정하기 위하여 6.79 g의 메테인(CH_4의 연소 에너지 = −802 kJ/mol)을 연소시켰다. 온도가 10.8°C 증가하였다.

a. 통 열량계의 열용량은 얼마인가?

b. 동일한 열량계에서 12.6 g의 C_2H_2를 연소시켰더니, 온도가 16.9°C 증가하였다고 한다. 아세틸렌의 연소 에너지는 얼마인가(kJ/mol)?

82. 벤조산 0.1584 g이 연소하여 열량계의 온도가 2.54°C 증가하였다. 이 열량계의 열용량을 계산하라. (벤조산의 연소로 방출된 에너지는 26.42 kJ/g이다.) 바닐린($C_8H_8O_3$) 0.2130 g이 동일한 열량계에서 연소되었을 때는 온도가 3.25°C만큼 증가하였다. 바닐린의 g당 연소 에너지는 얼마인가? 바닐린의 mol당 연소 에너지는 얼마인가?

Hess의 법칙

83. 고체 탄소에서 이산화 탄소가 형성되는 반응의 연소 엔탈피는 탄소 1 mol당 −393.7 kJ이며, 일산화 탄소에서 이산화 탄소가 형성되는 반응의 연소 엔탈피는 CO 1 mol 당 −283.3 kJ이다. 이 데이터를 사용하여 아래 반응의 ΔH를 계산하라.

$$2C(s) + O_2(g) \longrightarrow 2CO(g)$$

84. 연소 반응은 어떤 물질이 산소와 반응하는 것이다. 탄소와 수소가 포함된 화합물이 연소될 때, 생성물은 이산화 탄소와 물이다. C_4H_4 (−2341 kJ/mol), C_4H_8 (−2755 kJ/mol), 그리고 H_2 (−286 kJ/mol)에 대한 연소 엔탈피 값을 이용하여 다음 반응의 ΔH를 계산하라.

$$C_4H_4(g) + 2H_2(g) \longrightarrow C_4H_8(g)$$

85. 다음 데이터를 이용하여

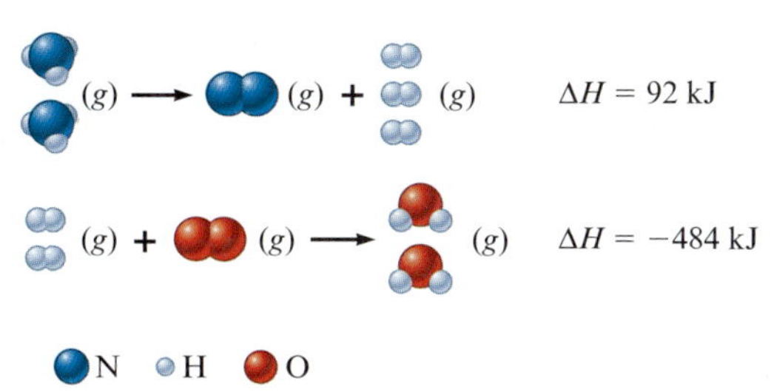

아래 반응의 ΔH를 계산하라.

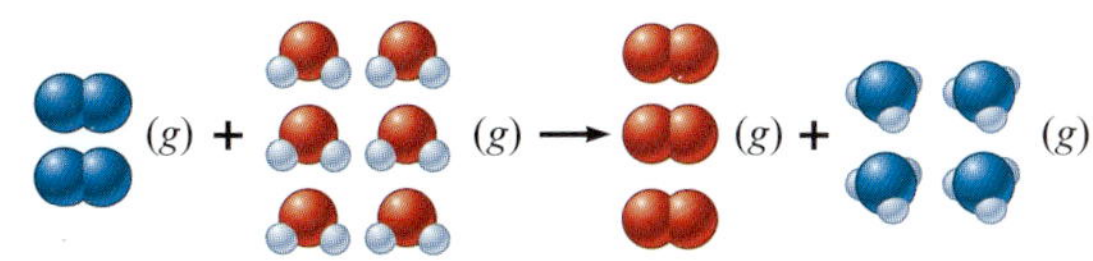

엔탈피 변화에 기초해 볼 때, 이 반응은 암모니아 합성에 유용하겠는가?

86. 다음에 주어진 데이터를 이용하여

$$2ClF(g) + O_2(g) \longrightarrow Cl_2O(g) + F_2O(g) \qquad \Delta H = 167.4\text{ kJ}$$
$$2ClF_3(g) + 2O_2(g) \longrightarrow Cl_2O(g) + 3F_2O(g) \qquad \Delta H = 341.4\text{ kJ}$$
$$2F_2(g) + O_2(g) \longrightarrow 2F_2O(g) \qquad \Delta H = -43.4\text{ kJ}$$

아래 반응의 ΔH를 계산하라.

$$ClF(g) + F_2(g) \longrightarrow ClF_3(g)$$

87. 폭탄 딱정벌레는 방어 수단으로 폭발적 방출을 사용한다. 이에 관련된 화학 반응은 하이드로퀴논이 과산화 수소에 의해 산화되어 퀴논과 물이 생성되는 반응이다.

$$C_6H_4(OH)_2(aq) + H_2O_2(aq) \longrightarrow C_6H_4O_2(aq) + 2H_2O(l)$$

다음 데이터를 사용하여 이 반응의 ΔH를 계산하라.

$$C_6H_4(OH)_2(aq) \longrightarrow C_6H_4O_2(aq) + H_2(g) \qquad \Delta H = 177.4\text{ kJ}$$
$$H_2(g) + O_2(g) \longrightarrow H_2O_2(aq) \qquad \Delta H = -191.2\text{ kJ}$$
$$H_2(g) + \tfrac{1}{2}O_2(g) \longrightarrow H_2O(g) \qquad \Delta H = -241.8\text{ kJ}$$
$$H_2O(g) \longrightarrow H_2O(l) \qquad \Delta H = -43.8\text{ kJ}$$

88. 아래 반응의 ΔH를 계산하라.

$$2NH_3(g) + \tfrac{1}{2}O_2(g) \longrightarrow N_2H_4(l) + H_2O(l)$$

다음 데이터를 사용하라.

$$2NH_3(g) + 3N_2O(g) \longrightarrow 4N_2(g) + 3H_2O(l) \qquad \Delta H = -1010.\text{ kJ}$$
$$N_2O(g) + 3H_2(g) \longrightarrow N_2H_4(l) + H_2O(l) \qquad \Delta H = -317\text{ kJ}$$
$$N_2H_4(l) + O_2(g) \longrightarrow N_2(g) + 2H_2O(l) \qquad \Delta H = -623\text{ kJ}$$
$$H_2(g) + \tfrac{1}{2}O_2(g) \longrightarrow H_2O(l) \qquad \Delta H = -286\text{ kJ}$$

89. 다음에 주어진 데이터를 이용하여

$$Ca(s) + 2C(\text{흑연}) \longrightarrow CaC_2(s) \qquad \Delta H = -62.8\text{ kJ}$$
$$Ca(s) + \tfrac{1}{2}O_2(g) \longrightarrow CaO(s) \qquad \Delta H = -635.5\text{ kJ}$$
$$CaO(s) + H_2O(l) \longrightarrow Ca(OH)_2(aq) \qquad \Delta H = -653.1\text{ kJ}$$
$$C_2H_2(g) + \tfrac{5}{2}O_2(g) \longrightarrow 2CO_2(g) + H_2O(l) \qquad \Delta H = -1300.\text{ kJ}$$
$$C(\text{흑연}) + O_2(g) \longrightarrow CO_2(g) \qquad \Delta H = -393.5\text{ kJ}$$

다음 반응의 ΔH를 계산하라.

$$CaC_2(s) + 2H_2O(l) \longrightarrow Ca(OH)_2(aq) + C_2H_2(g)$$

90. 다음에 주어진 데이터를 이용하여

$$P_4(s) + 6Cl_2(g) \longrightarrow 4PCl_3(g) \quad \Delta H = -1225.6 \text{ kJ}$$
$$P_4(s) + 5O_2(g) \longrightarrow P_4O_{10}(s) \quad \Delta H = -2967.3 \text{ kJ}$$
$$PCl_3(g) + Cl_2(g) \longrightarrow PCl_5(g) \quad \Delta H = -84.2 \text{ kJ}$$
$$PCl_3(g) + \tfrac{1}{2}O_2(g) \longrightarrow Cl_3PO(g) \quad \Delta H = -285.7 \text{ kJ}$$

아래 반응의 ΔH를 계산하라.

$$P_4O_{10}(s) + 6PCl_5(g) \longrightarrow 10Cl_3PO(g)$$

표준 생성 엔탈피

91. 물질의 표준 생성 엔탈피를 정의하라. $\Delta H°$ 값이 각 화합물의 $\Delta H_f°$와 같도록 NaCl, H_2O, $C_6H_{12}O_6$, $PbSO_4$의 생성 반응식을 써라.

92. 엔탈피의 변화가 다음과 같이 되는 반응을 써라.

a. 고체 산화 알루미늄의 $\Delta H_f°$
b. 액체 에탄올, $C_2H_5OH(l)$의 표준 연소 엔탈피
c. 염산과 수산화 소듐의 표준 중화 엔탈피
d. 기체 상태 염화 바이닐, $C_2H_3Cl(g)$의 $\Delta H_f°$
e. 액체 벤젠, $C_6H_6(l)$의 연소 엔탈피
f. 고체 브로민화 암모늄의 용해 엔탈피

93. 다음에 주어진 데이터를 이용하여 CuO(s)의 표준 생성 엔탈피 $\Delta H_f°$를 계산하라.

$$2Cu_2O(s) + O_2(g) \rightarrow 4CuO(s) \quad \Delta H° = -288 \text{ kJ}$$
$$Cu_2O(s) \rightarrow CuO(s) + Cu(s) \quad \Delta H° = 11 \text{ kJ}$$

94. 다음에 주어진 데이터를 이용하여 메탄올($CH_3OH(l)$)의 표준 생성 엔탈피 $\Delta H_f°$를 계산하라.

$$CH_3OH(l) + \tfrac{3}{2}O_2(g) \rightarrow CO_2(g) + 2H_2O(g) \quad \Delta H = -638 \text{ kJ}$$
$$C(\text{graphite}) + O_2(g) \rightarrow CO_2(g) \quad \Delta H = -394 \text{ kJ}$$
$$H_2O(l) \rightarrow H_2O(g) \quad \Delta H = 44 \text{ kJ}$$
$$H_2(g) + \tfrac{1}{2}O_2(g) \rightarrow H_2O(g) \quad \Delta H = -242 \text{ kJ}$$

95. 다음과 같은 표준 생성 엔탈피를 생각해 보자.

$P_4O_{10}(s)$의 $\Delta H_f° = -2984$ kJ/mol
$H_2O(l)$의 $\Delta H_f° = -286$ kJ/mol
$H_3PO_4(s)$의 $\Delta H_f° = -1279$ kJ/mol

2.00몰의 H_2O가 일정 압력하에서 다음 반응에 의해 반응되는 경우

$$P_4O_{10}(s) + 6H_2O(l) \rightarrow H_3PO_4(s)$$

방출되거나 얻은 열을 계산하라.

96. 이산화 탄소와 메테인을 생산하기 위한 석탄의 기체화 과정의 일부는 다음과 같다:

$$2CO(g) + 2H_2(g) \rightarrow CO_2(g) + CH_4(g)$$

14.0 g의 CO가 이 반응으로 반응할 때 얻어지거나 방출한 열을 계산하라. 이 반응의 표준 생성 엔탈피는 다음과 같다.

	$\Delta H_f°$ (kJ/mol)
$CO(g)$	−110.5
$CO_2(g)$	−393.5
$CH_4(g)$	−74.8

97. 부록 4에 있는 $\Delta H_f°$ 값을 사용하여 다음 반응의 $\Delta H°$를 계산하라.

a.

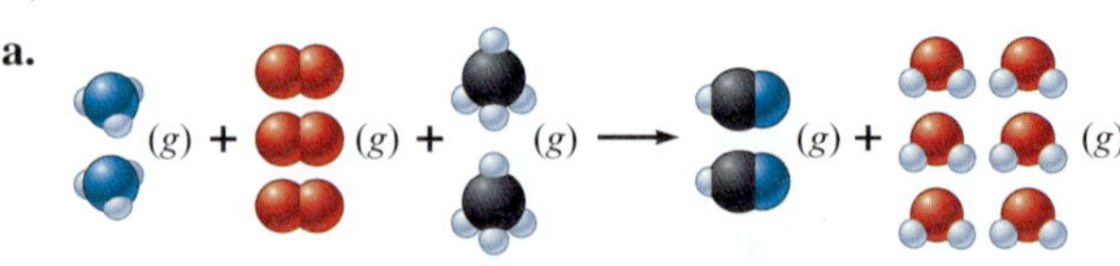

b. $Ca_3(PO_4)_2(s) + 3H_2SO_4(l) \longrightarrow 3CaSO_4(s) + 2H_3PO_4(l)$
c. $NH_3(g) + HCl(g) \longrightarrow NH_4Cl(s)$

98. 부록 4에 있는 $\Delta H_f°$ 값을 이용하여 다음 반응의 $\Delta H°$를 계산하라(연습 문제 97 참조).

a.

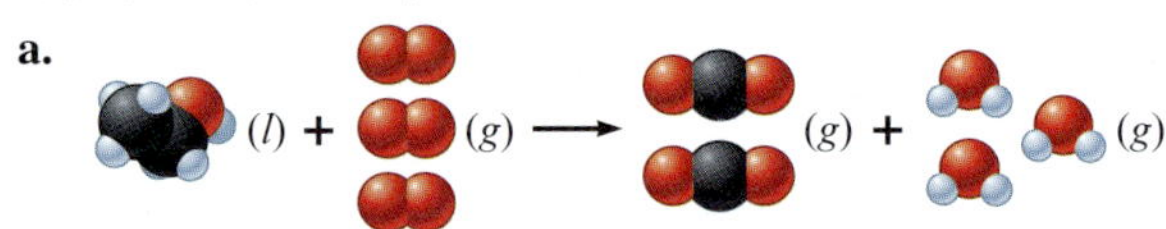

b. $SiCl_4(l) + 2H_2O(l) \longrightarrow SiO_2(s) + 4HCl(aq)$
c. $MgO(s) + H_2O(l) \longrightarrow Mg(OH)_2(s)$

99. 암모니아와 산소로부터 질산을 상업적으로 생산하는 Ostwald 공정은 다음 단계로 구성된다:

$$4NH_3(g) + 5O_2(g) \longrightarrow 4NO(g) + 6H_2O(g)$$
$$2NO(g) + O_2(g) \longrightarrow 2NO_2(g)$$
$$3NO_2(g) + H_2O(l) \longrightarrow 2HNO_3(aq) + NO(g)$$

a. 부록 4에 있는 $\Delta H_f°$ 값을 사용하여 위의 각 반응의 $\Delta H°$를 계산하라.
b. 위의 반응식을 합하여, Ostwald 공정으로 질산을 만드는 전체 반응식을 써라. (물도 하나의 생성물이다.) 전체 반응은 흡열인가, 발열인가?

100. 부록 4의 자료를 사용하여 다음 각 반응 $\Delta H°$를 계산하라:

$$4Na(s) + O_2(g) \longrightarrow 2Na_2O(s)$$
$$2Na(s) + 2H_2O(l) \longrightarrow 2NaOH(aq) + H_2(g)$$
$$2Na(s) + CO_2(g) \longrightarrow Na_2O(s) + CO(g)$$

물이나 이산화 탄소 소화기가 왜 소듐 화재(sodium fire) 진화에는 효과적이지 못한지 설명하라.

101. 재사용이 가능한 우주 왕복선의 추진 로켓에는 연료로 알루미늄과 과염소산 암모늄 혼합물이 사용된다. 그 반응은 다음과 같다.

$$3Al(s) + 3NH_4ClO_4(s) \longrightarrow Al_2O_3(s) + AlCl_3(s) + 3NO(g) + 6H_2O(g)$$

이 반응의 $\Delta H°$를 계산하라.

102. 우주 왕복선 *Orbiter*는 추진을 위해 사산화 다이나이트로젠(dinitrogen tetroxide)의 메틸하이드라진의 산화를 이용한다:

$$4N_2H_3CH_3(l) + 5N_2O_4(l) \longrightarrow 12H_2O(g) + 9N_2(g) + 4CO_2(g)$$

이 반응의 $\Delta H°$를 계산하라.

103. 다음 반응을 이용하여 $ClF_3(g)$의 ΔH_f°를 구하라.

$$2ClF_3(g) + 2NH_3(g) \longrightarrow N_2(g) + 6HF(g) + Cl_2(g) \quad \Delta H^\circ = -1196 \text{ kJ}$$

104. 에텐, $C_2H_4(g)$의 표준 연소 엔탈피는 298 K에서 −1411.1 kJ/mol이다. 다음의 생성 엔탈피를 사용하여 $C_2H_4(g)$의 ΔH_f°를 계산하라.

$CO_2(g)$	−393.5 kJ/mol
$H_2O(l)$	−285.8 kJ/mol

에너지 소비와 에너지 자원

105. 석탄과 수증기의 반응으로부터 수성 가스가 생성된다:

$$C(s) + H_2O(g) \longrightarrow H_2(g) + CO(g)$$

석탄이 순수한 흑연이라 가정하였을 때 이 반응의 ΔH°를 계산하라.

106. 합성 가스는 직접 연소시키거나 메탄올로 변환시킬 수 있다. 다음 반응의 ΔH°를 계산하라.

$$CO(g) + 2H_2(g) \longrightarrow CH_3OH(l)$$

107. 에탄올(C_2H_5OH)은 대체 연료로 제안되고 있다. 액체 에탄올 1 g당 표준 연소 엔탈피를 계산하라.

108. 메탄올(CH_3OH)도 대체 연료로 제안되고 있다. 메탄올 1 g당 표준 연소 엔탈피를 구하고 연습 문제 107번의 에탄올에 대한 값과 비교하라.

109. 일부 승용차나 버스에서는 프로페인(C_3H_8)을 연소할 수 있도록 장치되어 있다. 가솔린을 순수한 옥테인[C_8H_{18}(l)]이라 가정하고, C_3H_8(g) 1 g이 연소할 때와 가솔린 1 g이 연소할 때의 에너지 양을 비교하라. (예제 6.11 참조.) 프로페인의 끓는점을 조사하라. 가솔린 대신 프로페인을 연료로 사용하는 것은 어떠한 단점이 있겠는가?

110. 아세틸렌(C_2H_2)과 뷰테인(C_4H_{10})은 연소 엔탈피가 각각 −49.9 kJ/g과 −49.5 kJ/g인 기체 연료이다. 온도와 압력이 같을 때, 주어진 부피의 아세틸렌의 연소로 얻을 수 있는 에너지와 동일한 부피의 뷰테인의 연소로 얻을 수 있는 에너지를 비교하라.

111. 집의 난방에 4.19×10^6 kJ의 에너지가 필요하다고 가정한다. 이 에너지가 메테인(CH_4)의 연소로부터 온다면 STP에서 얼마나 많은 부피의 메테인을 연소시켜야 하는가? (CH_4에 대한 $\Delta H_{연소} = -891$ kJ/mol)

112. 아세틸렌, $C_2H_2(g)$을 완전 연소시키면 아세틸렌 1 mol 당 1300. kJ의 에너지가 발생한다. 물 1.00갤런의 온도를 10.0°C만큼 올릴 수 있는 열을 생성시키기 위해서는 몇 그램의 아세틸렌을 연소시켜야 하는가? 이 과정의 열효율은 80.0%이며, 물의 밀도는 1.00 g/cm³라고 가정한다.

화학 활동 문제

113. 1시간 동안의 격렬한 운동 중엔 5500 kJ의 에너지가 몸에서 발생한다고 측정되었다. 땀은 이러한 열을 제거하기 위한 신체의 메커니즘이다. 2시간의 운동 중 발생한 체열을 제거하기 위해서는 얼마만큼의 수분이 땀을 통해 증발되어야 하는가? (물의 증발열은 40.6 kJ/mol이다.)

114. 몸무게를 빼는 방법 중 하나는 운동하는 것이다! 1시간당 4.0마일의 속도로 1시간 동안 활기차게 걸으면 약 400 kcal의 에너지가 소모된다. 체지방 1파운드를 줄이려면 시간당 4.0마일의 속도로 몇 시간을 걸어야 하겠는가? 1 g의 체지방은 7.7 kcal의 에너지에 해당한다. 1파운드는 454 g이다.

115. 다음 조건과 같이 헬륨이 채워진 풍선을 생각해 보자.

313 g He
1.00 atm
1910. L
몰열용량 = 20.8 J/°C·mol

압력이 일정하게 유지된 상태에서, 부피가 1643 L로 감소하면서 풍선의 온도가 41.6°C만큼 감소하였다. 풍선의 수축에 따른 q, w, 그리고 ΔE를 kJ 단위로 구하라.

116. ΔH°과 ΔE°는 다음의 모든 일정한 압력 과정에서 한 개의 과정만을 *제외하고는* 거의 동일하다. 어느 것인가?

a. $COCl_2(g) \rightarrow CO(g) + Cl_2(g)$

b. $H^+(aq) + Cl^-(aq) + Na^+(aq) + OH^-(aq) \rightarrow H_2O(l) + Na^+(aq) + Cl^-(aq)$

c. $H_2(g) + I_2(g) \rightarrow 2HI(g)$

d. $CO(g) + H_2O(g) \rightarrow H_2(g) + CO_2(g)$

e. $Hg(s) \rightarrow Hg(l)$

117. 아래 그림에서처럼 일정 압력을 유지할 수 있는 피스톤 기구에서 세 가지 기체상 반응이 수행되었다. 각 반응에 대한 균형 맞춘 반응식을 쓰고, 반응에서의 w(수행한 일)의 부호를 예상하라.

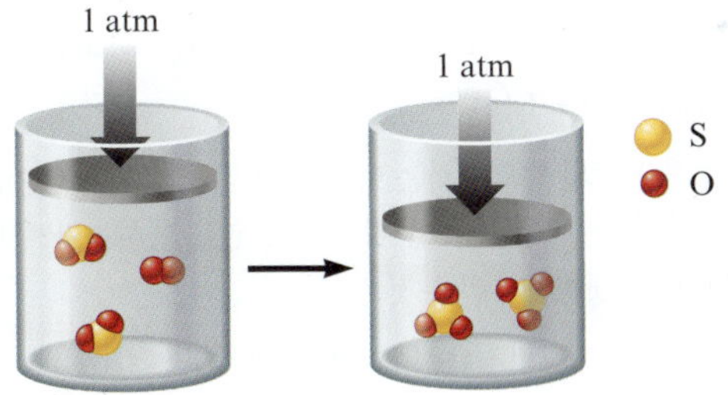

a.

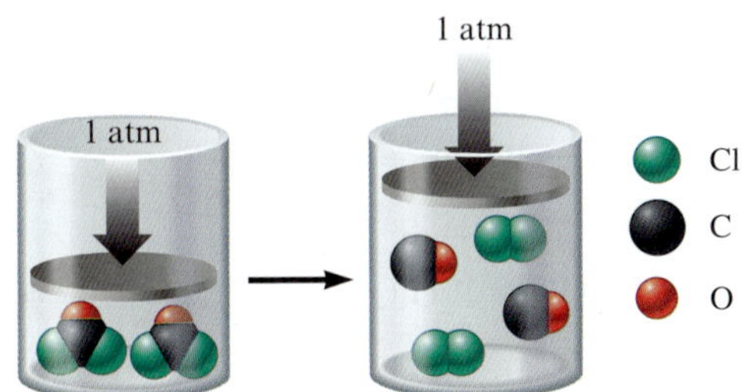

b.

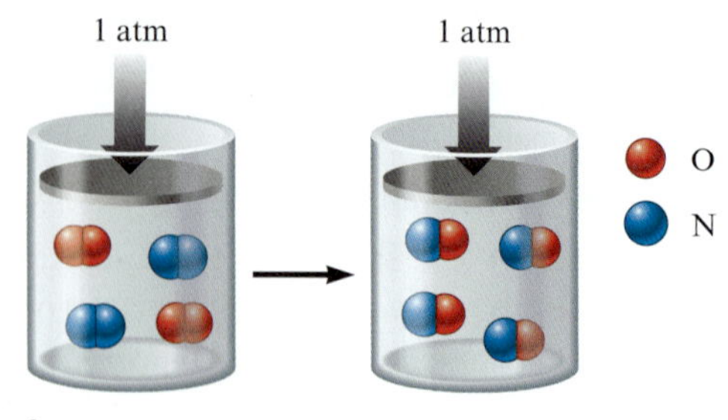

c.

균형 맞춘 반응식이 주어진다면 반응의 w의 부호를 어떻게 예측할 수 있겠는가?

118. 질소 기체 가 수소 기체 와 반응하여 암모니아 기체 을 생성한다. 아래 그림과 같이 질소와 수소 사이의 반응을 생각해 보자:

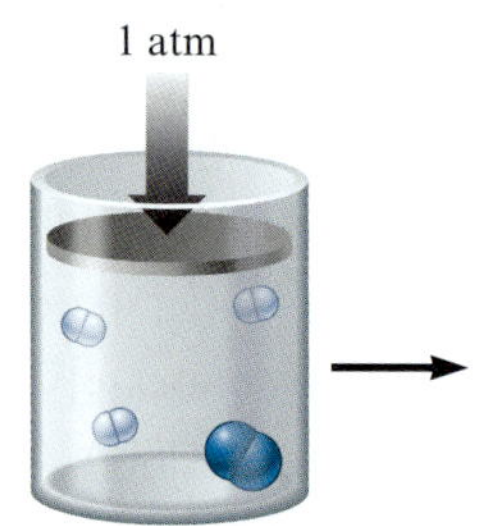

a. 반응이 종결되었을 때 용기의 모양이 어떨지 그려보라. 압력은 1 atm으로 일정하다고 가정한다.

b. 일의 부호가 양인가 음인가, 아니면 반응에 대한 일의 값이 0과 같은가? 설명하라.

119. 다음 과정 중에서 발열 과정은 어느 것인가?

a. $N_2(g) \longrightarrow N_2(l)$

b. $CO(g) + H_2O(g) \longrightarrow H_2(g) + CO_2(g)$

c. $Ca_3P_2(s) + 6H_2O(l) \longrightarrow 3Ca(OH)_2(s) + 2PH_3(g)$

d. $2CH_3OH(l) + 3O_2(g) \longrightarrow 2CO_2(g) + 4H_2O(l)$

e. $I_2(s) \longrightarrow I_2(g)$

일정한 온도와 압력에서는 다음 중 어떤 변화가 일어나는가? 계가 주위에 일을 행하는가? 주위가 계에 일을 행하는가? 그들 중에서 어떤 일도 행해지지 않은 것은 어느 것인가?

120. 다음 중 발열인 과정은 어느 것인가?

a. $N_2(g) \longrightarrow 2N(g)$

b. $H_2O(l) \longrightarrow H_2O(s)$

c. $Cl_2(g) \longrightarrow 2Cl(g)$

d. $2H_2(g) + O_2(g) \longrightarrow 2H_2O(g)$

e. $2O(g) \longrightarrow O_2(g)$

121. 다음 반응을 생각해 보자.

$$B_2H_6(g) + 3O_2(g) \longrightarrow B_2O_3(s) + 3H_2O(g) \qquad \Delta H = -2035\ \text{kJ}$$

다이보레인 54.0 g이 연소할 때 발생하는 열의 양을 계산하라.

122. 다음 반응 중 어떤 반응에 대해 엔탈피가 반응에 대한 생성물의 표준 형성 엔탈피와 동일하게 변하는가; 즉 $\Delta H_{반응} = \Delta H_f^\circ$를 갖는 것은?

a. $2H(g) \rightarrow H_2(g)$

b. $H_2(g) + SO_4(l) \rightarrow H_2SO_4(l)$

c. $C(graphite) + 2H_2(g) + \frac{1}{2}O_2(g) \rightarrow CH_3OH(g)$

d. $Ba^{2+}(aq) + 2Cl^-(aq) \rightarrow BaCl_2(s)$

e. $N_2(g) \rightarrow N_2(g)$

123. 주문한 쿠키 6개에는 지방 4 g, 탄수화물 20 g, 단백질 2 g이 함유되어 있다. 1.0마일을 걸으면 에너지가 170 kJ만큼 소모된다고 하면, 이 쿠키 6개를 먹고 나서 칼로리를 태워 없애려면 몇 마일이나 걸어야 하는가? 지방, 탄수화물, 단백질의 에너지 함유량은 각각 8 kcal/g, 4 kcal/g, 4 kcal/g이라고 가정한다.

124. 다음 반응의 ΔH°를 계산하라.

$$2K(s) + 2H_2O(l) \longrightarrow 2KOH(aq) + H_2(g)$$

5.00 g의 포타슘 덩어리를 24.0°C의 물 1.00 kg에 떨어뜨렸다. 반응 후의 물의 최종 온도는 얼마인가? 모든 열이 물의 온도를 올리는 데만 사용되었다고 가정한다. (절대 이 실험을 하면 안 된다. 대단히 위험하다; 폭발하여 불이 날 것이다!)

125. 센산과 센염기의 반응에 대한 중화 엔탈피는 생성되는 물 1몰당 −56 kJ/mol이다. 0.400 M HNO_3 200.0 mL와 0.500 M KOH 150.0 mL을 섞었을 때 얼마나 많은 에너지가 방출될까?

126. 다음 데이터가 주어졌다.

$$NO_2(g) \longrightarrow NO(g) + O(g) \qquad \Delta H = 233\ \text{kJ}$$
$$2O_3(g) \longrightarrow 3O_2(g) \qquad \Delta H = -427\ \text{kJ}$$
$$NO(g) + O_3(g) \longrightarrow NO_2(g) + O_2(g) \qquad \Delta H = -199\ \text{kJ}$$

다음 반응의 ΔH, 즉 O_2 결합의 결합 에너지를 계산하라.

$$O_2(g) \longrightarrow 2O(g) \qquad \Delta H = ?$$

127. 한 학생이 열량계에서 흡열 반응을 수행하는 데 열량계와 교환되는 열을 고려하지 않는다면, 측정된 ΔH와 실제 값은 어떤 차이가 있겠는가?

128. 가로 10.0 m, 세로 4.0 m인 수영장에 온도가 20.2°C인 물이 수심 3.0 m가 되도록 채워졌다. 수온을 24.6°C로 올리는 데 필요한 에너지는 얼마인가?

129. 커피−컵 열량계에 초기 온도 48.2°C인 0.50 M HCl 150.0 mL가 1.00 M NaOH 50.0 mL와 혼합되어 200.0 g의 용액이 되었다. 센산과 센염기 사이에 일어나는 이 반응의 중화 엔탈피가 −56 kJ/mol이라고 할 때, 열량계의 최종 온도를 계산하라. 용액의 비열이 4.814 J/°C · g이고, 주위로 열손실이 없다고 가정한다.

130. 통 열량계는 반응 용기가 물로 둘러싸여 있는데, 매 실험 전에 물을 채워 넣어야 한다. 물의 양이 실험마다 일정하지 않으므로, 그때마다 물의 질량을 측정해야만 한다. 열량계의 열용량은 두 부분으로 나눌 수 있다: 물과 열량계 자체. 열량계 내에 1.00 kg의 물이 들어 있고, 열량계 전체의 열용량이 10.84 kJ/°C라면, 열량계 자체만의 열용량은 얼마인가?

131. 연습 문제 130번의 통 열량계에 물 987 g이 채워져 있다. 열량계 자체의 처음 온도는 23.32°C이다. 벤조산($\Delta E_{연소} = -26.42$ kJ/g) 1.056 g이 열량계 내에서 연소된다. 열량계 자체의 최종 온도는 얼마가 되겠는가?

132. 연습 문제 101과 102의 우주 왕복선의 두 연료 반응을 생각해 보자. 어떤 반응이 반응물 혼합물 1킬로그램당 에너지를 더 발생시키는가?

133. 에텐과 F_2의 반응을 생각해 보자.

$$C_2H_4(g) + 6F_2(g) \rightarrow 2CF_4(g) + 4HF(g)$$

위의 반응에 대한 엔탈피 변화를 ΔH_1이라고 가정하라. 다음 반응과 그들의 엔탈피 변화, Hess의 법칙을 사용하면 ΔH_1을 구할 수 있다.

$$H_2(g) + F_2(g) \rightarrow 2HF(g) \qquad \Delta H_2$$
$$C(s) + 2F_2(g) \rightarrow CF_4(g) \qquad \Delta H_3$$
$$2C(s) + 2H_2(g) \rightarrow C_2H_4(g) \qquad \Delta H_4$$

다음 식들 중에서 ΔH_1에 대한 식 중에서 옳은 것은 어느 것인가?

a. $\Delta H_1 = \Delta H_4 - \Delta H_2 - \Delta H_3$
b. $\Delta H_1 = 2\Delta H_2 - 2\Delta H_4 + \Delta H_3$
c. $\Delta H_1 = \Delta H_3 + \Delta H_2 - 2\Delta H_4$
d. $\Delta H_1 = 6\Delta H_2 + 2\Delta H_3 - \Delta H_4$
e. $\Delta H_1 = 2\Delta H_2 - \Delta H_4 + 2\Delta H_3$

134. 다음 데이터를 이용하여

$$Fe_2O_3(s) + 3CO(g) \longrightarrow 2Fe(s) + 3CO_2(g) \qquad \Delta H° = -23\text{ kJ}$$
$$3Fe_2O_3(s) + CO(g) \longrightarrow 2Fe_3O_4(s) + CO_2(g) \qquad \Delta H° = -39\text{ kJ}$$
$$Fe_3O_4(s) + CO(g) \longrightarrow 3FeO(s) + CO_2(g) \qquad \Delta H° = 18\text{ kJ}$$

아래 반응의 $\Delta H°$를 계산하라.

$$FeO(s) + CO(g) \longrightarrow Fe(s) + CO_2(g)$$

135. 다음 반응에 대한 ΔH를 계산하라.

$$N_2H_4(l) + O_2(g) \longrightarrow N_2(g) + 2H_2O(l)$$

다음에 주어진 데이터를 이용하라.

반응식	ΔH(kJ)
$2NH_3(g) + 3N_2O(g) \longrightarrow 4N_2(g) + 3H_2O(l)$	−1010.
$N_2O(g) + 3H_2(g) \longrightarrow N_2H_4(l) + H_2O(l)$	−317
$2NH_3(g) + \frac{1}{2}O_2(g) \longrightarrow N_2H_4(l) + H_2O(l)$	−143
$H_2(g) + \frac{1}{2}O_2(g) \longrightarrow H_2O(l)$	−286

136. 다음 중 생성 엔탈피가 0인 물질은 어느 것인가?

a. $Cl_2(g)$
b. $H_2(g)$
c. $N_2(l)$
d. $Cl(g)$

137. 30.0°C의 2.00 *M* Na_2SO_4 용액 1.00 L와 30.0°C의 0.750 *M* $Ba(NO_3)_2$ 용액 2.00 L를 커피-컵 열량계에서 혼합하였더니, 흰색 고체인 $BaSO_4$가 형성되었다. 이때 용액의 온도는 42.0°C로 증가하였다. 용액의 비열은 6.37 J/°C · g이고, 최종 용액의 밀도는 2.00 g/mL라고 가정할 때, 1 mol의 $BaSO_4$가 형성될 때의 엔탈피 변화를 계산하라. 용액의 최종 부피는 3.00 L라고 가정한다.

138. 다음 자료를 이용하여, $ICl(g)$의 표준 생성열을 kJ/mol 단위로 구하라:

$$Cl_2(g) \longrightarrow 2Cl(g) \qquad \Delta H° = 242.3\text{ kJ}$$
$$I_2(g) \longrightarrow 2I(g) \qquad \Delta H° = 151.0\text{ kJ}$$
$$ICl(g) \longrightarrow I(g) + Cl(g) \qquad \Delta H° = 211.3\text{ kJ}$$
$$I_2(s) \longrightarrow I_2(g) \qquad \Delta H° = 62.8\text{ kJ}$$

139. 25.0 g의 Al(몰열용량 = 24.03 J/°C · mol)을 82.4°C로 가열하여 처음에는 22.3°C에서 물이 담긴 커피-컵 열량계에 떨어뜨렸다. 물과 알루미늄 혼합물의 최종 온도는 24.9°C였다. 열량계의 물의 질량을 계산하라. 물의 비열용량은 4.18 J/°C · g이다.

140. ΔH_T의 엔탈피 변화를 갖는 다음 반응을 생각해 보자.

$$A \rightarrow X \qquad \Delta H = \Delta H_T$$

이 반응은 다음 도표와 같이 일련의 단계로 나눌 수 있다.

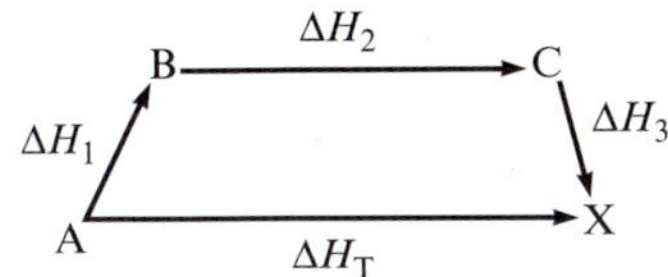

다음 중에서 이 반응에 대하여 어떤 관계식이 옳은가?

a. $\Delta H_T - \Delta H_1 - \Delta H_2 - \Delta H_3 = 0$
b. $\Delta H_2 - (\Delta H_3 + \Delta H_1) = \Delta H_T$
c. $\Delta H_T + \Delta H_1 + \Delta H_2 + \Delta H_3 = 0$
d. $\Delta H_T + \Delta H_2 = \Delta H_1 + \Delta H_3$
e. $\Delta H_3 - (\Delta H_1 + \Delta H_2) = 0$

141. 대기 중에서 일어나는 다음의 각 반응에 대해 $\Delta H°$을 계산하라.

a. $C_2H_4(g) + O_3(g) \longrightarrow CH_3CHO(g) + O_2(g)$
b. $O_3(g) + NO(g) \longrightarrow NO_2(g) + O_2(g)$
c. $SO_3(g) + H_2O(l) \longrightarrow H_2SO_4(aq)$
d. $2NO(g) + O_2(g) \longrightarrow 2NO_2(g)$

142. 다음의 수학적 관계 중에서 어느 것이 잘못된 것인가?

a. $\Delta E_{계} = -\Delta E_{주위}$
b. 일정한 압력에서, $q = \Delta E + P\Delta V$
c. $\Delta H_{계} - \Delta H_{우주} = \Delta H_{주위}$
d. 일정한 부피에서, $\Delta E = q$
e. 전체 순환과정에서, $w_{전체} = -q_{전체}$

143. $N_2(g)$와 $O_2(g)$로부터 $NO_2(g)$를 만드는 반응은 흡열 반응이다:

$$N_2(g) + O_2(g) \longrightarrow NO_2(g) \text{ (균형 맞추지 않음)}$$

균형 맞춘 반응식(가장 작은 정수 계수로 표현됨)에 대한 엔탈피 변화는 $\Delta H = 67.7$ kJ이다. 100.°C, 3.5 atm에서 $N_2(g)$ 2.50×10^2 mL와 $O_2(g)$ 4.50×10^2 mL가 혼합된다면, $NO_2(g)$를 최대 수율로 합성하는 데 필요한 열은 얼마인가?

144. 나이트로메테인(CH_3NO_2)은 연료로 사용될 수 있다. 액체가 연소될 때의 균형 맞추지 않은 반응식은 다음과 같다.

$$CH_3NO_2(l) + O_2(g) \longrightarrow CO_2(g) + N_2(g) + H_2O(g)$$

a. 균형 맞춘 반응식(가장 작은 정수 계수로 표현됨)의 표준 엔탈피 변화($\Delta H_{반응}$)는 −1288.5 kJ이다. 나이트로메테인의 $\Delta H_f°$를 구하라.

b. 나이트로메테인(CH_3NO_2) 시료가 들어있는 15.0 L의 플라스크에 산소를 채우고, 플라스크를 100.°C로 가열하였다. 이 온도에서 반응이 완결된 후 플라스크에 들어 있는 전체 기체의 압력은 950. torr였다. 반응이 완결된 후 질소의 몰분율($\chi_{질소}$)이 0.134라면 생성된 질소의 질량은 얼마인가?

145. 200.0°C의 정육면체 우라늄 금속(비열 = 0.117 J/°C · g)을 25.5°C의 중수, D_2O[산화 중수소(deuterium oxide) 비열 = 4.211 J/°C · g] 1.00 L에 떨어뜨렸다. 중수와 우라늄의 최종 온도는 28.5°C였다. 우라늄의 밀도는 19.05 g/cm^3, 중수의 밀도는 1.11 g/mL일 때, 정육면체 우라늄의 모서리 길이는 얼마인가?

도전 문제

146. 두 가지 다른 경로를 통하여 상태 A (P_A = 2.00 atm, V_A = 10.0 L)에서 상태 B (P_B = 1.00 atm, V_B = 30.0 L)로 변하는 2.00 mol의 이상 기체를 생각해 보자:

$$\text{상태 A}\begin{pmatrix} V_A = 10.0\text{ L} \\ P_A = 2.00\text{ atm}\end{pmatrix} \xrightarrow{1} \begin{pmatrix} V_C = 30.0\text{ L} \\ P_C = 2.00\text{ atm}\end{pmatrix} \xrightarrow{2} \text{상태 B}\begin{pmatrix} V_B = 30.0\text{ L} \\ P_B = 1.00\text{ atm}\end{pmatrix}$$

$$\text{상태 A}\begin{pmatrix} V_A = 10.0\text{ L} \\ P_A = 2.00\text{ atm}\end{pmatrix} \xrightarrow{3} \begin{pmatrix} V_D = 10.0\text{ L} \\ P_D = 1.00\text{ atm}\end{pmatrix} \xrightarrow{4} \text{상태 B}\begin{pmatrix} V_B = 30.0\text{ L} \\ P_B = 1.00\text{ atm}\end{pmatrix}$$

이 경로는 다음 그래프와 같이 요약할 수 있다:

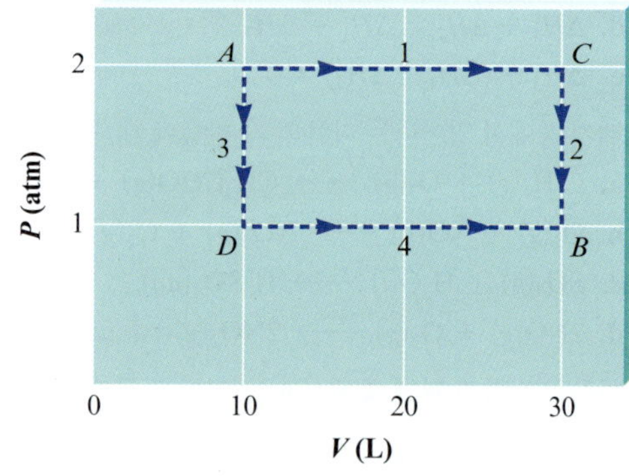

두 경로에 관련된 일을 J 단위로 계산하라. 일은 상태 함수인가? 설명하라.

147. 어떤 액체 1 mol이 1.00 atm의 그 액체의 끓는점(80.°C)에서 증발될 때 w와 ΔE를 계산하라. 액체의 $\Delta H_{증발}$은 80.°C에서 30.7 kJ/mol이다.

148. 일정한 압력과 온도에서 다음과 같은 반응을 생각해 보자.

$$2SO_2(g) + O_2(g) \rightarrow 2SO_3(g)$$

ΔH와 ΔE 사이의 다음 관계 중 어느 것이 이 반응에 *적합한가*?

a. $\Delta H = \Delta E$
b. $\Delta H = \Delta E - RT$
c. $\Delta H = \Delta E + RT$
d. $\Delta H = \Delta E - 3RT$
e. $\Delta H = \Delta E + 4RT$

149. 우주선에서 추진에 사용되는 다음 반응을 고려하라.

$$4N_2H_3CH_3(l) + 5N_2O_4(l) \rightarrow 12H_2O(g) + 9N_2(g) + 4CO_2(g)$$

1.00 atm, 110.°C에서 이 반응의 ΔE = −4674 kJ이다. 1.00 atm, 110.°C에서 이 반응의 ΔH 값을 구하라.

150. 태양은 지표면 제곱미터당 1.0 kW의 속도로 에너지를 공급한다(1 watt = 1 J/s). 식물은 단위 시간 및 단위 헥타르 당 농지에서 20.0 kg의 설탕($C_{12}H_{22}O_{11}$)에 해당하는 양을 생산한다(1 ha = 10,000 m^2). 다음 반응으로 설탕이 생성된다고 가정하고,

$$12CO_2(g) + 11H_2O(l) \longrightarrow C_{12}H_{22}O_{11}(s) + 12O_2(g) \qquad \Delta H = 5640\text{ kJ}$$

태양광의 몇 퍼센트가 설탕을 생산하는 데 사용되었는지 계산하라—즉, 이 광합성의 에너지 효율을 구하라.

151. 현재 사용 가능한 최고의 태양광 패널은 태양빛을 전기로 전환하는 효율이 약 22%이다. 일반적인 가정은 하루에 약 40 kWh의 전기를 사용한다(1 kWh = 1 킬로와트시; 1 kW = 1000 J/s). 하루에 8시간 동안 충분한 일조량이 있다고 가정할 때, 일반 가정에 모든 전력을 공급하는 데 필요한 최소 태양광 패널의 표면적을 계산하라. (태양에서 공급되는 에너지율은 연습 문제 150을 참고)

152. 1983년 4월 3일 부활절 일요일에 Colorado주 Denver시의 중심가에서 탱크로부터 질산이 유출되었다. 유출물은 탄산 소듐으로 중화시켰다:

$$2HNO_3(aq) + Na_2CO_3(s) \longrightarrow 2NaNO_3(aq) + H_2O(l) + CO_2(g)$$

a. 이 반응의 $\Delta H°$를 구하라. 유출된 질산의 양은 약 2.0 × 10^4 갤런이었다. 유출된 질산은 질량비로 70.0% HNO_3를 포함하는 수용액이며, 밀도는 1.42 g/cm^{3}라고 가정한다. 유출된 질산을 완전히 중화시키는 데 필요한 탄산 소듐의 질량은 얼마이고, 발생하는 열은 얼마인가? [$NaNO_3(aq)$의 $\Delta H_f°$는 −467 kJ/mol]

b. 1983년 4월 4일자 *The Denver Post*에 따르면, 방재 관계자는 중화 과정에서 발생할 수도 있는 심각한 공기 오염을 우려하였다. $\Delta H°$ 값을 볼 때, 방재 관계자가 우려한 것은 무엇인가?

153. 초콜릿 케이크 한 조각이 약 400 Cal의 에너지를 가지고 있다. 영양학적 칼로리(Cal)는 1000 cal(열화학적 칼로리)와 같고, 1 Cal는 4.184 J과 같다. 이 케이크 조각에서 얻은 400 Cal만큼의 에너지를 소비하려면 180 lb 되는 사람이 8인치 높이의 계단을 몇 개나 올라가야 할까? 연습 문제 36에 있는 퍼텐셜 에너지의 식을 참조하라.

154. 298 K에서 $H_2O(l)$의 표준 생성 엔탈피는 −285.8 kJ/mol이다. 298 K, 1 atm에서 다음 반응의 내부 에너지 변화를 계산하라.

$$H_2O(l) \longrightarrow H_2(g) + \tfrac{1}{2}O_2(g) \qquad \Delta E° = ?$$

(*힌트*: 이상 기체 방정식을 이용하여 일을 n, R, T의 함수로 나타내라.)

155. −30.°C의 얼음 1.00 mol이 있는데, 이를 140.°C의 수증기가 될 때까지 가열했다. 전체 과정에서의 q를 계산하라. 다음 데이터를 이용하라.

얼음의 비열 = 2.03 J/°C · g
물의 비열 = 4.18 J/°C · g
수증기의 비열 = 2.02 J/°C · g

$$H_2O(s) \longrightarrow H_2O(l) \qquad \Delta H_{용융} = 6.02\text{ kJ/mol }(0°C에서)$$
$$H_2O(l) \longrightarrow H_2O(g) \qquad \Delta H_{기화} = 40.7\text{ kJ/mol }(100.°C에서)$$

156. 얼음-물 혼합물에 온도가 195°C인 원소 500.0 g을 넣었다; 얼음 109.5 g이 녹았고, 물-얼음 혼합물은 유지된 상태이다. 원소의 비열을 계산하라. 연습 문제 155의 적당한 데이터를 참조하라.

157. 일산화 이질소(웃음 기체, N_2O) 88.0 g을 165°C에서 55°C로 냉각하였는데, 압력은 5.00 atm으로 일정하게 유지되었다. 이 과정에서의 q, w, ΔE, ΔH를 계산하라. $N_2O(g)$의 몰열용량은 38.7 J/°C · mol이다.

마라톤 문제

이 문제들은 여러 가지 개념과 기법을 하나의 상황으로 통합하도록 구성되었다.

158. 다음 두 경로를 따라 상태 A에서 상태 B로 변하는 단원자 이상 기체 5.00을 포함하는 시료를 생각해 보자:

경로 1: $P_A = 3.00$ atm, $V_A = 15.0$ L $\xrightarrow{1}$ $P_C = 3.00$ atm, $V_C = 55.0$ L $\xrightarrow{2}$ $P_B = 6.00$ atm, $V_B = 20.0$ L

경로 2: $P_A = 3.00$ atm, $V_A = 15.0$ L $\xrightarrow{3}$ $P_D = 6.00$ atm, $V_D = 15.0$ L $\xrightarrow{4}$ $P_B = 6.00$ atm, $V_B = 20.0$ L

각 단계에서 외부 압력은 일정하며 기체의 단계별 최종 압력과 같다고 가정한다. 각 단계에서 q, w, ΔE, 그리고 ΔH를 kJ 단위로 계산하고, 각 경로에 대한 전체 값을 계산하라. 두 경로에 대한 전체 값이 q와 w는 경로 함수인 반면 ΔE와 ΔH는 상태 함수라는 것을 어떻게 보여주는지 설명하라. *힌트*: 보다 고차원의 열화학에서는 이상 기체에 대해 다음이 성립함을 보일 수 있다:

$$\Delta E = nC_v\Delta T \text{ 이고}$$
$$\Delta H = nC_p\Delta T \text{ 이다.}$$

여기서 C_v는 일정 부피에서 몰열용량이고, C_p는 일정 압력에서 몰열용량이다. 또한, 단원자 이상 기체에 대하여, $C_v = \frac{3}{2}R$이고 $C_p = \frac{5}{2}R$이다.

159. 기체 상태의 탄화수소가 산소와 완전히 반응하여 이산화 탄소와 수증기가 생성되었다. 다음 데이터를 사용하여 탄화수소의 $\Delta H_f°$를 구하라:

$$\Delta H°_{반응} = -2044.5\text{ kJ/mol 탄화수소}$$
$$\Delta H_f°(CO_2) = -393.5\text{kJ/mol}$$
$$\Delta H_f°(H_2O) = -242\text{kJ/mol}$$

200.°C, 1.00 atm에서 CO_2와 H_2O 혼합물의 밀도는 0.751 g/L이다.
탄화수소의 밀도는 같은 조건하에서의 Kr의 밀도보다 작다.

Chapter 7

이색성 프리즘(dichroic prisims)은 백색광의 색상 구성 요소를 보여준다.
(RICHARD BEECH PHOTOGRAPHY/Science source)

원자 구조와 주기성

Atomic Structure and Periodicity

지난 200년 동안 원자 모형을 뒷받침하는 많은 실험적 증거들이 축적되어 왔다. 이 이론은 매우 유용하고 실질적으로 합리적임이 증명되었다. 기원전 400년경에 그리스 철학자 Democritus와 Leucippus가 원자를 최초로 제안했을 때, 원자에 대한 개념은 거의 직관에 기초한 것이었다. 사실, 그 후 20세기 동안 원자의 존재를 뒷받침할 수 있는 설득력 있는 실험적 증거가 없었다. 최초의 실제 과학적 자료는 Lavoisier에 의해 수집되었고 다른 자료들은 화학반응의 정량적인 측정으로부터 수집되었다. 이와 같은 화학량론적 실험 결과를 통해 John Dalton은 최초로 체계적인 원자론을 제안하였다. Dalton의 이론은 비록 다듬어지지 않은 것이었지만, 오랜 기간 매우 중요하게 받아들여졌다. 일단 원자의 존재를 믿게 되면 당연히 '원자의 본성은 무엇인가? 원자는 구성 성분을 갖고 있는가? 만일 그렇다면 구성 성분은 무엇인가?'라고 질문하는 것이 논리적이다.

원소들의 화학에 대한 가장 놀라운 사실 중 하나는 특성의 주기적 반복이다. 화학적으로 유사한 행동을 하는 몇 가지 원소들의 그룹들이 있다. 이와 같은 유사성은 원소들의 주기율표를 발전시켰다. 그러나 이 장에서는 원자 구조에 대한 현대 이론은 원자의 전자 배치를 통해 주기성이 설명된다는 것을 배울 것이다.

그러나 원자 구조를 다루기 전에 20세기 초반 30년 동안 물리학에서 일어난 혁명적 변화를 살펴보아야 한다. 그 기간 동안 많은 실험들이 행해졌고, 그 결과들은 Isaac Newton 및 그를 추종했던 많은 사람들에 의해 완성된 고전 물리 이론으로는 설명될 수 없었다. 빛과 원자들의 행동을 설명하기 위하여 *양자 역학*(*quantum mechanics*)이라 부르는 급진적인 새로운 이론이 개발되었다. 이러한 "새로운 물리학"은 거시 세계에 익숙해 있던 인간에게 많은 놀라움을 가져다주었지만, 물질의 행동을 (필요한 근사법 범위 안에서) 결점 없이 설명하였다.

이와 같은 과학의 새로운 혁명을 탐구하는 첫 걸음으로 빛, 좀 더 정확히 말해서 *전자기 복사*(*electromagnetic radiation*)의 특성을 알아보자.

7.1 전자기 복사

에너지가 공간을 이동하는 방법 중의 하나는 **전자기 복사**(electromagnetic radiation)이다. 태양에서 오는 빛, 전자 오븐에서 음식을 데우는 데 쓰이는 에너지, 치과 의사가 사용하는 X-선, 난로에서 방사되는 열 등은 모두 전자기 복사의 예이다. 이렇게 여러 형태로 방사되는 에너지가 매우 다르게 보이지만, 모두 같은 형태의 파동 성질을 나타낼 뿐만 아니라, 진공 속에서 빛의 속도로 이동한다.

파동은 파장, 진동수, 속도의 세 가지 주요한 성질을 가진다. 그림 7.1에서 보는 것과 같이 *파동에서 두 개의 인접하는 봉우리와 봉우리, 또는 골과 골 사이의 거리*를 **파장**(wavelength, 그리스어 lambda, λ로 표기)이라고 한다. *공간의 주어진 점을 1초 동안 통과하는 파동의 개수*(*사이클*, *cycle*)를 **진동수**(frequency, 그리스어 nu, ν로 표기)라 한다. 모든 형태의 전자기 복사는 동일하게 빛의 속도로 진행하므로, 짧은 파장의 전자기파는 높은 진동수를 갖게 된다. 주어진 두 점 사이를 일정한 속도로 진행하는 세 개의 다른 파장을 보여주는 그림 7.1을 보면 위의 관계를 쉽게 이해할 수 있다. 가장 짧은 파장(λ_3)을 가진 빛은 가장 높은 진동수를 가지고 가장 긴 파장(λ_1)을 갖는 빛은 가장 낮은 진동수를 갖는다. 이는 파장과 진동수 사이에 반비례 관계, 즉 $\lambda \propto 1/\nu$, 또는

$$\lambda\nu = c$$

여기서 λ는 미터 단위로 나타낸 파장이고, ν는 단위 초당 사이클 수로 나타낸 진동수이며, c는 빛의 속도(2.9979×10^8 m/s)를 나타낸다. SI 단위계에서, 초당 사이클 수의 단위는 1/s 또는 s^{-1}가 되며, 이를 *헤르츠*(*hertz*, Hz로 약칭)라고 부른다.

파장(λ)과 진동수(ν)는 반비례의 관계에 있다.

c = 빛의 속도
= 2.9979×10^8 m/s

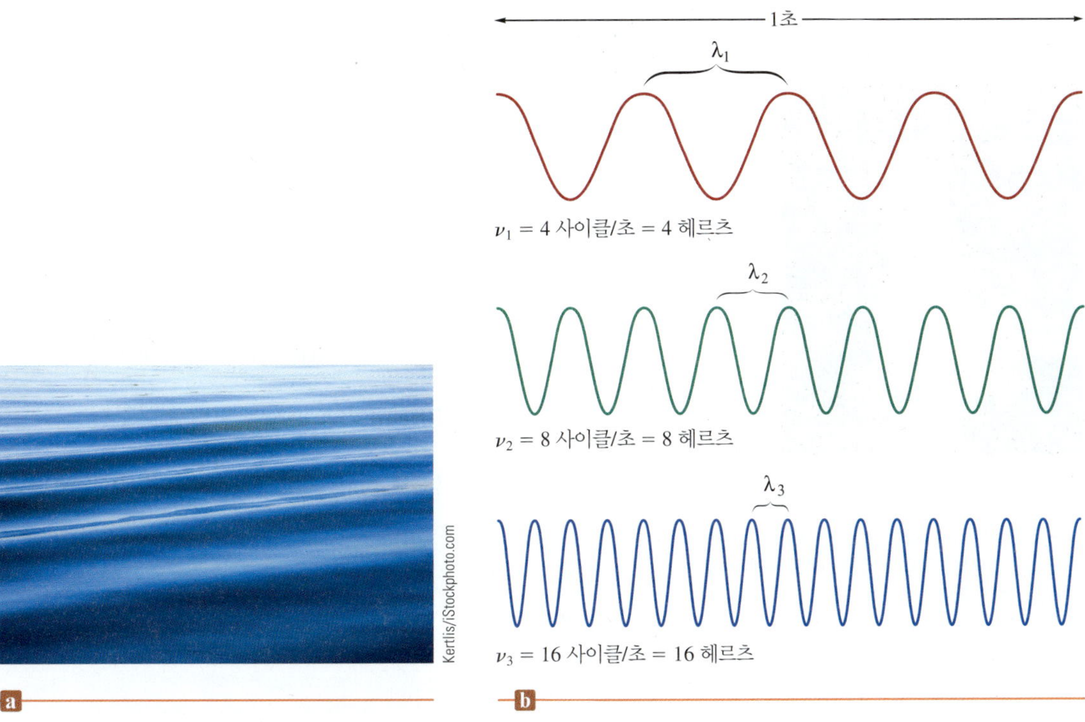

그림 7.1 (**a**) 파동의 본질. 해양 파도의 많은 속성은 빛의 파동과 동일하다. (**b**) 가장 짧은 파장의 빛이 가장 높은 진동수를 갖는다는 사실에 주목하라.

전자기 복사는 그림 7.2에서와 같이 분류된다. 복사는 에너지 전달의 중요한 수단이다. 예를 들면, 태양에서 오는 에너지는 주로 가시광선과 자외선 복사의 형태로 지구에 도달되는 반면, 벽난로에서 타고 있는 석탄은 적외선 복사의 형태로 열에너지를 전달한다. 전자레인지에서는 음식에 포함된 물 분자들이 마이크로파 복사선의 형태로 에너지를 흡수하여 더욱 활발한 운동을 하게 된다. 그 이후에 이 에너지는 충돌을 통하여 다른 형태의 분자들에 전달되어 음식의 온도를 높이게 되는 것이다. 앞으로 화학을 공부하는 과정에서 다양한 형태의 전자기 복사가 물질에 어떤 영향을 미치게 되는지에 관하여 다루게 될 것이다.

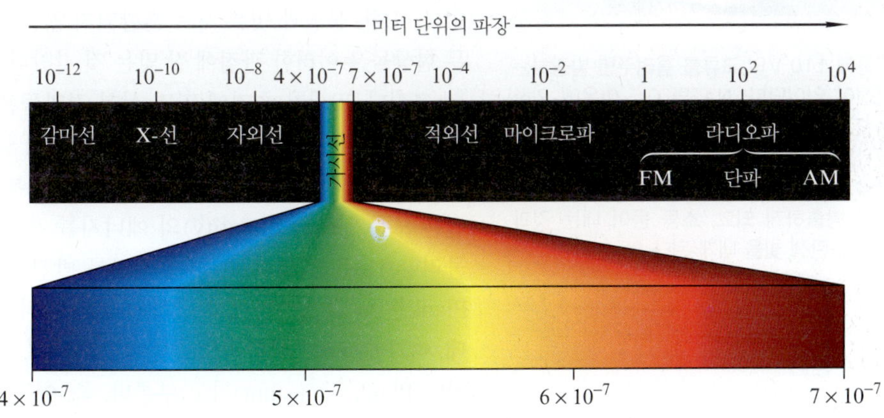

그림 7.2 전자기 복사선의 분류.

대화형 예제 7.1

전자기 복사선의 진동수

LLNL/Science Source

▲
물이 소량 포함된 메탄올에 스트론튬 염을 녹여 불을 붙이면 화려한 붉은 빛이 나온다. 붉은색은 전자가 불타고 있는 메탄올에서 에너지를 얻어 들뜬 상태가 되었다가 다시 바닥 상태로 떨어질 때 방출되는 빛이다.

불꽃놀이에서 보는 화려한 붉은색은 $Sr(NO_3)_2$나 $SrCO_3$와 같은 스트론튬의 염들을 가열할 때 나오는 650 nm 근처의 파장을 갖는 빛 때문이다(실험실에서 이들 염들 중 하나를 약간의 물이 포함된 메탄올에 녹인 다음, 이 혼합물을 증발 접시에 넣고 불을 붙여서 간단하게 실험할 수 있다). 파장이 6.50×10^2 nm인 붉은 빛의 진동수를 계산하라.

풀이 다음 식과 $c = 2.9979 \times 10^8$ m/s를 이용하면 파장을 진동수로 변환할 수 있다.

$$\lambda\nu = c \quad \text{또는} \quad \nu = \frac{c}{\lambda}$$

이 경우 $\lambda = 6.50 \times 10^2$ nm이다. 파장을 미터로 바꾸면

$$6.50 \times 10^2\ \cancel{\text{nm}} \times \frac{1\ \text{m}}{10^9\ \cancel{\text{nm}}} = 6.50 \times 10^{-7}\ \text{m}$$

이고

$$\blacksquare\ \nu = \frac{c}{\lambda} = \frac{2.9979 \times 10^8\ \cancel{\text{m}}/\text{s}}{6.50 \times 10^{-7}\ \cancel{\text{m}}} = 4.61 \times 10^{14}\ \text{s}^{-1} = 4.61 \times 10^{14}\ \text{Hz}$$

연습 문제 7.51과 7.52 참조

7.2 물질의 성질

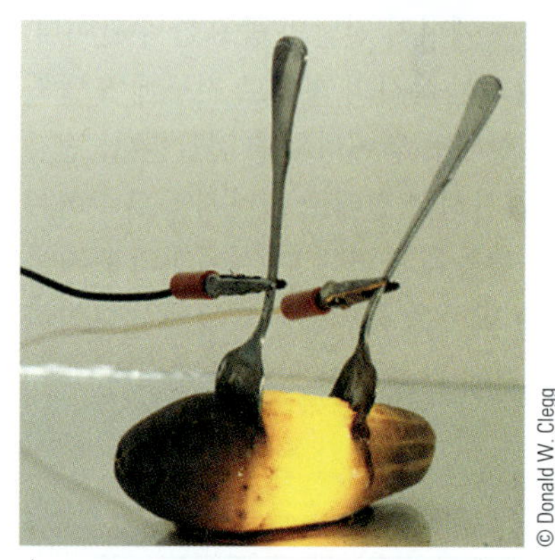

© Donald W. Clegg

▲
피클에 110 V의 교류를 흘려주면 발광하는 방전이 일어난다. Na^+와 Cl^- 이온에 의하여 전극(포크) 사이를 흐르는 전류는 소듐 원자를 들뜨게 하고, 이들 들뜬 원자가 다시 바닥 상태로 돌아오면서 589 nm의 가시광선을 방출하게 되고, 소듐 등이 내는 것과 같은 노란색 빛을 내게 된다.

19세기 말에 물리학자들이 다소 의기양양해 했다고 말하는 것이 아마도 타당할 것이다. 당시의 여러 이론들을 통하여 행성의 운동에서 프리즘에 의한 가시광선의 분광에 이르기까지 다양한 현상들을 설명할 수 있었기 때문이다. 주요 문제들이 대부분 해결되었거나, 적어도 당시의 물리학 이론들로 설명할 수 있다고 느낀 나머지, 학생들이 물리학을 도외시한다는 소문마저 돌았다.

19세기 말에 사람들은 대부분 물질과 에너지는 별개의 것이라고 생각하였다. 물질은 입자들로 구성되어 있다고 여기는 반면, 빛(전자기 복사)의 형태를 갖는 에너지는 파동으로 기술되었다. 입자는 질량을 가지며 공간에서 정확한 위치를 가지는 것이다. 파동은 질량이 없고 비편재화되어 있다고 기술되었다. 즉, 공간에서의 위치를 정확하게 규정할 수 없다. 또한, 물질과 빛은 서로 혼합되지 않는다고 가정하였다. 1900년경 이전의 알려진 모든 현상들은 이러한 관점에 잘 맞는 것 같았다.

그러나 20세기 초기에 몇몇 실험 결과들은 이러한 견해는 맞지 않는다는 것을 시사하였다. 최초의 중요한 진전은 1900년 독일의 물리학자인 Max Plank(1858~1947)에 의하여 이루어졌다. 백열 상태로 가열된 고체로부터 방출되는 복사선을 연구하던 Plank는 물질은 모든 양(any quantity)의 에너지를 흡수하거나 방출할 수 있다고 여기던 그 당시의 물리학으로는 설명할 수 없는 결과를 발견하였다. 자신의 관찰 결과를 설명하기 위하여, Plank는 $h\nu$의 *정수배*에 해당하는 양의 에너지만 얻거나 잃을 수 있다고 가정해야만 했는데, 여기에서 h는 실험적으로 얻어진 상수로서, 6.626×10^{-34} J · s의 값을 가지며, **Plank 상수**(Plank's constant)라고 부른다. 즉, 어떤 계에서의 에너지 변화 ΔE는 다음 식으로 나타낼 수 있다.

$$\Delta E = nh\nu$$

여기에서 n은 정수(1, 2, 3, . . .), h는 Plank 상수, ν는 흡수 또는 방출되는 전자기 복사의 진동수이다.

에너지는 $h\nu$의 정수배로만 얻거나 잃는다.

Planck 상수 = 6.626×10^{-34} J · s.

Plank의 결과는 정말 놀라운 것이었다. 지금까지는 물질의 에너지는 연속적이므로 어떤 양의 에너지도 전달될 수 있다고 항상 여겨져 왔다. 오늘날에는 실제로 에너지가 **양자화되어**(quantized) 있고, 오로지 $h\nu$의 크기를 갖는 불연속적인 단위로만 나타난다는 것이 명백하게 되었다. 이 작은 에너지의 "꾸러미"를 *양자*(*quantum*)라고 부른다. 에너지는 양자의 정수배로만 전달될 수 있다. 따라서 에너지는 마치 입자와 같은 성질을 갖는다고 볼 수 있다.

대화형 예제 7.2 광자의 에너지

불꽃놀이에서 푸른색은 흔히 염화 구리(I)(CuCl)를 약 1200°C로 가열하여 얻는다. 가열 상태에서 이 화합물은 450 nm의 파장을 갖는 푸른빛을 방출한다. 염화 구리(I)에 의한 4.50×10^2 nm에서 방출되는 에너지 증가량(즉 양자)은 얼마인가?

풀이 에너지의 양자는 다음 식으로 계산할 수 있다.

$$\Delta E = h\nu$$

여기에서 진동수 ν는 다음과 같이 계산한다.

$$\nu = \frac{c}{\lambda} = \frac{2.9979 \times 10^8 \cancel{\text{m}}/\text{s}}{4.50 \times 10^{-7} \cancel{\text{m}}} = 6.66 \times 10^{14}\ \text{s}^{-1}$$

따라서

$$\Delta E = h\nu = (6.626 \times 10^{-34}\ \text{J} \cdot \cancel{\text{s}})(6.66 \times 10^{14}\ \cancel{\text{s}}^{-1}) = 4.41 \times 10^{-19}\ \text{J}$$

염화 구리(I) 시료는 450 nm의 빛을 방출하면 4.41×10^{-19} J 단위의 크기의 정수배만큼 에너지를 잃는데, 이것은 양자의 크기에 해당한다.

연습 문제 7.53과 7.54 참조

원자 구조를 이해하는 데 있어 또 다른 중요한 발전은 전자기 복사 그 자체가 양자화되어 있다고 제안한 Albert Einstein(그림 7.3)에 의하여 이루어졌다. Einstein은 전자기 복사를 **광자**(photon)라고 부르는 "입자"들의 흐름이라고 볼 수 있다고 제안하였다. 각 광자의 에너지는 다음 식으로 나타낼 수 있다.

$$E_{광자} = h\nu = \frac{hc}{\lambda}$$

여기에서, h는 Plank 상수이고, ν는 복사선의 진동수, λ는 복사선의 파장이다.

그림 7.3 Albert Einstein(1879~1955)은 독일에서 태어났다. 성장기 초기 그에게서는 천재성을 엿볼 수 있는 어떤 것도 없었으며, 9살이 되어서도 말을 제대로 하지 못했다. 미래의 진로에 대해 상담한 학교 교장이 "그가 어떤 것을 하든 상관없습니다. 그는 뭘 해도 성공하지 못할 것입니다."라고 대답했다. 10살이 되던 해 Einstein은 Luitpold 고등학교(Gymnasium)에 입학하게 되는데, 그곳은 당시의 전형적인 독일 학교로서 규율이 매우 엄격하였다. 이곳에서 권위에 대해 깊은 회의를 갖게 되었고 기존의 것에 대해 의문을 제기하는 과학자로서 매우 중요한 자질을 갖추게 되었다. 스위스의 한 특허 사무국 서기로 근무하던 1905년 그는 양자역학으로 광전 효과를 설명하는 논문을 발표하였다. 이 혁신적인 생각으로 그는 1921년 노벨상을 받았다. 이로써 유명해진 그는 1933년까지 독일에서 활동하다가 히틀러의 유대인 박해를 계기로 미국으로 건너가 1955년에 사망할 때까지 New Jersey에 있는 Princeton 대학교의 고등연구원(Institute of Advanced studies)에서 근무하였다.

Einstein은 당대의 가장 위대한 물리학자임에 의심할 여지가 없다. 만약 다른 사람이 상대성 이론을 도출하였다고 하더라도 그는 그 외의 연구 업적으로 당대의 두 번째로 위대한 물리학자로서의 위치를 고수하였음에 틀림없다. 그의 나이 26세 때 처음 제안한 생각으로 공간과 시간에 대한 우리의 개념은 근본적으로 바뀌었다. 그때부터 생을 마감할 때까지 그는 모든 물리학 현상을 설명할 수 있는 하나의 통합된 이론을 발견하고자 노력하였으나 결국 성공하지 못했다.

광전 효과

Einstein은 **광전 효과**(photoelectric effect)의 분석으로부터 이러한 결론에 도달하였다(후에 Einstein은 광전 효과를 발견한 공로로 노벨상을 수상하였다). 광전 효과란 빛을 금속 표면에 쪼여주었을 때 전자가 방출되는 현상을 말한다. 다음과 같은 관찰이 광전 효과를 특징짓는다.

1. 여러 가지 다른 진동수의 빛을 금속에 쪼였을 때는, 금속에 따라 특정한 문턱 진동수 ν_0 미만의 진동수를 가지는 빛은 전자를 방출시키지 못한다.
2. 문턱 진동수보다 낮은 진동수를 가진 빛의 경우 빛의 세기에 관계없이 전자가 방출되지 않는다.
3. 문턱 진동수보다 큰 진동수를 갖는 빛의 경우 방출되는 전자의 수는 빛의 세기에 비례하여 증가된다.
4. 문턱 진동수보다 큰 진동수를 갖는 빛의 경우 방출되는 전자의 운동 에너지는 빛의 진동수에 비례하여 선형적으로 증가한다.

이러한 관찰은 전자기 복사선이 양자화되어 있고(광자로 이루어져 있고) 문턱 진동수는 금속 표면으로부터 전자를 떼어내는 데 필요한 최소 에너지라고 가정하면 설명될 수 있다.

$$\text{전자를 떼어내는 데 필요한 최소 에너지} = E_0 = h\nu_0$$

화학 관련 읽을거리 Chemical Connections

불꽃놀이

화학 물질의 혼합물로 폭발물을 만드는 기술은 오래된 기술이다. 질산 포타슘, 숯, 황의 혼합물인 흑색 분말은 기원전 1000년경부터 중국에서 사용되고 있었다. 그 이후에도 수 세기에 걸쳐 군사 폭발물, 건설 발파 그리고 불꽃놀이에 사용되어 왔다. 현재 주요 화학 약품 생산 회사가 된 Du Pont사도 처음에는 흑색 분말을 만드는 것으로 사업을 시작했다. 사실 이 회사의 설립자인 Eleuthere Du Pont은 다름 아닌 Lavoisier로부터 제조 기술을 전수받았다.

19세기 전에, 불꽃놀이는 주로 로켓과 시끄러운 폭죽에 국한되었다. 주황색과 황색은 숯과 철분이 포함되어 생겼다. 그러나 19세기에 들어 화학이 크게 발전하면서 불꽃놀이에 새로운 화합물이 사용되었다. 구리, 스트론튬, 바륨 등의 염은 화려한 색깔을 추가하였다. 마그네슘과 알루미늄은 눈부신 백색광을 발하였다. 그 이후 불꽃놀이에 크게 변한 것이 없었다.

불꽃놀이는 어떻게 화려한 색과 시끄러운 소

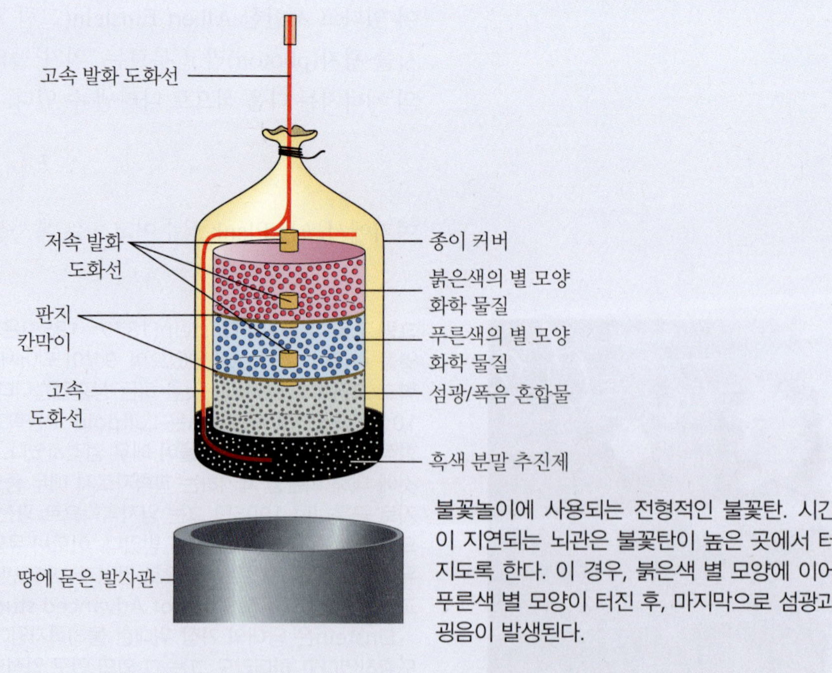

불꽃놀이에 사용되는 전형적인 불꽃탄. 시간이 지연되는 뇌관은 불꽃탄이 높은 곳에서 터지도록 한다. 이 경우, 붉은색 별 모양에 이어 푸른색 별 모양이 터진 후, 마지막으로 섬광과 굉음이 발생된다.

리를 내는 것일까? 사실상 몇 안 되는 화학물질들에 의해 그러한 굉장한 효과가 나온다. 소음과 섬광을 발생시키기 위해 산화제(산화시키는 물질)와 연료(환원시키는 물질)가 사용된다. 일반적으로 사용되는 혼합물에는 산화제로서 과염소산 포타슘($KClO_4$)이, 연료로는 알루미늄과 황이 각각 사용된다. 과염소산 염은 연료를 산화시키는 과정이 매우 큰 발열 반응이어서 알루미늄으로 인해 눈부신 섬광이 발생하며, 발생된 가스가 급격하게 팽창함에 따라 굉음이 발생한다. 색깔을 내기 위해서는 그 색에 해당하는 방출 스펙트럼을 내는 원자를 포함시키면 된다. 원자가 에너지를 흡수하면 원자 내의 전자들이 더 높은 에너지 상태로 들뜨기 때문이다. 들뜬 원자들은 특정 파장의 빛을 방출함으로써 에너지를 방출하는데, 많은 경우가 가시광선에 해당한다. 불꽃놀이의 경우 전자를 들뜨게 하는 에너지는 산화제와 연료와의 반응에 의해 생긴다.

불꽃놀이의 노란색은 589 nm의 소듐 이온의 방출 때문이다. 붉은색은 606 nm와 636~688 nm 사이에서 방출되는 스트론튬 염에서 발생한다. 이 붉은색은 고속도로에서 사용되는 안전 불꽃 신호에서도 자주 보게 된다. 불꽃놀이에서의 초록색은 바륨 염에 의한 것으로, 505~535 nm에서 나타나는 일련의 방출선의 색이다. 그러나 정말 그럴듯한 푸른색을 얻는 것은 매우 어렵다. 구리 염은 푸른색을 내는데 420~460 nm에서 방출된다. 그러나 여기에 사용되는 또 하나의 산화제인 염소산 포타슘($KClO_3$)이 구리염과 반응하면 매우 폭발성이 강한 화합물인 염소산 구리를 생성하기 때문에 보관 및 사용에 어려움이 따른다. (불꽃놀이에서 $KClO_3$는 폭발 위험 때문에 대부분 사용하지 않는다.) 비소를 포함하는 구리염인 파리 그린(paris green)이라는 물질이 한때 광범위하게 사용되었지만, 독성이 매우 강한 것으로 알려져서 요즘은 사용하지 않는다.

최근에는 불꽃놀이에 의해 생성된 색상은 연소 과정에서 금속 염화물의 형성으로 인해 더욱 강렬해졌다. 이 기체 금속 염화물 분자는 금속 원자보다 훨씬 더 빛나는 색을 만들어낸다. 예를 들면, 염화 스트론튬은 스트론튬 원자보다 훨씬 밝은 붉은색을 낸다. 따라서 염소를 제공하는 화합물을 불꽃탄 안에 포함시킨다.

그림에 전형적인 불꽃탄을 보여주고 있다. 이 불꽃탄은 흑색 분말을 추진제로 하여 박격포(강철 실린더)를 사용하여 발사시킨다. 시간 지연 도화선은 단계적으로 불꽃탄을 폭발하도록 하는 데 사용된다. 불꽃놀이에서 흔히 사용되는 화학 물질 목록을 표에 실어 놓았다.

불꽃놀이의 화학이 단순하다고 생각할지 모르지만 생생한 백색 섬광과 화려한 색상을 나타내는 데는 복잡한 화학 물질의 조합이 필요하다. 그 한 예로서, 백색 섬광은 높은 온도의 불꽃을 발생하여 색깔들을 흐리게 한다. 따라서 $KClO_4$와 같은 산화제를 사용할 때는 상대적으로 낮은 온도의 불꽃을 발생하는 연료와 혼합하여 사용하기도 한다. 그러나 과염소산은 우발적으로 쉽게 발화되기 때문에 매우 위험하다. 또 다른 문제는 소듐 염을 사용하는 데서 발생한다. 소듐은 매우 밝은 노란색을 방출하기 때문에 다른 색을 내고자 할 때는 소듐 염을 사용할 수 없게 된다.

PhotoDisc/Getty Images

Washington,D.C.에서의 불꽃놀이.

탄소를 함유하는 원료 또한 다른 색을 능가하는 노란색을 방출하기 때문에 원료로 유기물을 사용하는 데에도 제한이 따른다. 안전하면서도 원하는 효과를 내는 불꽃놀이를 연출하기 위해서는 화학 물질을 유의해서 선택해야 한다. 물론, 진한 푸른색을 내고자 하는 꿈은 아직도 이루어지지 않았다.

불꽃놀이 제조에 흔히 사용되는 화합물들

산화제	연료	특수 효과
질산 포타슘	알루미늄	적색 불꽃: 질산 스트론튬, 탄산 스트론튬
염소산 포타슘	마그네슘	녹색 불꽃: 질산 바륨, 탄산 바륨
과염소산 포타슘	타이타늄	푸른색 불꽃: 탄산 구리, 황산 구리, 산화 구리
과염소산 암모늄	목탄	노란색 불꽃: 옥살산 소듐, 빙정석(Na_3AlF_6)
질산 바륨	황	백색 불꽃: 마그네슘, 알루미늄
염소산 바륨	황화 안티모니	금색 섬광: 쇠의 줄밥, 목탄
질산 스트론튬	덱스트린	백색 섬광: 알루미늄, 마그네슘, 알루미늄–마그네슘 합금, 타이타늄
	적색 고무	휘파람 소리: 벤조산 포타슘, 살리실산 소듐
	폴리염화 바이닐	백색 연기: 질산 포타슘과 황의 혼합물
		유색 연기: 염소산 포타슘, 황, 유기 염료의 혼합물

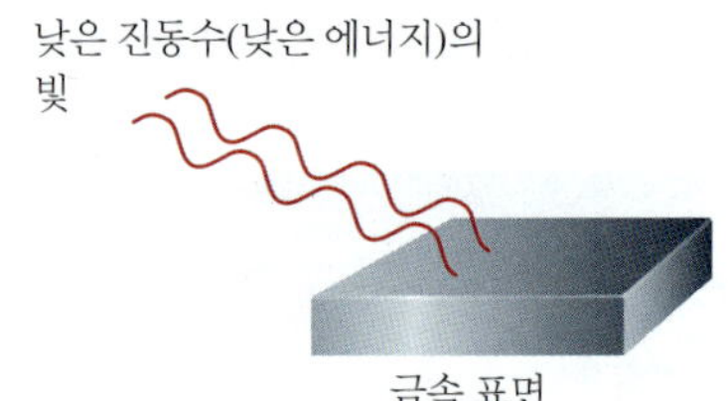

높은 진동수(높은 에너지)의 빛

e^-

e^-

금속 표면

b

그림 7.4 광전 효과. (a) 문턱 진동수보다 낮은 진동수를 가진 빛은 전자를 생성시키지 못한다. (b) 문턱 진동수보다 큰 진동수를 갖는 빛은 금속 표면에서 전자를 방출시킨다.

E_0보다 작은 에너지($\nu < \nu_0$)를 가진 광자는 금속 표면으로부터 전자를 떼어낼 수 없기 때문에 문턱 진동수보다 작은 진동수를 가진 빛은 전자를 생성시키지 못한다(그림 7.4). 반면에 진동수가 $\nu > \nu_0$인 빛의 경우 전자를 금속 표면에서 떼어내고 남은 에너지는 전자에 운동 에너지(KE)의 형태로 전달된다.

전자의 속도 ↓ 입사광의 에너지 ↓

$$\text{KE}_{\text{전자}} = \frac{1}{2}mv^2 = h\nu - h\nu_0$$

↑ 전자의 질량 ↑ 금속 표면에서 전자를 제거하는 데 필요한 에너지

이 식에서 빛의 세기는 입사광의 일정 영역에 존재하는 광자의 수에 비례하므로(복사선의 진동수가 $\nu > \nu_0$인 경우에 있어서) 세기가 더 강한 빛은 더 많은 수의 광자가 전자를 떼어낼 수 있다.

이와 관련하여, Einstein은 1905년에 발표된 *특수 상대성 이론*(*special theory of relativity*)에서 다음의 유명한 식을 유도해냈다.

$$E = mc^2$$

이 식이 나타내는 중요한 의미는 *에너지가 질량을 갖는다*는 것이다. 위 식을 다음과 같이 바꾸면 더욱 명백해진다.

$$m = \frac{E}{c^2}$$

E ← 에너지; m ↑ 질량; c^2 ↑ 빛의 속도

이 식을 이용하면 어떤 주어진 양의 에너지와 관련된 질량을 계산할 수 있다. 예를 들어, 하나의 광자에 해당하는 *겉보기* 질량(*apparent* mass)을 계산할 수 있다. 파장이 λ인 전자기 복사에서, 각 광자의 에너지는 다음 식으로 표현된다.

광자의 *겉보기 질량*(*apparent mass*)은 광자의 파장에 의존함에 주목하라. 고전적인 의미에서 광자는 질량을 갖지 않는다.

$$E_{\text{광자}} = \frac{hc}{\lambda}$$

따라서 파장이 λ인 빛의 광자에 해당하는 질량은 다음 식으로 주어진다.

$$m = \frac{E}{c^2} = \frac{hc/\lambda}{c^2} = \frac{h}{\lambda c}$$

광자가 어떤 상황에서는 질량을 갖는 것처럼 행동한다. 1922년 미국의 물리학자인 Arthur Compton(1892~1962)은 X-선과 전자들을 충돌시키는 실험을 통하여 광자들이 위의 식에 의해 계산된 양에 해당하는 동적질량을 나타낸다는 것을 입증하였다. 그러나 광자는 고전역학으로는 질량을 가질 수 없다. 광자는 상대적인 입장에서만 질량을 가질 수 있고 정지 질량은 없다.

Plank와 Einstein의 연구로부터 얻은 결론을 다음과 같이 요약할 수 있다.

- 에너지는 양자화되어 있다. 에너지는 양자라고 하는 불연속적인 단위로만 존재할 수 있다.
- 예전에는 오직 파동의 성질만을 나타낸다고 여겨졌던 전자기 복사선은 입자인 물질로서의 성질도 또한 나타낸다.

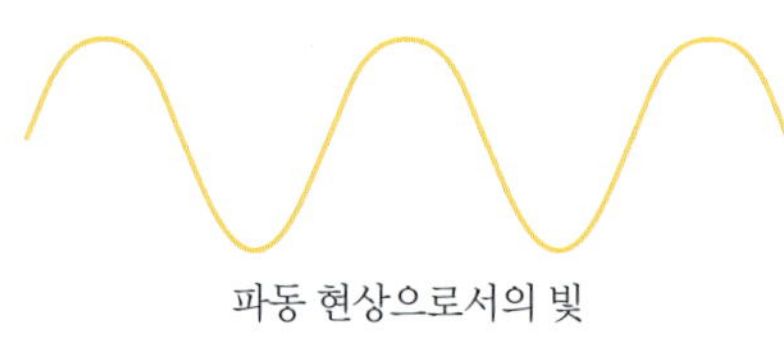

그림 7.5 전자기 복사는 파동 성질을 나타내고 동시에 입자 성질도 나타낸다. 복사의 각 광자가 갖는 에너지는 파장 및 진동수와 다음과 같은 관계를 갖는다. $E_{\text{광자}} = h\nu = hc/\lambda$.

따라서 이전에는 순전히 파동으로만 간주되었던 빛이 입자성도 가지고 있음이 발견되었다. 이러한 현상은 종종 **빛의 이중성**(dual nature of light)이라고도 한다(그림 7.5). 그렇다면 그 반대의 경우도 또한 사실일까? 다시 말해, 정상적으로는 입자성인 물질이 파동의

성질을 나타내기도 하는가? 프랑스의 젊은 물리학자였던 Louis de Broglie(1892~1987)는 1923년에 바로 이러한 의문점을 제기하였다. 전자기 복사의 질량과 파장 사이에 성립하는 관계식이 $m = h/\lambda c$임을 상기하면서, de Broglie가 이 의문점을 어떻게 해결하는지 살펴보자. 속도가 υ인 하나의 입자에 대하여 앞의 식은 다음과 같이 나타낼 수 있다.

ν(진동수)와 υ(속도)를 혼동하지 말라.

$$m = \frac{h}{\lambda \upsilon}$$

이 식을 λ에 대하여 정리하면 다음과 같다.

$$\lambda = \frac{h}{m\upsilon}$$

이 식은 *de Broglie의 식*(*de Broglie's equation*)이라 부르며, 예제 7.3에서와 같이 이 식을 이용하면 입자의 파장을 계산할 수 있다.

대화형 예제 7.3 파장의 계산

1.0×10^7 m/s의 속도로 움직이고 있는 전자(질량 = 9.11×10^{-31} kg)와 35 m/s의 속도로 날아가는 공(질량 = 0.10 kg)의 파장을 비교하라.

풀이 $\lambda = h/m\upsilon$ 식을 이용한다. 여기에서

$$h = 6.626 \times 10^{-34}\ \text{J} \cdot \text{s} \quad \text{또는} \quad 6.626 \times 10^{-34}\ \text{kg} \cdot \text{m}^2/\text{s}\text{이다.}$$

이것은

$$1\ \text{J} = 1\ \text{kg} \cdot \text{m}^2/\text{s}^2$$

이기 때문이다. 전자의 경우,

$$\lambda_e = \frac{6.626 \times 10^{-34} \dfrac{\text{kg} \cdot \text{m} \cdot \text{m}}{\text{s}}}{(9.11 \times 10^{-31}\ \text{kg})(1.0 \times 10^7\ \text{m/s})} = 7.27 \times 10^{-11}\ \text{m}$$

공의 경우,

$$\lambda_b = \frac{6.626 \times 10^{-34} \dfrac{\text{kg} \cdot \text{m} \cdot \text{m}}{\text{s}}}{(0.10\ \text{kg})(35\ \text{m/s})} = 1.9 \times 10^{-34}\ \text{m}$$

연습 문제 7.65~7.68 참조

예제 7.3에서 공의 경우 파장이 믿기지 않을 만큼 짧음에 주목하라. 반면에 전자의 파장은 비록 짧지만 전형적인 결정에서의 원자 간 간격과 비슷한 크기를 갖는다. 다음에서 보는 바와 같이, 이것은 de Broglie 방정식을 시험하는 방법으로서 중요한 의미를 갖는다.

회절(diffraction)은 점이나 선의 규칙적인 배열로부터 빛이 산란될 때 나타난다. CD판의 홈으로부터 빛이 회절되는 것을 볼 수 있다. 다양한 파장의 가시광선들이 모두 같은 방식으로 산란되는 것이 아니기 때문에 색깔을 띠게 된다. 마치 빛이 프리즘을 통과하는 것과 같은 효과로 색깔이 "분리된다". 홈의 규칙적인 배열이 회절을 만드는 것처럼 결정에서 원자나 이온의 규칙적인 배열이 그림 7.6의 사진처럼 보인다. 예를 들어, 특정한 니켈/타이타늄 합금의 결정에 X-선을 쪼이면 산란된 복사선이 그림 7.6에서 보여주듯이 사진건판의 어두운 부분에 밝은 점들로 이루어진 **회절 무늬**(diffraction pattern)를 형성한다. 이러한 무늬는 산란된 빛이 서로 보강 간섭(광선의 봉우리와 골짜기가 서로 같은 위상일 때)하여 밝은 점을 만들거나[그림 7.6(a)] 또는 상쇄 간섭(광선의 봉우리와 골짜기들이 서

직업 속의 화학

Dr. Levy Riley III

최고 운영 책임자(COO)이자 진료 책임자

Levy Riley III 박사는 전액 장학금을 받고 McDaniel College에서 생물학 학사학위를 취득한 후 Georgia주 Marietta에 있는 Life 대학교에서 카이로프랙틱 박사학위를 취득했다. 그는 의료 센터의 최고 운영 책임자(COO)이자 진료 책임자로서 일상에서 화학을 직접적으로 사용하진 않지만, 환자 진료에 필요한 역량을 갖추는 데 화학 공부가 큰 도움이 되었다고 말한다.

그는 학생들에게 "다른 학생에게 가르칠 수 있을 때 비로소 내용을 진짜로 이해한 것"이라며 계속해서 공부하고 다른 사람들과 협력할 것을 조언한다. Riley III 박사는 특히 소수자와 사회적 약자들이 과학 및 의료 분야에 진출하길 적극 권장한다. 그는 환자들이 자신과 비슷한 배경과 모습을 가지고, 삶의 경험을 공유할 수 있는 의료인에게 치료받는 것이 매우 중요하다고 믿고 있다.

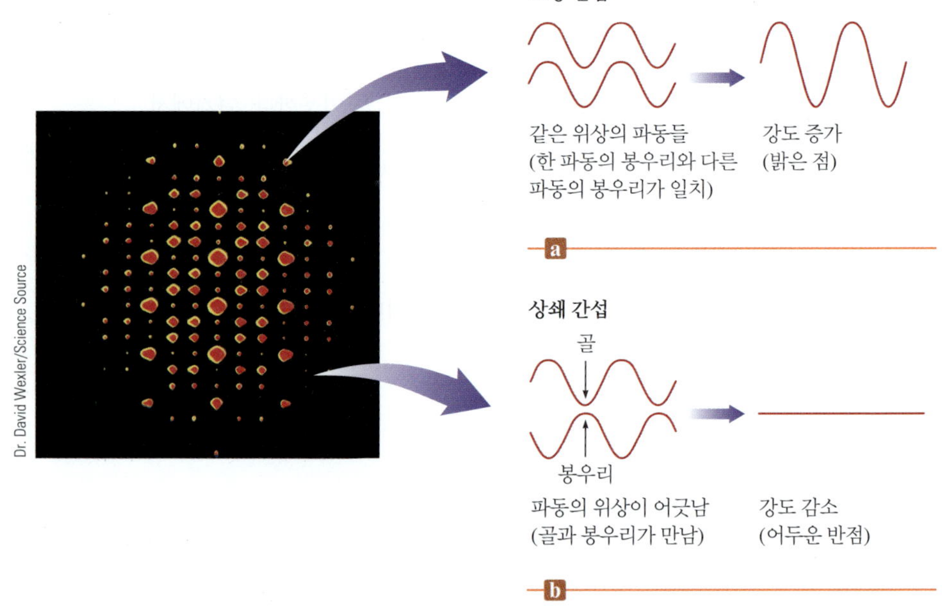

그림 7.6 베릴륨 결정의 회절 무늬. (a) 빛의 파동이 보강 간섭을 하여 밝은 영역이 나타난다. (b) 파동의 상쇄 간섭에 의해 어두운 영역이 생긴다.

로 반대 위상일 때)하여 어두운 부분을 만들기 때문에 생긴다[그림 7.6(b)].

회절 무늬는 단지 파동으로만 설명할 수 있다. 따라서 이 현상은 전자와 같은 입자가 파동을 갖는다는 가정을 시험해볼 수 있다. 예제 7.3에서 본 바와 같이 10^7 m/s의 속도로 달리는 전자(전자는 전기장에서 쉽게 가속된다)는 10^{-10} m의 파장을 갖는데, 염화 소듐과 같은 결정에서 대략 염화 이온과 소듐 이온의 거리에 해당된다. 이는 회절되는 점 사이의 거리가 회절되는 파동의 파장의 길이와 대략 같을 때 회절이 매우 효율적으로 일어나므로 중요하다. 따라서 만약 전자가 관련된 파장을 가진다면 결정은 전자를 회절시킬 것이다. 이것을 시험하기 위한 실험은 1927년 Bell 실험실에서 C. J. Davission과 L.H. Germer에 의하여 수행되었다. 그들은 니켈 결정에 전자 광선을 쪼이자 X-선 회절에서와 비슷한 회절 무늬를 관찰하였다. 이 결과는 적어도 전자의 경우에는 de Broglie 방정식이 성립함이 증명되었다. 공과 같은 커다란 물질은 너무 파장이 작아서(예제 7.3 참조) 실험적으로 증명할 수 없다. 그러나 우리는 모든 물질이 de Broglie 방정식을 따른다고 믿는다.

이제 우리는 처음으로 돌아가 다시 한번 정리해 보자. 20세기에 접어들 때까지만 해도 순수한 파동이라고 여겨졌던 전자기 복사가 입자의 성질도 갖는다는 사실이 알려졌다. 역으로 입자로 여겨졌던 전자가 자신의 파장을 갖는다는 사실을 알게 되었다. 이 결과의 중요성은 물질과 에너지는 별개의 것이 아님을 시사한다. 에너지는 사실 물질의 한 형태이며 모든 물질은 같은 형태의 성질을 나타낸다. 즉, *모든 물질은 입자와 파동의 성질을 모두 갖는다*. 공과 같은 큰 물질은 주로 입자로서의 성질을 갖는다. 큰 물질의 파장은 너무 작아서 관찰할 수 없다. 광자 같은 매우 작은 "물질의 조각"은 약간은 입자의 성질을 가지고 주로 파동의 성질을 갖는다. 전자와 같은 중간 정도의 크기를 갖는 물질의 조각은 입자와 파동의 성질을 모두 갖는다.

7.3 수소의 원자 스펙트럼

제2장에서 본 바와 같이, 원자에 대한 중요한 정보는 20세기 초에 행해진 Thomson의 전자 발견, Rutherford의 핵의 발견과 같은 몇 가지 실험들을 통하여 얻어졌다. 또 다른 중요한 실험은 들뜬 수소 원자에서 방출되는 빛에 대한 연구였다. 수소 기체 시료에 높은 에너지의 전기방전을 일으키면 H_2 분자는 에너지를 흡수하여 몇몇 분자의 H—H 결합이 끊어진다. 그 결과 생성된 수소 원자는 *들뜬(exited) 상태*가 된다. 즉, 수소 원자는 과량의 에너지를 가지게 된다. 이 에너지는 다양한 파장의 빛을 방출하여 수소 원자의 *방출 스펙트럼(emission spectrum)*을 만들어낸다.

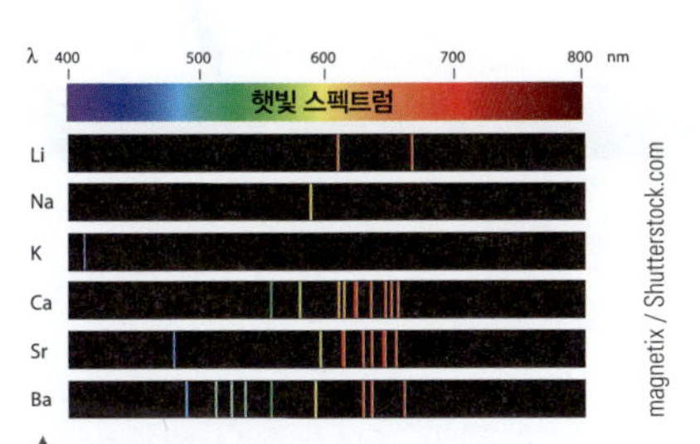

▲ 몇 가지 기체의 선 스펙트럼. 각 스펙트럼은 고유성을 가지고 있어서 어떤 원소인지 확인을 할 수 있다.

수소의 방출 스펙트럼의 중요성을 이해하기 위하여 그림 7.7(a)에서와 같이 백색 광원이 프리즘을 통과할 때 만들어지는 **연속 스펙트럼**(continuous spectrum)에 대하여 알아보자. 이 스펙트럼은 햇빛이 빗방울에 분산될 때 생기는 무지개처럼 *모든* 파장의 가시광선을 포함한다. 반면에 가시광선 영역 내의 수소의 방출 스펙트럼이 프리즘을 통과하면 그림 7.7(b)처럼 분리된 파장을 가진 단지 몇 개의 선만 볼 수 있다. 수소의 방출 스펙트럼을 **선 스펙트럼**(line spectrum)이라고 부른다.

수소가 선 스펙트럼을 갖는 것이 왜 중요할까? 이 사실은 수소 *원자 내의 전자에게 특정 값의 에너지 상태만이 허용된다*는 것을 의미한다. 즉, 수소 원자 내의 전자의 에너지는 *양자화되어 있다(quantized)*. 이 관찰은 7.2절의 Max Plank의 가설과 정확히 일치한다. 그림 7.8에서와 같이 수소 원자 내부 전자의 두 에너지 준위 사이의 에너지 차이에 해당하는 특정 파장의 빛만 방출하게 된다. 예를 들어 높은 에너지 준위에서 낮은 에너지 준위로 변하면서 Plank 방정식으로부터 계산된 파장의 빛을 방출할 것이다.

$$\Delta E = h\nu = \frac{hc}{\lambda}$$

(ΔE: 에너지 변화, ν: 방출되는 빛의 진동수, λ: 방출되는 빛의 파장)

수소 원자의 분리된 선 스펙트럼은 단지 특정 에너지만 가능함을 나타낸다. 즉, 전자의 에너지 준위는 양자화되어 있다. 반대로 모든 에너지 준위가 허용된다면 방출스펙트럼은 연속적일 것이다.

비판적 사고 우리는 이제 전자 에너지 준위가 양자화되어 있다는 증거를 가지고 있다. 몇 가지 증거는 이 장에서 논의되었다. 원자 내 에너지 준위가 양자화되지 않았다면 어떨까? 어떤 차이점을 우리가 인지할까?

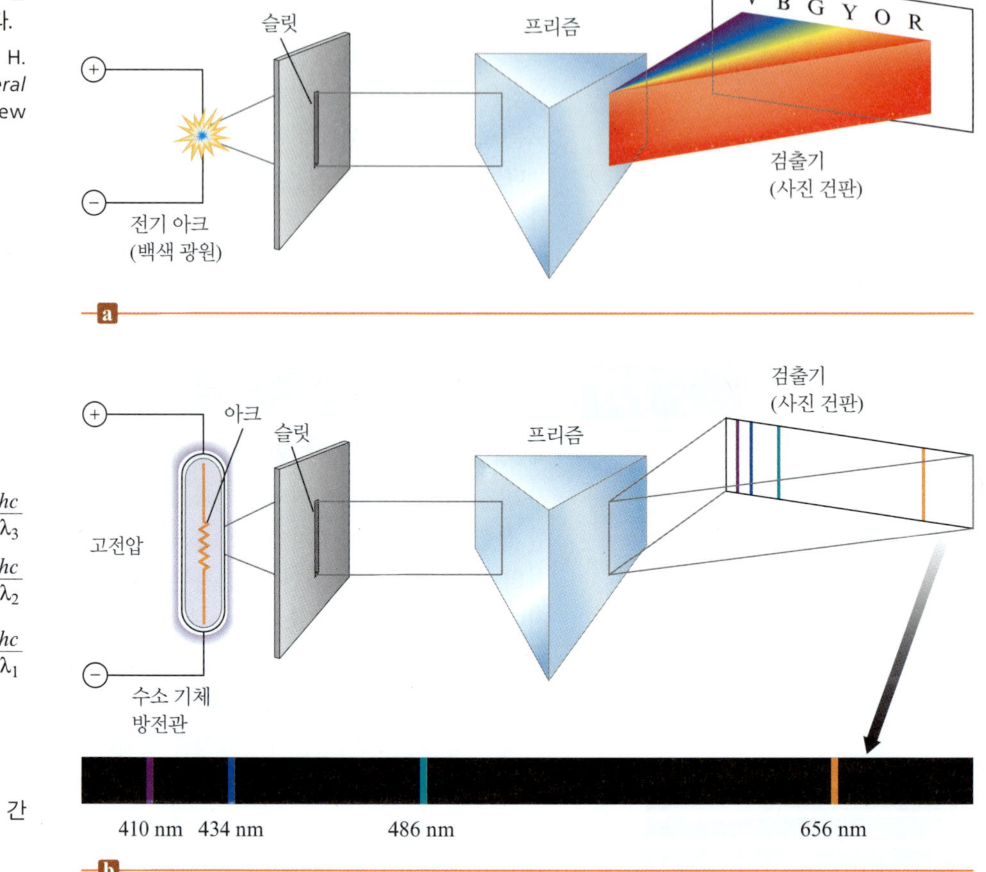

그림 7.7 (a) 가시광선의 모든 파장을 포함한 연속 스펙트럼(무지개의 각 색깔의 첫 글자를 대문자로 표시). (b) 수소 선 스펙트럼은 단지 몇 개의 분리된 파장들을 포함한다.

C. W. Keenan, D. C. Kleinfelter, and J. H. Wood의 허락 하에 수록된 스펙트럼, *General College Chemistry,* Sixth Edition (New York: Harper & Row, 1980).

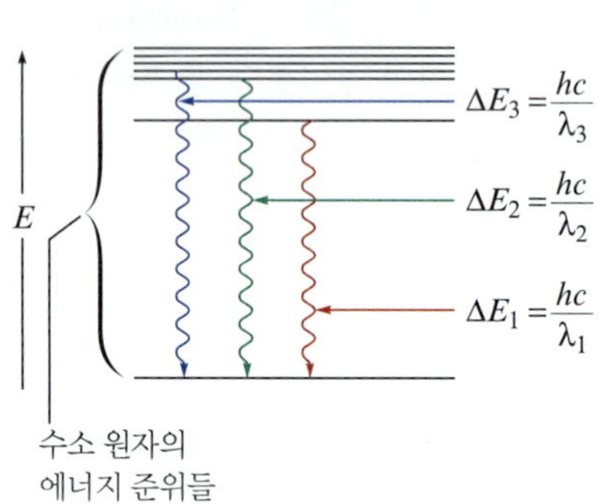

그림 7.8 두 개의 특정한 에너지 준위 간의 차이는 방출된 빛의 광자에 해당된다.

7.4 Bohr 모형

1913년 이제까지 다루던 실험 결과들을 알게 된 덴마크의 물리학자인 Niels Bohr(1885~1962)는 수소 원자에 대한 **양자 모형**(quantum model)을 개발하였다. Bohr는 *수소 원자의 전자는 핵 주변의 어떤 허용된 원형 궤도를 따라서만 움직인다*고 제안하였다. 일부 새로운 가정들을 만들고 고전 물리학의 이론을 이용하여 허용된 원형 궤도의 반지름을 계산하였다.

고전 물리학에 의하면 움직이는 입자는 직선운동을 하려는 경향을 가지며, 원 운동을 하려면 원의 중심을 향하는 힘을 가해야 한다는 것을 Bohr는 알고 있었다. 따라서 Bohr는 전자가 원자로부터 떨어져 나가지 않고 돌고 있는 것은 양전하를 띤 핵에 대한 인력으로 균형이 맞춰진다고 추론하였다. 그러나 고전 물리학에 의하면 가속도 운동하는 전하를 띤 입자는 에너지를 발산하게 되어있다. 핵 주위를 도는 전자의 경우, 그 운동 방향이 계속 변하고 있으므로 계속해서 가속도 운동을 하고 있다. 따라서 전자는 빛을 방출하고 에너지를 잃고 핵으로 접근해야 한다. 물론 이렇게 되면 안정한 원자란 존재할 수 없게 된다.

순전히 고전 물리학의 이론들에만 근거한 원자 모형은 확실히 모순을 안고 있었다. Bohr는 또한, 특정한 전자 에너지만이 허용됨을 보여주는 수소 방출 스펙트럼의 실험 결과를 설명할 수정된 모형이 개발되어야 함을 알고 있었다. 이 점에 관한 한 실험 자료는 의심의 여지가 없었다. Bohr는 전자의 각운동량(각운동량은 질량, 속도, 그리고 궤도 반지름의 곱이다)이 특정한 값만을 갖는다고 가정하면, 그의 모형으로 실험 결과를 설명할 수 있

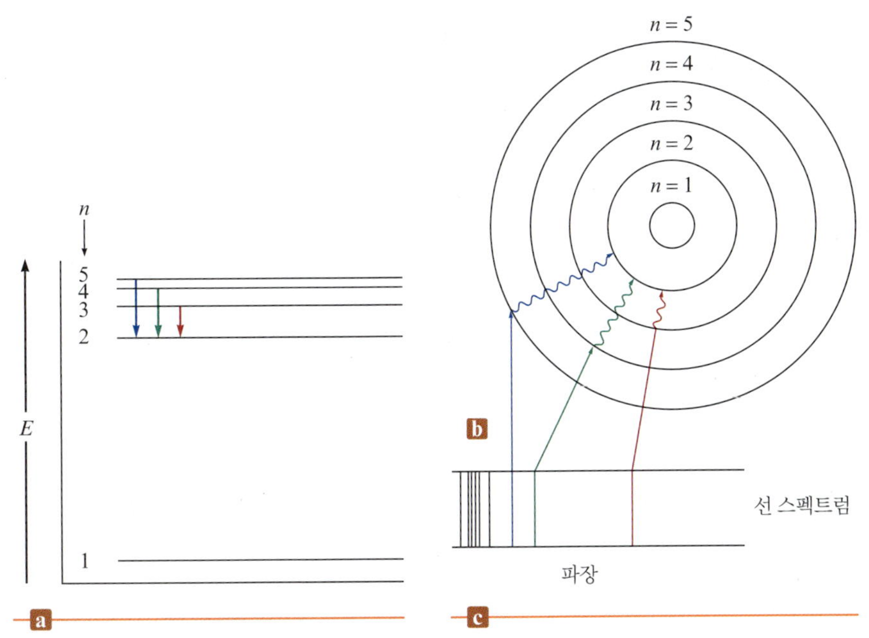

그림 7.9 수소 원자에 대한 Bohr 모형에서 전자 전이. (a) 전자 전이를 보여주는 에너지 준위 도표. (b) 궤도 간의 전이 도표이며, 실험에서 얻어진 스펙트럼을 설명해준다(나타낸 궤도들은 실제 크기를 고려하지 않은 개념도이다). (c) 사진 건판에 나타나는 선 스펙트럼. 스펙트럼의 가시광선 영역 내의 선들은 높은 에너지 준위에서 $n = 2$ 준위로 전이된 것이다.

다는 것을 발견하였다. 각운동량이 왜 그런 값을 가져야 하는지에 대한 이유를 설명할 수 없었지만, 이러한 가정을 할 경우 Bohr 모형으로 도출된 수소 원자의 에너지 준위는 관찰된 수소의 방출 스펙트럼과 잘 일치하였다. 그림 7.9에 이 모형을 그림으로 나타내었다.

식 (7.1)의 J는 joule을 나타낸다.

유도 과정은 나타내지 않겠지만, Bohr의 모형으로 얻어지는 가장 중요한 수식은 수소 원자 내의 전자에게 가능한 에너지 준위에 관한 다음 식이다.

$$E = -2.178 \times 10^{-18}\,\text{J}\left(\frac{Z^2}{n^2}\right) \tag{7.1}$$

위 식에서 n은 정수이며(n 값이 클수록 궤도의 반지름은 크다), Z는 핵의 전하이다. Bohr는 식 (7.1)을 사용하여 실험값과 정확하게 일치하는 수소 원자의 에너지 준위를 계산할 수 있었다.

식 (7.1)의 마이너스 부호는 핵과 결합한 전자가 핵으로부터 무한 거리에 있는 전자($n = \infty$)보다 낮은 에너지 상태에 있다는 것을 의미하는데, 이러한 전자는 핵과의 상호작용이 없어서 0의 에너지 상태에 있다.

$$E = -2.178 \times 10^{-18}\,\text{J}\left(\frac{Z^2}{\infty}\right) = 0$$

이러한 상태를 기준으로 보면, 전자는 어떤 궤도에 있든지 음의 에너지 값을 갖는다.

▲ Niels Hendrik David Bohr(1885~1962)는 1908년 덴마크 올림픽 축구팀에서 활약하다가 나중에 유명한 수학자가 된 남동생인 Harald 그늘에서 소년 시절을 보냈다. Bohr는 학창 시절 작문 과목에서 낙제 점수를 받았고 일생 동안 쓰기와 씨름을 해야 했다. 사실, 작문 실력이 너무 형편없어서 그의 박사 논문을 어머니가 받아써야 할 정도였다. 그럼에도 불구하고 Bohr는 훌륭한 물리학자였다. 덴마크에서 박사학위를 받은 후 27살이던 그는 수소 원자에 대한 양자 모형을 세웠다. 비록 이후에 모형에는 오류가 있었지만, Bohr는 원자를 이해하고자 하는 움직임에서 중심 인물로 남아 있었다. 그는 1922년 노벨 물리학상을 수상하였다.

식 (7.1)을 이용하면 궤도를 바꿀 때 전자의 에너지가 변하는 정도를 계산할 수 있다. 예를 들어, 들뜬 상태의 수소 원자에서 $n = 6$인 준위에 있던 전자가 가장 낮은 에너지 상태인 **바닥 상태**(ground state)로 감에 따라 $n = 1$인 준위로 떨어진 경우를 생각해 보자. 수소의 핵은 한 개의 양성자를 가지고 있으므로 식 (7.1)에서 Z = 1이다. 위의 두 상태에 해당하는 에너지는 다음과 같다.

$n = 6$인 경우: $$E_6 = -2.178 \times 10^{-18}\,\text{J}\left(\frac{1^2}{6^2}\right) = -6.050 \times 10^{-20}\,\text{J}$$

$n = 1$인 경우: $$E_1 = -2.178 \times 10^{-18}\,\text{J}\left(\frac{1^2}{1^2}\right) = -2.178 \times 10^{-18}\,\text{J}$$

$n = 1$인 전자의 경우 $n = 6$의 경우보다 더 큰 음의 에너지를 갖는데, 이것은 전자가 가장

작은 허용된 궤도에서 더 강하게 결합되어 있음을 의미한다.

전자가 $n = 6$에서 $n = 1$로 떨어질 때의 에너지 변화 ΔE는 다음과 같다.

$$\Delta E = \text{최종 상태의 에너지} - \text{초기 상태의 에너지}$$
$$= E_1 - E_6 = (-2.178 \times 10^{-18}\ \text{J}) - (-6.050 \times 10^{-20}\ \text{J})$$
$$= -2.117 \times 10^{-18}\ \text{J}$$

에너지 *변화*(*change*) 값의 부호가 음이면 원자가 에너지를 *잃고*(*lost*) 더 안정한 상태에 있다는 것을 의미한다. 원자가 잃은 에너지는 광자로 방출된다.

방출된 광자의 파장은 다음 식으로 계산이 가능하다.

$$\Delta E = h\left(\frac{c}{\lambda}\right) \quad \text{또는} \quad \lambda = \frac{hc}{\Delta E}$$

이때 ΔE는 원자의 에너지 변화량이고, 이는 방출된 광자의 에너지와 같다. 따라서

$$\lambda = \frac{hc}{\Delta E} = \frac{(6.626 \times 10^{-34}\ \cancel{\text{J}} \cdot \cancel{\text{s}})(2.9979 \times 10^8\ \text{m}/\cancel{\text{s}})}{2.117 \times 10^{-18}\ \cancel{\text{J}}} = 9.383 \times 10^{-8}\ \text{m}$$

위의 계산에는 ΔE의 절댓값을 사용함에 주목하라(음의 부호를 포함하지 않았다). 이 경우 에너지 흐름의 방향은 수소 원자에서 9.383×10^{-8} m의 파장을 갖는 광자가 *방출되었음*을 나타낸다. ΔE의 음의 부호를 그대로 식에 대입하면 음의 값을 가진 λ를 얻게 되는데, 이는 물리학적으로 의미가 없다.

대화형 예제 7.4 수소 원자에서의 에너지 양자화

수소의 전자를 $n = 1$ 준위에서 $n = 2$ 준위로 들뜨게 하는 데 필요한 에너지를 계산하라. 수소 원자가 바닥 상태에서 들뜬 상태로 가기 위해 흡수해야 하는 빛의 파장도 계산하라.*

풀이 식 (7.1)을 이용하면 $Z = 1$일 때,

*이 예제 이후부터 상쇄 표시는 생략하겠다. 그러나 단위 상쇄에 대한 똑같은 과정이 이 책 모든 곳에 적용된다.

$$E_1 = -2.178 \times 10^{-18}\ \text{J}\left(\frac{1^2}{1^2}\right) = -2.178 \times 10^{-18}\ \text{J}$$

$$E_2 = -2.178 \times 10^{-18}\ \text{J}\left(\frac{1^2}{2^2}\right) = -5.445 \times 10^{-19}\ \text{J}$$

■ $\Delta E = E_2 - E_1 = (-5.445 \times 10^{-19}\ \text{J}) - (-2.178 \times 10^{-18}\ \text{J}) = 1.633 \times 10^{-18}\ \text{J}$

그림 7.2를 보면 수소의 전자를 $n = 1$ 준위에서 $n = 2$ 준위로 전이하는 데 필요한 빛이 자외선 영역에 해당함에 주목하라.

가 되고, ΔE의 부호가 양인 것은 계가 에너지를 얻는 것을 의미한다. 이 변화를 위하여 반드시 *흡수되어야 하는* 빛의 파장은

$$\lambda = \frac{hc}{\Delta E} = \frac{(6.626 \times 10^{-34}\ \cancel{\text{J}} \cdot \cancel{\text{s}})(2.9979 \times 10^8\ \text{m}/\cancel{\text{s}})}{1.633 \times 10^{-18}\ \cancel{\text{J}}}$$

■ $= 1.216 \times 10^{-7}\ \text{m}$

연습 문제 7.69와 7.70 참조

이 시점에서, Bohr 모형의 두 가지 중요한 점을 강조하고 넘어가도록 하자.

1. 이 모형은 전자에 대하여 특정 원형 궤도만을 허용한다는 가설하에 수소 원자의 양자화된 에너지 준위를 정확하게 예측하고 있다.
2. 전자가 단단히 결합할수록 영의 에너지를 갖는 기준 상태(전자가 핵으로부터 무한 거리에 있는 경우에 해당)에 대하여 더 큰 음의 에너지를 갖게 된다. 전자가 핵에 더 가까이 감에 따라 에너지는 계로부터 방출된다.

화학 관련 읽을거리 Chemical Connections

0.046펨토미터가 대단하다

수년 동안 양성자의 반지름에 대해 널리 받아들여졌던 값은 0.8768 fm이었다(fm = 10^{-15} m). 최근 실험들은 이 값이 약 5% 정도 너무 크게 측정되었을 수도 있다고 제시하고 있다. 그리 큰 차이로 보이지 않을 수 있지만, 이는 우주를 이해하는 데 매우 큰 의미를 가질 수 있다.

2010년에 독일 Garching에 있는 막스 플랑크 양자연구소에서 Randolf Pohl과 그의 동료들은 이 값에 대하여 의문을 제기하였다. 이 과학자들은 수소 전자를 뮤온으로 대체하여 수소 형태를 만들었다. 뮤온은 수소와 같은 전하를 갖는 입자 전자이지만 질량은 200배 더 크다. 뮤온은 질량이 크기 때문에 전자보다 평균 반지름이 더 작은 궤도를 가지고 있다. 독일 팀은 뮤온의 에너지 준위를 측정하는 방법으로 레이저를 양성자에 해당하는 반지름 값이 0.84184 fm로 조정되었을 때만 전이를 감지할 수 있었다.

2019년에 발표된 연구 결과에 따르면 반지름이 훨씬 더 작은 −0.832 nm라고 보고되었다. North Carolina A&T 주립대학교의 Ashot Gasparian과 에너지부의 Thomas Jefferson National Accelerator Facility의 그의 팀은 알려진 전자 산란 기술의 세련된 방법을 사용했다. 그들의 방법은 전자가 양성자에 맞은 후 전자 경로를 훨씬 더 정확하게 측정할 수 있게 해주었다.

양성자 반지름이 보고된 값보다 0.05 nm 적게 변경되었다. 이 작은 변화가 엄청난 의미의 변화를 가져온다. 양성자 반지름의 차이는 많은 물리 상수 값들이 상호 연관되어 있기 때문에, 양성자의 전하 밀도에 영향을 줄 것이다. 따라서 정확한 양성자 반지름을 결정하기 위해서 더 많은 실험들이 필요하다. 만일에 새로운, 더 작은 값이 맞는 것으로 판명되면, 이는 물질의 기본 이론(양자전기역학, QED)에 중요한 영향을 미칠 것이다. 어쩌면 이는 자연에 대한 더 나은 이해로 이어질 수도 있다.

식 (7.1)을 이용하면 전자가 한 준위($n_{초기}$)로부터 다른 준위($n_{최종}$)로 이동하는 데 대한 일반식을 유도할 수 있다.

$$\begin{aligned}\Delta E &= n_{최종}\text{ 준위의 에너지} - n_{초기}\text{ 준위의 에너지}\\ &= E_{최종} - E_{초기}\\ &= (-2.178\times10^{-18}\text{ J})\left(\frac{1^2}{n_{최종}^2}\right) - (-2.178\times10^{-18}\text{ J})\left(\frac{1^2}{n_{초기}^2}\right)\end{aligned}$$

$$= -2.178\times10^{-18}\text{ J}\left(\frac{1}{n_{최종}^2} - \frac{1}{n_{최종}^2}\right) \qquad (7.2)$$

식 (7.2)는 예제 7.5에서 보는 바와 같이 수소 원자 내 *어떤* 두 에너지 준위 사이의 에너지 변화를 계산하는 데 사용될 수 있다.

예제 7.5 전자 에너지

바닥 상태에 있는 수소 원자에서 전자를 제거하는 데 필요한 에너지를 계산하라.

풀이 바닥 상태에 있는 수소 원자에서 전자를 제거하는 것은 전자가 $n_{초기} = 1$에서 $n_{최종} = \infty$로 전이하는 것에 해당한다.

$$\begin{aligned}\Delta E &= -2.178\times10^{-18}\text{ J}\left(\frac{1}{n_{최종}^2} - \frac{1}{n_{초기}^2}\right)\\ &= -2.178\times10^{-18}\text{ J}\left(\frac{1}{\infty} - \frac{1}{1^2}\right)\\ &= -2.178\times10^{-18}\text{ J}(0-1) = 2.178\times10^{-18}\text{ J}\end{aligned}$$

바닥 상태에 있는 수소 원자에서 전자를 제거하는 데 필요한 에너지는 2.178×10^{-18} J이다.

연습 문제 7.75와 7.76 참조

처음에 Bohr의 모형은 매우 유망해 보였다. Bohr에 의해 계산된 에너지 준위들은 수소의 방출 스펙트럼으로부터 얻는 수치들과 잘 일치하였다. 그러나 수소 외의 다른 원자들에게 Bohr의 모형을 적용하면 전혀 일치하지 않았다. 타원형의 궤도를 사용하여 모형을 수정하려는 시도들도 있었지만, 결국 Bohr 모형은 근본적인 오류를 안고 있다는 결론을 내리게 되었다. 그럼에도 불구하고, 매우 간단한 가정을 도입하여 원자의 에너지가 양자화되어 관찰된다는 것을 보여줌으로써, 이 모형은 역사적으로 매우 중요한 의미를 갖는다. Bohr의 모형은 그 이후 여러 이론들이 갈 방향을 제시하였다. 그러나 원자 구조에 대한 현대 이론이 Bohr의 모형으로부터 도출된 것이 아니라는 점을 분명히 깨달아야 한다. 전자들은 원형 궤도를 따라 핵의 주위를 움직이고 있는 것이 결코 *아님*을 다음에서 살펴보자.

비록 Bohr의 모형이 수소 원자의 에너지 준위는 잘 맞지만, 근본적으로는 수소 원자에 대한 모형으로는 정확하지 않은 것이다.

7.5 원자의 양자 역학적 모형

1920년대 중반에 들어서면서 Bohr의 모형이 더 이상 받아들여질 수 없다는 것이 명백해졌다. 완전히 새로운 접근 방법이 요구되었다. 세 명의 물리학자들이 이러한 노력의 선두에 섰는데, 이들은 Werner Heisenberg(1901~1976), Louis de Broglie(1892~1987), Erwin Schrödinger(1887~1961)이다. 이들이 개발한 접근 방법은 *파동 역학*(*wave mechanics*), 더 흔하게는 *양자 역학*(*quantum mechanics*)이라고 알려져 있다. 앞에서 보았듯이 de Broglie는 예전에는 입자로만 여겨져 왔던 전자가 파동의 성질도 보인다는 점을 처음으로 개념화하였다. 이러한 개념을 중시한 오스트리아의 물리학자인 Schrödinger는 전자의 파동 성질을 중심으로 원자 구조에 관한 문제를 풀어보고자 했다. Schrödinger와 de Broglie는 핵에 결합된 전자를 마치 **정류파**(standing wave)와 유사한 것으로 보고, 원자를 파동 역학적으로 기술하는 연구를 시작하였다.

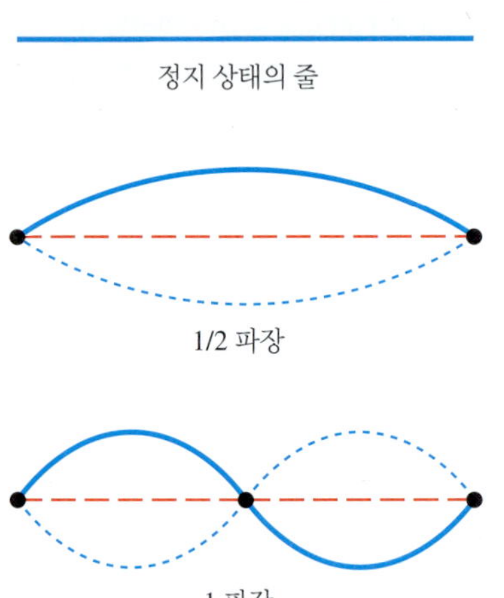

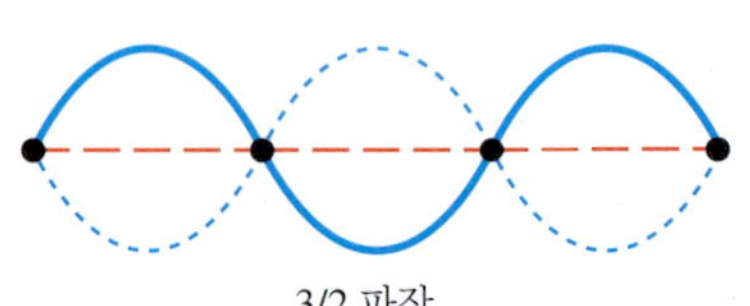

그림 7.10 양쪽 끝을 잡아맨 기타 줄의 진동에 의해 나타나는 정류파. 각 점은 마디(변위가 0인 점)를 나타낸다.

정류파의 가장 흔한 예로 기타나 바이올린과 같은 악기들에서 양쪽 끝이 고정된 현이 진동하면서 일정한 음의 소리를 내는 것을 들 수 있다. 이때의 파동은 현을 따라 움직이는 것이 아니라, 그 자리에 고정되어 있기에 이를 "정류(standing)" 상태에 있다고 한다. 현의 움직임은 그림 7.10에서 보는 것과 같은 형태의 간단한 파동들의 조합으로 설명할 수 있다. 그림에서 점들은 주어진 파동에 대한 마디(node)를 나타내는데, 이는 수평 방향으로의 변위가 0인 점에 해당한다. 정류파에서는 허용되는 파동이 제한된다는 점에 주목하라. 현의 양쪽 끝은 고정되어 있으므로 항상 그 양쪽 끝은 마디에 해당한다. 이는 허용된 진동을 하는 현은 파동의 *반*(*half*) 파장의 정수배를 포함한다는 것을 의미한다(그림 7.10). 정류파가 아래 사진에 있는 파동 발생 장치를 통해 설명될 수 있다.

수소의 전자가 정류파라고 상상해 보면 비슷한 상황이 연출된다. 그림 7.11에서 보는 것과 같이 오로지 특정한 원주 길이를 가지는 원형 궤도에만 정지 상태 전자 파동의 파장의 정수배로 "맞아떨어진다". 이들 외의 다른 궤도들에서 정류 상태의 전자 파동은 상쇄 간섭을 일으키므로, 이는 허용되지 않는다. 이를 수소 원자에서 관찰된 양자화에 대한 그럴듯한 설명으로 여긴 전자가 정류파처럼 행동한다고 가정하여 수소 원자를 설명하는 모형을 개발하였다.

Schrödinger가 자신의 개념이 과연 실제로 합당할지에 대해 확신하고 있었던 것은 아니다. 과연 모형이 수소와 그 이외의 원자들에 대한 실험 자료와 잘 일치하는지에 대한 조사가 이루어져야 했다. Schrödinger가 전자를 이와 같이 다루기 시작했던 1925년경, 정류파를 기술하는 물리적인 원리들이 매우 잘 알려져 있었다. 그가 수학적으로 다룬 내용은 너무 복잡하여 여기에서 다룰 수 없다. 단, Schrödinger 방정식의 형태는 다음과 같다.

$$\hat{H}\psi = E\psi$$

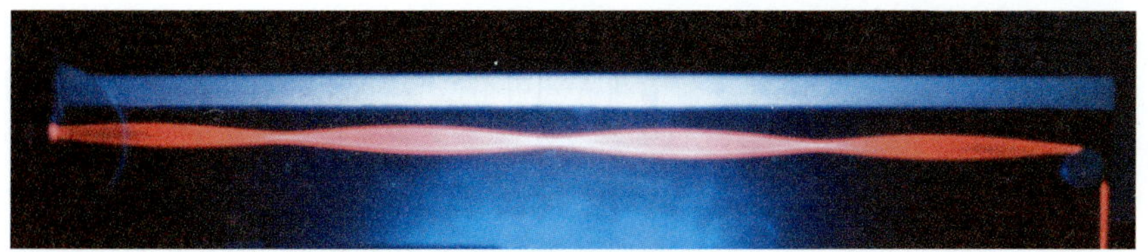

▶
파동생성 장치

여기에서 ψ는 **파동함수**(wave function)라고 부르며, 삼차원 공간에서 전자의 위치에 해당하는 좌표(x, y, z)의 함수이다. $\hat{H}$는 *연산자(operator)*로서, 한 세트의 수학적인 지시 사항에 해당한다. 이 경우, 연산자가 가진 수식 항들을 파동함수에 적용하면 원자의 총 에너지를 얻게 된다. E는 원자의 총 에너지를 나타낸다(전자와 양성자 사이의 인력에 의해 생기는 퍼텐셜 에너지와, 전자가 움직이는 데 따른 운동 에너지의 합). 이 식을 풀면 여러 개의 해답을 얻게 된다. 각 해답은 특정한 값의 E로 규정된 파동함수, ψ로 되어 있다. 이 특정한 파동함수를 흔히 **오비탈**(orbital)이라 부른다.

원자에 대한 **양자(파동) 역학 모형**[quantum (wave) mechanical model]의 가장 중요한 개념을 설명하기 위하여, 우선 수소 원자에서 가장 낮은 에너지에 해당하는 파동함수에 초점을 맞추어보자. 이 파동함수를 1s 오비탈이라 부른다. 우선 관심을 끄는 것은 *오비탈(orbital)*이라는 단어의 의미이다. 앞으로 보게 되겠지만, 이는 그리 단순하지 않다. 한 가지 확실한 것은, 오비탈이 Bohr의 궤도(orbit)가 *아니라*는 점이다. 수소의 1s 오비탈에 있는 전자는 핵의 주위를 원형 궤도로 이동하고 있지 않다. 그렇다면 도대체 전자는 어떤 운동을 하고 있는가? 그 답은 매우 놀랍게도 "*모른다*"는 것이다. 파동함수는 전자의 상세한 경로에 대한 정보를 제공하지 않는다. 이는 우리를 의아하게 만든다. 거시 세계에서 입자들의 운동에 관한 문제를 풀면, 우리는 그들의 경로를 예측할 수 있다. 예를 들어, 특정한 속도로 두 당구공이 부딪힐 때, 충돌 후에 이들이 어떻게 움직일지를 예측할 수 있다. 그러나 전자의 경우에는 1s 오비탈로부터 그 움직임을 예측할 수 없다. 그렇다면 이 이론이 잘못된 것인가? 그렇지는 않다. 우리는 앞서 전자가 당구공과 같이 행동하지 않는다는 것을 배운 바 있다. 따라서 이 이론을 버리기 전에 더 자세히 살펴볼 필요가 있다.

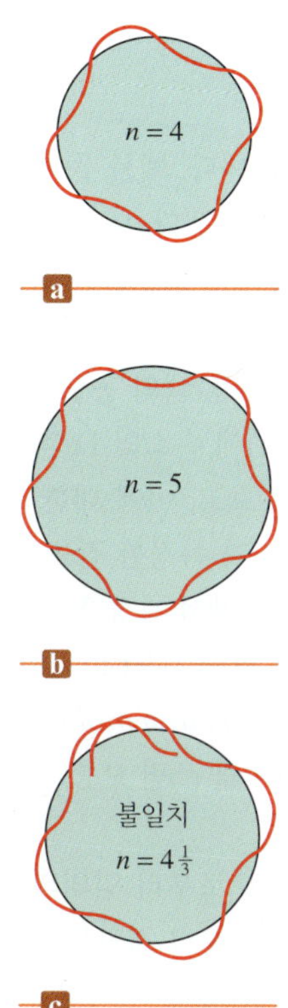

그림 7.11 핵 주위의 정류파로 나타낸 수소의 전자. (a)와 (b)에서 보는 것처럼 특정 원형 궤도의 길이는 파장의 정수배에 해당한다. 그렇지 않으면 (c)에서 보는 것처럼 상쇄 간섭이 일어난다. 이는 특정한 전자 에너지만 허용된다는 점과 일치한다. 즉, 원자는 양자화된 것이다(비록 이러한 개념으로 과학자들이 파동 이론을 사용하지만, 그렇다고 해서 전자가 실제로 원형 궤도를 따라 움직인다는 것은 아니다).

오비탈의 본질을 이해하기 위해, 양자 역학 발전의 주역 중 한 명인 Werner Heisenberg가 발견한 원리를 살펴보도록 하자. Heisenberg는 그의 수학적 분석으로부터 놀라운 결론을 끌어내었다. 즉, *주어진 순간에 어떤 입자의 위치와 운동량을 동시에 정확하게 측정하는 데에는 근본적인 한계가 있다.* 이를 **Heisenberg의 불확정성 원리**(uncertainty principle)라고 한다. 이를 수학적으로 기술하면 아래와 같다.

$$\Delta x \cdot \Delta(mv) \geq \frac{h}{4\pi}$$

이때 Δx는 입자의 위치에 대한 불확정성(오차)이고, $\Delta(mv)$는 입자의 운동량에 대한 불확정성이며, h는 Plank 상수이다. 따라서 이들의 곱인 $\Delta x \cdot \Delta(mv)$의 최소 오차 값은 $h/4\pi$이다. 이 식은 우리가 입자의 위치를 정확히 알면 알수록 그 운동량은 더 불확실해지며, 그 역의 관계도 마찬가지라는 것을 말해준다. 야구공이나 당구공과 같은 커다란 입자의 경우, 이 한계 값은 너무나 작아서 거의 무시할 정도이다. 그러나 전자와 같이 작은 입자의 경우, 이 한계 값은 매우 중요해진다. 전자의 경우, 불확정성의 원리에 의하면 핵의 주위를 움직이는 전자의 움직임을 정확하게 알 수 없다. 따라서 Bohr의 모형에서와 같이 전자가 핵의 주위를 정확하게 규정된 궤도를 따라 움직인다고 가정하는 것은 부적절하다.

파동함수의 물리적 의미

불확정성 원리에 의한 한계가 주어졌을 때, 전자의 파동함수가 물리적으로 의미하는 바는 확률이란 어떤 일이 일어날 가능성에 해당한다.

무엇인가? 다시 말해, 원자 궤도란 무엇인가? 비록 파동함수 그 자체가 가시화된 의미를 쉽게 부여하지는 않지만, 함수의 제곱 값은 특정한 물리적 의미를 갖는다. *함수의 제곱 값은 공간의 특정 지점에서 전자를 발견할 확률에 해당한다.* 예를 들어, x_1, y_1, z_1 좌표와 x_2, y_2, z_2 좌표로 정의된 공간의 두 지점을 가정해 보자. 위 두 지점 1과 2에서 전자를 발견할 상대적 확률은 두 지점에 관련된 x, y, z 값을 파동함수에 대입하고 함수 값을 제곱한 후, 이들 비율 값을 계산하여 얻는다.

$$\frac{[\psi(x_1, y_1, z_1)]^2}{[\psi(x_2, y_2, z_2)]^2} = \frac{N_1}{N_2}$$

N_1/N_2 값은 두 지점 1과 2에서 전자를 발견할 확률의 비를 나타낸다. 예를 들어, N_1/N_2 값이 100이면, 지점 1에서 전자를 발견할 확률이 지점 2의 100배가 된다. 이 모형은 전자가 언제 그 위치에 있을 것인지, 그리고 두 점 사이를 어떻게 이동하는지에 관한 정보를 제공하지는 않는다. 이러한 애매한 상태는 Heisenberg의 불확정성의 원리의 개념과 일치한다.

파동함수의 제곱을 **확률 분포**(probability distribution)라 하며, 색의 농도를 이용하여 공간의 주어진 점 근처에서의 확률 값을 나타낸다. 그림 7.12(a)에 수소의 1s 파동함수(오비탈)의 확률 분포를 보였다. 전자를 움직이는 작은 불빛으로 보고, 이에 대한 삼차원 노출 사진을 찍는다고 생각하면 도표를 쉽게 이해할 수 있다. 전자가 특정한 점을 더 많이 지나갈수록, 사진 원판에서 그 지점은 더욱 검게 나타날 것이다. 따라서 특정 점의 검은 정도는 그 점에서 전자를 발견할 확률을 나타낸다. 이 도표를 *전자 밀도 지도*(*electron density map*)라 하는데, 이때 *전자 밀도*(*electron density*)와 *전자 확률*(*electron probability*)은 같은 의미이다. 화학자가 *원자 오비탈*(*atomic orbital*)이라는 단어를 쓰면 보통 이는 위에서 논한 전자 밀도 지도를 의미하는 것이다.

확률(R^2)

핵으로부터의 거리(r)

그림 7.12 (a) 삼차원 공간에서 수소의 1s 오비탈의 확률 분포. (b) 수소의 1s 오비탈에서 핵으로부터 바깥 방향으로 그은 선의 각 점에서 전자를 발견할 확률.

파동함수의 전자 확률 분포를 나타내는 또 다른 방법은 핵으로부터 임의의 방향으로 그은 직선 위의 각 점에서 확률을 계산하는 것이다. 그림 7.12(b)에 그 결과를 나타내었다. 특정 점에서 전자를 발견할 확률은 핵 근처에서 최대가 되고, 핵으로부터 거리가 멀어질수록 급격하게 감소하는 것에 주목하라. 우리는 또한 수소 원자에서, 핵으로부터 특정한 *거리*(*distance*)에서 전자를 발견할 *전체*(*total*) 확률에도 관심을 갖게 된다. 그림 7.13(a)에서 보인 것과 같이 수소 핵 주위의 공간이 일련의 얇은 구형의 껍질들로 이루어져 있다고 상상해 보자(양파 껍질처럼). 각 구형의 껍질 속에서 전자를 발견할 확률을 핵으로부터의 거리에 대해 그려보면 그림 7.13(b)와 같은 그래프를 얻게 된다. 이 그래프를 **방사방향 확률 분포**(radial probability distribution)라고 한다.

1 Å = 10^{-10} m; 옹스트롬이 편리성 때문에 원자 반지름 단위로 가장 흔히 쓰인다. 다른 편리한 단위는 피코미터이다:

$$1 \text{ pm} = 10^{-12} \text{ m}$$

서로 반대되는 두 가지 효과에 의해, 방사방향 확률 분포에서는 최대값이 존재한다. 특정한 위치에서 전자를 발견할 확률은 핵 근처에서 최대가 되지만, 구형 껍질의 부피는 핵으로부터의 거리에 비례하여 증가한다. 따라서 핵으로부터 밖으로 나아갈수록 주어진 점에서 전자를 발견할 확률은 감소하지만 면적은 더 커지게 된다. 따라서 전체 확률은 특정

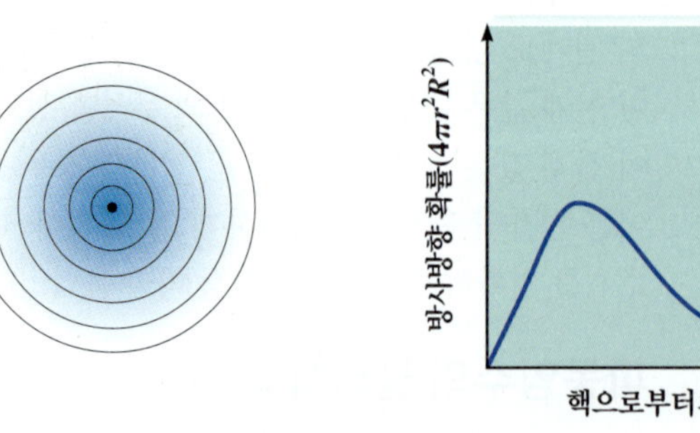

방사방향 확률($4\pi r^2 R^2$)

핵으로부터의 거리(r)

그림 7.13 (a) 수소 1s 오비탈의 확률 분포를 일련의 얇은 구형 껍질로 나눈 단면도. (b) 방사방향의 확률 분포. 각각의 얇은 구형 껍질 속에서 전자를 발견할 전체 확률을 핵으로부터 거리의 함수로 나타낸 도표.

한 반지름까지는 증가하다가 각 점에서의 전자 확률이 매우 작아짐에 따라 감소하게 된다. 수소의 1*s* 오비탈의 경우, 핵으로부터 5.29×10^{-2} nm, 즉 0.529 Å의 거리에서 방사방향 확률은 최대값을 갖게 된다(가장 높은 확률로 전자를 발견할 거리). 흥미롭게도 이는 Bohr 모형에서의 가장 내부에 있는 궤도의 반지름과 일치한다. Bohr 모형에서는 전자가 원형 궤도를 갖는다고 가정하였으므로, *항상* 이 거리에서 발견된다는 점에 주목하자. 양자 역학적 모형에서는 특정 전자의 움직임을 알 수 없기 때문에 이는 전자를 발견할 *확률이 가장 높은*(*most probable*) 거리에 해당한다.

고려해야 할 수소 1*s* 오비탈의 또 한 가지 특징은 크기이다. 확률 값이 결코 0이 되지 않기 때문에(*r* 값이 커지면 극히 작은 값으로 떨어지지만), 그림 7.12에서 보는 것과 같이 오비탈의 크기를 정확하게 정의할 수 없다. 따라서 수소 1*s* 오비탈은 사실상 특정한 크기를 갖지 않는다. 그러나 상대적인 오비탈의 크기를 정의하는 것이 유용하다. *화학자들에 의해 가장 자주 사용되는 정의는 90%의 전체 전자 발견 확률을 포함하는 구의 반지름을 수소 1s 오비탈의 크기로 보는 것이다.* 다시 말해, 전자는 90%의 시간을 이 구의 내부에 있게 된다.

지금까지 수소 원자의 가장 낮은 에너지 상태의 파동함수, 즉 1*s* 오비탈만을 다루었다. 수소는 다른 많은 오비탈들을 가지고 있는데, 이에 관한 것은 다음에 다루게 될 것이다. 다음으로 넘어가기 전에 원자 오비탈의 의미에 대해 다시 요약해 보자. 도입 단계에서 오비탈을 정확하게 정의하기는 쉽지 않다. 기술적으로 볼 때 오비탈은 파동함수이다. 그러나 오비탈을 삼차원의 전자 밀도 그림으로 그려보는 것이 가장 도움이 된다. 다시 말해 특정한 원자 오비탈 "안에" 있는 전자는 오비탈 그림에 준하는 전자 발견 확률을 나타낸다고 가정한다.

7.6 양자수

수소에 대한 Schrödinger 방정식을 풀면, 이를 만족하는 많은 파동함수(오비탈)들을 얻게 된다. 이들 오비탈 각각은 **양자수**(quantum number)라고 부르는 일련의 수들로 규정되는데, 이 양자수는 오비탈의 여러 성질들을 기술하게 된다.

표 7.1 각운동량 양자수와 원자 오비탈을 나타내는 데 사용하는 문자

ℓ 값	0	1	2	3	4
사용 문자	*s*	*p*	*d*	*f*	*g*

주양자수(principal quantum number) (*n*)은 1, 2, 3, . . .의 정수 값을 갖는다. 주양자수는 오비탈의 크기 및 에너지와 관련되어 있다. *n* 값이 커질수록 오비탈은 커지고, 전자는 핵으로부터 먼 곳에서 더 많은 시간을 보내게 된다. 전자가 핵에 약하게 결합될수록 에너지는 더 작은 음의 값을 가지므로, *n* 값이 커진다는 것은 에너지가 높아짐을 의미한다.

각 운동량 양자수(angular momentum quantum number) (ℓ)는 각 *n* 값에 대하여 0으로부터 $n - 1$까지의 정수 값을 갖는다. 이 양자수는 원자 오비탈의 모양과 관련이 있다. 특정 오비탈의 ℓ 값은 흔히 문자로 나타내는데 $\ell = 0$은 *s*로, $\ell = 1$은 *p*로, $\ell = 2$는 *d*로, $\ell = 3$은 *f*로 부른다. 이러한 방식은 초기에 수행된 분광학적 연구에서 비롯되었는데, 표 7.1에 요약하였다.

자기 양자수(magnetic quantum number) (m_ℓ)는 0을 포함한 ℓ에서 $-\ell$ 까지의 정수 값을 갖는다. m_ℓ 값은 특정 오비탈이 원자내의 공간에서 다른 오비탈들에 대해 상대적으로 어떠한 배향을 갖는지에 관련되어 있다.

$n = 1, 2, 3, \ldots$
$\ell = 0, 1, \ldots (n-1)$
$m_\ell = -\ell, \ldots 0, \ldots +\ell$

수소 원자에서 처음 4개 준위의 오비탈을 이들에 대한 양자수와 함께 표 7.2에 실었다. 주어진 ℓ 값에 대한 각 오비탈의 세트[이를 **부껍질**(subshell)이라 부른다]를 *n* 값과 ℓ에 해당하는 문자로 나타낸 것에 주목하라. 따라서 $n = 2$이고 $\ell = 1$인 오비탈은 2*p*로 나타낸

부껍질당 오비탈의 수

$s = 1$

$p = 3$

$d = 5$

$f = 7$

$g = 9$

표 7.2 수소 원자에서 첫 네 개 준위의 오비탈에 대한 양자수

n	ℓ	부껍질 표시	m_ℓ	오비탈의 수
1	0	1s	0	1
2	0	2s	0	1
	1	2p	−1, 0, +1	3
3	0	3s	0	1
	1	3p	−1, 0, 1	3
	2	3d	−2, −1, 0, 1, 2	5
4	0	4s	0	1
	1	4p	−1, 0, 1	3
	2	4d	−2, +1, 0, 1, 2	5
	3	4f	−3, −2, −1, 0, 1, 2, 3	7

다. 2p 오비탈은 모두 세 개인데, 공간상에서 서로 다른 배향을 하고 있다. 이들 오비탈은 다음 절에서 다루도록 하겠다.

대화형 예제 7.6 전자 부껍질

$n = 5$일 때, 허용된 부껍질의 개수를 결정하고(즉, 각기 다른 ℓ의 값), 각각에 대한 이름을 적어라.

풀이 $n = 5$ 일 때, 허용되는 ℓ 값은 0에서 4 $(n - 1 = 5 - 1)$까지이다. 따라서 각 부껍질과 이들의 이름은 다음과 같다.

$$\begin{array}{ccccc} \ell = 0 & \ell = 1 & \ell = 2 & \ell = 3 & \ell = 4 \\ 5s & 5p & 5d & 5f & 5g \end{array}$$

연습 문제 7.81과 7.85 참조

7.7 오비탈의 모양과 에너지

우리는 오비탈의 의미가 확률 분포에 의해 가장 명확하게 나타난다는 것을 보았다. 수소 원자의 각 오비탈들은 그 특유의 확률 분포를 갖는다. 또한 오비탈을 나타내는 또 다른 방법은 전자 전체 확률의 90%를 내포하는 표면으로 표현하는 것임을 보았다. 그림 7.14에 수소의 1s, 2s, 3s 오비탈들을 이들 세 가지 다른 표현 방식으로 나타내었다. 각 s 오비탈이 구형인 것에 주목하라. 또한, 2s, 3s 오비탈이 0의 확률을 갖는 공간을 **마디 표면**(nodal surface), 또는 단순히 **마디**(node)라고 부른다. 마디의 수는 n 값이 커질수록 많아진다. s 오비탈의 경우 마디의 수는 $n - 1$이다. 여기에서 편의상 s 오비탈을 전체 구형 모양으로만 나타내도록 하고, 그 크기는 n 값이 증가할수록 커진다.

그림 7.15에서 2p 오비탈들(1p 오비탈은 존재하지 않는다)을 두 가지 형식으로 나타내었다. p 오비탈은 s 오비탈에서의 구형과는 달리, 핵을 지나는 마디로 분리된 두 로브(*lobe*)로 이루어져 있음에 주목하라. xyz 좌표계의 축에서 이 두 로브가 놓인 축에 따라 p 오비탈의 이름을 붙인다. 예를 들어, 2p 오비탈이 x축을 따라 놓여 있는 경우, 이를 $2p_x$ 오비탈이라고 한다.

n 값
↓
$2p_x$ ← 공간배향
↑
ℓ 값

이 시점에서 수학적 함수는 부호를 가지고 있다는 것을 기억할 필요가 있다. 예를 들면, 간단한 사인(sine)파(그림 7.1 참조)는 양에서 음으로 진동하고 이러한 패턴을 반복한다. 원자 오비탈 또한 부호를 가지고 있다. s 오비탈은 삼차원 공간의 어느 곳에서든 그 부호는

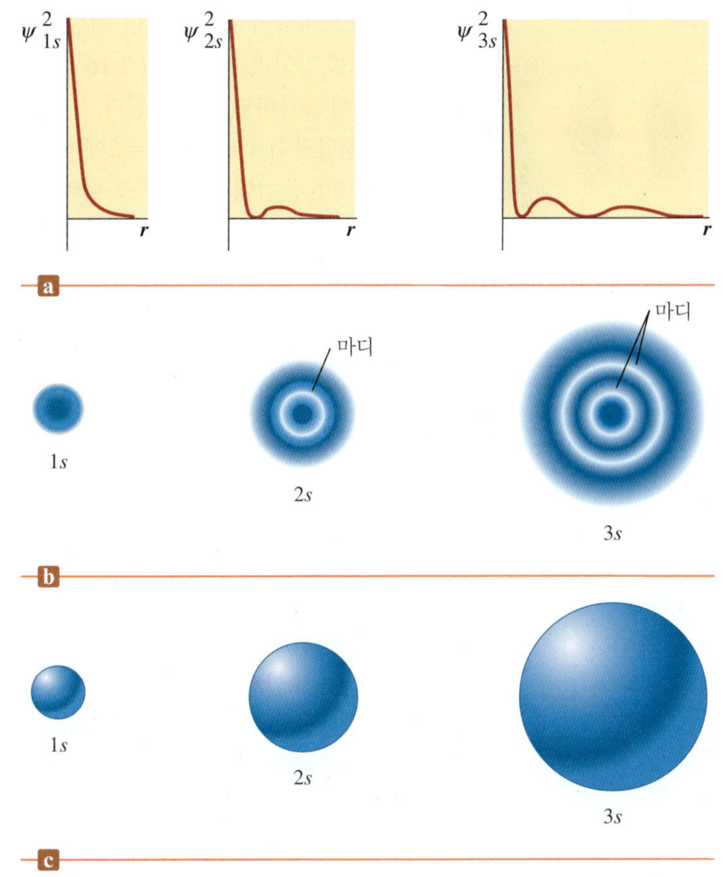

그림 7.14 수소의 1*s*, 2*s*, 3*s* 오비탈에 대한 세 가지 표현 방식. (a) 파동함수의 제곱. (b) 삼차원 전자 밀도의 "단면". (c) 전체 전자 발견 확률의 90%를 포함하는 표면(오비탈 "크기"에 대한 정의).

양이다. 즉, 공간상의 어떤 위치에서든 *s* 오비탈의 값을 구하면 양수이다. 반면에 *p* 오비탈은 공간상의 영역에 따라 다른 부호를 가진다. 예를 들어, p_z 오비탈은 *z*가 양인 영역에서는 양의 부호를 갖고 음인 영역에서는 음의 부호를 갖는다. 이러한 성격은 그림 7.15(b)에서처럼 경계면 안에 양과 음의 부호로 표시되어 있다. 그림의 부호는 수학적 부호를 나타내는 것이고 전하를 표시하는 것은 아니다. 사인파가 양과 음의 위상을 교대로 가지고 있듯이 *p* 오비탈도 양과 음의 위상을 가지고 있다. p_x, p_y, p_z 오비탈의 위상들은 그림 7.15(b)에 표시되어 있다.

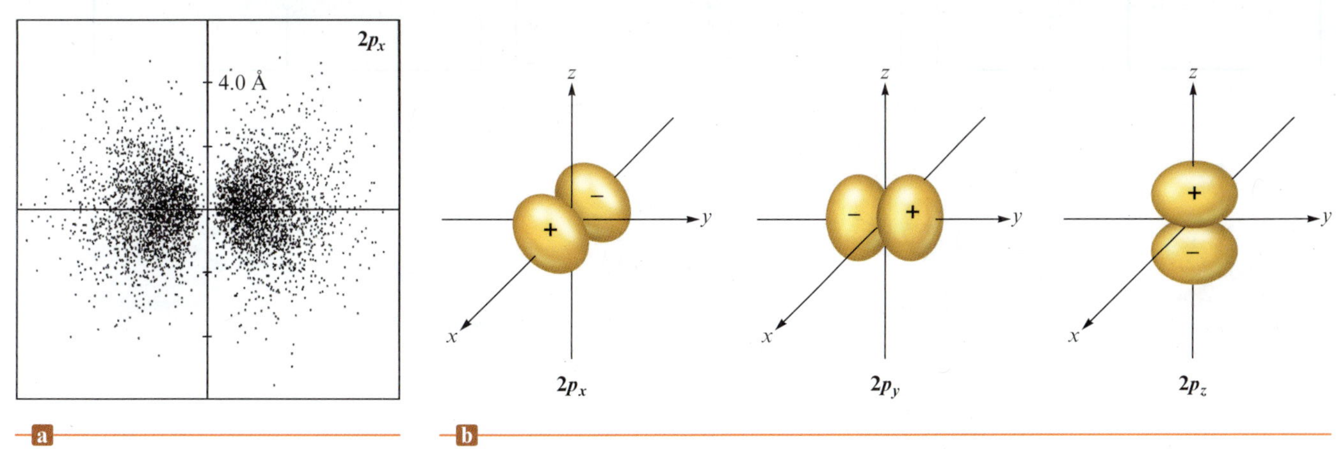

그림 7.15 2*p* 오비탈의 그림. (a) 2*p* 오비탈의 전자 확률 분포. (Robert Allendoerfer가 SERAPHIM disk PC 2402의 과제로 수행한 프로그램을 사용하여 얻었음. 허락하에 게재함.) (b) 경계 표면으로 나타낸 세 개의 2*p* 오비탈. 경계 표면에 표시되어 있는 부호는 공간상의 해당 영역에서 오비탈의 위상(부호)을 나타낸다.

그림 7.16 3*p* 오비탈의 전자 확률 분포의 절단면.

s 오비탈의 경우를 보아 예상되듯이, 3*p* 오비탈은 2*p* 오비탈에서 보다 더 복잡한 확률 분포를 갖고 있지만(그림 7.16 참조), 같은 모양의 경계 표면으로 나타낼 수 있다. 표면은 *n* 값이 증가하면서 더 커진다.

주양자수 $n = 1$과 $n = 2$에 해당하는 *d* 오비탈은 존재하지 않는다. *d* 오비탈($\ell = 2$)은 $n = 3$인 준위에서 처음으로 나타난다. 다섯 개의 3*d* 오비탈은 그림 7.17에서와 같은 모양을 하고 있다. *d* 오비탈은 두 가지 기본 모양을 가지고 있다. 네 개의 오비탈(d_{xy}, d_{yz}, d_{xz}, $d_{x^2-y^2}$)은 그 이름에서 지정하고 있는 평면에 네 개의 로브가 모여 있는 구조를 하고 있다. d_{xy}와 $d_{x^2-y^2}$가 모두 *xy* 평면에 중심을 두고 있지만, d_{xy}의 로브는 축 *사이*(*between*)에 놓인 반면, $d_{x^2-y^2}$의 로브는 축을 *따라* 놓인 점에 주목하라. 다섯 번째 오비탈인 d_{z^2}은 두 개의 로브가 *z*축을 따라 놓이고, *xy* 평면을 따라 띠를 두른 특이한 모양을 가지고 있다. $n > 3$인 준위들에 대한 *d* 오비탈들은 3*d* 오비탈들과 같은 모양을 가지고 있으나 크기가 크다.

f 오비탈들은 $n = 4$인 준위에서 처음으로 나타나는데, 예상할 수 있듯이 이들은 *d* 오비탈보다 더 복잡한 모양을 가지고 있다. 그림 7.18은 4*f*($\ell = 3$) 오비탈들을 그 이름과 함께 보여주고 있다. 화합물의 결합을 다루는 데 있어서 이 책의 범위 내에서는 이들 오비탈들이 쓰이지는 않겠지만, 참고로 이들의 이름과 모양을 실었다.

지금까지 수소에 대한 원자 오비탈들의 모양을 다루었지만, 이들의 에너지에 관해서는 논하지 않았다. 수소 원자의 경우, 특정 오비탈의 에너지는 *n* 값에 의해 결정된다. 따라서 동일한 *n* 값을 갖는 *모든*(*all*) 오비탈들은 *같은 에너지*를 갖는다. 이것을 **축퇴되었다**(degenerate)고 한다. 수소에서, 처음 세 개의 양자 준위에 있는 오비탈들의 에너지를 보여주고 있는 그림 7.19에서, 이들 축퇴된 오비탈을 볼 수 있다.

수소의 하나뿐인 전자는 그 원자 오비탈 중 어떤 것이든지에 있을 수 있다. 그러나 가장 낮은 에너지 상태, 즉 *바닥 상태*(*ground state*)에서 전자는 1*s* 오비탈에 머무르고 있다. 만

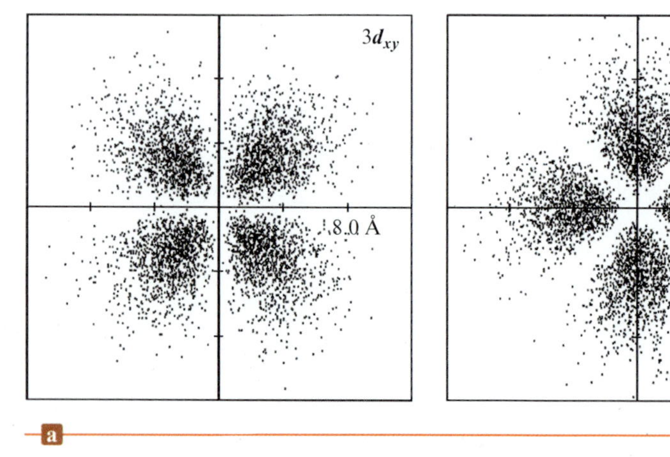

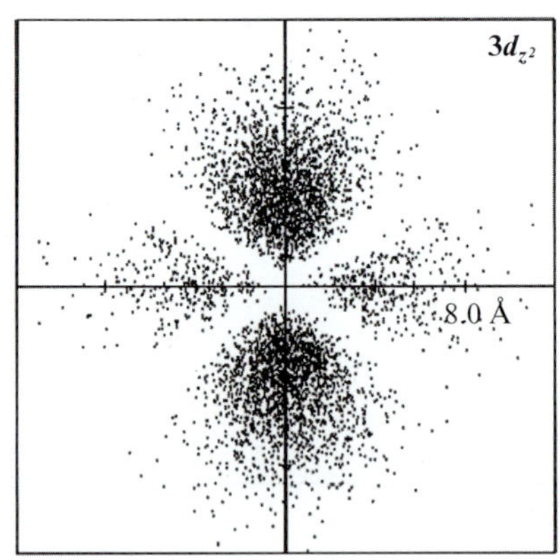

a

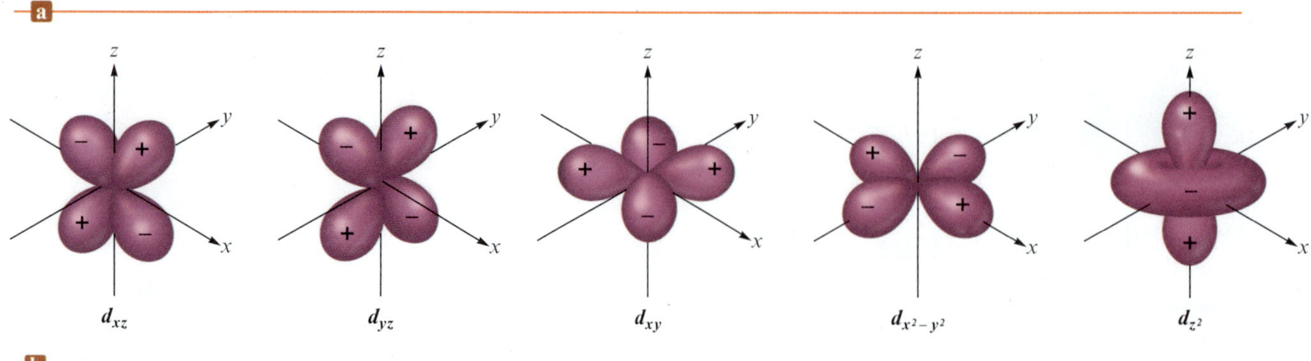

b

그림 7.17 3*d* 오비탈의 표시. (a) 몇 가지 3*d* 오비탈의 전자 밀도 그림. (Robert Allendoerfer가 SERAPHIM disk PC2402의 과제로 수행한 프로그램을 사용하여 얻었음. 허락 하에 게재함.) (b) 다섯 개의 3d 오비탈의 경계면과 부호.

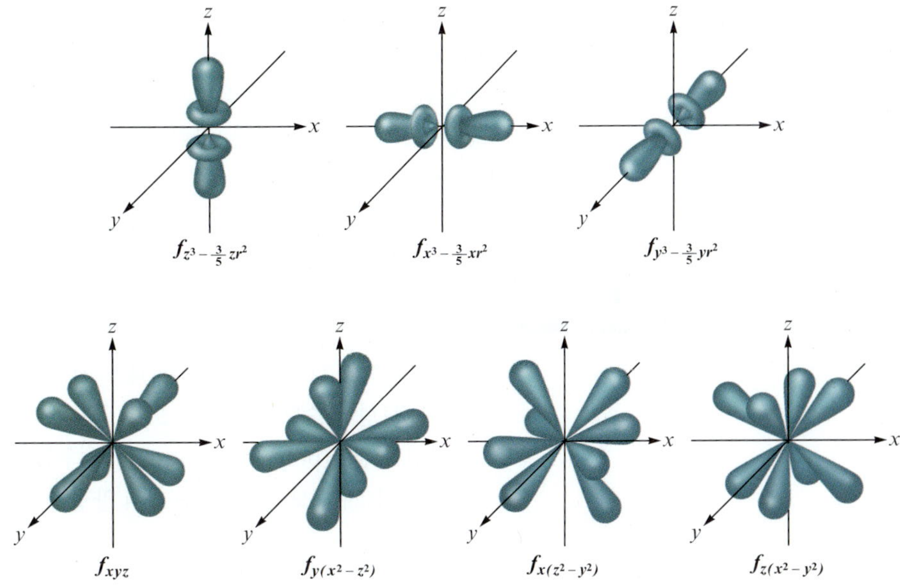

그림 7.18 4*f* 오비탈을 경계면으로 나타낸 그림.

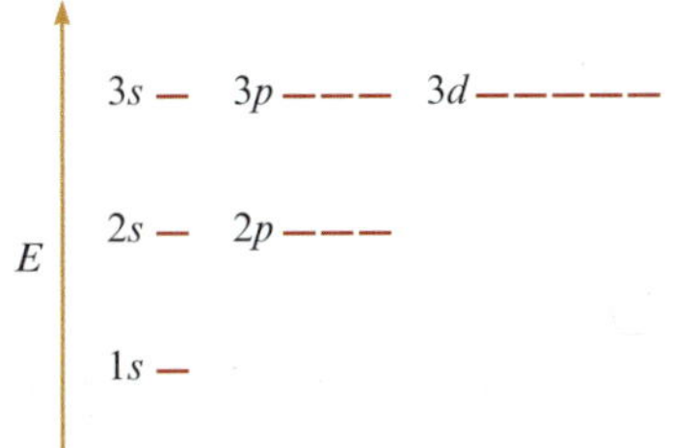

그림 7.19 수소 원자의 오비탈 에너지 준위.

약 원자에 에너지가 유입되면 전자는 높은 에너지의 오비탈로 전이되어 들뜬 상태(*exited state*)가 될 수 있다.

복습하기 수소 원자에 대한 요약

- 양자(파동) 역학적 모형에서 전자를 정류파로 본다. 이렇게 함으로써 전자가 취할 수 있는 가능한 에너지와 공간 분포를 기술하는 일련의 파동함수(오비탈)를 얻게 된다.
- Heisenberg의 불확정성 원리에 따르면 이 모형은 전자의 구체적인 운동을 규정할 수는 없다. 대신 파동 방정식의 제곱을 택함으로써 주어진 오비탈에서 전자의 확률 분포를 나타낸다. 이렇게 함으로써 오비탈을 확률 분포 또는 전자 밀도 그림으로 나타낼 수 있다.
- 오비탈의 크기는 전체 전자를 발견할 확률의 90%를 포함하는 표면이라고 임의적으로 정의한다.
- 수소 원자는 여러 형태의 오비탈을 갖는다. 바닥 상태에서 한 개의 전자는 1*s* 오비탈에 머문다. 만약 원자에 에너지가 유입되면 전자는 높은 에너지의 오비탈로 전이할 수 있다.

7.8 전자 스핀과 Pauli의 원리

전자 스핀(electron spin)의 개념은 Netherland에 있는 Leyden 대학교의 대학원생이었던 Samuel Goudsmit와 George Uhlenbeck에 의해 개발되었다. 이들은 원자들의 방출 스펙트럼들을 상세하게 설명하기 위해서는 n, ℓ, m_ℓ 외의 네 번째 양자수가 필요하다는 것을 발견하였다. 스펙트럼 자료는 원자가 외부 자기장 속에 있을 때 전자가 두 가지 다른 배향의 자기 운동량을 가진다는 것을 나타내고 있었다. 회전하고 있는 전하는 자기 운동량을 갖게 된다는 고전 물리학을 근거로, 이들은 전자에 두 스핀 상태가 허용되며, 이에 따라 두 개의 서로 상반되는 자기 운동량을 가지게 된다고 가정하였다. 이러한 현상을 설명하기 위하여 도입된 새로운 양자수인 **전자 스핀 양자수**(electron spin quantum number: m_s)는 $+\frac{1}{2}$과 $-\frac{1}{2}$ 중에서 한 값만 가질 수 있다. 우리는 이를 전자가 두 반대되는 방향 중 한 방향으로 회전하고 있다고 해석할 수 있는데, 다른 해석들도 물론 제안된 바 있다.

전자 스핀의 가장 중요한 점은 오스트리아의 물리학자인 Wolfgang Pauli(1900~

1958)의 원리와 연결된다. **한 원자에서 어떠한 두 전자도 같은 값의 네 가지 양자수(n, ℓ, m_ℓ, m_s)를 가질 수 없다**. 이를 **Pauli의 배타 원리**(Pauli's exclusion principle)라고 부른다. 동일한 오비탈의 전자들은 n, ℓ, m_ℓ 값이 모두 같기 때문에 위 원리에 의하면 이들은 다른 값의 m_s를 가져야만 한다. 그런데 두 m_s 값만 허용되므로 *하나의 오비탈은 오직 두 전자만 수용할 수 있고, 이들은 서로 반대 스핀을 가져야 한다*. 주기율표에서 원자의 전자 배치를 설명할 때 원자 모형을 사용하는 데 있어 이 원리는 중요하게 적용된다.

7.9 다전자 원자

양자 역학적 모형은 실험 결과와 매우 잘 일치하는 수소 원자에 대한 설명을 제공한다. 그러나 이 모형이 쓸모 있으려면, 모든 원자에 대하여 잘 설명할 수 있어야 한다.

다전자 원자(polyelectronic atom), 즉 둘 이상의 전자를 가진 원자들에 이 모형을 어떻게 적용하는지를 보기 위해, 두 개의 양성자를 갖는 핵과 두 개의 전자를 갖는 헬륨을 보자.

$$\text{(2+)}\begin{matrix} e^- \\ e^- \end{matrix}$$

헬륨 원자를 기술하는 데에는 다음 세 가지 에너지, 즉

1. 핵 주위를 도는 전자들의 운동 에너지
2. 핵과 전자들 사이의 당기는 힘에 의한 퍼텐셜 에너지
3. 두 전자들 사이의 반발에 의한 퍼텐셜 에너지

를 고려하여야 한다.

비록 양자 역학적 모형으로 헬륨 원자를 어렵지 않게 기술할 수 있지만, 그 결과 얻은 Schrödinger 방정식을 정확하게 풀 수는 없다. 왜냐하면 전자들 간의 반발을 다루는 데서 어려움이 발생한다. 즉, 전자의 경로가 알려지지 않기 때문에 전자 반발을 정확히 계산할 수 없는 것이다. 이것을 *전자 상관 문제*(*electron correlation problem*)라고 한다.

전자 상관 문제는 모든 다전자 원자들에서 발생한다. 양자 역학적 모형으로 이러한 계를 다루기 위해서는 근사법을 도입해야 한다. 가장 흔히 적용되는 근사법은 *다른 모든 전자들과의 평균 반발력과 핵과의 인력의 알짜 결과로서 나타나는 전하장 속에서* 각 전자가 움직이는 것으로 본다.

예를 들어, 총 11개의 전자를 갖는 소듐 원자를 생각해 보자.

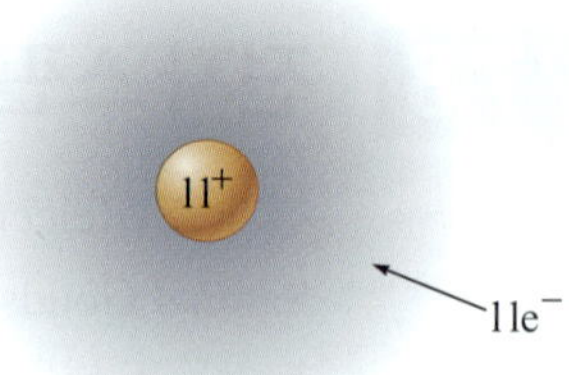

가장 외곽에 존재하는 전자를 하나 지정하여 그 전자가 어떤 힘을 느끼는지 살펴보자. 분명 이 전자는 매우 높은 전하를 갖는 핵에 의해 끌리고 있다. 그러나 또한 이 전자는 다른 10개의 전자들에 의한 반발력도 느낀다. 결국 이 전자는 다른 전자들이 없는 경우에 비해 핵에 약하게 붙들려 있게 된다. 이를 다른 전자들에 의한 반발력으로 인해 핵전하로부터 *차폐되었다*(*screened*) 또는 *가리워졌다*(*shielded*)고 한다.

다전자 원자들을 위와 같이 해석하면 이들 원자들은 *수소형 오비탈*(*hydrogen-like orbital*)로 만들 수 있다. 이들은 수소와 동일한 일반적인 모양을 가지고 있지만, 그들의 크기와 에너지는 다르다. 이와 같은 차이는 핵의 인력과 전자의 반발력 사이의 상호작용으로

인해 생긴다.

수소 원자와 다전자 원자 사이의 한 가지 특히 중요한 차이는, 수소의 경우 같은 주양자 준위에 있는 모든 오비탈들은 같은 에너지를 갖는다는 점이다(이들이 *축퇴되어 있다*고 한다). 다전자 원자의 경우는 이와 달라서, 주어진 주양자 준위의 오비탈들은 다음과 같이 다른 에너지를 갖는다.

$$E_{ns} < E_{np} < E_{nd} < E_{nf}$$

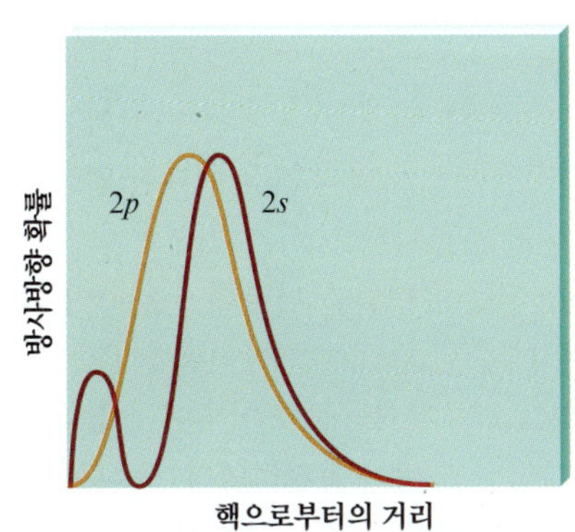

그림 7.20 2*s*와 2*p* 오비탈의 방사방향 확률 분포의 비교.

다시 말해, 전자들이 특정한 양자 준위에 놓일 때, 이들은 *s*, *p*, *d*, *f*의 순서로 오비탈을 "선호하게" 된다. 왜 이와 같은 현상이 생기는가? 비록 오비탈의 에너지에 관한 개념은 복잡한 문제지만, 오비탈들의 확률 분포를 봄으로써 다전자 원자에서 2*p* 오비탈보다 2*s* 오비탈이 낮은 에너지를 갖는 이유를 정성적으로나마 이해할 수 있다(그림 7.20). 2*s* 오비탈보다 2*p* 오비탈의 최대 확률이 핵 쪽에 더 가까이 있는 점에 주목하라. 아마도 이를 보고 우리는 2*p* 오비탈이 2*s* 오비탈보다 에너지가 더 낮다고 볼지도 모른다. 그러나 2*s* 오비탈의 곡선에서 전자 밀도의 작은 봉우리가 핵의 매우 가까운 곳에 있다는 점을 주목해야 한다. 이는 2*p* 오비탈의 전자와 비교하여 2*s* 오비탈의 전자가 대부분의 시간을 핵으로부터 먼 곳에 머무르지만, 그럼에도 불구하고 작지만 상당한 시간을 핵으로부터 매우 가까운 곳에 존재하게 된다는 것을 보여준다. 이를 두고 2*p* 오비탈에 비교하여 2*s* 오비탈의 전자가 핵을 향해 더 *침투한다(penertrate)*고 한다. 이 *침투 효과(penetration effect)*에 의하여 2*s* 오비탈의 전자는 2*p* 오비탈의 전자보다 더 강하게 핵에 끌리게 된다. 즉, 다전자 원자에서 2*s* 오비탈이 2*p* 오비탈보다 낮은 에너지 상태에 있다.

같은 일이 다른 주양자 준위에서도 일어난다. 그림 7.21은 3*s*, 3*p*, 3*d* 오비탈들의 방사방향 확률 분포 곡선을 보여준다. 3*s* 곡선에서의 작은 봉우리가 핵에 가까이 있는 점을 다시 주목하라. 가장 안쪽에 있는 봉우리가 3*p*에서 가장 멀리 있고, 따라서 3*s* 오비탈의 에너지가 3*p*의 경우보다 더 낮게 된다. 최대 확률 값을 보면 3*d* 오비탈이 3*s*나 3*p*보다 더 핵에 가깝게 있지만 핵 근처에서의 확률이 없기 때문에, 이들 세 오비탈 중 가장 높은 에너지를 갖게 된다. $n = 3$의 경우, 오비탈들의 상대적 에너지는 다음과 같다.

$$E_{3s} < E_{3p} < E_{3d}$$

일반적으로, 가리는 전자들을 침투하여 핵의 전하에 가까이 다가가는 전자를 갖는 오비탈일수록 그 에너지는 더 낮다.

그림 7.22에 다전자 원자의 오비탈 에너지의 순서를 나타낸 도표가 요약되어 있다. 7.11절에서 이 오비탈 도표를 이용하여 다전자 원자의 전자를 배치하게 될 것이다.

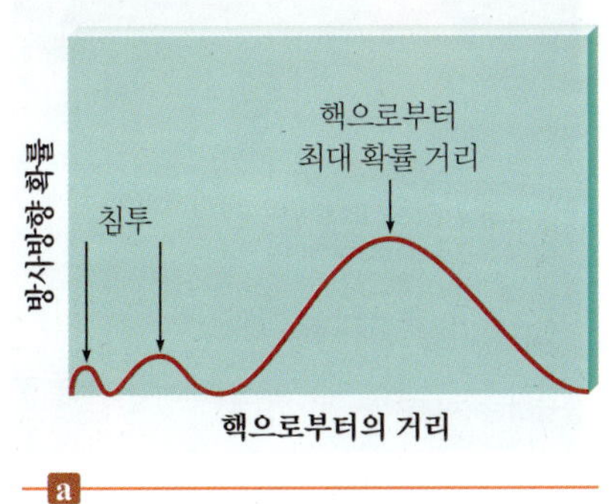

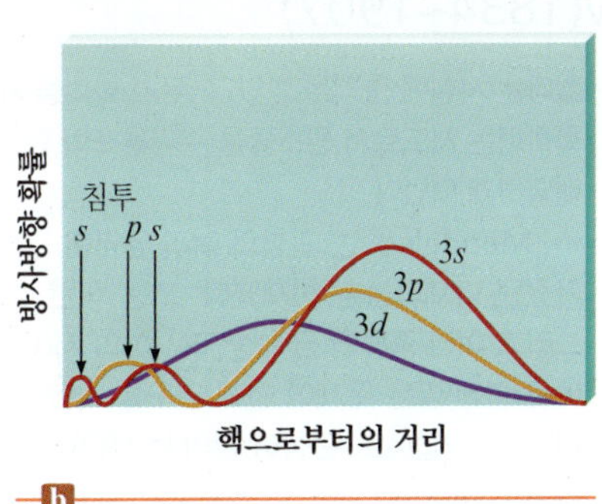

그림 7.21 (**a**) 3*s* 오비탈의 전자에 대한 방사방향 확률 분포 곡선. 비록 3*s* 전자가 대부분의 경우 핵으로부터 먼 곳에서 발견되지만, 적지만 상당한 확률로 핵 근처에서 발견된다(화살표로 표시). 3*s* 전자는 내부의 전자들에 의한 차단을 뚫고 침투한다. (**b**) 3*s*, 3*p*, 3*d* 오비탈들에 대한 방사방향 확률 분포 곡선. 화살표들은 *s* 오비탈이 *p* 오비탈보다 더 큰 전자 침투를 허용함을 보여준다. *d* 오비탈은 가장 작은 전자 침투를 허용한다.

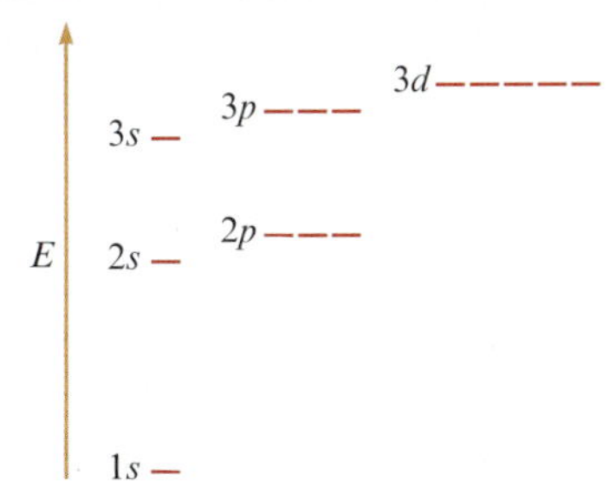

그림 7.22 다전자 원자에서 첫 세 개 에너지 준위의 오비탈 에너지의 순서.

비판적 사고 Bohr 모형이 옳았다면 어땠을까? 이것은 그림 7.20과 그림 7.21에 보인 방사방향 확률 분포에 어떤 영향을 미칠 것인가?

7.10 주기율표의 역사

현대의 주기율표는 엄청난 양의 유용한 정보를 포함하고 있다. 이제부터 이 값진 도구의 기원에 대하여 알아보도록 하자. 우리는 뒤에서 원자에 관한 양자 역학적 모형이 화학적 성질의 주기성을 어떻게 설명하는지를 알게 된다. 양자 역학적 모형의 가장 위대한 업적은 주기율표에서 원소들의 배치를 설명할 수 있는 능력을 가진 것이다.

원래 주기율표는 원소들의 화학적 성질들에서 관찰되는 유형들을 나타내기 위하여 작성되었다. 18세기와 19세기 들어 화학이 발전되면서, 매우 다른 성질을 가진 수많은 원소들로 지구가 이루어져 있다는 것이 명백해지게 되었다. 흙, 공기, 불, 물로 이루어져 있다고 보았던 옛 사람들이 제안했던 것과는 달리, 훨씬 더 복잡한 모형이 등장하였다. 늘어선 수많은 원소들과 이들의 성질들이 처음에는 사람들을 당혹하게 만들었다. 그러나 서서히 유형들이 드러나기 시작했다.

유형들을 최초로 주목한 화학자는 Johann Dobereiner(1780~1849)로서, 유사한 성질을 갖는 세 가지 원소로 이루어진 여러 개의 그룹들을 발견하였는데, 그 한 예가 염소, 붕소, 아이오딘이다. 그러나 Dobereiner가 이 *3원소*(*triads*) 모형을 다른 원소들에도 적용해 보고자 하면서 모형에 심각한 문제가 있음이 명백해졌다.

그 다음으로, 영국의 화학자인 John Newlands가 주목할 만한 시도를 하였는데, 그는 마치 음계에서 매 여덟 번째 음이 반복되는 것과 같이 특정 성질들이 매 여덟 번째에서 반복된다는 개념에 근거하여, 원소들을 *8음계*(*octaves*)에 따라 배열해야 한다고 제안하였다. 이 모형은 유사한 성질을 갖는 몇 개의 원소를 그룹으로 묶기는 하였지만, 전체적으로 보아 실패한 모형이었다.

오늘날의 주기율표는 두 명의 화학자들에 의해 독립적으로 구상되었는데, 이들은

화학의 선구자

Dmitri Ivanovich Mendeleev(1834~1907)

Dmitri Ivanovich Mendeleev(1834~1907)는 시베리아에서 17형제의 막내로 태어나 St. Petersburg 대학에서 화학을 가르쳤다. 1860년 Mendeleev는 원소들의 원자 질량을 정확하게 측정하는 신뢰성이 높은 방법에 대하여 이탈리아의 화학자 Cannizarro의 강의를 들었다. 이것을 계기로 Mendeleev는 화학에 눈부신 기여를 하게 되는데, 그것이 바로 주기율표이다. 1861년 Mendeleev는 St. Petersburg로 돌아가 유기 화학에 관한 책을 집필하였다. 후에 Mendeleev는 무기 화학에 관한 책도 집필하는데, 유기 화학에서 적용되는 것과 같은 체계적인 접근 방법이 무기 화학에는 없다는 사실에 충격을 받았다. 무기 화학을 체계화하려는 시도로서 원소들을 주기율표의 형태로 배열하게 되었다.

Mendeleev는 과학의 여러 영역에 관심을 가졌던 다재다능한 천재였다. 그는 석탄, 소금 그리고 여러 종류의 금속 등 러시아의 지하자원에 관련된 많은 문제에 관해 연구를 하였다. 특히 원유 산업에도 관심이 많아서 1876년에는 Pennsylvania 유전을 연구하기 위해 미국을 방문하였다. 그는 또한 기상학과 기구에도 관심을 가졌다. 1887년 그는 기구를 타고 비행하며 태양의 개기일식을 연구하였다.

Image Select/Art Resource, NY

TABELLE II

REIHEN	GRUPPE I. — R^2O	GRUPPE II. — RO	GRUPPE III. — R^2O^3	GRUPPE IV. RH^4 RO^2	GRUPPE V. RH^3 R^2O^5	GRUPPE VI. RH^2 RO^3	GRUPPE VII. RH R^2O^7	GRUPPE VIII. — RO^4
1	H = 1							
2	Li = 7	Be = 9,4	B = 11	C = 12	N = 14	O = 16	F = 19	
3	Na = 23	Mg = 24	Al = 27,3	Si = 28	P = 31	S = 32	Cl = 35,5	
4	K = 39	Ca = 40	= 44	Ti = 48	V = 51	Cr = 52	Mn = 55	Fe = 56, Co = 59, Ni = 59, Cu = 63.
5	(Cu = 63)	Zn = 65	= 68	= 72	As = 75	Se = 78	Br = 80	
6	Rb = 85	Sr = 87	?Yt = 88	Zr = 90	Nb = 94	Mo = 96	= 100	Ru = 104, Rh = 104, Pd = 106, Ag = 108.
7	(Ag = 108)	Cd = 112	In = 113	Sn = 118	Sb = 122	Te = 125	J = 127	
8	Cs = 133	Ba = 137	?Di = 138	?Ce = 140	—	—	—	— — — —
9	(—)	—	—	—	—	—	—	
10	—	—	?Er = 178	?La = 180	Ta = 182	W = 184	—	Os = 195, Ir = 197, Pt = 198, Au = 199.
11	(Au = 199)	Hg = 200	Tl = 204	Pb = 207	Bi = 208	—	—	
12	—	—	—	Th = 231	—	U = 240	—	— — — —

Public Domain

그림 7.23 1872년에 발표된 Mendeleev의 초기 주기율표. 빈 공간으로 남아있는 원소들은 원자 질량이 44, 68, 72 및 100인 원소들이다.

(*Annalen der Chemie und Pharmacie*, VIII, Supplementary Volume for 1872, page 511에서 인용함.)

독일의 Julius Lothar Meyer(1830~1895)와 러시아의 Dmitri Ivanovich Mendeleev (1834~1907)이다. 보통 Mendeleev가 가장 많은 공헌을 한 것으로 평가되는데, 아직 발견되지 않은 원소들의 존재와 그들의 성질을 예측하는 데 이 표가 얼마나 유용한지를 보여주었기 때문이다. 예를 들어, Mendeleev가 처음으로 그의 주기율표(그림 7.23)를 발표했던 1872년만 해도, 아직 갈륨, 스칸듐, 저마늄 원소가 알려져 있지 않았다. Mendeleev는 그의 주기율표에 있는 빈 공간에 이들 원소들이 있어야 함을 지적하고, 그 성질들을 정확하게 예측하였다. 저마늄(Mendeleev는 이를 *ekasilicon*이라 명명했다)에 대한 자료를 표 7.3에 실었다. 저마늄과 유사한 같은 족 내의 다른 원소들의 성질에 근거하여, Mendeleev가 예측한 값이 실제 값과 얼마나 일치하는지에 주목하라.

또한 Mendeleev는 그가 만든 주기율표를 사용하여 여러 개의 원자 질량 값들을 바로잡을 수 있었다. 예를 들어, 인듐의 원자 질량은 원래 76이었는데, 이는 산화 인듐의 화학식을 InO로 가정하여 얻은 것이었다. 이 원자 질량에 기초하여, 금속 성질을 나타내는 인듐은 비금속들 사이에 놓이게 되었다. Mendeleev는 원자 질량 값이 아마도 틀렸을 것이라고 가정하였고, 산화 인듐의 화학식이 실제로는 In_2O_3라고 제안하였다. 수정된 화학식에

표 7.3 Mendeleev가 예측한 저마늄의 성질과 실제로 관찰된 성질의 비교

저마늄의 성질	1871년에 예측된 값	1886년에 측정된 값
원자량	72	72.3
밀도	5.5 g/cm^3	5.47 g/cm^3
비열	0.31 J/(°C · g)	0.32 J/(°C · g)
녹는점	매우 높음	960°C
산화물의 실험식	RO_2	GeO_2
산화물의 밀도	4.7 g/cm^3	4.70 g/cm^3
염화물의 실험식	RCl_4	$GeCl_4$
염화물의 끓는점	100°C	86°C

기초하여 얻은 인듐의 원자 질량은 약 113이어서, 금속들 사이에 놓이게 되었다. Mendeleev는 베릴륨과 우라늄의 원자 질량도 바로잡았다. 이러한 명백한 유용성 때문에 Mendeleev의 주기율표는 거의 전 세계적으로 채택되었고, 화학자들에게 가장 소중한 도구로 남게 되었다.

현재의 주기율표와 Mendeleev의 주기율표의 근본적인 차이는 원소들을 원자 질량이 아닌 원자 번호의 순으로 나열하였다는 것이다. 이 장의 뒷부분에 가서 원자의 전자 배치를 배우게 되면, 왜 그와 같은 변화가 필요했는지가 명확해질 것이다. 다음 절에서 주기율표의 다른 형태들도 보게 될 것이다.

7.11 쌓음 원리와 주기율표

원자에 대한 양자 역학적 모형을 사용하면 여러 원자들에 대한 수소형 원자 오비탈에서의 전자 배열이 어떤 식으로 주기율표의 구성을 설명하는지 알 수 있다. 그렇게 함에 있어서 주된 가정은 모든 원자들이 수소 원자에서 기술된 것과 같은 형태의 오비탈들을 갖는다는 것이다. **다른 원소들을 만들기 위해 핵에 양성자를 한 개씩 추가함에 따라, 이들 수소형 오비탈에 같은 방식으로 전자들을 추가하는 것이다.** 이것을 **쌓음 원리**(aufbau principle)라고 한다.

*Aufbau*는 "쌓다"는 뜻의 독일어이다.

H ($Z = 1$)
He ($Z = 2$)
Li ($Z = 3$)
Be ($Z = 4$)
B ($Z = 5$)
등
(Z = 원자 번호)

수소(*hydrogen*)는 바닥 상태에서 1*s* 오비탈을 채우는 하나의 전자를 가지고 있다. 수소의 전자 배치를 $1s^1$이라 쓰며, 다음과 같은 *오비탈 도표*(*orbital diagram*)로 나타낼 수 있다.

	1*s*	2*s*	2*p*
H: $1s^1$	[↑]	[ ]	[ ][ ][ ]

화살표는 특정한 방향으로 회전하고 있는 전자를 나타낸다.

다음 원소인, *헬륨*(*helium*)은 두 개의 전자를 갖는다. Pauli의 배타 원리에 따라 서로 반대의 스핀을 갖는 전자는 하나의 오비탈을 차지할 수 있으므로, 헬륨의 전자들은 반대 스핀을 가지면서 1*s* 오비탈에 들어가며, 배열은 $1s^2$가 된다.

	1*s*	2*s*	2*p*
He: $1s^2$	[↑↓]	[ ]	[ ][ ][ ]

리튬(*lithium*)은 세 개의 전자를 갖는데, 이 중 두 개는 1*s* 오비탈을 채운다. 1*s* 오비탈은 $n = 1$에서 단 하나의 오비탈이므로, 세 번째 전자는 $n = 2$에서 가장 낮은 에너지의 오비탈인 2*s* 오비탈에 들어가서 배열은 $1s^2 2s^1$이 될 것이다.

	1*s*	2*s*	2*p*
Li: $1s^2 2s^1$	[↑↓]	[↑]	[ ][ ][ ]

그 다음 원소인 *베릴륨*(*beryllium*)의 네 개의 전자는 1*s*와 2*s* 오비탈을 채운다.

	1*s*	2*s*	2*p*
Be: $1s^2 2s^2$	[↑↓]	[↑↓]	[ ][ ][ ]

붕소(*boron*)는 다섯 개의 전자를 갖는데, 그중 네 개는 1*s*와 2*s* 오비탈에 채워진다. 다섯 번째 전자는 $n = 2$에서 두 번째 형태의 오비탈인 2*p* 오비탈에 들어간다.

	1*s*	2*s*	2*p*
B: $1s^2 2s^2 2p^1$	[↑↓]	[↑↓]	[↑][ ][ ]

모든 2*p* 오비탈들은 동일한 에너지를 가지므로(축퇴되어 있으므로), 2*p* 오비탈들 중 어디에 들어가는지는 중요하지 않다.

화학 관련 읽을거리 Chemical Connections

코페르니슘(Copernicium)의 화학

112번 원소가 1996년에 발견되었다. 국제 순수 및 응용 화학 연맹(International Union of Pure and Applied Chemistry, IUPAC)은 2010년 2월 19일에 112번의 이름이 코페르니슘(koh-pur-NEE-see-um으로 발음)이고 기호 Cn이라고 공표하였다. 그 이름은 지구-중심 대신 태양-중심의 행성계를 처음으로 인지한 것으로 잘 알려진 Nicolaus Copernicus를 기념하기 위해 붙여졌다.

최근 스위스의 Paul Sherrer Institute와 러시아의 Joint Institute for Nuclear Research의 과학자들은 Cn의 특성을 연구하였다. (Nd_2O_3로 도핑한) ^{242}Pu 과녁에 ^{48}Ca 발사체 빔을 쏘아서, 이 과학자들은 Cn 두 분자를 겨우 생성시켰다. 비교적 긴 수명(수 초)의 Cn 원자들을 가지고, 이들은 Cn, Hg, Ar 원자들의 특성을 비교할 수 있었다. 이 원자들이 금으로 덮은 일련의 검출기에 투입했을 때 밝혀진 것은 Hg 비슷하게(Ar과는 대조적으로), Cn 원자들은 "약간" 휘발성이 있고 금과 결합을 잘 형성하였다. 따라서 주기율표에서 예측되듯이, $[Rn]7s^26d^{10}$의 전자 배치를 가질 것으로 예상되는 원소 Cn는 Zn, Cd, Hg의 원소족에 속한다. 이들 모두는 $ns^2(n-1)d^{10}$의 배치를 가진다.

채워지지 않는 부껍질을 가진 원자에 대해서, 바닥 상태 에너지는 Pauli의 배타 원리가 허용하는 한, 전자는 짝짓지 않고 서로 다른 오비탈에 들어간다.

그 다음 원소는 *탄소(carbon)*로서, 여섯 개의 전자들을 갖는다. 두 개의 전자는 1*s* 오비탈에, 두 개의 전자는 2*s* 오비탈에, 그리고 남은 두 개는 2*p* 오비탈에 들어간다. 동일한 에너지의 2*p* 오비탈이 세 개 있으므로 반발하는 전자들은 *서로 다른* 2*p* 오비탈에 들어간다. 이러한 행동은 다음과 같이 **Hund의 규칙**(Hund's rule, 독일의 물리학자인 F. H. Hund의 이름을 땄음)으로 요약하고 있는데, **원자에 대한 가장 낮은 에너지의 전자 배치는 Pauli 원리에 부합하면서, 축퇴된 오비탈 세트 안에 홀전자(unpaired electron)의 수가 최대인 배치이다.** 관례적으로 이들 홀전자들은 평행한 스핀을 갖는 것으로 나타낸다("up" 스핀으로).

전자들이 다른 2*p* 오비탈들에 들어간 것을 나타내기 위하여 탄소의 전자 배치를 $1s^22s^22p^12p^1$으로 표기한다. 그러나 전자들이 다른 2*p* 오비탈에 있다는 것을 알고 있다는 전제하에 $1s^22s^22p^2$로 표기하는 것이 일반적이다. 탄소에 대한 오비탈 도표는 다음과 같다.

	1*s*	2*s*	2*p*
C: $1s^22s^22p^2$	↑↓	↑↓	↑ ↑ □

2*p* 오비탈들의 쌍을 이루지 않은 전자들을 평행한 스핀으로 나타낸 것에 주목하라.

일곱 개의 전자를 갖는 *질소(nitrogen)*의 전자 배치는 $1s^22s^22p^3$이다. 2*p* 오비탈의 세 전자들은 각기 다른 오비탈들에 평행한 스핀으로 채워진다.

	1*s*	2*s*	2*p*
N: $1s^22s^22p^3$	↑↓	↑↓	↑ ↑ ↑

여덟 개의 전자를 갖는 *산소(oxygen)*의 전자 배치는 $1s^22s^22p^4$이다. 이제 2*p* 오비탈들 중 하나는 한 쌍의 전자로 채워지게 되는데, Pauli의 배타 원리에 의해 이들은 서로 반대 스핀을 갖는다.

	1*s*	2*s*	2*p*
O: $1s^22s^22p^4$	↑↓	↑↓	↑↓ ↑ ↑

플루오린(fluorine, 아홉 개의 전자)과 *네온(neon*, 열 개의 전자)의 오비탈 그림과 전자 배치는 다음과 같다.

Turtle Rock Scientific/Science Source

▲ 금속 소듐은 반응성이 매우 커서 공기 중의 산소와 접촉을 피하기 위해 등유(kerosene) 속에 보관한다.

그림 7.24 첫 18개 원소들에 대하여 마지막으로 채워지는 오비탈로 나타낸 전자 배치.

H $1s^1$							He $1s^2$
Li $2s^1$	Be $2s^2$	B $2p^1$	C $2p^2$	N $2p^3$	O $2p^4$	F $2p^5$	Ne $2p^6$
Na $3s^1$	Mg $3s^2$	Al $3p^1$	Si $3p^2$	P $3p^3$	S $3p^4$	Cl $3p^5$	Ar $3p^6$

SPL/Science Source

▲ 금속 포타슘이 들어있는 병. 봉합된 병 속에는 포타슘이 산소와 반응하는 것을 방지하기 위해 비활성 기체가 들어 있다.

		1s	2s	2p
F:	$1s^22s^22p^5$	↑↓	↑↓	↑↓ ↑↓ ↑
Ne:	$1s^22s^22p^6$	↑↓	↑↓	↑↓ ↑↓ ↑↓

네온의 경우, $n = 1$과 $n = 2$의 모든 오비탈들이 모두 채워진다.

소듐(*sodium*)의 경우, 우선 10개의 전자들이 $1s$, $2s$, $2p$ 오비탈들을 모두 채운 후, 열한 번째의 전자가 $n = 3$의 첫 번째 오비탈인 $3s$ 오비탈을 채워야 한다. 소듐의 전자 배치는 $1s^22s^22p^63s^1$이 된다. 흔히 이를 $[Ne]3s^1$으로 줄여 씀으로써 내부 준위의 전자들을 기재하지 않는데, 이때 [Ne]는 네온의 전자 배치인 $1s^22s^22p^6$를 나타낸다.

다음 원소인 *마그네슘*(*magnesium*)의 배치는 $1s^22s^22p^63s^2$ 또는 $[Ne]3s^2$가 된다. 그 이후로 오는 *알루미늄*(*aluminum*)부터 *아르곤*(*argon*)까지의 여섯 원소들은 $3p$ 오비탈에 전자 하나씩을 추가하는 배치를 갖게 된다. 그림 7.24에 처음 18개의 원소들에 대하여 가장 나중에 채워지는 오비탈의 전자 수로 나타낸 전자 배치를 요약해 놓았다.

여기에서 **원자가 전자**(valence electron)의 개념을 도입하는 것이 바람직한데, 이는 *원자에서 가장 바깥의 주양자 준위에 있는 전자*들을 말한다. 예로서, 질소 원자의 원자가 전자는 $2s$와 $2p$ 전자들이다. 소듐 원자의 경우, 원자가 전자는 $3s$ 오비탈에 있는 전자이다. 다음 두 장에서 보게 되듯이 원자가 전자들은 결합에 관여하기 때문에, 화학자들에게 이들은 가장 중요한 전자들이다. 내부의 전자들은 **핵심부 전자**(core electron)라고 한다.

▲ 칼슘 금속.

그림 7.24에서, 매우 중요한 유형이 드러나기 시작하는 것에 주목하라. **같은 족에 있는 원소들(주기율표에서의 세로 줄)은 동일한 원자가 전자의 배치를 가지고 있다.** 원래 Mendeleev가 원소들을 그룹으로 묶을 때, 화학적 성질의 유사성에 근거했던 것을 기억할 것이다. 이제 우리는 왜 그와 같이 그룹이 묶어졌는지에 대한 이유를 알게 된다. 동일한 원자가 전자의 배치를 갖는 원소들은 유사한 화학적 성질을 갖는 것이다.

아르곤 뒤에 오는 원소는 *포타슘*(*potassium*)이다. 아르곤에서 $3p$ 오비탈들이 꽉 채워졌으므로, 여러분은 아마도 그 다음 전자는 $3d$ 오비탈에 채워질 것이라고 예상할 것이다($n = 3$에는 $3s$, $3p$, $3d$ 오비탈들이 있다). 그러나 포타슘의 화학 성질은 리튬이나 소듐과 매우 유사하므로, 포타슘의 마지막 전자는 $3d$ 오비탈 대신에 $4s$ 오비탈에 채워진다는 것을 알 수 있는데, 이는 여러 다른 실험에 의해서도 확인된 결론이다. 포타슘의 전자 배치는 다음과 같다.

$$\text{K: } 1s^22s^22p^63s^23p^64s^1 \quad \text{또는} \quad [\text{Ar}]4s^1$$

다음 원소는 *칼슘*(*calcium*)으로, 칼슘의 전자 배치는 다음과 같다.

$$\text{Ca: } [\text{Ar}]4s^2$$

Photo by Leslie Zumdahl

▲ 사진의 1929년 Buick 자동차의 머큐리 장식에서와 같이 크로뮴은 종종 자동차 범퍼와 엔진 덮개의 장식품을 도금하는 데 사용된다.

다음 원소인 *스칸듐*(*scandium*)부터, **전이 금속**(transition metal)이라 부르는 일련의 열 개 원소들이(스칸듐부터 아연까지) 시작되는데, 다섯 개의 $3d$ 오비탈들에 전자를 채우는 전자 배치를 갖게 된다. 스칸듐의 전자 배치는 다음과 같다.

Sc: $[Ar]4s^23d^1$

타이타늄(*titanium*)의 전자 배치는 다음과 같다.

Ti: $[Ar]4s^23d^2$

그리고 *바나듐*(*vanadium*)의 전자 배치는 다음과 같다.

V: $[Ar]4s^23d^3$

다음 원소는 *크로뮴*(*chromium*)이다. 예상되는 전자 배치는 $[Ar]4s^23d^4$. 그러나 실제의 전자 배치는 다음과 같다.

Cr: $[Ar]4s^13d^5$

크로뮴이 왜 이와 같은 전자 배치를 갖는지에 대하여는 이 책의 수준을 벗어나는 문제이므로 다루지 않는다. 사실 화학자들에게는 이러한 불규칙성의 정확한 원인에 대해 아직도 논란의 여지가 남아있다. 그러나 실제 배치에서 4*s*와 3*d* 오비탈들이 반만 채워진 상태임에 주목하라. 이 사실은 정확한 배치를 기억하는 좋은 방법이다.

다음으로 오는 네 개의 원소들, 즉 *망가니즈*(*manganese*)부터 *니켈*(*nickel*)까지는 예상한 대로의 전자 배치를 갖는다. 즉,

Mn: $[Ar]4s^23d^5$ Co: $[Ar]4s^23d^7$
Fe: $[Ar]4s^23d^6$ Ni: $[Ar]4s^23d^8$

구리(*copper*)의 배치는 $[Ar]4s^23d^9$일 것으로 예상된다. 그러나 실제 배치는 다음과 같다.

Cu: $[Ar]4s^13d^{10}$

이 경우, 반만 채워진 상태의 4*s* 오비탈과 꽉 찬 상태의 3*d* 오비탈들이 실제 배치의 특이한 점이다.

아연(*zinc*)은 예상대로 다음과 같은 배치를 갖는다.

Zn: $[Ar]4s^23d^{10}$

그림 7.25에 전이 금속들의 전자 배치를 보여주고 있다. 그 이후에 오는 여섯 개, 즉 *갈륨*(*gallium*)으로부터 *크립톤*(*krypton*)까지의 원소들은 4*p* 오비탈에 전자가 채워진 전자 배치를 갖는다(그림 7.25).

그림 7.26은 어떤 오비탈들이 채워지는가를 중심으로 기술한 전체 주기율표를 나타낸 것이다. 원자가 전자의 배치는 그림 7.27에 실었다. 이들 두 그림으로부터 다음과 같은 사실을 주목하라.

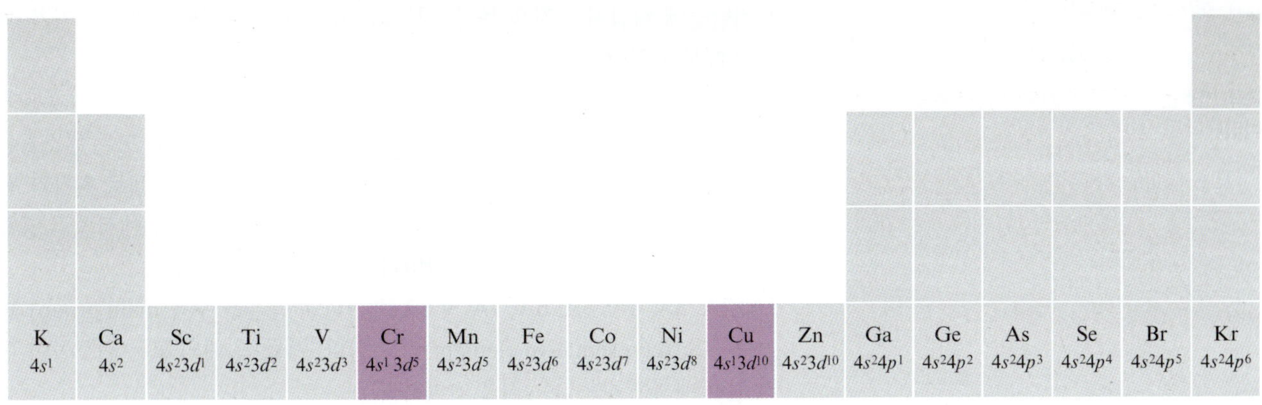

그림 7.25 포타슘에서 크립톤까지의 전자 배치. 전이 금속(스칸듐에서 아연까지)들은 크로뮴과 구리를 제외하고는 $[Ar]4s^23d^n$의 전자 배치를 갖는다.

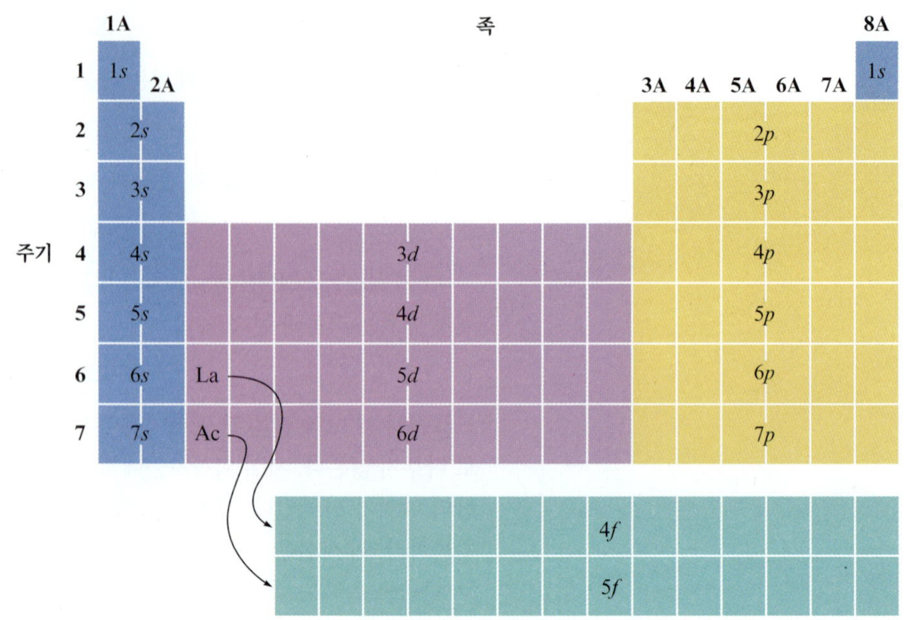

그림 7.26 주기율표의 각 부분에 있는 원소들에서 전자가 채워지는 오비탈들. 같은 주기에서 오른쪽으로 감에 따라 *nd* 오비탈 이전에 (*n* + 1)*s* 오비탈이 먼저 채워지는 것에 주목하라. 족 수는 각 족에 있는 원소들에 대한 원자가 전자(*ns* + *np* 전자)의 개수를 나타낸다.

(*n* + 1)*s* 오비탈이 *nd* 오비탈보다 먼저 채워진다.

1. (*n* + 1)*s* 오비탈들은 항상 *nd* 오비탈들 이전에 채워진다. 예를 들어, 둘째 줄의 전이 금속(이트륨에서 카드뮴까지)에서 4*d* 오비탈이 채워지기 전에 루비듐과 스트론튬에서 5*s* 오비탈들이 채워진다. 이렇게 *s* 오비탈이 먼저 채워지는 것은 침투효과로 설명할 수 있다. 예를 들어 4*s* 오비탈의 경우, 핵 근처로 침투해 들어가는 정도가 매우 과하여 그 에너지가 3*d* 오비탈보다 더 낮아지게 된다. 따라서 3*d* 이전에 4*s*가 먼저 채워진다. 이와 같은 일이 5*s*와 4*d*, 6*s*와 5*d*, 7*s*와 6*d*에서도 일어난다.

란타넘족은 4*f* 오비탈이 채워지는 원소들이다. IUPAC에서는 란타노이드라는 이름을 권장한다.

2. [Xe]$6s^2 5d^1$의 배치를 갖는 란타넘 이후에 오는 14개의 원소들은 **란타넘 계열**(lanthanide series), 또는 **란타넘족**(lanthanides)이라고 한다. 이 계열의 원소들은 일곱 개의 4*f* 오비탈들이 채워지는 경우에 해당한다. 때로는 4*f* 오비탈 대신에 하나의 5*d* 오비탈에 한 개의 전자가 채워지는 것에 주목하라. 이것은 4*f*와 5*d* 오비탈들의 에너지가 매우 비슷하기 때문에 일어나는 현상이다.

악티늄족은 5*f* 오비탈이 채워지는 원소들이다. IUPAC은 액티노이드라는 이름을 권장한다.

3. [Rn]$7s^2 6d^1$의 배치를 갖는 악티늄 이후에는 **악티늄 계열**(actinide series) 또는 **악티늄족**(actinides)이라 부르는 14개의 원소들이 온다. 이 계열은 일곱 개의 5*f* 오비탈들에 전자가 채워지는 경우이다. 때로는 하나 또는 두 개의 전자들이 5*f* 오비탈 대신 6*d* 오비탈들에 채워지는 것을 볼 수 있는데, 이는 이들 오비탈들의 에너지가 매우 비슷하기 때문에 일어난다.

족의 번호는 그 족의 총 원자가 전자 수를 나타낸다.

4. 1A, 2A, 3A, 4A, 5A, 6A, 7A 및 8A족의 이름들은 그 족에 있는 원자들의 원자가 전자의 *총 개수*(*total number*)를 나타낸다. 예를 들어, 5A족의 모든 원소들은 ns^2np^3의 전자 배치를 갖는다(*d* 전자들은 한 주기 뒤에 채워지며, 대체로 원자가 전자로 간주되지 않는다). 전이 금속에 대한 족 번호의 의미는 주족(A족)에서처럼 명확하지 않기 때문에 이 책에서는 사용하지 않았다.
5. 1A, 2A, 3A, 4A, 5A, 6A, 7A 및 8A로 나타낸 족들을 **주족**(main group) **원소** 또는 전형 원소(representative element)라고 한다. 이들 족 내의 모든 원소들이 같은 원자가 전자 배치를 갖는다는 점을 기억하라.

> **비판적 사고** 각 오비탈은 두 개의 전자를 수용할 수 있음을 배웠다. 그리고 이 패턴은 주기율표 상에서 명백하다. 각 오비탈에 세 개의 전자가 들어갈 수 있다면 어떨까? 이 변화는 주기율표의 모습을 어떻게 바꿀 것인가?

다음 장부터는 주기율표 족 번호의 신구 두 가지 버전을 모두 사용할 것이다. 이 장에서는 구 버전의 주기율표 족 번호를 사용하겠다.

1988년 과학협약을 표준화하기 위해 조직된 과학자 단체인 국제 순수 응용 화학연맹(International Union of Pure and Applied Chemistry, IUPAC)은 미국 화학 학회(American Chemical Society)도 채택한 주기율표의 새로운 형식을 권장했다(그림 7.27의 파란색 숫자 참조). 이 최신 버전에서 족 번호는 마지막 불활성 기체 이후 추가된 *s*, *p* 및 *d* 전자의 수를 나타낸다.

이 절에서 논의한 결과들은 매우 중요하다. 주기율표에서 원소가 왜 그와 같이 배열되어 있는지를 양자 역학적 모형을 통하여 설명할 수 있다는 것을 보았다. 또한 같은 족의 원소들이 비슷한 화학적 성질을 보이는 것은 그들이 모두 같은 원자가 전자 배치를 갖기 때문이라는 것도 이 모형을 통하여 이해할 수 있었다. 주어진 족에서 아래로 내려가면 원자

전이 금속

주족 원소 | *d*-전이 원소 | 주족 원소 | 불활성 기체

족 번호

주기 번호, 가장 높은 에너지에 채워진 전자 준위

	1 1A ns^1	2 2A ns^2	3	4	5	6	7	8	9	10	11	12	13 3A ns^2np^1	14 4A ns^2np^2	15 5A ns^2np^3	16 6A ns^2np^4	17 7A ns^2np^5	18 8A ns^2np^6
1	1 H $1s^1$																	2 He $1s^2$
2	3 Li $2s^1$	4 Be $2s^2$											5 B $2s^22p^1$	6 C $2s^22p^2$	7 N $2s^22p^3$	8 O $2s^22p^4$	9 F $2s^22p^5$	10 Ne $2s^22p^6$
3	11 Na $3s^1$	12 Mg $3s^2$											13 Al $3s^23p^1$	14 Si $3s^23p^2$	15 P $3s^23p^3$	16 S $3s^23p^4$	17 Cl $3s^23p^5$	18 Ar $3s^23p^6$
4	19 K $4s^1$	20 Ca $4s^2$	21 Sc $4s^23d^1$	22 Ti $4s^23d^2$	23 V $4s^23d^3$	24 Cr $4s^13d^5$	25 Mn $4s^23d^5$	26 Fe $4s^23d^6$	27 Co $4s^23d^7$	28 Ni $4s^23d^8$	29 Cu $4s^13d^{10}$	30 Zn $4s^23d^{10}$	31 Ga $4s^24p^1$	32 Ge $4s^24p^2$	33 As $4s^24p^3$	34 Se $4s^24p^4$	35 Br $4s^24p^5$	36 Kr $4s^24p^6$
5	37 Rb $5s^1$	38 Sr $5s^2$	39 Y $5s^24d^1$	40 Zr $5s^24d^2$	41 Nb $5s^14d^4$	42 Mo $5s^14d^5$	43 Tc $5s^14d^6$	44 Ru $5s^14d^7$	45 Rh $5s^14d^8$	46 Pd $4d^{10}$	47 Ag $5s^14d^{10}$	48 Cd $5s^24d^{10}$	49 In $5s^25p^1$	50 Sn $5s^25p^2$	51 Sb $5s^25p^3$	52 Te $5s^25p^4$	53 I $5s^25p^5$	54 Xe $5s^25p^6$
6	55 Cs $6s^1$	56 Ba $6s^2$	57 La* $6s^25d^1$	72 Hf $4f^{14}6s^25d^2$	73 Ta $6s^25d^3$	74 W $6s^25d^4$	75 Re $6s^25d^5$	76 Os $6s^25d^6$	77 Ir $6s^25d^7$	78 Pt $6s^15d^9$	79 Au $6s^15d^{10}$	80 Hg $6s^25d^{10}$	81 Tl $6s^26p^1$	82 Pb $6s^26p^2$	83 Bi $6s^26p^3$	84 Po $6s^26p^4$	85 At $6s^26p^5$	86 Rn $6s^26p^6$
7	87 Fr $7s^1$	88 Ra $7s^2$	89 Ac** $7s^26d^1$	104 Rf $7s^26d^2$	105 Db $7s^26d^3$	106 Sg $7s^26d^4$	107 Bh $7s^26d^5$	108 Hs $7s^26d^6$	109 Mt $7s^26d^7$	110 Ds $7s^26d^8$	111 Rg $7s^16d^{10}$	112 Cn $7s^26d^{10}$	113 Nh $7s^27p^1$	114 Fl $7s^27p^2$	115 Mc $7s^27p^3$	116 Lv $7s^27p^4$	117 Ts $7s^27p^5$	118 Og $7s^27p^6$

f-전이 원소

*란타넘족	58 Ce $6s^24f^15d^1$	59 Pr $6s^24f^35d^0$	60 Nd $6s^24f^45d^0$	61 Pm $6s^24f^55d^0$	62 Sm $6s^24f^65d^0$	63 Eu $6s^24f^75d^0$	64 Gd $6s^24f^75d^1$	65 Tb $6s^24f^95d^0$	66 Dy $6s^24f^{10}5d^0$	67 Ho $6s^24f^{11}5d^0$	68 Er $6s^24f^{12}5d^0$	69 Tm $6s^24f^{13}5d^0$	70 Yb $6s^24f^{14}5d^0$	71 Lu $6s^24f^{14}5d^1$
**악티늄족	90 Th $7s^25f^06d^2$	91 Pa $7s^25f^26d^1$	92 U $7s^25f^36d^1$	93 Np $7s^25f^46d^1$	94 Pu $7s^25f^66d^0$	95 Am $7s^25f^76d^0$	96 Cm $7s^25f^76d^1$	97 Bk $7s^25f^96d^0$	98 Cf $7s^25f^{10}6d^0$	99 Es $7s^25f^{11}6d^0$	100 Fm $7s^25f^{12}6d^0$	101 Md $7s^25f^{13}6d^0$	102 No $7s^25f^{14}6d^0$	103 Lr $7s^25f^{14}6d^1$

그림 7.27 원소 기호, 원자 번호 및 부분적인 전자 배치를 나타낸 주기율표.

이 책에서 전자 배치를 나타낼 때, 전자가 채워지는 순서대로 오비탈을 나열한다.

가 전자가 오비탈의 주양자수만이 바뀐다.

주족 원소의 각각에 대하여 전자 배치를 쓸 수 있는 것은 중요하다. 이것은 주기율표를 사용하면 매우 쉽게 알 수 있다. 만약 주기율표가 어떻게 구성되어 있는지를 이해하면 오비탈들이 채워지는 순서를 암기할 필요가 없어진다. 그림 7.26과 그림 7.27을 다시 보면서 주기와 족 및 오비탈들 사이의 대응 관계를 확실히 이해하도록 하자.

첫째 줄의 전이 금속(3*d* 원소들)에서와 같은 예외들이 많기 때문에, 전이 금속(3*d*, 4*d* 및 5*d* 원소들), 란타넘족(4*f* 원소들), 악티늄족(5*f* 원소들) 원소들의 전자 배치를 예측하는 데에는 약간의 어려움이 따른다. 첫째 줄의 전이 금속에서의 두 가지 예외인 크로뮴과 구리의 경우 앞으로 자주 접하게 되므로, 이들의 전자 배치를 기억해 두는 것이 좋다.

Cr: $[Ar]4s^1 3d^5$
Cu: $[Ar]4s^1 3d^{10}$

대화형 예제 7.7 전자 배치

주기율표를 사용하여 황(S), 카드뮴(Cd), 하프늄(Hf), 라듐(Ra)의 전자 배치를 써라.

풀이 *황(sulfur)*은 16번 원소로서 3*p* 오비탈이 채워지는 3주기에 있다(그림 7.28). 황은 "3*p*가 채워지는 원소들" 중 네 번째에 있으므로 네 개의 3*p* 전자를 갖는다. 따라서 전자 배치는 다음과 같다.

$$\text{S:}\quad 1s^2 2s^2 2p^6 3s^2 3p^4 \quad \text{또는} \quad [\text{Ne}]3s^2 3p^4$$

*카드뮴(cadmium)*은 48번 원소로서 그림 7.28에서 보는 바와 같이 5주기에 있는 4*d* 전이 금속들의 끝부분에 위치하고 있다. 카드뮴은 4*d* 전이 금속 계열의 열 번째 원소이므로 4*d* 오비탈에 10개의 전자를 가지고 있고, 추가로 5*s* 오비탈에 2개의 전자가 있다. 따라서 전자 배치는 다음과 같다.

$$\text{Cd:}\quad 1s^2 2s^2 2p^6 3s^2 3p^6 4s^2 3d^{10} 4p^6 5s^2 4d^{10} \quad \text{또는} \quad [\text{Kr}]5s^2 4d^{10}$$

*하프늄(hafnium)*은 72번 원소로서 그림 7.28에서 보는 바와 같이 6주기에 있다. 란타넘 계열의 바로 뒤에 오는 것에 주목하라. 따라서 4*f* 오비탈들은 이미 꽉 찬 상태이다. 하프늄은 5*d* 전이 금속의 두 번째 칸에 속하므로 두 개의 전자 배치는 다음과 같다.

■ Hf: $1s^2 2s^2 2p^6 3s^2 3p^6 4s^2 3d^{10} 4p^6 5s^2 4d^{10} 5p^6 6s^2 4f^{14} 5d^2$ 또는 $[\text{Xe}]6s^2 4f^{14} 5d^2$

*라듐(radium)*은 88번 원소로 그림 7.28에서 보는 바와 같이 7주기 2A족에 있다. 따라서 라듐은 7*s* 오비탈에 두 개의 전자를 가지고 있고 전자 배치는 다음과 같다.

■ Ra: $1s^2 2s^2 2p^6 3s^2 3p^6 4s^2 3d^{10} 4p^6 5s^2 4d^{10} 5p^6 6s^2 4f^{14} 5d^{10} 6p^6 7s^2$ 또는 $[\text{Rn}]7s^2$

연습 문제 7.97과 7.98 참조

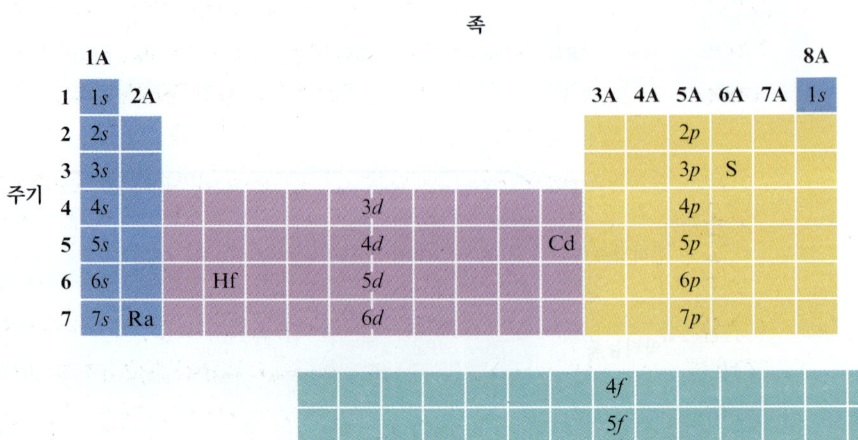

그림 7.28 예제 7.7에서 다룬 원소들의 위치.

7.12 원자 성질들의 주기적 경향

이온화 에너지를 가하면 **양**이온이 형성된다.

이제 우리는 다전자 원자들에 대해 상당히 잘 이해하였다. 핵의 인력과 전자 반발력을 한꺼번에 다루었기 때문에 이 모형은 비교적 단순한 것이지만, 그럼에도 불구하고 원소들의 주기율표를 설명하는 데 상당히 성공적이었다. 이제 이 모형을 사용하여 여러 중요한 원자의 성질들, 이온화 에너지, 전자 친화도, 원자 크기 등에서 관찰된 경향을 설명하기로 한다.

이온화 에너지

Zoonar/S Kohl/AGE Fotostock

▲ 독일 베를린에 설치된 미국 예술가 조나단 보로프스키(Jonathan Borofsky)가 디자인한 알루미늄 조각상.

기체 상태의 원자나 이온으로부터 전자 하나를 제거할 때 필요한 에너지를 *이온화 에너지*(*ionization energy*)라고 한다.

$$X(g) \longrightarrow X^+(g) + e^-$$

여기에서 원자나 이온은 바닥 상태에 있다고 가정한다.

이온화 에너지의 특징을 보기 위해, 바닥 상태의 알루미늄으로부터 차례로 여러 개의 전자들을 제거하는 데 필요한 에너지를 살펴보도록 하자. 이온화 에너지는 다음과 같다.

$$Al(g) \longrightarrow Al^+(g) + e^- \qquad I_1 = 580 \text{ kJ/mol}$$
$$Al^+(g) \longrightarrow Al^{2+}(g) + e^- \qquad I_2 = 1815 \text{ kJ/mol}$$
$$Al^{2+}(g) \longrightarrow Al^{3+}(g) + e^- \qquad I_3 = 2740 \text{ kJ/mol}$$
$$Al^{3+}(g) \longrightarrow Al^{4+}(g) + e^- \qquad I_4 = 11{,}600 \text{ kJ/mol}$$

이 결과로부터 몇 가지 중요한 점들을 예시할 수 있다. 단계적인 이온화 과정에서, 우선적으로 제거되는 전자는 항상 높은 에너지 상태의(가장 약하게 결합된) 전자이다. **일차 이온화 에너지**(first ionization energy) I_1은 원자에서 가장 높은 에너지 상태의 전자를 제거하는 데 필요한 에너지이다. 알루미늄 원자의 경우, 첫 번째 전자는 3*p* 오비탈로부터 제거된다(Al의 전자 배치는 $[Ne]3s^23p^1$이다). 두 번째 전자는 3*s* 오비탈로부터 제거된다(Al^+의 전자 배치는 $[Ne]3s^2$이므로). I_1 값이 **이차 이온화 에너지**(second ionization energy) I_2 값보다 훨씬 작다는 것에 주목하라.

이런 현상은 여러 이유로 설명될 수 있다. 주된 요인은 단순히 전하이다. 첫 번째 전자는 중성 원자(Al)로부터 제거되는 반면, 두 번째 전자는 1+ 이온(Al^+)으로부터 제거된다는 점에 주목하라. 양의 전하가 증가하면서 전자들을 더 강하게 당기기 때문에 이온화 에너지가 증가하게 되는 것이다. 하전된 화학종들 사이의 인력이 전하의 크기와 관련이 있다는 관찰은 쿨롱의 법칙으로 알려져 있으며, 각각 Al^{2+}와 Al^{3+} 이온으로부터 전자를 제거하는 경우에 해당하는 삼차(I_3)와 사차(I_4) 이온화 에너지에서도 동일한 경향이 나타난다.

원자의 이온화 에너지가 단계적으로 증가하는 것은 다전자 원자들에 대한 간단한 모형으로 설명할 수도 있다. I_1에서 I_2로 가면서 이온화 에너지가 증가하는 것도 두 번째 전자가 제거되는 3*s* 오비탈보다 높은 에너지 상태에 있는 3*p* 오비탈로부터 첫 번째 전자가 제거되기 때문인 것으로 이해할 수 있다. 이온화 에너지 변화의 가장 큰 격차는 삼차 이온화 에너지(I_3)에서 사차 이온화 에너지(I_4)로 가면서 일어난다. 이는 I_4가 원자가 전자들에 비해 훨씬 강하게 결합되어 있는 핵심부 전자를 제거하는 경우에 해당되기 때문이다(Al^{3+}는 $1s^22s^22p^6$의 전자 배치를 갖는다).

표 7.4는 모든 3주기 원소들에 대한 이온화 에너지 값을 보여주고 있다. 각 경우에 원자가 전자를 제거하다가 핵심부 전자를 제거하게 되면 에너지가 크게 증가하는 것에 주목하라.

주기율표의 첫 여섯 주기의 원소들에 대한 일차 이온화 에너지 값을 그림 7.29에 도표로 나타내었다. 일반적으로, *주기의 왼쪽에서 오른쪽으로 갈수록 일차 이온화 에너지 값이*

표 7.4 3주기 원소들에 대한 연속적인 이온화 에너지(kJ/mol)

원소	I_1	I_2	I_3	I_4	I_5	I_6	I_7
Na	495	4560					
Mg	735	1445	7730		핵심부 전자*		
Al	580	1815	2740	11,600			
Si	780	1575	3220	4350	16,100		
P	1060	1890	2905	4950	6270	21,200	
S	1005	2260	3375	4565	6950	8490	27,000
Cl	1255	2295	3850	5160	6560	9360	11,000
Ar	1527	2665	3945	5770	7230	8780	12,000

(세로축: 일반적인 감소 ↑, 가로축: 일반적인 증가 →)

*원자가 전자를 제거할 때, 핵심부 전자를 제거하면 이온화 에너지가 크게 증가하는 것을 주목하라.

표 7.5 알칼리 금속과 불활성 기체의 일차 이온화 에너지

원자	I_1 (kJ/mol)
1A족	
Li	520
Na	495
K	419
Rb	409
Cs	382
8A족	
He	2377
Ne	2088
Ar	1527
Kr	1356
Xe	1176
Rn	1042

증가하는 것을 주목하라. 이는 동일한 주양자 준위에 더해지는 전자들이 더해진 양성자에 의해 증가한 핵전하를 완전히 가리지 못하기 때문이다. 핵 전하가 증가함에 따라 쿨롱의 법칙에 의해 예측된 것처럼 전자의 인력은 더 커진다. 따라서 주어진 주양자 준위에서 주기율표의 오른쪽으로 갈수록 일반적으로 전자들은 더 강하게 결합되고, 이에 따라 주어진 주양자 준위에 전자를 더할수록 이온화 에너지는 일반적으로 증가하게 된다.

반면에 *족에서 아래로 내려가면 일차 이온화 에너지는 감소한다.* 이는 표 7.5에서 1A족 원소들(알칼리 금속)과 8A족 원소들(불활성 기체)을 보면 더욱 확실히 볼 수 있다. 이온화 에너지가 감소되는 주된 원인은 족에서 아래로 갈수록 제거되는 전자가 평균적으로 핵으로부터 더 멀어지기 때문이다. *n* 값이 증가하면 오비탈의 크기가 증가하고 전자는 더 쉽게 제거된다.

그림 7.29를 보면, 주기를 가로지르면서 이온화 에너지 값에 불연속점이 관찰된다. 예를 들면, 2주기에서는 베릴륨에서 붕소로 가면서, 또한 질소에서 산소로 가면서 불연속점이 관찰된다. 이와 같이 일반적인 경향에서 벗어나는 경우는 전자 반발로 설명할 수 있다. 베릴륨에서 붕소로 가면서 이온화 에너지가 감소하는 것은 꽉 찬 2*s* 오비탈의 전자들이 2*p* 오비탈의 전자들에 대해 핵전하를 가리기 때문이다. 질소에서 산소로 가면서 이온화 에너지가 감소하는 것은 산소의 2*p* 오비탈에 전자가 짝으로 채워지기 시작함에 따라 전자 반발

일차 이온화 에너지는 주기의 오른쪽으로 가면서 증가하고, 족의 아래로 내려가면서 감소한다.

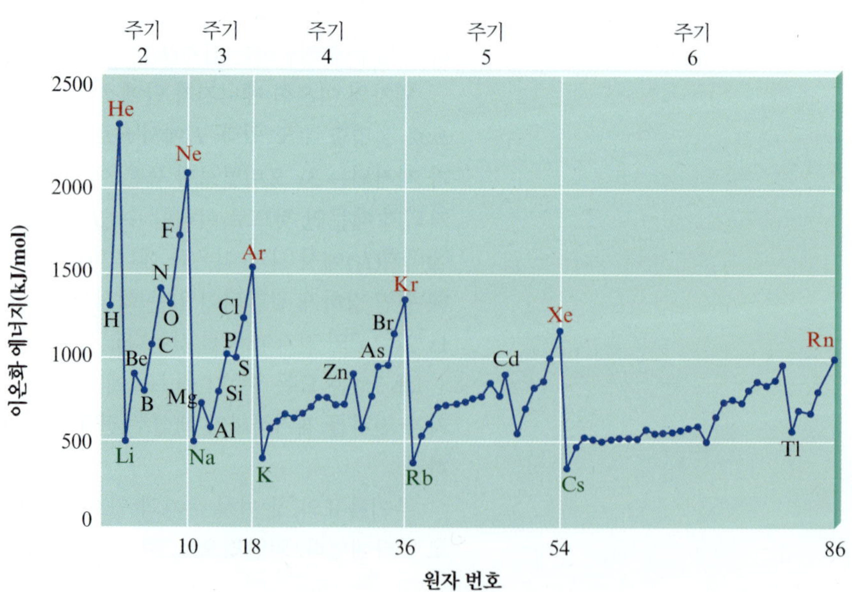

그림 7.29 첫 6주기 원소들에 대한 일차 이온화 에너지 값. 일반적으로 같은 족에서 아래로 내려가면 이온화 에너지는 감소한다. 예를 들면, 1A족과 8A족에서 값이 감소하는 것에 주목하라. 일반적으로 한 주기 내에서 왼쪽에서 오른쪽으로 가면 이온화 에너지는 증가한다. 예를 들어, 2주기에서 리튬에서 네온으로 가면서 값이 급격하게 증가하는 것을 주목하라.

	1A	2A	3A	4A	5A	6A	7A	8A
1	H 1311							He 2377
2	Li 520	Be 899	B 800	C 1086	N 1402	O 1314	F 1681	Ne 2088
3	Na 495	Mg 735	Al 580	Si 780	P 1060	S 1005	Cl 1255	Ar 1527
4	K 419	Ca 590	Ga 579	Ge 761	As 947	Se 941	Br 1143	Kr 1356
5	Rb 409	Sr 549	In 558	Sn 708	Sb 834	Te 869	I 1009	Xe 1176
6	Cs 382	Ba 503	Tl 589	Pb 715	Bi 703	Po 813	At (926)	Rn 1042

그림 7.30 주족 원소들에서 이온화 에너지(kJ/mol)의 경향성.

력이 증가했기 때문이다.

주족 원소들의 이온화 에너지는 그림 7.30에 요약되어 있다.

예제 7.8 이온화 에너지 경향성

인(P)과 황(S)의 첫 번째 이온화 에너지는 각각 1060 kJ/mol과 1005 kJ/mol이다. 그 이유는 무엇인가?

풀이 인과 황은 주기율표의 3주기에서 서로 인접한 원소로서, 원자가 전자 배치는 다음과 같다. 인: $3s^23p^3$, 황: $3s^23p^4$.

대개의 경우 주기를 가로지르면서 이온화 에너지는 증가하므로 아마도 황이 인보다 더 큰 이온화 에너지를 갖는다고 예상될 것이다. 그러나 이 경우 황의 네 번째 p 전자는 이미 채워진 오비탈에 들어가야 한다. 그 결과 생기는 전자–전자 간의 반발력으로 인해 이 전자를 제거하는 것이 예상보다 훨씬 쉬워진다.

연습 문제 7.129와 7.130 참조

대화형 예제 7.9 이온화 에너지

다음과 같은 전자 배치를 갖는 원자들을 고려해 보자.

$$1s^22s^22p^6$$

$$1s^22s^22p^63s^1$$

$$1s^22s^22p^63s^2$$

어느 원자의 일차 이온화 에너지가 가장 크며, 어느 원자의 이차 이온화 에너지가 가장 작은가? 그 이유는 무엇인가?

풀이 $1s^22s^22p^6$의 전자 배치를 갖는 원자가 가장 큰 값의 I_1을 나타내는데, 이 원소는 2주기의 가장 오른쪽 끝에 있기 때문이다. $2p$ 전자들은 서로를 효과적으로 가리지 못하여 상대적으로 큰 I_1 값을 갖는다. 다른 배치들은 $3s$ 전자들을 포함하고 있다. 이들 전자들은 핵심부의 전자들에 의하여 효과적으로 가려지고 있으며, 네온의 $2p$ 전자들에 비하여 핵으로부터 멀리 떨어져 있다. 따라서 이들 원자들의 I_1 값은 네온보다 작다.

가장 작은 I_2 값을 갖는 경우 전자 배치는 $1s^22s^22p^63s^2$이다(마그네슘 원자). 마그네슘의 경우 I_1과 I_2 모두는 원자가 전자와 관련된다. 전자 배치가 $1s^22s^22p^63s^1$인 원소(소듐)의 경우 두 번째로 제거되는 전자(I_2에 해당)는 핵심부 전자이다($2p$ 오비탈에서 제거된다).

연습 문제 7.131과 7.132 참조

원자의 광전자 분광법

▲
광전 분광기(photoelectron spectrometer)를 쓰고 있는 기술자.

앞서 주기율표의 행과 열에 따르는 이온화 에너지의 경향을 살펴보았다. 하지만, 이온화 에너지를 어떻게 측정하는가? 7.2절에서 논의한 것을 기억하면, 광전 효과란 금속에 충분한 에너지의 빛을 쪼이면 표면에 있는 전자가 튀어나오는 현상을 말한다. 여기에 사용하는 빛의 에너지를 점차 높이면 전자를 튀어나오게 하는 데 필요한 에너지를 정확하게 측정할 수 있고, 금속 고체에 들어 있는 전자의 결합 에너지를 측정할 수 있다. 광전자 분광법(photoelectron spectroscopy, PES)이라 부르는 유사한 분석법은 개별 원자는 물론 분자에 포함된 전자들의 상대적인 에너지를 측정하는 데 사용할 수 있다. 이 기술에서는 고에너지의 광자가 시료에 쪼여지고 이로 인해 튀어나온 전자의 운동 에너지를 측정한다. 이 정보로부터 원자나 분자에 포함된 전자의 에너지를 측정할 수 있다.

$$\text{전자의 에너지} = \text{사용된 광자의 에너지} - \text{전자의 운동 에너지}$$

또는

$$E_{\text{전자}} = h\nu - \text{KE}$$

일반적으로 광전자 분광법에서 고에너지의 광자의 원천으로 헬륨 기체가 사용된다. 들뜬(excited) 헬륨 원자는 58.4 nm (21.2 eV)의 매우 높은 에너지의 광자를 방출하는데 이것이 대부분의 원자나 분자의 전자를 방출시키기에 충분하기 때문이다.

광전자 분광법은 주로 원자에 포함된 전자의 에너지 준위를 연구하는 데 유용하고, 결합 에너지가 알려진 특정 원소들이 시료에 들어있는지 판가름하는 데 쓰인다. 예를 들어, PES 스펙트럼에서 O_{1s} 전자는 530 eV에서 나타나고, C_{1s} 전자가 285 eV에서 나타난다. 그림 7.31에 나타난 것같이 인의 이상화된 PES 스펙트럼을 상상할 수 있다. 실제 스펙트럼은 매우 복잡하기 때문에 비전문가가 해석하기 어렵고, 여기에는 매우 단순화시킨 PES 스펙트럼을 보여주었다. 각 봉우리의 면적은 특정 에너지를 가진 전자의 개수에 비례한다는 점을 참고하기 바란다.

분광법 및 다양한 분광법 기술에 대한 추가적인 논의는 부록 3을 참조하라.

그림 7.30에 보였듯이 일차 이온화 에너지는 주어진 원자로부터 가장 쉽게 떨어져 나가는 전자이다. 우리가 논의한 이러한 경향이 얼마나 잘 일치하는지 그림 7.32에 보인 것처럼 붕소와 플루오린의 PES 스펙트럼을 겹쳐서 보면 알 수 있다. 가장 쉽게 떨어지는 붕

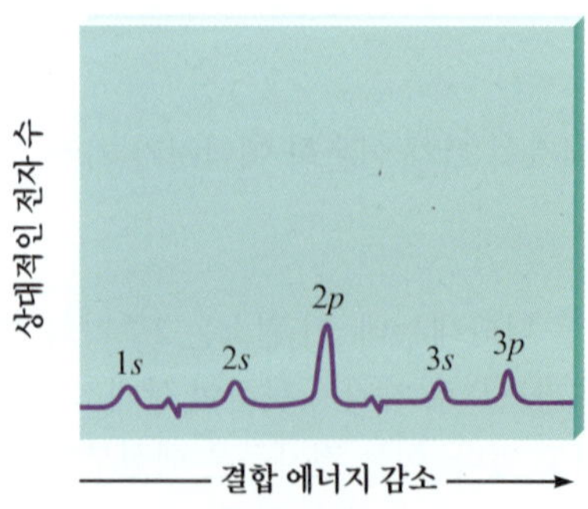

그림 7.31 인(phosphorus)의 이상화된 광전자 분광법 스펙트럼(idealized PES spectrum).

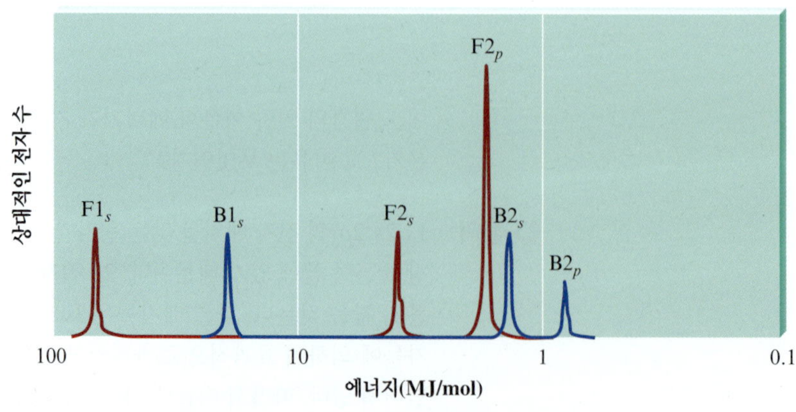

그림 7.32 붕소와 플루오린의 이상화된 PES 스펙트라.

소 전자의 에너지가 플루오린에 비해서 작다. 이것은 예상되는 경향과 일치한다. 추가로, 이들 결합 에너지 값들은 보고된 일차 이온화 에너지와 동일하다.

전자 친화도

전자 친화도는 **음**이온 생성과 관련된다.

전자 친화도(electron affinity)는 *기체 상태의 원자에 하나의 전자를 더하는 데 관련된 에너지 변화이다.*

$$X(g) + e^- \longrightarrow X^-(g)$$

전자 친화도의 부호는 제6장에서 사용된 에너지 변화의 협약에 따른다.

두 가지 다른 관례가 사용되어 왔기 때문에 화학 책에서 전자 친화도 값의 부호에 대해 많은 혼선이 있어 왔다. 많은 책에서, 전자 친화도는 기체 상태의 원자에 전자 하나를 얻을 때 *방출되는*(*released*) 에너지로 정의되어 왔다. 이러한 관례에 의하면, 원자에 전자를 더하는 것이 발열 과정일 경우 양의 부호를 붙여야 하고, 이것은 통상적인 열역학적 관례와는 반대가 된다. 따라서 이 책에서는 에너지의 *변화량*(*change*)을 전자 친화도로 정의함으로써, 만약 전자가 더해지는 것이 발열 반응일 경우 전자 친화도 값이 음의 부호를 갖도록 하였다.

원자에 하나의 전자가 추가되어 안정한 음이온을 형성하는 처음 20개의 원소들에 대한 전자 친화도 값을 그림 7.33에 나타냈다. 예상할 수 있듯이, 이들 원소들은 모두 음의(발열 반응) 전자 친화도를 갖는다. 에너지 값이 *더 큰 음의 값*(*more negative*)을 가질수록, 방출되는 열은 더 크다는 점을 주목하라. 한 주기 내에서 왼쪽에서 오른쪽으로 갈수록 전자 친화도는 더 큰 음의 값을 갖지만, 각 주기마다 이에 대한 상당수의 예외도 있다. 원자 번호에 따라 전자 친화도의 변화는 전자 배치에 따른 전자 반발의 변화로 설명될 수 있다. 예를 들어, 탄소는 $C^-(g)$를 형성하는 반면 질소는 안정한 $N^-(g)$를 만들지 않는데, 이는 이들 원자들 간의 서로 다른 전자 배치 때문이다. 질소($1s^22s^22p^3$)로부터 $N^-(g)$ 이온($1s^22s^22p^4$)을 만들기 위해 더해지는 하나의 전자는 이미 하나의 전자를 가지고 있는 $2p$ 오비탈에 들어가게 된다. 꽉 찬 오비탈에서 추가되는 전자 사이의 반발 때문에 $N^-(g)$ 이온은 불안정하게 된다. 탄소($1s^22s^22p^2$)에 하나의 전자를 더하여 $C^-(g)$가 되는 경우($1s^22s^22p^3$), 이와 같은 추가의 경우 반발은 생기지 않는다.

질소 원자와는 대조적으로, 산소 원자는 하나의 전자를 추가하여 안정한 $O^-(g)$ 이온이 된다. 산소의 핵전하가 질소보다 크기 때문에 이미 차 있는 $2p$ 오비탈에 또 하나의 전자를 더하는 데 따른 반발을 극복하는 것으로 보인다. 그러나 산소 원자에 두 번째 전자를 더하여 고립된(isolated) 산소 이온(O^{2-})은 만들 수 *없다*는 점에 [$O^-(g) + e^- \not\rightarrow O^{2-}(g)$] 주목하라. 이와 같은 결과는 여러 안정한 산화물들(MgO, Fe_2O_3 등등)이 알려져 있던 것을 고려할 때 이상하게 보일 것이다. O^{2-} 이온은 이온 결합 화합물 안에서 양이온들과 산소 이온들 사이에 작용하는 큰 인력에 의해 안정하게 된다.

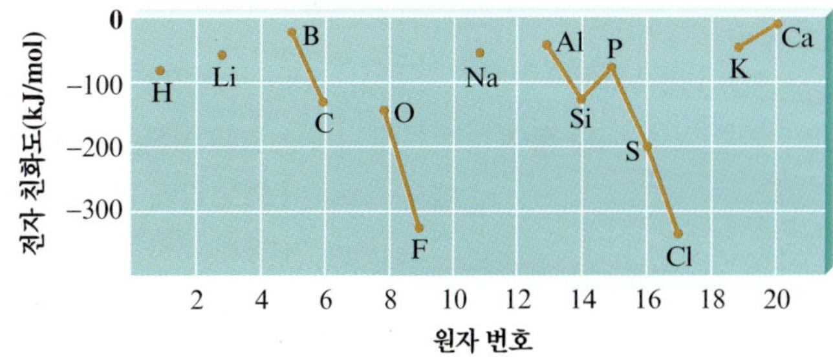

그림 7.33 처음 20개의 원소들 중에서 안정하고 고립된 X^- 이온들을 형성하는 일부 원자들에 대한 전자 친화도 값. 선은 인접하는 원소들을 연결한다. 선이 없는 부분은 빠진 원소들(He, Be, N, Ne, Mg, Ar)을 나타내는데, 이들 원자에 전자를 가하는 과정이 발열이 아니기 때문에 안정하고, 고립된 X^- 이온을 만들지 못한다.

표 7.6 할로젠 원소들의 전자 친화도

원자	전자 친화도 (kJ/mol)
F	−327.8
Cl	−348.7
Br	−324.5
I	−295.2

주어진 족에서 아래로 갈수록 핵으로부터 먼 거리에 전자가 더해지므로 전자 친화도는 양의 방향으로 움직인다(더 적은 에너지가 방출된다). 일반적으로 이러한 경향을 따르지만, 대부분의 족에서 그 값의 차이는 비교적 작으며, 많은 예외가 따른다. 표 7.6에 있는 7A족(할로젠)의 원소들에 대한 전자 친화도 값에서 이를 볼 수 있다. 주기의 오른쪽으로 가면서 나타나는 전형적인 변화에 비하여, 변화 값의 범위가 매우 작은 것에 주목하라. 또한 염소, 브로민, 아이오딘에서는 예상되는 경향을 보이는 반면, 플루오린에 전자가 가해질 때 방출되는 에너지는 예상 값보다 작은 것에 주목하라. 이 작은 에너지 방출은 2*p* 오비탈의 작은 크기에 기인한다. 이 오비탈들에서는 전자들이 매우 가깝게 있어야 하기 때문에 전자−전자 간 반발이 상당히 크다. 보다 큰 오비탈을 갖는 다른 할로젠 원소들에서는 반발이 그다지 크지 않다.

원자 반지름

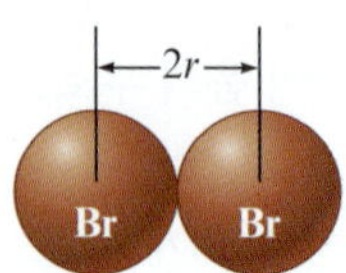

그림 7.34 원자 반지름(*r*)은 동일한 원자로 이루어진 분자에서 핵과 핵 사이의 거리의 절반으로 정의된다.

오비탈의 크기와 마찬가지로, 원자의 크기도 정확히 규정할 수 없다. **원자 반지름**(atomic radii) 값을 구하기 위해서는 여러 방법 중 한 가지를 임의로 선택해야 한다. 반지름 값은 여러 화합물에서 원자들 간의 거리를 측정하여 구할 수 있다. 예를 들어, 브로민 분자에서 두 핵 간 거리는 228 pm이다. 그림 7.34에서 보듯이 이 거리의 반인 114 pm를 브로민의 원자 반지름으로 정의한다. 공유 결합하는 원자들 간의 거리로부터 구한 반지름을 *공유 원자 반지름*(*covalent atomic radii*)이라 부른다.

이원자 분자를 형성하지 않는 비금속 원자들의 경우, 이들이 만드는 여러 공유 결합 화합물로부터 원자 반지름을 산출한다. 금속 원자들의 반지름[이를 *금속 반지름*(*metallic radii*)이라 한다]은 고체 금속 결정에서의 금속 원자 간 거리의 반으로부터 구한다.

주족 원소들의 원자 반지름 값이 그림 7.35에 나와 있다. 주목할 것은 이 값들이 독립된 원자들의 90% 전자 밀도 부피를 고려할 때 예상되는 값보다 훨씬 작다는 점인데, 이는 결합을 형성하면서 원자들의 전자 "구름"이 서로 겹치기 때문이다. 그럼에도 불구하고, 이 값들은 원자 반지름의 경향성을 잘 보여주고 있다.

그림 7.35에서, 한 주기에서 왼쪽에서 오른쪽으로 가면서 원자 반지름이 감소되는 것을 주목하라. 이러한 경향은 왼쪽에서 오른쪽으로 가면서 유효 핵전하가 증가하기 때문인 것으로(가림이 감소하기 때문) 설명할 수 있다. 이것은 원자가 전자들이 핵에 더 가까이 가게 되면서 원자의 크기도 작아지는 것을 의미한다.

한 족에서 아래로 갈수록 원자 반지름은 증가하는데, 이는 주양자 준위가 증가함에 따라 오비탈의 크기가 커지기 때문이다.

대화형 예제 7.10 원자 반지름의 경향

다음 이온들에 대한 원자 반지름의 경향성을 예측하라.

$$Be^{2+}, Mg^{2+}, Ca^{2+}, Sr^{2+}$$

풀이 여기에 나타낸 모든 이온들은 2A족 원소에서 두 개의 전자가 제거되어 만들어진다. 베릴륨에서 스트론튬으로 감에 따라 족의 아래로 내려가게 되고, 따라서 크기는 증가하게 된다.

$$Be^{2+} < Mg^{2+} < Ca^{2+} < Sr^{2+}$$

↑ 가장 작은 반지름 (Be²⁺) ↑ 가장 큰 반지름 (Sr²⁺)

연습 문제 7.119, 7.120과 7.123 참조

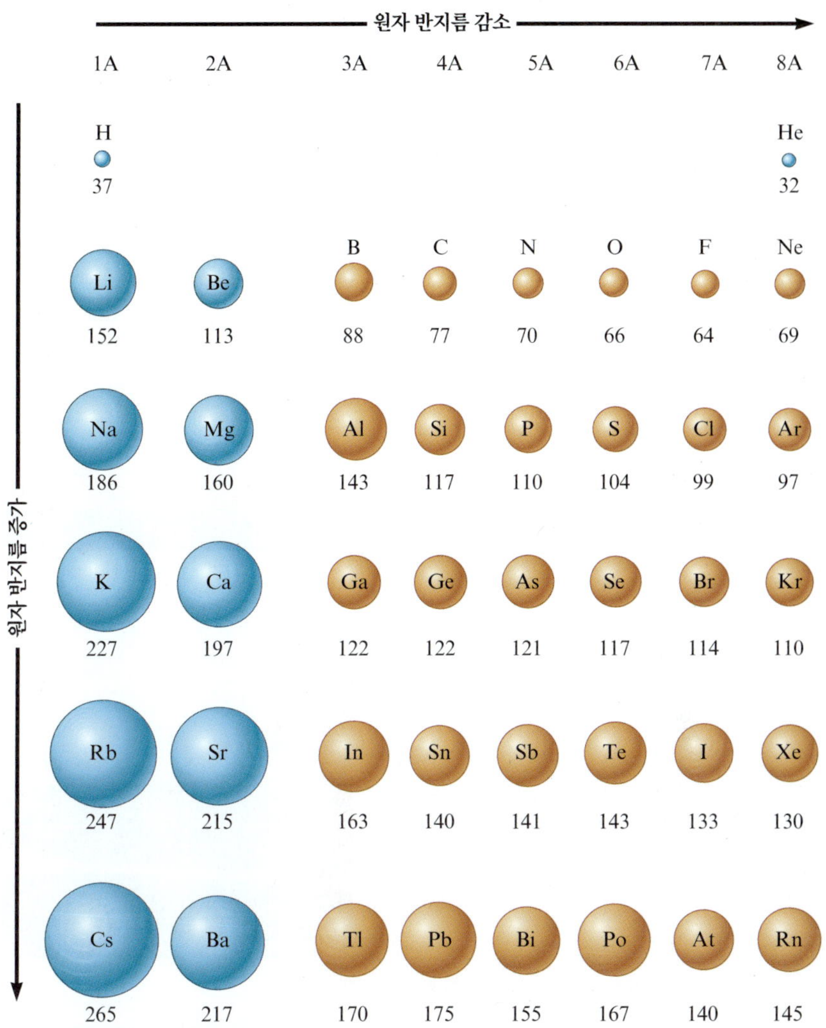

그림 7.35 선택된 원자들의 원자 반지름(피코미터로 나타냄). 원자 반지름은 주기에서 오른쪽으로 갈수록 감소하고, 족에서 아래로 내려가면서 증가하는 것에 주목하라. 불활성 기체의 경우 결합한 원자에 대한 자료가 없기 때문에 예상 값을 사용하였다.

7.13 족의 성질: 알칼리 금속

원소들의 성질들을 체계적으로 나타내는 방법의 하나로 주기율표를 고안하게 되었음을 알았다. 원소의 성질들을 바로잡고 예측하는 데 있어서, 주기율표가 얼마나 유용한지를 처음으로 보여준 사람은 Mendeleev였다. 이 절에서는 주기율표로부터 얻을 수 있는 많은 정보를 요약할 것이다. 또한, 알칼리 금속들로 이루어진 족의 성질을 통하여 주기율표의 유용함을 보일 것이다.

주기율표에 포함된 정보

1. 주기율표에서 가장 중요한 점은 주족 원소들의 족들이 비슷한 화학적 성질들을 나타내며, 이들이 일정한 방식으로 변한다는 점이다. 원자에 대한 양자 역학적 모형은 각 족이 비슷한 성질을 갖는 데 대한 근본적 이유를 이해할 수 있도록 해준다. 즉, 각 족의 구성 원소들은 모두 동일한 원자가 전자의 배치를 가지고 있다. *원자의 화학적 거동을 결정하는 주요 요인은 원자가 전자의 종류와 그 수이다.*
2. 주기율표로부터 얻을 수 있는 가장 가치 있는 정보들 중 하나는 주족 원소에 대한 전

그림 7.36 주기율표에서 일부 족들에 대한 특별한 이름들.

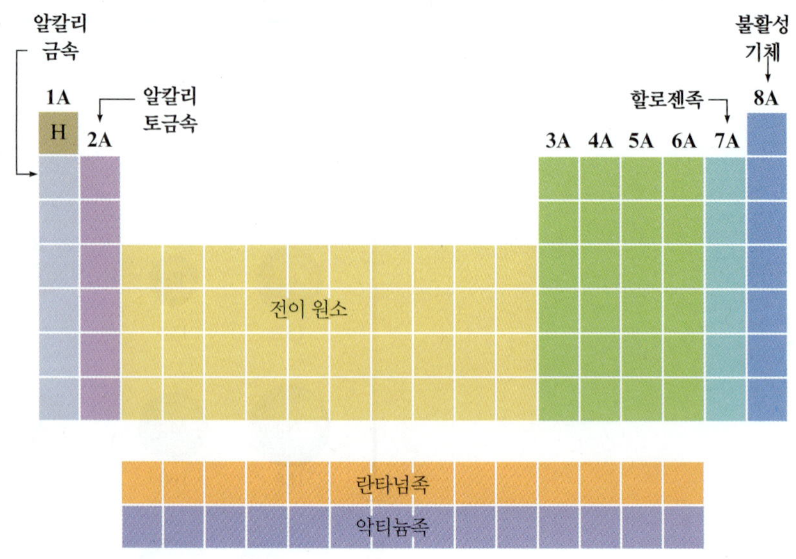

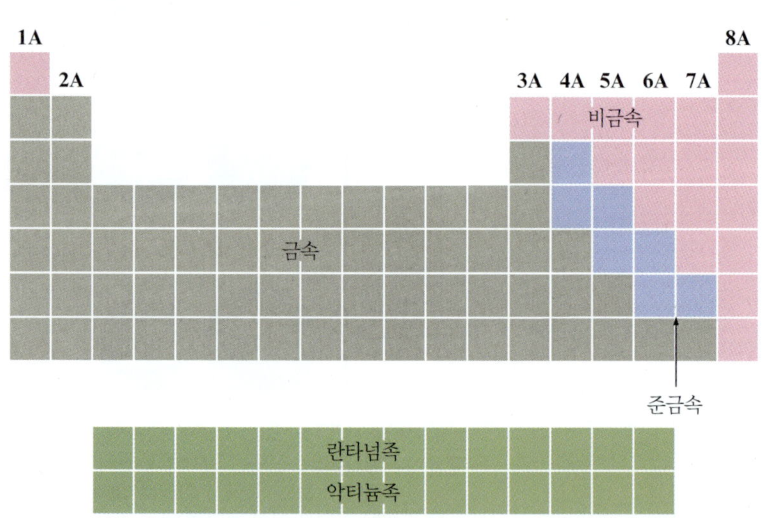

자 배치이다. 주기율표의 구성을 이해하고 나면, 이들 원소들에 대한 전자 배치를 기억할 필요는 없다. 예상한 전자 배치가 전이 금속의 경우에는 때로 틀리기도 하나, 이것은 그리 큰 문제가 되지 않는다. 그러나 크로뮴과 구리의 두 예외에 대해서는 전자 배치를 기억해 둘 필요가 있는데, 이 3*d* 전이 원소들은 많은 중요한 화합물들에서 발견되기 때문이다.

3. 제2장에서 언급했듯이 주기율표에서의 어떤 족들은 특별한 이름을 갖는다. 그림 7.36에 이를 요약해 놓았다. 나타낸 족의 이름은 기억해 두어야 한다.

금속과 비금속은 제2장에서 처음 논의하였다.

4. 주기율표에서 원소들을 나누는 가장 기본적인 방법은 금속과 비금속으로 나누는 것이다. 금속 원자의 가장 중요한 화학적 성질은 하나 또는 두 개의 전자를 잃고 양이온이 되려는 경향성이다. 이를 두고 금속은 낮은 이온화 에너지를 갖는다고 한다. 그림 7.36에서 보듯이 금속성 원소들은 주기율표의 왼쪽에서 볼 수 있다. 화학적으로 가장 반응성이 강한 금속들은 주기율표의 왼쪽 하단부에서 볼 수 있는데, 이들은 가장 작은 이온화 에너지를 갖게 된다. 비금속 원자의 가장 특징적인 화학적 성질은 금속과 반응하면 하나 또는 두 개의 전자를 얻어 음이온을 형성하는 것이다. 따라서 비금속은 이온화 에너지가 크고, 전자 친화도가 큰 음의 값을 갖는 원소들이다. 비금속들은 주기율표에서 오른쪽에 있으며, 그중에서도 가장 반응성이 큰 것들은 오른쪽 상단

표 7.7 다섯 개의 알칼리 금속에 대한 성질

원소	원자가 전자 배치	25°C에서 밀도 (g/cm^3)	mp (°C)	bp (°C)	일차 이온화 에너지 (kJ/mol)	원자(공유) 반지름 (pm)	이온(M^+) 반지름 (pm)
Li	$2s^1$	0.53	180	1330	520	152	60
Na	$3s^1$	0.97	98	892	495	186	95
K	$4s^1$	0.86	64	760	419	227	133
Rb	$5s^1$	1.53	39	668	409	247	148
Cs	$6s^1$	1.87	29	690	382	265	169

구석에 있는데, 물론 이때 반응성이 없는 불활성 기체 원소들은 제외된다. 그림 7.36에 보인 금속과 비금속 간의 구분은 대충 나눈 것이다. 구분선 경계상의 많은 원소들은 특정한 조건에 따라 금속 성질을 보이기도 하고, 비금속 성질을 보이기도 한다. 이들 원소들은 **준금속**(metalloids) 또는 **반금속**(semimetal)이라고 한다.

알칼리 금속

1A족의 금속들(알칼리 금속)은 족 내에서 나타나는 원소의 성질들 사이의 상호관계를 매우 잘 보여주고 있다. 리튬, 소듐, 포타슘, 루비듐, 세슘, 프랑슘은 금속 중에서도 가장 화학적으로 반응성이 큰 원소들이다. 프랑슘은 자연에서 매우 작은 양으로 존재하므로, 여기에서 다루지 않을 것이다. 비록 수소가 주기율표에서는 1A족에 있지만, 족의 다른 원소들과는 대조적으로 비금속으로 행동한다. 수소의 비금속적인 특성은 근본적으로 매우 작은 크기로부터 기인한다(그림 7.35). 작은 1*s* 오비탈에 있는 전자는 핵에 매우 강하게 결합되어 있다.

처음 다섯 가지 알칼리 금속의 몇 가지 중요한 성질들을 표 7.7에 나타내었다. 표 7.7의 데이터는 족의 아래로 내려가면서 일차 이온화 에너지 값이 감소하며, 원자 반지름이 증가하는 것을 보여준다. 이것은 7.12절에서 논했던 일반적인 경향과 일치한다.

1A족에서 아래로 내려가면서, 밀도가 전반적으로 증가하는 것은 모든 다른 족에서도 동일하게 나타난다. 이는 원자 크기가 커지는 것보다 원자 질량이 더 빨리 커지기 때문이다. 따라서 뒤에 있는 원소일수록 단위 부피당 질량은 더 크다.

산화-환원 반응은 제4장에서 논의하였다.

1A족에서 아래로 내려가면서, 녹는점과 끓는점이 일정하게 감소하는 것은 일반적인 현상이 아니다. 대부분의 다른 족에서는 더 복잡한 양상의 변화가 일어난다. 세슘의 녹는점이 단지 29°C밖에 되지 않는 것에 주목하라. 세슘은 체온으로도 금방 녹는다. 이것은 매우 특이한 경우로, 전형적인 금속들은 훨씬 높은 녹는점을 갖는다. 예를 들어, 텅스텐은 3410°C에서 녹는다. 낮은 녹는점을 갖는 또 다른 금속으로는 수은(mp −38°C)과 갈륨(mp 30°C)뿐이다.

▲ 포타슘은 물과 격렬하게 반응한다.

금속의 가장 특징적인 화학적 성질은 원자가 전자들을 잃는 성질이다. 1A족의 원소들은 매우 반응성이 강하다. 이들은 낮은 이온화 에너지를 가지고 있어서 비금속과 반응하여 이온성 고체를 형성한다. 가장 전형적인 예로써, 소듐과 염소가 반응하여 염화 소듐을 형성하는 반응을 들 수 있다.

$$2Na(s) + Cl_2(g) \longrightarrow 2NaCl(s)$$

여기에서 염화 소듐은 Na^+와 Cl^- 이온을 가지고 있다. 이 반응은 염소가 소듐을 산화시키는 산화-환원 반응이다. 다음 반응에서와 같이 금속과 비금속 간에 일어나는 반응에서 전형적으로 비금속은 산화제로, 금속은 환원제로 행동한다.

$$2Na(s) + S(s) \longrightarrow Na_2S(s)$$
Na^+와 S^{2-} 이온 포함

$$6Li(s) + N_2(g) \longrightarrow 2Li_3N(s)$$
Li^+와 N^{3-} 이온 포함

$$2Na(s) + O_2(g) \longrightarrow Na_2O_2(s)$$
Na^+와 O_2^{2-} 이온 포함

위에서 보인 형태의 반응들에 대하여, 표 7.7에 제시한 일차 이온화 에너지 값으로부터 알칼리 금속들의 상대적인 환원력을 예측해 볼 수 있다. 리튬 원자보다 세슘 원자에서 전자 하나를 제거하는 것이 훨씬 쉬우므로, 세슘이 더 센 환원제이다. 환원력에 대해 예상되는 경향은 다음과 같다.

$$Cs > Rb > K > Na > Li$$

이 순서는 고체 알칼리 금속과 비금속 간의 직접 반응을 통해 실험적으로 관찰된다. 그러나 이것은 알칼리 금속들이 물과 반응할 때 관찰되는 환원력의 순서를 반영하지 않는다. 예를 들어, 알칼리 금속에 의한 물의 환원 반응은 매우 격렬하고 많은 열을 발생한다.

$$2M(s) + 2H_2O(l) \longrightarrow H_2(g) + 2M^+(aq) + 2OH^-(aq) + \text{에너지}$$

족의 처음 세 원소가 나타내는 이 반응에 대한 환원력의 순서는 다음과 같다.

$$Li > K > Na$$

표 7.8 Li^+, Na^+, K^+ 이온의 수화 에너지

이온	수화 에너지 (kJ/mol)
Li^+	−510
Na^+	−402
K^+	−314

기체 상태에서 포타슘은 소듐보다 더 쉽게 전자를 잃고, 소듐은 리튬보다 더 쉽게 전자를 잃는다. 따라서 물에 대하여 리튬이 가장 좋은 환원제라는 점은 의외다.

이와 같이 순서가 바뀌는 것은 극성이 강한 물 분자들에 의해 이온들이 수화되는 과정이 M^+ 이온을 형성되는 데 큰 영향을 주기 때문이다. 이온의 *수화 에너지*(*hydration energy*)란, 물 분자들이 M^+ 이온에 결합할 때 일어나는 에너지 변화를 말한다. Li^+, Na^+, K^+ 이온들에 대한 수화 에너지를 보면(표 7.8), 각 경우 모두 발열 과정임을 알 수 있다. 그러나 Li^+ 이온이 수화될 때 방출하는 에너지가 K^+ 이온에 비해 훨씬 작기 때문에 훨씬 큰 *전하 밀도*(*charge density*: 단위 부피당 전하)를 나타낸다. 이는 극성인 물 분자가 작은 Li^+ 이온에 더욱 강하게 끌림을 의미한다. Li^+ 이온은 매우 강하게 수화되기 때문에 포타슘 원자로부터 K^+ 이온이 형성되는 것보다 리튬 원자로부터 Li^+ 이온이 훨씬 쉽게 형성된다. 비록 기체 상태에서는 포타슘 원자가 리튬 원자보다 훨씬 쉽게 원자가 전자를 잃지만, 수용액에서는 그 반대가 된다. 이러한 예외는 수용액에서 물 분자의 극성이 얼마나 중요한지를 보여주는 한 예이다.

알칼리 금속들과 물 사이에 일어나는 큰 발열 반응과 관련된 또 하나의 놀라운 사실이 있다. 실험에 의하면, 물에서는 리튬이 가장 센 환원제이다. 따라서 아마도 리튬이 물과 가장 격렬하게 반응할 것으로 예상할 것이다. 그러나 실제로는 그렇지 않다. 소듐과 포타슘이 훨씬 더 격렬하게 반응한다. 왜 그럴까? 그 이유는 리튬의 녹는점이 상대적으로 높기 때문이다. 소듐과 포타슘이 물과 반응하면 발생한 열로 인해 이들은 녹게 되고, 물과 더 많이 접촉하게 된다. 이와는 달리, 리튬은 녹지 않기 때문에 느리게 반응하게 된다. 이는 반응의 에너지 변화와 그 반응이 일어나는 속도가 반드시 서로 관련된 것은 아니라는 원리를 보여준다.

이 절에서, 주기율표에 요약된 원자 성질의 경향들이 원소들의 화학적 성질을 이해하는 데 크게 도움이 됨을 알았다. 앞으로 화학을 공부하는 데 있어서 이러한 사실은 재차 강조될 것이다.

개념 정리 및 복습 For Review

주요 용어

7.1절

전자기 복사
파장
진동수

7.2절

Plank의 상수
양자화
광자
광전 효과
빛의 이중성
회절
회절 무늬

7.3절

연속 스펙트럼
선 스펙트럼

7.4절

양자 모형
바닥 상태

7.5절

정류파
파동함수
오비탈
양자(파동) 역학 모형
Heisenberg의 불확정성의 원리
확률 분포
방사방향 확률 분포

7.6절

양자수
주양자수(n)
각 운동량 양자수(O)
자기 양자수(mO)
부껍질

7.7절

마디 표면
마디
축퇴된 오비탈

7.8절

전자 스핀
전자 스핀 양자수(ms)
Pauli의 배타 원리

전자기 복사

- 파장(λ), 진동수(ν), 속도($c = 2.9979 \times 10^8$ m/s)로 그 특징이 규정된다.

$$\lambda\nu = c$$

- 광자라고 부르는 "입자"들의 흐름으로 볼 수 있으며, 개개의 광자는 $h\nu$의 에너지를 가지고 있다. 여기에서 h는 Plank 상수이다(6.626×10^{-34} J · s).

광전 효과

- 빛을 금속 표면에 쪼일 때, 전자가 방출되는 현상이다.
- 방출된 전자의 운동 에너지와 방출된 전자의 수를 분석하여 Einstein은 전자기 복사를 광자의 흐름으로 볼 수 있다고 제안하였다.

수소 스펙트럼

- 수소의 방출 스펙트럼은 몇 개의 분리된 파장들을 보여준다.
- 수소가 특정한 에너지를 가지고 있음을 의미한다.

Bohr의 수소 원자 모형

- Bohr는 원자에서 전자의 각운동량이 양자화되어 있다고 가정하고 수소 스펙트럼을 해석하여 전자가 원형 궤도를 따라 돌고 있는 원자 모형을 제안하였다.
- 중요하고도 선구적인 해석이었지만 후에 완전히 틀린 것임이 증명되었다.

파동(양자) 역학 모형

- 전자를 정류파로 기술한다.
- 파동함수(오비탈이라고 한다)의 제곱은 어떤 위치에서 전자의 확률 분포 값을 의미한다.
- 전자의 정확한 위치를 알 수 없는 것은 어떤 입자의 위치와 운동량을 동시에 정확히 알 수 없다는 Heisenberg의 불확정성 원리와 일치한다.
- 확률 분포도를 이용하여 오비탈의 모양을 정의한다.
- 오비탈은 양자수 n, ℓ, m_ℓ에 의하여 특성화된다.

전자 스핀

- $\pm\frac{1}{2}$의 값을 갖는 스핀 양자수 m_s로 기술한다.
- Pauli의 배타 원리: 한 원자에서 어떤 두 전자도 양자수 n, ℓ, m_ℓ, m_s가 모두 같을 수는 없다.
- 주어진 한 오비탈에는 최대 두 개의 전자가 들어갈 수 있으며, 이때 두 전자는 서로 반대 방향의 스핀을 가진다.

주기율표

- 주기율표의 전체 모양은 파동역학 모형으로부터 얻은 오비탈들의 배치(쌓음 원리)를 이용하여 설명할 수 있다.

7.9절

다전자 원자

7.11절

쌓음 원리
Hund의 규칙
원자가 전자
핵심부 전자
전이 금속
란타넘족
악티늄족
주족 원소(전형 원소)

7.12절

일차 이온화 에너지
이차 이온화 에너지
전자 친화도
원자 반지름

7.13절

준금속(반금속)

- 파동역학 모형에 따르면 같은 족의 원자들은 원자가 전자 배치가 같다.
- 이온화 에너지, 원자 반지름 등의 원자의 성질들이 보이는 경향은 핵의 인력, 전자들 사이의 반발력, 가리움 효과, 침투 등의 개념으로 설명할 수 있다.

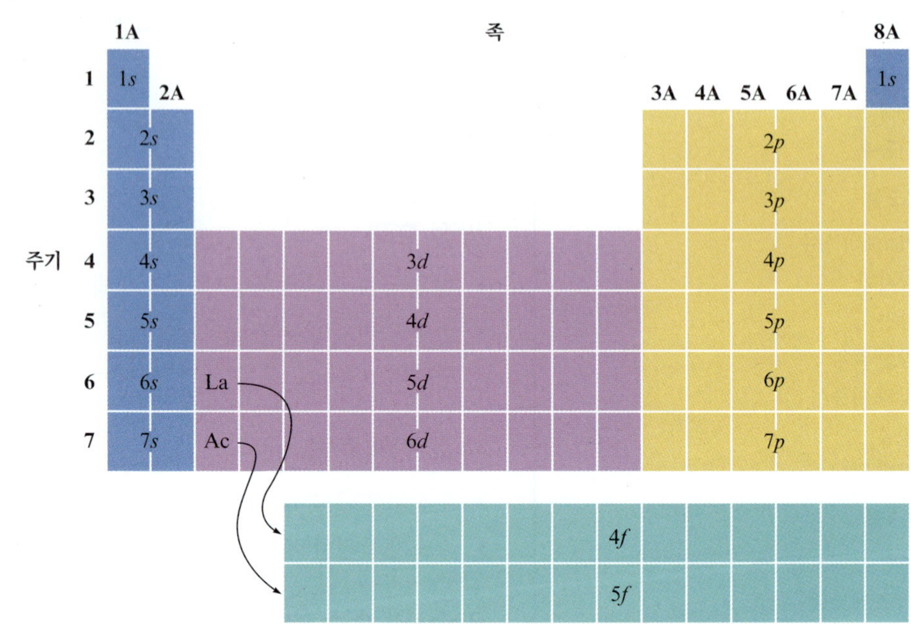

복습 질문

1. 전자기 복사선(EMR)은 자외선, 마이크로파, 감마선 및 가시광선의 네 종류가 있다. 이들 모든 종류의 EMR은 파장, 진동수, 광자 에너지, 속도로 특성을 규정할 수 있다. 이들 용어를 정의하고, 네 가지의 EMR을 파장, 진동수, 광자 에너지, 속도가 증가하는 순서로 각각 나열하라.
2. Bohr의 원자 모형의 특징을 기술하라. Bohr 모형에서, 양자화되었다는 것은 무엇을 의미하는가? 수소 원자의 Bohr 모형은 수소의 방출 스펙트럼을 어떻게 설명하는가? Bohr 모형이 근본적으로 틀린 이유는 무엇인가?
3. 빛의 양자론을 뒷받침하고 있는 실험적 증거는? 모든 물질이 가지고 있는 파동–입자 이중성을 설명하라. 파동과 입자의 성질을 모두 고려하여야 하는 경우는 어떤 크기의 입자에 대한 것인가?
4. 원자의 양자 역학 모형에서 가장 중요한 개념을 설명하라. 답을 작성할 때 *파동함수(wave functuion)*, *오비탈(orbital)*, *Heisenberg 불확정성 원리(Heisenberg uncertainty principle)*, *de Broglie*, *Schrödinger*, *확률 분포(probability distribution)* 등의 단어 또는 이름을 포함하여 기술하라.
5. 양자수란 무엇인가? 양자수 n, ℓ, m_ℓ로부터 얻을 수 있는 정보는? 스핀 양자수(m_s)가 정의되어 있다. 전자는 말 그대로 스핀(자전)하고 있는가?
6. 세 개의 $2p$ 오비탈은 어떤 점에서 다른가? $2p$, $3p$ 오비탈은 어떤 점에서 다른가? 원자 오비탈에서 마디 표면이란? $1p$, $1d$, $1f$, $2d$, $2f$, $3f$ 오비탈에서 잘못된 것은? $4s$ 전자가 $3d$ 전자보다 더 침투한다는 것이 의미하는 바를 설명하라.
7. 주기율표에 있는 네 개의 구역은 어떠한 원자 오비탈이 채워져 있느냐에 구별된다. 네 개의 구역은 어디이고 해당하는 오비탈은 무엇인가? 주기율표로부터 원자 오비탈의 에너지 순서를 어떻게 알 수 있는가? 쌓음 원리란? Hund의 규칙이란? Pauli의 배타 원리란 무엇인가? 1~36번 원소 중에는 주기율표에서 일반적으로 예측되는 바닥 상태 전자 배치를 하지 않는 것이 두 개 있다. 무엇인가?
8. 핵심부 전자와 원자가 전자의 차이점은? 원자의 성질을 논의하는 데 있어서 원자가 전자를 강조하는 이유는? 원자가 전자와 주기율표에서 같은 족에 있는 원소들 사이에는 어떤 관계가 있는가?
9. 이온화 에너지와 전자 친화도는 어떠한 과정에 대한 에너지 변화인지를 인(P) 원소를 예로 하여 식을 써라.

   같은 주기에 있는 원자들에 대하여 일차 이온화 에너지가 왼쪽으로 오른쪽으로 갈수록 증가하는 경향에 대하여 설명하라. 알루미늄(Al)의 일차 이온화 에너지가 마그네슘(Mg)보다 작고, 황(S)의 일차 이온화 에너지가 인(P)보다 작은 이유를 설명하라.

한 원자에서 이온화 에너지는 왜 순차적으로 항상 증가하는가? 표 7.4에 있는 규소(Si)의 연속적인 이온화 에너지 값들을 보라. 규소에서 전자를 하나씩 떼어내면서 모두 떼어낼 때까지 순차적인 이온화 에너지를 비교하여 볼 때 이온화 에너지가 급격히 증가하는 경우가 표의 범위 밖에도 있는지를 예측하라.

10. 원자 반지름과 이온화 에너지는 그 경향이 정확히 반대이다. 그 이유를 설명하라. 전자 친화도를 정의하라. 전자 친화도의 값은 발열(음수) 또는 흡열(양수)이나 이온화 에너지는 항상 흡열(양수)인 이유를 설명하라.

활동 학습 질문

이 문제들은 학생들이 강의실에서 그룹을 만들어 함께 풀어보도록 고안하였다.

1. 파동과 같은 성질을 갖는다는 것은 무엇을 의미하는가? 입자의 성질을 가진다는 것은 또 무엇을 의미하는가? 전자기 복사는 파동과 입자라는 두 가지 관점에서 모두 설명될 수 있다. 이들 두 다른 관점을 확인해주는 실험에 대해 설명하라.

2. Bohr의 모형을 비판하고, 또한 변호해 보라. 그와 같은 모형이 제안된 것이 어떤 점에서 합리적이었으며, 어떤 증거가 모형을 "뒷받침"하는가? 어떤 이유에서 우리는 더 이상 그 모형을 "받아들이지" 않는가?

3. 아래에 원소 *X*와 *Y*의 처음 네 단계의 이온화 에너지를 나타내었다. 단위는 kJ/mol이다.

	X	*Y*
일차	170	200
이차	350	400
삼차	1800	3500
사차	2500	5000

*X*와 *Y*는 어떤 원소인지를 지적하라. 둘 이상의 정답이 있을 수 있으므로, 완벽하게 설명하라.

4. 두 개의 전자 모두 1*s* 오비탈로부터 나온다는 점을 염두에 두고 헬륨의 일차 이온화 에너지와 이차 이온화 에너지를 비교하라. 책에서 얻을 수 있는 실제 값을 사용하지 말고 차이점을 설명하라.

5. 리튬과 베릴륨 중 어떤 것이 더 큰 이차 이온화 에너지를 갖는가? 왜 그런가?

6. 이온화 에너지를 원자 번호에 대하여 나타낸 그래프가 왜 직선이 아닌지를 설명하라. 예외는 어디에서 나타나는가? 이들 예외들은 왜 나타나는가?

7. 이 책에 의존하지 말고, 소듐에서 아르곤까지의 원소들에 대한 이차 이온화 에너지의 경향성을 예상하라. 결과를 표 7.4와 비교하고, 차이점을 설명하라.

8. 주기율표에서 금속과 비금속을 나누는 선이 오른쪽 아래로 가로지르는 대각선 모양을 갖는 이유를 설명하라.

9. 금속은 전자를 잃는 경향이 있고 비금속은 전자를 얻는 경향이 있음을 설명하라.

10. *전자*(*electron*)를 양자 역학적 관점에서 기술하되, 원자 반지름, 확률 밀도, 오비탈 등을 사용하여 설명하라.

11. 수소의 1*s* 오비탈과 리튬의 1*s* 오비탈 중에서 어느 것이 더 큰지 설명하라. 그 이유는 무엇인가? 수소 원자와 리튬 원자 중에서 반지름이 더 큰 것은 어느 것인가? 그 이유는 무엇인가?

12. 수소 원자에 허용된 무한한 개수의 전자 전이가 있다. 왜 수소 방출 스펙트럼에 더 많은 선을 나타나지 않는가?

13. "들뜬 상태(excited state)"라는 용어의 의미를 전자에 적용해서 설명하라. 들뜬 상태에 있는 전자는 바닥 상태의 전자보다 에너지가 더 높은가 아니면 더 낮은가? 더 안정한가 아니면 덜 안정한가?

14. 다음에 대한 최선의 답을 선택하라. 염소 원자에 대한 이온화 에너지는 그 크기에서 아래 경우에 대한 전자 친화도와 동일하다.

a. Cl 원자
b. Cl^- 이온
c. Cl^+ 이온
d. F 원자
e. 이들 모두 아님

선택한 답에 대해 설명하고, 선택하지 않은 답에 대해서는 무엇이 잘못되었는지를 지적하라.

15. "포타슘 원자의 이온화 에너지는 음의 값을 갖는데, 이는 K가 전자 하나를 잃고 K^+가 되면서 불활성 기체의 전자 배치를 갖기 때문이다." 이 서술에 대하여 옳은 부분과 틀린 부분을 지적하라. 틀린 부분을 바로잡고 이를 설명하라.

16. 주기율표에서 왼쪽에서 오른쪽으로 가면서 전자들이 추가되고, 이온화 에너지는 일반적으로 증가한다. 주기율표에서 위에서 아래로 가면서도 전자들은 추가되지만, 이온화 에너지는 감소한다. 그 이유를 설명하라.

17. 원자를 기술하는 데 있어서 확률이 어떻게 쓰이는가?

18. *오비탈(orbital)*이 뜻하는 것은 무엇인가?

19. 오비탈과 방사 확률에 대한 확률 밀도 분포 사이의 차이점을 설명하라.

20. 다음 문장이 진실인지 거짓인지를 판별하고 설명하라. 수소 원자는 3*s* 오비탈을 가진다.

21. 수소 원자에서 2*s*와 2*p* 오비탈 중 어느 것이 에너지가 더 높은가? 이것은 헬륨에서도 동일하게 적용되는가를 설명하라.

22. 플루오린 원자가 또 다른 플루오린 원자에게서 전자를 얻는 것보다 소듐 원자에게서 전자를 얻는 것이 에너지적으로 더 유리함을 수학적으로 증명하라.

23. 파장, 진동수, 광자 에너지 사이에는 어떤 (비례 또는 반비례) 관계가 성립하는가? 그림 7.2에 기반하면 어느 전자기선이 파장이 가장 짧고 어떤 것이 가장 긴가? 진동수는 어떤 것이 가장 낮고 어떤 것이 가장 높은가? 광자 에너지는 어떤 것이 가장 낮고 어떤 것이 가장 큰가?

24. 원자 X가 원자 Y에 비해 최외각 전자의 에너지 오비탈이 낮다면, 둘 중 어느 것의 이온화 에너지가 크겠는지 설명하라.

25. 현재의 양자역학적인 원자 모델에서는 어떤 오비탈도 전자 두 개를 수용할 수 있다. 만일 전자 세 개를 수용할 수 있다고 가정하고 주기율표의 처음 세 줄을 스케치해보라. 각 오비탈이 세 개의 전자를 담을 수 있다면 불활성 기체들의 원자번호는 어떻게 될 것인가? 전이금속과 악티늄 계열에서 첫 줄에는 몇 개의 원소가 있겠는가?

26. 본문에 있는 정보를 참고하지 말고, Na부터 Ar까지 원자번호에 따른 제 3 이온화 에너지의 정성적인 그래프를 그려보시오.

분홍색 번호의 질문과 연습문제에 대한 정답은 온라인에서 확인할 수 있습니다(차례의 QR을 스캔해보세요).

질문

27. 전자기 복사의 진동수(frequency)가 1/2로 감소하는 경우, 다음 중 어느 설명이 *틀리는가*?
   a. 단위 시간당 주어진 지점을 통과하는 사이클 수는 절반으로 줄어든다.
   b. 복사선의 속도는 절반으로 줄어든다.
   c. 전자기 복사선의 파장은 두 배가 된다.
   d. 전자기 복사의 광자 에너지는 두 배가 된다.

28. 전자기 복사의 *진동수(frequency)*는 무엇을 의미하는가? 전자기 복사의 속도와 진동수는 같은 의미인가?

29. 광전 효과를 설명하라.

30. 전자기 복사를 연구하는 것이 원자에서 전자 배치를 이해하는 데 중요한 이유는 무엇인가?

31. 빠르게 던진 야구공의 파장과 빛의 속도의 1/10로 진행하는 전자의 파장을 비교하라. 이러한 비교에서 알 수 있는 중요한 점은 무엇인가? 예제 7.3을 참조하라.

32. 다음은 Bohr 수소 원자에 있는 전자 전이에 대한 에너지 도표이다.

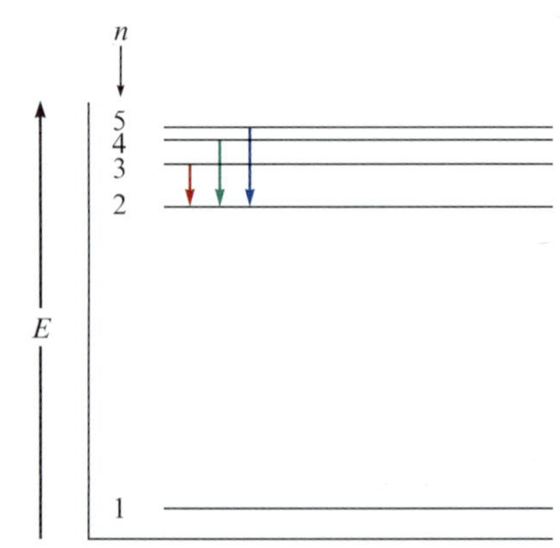

   a. 위로 갈수록 에너지 준위 간격이 좁아지는 이유는?
   b. 다이어그램에 표시된 색깔이 옳다는 것을 증명하라. 수학적으로 옳다는 것을 보여라.

33. 1-전자 원자 또는 이온에 대한 전자기 복사선의 짧은 파장의 방출에 대응하는 전자기적 변화는 무엇인가? 계산은 필요하지 않다.
   a. $n = 5 \rightarrow n = 3$
   b. $n = 4 \rightarrow n = 2$
   c. $n = 3 \rightarrow n = 2$
   d. $n = 2 \rightarrow n = 1$
   e. $n = 3 \rightarrow n = 1$

34. Bohr 모형의 어떤 면이 Heisenberg의 불확정성 원리가 허용하지 *않는* 것인가?
   a. 분리된 원자 에너지 준위
   b. 단순 원형 궤도
   c. de Broglie 파장
   d. 원자 오비탈

35. Bohr 모형은 일-전자 원자를 가지는 화학종에 대해서만 효과가 있다. 책에서 이것을 논의하는 이유는 무엇인가? (다시 말해서 그 중요성은 무엇인가?)

36. 수소 1*s* 오비탈에 대한 핵으로부터의 거리에 대한 확률과 방사 확률 둘 모두를 아래 그림과 같이 표현할 수 있다.

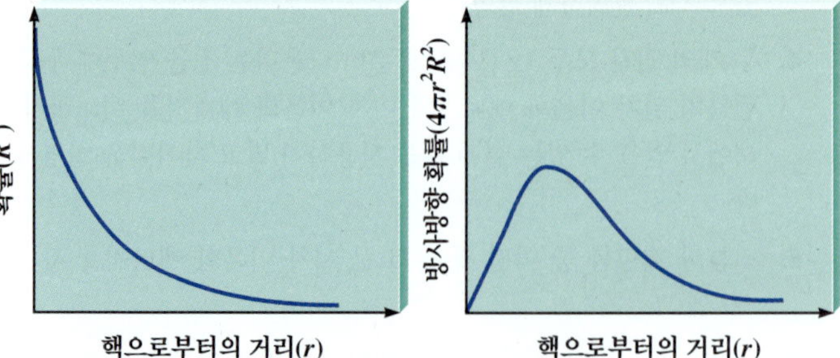

각 그래프는 수소의 1*s* 오비탈에 있는 전자에 대해서 무엇을 말해주는가? 방사방향 확률 분포의 중요성을 기술하라.

37. 그림 7.15와 그림 7.17에 나타낸 *p*와 *d* 원자 오비탈을 생각하자. + 부호와 − 부호는 무엇을 나타내는 것인가?

38. 주기율표는 네 개의 구역으로 이루어져 있고 각 구역은 속한 원소들이 채워지고 있는 *s*, *p*, *d*, *f* 오비탈에 따라 구분된다. *f* 오비탈 다음에는 *g*와 *h* 오비탈이 온다. 만일 *g*-구역과 *h*-구역의 원소

들이 있다면, 가상의 주기율표에서 g-구역과 h-구역의 행의 길이는 이론적으로 얼마나 될까?

39. 어떤 양자수가 관련이 있는가?

a. 공간에서 오비탈의 배향성

b. 오비탈의 크기

c. 전자에 의해서 생성되는 자기 운동량

d. 오비탈의 모양

40. 바닥 상태와 들뜬 상태의 차이는 무엇인가? 각 원소에 대해 몇 가지의 바닥 상태 전자 배치가 가능한가? 몇 가지의 들뜬 상태가 가능한가?

41. 여러 번에 걸쳐서 부껍질들의 반이 차면 특별히 안정해진다는 점을 지적했다. 이에 대한 가능한 물리적 근거를 제안하라.

42. 주기율표에서 수직 관계뿐만 아니라 대각선 관계가 존재한다. 예를 들면, Be와 Al은 B와 Si과 같이 서로 유사한 특성을 지닌다. 이와 같은 대각선 관계가 크기, 이온화 에너지, 전자 친화도와 같은 특성에 적용되는 이유를 설명하라.

43. 이온화 에너지가 매우 큰 원소들은 또한 매우 큰 전자 친화도를 가진다. 이유를 설명하라. 이 주장에 예외인 족이 어떤 족인지 말하라.

44. 주기율표에서 족 아래로 갈수록 전자 친화도 변화는 이온화 에너지 변화만큼 크지 않다. 그 이유는 무엇인가?

45. 수소와 수소형 이온들보다 다전자 원자들이나 이온들의 선스펙트럼을 설명하는 것이 훨씬 더 어려운 이유는 무엇일까?

46. 과학자들은 미지의 성분의 물질에 특정 원소가 존재하는지를 확인할 때 방출 스펙트럼을 이용한다. 이것이 가능한 이유는 무엇일까?

47. 전자−전자 간 반발을 최소로 하는 것과 Hund 규칙이 관련이 있는가?

48. 수소 원자에서, $n = \infty$와 $E = 0$인 상태의 물리적 의미는 무엇인가?

49. 다음 각각의 예에 대해서, 전자의 에너지는 어떤 양자수에 의존하는가?

a. 단일 전자 원자 또는 이온

b. 다전자 원자 또는 이온

50. Mendeleev는 몇 개의 미지의 원소가 존재함을 예측했지만 비활성기체, 란타넘족, 악티늄 족의 존재는 예측하지 못했다. Mendeleev가 비활성 기체의 존재를 예측하지 못한 이유가 무엇인지 추정해 보라.

연습 문제

이 절의 연습 문제는 비슷한 유형의 문제를 두 개씩 짝지어 놓았다.

빛과 물질

51. 광합성은 660 nm의 빛을 사용해서, 이산화 탄소와 물을 글루코스(glucose)와 산소로 변환시킨다. 이 빛의 진동수를 계산하라.

52. 99.5 MHz를 사용하는 FM 라디오 방송이 있다. 사용되는 라디오파의 파장을 계산하라.

53. 마이크로파 복사는 1.0 cm 정도의 파장을 갖는다. 이 복사의 한 개 광자가 갖는 에너지와 진동수를 계산하라. 이 복사의 Avogadro 수만큼의 광자(이를 *einstein*이라 부른다)가 갖는 에너지를 계산하라.

54. 자외선(UV)의 한 개 광자는 인간 DNA의 돌연변이를 유발하기에 충분한 에너지를 포함하고 있다. 25 nm의 파장을 갖는 UV 광자 1개와 1 mol의 UV 광자 에너지는 얼마인가?

55. 메톡시신남산 옥틸(octyl methoxycinnamate)과 옥시벤존(oxybenzone)은 햇볕 차단제에 흔히 사용되는 주요물질이다. 이 화합물들은 태양광 화상에 가장 밀접한 자외선(UV) B(파장 280~320 nm)를 흡수하는 데 작용한다. 이 화합물이 흡수하는 빛의 진동수 영역은 얼마인가?

56. 인간이 색을 보는 것은 안구 내의 세 가지 다른 추상체 수용기(cone receptors)가 빛 광자와 어떻게 상호작용하는가에 기초한 신경계에 의해서 "산출된다." 다음의 표에 나타낸 바와 같이 세 가지 다른 형태의 원뿔은 다른 진동수의 빛의 광자와 상호작용한다.

추상체 형태	검출된 빛의 진동수 범위
S	$6.00\sim7.49 \times 10^{14}\ s^{-1}$
M	$4.76\sim6.62 \times 10^{14}\ s^{-1}$
L	$4.28\sim6.00 \times 10^{14}\ s^{-1}$

세 가지 유형의 추상체들은 각기 어떤 파장 영역의 빛을 감지하는가?

57. 다음과 같은 전자기 복사선을 나타내는 파를 생각하자.

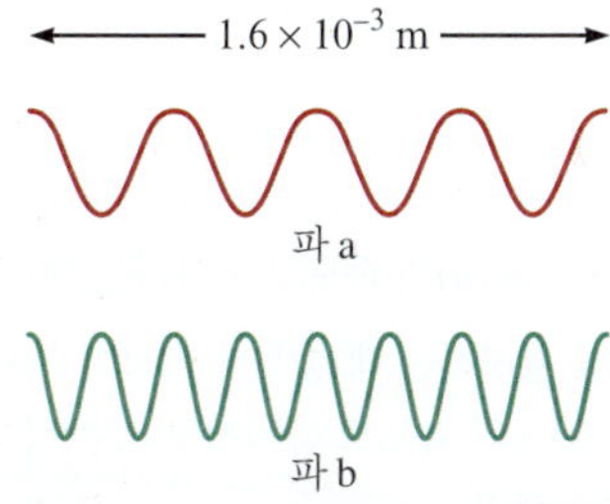

어느 파의 파장이 더 긴가? 파장을 계산하라. 어느 파가 높은 진동수를 갖고 큰 광자 에너지를 갖는가? 이 값들을 계산하라. 어느 파가 빠른 속도를 갖는가? 어떤 형태의 전자기 복사가 설명되었는가?

58. 진동수가 107.1 MHz, 파장이 2.12×10^{-10} m, 광자 에너지가 3.97×10^{-19} J/광자인 전자기 복사선들이 있다. 각각에 대해 전자기 복사선의 형태를 말하고, 광자 에너지가 증가하는 순으로, 또한 진동수가 증가하는 순으로 나열하라.

59. 어떤 유기 분자에 있는 탄소−산소 이중 결합은 진동수 $6.0 \times 10^{13}\ s^{-1}$인 빛을 흡수한다.

a. 이 빛의 파장은 얼마나 될까?

b. 이 빛은 스펙트럼의 어느 영역에 속하는가?

c. 이 빛의 광자 한 개의 에너지는 얼마일까? 광자 1 mol당 에너지는 얼마일까?

d. 다른 분자에 있는 탄소-산소 결합은 진동수 5.4×10^{13} s^{-1}인 빛을 흡수한다. 이 빛이 더 에너지가 많을까? 아니면 적을까?

60. X-선의 파장은 1×10^{-10} m이다. 파장 1×10^{-10} m의 X-선의 에너지를 kJ/mol 단위로 계산하라. AM 라디오파는 1.0×10^4 m 정도의 파장을 갖는다. 1.0×10^4 m 파장의 라디오파의 에너지를 kJ/mol 단위로 계산하라. 유기 화합물에 있는 탄소-탄소 단일 결합의 에너지가 347 kJ/mol임을 고려하면 X-선 또는 라디오파가 유기 화합물에 있는 탄소-탄소 단일 결합을 끊을 수 있을까?

61. 원소의 일 함수는 고체 원소의 표면으로부터 전자 하나를 제거할 때 필요한 에너지이다. 리튬의 일 함수는 279.7 kJ/mol이다(즉, 금속 Li의 표면에 있는 1 mol의 리튬 원자로부터 1 mol의 전자를 제거하는 데 279.7 kJ이 소모된다). 리튬 금속의 표면에 있는 한 개의 원자로부터 한 개의 전자를 제거하는 데 필요한 빛의 최대 파장은 얼마인가?

62. 루비듐 금속의 표면에 있는 원자로부터 1 mol의 전자들을 제거하는 데 208.4 kJ의 에너지가 필요하다. 루비듐 금속의 표면에 있는 한 개의 원자로부터 한 개의 전자를 제거하는 데 필요한 에너지는 얼마일까? 이를 위해 필요한 빛의 최대 파장은 얼마인가?

63. 이온화 에너지는 기체상의 원자로부터 전자를 제거하는 데 필요한 에너지이다. 황의 첫 번째 이온화 에너지는 1005 kJ/mol이다. 황 원자를 이온화할 수 있는 가장 긴 빛의 파장은 얼마인가?

64. 이온화 에너지는 기체 상태의 원자에서 전자 한 개를 제거하는 데 필요한 에너지이다. 금의 이온화 에너지는 890.1 kJ/mol이다. 파장이 225 nm인 빛은 기체 상태의 금 원자를 이온화(전자를 제거할 수 있는)시킬 수 있는가?

65. 다음 각각의 경우에 대한 de Broglie 파장을 계산하라.

a. 광속의 10.% 속도로 움직이고 있는 전자

b. 35 m/s (~80 mi/h)의 속도로 날아가는 테니스공(55 g)

66. 분자의 구조를 결정하는 데 중성자 회절이 사용된다.

a. 광속의 1.00%의 속도로 움직이고 있는 중성자의 de Broglie 파장을 계산하라.

b. 75 pm (1 pm = 10^{-12} m) 파장을 갖는 중성자의 속도를 계산하라.

67. 광속의 90.%의 속도로 움직이는 입자가 있다. 입자의 파장이 1.5×10^{-15} m일 때 입자의 질량을 구하라.

68. 1930년대에, 인간 세포의 자세한 구조를 제공하기 위해서 전자현미경이 사용되었다. 전자현미경이 0.1 nm의 파장을 가진 전자를 사용한다면, 이 현미경에 있는 전자의 속도를 계산하라.

수소 원자: Bohr 모형

69. 수소 원자에서 다음과 같은 전이가 일어날 때, 각각의 경우 방출되는 빛의 파장을 계산하라. 각 전이에서 방출되는 전자기 복사선의 유형은 무엇인가? 수직선을 사용하여 수소 원자의 에너지 준위 다이어그램에 전이를 표시하라(그림 7.9 참조).

a. $n = 3 \rightarrow n = 2$

b. $n = 4 \rightarrow n = 2$

c. $n = 2 \rightarrow n = 1$

70. 수소 원자에서 다음과 같은 전이가 일어날 때, 각각의 경우 방출되는 빛의 파장을 계산하라. 각 전이에서 방출되는 전자기 복사선의 유형은 무엇인가? 수직선을 사용하여 수소 원자의 에너지 준위 다이어그램에 전이를 표시하라(그림 7.9 참조).

a. $n = 4 \rightarrow n = 3$

b. $n = 5 \rightarrow n = 4$

c. $n = 5 \rightarrow n = 3$

71. 수소 원자의 처음 4개의 에너지 준위만 고려하라:

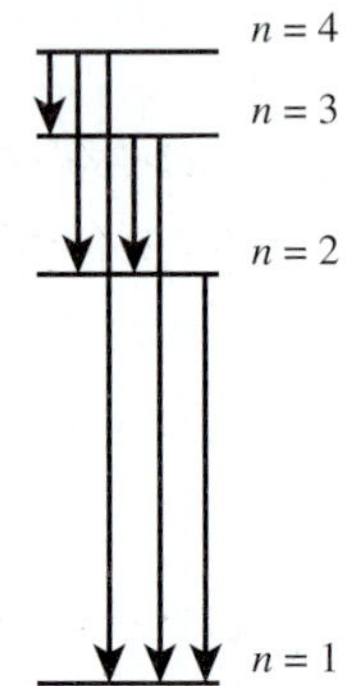

a. $n = 4$ 준위에 있는 전자는 바닥상태로 갈 때, 몇 가지의 방출이 가능할까?

b. 어떤 전자 전이가 가장 낮은 에너지에 해당하는가?

c. 어떤 전자 전이가 가장 짧은 파장 방출에 해당하는가?

72. 수소 원자의 전자가 $n = 5$ 준위로 들떴다고 가정하자. 이 들뜬 원자가 에너지를 잃을 때 몇 개의 서로 다른 파장의 빛이 방출될 수 있는가? $n = 5$에서 시작하는 전자에 대해 가능한 방출의 가장 긴 파장과 가장 짧은 파장을 계산하라.

73. 가시광선($\lambda \approx 400\sim700$ nm)의 광자는 수소 원자에서 전자를 $n = 1$에서 $n = 5$의 에너지 상태로 들뜨게 하기에 충분한 에너지를 가지고 있는가? $n = 2$에서 $n = 6$의 에너지 상태로 들뜨는 경우에는 어떤가?

74. 수소 원자의 전자는 $n = 1$ 에너지 상태에서 $n = 2$ 에너지 상태로 들뜬다. 수소에 대한 이 전자 전이에 관한 다음 설명 중 어느 것이 틀린가?

a. $n = 2$ 에너지 상태를 들뜬 상태라고 한다.

b. $n = 2$ 에너지 상태의 전자는 $n = 1$ 에너지 상태의 전자보다 평균적으로 핵으로부터 더 멀리 떨어져 있다.

c. 전자가 $n = 2$에서 $n = 3$ 에너지 상태로 이동하면 흡수되는 빛의 파장은 $n = 1$에서 $n = 2$ 전자 전이에 대해 흡수되는 빛의 파장보다 길다.

d. 바닥 상태보다 $n = 2$ 에너지 상태에서 전자를 이온화(완전히 제거)하는 데 더 많은 에너지가 필요하다.

e. $n = 1$ 내지 $n = 2$ 에너지 상태로부터 전자를 들뜨게 하기 위해 흡수된 빛의 파장은 $n = 2$ 내지 $n = 1$ 전자 전이에 대해 방출된 빛의 파장과 동일하다.

75. $n = 1$과 $n = 2$의 에너지 상태에서 수소 원자에 대한 전자를 제거할 수 있는 최대 파장을 계산하라.

76. 들뜬 상태의 수소 원자에 대해 전자를 생각해 보자. H 원자에서 전자를 완전히 제거(이온화)할 수 있는 전자기 복사선의 최대 파장은 1460 nm이다. 전자 ($n = ?$)의 초기 들뜬 상태의 에너지 준위는 무엇인가?

77. $n = 5$ 에너지 준위의 전자를 갖는 수소 원자는 434 nm의 파장을 갖는 빛을 방출하고, 전자는 더 낮은 에너지 준위로 가게 된다. 이 방출에서 전자의 최종 에너지 준위는 무엇인가?

78. $n = 6$ 상태의 전자를 가진 들뜬 수소 원자는 $2.739 \times 10^{14}\ s^{-1}$의 진동수를 갖는 빛을 방출한다. 이 전자 전이에서 최종 상태에 대한 주요 양자 준위를 결정하라.

양자 역학, 양자수, 오비탈

79. Heisenberg 불확정성 원리를 사용하여 다음 경우에 대해 Δx를 계산하라.

a. $\Delta v = 0.100$ m/s인 전자

b. $\Delta v = 0.100$ m/s인 질량이 145 g인 공

c. a의 답은 수소 원자의 크기와 비교할 때 어느 정도의 값을 갖는가?

d. b의 답은 공의 크기와 비교할 때 어느 정도의 값을 갖는가?

80. Heisenberg 불확정성 원리는 다음과 같이 나타낼 수 있다.

$$\Delta E \cdot \Delta t \geq \frac{h}{4\pi}$$

E와 t는 각각 에너지와 시간을 나타낸다. 위 형태의 단위는 이 장에서 사용된 다음 식의 단위와 같음을 증명하라.

$$\Delta x \cdot \Delta(mv) \geq \frac{h}{4\pi}$$

81. 양자수 n, ℓ, m_ℓ이 가질 수 있는 값은 어떻게 되는가?

82. $n = 5$이면 가능한 ℓ 값은 무엇인가? 만일 $\ell = 3$이라면, 가능한 m_ℓ 값은 무엇인가? 오비탈이 $m_\ell = -2$인 경우에는 ℓ 값이 가능한가?

83. 2s 오비탈을 설명하는 양자수는 무엇인가? 4p 오비탈의 양자수는? 6d_{xy} 오비탈의 양자수는? 3f 오비탈 세트는 금지되어 있다. 그 이유는 무엇인가?

84. 다음의 오비탈은 어떤 것인지 명시하고 n과 ℓ 양자수를 결정하라. 자신의 답을 설명하라.

a.

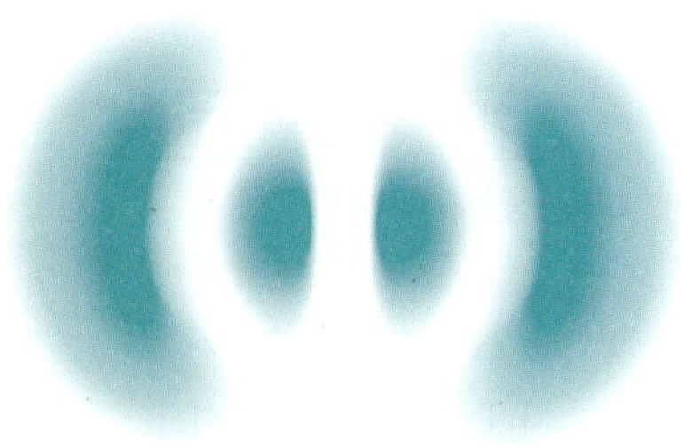

b.

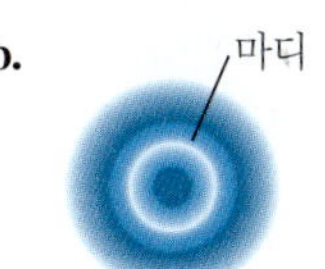

c.

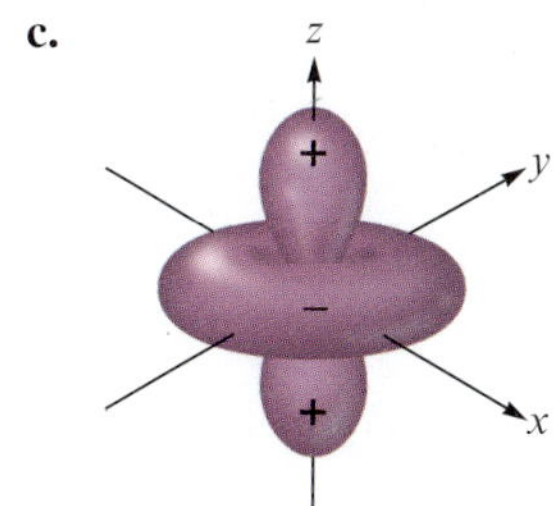

85. 수소 원자에서 다음 양자수 세트 중 어떤 것이 허용되지 않는가? 부정확한 양자수 세트에 대해서 각 세트에서 잘못된 점을 설명하라.

a. $n = 3, \ell = 2, m_\ell = 2$

b. $n = 4, \ell = 3, m_\ell = 4$

c. $n = 0, \ell = 0, m_\ell = 0$

d. $n = 2, \ell = -1, m_\ell = 1$

86. 다음 중에서 양자수 세트 중 허용되지 않는 것을 모두 골라라. 틀린 세트에 대하여 그 이유를 기술하라.

a. $n = 3, \ell = 3, m_\ell = 0, m_s = -\frac{1}{2}$

b. $n = 4, \ell = 3, m_\ell = 2, m_s = -\frac{1}{2}$

c. $n = 4, \ell = 1, m_\ell = 1, m_s = +\frac{1}{2}$

d. $n = 2, \ell = 1, m_\ell = -1, m_s = -1$

e. $n = 5, \ell = -4, m_\ell = 2, m_s = +\frac{1}{2}$

f. $n = 3, \ell = 1, m_\ell = 2, m_s = -\frac{1}{2}$

87. 원자 오비탈의 특정한 점에서 ψ^2 값이 갖는 물리적 중요성은 무엇인가?

88. 오비탈의 크기를 전자를 발견할 확률이 90% 이상인 영역이라고 정의하는 데 있어서 왜 임의의 확률 값을 정해야만 하는가?

다전자 원자

89. 헬륨, 네온, 아르곤에 대한 총 방사 확률 분포를 다음 그래프에 나타내었다. 전자 배치, 양자수 및 핵전하와 관련해서 이 곡선의 모양을 해석하라.

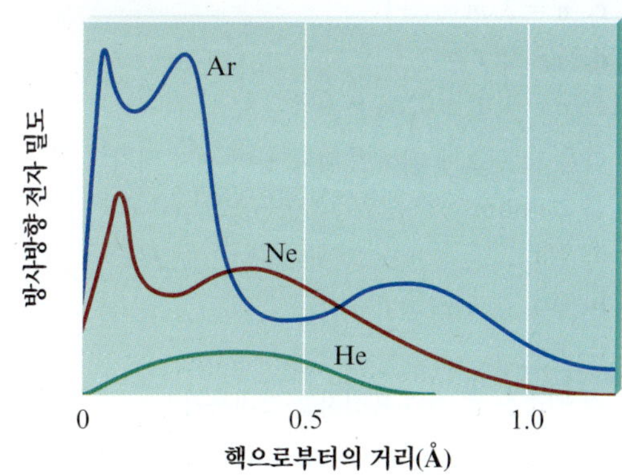

90. 수소 원자의 상대적인 오비탈 준위는 다음과 같이 나타낼 수 있다.

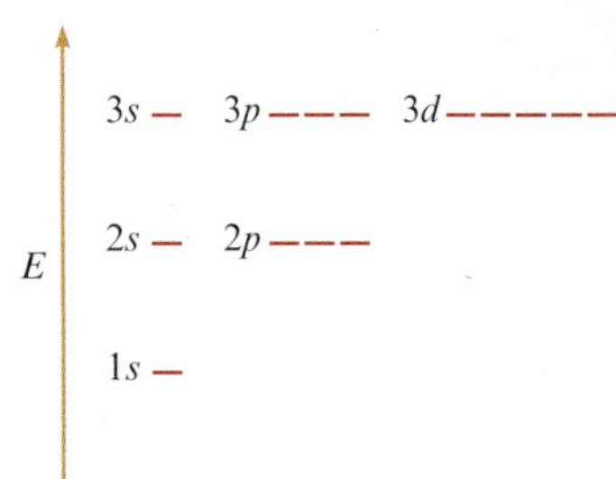

둘 이상의 전자를 가지는 원자의 상대적인 오비탈 준위를 그리고 설명하라. 또한, 다음의 방사 확률 분포가 당신의 답을 지지하는지 설명하라.

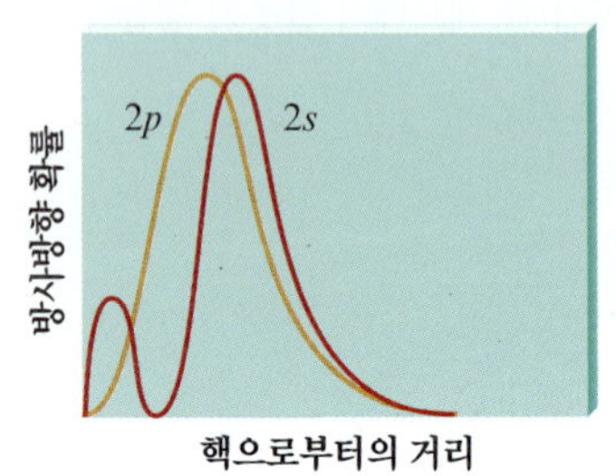

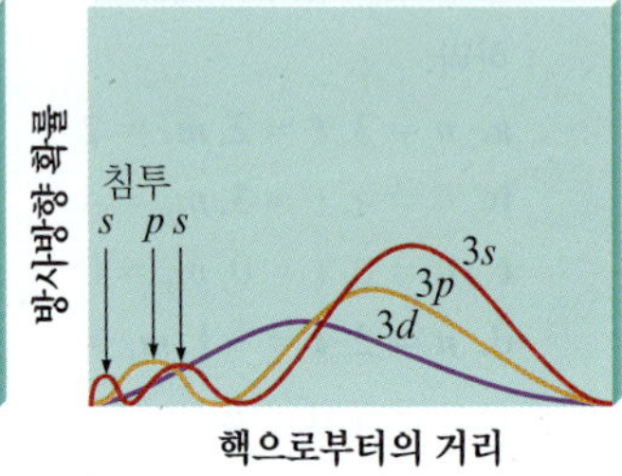

91. 어떤 원자에서 다음 각 경우는 몇 개의 오비탈을 포함하는가? $5p$, $3d_{z^2}$, $4d$, $n = 5$, $n = 4$

92. 어떤 원자에서 다음 각 경우는 몇 개의 전자를 포함하는가? $1p$, $6d_{x^2-y^2}$, $4f$, $7p_y$, $2s$, $n = 3$?

93. 한 원자에서 다음 양자수를 가질 수 있는 전자의 최대 수는 얼마인가?

a. $n = 4$
b. $n = 5, m_\ell = +1$
c. $n = 5, m_s = +\frac{1}{2}$
d. $n = 3, \ell = 2$
e. $n = 2, \ell = 1$

94. 한 원자에서 다음 양자수를 가질 수 있는 전자의 최대 수는 얼마인가?

a. $n = 0, \ell = 0, m_\ell = 0$
b. $n = 2, \ell = 1, m_\ell = -1, m_s = -\frac{1}{2}$
c. $n = 3, m_s = +\frac{1}{2}$
d. $n = 2, \ell = 2$
e. $n = 1, \ell = 0, m_\ell = 0$

95. 다음 각 원소에 대하여 바닥 상태 전자 배치의 원자 오비탈 도표를 그려라.

a. Na
b. Co
c. Kr

각 원소는 몇 개의 홀전자를 가지는가?

96. 1~36번 원소 중에는 전자가 채워지는 순서가 주기율표로부터 예측하는 순서와 다른 것이 두 개가 있다. 두 예외적 경우의 원자 오비탈 도표를 그리고 몇 개의 홀전자가 있는지 표시하라.

97. Si, Ga, As, Ge, Al, Cd, S, Se는 모두 여러 다른 반도체 장치들을 제조하는 데 쓰인다. 이들 원자들에 대해 예상되는 전자 배치를 써라.

98. 다음의 각 원소들에 대해 예상되는 전자 배치를 써라: Cl, Sb, Sr, W, Pb, Cf

99. 다음 원소들에 대해서, 바닥 상태에서 몇 개의 $4d$ 전자가 예상되는가?

a. 지르코늄(zirconium)
b. 카드뮴(cadmium)
c. 이리듐(iridium)
d. 철(iron)

100. 다음 원소들에 대해서, 바닥 상태에서 어느 오비탈에 전자가 마지막으로 채워지는가?

a. 라듐(radium)
b. 아이오딘(iodine)
c. 금(gold)
d. 우라늄(uranium)

101. 바닥 상태에 있는 원소는 여러 p 오비탈에 정확히 12개의 전자를 가지고 있으며 짝이 없는 전자는 없다. 이 원소는 무엇인가?

102. 어떤 원소들이 바닥 상태에서 여러 s 오비탈에 정확히 12개의 전자를 가질 수 있고, 여러 d 오비탈에 정확히 30개의 전자를 가질 수 있으며, 두 개 이상의 짝짓지 않은 전자를 가질 수 있는가?

103. 다음 원소에 대해 예상되는 바닥 상태 전자 배치를 써라.

a. 플루오린과 공유 결합을 하는 홀전자 1개의 $5p$ 전자를 가진 원소
b. 라듐 이후 알칼리 토금속(아직 발견되지 않음)
c. $4f$를 채우는 불활성 기체
d. 가장 많은 홀전자를 가진 첫 번째 열의 전이 금속

104. 이 책의 표지 앞의 안쪽에 있는 주기율표만을 사용하여 다음 각 경우에 대해 예상되는 바닥 상태의 전자 배치를 써라.

a. 5A족의 세 번째 원소
b. 116번 원소
c. 세 개의 $5d$ 홀전자를 갖는 원소
d. $6p$ 원자 오비탈에 전자들을 갖는 할로젠

105. 다음 각 경우에 대해 원자가 전자 오비탈 준위 도표를 그리고 설명하라. 어떤 원소 또는 이온인가를 밝혀라.

a. 바닥 상태 원자

3s: ↑↓ 3p: ↑↓ ↑ ↑

b. 들뜬 상태에 있는 원자(1s 오비탈에 두 개의 전자가 채워진다고 가정하라)

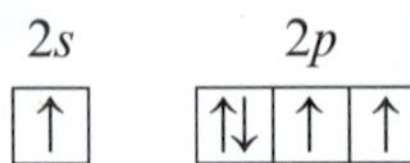

c. −1가의 전하를 가지고 바닥 상태에 있는 이온

4s: ↑↓ 4p: ↑↓ ↑↓ ↑

106. 다음 원소가 어떤 원소인지 밝혀라.

a. 들뜬 상태 전자 배치가 $1s^22s^22p^63s^1$인 원소

b. 바닥 상태 전자 배치가 $[Ne]3s^23p^4$인 원소

c. 들뜬 상태 전자 배치가 $[Kr]5s^24d^65p^26s^1$인 원소

d. 바닥 상태 전자 배치에서 $6p$ 오비탈에 세 개의 홀전자들을 갖는 원소

107. 수은(Hg)의 바닥 상태에서,

a. 몇 개의 전자가 $n = 3$인 원자 오비탈을 차지하는가?

b. 몇 개의 전자가 d 원자 오비탈을 차지하는가?

c. 몇 개의 전자가 p_z 원자 오비탈을 차지하는가?

d. 몇 개의 전자가 스핀 "up" ($m_s = +\frac{1}{2}$) 상태에 있는가?

108. 원자 번호 115, Mc의 바닥 상태에서,

a. 몇 개의 전자가 $n = 5$인 양자수를 가지는가?

b. 몇 개의 전자가 $\ell = 3$인 양자수를 가지는가?

c. 몇 개의 전자가 $m_\ell = 1$인 양자수를 가지는가?

d. 몇 개의 전자가 $m_s = -\frac{1}{2}$인 양자수를 가지는가?

109. 바닥 상태에 있는 붕소 원자와 질소 원자 각각에 대해 모든 전자들에 대한 네 개 양자수 세트의 값들을 써라.

110. 타이타늄 원소에서 $4s$, $3d$ 전자들에 대한 가능한 네 가지 양자수를 써라.

111. 원자가 전자는 바닥 상태에서 원자의 최외각 주양자 준위(가장 높은 n 준위)에 있는 전자이다. 1A에서 8A족은 원자가 전자를 1개에서 8개를 갖는다. 주족 원소(1A~8A족)의 각 족에 대해 일반적인 원자가 전자 배치에서의 원자가 전자 수를 부여하고, 그 족에서 견본 원소를 골라 그 원소에 대한 특정 원자가 전자를 표시하라.

112. 다음의 각 원소의 원자가 전자 수는 몇 개인가? 각 원소에 대한 특정 원자가 전자는 어느 것인가?

a. Ca

b. O

c. 117번 원소

d. In

e. Ar

f. Bi

113. $1s^22s^22p_x^{\ 2}2p_y^{\ 2}$ 전자 배치를 갖는 어떤 산소 원자의 홀전자가 몇 개일까? 이것은 산소의 들뜬 상태인가? 이 상태에서 바닥 상태로 가려면 에너지를 방출하는가? 흡수하는가?

114. 다음의 전자 배치 중 어느 것이 들뜬 상태 전자 배치인가? 어떤 원자에 해당하는지 지적하고 적합한 바닥 상태 전자 배치를 써라.

a. $1s^22s^23p^1$

b. $1s^22s^22p^6$

c. $1s^22s^22p^43s^1$

d. $[Ar]4s^23d^54p^1$

115. 1~36번 원소 중에서 바닥 상태에서 2개의 홀전자를 갖는 것은 어떤 원소인가?

116. 첫 번째 열의 전이 금속들(크로뮴에서 아연까지)은 인체 내에서 생물학적인 기능을 한다(표. 21.18 참조). 첫 번째 열의 전이 금속들은 몇 개의 홀전자를 가지는가?

117. 양자 역학 모형이 "맞다"는 사실 중 하나는 물질의 자기 성질로부터 알 수 있다. 홀전자를 지닌 원소들은 자기장에 끌리고, 이를 *상자기성(paramagnetism)*이라고 한다. 끌리는 정도는 홀전자 수에 비례한다. Li, N, Ni, Te, Ba 및 Hg 원자들의 바닥 상태를 생각하자. 어느 원자가 상자기성을 띠는가? 각 상자기성 원자에 있는 홀전자 수는 몇 개인가?

118. 바닥 상태에서 다음 각 경우에 몇 개의 홀전자가 존재하는가? O, O^+, O^-, Os, Zr, S, F, Ar

주기율표와 주기적 성질

119. 다음 원자들을 크기가 증가하는 순으로 나열하라.

a. Te, S, Se

b. K, Br, Ni

c. Ba, Si, F

120. 다음 원자들을 크기가 증가하는 순으로 나열하라.

a. Rb, Na, Be

b. Sr, Se, Ne

c. Fe, P, O

121. 연습 문제 119의 원자들을 일차 이온화 에너지가 증가하는 순으로 나열하라.

122. 연습 문제 120의 원자들을 일차 이온화 에너지가 증가하는 순으로 나열하라.

123. 다음의 각 세트에서 어떤 원자나 이온이 가장 작은 반지름을 갖는가?

a. H, He

b. Cl, In, Se

c. 120번 원소, 119번 원소, 116번 원소

d. Nb, Zn, Si

e. Na^-, Na, Na^+

124. 다음의 각 세트에서 어떤 원자나 이온이 가장 작은 이온화 에너지를 갖는가?

a. Ca, Sr, Ba

b. K, Mn, Ga

c. N, O, F

d. S^{2-}, S, S^{2+}

e. Cs, Ge, Ar

125. 주기율표는 원소의 성질을 예측하는 데 사용할 수 있다. 다음 중 116~120 원소에 대해 *틀린* 설명은 무엇인가?

a. 원소 116은 기저 상태에서 두 개의 비공유 전자를 가질 것으로 예상된다.

b. 원소 117은 7개의 원자가 전자를 가질 것으로 예상된다.

c. 원소 118에 대한 기저 상태 전자 배열은 $[Rn]8s^26f^{14}7d^{10}8p^6$이 될 것으로 예상된다.

d. 원소 119 (X로 약칭)는 황과 반응하여 화학식 X_2S를 갖는 이온 화합물을 형성할 것으로 예상된다.

e. 원소 120은 이온성 화합물을 형성할 때 안정한 +2개의 전하

를 띤 양이온을 형성할 것으로 예상된다.

126. 원소 117 (Ts)의 성질 중 일부를 예측하라.

a. 전자 배치를 써라.

b. 화학적으로 어떤 원소와 가장 유사할까?

c. 소듐, 마그네슘, 탄소, 산소와 중성 이성분 화합물을 만들 경우 그 화학식은 무엇인가?

d. Ts는 어떤 산소산 음이온을 만들까?

127. 다음의 기저 상태 전자 배열 중 이온화 에너지가 *가장 큰* 원자와 연관된 것은?

a. $[Ne]3s^23p^2$

b. $[Ne]3s^23p^3$

c. $[He]2s^22p^4$

d. $[He]2s^22p^3$

e. $[Ar]4s^23d^{10}4p^3$

128. 주기율표의 4개의 연속 원소(Q, X, Y 및 Z로 약칭함)의 특성을 *IE* = 이온화 에너지가 아래에 나열되어 있다.

	Q	X	Y	Z
IE (kJ/mol)	780	1060	1005	1255
반지름(pm)	117	110	104	99

실제의 이온화 에너지와 원자 반지름 값을 참조하지 않고 Q, X, Y 및 Z가 무엇인지를 말하라. 이들 원소는 주기율표의 3주기 원소들이다.

129. As와 Se의 일차 이온화 에너지는 각각 0.947과 0.941 MJ/mol이다. 전자 배치를 통하여 이들 수치에 합당한 이유를 설명하라.

130. 원소 Be, B, C, N, O를 일차 이온화 에너지가 증가하는 순으로 나열하라. 그 이유를 설명하라.

131. 알루미늄에 대한 다음 이온화 에너지를 참고하라:

$$Al(g) \longrightarrow Al^+(g) + e^- \quad I_1 = 580 \text{ kJ/mol}$$
$$Al^+(g) \longrightarrow Al^{2+}(g) + e^- \quad I_2 = 1815 \text{ kJ/mol}$$
$$Al^{2+}(g) \longrightarrow Al^{3+}(g) + e^- \quad I_3 = 2740 \text{ kJ/mol}$$
$$Al^{3+}(g) \longrightarrow Al^{4+}(g) + e^- \quad I_4 = 11,600 \text{ kJ/mol}$$

a. 이온화 에너지 값들에 있어서 경향을 설명하라.

b. I_3에서 I_4 사이에 큰 증가가 생기는 것을 설명하라.

132. 다음 그래프는 Mg, Al, Si의 일차, 이차, 삼차 이온화 에너지를 표시한 것이다.

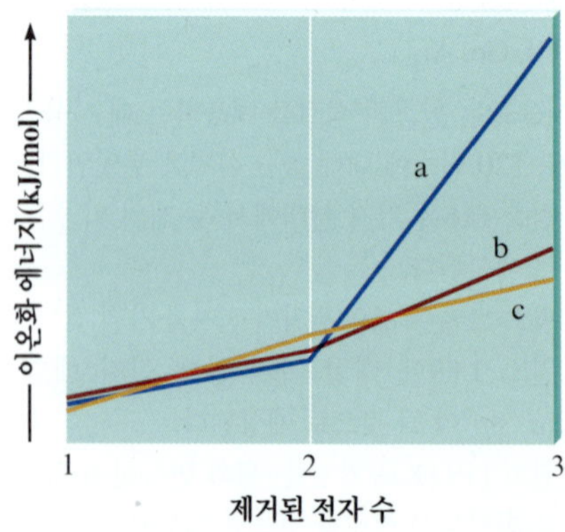

책을 참고하지 말고, 각 원소에 해당하는 선 그래프를 찾아라. 다른 두 경우와 달리 한 경우에 I_2에서 I_3 사이에 큰 증가가 있다. 이 현상을 설명하라.

133. 다음 각 쌍의 원소들에 대하여 다음 설명에 해당하는 원소를 골라라.

(C와 N)　　(Ar과 Br)

a. 더 큰(발열) 전자 친화도

b. 더 높은 이온화 에너지

c. 더 큰 크기

134. 알 수 없는 원소 X와 Y는 주기율표에서 같은 족(group)에 속한다. 원소 Y는 원소 X에 비해 핵에 양성자가 더 많다. 원소 X와 Y에 관한 다음 설명 중 어느 것이 *틀린* 것인가?

a. 원소 X와 Y는 동일한 수의 원자가 전자를 가져야 한다.

b. 원소 Y는 원소 X보다 더 큰 원자 번호를 가져야 한다.

c. 원소 X는 원소 Y보다 작은 반지름을 가져야 한다.

d. 원소 Y는 원소 X보다 이온화 에너지가 커야 한다.

135. 알루미늄에서 염소에 이르는 원소들에 대한 전자 친화도는 각각 −44, −120, −74, −200.4 및 −384.7 kJ/mol이다. 수치에서 보이는 경향성을 설명하라.

136. 주기율표에서 2주기에 있는 Be, N과 Ne은 모두 흡열(음의) 전자 친화도를 갖는 반면, 다른 2주기 원소들은 발열(양의) 전자 친화도를 갖는다. Be, N 및 Ne이 음의 전자 친화도를 갖는 이유를 설명하라.

137. 다음 각 세트의 원자를 발열 전자 친화도가 가장 작은 것부터 가장 큰 원소의 순으로 나열하라.

a. S, Se

b. F, Cl, Br, I

138. 다음의 각 세트의 원자를 발열 전자 친화도가 가장 작은 것부터 가장 큰 원소의 순으로 나열하라.

a. N, O, F

b. Al, Si, P

139. 다음에 해당하는 식을 써라.

a. Se의 사차 이온화 에너지

b. S^- 전자 친화도

c. Fe^{3+}의 전자 친화도

d. Mg^-의 이온화 에너지

140. 이 책의 자료를 이용하여 다음 값을 구하라(당신의 답을 정당화하라).

a. Mg^{2+}의 전자 친화도

b. Cl^-의 이온화 에너지

c. Cl^+의 전자 친화도

d. Mg^-의 이온화 에너지(Mg의 전자 친화도 = 230 kJ/mol)

141. 다음의 탄소에 대한 이상화된 PES 스펙트럼을 참고하라.

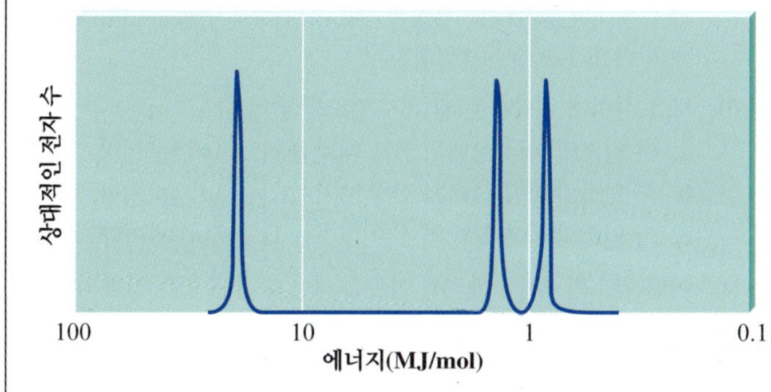

각 봉우리의 위치와 상대적인 강도를 설명하라.

142. 다음의 어떤 원소에 대한 이상화된 PES 스펙트럼을 참고하라.

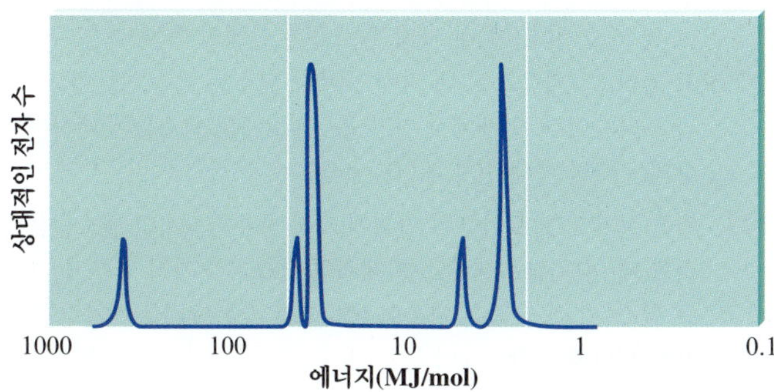

어떤 원소는 무엇인가?

알칼리 금속들

143. 포타슘과 산소의 이온 결합 화합물의 실험식은 KO이다. 이 화합물이 산화 포타슘(II) 또는 과산화 포타슘 중에서 어느 것으로 예상하는가? 설명하라.

144. 다음 원소들로부터 생성된 각 이성분 화합물의 이름과 화학식을 써라.

a. Li와 N

b. Na와 Br

c. K와 S

145. 1860년, R. W. Bunsen과 G. R. Kirchhoff가 1859년에 발명한 분광기를 이용하여 천연 광천수에서 세슘을 발견하였다. 이 원소는 455.5 nm에서 독특한 푸른 선이 관찰되었기 때문에 그 이름이 "하늘색"을 뜻하는 라틴어 *caesius*에서 유래하였다. 이 빛 한 개의 광자가 갖는 에너지와 진동수를 계산하라.

146. 소듐 등으로부터 방출되는 밝은 노란 빛은 589.0과 589.6 nm의 두 방출선으로 구성된다. 이들 각 파장의 빛의 광자가 갖는 에너지와 진동수를 계산하라. 에너지는 kJ/mol 단위로는 얼마인가?

147. 본문의 표 7.7에서 알칼리 금속에 관한 정보는 이온화 에너지와 원자 반지름에서 일반적인 주기적인 경향과 일치하는가? 설명하라.

148. 프랑슘 다음의 알칼리 금속의 원자 번호를 예측하고 바닥 상태 전자 배치를 써라.

149. 리튬은 흔히 우울증의 안정제로 처방된다. 처방된 리튬이 원소 형태일 것이라고 생각하는가? 약으로 처방된 리튬이 어떤 형태일 것이라고 생각하는가?

150. 조울증 환자를 치료하기 위해서 구강 투여로 처방하는 탄산 리튬의 일일 복용량은 소량이다. 이 투여량은 혈액 중 리튬 농도를 1×10^{-3} mol/L 수준으로 유지시키도록 정해진다.

a. 탄산 리튬의 화학식은?

b. 이 환자의 혈액 1리터당 존재하는 리튬 이온의 질량은 얼마인가?

151. 다음 반응식을 균형 맞춘 반응식으로 써라.

a. $Li(s) + N_2(g) \rightarrow$

b. $Rb(s) + S(s) \rightarrow$

152. 다음 반응의 반응식을 균형 맞추어서 완결하라.

a. $Cs(s) + H_2O(l) \rightarrow$

b. $Na(s) + Cl_2(g) \rightarrow$

화학 활동 문제

153. 효과적이기 위해서는 무선 안테나가 전송되는 무선 주파수의 파장의 절반 이상의 높이를 가져야 한다. 이를 고려할 때, 방송국이 580 kHz의 주파수로 방송하는 경우 안테나에 대해 예상되는 최소 높이는 얼마인가?

154. 리튬 원자의 $2p$ 오비탈에 있는 전자가 $2s$ 오비탈로 전이하면 파장 670.8 nm의 광자가 방출된다. 리튬의 $2p$와 $2s$ 오비탈 사이의 에너지 차이를 계산하라.

155. 미지의 원소는 비금속이고 원자가 전자 배치가 ns^2np^4이다.

a. 이 원소는 몇 개의 원자가 전자를 가지는가?

b. 이 원소로 가능한 것은 어떤 원소들인가?

c. 포타슘과 어떤 화학식의 화합물을 형성하는가?

d. 이 원소는 바륨의 원자 반지름보다 클지, 작을지 결정하라.

e. 이 원소는 플루오린에 비해서 이온화 에너지가 클지, 작을지 결정하라.

156. 다음 다섯 개의 상자 다이어그램 중 나열된 원소에 대한 바닥 상태 전자 배치가 어느 것이 *정확하게* 표현되었는가? 모든 잘못된 것들을 고쳐라.

		$1s$	$2s$	$2p$		
I.	B	↑↓	↑↓	↑		
II.	C	↑↓	↑↓	↑	↓	
III.	N	↑↓	↑↓	↑	↑↓	
IV.	O	↑↓	↑↓	↑↓	↑	↑
V.	F	↑↑	↑↑	↑↑	↑↑	↑

157. 변색 렌즈는 유리 속에 적은 양의 염화 은을 포함한다. AgCl 입자에 빛이 쪼이면 다음과 같은 반응이 일어난다.

$$AgCl \xrightarrow{h\nu} Ag + Cl$$

이때 형성된 은 입자들이 렌즈의 색을 검게 만든다. 이 반응의 엔탈피 변화량은 3.10×10^2 kJ/mol이다. 이 에너지가 전부 빛으로부터 제공된다고 가정할 경우, 이 반응을 일으킬 수 있는 최대 파장은 얼마일까?

158. 어떤 전자레인지가 25.0°C에서 750. watts (J/s)의 전력을 50.0 g의 물이 담긴 커피 컵에 전달하고 있다. 마이크로파의 파장이 9.75 cm라면 물이 끓기 위해 얼마나 오래, 몇 개의 광자가 전달되어야 하는가? 물의 비열은 4.18 J/°C · g이고, 물만이 마이크로파 에너지를 흡수한다.

159. 화성은 지구로부터 대략 6천만 km 떨어져 있다. 지구에서 화성까지 라디오파가 도달하는 데 걸리는 시간은?

160. 다음 가시광선 스펙트럼을 참조하라.

파장	7×10^{-5}		6×10^{-5}		5×10^{-5}		4×10^{-5} cm
적외선	빨강	주황	노랑	초록	파랑	보라	자외선

바륨은 위 스펙트럼의 가시 영역에서 빛을 방출한다. 바륨으로부터 방출되는 빛의 각 광자는 3.59×10^{-19} J의 에너지를 갖는다. 방출되는 빛의 어떤 색깔을 띠는가?

161. 수소의 방출 스펙트럼에서 관찰되는 가시광선 중 하나는 $n = 6$에서 $n = 2$로의 전자 전이에 해당한다. 이 전이는 어떤 색의 빛에 해당하는가? 연습 문제 160을 참조하라.

162. 수소 원자의 전자가 $n = 6$ 준위로 전이되었다. 이 들뜬 원자가 에너지를 잃음에 따라 몇 개의 다른 파장의 빛이 방출될 수 있는가?

163. 두 개의 수소 원자를 생각해 보자. 한 원자에서 전자는 바닥 상태에 있다. 다른 원자에서 전자는 $n = 3$ 에너지 상태에 있다. 두 개의 H 원자에 대한 이온화 에너지를 비교하라.

164. 전자가 더 높은 에너지 준위에서 $n = 2$ 준위로 이동함에 따라 397.2 nm의 파장의 빛을 방출하는 들뜬 수소 원자를 생각해보자. 전자가 처음에 차지했던 들뜬 상태를 결정하라.

165. 다음 설명 중에서 옳은 것은?

a. 수소 원자의 2*s* 오비탈은 3*s* 오비탈보다 크다.
b. 수소 원자 Bohr 모형은 틀린 것으로 밝혀졌다.
c. 수소 원자는 에너지 준위가 양자화되어 있다.
d. 오비탈(orbitial)은 Bohr 궤도(orbit)와 같은 것이다.
e. 3번째 에너지 준위는 *s*, *p*, *d*의 세 가지의 부준위(sublevel)를 가진다.

166. 주기율표상의 위치로부터 예측되는 바닥 상태 전자 배치와 다른 전자 배치를 갖는 원소들을 그림 7.27에서 찾아 나열하라(란타넘족, 악티늄족 제외).

167. 다음 각 설명은 수소 원자에만 적용되는가? 모든 원자에 적용되는가? 또는 모든 원자에 적용되지 않는가?

a. 주양자수는 전자의 에너지를 완전히 좌우한다.
b. 각운동량 양자수, ℓ은 원자 오비탈 모양을 결정짓는다.
c. 자기 양자수, m_ℓ은 원자 오비탈 방향을 결정짓는다.

168. 다음의 표기를 가질 수 있는 전자의 최대 개수를 결정하라: $2f$, $2d_{xy}$, $3p$, $5d_{yz}$, $4p$

169. 비소(As, arsenic)의 바닥 상태에 대해서 생각하자. 몇 개의 전자가 $\ell = 1$의 양자수를 가질까? 몇 개의 전자가 $m_\ell = 0$일까? 몇 개의 전자가 $m_\ell = +1$일까?

170. 다음 설명에 해당하는 세 가지 원소를 밝혀라.

a. 이 원소의 바닥 상태의 전자 배치 $[Kr]5s^24p^{10}5p^4$이다.
b. 이 원소의 바닥 상태의 전자 배치 $[Ar]4s^23d^{10}4p^2$이다.
c. 이 원소의 들뜬 상태의 전자 배치는 $1s^22s^22p^43s^1$이다.

171. 어떤 원소의 +1로 하전된 이온은 다음과 같은 들뜬 상태의 전자 배치를 갖고 있다.

$$1s^22s^22p^63s^23p^64s^23d^84p^25s^24d^4$$

이온의 정체는 무엇인가?

172. 인체에 질량비로 가장 풍부하게 존재하는 원소는 산소, 탄소, 수소 및 질소이다. 이 네 가지 원소들은 인체의 약 96%를 구성하고 있다. 그 다음으로 네 가지 풍부한 원소는 칼슘, 인, 마그네슘과 포타슘이다. 인체에서 가장 풍부한 8개의 원소들에 대하여 예상되는 바닥 상태 전자 배치를 써라.

173. 연습 문제 172에 언급된 인체에 가장 풍부한 8개의 원소들을 고려할 때 어떤 원소가 수소를 제외하고 크기가 가장 작을까? 가장 큰 원소는? 가장 작은 이온화 에너지를 갖는 원소는? 가장 큰 이온화 에너지를 갖는 원소는?

174. 어떤 이온이 4+ 전하와 49.9 u의 질량을 가지고 있으며, $n = 1$인 두 개의 전자와 $n = 2$인 8개의 전자, 그리고 $n = 3$인 10개의 전자를 가지고 있다. 위에서 주어진 정보로부터 이 이온의 성질에 대한 가능한 많은 예측을 하라(*힌트*: 이온을 형성할 때, 3*d* 전자 이전에 4*s* 전자들이 제거된다).

a. 원자 번호
b. 전체 *s* 전자의 개수
c. 전체 *p* 전자의 개수
d. 전체 *d* 전자의 개수
e. 핵에 있는 중성자의 수
f. 중성원자의 바닥 상태 전자 배치

175. 다음 각 쌍의 원소에 대해서, 빈 칸에 해당하는 것을 하나 선택하여 표를 정확하게 완성하라.

	K와 Cs	Te와 Br	Ge와 Se
전자 친화도가 더 큰 것(발열)	______	______	______
이온화 에너지가 높은 것	______	______	______
원자 반지름이 큰 것	______	______	______

176. 산소에 대한 첫 번째 전자 친화력은 음의 값이지만, 두 번째 전자 친화력은 기체상의 산소에 전자의 채워진 원자가 껍질에 전자를 넣기 때문에 두 번째 전자 친화력은 큰 양의 값을 갖는다. 설명하라.

177. 이온화 에너지에 관한 다음 설명 중 어느 것이 옳은가?

a. Cs에 비해 Cl을 이온화하기 위해서는 더 긴 파장의 전자기 복사선이 필요하다.

b. Se에 비해 S를 이온화하기 위해서는 단파장 전자기 복사선이 필요하다.

c. 전자기 복사의 보다 에너지가 많은 광자는 Mg에 비해 K를 이온화하는 데 필요하다.

d. P에 비해 Ca를 이온화하기 위해서는 더 높은 진동수의 전자기 복사선이 필요하다.

e. Ne에 비해 Cl을 이온화하기 위해서는 더 빠른 속도를 갖는 전자기 복사가 필요하다.

178. 다음의 세 반응을 생각해 보자.

I. $F(g) \rightarrow F^+(g) + e^-$ $\Delta H_I = ?$

II. $F(g) + e^- \rightarrow F^-(g)$ $\Delta H_{II} = ?$

III. $S(g) \rightarrow S^+(g) + e^-$ $\Delta H_{III} = ?$

이들 반응에 관한 다음 설명 중 어느 것이 *옳은가*?

a. 반응 I에 대한 ΔH는 플루오린에 대한 첫 번째 전자 친화도와 같다.

b. 반응 II의 ΔH는 플루오린의 첫 번째 이온화 에너지와 같다.

c. 반응 III에 대한 ΔH는 반응 I ($\Delta H_{III} > \Delta H_I$)에 대한 ΔH보다 크다(더 양의 값).

179. 두 개의 알려지지 않은 원소인 X와 Y에 대해 다음과 같은 일련의 연속 이온화 에너지(일부 가상 단위)를 생각해 보자.

	X	Y
I_1	1100	800
I_2	1900	1600
I_3	2900	3200
I_4	5000	4400
I_5	6300	16,000
I_6	21,000	20,000
I_7	29,000	25,000

이들 원소는 주기율표의 3주기에 있다. 원소 X와 Y는 무엇인가?

180. 세 원소의 전자 배치는 $1s^22s^22p^63s^2$, $1s^22s^22p^63s^23p^4$ 및 $1s^22s^22p^63s^23p^64s^2$이다. 이 원소들의 일차 이온화 에너지는 0.590, 0.999와 0.738 MJ/mol이다. 원자 반지름은 104, 160, 197 pm이다. 이 세 원소들은 무엇인가? 각 전자 배치에 해당하는 이온화 에너지 값과 원자 반지름을 서로 연결하라. 다음 표를 정확한 정보로 완성하라.

전자 배치	원소 기호	일차 이온화 에너지 (MJ/mol)	원자 반지름 (pm)
$1s^22s^22p^63s^2$	________	________	________
$1s^22s^22p^63s^23p^4$	________	________	________
$1s^22s^22p^63s^23p^64s^2$	________	________	________

181. 바닥 상태에 있는 카드뮴에 대해서,

a. $\ell = 2$인 전자의 개수는?

b. $n = 4$인 전자의 개수는?

c. $m_\ell = -1$인 전자의 개수는?

d. $m_s = -\frac{1}{2}$인 전자의 개수는?

182. 우주함선 *화학별호*(*Starship Chemistry*)의 무기장교로서 당신의 임무는 적함의 외부 선체로부터 전자를 제거하기 위한 광자 어뢰를 배치하는 것이다. 당신은 적함 선체의 일 함수(전자의 결합 에너지)가 7.52×10^{-19} J이라는 것을 알고 있다.

a. 전자를 떼어내기 위하여 필요한 광자 어뢰의 파장은?

b. 파장 259 nm의 광자 어뢰가 있는 것을 찾아내어 적함에 쏘았다. 광자 어뢰는 적함에 손상을 주었는가(전자를 제거하였는가)?

c. 적함의 선체가 $[Ar]4s^13d^{10}$의 전자 배치를 하는 원소로 만들어져 있다면, 이 금속은 무엇인가?

183. 이 장에서 다룬 자료를 사용하여 다음 각 반응에서 예상되는 에너지 변화를 계산하라.

a. $Na(g) + Cl(g) \rightarrow Na^+(g) + Cl^-(g)$

b. $Mg(g) + F(g) \rightarrow Mg^+(g) + F^-(g)$

c. $Mg^+(g) + F(g) \rightarrow Mg^{2+}(g) + F^-(g)$

d. $Mg(g) + 2F(g) \rightarrow Mg^{2+}(g) + 2F^-(g)$

184. 다음 포타슘에 대한 PES 스펙트럼을 생각해 보자.

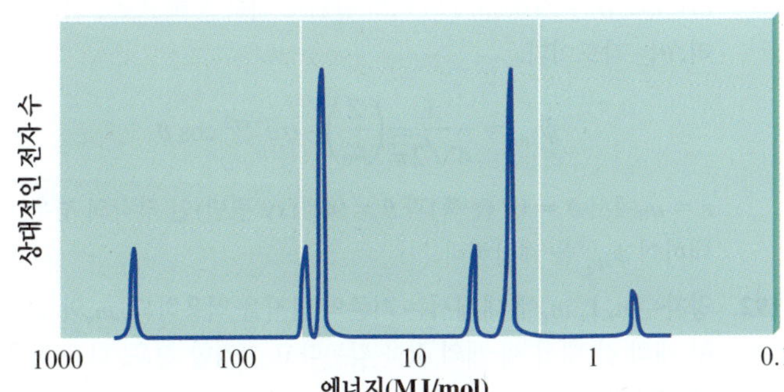

이들 봉우리들의 위치와 상대적인 강도에 대해서 설명하라.

도전 문제

185. 100.°C에서 제곱평균근 속도(root mean square velocity)로 움직이는 원자는 2.31×10^{-11} m 파장을 갖는다. 그것은 어떤 원자인가?

186. Be^{3+}에 대한 방출 스펙트럼의 방출선 중 하나는 253.4 nm의 파장을 가지고 있으며, $n = 5$ 상태에서 시작하는 전자 전이에 해당한다. 이 방출선에 대한 낮은 에너지 상태의 주양자수는 얼마인가? (*힌트*: Bohr 모형은 1-전자 이온에게 적용할 수 있다. Z 인자를 잊지 말라. 즉, Z = 핵전하 = 원자 번호)

187. 다음 그림은 기체 상태에 있는 단일 전자 이온(one-electron ion)에 대한 방출 스펙트럼의 일부를 보여주고 있다. 모든 선들은 들뜬 상태에서 $n = 3$ 상태로의 전자 전이에 의한 것들이다(연습문제 186 참조).

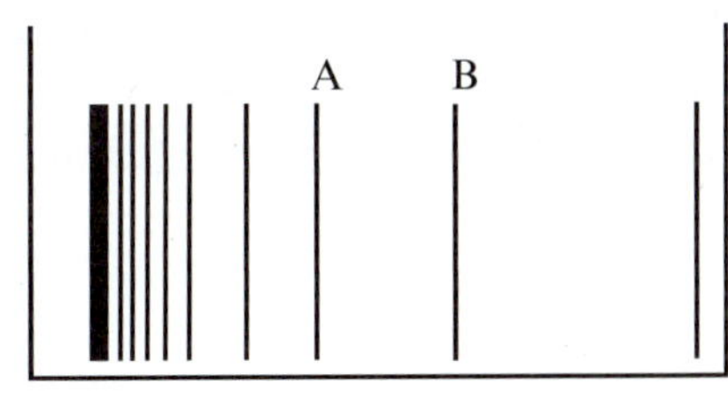

a. A 선과 B 선은 어떤 전자 전이에 해당하는가?

b. B 선의 파장이 142.5 nm인 경우, A 선의 파장을 계산하라.

188. 수소 원자에서 들뜬 전자가 $n = 5$ 상태에서 $n = 2$ 상태로 떨어질 때 파란색 빛을 방출한다. He^+에서 $n = 4$ 상태로 들떠 있는 전자가 어느 준위로 떨어질 때 비슷한 푸른색 빛을 방출하겠는가? (연습 문제 186 참조)

189. 1 전자 이온의 X^{m+}의 바닥 상태 이온화 에너지는 4.72×10^4 kJ/mol이다. X와 m 값을 밝혀라(연습 문제 186 참조).

190. 수소 원자에 대하여 $n = 3$, $\ell = 0$, $m_\ell = 0$ 상태의 파동함수는 다음과 같다.

$$\psi_{300} = \frac{1}{81\sqrt{3\pi}}\left(\frac{1}{a_0}\right)^{3/2}(27 - 18\sigma + 2\sigma^2)e^{-\sigma/3}$$

여기에서, $\sigma = r/a_0$이고 a_0는 Bohr 반지름(5.29×10^{-11} m)이다. 이 파동함수에서 마디(nodes)의 위치를 계산하라.

191. 수소 원자에서 $2p_z$ 오비탈의 파동방정식은 아래와 같고, 이때 a_0는 미터 단위의 첫 번째 Bohr 궤도의 반지름 값(5.29×10^{-11} m)이고, σ는 $Z(r/a_0)$, r은 미터 단위로 나타낸 핵으로부터의 거리, θ는 각도이다.

$$\psi_{2p_z} = \frac{1}{4\sqrt{2\pi}}\left(\frac{Z}{a_0}\right)^{3/2}\sigma e^{-\sigma/2}\cos\theta$$

$r = a_0$에서 $\theta = 0°$ (z 축)과 $\theta = 90°$ (xy 평면)인 각각의 경우에 대하여 $\psi_{2p_z}{}^2$을 계산하라.

192. 양자수 n, ℓ, m_ℓ에 대해서는 기존의 법칙을 적용하되, m_s의 경우 두 개의 값 대신 세 개의 값을 갖는다고 가정할 경우, 다음 물음에 답하라.

a. 한 개의 오비탈은 몇 개의 전자를 수용할 수 있는가?

b. 주기율표에서 첫 번째와 두 번째 주기는 몇 개의 원소들을 포함하고 있는가?

c. 첫 번째 전이 금속 계열에는 몇 개의 원소들이 포함되어 있는가?

d. $4f$ 오비탈 세트는 몇 개의 전자들을 포함하고 있는가?

193. 다른 물리 법칙들이 적용되는 어떤 우주에 우리가 살고 있다고 가정해 보자. 이 우주에서는 우리가 사용하는 것과 유사한 의미를 갖는 네 개의 양자수로 전자들을 기술하고 있다. 이들 양자수를 p, q, r, s라 부르자. 이들 양자수에 대한 법칙은 다음과 같다.

$p = 1, 2, 3, 4, 5, \ldots$

q는 양의 홀수이며, 그 값은 항상 $q \le p$이다.

r은 $-q$에서 $+q$ 사이의 모든 짝수 값을 가진다(영은 짝수로 간주된다).

$$s = +\tfrac{1}{2} \quad \text{또는} \quad -\tfrac{1}{2}$$

a. 이 우주에서는 주기율표의 처음 네 개의 주기가 어떻게 구성될지를 그림으로 그려라.

b. 가장 반응성이 낮을 것으로 예상되는 첫 번째 네 개의 원소에 대한 원자 번호는 무엇인가?

c. 처음 네 개의 열에 있는 원소들로부터 얻을 수 있는 XY, XY_2, X_2Y, XY_3, X_2Y_3의 화학식을 갖는 이온 결합 화합물들의 예를 들어라.

d. $p = 4$, $q = 3$일 경우, 몇 개의 전자를 수용할 수 있는가?

e. $p = 3$, $q = 0$, $r = 0$일 경우, 몇 개의 전자를 수용할 수 있는가?

f. $p = 6$인 경우, 몇 개의 전자를 수용할 수 있는가?

194. 어떤 원소의 원자가 빛의 1.00%의 속도로 진행하고 있다. 이 원자의 de Broglie 파장이 3.31×10^{-3} pm로 밝혀졌다. 이 원소는 무엇인가? 증명하라.

195. 다음의 수는 이차 대 일차 이온화 에너지의 비이다.

Na:	9.2	P:	1.8
Mg:	2.0	S:	2.3
Al:	3.1	Cl:	1.8
Si:	2.0	Ar:	1.8

위의 상대적인 값들을 비교하여 설명하라.

196. 주기율표에서 족의 아래로 내려가면 원자 반지름은 증가할 것이라고 예상된다. 왜 하프늄의 원자 반지름의 경우 이러한 법칙을 어기게 되는지에 대한 이유를 제안하라.

원자 반지름(pm)			
Sc	157	Ti	147.7
Y	169.3	Zr	159.3
La	191.5	Hf	147.6

197. 은(Ag) 원자의 $1s$ 전자에 대한 이온화 에너지는 2.462×10^6 kJ/mol이다.

a. Ag $1s$ 전자에 대한 대략적인 $Z_{유효}$ 값을 결정하라. Bohr 모형을 이 $1s$ 전자에 적용한다고 가정하라. $Z_{유효}$는 전자들이 느끼는 유효 핵전하(apparent nuclear charge)이다.

b. (a)에서 구한 $Z_{유효}$ 값과 Ag에 대한 이 Z 값과 비교 설명하라. 답을 합리화하라.

198. 미지의 시료에 대한 PES 스펙트럼이 아래 주어져 있다.

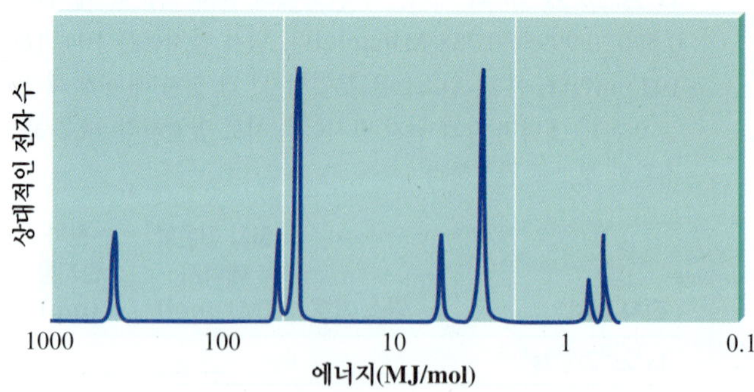

원소는 무엇인가? 여러 봉우리들의 상대적인 위치를 설명하라.

Chapter 8

갯민숭 달팽이(nudibranch)는 포식자로부터 자신을 방어하기 위해 알로몬(alomone)이라는 특정 분자를 사용한다. 이 분자는 포식자에 맞서 방어 목적에 적합한 특정 구조를 갖는다. (Douglas Klug/Getty Images)

결합: 일반 개념

Bonding: General Concepts

우리 주변을 잘 관찰하면 거의 모든 것이 화합물과 화합물의 혼합물로 구성되어 있음을 알 수 있다. 바위, 석탄, 토양, 석유, 나무, 사람의 몸 등은 여러 종류의 원자가 결합된 화합물의 복잡한 혼합물들이다. 결합되지 않은 원자로만 구성된 물질도 자연에 존재하는데, 그런 경우는 매우 드물다. 대기 중의 아르곤과 천연 가스에 섞여 있는 헬륨이 그 예이다.

원자가 서로 결합하는 방식은 그 물질의 화학적, 물리적 성질에 많은 영향을 미친다. 예를 들어, 흑연은 열쇠의 윤활제로 쓰이는 무르고 미끄러운 물질이며, 다이아몬드는 보석과 공업용 절단 도구로 사용되는 가장 단단한 물질 중 하나로 알려져 있다. 모두 탄소로만 구성된 두 물질이 왜 이처럼 다른 성질을 나타내는 것일까? 그 이유는 두 물질이 다른 종류의 결합을 하기 때문이다.

규소와 탄소는 주기율표 4A족에서 위와 아래에 나란히 위치한다. 원소의 주기성에 따르면 SiO_2와 CO_2는 매우 유사할 것으로 기대된다. 그러나 SiO_2는 실리카의 실험식으로 모래와 석영의 주성분이고, CO_2는 기체로 호흡 작용의 생성물이다. 왜 이들은 이렇게 다른가? 화학 결합 모형을 만들면 이 물음에 대한 해답을 얻을 수 있다.

▲ 석영은 아름답고 규칙적인 결정으로 자란다.

분자의 결합과 구조는 우리의 생존에 필수적인 반응을 포함한 많은 화학 반응이 일어나는 경로를 결정하는 중요한 역할을 한다. 어떻게 효소가 복잡한 화학 반응을 일어나게 하는지, 어떻게 유전적 정보가 전달되는지, 어떻게 혈액 속의 헤모글로빈이 몸 전체로 산소를 운반하는지를 이 책의 끝부분에서 보여줌으로써 그 중요성을 설명할 것이다. 이런 모든 필수적인 생화학적 반응은 분자의 기하구조에 영향을 받고, 때때로 분자 구조의 미세한 차이가 여러 방향이 아닌 한 방향으로만 화학 반응이 일어나게 할 수도 있다.

세계가 현재 직면하고 있는 문제들의 많은 부분이 기본적으로 화학에서 답을 구할 수 있다: 질병과 오염의 통제, 새로운 에너지원의 개발, 식량 생산량을 늘리는 새로운 비료의 개발, 필수 곡물의 단백질 함량 증가 등. 천연 물질을 이해하기 위해서는 화학 결합의 특성과 화합물의 구조에 영향을 주는 인자를 이해해야 한다. 이 장에서 결합 방식이 다른 화합물의 다양한 부류를 설명하고, 자연에서 발견되는 물질의 특성을 결정하는 분자 구조와 분자 내 결합을 설명하는 모형을 제시할 것이다. 이러한 모형들은 후에 공부할 화학 반응을 이해하는 데 유용하게 사용될 것이다.

8.1 화학 결합의 종류

화학 결합이란 무엇인가? 이 질문에 대한 완벽하면서 간단한 답은 없다. 제2장에서 결합을 원자들을 묶어 하나의 단위체로 만드는 힘으로 정의하였다.

물질의 기본적인 성질을 측정하기 위한 여러 가지 종류의 실험이 있다. 예를 들면, 녹는점, 경도, 전기 전도도와 열 전도도 등과 같은 물리적 성질을 측정할 수 있다. 또한 용해도 특성과 용액의 성질을 연구할 수도 있다. 분자의 전하 분포를 측정하기 위해 전기장에서 분자의 행동을 연구할 수 있다. 화학 결합을 끊는 데 필요한 에너지로 정의되는 **결합 에너지**(bond energy)를 측정하여 결합이 일어나는 상호작용의 세기에 대한 정보를 얻을 수 있다.

원자들은 서로에게 영향을 주어 결합체(aggregate)를 형성할 수 있는 여러 가지 방법이 있다. 여러 종류의 화학 결합을 설명하기 위한 몇 가지 구체적인 예를 생각해 보자.

앞에서, 고체 염화 소듐이 물에 녹으면 그 용액은 전기 전도성을 나타냄을 보았다. 이 사실로부터 염화 소듐이 Na^+와 Cl^- 이온으로 구성되어 있다는 것을 확신할 수 있다. 그러므로 소듐과 염소가 반응하여 염화 소듐이 만들어질 때, 소듐 원자에서 염소 원자로 전자가 이동되어 Na^+와 Cl^- 이온을 형성한 뒤, 두 이온이 결합하여 고체 염화 소듐을 형성한다. 왜 이런 변화가 일어날까? 가장 간단한 이유는 *이러한 과정을 통하여 계는 가장 낮은 가능한 에너지 상태에 도달하기 때문이다.* 전자에 대한 염소 원자의 친화력과 전하가 반대인 이온 사이의 매우 강력한 인력이 이런 과정이 일어나는 원동력이다. 이렇게 형성된 고체 염화 소듐은 매우 단단한 물질이어서 녹는점이 대략 800°C이다. 이와 같이 높은 열적 안정성을 나타내는 결합력은 반대 전하를 띤 밀집된 입자들의 정전기 인력이다. 이러한 결합을 **이온 결합**(ionic bonding)이라고 한다. 상대적으로 전자를 잃기 쉬운 원자와 높은 전자 친화력을 가진 원자가 반응하여 이온성 물질이 형성된다. 즉, **이온 결합 화합물**(ionic compound)은 금속과 비금속이 반응하여 만들어진다.

이온 간의 인력 에너지는 **쿨롱의 법칙**(Coulomb's law)으로 계산할 수 있다.

$$E = (2.31 \times 10^{-19}\ \mathrm{J \cdot nm})\left(\frac{Q_1Q_2}{r}\right)$$

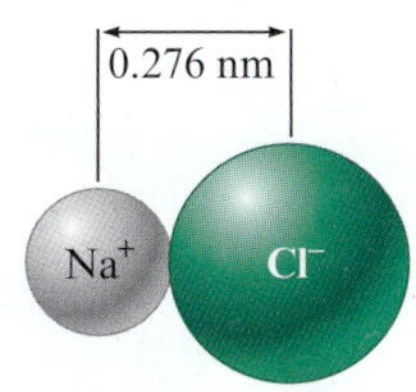

여기에서 E는 주울(J) 단위를 쓰고, r은 나노미터로 나타낸 이온 중심 간의 거리이고, Q_1과 Q_2는 이온의 전하이다.

예를 들어, 고체 염화 소듐에서 Na^+와 Cl^- 이온 중심 간의 거리는 2.76 Å (0.276 nm)이고, 이온 한 쌍의 이온 에너지는 아래와 같다.

$$E = (2.31 \times 10^{-19}\ \mathrm{J \cdot nm})\left[\frac{(+1)(-1)}{0.276\ \mathrm{nm}}\right] = -8.37 \times 10^{-19}\ \mathrm{J}$$

여기에서 음의 부호는 인력을 의미한다. 즉, *이온쌍은 분리되어 있는 이온들보다 낮은 에너지를 갖는다.*

쿨롱의 법칙을 이용하면 동일하게 하전된 두 개의 입자가 가까이 있을 때의 반발 에너지를 계산할 수 있다. 이 경우 계산된 에너지의 값은 양의 부호를 갖는다.

두 개의 다른 종류의 원자가 반응하여 반대로 하전된 이온이 형성될 때 결합력이 생기는 것을 학습하였다. 그러나 동일한 두 개의 원자 사이의 결합은 어떻게 생기는 것일까? 그림 8.1(a)에서와 같이 두 수소 원자가 가깝게 접근할 때 일어나는 에너지의 변화를 고려해 보자. 두 수소 원자가 가까이 접근하면, 양성자−양성자 반발과 전자−전자 반발이라는 결합에 불리한 두 가지 퍼텐셜 항과 양성자−전자 인력이라는 결합에 유리한 한 가지 퍼텐셜

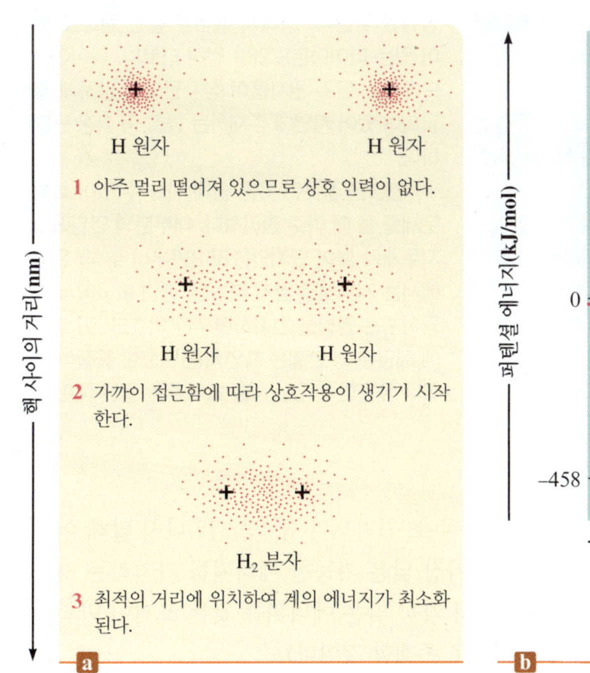

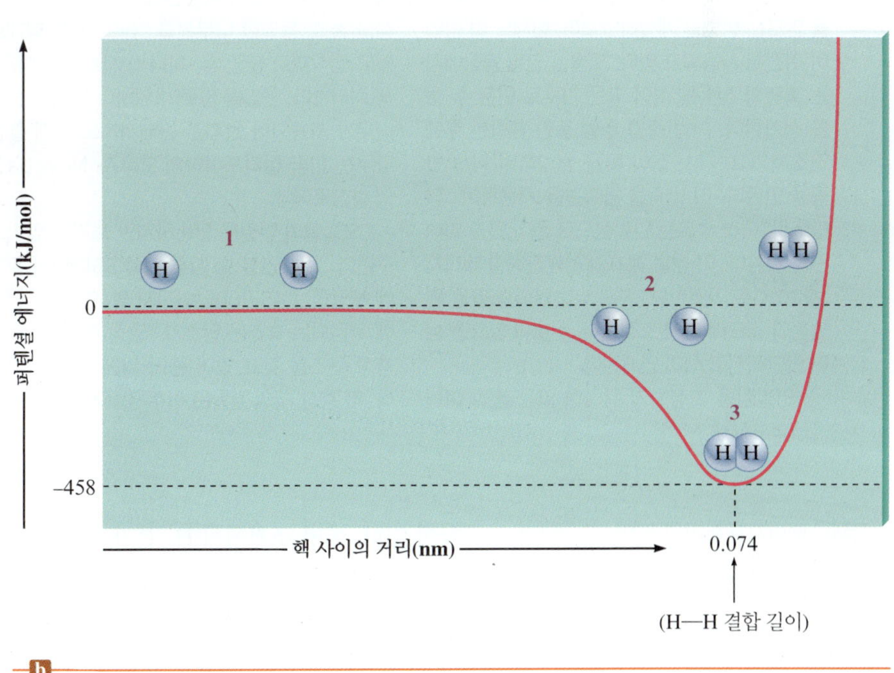

그림 8.1 (a) 두 수소 원자의 상호작용. (b) 수소 핵 사이의 거리 함수로 나타낸 에너지 그림. 두 수소 원자가 접근하면(그림의 오른쪽) 핵 간 거리가 0.074 nm (74 pm)에 이를 때까지 에너지가 감소하고, 더욱 가까워지면 핵 사이의 반발력 때문에 에너지가 증가하기 시작한다.

화학 관련 읽을거리 Chemical Connections

연필에는 납이 없다

연필심을 검은 "납", 즉 흑연(黑鉛, black lead)이라고 하는 이유를 이상하다고 생각한 적이 있는가? 연필에는 납이 들어 있지도 않지만 넣은 적도 없다. 필기도구를 납으로 연상하는 것은 로마 시대로부터 기인하는데, 그 시대에는 필기도구로 납봉을 사용하여 종이에 회색 글씨를 썼다. 수 세기 후, 1564년에 글쓰기에 좋은 검은 물질이 영국의 Borrowdale 지방에서 발견되었다. 처음부터 "흑연"이라고 불렸던 이 물질은 1879년에 스위스의 화학자 Carl Scheele에 의하여 탄소의 한 형태임이 밝혀졌고, 바로 graphite("*쓰기*"를 의미하는 그리스어 *graphein*을 따라)라고 불렸다.

처음에는 표기용 돌(marking stones)이라고 불리는 Borrowdale 지방에서 채굴된 흑연 덩어리가 필기 도구로 사용되었지만, 나중에 흑연 막대를 필기도구로 사용하였다. 흑연은 잘 부서지기 때문에 튼튼하게 만들 필요가 있었다. 초기에는 실로 감아, 심이 닳아지면 실을 풀어 사용하였다. 마침내 가는 흑연 막대를 나무판 사이에 끼우거나 긴 구멍을 뚫은 나무에 끼워 넣어 초기 형태의 연필을 만들게 되었다.

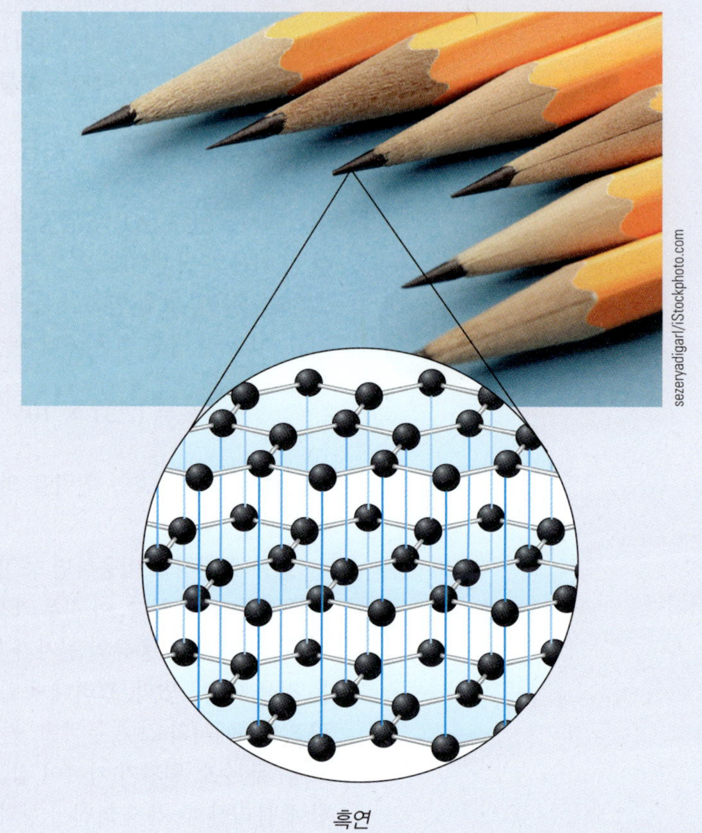

흑연

Borrowdale의 흑연은 그대로 사용해도 될 만큼 순도가 좋지만 대부분의 흑연은 필기도구로 사용하기 위해 다른 물질을 넣어야 했다. 1795년에 프랑스의 화학자 Nicolas-Jaques Conté는 진흙과 물을 섞어 연필 "납(lead)"을 만드는 방법을 개발하였으며, 현재도 이 방법이 여전히 사용되고 있다. 오늘날 연필 공장에서는 흑연과 진흙을 섞어 고운 가루로 만든 후 물을 첨가한다. 이 반죽을 수일 동안 혼합한 후에 건조시키고, 다시 갈아 물을 첨가하여 회색 반죽을 만든다. 이 반죽을 금속관을 사용하여 "납(lead)"이라 부르는 연필심으로 뽑아 연필 길이만큼 자른다. 이 심을 매끄럽고 단단해질 때까지 1000°C로 가열한다. 진흙과 흑연의 비율은 연필심의 경도에 따라 조절한다. 진흙이 많으면 심이 단단해지고 색이 연해진다.

연필심을 고정하기 위하여 얇은 홈이 여러 개 파여진 나무판이 사용된다. 각각의 홈에 연필심을 놓고, 동일한 나무판을 "샌드위치" 형태로 덮고 접착제로 붙인 후, 하나씩 자르고 연마/도색 처리한다. 연필을 만들기 위하여 많은 종류의 나무가 사용되어 왔지만 현재까지도 가장 좋은 나무는 미국 캘리포니아의 Sierra Nevada산의 향삼목이다.

오늘날의 연필은 단순하지만 놀라운 필기도구이다. 보통 연필 한 자루는 약 35마일의 길이에 해당하는 45,000단어까지 쓸 수 있다. 연필에 사용되는 흑연은 탄소가 "닭장 철망" 모양의 층상 구조를 갖고 있어 종이 위에 쉽게 옮겨진다. 각 층상 *내의* 결합은 아주 강하지만, 층 *간의* 결합은 아주 약해서 흑연은 부드럽고 미끄러운 성질을 갖는다. 그래서 흑연은 같은 탄소로 되어 있는 다이아몬드와는 전혀 다르다. 다이아몬드에서는 탄소 원자들이 삼차원으로 강하게 결합되어 있어 자연에 존재하는 물질 중 가장 단단하다.

연필은 잘못된 곳을 쉽게 지울 수 있어 화학 문제를 풀 때 아주 편리하다. 대부분의 연필에는 지우개가 붙어 있지만(1858년부터 부착) 유럽에서는 지우개를 달지 않는다. 매년 미국에서 만들어지는 연필을 연결하면 지구의 15바퀴 길이에 해당된다. 연필은 흑연처럼 단순한 물질이 얼마나 유용할 수 있는지를 보여 주는 좋은 예이다.

결합체의 에너지가 분리된 원자보다 낮다면 결합이 형성된다.

향이 있다. 어떤 조건에서 H_2 분자가 분리된 두 수소 원자보다 유리할까? 다시 말해 어떤 조건에서 결합의 형성이 유리할까? 모든 계는 가장 낮은 가능한 에너지를 가지려는 자연의 강한 경향성이 해답이다. 계가 결합 과정에서 가장 낮은 에너지를 갖는 조건이 만족된다면, 결합은 형성된다(즉, 두 수소 원자는 분자로 존재할 것이다).

그렇다면 계가 가장 낮은 가능한 에너지를 갖도록 두 수소 원자는 자신의 위치를 결정할 것이다. 다시 말하면 계는 양의 에너지(반발력)와 음의 에너지(인력)의 합이 최소가 되도록 할 것이다. 퍼텐셜 에너지가 최소일 때의 거리를 **결합 길이**(bond length)라고 한다. 두 수소 원자 간 거리의 함수로 도시한 이 계의 총 에너지는 그림 8.1(b)에 나타내었다. 이 그림에서 몇 가지 중요한 특징을 기억하라.

퍼텐셜 에너지는 제6장에서 설명하였다.

- 관련된 에너지 항은 하전된 입자 간의 인력과 반발력의 합으로 표현되는 퍼텐셜 에너지와 전자의 운동으로 인한 운동 에너지이다.
- 두 원자가 아주 멀리 떨어져 있을 때의 퍼텐셜 에너지는 0이다.
- 아주 가까운 거리로 원자들이 접근하면 양성자–양성자 반발력 때문에 에너지가 급격히 상승한다.
- 계의 에너지가 최소가 될 때의 두 원자 간 거리를 결합 길이라고 한다.

H_2 분자에서 전자는 주로 두 핵 사이의 공간에 존재하며 두 양성자에 의해 동시에 끌어당겨진다. 이 위치는 두 개의 분리된 수소 원자와 비교하여 H_2 분자의 안정성을 가져오는 것이 정확히 무엇인가? 각 전자의 위치 에너지는 이 영역의 인력이 증가하기 때문에 낮아진다. 두 수소 원자 사이에 결합이 형성되었다고 말하는 것은 H_2 분자가 분리된 두 개의 수소 원자에 비하여 어떤 에너지(결합 에너지)량만큼 안정화되었다는 것을 의미한다.

힘의 개념으로 결합을 생각할 수도 있다. 두 양성자를 서로 근접하는 양성자와 두 전자 간의 인력은 결합 길이에 해당하는 거리에서 양성자–양성자 반발력과 전자–전자 반발력과 상쇄된다.

*두 원자핵이 전자를 공유함*으로써 결합이 이루어진 수소 분자나 여러 다른 분자에서 나타나는 결합 형태를 **공유 결합**(covalent bonding)이라고 한다.

이온 결합과 공유 결합은 결합 유형의 양 극단이다.

지금까지 결합의 두 극단적인 형태를 살펴보았다. 이온 결합에 참여하는 원자들은 서로 다르며, 그래서 하나 이상의 전자가 이동하여 전하가 반대인 이온들을 형성하고 그 이온들 사이에 인력이 생겨서 서로를 끌어당긴다. 공유 결합에서는 동일한 두 원자들이 전자를 동등하게 공유한다. 공유된 전자에 대한 두 핵의 인력으로 결합이 형성된다. 중간 형태의 결합에 참여하는 원자들의 차이가 아주 크지 않아서 전자가 어느 정도 이동하여 불균등하게 전자를 공유한다. 이러한 형태의 결합을 **극성 공유 결합**(polar covalent bond)이라고 한다. 플루오린화 수소(HF) 분자의 결합은 이런 결합 형태의 한 예이다. 플루오린화 수소 기체 시료가 전기장에 놓이면, 그림 8.2에서 보는 바와 같이 분자는 플루오린 말단은 양극

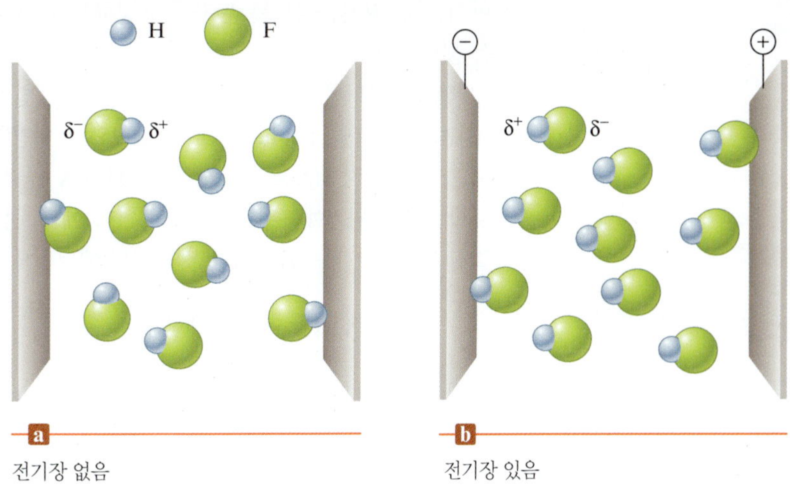

그림 8.2 HF 분자에 대한 전기장의 영향. **(a)** 전기장이 없으면 분자는 무질서하게 배열된다. **(b)** 전기장이 있으면 분자의 음의 말단은 양극으로, 양의 말단은 음극으로 향하여 정렬된다.

직업 속의 화학

안전 교육 및 지원 매니저

Emery McKinstry는 New York 대학교의 연구 및 실험실 안전 부서에서 안전 교육 및 지원 매니저로 일하고 있다. McKinstry는 실험실 안전, 유해물질 폐기와 혈액 매개 병원체 등에 대한 실시간 교육 세션을 제공하며 지속적으로 주제를 업데이트한다. 그는 Haverford College에서 생화학을 부전공하여 화학 학위를 받았다.

이런 직업의 장점 중 하나는 대학에서 배운 지식을 그래픽 디자인, 편집과 강연 등 다른 분야 기술의 결합할 수 있다는 것이다. McKinstry의 실험실에서의 실제 경험은 화학물질 안정성 교과목 개발과 안전하고 생산적인 실험실 환경 조성에 많은 도움이 된다. McKinstry는 화학과 학생들에게 어디를 가든 모든 것은 실질적이므로 더 나은 문제 해결사와 다른 사람의 협력자가 되기 위하여 배운 기술을 사용하라고 조언한다.

Emery McKinstry

쪽으로, 수소 말단은 음극 쪽으로 배열한다. 이 결과는 HF 분자의 전하 분포가 다음과 같음을 의미한다.

$$\underset{\delta^+}{\mathrm{H}}-\underset{\delta^-}{\mathrm{F}}$$

여기에서 δ(소문자 델타)는 부분 전하를 나타낸다. 이와 동일한 효과를 제4장에서 설명하였는데 물의 많은 특이한 성질들은 H_2O 분자의 극성 O—H 결합에 의한 것이다.

HF나 H_2O에서와 같이, 구성 원자에 형성되는 부분 양전하와 음전하(결합 극성)에 대한 가장 논리적인 설명은 결합을 이루는 전자들이 동일하게 공유되지 않는다는 것이다. 예를 들면, 플루오린 원자가 수소 원자보다 공유 전자에 대해 강한 인력을 가진다고 가정함으로써, HF 분자의 극성을 설명할 수 있다. 마찬가지로, H_2O 분자에서는 산소 원자가 수소 원자보다 공유 전자에 대해 더 강한 인력을 나타낸다고 할 수 있다. 결합의 극성은 화학에서 매우 중요하기 때문에 공유 전자를 끄는 원자들의 능력을 수치화하면 편리하다. 다음 절에서 이것을 다루기로 한다.

8.2 전기음성도

결합 전자에 대한 원자들의 친화력 차이는 **전기음성도**(electronegativity)라는 성질로 표현되는데, 전기음성도는 *분자를 구성하는 원자들이 공유 전자들을 자기 쪽으로 끌어당기는 능력*이다.

전기음성도를 결정하는 가장 보편적인 방법은 미국의 화학자로 노벨 화학상과 평화상을 수상한 Linus Pauling(1901~1995)이 제안한 것이다. Pauling의 모형을 이해하기 위해 가상적 분자 HX를 생각해 보자. H와 X 원자의 상대적 전기음성도는 측정된 H—X의 결합 에너지와 "예측된" H—X의 결합 에너지를 비교하여 결정한다. "예측된" H—X의 결합 에너지는 H—H와 X—X의 결합 에너지의 평균이다.

$$\text{H—X 결합 에너지 예측 값} = \frac{\text{H—H 결합 에너지} + \text{X—X 결합 에너지}}{2}$$

실제(측정) 값과 예측된 결합 에너지의 차이(Δ)는 다음과 같다.

$$\Delta = (\text{H—X})_{\text{실제}} - (\text{H—X})_{\text{예측}}$$

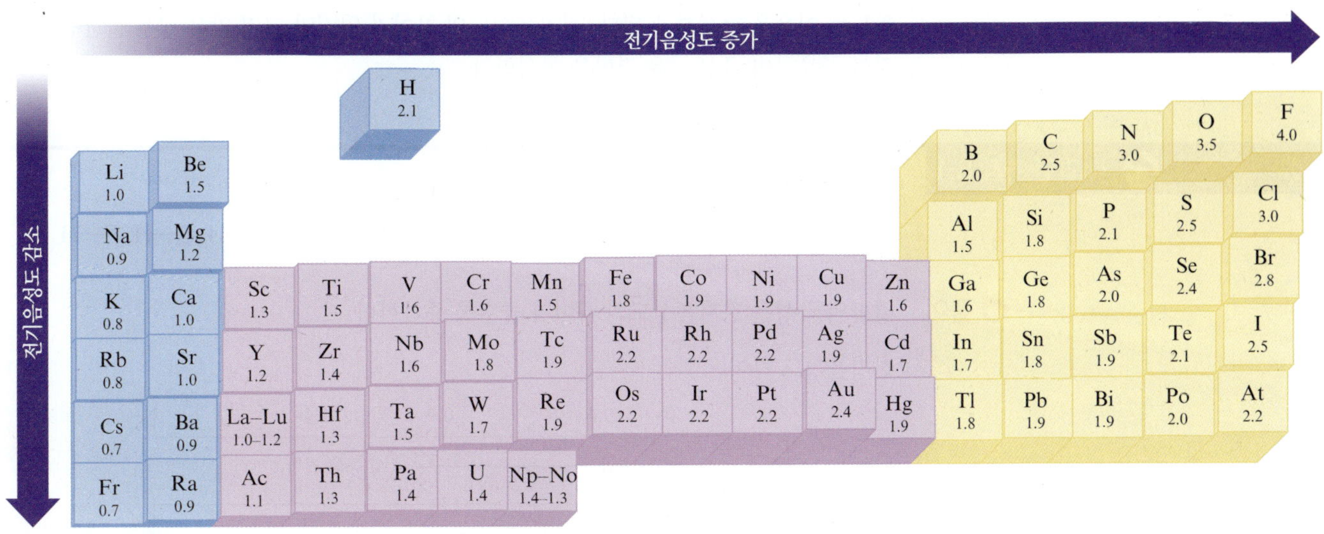

그림 8.3 Pauling의 전기음성도 값. 주기율표에서 오른쪽으로 갈수록 전기음성도가 증가하고, 족의 아래로 갈수록 감소한다.

만약 H와 X가 동일한 전기음성도를 갖는다면 $(\text{H—X})_{\text{실제}}$와 $(\text{H—X})_{\text{예측}}$은 같고, Δ는 0이다. 반면에 X가 H보다 더 큰 전기음성도를 갖는다면 공유 전자는 X 원자에 더 가깝게 존재할 것이다. 분자는 다음과 같은 전하 분포를 보이는 극성 분자가 된다.

$$\underset{\delta^+}{\text{H}}\text{—}\underset{\delta^-}{\text{X}}$$

이 결합은 공유 결합의 성분뿐 아니라 이온 결합의 성분도 갖는다고 간주할 수 있다. 부분적이지만 반대로 하전된 H와 X 원자 사이의 인력 때문에 결합의 세기는 더 증가한다. 그러므로 $(\text{H—X})_{\text{실제}}$는 $(\text{H—X})_{\text{예측}}$보다 더 클 것이다. 원자들의 전기음성도 차이가 클수록 이들의 결합의 이온성은 더 커지고, Δ도 증가한다. X와 H의 상대적 전기음성도는 Δ 값으로부터 정할 수 있다.

전기음성도는 이러한 과정을 통하여 실질적으로 모든 원소에 대해 결정되었으며, 그 결과를 그림 8.3에 나타내었다. 전기음성도는 주기율표의 왼쪽에서 오른쪽으로 갈수록 점차 증가하고, 전형 원소들은 족의 아래로 갈수록 감소한다. 전기음성도 값의 범위는 F 원자의 4.0에서 Cs 원자의 0.7까지이다.

전기음성도와 결합 유형 사이의 관계를 표 8.1에 나타내었다. 동일한 원자들인 경우(전기음성도 차가 없음), 결합에 관여한 전자는 균등하게 공유되어 극성이 생기지 않는다. 전기음성도가 매우 다른 두 원자가 상호작용을 하게 되면 전자 이동이 일어나 이온성 물질을

표 8.1 전기음성도와 결합 유형 사이의 관계

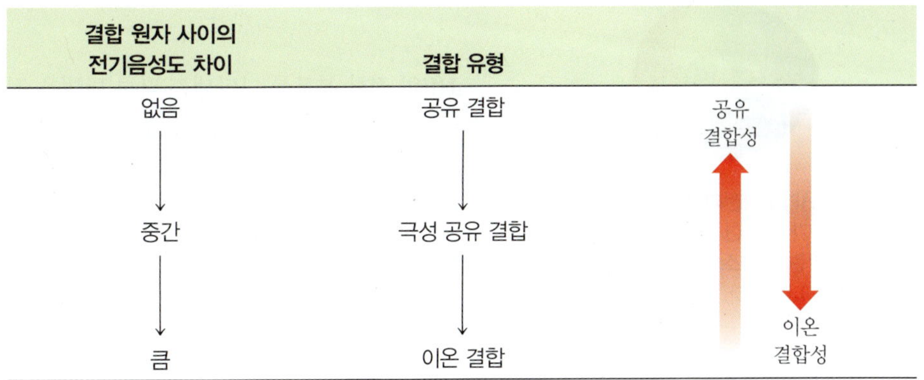

결합 원자 사이의 전기음성도 차이	결합 유형	
없음	공유 결합	공유 결합성
↓	↓	↑
중간	극성 공유 결합	
↓	↓	↓
큼	이온 결합	이온 결합성

만드는 이온을 형성하게 된다. 전기음성도의 차이가 있지만 크지 않은 경우 불균등하게 전자를 공유하여 극성 공유 결합을 형성한다.

대화형 예제 8.1 상대적 결합 극성

극성의 정도에 따라 다음 결합들을 나열하라. H—H, O—H, Cl—H, S—H, F—H

풀이 결합의 극성은 전기음성도의 차이가 클수록 증가한다.

전기음성도 차이

0 0.4 0.9 1.4 1.9

공유 결합 —극성 증가→ 극성 공유 결합

그림 8.3의 전기음성도 값으로부터 다음과 같은 결합 극성을 예측할 수 있다(전기음성도 값은 각 원소 아래의 괄호 속 숫자이다).

$$\underset{(2.1)(2.1)}{\text{H—H}} < \underset{(2.5)(2.1)}{\text{S—H}} < \underset{(3.0)(2.1)}{\text{Cl—H}} < \underset{(3.5)(2.1)}{\text{O—H}} < \underset{(4.0)(2.1)}{\text{F—H}}$$

연습 문제 8.43과 8.46 참조

비판적 사고 결합의 성질을 설명하기 위하여 전기음성도의 차이를 활용한다. 모든 원자가 동일한 전기음성도 값을 갖는다면 어떤 일이 일어날까? 원자 사이의 결합은 어떻게 영향을 받을까? 어떤 차이를 알아낼 수 있을까?

8.3 결합 극성과 쌍극자 모멘트

플루오린화 수소가 전기장에 놓이면, 분자들이 일정한 방향으로 배열되는 것을 보았다(그림 8.2 참조). 이러한 현상은 양과 음으로 하전된 말단 부분을 가진 HF 분자의 전하 분포에 기인한다. HF와 같이 양전하의 중심과 음전하의 중심이 일치하지 않는 분자를 **쌍극자**의 성질을 갖는다(dipolar)고 하거나, **쌍극자 모멘트**(dipole moment)를 가졌다고 한다. 분자의 쌍극자 성질은 양전하 중심에서 출발하여 음전하 중심으로 향하는 화살표로 표현한다.

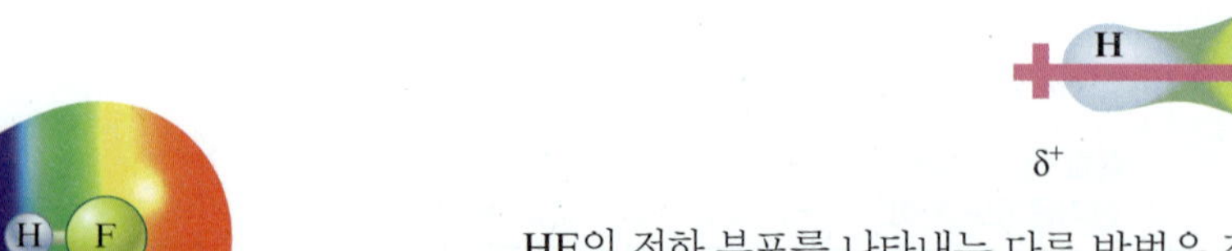

HF의 전하 분포를 나타내는 다른 방법은 정전기 전위 분포 그림이다(그림 8.4). 이 방법은 색깔로 전하 분포의 차이를 표현한다. 분자 중 전자가 가장 풍부한 곳은 적색으로, 가장 빈약한 부분을 청색으로 나타낸다.

물론 극성 결합을 갖는 모든 이원자 분자는 쌍극자 모멘트를 갖는다. 표 8.2에 몇 가지 HX 분자의 쌍극자 모멘트(Debye 단위)를 나타내었다. 쌍극자 모멘트는 X의 전기음성도에 따라 결정됨에 주목하라.

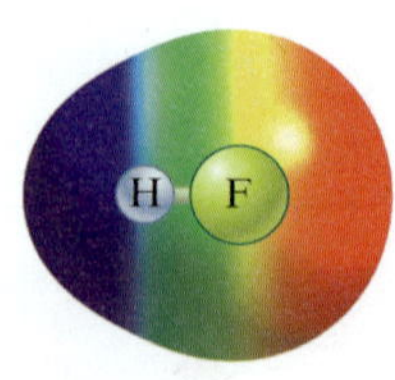

그림 8.4 HF의 정전기 전위 분포 그림. 붉은색은 전자가 풍부한 곳(플루오린 원자)을 나타내며, 파란색(수소 원자)은 전자가 가장 빈약한 곳을 나타낸다.

표 8.2 할로젠화 수소의 쌍극자 모멘트

분자	할로젠의 전기음성도	쌍극자 모멘트(Debyes)
HF	4.0	1.86
HCl	3.0	1.05
HBr	2.8	0.82
HI	2.5	0.38

그림 8.5 (**a**) 물 분자의 전하 분포. (**b**) 전기장 속의 물 분자. (**c**) 물 분자의 정전기 전위 분포 그림.

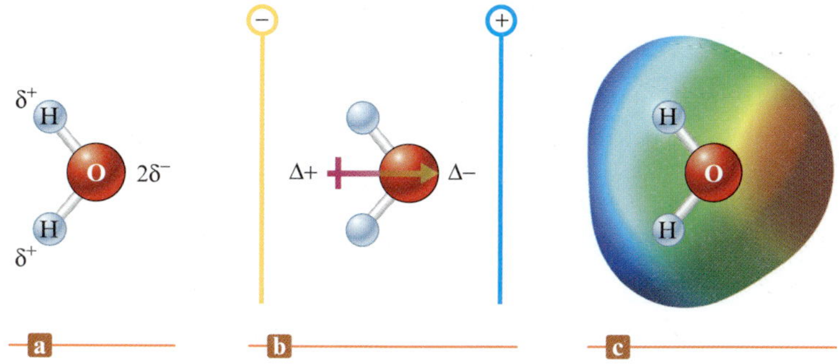

다원자 분자도 쌍극자 거동을 보일 수 있다. 예를 들어, 물 분자의 산소 원자는 수소 원자들보다 큰 전기음성도를 갖기 때문에 분자의 전하 분포는 그림 8.5(a)와 같다. 이 전하 분포 때문에 물 분자는 전기장 안에서 그림 8.5(b)와 같이 두 개의 전하 중심(하나의 양전하 중심과 하나의 음전하 중심)을 갖는 것처럼 행동한다. 물 분자는 쌍극자 모멘트를 가진다. 동일한 유형의 거동이 NH_3 분자(그림 8.6)에서도 관찰된다. 극성 결합으로 이루어져 있지만, 쌍극자 모멘트를 갖지 않는 분자들도 있다. 각 결합의 쌍극자가 서로를 상쇄하는 방식으로 배열될 때, 이런 일이 발생한다. 전하 분포가 그림 8.7과 같은 선형 분자인 CO_2

그림 8.6 (**a**) 암모니아 분자의 구조와 전하 분포. 질소의 전기음성도가 수소보다 크기 때문에 N—H 결합은 극성이다. (**b**) 전기장 속에 배열된 암모니아 분자의 쌍극자 모멘트. (**c**) 암모니아의 정전기 전위 분포 그림.

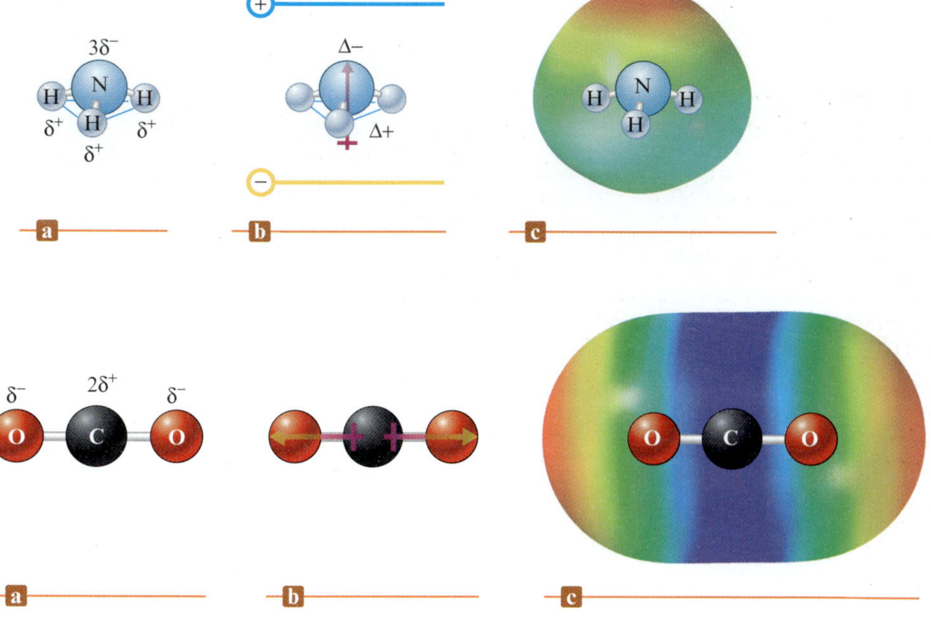

그림 8.7 (**a**) 이산화 탄소 분자. (**b**) 반대 방향으로 배열된 두 결합 쌍극자는 서로 상쇄되어 이산화 탄소는 쌍극자 모멘트를 갖지 않는다. (**c**) 이산화 탄소의 정전기 전위 분포 그림.

표 8.3 극성 결합이 있지만 쌍극자 모멘트를 보이지 않는 분자의 유형

유형	일반적인 예	극성 결합들의 상쇄	구체적 예	공–막대 모형
두 개의 동일한 결합으로 구성된 선형 분자	B—A—B		CO_2	
120° 떨어진 세 개의 동일한 결합으로 구성된 평면 분자	B, A, B, B, 120°		SO_3	
109.5° 떨어진 네 개의 동일한 결합으로 구성된 사면체 분자	B, A, B, B, B		CCl_4	

분자가 그 예이다. 이 경우에 반대 방향의 결합 쌍극자는 상쇄되어 이산화 탄소 분자는 전체적으로 쌍극자 모멘트를 갖지 않는다. 전기장에서 이 분자는 일정한 방향으로 배향하지 않는다. (가장 적합한 배향을 찾아서 이 개념을 확실하게 이해하도록 하라.)

이산화 탄소 외에도 결합의 극성이 정확히 상쇄되는 경우가 많다. 극성 결합을 갖지만, 쌍극자 모멘트가 없는 분자의 일반적인 유형을 표 8.3에 나타내었다.

예제 8.2 결합의 극성과 쌍극자 모멘트

다음의 각 분자에 대하여 결합 극성의 방향을 표시하고, 쌍극자 모멘트를 갖는 분자를 찾아라: HCl, Cl_2, SO_3(중심의 황 원자 주위에 산소 원자가 동일하게 평면으로 배열), CH_4[중심에 탄소 원자를 가진 사면체(표 8.3 참조)], H_2S (V-자형 꼭짓점에 황 원자가 위치).

풀이 *HCl 분자*: 그림 8.3에서 보면 염소의 전기음성도(3.0)가 수소의 전기음성도(2.1)보다 크다. 따라서 염소는 음의 부분 전하를 갖고, 수소는 양의 부분 전하를 갖는다. HCl 분자는 쌍극자 모멘트를 갖는다.

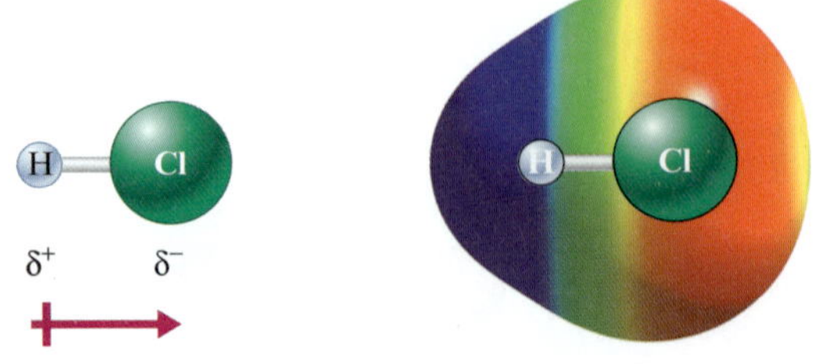

청색은 전자가 빈약한 영역을, 적색은 전자가 풍부한 영역을 나타낸다.

Cl_2 분자: 두 염소 원자가 전자를 동일하게 공유한다. 극성이 생기지 않으므로 Cl_2는 쌍극자 모멘트를 갖지 않는다.

SO_3 분자: 산소의 전기음성도(3.5)가 황의 전기음성도(2.5)보다 크다. 따라서 산소는 음의 부분 전하를, 황은 양의 부분 전하를 갖는다.

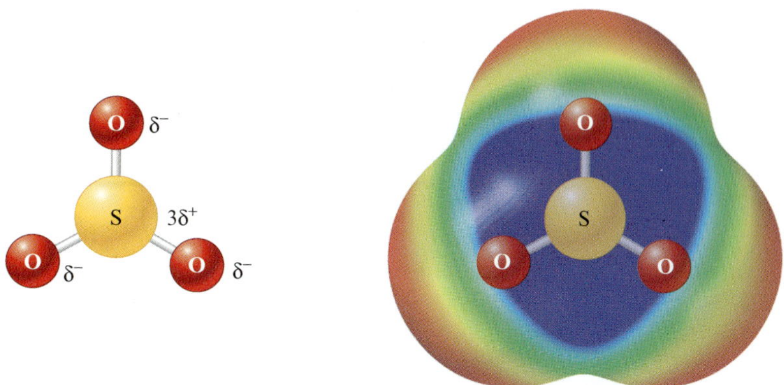

극성 결합을 갖더라도 항상 극성 분자가 되는 것은 아니다.

결합의 극성이 대칭적으로 배열되어 있으므로 서로 상쇄되어, 쌍극자 모멘트를 갖지 않는다. 이 분자는 표 8.3의 두 번째 종류에 속한다.

CH_4 분자: 탄소의 전기음성도(2.5)가 수소의 전기음성도(2.1)보다 약간 크다. 따라서 탄소는 작은 음의 부분 전하를, 수소는 작은 양의 부분 전하를 갖는다.

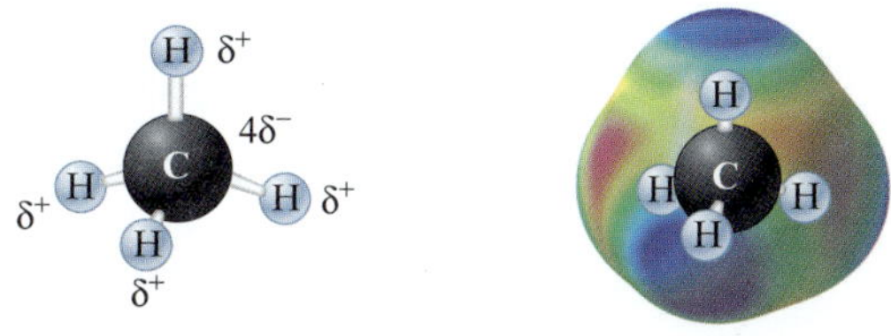

이 경우는 표 8.3의 세 번째 종류와 유사하고, 결합 극성이 상쇄되어 쌍극자 모멘트를 갖지 않는다.

H_2S 분자: 황의 전기음성도(2.5)가 수소의 전기음성도(2.1)보다 약간 크므로, 아래의 그림처럼 황은 음의 부분 전하를, 수소는 양의 부분 전하를 갖는다.

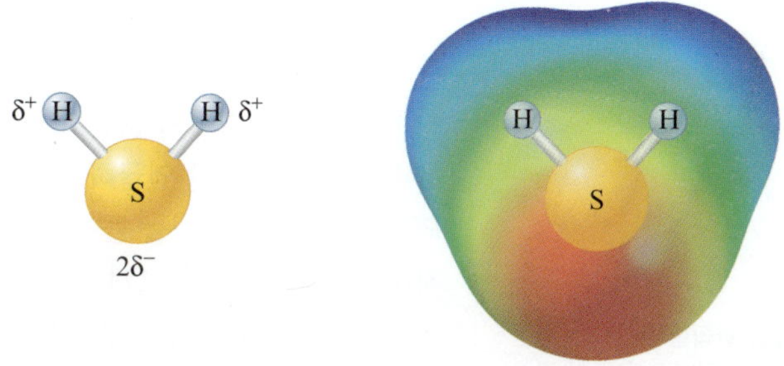

이 경우는 물 분자의 경우와 유사하고, 극성 결합은 다음과 같이 배향된 쌍극자 모멘트를 가진다.

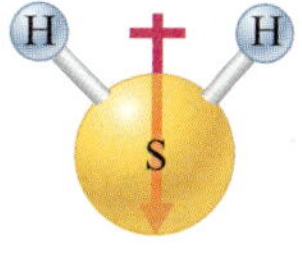

연습 문제 8.47, 8.48, 8.174 참조

8.4 이온: 전자 배열과 크기

양자 역학 모형에 기초한 원자 내 전자 배열에 대한 이해는 안정한 화합물을 구성하는 원자들의 전자 배열이 어떤 형태여야 하는지를 설명한다. 거의 모든 경우 안정한 화합물을 안정한 화합물에 있는 원자는 보통 불활성 기체의 전자 배치를 갖는다.

구성하는 원자는 불활성 기체의 전자 배치를 가진다. 비금속 원소들은 다른 비금속 원자들과 전자를 공유하여 공유 결합을 형성하거나, 금속 원자로부터 전자를 얻어 이온을 형성하여 불활성 기체의 전자 배치를 갖는다. 후자의 경우, 비금속 원자는 음이온을, 금속 원자는 양이온을 형성한다. 안정한 화합물의 전자 배치에 적용되는 일반적 규칙은 다음과 같다.

화합물의 전자 배치

- *두 개의 비금속 원자*가 반응하여 공유 결합을 형성할 때, 두 원자의 원자가 오비탈에 전자가 완전히 채워지는 방식으로 전자를 공유한다. 즉, 두 비금속 원자는 불활성 기체의 전자 배치를 이룬다.
- *비금속 원자와 주족의 금속 원자*가 반응하여 이성분 이온 결합 화합물을 형성할 때, 비금속 원자는 전자를 얻어 전자 배치가 같은 주기에 있는 불활성 기체 원자의 전자 배치를 이루면서 음이온이 되고, 금속 원자는 전자를 잃어 양이온이 되면서 최외각 원자가 오비탈은 비어있게 된다. 이런 방식으로, 두 이온은 모두 불활성 기체의 전자 배치를 이루게 된다.

이들 일반화는 대부분의 화합물에 적용되므로 기억할 필요가 있다. 다음에 공유 결합에 대해 더 상세하게 다루겠지만, 지금은 이 규칙들이 이온 결합 화합물에 보이는 의미를 더 공부해 보자.

이온 결합 화합물의 화학식 예측

고체 상태의 이온 결합 화합물에서 이온들은 촘촘하게 밀집하여 있고, 많은 이온들이 동시에 상호작용한다.

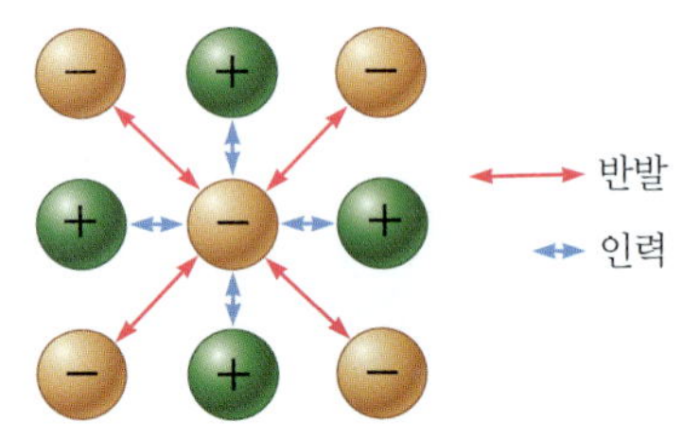

기체 상태의 이온 결합 화합물에서 이온들은 상대적으로 멀리 떨어져 있어 이온들이 큰 덩어리로 존재하지 않는다.

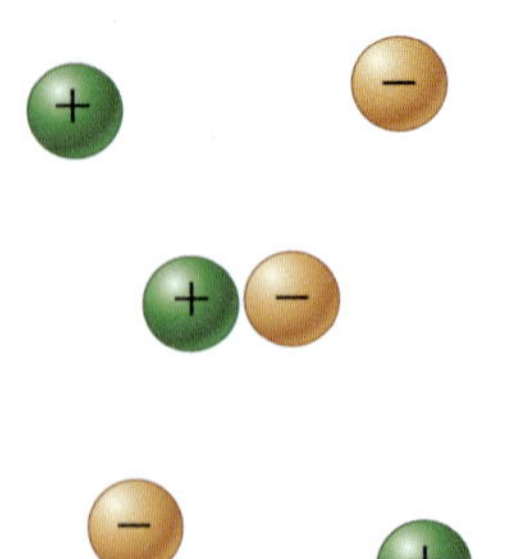

화학에서 *이온 결합 화합물*(*ionic compound*)이라는 말을 사용할 때 보통 그 화합물의 고체 상태를 의미하는 것임을 강조하고 싶다. 고체 상태에서 이온들은 매우 가깝게 위치한다. 즉, 고체 이온 결합 화합물은 양이온과 음이온이 결합된 거대한 집합체로서, 그 이온들은 ⊖··⊖와 ⊕··⊕ 반발력을 최소화하고, ⊕··⊖ 인력을 극대화하는 방식으로 모여 있다. 이러한 상황은 이온이 평균적으로 상당히 멀리 떨어져 있는 이온성 물질의 기체상과 대조된다. 기체상에서는 한 쌍의 이온이 상호작용할 수 있을 만큼 가까워질 수 있지만 대규모의 이온 집합은 존재하지 않는다. 따라서 이 책에서 이온성 화합물의 안정성에 관해 말할 때 우리는 고체 상태를 언급하고 있다. 반대로 전하를 띤 이온 사이에 존재하는 힘은 안정화되는 경향이 있다. 예를 들어, 앞 장에서 언급한 O^{2-} 이온은 기체 상태에서 단독으로는 안정하지 않지만, 많은 고체 이온 결합 화합물에서는 매우 안정하다. 즉, Mg^{2+}와 O^{2-} 이온으로 구성된 $MgO(s)$는 매우 안정하지만, 분리된 기체 상태의 이온쌍 $Mg^{2+}\cdot\cdot O^{2-}$는 분리된 중성 기체 원자인 Mg와 O와 비교할 때 에너지의 관점에서 안정하지 않다. 그러므로 이 절에서 그리고 이온 결합 화합물의 성질을 다루는 대부분의 경우 설명은 여러 이온들이 동시에 상호작용하는 고체 상태만 고려한다.

안정한 고체 이온 결합 화합물의 전자 배치의 원리를 설명하기 위해 칼슘과 산소로부터 이온 결합 화합물이 형성되는 과정을 생각해 보자. 두 원자의 원자가 전자 배치를 고려하면 형성될 화합물을 쉽게 예측할 수 있다.

$$\text{Ca} \quad [\text{Ar}]4s^2$$
$$\text{O} \quad [\text{He}]2s^2 2p^4$$

그림 8.3으로부터, 산소의 전기음성도(3.5)가 칼슘의 전기음성도(1.0)보다 훨씬 크다는 것을 알 수 있다. 전기음성도의 차이가 크기 때문에 전자가 칼슘에서 산소로 이동하여 화합물 내의 산소 음이온과 칼슘 양이온이 형성될 것이다. 얼마나 많은 전자가 이동할까? 불활성 기체의 전자 배치가 가장 안정하다는 사실로부터 이동할 전자수를 예측할 수 있다. 산

▲
보크사이트 광산. 알루미늄의 주원료인 보크사이트는 Al_2O_3를 포함하고 있다.

표 8.4 이온 결합 화합물에서 불활성 기체의 전자 배치를 갖는 일반 이온들

1A족	2A족	3A족	6A족	7A족	전자 배치
H^-, Li^+	Be^{2+}				[He]
Na^+	Mg^{2+}	Al^{3+}	O^{2-}	F^-	[Ne]
K^+	Ca^{2+}		S^{2-}	Cl^-	[Ar]
Rb^+	Sr^{2+}		Se^{2-}	Br^-	[Kr]
Cs^+	Ba^{2+}		Te^{2-}	I^-	[Xe]

소는 자신의 $2s$와 $2p$ 원자가 오비탈을 채워 네온의 전자 배치($1s^22s^22p^6$)를 이루기 위해 두 개의 전자를 필요로 한다는 것을 생각하라. 그리고 두 개의 전자를 잃어버린 칼슘은 아르곤의 전자 배치를 갖는다. 그러므로 두 전자가 이동한다.

$$\underset{\curvearrowright\ 2e^-}{Ca + O} \longrightarrow Ca^{2+} + O^{2-}$$

이온 결합 화합물의 화학식을 예측하기 위하여, 단순히 화합물이 항상 전기적으로 중성(같은 양의 양전하와 음전하를 가짐)이라는 사실만 인식하면 된다. 이 경우에 같은 수의 Ca^{2+}와 O^{2-} 이온이 관여하며, 화합물의 실험식은 CaO가 된다.

같은 원리를 다른 경우에도 적용할 수 있다. 예를 들어, 알루미늄과 산소 사이에 형성되는 화합물을 생각해 보자. 알루미늄은 $[Ne]3s^23p^1$의 전자 배치를 갖기 때문에 세 개의 전자를 잃어 Al^{3+} 이온이 되어 네온의 전자 배치와 같게 된다. 그러므로 이 경우에는 Al^{3+}와 O^{2-} 이온이 형성된다. 화합물이 전기적으로 중성이어야 하므로, 두 개의 Al^{3+} 이온에 대해 세 개의 O^{2-} 이온이 존재하여 화합물의 실험식은 Al_2O_3가 된다.

표 8.4는 이온 결합 화합물 가운데 불활성 기체의 전자 배치를 갖는 이온을 형성하는 일반적인 원소들을 보여준다. 전자를 잃으면서 양이온을 형성하는 과정에서, 1A족 금속은 한 개, 2A족 금속은 두 개, 3A족 금속은 세 개의 전자를 잃는다. 전자를 얻어 음이온이 형성되는 과정에서, 7A족(할로겐)의 비금속 원자들은 한 개, 6A족은 두 개의 전자를 얻는다. 수소는 일반적으로 비금속 원소처럼 행동하므로 한 개의 전자를 얻어 헬륨의 전자 배치를 갖는 수소 음이온(H^-)을 형성한다.

여기에서 논의한 규칙 중 몇 가지 중요한 예외가 있다. 예를 들면, 주석은 Sn^{2+}와 Sn^{4+} 이온을 형성하고, 납은 Pb^{2+}와 Pb^{4+} 이온을 형성한다. 비스무트도 Bi^{3+}와 Bi^{5+}를 형성하고, 탈륨은 Tl^+와 Tl^{3+}를 형성한다. 이들 이온의 예외는 간단히 설명할 수 없다. 지금은 이온 결합 화합물 내에서 이온들이 불활성 기체의 전자 배치를 갖는다는 규칙의 예외라고 생각하라. 이 장에서 설명할 부분은 전형 원소의 금속에 한정한다. 전이 금속은 다양한 전하의 이온을 형성하는 등 복잡한 행동을 보인다.

이온의 크기

이온의 크기는 이온성 고체의 구조와 안정성, 수용액에서 이온의 성질과 이온의 생화학적 역할을 결정하는 데 중요한 요인이 된다. 원자에서처럼 이온의 크기를 정확히 결정한다는 것은 불가능하다. 대부분의 경우, 이온 반지름은 이온 결합 화합물에서 두 이온 중심 사이의 거리를 측정하여 결정한다. 물론 이 방법은 두 이온 사이를 어떻게 나누어야 하는가에 대한 가정을 내포하고 있다. 그러므로 동일한 이온의 크기가 측정된 방법에 따라 동일하지 않게 표시될 때가 있다는 것을 기억해야 한다. 여기에서는 주로 경향성을 설명하고, 이온 크기의 절대값은 간단히 다룰 것이다.

다양한 인자가 이온 크기에 영향을 준다. 이온과 그 이온의 모원자(parent atom)와의

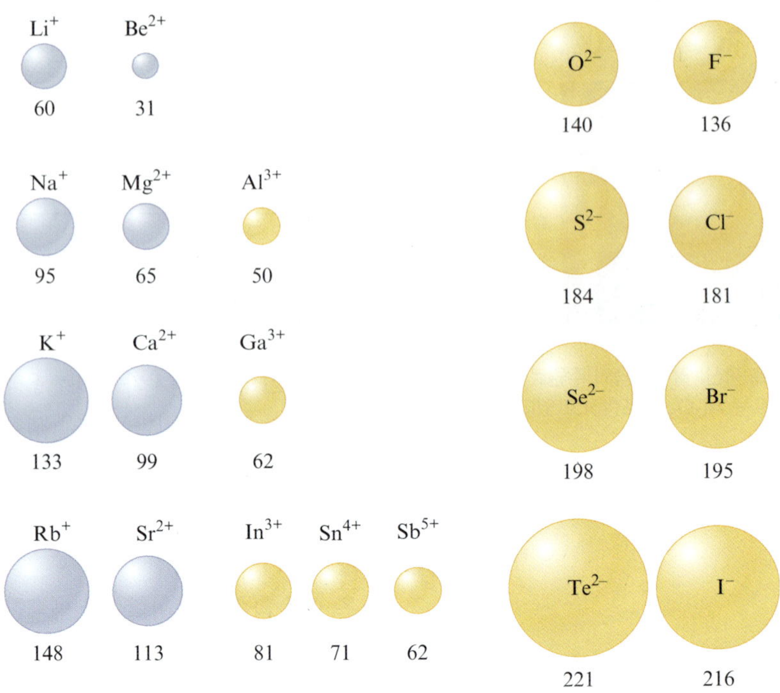

그림 8.8 주기율표에서 원소의 위치와 관련된 이온의 크기. 족에서 아래로 갈수록 이온의 크기가 증가함을 주목하라. 또한, 등전자 이온에서는 원자 번호가 증가할수록 크기는 감소한다. 이온 반지름의 단위는 피코미터이다.

상대적 크기를 우선 생각해 보자. 양이온은 중성 원자에서 몇 개의 전자를 잃어서 형성되므로, 형성된 양이온은 그 모원자보다 작다. 반대로 음이온은 중성 원자에 전자가 첨가되어 형성되므로 모원자보다 크다.

또한, 이온의 크기가 모원자가 갖는 주기율표에서의 위치에 어떻게 의존하는지를 알아보자. 그림 8.8에 중요한 이온(불활성 기체 전자 배치를 갖는)의 크기와 주기율표에서의 위치를 나타내었다. 이온 크기는 아래로 가면서 증가함을 기억하라. 주기율표의 왼쪽은 금속이고 오른쪽은 비금속이기 때문에 수평적으로 일어나는 크기의 변화는 복잡하다. 주어진 어떤 주기에는 전자를 잃고 양이온을 형성하는 원소와 전자를 얻어 음이온을 형성하는 원소가 모두 포함된다.

중요한 경향성의 하나는 **등전자 이온**(isoelectronic ion, *같은 수의 전자를 포함하는 이온들*)의 상대적인 크기이다. O^{2-}, F^-, Na^+, Mg^{2+}, Al^{3+} 이온을 생각해 보자. 이들 이온 모두는 네온의 전자 배치를 갖는다. 이들 이온의 크기는 어떻게 변할까? 일반적으로, 이온들의 상대적인 크기를 예측하는 데 고려해야 할 두 가지 중요한 사실이 있다: 전자의 수와 양성자의 수가 그것이다. 이 이온들은 등전자 이온이기 때문에 전자의 수는 모두 10개이다. 그러므로 전자의 반발은 모두 동일하다. 그러나 양성자의 수는 O^{2-} 이온에서 Al^{3+} 이온으로 가면서 8개에서 13개로 증가한다. 그러므로 O^{2-}에서 Al^{3+}로 가면서 10개의 전자는 핵의 양전하 증가만큼 더 큰 인력으로 끌리게 되어 이온이 더욱 작아진다. 그림 8.8을 보면 이 사실을 확인할 수 있다. 일반적으로, 등전자 이온의 크기는 핵전하 Z가 증가함에 따라 감소한다.

등전자 이온에 대한 이온의 크기는 Z가 증가함에 따라 감소한다.

비판적 사고 이온은 그들의 모원자(parent atoms)와 다른 반지름을 갖는다. 만약 크기가 같다면 어떤 일이 일어날까? 화합물의 이온 결합에 어떻게 영향을 미칠까?

대화형 예제 8.3 이온의 상대적 크기 I

Se^{2-}, Br^-, Rb^+, Sr^{2+}를 크기의 감소 순서로 나열하라.

풀이 이들은 크립톤의 전자 배치를 갖는 등전자 이온이다. 모두 같은 수의 전자를 갖기 때문에 크기는 핵전하에 따라 결정된다. Se^{2-}, Br^-, Rb^+, Sr^{2+}의 Z 값은 각각 34, 35, 37, 38이다. Sr^{2+}의 핵전하가 가장 커서 가장 작은 이온이고, Se^{2-}가 가장 크다.

$$\underset{\text{가장 큼}}{\underset{\uparrow}{Se^{2-}}} > Br^- > Rb^+ > \underset{\text{가장 작음}}{\underset{\uparrow}{Sr^{2+}}}$$

연습 문제 8.59와 8.60 참조

대화형 예제 8.4 이온의 상대적 크기 II

다음에 주어진 그룹에서 가장 큰 이온은 무엇인가?

a. Li^+, Na^+, K^+, Rb^+, Cs^+
b. Ba^{2+}, Cs^+, I^-, Te^{2-}

풀이 **a.** 모든 이온은 1A족 원소이다. 족의 아래로 내려가면서 크기가 증가하기 때문에(가장 많은 전자를 가진 것이 가장 크다), Cs^+가 가장 큰 이온이다.

b. 이들은 등전자 이온으로 모두 제논의 전자 배치를 가진다. 핵전하가 가장 작은 이온이 가장 크다.

$$\underset{Z\,=\,52}{Te^{2-}} > \underset{Z\,=\,53}{I^-} > \underset{Z\,=\,55}{Cs^+} > \underset{Z\,=\,56}{Ba^{2+}}$$

연습 문제 8.63과 8.64 참조

8.5 이성분 이온 결합 화합물의 에너지 효과

이 절에서는 고체 이성분 이온 결합 화합물의 안정성과 구조에 영향을 미치는 요인에 대해 공부한다. 금속과 비금속 원소가 반응하여 전자를 이동시키고 상호 인력이 발생하는 양이온과 음이온이 형성된다는 것을 공부했다. 반대의 전하를 갖는 이온들이 결합하면 원래의 원소들보다 낮은 에너지를 갖기 때문에 이온성 고체가 형성된다. 고체 상태에서 이온이 서로를 얼마나 강하게 끌어당기고 있는지는 **격자 에너지**(lattice energy, *분리된 기체 이온들이 밀착하여 이온성 고체를 형성할 때 일어나는 에너지 변화*)로 나타낸다.

$$M^+(g) + X^-(g) \longrightarrow MX(s)$$

격자 에너지는 흔히 이온으로부터 이온성 고체가 형성될 때 *방출된*(*released*) 에너지로 정의된다. 이 책에서는 에너지 항의 부호를 항상 계의 관점을 따른다. 즉, 발열 과정이면 음으로, 흡열 과정이면 양으로 나타낸다. 이 규칙에 따라 격자 에너지는 음의 부호가 된다.

이온성 고체 형성과 관련된 에너지 변화는 고체 플루오린화 리튬이 그들 원소로부터 형성되는 과정으로 설명할 수 있다.

$$Li(s) + \tfrac{1}{2}F_2(g) \longrightarrow LiF(s)$$

▲
플루오린화 리튬.

이 과정과 연관된 에너지 항을 구하기 위하여, 에너지는 상태 함수이며 전체 과정은 여러 개의 단위 과정으로 구성되어 있고, 각 단위 과정에서 발생하는 에너지의 합이 총에너지라는 사실을 이용한다.

1. 고체 리튬의 승화: 승화는 어떤 물질이 고체 상태에서 기체 상태로의 상변화이다.

$$\mathrm{Li}(s) \longrightarrow \mathrm{Li}(g)$$

Li(*s*)의 승화 엔탈피는 161 kJ/mol이다.

2. 기체 상태의 Li^+ 이온을 형성하기 위한 리튬 원자의 이온화:

$$\mathrm{Li}(g) \longrightarrow \mathrm{Li}^+(g) + \mathrm{e}^-$$

이 과정은 리튬의 일차 이온화 에너지와 동일하고, 그 값은 520 kJ/mol이다.

3. 플루오린 분자의 해리: F_2 분자 0.5 mol의 F—F 결합을 끊어 플루오린 원자 1 mol을 만든다.

$$\tfrac{1}{2}\mathrm{F}_2(g) \longrightarrow \mathrm{F}(g)$$

F—F 결합을 끊는 데 필요한 에너지는 154 kJ/mol이다. 플루오린 0.5 mol의 결합을 끊는 과정에서 필요한 에너지는 (154 kJ)/2, 즉 77 kJ이 된다.

4. 기체 상태의 플루오린 원자로부터 F^- 이온 형성:

$$\mathrm{F}(g) + \mathrm{e}^- \longrightarrow \mathrm{F}^-(g)$$

이 과정의 에너지 변화는 플루오린의 전자 친화도이고, 그 값은 −328 kJ/mol이다.

5. 기체 상태의 Li^+와 F^- 이온으로부터 고체 플루오린화 리튬의 형성:

$$\mathrm{Li}^+(g) + \mathrm{F}^-(g) \longrightarrow \mathrm{LiF}(s)$$

이 과정의 에너지는 LiF의 격자 에너지이며, 그 값은 −1047 kJ/mol이다.

다섯 과정의 에너지를 모두 합하면 원하는 전체 반응이 얻어지므로, 각 에너지 변화의 합은 전체 에너지 변화 값이다.

과정	에너지 변화(kJ)
$\mathrm{Li}(s) \rightarrow \mathrm{Li}(g)$	161
$\mathrm{Li}(g) \rightarrow \mathrm{Li}^+(g) + \mathrm{e}^-$	520
$\tfrac{1}{2}\mathrm{F}_2(g) \rightarrow \mathrm{F}(g)$	77
$\mathrm{F}(g) + \mathrm{e}^- \rightarrow \mathrm{F}^-(g)$	−328
$\mathrm{Li}^+(g) + \mathrm{F}^-(g) \rightarrow \mathrm{LiF}(s)$	−1047
전체: $\mathrm{Li}(s) + \tfrac{1}{2}\mathrm{F}_2(g) \rightarrow \mathrm{LiF}(s)$	−617 kJ (LiF 몰당)

계산 과정에서 $\Delta H_{승화}$와 $\Delta E_{승화}$의 작은 차이는 무시한다.

그림 8.9에 이 과정을 에너지 도표로 요약하였다. 리튬과 플루오린 원소로부터 고체 플루오린화 리튬의 반응은 대단한 발열 반응인데, 이는 큰 음의 격자 에너지 때문이다. 이온들이 이온성 고체를 형성할 때 많은 양의 에너지가 방출된다. 플루오린 원자에 전자가 더해져 F^- 이온을 형성할 때 방출되는 에너지(328 kJ/mol)로는 리튬으로부터 전자를 제거하기 위해 필요한 에너지(520 kJ/mol)를 감당할 수 없다. 즉, 금속성 리튬 원자가 비금속성 플루오린 원자와 반응하여 *분리된(separated)* 이온을 형성하는 반응은

$$\mathrm{Li}(g) + \mathrm{F}(g) \longrightarrow \mathrm{Li}^+(g) + \mathrm{F}^-(g)$$

흡열 반응이며, 에너지 관점에서 이득이 없다. 그렇다면, 공유 결합 화합물보다는 이온 결합 화합물을 형성하는 주된 원인은 고체 내 Li^+와 F^- 이온 사이의 강한 상호 인력에서 나오는 것이 명백하다. 격자 에너지가 반응의 주된 에너지 항이다.

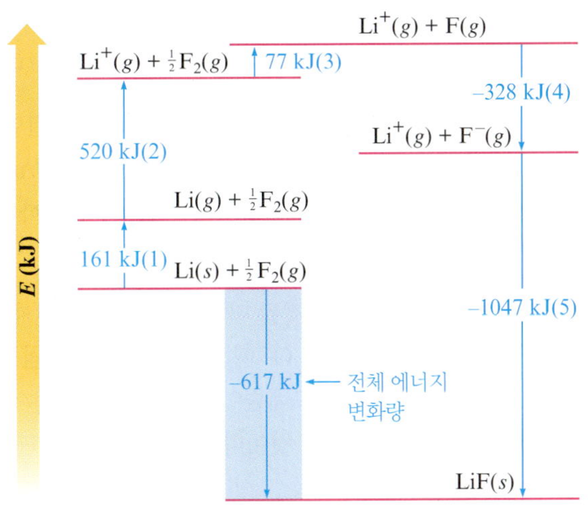

그림 8.9 원소들로부터 고체 플루오린화 리튬이 형성되는 과정의 에너지 변화. 괄호 안의 숫자는 이 책의 본문에서 설명한 반응 단계이다.

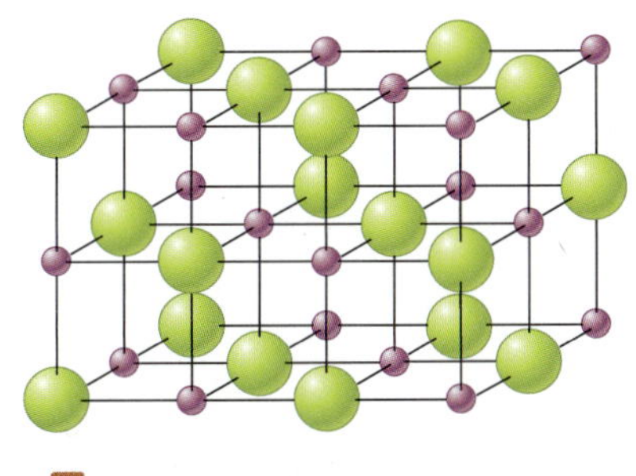

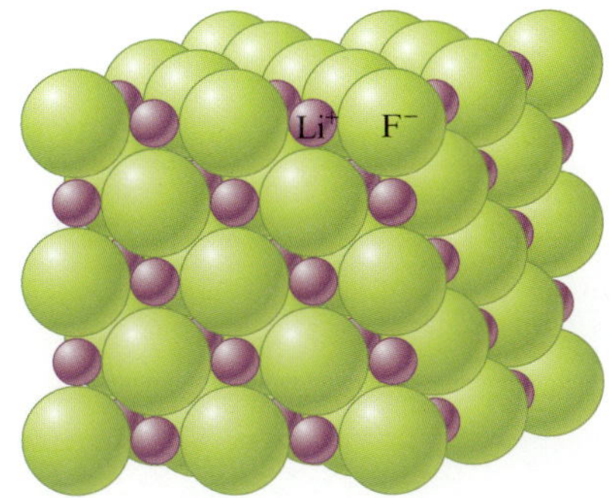

그림 8.10 플루오린화 리튬의 구조. (a) 공 막대 모형. 각 Li^+ 이온은 여섯 개의 F^- 이온에 둘러싸여 있고, 각 F^- 이온은 여섯 개의 Li^+ 이온에 둘러싸여 있다. (b) 이온을 구로 나타냄. 이온 간의 인력이 최대로 되고 반발력이 최소로 되는 방법으로 구형의 이온들이 촘촘히 쌓여 구조가 완성된다.

고체 플루오린화 리튬의 구조를 그림 8.10에 나타내었다. Li^+와 F^- 이온이 교대로 배열되어 있다는 것을 주목하라. 또한 각 Li^+ 이온은 여섯 개의 F^- 이온에 둘러싸여 있고, 각 F^- 이온은 여섯 개의 Li^+ 이온에 둘러싸여 있음에 주목하라. 이온들은 단단한 공과 같이 조밀하게 쌓이는데, 그 쌓이는 방식이 반대로 하전된 이온들 사이의 인력을 최대로 하고, 동일한 전하를 갖는 이온들 사이의 반발력을 최소화하다면 이 구조는 합당하다고 할 수 있다.

알칼리 금속과 할로젠 원소로 만들어진 모든 이성분 이온 결합 화합물은 세슘 염을 제외하고는 그림 8.10과 같은 구조를 보인다. 그림 8.10과 같은 이온의 배열을 흔히 *염화 소듐 구조(sodium chloride structure)*라고 부르는데, 많은 염이 이와 유사한 구조를 가지기 때문이다.

격자 에너지 계산

고체 플루오린화 리튬이 형성되는 과정의 에너지 변화 중 이온성 고체의 안정성에 기여하는 격자 에너지의 역할은 중요하다. 격자 에너지는 쿨롱 법칙의 변형된 형태로 나타낼 수 있다.

$$\text{격자 에너지} = k\left(\frac{Q_1Q_2}{r}\right)$$

여기에서 k는 고체의 구조와 이온의 전자 배치에 의존하는 비례 상수이고, Q_1과 Q_2는 이온 전하이고, r은 양이온과 음이온 중심 간 최소 거리이다. 격자 에너지는 Q_1과 Q_2가 반대 부호를 가질 때 음의 부호를 가진다는 것을 기억하라. 양이온과 음이온의 결합이 발열 과정이므로 음의 부호가 된다. 또한 이 과정은 이온 전하가 증가할수록, 고체 내 이온 사이의 거리가 감소할수록 발열 에너지의 양은 증가한다.

이온성 고체에서 전하의 중요성은 $NaF(s)$와 $MgO(s)$의 생성에 필요한 에너지와 비교함으로써 설명할 수 있다. 이 고체들은 등전자 이온(Na^+, F^-, Mg^{2+}, O^{2-})으로 구성되어 있다. 두 고체의 생성과 관련된 에너지 도표가 그림 8.11에 제시되어 있다. 다음의 중요한 사항에 주목하라.

- 기체 상태의 Na^+와 F^- 이온이 결합하여 고체 NaF를 만들 때 방출하는 에너지보다 기체 Mg^{2+} 이온과 O^{2-} 이온이 결합하여 MgO 고체를 형성할 때 더 많은 에너지(4배 이상)가 방출된다.
- 마그네슘 원자에서 전자 두 개를 제거하는 데 필요한 에너지(첫 번째는 735 kJ/mol, 두

번째는 1445 kJ/mol로 총 2180 kJ/mol)는 소듐 원자로부터 한 개의 전자를 제거하는 데 필요한 에너지(495 kJ/mol)보다 훨씬 크다.

격자 에너지의 식은 Q_1과 Q_2의 곱이 포함하고 있어서 2+와 2−의 이온으로 된 고체의 격자 에너지는 1+와 1−의 이온으로 된 고체의 격자 에너지의 4배가 된다.

$$\frac{(+2)(-2)}{(+1)(-1)} = 4$$

MgO와 NaF에 대한 격자 에너지의 비(그림 8.11 참조)는

$$\frac{-3916\ \text{kJ}}{-923\ \text{kJ}} = 4.24$$

- 기체 상태의 산소 원자가 두 개의 전자와 결합할 때 에너지(737 kJ/mol)가 필요하다. 첫 번째 전자와의 결합은 발열 반응(−141 kJ/mol)이지만, 두 번째 결합은 상당한 흡열 반응(878 kJ/mol)이다. $O^{2-}(g)$ 이온이 안정하지 않기 때문에 두 번째 결합 에너지는 간접적으로 얻어야만 한다.

전자 한 개가 제거된 마그네슘에서 두 번째 전자를 제거하는 데 두 배의 에너지가 필요하고 기체 상태의 O^-에 전자를 하나 더 첨가하는 반응이 상당한 흡열 반응이라는 사실을 보면, 산화 마그네슘이 Mg^+와 O^- 이온이 아니라 Mg^{2+}와 O^{2-} 이온을 가진다는 것이 이상하게 생각될 것이다. 답은 격자 에너지에 있다. 기체 Mg^{2+}와 O^{2-} 이온으로부터

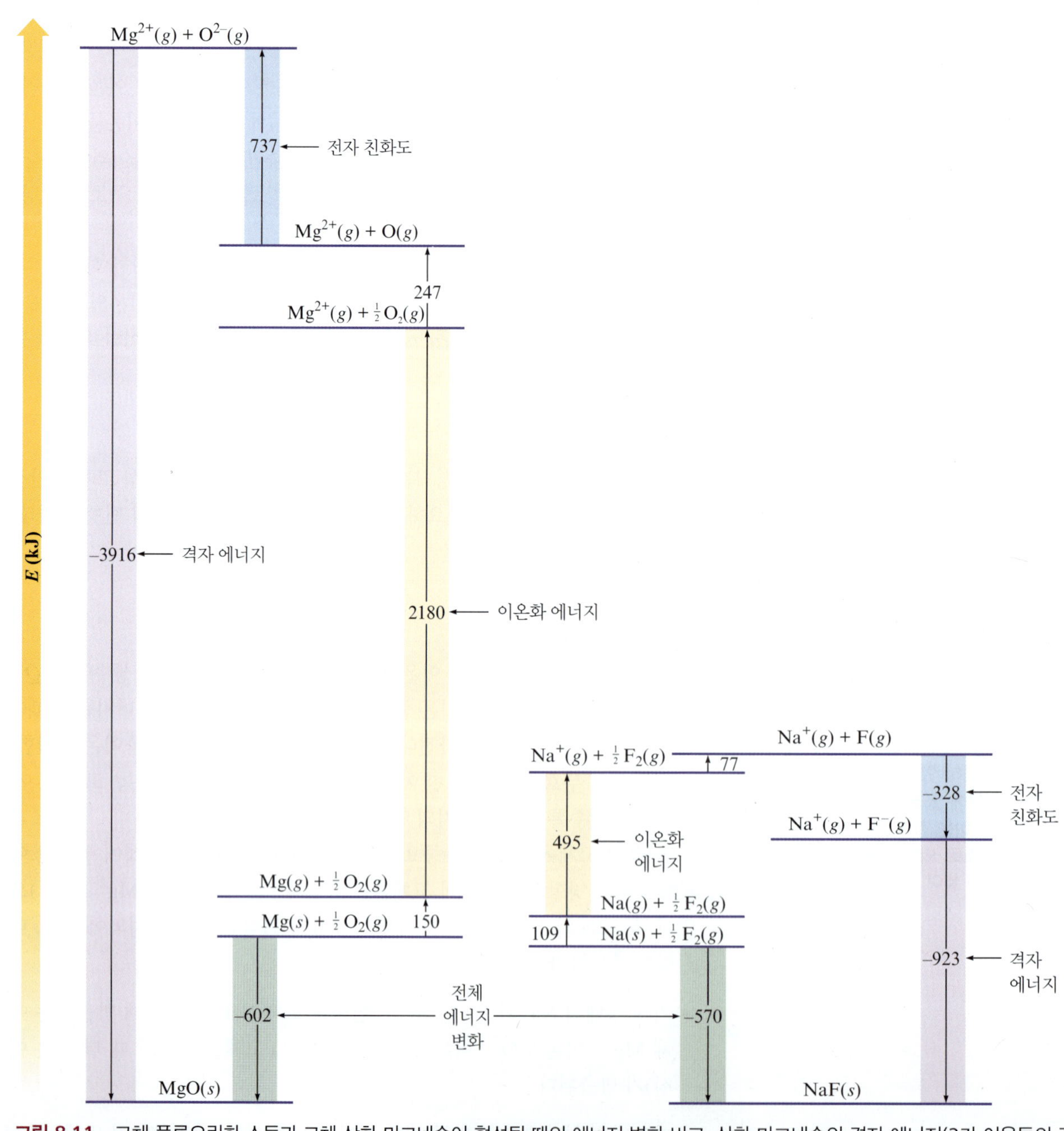

그림 8.11 고체 플루오린화 소듐과 고체 산화 마그네슘이 형성될 때의 에너지 변화 비교. 산화 마그네슘의 격자 에너지(2가 이온들의 결합)가 플루오린화 소듐의 격자 에너지(1가 이온들의 결합)보다 큰 것을 주목하라.

$MgO(s)$가 생성될 때 격자 에너지는 기체 Na^+와 F^- 이온으로부터 $NaF(s)$가 생성될 때의 격자 에너지보다 3000 kJ/mol 더 큰 음의 값이다. 그러므로 Mg^+와 O^- 이온보다 Mg^{2+}와 O^{2-} 이온으로 구성된 고체가 형성될 때 방출되는 에너지는 Mg^{2+}와 O^{2-} 이온 생성 과정에 필요한 에너지를 보상하고도 남는다.

산화 마그네슘에서와 같이 1가의 전하를 가진 이온보다 2가의 전하를 가진 이온이 이온성 고체를 형성할 때 격자 에너지가 크게 증가한다면, 왜 고체 플루오린화 소듐은 Na^{2+}와 F^{2-} 이온이 아니라 Na^+와 F^- 이온으로 구성되는가? Na^+와 F^- 이온이 네온의 전자 배치를 갖는다는 사실로부터 이 질문에 답할 수 있다. Na^+로부터 전자 한 개를 제거할 때에 $2p$ 전자가 제거되어야 하므로 상당히 많은 에너지(4560 kJ/mol)가 필요하다. 반대로 F^-에 전자 한 개를 채우는 데는 상대적으로 높은 에너지의 $3s$ 오비탈을 사용해야 하는데, 이것은 일어나기 어려운 현상이다. 그러므로 플루오린화 소듐의 경우, 2가로 하전된 이온을 생성하는 데 필요한 에너지가 그 결과로 얻어지는 격자 에너지보다 크다고 말할 수 있다.

고체 이온 결합 화합물의 형성에 관여되는 에너지에 관한 설명은 이온 결합 화합물의 조성과 구조를 결정하는 데 많은 요소들이 관여함을 예시해 준다. 이 요소들 중 가장 중요한 것은 전하가 높은 이온이 생성되는 데 필요한 에너지와 전하가 높은 이온이 결합하여 고체를 형성할 때 방출되는 에너지의 균형이다.

8.6 공유 결합의 부분적 이온성

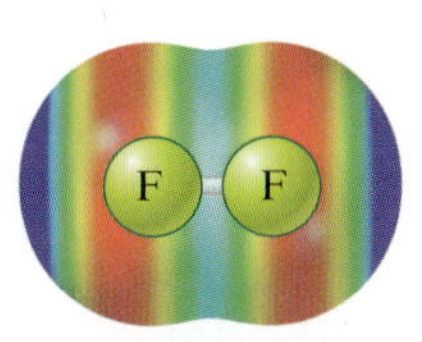

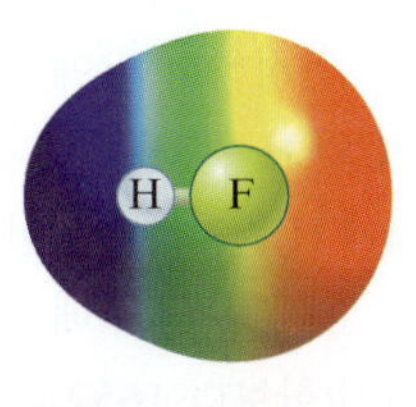

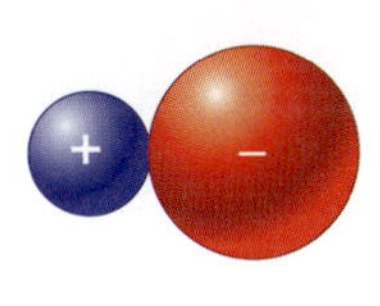

그림 8.12 가능한 결합의 세 종류. **(a)** 동일한 F 원자 간의 공유 결합. **(b)** 이온성과 공유성을 동시에 가진 극성 공유 결합. **(c)** 공유된 전자가 없는 이온 결합.

전기음성도가 다른 원자들이 반응하여 분자를 형성하면, 원자 간 결합에 전자가 균등하게 공유되지 않는다는 사실을 언급하였다. 그 결과 극성 공유 결합이 되거나, 전기음성도의 차가 매우 크면 한 개 이상의 전자가 완전히 이동하여 이온이 생성된다. 이러한 상황을 그림 8.12에 요약하였다.

이온 결합과 극성 공유 결합의 차이를 어떻게 표현할 수 있을까? 이 질문에 대한 가장 정직한 대답은 *독립적인 두 개의 원자* 사이에 완전한 이온 결합은 아마 없다는 것이다. 이것에 대한 증거는 기체 상태의 다양한 이성분 화합물의 결합에서 계산된 이온성 백분율이다. 이 계산은 완전한 이온 결합 X^+Y^-에 대하여 계산된 쌍극자 모멘트와 X—Y 형태를 띤 분자의 측정된 쌍극자 모멘트를 비교하는 것에 기초한다. 결합의 이온성 백분율은 다음과 같이 나타낼 수 있다.

$$\text{결합의 이온성 백분율} = \left(\frac{\text{X—Y의 측정된 쌍극자 모멘트}}{\text{X}^+\text{Y}^-\text{의 계산된 쌍극자 모멘트}}\right) \times 100\%$$

기체 상태에 있는 다양한 화합물에 이 정의를 적용하여 X와 Y의 전기음성도 차이와 이온성 백분율을 도시하면 그림 8.13과 같다. 예상한 바와 같이 이온성은 전기음성도 차이의 증가에 따라 증가한다. 그러나 최대의 전기음성도 차이를 갖는다 해도 이온성이 100%에 해당하는 결합은 존재하지 않는다. 그러므로 이 정의에 따르면 어떤 결합도 완전히 이온성인 것은 없다. 이 결론은 이러한 화합물을 이온성 고체로 인식하는 일반적인 분류와 일치하지 않는다. 그림 8.13에 도시된 화합물의 이온성이 50% 이상이면 일반적으로 이온성 고체로 간주한다. 그러나 그림 8.13의 결과는 각 XY 분자가 기체 상태로 존재할 때임을 기억하라. 이 결과들은 많은 이온의 상호작용에 의해 형성되는 고체 상태에 반드시 적용되는 것은 아니다.

이온 결합 화합물의 확인에 있어 다른 복잡성은 많은 물질들이 다원자 이온으로 구성된다는 점이다. 예를 들면 NH_4Cl은 NH_4^+와 Cl^- 이온으로 구성되고, Na_2SO_4는 Na^+와 SO_4^{2-} 이온으로 구성된다. 암모늄(NH_4^+)과 황산 이온(SO_4^{2-})은 공유 결합으로 연결된 원자들로 구성된다.

▲
용융된 염화 소듐은 전기 전도성이 있으며, 이것은 이동할 수 있는 Na^+와 Cl^- 이온이 존재함을 의미한다.

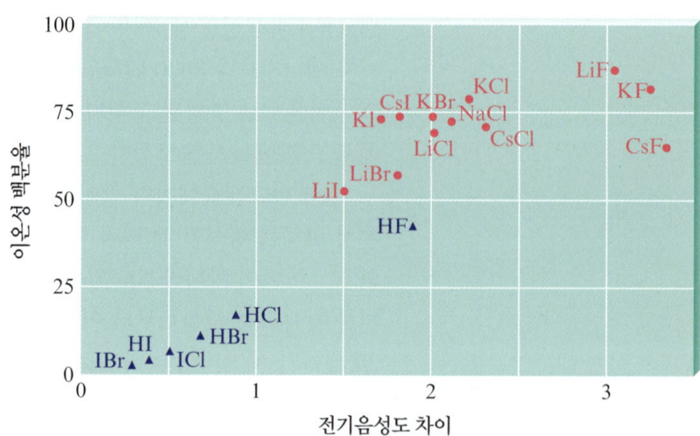

그림 8.13 공유 결합의 이온성과 구성 원자의 전기음성도 차이의 상관관계. 이온성이 50% 이상인 모든 화합물들(붉은색)은 일반적으로 이온성 화합물로 간주한다.

이런 문제를 피하기 위하여 실질적으로는 "*용융되었을 때 전기를 전도하는 물질은 이온 결합 화합물이다*"라고 정의한다.

8.7 공유 결합: 모형

공유 결합에 대한 특정 모형을 설명하기 전에 이 장에서 도입해야 할 몇 가지 개념을 정리할 필요가 있다.

화학 결합이란 무엇인가? 화학 결합은 원자들의 어떤 집합을 하나의 개별 단위체로 거동하게 하는 힘으로 간주할 수 있다.

왜 화학 결합이 생길까? 결합이 유리하다든지 불리하다고 판단할 수 있는 자연 법칙은 존재하지 않는다. 자연의 관점에서 보면 결합은 본질적으로 "좋다" 또는 "나쁘다"라고 판단할 수 없다. *결합은 가능한 가장 낮은 에너지 상태로 가려는 계의 경향성에 기인한다.* 간단하게 이야기하면, 원자들의 결합체가 단독으로 존재하는 원자들보다 안정하다면(에너지가 낮다면) 결합이 형성된다. 예를 들어, 메테인(CH_4) 분자 1 mol을 C와 H 원자로 분리하는 데 1652 kJ의 에너지가 필요하다. 반대로 기체 C 원자 1 mol과 기체 H 원자 4 mol이 메테인 분자 1 mol을 형성하면 1652 kJ의 에너지가 방출된다. 그러므로 기체 상태의 메테인 분자 1 mol의 에너지는 탄소 원자 1 mol과 수소 원자 4 mol의 에너지 합보다 1652 kJ 낮다고 말할 수 있다. 그러므로 메테인은 결합되지 않은 상태의 구성 원소보다 상대적으로 안정한 분자이다.

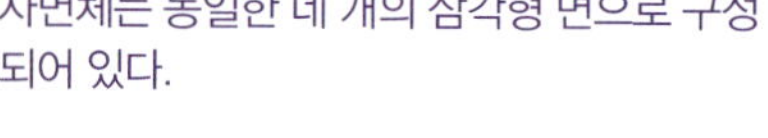
사면체는 동일한 네 개의 삼각형 면으로 구성되어 있다.

분자의 안정성을 *화학 결합(chemical bond)*이라는 모형으로 해석하면 매우 편리하다. 이러한 모형이 개발된 이유를 이해하기 위해 사면체의 중심에 탄소 원자, 꼭짓점에 네 개의 수소 원자가 배열되어 있는 메테인을 생각해 보자.

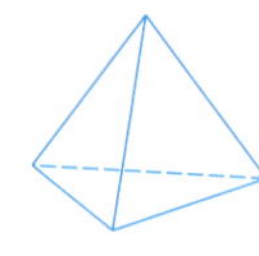

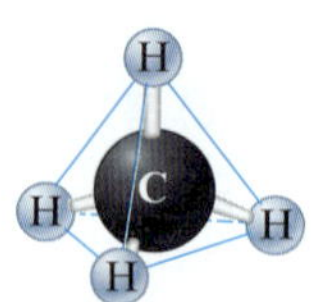

이 구조에는 네 개의 C—H 상호작용[*결합(bond)*이라 부르는]이 존재한다. CH_4의 안정화 에너지는 네 개의 C—H 결합에 동등하게 분배되고, 평균 C—H 결합 에너지는 다음과 같다.

$$\frac{1652 \text{ kJ/mol}}{4} = 413 \text{ kJ/mol}$$

다음으로, 아래와 같은 구조를 갖는 CH_3Cl로 구성된 클로로메테인을 생각해 보자.

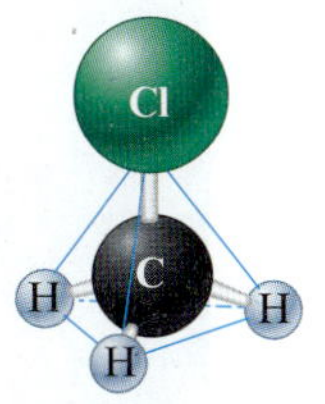

실험적으로 CH_3Cl 기체 분자 1 mol을 기체 상태의 탄소, 염소, 수소 원자로 끊는 데 약 1578 kJ의 에너지가 필요하다. 반대 과정은 다음과 같이 나타낼 수 있다.

$$C(g) + Cl(g) + 3H(g) \longrightarrow CH_3Cl(g) + 1578\ kJ/mol$$

기체 클로로메테인 1 mol은 결합되지 않은 원자보다 1578 kJ 정도 에너지가 낮다. 즉, 클로로메테인은 1578 kJ의 에너지에 의하여 결합되어 있다. 이 에너지를 다시 각각의 결합이 나타내는 에너지로 구분하는 것은 매우 유용하다. 클로로메테인은 한 개의 C—Cl 결합과 세 개의 C—H 결합을 가지고 있는 것으로 볼 수 있다. C—H 결합이 동일한 양의 에너지를 갖는다고 가정하면(C—H 결합의 세기가 그 분자의 환경과 무관하다면), 다음과 같은 계산을 할 수 있다.

$$\begin{aligned} \text{1 mol C—Cl 결합} + \text{3 mol C—H 결합} &= 1578\ kJ \\ \text{C—Cl 결합 에너지} + 3(\text{평균 C—H 결합 에너지}) &= 1578\ kJ \\ \text{C—Cl 결합 에너지} + 3(413\ kJ/mol) &= 1578\ kJ \\ \text{C—Cl 결합 에너지} &= 1578 - 1239 = 339\ kJ/mol \end{aligned}$$

이러한 가정을 통하여 C—H와 C—Cl의 결합 에너지를 구분하여 계산할 수 있다.

결합의 개념은 사람이 만든 것임을 명심해야 한다. 결합의 개념을 이용하면 어떤 분자가 그 성분 원자로부터 안정한 분자를 형성하는 과정에 관여하는 에너지를 이용하여 결합 에너지를 계산할 수 있다. 그러므로 이 장에서 언급하는 결합은 다소 임의의 방법을 통하여 측정한 분자 안정화 에너지로부터 계산된 에너지의 양을 의미한다. 이러한 서술은 결합에 대한 개념이 적절하지 못한 것을 의미하는 것은 아니다. 사실 미국의 화학자 G. N. Lewis와 Linus Pauling이 고안한 화학 결합의 현대적 개념은 화학자들이 발견한 가장 유용한 개념 중의 하나이다.

모형: 개관

과학의 다른 분야와 마찬가지로, 화학의 학문적 체계는 거시적 세계에서 경험한 관찰을 미시적 수준에서 자연이 어떻게 작동하는가를 설명하기 위한 여러 *모형(model)*으로 이루어져있다. 화학을 이해하기 위해서는 우선 그 모형들을 이해하고, 어떻게 쓰이는지를 이해해야 한다. 결합의 개념을 사용하여 모형의 기원, 구조 및 용도를 포함하여 모형의 중요한 특성을 다시 강조한다.

결합은 분자의 안정성을 설명하기 위해 제안된 모형이다.

모형은 자연의 특성에 대한 관측으로부터 얻어진다. 예를 들어, 대부분의 화학적 과정은 원자의 결합체와 연관이 있고, 화학 반응은 원자들이 결합하는 방식을 변화시키는 것이라는 관찰에서 결합의 개념은 탄생한다. 그러므로 화학 반응을 이해하기 위해서는 원자들이 결합하는 힘에 대한 이해가 있어야 한다.

자연적으로 일어나는 과정은 에너지가 낮은 곳으로 변화하려는 경향성이 있다. 그러므로 원자들의 결합은 결합된 상태가 각각의 원자로 분리된 상태보다 낮은 에너지를 갖기 때문에 일어난다. 왜 그럴까? 앞에서 보았듯이, 에너지 변화에 대한 최선의 설명은 전자를 공유하는 원자 또는 전자가 이동하여 이온이 되는 원자와 연관이 있다. 전자가 공유되는 경우에 원자 사이에 결합이 형성된다고 가정하는 것이 편리하다. 이 가정의 효용성을 알아보

▶
DNA와 같이 매우 복잡한 분자도 개별 결합에 대한 개념으로 쉽게 다룰 수 있다. 이 그림은 DNA 분자의 일부분이다.

Image Wizard/Shutterstock.com

고, 그것이 어떻게 유용한지 알아보자.

H_2와 같은 이원자 분자의 경우, 그들을 묶는 결합이 원자들 사이에 존재한다고 가정하는 것은 타당하다. 또한, CH_4와 같은 다원자 분자에는 각개의 결합들이 존재한다고 가정하는 것은 유용하다. 따라서 CH_4을 1652 kJ/mol의 안정화 에너지를 갖는 단위체로 생각하는 것보다, 각각 413 kJ/mol의 에너지를 갖는 네 개의 C—H 결합으로 CH_4가 형성된 것으로 생각하는 것이 편리하다. 분자 내 개별 결합의 개념이 없다면 화학은 무척 복잡해질 것이다. 수백만 개의 다른 화합물이 있고, 만약 이 화합물들을 완전히 새로운 실체로 여겨야 한다면 화학적 거동을 모두 이해하는 일은 엄청난 일이 될 것이다.

결합 모형은 분자를 공통된 기본 구성 요소인 원자들의 집합체로 생각하는 기본 체계를 제공함으로써 화학적 행동을 체계적으로 이해할 수 있게 한다. 예를 들어, 단백질과 같은 전형적인 생체 분자는 수백 개의 원자를 가지므로 매우 복잡하게 보인다. 그러나 단백질이 C—C, C—H, C—N, C—O, N—H 등과 같은 각개의 결합들로 이루어져 있다고 생각하면 단백질의 거동을 이해하고 예측하는 데 큰 도움이 된다. 핵심 아이디어는 어떤 개별 결합은 분자 환경이 변화하더라도 동일한 행동을 한다고 생각하는 것이다. 이런 방식으로, 화학 결합 모형은 화학자들이 수백만 개가 넘는 화합물의 반응을 체계화하는 데 도움이 되었다.

이러한 유익한 점 외에도 결합 모형은 물리적 관점에서도 적절하다. 원자가 전자를 공유함으로써 안정한 결합체를 형성한다는 것은 합리적이다. 그 이유는 공유된 전자는 두 핵에 의해 동시에 인력을 받기 때문에 안정한 에너지 상태가 되기 때문이다.

또한, 다음 절에서 언급할 결합 에너지의 값들은 환경에 영향을 받지 않는 개별 결합이 존재함을 입증한다. 그러나 화학 결합은 단지 모형이라는 점을 인식해야 한다. 분자 내 개별 결합의 개념이 우리의 관찰된 사실과 잘 일치해도, 분자의 어떤 성질은 전자가 분자 전체에 퍼져 있어 분자 내에서 자유롭게 이동할 수 있다는 개념으로만 설명될 수 있다. 이것을 전자의 *비편재화(delocalization)*라고 한다.

복습하기 모형의 기본적 성질

- 모형은 자연이 어떻게 변화하는가에 대한 불완전한 이해에 근거한 인간의 창작물이다. *모형은 실제와 반드시 동일하지 않다.*
- 모형은 종종 맞지 않는다. 그 이유는 관찰한 현상 중 가장 핵심적 성질만 고려했기 때문이다. 모형은 상상에 근거하고 매우 단순화되어 있다.
- 모형은 시간이 지나면 점점 복잡해진다. 모형에서 결함이 발견되면, 모형을 "수정하고" 더욱 상세하게 해야 한다.
- 관측 또는 예측에 앞서, 모형에 사용된 가정을 이해하는 것이 중요하다. 간단한 모형은 매우 엄격한 가정을 사용하며 대략적인 정성적 정보만을 제공할 뿐이다. 간단한 모형으로 정확한 해설을 기대하는 것은 마치 목욕탕 저울을 사용하여 다이아몬드의 정확한 질량을 측정하려는 것과 같다.

  모형을 효과적으로 사용하려면 모형의 강점과 약점을 이해하고 적절한 질문만 해야 한다. 원소의 전자 배치에 사용되는 쌓음(aufbau) 원리를 가지고 앞의 서술을 설명할 수 있다. 쌓음 원리 모형이 대부분 원자의 전자 배치를 정확히 예측한다고 하더라도, 크로뮴과 구리의 전자 배치는 설명하지 못한다. 크로뮴과 구리의 전자 배치는 간단한 모형으로는 예측할 수 없는 복잡한 전자의 상호작용에 기인하기 때문이다. 그러나 대부분의 원자에 잘 적용되는 간단한 모형을 버려야 한다는 것은 아니다. 모형을 사용할 때 주의가 필요할 뿐이고, 모든 경우에 잘 맞는 모형은 기대할 수 없다.
- 모형이 잘 맞을 때보다는 맞지 않을 때에 더 많은 것을 배울 수 있다. 만약 어떤 모형의 예측이 잘못되었다면, 자연의 기본적인 성질을 잘못 이해하고 있는 것이다. 우리는 가끔 실수로부터 많은 것을 배운다(다음 화학 시험을 볼 때 이 점을 기억하라).

8.8 공유 결합 에너지와 화학 반응

이 절에서는 다양한 종류의 결합과 연관된 에너지를 학습하고, 화학 반응의 에너지를 다루는 데 결합의 개념이 어떻게 활용되는지를 살펴볼 것이다. 하나의 중요한 고려 사항은 결합이 분자의 환경에 대하여 민감하다는 것이다. 예를 들어, 메테인의 단계적 분해 과정을 생각해 보자:

과정	필요한 에너지 (kJ/mol)
$CH_4(g) \rightarrow CH_3(g) + H(g)$	435
$CH_3(g) \rightarrow CH_2(g) + H(g)$	453
$CH_2(g) \rightarrow CH(g) + H(g)$	425
$CH(g) \rightarrow C(g) + H(g)$	339
	합계 = 1652

$$\text{평균} = \frac{1652}{4} = 413$$

각 단계에서 C—H 결합 한 개씩이 분해되지만, 필요한 에너지의 양은 각 단계마다 동일하지 않다. 이것은 C—H 결합이 그 환경에 영향을 받는다는 것을 보여준다. 그래서 각 해리 에너지의 *평균값(average)*을 활용하는데, 이 값은 어떤 특정 분자에서의 C—H 결합과 연관된 근삿값이다. 화학적 환경이 결합에 영향을 주는 정도는 아래의 분자에 있는 C—H 결합을 분해하는 데 필요한 에너지를 실험적으로 측정하면 알 수 있다.

분자	측정된 C—H 결합 에너지(kJ/mol)
$HCBr_3$	380
$HCCl_3$	380
HCF_3	430
C_2H_6	410

이들 측정값은 C—H 결합 세기가 그 환경에 따라 현저하게 영향을 받는다는 것을 보여주지만, C—H 결합 세기의 평균값은 화학자에겐 여전히 유용하다. 여러 결합의 형태에 대한 평균 결합 에너지를 표 8.5에 나열하였다.

지금까지는 하나의 전자쌍을 공유한 결합만을 논의하였다. 이러한 결합의 형태를 **단일 결합**(single bond)이라고 한다. 후에 더 자세히 보겠지만, 원자들은 때때로 두 개의 전자쌍을 공유하여 **이중 결합**(double bond)을 형성하거나 세 개의 전자쌍을 공유하여 **삼중 결합**(triple bond)을 형성한다. 이들 *다중 결합*(*multiple bond*)에 대한 결합 에너지를 표 8.5에 제시하였다.

공유한 전자쌍의 수와 결합 길이 사이에는 상관관계가 존재한다. 공유한 전자쌍이 많을수록 결합 길이는 짧아진다. 이 관계를 표 8.6에 나타내었다.

결합 에너지와 엔탈피

이 논의에서 엔탈피와 에너지 사이의 작은 차이는 무시한다.

결합 에너지 값은 반응열의 근사적 계산에 사용될 수 있다. 다음의 반응과 연관된 에너지의 변화를 계산하면서 적용 예를 살펴보자.

$$H_2(g) + F_2(g) \longrightarrow 2HF(g)$$

표 8.5 평균 결합 에너지(kJ/mol)

단일 결합						다중 결합	
H—H	432	N—H	391	I—I	149	C=C	614
H—F	565	N—N	160	I—Cl	208	C≡C	839
H—Cl	427	N—F	272	I—Br	175	O=O	495
H—Br	363	N—Cl	200			C=O*	745
H—I	295	N—Br	243	S—H	347	C≡O	1072
		N—O	201	S—F	327	N=O	607
C—H	413	O—H	467	S—Cl	253	N=N	418
C—C	347	O—O	146	S—Br	218	N≡N	941
C—N	305	O—F	190	S—S	266	C≡N	891
C—O	358	O—Cl	203			C=N	615
C—F	485	O—I	234	Si—Si	340		
C—Cl	339			Si—H	393		
C—Br	276	F—F	154	Si—C	360		
C—I	240	F—Cl	253	Si—O	452		
C—S	259	F—Br	237				
		Cl—Cl	239				
		Cl—Br	218				
		Br—Br	193				

* CO_2 분자의 C = O 결합 에너지는 799 kJ/mol이다.

표 8.6 몇 가지 결합에 대한 결합 길이와 결합 에너지

결합	결합 유형	결합 길이(pm)	결합 에너지(kJ/mol)
C—C	단일	154	347
C=C	이중	134	614
C≡C	삼중	120	839
C—O	단일	143	358
C=O	이중	123	745
C—N	단일	143	305
C=N	이중	138	615
C≡N	삼중	116	891

이 반응에서는 한 개의 H—H 결합과 한 개의 F—F 결합이 끊어지고, 두 개의 H—F 결합이 형성된다. 결합을 끊기 위해서는 계에는 에너지가 *공급(added)*되어야 한다(흡열 반응). 따라서 분해와 관련된 에너지 항은 *양의(positive) 부호*로 표시한다. 결합의 형성은 에너지를 *방출(release)하는* 발열 과정으로, 결합 형성과 관련된 에너지 항은 *음의(negative) 부호*로 표시한다. 반응에 대한 엔탈피 변화는 다음과 같이 쓸 수 있다:

ΔH = 결합을 끊기 위해 공급되는 에너지의 총합(양의 부호)
 + 새로운 결합이 형성될 때 방출되는 에너지의 총합(음의 부호)

이것을 다음과 같이 표현할 수 있다.

$$\Delta H = \underbrace{\Sigma n \times D \text{ (끊어진 결합)}}_{\text{필요한 에너지}} - \underbrace{\Sigma n \times D \text{ (생성된 결합)}}_{\text{방출되는 에너지}}$$

여기에서 Σ는 각 항의 합을 의미하고, D는 1 mol당 결합 에너지이며(D는 *항상* 양의 부호를 갖는다) n은 특정한 형태의 결합 몰 수를 나타낸다.

HF 형성의 경우,

$$\begin{aligned}\Delta H &= D_{\text{H—H}} + D_{\text{F—F}} - 2D_{\text{H—F}} \\ &= 1\text{ mol} \times \frac{432\text{ kJ}}{\text{mol}} + 1\text{ mol} \times \frac{154\text{ kJ}}{\text{mol}} - 2\text{ mol} \times \frac{565\text{ kJ}}{\text{mol}} \\ &= -544\text{ kJ}\end{aligned}$$

그러므로 $H_2(g)$ 1 mol과 $F_2(g)$ 1 mol이 반응하여 HF(g) 2 mol이 생성될 때, 544 kJ의 에너지가 방출된다.

이 결과는 HF의 표준 생성 엔탈피(−271 kJ/mol)로부터 얻은 이 반응에 대한 ΔH 계산값과 비교할 수 있다:

$$\Delta H° = 2\text{ mol} \times (-271\text{ kJ/mol}) = -542\text{ kJ}$$

그러므로 ΔH의 계산에 결합 에너지를 이용할 수 있다.

대화형 예제 8.5 결합 에너지로부터 ΔH를 계산하기

표 8.5의 결합 에너지를 이용하여 염소와 플루오린이 메테인과 반응하여 프레온-12 (CF_2Cl_2)를 생성하는 반응에 대한 ΔH를 계산하라.

$$CH_4(g) + 2Cl_2(g) + 2F_2(g) \longrightarrow CF_2Cl_2(g) + 2HF(g) + 2HCl(g)$$

풀이 기본 접근 방법은 기체 상태의 반응물에 존재하는 결합을 분해하여 개별 원자를 형성하고, 새로운 결합을 통하여 이 원자들을 조합하여 기체 상태의 생성물을 형성하는 것이다.

$$\text{반응물} \xrightarrow[\text{필요}]{\text{에너지}} \text{원자} \xrightarrow[\text{방출}]{\text{에너지}} \text{생성물}$$

에너지 총 변화량을 계산하고 ΔH를 계산한다:

$$\Delta H = \text{결합을 끊는 데 필요한 에너지} - \text{결합이 형성될 때 방출되는 에너지}$$

여기에서, 발열 과정에서는 음의 부호가 나와야 한다.

반응물의 결합 끊기:

$$CH_4: \quad 4\ \text{mol C—H} \qquad 4\ \text{mol} \times \frac{413\ \text{kJ}}{\text{mol}} = 1652\ \text{kJ}$$

$$2Cl_2: \quad 2\ \text{mol Cl—Cl} \qquad 2\ \text{mol} \times \frac{239\ \text{kJ}}{\text{mol}} = 478\ \text{kJ}$$

$$2F_2: \quad 2\ \text{mol F—F} \qquad 2\ \text{mol} \times \frac{154\ \text{kJ}}{\text{mol}} = 308\ \text{kJ}$$

필요한 총 에너지 = 2438 kJ

생성물의 결합 형성:

$$CF_2Cl_2: \quad 2\ \text{mol C—F} \qquad 2\ \text{mol} \times \frac{485\ \text{kJ}}{\text{mol}} = 3970\ \text{kJ}$$

and

$$2\ \text{mol C—Cl} \qquad 2\ \text{mol} \times \frac{339\ \text{kJ}}{\text{mol}} = 678\ \text{kJ}$$

$$2HF: \quad 2\ \text{mol H—F} \qquad 2\ \text{mol} \times \frac{565\ \text{kJ}}{\text{mol}} = 1130\ \text{kJ}$$

$$2HCl: \quad 2\ \text{mol H—Cl} \qquad 2\ \text{mol} \times \frac{427\ \text{kJ}}{\text{mol}} = 854\ \text{kJ}$$

방출되는 총 에너지 = 3632 kJ

이제 ΔH를 계산해 보자:

■ ΔH = 결합을 끊는 데 필요한 에너지 − 결합이 형성될 때 방출되는 에너지
= 2438 kJ − 3632 kJ
= −1194 kJ

엔탈피 변화량이 음수이므로 CF_2Cl_2 1 mol이 생성될 때 1194 kJ의 에너지가 방출된다.

연습 문제 8.77~8.84 참조

8.9 편재된 전자 결합 모형

지금까지 화학 결합 모형의 일반적인 성질에 대해서 논의하였고, 결합 세기와 극성과 같은 성질이 개별 결합에 적용할 수 있음을 살펴보았다. 이 절에서는 공유 결합을 설명하기 위한 구체적 모형을 소개한다. 매우 복잡한 분자에도 쉽게 적용할 수 있고, 다양하고 복잡한 화학 현상에도 항상 적용할 수 있는 간단한 모형이 필요하다. 이러한 목적에 부합되는 모형이 **편재 전자 모형**[localized electron (LE) model]이다. 이 모형에서는 *분자를 구성하는 원자의 원자 오비탈을 활용하여 전자쌍을 공유함으로써 원자들이 분자를 형성한다고*

가정한다. 분자 내 전자쌍은 특정 원자 또는 두 원자들 사이의 공간에 편재되어 있다고 가정한다. 특정 원자에 편재되어 있는 전자쌍들을 **고립 전자쌍**(lone pairs)이라 하고, 원자 사이의 공간에서 발견되는 전자쌍을 **결합 전자쌍**(bonding pairs)이라고 한다.

LE 모형은 다음의 세 가지 중요한 부분으로 구성된다.

1. Lewis 구조를 활용하여 분자 내 원자가 전자의 배치에 대한 설명
2. 원자가 껍질 전자쌍 반발(valence shell electron-pair repulsion, VSEPR) 모형을 이용하여 분자 구조의 예측
3. 고립 전자쌍 또는 공유 전자쌍을 갖는 원자가 사용할 원자 오비탈의 형태에 대한 설명

8.10 Lewis 구조

Lewis 구조에서는 단지 원자가 전자만을 표시한다.

분자의 **Lewis 구조**는 분자를 구성하는 원자들 사이에 원자가 전자가 배치되는 방식을 보여준다. 이러한 전자 배치에 대한 표현은 G. N. Lewis(그림 8.14)의 이름을 기념하여 붙여졌다. Lewis 구조를 그리기 위한 규칙은 수많은 분자를 관찰하여 만들어졌다. *안정한 화합물을 형성하는 데 가장 중요한 점은 모든 원자들이 불활성 기체 결합 전자 배치를 갖는다는 것*을 화학자들은 실험으로부터 알게 되었다.

그림 8.14 G. N. Lewis(1875~1946).

Photo Researchers/Science History Images/Alamy Stock Photo

금속과 비금속 원소의 이성분 이온 결합 화합물을 형성하는 반응에서 전자가 이동하고, 그 결과 이온들은 전형적으로 불활성 기체의 전자 배치를 갖는다는 것을 이미 공부하였다. KBr 형성을 예로 보면 K^+ 이온이 [Ar]의 전자 배치를 갖고, Br^- 이온도 [Kr]의 전자 배치를 갖는다. Lewis 구조에서는 *원자가 전자만을 표현한다*. 전자를 점으로 표시해서 KBr의 Lewis 구조를 쓰면 다음과 같다.

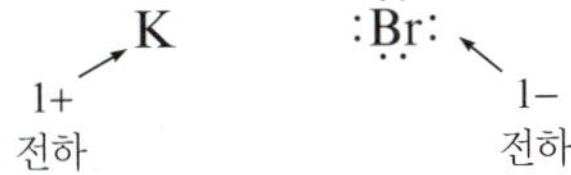

K^+ 이온은 원자가 전자를 갖지 않기 때문에 점을 표시하지 않았다. Br^- 이온은 원자가 껍질이 채워졌기 때문에 여덟 개의 전자를 나타냈다.

첫 번째와 두 번째 주기의 원자로 이루어진 공유 결합 분자에 대한 Lewis 구조를 생각해 보자. 불활성 기체의 전자 배치를 갖는다는 원리는 다음과 같이 적용된다:

- 수소는 두 개의 전자를 공유하여 안정한 분자를 형성한다. 즉, 이것은 **이전자 규칙**(duet rule)을 따른다. 예를 들어, 각각 한 개의 전자를 가진 두 수소 원자는 다음과 같이 결합하여 H_2 분자를 형성한다.

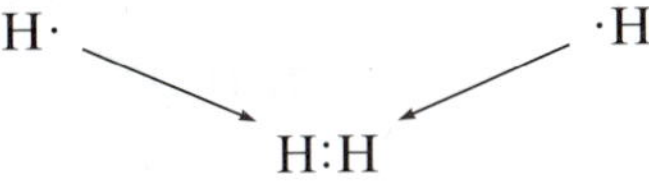

전자를 공유함으로써 H_2의 각 수소 원자는 두 개의 전자를 갖는다. 즉, 각 수소는 채워진 원자가 껍질을 갖는다.

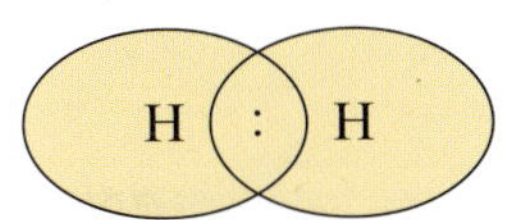

- 헬륨은 자신의 원자가 오비탈이 이미 채워져 있기 때문에 결합을 하지 않는다; 이것이 불활성 기체이다. 헬륨은 $1s^2$의 전자 배치를 갖고 Lewis 구조는 다음과 같이 표시할 수 있다.

He :

탄소, 질소, 산소, 플루오린은 안정한 분자에서 항상 팔전자 규칙을 따른다.

- 두 번째 주기의 탄소에서 플루오린까지 비금속은 2s 원자가 오비탈 한 개와 *2p* 오비탈 세 개가 모두 전자로 채워지면 안정한 분자를 형성한다. 이 오비탈들을 모두 채우기 위해서는 여덟 개의 전자가 필요하다. 이 원소들은 여덟 개의 전자로 둘러싸이는 전형적인 **팔전자 규칙**(octet rule)을 따른다. 예를 들어, 다음과 같은 Lewis 구조를 갖는 F_2 분자가 그 예이다.

F_2

:F· → :F:F: ← ·F:

일곱 개의 원자가 전자를 갖는 F 원자 | F_2 F2 분자 | 일곱 개의 원자가 전자를 갖는 F 원자

  F_2의 각 플루오린 원자는 여덟 개의 전자로 둘러싸여 있고, 그중 두 개의 전자는 두 원자가 공유하고 있다. 이것이 앞서 논의한 *결합 전자쌍*(*bonding pair*)이다. 각 플루오린 원자는 결합에 참여하지 않은 세 개의 전자쌍을 가지고 있다. 이들을 *고립 전자쌍*(*lone pair*)이라고 한다.

- 네온은 자신이 이미 여덟 개의 원자가 전자(네온은 불활성 기체임)를 가지므로 결합을 형성하지 않는다. Lewis 구조는 다음과 같다.

  :Ne:

  네온 원자($2s^2 2p^6$)의 원자가 전자만을 Lewis 구조로 표현했다는 것에 주목하라. $1s^2$ 전자는 내부 전자이므로 나타내지 않는다.

앞에서 설명한 바와 같이 1, 2주기 원자로 된 분자의 Lewis 구조를 표현하는 데 필요한 규칙은 다음과 같다.

문제 풀이 전략

Lewis 구조를 작성하는 단계

1. 모든 원자에 있는 원자가 전자 수의 합을 계산하라. 어느 전자가 어느 원자에서 왔는지는 중요하지 않다. 중요한 것은 전자의 *총 수*(*total* number)이다.
2. 결합되는 각 원자쌍 사이에 결합을 형성하기 위하여 전자쌍 한 개를 배치한다.
3. 수소에 대해서는 이전자 규칙이, 2주기 원소에 대해서는 팔전자 규칙이 만족되도록 남은 전자를 배열하라.

이 규칙들의 적용 예를 보기 위하여 몇 가지 분자의 Lewis 구조를 작성하여 보자. 앞의 규칙에 따라 물 분자를 생각해 보자.

1. H_2O에 대한 *원자가*(*valence*) 전자를 다음과 같이 더한다:

$$\underset{\text{H}}{\underset{\uparrow}{1}} + \underset{\text{H}}{\underset{\uparrow}{1}} + \underset{\text{O}}{\underset{\uparrow}{6}} = 8 \text{ 원자가 전자}$$

2. 각 결합의 전자쌍을 이용하여 두 O—H 단일 결합을 그린다:

   H—O—H

   *결합 전자쌍을 점 대신 선으로 표시한다*는 점에 주목하라. 이것이 표준 표시법이다.

3. 각 원자가 불활성 기체의 전자 배치를 갖도록 남은 전자들을 배치한다. 네 개의 전자가 두 결합의 형성에 사용되었으므로 남은 네 개의 전자(8 − 4)를 배치해야 한다. 수소는 두 전자로 만족하지만(이전자 규칙), 산소는 불활성 기체 전자 배치를 얻기 위해 여덟 개의 전자가 필요하다. 그러므로 남은 네 개의 전자는 두 개의 고립 전자

쌍으로 산소에 배치한다. 점을 사용하여 고립 전자쌍을 나타낸다.

H—O—H는 H:O:H를 나타낸다.

H—Ö—H 고립 전자쌍

이것이 물 분자에 대한 올바른 Lewis 구조이다. 아래와 같이 각각의 수소는 두 개의 전자를, 산소는 여덟 개의 전자를 갖는다.

H_2O

두 번째 예로, 이산화 탄소에 대한 Lewis 구조를 그려보자.

1. 원자가 전자를 더하면 다음과 같다.

$$4 + 6 + 6 = 16$$

↑ C ↑ O ↑ O

2. 탄소와 각 산소 사이에 결합을 형성한 후,

O—C—O

각 원자가 불활성 기체의 전자 배치를 갖도록 남은 전자를 배치한다. 이 경우, 결합을 배치한 후에도 12개(16 − 4)의 전자가 남아 있다. 이 전자들의 분포는 시행착오를 거치며 결정해야 한다. 배치해야 할 여섯 개의 전자쌍을 각 산소에 세 쌍씩 배치해 보자.

:Ö—C—Ö:

3. 이것이 옳은가? 이에 답하기 위해 두 가지를 검토해야 한다.

a. 전자의 총 수. 이 구조에는 16개의 원자가 전자가 있으므로 옳다.

b. 각 원자에 대한 팔전자 규칙. 각 산소는 여덟 개의 전자를 갖지만, 탄소는 네 개만 갖고 있다. 따라서 이것은 올바른 Lewis 구조가 아니다.

각 원자가 팔전자 규칙을 만족하도록, 어떻게 16개의 전자를 배치할 수 있을까? 탄소와 산소 사이에 두 개의 공유된 전자쌍을 가정해 보자:

CO_2

Ö = C = Ö

8개 전자 8개 전자 8개 전자

Ö=C=Ö는 Ö: :C: :Ö를 나타낸다.

이제 각 원자는 8개의 전자로 둘러싸여 있고, 전자의 총 수는 16이다. 이것이 두 개의 이중 결합과 네 개의 고립 전자쌍을 갖는 이산화 탄소의 올바른 Lewis 구조이다.

마지막으로 CN^-(사이안화) 이온의 Lewis 구조를 생각해 보자. 원자가 전자의 총합은 다음과 같다.

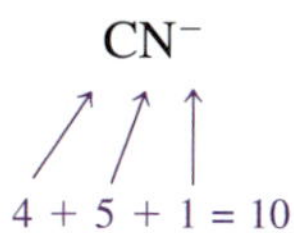

음의 전하는 추가의 전자가 존재한다는 것을 기억하라. 단일 결합(C—N)을 배치하고 난 후, 불활성 기체의 전자 배치가 되도록 남은 전자를 각 원자에 배치한다. 여덟 개의 전자가 남아 있다. 여러 가지 배치가 가능한데, 예를 들어 다음과 같은 구조가 있다.

$$\ddot{\underset{..}{C}}—\ddot{\underset{..}{N}}$$

이 구조는 C와 N이 각각 여섯 개의 전자만을 가지므로 옳지 않다. 옳은 전자 배치는 다음과 같다.

$$[:C\equiv N:]^-$$

(탄소와 질소가 여덟 개의 전자를 가지므로 옳은 배치이다.)

대화형 예제 8.6 Lewis 구조 그리기

다음의 분자나 이온의 Lewis 구조를 그려라.

a. HF **b.** N_2 **c.** NH_3 **d.** CH_4 **e.** CF_4 **f.** NO^+

풀이 Lewis 구조를 작성하기 위하여 세 가지 규칙을 사용해야 한다. 선은 결합 전자쌍을 나타내고, 점은 고립 전자쌍을 나타낸다. 아래의 표와 같은 결과를 얻을 수 있다.

	원자가 전자의 총 수	단일 결합 그리기	남는 전자의 개수 계산	남는 전자로 불활성 기체의 전자 배치 만들기	전자의 개수 검산
a. HF	1 + 7 = 8	H—F	6	H—F: (F에 고립 전자쌍 3개)	H, 2 F, 8
b. N_2	5 + 5 = 10	N—N	8	:N≡N:	N, 8
c. NH_3	5 + 3(1) = 8	H—N—H (N 아래에 H)	2	H—N—H (N 위에 고립 전자쌍, N 아래에 H)	H, 2 N, 8
d. CH_4	4 + 4(1) = 8	H—C—H (C 위·아래에 H)	0	H—C—H (C 위·아래에 H)	H, 2 C, 8
e. CF_4	4 + 4(7) = 32	F—C—F (C 위·아래에 F)	24	:F—C—F: (C 위·아래에 :F:, 각 F에 고립 전자쌍 3개)	F, 8 C, 8
f. NO^+	5 + 6 − 1 = 10	N—O	8	$[:N\equiv O:]^+$	N, 8 O, 8

연습 문제 8.93~8.98 참조

Lewis 구조를 그릴 때, 어떤 전자가 분자를 구성하는 어떤 원자로부터 왔는지는 중요하지 않다. 구성 원자의 활용 가능한 모든 원자가 전자를 사용하여 가능한 최저의 에너지 상태에 이르는 새로운 단위체로 분자를 이해하는 것이 가장 중요하다.* 원자가 전자는 개별 원자보다는 분자 전체에 속한다. 개별 전자의 출처와 상관없이, 여러 규칙이 만족되도록 원자가 전자를 배분하면 된다.

* 어떤 의미에서 이 접근법은 편재 전자 모형이 분자가 단순히 원자들의 합이라는 것, 즉 분자에서 원자들이 그들의 개별적인 정체성(individual identities)을 유지한다는 것을 지나치게 강조하는 사실을 바로잡는다.

화학 관련 읽을거리 Chemical Connections

높은 압력에 놓인 질소

일반적인 온도와 압력의 조건에서 질소 원소는 매우 강한 삼중 결합을 갖는 질소 기체 분자로 존재한다. 기체 상태에서 이원자 분자는 서로 상호작용이 없이 거의 독립적으로 움직인다. 그러나 압력이 높아지면 질소는 상당히 다른 형태로 바뀐다. 미국 Washington에 있는 카네기 연구소의 Mikhail Erements와 그의 동료 연구자들이 특수 다이아몬드 가압기를 사용하여 질소 분자에 240만 기압의 압력을 가하였다. 이 엄청난 압력 하에서는 질소 분자의 삼중 결합은 끊어지고, 여러 개의 질소 원자가 모인 집합체가 형성되었다. 다시 말하면, 높은 압력에서 질소 원소는 이원자 분자에서 다수의 질소 원자들이 서로 결합된 물질로 변하였다. 흥미롭게도 이 물질은 100 K의 온도가 유지되는 상황에서 압력이 없어져도 그대로 존재한다. 이 새로운 물질은 N_2에 비해 매우 높은 퍼텐셜 에너지를 갖고 있다. 따라서 이 물질을 충분히 만들 수만 있다면 강력한 추진체나 폭발 물질로 사용할 수 있을 것이다. 정상적인 질소는 부도체이지만, 이 새로운 물질은 반도체이다.

© Steven D. Jacobsen/Northwestern University

매우 높은 압력에서 물질의 연구를 위해 사용되는 다이아몬드 가압기(diamond anvil cell).

새로 발견된 질소의 이 물질은 몇 가지 이유 때문에 중요하다. 첫째, 목성처럼 거대한 기체로 된 행성의 내부를 이해하는 데 큰 도움이 된다. 질소를 고체 원자 물질로의 성공적 변환은 수소의 고체 원자 물질을 만들려고 하는 고압 연구자에게 희망을 줄 수 있다. 수소의 결합보다 2배나 강한 결합을 갖고 있는 질소는 고압에서 고체 원자 물질이 되지만, 수소의 고체 원자 물질이 형성되지 않는 것은 매우 이상한 일이다. 질소가 이원자 분자로 존재하는 압력보다 훨씬 더 높은 압력에서 수소는 분자성 고체로 존재한다.

8.11 팔전자 규칙의 예외

편재 전자 모형은 간단하지만 매우 성공적인 모형으로, Lewis 구조의 결정에 사용되는 규칙은 대부분의 분자에 적용된다. 그러나 이러한 간단한 모형으로 설명할 수 없는 몇 가지 예외가 있다. 예를 들어, 붕소는 여덟 개보다 적은 수의 전자를 갖고 화합물을 형성하는 경향이 있어 팔전자 규칙에 맞지 않는다. 상온과 상압에서 기체인 삼플루오린화 붕소(BF_3)는 고립 전자쌍을 가진 물이나 암모니아와 같은 분자와 매우 격렬히 반응한다. BF_3가 전자가 풍부한 분자와 강한 반응성을 보이는 것은 전자가 부족한 상태이기 때문이다. 삼플루오린화 붕소는 24개의 원자가 전자를 갖는다. BF_3의 Lewis 구조는 다음과 같다.

BF_3

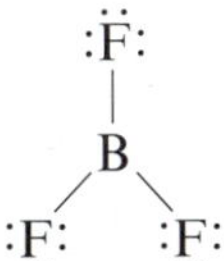

이 구조에서 붕소는 단지 여섯 개의 전자를 갖고 있음에 주목하라. 붕소에 대한 팔전자 규칙은 다음과 같이 이중 결합을 가진 구조에서 만족될 수 있다.

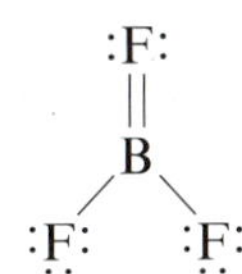

최근의 연구에 의하면 BF_3에서 이중 결합이 중요할 수도 있다. 그러나 NH_3와 같이 전자가 풍부한 분자와 반응하여 H_3NBF_3를 생성하는 것에서 볼 수 있듯이 일반적으로 BF_3에서 붕소는 전자가 부족한 것처럼 행동한다.

$$H_3N: + BF_3 \longrightarrow H_3N-BF_3$$

이 안정한 화합물에서 붕소는 팔전자 규칙을 만족한다.

즉, 붕소의 특성은 분자 내에서 전자가 부족한 상태인 경우가 많다는 것이다. 반면에 탄소, 질소, 산소, 플루오린은 항상 팔전자 규칙을 따른다.

일부의 원자는 여덟 개보다 많은 전자를 가질 수 있다. 이러한 현상은 3주기 이상의 원소에서만 관측된다. 예로서 널리 알려진 안정한 분자인 육플루오린화 황(SF_6)의 Lewis 구조를 살펴보자. 원자가 전자의 총합은 다음과 같다.

$$6 + 6(7) = 48 \text{ 전자}$$

단일 결합을 표시한 구조를 아래 그림의 왼쪽에 나타내었다.

SF_6

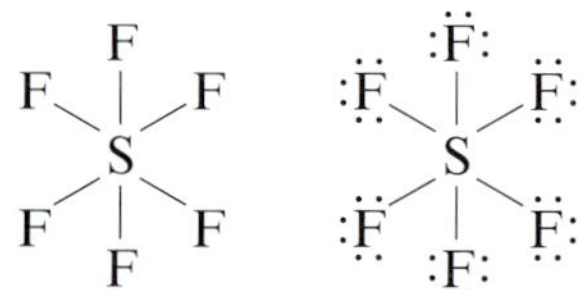

여섯 개의 S—F 결합을 만드는 데 12개의 전자를 사용했으므로 36개의 전자가 남았다. 플루오린은 항상 팔전자 규칙을 따르므로, 여섯 개의 플루오린이 팔전자계를 완성하게 하면 위 그림의 오른쪽 구조가 된다. 이 구조는 48개의 원자가 전자를 모두 이용하지만, 황은 12개의 전자로 둘러싸인다. 즉, 황은 팔전자 규칙을 *초과한다*(*exceed*). 어떻게 이런 일이 일어날 수 있을까?

이 질문에 답하기 위해서는 2주기 원소들과 3주기 원소들의 원자가 오비탈의 차이를 생각해야 한다. 2주기 원소들은 2*s*와 2*p* 원자가 오비탈을 갖고, 3주기 원소들은 3*s*, 3*p*, 3*d* 오비탈을 갖는다. 3*s*와 3*p* 오비탈은 소듐에서 아르곤으로 가면서 전자로 채워지지만 3*d* 오비탈은 비어 있다. 예를 들어, 황의 원자가 오비탈은 다음과 같다.

↑↓		↑↓	↑	↑						
3*s*			3*p*					3*d*		

3주기 원소는 팔전자 규칙을 초과한다.

편재 전자 모형에서는 비어 있는 3*d* 오비탈에 여분의 전자를 채울 수 있다고 가정한다. 그러므로 SF_6의 황 원자는 여덟 개의 전자를 3*s*와 3*p* 오비탈에 채우고, 비어있던 3*d* 오비탈에 네 개의 전자를 수용하여 그 주변에 12개의 전자를 가질 수 있다.

복습하기 Lewis 구조: 팔전자 규칙에 대한 주석

- 2주기 원소 C, N, O 및 F는 항상 팔전자 규칙을 만족한다.
- 2주기 원소 B, Be 원소는 자신의 원자가 오비탈에 종종 여덟 개 미만의 전자를 가진 화합물을 형성한다. 이와 같이 전자가 부족한 화합물은 반응성이 매우 크다.
- 2주기 원소는 팔전자 규칙을 초과할 수 없는데, 그 이유는 원자가 오비탈(2*s*와 2*p*)에 여덟 개의 전자만을 수용할 수 있기 때문이다.

(*계속*)

원자가 오비탈에 여덟 개보다 많은 전자를 갖는 원자가 여분의 전자를 *d* 오비탈에 수용하는지는 이론 화학자들의 논쟁거리이다. 이 문제에 대하여 이 책에서 더 이상 논의하지 않는다.

» 3주기 이상의 원소들은 팔전자 규칙을 만족할 때도 있지만, 비어있는 *d* 원자가 오비탈을 사용함으로써 팔전자 규칙을 초과할 수도 있다.

» 분자의 Lewis 구조를 그릴 때, 원자들은 팔전자 규칙을 우선적으로 만족해야 한다. 팔전자 규칙을 만족한 후 전자가 남는다면, 남은 전자를 비어있는 *d* 원자가 오비탈을 가진 원소(3주기 이상의 원소)에 배치한다.

대화형 예제 8.7 팔전자 규칙을 위배한 분자의 Lewis 구조 I

PCl_5의 Lewis 구조를 그려라.

풀이 앞에서 육플루오린화 황의 Lewis 구조를 결정하던 방법을 적용한다.

1. 원자가 전자의 총 수를 계산한다.

$$\underset{\text{P}}{\underset{\uparrow}{5}} + 5\underset{\text{Cl}}{\underset{\uparrow}{(7)}} = 40 \text{ 전자}$$

2. 결합한 원자들 사이에 단일 결합을 배치한다.

```
      Cl
      |  Cl
      | /
Cl — P
      | \
      |  Cl
      Cl
```

3. 남은 전자들을 배치한다. 이 경우에는 30개의 전자(40 − 10)가 남는다. 이 전자들은 각 염소 원자의 팔전자 규칙을 만족시키기 위해 사용된다. 최종 Lewis 구조는 다음과 같다.

```
       :C̈l:  ..
        |   Cl:
        |  /  ¨
:C̈l — P
  ¨     |  \  ..
        |   Cl:
       :C̤l:   ¨
```

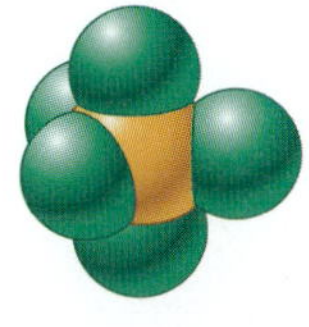
PCl_5

3주기 원소인 인은 팔전자 규칙보다 두 개의 전자를 초과하였다.

연습 문제 8.101과 8.102 참조

PCl_5와 SF_6 분자에서 중심 원자(각각 P와 S)는 8개보다 많은 전자를 가져야 한다. 그러나 팔전자 규칙을 초과할 수 있는 원자를 두 개 이상 갖는 분자에서는 어느 원자에 남은 전자를 배치해야 하는지 항상 명확한 것은 아니다. 다음과 같은 원자가 전자를 갖는 삼아이오딘화 이온(I_3^-)의 Lewis 구조를 생각해 보자.

$$\underset{\text{I}}{\underset{\uparrow}{3(7)}} + \underset{-1\text{ 전하}}{\underset{\uparrow}{1}} = 22 \text{ 원자가 전자}$$

단일 결합으로 나타내면 I—I—I가 된다. 이 단계에서 18개의 전자(22 − 4)가 남는다. 시행착오를 거치면 아이오딘 원자 중 하나가 팔전자 규칙을 초과해야 한다는 것을 알 수 있지만, 그것은 *어떤* 원자일까?

우리가 따라야 할 규칙은 *3주기 이상 원소 중 하나가 팔전자 규칙을 초과할 필요가 있을 때 남은 전자는 중심 원자에 배치되어야 한다*는 것이다.

그러므로 I_3^-의 Lewis 구조는 다음과 같다.

$\left[:\ddot{\text{I}}-\ddot{\text{I}}-\ddot{\text{I}}:\right]^-$

여기에서 중심 아이오딘 원자가 팔전자 규칙을 초과하였다. 이 구조는 알려진 I_3^-의 성질과 잘 일치한다.

대화형 예제 8.8 팔전자 규칙을 위배한 분자의 Lewis 구조 II

다음의 분자나 이온의 Lewis 구조를 그려라.

a. ClF_3 **b.** XeO_3 **c.** $RnCl_2$ **d.** $BeCl_2$ **e.** ICl_4^-

풀이

a. 염소 원자(3주기)가 여분의 전자를 수용한다.

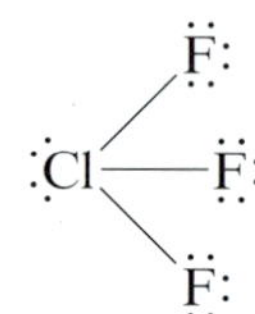

b. 모든 원자가 팔전자 규칙을 만족한다.

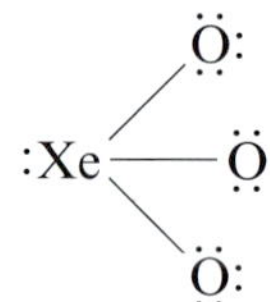

c. 6주기 불활성 기체인 라돈이 여분의 전자를 수용한다.

$:\ddot{\text{Cl}}-\text{Rn}-\ddot{\text{Cl}}:$

d. 베릴륨은 전자가 부족한 원소이다.

$:\ddot{\text{Cl}}-\text{Be}-\ddot{\text{Cl}}:$

e. 아이오딘은 팔전자 규칙을 초과하는 원소이다.

$[ICl_4]^-$ (Cl 네 개가 중심 I에 결합)

연습 문제 8.99, 8.101~8.104 참조

8.12 공명

앞에서 언급한 규칙을 따르는 Lewis 구조가 두 개 이상인 분자가 가끔 있다. 24개의 원자가 전자를 갖는 질산 이온(NO_3^-)의 Lewis 구조를 살펴보자. 각 원자 주위에 여덟 개의 전자를 채우기 위해서는 다음과 같은 구조가 가능하다.

NO_3^-

$[NO_3]^-$ (N=O 이중 결합 하나, N–O 단일 결합 둘)

만약 이 구조가 NO_3^-에서의 결합을 정확히 나타내고 있다면, 두 종류의 N—O 결합[하나의 짧은 결합(이중결합)과 두 개의 긴 결합(단일 결합)]이 관찰되어야 한다. 그러나 NO_3^- 분자에서 단일 결합과 이중 결합의 *중간(between)*에 해당하는 길이와 세기를 갖는 단 *한 가지(one)* 유형의 N—O 결합만을 갖는다는 것이 실험적으로 관찰되었다. 그러므로 위의 구조가 타당한 Lewis 구조이지만 NO_3^-에서의 결합을 정확히 설명하지 *못한다*. 이것은 심각한 문제이며, 모형은 수정되어야 한다.

NO_3^-에 대해 제안된 Lewis 구조를 다시 살펴보자. 어떤 특정한 산소 원자만 이중 결합을 가져야 할 이유가 없다. 따라서 실제로는 세 개의 타당한 Lewis 구조가 가능하다:

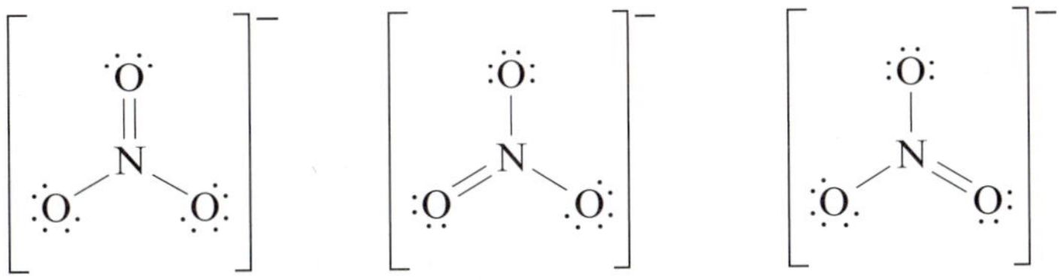

위의 구조 중에서 NO_3^-의 결합을 정확히 나타내고 있는 것이 있는가? 없다. NO_3^- 이온은 한 개의 이중 결합과 두 개의 단일 결합을 갖는 것이 아니라 세 개의 동일한 결합을 갖기 때문이다. 다음과 같은 가정에 의해 이 문제를 해결할 수 있다: NO_3^-의 올바른 표현은 세 Lewis 구조 중의 어느 *하나에 의해 결정되는 것이 아니라, 세 구조의 중첩*에 의해서만 결정된다.

질산 이온은 세 극단적인 구조 중 하나의 형태로 존재하는 것이 아니라, 세 구조의 평균으로 존재한다. 어떤 특정 분자에 대하여 둘 이상의 타당한 Lewis 구조가 가능할 때 **공명(resonance)**이 일어난다고 한다. 그 분자의 최종 전자 구조는 이들 **공명 구조(resonance structure)**의 평균이다. 이 상황은 보통 아래와 같이 양방향 화살표로 표시한다.

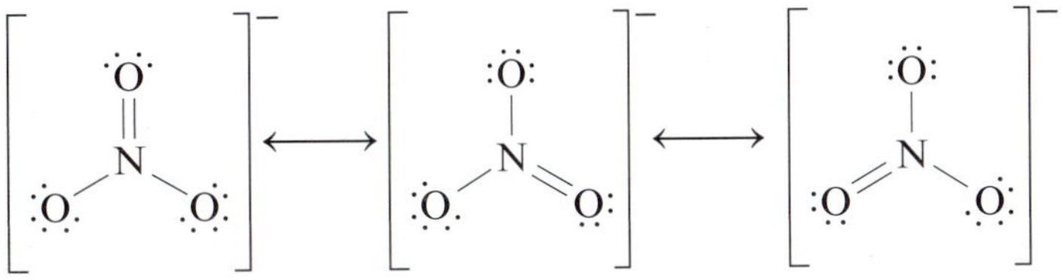

모든 공명 구조에서는 원자핵의 배열이 동일함에 주목하라. 단지 전자의 위치만 다를 뿐이다. 화살표는 분자가 한 공명 구조에서 다른 공명 구조로 "변화"한다는 의미가 아니다. 단지 *실제 구조는 세 공명 구조의 평균이다*라는 의미일 뿐이다.

편재 전자 모형에서 전자는 한 원자쌍 사이에 편재되어 있다고 가정하기 때문에 공명의 개념이 필요하다. 그러나 자연은 실제로 이런 방식으로 동작하지 않는다. 전자들은 실제로는 비편재화되어 있다. 즉, 전자는 분자 전체에 걸쳐 움직인다. NO_3^-의 원자가 전자들은 동일한 N—O 결합을 만들기 위하여 분자 전체에 분포한다. 편재 전자 모형에서의 잘못된 가정을 보완하기 위해 공명의 개념이 필요하다. 하지만 편재 전자 모형은 편리하므로 편재 전자 모형의 개념을 그대로 유지하면서 NO_3^-와 같은 화학종을 이해하기 위하여 공명 개념을 추가로 도입한다.

예제 8.9 공명 구조

편재 전자 모형을 사용하여 아질산 음이온(NO_2^-)의 전자 배치를 설명하라.

풀이 NO_2^- 이온의 Lewis 구조를 찾기 위하여 일반적인 절차를 따른다. NO_2^-에는 5 + 2(6) + 1 = 18개의 원자가 전자가 있다. 우선 단일 결합을 나타내면 다음과 같은 구조를 얻는다.

O—N—O

남은 14개(18 − 4)의 전자를 배치하면 다음과 같은 구조들을 얻는다.

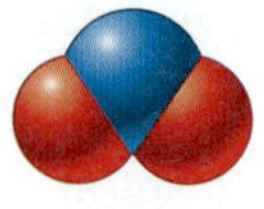

NO_2^-

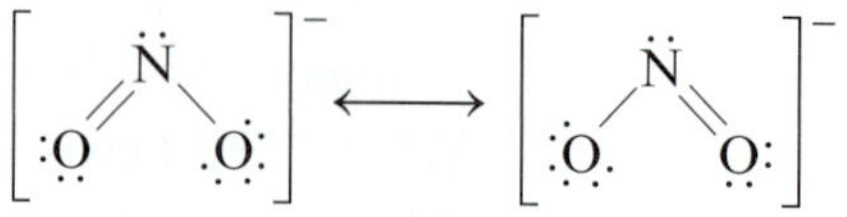

두 개의 동일한 Lewis 구조를 그릴 수 있는 공명 현상이다. *분자의 전자 구조는 공명 구조 중 어느 하나가 아니라 두 공명 구조의 평균으로 표현된다.* 두 개의 동일한 N—O 결합이 있고, 이들 결합은 단일 결합과 이중 결합의 중간이다.

연습 문제 8.107~8.112 참조

홀수 개의 전자를 갖는 분자들

비금속 원소로 구성된 분자들의 일부는 홀수 개의 전자를 갖는다. 일반적인 예의 하나는 일산화 질소(NO)이며, 일산화 질소는 자동차 엔진 속의 높은 온도에서 질소와 산소 기체가 반응할 때 생성된다. 일산화 질소가 대기 중으로 방출되면, 산소와 즉시 반응하여 또 다른 홀수 전자 분자인 이산화 질소(NO_2) 기체가 생성된다.

편재 전자 모형은 전자쌍에 기초를 두기 때문에 홀수 전자의 경우를 자연스럽게 처리할 수 없다. 홀수 전자 분자를 다루려면 좀 더 정교한 모형이 필요하다.

형식 전하

동등한 Lewis 구조는 같은 수의 단일 결합과 다중 결합을 가진다. 예를 들면, O_3의 두 공명 구조는 동등한 Lewis 구조이다.

과

이들은 O_3의 결합을 묘사하는 데 동일하게 중요하다. 동등하지 않은 Lewis 구조에서는 단일 결합과 다중 결합의 수가 다르다.

팔전자 규칙을 초과할 수 있는 원자가 있는 분자 또는 다원자 이온들은 종종 동등하지 않은 다수의 Lewis 구조(왼쪽의 여백 메모 참조)를 보이는 경우가 있다. 예를 들면, 아래에 자세히 설명할 황산 이온에서는 단일 결합만을 가진 Lewis 구조와, 이중 결합을 가진 몇 개의 Lewis 구조가 가능하다. 여러 개의 Lewis 구조 가운데 어떤 것이 황산 이온의 실제 구조를 잘 나타내는지를 알 수 있을까? 한 가지 방법은 여러 가능한 Lewis 구조에서 각 원자의 전하를 추정해 보고, 가장 적절한 구조를 고르기 위해 이 전하를 이용하는 것이다. 이를 어떻게 수행하는지 아래에서 살펴보겠지만, 먼저 분자 내 원자의 전하를 추정하는 방법을 알아보자.

제4장에서 *산화 상태*라고 하는 전하 계산 방법을 공부하였다. 산화 상태를 결정할 때는 결합에 참여하는 원자 중 전기음성도가 더 큰 원자에 공유 전자쌍 *모두*가 속한다고 항상 생각하였다. 하지만 이 방법은 전하를 대단히 과장되게 평가한다. 바꿔 말하면 산화 상태는 산화–환원 반응에서 주고받는 전자 수의 계산에는 편리하지만, 분자 내 각 원자의 실제 전하를 추정하는 데는 현실적이지 않다. 그래서 산화 상태는 Lewis 구조의 타당성을 판단하는 데는 별로 유용하지 않다. 그러나 분자 내 각 원자의 실제 전하를 나타내는 또 다른 정의인 형식 전하를 사용하면 Lewis 구조의 타당성을 평가할 수 있다. 아래에서 볼 수 있듯이 분자 내 원자의 **형식 전하**(formal charge)는 *중성 원자의 원자가 전자 수와 분자 내에서 그 원자가 갖는 원자가 전자 수의 차이*이다.

그러므로 분자 내의 어떤 원자의 형식 전하를 결정하려면 두 가지를 알아야 한다:

1. **중성 원자(전자의 수와 양성자의 수가 같으므로 0의 전하를 갖는)의 원자가 전자 수**
2. **분자 내 그 원자에 "속하는" 원자가 전자 수**

그 다음엔 이들 전자 수를 비교해 본다. 중성 원자의 원자가 전자 수와 분자 내 원자에 속한 원자가 전자 수가 같다면, 양전하와 음전하가 균형을 이루어 형식 전하는 0이 된다. 분자 내 원자가 중성 원자보다 한 개의 원자가 전자를 더 갖는다면 형식 전하는 −1이 된다. 그러므로 분자 내의 원자의 형식 전하는 다음과 같이 정의된다.

형식 전하 = (중성 원자의 원자가 전자 수)
− (분자 내 원자에 속한 원자가 전자 수)

분자 내 원자의 형식 전하를 계산하기 위해 아래의 가정들을 활용하여 분자 내에 존재하는 모든 원자가 전자들을 여러 원자들에 배치한다.

1. 고립 전자쌍의 전자들은 그 원자에만 할당한다.
2. 공유 전자들은 두 공유 원자에 *동등하게 할당*한다.

따라서 어떤 원자에 할당한 원자가 전자 수는 다음과 같이 계산한다.

(원자가 전자 수)$_{할당}$ = (고립 전자쌍의 전자 수)
+ $\frac{1}{2}$(공유 전자의 수)

32개의 원자가 전자를 가진 황산 이온에 대해 가능한 두 Lewis 구조에서 각 원자의 형식 전하를 계산하는 과정을 살펴보자. 다음의 Lewis 구조에서

SO_4^{2-}

$$\left[\begin{array}{ccc} & :\ddot{O}: & \\ & | & \\ :\ddot{O}- & S & -\ddot{O}: \\ & | & \\ & :\underset{..}{O}: & \end{array}\right]^{2-}$$

각 산소 원자는 여섯 개의 고립 전자를 가지고 있고, 황과 두 개의 전자를 공유한다. 따라서 위의 가정들을 이용하여 각 산소에 일곱 개의 원자가 전자를 배치할 수 있다.

각 산소에 할당된 원자가 전자 = $6 + \frac{1}{2}(2) = 7$

(6: 고립 전자쌍 전자, 2: 공유 전자)

산소의 형식 전하 = $6 - 7 = -1$

(6: 중성 O 원자의 원자가 전자, 7: SO_4^{2-} 내 각 O 원자에 할당된 원자가 전자)

각 산소의 형식 전하는 −1이다.

황 원자에는 고립 전자쌍 전자가 없고, 여덟 개의 전자를 산소 원자와 공유한다. 따라서 황의 형식 전하의 계산은 아래와 같다.

황에 할당된 원자가 전자 = $0 + \frac{1}{2}(8) = 4$

(0: 고립 전자쌍 전자, 8: 공유 전자)

황의 형식 전하 = $6 - 4 = 2$

(6: 중성 S 원자의 원자가 전자, 4: SO_4^{2-}에서 각 S 원자에 할당된 원자가 전자)

황산 이온의 두 번째 가능한 Lewis 구조는 다음과 같다.

$$\left[\begin{array}{ccccc} & & \ddot{\text{O}} & & \\ & & \| & & \\ :\ddot{\text{O}} & - & \text{S} & - & \ddot{\text{O}}: \\ & & \| & & \\ & & \ddot{\text{O}} & & \end{array}\right]^{2-}$$

이 경우에 형식 전하는 다음과 같다.

단일 결합을 가진 산소 원자:

$$\text{배치된 원자가 전자} = 6 + \tfrac{1}{2}(2) = 7$$
$$\text{형식 전하} = 6 - 7 = -1$$

이중 결합을 가진 산소 원자:

$$\text{배치된 원자가 전자} = 4 + \tfrac{1}{2}(4) = 6$$

↑ 각 이중 결합은 4개의 전자를 갖는다.

$$\text{형식 전하} = 6 - 6 = 0$$

황 원자:

$$\text{배치된 원자가 전자} = 0 + \tfrac{1}{2}(12) = 6$$
$$\text{형식 전하} = 6 - 6 = 0$$

Lewis 구조를 평가하기 위하여 형식 전하를 사용할 때 다음과 같은 두 가지의 근본적인 가정을 사용한다.

1. 분자 내 원자는 가능하면 0에 가까운 형식 전하를 가지려 한다.
2. 음의 형식 전하는 가장 전기음성도가 큰 원자가 가질 것으로 예상한다.

앞서 설명한 황산 이온의 동일하지 않은 두 Lewis 구조의 평가에 이들 원리를 적용한다. 단일 결합만을 가진 구조에서는 각 산소의 형식 전하가 −1이고, 황은 +2의 형식 전하를 갖는다. 이와는 대조적으로 두 개의 이중 결합과 두 개의 단일 결합을 가진 구조에서는 황과 두 산소 원자는 0의 형식 전하를 가지고, 두 개의 산소만 −1의 형식 전하를 갖는다. 위에서 주어진 가정들을 적용해 보면 두 개의 이중 결합을 가진 구조가 더 합당하다. 그 이유는 적은 형식 전하를 가지면서 전기음성도가 큰 산소 원자가 −1의 형식 전하를 갖기 때문이다. 그러므로 황산 이온에서의 결합을 적절히 나타내기 위해서는 단일 결합만을 가진 Lewis 구조보다는 다음과 같은 공명 구조를 예상해 볼 수 있다.

$$\left[\begin{array}{ccccc} & & \ddot{\text{O}} & & \\ & & \| & & \\ :\ddot{\text{O}} & - & \text{S} & - & \ddot{\text{O}}: \\ & & \| & & \\ & & \ddot{\text{O}} & & \end{array}\right]^{2-} \longleftrightarrow \left[\begin{array}{ccccc} & & :\ddot{\text{O}}: & & \\ & & | & & \\ \ddot{\text{O}} & = & \text{S} & = & \ddot{\text{O}} \\ & & | & & \\ & & :\ddot{\text{O}}: & & \end{array}\right]^{2-}$$

형식 전하에 관한 규칙

» 원자의 형식 전하 계산:

1. 고립 전자쌍의 전자 수와 공유 전자의 반을 합하여 분자 안에서 원자에 할당된 원자가 전자의 수를 계산한다.
2. 중성 원자의 원자가 전자 수에서 할당된 원자가 전자 수를 빼서 형식 전하를 구한다.

(계속)

» 분자나 이온에 있는 모든 원자에 대한 형식 전하의 합은 그 분자나 이온의 전하와 같다.

» 한 화학종에 대하여 동등하지 않은 Lewis 구조가 존재할 때, 형식 전하가 0에 가깝고 전기음성도가 큰 원자에 음의 형식 전하가 부여된 구조가 그 분자 또는 이온의 결합을 가장 잘 나타낸 것이다.

예제 8.10 형식 전하

제논(Xe)의 폭발성 화합물인 XeO_3의 가능한 Lewis 구조를 그려라. 형식 전하를 고려할 때 어느 구조가 가장 적합한가?

풀이 XeO_3 (26개의 원자가 전자)의 가능한 Lewis 구조는 다음과 같다(괄호 안에 형식 전하가 표시되어 있다).

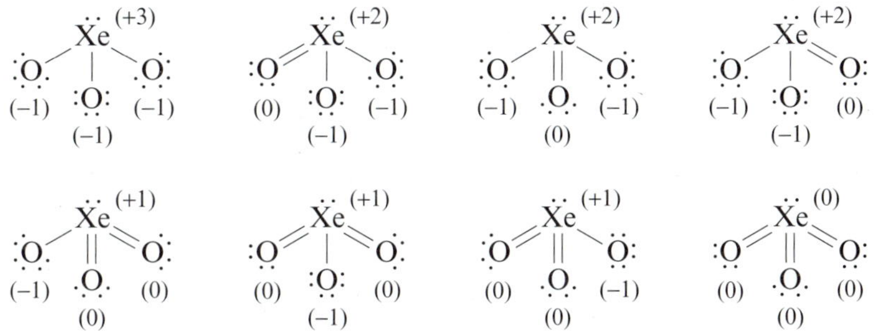

형식 전하에 관한 규칙을 고려하면 가장 낮은 형식 전하를 가진 Lewis 구조가 XeO_3의 결합을 가장 잘 나타낸다고 예측할 수 있다.

연습 문제 8.119와 8.120 참조

마지막으로, 형식 전하에 대해 명심해야 할 두 가지의 주의 사항이 있다. 첫째는 형식 전하가 산화 상태보다는 분자 내 원자의 실제 전하에 더 가깝지만 여전히 전하의 *추정한 값*(*estimate*)일 뿐이라는 사실이다. 형식 전하를 원자의 실제 전하로 생각하면 잘못이다. 둘째는 형식 전하의 개념을 이용한 Lewis 구조의 평가는 잘못된 예측일 수 있다. 분자나 다원자 이온의 결합을 올바르게 기술하기 위해서는 반드시 실험에 근거해야 한다.

8.13 분자 구조: VSEPR 모형

분자의 구조는 화학적 성질을 결정하는 중요한 요소이다. 나중에 자세히 공부하겠지만, 생체 분자에서 특히 중요하다. 거대한 생체 분자의 미세한 구조 변화로 인하여 세포 활동에서 완전히 무용지물이 되거나, 정상 세포를 암 세포로 변환하기도 한다.

현재는 분자 안에서 원자들의 삼차원 배열을 의미하는 **분자 구조**(molecular structure)를 정확히 결정하는 여러 가지 방법들이 알려져 있다. 이러한 방법들은 구조에 대한 정밀한 정보가 필요한 경우에만 사용해야 한다. 하지만 근사적인 분자 구조를 예측하는 것만으로도 유용한 경우가 많다. 이 절에서는 분자 구조를 예측할 수 있는 간단한 모형을 살펴보기로 한다. **원자가 껍질 전자쌍 반발 모형(VSEPR 모형)**(valence shell electron pair repulsion model, VSEPR model)이라 부르는 이 모형은 비금속 원자들로 형성된 분자들의

$BeCl_2$는 Be 주위에 네 개의 전자만 존재한다. 따라서 전자쌍 주개와 매우 격렬히 반응할 것으로 생각된다.

기하학적 구조를 예측하는 데 편리하다. 이 모형의 주요 가설은 *전자쌍들 사이의 반발을 최소화하는 방식으로 중심 원자 주위의 구조가 결정된다*는 것이다. 여기에서 원자 주위의 결합 전자쌍과 비결합 전자쌍들은 가능한 한 서로 멀리 떨어져 위치할 것이라는 것이 중심 생각이다. 이 모형의 적용 예로서 다음과 같은 Lewis 구조를 갖는 $BeCl_2$ 분자를 살펴보자.

:C̤̈l — Be — C̤̈l:

베릴륨 원자 주변에는 두 개의 전자쌍이 존재한다. 어떤 배열이 이들 전자쌍의 반발을 최소화하겠는가? 베릴륨 원자의 두 전자쌍이 서로 반대쪽에 위치해서 180°의 각을 가질 때 최상의 배열이 된다는 것은 명백하다:

이 배열이 두 개의 전자쌍이 가장 멀리 떨어져 있게 하는 방법이다. 일단 중심 원자의 전자쌍들을 최적의 위치에 배열하고 나면, $BeCl_2$의 분자 구조인 원자들의 위치를 결정할 수 있다. 베릴륨의 각 전자쌍들은 염소 원자와 공유되므로 이 분자는 180°의 결합각을 가지는 **선형 구조**(linear structure)를 갖게 된다:

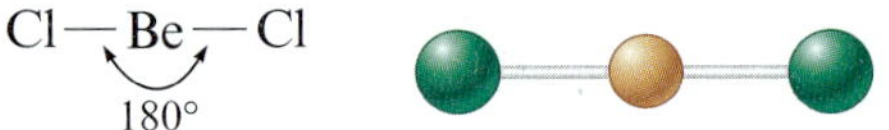

다음으로 아래와 같은 Lewis 구조를 가지는 BF_3를 살펴보자.

:F̤̈:
|
:F̤̈ — B — F̤̈:

여기에서 붕소 원자는 세 개의 전자쌍을 갖는다. 어떤 배열이 반발력을 최소화할까? 다음과 같이 120°의 각을 유지할 때 전자쌍은 최대한 멀리 위치한다.

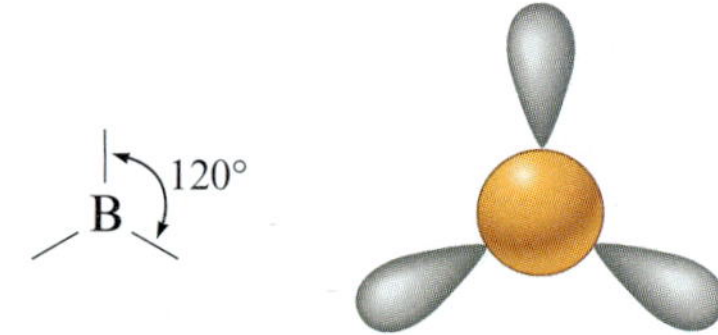

각 전자쌍은 플루오린 원자와 공유하므로 분자 구조는 다음과 같이 될 것이다.

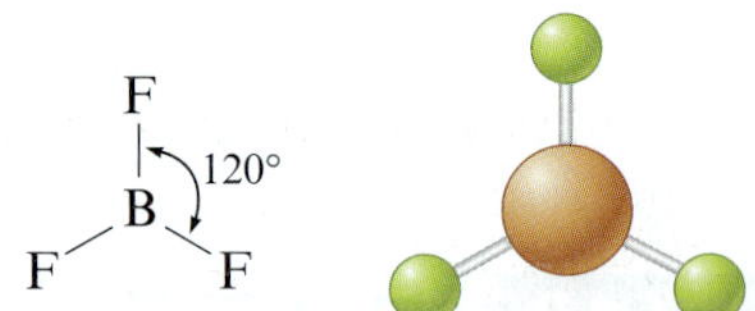

이 분자는 납작한(평면) 삼각형 모양의 분자로서, 보통 **삼각 평면 구조**(trigonal planar structure)라고 한다.

다음으로는 아래와 같은 Lewis 구조를 갖는 메테인 분자를 생각해 보자.

H
|
H — C — H
|
H

중심 탄소 원자 주위에 네 개의 전자쌍이 있다. 어떤 배열이 이 전자쌍의 반발력을 최소화할까? 먼저 사각 평면 배열을 생각해 보자:

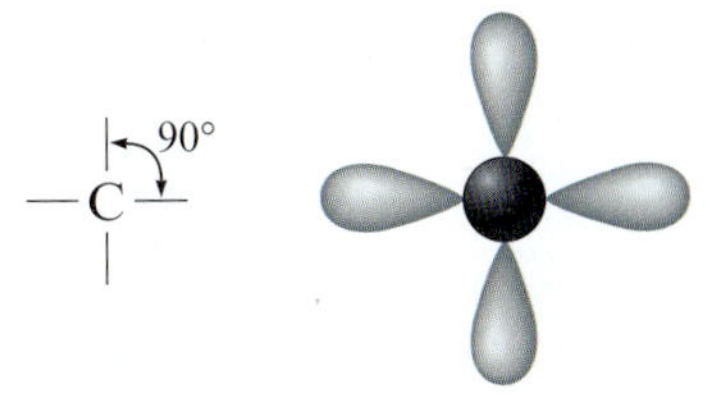

탄소 원자와 전자쌍들은 모두 같은 평면에 있고, 그들 사이의 각은 모두 90°이다.

전자쌍을 더 멀리 위치시키기 위하여 90°보다 더 큰 각을 갖는 다른 배열이 있을까? 그렇다. **사면체 구조**(tetrahedral structure)는 109.5°의 각을 갖는다.

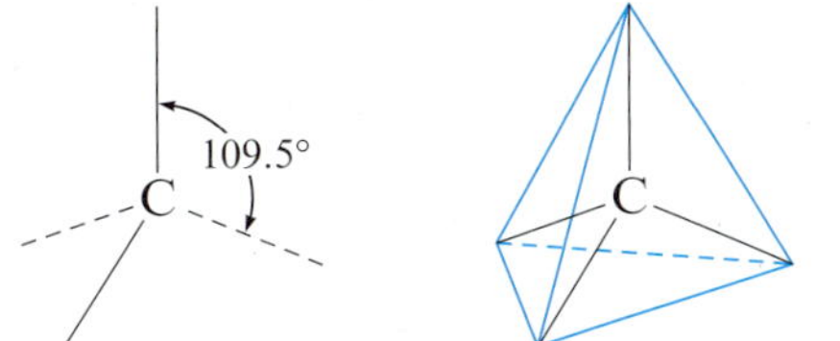

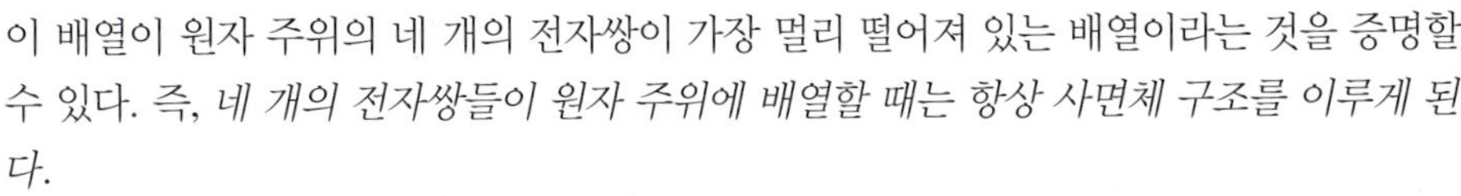

이 배열이 원자 주위의 네 개의 전자쌍이 가장 멀리 떨어져 있는 배열이라는 것을 증명할 수 있다. 즉, *네 개의 전자쌍들이 원자 주위에 배열할 때는 항상 사면체 구조를 이루게 된다.*

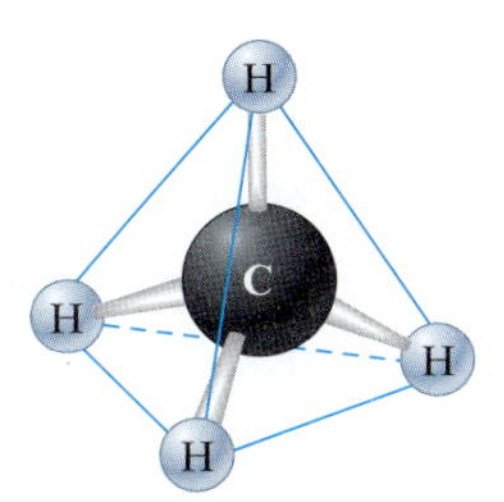

그림 8.15 메테인의 분자 구조. 전자쌍의 사면체 배열로 인해 수소 원자도 사면체 꼭지점에 배열하게 된다.

이제 반발력을 최소화하는 전자쌍 배열을 알았으므로 각 원자의 위치, 즉 CH_4의 분자 구조를 결정할 수 있다. 메테인에서 네 개의 전자쌍은 탄소 원자와 수소 원자 사이에 공유된다. 따라서 수소 원자들은 그림 8.15와 같이 위치하며, 이 분자는 탄소 원자가 중심 원자인 사면체 구조를 가진다.

중심 원자 주위의 전자쌍들의 반발력을 최소화할 수 있는 배열을 찾는 것이 바로 VSEPR 모형의 주요 개념이다. 그 다음 전자쌍들이 어떻게 주변 원자와 공유되는지를 판단하여 분자 구조를 결정할 수 있다. VSEPR 모형을 이용하여 분자 구조를 예측할 때는 다음의 절차를 따른다.

문제 풀이 전략

VSEPR 모형을 적용하는 단계

1. 분자의 Lewis 구조를 그린다.
2. 전자쌍의 수를 계산하고, 반발이 최소화되도록 배열한다(즉, 가능한 한 멀리 전자쌍들을 배열한다).
3. *전자쌍이 공유되는 방식*으로부터 원자의 위치를 결정한다.
4. *원자들의 위치*로부터 분자 구조의 이름을 결정한다.

이제 이러한 단계적 접근법에 따라 암모니아(NH_3)의 분자 구조를 예측해 보자.

1. Lewis 구조를 그린다.

$$\mathrm{H-\ddot{N}-H} \\ \quad | \\ \quad \mathrm{H}$$

2. 전자쌍의 수를 계산하고, 반발이 최소화되도록 배열한다. NH_3 분자는 네 개의 전자쌍을 가지고 있다. 즉, 세 개의 결합 전자쌍과 한 개의 비결합 전자쌍이 그것이다. 메테인 분자의 구조에 관한 논의로부터 네 개의 전자쌍의 가장 적절한 배열은 그림 8.16(a)와 같이 사면체 구조임을 알 수 있다.
3. 원자들의 위치를 결정한다. 세 개의 수소 원자들은 그림 8.16(b)와 같이 전자쌍들을

▲
네 개의 동일한 풍선을 함께 묶으면 자연스럽게 사면체 모양을 이룬다.

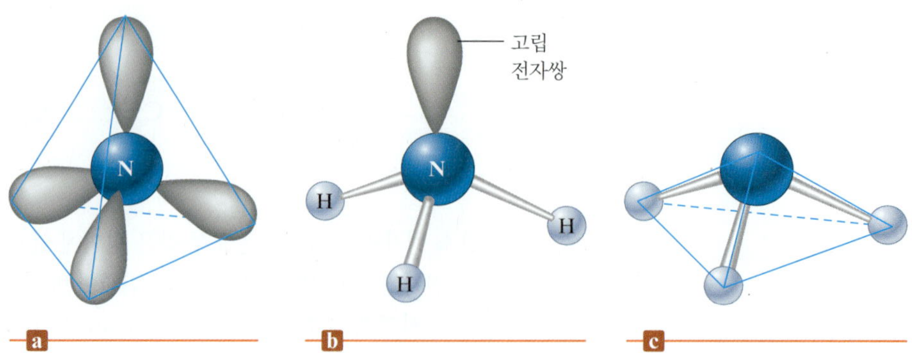

그림 8.16 (**a**) 암모니아 분자에서 질소 원자 주위에 있는 전자쌍의 사면체 배열. (**b**) 질소 주위의 세 쌍의 전자는 수소 원자와 질소 원자가 공유하고 있으며, 나머지 한 쌍은 고립 전자쌍이다. *전자쌍(electron pairs)*의 배열은 메테인과 같이 사면체이지만 암모니아의 수소 원자들은 사면체의 세 꼭짓점에만 위치한다. 고립 전자쌍은 네 번째 꼭짓점에 위치한다. (**c**) 분자 구조는 사면체가 아니라 삼각뿔임에 유의하라.

공유하고 있다.

4. 분자 구조를 명명한다. 분자 구조의 *이름*은 항상 *원자들의 위치*에 근거한다는 사실을 기억하라. 전자쌍들의 위치가 구조를 결정하지만 분자 구조의 이름은 원자들의 위치에 의해 결정된다. 따라서 NH_3 분자를 사면체라 말하는 것은 잘못된 것이다. 전자쌍들은 사면체 배열을 갖지만 원자들은 사면체 배열을 하고 있지 않다. 암모니아의 분자 구조는 그림 8.16(c)와 같이 사면체가 아니라 한 면이 다른 세 면과 다른 **삼각뿔**(trigonal pyramid)이다.

예제 8.11 분자 구조 예측 I

물 분자의 구조를 예측하라.

풀이 물의 Lewis 구조는 다음과 같다.

$$\mathrm{H-\ddot{\underset{\cdot\cdot}{O}}-H}$$

네 개의 전자쌍이 있다: 두 개는 결합 전자쌍이고, 두 개는 비결합 전자쌍이다. 그림 8.17(a)와 같이 사면체 배열을 가질 때 전자쌍의 반발이 최소화된다. H_2O의 전자쌍들은 사면체 배열을 갖지만, 사면체 모양의 분자는 아니다. H_2O의 원자들은 그림 8.17(b)와 (c)에서처럼 V-자 모양을 만든다.

연습 문제 8.133과 8.134 참조

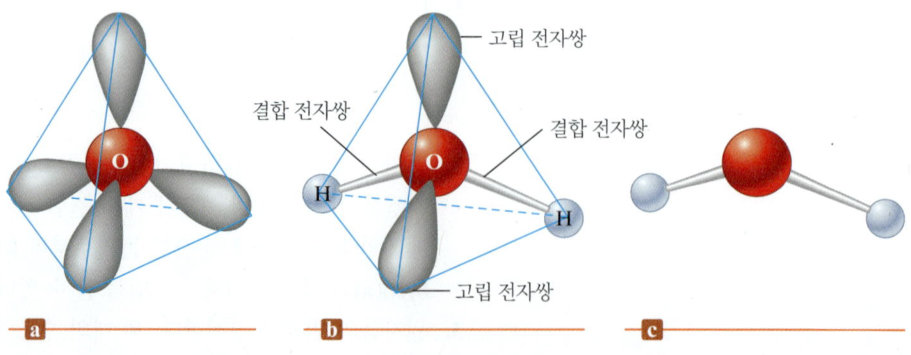

그림 8.17 (**a**) 물 분자에서 산소 원자 주위에 있는 네 개 전자쌍의 사면체 배열. (**b**) 수소 원자와 산소 원자에 공유된 두 개의 전자쌍과 두 개의 고립 전자쌍. (**c**) V-자형의 물 분자 구조.

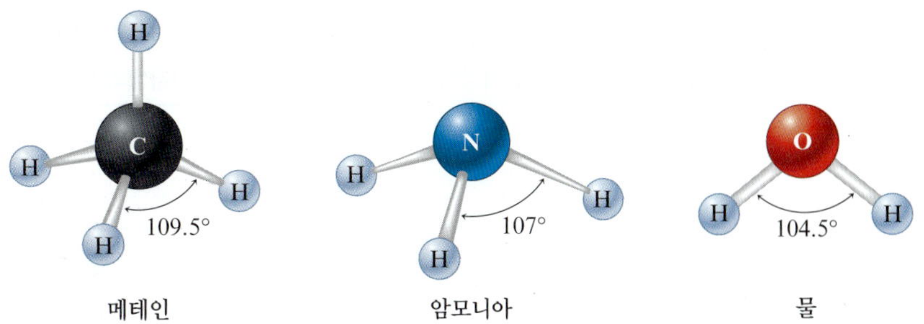

그림 8.18 CH_4, NH_3, H_2O 분자의 결합각. 고립 전자쌍의 수가 증가할수록 결합 전자쌍들 사이의 결합각은 감소한다는 사실에 유의하라. CH_4의 결합각은 모두 109.5°이고 NH_3의 결합각은 모두 107°이다.

예제 8.11에서 보듯이 H_2O 분자는 고립 전자쌍의 존재 때문에 굽은 V-자형 구조를 하고 있다. 만일 고립 전자쌍이 없다면 분자는 직선 구조를 가질 것이며, 두 결합의 극성이 상쇄되어 분자는 쌍극자 모멘트를 갖지 않을 것이다. 그렇게 된다면 물은 잘 알려진 극성 물질과는 전혀 다른 성질을 가지게 되었을 것이다.

지금까지의 논의에 의하면, CH_4, NH_3, H_2O에서 H—X—H (X는 중심 원자)의 결합각은 정사면체의 중심각인 109.5°가 되어야 한다. 그러나 실험 결과에 따르면 실제 결합각은 그림 8.18에 나타낸 것과 같다. 이 결과는 VSEPR 모형에서 어떤 의미를 가지는가? 긍정적 관점에서 본다면 결합각이 사면체의 각과 충분히 가까우므로 이 모형은 성공적이라 할 수 있다. 반대의 관점에서 본다면, 편차가 커서 이 단순한 모형은 수정해야 할 필요가 있으며 그렇게 하면 비슷한 사례를 정확하게 처리할 수 있다. 여기에서는 두 번째 관점을 더 생각해 보자.

다음의 자료를 살펴보자.

	CH_4	NH_3	H_2O
고립 전자쌍의 수	0	1	2
결합각	109.5°	107°	104.5°

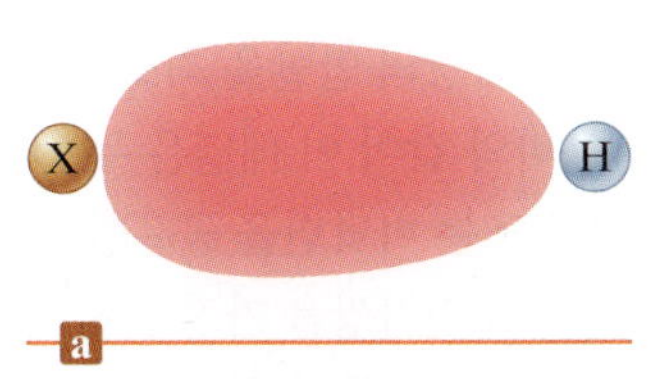

그림 8.19 (**a**) 결합 전자쌍의 두 전자는 결합하는 두 원자핵들에 의해 공유된다. (**b**) 고립 전자쌍의 두 전자는 하나의 원자핵에 가까이 있어 그 원자의 주위에 더욱 많은 공간을 차지한다.

관측된 경향성에 대한 해석은 고립 전자쌍이 결합 전자쌍보다 더 많은 공간을 필요로 한다는 것이다. 바꾸어 말하면, 고립 전자쌍의 수가 증가하는 만큼 결합 전자쌍들 사이의 결합각은 줄어든다.

다음과 같은 사항을 고려한다면, 위와 같은 해석은 물리적 타당성을 갖는다. 결합 전자쌍은 두 원자핵 사이에 공유되므로 전자들은 두 원자핵 중 어느 것에나 가까이 접근할 수 있다. 전자들은 비교적 두 원자핵 사이에 위치한다. 그림 8.19와 같이 고립 전자쌍은 한 원자핵에만 편재되기 때문에 전자들은 한 원자의 핵에만 근접하게 존재할 것이다. 이들 그림은 고립 전자쌍이 결합 전자쌍보다 원자 주변에 더 많은 공간을 필요로 하는 상황을 설명해 준다.

이 관찰의 결과로부터 VSEPR 모형의 기본 가정에 다음을 추가할 수 있다: **고립 전자쌍은 결합 전자쌍보다 더 많은 공간이 필요하며, 결합 전자쌍 사이의 각을 감소시키는 경향이 있다.**

지금까지 중심 원자 주위에 전자쌍이 두 개, 세 개, 네 개가 있는 경우를 고려했다. 이들을 표 8.7에 정리하였다.

표 8.8은 중심 원자 주위에 네 개의 전자쌍을 가진 분자에서 중심 원자와 결합하는 원자의 수에 따라 가능한 구조들을 나열한다. 중심 원자 주위에 네 개의 전자쌍을 가진 분자들은 사면체(AB_4), 삼각뿔(AB_3), 또는 V-자형(AB_2)이 될 수 있음을 기억하라.

표 8.7 반발력이 최소화되는 중심 원자 주위의 전자쌍의 배열

전자쌍의 수	전자쌍의 배열	예
2	선형	
3	삼각평면	
4	사면체	
5	삼각쌍뿔 (90°, 120°)	
6	팔면체 (90°, 90°)	

다섯 개의 전자쌍이 있는 경우, 여러 개의 구조가 가능하다. 전자쌍의 반발을 최소화하는 구조는 **삼각쌍뿔**(trigonal bipyramid)이다. 표 8.7에 나타난 바와 같이 이 배열은 두 가지의 다른 결합각 90°와 120°를 갖는다. 이름이 암시하듯이 그 구조는 바닥면을 공유한 두 개의 삼각뿔로 구성되어 있다. 표 8.9는 중심 원자 주위에 다섯 개의 전자쌍을 가진 분자에서 중심 원자와 결합하는 원자의 수에 따라 가능한 구조들을 요약한다. 중심 원자 주위에 다섯 개의 전자쌍을 가진 분자들은 삼각쌍뿔(AB_5), 시소형(AB_4), T-자형(AB_3), 또는 선형(AB_2) 구조를 가질 수 있다.

표 8.7에서와 같이, 여섯 개의 전자쌍은 중심 원자 주위에 90°의 결합각으로 배열되어 **팔면체 구조**(octahedral structure)를 형성한다.

분자의 기하 구조를 결정하는 데 VSEPR 모형을 사용하기 위해서는 전자쌍의 수와 그들의 최적 배열 사이의 관계를 항상 기억해야 한다.

비판적 사고 친구와 함께 화학 시험 공부를 하고 있다. 친구가 "극성 결합으로 이루어진 분자는 극성을 갖는다"라고 말하면 어떻게 대답할 것인가? 그 말이 틀리다는 것을 어떻게 설명할 것인가? 두 가지 예를 제시하라.

표 8.8 중심 원자가 네 개의 전자쌍을 가진 분자의 구조

전자쌍 배열	분자 구조
	사면체
	삼각뿔
	V-자형(굽은형)

표 8.9 중심 원자가 다섯 개의 전자쌍을 가진 분자의 구조

전자쌍 배열	분자 구조
	삼각쌍뿔
	시소형
	T-자형
	선형

대화형 예제 8.12 분자 구조의 예측 II

인이 과량의 염소 기체와 반응하면 오염화 인(PCl_5)이 생성된다. 기체와 액체 상태에서 이 물질은 PCl_5 분자로 존재하지만, 고체 상태에서는 $PCl_4{}^+$와 $PCl_6{}^-$ 이온의 1:1 혼합물이다. PCl_5, $PCl_4{}^+$ 및 $PCl_6{}^-$의 구조를 예측하라.

풀이 PCl_5의 Lewis 구조에서 볼 수 있듯이 인 원자 주위의 다섯 개 전자쌍은 삼각쌍뿔의 배열을 갖는다(표 8.7 참조). 염소 원자를 고려하면 분자 구조는 삼각쌍뿔이 된다.

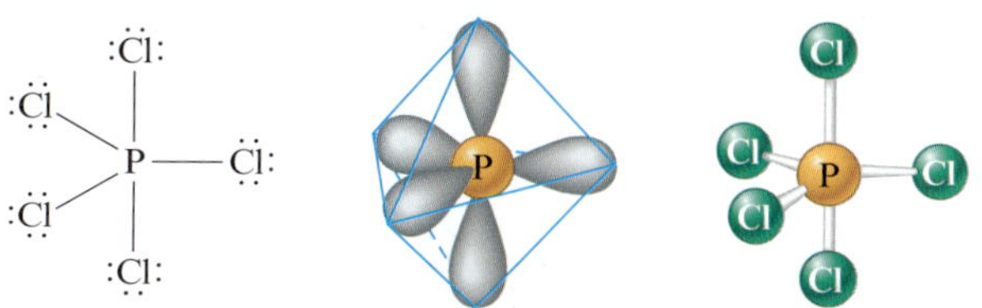

$PCl_4{}^+$ 이온[5 + 4(7) − 1 = 32 원자가 전자]의 Lewis 구조는 아래와 같다. 네 개의 결합 전자쌍이 인 원자 주위에 사면체로 배열된다. 각 쌍은 염소 원자와 공유되므로 그 결과 사면체 $PCl_4{}^+$ 양이온이 된다.

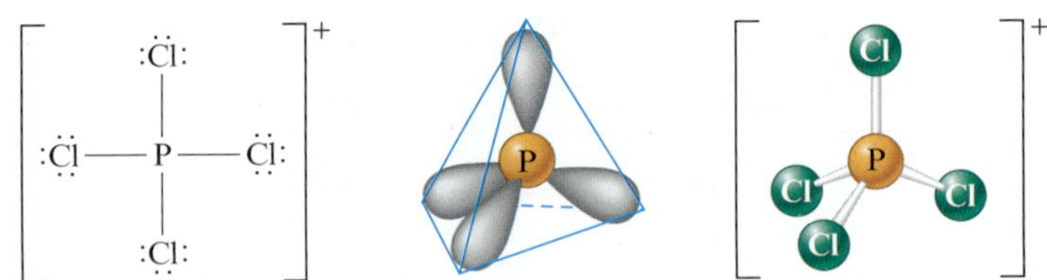

PCl_6^- 이온[5 + 6(7) + 1 = 48 원자가 전자]의 Lewis 구조는 아래와 같다. 인 주위의 여섯 개의 결합 전자쌍이 반발력이 최소가 되도록 팔면체 배열을 이룬다. 각 결합 전자쌍이 염소 원자와 공유되므로 팔면체인 PCl_6^- 음이온의 구조를 예상할 수 있다.

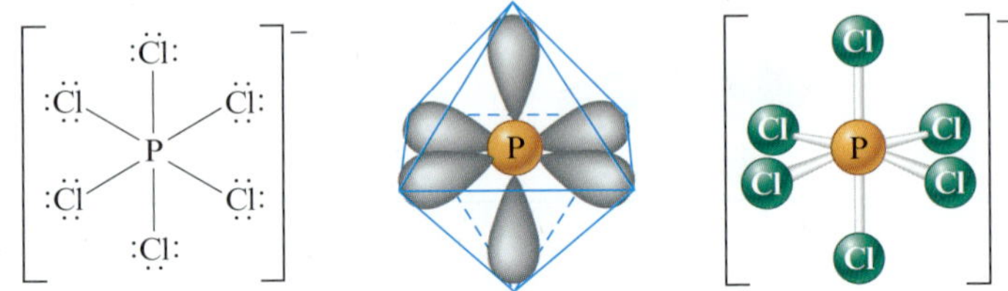

연습 문제 8.129, 8.130, 8.135와 8.136 참조

대화형 예제 8.13 분자 구조의 예측 III

불활성 기체들은 *s* 오비탈과 *p* 오비탈이 모두 전자로 채워져 있어 반응성이 없을 것으로 예상된다. 실제로 이 원소들은 어떠한 화합물도 생성하지 못할 것이라 예상되었기 때문에 여러 해 동안 *비활성 기체(inert gases)*라고 불렀다. 그러나 1960년대 초에 크립톤, 제논 및 라돈의 화합물이 합성되었다. 예를 들면, Argonne National Laboratory의 연구팀은 안정한 무색의 사플루오린화 제논(XeF_4)을 합성하였다. 이 화합물의 구조 및 이 분자가 쌍극자 모멘트를 가질 것인지 여부를 예측하라.

풀이 XeF_4의 Lewis 구조는 다음과 같다.

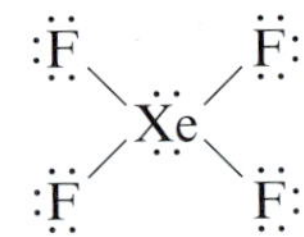

이 분자에서 Xe 원자는 6개의 전자쌍에 의해 둘러싸여 있으며, 이는 팔면체 배열을 의미한다.

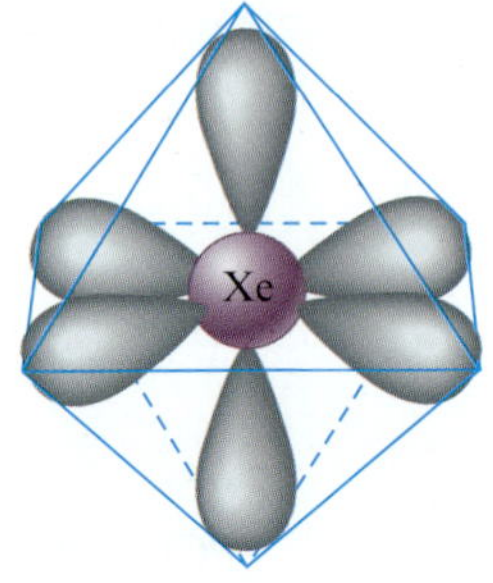

고립 전자쌍과 결합 전자쌍이 배열에 의해 이 분자의 구조가 결정될 것이다. 그림 8.20에서 보여주는 두 가지 가능성을 생각해 보자. 결합 전자쌍은 F 원자와 공유되어 있다. 두 가지 경우에 예상되는 구조가 다르기 때문에 배열의 적절성을 결정해야 한다. 해답은 고립 전자쌍에 있다. (a)의 구조에서는 고립 전자쌍–고립 전자쌍의 각이 90°인 반면, (b)의 구

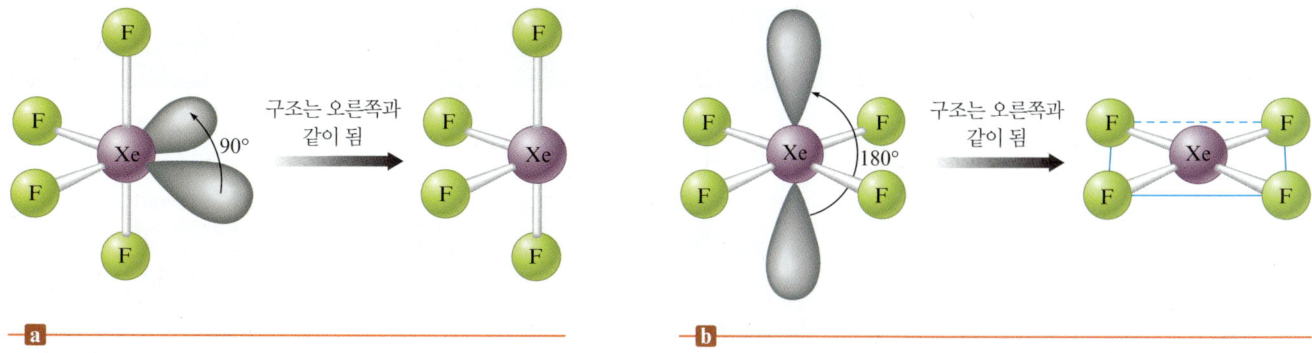

그림 8.20 XeF_4의 가능한 전자쌍 배열. (**a**)의 배열에서는 두 고립 전자쌍 사이의 결합각이 서로 90°이므로 덜 선호된다. 따라서 180°의 각을 가진 (**b**)의 배열이 보다 유리하다.

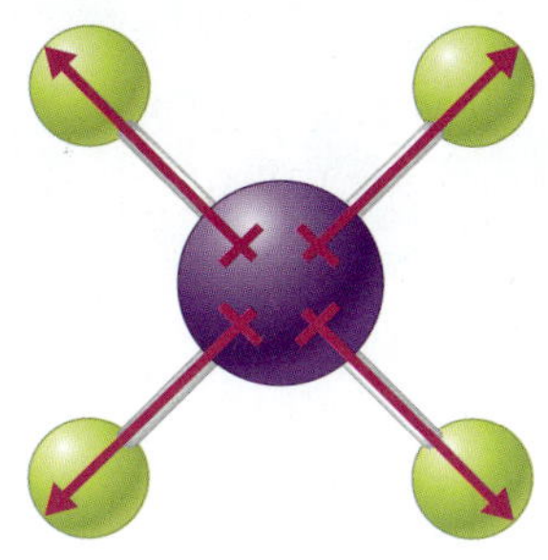

조에서는 고립 전자쌍–고립 전자쌍의 각이 180°이다. 고립 전자쌍은 결합 전자쌍보다 더 넓은 공간이 필요하기 때문에 고립 전자쌍–고립 전자쌍의 각이 90°가 되는 구조는 적절하지 못하다. 따라서 그림 8.20 (b)의 배열이 적절하며, 분자 구조는 사각 평면 구조로 예상된다. 이 분자의 구조는 팔면체 구조가 *아니다. 전자쌍의 배열은 팔면체이지만, 원자들은* **사각 평면 구조**(square planar structure)를 이룬다.

각각의 Xe—F 결합(F가 Xe보다 전기음성도가 큼)은 극성이지만, 사각 평면 배열에서는 결합들의 극성이 상쇄된다.

따라서 XeF_4는 옆의 그림처럼 쌍극자 모멘트를 가지지 않는다.

연습 문제 8.139~8.142 참조

삼아이오딘화 이온(I_3^-)을 예로 들어 고립 전자쌍을 가진 분자나 이온에 대한 VSEPR 모형의 적용 예를 살펴보자.

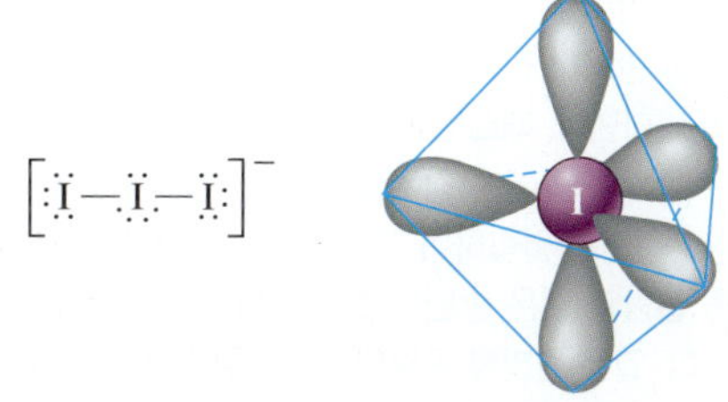

중심 아이오딘 원자 주위의 다섯 개 전자쌍은 삼각쌍뿔 배열을 이룬다. 몇 가지 가능한 고립 전자쌍의 배열을 그림 8.21에 나타내었다. 구조 (a)와 (b)는 90° 위치에 고립 전자쌍을 갖는 반면, (c)에서는 모든 고립 전자쌍이 120°에 위치한다. 그러므로 구조 (c)가 더 적절하다. 따라서 I_3^-의 합당한 분자 구조는 선형이다.

$$[\mathrm{I—I—I}]^-$$

그림 8.21 삼아이오딘화 이온(I_3^-)에서 가능한 세 가지 전자쌍의 배열. 90° 위치에 고립 전자쌍이 놓이지 않은 (**c**)의 구조가 선호된다.

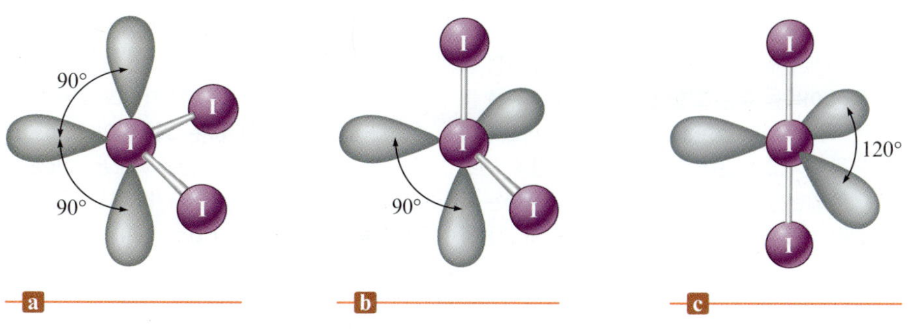

화학 관련 읽을거리 Chemical Connections

화합물의 구조와 정보 전달: 정보 전달 화합물

이 장에서는 분자의 삼차원적 구조를 예측하는 능력의 중요성에 대해 강조하였다. 분자의 구조는 반응성에 미치는 영향 때문에 중요하다. 특정한 반응이 매우 효율적으로 진행되어야 하는 생체 반응에서 분자 구조 예측 능력은 특히 중요하다. 생체 내의 액체 속에 있는 수백 가지 형태의 분자 중에 한 분자가 다른 특정 분자와만 반응해야 한다. 이러한 반응의 선택성은 매우 커야 한다. 이러한 선택성은 분자의 구조에 크게 의존한다. 반응 대상인 특정 분자가 접근했을 때만 반응이 일어날 수 있도록 분자의 구조는 만들어져 있다.

분자의 구조가 중요한 역할을 하는 또 다른 영역은 정보 전달이다. 인체에 존재하는 화학 정보 전달의 예는 시냅스를 통한 신경 자극의 전달, 세포에서 중요한 화합물의 생성과 저장, 후각과 미각이다. 식물과 동물도 역시 화학적 정보 전달을 활용한다. 예를 들면, 개미는 다른 개미가 먹이를 쉽게 찾을 수 있도록 어떤 물질을 분비하여 통로를 만든다. 또한 다른 화합물을 방출하여 다른 개미에게 위험이 다가오는 것을 알리기도 한다.

분자는 분자의 구조에 의하여 결정되는 매우 선택적 방식으로 수용체의 적절한 위치와 합체됨으로써 정보를 전달한다. 한 분자가 수용체의 결합 위치에 들어가면 화학 반응이 진행되어 적절한 자극에 대한 반응이 나타난다. 때로는 인공감미료의 경우와 같이 수용체를 속이는 경우도 있다. 감미료는 혀의 미각 기관과 결합하여 "단맛"을 뇌에 전달하지만, 설탕과 같은 방법으로 물질 대사가 되지는 않는다. 같은 원리를 곤충의 제어에도 적용할 수 있다. 어떤 지역에 암컷의 인공적으로 합성된 성(sex) 유도물을 살포하면 수컷은 혼란에 빠져 짝짓기를 하지 않는다.

정보 전달 화합물(*semiochemicals*)은 같은 종 또는 다른 종의 식물 또는 동물 사이에 정보를 전달하는 분자이다. 이러한 화학 정보 전달자는 알로몬(allomones), 카이로몬(kairomones), 페로몬(pheromones)의 세 종류로 분류된다. 이들은 생태계에서 중요한 역할을 한다.

알로몬(*allomone*)은 생산자에게 경쟁 적응성 이득을 주는 화합물로 정의된다. 예를 들면, 흑호두나무 잎은 Juglone이라는 제초제 성분을 가지고 있는데, 잎이 땅에 떨어진 후 제초제로 발현한다. Juglone은 풀과 곡식 등에는 독성이 없으나, 사과나무 등과 같이 자신과 경쟁하여 물과 자양분을 빼어갈 수 있는 식물에게는 효과적으로 작용한다.

여왕벌은 일벌이 다른 지도자를 키우지 못하게 하는 화학 물질을 은밀히 분비한다.

항생제 역시 알로몬인데, 그 이유는 미생물이 항생제를 형성하여 다른 미생물이 자신의 주위에서는 살지 못하게 하기 때문이다.

많은 식물은 자신을 먹이로 하는 곤충이나 동물로부터 자신을 보호하기 위하여 나쁜 맛이 나는 화합물을 생성한다. 잘 알려진 화합물인 니코틴은 다른 동물이 담배 잎을 먹지 못하게 한다. 노래기는 벤즈알데하이드와 사이안산을 방출하여 "물러서"라는 결코 놓칠 수 없는 신호를 포식자에게 전달한다.

그러나 방어 전략은 알로몬만을 이용하지 않는다. 꽃은 향기를 내뿜어 수분작용을 하는 곤충을 유인한다. 예를 들면, 꿀벌은 단 냄새가 나는 여러 화합물에 이끌려 꽃을 찾는다.

카이로몬(*kairomones*)은 수신자에게 유익한 소식을 전해 주는 화합물 전달자이다. 꿀벌의 입장에서 보면 꽃의 향기는 카이로몬이다. 많은 포식자들이 먹이로부터 나오는 카이로몬에 의해 먹이를 찾는다. 예를 들면, 사과 껍질은 codling moth라는 벌레의 유충을 유인하는 화합물을 내뿜는다. 때로는 카이로몬이 약자를 돕기도 한다. 어떤 해양 연체 동물은 자신을 먹이로 하는 동물인 불가사리의 "냄새를 맡고" 도망간다.

페로몬(*pheromones*)은 자신과 같은 종의 수용체에만 정보를 전달하는 화합물이다. 즉, 그들은 종 내에서 특이하다. *방출 페로몬*(*releaser pheromones*)은 수신자가 즉시 반응하지만, *기동 페로몬*(*primer pheromones*)은 수신자가 지속적으로 반응한다. 방출 페로몬의 예로는 곤충의 암컷 또는 수컷에 의해 만들어지는 성 유인물이 있다. 성 유인물은 식물과 척추동물에도 발견된다.

경고 페로몬(*alarm pheromones*)은 위험을 경고하기 위한, 휘발성이 매우 큰 화합물(쉽게 기화하는 화합물)이다. 꿀벌은 아세트산 아이소아밀($C_7H_{14}O_2$)을 벌침 샘에서 생산한다. 이 화합물은 휘발성이 크므로 위험이 사라지면 없어진다. 집단생활을 하는 곤충은 먹이가 있는 곳을 표시하기 위하여 *추적 페로몬*(*trail pheromones*)을 사용한다. 벌, 개미, 장수말벌, 흰개미 등 집단생활을 하는 곤충은 추적 페로몬을 사용한다. 추적 페로몬은 휘발성이 작아 오랫동안 지속된다.

기동 페로몬(*primer pheromones*)은 장기간에 걸친 행동의 변화를 유발하며, 분리하여 확인하기 어렵다. 그러나 여왕벌이 만드는 "여왕벌 물질"이라는 것이 한 예이다. 벌집의 모든 알은 한 마리 여왕벌이 낳는다. 만일 여왕벌이 없어지거나 여왕벌이 죽으면, 일벌들은 여왕벌 물질이 없어진 사실을 인지하고 여왕벌 유충에게 로얄 젤리를 먹여 새로운 여왕벌을 키운다. 여왕벌 물질은 일벌들의 난소를 크지 못하게 하여 자기 혼자서만 알을 낳게 하는 역할도 한다.

지금 사용하고 있는 살충제보다 더 안전하고 효과적인 해충 구제법을 개발할 목적으로 곤충 페로몬에 대하여 매우 많은 연구가 진행 중에 있다. 현재 사용하는 화학적 살충제보다 효과적이고 안전한 방법이 개발되기를 바란다.

VSEPR 모형과 다중 결합

지금까지 VSEPR 모형을 다루면서 다중 결합을 가진 분자를 다루지 않았다. VSEPR 모형이 이 분자들을 어떻게 다루는지 살펴보기 위해 세 개의 공명 구조를 갖는 NO_3^- 이온을 생각해 보자.

NO_3^- 이온은 평면 구조이며 다음과 같이 120°의 결합각을 가진다.

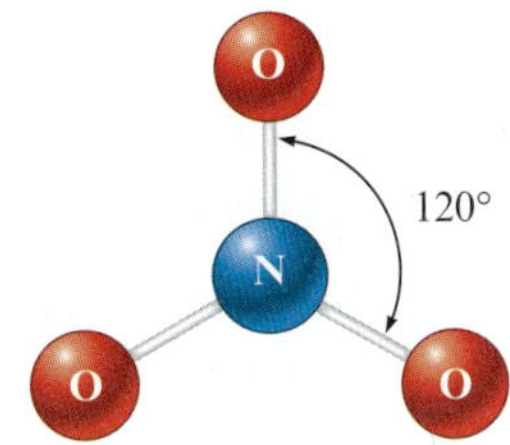

이 평면 구조는 중심 원자 주위에 세 개의 전자쌍을 가지는 경우에 예상되는 구조이며, 이것은 VSEPR 모형을 사용할 때 *이중 결합은 한 개의 유효 전자쌍으로 간주해야 함*을 의미한다. 이중 결합에 관여한 두 개의 전자쌍은 독립된 전자쌍이 *아니므로* 합당하다. 이중 결합이 형성되기 위해서는 두 개의 전자쌍은 두 원자핵 사이의 공간에 존재해야 한다. 다시 말해서 이중 결합은 전자 밀도의 중심으로 작용하여 다른 두 개의 전자쌍과 반발하여 분자 구조를 결정한다. 삼중 결합의 경우에도 마찬가지이다. **이 결론은 VSEPR 모형을 적용할 때 다중 결합은 하나의 전자쌍으로 간주한다는 또 다른 일반적 규칙을 성립시킨다.**

질산 이온의 구조는 중요한 한 가지를 더 일깨워 준다. **한 분자가 공명 구조를 가지면, 공명 구조 중의 한 구조를 사용하여 VSEPR 모형에 따라 그 분자의 구조를 예측할 수 있다.** 이 규칙들을 예제 8.14에서 설명한다.

대화형 예제 8.14 다중 결합을 가진 분자의 구조

이산화 황의 분자 구조를 예측하라. 이 분자는 쌍극자 모멘트를 가지겠는가?

풀이 먼저 18개의 원자가 전자를 가진 SO_2의 Lewis 구조를 결정해야 한다. 예상되는 공명 구조는 다음과 같다.

SO_2

분자 구조를 결정하기 위해 황 원자 주위에 몇 개의 전자쌍이 있는지를 알아야 한다. 두 공명 구조에서 황 원자는 한 개의 고립 전자쌍, 한 개의 단일 결합, 한 개의 이중 결합을 가진다. 이중 결합은 한 개의 전자쌍으로 간주하므로 황 주위에는 세 개의 유효 전자쌍이 있다. 표 8.7에 따라 전자쌍이 삼각 평면으로 배열된 V-자형 분자이다.

따라서 SO_2의 구조는 120°의 결합각을 갖는 V-자형으로 예측된다. 분자는 아래와 같은 쌍극자 모멘트를 가진다.

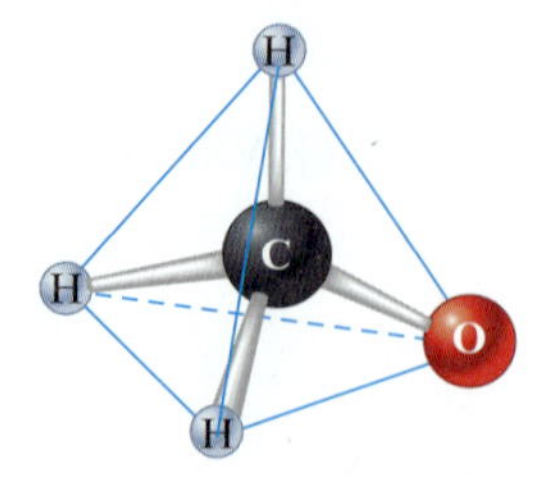

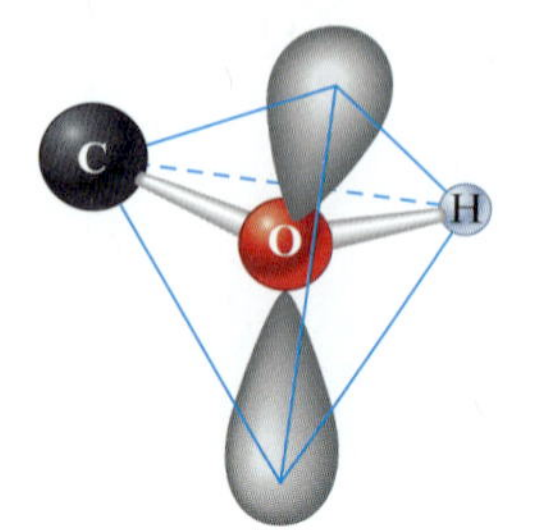

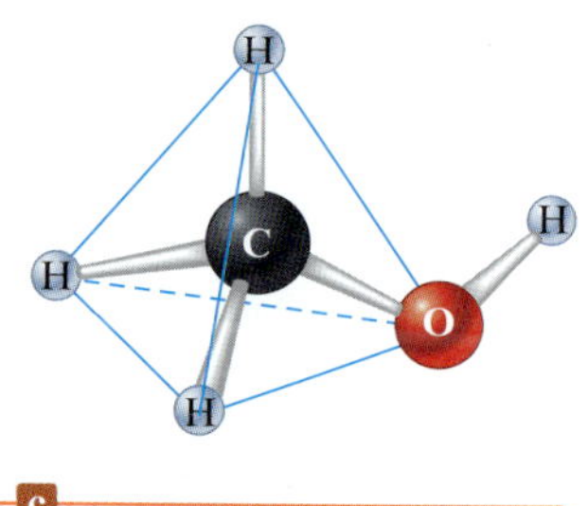

그림 8.22 메탄올의 분자 구조. (**a**) 탄소 원자 주위의 전자쌍과 원자의 배열. (**b**) 산소 원자 주위의 결합 전자쌍과 고립 전자쌍의 배열. (**c**) 분자 구조.

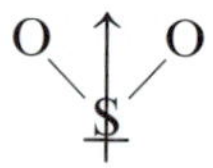

분자가 V-자형이므로 결합 극성이 상쇄되지 않는다.

연습 문제 8.143과 8.144 참조

다른 전자쌍과 120°의 각으로 배열된 고립 전자쌍은 결합각에 많은 변형을 주지 않는다는 것에 주목해야 한다. 예를 들어 SO_2 분자에서 결합각은 실제로 120°에 매우 가깝다. *결합각이 120°일 경우 고립 전자쌍은 충분한 공간을 갖기 때문에 결합각의 변형은 일어나지 않는다*는 일반 원리와 어느 정도 일치한다. *고립 전자쌍이 존재할 때 결합각이 120°보다 작으면 고립 전자쌍에 의한 반발력이 증가하여 결합각의 변형이 일어난다.*

중심 원자가 두 개 이상인 분자들

지금까지는 다른 원자들에 둘러싸인 중심 원자가 한 개인 분자들만을 다루었다. VSEPR 모형은 메탄올(CH_3OH)과 같이 더 복잡한 분자로 확장해 적용할 수 있다. 이 분자의 Lewis 구조는 다음과 같다.

$$\begin{array}{c} \text{H} \\ | \\ \text{H}-\text{C}-\ddot{\underset{\cdot\cdot}{\text{O}}}-\text{H} \\ | \\ \text{H} \end{array}$$

분자 구조는 탄소와 산소 원자 주위의 전자쌍들의 배열로부터 예측할 수 있다. 그림 8.22(a)와 같이 탄소 주위에는 네 개의 전자쌍이 있으며, 사면체 배열을 가진다. 산소도 네 개의 전자쌍을 가지며 마찬가지로 사면체 배열이 된다. 그러나 이 경우에는 고립 전자쌍이 공간을 필요로 하기 때문에 사면체가 약간 변형될 것이다[그림 8.22(b)]. 분자의 전체적인 기하 구조는 그림 8.22(c)와 같다.

복습하기 VSEPR 모형의 요약

분자 구조를 예측하기 위하여 VSEPR 모형을 사용하는 규칙은 다음과 같다.

- 분자의 Lewis 구조를 결정한다.
- 공명 구조를 갖는 분자의 구조를 예측할 때는 공명 구조 중 어느 하나를 사용하여도 무방하다.
- 중심 원자 주위의 모든 전자쌍의 수를 더한다.
- 전자쌍의 수를 셀 때 다중 결합은 한 개의 유효 전자쌍으로 간주한다.
- 전자쌍의 배열은 전자쌍들 사이의 반발을 최소화하는 방식으로 결정된다. 이 배열은 표 8.7에서 보는 바와 같다.
- 고립 전자쌍은 결합 전자쌍보다 더 많은 공간을 필요로 한다. 고립 전자쌍이 많은 공간을 차지하는 배열을 선택한다. 각이 120°보다 작을 때는 고립 전자쌍들이 분자 구조에 약간의 변형을 가져올 수도 있다.

VSEPR 모형 — 얼마나 잘 맞나?

VSEPR 모형은 매우 간단하다. 기억해야 할 규칙이 단지 몇 개에 불과하지만 비금속 원소들로 형성된 대부분의 분자들의 구조를 정확하게 예측한다. 분자를 구성하는 각 원자(최소한 두 개의 다른 원자와 결합한 원자)에 VSEPR 모형을 적용하여 어떤 크기의 분자도 다룰 수 있다. 따라서 수백 개의 원자를 가진 분자 구조의 예측에도 이 모형을 적용할 수 있다. 그러나 잘 맞지 않는 경우도 있다. 예를 들어, 암모니아와 비슷한 Lewis 구조를 가지는 포스핀(PH_3)의 분자 구조는 약 107°의 결합각을 갖는 암모니아의 분자 구조와 비슷할 것으로 예측할 수 있다.

$$\begin{matrix} H-\ddot{P}-H \\ | \\ H \end{matrix} \qquad \begin{matrix} H-\ddot{N}-H \\ | \\ H \end{matrix}$$

그러나 포스핀의 결합각은 실제로 94°이다. 이 구조를 설명할 수 있는 여러 가지 방법이 있으나 모형에 규칙을 더 추가해야 한다.

이 예는 간단한 모형은 예외를 가질 수밖에 없다는 사실을 또 다시 보여준다. 화학의 기초 단계에서는 대부분의 경우에 적용되는 간단한 모형을 이용하고자 한다. 복잡한 모형보다는 차라리 몇몇의 예외를 인정하는 것이 편리하다. VSEPR 모형의 놀라운 점은 매우 간단한 모형으로 상당히 많은 분자의 구조를 예측할 수 있다는 것이다.

Ken O'Donoghue © Cengage Learning

Ken O'Donoghue © Cengage Learning

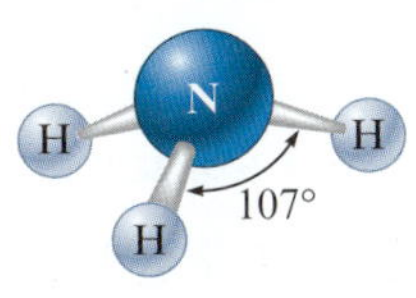

NH_3

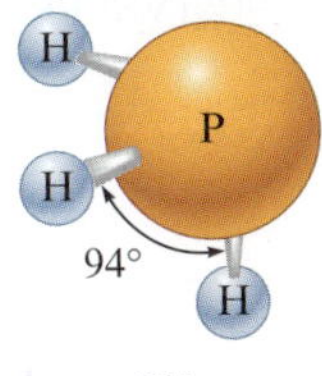

PH_3

개념 정리 및 복습 For Review

주요 용어

8.1절

결합 에너지
이온 결합
이온 결합 화합물
Coulomb의 법칙
결합 길이
공유 결합
극성 공유 결합

8.2절

전기음성도

8.3절

쌍극자
쌍극자 모멘트

8.4절

등전자 이온

화학 결합

- 원자들의 무리를 함께 묶여 있게 한다.
- 원자들의 한 무리가 묶임으로써 에너지를 낮출 수 있을 때 일어난다.
- 화학 결합의 유형
  - 이온 결합: 전자가 이동하여 이온을 형성한다.
  - 공유 결합: 전자를 균등하게 공유한다.
  - 극성 공유 결합: 전자를 균등하지 않게 공유한다.
- X—Y 결합의 이온 결합성 백분율

$$\frac{\text{X—Y의 측정된 쌍극자 모멘트}}{\text{X}^+\text{Y}^-\text{의 계산된 쌍극자 모멘트}} \times 100\%$$

- 전기음성도: 공유 전자를 끌어당기는 상대적 능력
  - 결합의 극성은 결합에 참여한 원자들의 전기음성도 차에 의존한다.
- 분자 내에서 극성 결합의 공간적인 배열이 분자의 극성 여부를 결정한다.

8.5절
격자 에너지
8.8절
단일 결합
이중 결합
삼중 결합
8.9절
편재 전자(LE) 모형
고립 전자쌍
결합 전자쌍
8.10절
Lewis 구조
이전자 규칙
팔전자 규칙
8.12절
공명
공명 구조
형식 전하
8.13절
분자 구조
원자가 껍질 전자쌍 반발(VSEPR) 모형
선형 구조
삼각 평면 구조
사면체 구조
삼각뿔 구조
삼각쌍뿔 구조
팔면체 구조
사각 평면 구조

이온 결합

- 이온의 크기는 중성 원자의 크기와 다르다.
  - 음이온은 중성 원자보다 크다.
  - 양이온은 중성 원자보다 작다.
- 격자 에너지: 이온들이 쌓여 이온성 고체를 형성할 때의 에너지 변화

결합 에너지

- 공유 결합을 끊는 데 필요한 에너지
- 공유 전자쌍의 수가 증가하면 증가
- 화학 반응의 엔탈피 변화를 예측하는 데 사용할 수 있다.

Lewis 구조

- 분자나 다원자 이온 내에서 전자쌍들이 어떻게 원자들 사이에 배열되어 있는지를 나타낸다.
- 안정한 분자 내의 원자들은 일반적으로 원자가 오비탈이 채워져 있다.
  - 수소 원자는 이전자 규칙을 따른다.
  - 2주기 원소들은 팔전자 규칙을 따른다.
  - 3주기 이상의 원소들은 팔전자 규칙을 초과할 수 있다.
- 한 분자에 대하여 복수의 동등한 Lewis 구조가 가능한데, 이를 공명이라 한다.
- 한 분자에 대하여 복수의 동등하지 않은 Lewis 구조가 가능할 경우, 형식 전하를 이용하여 가장 적절한 구조를 선택할 수 있다.

VSEPR 모형

- 중심 원자 주위에 있는 전자쌍들 사이의 반발력을 최소화하는 방향으로 배열한다는 개념에 기초한다.
- 대부분의 분자가 보이는 기하학적인 구조의 예측에 활용된다.

복습 질문

1. *전기음성도*(*electronegativity*)와 *전자 친화도*(*electron affinity*), *공유 결합*(*covalent bond*)과 *이온 결합*(*ionic bond*), *순수한 공유 결합*(*pure covalent bond*)과 *극성 공유 결합*(*polar covalent bond*)을 구분하라. 전기음성도 차를 이용하여 결합의 유형을 분류하라. 에너지의 관점에서 이온 결합과 공유 결합이 형성되는 이유를 말하라.
2. 원소가 음이온이 될 때 반지름은 어떻게 되는가? 원소가 양이온을 형성할 때 반지름은 어떻게 되는가? 그 이유는 무엇인가? *등전자*(*isoelectronic*)란 용어를 정의하라. 등전자 이온들의 크기를 비교할 때 어떤 이온이 가장 큰 반지름을 가지는가, 또 어떤 이온이 가장 작은 반지름을 가지는가? 그 이유는 무엇인가?
3. *격자 에너지*(*lattice energy*)를 정의하라. 에너지의 관점에서 볼 때 이온 결합 화합물이 형성되는 이유는 무엇인가? 그림 8.11은 $MgO(s)$와 $NaF(s)$가 형성될 때의 에너지 변화를 보여준다. $MgO(s)$와 $NaF(s)$의 격자 에너지가 크게 차이가 나는 이유는 무엇인가? 산화마그네슘은 Mg^{2+} 이온과 O^{2-} 이온으로 이루어져 있다. 에너지의 관점에서 생각할 때 Mg^+O^- 또는 $Mg^{3+}O^{3-}$가 형성되지 않고 $Mg^{2+}O^{2-}$가 형성되는 이유는 무엇인가?
4. 반응의 ΔH를 추정하기 위하여 어떻게 결합 에너지를 이용하는지를 설명하라. 이런 방법은 왜 추정된 ΔH의 값만을 나타내는가? 발열 반응의 경우 생성물의 결합 세기와 반응물의 결합 세기를 비교해 보라. 흡열 반응의 경우는 어떠한

가? 두 원자 사이의 결합 개수와 결합 세기 및 결합 길이 사이의 관계는 무엇인가?

5. 원자 궤도의 관점에서 팔전자 규칙과 H에 대한 이전자 규칙의 정당성을 설명하라. 분자나 이온의 Lewis 구조를 그리는 단계를 설명하라. 일반적으로 분자나 이온은 불가능하지 않다면 팔전자 규칙을 따른다. 세 가지 예외는 분자/이온이 전자가 부족한 경우, 홀수 개의 전자를 가진 경우와 전자가 여덟 개를 초과하는 경우이다. 어떤 원자가 여덟 개보다 적은 수의 전자를 가지는가? 예를 한 가지 들어보라. 어떤 원자들이 여덟 개 이상의 전자를 가지는가? 몇 가지 예를 들어보라. 홀수의 전자를 가지는 분자가 일반적으로 매우 반응성이 크며 흔하지 않은 이유는 무엇인가? 홀수의 전자를 가지는 분자의 예를 하나만 들어보라.

6. *공명(resonance)*과 *비편재화된 전자(delocalized electrons)*를 설명하라. 어떤 물질이 공명 구조를 가지면 Lewis 구조 중 어느 하나도 그 물질의 결합을 적절히 표현하지 못한다고 할 수 있다. 그럼에도 불구하고 공명 구조들을 그리는 이유는 무엇인가?

7. *형식 전하(formal charge)*를 정의하고 계산 방법을 설명하라. 형식 전하를 사용하는 목적은 무엇인가? 유기 화합물들은 주로 탄소와 수소로 구성되어 있으나 산소, 질소 또는 할로젠들을 포함하기도 한다. 형식 전하의 개념은 최선의 Lewis 구조를 결정하고자 할 때 유기 화합물의 경우 매우 잘 들어맞는다. 유기 화합물에서 C, H, N, O 및 Cl 원자들은 어떻게 팔전자 규칙을 만족하여 0의 형식 전하를 가지게 되는가?

8. VSEPR 모형의 기본 가정을 설명하라. 전자쌍 간의 반발력을 최소화하기 위하며 대부분의 분자나 이온들이 취하는 다섯 가지의 기본 기하구조를 결합각과 함께 나열하라. 실제 분자에서의 결합각이 VSEPR 모형에 의해 예측되는 것보다 약간 작아지는 경우가 발생하는 이유는 무엇인가?

9. 분자가 극성을 갖기 위한 두 가지 조건을 말하라. SF_4는 극성(쌍극자 모멘트가 있음)인 반면 CF_4나 XeF_4(쌍극자 모멘트가 없음)는 비극성인 이유를 설명하라. CO_2는 극성인가? COS는 어떠한가? 설명하라.

10. 다음의 화합물들을 고려해 보자: CO_2, SO_2, KrF_2, SO_3, NF_3, IF_3, CF_4, SF_4, XeF_4, PF_5, IF_5 및 SCl_6. 이 12개의 화합물들은 모두 서로 다른 분자 구조를 가진다. 각각에 대하여 Lewis 구조를 그리고 분자 구조를 예측하라. 또한 결합각과 극성을 예측하라(극성 분자는 쌍극자 모멘트를 가지며, 비극성 분자는 쌍극자 모멘트를 갖지 않는다). 삼각쌍뿔과 팔면체를 기본으로 하는 분자 구조에 대해서는 연습 문제 129와 130을 참조하라.

활동 학습 질문

이 질문들은 학생들이 강의실에서 그룹을 만들어 함께 풀어보도록 고안하였다.

1. 주기율표에서 행의 오른쪽에서 왼쪽으로, 열의 위에서 아래쪽으로 갈 때 전기음성도의 경향을 설명하라. 이 경향을 이온화 에너지와 원자 반지름의 경향과 비교하라. 이들은 서로 어떻게 연관이 되어 있는가?

2. 이온 결합 화합물 AB가 형성되었다. 이온의 전하는 +1, −1; +2, −2; +3, −3 또는 그 이상일 수 있다. 이온 결합 화합물에서 이온의 전하를 결정하는 요인은 무엇인가?

3. 주기율표만을 사용하여 Na, Mg, Al, S, Cl, K, Ca, Ga의 가장 안정한 이온을 예측하라. 이들을 반지름이 큰 것에서 작은 것 순으로 나열하고, 이온에 따라 반지름이 변하는 이유를 설명하라. 여러분이 예측한 결과를 그림 8.8과 비교하라.

4. CH_4에서 C—H 결합의 결합 에너지는 대략 413 kJ/mol이지만 $CHBr_3$에서는 380 kJ/mol이다. 이들 값의 크기로 볼 때 서로 유사하지만 다르다. 이들이 다른 이유를 설명하라. $CHBr_3$ 결합에서 결합 에너지가 낮은 사실은 무엇을 의미하는가? 그 이유는?

5. "산소는 −2의 전하를 가지려고 하기 때문에 두 번째 전자 친화도는 첫 번째 것보다 더 큰 음의 값이 된다." 이 설명에서 옳은 것 래과 옳지 않은 것은 어느 부분인가? 옳지 않은 부분을 수정하라.

6. NO_2^-와 NO_3^- 중 어느 것의 결합 길이가 더 클까? 이유를 설명하라.

7. 다음의 이온들은 공명 구조로 잘 설명된다. 공명 구조를 그려보고, 형식 전하를 사용하여 각 이온의 가장 합당한 Lewis 구조를 예상하라.
   a. NCO^-
   b. CNO^-

8. Ti, Ti^{2+}, Ti^{3+} 및 Ti^{4+} 화학종에서 타이타늄의 전기음성도는 동일하다고 생각하는가? 설명하라.

9. 산소와 황의 두 번째 전자 친화도 값은 흡열 과정을 의미한다. 이유를 설명하라.

10. 화학 결합은 무엇을 뜻하는가? 왜 원자들은 서로 결합하는가? 어떤 원소는 자연에서 중성 원자보다는 분자로 왜 존재하는가?

11. 결합의 일부는 이온 결합이고, 일부는 공유 결합인 이유는?

12. Na와 Cl 사이의 결합과 C와 O 사이의 결합은 서로 어떻게 다른가? N과 N 사이의 결합은 어떠한가?

13. 다음 분자들을 극성이 가장 큰 것부터 가장 작은 것까지 차례대

로 나열하고, 그 이유를 설명하라. CH_4, CF_2Cl_2, CF_2H_2, CCl_4, CCl_2H_2

14. Lewis 구조는 어떤 전자가 어떤 원자에서 온 것인가를 밝힐 수 있는가? 설명하라.

15. 일반적으로 큰 원자는 작은 전기음성도를 갖는다. 사실인가 거짓인가? 그 이유를 설명하라.

16. VSEPR 모형의 핵심 개념은 무엇인가?

17. 8.13절에서 *유효 전자쌍(effective pair)*이라는 용어를 사용하였다. 이 용어가 의미하는 것은 무엇인가?

18. 이온 결합의 인력 에너지는 Q_1Q_2/r 양에 비례하며, 여기서 Q_1과 Q_1는 이온 전하이고, r은 두 전하 사이의 거리이다(이것은 쿨롱의 법칙이다). 화합물 MgO는 Mg^{2+} 및 O^{2-} 이온으로 구성된다. 높은 하전된 이온 사이의 이온 결합이 더 큰 인력 에너지를 가질 것이라는 점을 감안할 때 왜 MgO는 Mg^{3+}와 O^{3-}(또는 더 높은 하전된) 이온으로부터 형성되지 않는 이유는 무엇인가?

19. 선형 분자 구조와 극성 공유 결합을 갖는 화합물을 생각해 보자. 전체 쌍극자 모멘트(극성)를 갖는 예제 화합물과 전체 쌍극자 모멘트(비극성)가 없는 예제 화합물을 써라. 삼각 평면, 사면체, 삼각 쌍뿔형 및 팔면체 분자 구조에 대해 동일한 문제에 답하라. 또한, 중심 원자에 대해 고립 전자 쌍을 가지지만 전체 쌍극자 모멘트가 없는 일부 화합물을 나열하라(비극성).

분홍색 번호의 질문과 연습문제에 대한 정답은 온라인에서 확인할 수 있습니다(차례의 QR을 스캔해보세요).

질문

20. 자연에 존재하는 대부분의 원자는 개개의 원자로 존재하기보다는 서로 결합된 화합물로 발견된다. 그 이유는 무엇인가?

21. 다음의 정전기 전위 분포 그림은 H_2, HCl, NaCl을 나타낸다. 각각에 분자를 표시하고, 선택한 이유를 설명하라.

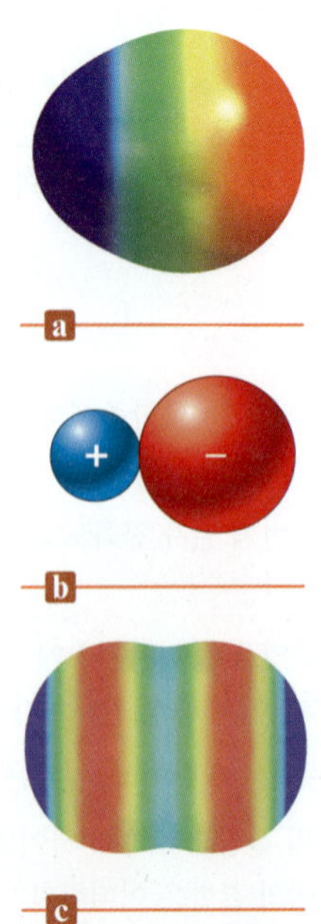

22. $F_2(g)$ 분자의 결합 형태를 설명하라. $HF(g)$의 결합 형태와 어떻게 다른가? 두 결합은 얼마나 유사한가?

23. 식물의 비료로 사용되는 화합물은 $(NH_4)_2SO_4$, $Ca_3(PO_4)_2$, K_2O, P_2O_5 및 KCl 등이다. 이온 결합과 공유 결합을 모두 가지는 화합물은 어느 것인가?

24. 이온 결합 화합물의 중요한 성질은 다음과 같다.
   i. 고체 상태에서는 전기 전도도가 낮고 용액이나 용융 상태에서는 전도도가 크다.
   ii. 녹는점과 끓는점이 비교적 높다.
   iii. 쉽게 부서진다.
   iv. 극성 용매에 잘 녹는다.

   이 장에서 공부한 이온 결합의 개념이 위의 성질을 어떻게 설명할 수 있는가?

25. 전기음성도의 경향성은 무엇인가? 주기율표의 다른 원소와 비교하여 수소의 전기음성도 위치는 타당한가?

26. 어떤 학생들은 중심 원자 주위에 비공유 전자쌍이 있는 화합물은 극성이라고 생각한다. 이것은 사실인가? 그렇지 않다면, 왜 그렇지 않은지 설명하라.

27. 다른 이온들의 크기를 비교할 때, 제7장에서 논의된 일반적인 반지름 추세는 보통 그다지 유용하지 않다. 각각의 이온의 크기를 비교할 때 무엇에 중점을 두는가? 다른 것 또는 이온의 크기를 중성 원자와 비교할 때는 어떠한가?

28. 일반적으로 이온의 전하가 높을수록 화합물은 격자 에너지가 보다 크다. 어떤 안정한 이온 화합물이 1+의 전하를 띤 이온을 가지는 이유는 무엇인가? +4, +5, +6으로 하전된 이온은 더 큰 격자 에너지를 가질 것인가?

29. 화석 연료의 연소 반응은 전 세계의 에너지 수요의 대부분을 공급한다. 화석 연료의 연소 반응이 매우 발열적인 이유는 무엇인가?

30. 아래 설명 중 옳은 것은? 틀린 설명을 바르게 고쳐라.
   a. XeF_2의 모든 원자가 팔전자 규칙을 만족하는 것은 불가능하다.
   b. SF_4가 존재하기 때문에 OF_4도 존재해야 한다. 그 이유는 O와 S가 같은 족에 속하기 때문이다.
   c. NO^+의 결합은 NO^-의 결합보다 강하다.
   d. 오존의 두 Lewis 구조를 볼 때 O—O 결합 중 하나는 다른 결합보다 강하다.

31. CO는 전기음성도에 기초하여 예상되는 것보다 훨씬 작은 쌍극자 모멘트를 갖는다. 형식 전하를 이용하여 그 이유를 설명하라.

32. BF_3, CF_4, CO_2, PF_5 및 SF_6 분자 모두는 극성 결합을 가지고 있지만 비극성이다. 그 이유는 무엇인가?

연습 문제

이 절의 연습 문제는 비슷한 유형의 문제를 두 개씩 짝지어 놓았다.

화학 결합과 전기음성도

33. 그림 8.3을 사용하지 않고 다음 원소 군의 각각에 대하여 전기음성도의 증가 순서를 예상하라.

a. C, N, O
b. S, Se, Cl
c. Si, Ge, Sn
d. Tl, S, Ge

34. 그림 8.3을 사용하지 않고 다음 원소 군의 각각에 대하여 전기음성도의 증가 순서를 예상하라.

a. Na, K, Rb
b. B, O, Ga
c. F, Cl, Br
d. S, O, F

35. 그림 8.3을 사용하지 않고, 다음 각 결합 중에서 가장 극성이 큰 것을 예측하라.

a. C—F, Si—F, Ge—F
b. P—Cl 또는 S—Cl
c. S—F, S—Cl, S—Br
d. Ti—Cl, Si—Cl, Ge—Cl

36. 그림 8.3을 사용하지 않고, 다음 각 결합 중에서 가장 극성이 큰 것을 예측하라.

a. C—H, Si—H, Sn—H
b. Al—Br, Ga—Br, In—Br, Tl—Br
c. C—O 또는 Si—O
d. O—F 또는 O—Cl

37. 연습 문제 33과 35를 반복하되, 이번에는 그림 8.3의 수록된 원소의 전기음성도 값을 사용하라. 답에 차이가 있는가?

38. 연습 문제 34와 36을 반복하되, 이번에는 그림 8.3에 수록된 원소의 전기음성도 값을 사용하라. 답에 차이가 있는가?

39. 결합의 극성을 잘못 나타낸 것은? 잘못된 것을 수정하라.

a. $^{\delta+}$H—F$^{\delta-}$
b. $^{\delta+}$Cl—I$^{\delta-}$
c. $^{\delta+}$Si—S$^{\delta-}$
d. $^{\delta+}$Br—Br$^{\delta-}$
e. $^{\delta+}$O—P$^{\delta-}$

40. 다음 결합의 극성을 나타내라(부분 양전하 말단과 부분 음전하 말단을 표시하라).

a. C—O
b. P—H
c. H—Cl
d. Br—Te
e. Se—S

41. 다음의 원소 쌍들 사이에 형성될 것으로 예상되는 결합의 유형(이온 결합, 공유 결합, 또는 극성 공유 결합)을 말하라.

a. Rb와 Cl
b. S와 S
c. C와 F
d. Ba와 S
e. N과 P
f. B와 H

42. 원소 P, Cs, O 및 H 사이에 생길 수 있는 결합을 모두 열거하라. 각 결합에 대하여 예상되는 결합의 유형(이온 결합, 공유 결합, 또는 극성 공유 결합)을 예측하라.

43. 다음의 결합, Mg—S, C—H, Se—O, F—F, As—F을 생각해 보자. 이온 결합으로 간주되지 않지만 가장 극성이 높은 결합은 무엇인가?

44. O—N, S—N, P—N, P—O, P—H의 결합을 생각해 보자. 어떤 결합이 가장 극성 공유 결합이 될 것으로 예상되는가? 어떤 결합이 가장 순수한 공유 결합인가?

45. 수소의 붕소와 탄소 사이의 전기음성도를 가지고 있으며, 인과 동일하다. 이것을 고려하여, 극성이 감소하는 순서로 다음 결합을 나열하라: P—H, O—H, N—H, F—H, C—H.

46. 이온성이 증가하는 순서로 다음 결합을 나열하라: N—O, Ca—O, C—F, Br—Br, K—F.

47. 다음의 그림에서 영구 쌍극자의 존재 여부를 설명하라.

a.
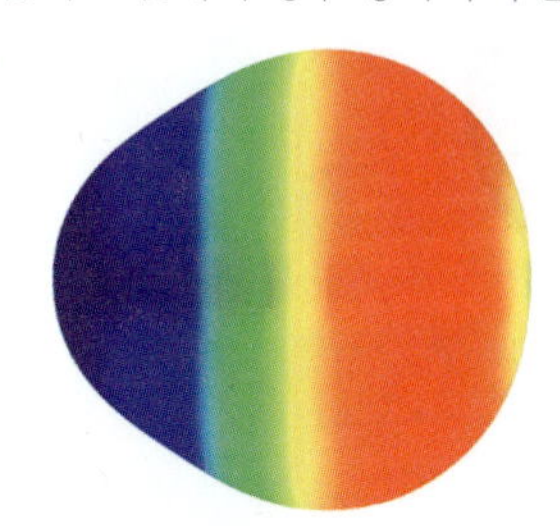

b.

c.
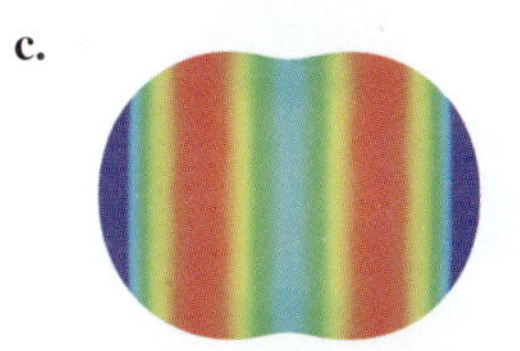

d.

e.
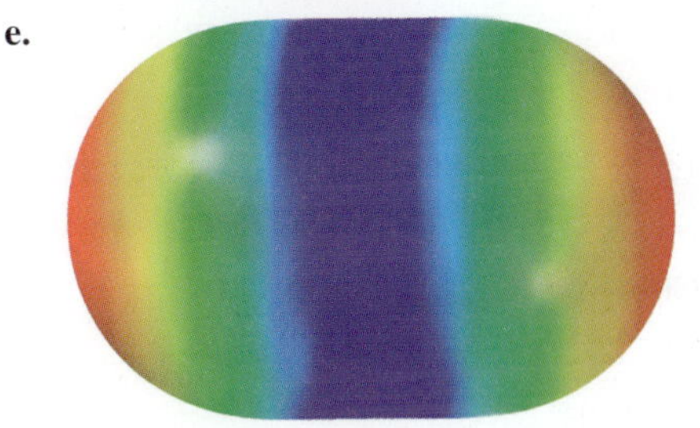

f.
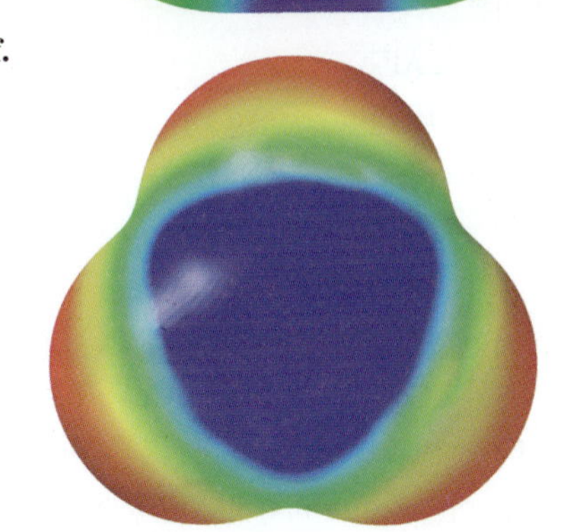

48. 다음의 정전기 전위 분포 그림은 CH_4, NH_3 또는 H_2O에 해당한다. 각각에 해당하는 분자를 표시하고 그 이유를 설명하라.

a.

b.

c.

이온과 이온 결합 화합물

49. 원소 Al, Ba, Se과 I에서 생성되는 가장 안정한 이온의 전자 배치(안정한 이온 결합성 화합물에서)를 써라.

50. 원소 Te, Cl, Sr과 Li에서 생성되는 가장 안정한 이온의 전자 배치(안정한 이온 결합성 화합물에서)를 써라.

51. 다음의 원소 쌍들로부터 생성되는 이온 결합성 화합물의 실험식을 예측하라. 또 각 화합물의 이름을 말하라.

a. Li과 N　　**c.** Rb과 Cl
b. Ga과 O　　**d.** Ba과 S

52. 다음의 원소 쌍들로부터 생성되는 이온 결합성 화합물의 실험식을 예측하라. 또 각 화합물의 이름을 말하라.

a. Al과 Cl　　**c.** Sr과 F
b. Na과 O　　**d.** Ca과 Se

53. 다음의 전자 배치를 써라.

a. 양이온 Mg^{2+}, K^+, Al^{3+}
b. 음이온 N^{3-}, O^{2-}, F^-, Te^{2-}

54. 다음의 전자 배치를 써라.

a. 양이온 Sr^{2+}, Cs^+, In^+, Pb^{2+}
b. 음이온 P^{3-}, S^{2-}, Br^-

55. 다음 이온 중에서 비활성 기체의 전자 배치를 갖는 것은?

a. Fe^{2+}, Fe^{3+}, Sc^{3+}, Co^{3+}　　**c.** Pu^{4+}, Ce^{4+}, Ti^{4+}
b. Tl^+, Te^{2-}, Cr^{3+}　　**d.** Ba^{2+}, Pt^{2+}, Mn^{2+}

56. 다음 화합물의 각 이온은 어느 비활성 기체와 같은 전자 배치를 가지고 있는가?

a. 황화 세슘(cesium sulfide)
b. 플루오린화 스트론튬(strontium fluoride)
c. 질소화 칼슘(calcium nitride)
d. 브로민화 알루미늄(aluminum bromide)

57. 다음의 *양이온*들과 같은 전자 수를 가지는 *음이온*을 말하라.

a. Na^+　　c. Al^{3+}
b. Ca^{2+}　　d. Rb^+

58. 다음의 불활성 기체와 등전자인 양이온과 음이온을 가지는 이온 결합 화합물의 예를 들어 보라.

a. Ne　　c. Kr
b. Ar　　d. Xe

59. 크립톤(Kr)과 등전자인 이온 세 가지를 써라. 이들 이온을 크기가 증가하는 순서로 나열하라.

60. Sc^{3+}, Cl^-, K^+, Ca^{2+}와 S^{2-}의 상대적 크기를 아래 그림에서 표시하라.

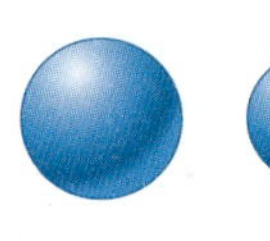    

61. 다음 세 쌍의 이온 각각에서 어떤 이온이 가장 작은 크기를 갖는가?

O^- 또는 O^{2-}　　Mg^+ 또는 Mg^{2+}　　O^{2-} 또는 Mg^{2+}

62. 안정한 이온 화합물에서 N, F, Na 및 Al이 형성될 것으로 예상되는 이온을 생각해 보자. 크기가 증가하는 순서대로 이 이온들의 순위를 매겨라.

63. 다음 그룹 각각에 대해 원자 및 / 또는 이온을 크기가 작아지는 순서대로 정렬하라.

a. Fe, Fe^{2+}, Fe^{3+}
b. Cu^2, Ag^+, Au^+
c. S, S^-, S^{2-}
d. F^-, Cl^-, Br^-
e. Rb^+, Yb^{3+}, Se^{2-}

64. 다음 각 화학종에 대해 원자 또는 이온의 크기가 작아지는 순으로 나열하라.

a. V, V^{2+}, V^{3+}, V^{5+}
b. Na^+, K^+, Rb^+, Cs^+
c. Te^{2-}, I^-, Cs^+, Ba^{2+}
d. P, P^-, P^{2-}, P^{3-}
e. O^{2-}, S^{2-}, Se^{2-}, Te^{2-}

65. 다음 이온 물질의 쌍 중에서 어느 화합물이 가장 큰 발열 격자 에너지를 갖는가? 답을 설명하라.

a. NaCl, KCl　　**d.** $Fe(OH)_2$, $Fe(OH)_3$
b. LiF, LiCl　　**e.** NaCl, Na_2O
c. $Mg(OH)_2$, MgO　　**f.** MgO, BaS

66. 다음 이온 물질의 쌍 중에서 어느 화합물이 가장 큰 발열 격자 에너지를 갖는가? 답을 설명하라.

a. LiF, CsF　　**d.** Na_2SO_4, $CaSO_4$

b. NaBr, NaI
c. $BaCl_2$, BaO
e. KF, K_2O
f. Li_2O, Na_2S

67. 다음 자료를 사용하여 염화 포타슘의 ΔH_f°를 구하라.

$$K(s) + \frac{1}{2}Cl_2(g) \longrightarrow KCl(s)$$

격자 에너지	−690. kJ/mol
K의 이온화 에너지	419 kJ/mol
Cl의 전자 친화도	−349 kJ/mol
Cl_2의 결합 에너지	239 kJ/mol
K의 승화 엔탈피	90. kJ/mol

68. 다음 자료를 사용하여 플루오린화 마그네슘의 ΔH_f°를 구하라.

$$Mg(s) + F_2(g) \longrightarrow MgF_2(s)$$

격자 에너지	−2913 kJ/mol
Mg의 일차 이온화 에너지	735 kJ/mol
Mg의 이차 이온화 에너지	1445 kJ/mol
F의 전자 친화도	−328 kJ/mol
F_2의 결합 에너지	154 kJ/mol
Mg의 승화 엔탈피	150. kJ/mol

69. 다음의 에너지 변화를 생각해 보자.

	ΔH (kJ/mol)
$Mg(g) \rightarrow Mg^+(g) + e^-$	735
$Mg^+(g) \rightarrow Mg^{2+}(g) + e^-$	1445
$O(g) + e^- \rightarrow O^-(g)$	−141
$O^-(g) + e^- \rightarrow O^{2-}(g)$	878

산화 마그네슘은 Mg^+O^-로 존재하는 것이 아니라 $Mg^{2+}O^{2-}$로 존재한다. 이유를 설명하라.

70. 소듐의 이온화 에너지와 플루오린의 전자 친화도를 비교하라. 소듐 원자로부터 플루오린 원자로 전자가 "이동하는" 것은 발열 반응인가 아니면 흡열 반응인가? 왜 NaF는 안정한가? NaF의 전체 생성과정은 발열 과정인가 아니면 흡열 과정인가? 그 이유는?

71. 다음의 반응을 생각해 보자: $Li(s) + \frac{1}{2}I_2(g) \rightarrow LiI(s)$ ΔH는 −292 kJ/mol. LiI(s)의 격자 에너지는 −753 kJ/mol이다. Li(g)의 이온화 에너지는 520. kJ/mol이고, $I_2(g)$의 결합 에너지는 151 kJ/mol, I(g)의 전자 친화도는 −295 kJ/mol이다. 이 자료로부터 Li(s)의 승화열을 계산하라.

72. 다음 자료를 사용하여 $S^-(g) + e^- \rightarrow S^{2-}(g)$ 반응의 ΔH를 예측하라. 아울러 불확정도를 예측하라.

	ΔH_f°	격자 에너지	M의 이온화 에너지	M의 $\Delta H_{승화}$
Na_2S	−365	−2203	495	109
K_2S	−381	−2052	419	90
Rb_2S	−361	−1949	409	82
Cs_2S	−360	−1850	382	78

$$S(s) \longrightarrow S(g) \qquad \Delta H = 277 \text{ kJ/mol}$$
$$S(g) + e^- \longrightarrow S^-(g) \qquad \Delta H = -200 \text{ kJ/mol}$$

모든 값은 ±1 kJ/mol의 오차 범위를 갖는다고 가정하라.

73. 다음의 격자 에너지 값의 변화를 설명하라.

화합물	격자 에너지 (kJ/mol)
CaSe	−2862
Na_2Se	−2130
CaTe	−2721
Na_2Te	−2095

74. $FeCl_3$, $FeCl_2$, Fe_2O_3의 격자 에너지는 −2631, −5359, −14,774 kJ/mol(특별한 순서는 아님)이다. 각 격자 에너지에 합당한 화학식을 찾아라. 이유를 설명하라.

결합 에너지

75. 다음과 같은 흡열 반응을 생각해 보자.

$$N_2(g) + O_2(g) \rightarrow 2NO(g)$$

반응물과 생성물의 상대적 결합 강도에 대해 어떤 결론을 내릴 수 있는가?

76. 다음과 같은 반응을 생각해 보자.

$$H_2(g) + F_2(g) \rightarrow 2HF(g)$$

HF 결합이 H_2 결합 또는 F_2 결합보다 강한 결합임을 감안할 때, 이 반응은 발열 반응인가 또는 흡열 반응인가? 설명하라.

77. 결합 에너지 값(표 8.5)을 사용하여 기체 상태에서 다음 반응의 ΔH를 계산하라.

a. $H_2 + Cl_2 \rightarrow 2HCl$

b. $N\equiv N + 3H_2 \rightarrow 2NH_3$

78. 결합 에너지 값(표 8.5)을 사용하여 다음 각 반응의 ΔH를 계산하라.

a. $H-C\equiv N(g) + 2H_2(g) \longrightarrow H_3C-NH_2(g)$ (H−C(H)(H)−N(H)(H))

b. $H_2N-NH_2(g) + 2F_2(g) \longrightarrow N\equiv N(g) + 4HF(g)$

79. 결합 에너지 값(표 8.5)을 사용하여 메틸 아이소사이아나이드(methyl isocyanide)를 아세토나이트릴(acetonitrile)로 이성질화되는 반응에 대한 ΔH를 계산하라.

$$CH_3N\equiv C(g) \longrightarrow CH_3C\equiv N(g)$$

80. 아세트산은 식초의 신맛을 내는 성분이다. 다음의 반응을 이용하여 아세트산을 합성하였다.

$$CH_3OH(g) + C\equiv O(g) \longrightarrow CH_3C(=O)-OH(l)$$

결합 에너지 값(표 8.5)을 사용하여 이 반응의 ΔH를 계산하라.

81. 결합 에너지를 사용하여 다음 반응에 대한 ΔH를 예측하라.

$$2F_2(g) + 2H_2O(g) \rightarrow 4HF(g) + O_2(g)$$

82. 수소 기체는 주요 원천은 다음의 반응에 의해 얻어진다.

$$CH_4(g) + H_2O(g) \longrightarrow CO(g) + 3H_2(g)$$

결합 에너지 값을 이용하여 이 반응의 ΔH를 예측하라.

83. 결합 에너지 값을 이용하여 아세틸렌 1 mol이 연소할 때의 ΔH를 예측하라.

$$C_2H_2(g) + \tfrac{5}{2}O_2(g) \longrightarrow 2CO_2(g) + H_2O(g)$$

84. 결합 에너지(표 8.5) 값을 사용하여 아래에 보이는 메테인(CH_4)의 연소 반응에 대한 ΔH를 계산하라.

85. 다음 반응을 고려해 보자.

$$\mathrm{H_2C{=}CH_2}(g) + F_2(g) \longrightarrow \mathrm{H{-}CHF{-}CHF{-}H}(g) \qquad \Delta H = -549\text{ kJ}$$

C—C, C═C, F—F의 결합 에너지는 각각 347 kJ/mol, 614 kJ/mol, 154 kJ/mol이다. 탄소-플루오린 결합 에너지를 예상하라.

86. 다음 반응을 생각해 보자.

$$A_2 + B_2 \longrightarrow 2AB \qquad \Delta H = -285\text{ kJ}$$

A_2의 결합 에너지는 AB의 결합 에너지의 1/2이다. B_2의 결합 에너지가 432 kJ/mol이면 A_2의 결합 에너지는 얼마인가?

87. 연습 문제 77a와 b의 답을 부록 4의 표준 엔탈피를 사용하여 계산한 ΔH와 비교하라. 결합 에너지로부터 계산한 엔탈피 변화량은 실제 값과 잘 일치하는가?

88. 연습 문제 80의 답을 부록 4의 표준 엔탈피를 사용하여 계산한 ΔH와 비교하라. 차이가 있으면 설명하라.

89. $S(g)$, $F(g)$, $SF_4(g)$, $SF_6(g)$의 표준 엔탈피는 각각 +278.8, +79.0, −775, −1209 kJ/mol이다.

a. 이들 자료를 사용하여 S−F 결합의 에너지를 계산하라.

b. 계산 값과 표 8.5에 수록된 값을 비교하라. 어떠한 결론을 내릴 수 있는가?

c. 황과 플루오린은 원소임에도 불구하고 $S(g)$와 $F(g)$에 대한 ΔH_f° 값이 왜 0이 아닌가?

90. 다음의 표준 엔탈피를 사용하여 암모니아의 N—H 결합 에너지를 계산하라: $N(g)$, 472.7 kJ/mol; $H(g)$, 216.0 kJ/mol; $NH_3(g)$, −46.1 kJ/mol. 얻은 값을 표 8.5의 값과 비교하라.

91. 결합 에너지를 사용하여 $H_2O_2(g)$의 표준 엔탈피를 계산하라.

92. $NO(g)$의 값은 90. kJ/mol이다. 이 값과 O═O 및 N≡N의 결합 에너지 값으로부터 NO의 결합 에너지를 예상하라.

Lewis 구조와 공명

93. 다음 분자들에 대해 팔전자 규칙(H에 대해서는 이전자 규칙)을 만족하는 Lewis 구조를 써라. CH_4에서는 탄소가, NH_3에서는 질소가, 그리고 H_2O에서는 산소가 각각 중심 원자이다.

a. F_2　**e.** NH_3
b. O_2　**f.** H_2O
c. CO　**g.** HF
d. CH_4

94. 다음의 분자나 이온들에 대해 팔전자 규칙(H에 대해서는 이전자 규칙)을 만족하는 Lewis 구조를 써라.

a. H_2CO　**c.** HCN
b. CO_2

이들 모든 분자에서 탄소가 중심 원자이다.

95. 다음의 Lewis 구조에서 원소 X는 무엇인가?

$$\left[:\ddot{\underset{..}{X}}-\ddot{\underset{..}{X}}:\right]^{2-}$$

96. 다음과 같은 이원자 이온에 대한 Lewis 구조를 그려라.

$$C_2^{2-},\ N_2^{2-},\ O_2^{2-},\ F_2^{2+}$$

팔전자 규칙을 만족시키기 위해 이중 또는 삼중 결합을 가져야 하는 이원자 이온은 무엇인가?

97. 다음 분자들에 대해 팔전자 규칙을 만족하는 Lewis 구조를 써라.

a. CCl_4　**c.** $SeCl_2$
b. NCl_3　**d.** ICl

맨 앞의 원자가 중심 원자이다.

98. 다음의 분자나 이온들에 대해 팔전자 규칙을 만족하는 Lewis 구조를 써라. (맨 앞의 원자가 중심 원자이다.)

a. $POCl_3$, SO_4^{2-}, XeO_4, PO_4^{3-}, ClO_4^-

b. NF_3, SO_3^{2-}, PO_3^{3-}, ClO_3^-

c. ClO_2^-, SCl_2, PCl_2^-

d. a, b 및 c에 대한 답을 참고하면, 같은 수의 원자를 포함하고 같은 수의 원자가 전자를 포함하는 화학종의 구조에 대해서 어떤 결론을 내릴 수 있겠는가?

99. 팔전자 규칙에 대한 한 가지 예외 유형은 중심 원자가 주변에 8개 미만의 전자를 갖는 화합물이다. BeH_2와 BH_3는 이러한 유형의 예외의 예이다. BeH_2와 BH_3에 대한 Lewis 구조를 그려라.

100. Lewis 구조는 어떤 분자들이 특정한 방식으로 반응하는 이유를 이해하는 데 사용될 수 있다. 아래에 설명된 반응물 및 생성물에 대한 Lewis 구조를 작성하라.

a. 이산화 질소는 이량체화되어 사산화 이질소를 생성한다.

b. 삼수소화 붕소(boron trihydride)는 암모니아로부터 한 쌍의 전자를 받아들이고, BH_3NH_3를 형성한다.

이들 두 가지 반응이 일어나는 이유에 대해 가능한 설명을 하라.

101. 팔전자 규칙의 예외로 분자나 이온의 중심 원자가 8개보다 많은 전자를 가지는 경우가 있다. PF_5, SF_4, ClF_3, Br_3^-가 그 예이다. 이들의 Lewis 구조를 그리고, 어느 원소가 어느 경우에 8개보다

많은 전자를 갖는가? 그 이유를 설명하라.

102. SF_6, ClF_5 및 XeF_4는 중심 원자가 팔전자 규칙을 따르지 않는다. 이들 화합물에 대한 Lewis 구조를 그려라.

103. 화합물 BH_3, NS_2, BrF_3 및 OCl_2를 생각해 보자. 이 화합물들 중 어느 것이 Lewis 구조의 일부 원소에 대한 팔전자 규칙의 예외가 되어야 하는가?

104. 화합물 KrF_4, $XeCl_2$, SCl_2, ICl_3 및 PF_3를 생각해 보자. 이 화합물들 중 어느 것이 중심 원자가 두 개의 비공유 전자 쌍을 가지고 있는 Lewis 구조를 가지고 있는가?

105. 이 Lewis 구조에서 E는 어떤 원소에 대한 일반적인 기호이다.

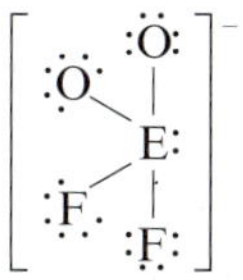

$$\left[\ :\ddot{O}—E(—\ddot{O}:)(—\ddot{F}:)\ —\ddot{F}:\ \right]^-$$

가능한 원소 E는 어떤 원소인가?

106. 다음과 같은 Lewis 구조를 생각해 보자. 여기서 X는 어떤 원소이다.

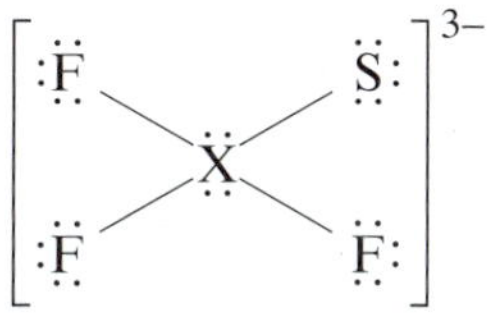

$$\left[\ :\ddot{F}—\ddot{X}(—\ddot{S}:)(—\ddot{F}:)—\ddot{F}:\ \right]^{3-}$$

원소 X는 무엇인가?

107. 다음에 대한 Lewis 구조를 그려라. 공명 구조가 있는 경우, 가능한 모든 공명 구조를 나타내라.

a. NO_2^-, NO_3^-, N_2O_4 (N_2O_4는 $O_2N—NO_2$ 형태로 존재한다.)

b. OCN^-, SCN^-, N_3^- (OCN^-과 SCN^-에서 중심 원자는 탄소이다.)

108. 대기 중에서 몇 가지 중요한 오염 물질은 오존(O_3), 이산화 황 및 삼산화 황이 있다. 이들 세 분자의 Lewis 구조를 그려라. 공명 구조가 있는 경우 모든 공명 구조를 그려라.

109. 벤젠(C_6H_6)은 탄소 원자로 된 육각형 고리 화합물로, 각 탄소에 수소 한 개가 붙어 있다. 공명 구조를 포함하여 Lewis 구조를 그려라.

110. 보라진($B_3N_3H_6$)은 "무기물" 벤젠이라고도 한다. 보라진의 Lewis 구조를 그려라. 보라진은 붕소와 질소가 교대로 있는 육각형 고리 구조를 이루며, 붕소와 질소에 수소가 한 개씩 결합되어 있다.

111. 편재 전자 모형의 공명이라는 개념을 입증하는 중요한 관찰은 다이클로로벤젠($C_6H_4Cl_2$)에는 세 가지 다른 구조가 존재한다는 것이다. 이 사실은 어떻게 공명 개념을 입증하는가? (연습 문제 109 참조)

112. 다음의 결합 길이를 생각하자.

C—O 143 pm C=O 123 pm C≡O 109 pm

CO_3^{2-} 이온에서, 세 개의 C—O 결합의 결합 길이는 136 pm로 모두 동일하다. 그 이유는 무엇인가?

113. 아이소사이안산 메틸(methyl isocyanate)의 보관 탱크에 물이 스며들어 갔을 때 생긴 생성물이 대기로 나와 1984년 12월에 인도의 Bhopal 지역이 유독한 구름으로 덮였다. 아이소사이안산 메틸은 많은 살충제의 원료이다. 아이소사이안산 메틸(CH_3NCO)의 공명 구조를 포함한 Lewis 구조를 그려라. 구조식은 다음과 같다.

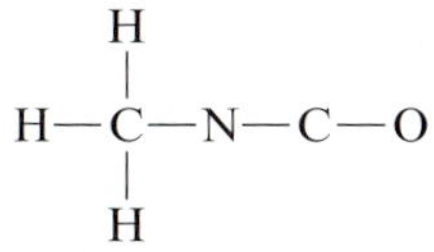

$$H—\underset{\displaystyle H}{\overset{\displaystyle H}{C}}—N—C—O$$

114. Ampyra는 다발성 경화증(multiple sclerosis, MS) 환자의 운동성을 개선하기 위한 약품이다. Ampyra의 미완성 구조식은 아래와 같다.

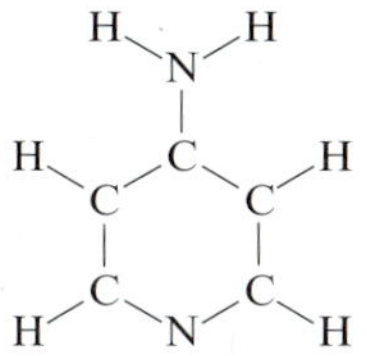

(4-아미노피리딘 골격: NH_2가 결합된 C와 C, C, N, C, C로 이루어진 육각형 고리, 각 C에 H)

Ampyra의 공명 구조를 포함한 Lewis 구조를 그려라.

115. 탄소–산소 결합 길이가 가장 긴 것에서 가장 짧은 순으로 다음 화학종을 나열하라.

CO, CO_2, CO_3^{2-}, CH_3OH

또, 탄소–산소 결합이 가장 약한 것부터 가장 강한 것까지 순서대로 나열하라(CH_3OH는 $H_3C—OH$로 존재한다).

116. 질소–산소 결합의 길이가 가장 짧은 것부터 가장 긴 것까지 차례대로 나열하라.

H_2NOH, N_2O, NO^+, NO_2^-, NO_3^-

(H_2NOH는 $H_2N—OH$로 존재한다.)

형식 전하

117. 형식 전하를 이용하여 BF_3가 팔전자 규칙을 따르지 않는 이유를 설명하라.

118. CO_2 분자는 세 개의 공명 구조를 갖는다. 형식 전하의 관점에서 볼 때, 어느 공명 구조가 가장 타당한가?

119. 다음 화학종에 대해서 팔전자 규칙을 따르는 Lewis 구조를 그려라. 각 중심 원자의 형식 전하를 결정하라.

a. $POCl_3$ **c.** ClO_4^- **e.** SO_2Cl_2 **g.** ClO_3^-

b. SO_4^{2-} **d.** PO_4^{3-} **f.** XeO_4 **h.** NO_4^{3-}

120. 연습 문제 119의 화학종들에 대해서 최소의 형식 전하를 가지는 Lewis 구조를 그려라.

121. O_2F_2 (O_2F_2는 F—O—O—F로 존재)의 Lewis 구조를 그려라. O_2F_2의 원자에 대한 산화수와 형식 전하를 결정하라. 이 화합물은 강력한 산화제와 플루오린화 시약이다. 산화수와 형식 전하 중 어느 것이 O_2F_2의 성질을 설명하기에 더 유용한가?

122. 사이안화 이온(CN^-)은 산화되어 안정한 사이안산 이온(OCN^-)이 된다. 반면 풀민산 이온(fulminate ion, CNO^-)은 대단히 불안정하다. 풀민산염은 충격을 받으면 폭발한다; Hg(C-

$NO)_2$는 폭발 뇌관으로 사용된다. 사이안산 이온과 풀민산 이온의 Lewis 구조를 그리고, 형식 전하를 결정하라. 왜 풀민산 이온이 불안정한가? (OCN^-의 중심 원자는 C이고, CNO^-의 중심 원자는 N이다.)

123. 용융 황은 염소 기체와 반응하면 역겨운 냄새가 나는 주황색 액체가 생성되며, 그 실험식은 SCl이다. 이 화합물의 구조에서 모든 원소는 형식 전하가 0이다. 이 주황색 화합물의 Lewis 구조를 그려라.

124. 탄소와 황은 CS_2와 C_3S_2의 화학식을 갖는 화합물을 형성한다. 구조식에서 모든 원자의 형식 전하가 0인 Lewis 구조를 그려라.

125. 간단한 유기 화합물의 공통된 특징은 모든 원자의 형식 전하가 0인 Lewis 구조를 갖는다는 것이다. 순간 접착제의 주성분인 *사이아노아크릴산 메틸(methyl cyanoacrylate)*이라고 하는 유기 물질의 미완성 Lewis 구조를 생각해 보자.

```
   H   C—N       H
   |   |         |
H—C—C—C—O—C—H
          |      |
          O      H
```

모든 원자의 형식 전하가 0인 사이아노아크릴산 메틸의 Lewis 구조를 그려라.

126. 벤조산(benzoic acid)은 음식물 방부제이다. 벤조산의 공간-채움 모형은 아래와 같다.

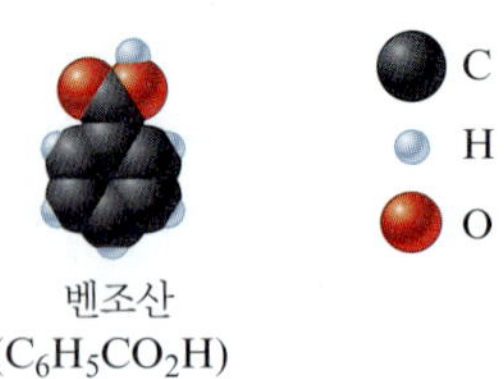

벤조산
($C_6H_5CO_2H$)

모든 원자의 형식 전하가 0인 공명 구조를 포함한 모든 벤조산의 Lewis 구조를 그려라.

분자 구조와 극성

127. 연습 문제 97과 107의 분자 또는 이온들에 대해서 분자 구조와 결합각을 예측하라.

128. 연습 문제 98과 108의 분자 또는 이온들에 대해서 분자 구조와 결합각을 예측하라.

129. 삼각쌍뿔 구조를 기초로 한 다양한 분자 구조가 있다(표 8.9 참조). 이들 중 세 개의 구조는 다음과 같다.

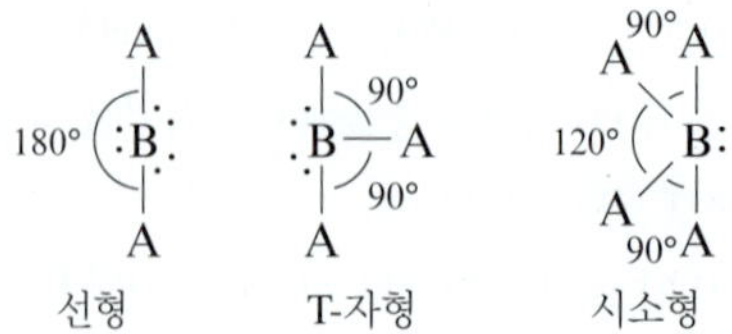

선형 T-자형 시소형

연습 문제 101와 102의 화합물 중에서 어떤 것들이 위의 구조를 가지는가?

130. 팔면체 구조의 두 가지 변형(표 8.7 참조)은 다음과 같다.

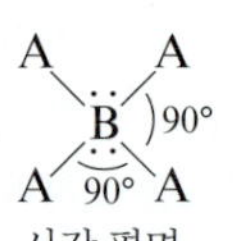

사각 평면

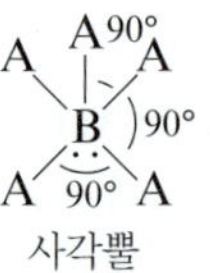

사각뿔

연습 문제 101과 102의 화합물 중에서 어떤 것들이 위의 구조를 가지는가?

131. 다음 각 분자 구조(결합각 포함)의 이름을 써라.

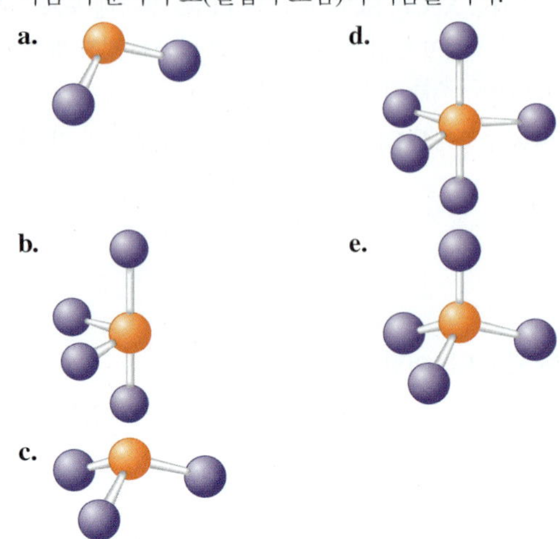

132. 연습 문제 131에서 설명한 분자 구조를 생각하자. 각 구조에 대하여 원자 배열을 갖는 화합물의 예를 들라.

133. 다음 각각에 대한 분자 구조(결합각 포함)를 예측하라.

a. SeO_3

b. SeO_2

134. 다음 각각에 대한 분자 구조(결합각 포함)를 예측하라.

a. PCl_3

b. SCl_2

c. SiF_4

135. 다음 각각에 대한 분자 구조(결합각 포함)를 예측하라(연습 문제 129와 130 참조).

a. $XeCl_2$

b. ICl_3

c. TeF_4

d. PCl_5

136. 다음 각각에 대한 분자 구조(결합각 포함)를 예측하라(연습 문제 129와 130 참조).

a. ICl_5

b. $XeCl_4$

c. $SeCl_6$

137. 알려지지 않은 원소 E는 브로민과 공유 결합 화합물을 형성한다. EBr_3라는 화학식을 가지고 있다. EBr_3 분자의 분자 구조는 삼각 피라미드형이다. 원소 E는 무엇인가?

138. 알려지지 않은 원소 E는 염소와 화학식 ECl_4를 갖는 공유 결합 화합물을 형성한다. ECl_4 분자의 분자 구조는 시소(see-saw)형이다. 가능한 E 원소는 무엇인가?

139. 연습 문제 133의 분자 중 어느 것이 알짜 쌍극자 모멘트(극성인)를 가지고 있는가?

140. 연습 문제 134의 분자 중 어느 것이 알짜 쌍극자 모멘트(극성인)를 가지고 있는가?

141. 연습 문제 135의 분자 중 어느 것이 알짜 쌍극자 모멘트(극성인)를 가지고 있는가?

142. 연습 문제 136의 분자 중 어느 것이 알짜 쌍극자를 가지고 있는가?

143. 다음의 분자들에 대한 Lewis 구조를 그리고, 분자 구조를 예측하라. (연습 문제 129와 130 참조)

a. OCl_2, KrF_2, BeH_2, SO_2

b. SO_3, NF_3, IF_3

c. CF_4, SeF_4, FrF_4

d. IF_5, AsF_5

이들 화합물들 중에서 극성인 것은 어느 것인가?

144. 다음의 화합물들에 대한 Lewis 구조를 쓰고 다음의 각각이 극성인지 비극성인지 예측하라.

a. HOCN (HO—CN으로 존재함)

b. COS

c. XeF_2

d. CF_2Cl_2

e. SeF_{26}

f. H_2CO (C는 중심 원자)

145. 다음의 Lewis 구조를 생각해 보자. 여기에서 E는 미지의 원소이다.

$$\left[\begin{array}{c} :\ddot{O}-\ddot{E}-\ddot{O}: \\ | \\ :\ddot{O}: \end{array}\right]^{-}$$

E로 가능한 원소는 무엇인가? 이 이온에 대한 분자 구조(결합각 포함)를 예측하라.

146. 다음의 Lewis 구조를 생각해 보자. 여기에서 E는 미지의 원소이다.

$$\left[:\ddot{F}-\ddot{E}\begin{array}{l} \diagup\ddot{O}: \\ \diagdown\ddot{F}: \end{array}\right]^{2-}$$

E로 가능한 원소는 무엇인가? 이 이온에 대한 분자 구조(결합각 포함)를 예측하라. (연습문제 129와 130 참조)

147. 화학식이 N_2F_2를 갖는 2개의 다른 화합물이 존재한다. 하나의 화합물은 극성이고 다른 하나는 비극성이다. 이러한 관측치와 일치하는 N_2F_2에 대한 Lewis 구조를 그려라.

148. XeF_2Cl_2의 화학식을 갖는 두 다른 화합물이 있다. 이 두 화합물의 Lewis 구조를 그려라. 그리고 쌍극자 모멘트를 측정하면 이 두 분자를 어떻게 구별할 수 있겠는가?

화학 활동 문제

149. 다음의 분자 각각이 갖는 결합을 이온 결합, 극성 공유 결합, 비극성 공유 결합으로 분류하라.

a. H_2

b. K_3P

c. NaI

d. SO_2

e. HF

f. CCl_4

g. CF_4

h. K_2S

150. 일반적으로 금속 원자가 비금속 원자와 결합할 때 그 결합은 이온 결합으로, 두 비금속 원자가 결합할 때 공유 결합으로 생각한다. 전기음성도의 관점에서 이와 같은 일반화를 설명하라.

151. 다음의 전자 배치에 근거하여 원소를 확인하고 전기음성도가 증가하는 순서로 배열하라: $[Ar]4s^13d^5$; $[Ne]3s^23p^3$; $[Ar]4s^23d^{10}4p^3$; $[Ne]3s^23p^5$

152. 25°C, 1.00기압에서 다음의 반응을 생각해 보자:

$$2F(g) \rightarrow F_2(g)$$

이 반응의 q와 w의 수학적 기호는 무엇인가?

153. 다음에 나오는 이온을 반지름이 증가하는 순서와 이온화 에너지가 증가하는 순서로 나열하라.

a. N^+, N, N^-

b. S, Se, Cl, Cl^+

c. Cl^-, K^+, Ca^{2+}

154. 다음의 각각에 대하여 주어진 에너지에 해당하는 반응식을 써라.

a. NaCl의 격자 에너지

b. NH_4Br의 격자 에너지

c. MgS의 격자 에너지

d. $O_2(g)$가 반응물인 O=O의 이중 결합 에너지

155. 결합 에너지(표 8.5), 전자 친화도(표 7.6), 수소의 이온화 에너지(1312 kJ/mol)를 이용하여 ΔH를 계산하라.

a. $HF(g) \rightarrow H^+(g) + F^-(g)$

b. $HCl(g) \rightarrow H^+(g) + Cl^-(g)$

c. $HI(g) \rightarrow H^+(g) + I^-(g)$

d. $H_2O(g) \rightarrow H^+(g) + OH^-(g)$

[$OH(g)$의 전자 친화도 = −180. kJ/mol.]

156. 다음 자료를 사용하여 브로민화 바륨의 ΔH_f°를 구하라.

$$Ba(s) + Br_2(g) \longrightarrow BaBr_2(s)$$

격자 에너지	−1985 kJ/mol
Ba의 제1차 이온화 에너지	503 kJ/mol
Ba의 제2차 이온화 에너지	965 kJ/mol
Br의 전자 친화도	−325 kJ/mol
Br_2의 결합 에너지	193 kJ/mol
Ba의 승화 엔탈피	178 kJ/mol

157. 다음 각 쌍의 화학종 중에서 어느 것이 에너지의 관점에서 더 안정하다고 할 수 있는가? 그 이유는?

a. NaBr 또는 $NaBr_2$

b. ClO_4 또는 ClO_4^-

c. SO_4 또는 XeO_4

d. OF_4 또는 SeF_4

158. 다음의 화합물/이온들의 공통점은 무엇인가?

a. SO_3, NO_3^-, CO_3^{2-}

b. O_3, SO_2, NO_2^-.

159. 다음의 화합물/이온들의 공통점은 무엇인가? 연습 문제 133~136까지의 Lewis 구조를 참조하라.

a. $XeCl_4$, $XeCl_2$

b. ICl_5, Te_2F_4, ICl_3, PCl_3, SCl_2, SeO_2

160. 다음의 화합물이나 이온 중에서 어느 것이 공명을 나타내는가?

a. O_3 **d.** CO_3^-

b. CNO^- **e.** AsF_3

c. AsI_3

161. 다음의 화합물 각각의 분자 구조, 결합각, 극성(쌍극자 모멘트가 0인지 아닌지)을 예측하라.

a. $SeCl_4$ **d.** CBr_4

b. SO_2 **e.** IF_3

c. KrF_4 **f.** ClF_5

162. 비록 Br_3^-와 I_3^- 이온은 모두 알려져 있지만 F_3^- 이온은 관찰되지 않았다. 설명하라.

163. 다음과 같은 질소-산소 결합 길이를 생각해 보자. 이 길이는 모두 가상 단위이다. N—O 결합은 2.00 단위이다. N=O 결합은 1.00 단위 길이; N≡O 결합은 0.50 단위 길이이다. NO_3^-에 대한 가능한 Lewis 구조는 다음과 같다.

$$\left[\begin{array}{c} :\ddot{O}: \\ \| \\ N \\ \diagup \quad \diagdown \\ :\ddot{O}: \quad :\ddot{O}: \\ \quad 1 \end{array}\right]^-$$

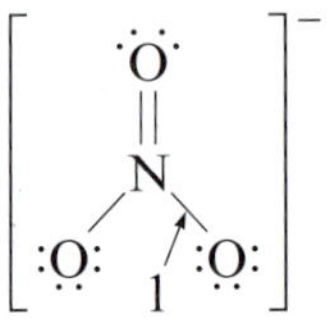

NO_3^- 이온에서 1로 표시된 결합의 결합 길이를 추정하라.

164. 크레아틴(creatine)은 신체의 근육 조직을 만드는 데 중요한 유기 화합물이다. 크레아틴의 Lewis 구조는 다음과 같다.

```
          H
          |
         :N—H  :Ö—H
          |      |
H—N̈=C—N̈—C=Ö
             |
          H—C—H
             |
             H
```

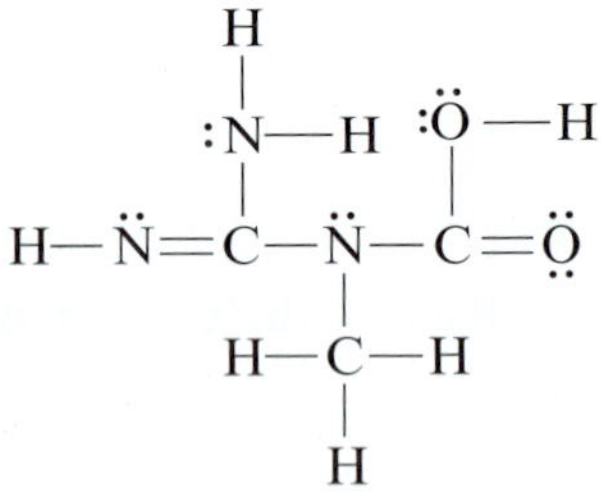

수소와 결합하는 산소에 대한 결합각이 90°로 표시된다. 이것이 실제 예상 결합각인가? 크레아틴의 탄소와 질소 원자에 대한 예측된 결합각은 얼마인가?

165. 분자 SiF_4, SeF_4 및 XeF_4를 생각해 보자. 사면체 모양을 가지고 있는 분자는 어느 것이고 극성인 분자는 어느 것인가?

166. 에스터로 분류되는 유기 화합물 메탄산 메틸(methyl methanoate)을 합성하는 다음 반응을 생각해 보자.

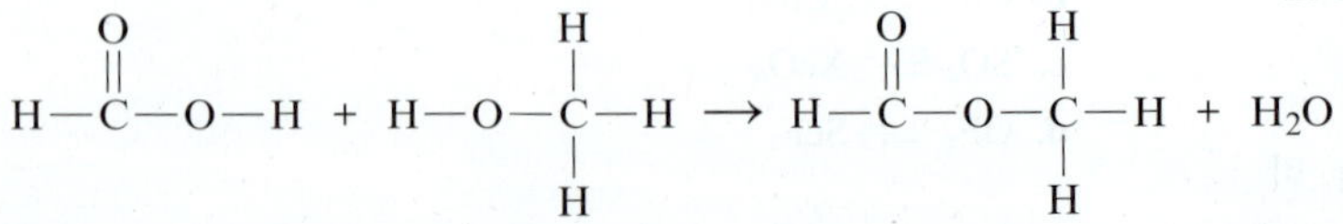

```
   O               H                 O       H
   ‖               |                 ‖       |
H—C—O—H + H—O—C—H  →  H—C—O—C—H + H2O
                   |                         |
                   H                         H
```

결합 에너지를 이용하여 이 반응에 대한 엔탈피 변화를 예측하라.

167. 이원자 기체 H_2, F_2, O_2, N_2 및 Cl_2를 생각해 보자. 결합 에너지 값의 표를 참조하지 않고 어떤 이원자 기체가 가장 강한 결합을 가질 것으로 예상되는가?

168. 다음의 기체상 반응 세트가 주어져 있다.

$H_2 + Cl_2 \rightarrow 2HCl$ $\Delta H° = -184$ kJ

$H_2 \rightarrow 2H$ $\Delta H° = 432$ kJ

$Cl_2 \rightarrow 2Cl$ $\Delta H° = 240$ kJ

H—Cl 결합의 결합 에너지를 계산하라.

169. 결합 에너지를 이용하여 다음의 기체 상태 반응식의 ΔH를 계산하라.

$$C_2H_4(g) + H_2O_2(g) \longrightarrow CH_2OHCH_2OH(g)$$

170. 미국의 대부분의 차는 에탄올 10%, 가솔린 90%가 혼합된 gasohol을 연료로 사용한다. 가솔린 1 g당 연소 엔탈피는 −47.8 kJ/mol이다. 표 8.5를 이용하여 에탄올 1 g당 연소 엔탈피를 계산하라. 두 물질의 연소 엔탈피를 비교하면 어떤 결론을 얻을 수 있는가? 에탄올의 연소 반응은 다음과 같다.

$$CH_3CH_2OH(g) + 3O_2(g) \rightarrow 2CO_2(g) + 3H_2O(g)$$

171. 우주 왕복선 Orbiter는 메틸 하이드라진(methyl hydrazine)을 사산화 이질소(dinitrogen tetroxide)로 산화시켜 추진력을 얻는다:

$$5N_2O_4(g) + 4N_2H_3CH_3(g) \rightarrow 12H_2O(g) + 9N_2(g) + 4CO_2(g)$$

결합 에너지를 이용하여 이 반응의 ΔH를 추정하라. 반응물의 구조식은 다음과 같다:

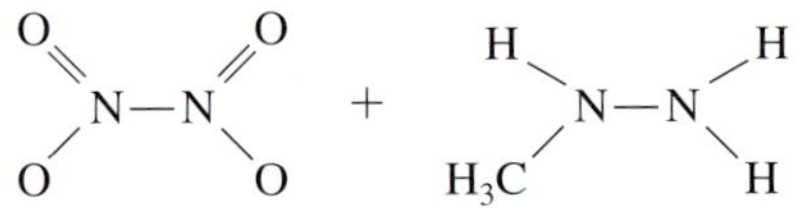

```
O       O          H         H
 \\    //           \       /
   N—N       +       N—N
  /    \            /    \
O       O        H3C      H
```

172. 산화 아질소(N_2O)의 가능한 세 가지 Lewis 구조는 다음과 같다.

$$:\ddot{N}=N=\ddot{O}: \longleftrightarrow :N\equiv N-\ddot{O}: \longleftrightarrow :\ddot{N}-N\equiv O:$$

아래의 결합 길이를 활용하여

N—N	167 pm	N=O	115 pm
N=N	120 pm	N—O	147 pm
N≡N	110 pm		

N_2O에서 N—N 길이는 112 pm이고, N—O 길이는 119 pm임을 정당화하라. N_2O 공명 구조의 형식 전하를 결정하라. 형식 전하를 근거로 부적절한 공명 구조를 제외할 수 있는가? 관찰된 결과와 일치하는가?

173. 연습 문제 119와 120을 참조하라. 연습 문제 119에서 얻은 Lewis 구조와 연습 문제 120에서 얻은 분자 구조를 비교하여 각각의 경우에 동일한 예측을 할 수 있겠는가?

174. 다음 중 어느 화합물이 쌍극자 모멘트를 갖는가? 극성을 가지는 분자에 대하여 각 결합의 극성을 표시하고, 분자의 알짜 쌍극자 모멘트를 나타내라.

a. CH_2Cl_2, $CHCl_3$, CCl_4

b. CO_2, N_2O

c. PH_3, NH_3

175. TeF_5^-의 구조는 다음과 같다.

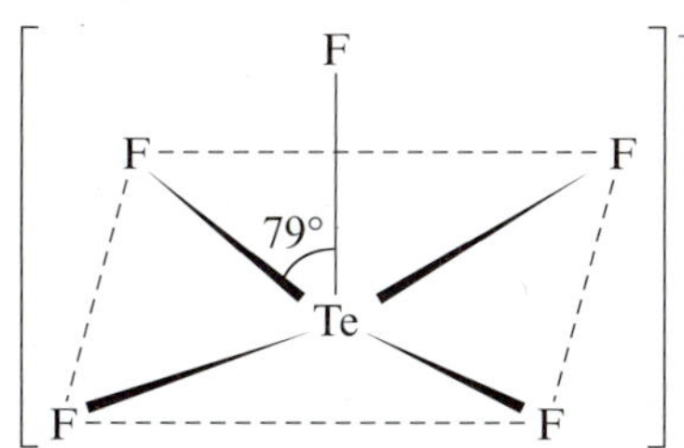

TeF_5^-의 Lewis 구조를 그리고, 이상적인 사각뿔 구조로부터 일그러진 현상을 설명하라(연습 문제 130 참조).

176. CO와 N_2의 결합 에너지 값을 찾아보라. CO의 결합이 더 강함에도 불구하고 CO가 N_2보다 훨씬 더 반응성이 큰 이유를 설명해 보라.

177. XF_5는 42.81%가 플루오린이다. 원소 X는 무엇인가? XF_5의 분자 구조는?

178. C, N과 미지의 X 원소로 구성된 다원자 이온이 있다. 이 다원자 이온의 골격 Lewis 구조는 $[X—C—N]^-$이다. X^{2-}는 $[Ar]4s^2 3d^{10} 4p^6$의 전자 배치를 갖는다. 원소 X는 무엇인가? X가 무엇인지를 알면 모든 중요한 공명 구조를 포함하여 다원자 이온의 Lewis 구조를 완성하라.

도전 문제

179. 쿨롱(Coulomb)의 법칙,

$$V = \frac{Q_1Q_2}{4\pi\epsilon_0 r} = 2.31 \times 10^{-19}\ \text{J}\cdot\text{nm}\left(\frac{Q_1Q_2}{r}\right)$$

을 이용하여 다음의 두 전하의 배열에 대한 상호작용 에너지를 각각 계산하라. 각 전하는 전자와 같은 크기의 전하량을 가진다.

a. (+1) ←1×10^{-10} m→ (−1) ←∞→ (+1) ←1×10^{-10} m→ (−1)

b. (−1) 위, (+1) 왼쪽, (+1) 오른쪽, (−1) 아래의 사각 배열: 각 인접 전하 사이 거리 1×10^{-10} m, 1×10^{-10} m, 1×10^{-10} m, 1×10^{-10} m

180. 전기음성도를 다르게 정의할 수 있는데, 다음과 같다.

$$\text{전기음성도} = \text{상수}(\text{I.E} - \text{E.A.})$$

여기에서 I.E.는 이온화 에너지이고, E.A.는 전자 친화도로, 부호 규약은 이 책에서 사용하는 것을 그대로 사용한다. 제7장의 자료를 사용하여 F, Cl, Br, I에 대한 (I.E. − E.A.) 항을 계산하라. 계산된 값과 이 장에서 정의한 전기음성도 값은 같은 경향을 보이는가? 할로젠의 첫 이온화 에너지는 각각 1678, 1255, 1138, 1007 kJ/mol이다. (*힌트*: 플루오린의 전기음성도가 4.0이 되도록 상수를 정하라. 이 상수를 사용하여 다른 할로젠의 상대적 전기음성도를 계산하고, 책에서 제시하는 값과 비교하라.)

181. 25°C에서 화합물 ICl(g)의 표준 생성열을 계산하라. (*힌트*: 표 8.5와 부록 4를 활용하라.)

182. 아래 정보를 활용하여

Li(s)의 승화열 = 166 kJ/mol
HCl의 결합 에너지 = 427 kJ/mol
Li(g)의 이온화 에너지 = 520. kJ/mol
Cl(g)의 전자 친화도 = −349 kJ/mol
LiCl(s)의 격자 에너지 = −829 kJ/mol
H_2의 결합 에너지 = 432 kJ/mol

다음 반응의 에너지 변화량을 계산하라.

$$2Li(s) + 2HCl(g) \longrightarrow 2LiCl(s) + H_2(g)$$

183. 제7장과 제8장의 자료를 활용하여 MgO는 이온 결합 화합물이고 CO는 아닌 이유를 설명하라.

184. 이온 결합 화합물의 생성을 다음의 세 단계로 생각하라(이 방법은 다른 모형에서와 같이 단순화한 것이다). (1) 금속으로부터 전자를 제거하고, (2) 비금속에 전자를 첨가하고, (3) 금속 양이온과 비금속 음이온을 결합한다.

a. 세 단계 각각의 에너지 변화의 부호는 무엇인가?

b. 일반적으로 처음 두 단계 합의 에너지 부호는 무엇인가? 예를 들어 설명하라.

c. 세 단계 모두를 합하면 에너지 부호는 무엇이 되어야 하는가?

d. c번의 답을 고려하면 이온 결합은 왜 생성되는가?

e. 자신이 한 답에 근거하면 NaCl은 안정하지만 Na_2Cl이나 $NaCl_2$는 안정하지 못한 이유는 무엇인가? MgO를 MgO_2와 Mg_2O와 비교하면 어떻게 되겠는가?

185. 화합물 NF_3는 매우 안정하지만 NCl_3는 매우 불안정하다(NCl_3는 1811년에 P. L. Dulong이 처음 합성하였다. 그는 NCl_3의 성질을 연구하다 손가락 세 개와 한쪽 눈을 잃었다). 폭발성 화합물인 $NI_3 \cdot NH_3$는 알려졌지만, NBr_3와 NI_3는 알려지지 않았다. 이들 할로젠화 질소들의 불안정성을 설명하라.

186. 플라스틱, 합성 고무 및 섬유의 제조에 사용되는 중요한 화학 약품인 아크릴로나이트릴(CH_2CHCN)의 공업적 제법으로 다음과 같은 세 가지 과정이 사용된다. 결합 에너지 값(표 8.5)을 이용하여 다음 반응들의 ΔH를 예측하라.

a. $CH_2—CH_2$ (O로 연결된 고리) + HCN ⟶ $HOC(H)(H)—C(H)(H)—C \equiv N$

$HOCH_2CH_2CN$ ⟶ $(H)(H)C=C(H)(C \equiv N)$ + H_2O

b. $4CH_2{=}CHCH_3 + 6NO \xrightarrow[\text{Ag}]{700°C} 4CH_2{=}CHCN + 6H_2O + N_2$

NO의 질소−산소 결합 에너지는 630. kJ/mol이다.

c. $2CH_2{=}CHCH_3 + 2NH_3 + 3O_2 \xrightarrow[\text{425–510°C}]{\text{촉매}} 2CH_2{=}CHCN + 6H_2O$

d. b와 c에서 언급된 고온은 흡열 반응에 에너지를 공급하기 위해서 필요한가?

187. 헥사아자아이소우르짜이테인(hexaazaisowurtzitane)은 많은 에너지를 방출하는 폭발물의 하나이다(*C & E News*, Jan. 17. 1994, p.26). CL-20으로도 알려진 이 화합물은 1987년에 처음 합성되었다. 군사적 목적으로 로켓의 추진제나 "스마트" 무기의 탄두로 사용될 가능성 때문에 CL-20의 합성법이나 상세한 취급법이 기밀로 되어있다. CL-20의 구조는 다음과 같다.

O_2N, O_2N, N, N, NO_2, NO_2, N, N, N, N, O_2N, NO_2

CL-20

구조식에서 선이 만나는 곳의 원자는 탄소이다. 또한 탄소와 결합된 수소는 표시되지 않았지만 여섯 개의 탄소에 한 개의 수소가 결합되어 있다. NO_2기의 두 개의 O 원자는 하나의 단일 결합으로, 하나는 이중 결합으로 N에 결합되어 있다고 가정하자.

CL-20의 폭발적 분해 반응은 다음과 같이 세 가지가 가능하다.

i. $C_6H_6N_{12}O_{12}(s) \rightarrow 6CO(g) + 6N_2(g) + 3H_2O(g) + \frac{3}{2}O_2(g)$

ii. $C_6H_6N_{12}O_{12}(s) \rightarrow 3CO(g) + 3CO_2(g) + 6N_2(g) + 3H_2O(g)$

iii. $C_6H_6N_{12}O_{12}(s) \rightarrow 6CO_2(g) + 6N_2(g) + 3H_2(g)$

a. 결합 에너지를 사용하여 세 반응의 ΔH를 계산하라.

b. 위의 반응 중에 CL-20 1 kg이 방출하는 에너지가 가장 많은 반응은 어느 것인가?

188. 공명을 가진 분자나 이온은 특별히 안정성이 매우 크다. 다음 화합물의 산성도를 설명하기 위해 이 설명을 어떻게 사용할 수 있을까? (산성의 수소는 별표로 표시하였다.) c는 C_6H_5 고리의 공명을 나타낸다.

a. H—C(=O)—OH* **b.** CH_3—C(=O)—CH=C(OH*)—CH_3 **c.** (벤젠 고리)—OH*

189. 탄소를 포함하는 물질과 그들의 성질을 연구하는 분야를 *유기화학*이라고 한다. 탄소 원자뿐만 아니라 유기 물질들은 수소, 산소, 질소(다른 형태의 원자 포함)로 구성될 수 있다. 간단한 유기 화합물의 한 특징은 모든 원자의 형식 전하가 0인 Lewis 구조를 갖는다는 것이다. *히스티딘(histidine*, 아미노산)(우리 몸에 있는 단백질의 구성 성분의 하나)이라는 유기 화합물의 미완성 Lewis 구조를 생각해 보자.

H—C—N, C—H, C—N—H, H—C—H, H—N—C—C—O—H (2: N, 1: C), H H O

모든 원자의 형식 전하가 0인 히스티딘의 완전한 Lewis 구조를 그려라. 1번 탄소 원자와 2번 질소 원자 주위의 결합각은 대략 얼마인가?

190. *N,N*-다이메틸폼아마이드 분자의 Lewis 구조를 그려라. 골격 구조는 다음과 같다.

H—C(O)—N(CH_3)—CH_3

C—N 결합에는 이중 결합의 특성이 있다는 여러 가지 증거가 있다. 이와 같은 관찰을 설명할 수 있는 한 가지 이상의 공명 구조를 그려라.

191. 다음 분자나 이온의 구조를 예측하라(연습 문제 129와 130 참조).

a. $BrFI_2$ **b.** XeO_2F_2 **c.** $TeF_2Cl_3^-$

각 화학식에서 한 개의 중심 원자에서 그릴 수 있는 구조는 두 개 이상이다. 모든 가능한 구조를 그려라.

192. 다음은 컴퓨터로 그린 카페인의 모형이다.

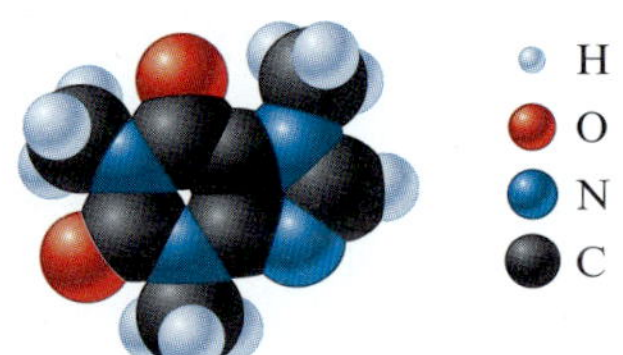

모든 원자가 0의 형식 전하를 가지는 카페인의 Lewis 구조를 그려라.

193. 콜레스테롤($C_{27}H_{46}O$)은 다음의 구조를 갖는다:

H_3C, CH_3, CH_3, H, CH_3, CH_3, H, HO, H

위와 같은 간단한 구조식에서는 선이 만나는 곳은 탄소 원자가 있으며, 대부분의 수소를 나타내지 않는다. 모든 탄소와 수소(각각의 탄소 원자에 4개의 결합이 있음)가 표시되는 완전한 구조식을 그려라. 콜레스테롤 구조식에 드러난 결합각을 예측해 보라. 위의 구조식에서 보이는 것처럼 콜레스테롤은 평면형 분자인가?

마라톤 문제

이 문제를 풀기 위해서는 여러 개념의 통합이 필요하다.

194. 다음과 같이 설명되는 H, N, O로 구성된 다섯 가지 화합물은 무엇인가? 각각의 화합물에 대해 주어진 정보와 일치하는 Lewis 구조를 그려라.

a. 센전해질은 아니지만 모두 전해질이다. 화합물 C와 D는 이온 결합 화합물이고, B는 공유 결합 물질이다.

b. 질소는 화합물 A와 C에서 가장 높은 산화 상태에 있고, 화합물 C, D, E에서는 가장 낮은 산화 상태에 있다. 화합물 C의 두 질소의 형식 전하는 +1이다. 화합물 B에 들어 있는 단 한 개의 질소의 형식 전하는 0이다.

c. 화합물 A와 E는 용액에 존재한다. 두 용액은 기체를 방출한다. 시판되는 화합물 A의 진한 용액은 보통 16 *M*이다. 시판되는 화합물 E의 진한 용액은 15 *M*이다.

d. 시판되는 화합물 E의 용액은 질소와 수소의 이성분 기체 화합물이 물과 반응하여 암모늄 이온과 수산화 이온을 생성하는 것처럼 사실이 잘못 표시된 라벨이 붙어 있다. 실제로 이 반응은 조금밖에 일어나지 않는다.

e. 화합물 D는 질량으로 43.7%의 N과 50.0%의 O로 되어 있다. 화합물 D가 표준 온도와 압력(STP)에서 기체라면 밀도는 2.86 g/L이다.

f. 화합물 C의 화학식은 화합물 D의 화학식보다 산소를 하나 더 가지고 있다. 화합물 A가 센전해질로 거동할 때 화합물 C와 A는 하나의 이온을 공통으로 가지게 된다.

g. 화합물 C의 용액은 약한 산성, 화합물 A의 용액은 센 산성, 화합물 B와 E의 용액은 염기성이다. 0.726 g의 화합물 B를 완전히 중화시키기 위하여 1.000 *M* HCl 21.98 mL가 필요하다.

195. 금속 M과 이원자 기체 X_2는 M_aX_b의 화학식을 갖는 이온 화합물을 생성한다(a = 1 또는 2, b = 1 또는 2). 주어진 자료를 활용하여 가장 가능성이 높은 a와 b의 값을 결정하라. 이때 이온 화합물에 존재하는 각 이온의 가장 가능성이 높은 전하를 고려해야 한다.

자료(단위: kJ/mol)
M의 연속적인 이온화 에너지: 480., 4750.
X의 연속적인 전기음성도 값: −175, 920.
$M(s) \rightarrow M(g)$의 승화 엔탈피: 110.
X_2의 결합 에너지: 250.
MX (M^+와 X^-)의 격자 에너지: −1200.
MX_2 (M^{2+}와 X^-)의 격자 에너지: −3500.
M_2X (M^+와 X^{2-})의 격자 에너지: −3600.
MX (M^{2+}와 X^{2-})의 격자 에너지: −4800.

단일층의 흑연으로 구성된 두 개의 그래핀 시트의 그림. 그래핀은 강한 공유 결합으로 연결되고, 육각형으로 배열된 탄소 원자로 구성되어 있다. 그래핀은 매우 강하지만 유연하다. 그래핀은 전자를 매우 효율적으로 운반하기 때문에 미래 언젠가는 컴퓨터 반도체 칩 및 기타 기술 응용 분야에서 실리콘을 대체할 것이다. (LAGUNA DESIGN / Science Source)

공유 결합: 오비탈

Covalent Bonding: Orbitals

제8장에서 결합의 기본 개념을 논의하였고, 공유 결합에 대하여 가장 널리 사용되는 간단한 모형인 편재 전자 모형(localized electron model)을 소개하였다. 우리는 분자를 개별 결합의 관점에서 바라볼 수 있게 함으로써 화학을 체계화하는 수단으로서 결합 모형의 유용성을 보았다. 또한 전자쌍 반발력을 최소화하여 분자 구조를 예측할 수 있음을 보았다. 이 장에서는 특히 오비탈의 역할에 초점을 맞추어 결합 모형을 좀 더 자세히 살펴볼 것이다.

9.1 혼성화와 편재 전자 모형

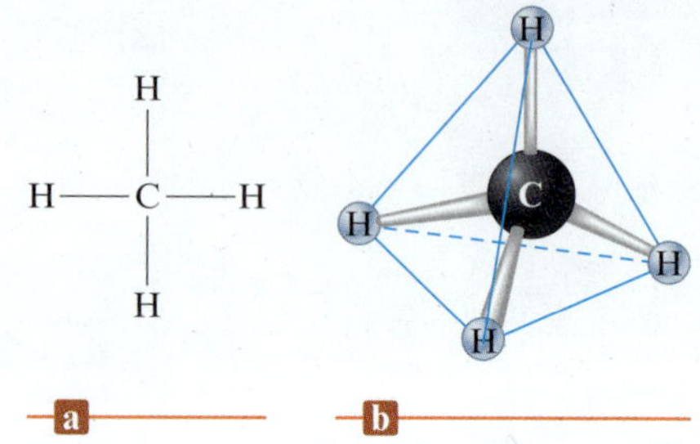

그림 9.1 (a) 메테인 분자의 Lewis 구조. (b) 메테인 분자의 정사면체 분자 구조.

제8장에서 배운 바와 같이, 편재 전자 모형에서는 원자 오비탈들 간에 전자들을 공유함으로써 상호 결합하게 되는 원자들의 집합체로써 분자를 다루고 있다. 원자가 전자들(valence electrons)의 배치는 Lewis 구조(또는 공명이 일어날 경우는 두 개 이상의 구조)에 의해 나타내며, 분자의 입체 구조는 VSEPR 모형으로 예측할 수 있다. 이 절에서는 원자 오비탈들이 분자 결합을 형성하기 위해 어떻게 전자를 공유하고 결합하는가에 대하여 알아보기로 한다.

sp^3 혼성화

그림 9.1에 도시된 Lewis 구조와 입체 구조를 갖는 메테인의 결합에 대하여 다시 생각해 보자. 일반적으로 원자가 오비탈(valence orbital)만이 결합에 기여한다고 가정하자. 즉, 메테인 분자에서 수소 원자는 $1s$ 오비탈을 결합에 사용한다. 탄소 원자의 원자가 오비탈은 그림 9.2와 같이 $2s$ 및 $2p$ 오비탈이다. 만일 탄소 원자가 이 오비탈들을 그대로 이용하여 수소 원자와 결합을 형성한다면 다음 두 가지 문제점들이 발생한다.

원자가 오비탈은 어떤 주어진 원자에서 전자가 채워져 있는 오비탈 중에서 가장 높은 주양자수의 오비탈이다.

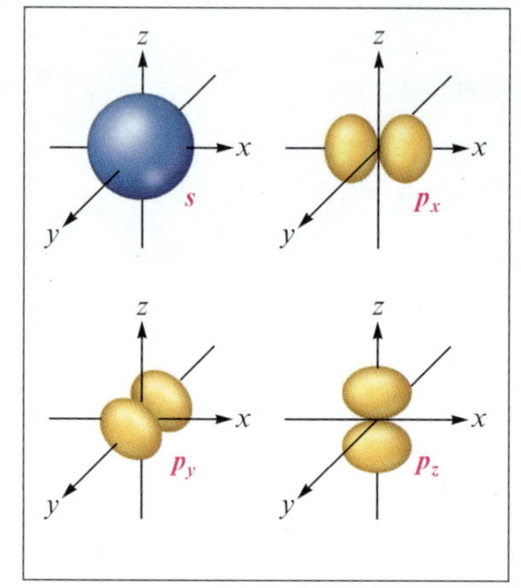

그림 9.2 자유 탄소 원자의 원자가 오비탈들: $2s$, $2p_x$, $2p_y$ 및 $2p_z$.

1. $2s$와 $2p$ 오비탈을 사용할 경우 두 가지의 다른 형태의 C—H 결합이 생긴다. 즉, (a) 탄소의 $2p$ 오비탈과 수소의 $1s$ 오비탈 사이의 중첩에 의한 결합(네 개의 결합 중 세 개의 결합이 생긴다)과 (b) 탄소의 $2s$ 오비탈과 수소의 $1s$ 오비탈 사이의 중첩에 의한 결합(네 개의 결합 중 한 개)이다. 그러나 이것은 메테인이 동일한 네 개의 C—H 결합을 가진다는 사실과 다르게 된다.
2. 탄소 원자의 세 개의 $2p$ 오비탈은 서로 직각이므로 이들로 이루어진 세 개의 C—H 결합들은 결합각이 90°가 되어야 한다.

그러나 실험적으로 밝혀진 메테인 분자의 구조는 결합각이 109.5°인 정사면체이다.

위 분석으로부터 다음 두 가지 결론 중 하나를 선택하여야 한다. 즉, 단순한 편재 전자 모형이 잘못되었거나 또는 메테인 분자를 형성할 때 탄소가 "본래의" $2s$ 및 $2p$ 원자 오비탈들이 아닌 다른 형태의 원자 오비탈들을 사용하여 수소 원자와 결합하는 경우이다. 이 중 두 번째 결론이 더 합리적이라고 할 수 있다. 즉, *고립되어 있는* 탄소 원자의 $2s$와 $2p$ 오비탈은 결합을 하는 데 최선의 오비탈 세트가 아닐 수 있다. 즉, 탄소 원자가 분자를 형성할 때 좀 더 나은 새로운 세트의 원자 오비탈들이 제공되는 것 같다. 실험적으로 알려진 메테인의 구조를 설명하기 위해서는 사면체 배열을 한 네 개의 동등한 오비탈을 탄소 원자가 가져야 한다. 실제로, 그림 9.3에 도시된 바와 같이 탄소의 $2s$와 $2p$ 오비탈들을 결합시키면 그와 같은 원자 오비탈을 쉽게 얻을 수 있다. 결합을 형성하기 위해 원래의 원자 오비탈들

혼성화란 편재 전자 모형을 수정한 것으로서, 원자들이 분자를 형성할 때 특별한 원자 오비탈을 사용한다는 실험 결과를 설명해준다.

그림 9.3(b)에 나타낸 혼성 오비탈의 모양은 파동함수에서 계산한 "버섯과 같은" 모양임을 주목하라.

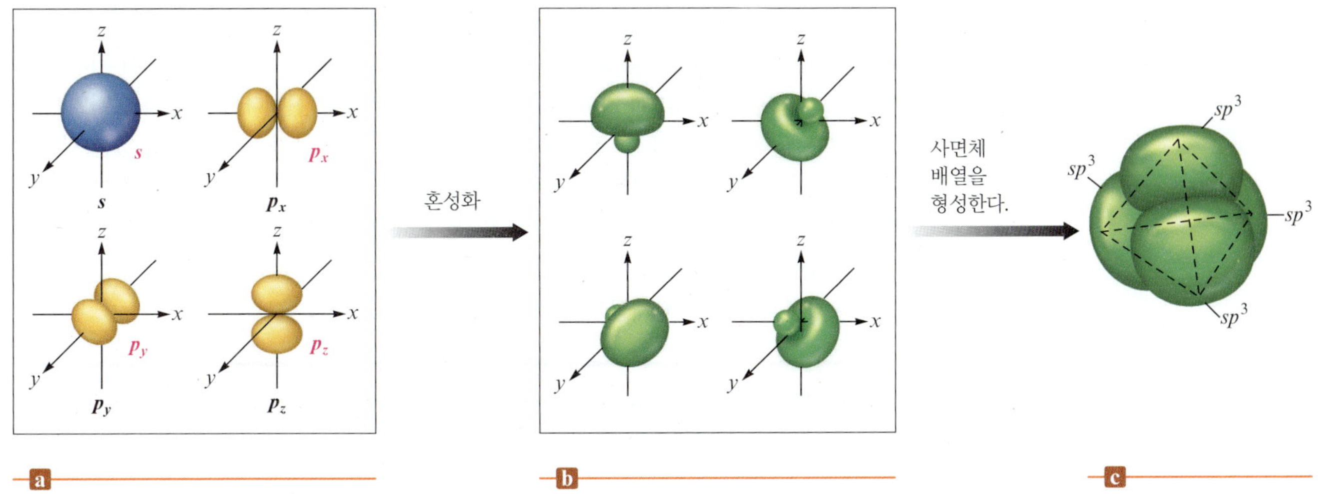

그림 9.3 자유 탄소 원자의 "본래의" 2*s* 및 3개의 2*p* 오비탈 특성들이(**a**) 결합하여(**b**) 네 개의 sp^3 오비탈로 구성된 새로운 세트를 형성한다(**c**). 보통, 오비탈을 명확하게 나타내기 위해 오비탈의 작은 로브는 생략한다.

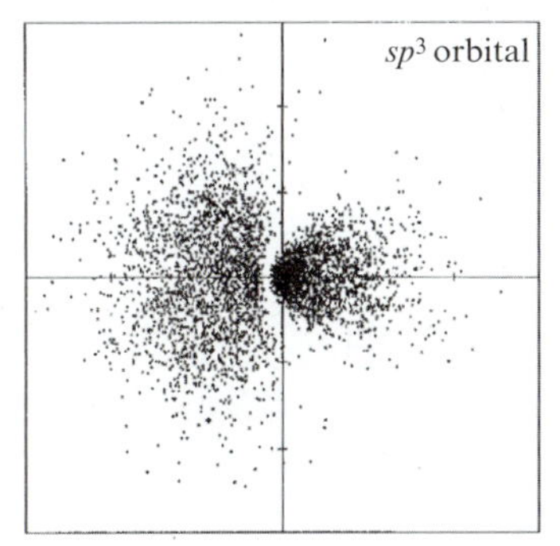

그림 9.4 sp^3 오비탈의 단면도. 이것은 그림 9.3(**b**)에 나타낸 sp^3 오비탈들의 전자 밀도의 한 "단면"을 보여주고 있다. (프로젝트 SERAPHIM disk PC2402의 프로그램을 사용하여 Robert Allendoerfer가 계산하였다. 허가받아 게재하였음.)

간에 일어나는 혼합을 **혼성화**(hybridization)라고 한다. 한 개의 2*s*와 세 개의 2*p* 오비탈로부터 만들어지기 때문에 새로운 4개의 오비탈을 sp^3 오비탈이라고 한다. 우리는 탄소 원자가 **sp^3 혼성화**가 일어났다라고 하거나 또는 **혼성화된 sp^3** 오비탈을 가진다고 한다. 네 개의 sp^3 혼성 오비탈의 모양은 똑같으며, 각각의 모양은 한 개의 큰 로브와 한 개의 작은 로브로 되어 있다(그림 9.4 참조). 이들 네 개의 오비탈들은 그림 9.3(c)에 나타낸 바와 같이 큰 로브가 정사면체 배열이 되도록 공간적으로 배향된다.

탄소의 2*s*와 2*p* 오비탈들의 혼성화를 오비탈 에너지-준위 도표에 의해 역시 나타낼 수 있다(그림 9.5). 개별 원자가 갖는 전자 배열을 특별히 고려할 필요가 없기 때문에 전자들의 표시는 생략하였다. 여기에서 중요한 것은 전체 전자 수와 *분자*에서의 전자들의 배열이다. 분자 전체에 대해 최적의 전자 배열을 할 수 있도록 탄소 원자 오비탈들이 재배열된다고 가정하자. 새로 만들어진 탄소의 sp^3 혼성 오비탈은 4개의 수소 원자의 1*s* 오비탈들과 전자쌍을 공유하는 데 사용된다(그림 9.6).

지금까지 설명한 메테인 분자의 결합을 요약하면 다음과 같다. 탄소 원자가 새로운 한 벌의 특수한 원자 오비탈로 변형된다고 생각하면, 이미 알려진 이 분자의 입체 구조를 잘 설명할 수 있다. 모양이 동일한 새로운 이들 네 개의 오비탈은 탄소 원자에 있는 한 개의 2*s*와 세 개의 2*p* 오비탈을 혼성화하여 형성되며, 이들은 사면체의 각 꼭짓점을 향해서 수소 원자와 결합한다. 이렇게 메테인 분자의 실제 입체 구조는 탄소 원자 네 개의 sp^3 혼성 오비탈을 이용하여 설명할 수 있다.

다음 원리는 기억해 두는 것이 좋다. **어떤 원자가 정사면체 구조를 가진 원자 오비탈을 이루는 경우 항상 한 벌의 sp^3 오비탈을 만든다. 즉, 그 중심에 있는 원자는 sp^3 혼성화를 이룬다.**

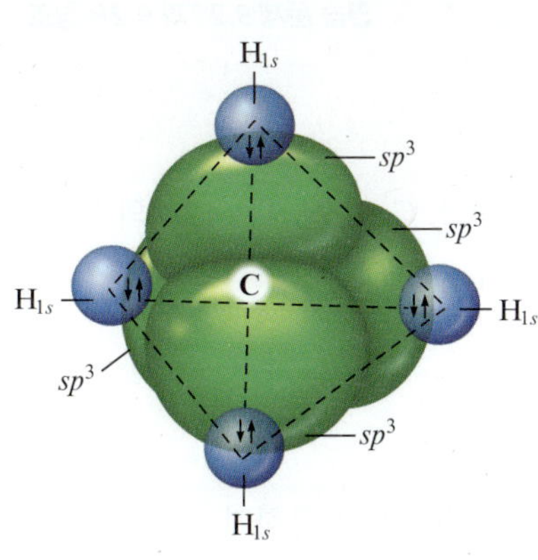

그림 9.6 사면체 배열을 하고 있는 탄소의 4개의 sp^3 오비탈은 수소의 1*s* 오비탈과 전자쌍을 공유하여 4개의 C—H 결합을 형성한다. 이 모형은 알려진 메테인(CH_4) 분자의 사면체 구조를 잘 설명하고 있다.

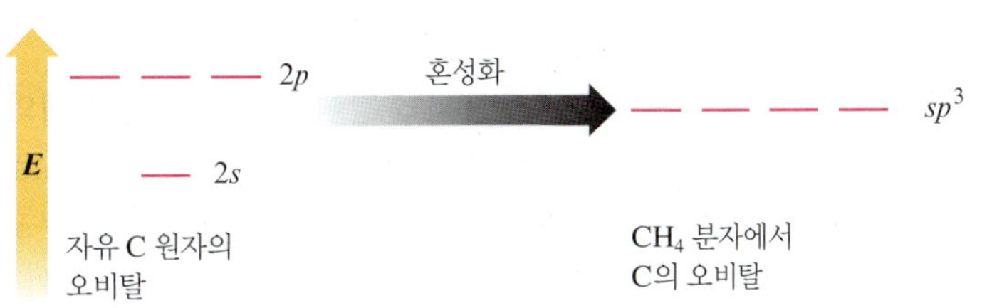

그림 9.5 4개의 sp^3 오비탈 형성을 보여주는 에너지-준위 도표.

분자 내의 어떤 원자가 자신의 원자 오비탈을 사용하여 **혼성 오비탈**(hydrid orbital)이라고 하는 새로운 오비탈을 형성한다고 해서 이상할 것은 없다. 분자를 이룰 때 최저의 에너지 상태에 도달하기 위하여 자유 상태에서의 원자 오비탈과는 다른 형태의 오비탈을 사용하는 것은 당연하다고 볼 수 있다. 이러한 가정은 분자는 분자를 구성하고 있는 각각의 파트들의 단순한 합 그 이상이라는 개념과 일치한다고 볼 수 있다. 분자 내에 전자들이 어떻게 최적의 배열이 일어나는가가 중요하지, 분자 내에서의 원자들이 분자가 형성되기 전과 얼마나 유사한가라는 점은 그다지 중요하지 않다. 이 혼성화 모형은 분자 형성 시 개별 원자들은 최저 에너지가 되게끔 대응한다고 가정하고 있다.

비판적 사고 sp^3 혼성 오비탈이 p 오비탈보다 에너지가 더 높다면 어떻게 되겠는가? 이것은 결합 모형에 어떤 영향을 미치겠는가?

예제 9.1 편재 전자 모형 I

편재 전자 모형으로 암모니아 분자(NH_3)의 결합을 설명하라.

풀이 다음의 세 단계를 거치면 결합에 대하여 완전히 설명할 수 있다.

1. Lewis 구조를 그린다.
2. VSEPR 이론으로 전자쌍의 전자 배치를 결정한다.
3. 분자 내의 결합을 기술하기 위해 필요한 혼성 오비탈을 결정한다.

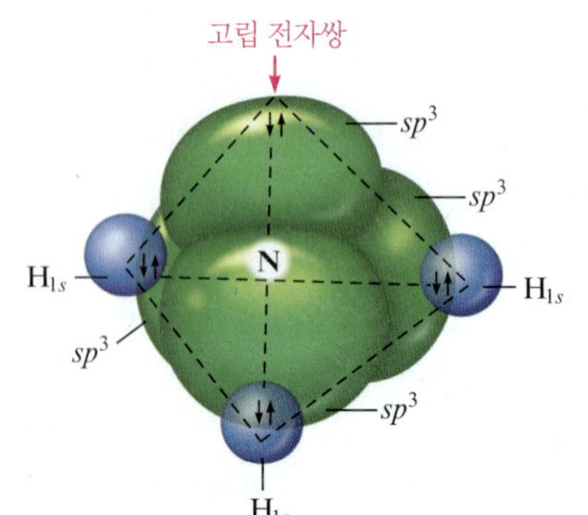

그림 9.7 암모니아에서 질소 원자는 sp^3 혼성화를 한다.

암모니아(NH_3)의 Lewis 구조는 다음과 같다.

```
H — N̈ — H
    |
    H
```

질소 원자 주위의 네 개의 전자쌍은 전자들 간의 반발을 최소화하기 위하여 정사면체 구조의 전자 배치를 가져야 한다. 이미 설명한 바와 같이, sp^3 혼성 오비탈은 질소 원자에서 한 개의 $2s$와 세 개의 $2p$ 원자 오비탈들의 결합에 의해 얻어진다. NH_3 분자에서 질소의 네 개의 sp^3 혼성 오비탈 중 세 개는 수소 원자와 결합하는 데 사용되고, 남은 한 개는 고립 전자쌍을 채우는데 사용된다(그림 9.7).

연습 문제 9.27과 9.28 참조

sp^2 혼성화

에틸렌(C_2H_4)은 플라스틱 제조에서 중요한 출발 물질이다. C_2H_4 분자는 12개의 원자가 전자를 가지고 있으며, 다음과 같은 Lewis 구조를 갖는다.

```
H       H
 \     /
  C = C
 /     \
H       H
```

이중 결합은 한 개의 유효 전자쌍 역할을 한다.

제8장에서 배운 바와 같이 이중 결합은 한 개의 유효 전자쌍으로 작용하기 때문에 에틸렌 분자의 각각의 탄소 원자는 3개의 유효 쌍으로 둘러싸였다고 볼 수 있다. 이 경우 에틸렌 분자는 120°의 결합각을 갖는 평면삼각형 구조를 가진다. 에틸렌 분자가 형성될 때 탄소 원자들은 어떤 오비탈을 이용할까? 이 분자의 구조는 120° 각도의 평면을 이루는 오비탈들이 필요하다. 그러나 탄소 원자의 $2s$와 $2p$ 오비탈은 이런 배치를 하고 있지 않으므로 새

로운 혼성 오비탈이 필요하다.

sp^2 혼성화는 원자 오비탈이 삼각 평면 배열을 한다.

sp^3 오비탈은 120°가 아닌 109.5°의 결합각을 가지기 때문에 이 경우에는 타당하지 않다. 따라서 에틸렌의 탄소 원자는 다른 방법으로 혼성화되어야 한다. 그림 9.8에 나타낸 바와 같이, 한 개의 *s* 오비탈과 두 개의 *p* 오비탈을 혼합하면 동일 평면상에 120°의 각으로 배열될 수 있는 세 개의 새로운 오비탈들을 얻을 수 있다. 이 새로운 오비탈의 에너지-준위를 그림 9.9에 나타내었다. 한 개의 2*s*와 두 개의 2*p* 오비탈을 사용하므로 이것을 sp^2 혼성화(sp^2 hybridization)라고 부른다. sp^2 혼성 오비탈이 놓여 있는 평면은 어떤 *p* 오비탈이 사용되었느냐에 따라 결정된다. 여기에서는 임의로 p_x와 p_y 오비탈을 사용하였으므로 sp^2 혼성 오비탈은 *xy* 평면상에 중심을 이루고 있다.

그림 9.10과 다음에 나오는 그림에서 오비탈의 로브를 가늘게 그려서 상대적인 배향이 잘 나타나도록 하였다.

sp^2 혼성화 과정에서 한 개의 2*p* 오비탈은 사용되지 않고 그대로 남아 있다. 그림 9.10과 같이 남은 오비탈(p_z)은 sp^2 오비탈들이 놓인 평면에 수직 방향을 향하고 있다.

이제 sp^2 오비탈을 이용하여 에틸렌 분자의 결합들이 어떻게 만들어지는가를 설명할 수 있다. 탄소의 세 sp^2 오비탈은 그림 9.11처럼 이웃 원자들(탄소와 두 수소)과 전자를 공유하며 결합을 이루는 데 사용된다. 그중 두 탄소 원자들 간의 결합은 이들을 잇는 직선 주변의 공간에서 전자쌍을 공유한다. 이 공유 결합을 **시그마(σ) 결합**(sigma bond)이라고 부른다. 에틸렌 분자에서 탄소와 수소 원자 간의 시그마 결합은 각 탄소 원자의 sp^2 오비탈과 수소의 1*s* 오비탈들 간의 중첩으로 만들어진다.

탄소와 탄소 사이의 이중 결합은 어떻게 설명할 수 있을까? 시그마 결합에서는 전자쌍이 탄소와 탄소 사이의 공간을 차지한다. 그러나 두 번째 결합은 시그마 결합의 *위와 아래에* 있는 공간에서 전자쌍을 공유함으로써 이루어진다. 이 결합은 sp^2 혼성 오비탈에 수직인 2*p* 원자 오비탈들의 중첩에 의해 만들어진다(그림 9.10). 서로 평행한 이 두 개의 *p* 오비탈은 두 원자를 잇는 선의 아래위 공간에서 전자쌍을 공유하면서 **파이(π) 결합**(pi bond)을 만든다(그림 9.12).

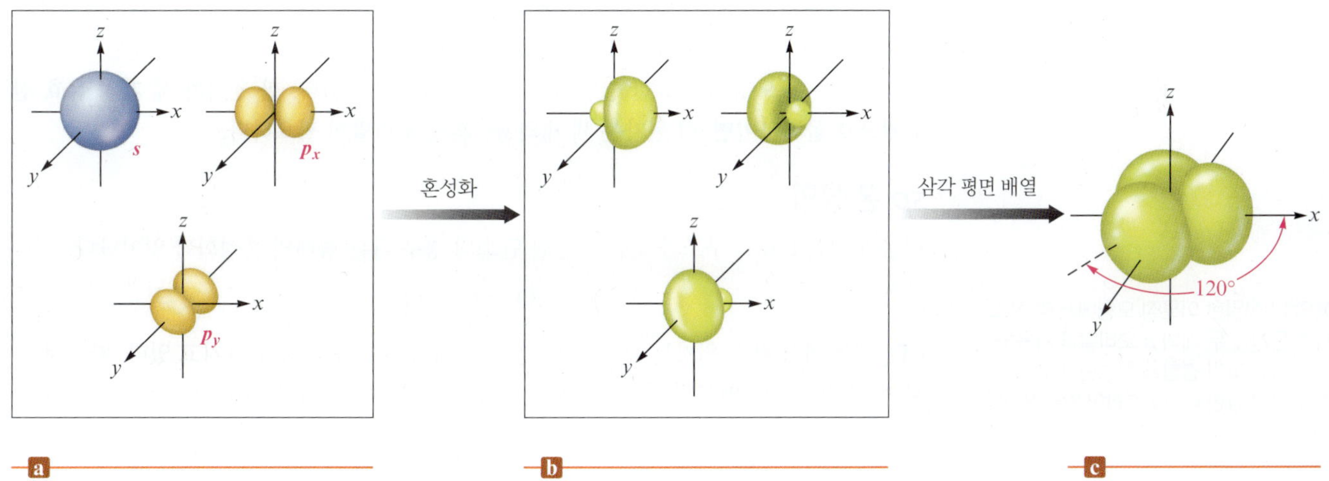

그림 9.8 *s*, p_x 및 p_y 원자 오비탈들의 혼성화에 의해 세 개의 sp^2 오비탈이 만들어지며 이들은 *xy* 평면상에 있다. 이 오비탈들의 큰 로브들은 120° 각도로 평면에 놓이게 되며 삼각형의 각 꼭짓점을 향하고 있다.

그림 9.9 sp^2 혼성 오비탈에 대한 에너지-준위 도표. 한 개의 *p* 오비탈은 변화되지 않고 그대로 있음을 유의하라.

그림 9.10 한 개의 s와 두 개의 p 오비탈들이 혼성화하여 세 개의 새로운 sp^2 혼성 오비탈이 만들어지고, 한 개의 p 오비탈은 변하지 않은 채 sp^2 혼성 오비탈 평면에 수직 방향으로 놓이게 된다. 이 그림에서 오비탈의 배향이 더 분명하게 보이도록 오비탈을 가늘게 그려 놓았다.

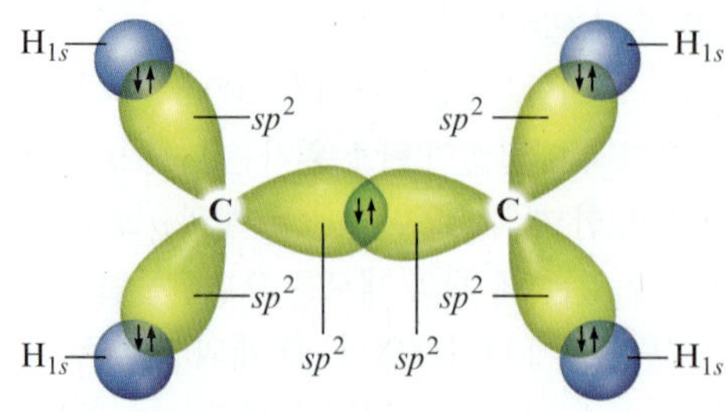

그림 9.11 에틸렌의 σ 결합들. 각 결합에서 공유된 전자쌍은 주로 두 원자들 사이의 공간에 위치하고 있다.

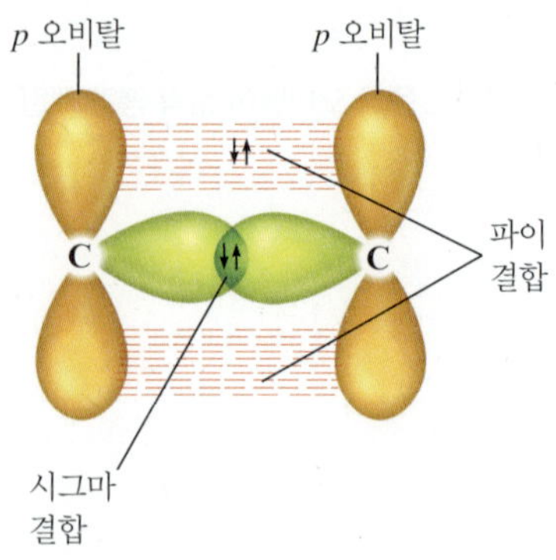

그림 9.12 탄소-탄소 이중 결합은 한 개의 σ 결합과 한 개의 π 결합으로 이루어졌다. σ 결합에서 공유된 전자들은 두 원자 사이의 공간에 있다. π 결합은 두 탄소 원자들의 혼성화에 참여하지 않은 p 오비탈들로부터 만들어진다. π 결합에서의 공유 전자쌍은 두 원자들을 잇는 선분의 위와 아래의 공간을 차지한다.

σ 결합은 혼성 오비탈의 두 로브가 서로 맞닿아 직접 겹쳐져서 만들어지고, π 결합은 평행한 두 π 원자 오비탈이 옆으로 겹쳐서 만들어진다. σ 결합은 두 로브가 서로를 향한 오비탈로부터 형성되지만, π 결합은 평행한 오비탈로부터 생성된다는 점에 유의하라. *이중 결합*은 전자쌍이 원자들 사이에 직접 위치하는 *한 개의 σ 결합과*, 공유 결합 쌍이 σ 결합의 위와 아래 공간을 차지하는 *한 개의 π 결합으로 되어있다*.

에틸렌 분자에서 결합을 형성하는 데 사용되는 오비탈은 그림 9.13과 같이 나타낼 수 있다. 즉, 두 탄소 원자는 sp^2 혼성 오비탈을 사용하여 그들 사이에 σ 결합을 형성하고, 나머지는 수소와 σ 결합을 형성한다. 그리고 혼성화되지 않은 나머지 p 원자 오비탈은 π 결합을 형성한다. 탄소-탄소 이중 결합과 탄소-수소 단일 결합으로 되어 있는 에틸렌의 Lewis 구조는 바로 이와 같은 결합 형태를 가진다.

이 예는 이 모형의 중요한 일반적인 원리를 나타내고 있다: **한 원자가 세 개의 유효 전자쌍으로 둘러싸이면, 이 원자는 세 개의 sp^2 혼성 오비탈이 필요하다.**

sp 혼성화

다음과 같은 Lewis 구조를 갖는 이산화 탄소의 경우 다른 형태의 혼성화가 일어난다.

$$:\ddot{O}=C=\ddot{O}:$$

CO_2 분자에서 탄소 원자는 180°로 배열된 두 개의 유효 전자쌍을 가지고 있다. 따라서 서로 반대 방향으로 배열된 한 쌍의 원자 오비탈이 필요하다. sp^3나 sp^2 혼성 오비탈들은 모두 이 경우와 맞지 않으므로 새로운 종류의 혼성화가 필요하다. 180°를 이루는 두 개의 혼

CO_2의 더 정밀한 이론적 모형에서 각 산소 원자는 동시에 두 개의 p 오비탈을 사용하여 탄소 원자와 파이 결합을 형성한다. 따라서 보기 드물게 강한 C=O 결합이 만들어진다고 보고 있다.

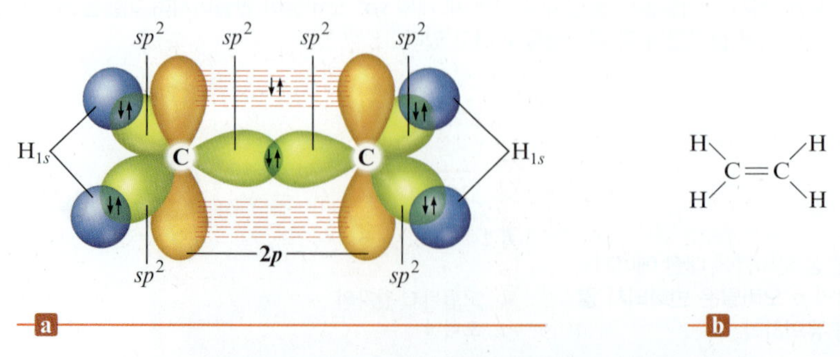

그림 9.13 (a) 에틸렌의 결합 형성에 사용되는 오비탈들. (b) 에틸렌의 Lewis 구조.

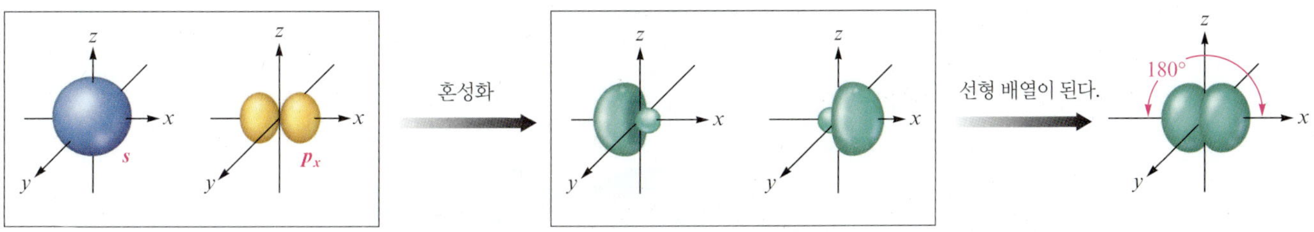

그림 9.14 한 개의 s 오비탈과 한 개의 p 오비탈이 혼성화되면, 180°로 배열하는 두 개의 sp 오비탈이 만들어진다.

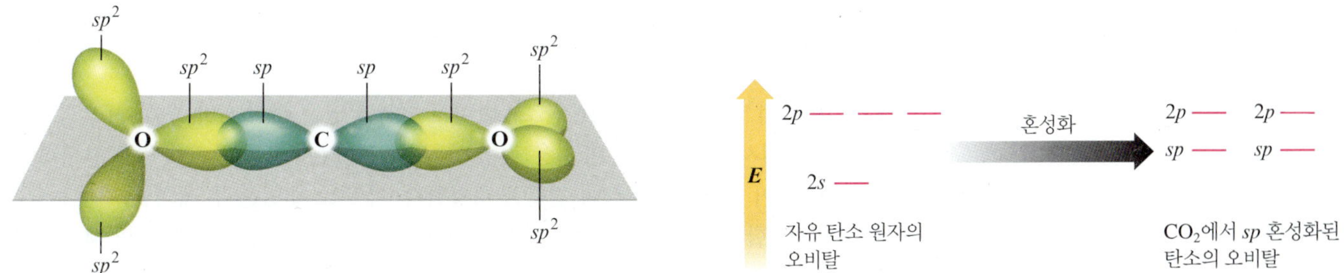

그림 9.15 CO_2 분자에서의 혼성 오비탈들.

그림 9.16 탄소 원자의 sp 혼성화에 대한 오비탈 에너지-준위 도표.

성 오비탈을 얻으려면 한 개의 s 오비탈과 한 개의 p 오비탈이 참여하는 ***sp* 혼성화**(*sp* hybridization)가 일어나야 한다(그림 9.14).

혼성화 및 편재 모형에서는 한 개의 원자 주위에 두 개의 유효 전자쌍을 갖는 원자는 항상 *sp* 혼성화를 하여야 한다. 이산화 탄소 분자에서 탄소의 sp 오비탈의 모양은 그림 9.15와 같다. 이 오비탈의 형성에 관련된 각 오비탈의 에너지-준위는 그림 9.16에 나타내었다. 이 sp 혼성 오비탈들은 탄소와 산소 원자들 사이에 일어나는 σ 결합 형성에 사용된다. sp 혼성화가 일어난 탄소 원자에는 혼성화되지 않은 두 개의 $2p$ 오비탈이 그대로 남아 있다는 점을 주목하기 바란다. 이 $2p$ 오비탈들은 산소 원자들과 π 결합을 형성하는 데 사용된다.

CO_2 분자에서 각 산소 원자는* 그 주위에 평면 삼각형 배열을 하는 세 개의 유효 전자쌍들을 가지고 있다. 따라서 각 산소 원자가 삼각 평면형을 가지려면 sp^2 혼성화를 하여야 하며, 각 산소 원자는 sp^2 혼성화가 되어있다. 산소에서 한 개의 p 원자 오비탈은 혼성화를 하지 않고 그대로 남게 되는데, 이것은 탄소 원자의 p 오비탈과 π 결합을 형성하는 데 사용된다.

이제 배운 모형을 사용하여 이산화 탄소의 결합에 대하여 기술할 수 있다. 탄소의 sp 오비탈은 산소의 sp^2 오비탈과 σ 결합을 형성한다(그림 9.15 참조). 산소 원자에 결합에 참여하지 않고 남아 있는 sp^2 오비탈에는 고립 전자쌍들이 차지한다. 탄소 원자와 각 산소 원자 사이의 π 결합은 평행한 $2p$ 오비탈들의 겹침에 의하여 만들어진다. sp 혼성화된 탄소 원자는 혼성화되지 않은 두 개의 p 오비탈을 가지고 있다(그림 9.17). 바로 이 p 오비탈들이 산소 원자와 π 결합을 만든다(그림 9.18). 이산화 탄소 분자의 전체 결합 형태는 그림 9.19와 같다. 이 결합 형태는 Lewis 구조에 의하여 예측되는 전자 배치와 잘 일치한다.

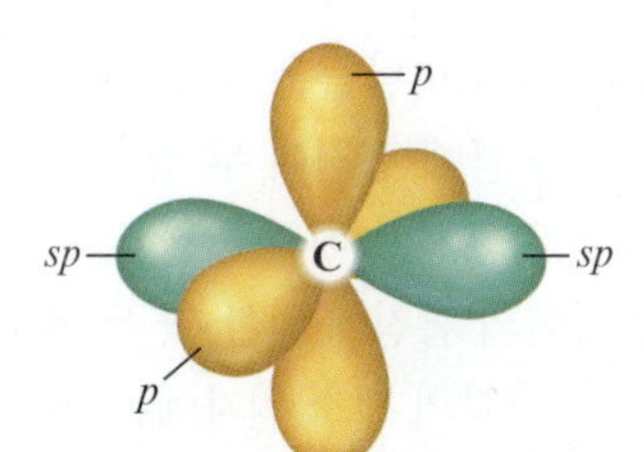

그림 9.17 sp로 혼성화된 탄소 원자의 오비탈들.

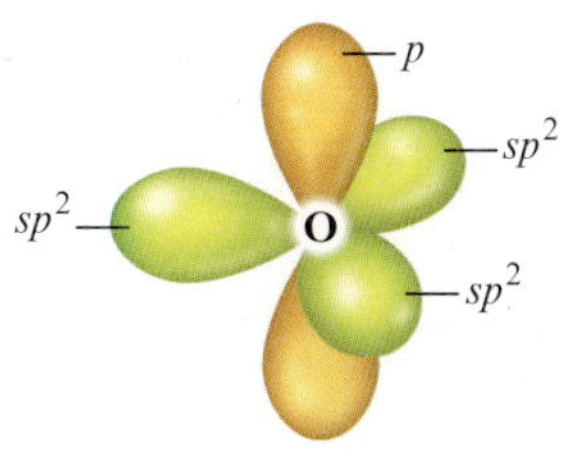

그림 9.18 sp^2로 혼성화된 산소 원자의 오비탈 배열.

sp 혼성으로 결합을 설명할 수 있는 다른 분자는 에타인(enthyne)이라는 체계적인 이름을 가진 아세틸렌(acetylene, C_2H_2)이다. 아세틸렌의 Lewis 구조는 다음과 같다.

삼중 결합은 한 개의 유효 반발 단위로 취급하기 때문에, 각 탄소는 두 개의 유효 전자쌍을 가지고 있으며 선형 배열이 요구된다. 따라서 각 탄소는 sp 혼성을 하며, 혼성하지 않은 두

* 전자 반발력의 최소화는 분자 내의 주위 원자들에서도 중요하며, 당연히 이산화 탄소 내의 산소 원자에도 VSEPR 모형이 적용된다고 가정한다.

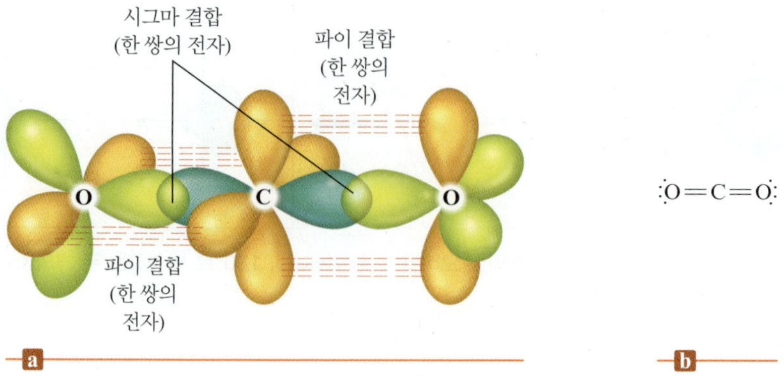

그림 9.19 (**a**) 이산화 탄소의 결합에 사용되는 오비탈들. 각각의 탄소-산소 이중 결합은 한 개의 σ 결합과 한 개의 π 결합으로 되어있다. (**b**) 이산화 탄소의 Lewis 구조.

개의 *p* 오비탈이 남는다(그림 9.16 참조). 반대로 향하고 있는 *sp* 오비탈 중 하나(그림 9.14 참조)는 수소 원자와 결합하는 데 사용되며, 다른 *sp* 오비탈은 다른 탄소에 있는 유사한 *sp* 오비탈과 겹침이 일어나서 시그마 결합을 형성한다. 각 탄소에 있는 두 개의 *p* 오비탈이 겹쳐져서 파이 결합 두 개를 형성한다. 이것이 아세틸렌에 있는 삼중 결합(하나의 시그마 결합과 두 개의 파이 결합)에 대한 설명이다.

예제 9.2 편재 전자 모형 II

질소 분자의 결합에 대하여 설명하라.

풀이 질소 분자의 Lewis 구조는 다음과 같다.

$$:N \equiv N:$$

이 구조에서 질소 원자 주위에는 두 개의 유효 전자쌍이 있다. (다중 결합은 한 개의 유효 전자쌍으로 간주한다.) 이 분자는 선형 구조(180°)이므로 서로 반대 방향에 있는 오비탈 한 쌍이 필요하다. 이 경우 *sp* 혼성화가 요구된다. 각 질소 원자는 두 개의 *sp* 오비탈과 남은 두 개의 *p* 오비탈을 가지고 있다[그림 9.20(a)]. *sp* 오비탈 한 개는 다른 질소와 σ 결합을 하고, 남은 한 개는 고립 전자쌍을 채운다[그림 9.20(b)]. *p* 오비탈들은 두 개의 π 결합을 만드는 데 사용된다[그림 9.20(c)]. 즉, 평행한 *p* 오비탈들 간에 겹침이 두 쌍이 생기고 각각은 한 개의 전자쌍을 가진다. 이 결합 형태는 Lewis 구조의 전자 배치와 잘 일치한다. 그러므로 삼중 공유 결합은 한 개의 σ 결합(두 *sp* 오비탈 사이의 겹침에 의함)과 두 개의 π 결합(두 *p* 오비탈 사이의 겹침에 의함)으로 되어 있다. 한편, 각각의 질소 원자에는 *sp* 오비탈에 고립 전자쌍이 존재하게 된다.

연습 문제 9.29와 9.30 참조

dsp^3 혼성화

비록 이 단순한 모형이 이들 분자의 결합을 설명하는 데 사용될 수 있었지만, 분자의 실제 결합에서는 *d* 오비탈을 사용해야 한다.

중심 원자가 팔전자계 규칙을 벗어나는 분자를 다루는 방법을 살펴보기 위하여 오염화 인(PCl_5)의 결합을 예로 들어보자. PCl_5의 Lewis 구조는 다음과 같다.

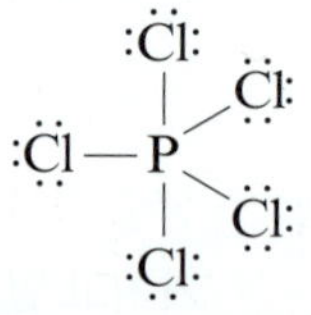

(Lewis 구조: P 원자에 다섯 개의 :Cl: 이 결합)

PCl_5의 Lewis 구조는 인 원자 주위에 다섯 개의 전자쌍이 있음을 보여준다. 다섯 개의 전자쌍의 경우 삼각쌍뿔 배열을 하여야 하므로, 인은 삼각쌍뿔형 원자 오비탈 세트가 필요

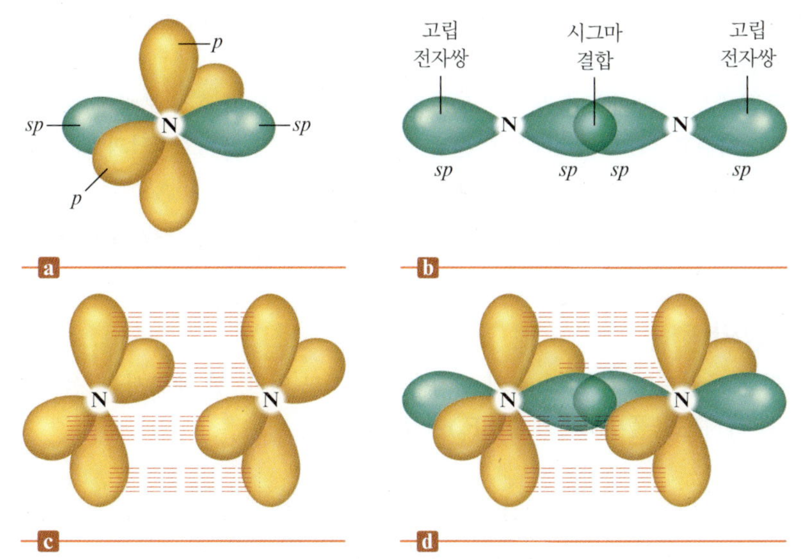

그림 9.20 (**a**) sp로 혼성화된 질소 원자. 두 개의 sp 혼성 오비탈과 혼성화하지 않은 두 개의 p 오비탈들이 있다. (**b**) N_2 분자의 σ 결합. (**c**) N_2 분자에서 두 개의 π 결합은 두 세트의 평행한 p 오비탈들 간에 전자쌍이 공유됨으로써 만들어진다. (**d**) N_2 분자의 전체 결합을 나타내는 그림.

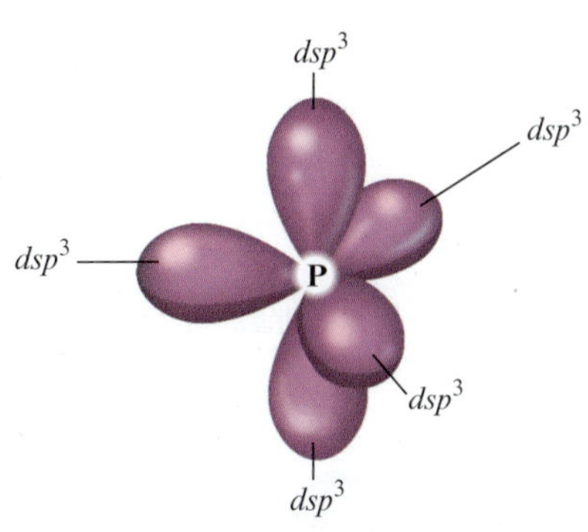

그림 9.21 인 원자가 갖는 dsp^3 혼성 오비탈 세트. 다섯 개의 dsp^3 오비탈로 이루어진 이 세트는 삼각쌍뿔 배열을 가진다. (각각의 dsp^3 오비탈은 또한 작은 로브를 가지고 있지만, 이 그림에서는 나타내지 않았다.)

하다. 이러한 오비탈 세트는 한 개의 s, 세 개의 p, 한 개의 d 오비탈들이 ***dsp***^{3} **혼성화**(dsp^3 hybridization)에 의해서 만들 수 있다(그림 9.21). 이 모형은 편리하지만, d 오비탈을 사용함으로써 이 분자에서 실제 결합의 정확한 모습을 보여주지 못한다. 최근의 연구에 따르면 팔전자 규칙을 초과하는 분자에서 결합을 위한 더 복잡한 모형이 필요하다는 것이 알려졌다. 이 새로운 모형은 분자에서 결합을 설명하기 위해 d 오비탈을 사용하지 않는다. (이 모형에 대한 설명은 이 책의 범위를 벗어난다.) 이 문제는 우리가 사용하는 단순한 모형이 종종 지나치게 단순화되어 있다는 것을 한 번 더 생각하게 해 준다. 우리는 편리함과 널리 사용되기 때문에 이 간단한 모형을 문제가 있는 경우에도 계속 사용할 것이다.

이 모형에서 PCl_5의 인 원자는 다섯 개의 dsp^3 혼성 오비탈을 써서 다섯 개의 염소 원자와 전자쌍을 공유한다. 주어진 원자 주위에 다섯 개의 유효 전자쌍을 가지면 삼각쌍뿔 배열, 즉 dsp^3 혼성화가 필요함을 주목하라.

PCl_5의 Lewis 구조에서 각각의 염소 원자는 네 개의 전자쌍을 가진다. 이 전자쌍들은 사면체 배열을 하므로 각 염소 원자는 sp^3 혼성화를 하여야 한다.

이제 우리는 그림 9.22에 나타낸 PCl_5 분자의 결합을 다음과 같이 설명할 수 있다. 다섯 개의 P—Cl σ 결합은 인 원자의 dsp^3 오비탈과 각 염소의 오비탈이 전자쌍을 공유함으로서 만들어진다.

그림 9.22 PCl_5 분자의 구조.

예제 9.3 편재 전자 모형 III

삼아이오딘화 이온(I_3^-)의 결합을 설명하라.

풀이 I_3^- 이온의 Lewis 구조는 다음과 같다.

$$\left[:\ddot{\underset{..}{I}}-\ddot{\underset{..}{I}}-\ddot{\underset{..}{I}}: \right]^-$$

중심에 있는 아이오딘 원자는 다섯 개의 전자쌍을 가지고 있다(8.11절 참조). 다섯 개의 전자쌍은 삼각쌍뿔 배열을 해야 하므로 dsp^3 혼성 오비탈이 필요하다. 중심 아이오딘 원자 주위에 있는 두 아이오딘 원자는 네 개의 전자쌍을 가지므로 사면체 구조를 하며, 따라서 sp^3 혼성화가 일어난다.

따라서 중심에 있는 아이오딘 원자는 dsp^3 혼성화되어 있다. 이 혼성 오비탈 중 세 개는 고립 전자쌍을 채우고, 나머지 두 개는 다른 두 아이오딘 원자의 sp^3 오비탈과 겹쳐져서 σ 결합을 형성한다.

연습 문제 9.35 참조

d^2sp^3 혼성화

d^2sp^3 혼성화는 팔면체 배열을 하는 여섯 개의 오비탈을 형성한다.

몇 가지 분자는 중심 원자가 여섯 개의 전자쌍을 가지고 있다. 한 예로서, 다음과 같은 Lewis 구조를 가지는 육플루오린화 황(SF_6)이 있다.

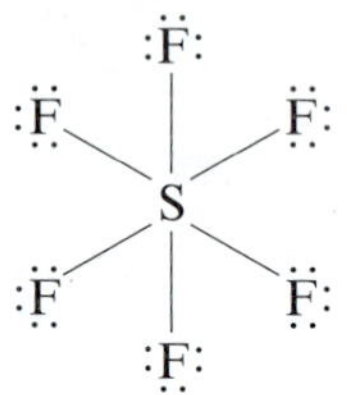

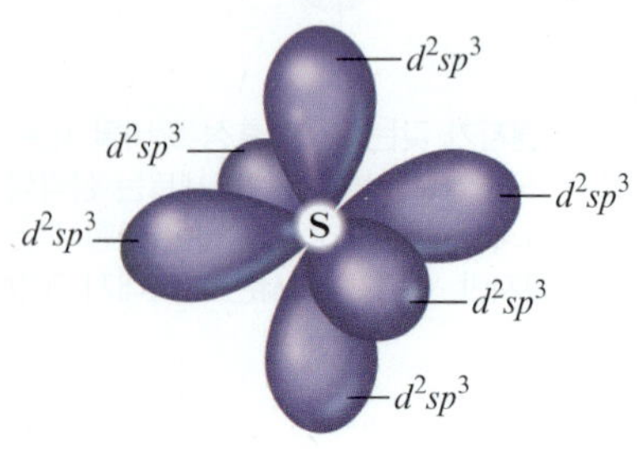

그림 9.23 황 원자가 갖는 d^2sp^3 오비탈들의 팔면체형 세트. 명료한 그림을 위해 각 혼성 오비탈의 작은 로브는 생략하였다.

이 분자의 중심 원자는 팔면체 전자쌍 배치를 하고 두 개의 d 오비탈, 한 개의 s 오비탈, 세 개의 p 오비탈들의 혼성에 의하여 여섯 개의 새로운 $\boldsymbol{d^2sp^3}$ **혼성**(d^2sp^3 hybridization) 오비탈이 만들어진다(그림 9.23). 원자 주위의 여섯 개의 전자쌍은 항상 팔면체로 배열되며, d^2sp^3 혼성화가 요구된다. 황 원자의 d^2sp^3 오비탈들은 플루오린 원자와 공유 결합을 하는 데 쓰인다. 이때, 플루오린 원자는 네 개의 전자쌍을 가지고 있으므로 sp^3 혼성화를 하게 된다.

대화형 예제 9.4 편재 전자 모형 IV

XeF_4 분자에서 제논 원자는 어떤 혼성화를 하는가?

풀이 예제 8.13에서 본 바와 같이, XeF_4 분자에는 제논 원자 주위에 여섯 개의 전자쌍이 있으며, 이들은 전자쌍 반발을 최소화하기 위하여 팔면체 구조를 한다. 이러한 전자들을 가지기 위해서는 여섯 개의 오비탈로 구성된 팔면체형 세트가 필요하므로, 제논은 d^2sp^3 혼성화를 하게 된다.

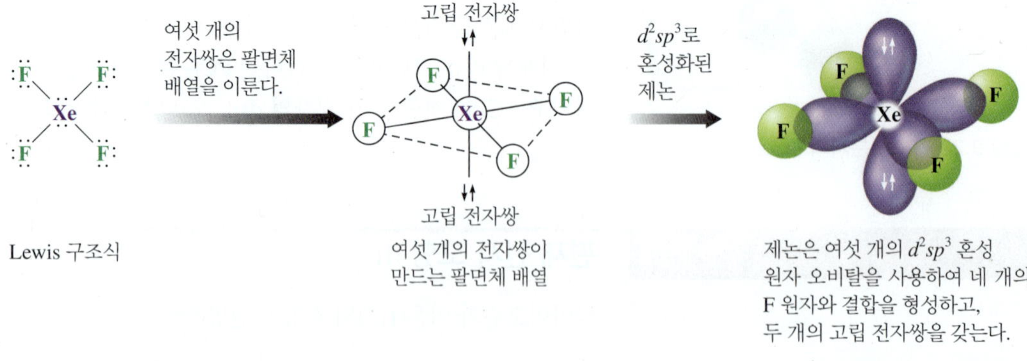

연습 문제 9.36 참조

편재 전자 모형: 요약

편재 전자 모형을 사용하여 분자를 설명하는 데는 다음의 세 단계를 거친다.

문제 풀이 전략

편재 전자 모형을 이용하여

1. Lewis 구조를 그린다.
2. VSEPR 모형에 의한 전자쌍 배치를 결정한다.
3. 전자쌍을 채우기 위해 필요한 혼성 오비탈을 정한다.

이 순서로 단계를 수행하는 것이 중요하다. 한 모형이 완전하려면 자연의 우선 순위를 따라야 한다. 결합의 경우, 자유로운 상태에 있는 개별 원자들의 특성보다는, 분자를 형성하면서 에너지를 최소로 하려는 경향이 더 중요하다. 즉, 원자는 분자의 "요구"에 따라야 한다. 그러므로 분자의 결합을 논의할 때에 항상 먼저 고려되어야 할 것은 성분 원자보다는 분자 그 자체여야 한다. 분자를 형성한 각 원자는 불활성 기체와 같은 전자 배치를 가지면서(그렇지 않은 경우도 있지만) 전자쌍 사이의 반발이 최소가 되도록 배열되어야 한다. 따라서, 원자들은 분자가 가장 안정한 에너지를 가지도록 혼성화하여 그 오비탈을 조정한다.

편재된 전자 모형을 적용할 때 알아두어야 할 것은 각 원자의 성질을 지나치게 강조해서는 안 된다는 것이다. 다시 말해서 원자가 전자가 어느 원자에서 나온 것인가는 중요하지 않다. 안정한 분자를 형성하기 위하여 분자 상태에서 이들 전자들이 어떻게 배치되느냐가 더 중요하다. 문제가 되는 것은 원자 상태에서의 오비탈이 아니라, 어떻게 해야 분자의 에너지가 최소가 되느냐이다.

여러 가지 경우에 필요한 혼성 오비탈을 그림 9.24에 요약하였다.

대화형 예제 9.5 편재 전자 모형 V

다음의 분자 및 이온에서 각 원자의 혼성화를 예측하고, 분자 구조를 설명하라.

a. CO **b.** BF_4^- **c.** XeF_2

풀이 **a.** CO 분자는 총 10개의 원자가 전자를 가지며, Lewis 구조는 다음과 같다.

$$:C{\equiv}O:$$

각 원자는 두 개의 유효 전자쌍을 가지므로 두 원자 모두 *sp* 혼성화를 이룬다. 두 원자의 *sp* 오비탈이 겹쳐 한 개의 σ 결합을 만들고, 양쪽 원자의 $2p$ 오비탈들이 겹쳐 두 개의 π 결합을 이룬다. 고립 전자쌍들은 *sp* 오비탈에 채워진다. CO 분자는 단지 두 개의 원자들을 가지므로 그 구조는 선형이어야 한다.

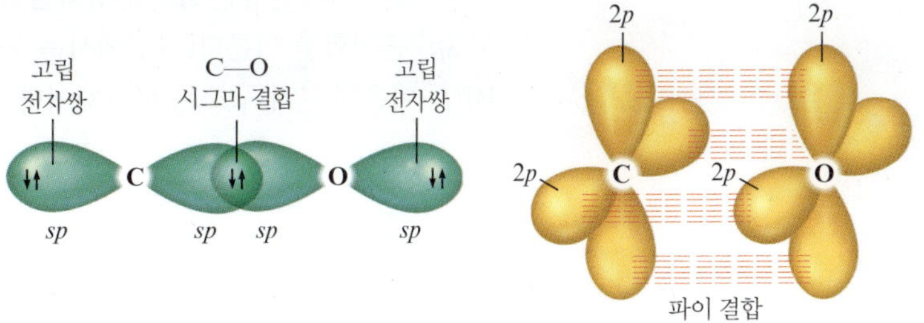

b. BF_4^- 이온은 총 32개의 원자가 전자를 갖는다. Lewis 구조에 의하면 붕소 원자 주위에 네 개의 전자쌍이 있으며, 따라서 사면체 구조를 가진다.

B 주위에 있는 4개의 전자쌍

그림 9.24 유효 전자쌍의 수와 그들의 공간적 배열 및 요구되는 혼성 오비탈 세트의 관계.

유효 전자쌍의 개수	전자쌍 배열	필요한 혼성 오비탈
2	선형	sp (180°)
3	삼각 평면	sp^2 (120°)
4	사면체	sp^3 (109.5°)
5	삼각쌍뿔	dsp^3 (90°, 120°)
6	팔면체	d^2sp^3 (90°, 90°)

Albert Russ/Shutterstock.com

▲ 팔면체 구조를 나타내는 형석(fluorite)의 결정체.

그러므로 붕소 원자는 sp^3 혼성화를 한다. 플루오린 원자들은 네 개의 전자쌍을 가지므로 sp^3 혼성화를 이룬다(그림에서는 플루오린 원자의 sp^3 오비탈 중 한 개만 나타내었다). BF_4^- 이온의 분자 구조는 사면체이다.

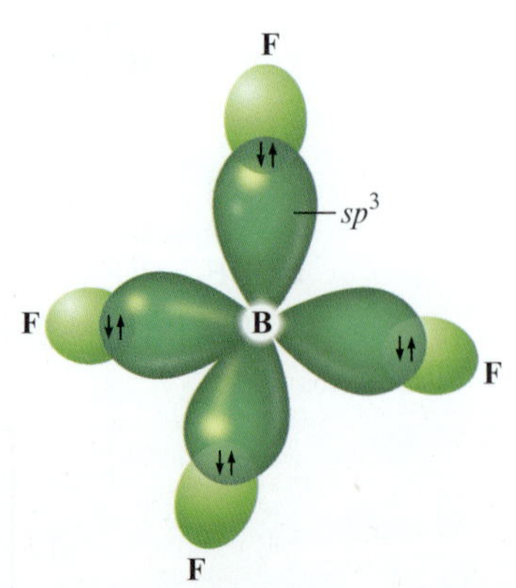

c. XeF_2 분자는 22개의 원자가 전자를 가지며, Lewis 구조에 의하면 제논 원자 주위에 다섯 개의 전자쌍이 있게 된다. 따라서 삼각쌍뿔 구조의 전자 배치를 한다.

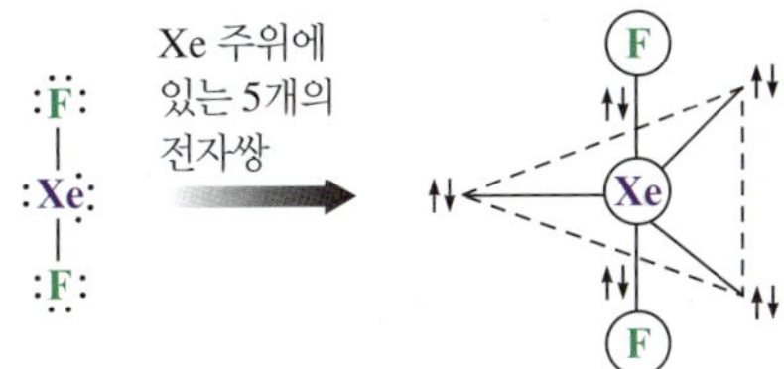

고립 전자쌍들은 120° 만큼 떨어진 삼각형의 평면상에 놓여 있음을 주목하라. 삼각쌍뿔의 꼭짓점에 다섯 개의 전자쌍을 놓기 위해서 제논은 다섯 개의 dsp^3 오비탈로 이루어진 세트를 가져야 한다. 반면에 플루오린 원자는 네 개의 전자쌍을 가지므로, sp^3 혼성화를 이룬다. XeF_2 분자는 선형 구조를 갖는다.

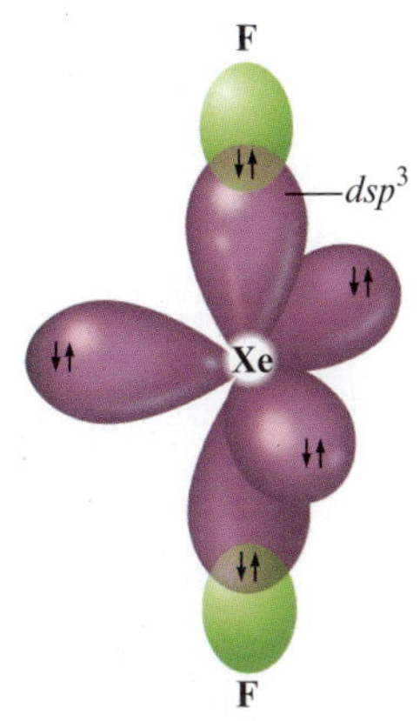

연습 문제 9.39와 9.40 참조

화학의 선구자

Stephanie Kwolek(1923~2014)

Stephanie Kwolek은 총알조차 관통할 수 없을 정도로 강한 합성 섬유인 케블라를 발명했는데, 이 발견으로 수천 명의 생명을 구했다.

그녀는 Pennsylvania주 뉴켄싱턴에서 태어났다. Kwolek은 그녀의 어머니로부터 섬유와 바느질에 관심을 갖게 되었다. 그녀는 또한 화학과 의학에 강한 관심을 가지고 있었다. Margaret Morrison Carnegie College에서 화학 학위를 취득한 후 Dupont Company에서 화학자로 일하면서 결국 의대에 진학할 계획을 세웠다. 그러나 그녀는 고분자의 특성에 너무 매료되어 의학보다 화학을 평생 직업으로 선택했다.

Dupont에서 Kwolek의 연구는 비정상적인 강도의 섬유를 생산하기 위해 저온 공정에 집중하였다. 1965년 그녀는 저온에서 폴리아마이드 중합체가 정렬되어 탁월한 강도와 강성의 섬유를 형성하도록 조작할 수 있는 결정 구조를 형성한다는 예기치 않은 발견을 했다. 이 작업으로 강철보다 5배 강한 내열 재료인 케블라가 발명되었다. 오늘날 방탄 조끼와 헬멧, 테니스 라켓, 타이어, 보호대 장갑 등 수백 개의 제품에서 케블라가 사용된다.

Stephanie Kwolek은 은퇴할 때까지 Dupont의 Pioneering Lab의 고분자 연구 책임자였다. 그녀의 경력 중에 그녀는 미국 발명가 명예의 전당에 추가되었고 그녀는 국가 기술 훈장과 미국 화학 협회 최고의 영예인 퍼킨상을 수상했다.

Pictorial Press Ltd/Alamy Stock Photo

9.2 분자 오비탈 모형

분자의 구조와 결합을 설명하는 데 편재 전자 모형이 매우 중요함을 알았다. 그러나 이 모형에는 몇 가지 문제점이 있다. 예를 들면, 전자가 편재되어 있다고 잘못 가정함으로써 공명의 개념을 추가로 도입해야 한다는 점이다. 또 홀전자(unpaired electron)를 가진 분자에 대해 잘 설명할 수 없으며, 결합 에너지에 대한 직접적인 정보를 주지 못한다.

분자 오비탈 이론은 제7장에서 설명한 원자론과 비슷하다.

분자의 결합을 설명하는 또 하나의 모형으로는 **분자 오비탈 모형**(molecular orbital model)이 있다. 이 모형의 가정과 방법 및 그 결과들을 소개하기 위해 먼저 가장 간단한 분자인 H_2 분자를 생각해 보기로 하자. 수소 분자는 두 개의 양성자와 두 개의 전자로 구성되어 있다. H_2 분자는 분리된 수소 원자보다 에너지가 432 kJ/mol만큼 낮은 안정한 분자이다.

수소 분자는 양성자와 전자로 이루어져 있으며, 분리된 수소 원자도 같은 성분으로 이루어져 있으므로, 원자에 있는 전자들은 어떤 특정 에너지 상태의 오비탈에 존재한다고 가정했던 제7장에서 논의한 원자론과 비슷한 이론을 분자에도 사용하는 것이 합리적이다. 과연 수소 분자에 같은 형태의 모형을 그대로 적용할 수 있을까? 그렇다. 실제로 H_2 분자를 양자 역학적으로 기술하는 것은 간단한 일이다.

그러나 양자 역학적으로 수소 분자에 대한 식을 쉽게 표현할 수 있지만, 이 문제는 정확히 풀리지 않는다. 다전자 원자를 다룰 때와 마찬가지로 전자 상호 간의 관계를 푸는 것이 문제이다. 전자의 움직임을 자세히 알지 못하므로 전자—전자 간의 상호작용을 구체적으로 다룰 수 없다. 이 문제를 해결하는 방법은 실제 현상과 배치되지 않는 범위 내에서 근사법을 적용하는 것이다. 근사법이 성공적인가의 여부는 이론적 예측값과 실험값을 비교함으로써 판단할 수 있다. 이 경우 간단한 모형으로 좋은 결과를 얻을 수 있음을 보게 될 것이다.

원자 오비탈이 원자의 양자 역학적 문제의 해법인 것처럼 **분자 오비탈**(molecular orbital, MO)도 분자의 양자 역학적 문제의 해법이다. 분자 오비탈의 여러 특징들은 원자 오비탈의 경우와 비슷한 것이 많다. 분자 오비탈의 두 가지 중요한 특징은 오비탈에 전자를 채울 때 스핀이 서로 반대가 되어야 한다는 것과, 분자 오비탈의 제곱은 전자를 발견할 확률을 나타낸다는 점이다.

이제 이 모형을 써서 수소 분자의 결합을 설명해 보기로 하자. 그 첫 단계는 수소 분자의 오비탈을 얻는 방법인데, 그것은 수소 원자의 1*s* 오비탈로부터 만들 수 있다고 가정하면 간단히 해결된다.

수소 분자에 대한 양자 역학 방정식을 풀면 다음과 같은 두 개의 분자 오비탈이 얻어진다.

$$MO_1 = 1s_A + 1s_B$$

$$MO_2 = 1s_A - 1s_B$$

여기에서 $1s_A$와 $1s_B$는 두 수소 원자의 1*s* 오비탈을 나타낸다. 이 과정을 체계적으로 나타내면 그림 9.25와 같다.

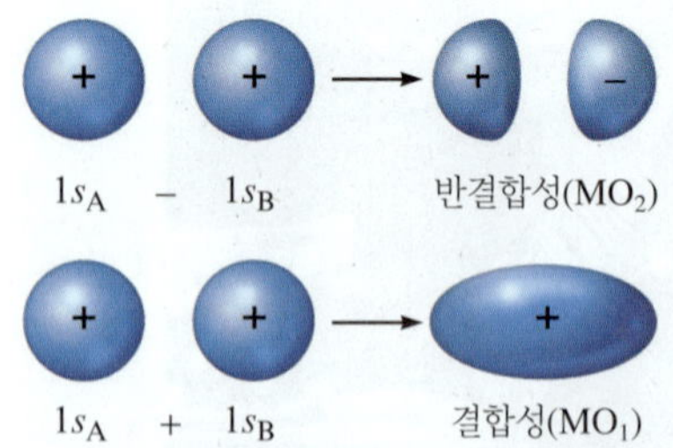

그림 9.25 수소의 1*s* 원자 오비탈들이 결합되어 분자 오비탈(MO)들이 얻어진다. 오비탈의 위상은 경계면 안에 부호로 나타내었다. 오비탈들이 더해지면 보강 간섭이 일어나서 두 핵 사이에 전자를 발견할 확률이 증가한다. 이로부터 결합성 분자 오비탈이 만들어진다. 한 오비탈에서 다른 오비탈을 뺄 경우에는 부호가 다른 위상 사이에 상쇄 간섭이 일어나서 핵 사이에 마디가 만들어진다. 이것을 반결합성 MO라고 한다.

오비탈의 성질 중에서 가장 관심을 가져야 할 것은 오비탈의 크기, 모양(전자 확률 분포의 크기) 및 에너지이다. 수소의 분자 오비탈에 대한 이런 성질들을 그림 9.26에 나타내었다. 그림 9.26으로부터 다음과 같은 몇 가지 중요한 결론을 얻을 수 있다.

1. 두 분자 오비탈의 전자 확률 분포는 두 핵을 통과하는 직선을 따라 중심으로 퍼져 있다. MO_1의 경우 전자 확률 분포가 가장 큰 곳은 두 핵 *사이에* 있고, MO_2의 경우 두 핵의 *양쪽 끝에* 있다. 이런 모양의 전자 분포를 편재 전자 모형에서와 마찬가지로 *시그마(sigma, σ)* 결합이라고 한다. 따라서 MO_1과 MO_2를 **시그마 (σ) 분자 오비탈**(sigma molecular orbital)이라고 부른다.
2. 분자에서 전자는 오직 분자 오비탈에만 들어간다. 새로운 물질인 H_2 분자는 새로운

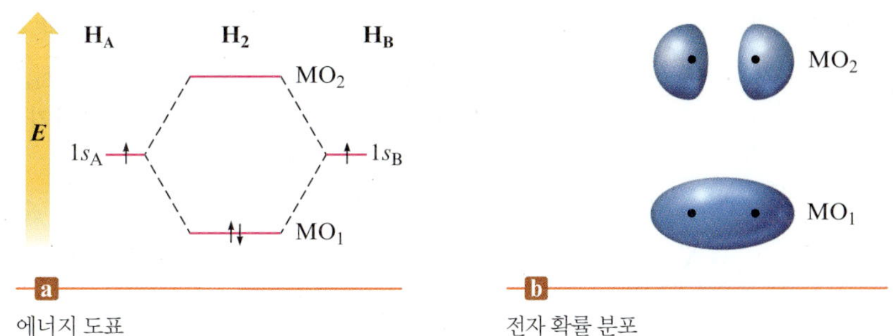

그림 9.26 (**a**) H_2 분자의 MO 에너지-준위 도표. (**b**) MO_1과 MO_2의 파동함수들을 제곱하면 MO들의 모양이 얻어진다. 핵들의 위치를 •로 나타내었다.

오비탈을 가지므로 수소 원자의 1*s* 원자 오비탈은 더 이상 존재하지 않는다.

3. MO_1은 수소 원자의 1*s* 오비탈보다 낮은 에너지를 가지는 반면, MO_2는 1*s* 오비탈보다 더 높은 에너지를 가진다. 이 사실은 H_2 분자의 안정성에 대한 매우 중요한 의미를 가지고 있다. 두 수소 원자에서 내놓은 두 개의 전자는 낮은 에너지 상태의 MO_1 오비탈을 차지하므로 분리된 두 수소 원자에서의 에너지보다 낮은 에너지를 가질 것이다. 이런 경향은 낮은 에너지 상태로 가려는 자연 현상 때문에 분자 형성에 유리하게 작용한다. 즉, 분자를 형성하려는 추진력은 두 전자가 분리된 상태의 수소 원자 오비탈을 차지할 때보다 분자 오비탈을 차지할 때가 보다 낮은 에너지를 갖기 때문이다. 이 현상이 결합이나 또는 결합 이전 단계인 *전결합*(*probonding*)이 일어나는데 유리하다.

   반면에, 만일 강제로 두 전자가 더 높은 에너지 상태인 MO_2를 차지하게 한다면 *반결합성*(*antibonding*)이 일어날 것이다. 이 경우, 전자들은 분자 상태보다 분리된 원자 상태에서 더 낮은 에너지를 갖기 때문에 분리된 상태가 더 유리하다. 물론, 에너지가 낮은 MO_1을 이용할 수 *있기* 때문에 두 전자는 MO를 차지하고 분자는 다시 안정화될 것이다.

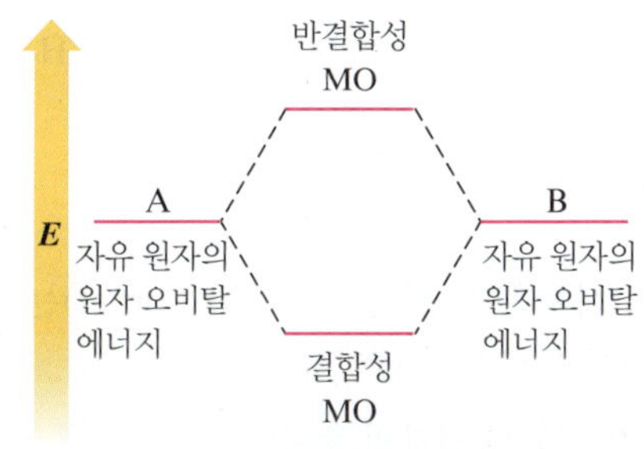

그림 9.27 결합성 및 반결합성 분자 오비탈(MO).

   수소의 분자 오비탈에는 두 가지 종류, 즉 결합성(bonding)과 반결합성(antibonding)이 있음을 알았다. **결합성 분자 오비탈**(bonding molecular orbital)은 *원자 오비탈보다 낮은 에너지 상태*에 있다. 이 오비탈에 전자가 들어가면 분자를 형성하여 결합을 만들려고 한다. **반결합성 분자 오비탈**(anibonding molecular orbital)은 *원자 오비탈보다 더 높은 에너지 상태*에 있다. 이 오비탈에 전자를 채우면 분자는 원자 상태로 분해될 것이다(반결합성). 그림 9.27은 이러한 개념들을 보여주고 있다.

4. 그림 9.26은 H_2 분자에서 결합성 분자 오비탈의 전자들을 발견할 확률이 두 핵 사이에서 최대임을 보여주고 있다. 이것은 예상한 것과 완전히 일치한다. 왜냐하면, 두 원자핵이 동시에 전자에 인력을 미침으로써 전자의 에너지를 낮출 수 있기 때문이다. 반면에 반결합성 분자 오비탈의 전자 분포는 원자핵 사이가 아닌 그 반대쪽 공간에 있다. 이런 전자 분포는 어떤 결합력을 제공할 수 없다. 실제로 이것은 전자의 에너지를 분리된 원자들의 에너지보다 더 높인다. 이와 같이 분자 오비탈 모형은 전자 분포와 에너지 상태에 대한 기본적인 개념을 잘 설명해 준다. 따라서 이 모형은 물리적으로 매우 합리적임을 보여주고 있다.

만약 분자가 분리된 원자들에 비하여 낮은 에너지를 가진다면 결합은 형성될 것이다.

5. 분자 오비탈의 기호는 대칭성(모양), 어미(parent) 원자 오비탈 및 그것이 결합성인지 반결합성인지를 나타낸다. 반결합성은 별표(*)를 붙인다. H_2 분자의 경우 두 MO 모두 σ 대칭성이며, 수소의 1*s* 오비탈로부터 만들어진다. 따라서 H_2 분자의 오비탈은 다음과 같이 나타낼 수 있다.

$$MO_1 = \sigma_{1s}$$
$$MO_2 = \sigma_{1s}^*$$

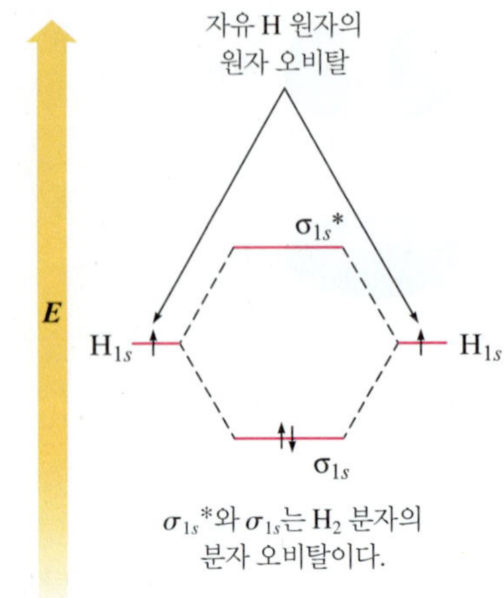

그림 9.28 H_2 분자의 분자 오비탈 에너지-준위 도표.

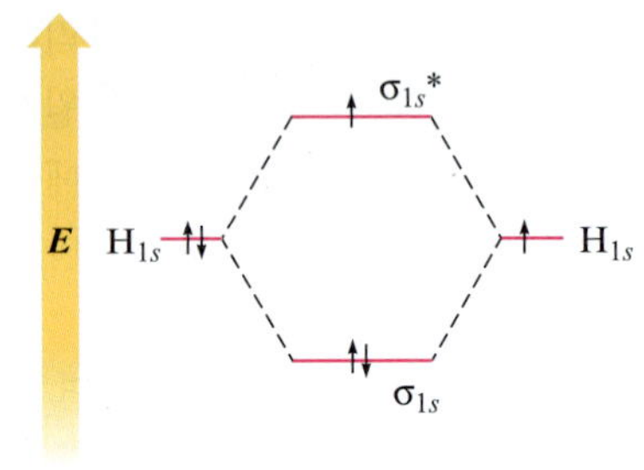

그림 9.29 H_2^- 이온의 분자 오비탈 에너지-준위 도표.

H_2^-가 안정할 것으로 예측되지만, H_2^-는 관측된 적이 없다. 간단한 모형을 사용하는 경우 위험성이 있다는 것을 강조하는 예이다.

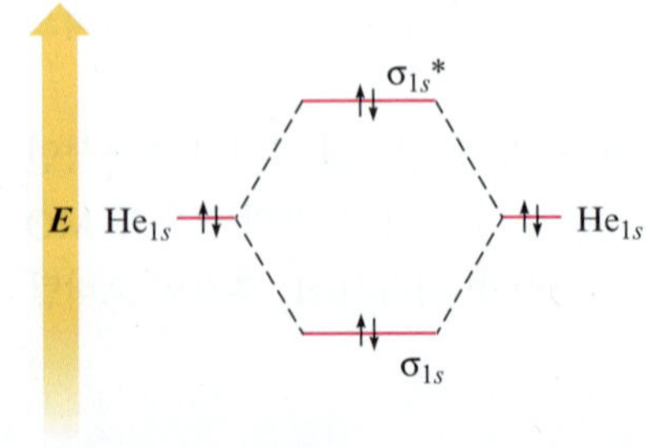

그림 9.30 He_2 분자의 분자 오비탈 에너지 준위 도표.

6. 분자의 전자 배치는 원자의 전자 배치와 같은 방법으로 쓸 수 있다. H_2 분자는 σ_{1s}에 두 개의 전자가 있으므로 전자 배치는 $\sigma_{1s}{}^2$이다.
7. 각 분자 오비탈에는 최대 두 개의 전자가 들어갈 수 있으며, 그 두 전자들은 서로 반대의 스핀을 가져야 한다.
8. 분자 오비탈의 수는 보존된다. 즉, 분자 오비탈의 수는 그것을 이루는 원자 오비탈의 총 수와 같다.

이상의 요점들을 그림 9.28에 요약하였다.

이제 수소 원자와 수소화 이온(H^-)이 결합하여 H_2^- 이온을 형성할 수 있을지 생각해 보자. 이 화학종은 안정할 것인가? H^- 이온과 H 원자의 전자 배치는 각각 $1s^2$ 및 $1s^1$이다. 이 원자 오비탈로부터 H_2^- 이온의 분자 오비탈이 만들어지는 상황을 그림 9.29에 나타내었다. H_2^- 이온의 전자 배치는 $(\sigma_{1s})^2(\sigma_{1s}*)^1$이다.

여기에서 핵심 개념은 만약 H_2^- 이온이 분리된 원자로 있을 때보다 낮은 에너지를 갖는다면 이 이온은 안정하게 존재한다는 것이다. 그림 9.29의 모형은 분리된 H^- 이온과 H 원자가 결합하여 H_2^- 이온으로 됨에 따라, 두 전자의 에너지는 낮아지고 한 전자의 에너지는 높아진다는 것을 예측한다. 다시 말하면 두 개의 전자는 결합성 분자 오비탈에 있고, 한 개의 전자는 반결합성 분자 오비탈에 놓인다. 더 많은 전자가 결합성 분자 오비탈에 있으므로 H_2^- 이온은 결합이 형성되어 안정하게 될 것으로 예측된다. 그러면 H_2 분자와 H_2^- 분자의 결합 세기는 어떨까?

H_2 분자가 형성되면 어미 원자와 비교해서 두 전자의 에너지는 낮아지며, 반면 에너지가 높아진 전자는 없다. H_2^-가 형성되면 두 전자의 에너지는 낮아지고 한 전자의 에너지는 높아져서 *알짜로 에너지가 낮아지는 전자는 한 개*뿐이다. 그러므로 모형은 각각 분리되어 있는 원자 상태에 비하여 H_2는 H_2^-보다 *두 배 더 안정*할 것으로 예측한다. 다시 말하면 H_2 분자의 결합은 H_2^- 이온의 결합보다 대략 두 배 정도 더 강할 것으로 예측된다.

결합 차수

결합의 세기를 나타내기 위하여 결합 차수의 개념을 사용한다. **결합 차수**(bond order)는 *결합성 전자의 총 수와 반결합성 전자의 총 수의 차이를 둘로 나눈 값*이다.

$$\text{결합 차수} = \frac{\text{결합성 전자의 총 수} - \text{반결합성 전자의 총 수}}{2}$$

2로 나눈 이유는 편재 전자 모형에서 한 개의 결합은 한 *쌍(pair)*의 전자로 이루어진다고 생각하기 때문이다.

H_2 분자는 2개의 결합성 전자와 0개의 반결합성 전자를 가지므로 결합 차수는 1이다.

$$\text{결합 차수} = \frac{2-0}{2} = 1$$

H_2^- 이온은 두 개의 결합성 전자와 한 개의 반결합성 전자를 가지고 있으므로 결합 차수는 1/2이다.

$$\text{결합 차수} = \frac{2-1}{2} = \frac{1}{2}$$

결합 차수는 결합성 전자 수와 반결합성 전자 수의 차이를 나타내므로, 이 값은 결합 세기의 척도가 된다. 즉, *결합 차수가 클수록 결합의 세기는 더 강해진다*.

이제 분자 오비탈 모형을 헬륨 분자(He_2)에 적용하여 보자. He_2 분자는 안정할 것인가? He 원자의 전자 배치는 $1s^2$이므로, 이 1*s* 오비탈을 써서 분자 오비탈을 만들면 분자는 네 개의 전자를 가질 것이다. 그림 9.30에 도시된 도표로부터 He_2 분자의 경우 두 전자의 에너지는 낮아지고 다른 두 전자의 에너지는 높아지는 것이 명백하다. 따라서 결합 차수는 0이다.

$$\frac{2-2}{2}=0$$

이 결과는 He_2 분자가 자유 상태의 두 He 원자보다 안정하지 *않다*는 것을 뜻하며, 헬륨 기체는 He 원자 상태로 존재한다는 사실을 잘 설명하고 있다.

9.3 동핵 이원자 분자의 결합

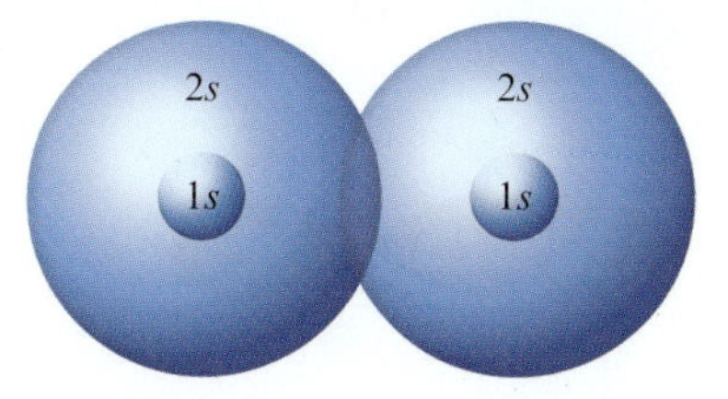

그림 9.31 Li_2 분자에서 Li의 1s 및 2s 원자 오비탈들의 상대적 크기.

이 절에서는 주기율표 제2주기에 있는 원소의 *동핵 이원자 분자*(*homonuclear diatomic molecule*, 같은 원자 두 개로 이루어진 분자)를 다룰 것이다. 리튬(Li) 원자의 전자 배치는 $1s^22s^1$이므로 Li_2의 분자 오비탈은 1*s*와 2*s* 오비탈로부터 만들어질 것이 예상된다. 그러나 리튬 원자에서 1*s* 오비탈의 크기는 2*s*보다 훨씬 작기 때문에 1*s* 오비탈끼리는 오비탈의 겹침이 일어나지 않는다(그림 9.31). 즉, 1*s* 오비탈에 있는 두 전자는 편재되어 있으며, 결합에 기여하지 않는다고 가정할 수 있다. *분자 오비탈에 참여하기 위해서는 원자 오비탈들은 반드시 겹침이 일어나야 한다.* 이것은 원자의 원자가 오비탈만이 분자 오비탈에 기여할 수 있음을 뜻한다.

Li_2 분자의 분자 오비탈 도표와 결합성 오비탈 및 반결합성 오비탈의 모양을 그림 9.32에 나타내었다. Li_2의 전자 배치(원자가 전자만 고려)는 $\sigma_{2s}{}^2$이고, 결합 차수는 1이다.

$$\frac{2-0}{2}=1$$

따라서 Li_2는 안정한 분자이다(분리된 두 리튬 원자보다 더 낮은 에너지를 가진다). 그러나 이것은 Li_2가 리튬 원소의 가장 안정한 상태라는 것을 뜻하지는 않는다. 실제로 표준 온도와 압력에서 리튬은 고체로서 존재한다. 고체 내에서는 많은 리튬 원자들이 서로 결합하고 있다.

▲
베릴륨 금속.

베릴륨 분자(Be_2)에서는 결합성 오비탈과 반결합성 오비탈에 각각 두 개의 전자가 있다. 이 경우 결합 차수는 $(2-2)/2=0$이며, Be_2는 두 개의 분리된 베릴륨 원자보다 안정하지 않으므로 분자가 형성되지 않는다. 그러나 베릴륨 금속은 많은 베릴륨 원자들 상호 간의 결합으로 이루어져 있다.

붕소(B) 원자의 전자 배치는 $1s^22s^22p^1$이므로 B_2의 오비탈을 얻으려면 먼저 *p* 원자 오비탈로부터 분자 오비탈이 만들어지는 원리를 알아야 한다. *p* 오비탈은 두 개의 로브가 있으며, 서로 직각인 세 개의 오비탈로서 한 세트를 이룬다[그림 9.33(a)]. 두 개의 붕소 원자가 서로 접근하면 두 쌍의 *p* 오비탈은 서로 평행한 형태로 겹침이 일어날 수 있으며[그림 9.33(b) 및 (c)], 나머지 한 쌍은 로브끼리 정면으로 겹칠 수 있다[그림 9.33(d)].

먼저 정면 겹침에 의해 만들어진 분자 오비탈을 생각해 보자. 오른쪽에 있는 오비탈의 부호를 바꾸어 두 오비탈의 양의 위상(positive phase)이 핵 사이에 있도록 하면 보강간섭

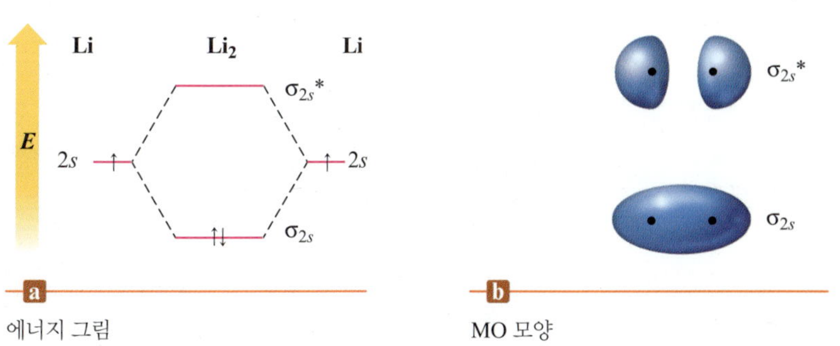

그림 9.32 Li_2 분자의 분자 오비탈 에너지-준위 도표.

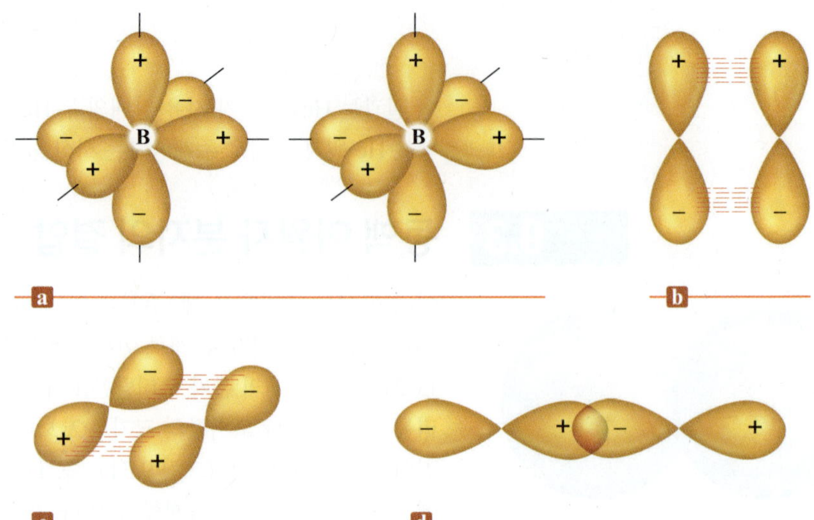

그림 9.33 (**a**) 이웃한 두 붕소 원자에 있는 서로 수직인 세 개의 2*p* 오비탈들. 부호는 오비탈의 위상을 나타낸다. 두 쌍의 평행인 *p* 오비탈들은 (**b**)와 (**c**)에서와 같이 겹침이 일어날 수 있으며, 세 번째 쌍은 (**d**)에서와 같이 정면으로 겹칠 수 있다.

이 일어나서 결합성 오비탈이 형성된다. 이것은 원자핵 사이에서 전자를 발견할 확률이 최대가 되게끔 한다. 반결합성 오비탈은 한 오비탈의 양의 위상과 두 번째 오비탈의 음의 위상이 직접 결합함으로써 상쇄간섭을 일으켜서 만들어진다. 이것은 핵 사이에 마디를 만들며 전자를 발견할 확률을 감소시킨다. 예측한 바와 같이, 결합성 MO의 전자들은 두 원자핵 사이에 집중되어 있으며, 반결합성 MO의 전자들은 두 원자핵 사이의 바깥쪽에 집중되어 있음을 주목하라. 또한 이들 두 MO는 모두 σ 분자 오비탈이다.

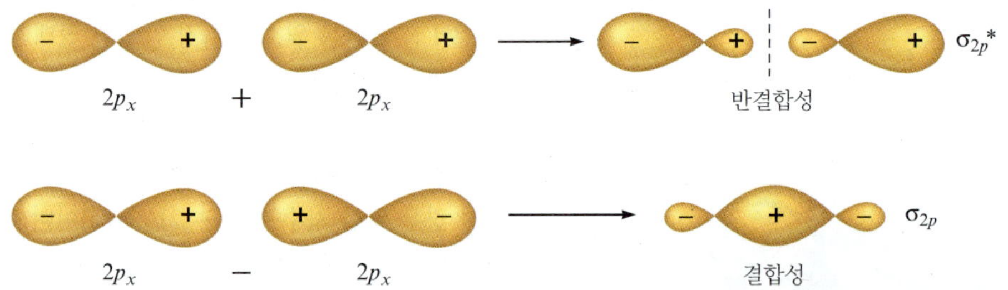

평행한 두 *p* 오비탈이 양의 위상과 음의 위상이 서로 짝지어서 겹치게 되면 보강간섭이 일어나서 결합성 π 오비탈이 만들어진다. 오비탈들이 반대의 위상(오비탈의 부호가 서로 반대로 되어 있음)으로 상쇄간섭이 일어나면 반결합성 π 오비탈이 만들어진다.

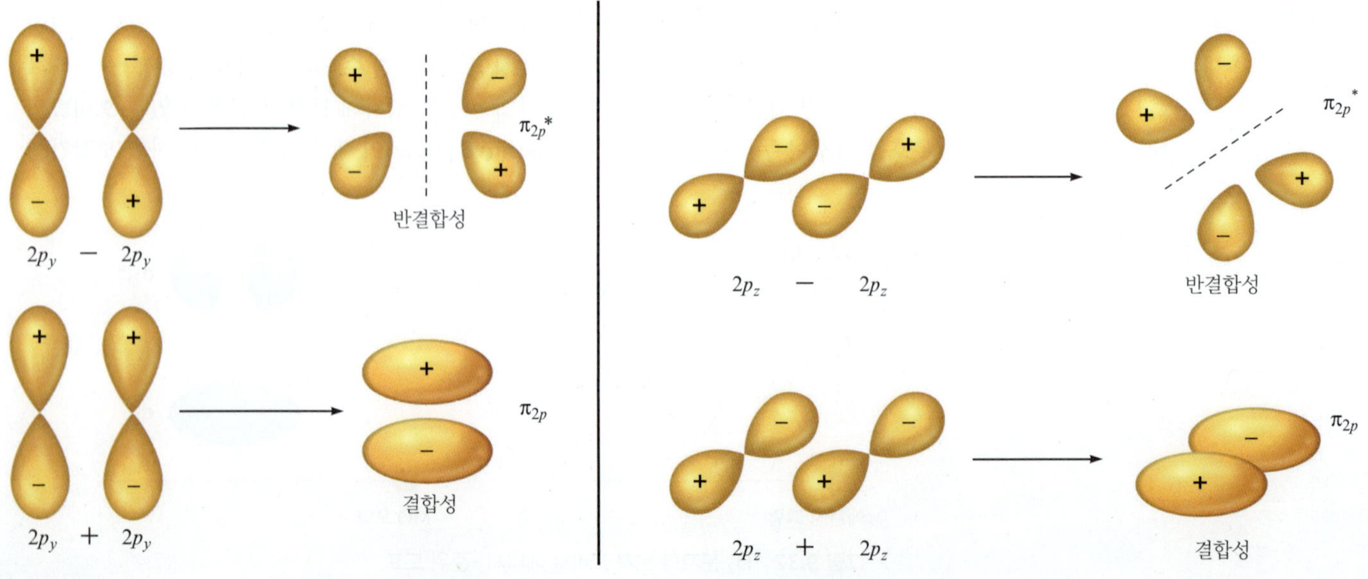

이때 전자의 존재 확률은 두 원자핵 사이의 결합선 아래 및 위에 놓여 있으므로, 이들을 **π 분자 오비탈**(pi molecular orbital)이라고 부른다. 이들 분자 오비탈 중에서 결합성 MO를 π_{2p}로, 반결합성 MO를 $\pi_{2p}{}^*$로 표시한다. 평행한 p_z 원자 오비탈들 간에 겹치면 유사한 π 분자 오비탈의 세트가 형성된다.

2p 오비탈로부터 형성된 σ와 π 오비탈의 상대적 에너지를 지금까지 배운 지식을 바탕으로 예측해 보기로 하자. 전자들은 σ와 π 결합 오비탈 중 어느 쪽에 먼저 들어갈 것이라고 예상하는가? 전자들이 두 원자핵과 가장 가까운 거리에 있는 σ 오비탈이 더 낮은 에너지를 가질 것으로 보인다. 이것은 σ 결합이 π 결합보다 더 강하다는 실험적 사실과 잘 일치한다.

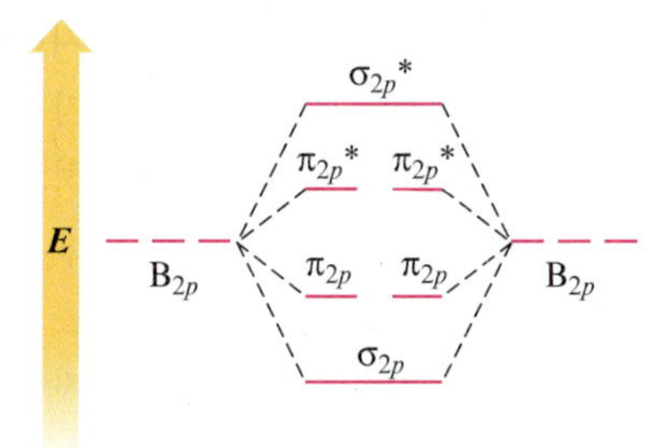

그림 9.34 두 붕소 원자들의 2p 오비탈들을 결합시켰을 때 *예상되는* 분자 오비탈 에너지-준위 도표.

그림 9.34는 붕소 원자에 있는 두 세트의 2p 오비탈들이 결합하여 분자 오비탈이 만들어질 때 *예상되는* 분자 오비탈 에너지-준위 도표를 보여주고 있다. 두 쌍의 평행한 p 오비탈들로부터 만들어진 두 개의 π 결합성 오비탈들의 에너지는 같으며(축퇴된 오비탈), 두 개의 π 반결합성 오비탈들도 축퇴되어 있음을 주목하라. 일반적으로 σ 결합이 π 결합보다 더 강하므로 π_{2p} 오비탈의 에너지는 σ_{2p} 오비탈보다 더 높을 것으로 예상된다.

B_2 분자 오비탈의 에너지 도표를 그릴 때 2s와 2p 오비탈은 각각 독립적으로 겹친다고 가정하였다(다시 말해서, 2s-2p의 혼합은 일어나지 않는다). 그 결과는 그림 9.35와 같다. B_2는 여섯 개의 *원자가* 전자를 가지므로(1s 오비탈에 있는 전자는 결합에 기여하지 않는다고 가정하였다) 붕소 분자의 결합 차수는 1이다.

$$\frac{4-2}{2}=1$$

따라서 붕소 분자는 안정한 분자여야 한다.

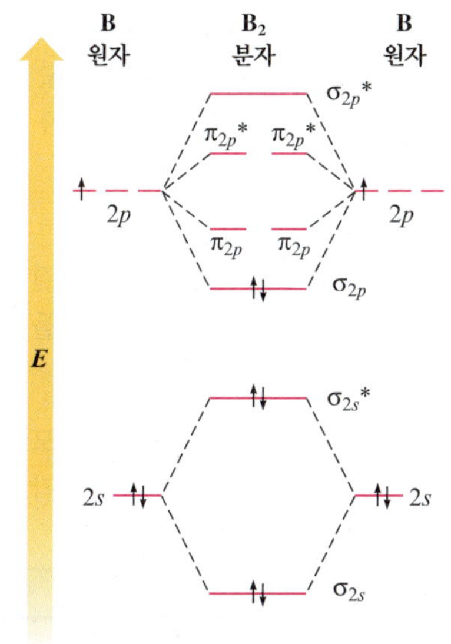

그림 9.35 B_2 분자의 *예상되는* 분자 오비탈 에너지-준위 도표.

상자기성

이 시점에서 추가적인 분자의 성질, 즉 자기성에 대해 고찰해 보기로 하자. 대부분의 물질은 자기장에 놓여야 비로소 자기성을 나타낸다. 그러나 이때, 두 가지 종류의 자기성이 나타난다. **상자기성**(paramagnetism) 현상은 자기장에 물질이 끌려가는 현상이고, **반자기성**(diamagnetism) 현상은 자기장에서 물질이 밀려나는 현상이다. 상자기성을 측정하는 방법은 그림 9.36과 같다. 전자석을 이용하여 자기장을 걸어주기 전과 후의 시료 물질의 무게를 측정한다. 전자석을 이용하여 자기장을 걸어주었을 때 무게가 증가하면 그 시료는 상자기성 물질이다. 연구 결과에 의하면 *상자기성은 분자 내에 홀전자(unpaired electron)와 관련이 있으며, 반자기성은 짝지어진 전자(paired electron)와 관련이 있다*. 홀전자와 짝지어진 전자를 모두 가지고 있는 물질은 상자기성의 성질을 나타내는데, 그것은 반자기성 효과보다 상자기성 효과가 훨씬 더 강하기 때문이다.

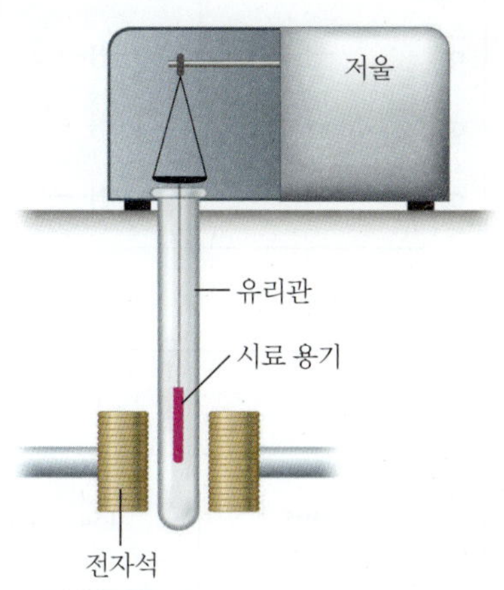

그림 9.36 시료의 상자기성을 측정하는 데 사용되는 실험 장치의 모형도. 전자석이 작동될 때 상자기성 시료는 유도 자기장에 끌리기 때문에 무게가 증가한다.

그림 9.35에 나타낸 B_2 분자에 대한 분자 오비탈 에너지-준위 도표에 의하면 이 분자는 전자쌍만을 가지고 있으므로 반자기성 물질일 것으로 예측된다. 그러나 실제 실험에 의하면 B_2 분자는 홀전자 두 개를 가진 상자기성 물질이다. 그렇다면 위에서 언급한 모형이 틀렸는가? 이것은 어떻게 모형을 발전시키고 사용해야 하는가를 보여 주는 단적인 예이다. 일반적으로 우리는 모든 중요한 실험적 사실을 설명할 수 있는 가장 간단한 가능한 모형을 사용한다. 이 모형으로 B_2 분자 이전의 모든 이원자 분자의 성질은 성공적으로 설명할 수 있었으나, B_2 분자는 옳게 설명하지 못하므로 이 모형에는 문제가 있다. 이 때문에 이 모형을 버리거나, 아니면 이 모형을 수정하는 방법을 선택해야 한다.

여기에서 우리가 사용했던 한 가지 가정을 다시 생각해 보자. 이제까지는 B_2 분자 오비탈을 다룰 때 s와 p 오비탈이 각각 독립적으로 겹친다고 가정하였다. 같은 분자 오비탈에서 s와 p 오비탈들 사이에 혼합(mixing)이 일어나도록 허용할 때 붕소 분자의 에너지-준위 도표가 다르게 나타남을 이론적 계산을 통하여 알 수 있다(그림 9.37). s와 p 오비탈의

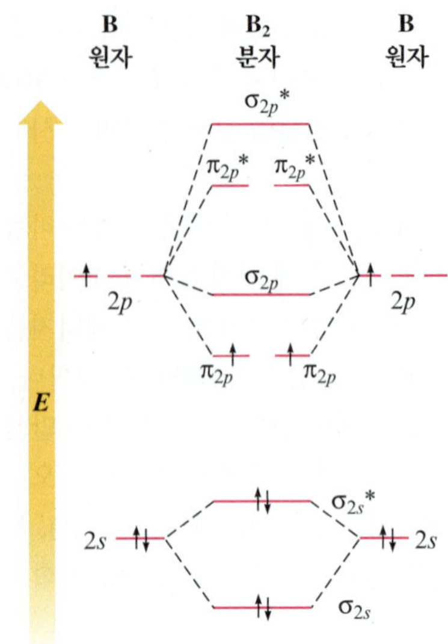

그림 9.37 B_2 분자의 *정확한* 분자 오비탈 에너지–준위 도표. $p-s$ 혼합이 허용될 때 σ_{2p}와 π_{2p}의 에너지는 뒤바뀐다. B 원자의 $2p$ 오비탈에서 온 두 전자는 축퇴된 π_{2p}의 분자 오비탈에 각각 한 개씩 채워짐으로써 평행한 스핀 상태를 갖게 된다. 따라서 이 도표는 실험에서 관측된 B_2의 상자기성을 설명하고 있다.

혼합이 있더라도 분자 오비탈의 기호는 그대로 유지됨을 주목하라. p–s의 혼합에 의해 π_{2p}와 σ_{2p} 오비탈의 에너지–준위가 뒤바뀌고, 자유 $2s$ 오비탈의 에너지에서 σ_{2s} 및 σ_{2s}^* 분자 오비탈들의 에너지 간격은 더 좁혀졌다.

B_2 분자에 있는 여섯 개의 원자가 전자를 수정된 에너지–준위 도표에 채우면 마지막 두 개의 전자는 축퇴된 두 개의 π_{2p} 오비탈에 각각 들어간다. 이 상태는 상자기성 분자를 나타내며, 실험 결과와 잘 일치한다. 따라서 모형을 분자 오비탈에서 p–s 혼합을 허용하도록 확장시키면, 정확한 자기성을 예측하게 해준다. 붕소 분자의 결합 차수는 앞에서와 같이 $(4 - 2)/2 = 1$임에 유의하라.

비슷한 개념을 사용하면 주기율표의 제2주기에 있는 나머지 원소들의 이원자 분자들도 기술할 수 있다. 예를 들면, C_2나 N_2 분자들은 B_2와 똑같은 분자 오비탈을 사용할 수 있다(그림 9.37 참조). $2s$–$2p$ 혼합의 중요성은 주기율표 제2주기에서 오른쪽으로 갈수록 감소하기 때문에 O_2나 F_2의 분자들의 경우 $2s$–$2p$ 오비탈의 혼합이 거의 없어져서 σ_{2p}와 π_{2p} 오비탈의 에너지 순서가 다시 바뀌어진다(그림 9.38).

비판적 사고 π_{2p} 오비탈이 σ_{2p} 오비탈보다 에너지가 더 낮다면 어떻게 되겠는가? *예상되는* B_2 분자의 오비탈 에너지–준위 도표는 어떻게 되겠는가($p-s$ 혼합을 고려하지 않고)? 예상되는 도표를 그림 9.34와 9.35와 비교해 보라. 그리고 각각의 차이점을 설명하라.

그림 9.38에는 주기율표 제2주기의 동핵 이원자 분자들에 대한 분자 오비탈 도표, 결합 세기 및 결합 길이 등이 요약되었으며, 이들로부터 다음과 같은 몇 가지 중요한 요점들을 정리할 수 있다.

1. 결합 차수와 결합 에너지, 결합 길이 사이에는 밀접한 관계가 있다. 분자 오비탈 모형에 의해 예측되는 결합 차수가 증가하면 결합 에너지는 증가하고, 결합 길이는 감소

	B_2	C_2	N_2		O_2	F_2
σ_{2p}^*	—	—	—	σ_{2p}^*	—	—
π_{2p}^*	— —	— —	— —	π_{2p}^*	↑ ↑	↑↓ ↑↓
σ_{2p}	—	—	↑↓	π_{2p}	↑↓ ↑↓	↑↓ ↑↓
π_{2p}	↑ ↑	↑↓ ↑↓	↑↓ ↑↓	σ_{2p}	↑↓	↑↓
σ_{2s}^*	↑↓	↑↓	↑↓	σ_{2s}^*	↑↓	↑↓
σ_{2s}	↑↓	↑↓	↑↓	σ_{2s}	↑↓	↑↓
자기성	상자기성	반자기성	반자기성		상자기성	반자기성
결합 차수	1	2	3		2	1
결합 해리 에너지 측정값 (kJ/mol)	290	620	942		495	154
결합 길이 측정값(pm)	159	131	110		121	143

그림 9.38 B_2에서 F_2 분자까지의 이원자 분자에 대한 분자 오비탈 에너지–준위 도표, 결합 차수, 결합 에너지 및 결합 길이. O_2 및 F_2 분자의 경우, σ_{2p} 오비탈이 π_{2p} 오비탈보다 에너지가 더 낮다.

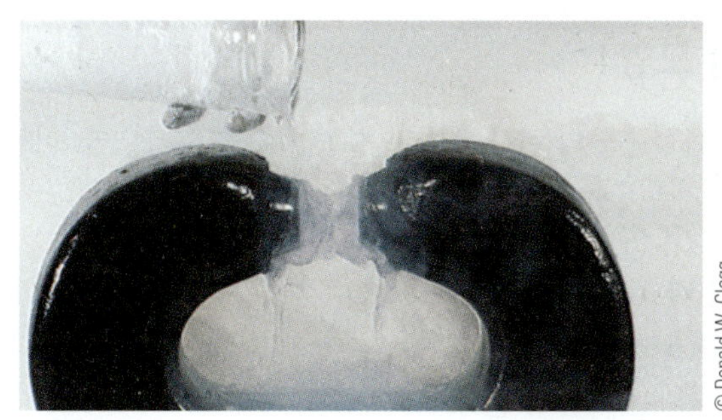

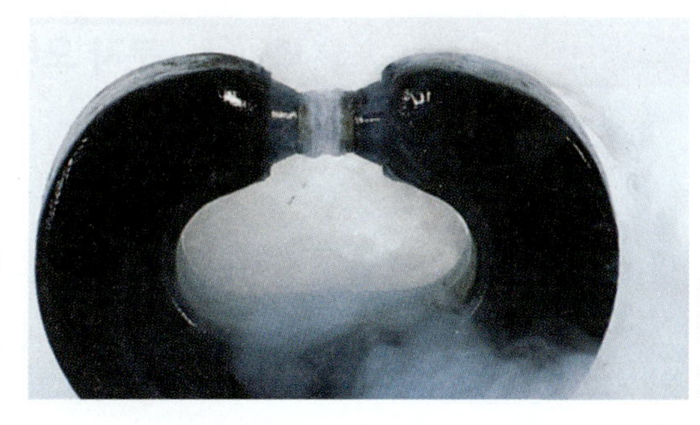

그림 9.39 액체 산소를 강한 자석 극 사이의 공간에 부으면 증발하여 없어질 때까지 극 사이에 남아있다. 자기장에 의해 산소가 끌리는 것은 O_2 분자가 상자기성임을 보여준다.

한다. 이것은 이 모형으로부터 예측된 결합 차수가 결합 세기를 정확하게 반영하는 증거이며, 이것으로 미루어보아 분자 오비탈 모형이 합리적임을 알 수 있다.

2. B_2와 F_2의 결합 에너지를 비교해 보면 결합 차수와 특정 결합의 결합 에너지를 자동적으로 관련시킬 수 없음을 알 수 있다. 즉, 이 두 분자의 결합 차수는 모두 1이지만, B_2의 결합 에너지는 F_2의 결합 에너지에 비해 거의 두 배나 된다. 나중에 할로겐 분자에 대해서 설명하겠지만, F_2는 전자들 사이의 반발력이 보통의 경우보다 더 크기 때문에 예외적으로 약한 단일 결합을 가지고 있다(F_2 분자는 그 크기가 작음에도 불구하고 14개의 원자가 전자가 있다).
3. N_2 분자는 대단히 큰 결합 에너지를 가지고 있다. 이것은 예측한대로 결합 차수가 3인 삼중 결합이기 때문이다. 질소를 포함한 많은 화합물이 강력한 폭발물로 사용되는 중요한 이유는 바로 N_2의 강력한 결합력 때문이다. 즉, 폭발 반응에 포함된 반응들에 의해 안정한 N_2 분자가 생성되고, 따라서 다량의 에너지가 방출되기 때문이다.
4. O_2 분자는 상자기성 물질이다. 이것은 센 자석의 양극 사이에 액체 산소를 부어 보면 알 수 있다(그림 9.39). 액체 산소는 증발하기 전까지 양극 사이에 남아 있다. 분자 오비탈 모형에 의해 산소 분자가 상자기성임을 예측할 수 있는 반면, 편재 전자 모형으로는 반자기성 분자로 예측된다.

분자의 광전자 분광법

원자의 이온화 에너지를 다룰 때 광전자 분광법을 소개하였다(7.12절 참조). 분자의 PES 스펙트럼으로부터 그 분자의 에너지 준위에 관한 중요한 정보를 알아낼 수 있다. 질소 분자의 PES 스펙트럼은 이 기술이 어떻게 작동하는지를 보여주는 좋은 예가 된다. 실제의 PES 스펙트럼은 복잡하다. 그 이유는 전자의 이온화 에너지가 두 질소 원자들 간의 진동으로부터 발생하는 에너지와 결합되어 있기 때문이다. 그럼에도 불구하고, 스펙트럼은 15.6, 16.7 및 18.6 eV에서 3개의 주요 에너지 흡수 띠를 보여주고 있다. N_2에 대한 분자 오비탈 도표를 살펴봄으로써 이러한 결과들을 해석할 수 있다(그림 9.38 참조). N_2는 전자가 채워진 5개의 오비탈, 즉 σ_{2s}, $\sigma_{2s}{}^*$, 2개의 π_{2p}와 σ_{2p}를 가지고 있음을 주목하라. 이 전자들을 떼어내는 데 필요한 에너지들을 그림 9.40과 같이 나타낼 수 있다.

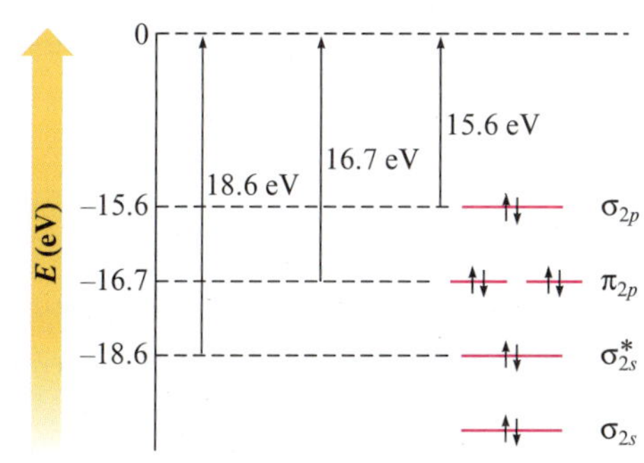

그림 9.40 N_2로부터 여러 전자들의 제거를 나타내는 그림. 도표를 척도에 비례하여 그리지 않았다.

그림 9.40에서 결합한 전자의 에너지는 음의 값이며, 0(zero)은 두 N 핵들의 영향으로부터 자유로운 전자, 즉 자유 전자들의 에너지에 해당됨을 주목하라. 또한 σ_{2s} 전자들에 대한 전이는 나타나 있지 않음을 역시 주목하라. 이 전자들은 헬륨 광원에 의해 제공될 수 있는 21.2 eV보다 더 높은 에너지가 요구되는 매우 낮은 에너지 준위를 차지하고 있다.

이 예에서 볼 수 있는 바와 같이, PES는 분자에서 전자들의 에너지에 대한 유용한 정보를 제공한다. 결과적으로, 분자에서 결합 모형을 특성화하고 테스트하는 데 있어 PES는 매우 유용한 도구이다.

대화형 예제 9.6 분자 오비탈 모형 I

O_2, O_2^+, O_2^- 화학종들의 전자 배치와 결합 차수를 나타내라. 어느 화학종이 가장 강한 결합을 하고 있는가?

풀이 O_2의 원자가 전자는 12개(6 + 6)이고, O_2^+의 원자가 전자는 11개(6 + 6 − 1), O_2^-의 원자가 전자는 13(6 + 6 + 1)이다. 이온들에게 중성 이원자 분자와 같은 분자 오비탈을 적용할 경우, 그 결과는 다음과 같다.

	O_2	O_2^+	O_2^-
$\sigma_{2p}{}^*$	—	—	—
$\pi_{2p}{}^*$	↑ ↑	↑ —	↑↓ ↑
π_{2p}	↑↓ ↑↓	↑↓ ↑↓	↑↓ ↑↓
σ_{2p}	↑↓	↑↓	↑↓
$\sigma_{2s}{}^*$	↑↓	↑↓	↑↓
σ_{2s}	↑↓	↑↓	↑↓

각 화학종의 전자 배치는 다음과 같다.

$$O_2:\quad (\sigma_{2s})^2(\sigma_{2s}{}^*)^2(\sigma_{2p})^2(\pi_{2p})^4(\pi_{2p}{}^*)^2$$
$$O_2^+:\quad (\sigma_{2s})^2(\sigma_{2s}{}^*)^2(\sigma_{2p})^2(\pi_{2p})^4(\pi_{2p}{}^*)^1$$
$$O_2^-:\quad (\sigma_{2s})^2(\sigma_{2s}{}^*)^2(\sigma_{2p})^2(\pi_{2p})^4(\pi_{2p}{}^*)^3$$

결합 차수는 다음과 같다.

$$O_2\text{에 대하여: } \frac{8-4}{2} = 2$$

$$O_2^+\text{에 대하여: } \frac{8-3}{2} = 2.5$$

$$O_2^-\text{에 대하여: } \frac{8-5}{2} = 1.5$$

세 가지 화학종 중에서 O_2^+ 이온이 가장 강한 결합을 가질 것으로 예측된다.

연습 문제 9.68과 9.69 참조

대화형 예제 9.7 분자 오비탈 모형 II

분자 오비탈 모형을 사용하여 다음 분자들의 결합 차수와 자기성을 예측하라.

a. Ne_2

b. P_2

풀이 **a.** Ne의 원자가 오비탈은 2*s* 및 2*p*이다. 따라서 2주기 원소의 이원자 분자에 대한 분자 오비탈을 사용할 수 있다. Ne_2 분자의 원자가 전자는 16개(각 원자에 8개씩 있으므로)이다. 분자 오비탈에 전자를 채우면 다음과 같다.

E ↑	
$\sigma_{2p}{}^*$	↑↓
$\pi_{2p}{}^*$	↑↓ ↑↓
π_{2p}	↑↓ ↑↓
σ_{2p}	↑↓
$\sigma_{2s}{}^*$	↑↓
σ_{2s}	↑↓

결합 차수는 $(8 - 8)/2 = 0$, 따라서 Ne_2는 존재하지 않는다.

b. P_2는 주기율표의 3주기에 있다. 3주기 원소의 이원자 분자는 지금까지 사용한 것과 매우 유사한 방식으로 취급할 수 있다고 가정한다. 따라서 N_2와 비슷하게 P_2에 대한 MO 도표를 그리면 된다. 3주기에 있는 이원자 분자와 2주기의 것과 다른 점이 있다면 3*s*와 3*p* 오비탈에 의해 분자 오비탈이 만들어진다는 것이다. P_2 분자의 원자가 전자는 10개(각 인 원자에서 5개씩)이다. 그 결과의 분자 오비탈 그림은 다음과 같다.

E ↑	
$\sigma_{3p}{}^*$	—
$\pi_{3p}{}^*$	—
σ_{3p}	↑↓
π_{3p}	↑↓ ↑↓
$\sigma_{3s}{}^*$	↑↓
σ_{3s}	↑↓

P_2 분자의 결합 차수는 3이고, 반자기성을 가지는 것으로 예상된다.

연습 문제 9.65~9.70 참조

9.4 이핵 이원자 분자의 결합

이 절에서는 **이핵**(다른 원자) **이원자 분자**(heteronuclear diatomic molecule)의 몇 가지 예를 다루기로 하겠다. 특별한 경우는 주기율표에서 이웃한 원자들로 이루어진 분자들이다. 이러한 경우에는 분자에 있는 원자의 성질이 매우 비슷하므로, 동핵 이원자 분자에 썼던 분자 오비탈 도표를 그대로 사용할 수 있다. 예를 들면, NO의 결합 차수와 자기적 성질은 그림 9.41에 있는 분자 오비탈에 11개의 원자가 전자(질소로부터 다섯 개, 산소로부터 여섯 개)를 채움으로써 예측할 수 있다. 이 분자는 상자기성이고, 결합 차수는

$$\frac{8 - 3}{2} = 2.5$$

이다. NO 분자는 상자기성 물질임이 실험에 의해 확인되었다. 이 홀전자 분자는 분자 오비탈 모형으로 쉽게 기술할 수 있다. 그러나 편재 전자 모형으로는 이러한 분자를 제대로 다룰 수 없다.

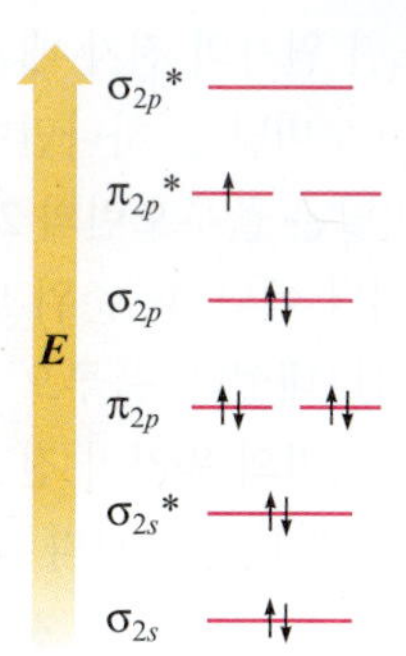

그림 9.41 NO 분자 오비탈의 에너지-준위 도표. 오비탈의 순서는 N_2의 경우와 같다고 가정하였다. 결합 차수는 2.5이다.

대화형 예제 9.8 분자 오비탈 모형 III

분자 오비탈 모형을 사용하여 NO^+와 CN^- 이온의 자기성과 결합 차수를 예측하라.

풀이 NO^+ 이온의 원자가 전자는 10개(5 + 6 − 1)이고, CN^-의 원자가 전자도 10개(4 + 5 + 1)이다. 따라서 두 이온 모두 반자기성이고, 결합 차수는

화학 관련 읽을거리 Chemical Connections

매운 맛이란?

늘 멕시코의 정통 요리에서는 종종 *칠리 페퍼*(*chili pepper*)라 부르는 푸른 고추 및 붉은 고추를 풍부하게 사용하고 있다. 칠리(chili), 즉 고추는 남미 지역이 원산지이며, 새들에 의해 북미에 퍼졌다. Columbus가 인디아라고 생각했었던 북미에 도착했을 때, 원주민들이 매운 음식 요리에 고추를 사용하고 있는 것을 보게 되었다. 그가 고추를 유럽으로 가지고 갔을 때 고추를 페퍼라고 잘못 불렀으며 그 이름이 칠리 페퍼로 고착되었다.

고추의 매운 맛은 다음과 같은 구조를 가진 화합물인 캡사이신(capsaicin)에 의해 주로 전달된다:

캡사이신은 1846년 L. T. Thresh에 의해 순수 화합물로 분리되었다. 그 후 치환된 캡사이신 화합물들도 고추에서 발견되었다. 고추의 매운 맛은 주로 캡사이신과 다이하이드로캡사이신(dihydrocapsaicin)으로부터 나온다.

고추의 "매운 맛"을 설명하는 데 있어 가장 잘 알려진 사람은 Wilbur Scoville이며, 고추의 매운 맛을 측정하는 Scoville 단위를 제안하였다. 그는 임의로 순수한 캡사이신의 매운 맛을 1,600만으로 설정하였다. 이 단위에 의하면, 일반적인 푸른 또는 붉은 고추는 약 2,500 Scoville 등급을 가진다. 하바네로 고추를 먹었을 때 마치 입 안에 불이 나서 소방 호스를 찾았을 정도로 지독히 매운 경험을 했을 것이다—이 하바네로는 약 500,000 Scoville 등급을 가진다.

캡사이신은 요리 외에도 다양하게 쓰인다. 캡사이신은 정원의 해충들의 최류제 스프레이 및 퇴치제 스프레이로 사용되고 있으며, 새들에게는 영향을 미치지 않는다. 강한 운동을 할 때 나타나는 효과와 유사하게, 캡사이신은 몸의 순환을 자극하고, 통증 수용체로 하여금 엔도르핀을 분비케 한다. 조깅하는 대신 소파에 앉아 고추 먹기를 원할 수도 있다. 양쪽 다 땀이 날 것이다.

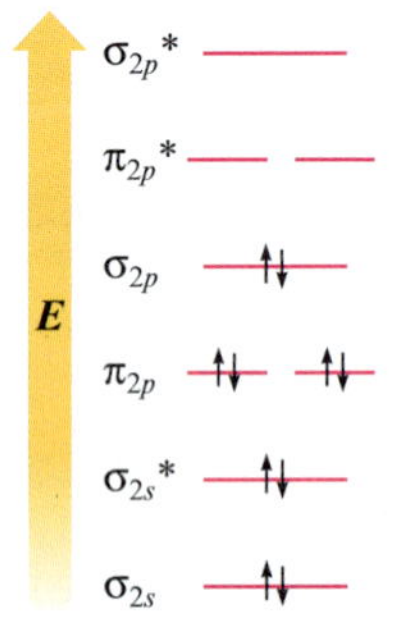

그림 9.42 NO^+와 CN^- 이온의 분자 오비탈의 에너지-준위 도표.

$$\frac{8-2}{2} = 3$$

이다. 분자 오비탈 그림은 동일하다(그림 9.42 참조).

연습 문제 9.71과 9.72 참조

이원자 분자에서 두 원자가 매우 다르면 동핵 분자의 에너지-준위 도표를 더 이상 사용할 수 없다. 그러므로 분자마다 새로운 도표를 고안해야 한다. 이 경우에 해당하는 플루오린화 수소(HF) 분자를 예로 들어 살펴보자. 수소와 플루오린 원자의 전자 배치는 각각 $1s^1$ 및 $1s^22s^22p^5$이다. 문제를 간단히 하기 위해 플루오린의 $2p$ 오비탈 중 하나만이 수소와의 결합에 사용된다고 가정하자. 그러면 HF 분자의 분자 오비탈은 플루오린의 $2p$와 수소의 $1s$ 오비탈로부터 만들어진다. 그림 9.43에 HF의 분자 오비탈 에너지-준위 도표의 일부분을 나타내었다. 이 도표에는 결합에 기여하는 오비탈만 나타내었다. 플루오린의 다른 원자가 전자들은 플루오린에 편재되어 있다고 가정한다. 플루오린의 원자가 전자는 핵에 더 강하게 결합되어 있으므로, 플루오린의 $2p$ 전자는 수소 원자의 $1s$ 전자보다 더 낮은 에너지를 가진다. 따라서 자유 플루오린 원자의 $2p$ 전자는 자유 수소 원자의 $1s$ 전자보다 낮은 에너지에 있다. 이 에너지 도표는 HF 분자가 안정해야 한다고 예측해 주는데 이것은 분자의 전자들이 자유 수소 원자와 자유 플루오린 원자의 전자의 에너지보다 더 낮아지며 이것이 결합 형성의 원동력이 된다.

플루오린의 $2p$ 오비탈이 수소의 $1s$ 오비탈보다 낮은 에너지를 가지므로 전자들은 플루오린 원자 쪽으로 치우친다. 즉, σ 분자 오비탈을 채운 전자쌍의 확률 분포는 플루오린 원자 쪽에 더 치우쳐 있다(그림 9.44). 전자쌍은 똑같이 공유되어 있지 않다. 이 경우 플루오린 원자는 약간의 음전하를 띠며, 수소 원자는 양전하를 띠게 된다. 이것은 HF에서 관찰된 극성 결합과 *정확히* 일치한다. 따라서 분자 오비탈 모형은 수소와 플루오린의 전기음성도의 차이와 그 결과로 나타나는 전하의 불균일 분포를 잘 설명해 준다.

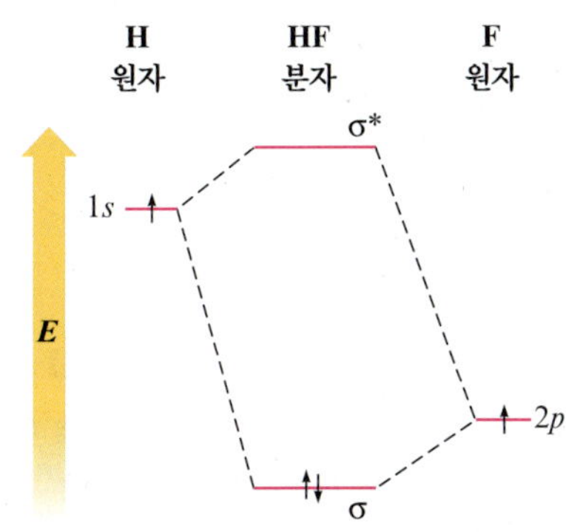

그림 9.43 HF 분자의 분자 오비탈 에너지 –준위 도표의 일부분.

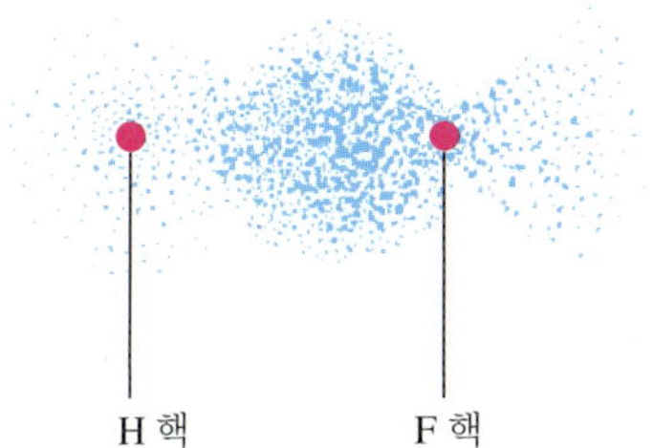

그림 9.44 HF 분자의 결합성 분자 오비탈에서 전자 분포 확률. 전자 밀도는 플루오린 원자 쪽에 더 치우쳐 있음을 주목하라.

9.5 편재 전자 모형과 분자 오비탈 모형의 결합

편재 전자 모형의 문제점은 전자쌍이 한 곳에 편재되어 있다는 가정에 있다. 이 문제는 한 분자에 대해 여러 개의 Lewis 구조를 그릴 수 있을 때 두드러진다. 이들 중 어느 구조도 분자의 전자 구조를 정확하게 나타낼 수 없기 때문이다. 이 문제점을 해결하기 위하여 공명이라는 개념이 생겼다. 그러나 공명 개념을 함께 쓰더라도 편재 전자 모형은 O_3 및 NO_3^- 등과 같은 분자나 이온들에 대해 만족할 만한 결과를 주지 못한다.

이상적인 결합 모형은 편재 전자 모형의 단순함과 분자 오비탈 모형의 비편재 성질을 함께 가진 것이다. 이 두 모형을 합하면 공명을 필요로 하는 분자의 결합을 설명할 수 있다. O_3 및 NO_3^-와 같은 화학종의 공명 구조에서 이중 결합의 위치가 바뀌는 것을 주목하라(그림 9.45). 이중 결합은 한 개의 σ와 한 개의 π 결합을 가지고 있으므로 각 공명 구조에서 모든 결합 원자들 사이에는 σ 결합이 있다. 따라서 여러 개의 공명 구조에서 다른 위치를 갖는 것은 π 결합이다.

공명을 필요로 하는 분자에서 확실히 비편재화된 것은 π 결합이다.

그러므로 분자에 있는 σ 결합은 편재되었다고 할 수 있다. 이와는 달리, π 결합은 비편재 개념으로 다루어야 한다. 따라서 공명의 개념을 필요로 하는 분자의 경우 σ 결합은 편재 전자 모형으로, π 결합은 분자 오비탈 모형으로 각각 설명할 수 있다. 이렇게 함으로써 결합 모형을 가능한 간단하게 유지시키면서 물리적으로 더 정확하게 분자를 기술할 수 있다.

벤젠의 결합을 예로 들어 일반적인 방법을 살펴보기로 하자. 벤젠은 산업에서 중요한 화학 약품이지만, 발암 물질이므로 취급하는 데 주의하여야 한다. 벤젠(C_6H_6)은 여섯 개의 탄소 원자로 이루어진 평면 육각형 구조로 되어 있으며, 각 탄소 원자에 수소 원자가 하나씩 결합되어 있다[그림 9.46(a)]. 이 분자에서 여섯 개의 C—C 결합은 모두 동등하다는 것이 알려져 있다. 이 사실을 설명하기 위해서는 편재 전자 모형에서 공명 개념을 반드시 추가하여야 한다[그림 9.46(b)].

앞에서 기술한 두 모형을 함께 쓰면 벤젠의 결합을 더욱 잘 설명할 수 있다. 여기에서는 모든 σ 결합이 탄소의 sp^2 혼성 오비탈로부터 형성되었다고 가정한다(그림 9.47). 이들 σ 결합은 모두 같은 평면상에 있다.

그림 9.45 O_3와 NO_3^-의 공명 구조들. 공명 구조에서 여러 위치를 차지하는 것은 이중 결합임을 주목하라.

그림 9.46 (a) 벤젠 분자는 6개의 탄소 원자로 이루어진 고리 구조를 가지며, 각 탄소 원자에 한 개의 수소 원자가 결합되어 있다. 모든 원자들은 동일한 평면 위에 있다. 모든 C—C 결합은 동등하다고 알려졌다. (b) 벤젠 분자의 두 가지 공명 구조들. 편재 전자 모형에 6개의 동일한 C—C 결합들을 설명할 수 있는 공명 개념을 반드시 추가하여야 한다.

각 탄소 원자가 모두 sp^2로 혼성화되어 있으므로 고리의 평면에 수직인 한 개의 p 오비탈이 각 탄소에 남아 있다. 이 여섯 개의 p 원자 오비탈은 π 분자 오비탈을 만드는 데 사용된다[그림 9.48(a)]. π 분자 오비탈의 전자들은 고리 평면의 위와 아래 공간에 비편재화된다[그림 9.48(b)]. 따라서 밝혀진 벤젠 분자의 구조를 만족시키는 여섯 개의 동등한 C—C 결합을 만든다. 벤젠 구조는 **비편재화된 π 결합**(delocalized pi bonding)을 나타내기 위하여 흔히 다음과 같이 그리기도 한다.

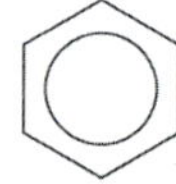

편재 전자 모형을 이용하여 평면 구조를 갖는 다른 분자에 대해서도 유사하게 위의 방법을 적용할 수 있다. 예를 들면, NO_3^- 이온은 그림 9.49에 있는 π 분자 오비탈을 써서 설명할 수 있다. 이 분자에서 각 원자는 sp^2 혼성화를 한다고 가정하며, 이 이온 평면에 수직 방향으로 남아 있는 각 원자의 p 오비탈이 서로 겹쳐 비편재화된 π 분자 오비탈을 만든다.

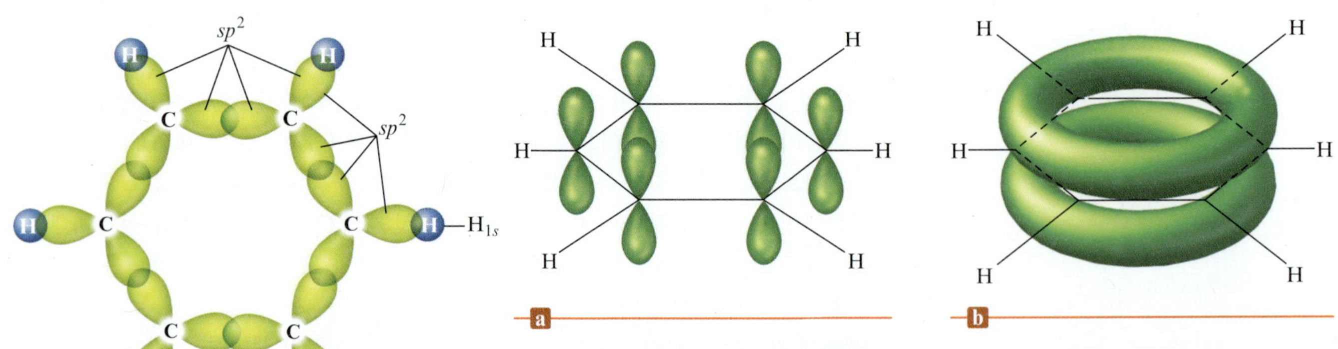

그림 9.47 벤젠 분자에서의 σ 결합 시스템.

그림 9.48 (a) sp^2로 혼성화된 6개의 탄소 원자들로부터 혼성화에 참여하지 않은 6개의 p 오비탈들이 결합하면 π 분자 오비탈 시스템이 형성된다. (b) 만들어진 π 분자 오비탈에 채워진 전자들은 6개의 탄소 원자들에 걸쳐 비편재화되었으며, 6개의 동등한 결합들을 나타내게 된다. 이들 오비탈의 복합체를 여기에 나타내었다.

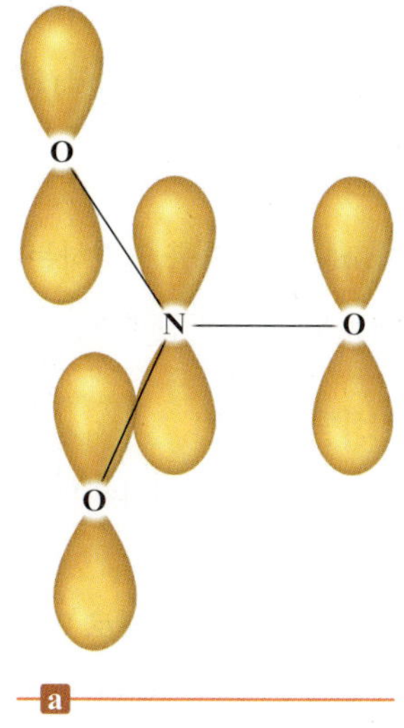

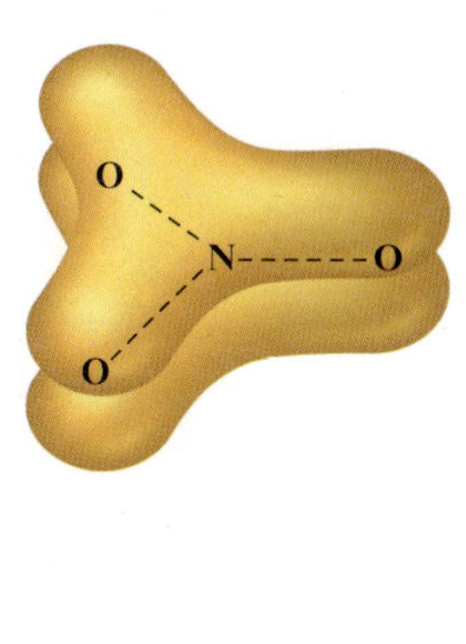

그림 9.49 (**a**) NO_3^- 이온의 π 결합 시스템을 형성하기 위해 사용된 p 오비탈들. (**b**) NO_3^- 이온의 π 분자 오비탈 계에서 전자의 비편재화를 나타내는 그림.

직업 속의 화학

재료 팀장

Nakul Bende 박사는 보스턴에 있는 최고의 3D 프린팅 회사의 재료 팀을 이끌고 있다. Bende 박사는 광조형 기반 프린터와 고난이도의 고분자 반응을 사용하여 3D 프린팅 분야를 최적화하는 일을 하고 있다. Bende 박사는 인도 Roorkee 공과대학에서 학사 및 석사 학위를 취득하고, 독일의 Max Planck Institute for Polymer Research에서 근무하였다. 그 후 Massachusetts Amherst 대학교에서 고분자 과학 및 공학 박사 학위를 받았다.

Bende 박사의 업무는 광라디칼 중합 반응과 운동 및 열 반응을 사용하여 분자를 합성하는 것이고, 이를 위해 필요한 화학 지식을 매일 사용하고 있다. 또한 그는 일을 수행할 때 다른 분야의 전문가들과 교류하는 것을 매우 즐겨한다. 학생들을 위해 그가 해줄 수 있는 조언은 고도로 전문화된 화학 분야에 일찍부터 너무 빠져들지 말고, 기본에 집중하라는 것이다.

Dr. Nakul Bende

개념 정리 및 복습 For Review

주요 용어

9.1절

혼성화

sp^3 혼성화

혼성 오비탈

sp^2 혼성화

시그마(σ) 결합

파이(π) 결합

sp 혼성화

dsp^3 혼성화

광범위하게 사용되는 두 가지의 결합 모형

- 편재 전자 모형
- 분자 오비탈 모형

편재 전자 모형

- 원자 오비탈들 간에 전자쌍을 공유하는 원자들의 집합체로 분자를 묘사한다.
- 혼성 오비탈은 원자 오비탈을 조합한 것이며 흔히 분자 구조를 설명하는 데 사용된다.
  - 여섯 개의 전자쌍(팔면체 배열)의 경우, d^2sp^3 혼성 오비탈이 필요하다.
  - 다섯 개의 전자쌍(삼각쌍뿔 배열)의 경우, dsp^3 혼성 오비탈이 필요하다.
  - 네 개의 전자쌍(사면체 배열)의 경우, sp^3 혼성 오비탈이 필요하다.

d^2sp^3 혼성화

9.2절

분자 오비탈 모형

분자 오비탈(MO)

시그마(σ) 분자 오비탈

결합성 분자 오비탈

반결합성 분자 오비탈

결합 차수

9.3절

파이(π) 분자 오비탈

상자기성

반자기성

9.4절

이핵 이원자 분자

9.5절

비편재화된 π 결합

- 세 개의 전자쌍(삼각 평면형 배열)의 경우, sp^2 혼성 오비탈이 필요하다.
- 두 개의 전자쌍(선형 배열)의 경우, sp 혼성 오비탈이 필요하다.

두 형태의 결합

- 시그마(σ): 두 원자를 연결하는 선의 중심부 공간에서 전자쌍을 공유한다.
- 파이(π): 두 원자를 연결하는 선의 위와 아래의 공간에서 전자쌍을 공유한다.

분자 오비탈 모형

- 분자를 양전하를 띤 원자핵들과 전자들로 구성된 새로운 실체라고 가정한다.
- 분자 내의 전자들은 분자 오비탈에 있으며, 분자 오비탈은 구성 원자들의 원자 오비탈로부터 가장 간단한 형태로 만들어진다.
- 분자 오비탈 모형은 상대적 결합 세기, 자기성 및 결합의 극성을 정확하게 설명할 수 있다.
- 다원자 분자에 있는 비편재 전자의 비편재화를 정확하게 나타낼 수 있다.
- 이 모형의 주된 단점은 다원자 분자를 정량적으로 다루기가 어렵다는 데 있다.

분자 오비탈은 두 가지 방법으로 분류된다: 에너지와 모양

- 에너지
  - 결합성 분자 오비탈은 원래의 원자 오비탈보다 에너지 준위가 더 낮다. 이러한 형태의 분자 오비탈에 있는 전자들은 분리된 형태의 원자들보다 분자에서 더 낮은 에너지를 가지며, 따라서 분자의 형성을 선호하게 된다.
  - 반결합성 분자 오비탈은 원래의 원자 오비탈보다 에너지-준위가 높다. 이러한 형태의 분자 오비탈에 있는 전자들은 분리된 형태의 원자들보다 분자에서 더 높은 에너지를 가지며, 따라서 분자의 형성을 선호하지 않게 된다.
- 모양(대칭성)
  - 시그마(σ) 분자 오비탈은 두 원자핵 선상의 중심에 놓여 있는 전자 확률 분포를 갖는다.
  - 파이(π) 분자 오비탈은 두 원자핵을 연결하는 선분의 위 및 아래에 중심이 놓인 전자 확률 분포를 갖는다.

결합 차수는 결합 세기의 척도이다.

$$\text{결합 차수} = \frac{(\text{결합성 전자의 수}) - (\text{반결합성 전자의 수})}{2}$$

편재 전자 모형에서 공명 개념을 필요로 하는 분자들은 편재 전자 모형과 분자 오비탈 모형을 결합시킴으로써 더 정확하게 나타낼 수 있다.

- σ 결합은 편재되어 있다.
- π 결합은 비편재되어 있다.

복습 질문

1. 공유 결합성 화합물에서의 결합을 설명하기 위하여 왜 원자 오비탈을 혼성화하는가? 혼성 오비탈로부터 어떠한 형태의 결합이 형성되는가, 시그마 또는 파이? 설명하라.

2. 전자쌍들이 사면체 배열을 갖는 중심 원자들은 어떠한 혼성화가 필요한가? 전자쌍들이 삼각 평면형 배열인 경우는? 전자쌍들이 선형 배열인 경우는? 중심 원자가 사면체 결합 구조를 가질 때 혼성화되지 않은 *p* 원자 오비탈이 몇 개 존재하는가? 삼각 평면형 결합 구조일 경우는? 선형 결합 구조일 경우는? 혼성화되지 않은 *p* 원자 오비탈은 무엇에 사용되는가?

3. 편재 전자 모형을 이용하여 H_2S, CH_4, H_2CO 및 HCN에서의 결합을 설명하라.

4. 삼각쌍뿔형 배열을 나타내는 중심 원자들은 어떠한 혼성화가 필요한가? 팔면체 배열은? 편재 전자 모형을 이용하여 PF_5, SF_4, SF_6 및 IF_5에서의 결합을 설명하라.

5. σ 결합성 분자 오비탈의 전자들은 대부분 두 개의 결합된 원자 사이에서 발견될 수 있다. 왜 이러한 전자 배열이 결합을 선호하는가? σ 반결합성 분자 오비탈에서의 전자들은 결합의 원자핵과 관련해서 대부분 어디서 발견될 수 있는가?

6. 2*s* 오비탈이 결합하여 σ 결합성 분자 오비탈과 σ 반결합성 분자 오비탈을 형성하는지 그 방법을 설명하라. 2*p* 오비탈이 중첩되어 σ 결합성, π 결합성, π 반결합성 및 σ 반결합성 분자 오비탈들을 형성하는 방법을 설명하라.

7. 결합 차수, 결합 에너지, 그리고 결합 길이의 상호관계를 설명하라. 이들 중에서 어떤 값이 측정 가능한가? *상자기성*과 *반자기성*을 구별하여 설명하라. 물질이 상자기성인지 여부를 알기 위해서는 어떤 실험을 해야 하는가?

8. 분자 오비탈 이론을 이용하여 다음의 현상을 설명하라.
   a. H_2는 안정하지만 He_2는 불안정하다.
   b. B_2와 O_2는 상자기성이지만 C_2, N_2 및 F_2는 반자기성이다.
   c. N_2는 매우 큰 결합에너지를 갖는다.
   d. NO^+는 NO^-보다 더 안정하다.

9. 이핵 이원자 분자인 HF를 생각해보자. HF의 결합 특성을 설명하기 위하여 분자 오비탈 이론을 어떻게 적용할 수 있는지 자세히 설명하라.

10. 비편재된 π 결합이 무엇인지 설명하라. C_6H_6(벤젠)과 O_3(오존)에서의 비편재된 π 결합 시스템을 설명하라.

활동 학습 질문

이 문제들은 학생들이 강의실에서 그룹을 만들어 함께 풀어보도록 고안하였다.

1. 분자 오비탈이란 무엇인가? 분자 오비탈을 원자 오비탈과 비교해서 설명하라. 결합성 오비탈, 반결합성 오비탈의 모양을 보고 어느 것이 에너지가 낮은지 설명하라.

2. 동핵 이원자 분자의 σ와 π 분자 오비탈의 차이점을 설명하라. 결합성과 반결합성 분자 오비탈은 어떤 차이점이 있는가? π 분자 오비탈은 두 개, σ 분자 오비탈은 한 개인 이유를 설명하라. π 분자 오비탈이 축퇴되는 이유는?

3. 다음 중 어느 것이 에너지 관점에서 더 유리한가를 결정하고, 그 이유를 설명하라.
   a. 충분한 에너지가 가해져서 전자 한 개가 결합성 오비탈에서 반결합성 오비탈로 전이가 일어나는 수소 분자(H_2)
   b. 두 개의 분리된 수소 원자(H)

4. Li_2는 안정적일 것으로 예상된다. 자연에서 리튬은 Li_2로 존재하지 않는데 그 이유는 무엇인가?

5. HCN의 Lewis 구조를 그려라. 혼성 오비탈을 표시하고, 원자 사이의 모든 결합을 보여주는 그림을 그리고, 어떤 결합이 σ 결합인지 또는 π 결합인지를 표시하라.

6. 다음에 기술한 것 중에서 어느 것이 더 정확한 설명인가?: "메테인 분자(CH_4)는 sp^3 혼성화되어 있기 때문에 사면체 구조를 가진 분자이다" 또는 "메테인 분자는 사면체 구조 분자이기 때문에 sp^3 혼성화되어 있다" 위 두 기술의 차이점을 설명하라.

7. 편재 전자 모형과 분자 오비탈 모형을 비교하고 대조하라. 각 모형은 어느 때에 더 유용한가?

8. *결합 차수*, *결합 에너지*, 그리고 *결합 길이*는 어떠한 관계가 있는가? 이 중에서 측정이 가능한 것은?

9. N_2 분자와 CO 분자는 같은 개수의 전자를 가지고 있지만, 이들의 성질은 매우 다르다. 비록 첫 번째 근사치로서 우리는 종종 두 가지 모두에 대해 같은 MO 도표를 사용하여 N_2와 CO의 MO가 어떻게 다른지 제안하라.

10. 중심 원자가 고립 전자쌍을 가지고 있으면 오비탈의 혼성화가 영향을 받는가? 혼성화가 영향을 받는다면, 어떻게 다르게 진행되는가?

11. 그림 9.35와 9.37을 비교하라. 다른 이유는 무엇인가? B_2는 상자기성 분자로 알려져 있기 때문에 π_{2p}와 σ_{2p} 분자 오비탈의 순서가 바뀌어야 한다. 이것에 대한 합리적인 이유는 무엇인가? 왜 σ_{2p} 오비탈이 π_{2p} 오비탈보다 에너지가 낮을 것으로 예측되는가? 이원자 산소는 σ_{2p} 또는 π_{2p}가 에너지에서 더 낮은지 결정하는 데 사용될 수 없는 이유는 무엇인가? B_2 분자는 B 원자의 이

온화 에너지보다 큰 이온화 에너지를 가질 것으로 예상되는 반면, O_2는 분리된 O 원자에 비해 더 작은 이온화 에너지를 가질 것으로 예상된다. B_2와 O_2에 대한 분자 오비탈 다이어그램을 사용하여 이것을 어떻게 설명할 수 있는가?

12. 식품 보존제로 사용되는 벤조산의 공간 채움 모형은 아래와 같다.

벤조산
($C_6H_5CO_2H$)

벤조산의 화학식은 무엇인가? 벤조산의 Lewis 구조를 그려라. 벤조산의 공명 구조가 존재하는가? 벤조산의 σ 결합을 형성하는 데 어떤 오비탈을 사용하는가? 벤조산에는 π 결합이 존재하는가? 존재한다면, 어떤 오비탈을 π 결합을 형성하는 데 사용하는가? 벤조산의 Lewis 구조에서 고리의 결합을 다르게 나타내더라도 육각 고리 내 탄소-탄소 결합의 길이 및 세기는 모두 동등한가? 분자 오비탈 이론을 사용해서 고리의 동등한 결합을 어떻게 설명할 수 있는가?

분홍색 번호의 질문과 연습문제에 대한 정답은 온라인에서 확인할 수 있습니다(차례의 QR을 스캔해보세요).

질문

13. 혼성 오비탈 모형에서 σ 결합과 π 결합을 비교 설명하라. 어떤 오비탈이 σ 결합을 형성하며 어떤 오비탈이 π 결합을 형성하는가? z-축이 핵간 축이라고 가정하라.

14. 분자 오비탈 모형에서 σ 결합과 π 결합을 비교 설명하라. 어떤 원자 오비탈이 σ 결합을 형성하며 어떤 원자 오비탈이 π 결합을 형성하는가? z-축이 핵간 축이라고 가정하라.

15. 왜 d 오비탈이 가끔 혼성 오비탈을 형성하는 데 이용되는가? 어느 주기의 원소들이 혼성화에 d 오비탈을 사용하지 않는가? 만약 필요하다면, d 원자 오비탈이 필요한 혼성 오비탈을 형성하기 위하여 황 원자가 어떤 d 오비탈($3d$, $4d$, $5d$, 또는 $6d$)을 이용하여야 하는가? 비소와 아이오딘에 대하여 같은 질문에 답하라.

16. 단일 결합에서 원자들은 결합의 끊어짐이 없이 핵간 축을 회전축으로 해서 회전이 가능하다. 이중 결합이나 삼중 결합에서 원자들은 결합이 끊어지지 않으면 핵간 축상에서 회전을 할 수 없다. 그 이유는 무엇인가?

17. 다음은 이산화 탄소(CO_2)에서 형성되는 결합들을 설명하는 오비탈들이다.

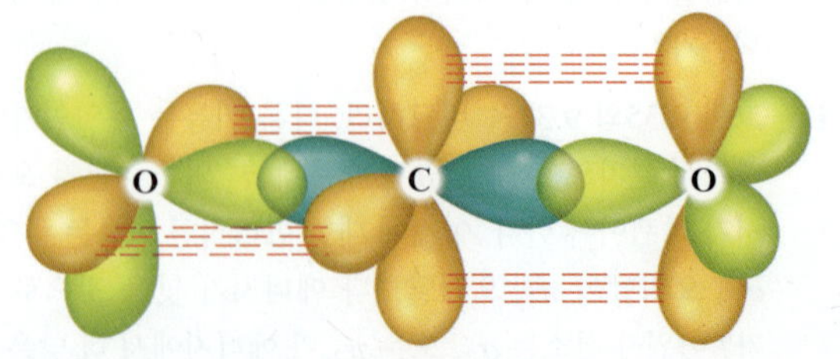

각 색깔들은 다른 오비탈들을 의미한다. 각 오비탈들이 무슨 오비탈인지 표시하고, 이산화 탄소의 Lewis 구조를 그려라. 편재 전자 모형을 이용하여 CO_2 분자에서 결합이 어떻게 형성되는지 설명하라.

18. CO 및 O_2와 비교해서 CS와 S_2는 매우 불안정한 분자들이다. π 결합을 형성하는 데 있어 황 원자와 산소 원자의 상대적인 능력을 근거로 하여 설명하라.

19. 결합성 분자 오비탈과 반결합성 분자 오비탈을 비교 설명하라.

20. 분자 오비탈 이론에서 분자가 형성되는 추진력은 무엇인가?

21. 왜 H_2의 결합은 H_2^- 이온의 결합보다 두 배 강한가?

22. B_2가 상자기성이라는 실험적 증거로부터 분자 오비탈 모형에 어떤 수정을 해야 하는가?

23. NO^-와 NO의 결합을 설명할 때 분자 오비탈 모형이 혼성 오비탈 모형보다 더 잘 맞는 이유는 무엇인가?

24. 한 원자의 네 개의 원자 오비탈이 다른 원자의 네 개의 원자 오비탈과 겹침을 통해 분자 오비탈을 형성할 때 몇 개의 분자 오비탈이 형성되겠는가? 형성된 분자 오비탈이 σ 또는 π 분자 오비탈인지 어떻게 결정할 것인가?

25. 편재 결합 또는 비편재화 결합은 무엇을 의미하는가? 분자의 결합을 설명할 때 언제 비편재화 결합을 사용해야 하는가?

26. NO_3^-에서 세 개의 NO 결합은 길이와 결합 세기가 모두 동등하다. 비록 NO_3^-의 Lewis 구조에서는 질소에 한 개의 이중 결합과 두 개의 단일 결합이 존재하는 것이 명확함에도 불구하고 왜 이런지를 설명하라.

연습 문제

이절의 연습 문제는 비슷한 유형의 문제를 두 개씩 짝지어 놓았다.

편재 전자 모형과 혼성 오비탈

27. H_2O 분자의 결합을 편재 전자 모형으로 설명하라.

28. CCl_4 분자의 결합을 편재 전자 모형으로 설명하라.

29. H_2CO(탄소가 중심 원자이다) 분자의 결합을 편재 전자 모형으로 설명하라.

30. C_2H_2 (HCCH로 존재한다) 분자의 결합을 편재 전자 모형으로 설명하라.

31. 에테인과 에탄올의 구조 모형은 아래와 같다.

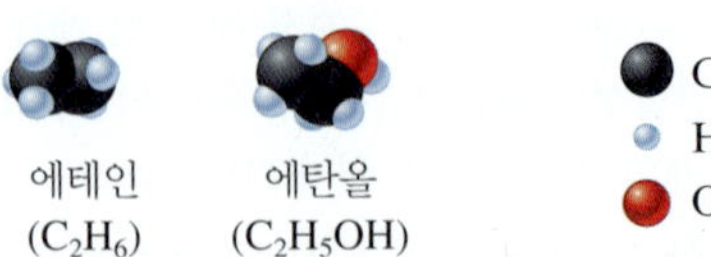

에테인 (C_2H_6) 에탄올 (C_2H_5OH)

편재 전자 모형을 이용하여 에테인과 에탄올의 결합을 설명하라.

32. 사이안화 수소와 포스젠의 구조 모형은 아래와 같다.

사이안화 수소 (HCN) 포스젠 (COCl)

C H O N Cl

편재 전자 모형을 이용하여 사이안화 수소과 포스젠의 결합을 설명하라.

33. 제8장의 연습 문제 97과 107의 분자 또는 이온들의 중심 원자의 혼성을 예측하라.

34. 제8장의 연습 문제 98과 108의 분자와 이온들의 중심 원자의 혼성화를 예측하라.

35. 제8장의 연습 문제 101에서 분자나 이온들의 중심 원자의 혼성화를 예측하라.

36. 제8장의 연습 문제 102에서 분자들의 중심 원자의 혼성화를 예측하라.

37. 제8장의 연습 문제 133와 134에서 분자들의 중심 원자의 혼성화를 예측하라.

38. 제8장의 연습 문제 135와 136의 분자에서 중심 원자의 혼성화를 예측하라.

39. 다음 각 분자들의 Lewis 구조를 쓰고 분자 구조 및 결합각을 예측하라. 중심 원자의 혼성 오비탈을 예측하고, 분자의 전체 극성을 예측하라.

a. CF_4 **b.** NF_3 **c.** OF_2 **d.** BF_3 **e.** BeH_2

40. 황을 포함하는 다음 각 분자 또는 이온에 대하여 Lewis 구조를 그리고, 분자 구조(결합각을 포함해서)를 예측하라. 또한 황 원자의 혼성 오비탈을 예측하라.

a. SO_2

b. SO_3

c. $S_2O_3^{2-}$ [S—S(—O)(—O)—O]$^{2-}$

d. $S_2O_8^{2-}$ [O—S(—O)(—O)—O—O—S(—O)(—O)—O]$^{2-}$

e. SO_3^{2-}

f. SO_4^{2-}

g. SF_2

41. 다음 분자 각각에 대해 Lewis 구조(들)을 쓰고, 분자 구조(결합각도 포함)를 예측하고, 중심 원자가 갖는 혼성 오비탈을 쓰고, 전체 극성을 예측하라.

a. TeF_4 **b.** AsF_5 **c.** KrF_2 **d.** KrF_4 **e.** SeF_6 **f.** IF_5 **g.** IF_3

42. 다음 분자 또는 이온 각각에 대해 Lewis 구조를 쓰고, 분자 구조(결합각 포함)를 예측하라. 또한 황에 대해 예상되는 혼성 오비탈을 써라.

a. SF_4 **b.** SF_6 **c.** $F_3S\text{-}SF$ **d.** SF_5^+

43. 화학식이 QF_5인 화합물이 있다. Q는 미지의 원소이다. 이 화합물은 짝수 개의 원자가 전자를 가지고 있고, 중심 원자인 Q는 d^2sp^3로 혼성화되어 있다. Q로 가능한 원소는 무엇인가?

44. 다음 분자 구조 중 중심 원자가 *d* 오비탈을 사용하지 *않고* 혼성 오비탈을 형성할 수 있는 것은?

a. T-형태

b. 시소 구조

c. 사각 평면

d. 사각뿔

e. 삼각쌍뿔

45. ICl_5의 Lewis 구조를 그려라. 다음 ICl_5의 설명 중 옳은 것을 골라라.

a. ICl_5의 중심 원자는 한 개의 고립 전자쌍을 가지고 있다.

b. Cl—I—Cl 결합각은 약 90°이다.

c. ICl_5는 극성 분자이다.

d. ICl_5의 분자 구조는 사각뿔 구조이다.

e. 중심의 아이오딘 원자는 dsp^3로 혼성화되어 있다.

46. 다음 분자들 모두의 공통점은 무엇인가?

XeF_2, ICl_3, SCl_4, AsF_5

a. 모두 90° 결합각을 가지고 있다.

b. 중심 원자는 모두 dsp^3 혼성화되어 있다.

c. 모두 극성 분자이다.

d. 모두 팔면체 구조이다.

e. 모두 109° 결합각을 가지고 있다.

47. C_2H_4 분자에서 여섯 개의 모든 원자가 한 평면상에 있어야 하는 이유를 설명하라.

48. 알렌(allene) 분자의 Lewis 구조는 다음과 같다.

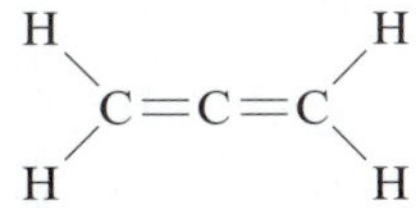

모든 수소 원자들은 같은 평면상에 있어야 하는가? 만일 그렇지 않다면 그들 원자의 공간상의 관계는 무엇인가? 설명하라.

49. 다음과 같은 Lewis 구조를 생각해 보자.

H—C≡C—Ö—H

이 화합물의 결합에 관한 다음 설명 중 어느 것이 *틀렸는가*? 틀린 설명을 수정하라.

a. 이 분자에는 2 pi(π) 결합이 있다.

b. 이 분자에는 4 시그마(σ) 결합이 있다.

c. H—C 시그마(σ) 결합에서, 수소로부터의 1*s* 오비탈은 시그마 결합을 형성하기 위해 탄소로부터의 *sp* 혼성 오비탈과 중첩된다.

d. C—O 시그마(σ) 결합에서, 탄소로부터의 *sp* 혼성 오비탈은

산소로부터의 sp^3 혼성 오비탈과 중첩되어 시그마 결합을 형성한다.

e. 삼중 결합에서, 각 탄소로부터의 3개의 비혼성화된 p 원자 오비탈은 2개의 탄소 사이의 3개의 결합을 형성하도록 중첩된다.

50. 아세트산은 식초의 독특한 냄새의 원인이 되는 유기 화합물이다. 아세트산의 골격 구조는 다음과 같다.

```
   H   O4
   |   |
H—C1—C2—O3—H
   |
   H
```

아세트산의 Lewis 구조를 완성하라. 다음 아세트산에 대한 설명 중 *틀린* 것은 무엇인가? 틀린 설명을 올바르게 수정하라.

a. 아세트산에는 한 개의 π 결합이 있다.

b. 3으로 표시된 산소 원자(O_3)는 sp 혼성화되어 있다.

c. 탄소-탄소 결합은 C_1의 sp^3 혼성 오비탈과 C_2의 sp^2 혼성 오비탈 사이의 겹침으로 형성된다.

d. 아세트산에는 7개의 시그마 결합이 있다.

e. C_2는 혼성화되지 않은 p 원자 오비탈을 사용하여 4라고 표기된 산소 원자(O_4)와 결합을 형성한다.

51. 요소는 간에서 생성되는 화합물로서 인간이 질소를 배출하는 방법 중의 하나이다. 요소의 Lewis 구조는 다음과 같다.

```
  H  :O:  H
  |   ||  |
H—N̈ — C — N̈—H
```

탄소, 질소 및 산소의 혼성 오비탈들을 사용하여 요소에서의 다양한 결합을 이루기 위하여 어떤 오비탈이 중첩되었는가를 설명하라.

52. 크레아틴(creatine)은 신체의 근육 조직을 만드는 데 중요한 유기 화합물이다. 크레아틴의 Lewis 구조는 다음과 같다.

```
       H
       |
      :N—H   :Ö—H (1)
       |      |
H—N̈=C —N̈ — C=Ö
     (2) |
       H—C—H
         |
         H
```

크레아틴에 각각 몇 개의 σ 결합과 π 결합이 존재하는가? 1과 2로 표시된 결합을 형성하기 위해 어떤 오비탈 간에 겹침을 이루는가? π 결합을 형성하기 위해 어떤 오비탈 간에 겹침을 이루는가?

53. 바이아세틸(biacetyl)과 아세토인(acetoin)은 좀 더 버터 같은 맛을 내기 위해 마가린에 첨가하는 화합물이다.

```
      O   O                          O
      ||  ||                         ||
CH3—C—C—CH3         CH3—CH—C—CH3
                             |
                             OH
```

바이아세틸 아세토인

이 두 화합물의 Lewis 구조를 적고, 모든 C—C—O의 결합각과 탄소의 혼성 오비탈을 예측하라. 바이아세틸 분자에서 네 개의 탄소와 두 개의 산소 원자들은 동일 평면상에 있을까? 몇 개의 σ 결합과 π 결합이 이 두 물질에 있을까?

54. 에틸렌(C_2H_4)의 유도체들은 화학 산업에서 중요한 화합물이다. 이들 유도체 중 두 가지는 아크릴로나이트릴(acrylonitrile)과 메타아크릴산 메틸(methyl methacrylate)이다.

```
H   b   H           H       CH3
 a C=C              C=C d
H     c C          H   e C—O—CH3
         ≡N            O    f
```

아크릴로나이트릴 메타아크릴산 메틸

고립 전자쌍을 포함한 완전한 Lewis 구조를 그려라. a에서 f까지의 모든 결합각을 써라. 모든 탄소 원자의 혼성화를 써라. 아크릴로나이트릴 분자에서 동일 평면상에 있는 원자는 몇 개인가? 이 두 분자에는 몇 개의 σ 결합과 π 결합이 존재하는가?

55. 고분자 산업에서 사용되는 두 가지 분자는 아조다이카본아마이드(azodicarbonamide)와 사이아노아크릴산 메틸(methyl cyanoacrylate)이며 그 구조는 다음과 같다.

```
   H
   | a
H—N                                e   N
    \                                 ≡
     C—N    c    O                  C
    // b \\     //                  |
   O      N—C ) d         H2C=C ) f   g
             \                    C—O—CH3
              NH2                 || h
                                  O
```

아조다이카본아마이드 사이아노아크릴산 메틸

아조다이카본아마이드는 폴리스티렌을 만들 때에 사용된다. 아조다이카본아마이드를 녹은 플라스틱에 첨가하면 이것은 질소, 일산화 탄소, 그리고 암모니아 기체로 분해되는데, 이 기체들은 녹은 고분자에 기포를 생성하게 된다. 사이아노아크릴산 메틸은 초강력 접착제의 주성분이다. 접착제가 도포되면 사이아노아크릴산 메틸은 탄소-탄소 이중 결합을 가로질러 고분자화된다. (제22장 참조)

a. 두 분자에 대한 고립 전자쌍을 모두 보여주는 Lewis 구조를 완성하라.

b. 두 분자에 있는 탄소 원자들과 아조다이카본아마이드에 있는 질소 원자는 어떤 혼성 오비탈을 사용했는가?

c. 각 분자에 존재하는 π 결합의 수는 얼마인가?

d. a에서 h까지의 모든 결합각의 근삿값을 써라.

56. 매운 음식들은 말단 신경계를 자극하는 분자를 포함하고 있다. 피페린(piperine)과 캡사이신(capsaicin) 등 두 개의 분자가 바로 그것이다.

```
H   O    H                                          H H
 \ / \  /a\                                   d  H     H
  C   [ring]—CH=CH—CH=CH—C—N   f   H
 / \ /  \  /    b      c  ||  e           H
H   O    H   H              O   H         H
         H                                 H H
```

피페린

캡사이신

피페린은 흰색 또는 검정색 후춧가루에 있는 활성 화합물이고, 캡사이신은 칠리 고추에 있는 활성 화합물이다. 피페린과 캡사이신의 고리 구조에는 탄소 표기가 생략되어 있다. 선이 만나는 각 점에는 탄소 원자가 위치하고 있다.

a. 모든 비공유 전자쌍들을 나타내는 피페린과 캡사이신의 Lewis 구조를 그려라.

b. 각 분자에서 *sp*, sp^2 및 sp^3로 혼성화된 탄소의 수는 각각 몇 개인가?

c. 각 분자에서 질소 원자의 혼성 오비탈을 써라.

d. 위 각 구조에서 *a*에서 *l*까지 표시된 결합각의 근삿값을 예측하라.

57. 아지도티미딘(azidothymidine, AZT)은 후천성 면역 결핍 증후군(acquired immune deficiency sydrome, AIDS) 치료제로 승인된 초기 약품 중의 하나이다. AZT의 Lewis 구조식은 다음과 같다.

a. sp^3로 혼성화된 탄소의 수는 각각 몇 개인가?

b. sp^2로 혼성화된 탄소의 수는 각각 몇 개인가?

c. 어떤 원자가 *sp*로 혼성화되어 있는가?

d. 이 분자에서 σ 결합은 몇 개인가?

e. 이 분자에서 π 결합은 몇 개인가?

f. 아자이드($-N_3$) 기에서 N=N=N의 결합각은 몇 도인가?

g. 다섯 원자 고리에 연결된 곁 원자단에서 H—O—C의 결합각은 몇 도인가?

h. $-CH_2OH$ 기(group)에서 산소 원자의 혼성 오비탈은 무엇인가?

58. 아래 미녹시딜($C_9H_{15}N_5O$)은 Pharmacia & Upjohn Company에서 제조한 화합물로서 남성 대머리 치료제로 승인되었다.

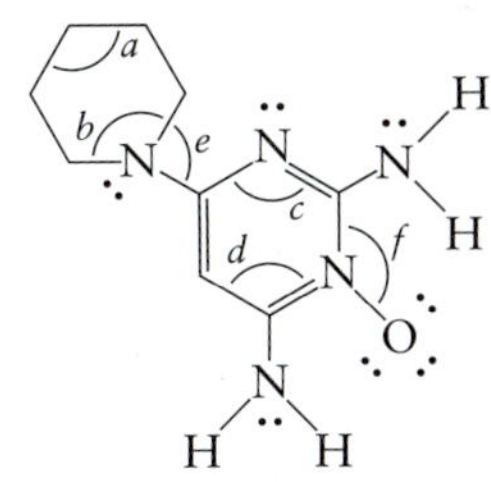

두 육각형의 꼭짓점에 특별히 원자 기호가 쓰여 있지 않으면 그곳은 탄소 원자가 있음을 의미하고, 그 탄소 원자에 결합되어 있는 수소 원자들은 생략되어 있다. 탄소 원자는 4개의 결합을 한다.

a. 위 미녹시딜의 다섯 질소 원자들은 어떻게 혼성화되어 있는가?

b. 위 미녹시딜의 아홉 탄소 원자들은 어떻게 혼성화되어 있는가?

c. 위에 *a*, *b*, *c*, *d*, *e*, *f*로 표시된 곳의 결합각은 얼마 정도 되겠는가?

d. 수소 원자들과의 결합까지 모두 포함해서, 이 분자 안에는 몇 개의 σ 결합이 있는가?

e. 이 분자 안에는 몇 개의 π 결합이 존재하는가?

분자 오비탈 모형

59. 두 개의 수소 1*s* 오비탈들의 결합으로부터 형성된 다음과 같은 분자 오비탈들을 생각해 보자.

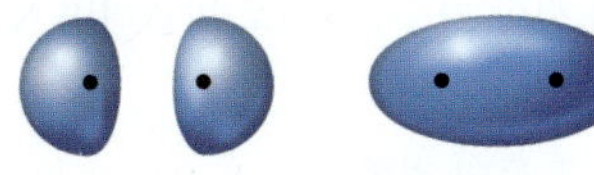

a. 결합성 분자 오비탈은 어떤 것이며, 반결합성 분자 오비탈은 어떤 것인가? 오비탈의 모양을 보고 말할 수 있는 것은?

b. 두 분자 오비탈 중에서 에너지가 낮은 것은? 그 이유는?

60. 다음 원자 오비탈들이 겹칠 때 형성되는 분자 오비탈을 그리고 그 타입(σ 또는 π; 결합성 또는 반결합성)을 표기하라. 제시한 표기에 대해서 설명하라.

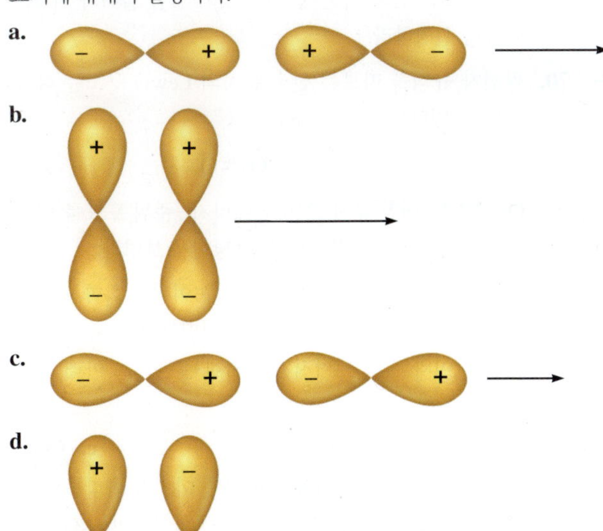

61. 다음 중 어떤 것이 안정한 이원자 분자 또는 이온인지 분자 오비탈 모형으로 예측하라.

a. H_2^+ **c.** H_2^-
b. H_2 **d.** H_2^{2-}

62. 다음 중 어떤 것이 안정한 이원자 분자 또는 이온인지 분자 오비탈 모형으로 예측하라.

a. He_2^{2+} **b.** He^{2+} **c.** He_2

63. 분자 오비탈 모형에 의하면 다음 중 어느 것이 안정한 이원자 화합물인지를 예측하라.

a. N_2^{2-} **b.** O_2^{2-} **c.** F_2^{2-}

64. 분자 오비탈 모형에 의하면 다음 중 어느 것이 안정한 이원자 화합물인지를 예측하라.

a. Be_2^{2-} **c.** Ne_2
b. B_2^{2-} **d.** Ne_2^{2+}

65. 분자 오비탈 모형을 사용하여, 다음 이원자 화합물의 전자 배치를 적고, 결합 차수를 계산하라. 어느 것이 상자기성 화합물인가?

a. Li_2 **b.** C_2 **c.** S_2

66. 다음 전자 배치를 생각해 보자.

$$(\sigma_{3s})^2(\sigma_{3s}^*)^2(\sigma_{3p})^2(\pi_{3p})^4(\pi_{3p}^*)^4$$

이론적으로 이와 같은 전자 배치를 갖는 4가지 화학종을 써라.

67. N_2 분자의 결합 차수를 2.5로 만들려면 N_2 분자는 어떤 전하를 띠어야 하는가?

68. F_2^+, F_2, F_2^- 등의 결합을 분자 오비탈 모형으로 설명하라. 이들 세 화학종의 결합 차수와 상대적 결합 길이를 예측하라. 각 화학종이 가진 비공유 전자쌍의 수는 몇 개인가?

69. 소듐은 산소와 반응하여 Na^+와 O_2^{2-} 이온으로 구성된 과산화소듐(Na_2O_2)을 만들 수 있다. 한편, 포타슘은 산소와 반응하여 K^+와 O_2^-로 구성된 초과산화 포타슘(KO_2)을 형성한다. 과산화 이온과 초과산화 이온 중 어느 것의 결합 길이가 더 짧은가? 그 이유를 설명하라.

70. 팔전자 규칙을 따르는 산소 분자의 Lewis 구조는 다음과 같이 그릴 수 있다.

:Ö=Ö:

O_2 분자에 대한 분자 오비탈 에너지-준위 도표를 이용하여 위의 Lewis 구조가 들뜬 상태에 해당함을 보여라.

71. 분자 오비탈 모형을 사용하여, 다음 이원자 화학종의 전자 배치를 적고, 결합 차수를 계산하라. 어떤 화학종이 상자기성인가? 결합 길이와 결합 에너지가 증가하는 순으로 아래 화학종을 각각 나열하라.

a. CO **b.** CO^+ **c.** CO^{2+}

72. 분자 오비탈 모형을 사용하여 다음 이원자 화학종의 전자 배치를 적고 결합 차수를 계산하라. 어떤 화학종이 상자기성인가? 결합 길이와 결합 에너지가 증가하는 순으로 아래 화학종을 각각 나열하라.

a. CN^+ **b.** CN **c.** CN^-

73. 다음의 이원자 화학종 중에서 전자를 잃음으로써 결합 세기가 약해질 것으로 예상되는 것은?

a. H_2 **c.** C_2^{2-}
b. B_2 **d.** OF

74. 분자 오비탈 모형에서 다음과 같이 짝지어진 화학종 중 전자 하나를 얻기 쉬운 화학종은 어느 것인가? 이유를 설명하라.

a. CN 또는 NO **b.** O_2^{2+} 또는 N_2^{2+}

75. 두 개의 $2p$ 원자 오비탈이 어떻게 결합해서 σ 분자 오비탈과 π 분자 오비탈을 형성하는지 설명하라.

76. 수소의 $1s$ 원자 오비탈과 플루오린의 $2p$ 원자 오비탈이 결합하여 어떻게 플루오린화 수소 분자의 결합성과 반결합성 분자 오비탈을 형성하는지 설명하라. 이렇게 형성된 분자 오비탈은 σ 분자 오비탈인가 또는 π 분자 오비탈인가?

77. 그림 9.43과 9.44를 참고하여 다음 물음에 답하라.

a. HF의 결합성 분자 오비탈의 전자 밀도는 H 원자 또는 F 원자 중 어느 쪽에서 더 높은가? 그 이유를 설명하라.

b. HF의 결합성 분자 오비탈은 플루오린의 $2p$ 성질이 더 큰지, 아니면 수소의 $1s$ 성질이 더 큰지, 아니면 $2p$와 $1s$의 성질을 균등하게 갖고 있는지 그 이유를 설명하라.

c. HF의 반결합성 분자 오비탈에 대해서도 앞의 두 질문에 답하라.

78. 이원자 분자인 OH는 기체 상태로 존재한다. OH는 연소 반응에서 중요한 역할을 하며 오염된 공기 중에서 반응성이 큰 산화제로 작용한다. 결합 길이와 결합 에너지는 각각 97.06 pm과 424.7 kJ/mol로 측정되었다. OH 분자가 이 장에서 언급된 HF 분자와 유사하다고 가정하고, 분자 오비탈(MO)이 산소의 p_z 오비탈과 수소의 $1s$ 오비탈의 겹침에 의해 형성된다고 하자. (O—H 결합은 z-축을 따라 놓여 있다.)

a. OH의 시그마 결합 및 반결합 분자 오비탈을 그려라.

b. 두 개의 분자 오비탈 중 어느 것이 수소의 $1s$ 특징을 더 많이 가지고 있는가?

c. 산소 원자의 $2p_x$ 오비탈과 수소 원자의 $1s$ 오비탈로부터 분자 오비탈을 형성할 수 있는가? 그 이유를 설명하라.

d. 산소의 $2p$ 오비탈만이 수소의 $1s$ 오비탈과 상호작용할 수 있다는 것을 인지하고 OH의 분자 오비탈 에너지 준위 도표를 그려라. 올바른 수의 전자를 에너지 준위에 배치하라.

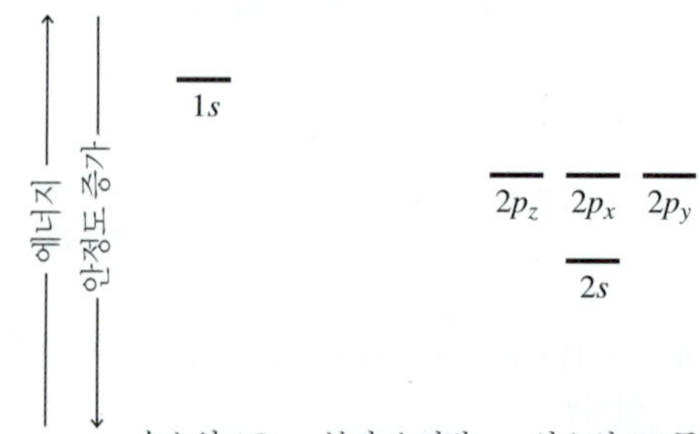

e. OH의 결합 차수를 구하라.

f. OH^+의 결합 차수가 OH의 결합 차수보다 큰지 작은지 같은지 예측하고 설명하라.

79. 아세틸렌(C_2H_2)은 칼슘 카바이드(CaC_2)와 물이 반응하여 생성

된다. 편재 전자 모형과 분자 오비탈 모형을 모두 사용하여 아세틸 음이온(C_2^{2-}) 결합을 설명하라.

80. 편재 전자 모형과 분자 오비탈 모형을 모두 사용하여 NO^+, NO^- 및 NO의 결합을 기술하라. 두 모형의 차이점을 설명하라.

81. 벤젠(C_6H_6)의 Lewis 구조는 다음과 같다:

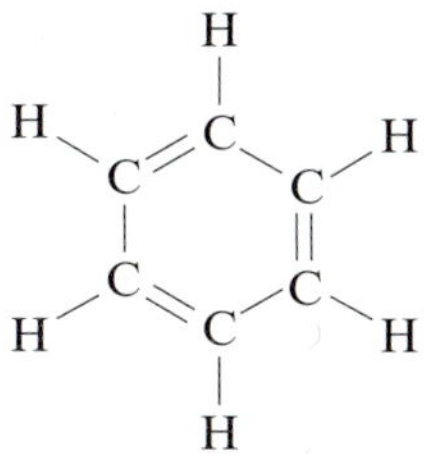

벤젠과 관련된 다음 설명 중 잘못된 것이나 *틀린* 것은 무엇인가? 잘못된 설명은 올바르게 고쳐라.

- **a.** 벤젠에 대해 다른 동등한(공명) Lewis 구조를 그릴 수 있다.
- **b.** Lewis 구조에서 예측한 바와 같이, 6개의 탄소–탄소 결합 중 3개는 다른 3개의 C—C 결합보다 짧다.
- **c.** 탄소–탄소 시그마 결합은 각 탄소의 sp^2 혼성 오비탈과 겹쳐서 형성된다.
- **d.** π 결합의 전자는 전체 고리 표면 위와 아래에 비편재화되어 있다고 생각할 수 있다.
- **e.** 벤젠의 각 탄소에는 혼성화되지 않은 π 원자 오비탈이 하나 있다.

82. 보라진(borazine, $B_3N_3H_6$)은 때때로 "무기" 벤젠(C_6H_6)으로 부른다. 보라진의 Lewis 구조는 다음과 같다:

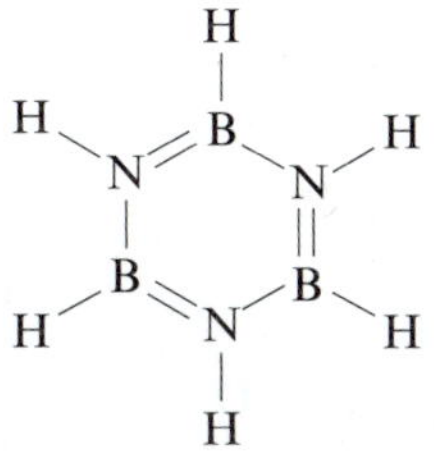

Lewis 구조에는 단일 결합과 이중 결합을 번갈아 있음에도 불구하고 보라진의 6개 붕소–질소 결합이 길이와 결합 세기에서 동등한 이유는 무엇인가?

83. 편재 전자 모형을 사용하여 O_3 분자와 NO_2^- 이온의 결합을 서술하라. 이들 두 화학종의 π 결합을 분자 오비탈 모형으로 서술하라.

84. 편재 전자 모형을 사용하여 CO_3^{2-}의 결합을 서술하라. 이 화학종의 π 결합을 분자 오비탈 모형으로 서술하라.

화학 활동 문제

85. 다음 혼성 오비탈에 대한 설명 중 옳은 것은 어느 것인가?

- **a.** 원자가 원자 오비탈(valence atomic orbitals)은 항상 내부 핵심 원자 오비탈과 결합하여 혼성 오비탈을 생성한다.
- **b.** 혼성 오비탈의 공간에서의 배향(orientation)은 그것들이 형성되는 원자 오비탈의 공간에서의 방향과 동일하다.
- **c.** 하나의 원자로부터의 sp^2 혼성 오비탈은 중첩되어 다른 원자로부터의 sp^3 혼성 오비탈과 결합을 형성할 수 있다.
- **d.** 혼성 오비탈의 중첩은 π 결합을 형성한다.
- **e.** sp^2 혼성화된 원자는 2개의 π 결합을 형성한다.

86. 어떤 결합은 원자 사이의 결합이 깨지지 않은 채 원자가 자유롭게 회전할 수 있다. 어떤 다른 결합은 원자 사이의 결합이 깨지지 않으면 원자가 자유롭게 회전할 수 없다. 골격 구조가 다음과 같은 분자들을 생각해 보자.

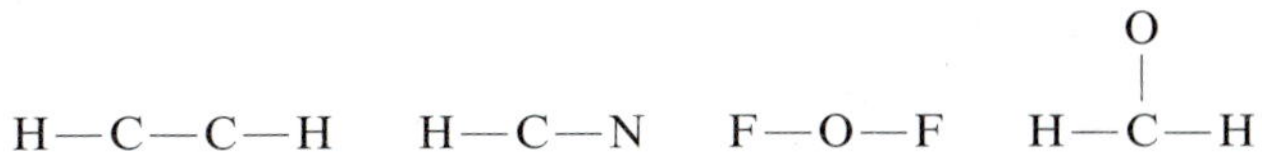

H—C—C—H   H—C—N   F—O—F   H—C(=O)—H

결합이 깨지지 않으면 원자가 자유롭게 회전할 수 *없는* 결합을 적어도 한 개 이상 가진 분자는 무엇인가?

87. SeO_2, PCl_3, NNO, COS 및 PF_3에 대한 Lewis 구조를 그려라. 이들 중에서 극성인 화합물은? 결합각이 약 120°인 결합을 적어도 하나 이상 가진 화합물은? 중심 원자가 sp^3 혼성화를 나타내는 화합물은? 선형 분자 구조를 갖는 화합물은?

88. $TeCl_4$, ICl_5, PCl_5, $KrCl_4$ 및 $XeCl_2$에 대한 Lewis 구조를 그려라. 어떤 화합물이 적어도 하나의 결합각을 약 120°로 나타내는가? 어떤 화합물이 d^2sp^3 혼성화를 보이는가? 어떤 화합물이 사각 평면 분자 구조를 가지고 있는가? 어떤 화합물이 극성인가?

89. 다음 화합물들의 Lewis 구조를 그리고, 분자 구조를 예측하고, (중심 원자의 혼성 오비탈 관점에서) 결합을 기술하라.

- **a.** XeO_3
- **b.** XeO_4
- **c.** $XeOF_4$
- **d.** $XeOF_2$
- **e.** XeO_3F_2

90. 다양한 염소산화물과 플루오린화물과 이에 연관된 양이온 및 음이온들이 알려졌다. 이들은 강력한 산화제 및 불소화제(fluorinating agent)로 되려는 경향이 강하다. 이들 그룹에서 $FClO_3$는 가장 안정한 화합물이고, 로켓 추진제의 산화제로 연구되어 왔다. F_3ClO, $F_2ClO_2^+$ 및 F_3ClO_2에 대한 Lewis 구조식을 그려라. 각 화학종의 분자 구조식은 무엇이며, 각 화합물 또는 이온에서 중심 염소 원자가 가질 수 있는 혼성화는 무엇인가?

91. 질소 분자(N_2) 내의 결합에 혼성 오비탈 이론을 적용하여 다음과 같은 문장을 완성하라. N_2에서 질소–질소 결합은 다음과 같이 가장 잘 설명된다:

- **a.** 각 질소로부터의 sp^2 혼성 오비탈의 중첩 및 혼성화되지 않은 $2p$ 원자 오비탈의 중첩으로부터의 하나의 π 결합으로 인한 결합
- **b.** 각 질소로부터의 sp^2 혼성 오비탈의 중첩 및 혼성화되지 않은 $2p$ 원자 오비탈의 중첩으로부터의 2개의 π 결합으로 인한 $1s$ 결합
- **c.** 각 질소로부터의 sp 혼성 오비탈의 겹침과 혼성화되지 않은 $2p$ 원자 오비탈의 겹침으로부터의 2개의 π 결합으로 인한 $1s$ 결합
- **d.** 각 질소로부터의 sp 혼성 오비탈의 중첩과 혼성화되지 않은 $2p$ 원자 오비탈의 중첩으로부터의 하나의 π 결합으로 인한 결합

92. 유기 화합물 테트라사이아노에틸렌은 다음과 같은 골격 구조를 갖는다:

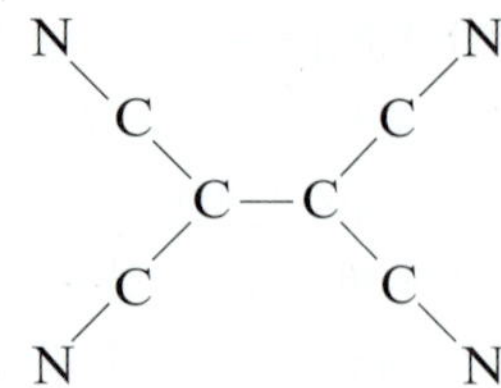

테트라사이아노에틸렌의 탄소–탄소 결합 중 한 탄소의 *sp* 혼성 오비탈과 다른 탄소의 sp^2 혼성 오비탈의 중첩으로부터 형성되는 결합은 몇 개인가?

93. A, B, C의 세 분자를 생각해 보자. 분자 A는 sp^3의 혼성화를 가지고 있다. 분자 B는 분자 A보다 두 쌍의 비공유 전자쌍(중심 원자 주위의 전자 쌍)을 더 많이 가지고 있다. 분자 C는 2개의 σ 결합과 2개의 π 결합으로 이루어져 있다. 분자 구조, 혼성화, 결합각, 그리고 각 분자에 대한 예를 들어라.

94. 항생 물질인 티아루빈-A(thiarubin-A)는 탄자니아에서 야생 침팬지의 식습관을 연구하던 중에 발견되었다. 티아루빈-A의 구조는 다음과 같다.

H H
C—C
$H_3C-C\equiv C-C$ (고리) $C-C\equiv C-C\equiv C-CH=CH_2$
S—S

a. 모든 고립 전자쌍을 나타내는 Lewis 구조식을 완성하라.

b. 티아루빈-A의 탄소 및 황 원자들이 갖는 혼성 오비탈들을 제시하라.

c. 이 분자에 몇 개의 σ 및 π 결합들이 있는가?

95. 사이아누르산(cyanuric acid)은 아래와 같이 두 가지 구조를 갖는다.

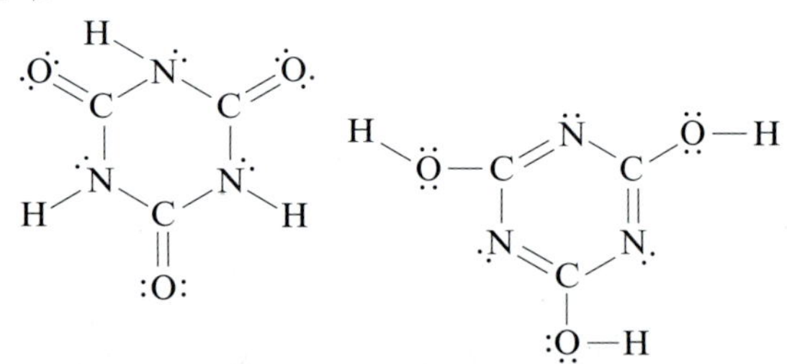

a. 이 두 구조는 같은 분자인가? 설명하라.

b. 각 구조에 있는 탄소와 질소 원자들의 혼성화를 나타내라.

c. 결합 에너지(표 8.5)를 이용하여 어느 구조가 안정한지, 즉 어느 구조가 더 강한 결합을 갖는지 예측하라.

96. 아래에 도시된 분자 구조들에 대한 혼성 오비탈을 예측하라.

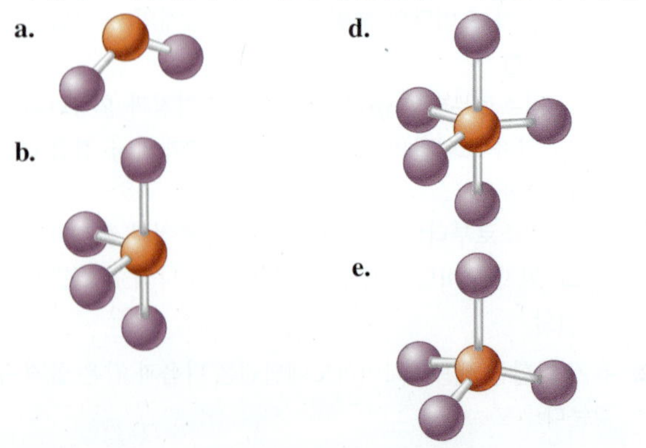

c.

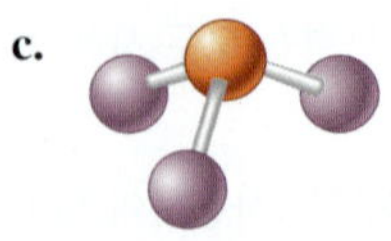

97. 비타민 B_6는 유기 화합물이며, 사람 몸 안에 이것이 결핍할 경우 무기력, 짜증 및 감염의 취약성 등을 유발할 수 있다. 비타민 B_6의 미완성된 Lewis 구조는 아래와 같다. Lewis 구조를 완성하고, 다음 물음에 답하라. *힌트*: 비타민 B_6는 유기 화합물(탄소 원자로 구성된 화합물)로 분류될 수 있다. 간단한 유기 화합물의 Lewis 구조의 대부분은 형식 전하가 0인 원자들을 포함하고 있다. 그러므로 다음 분자 구조에 고립 전자쌍과 다중 결합을 첨가하면 각 원자의 형식 전하가 0이 된다.

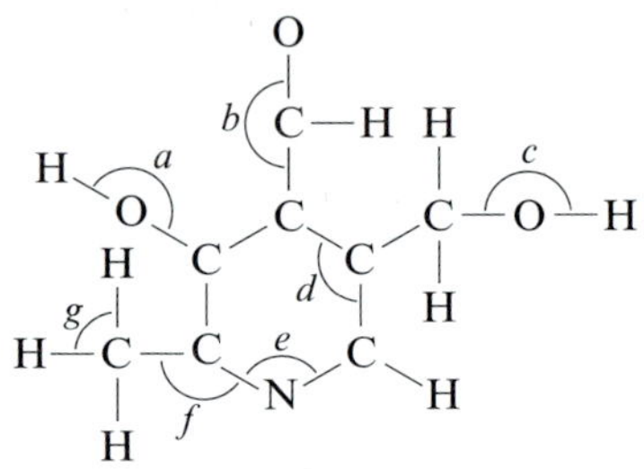

a. 비타민 B_6 분자 안에는 몇 개의 σ 결합과 π 결합이 존재하는가?

b. 분자 구조에서 *a*부터 *g*까지 표시된 결합각의 근삿값을 예측하라.

c. sp^2로 혼성화된 탄소의 수는 몇 개인가?

d. sp^3로 혼성화된 탄소, 산소, 질소는 몇 개인가?

e. 비타민 B_6는 비편재화된 π 결합을 가지고 있는가? 설명하라.

98. 아스파테임(aspartame)은 누트라스위트(NutraSweet)라는 이름으로 판매되는 인공감미료이다. 아스파테임에 대한 부분적인 Lewis 구조는 다음과 같다.

$H_2N-CH-C(=O)-NH-CH(C(=O)-OCH_3)CH_2-C_6H_5$
$CH-CH_2-C(=O)-OH$

아스파테임은 유기 화합물(탄소 원자로 되어 있는 화합물)로 분류된다. 단순한 유기 화합물의 Lewis 구조의 대부분은 형식 전하가 0인 원자들로 구성되어 있다. 그러므로 Lewis 구조를 그릴 때 분자 구조에 고립 전자쌍이나 다중 결합을 첨가하면 각 원자의 형식 전하는 0이 된다. 또한 육각형의 고리는 간편한 벤젠($-C_6H_5$)의 표시이며 벤젠은 9.5절에서 다루었다. 아스파테임에 대한 Lewis 구조를 완성하라. 몇 개의 C와 N 원자가 sp^2로 혼성화되어 있는가? 몇 개의 C와 O 원자가 sp^3로 혼성화되어 있는가? 아스파테임에는 몇 개의 σ 결합과 π 결합이 있는가?

99. 표 8.5의 결합 에너지를 사용하여 탄소–탄소 이중 결합의 회전 장벽 에너지를 계산하라. 이 계산을 하기 위해, 생성되거나 끊어지는 결합들을 고려하여 다음과 같은 변화에서 무엇이 일어났는지를 반드시 고려해야 한다.

```
Cl        Cl              Cl        H
  \      /                  \      /
   C == C       가           C == C      로 변환
  /      \                  /      \
H         H               H         Cl
```

즉, π 결합에서 어떤 일이 일어나겠는가를 고려해야 한다.

100. 세 개의 가장 안정한 탄소의 산화물은 일산화 탄소(CO), 이산화 탄소(CO_2), 아산화 탄소(C_3O_2)이다. 이 세 분자들의 구조 모형은 다음과 같다.

이 세 산화물들의 Lewis 구조를 그리고, 분자 구조를 예측하라. 탄소 원자의 혼성 오비탈을 이용하여 분자 결합을 기술하라.

101. 다음 분자들의 Lewis 구조를 완성하라. 또한 분자 구조, 분자의 극성, 결합각, 별표(*)한 원자들의 혼성 오비탈을 예측하라.

a. N_2F_2

F—N*—N*—F

b. C_4H_6

```
        H     H
        |     |
H—C*—C*—C*—C*—H
  |      |
  H      H
```

102. 다음 $POCl_3$의 공명 구조를 완성하라.

```
      O                O
      |                ||
Cl—P—Cl  ⟷  Cl—P—Cl
      |                |
     Cl               Cl
     (A)              (B)
```

a. 각 공명 구조는 같은 분자 구조를 가지고 있는가?

b. 각 공명 구조에서 P의 혼성 오비탈은 무엇인가?

c. 공명 구조 B에서 P 원자가 π 결합을 형성하기 위해서는 어떤 오비탈을 필요로 하는가?

d. 형식 전하 관점에서 볼 때 어느 공명 구조가 더 안정한 구조인가?

103. N_2O 분자는 선형 및 극성 분자이다.

a. 위의 실험적 증거를 기반으로 NNO 또는 NON 중 어느 것이 옳은 원자 배열인가를 결정하고, 그 이유를 설명하라.

b. *a*의 답을 근거로 N_2O의 Lewis 구조(공명 구조 포함)를 그려라. 각 원자의 형식 전하와 중심 원자의 혼성화를 써라.

c. 다음의 다중 결합은 어떤 오비탈로 기술할 수 있는가?

:N≡N—Ö:

104. 혈액에서 O_2의 전달은 헤모글로빈에 의해 이루어진다. 헤모글로빈은 O_2보다도 일산화 탄소(CO)와 보다 강한 친화력을 갖기 때문에 일산화 탄소는 산소 전달을 방해할 수 있다. 만일 CO가 존재하면 O_2의 정상적인 흡수가 방해를 받아, 몸에 필요한 산소를 얻을 수가 없다. 분자 오비탈 모형을 이용하여 CO 및 O_2의 전자 배치를 써라. 제시한 전자 배치로부터 CO와 O_2 간의 두 가지 특성의 차이점을 제시하라.

105. N_2, N_2^+ 및 N_2^-에 대한 분자 오비탈 전자 배치를 고려해 보자. 각 화합물 또는 이온의 경우, 각 분자 오비탈에 들어가는 전자들의 올바른 수를 아래 표에 채워라.

MO	N_2	N_2^+	N_2^-
σ_{2p}^*			
π_{2p}^*			
σ_{2p}			
π_{2p}			
σ_{2s}^*			
σ_{2s}			

106. B_2^+, B_2 및 B_2^- 화학종들을 결합 길이가 증가하는 순서대로 그리고, 결합 에너지가 증가하는 순서대로 배열하라.

107. 분자 오비탈 이론(molecular orbital theory)을 이용하여 O_2에서 한 개의 전자를 제거하면 결합이 강해지지만 N_2에서 한 개의 전자를 제거하면 결합이 약해지는 이유를 설명하라.

108. 분자 오비탈 모형으로 N_2의 첫 번째 들뜬 상태(바닥 상태에서 가장 가까운 에너지 상태)의 결합을 기술하라. 바닥 상태와 비교해서 들뜬 상태의 분자 성질은 어떤 차이가 있을 것이라고 예측하는가? (분자의 들뜬 상태란 최저 에너지 상태에 해당하는 전자 배치 이외의 전자 배치에 해당된다.)

109. 분자 오비탈 에너지-준위 도표를 사용하여 F_2의 첫 번째 이온화 에너지의 크기가 플루오린 원자의 이온화 에너지보다 클지, 작을지를 예측하라. 그 이유는 무엇인가?

110. 어떻게 d_{xz} 원자 오비탈과 p_z 원자 오비탈이 결합하여 결합 분자 오비탈을 형성하는지를 설명하라. *x*-축이 핵간 축이라고 가정한다. σ 분자 오비탈이 형성되는가? 아니면 π 분자 오비탈이 형성되는가? 설명하라.

111. 다음에 나와 있는 두 개의 d_{xz} 원자 오비탈들이 결합했을 때 어떤 분자 오비탈이 형성되는가? *x*-축이 핵간 축이라고 가정한다.

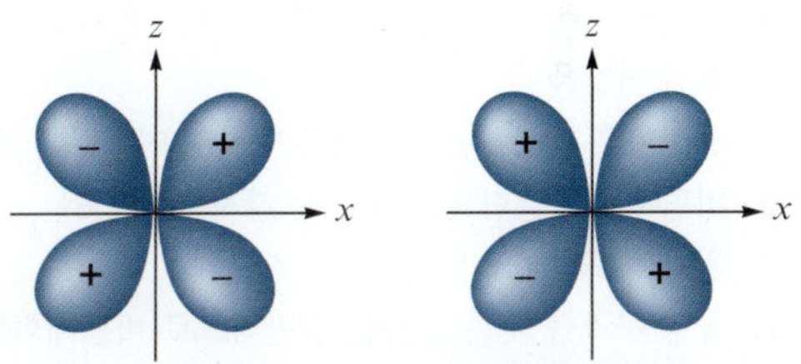

112. 100% 황산보다 더 센산으로 알려진 슈퍼산이라는 특별한 범주의 산들은 아래와 유사한 비교적 단순한 반응으로 제조할 수 있다. 이 예에서 무수 HF와 SbF_5를 반응시킴으로써 슈퍼산인 $[H_2F]^+[SbF_6]^-$를 제조할 수 있다.

$$2HF(l) + SbF_5(l) \longrightarrow [H_2F]^+[SbF_6]^-(l)$$

a. 이 반응에서의 모든 화학종들의 분자 구조는? 각 화학종에서의 중심 원자들의 혼성화는 무엇인가?

b. 2.93 mL의 무수 HF(밀도 = 0.975 g/mL)와 10.0 mL의 SbF_5(밀도 = 3.10 g/mL)가 반응할 때에 생성되는 $[H_2F]^+[SbF_6]^-$의 질량은?

113. 아래와 같은 정보가 주어졌을 때에 다원자 이온인 XY_3^+에서 분자 구조와 중심 원자 X의 혼성화를 결정하라. 중성 원자인 X는 36개의 전자를 가졌고, Y 원소는 1–의 전하를 가진 음이온으로 만들 수 있으며, 이때의 전자 배치는 $1s^22s^22p^6$이다.

114. 삼플루오린화 질소(NF_3)는 열적으로 안정한 화합물이지만 삼아이오딘화 질소(NI_3)는 폭발성이 매우 큰 물질이다. NI_3는 다음과 같은 반응식에 따라 합성될 수 있다.

$$BN(s) + 3IF(g) \longrightarrow BF_3(g) + NI_3(g)$$

a. 반응 엔탈피가 -307 kJ이고, 생성 엔탈피가 각각 $BN(s)$은 -254 kJ/mol, $IF(g)$는 -96 kJ/mol, $BF_3(g)$는 -1136 kJ/mol일 때, $NI_3(s)$ 생성 엔탈피는 얼마인가?

b. NI_3의 합성이 BN 1몰당 IF 4몰을 사용하여 이루어질 때, 부산물(by-product) 중의 하나로 $[IF_2]^+[BF_4]^-$가 얻어진다고 보고되었다. 이 부산물에 있는 화학종들의 분자 기하구조는 각각 무엇인가? 이 부산물 화학종 각각에 있는 중심 원자의 혼성화는 무엇인가?

115. 당신은 워프 드라이브(warp drive)를 담당하는 우주선의 수석 엔지니어로서, 다이리튬(dilithium) 공급이 치명적으로 부족하다는 것을 알아차렸다. 대체 에너지를 찾는 가운데 다이보론, B_2를 발견하였다.

a. Li_2와 B_2의 결합 차수는 각각 얼마인가?

b. 워프 드라이브에 사용되는 Li_2와 등전자가 되려면 B_2로부터 몇 개의 전자를 제거하여야 하는가?

c. B_2를 Li_2와 등전자로 만들기 위한 일반 반응식은 다음과 같다(여기에서 n은 문제 b에서 결정된 전자 수).

$$B_2 \longrightarrow B_2^{n+} + ne^- \qquad \Delta H = 6455 \text{ kJ/mol}$$

1.5 kg의 B_2를 원하는 등전자 화학종으로 이온화시키기 위해서 얼마의 에너지가 필요한가?

116. 비편재화된 결합 전자를 갖는 분자는 이와 관련된 여분의 안정도를 갖는다. 다음 중 비편재화를 나타내는 분자의 특성이 *아닌* 것은?

a. 비편재화된 결합 전자를 갖는 분자는 하나 또는 그 이상의 다중 결합을 갖는다.

b. 비편재화된 결합 전자를 갖는 분자는 혼성화되지 않은 p 원자 오비탈을 갖는다.

c. σ 결합을 형성하는 전자들은 비편재화된 결합 전자들이다.

d. 비편재화된 결합 전자를 갖는 분자는 sp^2 또는 sp로 혼성화된 원자를 포함하고 있다.

e. 공명 구조를 갖는 분자는 일반적으로 비편재화된 결합 전자를 가지고 있다.

117. SO_2에 관한 다음 설명 중에서 옳은 것은?

a. 중심 황 원자는 sp^2로 혼성화되었다.

b. 황–산소 결합 중에서 하나는 다른 것보다 더 길다.

c. 중심 황 원자의 결합각들은 약 120°이다.

d. SO_2에는 두 개의 σ 결합이 있다.

e. SO_2에는 공명 구조가 존재하지 않는다.

118. 어떤 화합물 또는 이온은 비편재화된 π 전자를 가지고 있고, 그 결과로 산소와의 결합이 동등하게 된다. 이런 화합물 또는 이온의 결합들은 단일 결합보다는 강하지만 이중 결합보다는 상당히 약하다. 다음 중 이러한 화합물 또는 이온인 것은?

a. CO_2 **d.** NO_3^-

b. NO_2^+ **e.** XeO_3

c. SO_3^{2-}

도전 문제

119. 컴퓨터로 만든 카페인의 모형을 생각해 보자.

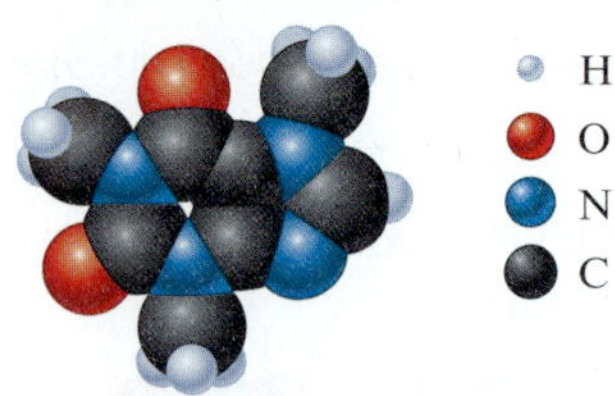

대부분의 유기 화합물에서처럼 모든 원자들의 형식 전하가 0인 카페인의 Lewis 구조를 그려라. 중심 C와 N이 120도의 결합각을 갖는 것은 몇 개인가? 몇 개의 C와 N이 sp^3로 혼성화되어 있는가? 몇 개의 C와 N이 sp로 혼성화되어 있는가? σ 결합과 π 결합의 개수는 얼마인가?

120. 콜레스테롤($C_{27}H_{46}O$)은 다음과 같은 분자 구조를 가진다.

H_3C, CH_3, CH_3, CH_3, CH_3, H, H, HO, H

위 구조에서 선끼리 만나는 지점에 탄소 원자가 있다. 대부분의 H 원자는 나타내지 않았다. 모든 탄소와 수소 원자로 나타낸 완전한 분자 구조를 그려라. (각 탄소는 네 개의 결합을 하고 있다.) 어느 탄소 원자가 sp^2 또는 sp^3 혼성화를 하고 있는지 표시하라.

121. 중요한 공업용 화합물인 사이안아마이드(cyanamide, H_2NCN)는 다음 반응 과정에 의해 생성된다.

$$CaC_2 + N_2 \longrightarrow CaNCN + C$$

$$CaNCN \xrightarrow{\text{산}} H_2NCN$$

사이안아마이드

사이안아마이드화 칼슘(CaNCN)은 직접 비료, 제초제 및 고엽제로 사용되고 있다. 또한, 사이안아마이드(cyanamide), 다이사이안다이아마이드(dicyandiamide) 및 멜라민 수지를 제조하는 데도 사용된다.

$$H_2NCN \xrightarrow{\text{산}} NCNC(NH_2)_2$$

다이사이안아마이드

$$NCNC(NH_2)_2 \xrightarrow[NH_3]{\text{가열}} \text{멜라민}$$

(H_2N, N, NH_2, C, C, N, N, C, NH_2)

멜라민
(π 결합은 나타내지 않음)

a. NCN^{2-}, H_2NCN, 다이사이안다이아마이드(dicyandiamide) 및 멜라민의 Lewis 구조를 그리고, 적절한 곳에 공명 구조를 그려라.

b. 각 화학종에서 탄소(C)와 질소(N) 원자의 혼성화를 써라.

c. 각 화학종에서 σ 결합과 π 결합의 수를 써라.

d. 멜라민의 고리 구조는 평면 구조인가?

e. 다이사이안다이아마이드, $NCNC(NH_2)_2$는 결합 길이가 서로 다른 세 개의 C—N 결합이 있으며, 비선형 구조를 가지고 있다. 이 분자의 모든 가능한 공명 구조 중에서 가장 중요한 역할을 하는 공명 구조를 예측하라.

122. 벤젠(C_6H_6)의 Lewis 구조들은 제8장의 연습 문제 109에서 보는 바와 같다. Lewis 구조 중의 하나를 사용하여 결합 에너지 값과 C(g)의 표준 생성 엔탈피(ΔH_f° = 717 kJ/mol) 값으로부터 $C_6H_6(g)$의 ΔH_f° 값을 구하라. $C_6H_6(g)$의 ΔH_f°의 실험값은 83 kJ/mol이다. $C_6H_6(g)$의 ΔH_f° 실험값과 계산값이 차이가 나는 이유를 설명하라.

123. 기체 질소(N_2)가 들어 있는 플라스크에 25 nm의 빛을 쬐어 주었다.

a. 다음 자료를 사용하여 빛을 받는 동안 어떤 화학종이 생성되었는지 써라.

$$N_2(g) \longrightarrow 2N(g) \qquad \Delta H = 941 \text{ kJ/mol}$$

$$N_2(g) \longrightarrow N_2^+(g) + e^- \qquad \Delta H = 1501 \text{ kJ/mol}$$

$$N(g) \longrightarrow N^+(g) + e^- \qquad \Delta H = 1402 \text{ kJ/mol}$$

b. 플라스크 안에서 어떤 이온도 생성되지 않고 단지 질소 원자만을 생성하는 빛의 파장 범위를 써라.

c. N_2의 1차 이온화 에너지(1501 kJ/mol)가 질소 원자(1402 kJ/mol)의 1차 이온화 에너지보다 큰 이유를 설명하라.

124. 가장 큰 산화 상태를 가진 질소의 옥시음이온(oxyanion)은 질산이온(NO_3^-)이다. 한편, 인에 대하여 가장 큰 산화 상태를 가진 옥시음이온은 PO_4^{3-}이다. NO_4^{3-} 이온은 알려져 있지만 안정하지 않고, PO_3^- 이온은 알려져 있지 않다. 이 4가지 음이온에 대하여 그 차이를 결합으로 설명하라.

125. 측정한 결합 에너지 값은 대상 분자에 따라 크게 변한다. 다음 반응식들을 생각하자.

$$NCl_3(g) \longrightarrow NCl_2(g) + Cl(g) \qquad \Delta H = 375 \text{ kJ/mol}$$

$$ONCl(g) \longrightarrow NO(g) + Cl(g) \qquad \Delta H = 158 \text{ kJ/mol}$$

각 반응식은 한 개의 N—Cl 결합만이 끊어지는데도 불구하고 이들 반응들의 ΔH 값이 차이가 나는 이유를 설명하라(*힌트:* ONCl과 NO 분자 안의 NO 결합의 결합 차수를 고려한다).

126. MO 모형을 이용하여 BeH_2의 결합을 설명하라. MO 에너지-준위 도표를 그릴 때, 베릴륨의 1s 전자는 결합 형성에 포함되지 않는 것으로 가정한다.

127. 이 책에서 *결합 에너지*는 화학 결합을 끊는 데 필요한 에너지양이라고 정의되었기 때문에 결합을 끊기 위해서는 에너지를 가해 주어야 한다. 그러나 어떤 경우에는 에너지를 가하여 결합을 형성시키기도 한다. 예를 들어, 헬륨 기체 시료에 높은 에너지를 노출시키면 약간의 He_2 분자가 순간적으로 존재하였다가 다시 분해된다. MO 모형(및 에너지 도표)을 이용하여 왜 He_2 분자가 형성될 수 있는지 그리고 다시 해리하게 되는지 설명하라.

128. 다음 화학종들을 가장 낮은 이온화 에너지로부터 가장 높은 이온화 에너지의 순으로 배열하라: O, O_2, O_2^- 및 O_2^+. 그 이유를 설명하라.

129. MO 모형을 이용하여 다음 중 가장 작은 이온화 에너지를 갖는 화학종을 결정하라: N_2, O_2, N_2^{2-}, N_2^-, O_2^+. 그 이유를 설명하라.

130. F_2^-의 이온화 에너지가 290 kJ/mol로 주어졌을 때 다음을 풀어라.

a. F_2^-의 결합 에너지를 구하라. F_2의 결합 에너지와 F^-의 이온화 에너지를 찾아야 할 것이다.

b. F_2^-와 F_2 간의 결합 에너지 차이를 분자 오비탈 이론을 이용하여 설명하라.

131. 일산화 탄소(CO)는 다양한 금속들이나 금속 이온들과 결합을 형성한다. 일산화 탄소가 헤모글로빈에 있는 철 이온과 결합하기 때문에 아주 위험한 물질이다. 일산화 탄소에 있는 탄소가 금속과 결합을 한다.

$$M{-}C{\equiv}O$$

a. 전기음성도를 근거로 해서 탄소 원자가 금속과 결합할지, 산소 원자가 금속과 결합할지 예측하라.

b. CO에 있는 원자의 형식 전하를 나타내라. 이것으로부터 어느 원자가 금속과 결합할지 예측하라.

c. MO 모형에서, 결합성 MO는 전기음성도가 큰 원자 가까이에 높은 전자 밀도가 놓인다(그림 9.43 및 그림 9.44의 HF 분자 참조). 전기음성도가 작은 원자에 반결합성 MO의 전자 밀도가 크다. MO 모형을 이용하여 일산화 탄소의 어느 원자가 금속과 결합을 형성할지 예측하라.

Chapter 10

연수정 위, 은색 적철광 중심에서 금홍석의 금빛 침상 결정들이 6각 별 모양을 이루고 있다. (NATURAL HISTORY MUSEUM, LONDON / Science Source).

액체와 고체

Liquids and Solids

물을 생각해 보면, 물질의 세 가지 상태가 얼마나 다른지 쉽게 알 수 있다. 하늘을 날고, 수영을 하며, 얼음 위에서 스케이트를 타면서 여러 다른 형태의 물을 접하게 된다. 기체, 액체, 그리고 고체 상태에서, 물 분자들이 각기 매우 다른 배열을 하고 있음이 분명해진다. 우리는 액체와 고체의 성질과 구조를 먼저 다루면서 액체와 고체에 대한 논의를 진행할 것이다. 그런 다음 고체와 액체, 액체와 기체, 고체와 기체 사이에서 일어나는 상태 변화를 살펴볼 것이다.

10.1 물질의 상태 복습

앞서 제5장에서, 기체는 그 성분 입자들이 멀리 떨어져 있고, 빠르게 움직이며, 서로 간의 인력이 비교적 작은 물질임을 알았다. 높은 온도와 낮은 압력에서 대부분의 기체들이 나타내는 이상적인 행동을 설명하기 위해 분자 운동론이라는 모형을 도입하였다.

고체는 분명히 기체와 매우 다르다. 기체는 밀도가 낮고, 높은 압축률을 나타내며, 용기를 완전히 채우는 반면 고체는 밀도가 훨씬 크고, 극히 조금밖에는 압축할 수 없으며, 딱딱하기 때문에 용기에 상관없이 그 모양을 그대로 유지한다. 이러한 특성으로부터 고체에서는 그 구성 성분들이 매우 근접해 있으며 큰 인력으로 서로를 끌어당기고 있음을 알 수 있다.

액체의 성질은 고체와 기체의 중간 정도가 되겠지만, 물의 세 가지 상태와 관련된 몇몇 성질들을 보면 중간에 있는 것은 아니다. 예로서, 0°C에서 얼음이 녹을 때의 엔탈피 변화량(용융열)을 100°C에서 액체 상태의 물이 증발할 때의 엔탈피 변화량(증발열)과 비교해 보자.

$$H_2O(s) \longrightarrow H_2O(l) \qquad \Delta H°_{\text{융해}} = 6.02\ \text{kJ/mol}$$
$$H_2O(l) \longrightarrow H_2O(g) \qquad \Delta H°_{\text{증발}} = 40.7\ \text{kJ/mol}$$

이 값은 고체에서 액체로 갈 때에 비해 액체에서 기체로 갈 때 훨씬 큰 구조의 변화가 있다는 것을 보여주고 있다. 이는 비록 고체 상태에서처럼 강하지는 않지만, 액체 상태에서도 물 분자들 간에 상당한 세기의 인력이 작용한다는 것을 나타낸다.

표 10.1 물의 세 가지 상태에 대한 밀도

상태	밀도(g/cm³)
고체(0°C, 1 atm)	0.9168
액체(25°C, 1 atm)	0.9971
기체 (400°C, 1 atm)	3.26×10^{-4}

세 가지 상태의 물에 대한 밀도 값들에서도 액체와 고체 상태가 비교적 비슷하다는 것을 엿볼 수 있다. 표 10.1에서 볼 수 있는 것처럼, 액체와 고체 상태의 물은 매우 비슷한 밀도 값을 갖는다.* 압축률 값을 통해서도 물의 각 상태들 간의 관계를 알아볼 수 있다. 25°C, 1 atm의 압력에서 0.9971 g/cm^{3}이던 액체 물의 밀도는 1065 atm의 압력에서 1.046 g/cm^{3}이 된다. 압력의 변화가 큰 것에 비해 이 정도의 밀도 변화는 매우 작은 것이다. 얼음의 경우에도 압력 증가에 따른 밀도 변화가 거의 없다. 이와는 달리 온도 400°C, 1 atm의 압력에서 3.26×10^{-4} g/cm^{3}이던 수증기의 밀도는, 242 atm의 압력에서 0.157 g/cm^{3}로 크게 변한다.

결론은 분명하다. 그림 10.1에서 도식적으로 나타낸 것처럼, 고체와 액체 상태는 많은 점에서 서로 유사하지만, 이들은 기체 상태와는 확연하게 구별된다. 고체나 액체의 구조를 나타내는 모형을 개발할 때 이 점을 염두에 두어야 한다.

10.2 분자 간 힘

앞의 제8장과 제9장에서 원자들이 전자들을 공유함으로써 *분자*(*molecules*)라는 안정한 단위체를 형성할 수 있음을 보았다. 이것을 *분자내 결합*(*intramolecular bonding*)이라고

* 대부분의 물질에서와 같이 고체 상태와 액체 상태에서의 물의 밀도는 매우 비슷하다. 그러나 고체 상태의 밀도가 액체 상태보다 약간 작다는 점에서 물은 매우 특이하다. 대부분의 물질은 고체 상태의 밀도가 액체 상태보다 약간 더 크다.

그림 10.1 물질의 세 가지 상태를 도식화하여 나타내었다.

한다. 이번 장에서는 **물질의 응축 상태**(condensed state), 즉 액체와 고체의 성질과, 어떤 힘에 의하여 물질의 구성 성분들이 서로 응집하여 액체나 고체가 되는지에 대해 알아본다. 이러한 힘은 공유 결합이나 이온 결합일 수도 있고, **분자 간 힘**(intermolecular force, 분자와 분자 사이에 작용하기 때문에)이라고 부르는, 보다 약한 상호작용일 수도 있다.

제5장에서 비이상 기체의 행동을 설명하기 위해 분자 간 힘이 도입되었다.

물에서와 같이 어떤 물질이 고체에서 액체로, 그리고 다시 기체로 변할 때 *분자들은 변하지 않고 그대로 남아 있다*는 점을 명심하라. 상태의 변화는 분자 *내의*(*within*) 힘이 아니라 분자들 *간의*(*among*) 힘이 변하기 때문에 일어나는 것이다. 이 장의 뒤에서 볼 수 있듯이, 얼음 속의 분자들은 그 자리에서 진동은 할 수 있지만, 사실상 한 자리에 고정되어 있는 것이나 다름없다. 에너지가 가해지면 분자의 움직임이 증가하다가, 마침내는 무질서하게 움직이는 액체 상태인 물의 특징을 갖게 된다. 얼음이 녹은 것이다. 여기에 더 많은 에너지를 가하면 개개 분자 간의 거리가 멀리 떨어져 인력이 거의 작용하지 않게 되는 기체 상태에 도달하게 된다. 그럼에도 불구하고 기체는 여전히 물 분자들로 이루어져 있다. 공유 결합을 끊고 물 분자를 그 구성 원자들로 분해하려면 훨씬 더 많은 에너지를 필요로 할 것이다. 액체 상태에 있는 1 mol의 물을 증발시키는 데 필요한 에너지와(40.7 kJ) 1 mol의 물 분자들에서 O—H 결합들을 끊는 데 필요한 에너지를(934 kJ) 비교해 보면 이러한 사실을 알 수 있다.

온도란 물질에서 입자들의 무질서한 운동의 척도임을 기억하라.

쌍극자-쌍극자 힘

쌍극자-쌍극자 힘은 극성 분자들 사이에 작용하는 힘이다.

앞서 8.3절에서 보았듯이, 극성 결합으로 이루어진 분자들은 전기장 내에서 마치 양전하 중심과 음전하 중심을 가지고 있는 것처럼 행동하는 경우가 많다. 다시 말해, 이들은 쌍극자 모멘트를 갖는다. 쌍극자 모멘트를 가진 분자들은 그림 10.2(a)에서와 같이 양의 끝과 음의 끝을 서로 가깝게 배열함으로써 정전기적으로 서로를 끌어당길 수 있다. 이를 **쌍극자-쌍극자 인력**(dipole-dipole attraction)이라고 한다. 액체와 같이 수많은 분자들이 서로 근접해 있는 응축 상태에서, 당기는 인력과 반발력 사이에서 쌍극자들은 가장 최적의 균형점을 찾게 된다. 다시 말해, 그림 10.2(b)에 나타낸 것처럼 ⊕---⊕와 ⊖---⊖의 상호작용을 최소화하고 ⊕---⊖의 상호작용을 극대화하는 방식으로 분자들이 배향한다.

쌍극자-쌍극자 힘의 세기는 대체로 공유 결합이나 이온 결합의 약 1%에 불과하며, 쌍극자 간의 거리가 증가함에 따라 급격히 약해진다. 분자들 간의 거리가 멀리 떨어져 있는 낮은 압력의 기체 상태에서 이 힘은 비교적 중요하지 않다.

그러나 질소, 산소 또는 플루오린과 같이 전기음성도가 큰 원자에 수소가 결합되어 있는 분자들에서는 유독 매우 강한 쌍극자-쌍극자 힘을 볼 수 있다. 이러한 강한 상호작용은 결합의 극성이 매우 크며, 수소 원자의 크기가 매우 작아서 쌍극자들이 서로 가깝게 접근할 수 있다는 두 가지 요소로 설명된다. 이러한 형태의 쌍극자-쌍극자 인력은 비정상적으로 강해서, 이를 특별히 **수소 결합**(hydrogen bonding)이라고 부른다. 그림 10.3은 부분적으로 양전하를 띤 수소 원자와 인접한 물 분자의 비공유 전자쌍 사이에서 일어나는, 물 분

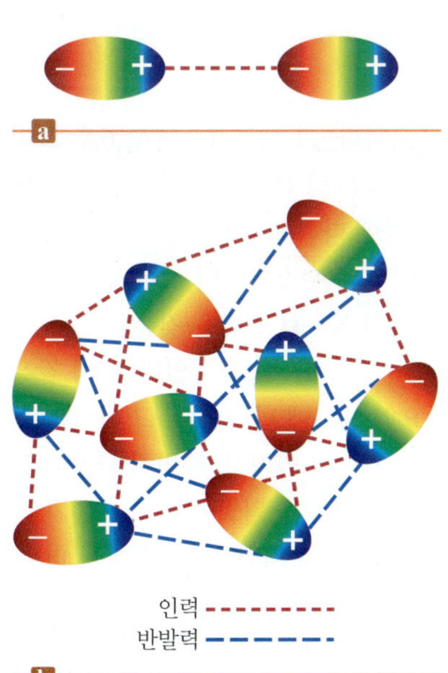

그림 10.2 (**a**) 두 극성 분자의 정전기적 상호작용. (**b**) 응축 상태에서 많은 쌍극자의 상호작용.

그림 10.3 (**a**) 극성인 물 분자. (**b**) 물 분자 사이의 작은 푸른 점(•••)으로 나타낸 수소 결합. 수소 원자의 크기가 작아서 가까운 거리에서의 상호작용을 가능하게 해준다는 것에 주목하라.

일반적으로 분자 간의 상호작용은 대시 또는 점으로, 공유 결합은 실선을 사용하여 나타낸다.

그림 10.4 4A족, 5A족, 6A족 및 7A족의 원소들의 공유 결합된 수소화물의 끓는점. 점선은 수소 결합이 없을 경우에 예상되는 물의 끓는점을 보여준다.

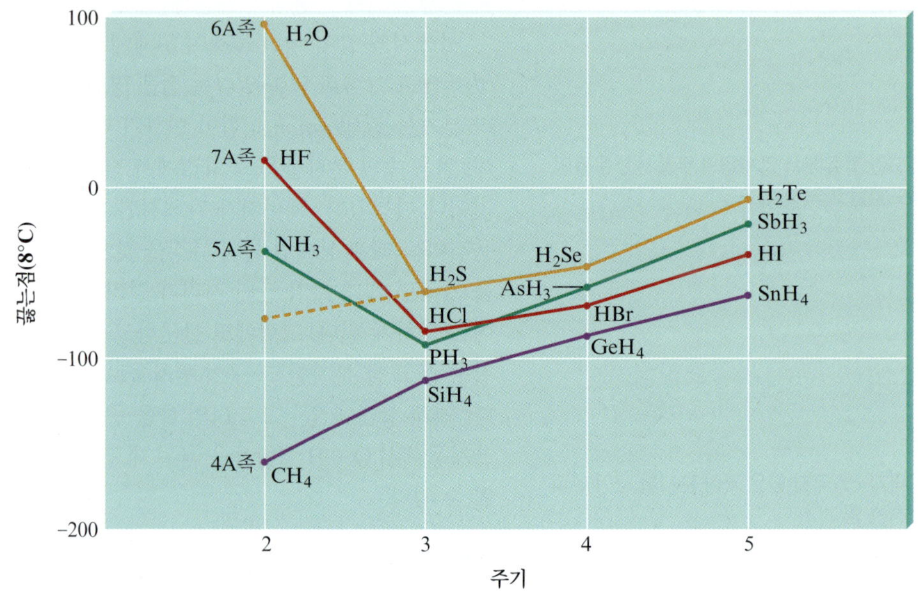

자들 사이의 수소 결합을 보여준다.

수소 결합이 물리적 성질에 미치는 영향은 매우 중요하다. 그 예로 4A, 5A, 6A, 그리고 7A족 원소의 공유 결합성 수소화물들에 대한 끓는점을 그림 10.4에 나타내었다. 사면체 구조를 갖는 비극성의 4A족 수소화물들에서는 분자량에 따라(즉, 족의 밑으로 감에 따라) 끓는점이 지속적으로 증가하지만, 다른 족에서는 가벼운 수소화물이 예상 밖의 높은 끓는점을 갖는다는 점에 주목하라. 왜 그럴까? 극성이 강한 X—H 결합을 갖는 작은 분자들 사이에는 특별히 강한 수소 결합이 작용한다는 것에서 그 답을 찾을 수 있다. 이와 같은 비정상적으로 강한 수소 결합력은 주로 다음 두 가지 요인 때문에 나타난다. 그 하나는 각 족에서 가장 가벼운 원소는 상대적으로 큰 전기음성도를 가지고 있어서, 특별히 극성이 큰 X—H 결합을 형성하게 된다는 것이다. 두 번째는 각 족의 첫 번째 원소들은 그 크기가 작아서, 쌍극자들로 하여금 서로 가까이 접근할 수 있도록 하며, 그 결과 분자 간 힘이 더 강해진다는 것이다. 특히 5A족과 6A족의 가장 가벼운 원소를 포함하고 있는 분자들 간의 상호 인력은 매우 강해서, 이들 상호 인력을 극복하고 분자들을 떼어내어 기체 상태로 바꾸기 위해서는 굉장히 큰 에너지를 공급해 주어야 한다. 이러한 분자들은 높은 온도에서도 액체 상태로 남아 있게 된다. 즉, 높은 끓는점을 갖는 것이다.

끓는점에 대한 보다 정확한 정의는 10.9절에서 다루게 된다.

수소 결합은 탄소 사슬 구조를 갖는 분자들인 유기 분자들에서도 중요하다. 예를 들어

직업 속의 화학

제약 프로젝트 매니저

Virginia Muñiz 박사는 제약 분야에서 프로젝트 매니저로 근무하며, 팀과 시설 간의 기술 이전을 전문적으로 담당하고 있다. 그녀는 Sienna College에서 화학 학사를 취득했고 Rensselaer Polytechnic Institute에서 단백질 접힘의 열역학 및 반응속도론을 주제로 화학 박사 학위를 취득했으며, New York State Wadsworth Labs에서 박사 후 과정을 마쳤다. Muñiz 박사는 다양한 팀을 조정하고 데이터를 해석할 수 있는 능력을 자신의 실험실 경험 덕분이라고 말한다.

Muñiz 박사는 화학이 반응식과 규칙의 목록을 암기하는 것 이상이라고 생각한다. 화학은 훌륭한 과학적 문제 해결을 위한 도구와 사고 방식을 제공한다. 이 도구들로 무장하면 수많은 가능성에 눈을 뜨게 될 것이다.

Dr. Virginia Muñiz

메탄올(CH_3OH)과 에탄올(CH_3CH_2OH)은 몰질량으로부터 예측한 것보다 훨씬 높은 끓는점을 나타내는데, 이는 이들 분자들에 들어있는 극성인 O—H 결합들이 수소 결합을 형성하기 때문이다.

London 분산력

쌍극자 모멘트가 없는 분자들 간에도 힘이 작용한다. 이는 불활성 기체를 포함한 모든 물질들이 일정 조건에서는 액체나 고체 상태로 존재한다는 사실로 미루어 알 수 있다. 불활성 기체 원자들과 비극성 분자들 사이에 작용하는 힘을 **London 분산력**(London dispersion force)이라고 부른다. 이 힘의 근원을 이해하기 위하여 한 쌍의 불활성 기체 원자들을 생각해 보자. 우리는 보통 원자 내의 전자들이 핵 주위에 균일하게 분포한다고 가정하지만, 항상 그런 것만은 아니다. 전자들이 핵 주위를 움직이다가 순간적으로 비대칭적인 분포를 하게 되면 잠시 동안 전하의 쌍극자 배열이 형성된다. 이렇게 잠시 나타나는 쌍극자는 다시 인접한 원자의 전자 분포에 영향을 미치게 된다. 다시 말해, 원자 내에서 어쩌다 형성된 이러한 *순간 쌍극자*(*instantaneous dipole*)는 그림 10.5(a)에서 나타낸 것처럼 인접한 원자 내에 유사한 쌍극자를 *유발한다*(*induce*). 이러한 현상으로 인해 원자 간 인력이 생기는데, 비교적 약하고 잠시 동안만 나타남에도 불구하고 특히 큰 원자들에서는 매우 강할 수도 있다(아래 참조). 이러한 인력이 고체를 만들기에 충분할 만큼 강해지려면 원자들은 매우 느리게 움직여야 한다. 불활성 기체들이 왜 그와 같은 낮은 어는점을 갖는지에 대한 이유가 바로 여기에 있다(표 10.2 참조).

표 10.2 8A족 원소들의 어는점

원소	어는점(°C)
헬륨*	−269.7
네온	−248.6
아르곤	−189.4
크립톤	−157.3
제논	−111.9

*헬륨은 1 atm에서 온도를 낮추어도 얼지 않는 유일한 원소이다. 헬륨을 얼리기 위해서는 압력을 가해야 한다.

표 10.2에서 족의 아래로 내려감에 따라 어는점이 높아지는 것에 주목하라. 이러한 경향의 주된 원인은 원자 번호가 커지면 전자의 개수가 증가하고, 이와 함께 순간적인 쌍극자 상호작용이 일어날 확률이 커지기 때문이다. 우리는 이러한 현상을 *편극도*(*polarizability*)라는 용어를 사용하여 설명하는데, 편극도는 어떤 원자의 전자 "구름"이 얼마나 쉽게 찌그러져서 쌍극자 전하 분포를 갖게 되는지를 나타낸다. 많은 전자들을 가지고 있는 큰 원자들은 작은 원자들에 비해 더 높은 편극도를 나타낸다고 말할 수 있다. 이는 원자의 크기가 증가함에 따라 London 분산력의 중요성이 크게 증가함을 의미한다.

이와 동일한 개념이 H_2, CH_4, CCl_4, 그리고 CO_2와 같이 비극성인 분자들에도 적용된다[그림 10.5(b) 참조]. 이들 분자들은 영구 쌍극자 모멘트를 가지고 있지 않기 때문에 주로 London 분산력을 통해 서로를 끌어당긴다.

큰 원자를 갖는 분자에서의 분산력은 아주 중요하며 실제로 쌍극자–쌍극자 힘보다 훨씬 더 중요할 때가 많다.

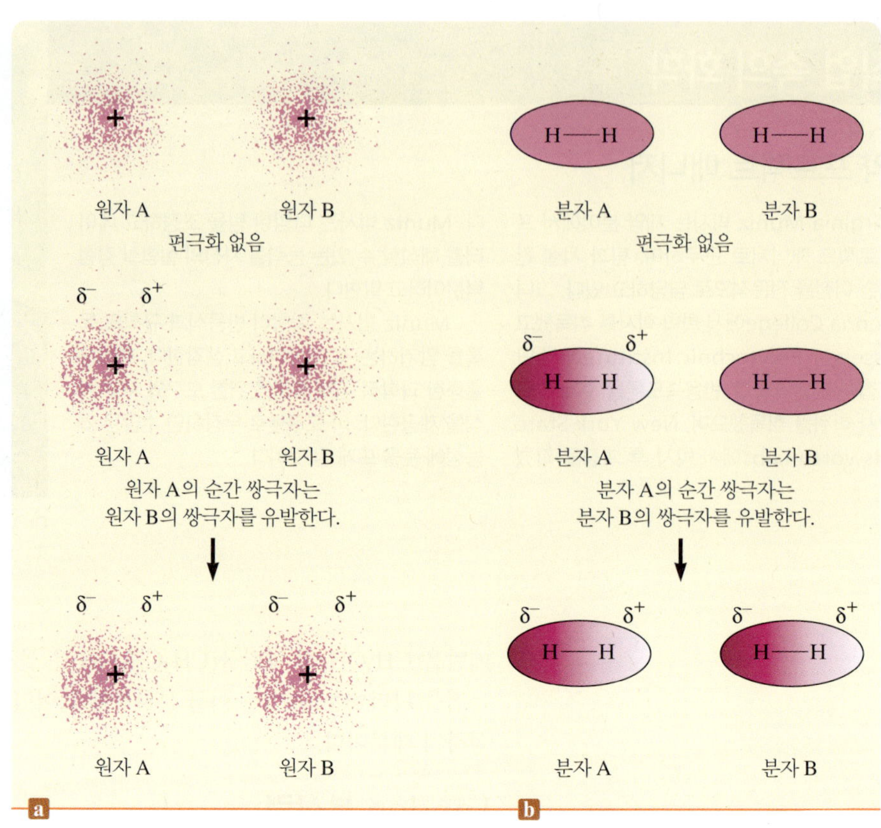

그림 10.5 (**a**) 원자 A에서 순간적인 편극 현상이 일어나면 순간적인 쌍극자가 형성된다. 이 쌍극자는 이웃하는 원자 B에 유발 쌍극자가 형성되게 한다. (**b**) H_2와 같은 비극성 분자들도 순간적인 쌍극자와 유발 쌍극자가 발생할 수 있다.

표 10.3 분자 간 힘의 비교

분자	구조	분자 간 힘	끓는점(°C)
BI_3	삼각평면	LDF	209.5
PCl_3	피라미드형	LDF, DDF	76.1
NH_3	피라미드형	LDF, DDF	−33.0

DDF, 쌍극자–쌍극자 힘 ; LDF, London 분산력

보통 쌍극자–쌍극자 힘(dipole-dipole forces, DDF)이 매우 강하다고 생각하지만, 때로는 많은 전자를 가진 분자의 London 분산력(LDF)이 더 강할 때가 있다. 이러한 상황의 예로서 물질 BI_3, PCl_3 및 NH_3에 대한 자료가 표 10.3에 나와 있다. BI_3는 이러한 큰 분자들 사이에서 발생하는 매우 강한 London 분산력으로 인해 가장 높은 끓는점을 가진다. 또한 London 분산력과 쌍극자–쌍극자 힘을 지닌 PCl_3은 매우 강력한 쌍극자–쌍극자(수소결합) 힘과 매우 약한 London 분산력을 가진 NH_3보다 높은 끓는점을 가지고 있음을 주목하라.

분자 수준에서 화학적 및 물리적 변화의 구별

제1장에서 우리는 거시적 관점에서 물리적 및 화학적 변화를 정의하였다. 물리적 변화는 화학적 조성의 변화가 아니라 물질 형태의 변화이다. 화학적 변화는 물질이 성질과 조성이 다른 물질로 변하는 것으로 정의된다. 이제 이러한 변화를 분자 수준에서 관찰할 수 있다. 어떠한 과정이 화학적 변화인지 물리적 변화인지를 구별하려면 분자 내 힘(화학결합) 또는 분자 간 힘의 붕괴가 일어나는지의 여부를 알면 된다.

물리적 변화의 전형적인 예는 물의 끓음과 같은 상변화이다. 이 과정에서 열에너지는

액체의 물로 전달되고 분자 간 힘(이 경우 수소 결합)이 깨어져서 수증기가 생성된다. 우리는 이 과정의 식을 다음과 같이 나타낸다.

$$H_2O(l) \longrightarrow H_2O(g)$$

이때 분자는 변하지 않는다는 것에 주목하라. 즉, 물리적 변화의 시작과 끝에서 화학 성분인 H_2O는 동일하다. 그러나 분자는 액체에서 수소 결합에 의해 함께 유지되지만 증기에서는 그렇지 않다. 이 과정의 분자 수준 사진은 아래와 같다.

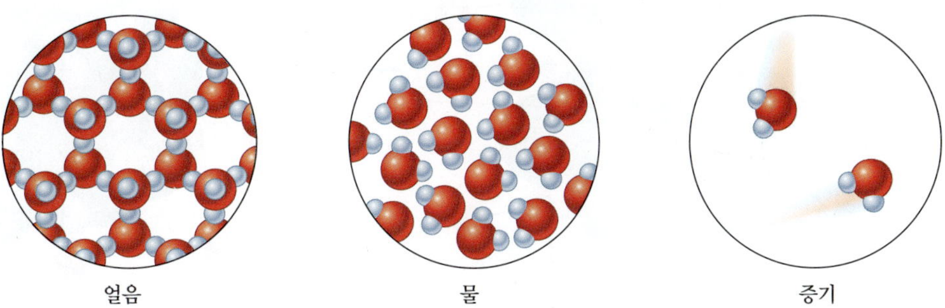

따라서 물이 액체로 변화되는 것은 물리적인 과정이다. 그 이유는 H_2O 분자는 과정 중에 그대로 남아있기 때문이다. 과정이 화학 결합(또는 분자 내 힘)을 깨거나 형성함으로써 결과가 나오면 과정은 화학적 변화이다. 예를 들어, 메테인(CH_4)이 연소되어 이산화 탄소와 물을 생성하는 과정을 생각해 보자. 균형 맞춘 반응식은 다음과 같다.

$$CH_4 + 2O_2 \longrightarrow CO_2 + 2H_2O$$

이 반응이 일어나려면 메테인의 탄소와 수소 사이의 화학 결합과 이원자 산소의 산소 원자 사이의 화학 결합이 파괴되어야 하며 이산화 탄소에서 탄소와 산소 및 물의 산소와 수소 사이의 화학 결합이 형성되어야 한다. 이 과정의 분자 수준 그림은 아래와 같다.

물리적 변화와 화학적 변화의 차이는 이전 예와 같이 항상 명확하지는 않다. 예를 들어, 소금, NaCl(s)을 물에 용해시키는 것을 생각해 보자. 이 과정에 대한 식을 생각해 보면 이 과정이 물리적 변화라고 주장할 수 있다.

$$NaCl(s) \longrightarrow NaCl(aq)$$

이 식은 반응물과 생성물에 대한 화학식이 같고 형태만 바뀌는 점에서 물의 끓는 과정에 대한 식과 비슷하다. 이온성 고체 용해의 과정은 물리적 변화라는 것을 알 수 있다. 그러나 이 결론은 그림 10.6에서 볼 수 있듯이 과정을 분자적 관점에서 보면 분명하지 않다.

NaCl이 용액 속으로 들어가기 위해서는 Na^+와 Cl^-를 함께 묶는 이온 결합이 깨져야 한다. 또한 이온과 물 분자 사이에 상호작용이 형성된다. 이러한 힘(특히 이온 결합)의 강도는 공유 화학 결합의 강도와 유사할 수 있다. 이러한 관점에서 우리는 이 과정이 화학적 변화라고 주장할 수 있다.

따라서 분자 수준의 관점에서 분자 내 힘과 분자 간 힘 중 어느 것이 깨어지는지의 여부를 고려하면 화학적 변화와 물리적 변화를 구별하는 데 도움을 줄 수 있다. 그러나 일부 과정은 순수한 화학적 변화와 순수한 물리적 변화 사이의 경계 영역에 해당되기 때문에 문제를 지나치게 단순화하지 않도록 주의해야 한다.

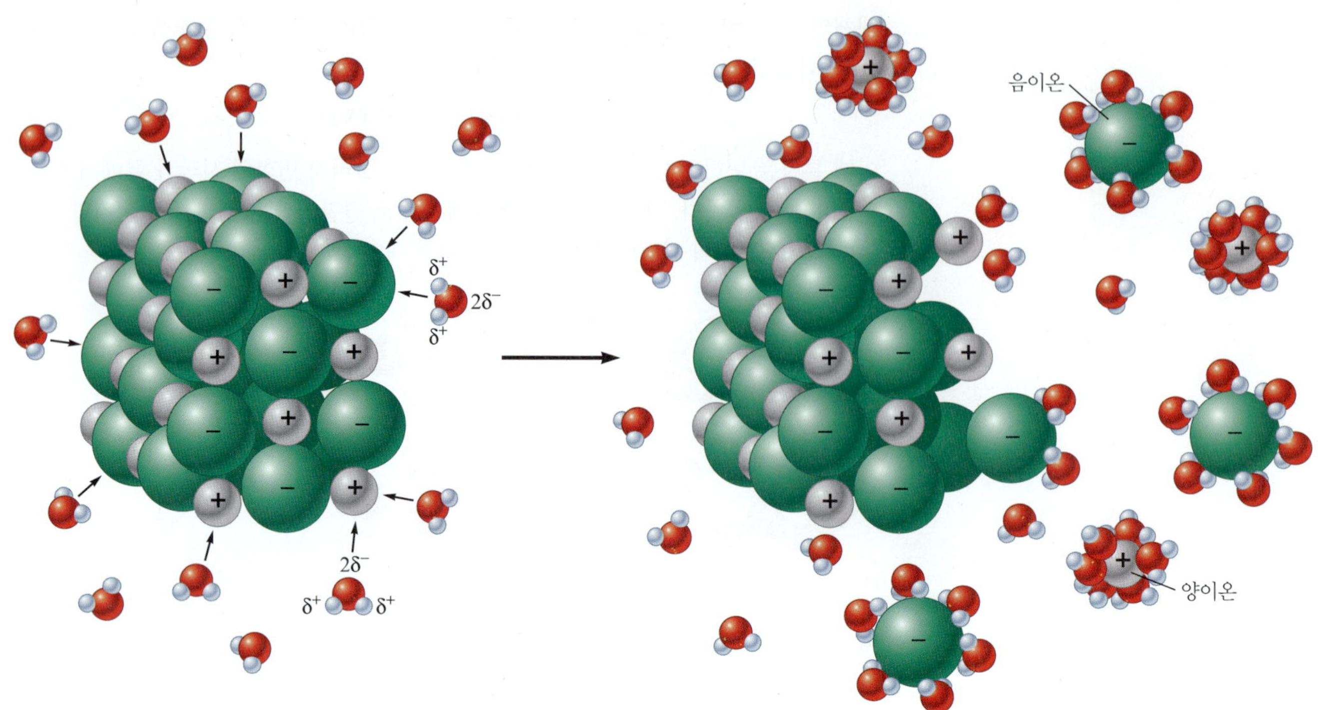

그림 10.6 이온성 염이 물에 용해되는 과정의 분자 수준 모습.

극성 분자와 비극성 분자 사이의 힘

이 장의 앞부분에서 극성 분자 사이의 분자 간 힘(쌍극자−쌍극자 상호작용)과 비극성 분자 사이의 분자 간 힘(London 분산력; 이 힘은 극성 분자 사이에도 존재하지만 쌍극자−쌍극자 상호작용만큼 강하지 않음)에 대해 논의하였다. 극성 분자들 사이의 인력과 비극성 분자들 사이의 인력을 논의하면서, 극성 분자들과 비극성 분자들은 서로에 대해서도 인력이 작용함을 보여주었다. 비극성 분자가 이웃 분자에 유사한 쌍극자를 유도할 수 있는 순간 쌍극자를 형성할 수 있다는 것을 상기하라. 유사하게, 극성 분자의 영구 쌍극자는 이웃하는 비극성 분자의 쌍극자를 유도할 수 있다. 이것을 쌍극자−유도 쌍극자 상호작용이라고 한다. 이 상호작용의 강도는 극성 분자와 비극성 분자의 본성에 달려있다. 극성 분자에서 쌍극자의 크기가 클수록 이웃 분자의 쌍극자를 더 잘 유도한다. London 분산력에 대해 논의했듯이, 더 많은 수의 전자를 가진 비극성 분자는 편극 가능성이 높아지므로 쌍극자가 더 쉽게 유도된다.

비판적 사고 분자 간 힘과 분자 내 결합의 차이점에 대해서 배웠다. 만약 분자 간 힘이 분자내 결합보다 더 강하다면 어떻게 될까? 세상에서 우리는 어떤 차이를 관찰할 수 있을까?

10.3 액체 상태

우리가 살아가는 데 있어 액체와 액체 상태의 용액은 없어서는 안 되는 것들이다. 가장 중요한 액체는 물론 물이다. 물은 생명에 없어서는 안 될 뿐만 아니라 요리, 수송, 다양한 기계와 공정들의 냉각, 여가활동, 청소, 그 외에도 셀 수 없을 정도로 많은 곳에 쓰인다.

액체가 나타내는 특성들은 우리들로 하여금 쉽게 그 성질을 이해할 수 있도록 해준다. 앞에서 이미 언급했듯이 액체는 압축률이 작고, 딱딱하지 않으며, 기체에 비해 높은 밀도

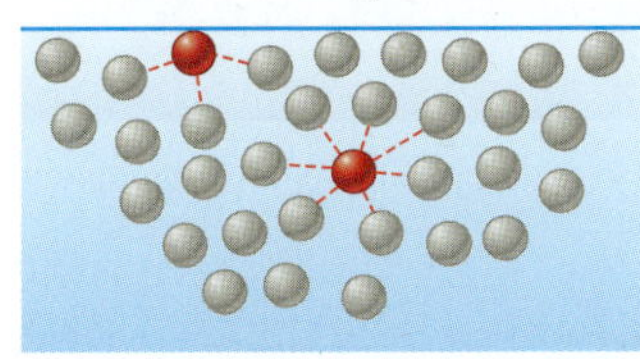

그림 10.7 액체의 내부에 있는 분자는 그 분자를 둘러싸고 있는 분자에 의해 끌어당겨진다. 반면에 액체의 표면에 있는 분자는 바로 밑과 그 옆에 있는 분자들에 의해서만 끌어당겨진다. 액체 내의 분자들은 끊임없이 움직이고 있다는 점을 기억하라.

표면 장력: 액체의 표면적 증가에 대한 저항성.

주어진 부피에 대해 구형은 어떤 다른 모양보다 표면적이 작다.

유리의 조성은 10.6절에서 논의된다.

점성도: 액체의 흐름에 대한 저항의 척도.

를 갖는다. 많은 액체의 성질들이 입자들 사이에 작용하는 힘에 관한 직접적인 정보를 제공해준다. 예를 들어, 어떤 액체를 고체의 표면에 쏟았을 때, 액체는 조그마한 방울들로 뭉치려는 경향을 보이는데, 이는 분자 간 힘 때문에 나타나는 현상이다. 액체 내부에 있는 분자들은 주위의 다른 분자들에 의해 완전히 둘러싸여 있지만, 액체 표면의 분자들은 옆과 밑으로부터의 인력만을 받고 있다(그림 10.7). 이와 같은 불균등한 인력의 영향으로 표면에 있는 분자들은 액체의 내부로 끌려 들어가는 경향을 갖게 되고, 이로 인해 액체 방울은 가장 최소의 표면적을 갖는 모양, 즉 구형을 가지려 한다.

액체의 표면적이 커지려면 분자들은 액체의 내부에서 표면으로 이동해야 한다. 그러려면 분자 간 힘을 극복해야 하기 때문에 에너지를 필요로 한다. 액체가 그 표면적을 크게 하지 않으려 하는 현상을 액체의 **표면 장력**(surface tension)이라 한다. 예상되듯이 극성 분자들로 이루어진 액체들과 같이 비교적 큰 분자 간 힘을 가지고 있는 액체들은 상대적으로 높은 표면 장력을 갖는 경향이 있다.

극성 액체들에서는 좁은 관 속에서 액체가 스스로 올라가는 **모세관 작용**(capillary action)이 나타난다. 이 성질은 다음 두 가지 다른 형태의 힘으로 인해 생기는데, 액체 분자들 사이에 작용하는 분자 간 힘인 *응집력*(*cohesive force*)과 액체 분자와 용기 사이에 작용하는 힘인 *접착력*(*adhesive force*)이 바로 그 힘이다. 우리는 앞에서 이미 극성 분자들 사이에 응집력이 어떻게 작용하는지를 보았다. 접착력은 용기가 극성 결합으로 이루어진 물질로 만들어졌을 때 작용한다. 예로서, 유리의 표면은 부분 음전하를 갖는 산소 원자들을 많이 가지고 있어서 물과 같은 극성 분자의 양전하 쪽을 끌어당긴다. 이와 같이 물이 유리에 "젖음"에 따라 물의 표면이 유리에 닿으면 물은 관의 벽을 따라 기어 올라가게 된다. 그러나 이는 물의 표면적을 증가시키게 되고, 표면을 최소로 하려는 응집력의 저항을 받게 된다. 따라서 물은 강한 응집력(분자 간 힘)과 유리에 대한 강한 접착력을 동시에 갖게 되고, 이에 따라 물기둥의 무게가 유리 표면에 물이 끌리는 정도와 균형을 이루는 높이까지, 유리 모세관(작은 지름의 관)을 따라 "스스로를 끌어 올린다". 메니스커스(meniscus)의 오목한 모양은(그림 10.8) 유리에 대한 물의 접착력이 응집력보다 더 크다는 것을 보여준다. 수은과 같은 비극성 액체는 볼록한 모양의 메니스커스를 보인다(그림 10.8 참조). 이는 응집력이 유리에 대한 접착력보다 강한 특성을 갖는 액체들이 나타내는 행동이다.

분자 간 힘에 의해 크게 좌우되는 또 다른 액체의 성질로 **점성도**(viscosity)가 있는데, 이는 액체가 흐르지 않으려는 정도를 나타낸다. 예상되는 것처럼, 분자 간 힘이 큰 액체는 높은 점성을 갖는 경향이 있다. 예를 들어, 아래과 같은 구조를 가진 글리세롤은 O—H 작용기들을 통해 많은 수소 결합을 형성할 수 있기 때문에 비정상적으로 높은 점성을 가지고 있다.

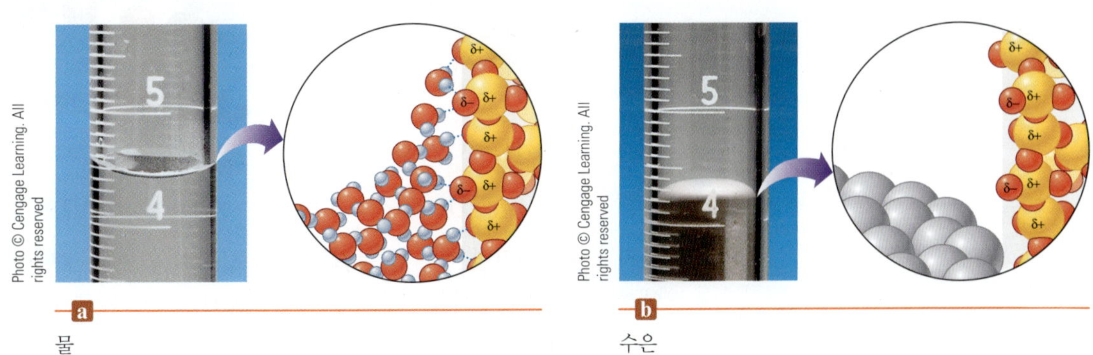

그림 10.8 (**a**) 극성인 물은 유리관 속에서 오목한 메니스커스를 만든다. (**b**) 비극성 액체인 수은은 유리관 속에서 볼록한 메니스커스를 형성한다.

화학 관련 읽을거리 Chemical Connections

똑똑한 유체

오늘날에는 물질들도 똑똑해지는 것 같다. 우리는 변형이 된 후에도 처음의 모양을 기억하거나 또는 주위 환경을 감지하여 이에 반응할 수 있는 물질들을 많이 발견했다. 특히 자기장이나 전기장을 가하여 순간적으로 성질을 바꿀 수 있는 매우 가치 높은 새로운 물질들을 얻기도 했다.

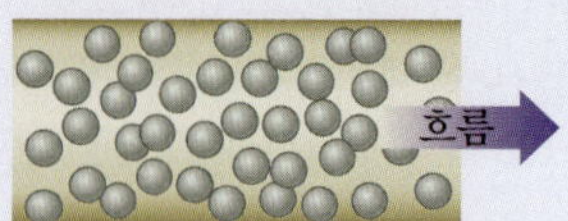

자기장 꺼짐
자성 입자가 무작위로 흐른다.

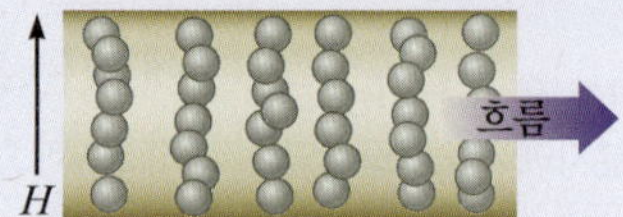

자기장 켜짐
가한 자기장은 점도를 증가시키는 구조를 만든다.

그와 같은 물질의 한 예로 어떤 유체는 전자기장을 가하면 0.01초 사이에 자유롭게 흐르던 상태에서 거의 고체에 가까운 상태로, 그 흐르는 (유동학적) 성질을 바꿀 수 있다. 이 "자기유동학적(magnetorheological, MR)"유체는 Lord 사에 의해 개발되었다. 이 회사는 Delphi사와 합작으로 이 유체를 Cadillac이나 Corvette과 같은 General Motors 회사 자동차들의 현가장치 통제에 적용하고 있다. 소위 MagneRide라 부르는 이 시스템은 도로 표면의 상태를 감지하는 센서들을 가지고 있어서 현가장치에 어느 정도의 충격 흡수가 필요한지를 알려준다. 이에 반응하여 완충 장치 안에 있는 전자기 코일에 신호가 보내져 MR 유체의 점성도를 조절함으로써 충격을 흡수하는 정도를 계속 바꾸게 된다. 그 결과 놀라울 정도로 부드러운 승차감과 정확한 도로 접지력을 얻게 된다.

AFP/Getty Images

Corvette ZR1 승용차는 현가장치에 자기유변 유체(magnetorheological fluid)를 사용한다.

MR 유체는 철을 함유한 화합물의 입자들을 분산시킨 합성 기름으로 이루어져 있다. 자기장을 껐을 때 이 입자들은 모든 방향으로(위의 그림 참조) 자유롭게 흐른다. 자기장을 켜면 입자들은 사슬 모양으로 뭉쳐지면서 유체의 흐름에 직각 방향으로 늘어서게 되며 자기장의 세기에 비례하여 유체의 점성도를 증가시킨다.

자동차의 현가장치 외에도 여러 다른 실용 방안에 대한 연구가 진행 중이다. 매우 큰 규모의 적용 예로, 일본의 국립 과학 미래관(National Museum of Emerging Science and Innovation)에서는 지진 피해로부터 건물을 보호하기 위해 충격 흡수장치에 MR 유체를 사용하고 있다. 또한 중국 후난성의 Dong Ting Lake Bridge에는 강한 바람에도 흔들리지 않도록 다리를 안정화하는 데에 대형 MR 유체 충격 흡수장치가 사용되고 있다.

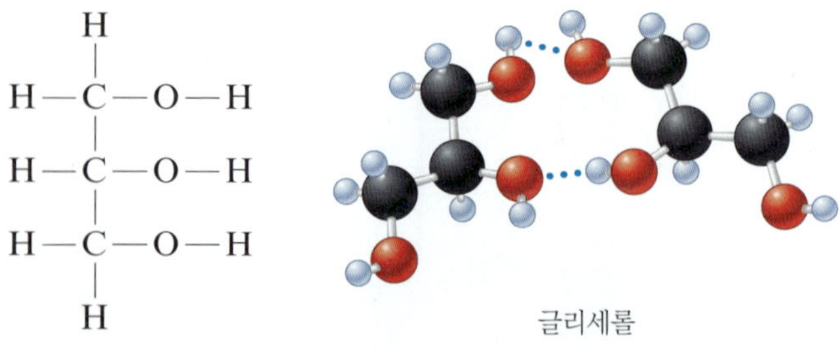

글리세롤

분자가 복잡해지면 매우 큰 분자들이 서로 뒤엉킬 수 있기 때문에 점성도 또한 높아진다. 예를 들어, 점성이 작은 가솔린은 $CH_3—(CH_2)_n—CH_3$ 형태의 탄화수소 분자들을 포함하고 있으며, n 값은 대략 3~8까지의 범위를 갖는다. 반면, 매우 점성이 높은 그리스는 n 값이 20~25에 이르며, 매우 큰 탄화수소 분자들을 포함한다.

액체의 구조 모형

여러 측면에서 액체에 대한 구조 모형을 개발하는 것은 물질의 나머지 두 다른 상태에 대한 모형을 개발하는 것보다 훨씬 더 어렵다. 기체 상태의 입자들은 너무나 멀리 떨어져 있고, 빠르게 움직이기 때문에 대부분의 경우 이들 사이의 분자 간 힘은 무시할 정도이다. 이는 기체에 대해 비교적 단순한 모형을 적용할 수 있다는 것을 의미한다. 고체 상태에서는 비록 분자 간 힘은 크지만 분자의 운동이 매우 적기 때문에 상당히 간단한 모형을 적용하는 것이 가능하다. 그러나 액체 상태에서는 분자 간 힘도 매우 클 뿐만 아니라, 분자들의 움직임도 크다. 이러한 상황은 액체에 대해 간단한 모형을 적용할 수 없도록 만든다. 물질이 전자기 복사선과 어떤 방식으로 상호작용하는지를 연구하는 *분광학*(*spectroscopy*)의 최근 발전으로 액체 내에서 일어나는 대단히 빠른 변화를 추적하는 것이 가능해졌다. 그 결과 액체를 기술하는 모형이 보다 더 정확해지고 있다. 우선 출발점으로서, 전형적인 액체는 구성 성분의 배열이 고체에서 발견되는 배열과 유사하지만 더 무질서한 성분 배열을 가진 다수의 영역과, 빈 공간(구멍)이 존재하는 소수의 영역을 가지고 있다. 이러한 상황은 매우 역동적이며, 두 종류의 영역 모두에서 빠른 변동이 일어난다.

10.4 고체의 종류와 구조에 대한 소개

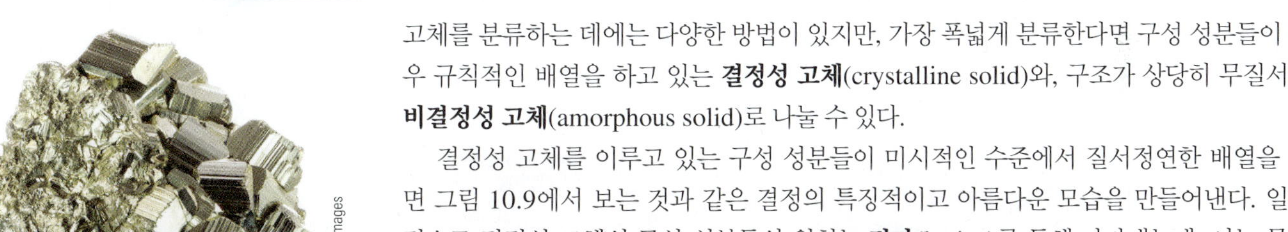

고체를 분류하는 데에는 다양한 방법이 있지만, 가장 폭넓게 분류한다면 구성 성분들이 매우 규칙적인 배열을 하고 있는 **결정성 고체**(crystalline solid)와, 구조가 상당히 무질서한 **비결정성 고체**(amorphous solid)로 나눌 수 있다.

그림 10.9 황철광의 결정.

결정성 고체를 이루고 있는 구성 성분들이 미시적인 수준에서 질서정연한 배열을 하면 그림 10.9에서 보는 것과 같은 결정의 특징적이고 아름다운 모습을 만들어낸다. 일반적으로 결정성 고체의 구성 성분들의 위치는 **격자**(lattice)를 통해 나타내는데, 이는 물질을 구성하는 구성 성분(즉, 원자, 이온 또는 분자)의 위치를 지정하는 점들로 이루어진 하나의 삼차원 계이다. 격자의 *반복되는 가장 작은 단위*(*smallest repeating unit*)를 **단위 세포**(unit cell)라 한다. 따라서 단위 세포를 모든 삼차원 방향으로 반복하면서 확장된 구조를 만들면 특정한 격자를 얻게 된다. 흔히 접하는 세 가지 단위 세포와 이들에 대한 격자를 그림 10.10에 보여주고 있다. 그림 10.10에서 각각의 확장된 구조는 일련의 반복되는 단위 세포들로 볼 수 있는데, 이들이 고체의 안쪽에서 면을 공유하고 있다는 점에 주목하라.

이 책에서는 결정성 고체에 치중하겠지만 비결정형 고체에도 중요한 것들이 많다. 그 예가 흔히 보는 유리인데, 그 구성 성분들이 미처 질서정연한 배열을 갖기 전에 그 "자리에 얼어붙어 버린" 일종의 용액 상태로 묘사할 수 있다. 유리는 고체이지만(단단한 모양을 갖는) 그 구조는 매우 무질서하다.

고체의 X-선 분석

결정성 고체의 구조는 주로 **X-선 회절법**(X-ray diffraction)으로 알아낸다. 빛살이 규칙적으로 배열된 점들로부터 산란될 때 이들 간의 간격이 빛의 파장과 비슷하면 회절이 생긴다. 평행한 빛살의 파동이 같은 위상에 있을 때 일어나는 보강 간섭과, 다른 위상에 있을 때 일어나는 상쇄 간섭으로 인해 회절 현상이 나타난다.

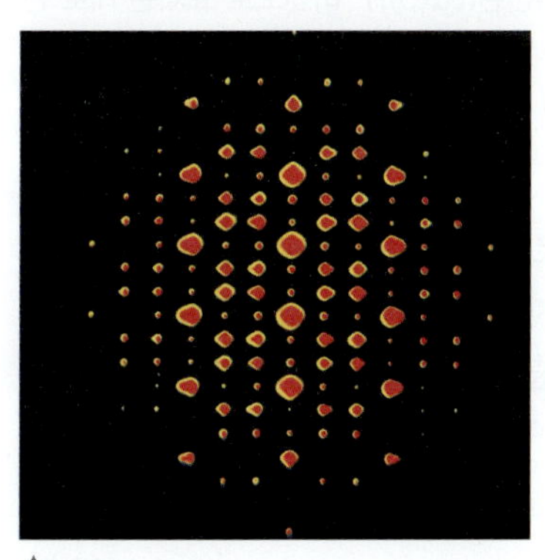

▲ 밝고 어두운 간섭 영역을 보여주는 회절 무늬.

단파장의 X-선을 결정에 쪼이면 그림 7.6에서 본 것과 같은 회절 모양이 얻어진다. 사진판의 밝거나 검은 부분들은 여러 원자들로부터 산란된 파동들이 서로 보강되거나 또는 상쇄되기 때문에 나타난다(그림 10.11). 파동이 보강될지 상쇄될지는 파동들이 원자들에 부딪친 후 이동한 거리의 차이에 의해 좌우된다. 반사되기 전 파동들은 서로 같은 위상을 가지고 있기 때문에, 이동 후 거리의 차이가 *파장의 정수배*(*integral number of wave-*

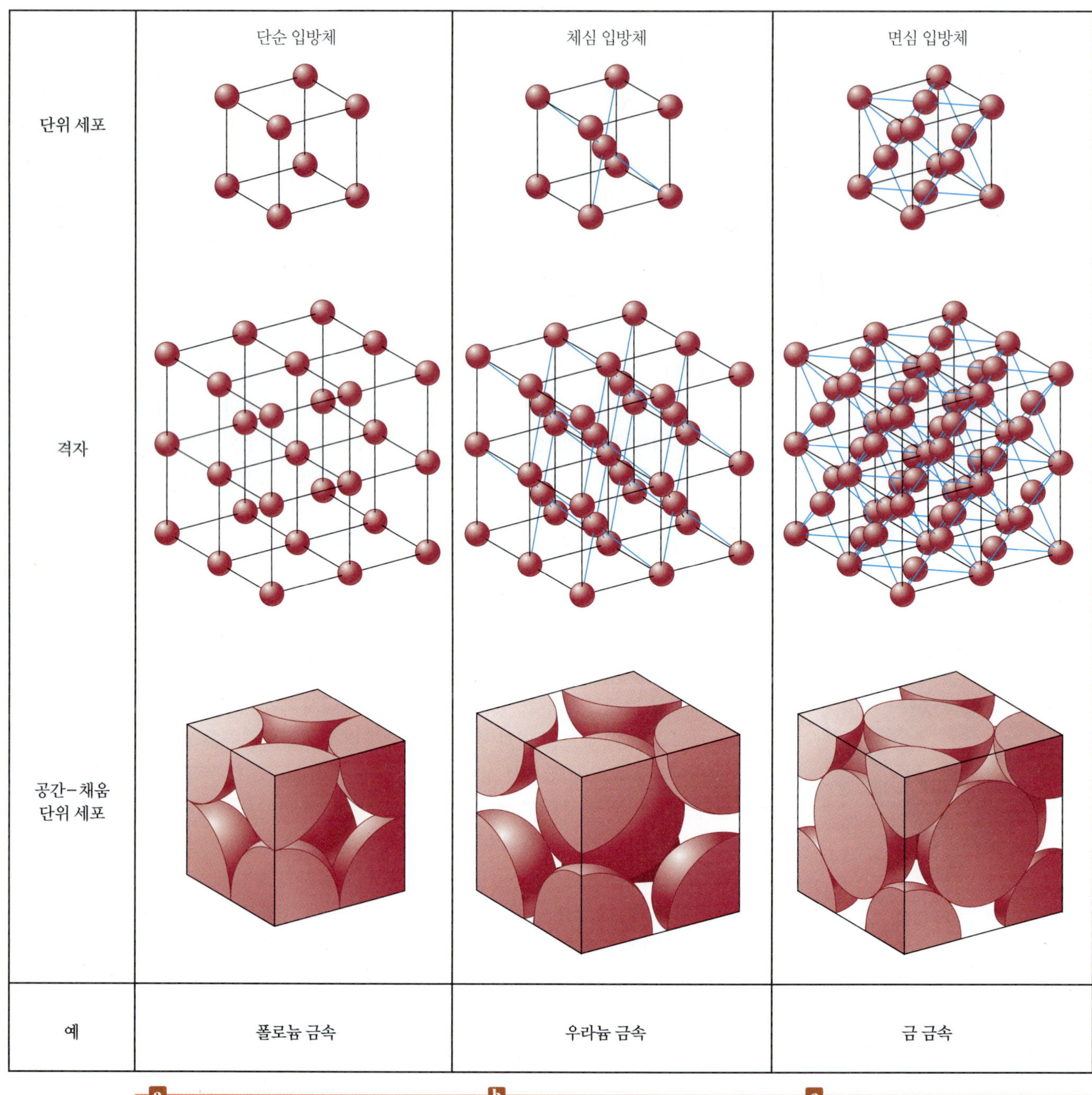

그림 10.10 세 가지의 입방 단위 세포와 해당 격자. 단위 세포의 모서리와 면에 있는 구체의 일부분만이 "절단된(cutoff)" 버전으로 표시된 대로 단위 세포 안에 있다는 점에 주목하라.

length)이면 파동들은 아직도 같은 위상을 갖게 된다.

이동한 거리는 원자들 간의 거리에 따라 달라지므로, 회절 모양으로부터 원자 간의 간격을 결정할 수 있다. 어떤 결정의 두 개 층에 있는 원자들에 의해 반사된 같은 위상의 두 파동을 보여주는 그림 10.12를 통해 정확한 관계를 도출할 수 있다. 아래쪽의 파동이 추가로 더 이동한 거리는 xy와 yz의 합이며, 만일 반사된 후 아래 식이 성립하면 이 파동들은 같은 위상을 갖게 된다.

$$xy + yz = n\lambda \tag{10.1}$$

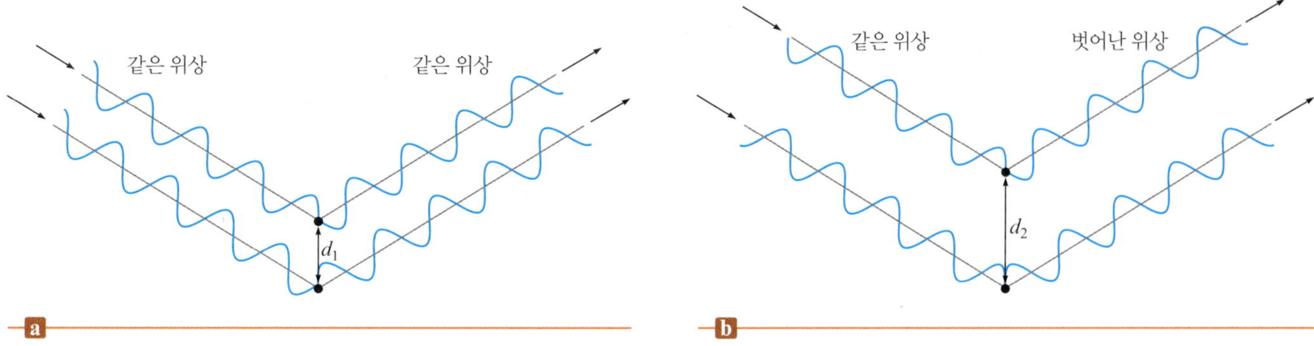

그림 10.11 두 개의 서로 다른 원자들에 의해 산란된 X-선들은 서로 보강되거나(보강 간섭) 상쇄된다(상쇄 간섭). (**a**) 입사광이나 반사광이 모두 같은 위상에 있다. 이 경우, d_1의 조건에서 두 개의 광선이 이동한 거리의 차이는 파장의 정수배가 된다. (**b**) 입사광은 같은 위상을 갖지만, 반사광은 완전히 벗어난 위상을 갖는다. 이 경우, d_2의 조건에서 두 개의 광선이 이동한 거리의 차이는 반파장의 홀수배가 된다.

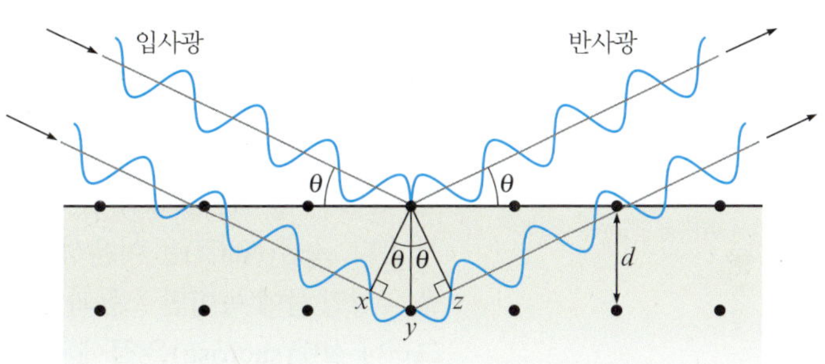

그림 10.12 결정의 서로 다른 두 층에 있는 한 쌍의 원자들로부터 반사된 파장이 λ인 X-선. 아래쪽의 파동은 xy와 yz의 합에 해당하는 거리를 더 이동한다. 만약 이 거리가 파장의 정수배이면(n = 1, 2, 3, ⋯), 파동들은 결정을 빠져나가면서 서로를 보강하게 된다.

이때 n은 정수이고 λ는 X-선의 파장이다. 삼각함수를 사용하면(그림 10.12) 다음과 같은 식이 성립되는데, 이때 d는 원자 사이의 거리이며 θ는 입사 및 반사각이다.

$$xy + yz = 2d \sin \theta \quad \textbf{(10.2)}$$

식 (10.1)과 식 (10.2)로부터 다음 식을 얻게 된다.

$$n\lambda = 2d \sin \theta \quad \textbf{(10.3)}$$

X-선 결정학 영역에서의 업적으로 1915년 노벨 물리학상을 공동수상한 William Henry Bragg(1862∼1942)와 그의 아들 William Lawrence Bragg(1890∼1972)의 이름을 따서 위 식 (10.3)을 *Bragg 방정식*(*Bragg equation*)이라 부른다.

회절계(diffractometer)는 결정에 대한 X-선 분석을 하기 위해 사용되는 컴퓨터로 작동되는 기기이다. 회절 분석계는 X-선 빛살에 대해 결정을 회전시키면서 결정 내의 원자들로 이루어진 여러 평면들로부터 산란되는 X-선에 의해 생성된 자료를 수집한다. 수집된 결과들은 컴퓨터로 분석된다.

결정 구조를 분석하는 기술은 생체계의 여러 중요한 물질들과 같은 매우 복잡한 구조도 알아낼 수 있을 정도의 매우 정교한 수준에 와 있다. 예를 들어 각종 효소들의 구조를 알게 됨으로써 생화학자들은 이들이 어떻게 기능을 수행하는지 이해할 수 있게 되었다. X-선 회절법을 사용하면 결합 길이와 결합각에 관한 자료를 모을 수 있으며, 그렇게 함으로써 분자의 기하 구조에 관한 모형을 검증할 수 있다.

▲
Colgate 대학교에서 X-선 회절계를 조작하고 있는 학생.

대화형 예제 10.1

Bragg 방정식 적용하기

파장이 1.54 Å인 X-선을 사용하여 알루미늄 결정을 분석하였다. 각도 $\theta = 19.3$도에서 반사가 일어났다. $n = 1$이라 가정하고, 이러한 반사를 일으킨 원자들로 이루어진 면과 면 사이의 거리 d를 계산하라.

풀이 면들 사이의 거리를 결정하기 위하여 식 (10.3)에 $n = 1$, $\lambda = 1.54$ Å, $\theta = 19.3$도를 대입한다. 식 $2d \sin\theta = n\lambda$에서,

$$d = \frac{n\lambda}{2 \sin \theta} = \frac{(1)(1.54 \text{ Å})}{(2)(0.3305)} = 2.33 \text{ Å} = 233 \text{ pm}$$

연습 문제 10.63~10.66 참조

결정성 고체의 유형

결정성 고체에는 여러 가지 다른 형태가 있다. 예를 들어, 설탕과 소금은 둘 다 쉽게 물에 녹지만, 이들의 수용액은 서로 매우 다른 성질을 갖는다. 소금 수용액은 전류를 잘 통하지만, 설탕 수용액은 그렇지 않다. 이러한 차이는 이들 두 고체에 있는 구성 성분의 성질에서 온다. 소금(NaCl)은 이온성 고체로서, Na^+와 Cl^- 이온을 가지고 있다. 고체 염화 소듐을 극성인 물에 녹이면 소듐과 염소 이온이 용액 속에 골고루 퍼져 전류를 잘 흐르게 한다. 그러나 설탕(sucrose)은 물에 녹으면 골고루 분산되는 중성 분자들로 구성되어 있다. 이온이 없기 때문에, 이 용액은 전기를 통하지 않는다. 위 예는 고체의 중요한 두 가지 형태를 보여주고 있다. 즉, 염화 소듐과 같은 **이온성 고체**(ionic solid)와 설탕과 같은 **분자성 고체**(molecular solid)가 그것이다. 이온성 고체는 고체의 구조를 나타내는 격자의 각 격자점에 이온을 가지고 있다. 이와는 달리 분자성 고체는 각 격자점에 따로 떨어져 있는 공유 결합성 분자들을 가지고 있다. 얼음은 각 격자점에 H_2O 분자를 가지고 있는 분자성 고체이다(그림 10.13).

Buckminsterfullerene, 즉 C_{60}은 풀러렌(fullerene) 계열(family)의 특정 구성원이다.

고체의 세 번째 형태는 금속, 탄소(흑연, 다이아몬드, 풀러렌), 붕소, 규소 등과 같은 원소들이다. 이 고체들은 모두 그 구조를 나타내는 격자점에 원자를 가지고 있다. 이러한 종류의 고체를 **원자성 고체**(atomic solid)라 한다. 이들 세 가지 고체의 형태에 대한 예를 그림 10.13에 보여주고 있다.

요약하면, 격자점을 점유하고 있는 성분의 형태에 따라 고체를 분류하면 편리하다는 것을 발견하게 된다. 이 방법에 의해 *원자성 고체(atomic solids)*(격자점에 원자들이 있다), *분자성 고체(molecular solids)*(격자점에 비교적 작고 따로 떨어져 있는 분자들이 있다) 그리고 *이온성 고체(ionic solids)*(격자점에 이온들이 있다)로 분류한다. 더 나아가 원자성 고체는 원자 사이에 존재하는 결합의 종류에 따라 *금속성 고체(metallic solids)*, *그물형 고체(network solids)* 그리고 *8A족 고체(Group 8A solids)*의 하위 집단으로 다시 나눈다. 금속성 고체에서는 비편재화되고 지향성이 없는 특이한 형태의 공유 결합이 형성된다. 그물형 고체에서는 원자들이 강한 지향성을 갖는 공유 결합으로 서로 결합되어 거대 분자 또는 원자들로 이루어진 그물 형태를 만든다. 8A족 고체에서는 비활성 기체 원자들이 London 분산력에 의해 서로 결집된다. 표 10.4에 이들 고체들의 분류를 요약해 놓았다.

고체의 내부 힘이 고체의 성질을 결정한다.

원자성 고체에서 결합의 종류가 눈에 띄게 다를 경우, 이는 확연히 다른 고체의 성질로 나타난다. 예를 들어 아르곤, 구리, 다이아몬드는 모두 원자성 고체이지만, 매우 다른 성질들을 가지고 있다. 8A족 고체인 아르곤은 매우 낮은 녹는점을(−189°C) 가지고 있으나, 그물형 고체인 다이아몬드와 금속성 고체인 구리는 매우 높은 온도에서 녹는다(각각

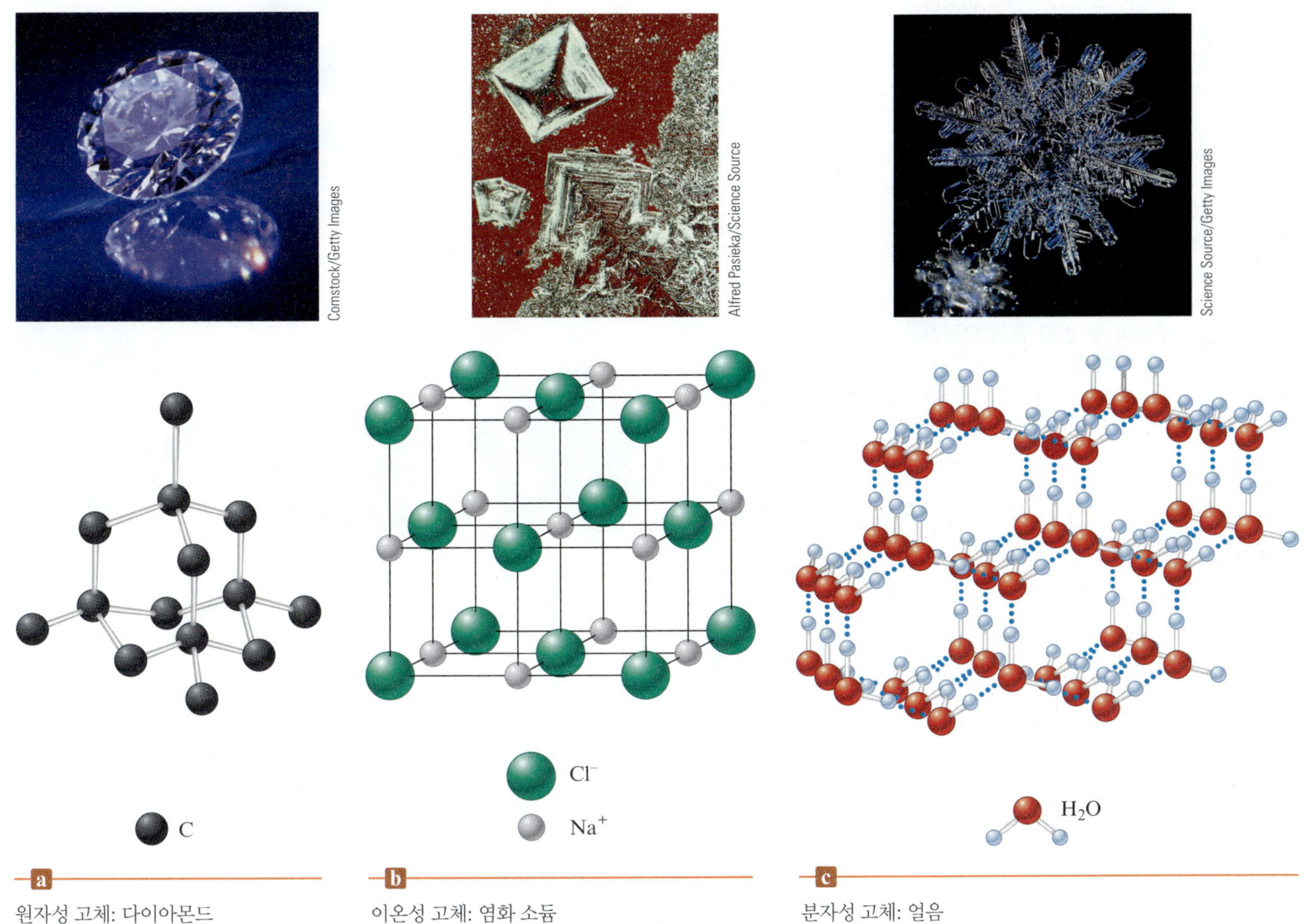

원자성 고체: 다이아몬드

이온성 고체: 염화 소듐

분자성 고체: 얼음

그림 10.13 세 가지 다른 형태의 결정성 고체에 대한 예. 각 경우에 구조의 일부분만을 보여주고 있다. (a) 원자성 고체. (b) 이온성 고체. (c) 분자성 고체. 점선은 극성인 물 분자들 사이에 작용하는 수소 결합을 보여주고 있다.

표 10.4 고체의 분류

	원자성 고체				
	금속성	그물형	8A족	분자성 고체	이온성 고체
격자점을 점유하는 성분	금속 원자	비금속 원자	8A족 원자	분리된 분자	이온
결합	비편재화된 공유 결합	지향성 공유 결합 (거대 분자가 됨)	London 분산력	쌍극자-쌍극자 또는 London 분산력	이온성

3500°C와 1083°C). 아르곤과 다이아몬드는 둘 다 부도체인 반면, 구리는 매우 훌륭한 전기 전도체이다. 구리는 얇은 판으로 만들 수 있는 연성과 선으로 뽑을 수 있는 전성이 좋아서 쉽게 그 모양을 바꿀 수 있다. 이와는 달리, 다이아몬드는 자연에서 알려진 가장 경도가 높은 물질이다. 다음 두 절에서 원자성 고체들의 구조와 결합에 대해 알아보도록 하자.

10.5 금속의 구조와 결합

금속은 높은 열 전도도 및 전기 전도도, 그리고 전성과 연성의 특징을 갖는다. 이러한 성질들은 금속 결정에서 발견되는 지향성이 없는 공유 결합에 기인한다는 것을 앞으로 보게 될 것이다.

그림 10.14 균일한 크기의 구들을 이용한 최조밀 쌓임 배열. 각 층에서 어떤 주어진 구의 주변을 여섯 개의 다른 구들이 둘러싸면서 여섯 개의 오목한 자리를 만드는데, 이 중 세 개만이 그 다음 층의 구들이 차지한다. **(a)** *aba* 쌓임: 두 번째 층도 첫 번째 층과 같지만 각 구들이 첫 번째 층의 오목한 곳에 놓이면서 서로 어긋난다. 세 번째 층의 구들은 두 번째 층의 오목한 곳을 점유하는데, 이때 각 구는 첫 번째 층에 있는 구의 바로 위쪽에 위치한다(*aba*). **(b)** *abc* 쌓임: 세 번째 층의 구들이 두 번째 층의 오목한 곳을 점유하되 세 번째 층의 어떤 구도 첫 번째 층에 있는 구의 바로 위에 오지 않는다(*abc*). 네 번째 층은 첫 번째 층과 동일하다.

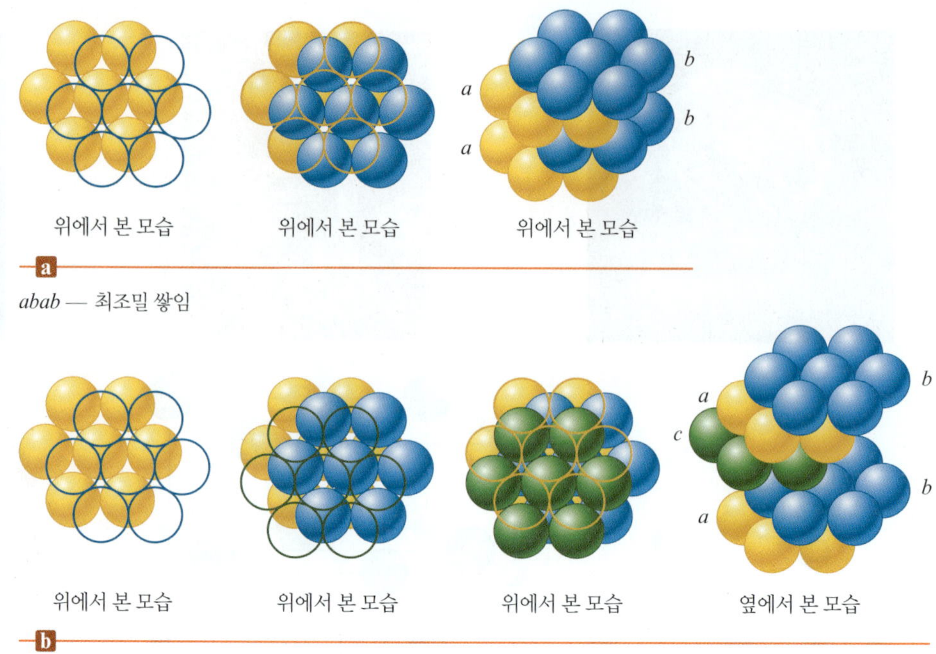

금속에 대한 최조밀 쌓임 모형은 금속 원자들을 단단하고 균일한 구라고 가정한다.

금속 결정은 모든 방향으로 서로 똑같은 결합을 한 채 함께 밀집되어 있는 구형의 원자들로 묘사할 수 있다. 균일하고 단단한 구들을 주어진 공간에 가장 효과적인 방법으로 쌓음으로써 그러한 구조에 대한 모형을 얻을 수 있다. 이와 같은 배열을 **최조밀 쌓임**(closest packing)이라 한다. 그림 10.14에서 보는 것처럼 구들이 층층이 쌓이면, 각 구는 여섯 개의 다른 구들에 의해 둘러싸이게 된다. 둘째 층의 구는 첫째 층에 있는 구의 바로 위에 놓이지 않는다. 그 대신 각 구는 첫째 층에 있는 세 개의 구들에 의해 형성된 오목한 곳에 놓이게 된다. 셋째 층에 있는 구가 두 번째 층의 오목한 곳을 차지할 때에는 두 가지 다른 방법이 가능해진다. 셋째 층에 놓이는 구가 첫째 층에 있는 구의 바로 위쪽에 위치하거나[그림 10.14(a)의 *aba* 배열], 아니면 셋째 층의 어떤 구도 첫째 층에 있는 구의 바로 위에는 오지 않도록 위치할 수도 있다[그림 10.14(b)의 *abc* 배열].

그림 10.15에서 보는 것과 같이 *aba* 배열은 *육방*(*hexagonal*) 단위 세포를 가지고 있어서, 이렇게 얻어진 구조를 **육방 최조밀 쌓임**(hcp) **구조**(hexagonal closest packed structure)라고 한다. 그림 10.16에서 보는 것처럼 *abc* 배열은 *면심 입방*(*face-centered cubic*)

그림 10.15 세 번째 층의 구들이 첫 번째 층의 구들 바로 위에 오도록 최조밀 쌓임이 될 경우(*aba*), 단위 세포는 적색으로 나타낸 육방 프리즘 구조가 된다.

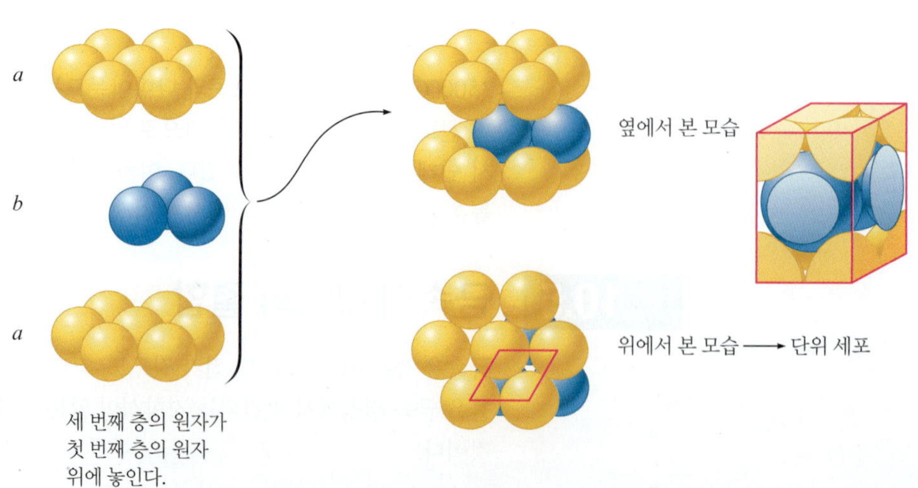

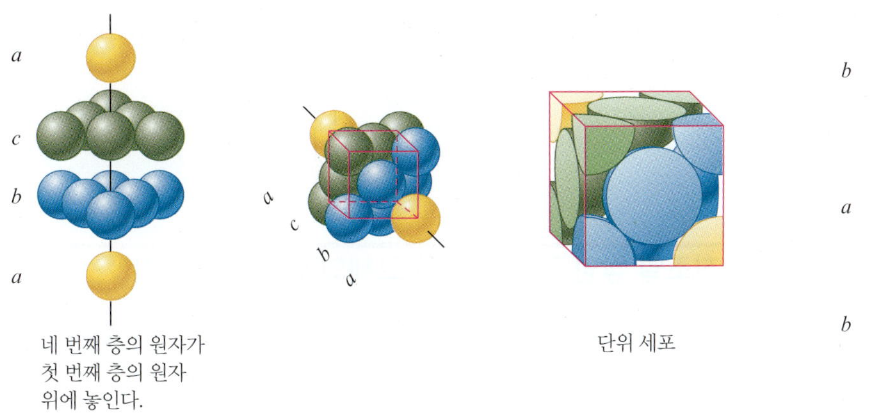

그림 10.16 구들이 *abc* 배열로 쌓이면 단위 세포는 면심 입방 구조를 갖는다. 입방 배열을 보다 쉽게 보기 위해 대각선을 그림에서 보는 것과 같이 기울어지도록 하였다.

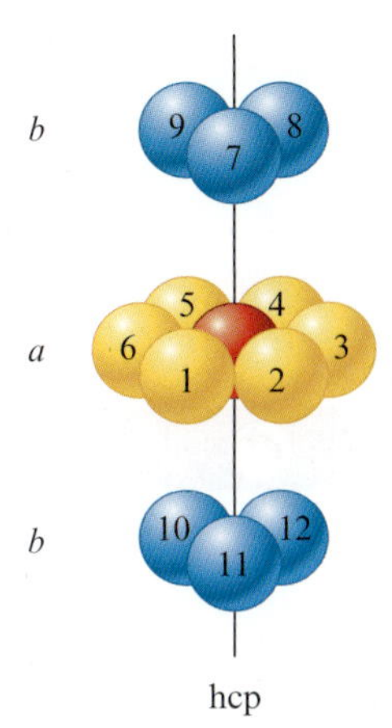

그림 10.17 가운데 구는 12개의 가장 가까운 이웃들을 갖는다.

단위 세포를 가지고 있어서, 그 구조를 **입방 최조밀 쌓임**(ccp) **구조**(cubic closest packed structure)라고 한다. 위의 *hcp* 구조에서는 구들이 수직으로 한 층씩 건너가면서 동일한 위치에 있는 반면(*ababab* · · ·), ccp 구조에서는 수직으로 매 네 번째 층마다 같은 위치에 온다는(*abcabca* · · ·) 점에 주목하라. 두 구조 모두가 갖는 특징은 각 구가 12개의 동일한 가장 가까운 이웃들(nearest neighbors)을 갖는다는 점인데, 이들 중 6개는 같은 층에, 3개는 위층에, 그리고 3개는 아래층에 있다(움푹 들어간 자리를 만든다). 그림 10.17에서 hcp 구조에 대해 이를 설명하고 있다.

고체를 응용하는 많은 경우에서 어떤 특정한 단위 세포 내에 있는 구(원자)의 *알짜*(*net*) 개수가 몇 개인지가 중요해진다. 단위 세포 내에 있는 구들의 알짜 개수를 어떻게 구하는지 보기 위해 하나의 면심 입방 단위 세포를 생각해 보도록 하자(그림 10.18). 입방체의 꼭짓점에 위치한 구의 *중심*(*center*)에 의해 단위 세포가 규정된다는 점에 주목하라. 그렇게 되면 입방체 8개가 하나의 구를 공유하게 되므로, 구의 $\frac{1}{8}$만이 각 단위 세포의 속에 놓이게 된다. 하나의 입방체에는 8개의 꼭짓점이 있으므로, $\frac{1}{8}$ 조각 × 8, 즉 완전한 1개의 구가 있는 셈이다. 각 면의 가운데에 있는 구는 2개의 단위 세포들에 의해 공유되며, 따라서 각 구의 $\frac{1}{2}$이 주어진 단위 세포의 속에 위치한다. 한 입방체는 6개의 면들을 가지고 있으므로, $\frac{1}{2}$

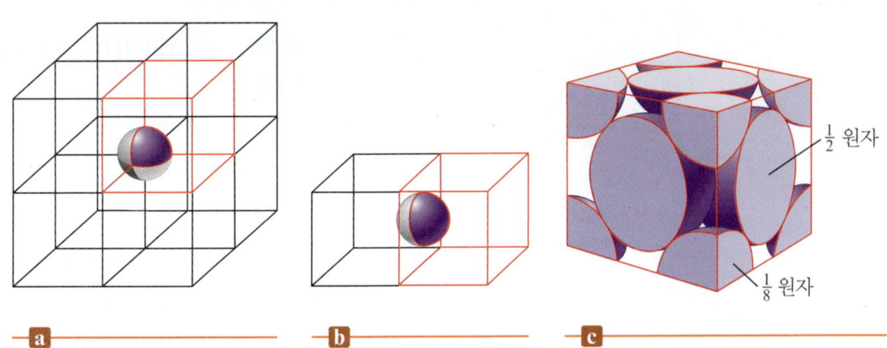

그림 10.18 면심 입방 단위 세포 내에 있는 구들의 알짜 개수. (**a**) 색깔을 칠한 세포의 꼭짓점에 있는 구를 7개의 다른 단위 세포들도(알짜 8개) 나누어 가지고 있음에 주목하라. 따라서 이 구는 하나의 어떤 주어진 단위 세포 안에 $\frac{1}{8}$만이 들어 있다. 입방체는 8개의 꼭짓점을 가지고 있으므로 $\frac{1}{8}$ 조각이 8개, 즉 알짜 1개의 구를 갖는다. (**b**) 각 면의 중앙에 있는 구는 두 개의 단위 세포가 나누어 가지며, 따라서 각 단위 세포는 이 구의 $\frac{1}{2}$만을 갖는다. 이 $\frac{1}{2}$ 조각의 구가 6개 있으므로 알짜 3개의 구가 된다. (**c**) 따라서 면심 입방 단위 세포는 알짜 4개의 구를 가지고 있다(모든 조각들을 모아 조립하면 4개의 구가 된다).

조각 × 6, 즉 3개의 완전한 구가 있는 셈이다. 따라서 면심 입방의 단위 세포 속에 있는 구의 알짜 개수는 다음과 같다.

$$\left(8 \times \frac{1}{8}\right) + \left(6 \times \frac{1}{2}\right) = 4$$

대화형 예제 10.2 최조밀 쌓임 구조를 가진 고체의 밀도 계산하기

은의 결정 구조는 입방 최조밀 쌓임 구조이다. 은 원자의 반지름은 144 pm이다. 고체 은의 밀도를 계산하라.

풀이 밀도는 단위 부피당 질량이다. 따라서, 결정 내에서 어떤 주어진 부피를 차지하고 있는 은의 원자가 몇 개인지를 알아야 한다. 입방 최조밀 쌓임 구조는 다음 그림에서 보는 것처럼 단위 세포가 면심 입방이다.

▲ 결정은 입방 최조밀 쌓임 배열을 하고 있는 원자들로 이루어져 있다.

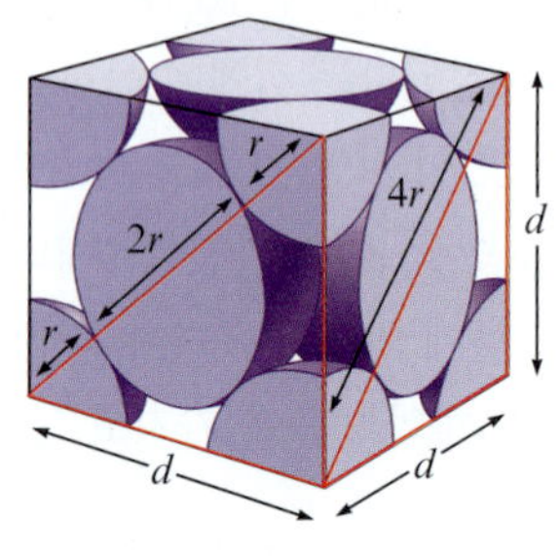

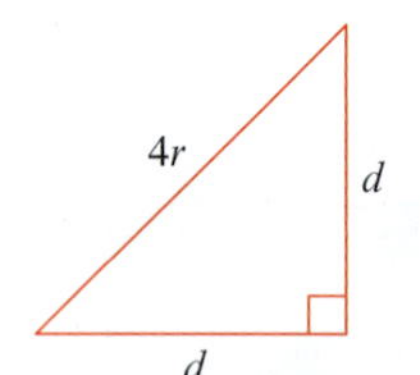

은에 대한 위 단위 세포의 부피와 그 속에 있는 원자의 알짜 개수를 알아야 한다. 이러한 구조에서 원자들은 입방체의 각 면의 대각선상에는 놓여 있지만, 모서리에는 그렇지 않다는 점에 주목하라. 따라서 대각선의 길이는 $r + 2r + r$, 즉 $4r$이 된다. 이로부터 Pythagoras의 정리를 쓰면, 입방체의 모서리 길이를 계산할 수 있다.

$$d^2 + d^2 = (4r)^2$$
$$2d^2 = 16r^2$$
$$d^2 = 8r^2$$
$$d = \sqrt{8r^2} = r\sqrt{8}$$

은 원자의 반지름 $r = 144$ pm이므로,

$$d = (144 \text{ pm})(\sqrt{8}) = 407 \text{ pm}$$

단위 세포의 부피는 d^3이고, 이것은 $(407 \text{ pm})^3$, 즉 $6.74 \times 10^7 \text{ pm}^3$이다. 이것을 다음과 같이 입방 센티미터로 바꿀 수 있다.

$$6.74 \times 10^7 \text{ pm}^3 \times \left(\frac{1.00 \times 10^{-10} \text{ cm}}{\text{pm}}\right)^3 = 6.74 \times 10^{-23} \text{ cm}^3$$

면심 입방 단위 세포 속에 있는 원자의 알짜 개수가 4이므로, $6.74 \times 10^{-23} \text{ cm}^3$의 부피 속에 4개의 은 원자들이 있다. 따라서 밀도는 다음과 같다.

$$\text{밀도} = \frac{\text{질량}}{\text{부피}} = \frac{(4 \text{ 원자})(107.9 \text{ g/mol})(1 \text{ mol}/6.022 \times 10^{23} \text{ 원자})}{6.74 \times 10^{-23} \text{ cm}^3}$$
$$= 10.6 \text{ g/cm}^3$$

연습 문제 10.67~10.70 참조

입방 최조밀 쌓임 구조를 갖는 금속들의 예로 알루미늄, 철, 구리, 코발트, 니켈 등이 있다. 마그네슘과 아연은 육방 최조밀 쌓임 구조를 갖는다. 칼슘과 일부 다른 금속들은 이들 두 구조 중 어느 하나의 구조로 결정이 만들어진다. 그러나 일부 금속들은 최조밀 쌓임이 아닌 구조도 갖는다. 예를 들어, 알칼리 금속들은 *체심 입방*(*bcc*) *단위 세포*[*body-centered cubic* (*bcc*) *unit cell*]의 구조를 갖고 있어서(그림 10.10), 입방체의 내부 대각선을 따라 구들이 서로 닿아 있다. 이 구조에서 각 구는 최조밀 쌓임 구조에서의 12개와는 달리, 8개의 가장 가까운 이웃을 가지고 있다(단위 세포의 중앙에 있는 원자 주위의 원자 수를

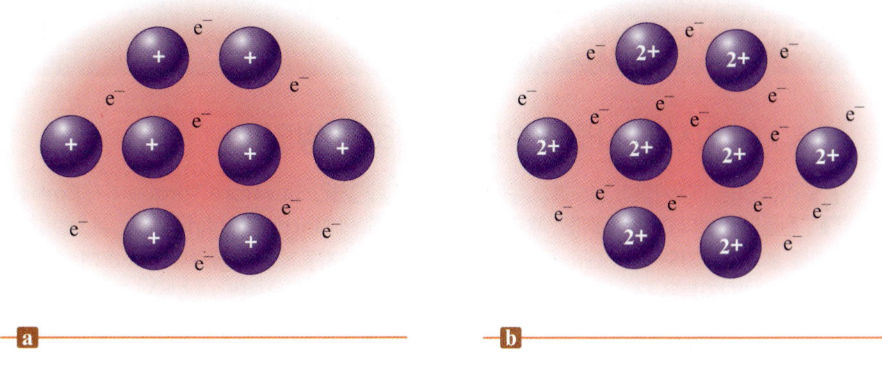

그림 10.19 금속에 대한 전자 바다 모형은 원자가 전자들로 이루어진 "바다" 속에 양이온들이 일정하게 배열하고 있다고 가정한다. (**a**) 하나의 원자가 전자를 갖는 알칼리 금속(1A족)에 대한 모형. (**b**) 두 개의 원자가 전자를 갖는 알칼리 토금속(2A족)에 대한 모형.

셀 것). 금속이 어떤 이유로 그러한 각자의 주어진 구조를 갖게 되는지는 잘 알 수 없다.

금속에 대한 결합 모형

전성: 두드려서 얇은 판을 만들 수 있다.

연성: 전선으로 뽑을 수 있다.

금속에 대한 결합 모형이 성공적이려면 금속의 전형적인 물리적 성질인 전성, 연성, 그리고 모든 방향으로 일어나는 균일하고도 효율적인 열과 전기의 전도성을 설명해야만 한다. 대부분의 금속들이 순수한 경우에는 비교적 쉽게 그 모양을 변형할 수 있음에도 불구하고, 이들 대부분은 내구성이 강하고 녹는점이 높다. 이러한 사실로 보아 대부분의 금속에서의 결합은 *강하며*(*strong*), *지향성이 없다*(*nondirectional*). 다시 말해, 금속 원자들을 분리시키기는 어렵지만 원자들이 서로 접촉한 채로 있는 한, 이들을 움직이는 것은 비교적 쉽다.

이러한 현상을 설명하는 가장 단순한 방법이 *전자 바다 모형*(*electron sea model*)으로, 원자가 전자들의 "바다" 속에서 금속 양이온들이 규칙적인 배열을 하고 있는 것으로 본다(그림 10.19). 움직이는 전자들로 인해 열과 전기가 통하며, 금속을 두드려 판으로 만들거나 당겨서 선으로 만들 때 금속 이온들은 이리저리 쉽게 이동할 수 있다.

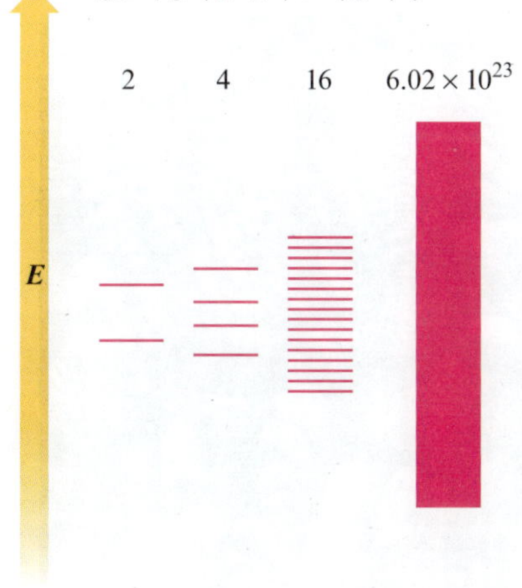

그림 10.20 많은 개수의 원자 오비탈들이 상호작용하여 분자 오비탈 에너지 준위들을 생성한다. 두 개의 원자 오비탈들로부터 다소 멀리 떨어진 두 개의 에너지 준위가 얻어지는 것을 주목하라. (9.2절에서 H_2에 대해 기술했던 것을 상기할 것) 더 많은 원자 오비탈들이 결합하여 분자 오비탈을 만들게 되면, 얻어지는 에너지 준위들이 더 가깝게 놓이게 되고, 마침내는 매우 가깝게 놓인 오비탈들로 이루어진 하나의 띠를 형성한다.

전자의 에너지와 이동에 대해 보다 자세하게 기술할 수 있도록 해 주는 모형으로, 금속에 대한 **띠 모형**(band model) 또는 **분자 오비탈**(MO) **모형**[molecular orbital (MO) model]이 있다. 이 모형에서는 금속 결정 속을 돌아다니는 전자들이 금속 원자들의 최외각 원자 오비탈들로부터 만들어진 분자 오비탈들 속에서 이동한다고 가정한다(그림 10.20).

기체 상태의 Li_2 분자에 대한 분자 오비탈 모형에서(9.3절), 두 개의 동일한 원자 오비탈들의 상호작용으로 멀리 떨어진 두 개의 분자 오비탈 에너지 준위(결합성과 반결합성)를 얻었던 것을 기억하자. 그러나 금속 결정에서처럼 많은 금속 원자들이 상호작용하게 되면, 얻어진 많은 수의 분자 오비탈들이 점점 더 가까워지다가 마침내 그림 10.20에서처럼 준위들이 사실상 연속된 소위 *띠*(*band*)를 형성하게 된다.

예를 들어, hcp 구조를 가진 마그네슘 금속 결정을 보도록 하자. 마그네슘 원자 각각은 하나의 $3s$와 세 개의 $3p$ 최외각 원자 오비탈들을 가지고 있으므로 n개의 마그네슘 원자들로 이루어진 결정의 경우, 그림 10.21에 예시된 것처럼 n개의 $3s$와 $3n$개의 $3p$ 오비탈들이 분자 오비탈을 형성한다. 각 마그네슘 원자 주위의 에너지 "우물" 속에 들어 있는 것으로 나타내었듯이, 핵심부 전자들은 편재되어 있다. 그러나 원자가 전자들은 조밀하게 배열된 분자 오비탈들에 들어가서 부분적으로만 채우게 된다.

비어 있는 분자 오비탈이 채워진 분자 오비탈의 에너지에 가까이 있다는 것으로 금속 결정의 열 및 전기 전도도가 설명된다. 금속은 쉽게 이동할 수 있는 전자들이 있어서 열과 전기를 효율적으로 전달한다. 예를 들어, 금속 조각 양쪽에 전위를 걸어주었을 때 전류가 흐르려면 전자들은 자유롭게 이동해야 한다. 금속에 대한 띠 모형에서 부분적으로 채워진 띠의 전자들은 쉽게 움직일 수 있다. 이들 전도 전자들은 금속에 가해진 전위에 따라 금속 결정을 통해 자유롭게 이동한다. 이들 전도 전자들이 채워진 분자 오비탈을 *전도띠*(*con-*

화학 관련 읽을거리 Chemical Connections

M & Ms 회사의 사탕을 이용한 최조밀 쌓임

우리는 보통 과학자들이 난해하고 유독한 물질들만 다룬다고 생각하지만, 때로 그들은 우리를 놀라게 하기도 한다. 예를 들어, 여러 일류 대학의 과학자들은 M & Ms 캔디를 연구한 적이 있다.

왜 이 과학자들이 M & Ms 회사의 사탕에 관심을 갖는지 이해하려면 미세 결정, 분자, 원자 등이 어떻게 쌓이느냐 하는 것이 고체의 구조를 이해하는 데 있어 중요하다는 점을 알아야 한다. 공간을 최대한 효과적으로 사용하는 방법은 균일한 구들을 최조밀 쌓는 것인데, 74%의 공간을 구들이 차지하고 26%의 공간이 빈 채로 남게 된다. 대부분의 순수한 금속들의 구조는 최조밀 쌓임으로 설명되지만, 합금이나 세라믹 등과 같은 대부분의 다른 물질들은 미세한 입자들의 무질서한 배열로 이루어져 있다. 이런 이유로 그러한 물체들이 무질서한 방법으로 쌓이면 어떻게 되는가를 연구하는 것이 흥미를 끈다.

구슬과 같이 균일한 구를 커다란 용기에 쏟아 부어서 무질서하게 쌓으면 전체 공간의 64%만 채워진다. 매우 놀랍게도 Princeton 대학교의 화학자인 Salvatore Torquato가 Cornell 대학교와 North Carolina Central 대학교의 공동연구자들과 함께 타원체인 M & Ms 사탕을 커다란 용기에 부으면 73.5%의 공간을 채운다는 것을 발견하였다. 다시 말해, 무질서하게 쌓인 M & Ms 사탕이 구의 최조밀 쌓임과 마찬가지의 효율로 공간을 채운다는 것이다.

왜 무질서하게 쌓은 타원체들이 무질서하게 쌓은 구들보다도 훨씬 더 효과적으로 공간을 채우는 것일까? 이들 과학자들은 타원체들은 구가 할 수 없는 방법으로 기울고 회전하면서 서로의 이웃들과 함께 더욱 빽빽하게 쌓일 수 있기 때문이라고 여기고 있다.

Torquato에 의하면, 분말에서 유리질 고체에 이르기까지의 무질서한 물질의 성질을 보다 잘 이해하도록 해 준다는 점에서 이 결과들이 매우 중요하다고 한다. 그는 또한 M & Ms 사탕이 값이 싸고 크기가 균일하다는 점에서 이상적인 시험 물체라면서 "실험이 끝난 후 먹을 수도 있지요"라고 말한다.

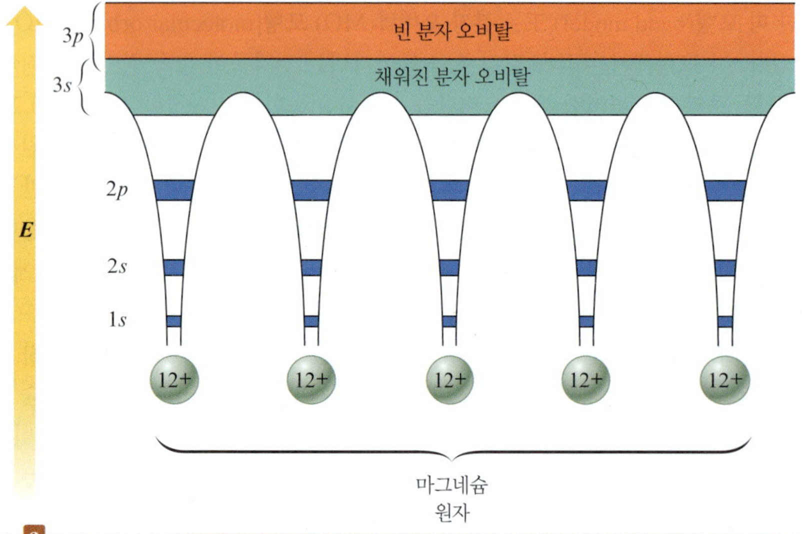

그림 10.21 (**a**) 마그네슘 결정에 대한 에너지 준위(띠) 도표. 1*s*, 2*s*, 2*p* 오비탈들에 있는 전자들은 핵에 가까워서 그림에서 볼 수 있는 것과 같이 각각의 마그네슘 원자에 편재되어 있다. 그러나 3*s*와 3*p*의 최외각 오비탈들은 서로 겹쳐지고 혼성되어 분자 오비탈들을 형성한다. 이들 에너지 준위들에 있는 전자들은 결정을 통해 이동할 수 있게 된다. (**b**) 증기 상태로부터 성장한 마그네슘 결정들.

duction band)라고 한다. 금속을 통해 효율적으로 열이 전달되는 것도 이동하는 이들 전자로 설명된다. 금속 막대의 한쪽 끝이 뜨거워지면, 이동하는 전자들이 다른 끝으로 열에너지를 빠르게 전달한다.

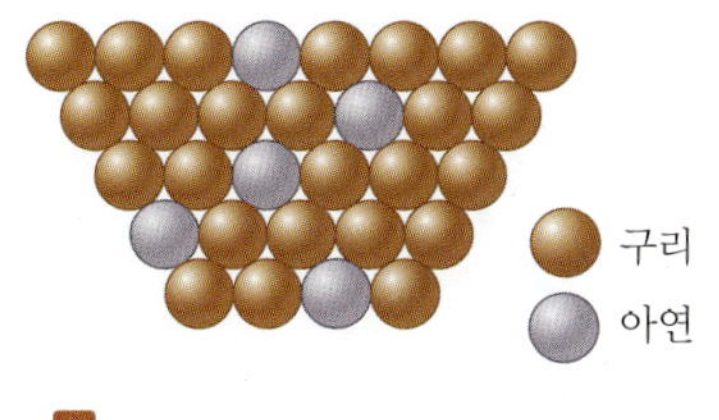

a
황동(놋쇠)

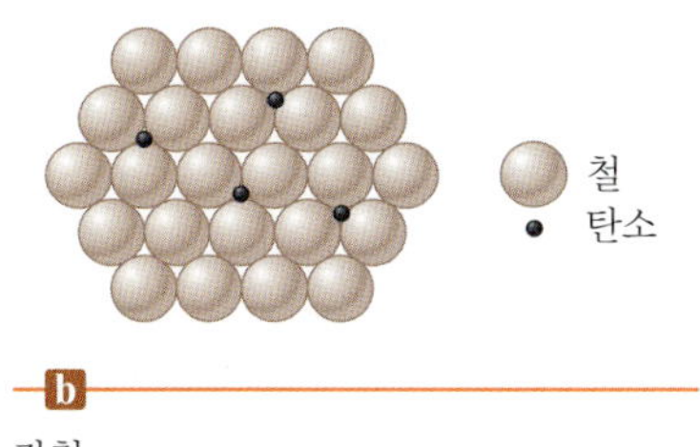

b
강철

그림 10.22 두 종류의 합금. (**a**) 황동은 치환 합금이다. (**b**) 강철은 틈새형 합금이다.

표 10.5 경주용 경량 자전거를 만드는 데 흔히 사용되는 강철로 된 관에 대한 두 다른 회사 제품들의 성분

강철관의 상표	% C	% Si	% Mn	% Mo	% Cr
Reynolds사	0.25	0.25	1.3	0.20	—
Columbus사	0.25	0.30	0.65	0.20	1.0

금속 합금

금속의 구조와 결합의 특성 때문에, 금속성 결정에 다른 원소를 넣어 비교적 쉽게 합금이라고 부르는 물질을 만들 수 있다. **합금**(alloy)은 *원소들의 혼합물을 포함하고 있으며 금속 성질을 갖는 물질*로 정의한다. 합금은 두 가지의 형태로 쉽게 구분될 수 있다.

치환형 합금(substitutional alloy)의 경우 주 금속의 일부 원자들이 비슷한 크기를 갖는 다른 금속 원자들로 *치환된다*(*replaced*). 예를 들면, 놋쇠는 주 금속인 구리 원자들의 1/3이 그림 10.22(a)와 같이 아연 원자들로 치환된 것이다. 영국 은화(은 93%, 구리 7%), 백랍(주석 85%, 구리 7%, 비스무트 6%, 안티모니 2%), 그리고 배관용 납(주석 95%, 안티모니 5%)은 치환형 합금의 예들이다.

틈새형 합금(interstitial alloy)은 최조밀 쌓임의 금속 구조에서 틈새 자리(구멍)의 일부가 그림 10.22(b)에서와 같이 작은 원자들로 채워졌을 때 형성된다. 가장 잘 알려진 틈새형 합금인 강철은 철 결정의 구멍들에 탄소 원자들이 들어 있다. 틈새 자리에 원자들이 있을 경우 주 금속의 성질이 바뀐다. 순수한 철은 특정한 방향으로의 결합이 없기 때문에 비교적 무르고, 연성과 전성을 갖는다. 구형의 금속 원자들은 서로 간에 비교적 쉽게 이동할 수 있다. 그러나 철의 결정 속에 강한 지향성 결합을 형성하는 탄소가 들어가면, 지향성을 갖는 탄소-철 결합들이 생기면서 합금은 더욱 단단하고, 강해지며, 순수한 철에 비해 낮은 연성을 갖게 된다. 탄소의 양은 강철의 성질에 직접적인 영향을 준다. 탄소 함유량이 0.2% 이하인 *연철*(*mild steel*)은 연성과 전성이 있고 못, 케이블 그리고 사슬을 만드는 데 쓰인다. 탄소 함유량이 0.2~0.6%의 *중강*(*medium steel*)은 연철보다 단단하며, 레일과 구조용 강철 빔에 사용된다. 탄소 함유량이 0.6~1.5%의 *고탄소강*(*high-carbon steel*)은 단단하고 튼튼해서 스프링, 공구, 그리고 칼을 만드는 데 사용된다.

많은 종류의 강철은 철과 탄소 이외의 원소들을 포함하고 있다. 이러한 강철을 흔히 *합금강*(*alloy steel*)이라 부르는데, 틈새형(탄소)과 치환형(다른 금속들) 합금을 섞어 놓은 것으로 볼 수 있다. 예를 들어, 자전거의 몸체는 여러 종류의 합금강으로 만들어진다. 비싼 경기용 자전거에 가장 흔히 사용되는 두 가지 상표의 강철관에 대한 조성을 표 10.5에 실었다.

10.6 탄소와 규소: 그물형 원자성 고체

많은 원자성 고체들은 지향성이 강한 공유 결합을 통해 고체를 형성하기 때문에 하나의 "거대한 분자"로도 볼 수 있다. 이러한 물질들을 **그물형 고체**(network solid)라고 한다. 금속과는 달리, 이러한 물질들은 대개 잘 부서지고 열이나 전기를 잘 통하지 않는다. 그물형 고체를 설명하기 위해 이 절에서는 매우 중요한 두 원소인 탄소와 규소, 그리고 이들과 관련된 몇 가지 화합물들에 대해 논하게 된다.

탄소의 가장 흔한 두 가지 형태인 다이아몬드와 흑연은 전형적인 그물형 고체이다. 자연에서 얻어지는 가장 단단한 물질인 다이아몬드의 각 탄소 원자는 다른 탄소 원자들에 의해 정사면체 배열로 둘러싸여 하나의 거대한 분자를 형성한다[그림 10.23(a)]. 편재 전자 모형의 관점에서 볼 때, 이 구조는 탄소 원자의 sp^3 혼성 오비탈들이 서로 겹쳐져서 형성된

그림 10.23 다이아몬드와 흑연의 구조. 각 경우에 전체 구조의 극히 일부분만을 보여주고 있다.

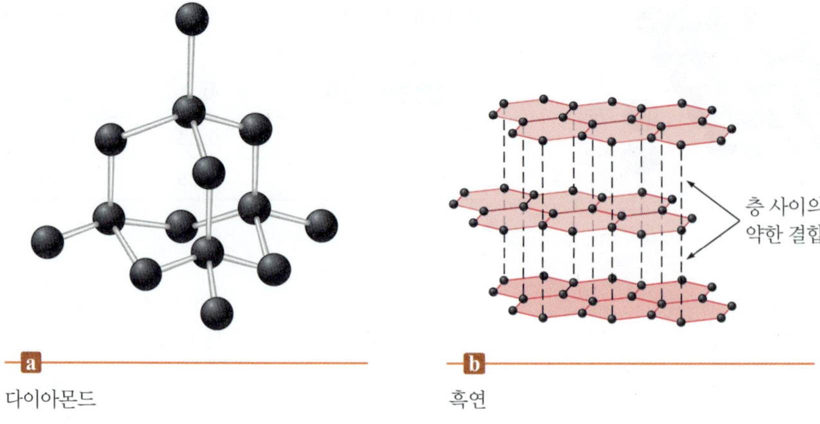

그림 10.24 (**a**) 다이아몬드와 (**b**) 전형적인 금속에 대한 분자 오비탈 에너지 도표의 일부.

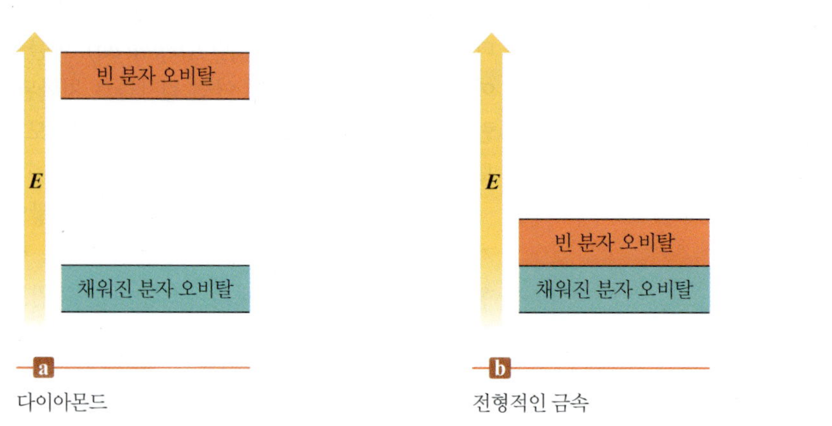

공유 결합에 의해 안정화되어 있다.

다이아몬드의 탄소 원자들 사이의 결합을 분자 오비탈 모형의 관점에서 보는 것도 또한 도움이 된다. 전형적인 금속과 다이아몬드에 대한 에너지 준위 도표를 그림 10.24에 보여주고 있다. 채워진 준위에서 바로 인접한 빈 준위, 즉 전도띠로 전자들이 들뜬다고 가정하여 금속의 전도성을 설명했던 것을 기억하라. 그러나 다이아몬드에 대한 에너지 준위 도표에서는 *채워진 준위와 빈 준위 사이에 넓은 간격이* 있다는 점에 주목하라. 이는 비어 있는 전도띠로 전자들이 쉽게 이동할 수 없다는 것을 의미한다. 그 결과, 다이아몬드는 좋은 전기 전도체가 아닐 것이라 예측할 수 있다. 실제로 모형에 입각한 이러한 예측은 관찰된 행동과 정확하게 일치하여, 다이아몬드는 전기 절연체로서 전류를 전달하지 않는다.

흑연은 다이아몬드와 매우 다르다. 다이아몬드가 단단하고 색깔이 없는 절연체인 반면 흑연은 검고 미끄러운 전도체이다. 물론 이러한 차이는 두 가지 형태의 고체에 대한 결합의 차이에서 기인한다. 다이아몬드에서 탄소 원자들이 사면체 배열을 하고 있는 것과는 대조적으로, 흑연의 구조는 그림 10.23(b)에서 볼 수 있는 것처럼 서로 연결된 육각 고리들의 형태로 배열한 탄소 원자들의 층으로 이루어져 있다. 흑연 층에 있는 각 탄소 원자는 세 개의 다른 탄소 원자들로 둘러싸여 120도의 결합각을 갖는 삼각 평면 배열을 하고 있다. 편재 전자 모형에 의해 이 경우는 sp^2 혼성으로 예측된다. 각 탄소 원자에 있는 세 개의 sp^2 오비탈들은 세 개의 다른 탄소 원자들과 σ 결합을 형성한다. 그림 10.25에서 보는 것과 같이, 각 탄소 원자에는 혼성되지 않은 하나의 $2p$ 오비탈이 탄소 원자들로 이루어진 평면에 수직으로 남아있다. 이 남아있는 오비탈들이 결합하여 서로 인접해 있는 한 무리의 π 분자 오비탈들을 형성하는데, 이는 두 가지 점에서 중요하다. 첫째, 이들은 π 결합 형성을 통해 흑연 층의 안정도에 크게 기여한다. 둘째, 이들 π 분자 오비탈들이 갖는 비편재화된 전자

화학 관련 읽을거리 Chemical Connections

그래핀—놀라운 물질?

흑연은 탄소 원자가 "구멍이 육각형인 철조망"처럼 생긴 층으로 이루어진 놀라운 물질이다. 각 층의 탄소–탄소 결합이 강해서 다이아몬드보다 열전도도가 더 좋다. 흑연의 독특한 안정성 때문에 과학자들은 그래핀(철조망처럼 생긴 층)이 독립적으로 존재할 수 있는지 궁금해 했다. 이 궁금증의 해답은 영국 Manchester 대학의 Andre Gein과 Konstantin Novoselov가 최근에 알아냈다. 이 두 사람은 스카치 테이프로 흑연 안에 있는 작은 단일 원자 층을 잡아 당겨서 발견하였다. 이 일은 대단한 업적으로 여겨져 Gein과 Novoselov는 2010년에 노벨 물리학상을 받았다.

Gein과 Novoselov가 그래핀 시트를 각각 떼어낼 수 있게 한 이후로, 물질의 특성과 용도가 연구되고 있다. 그래핀은 놀라운 성질을 가지고 있다. 예를 들어, 강철보다 100배나 강한 성질이 있다. 또한 다이아몬드보다 딱딱하지만 고무처럼 늘어나기도 한다.

가장 흥미로운 사실은 열과 전기 전도도가 가장 좋은 물질이라는 점이다. 전자들은 그래핀을 통해서 초고속으로 움직인다. 사실 그래핀에 있는 전자들은 양자홀 효과(quantum Hall effect)를 나타낸다: 각각의 전자들이 집단적으로 모여서 전하의 한 부분처럼 행동하는 것이다. 그래핀은 우수한 열과 전기 전도도 때문에 미래에 사용할 수 있는 이상적인 전기장치로 여겨진다. IBM의 과학자들은 이미 널리 알려진 규소 기기보다 훨씬 빠르게 1초에 260억 번 정도 스위치의 on-off를 변환할 수 있는 그래핀 기기를 만들었다.

그래핀 기기를 사용하는 데 가장 큰 문제는 그래핀 시트를 크게 생산하기가 어렵다는 점이다. 한국의 홍병희 연구팀은 최근에 대각선이 30인치인 직사각형 시트를 발표했다. 이 사실은 그래핀 기기를 상업적인 전자기기로 사용할 날이 가까웠다는 것을 말한다.

그래핀으로 만든 휘어지는 전극

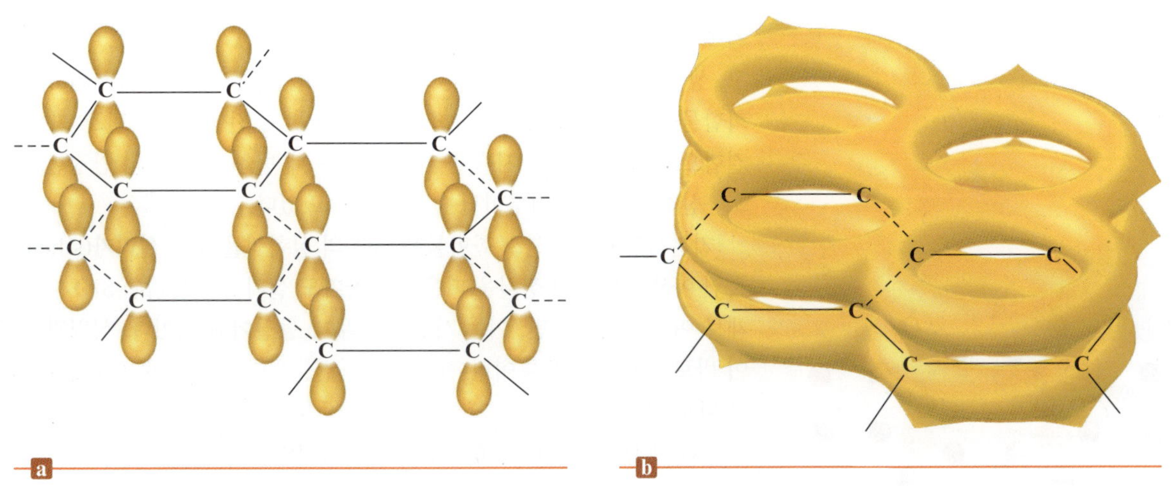

그림 10.25 (**a**) 흑연에서의 탄소 고리 시스템의 평면에 수직인 p 오비탈들이 서로 합쳐지면 (**b**) 연속된 π 결합으로 이루어진 그물을 형성한다.

들로 흑연의 전기 전도성이 설명된다. 매우 인접한 이들 오비탈은 금속 결정에서 발견되는 전도띠와 매우 유사하다.

흑연은 종종 자물쇠의 윤활제로 사용된다(기름은 먼지를 끌어들이기 때문에 바람직하지 않다). 흑연에서 탄소 원자들로 이루어진 층의 *안*(*within*)에서는 매우 강한 결합을 하지만 층과 층 *사이*(*between*)에서는 결합을 거의 하지 않는다는 점에 주목하면 흑연의 특성인 미끄러움이 설명된다(원자가 전자들은 층 안의 탄소들 사이에 형성된 σ와 π 결합에 모두 사용된다). 이러한 배열로 인해 한 층이 다른 층 위를 지나 아주 쉽게 미끄러진다. 그림

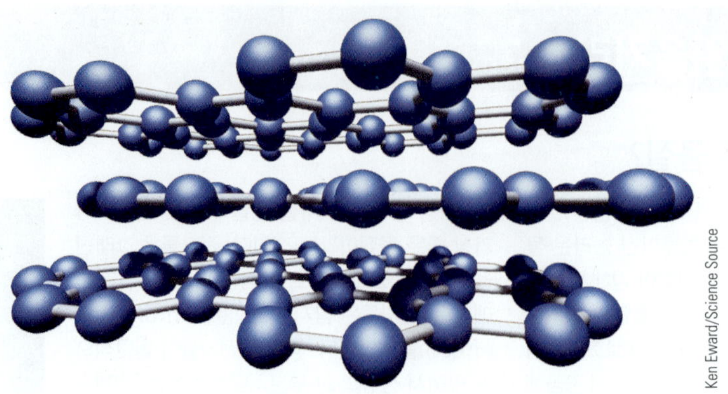

그림 10.26 흑연은 탄소 원자들로 이루어진 층들로 이루어져 있다.

10.26에 흑연의 층상 구조를 보여주고 있다. 이러한 구조는 결정의 모든 방향으로 균일한 결합을 형성하는 다이아몬드와는 매우 대조적이다.

다이아몬드는 경도가 매우 높아서 산업용 절단 기구에 널리 사용되고 있다. 따라서 값싼 흑연을 다이아몬드로 바꿀 수 있다면 좋을 것이다. 흑연의 밀도에(2.2 g/cm^3) 비해 다이아몬드의 밀도가(3.5 g/cm^3) 더 크다는 사실로부터 예상할 수 있듯이, 흑연에 매우 높은 압력을 가하면 이와 같은 변환을 달성할 수 있다. 2800°C의 온도에서 150,000 atm의 압력을 가하면 흑연은 사실상 완전히 다이아몬드로 바뀐다. 높은 온도는 흑연의 강한 결합을 깨고 다시 배열이 일어나도록 하기 위해 필요하다.

규소(silicon)는 지각을 구성하는 화합물들의 중요한 구성 성분이다. 사실상, 지질학에 있어서의 규소는 생물학에서의 탄소와 같다. 탄소 화합물들이 생물학적으로 중요한 시스템의 기본이 되는 것처럼, 규소 화합물들은 지각에서 발견되는 대부분의 바위, 모래, 흙의 기초가 된다. 그러나 탄소와 규소가 주기율표의 4A족에서 서로 이웃하고 있음에도 불구하고, 생물학에서의 탄소를 기본으로 하는 화합물들과 지질학에서의 규소를 기본으로 하는 화합물들은 현저하게 다른 구조를 가지고 있다. 전형적으로 탄소 화합물들은 탄소-탄소 결합으로 이루어진 긴 사슬을 가지고 있는 데 반해, 대부분의 안정한 규소 화합물들은 규소—산소 결합으로 이루어진 사슬을 가지고 있다.

기본적인 규소—산소 화합물은 SiO_2의 실험식을 갖는 **실리카**(silica)이다. 비슷한 화합물인 이산화 탄소의 성질을 떠올리며 아마도 실리카를 분리된 SiO_2 분자들로 이루어진 기체로 여길지 모르지만, 이는 사실과 너무나 동떨어진 것이다. 석영과 여러 종류의 모래들이 바로 실리카로 이루어진 전형적인 물질들이다. 무엇으로 이러한 차이가 설명될까? 답은 바로 결합에 있다.

CO_2에 대한 Lewis 구조를 상기하면 아래와 같다.

$$:\ddot{O}=C=\ddot{O}:$$

각각의 C=O 결합은 탄소의 *sp* 혼성 오비탈에 의한 σ 결합과, 탄소의 2*p* 오비탈에 의한 π 결합이 복합되어 있는 것으로 볼 수 있다. 이와는 대조적으로 규소의 경우 최외각의 3*p* 오비탈을 산소와의 π 결합에 사용할 수 없는데, 무엇보다 이는 규소 원자와 그 오비탈들이 너무나 커서 산소의 작은 오비탈들과 효과적으로 겹쳐질 수 없기 때문이다. 따라서 그림 10.27의 수정의 구조에서 보이는 것과 같이, 규소 원자는 π 결합을 형성하는 대신에 네 개의 산소 원자들과 단일 결합을 형성함으로써 팔전자 규칙을 만족시킨다. 각 규소 원자가 산소 원자들의 정사면체 배열의 중앙에 위치하고 있는 것과 산소 원자들이 다른 규소 원자들에 의해 공유되고 있는 것에 주목하라. 석영의 실험식은 SiO_2이지만, 그 구조는 분리된 SiO_2 분자라기보다는 산소들을 공유한 SiO_4 사면체들로 이루어진 *그물(network)* 구조이

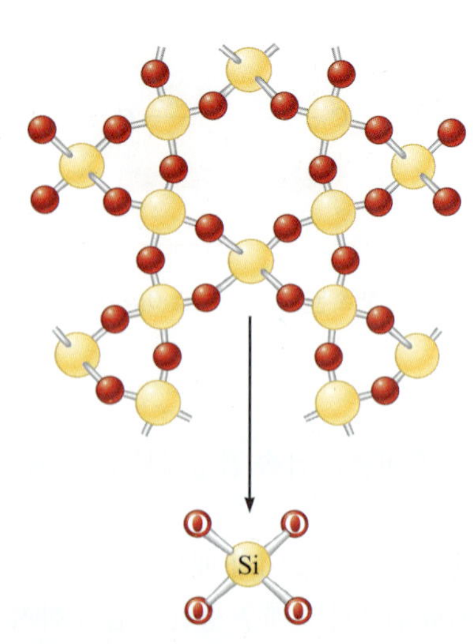

그림 10.27 (위) 석영(수정)의 구조(실험식은 SiO_2이다). 석영(수정)은 SiO_4 정사면체(아래)들의 산소 원자들이 서로 공유된 사슬을 가지고 있다.

그림 10.28 규산염 음이온들의 예들로서 모두 SiO_4^{4-} 정사면체를 기본으로 하고 있다.

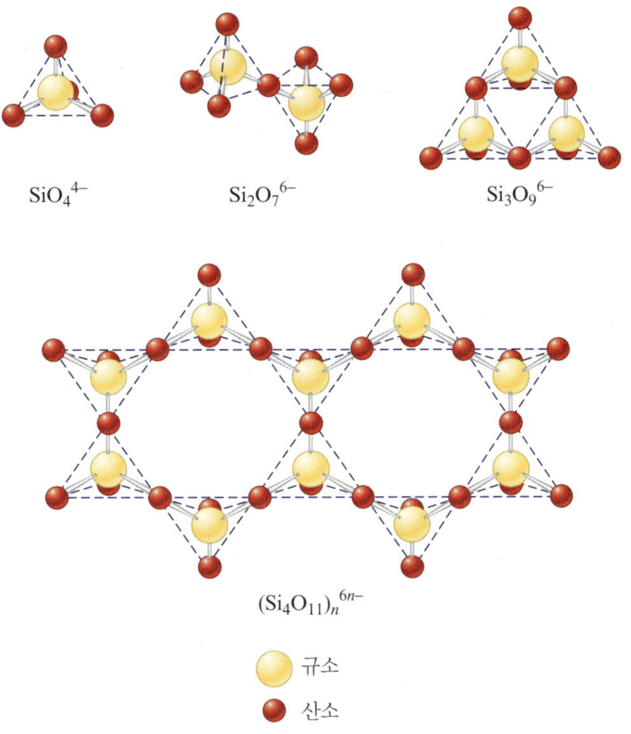

CO_2 분자의 결합은 9.1절에 기술되어 있다.

다. 탄소와 규소가 산소와 π 결합을 형성할 수 있느냐 없느냐가 CO_2와 SiO_2의 구조와 성질에 큰 영향을 미친다는 것이 명백해진다.

대부분의 바위, 흙, 그리고 점토 속에서 발견되는 실리카와 깊은 관련이 있는 화합물로 **규산염**(silicate)이 있다. 실리카와 마찬가지로 규산염들은 서로 연결된 SiO_4 사면체를 기본 구조로 하고 있다. 그러나 O/Si 비율이 2:1인 실리카와는 대조적으로, 규산염은 O/Si의 비율이 2:1보다 크며 규소—산소의 *음이온들(anions)*을 가지고 있다. 이는 중성의 고체 규산염을 형성하기 위해서는 초과된 음전하와 균형을 이루기 위한 양이온이 필요하다는 것을 의미한다. 다시 말해, 규산염은 규소—산소의 다원자 음이온들과 금속 양이온들을 가지고 있는 염이다. 중요한 규산염 음이온의 예들을 그림 10.28에 보여주고 있다.

▲
숙련된 유리 세공 기술자가 유리를 불어 새로운 용기를 만들고 있다.

실리카를 녹는점(약 1600°C) 이상의 온도로 가열한 후 급속히 냉각시키면 비결정형 고체인 **유리**(glass)가 얻어진다(그림 10.29). 결정의 성질을 갖는 석영과는 대조적으로 유리는 대부분 무질서한 부분들로 이루어진 것에 주목하라. 유리는 결정형 고체보다는 점성이 매우 높은 용액과 아주 유사하다. 일반적인 유리는 용융 실리카에 Na_2CO_3와 같은 물질을 섞은 후 냉각시켜서 얻는다. 첨가물을 바꾸는 데 따라 유리의 성질을 크게 바꿀 수 있다. 예를 들어, B_2O_3를 섞으면 온도가 크게 변해도 거의 팽창하거나 수축하지 않는 유리를 얻는다[*붕규산염 유리(borosilicate glass)*라 부름]. 이런 유리는 실험 기구나 요리 기구에 유용하게 사용된다. 이런 유리의 가장 흔한 상표명은 Pyrex이다. K_2O를 섞으면 매우 단단한 유리가 얻어지는데, 이를 정밀하게 갈아서 안경이나 콘택트렌즈를 만들 수 있다. 몇 가지 종류의 유리에 대한 조성을 표 10.6에 수록하였다.

세라믹

세라믹(ceramic)은 보통 점토로부터(규산염을 포함하고 있는) 만들며, 높은 온도에서 가열하여 단단하게 만든다. 세라믹은 강하고, 잘 깨지며, 열과 화학 약품에 잘 견디는 비금속 물질이다.

유리와 같이 세라믹도 규산염을 기본으로 하지만, 유사성은 거기까지이다. 유리는 용

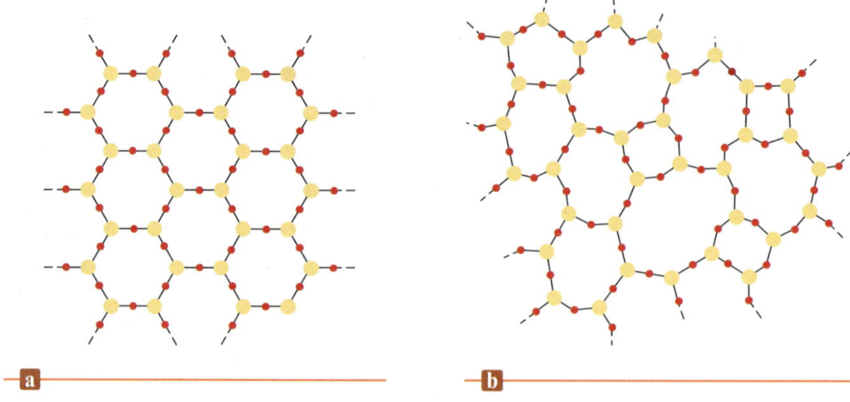

그림 10.29 (**a**) 석영(수정)의 결정과 (**b**) 석영 유리의 구조에 대한 이차원 그림. 유리의 불규칙한 구조가 결정의 규칙적인 구조와 어떻게 대비되는지에 주목하라.

표 10.6 흔히 볼 수 있는 몇 가지 종류의 유리에 대한 조성

유리 종류	구성 성분의 백분율						
	SiO_2	CaO	Na_2O	B_2O_3	Al_2O_3	K_2O	MgO
창문용(soda-lime 유리)	72	11	13	—	0.3	3.8	—
주방용(aluminosilicate 유리)	55	15	—	—	20	—	10
내열용(borosilicate 유리)	76	3	5	13	2	0.5	—
광학용	69	12	6	0.3	—	12	—

Mathias T. Oppersdorff / Science Source

▲
유약 처리를 하기 전에 예술가가 세라믹 꽃병에 그림을 그리고 있다.

융시킬 수 있으며 원하면 몇 번이건 다시 용융시킬 수 있는 데 반해, 세라믹은 한번 단단해지고 나면 매우 높은 온도에도 그대로이다. 이러한 차이는 유리와 세라믹의 구조가 아주 다른 데에 기인한다. 유리는 비결정질의 "굳어진 용액"으로 *균일(homogeneous)*하며, 세라믹은 *불균일(heterogeneous)*하다. 세라믹은 두 가지 상을 가지고 있어서, 유리질의 접합체 속에 규산염의 미세한 결정들이 떠 있다.

세라믹이 어떻게 굳는지 이해하려면, 점토의 구조에 관한 것들을 알아야 한다. 실험식 $K_2O \cdot Al_2O_3 \cdot 6SiO_2$와 $Na_2O \cdot Al_2O_3 \cdot 6SiO_2$로 나타내는 규산염들의 혼합물인 장석이라는 광물이 물과 이산화 탄소에 의해 풍화작용을 거치면 점토가 만들어진다. 장석은 실제 *알루미노규산염(aluminosilicate)*으로서, 규소 원자들뿐만 아니라 알루미늄 원자들도 산소로 연결된 다중음이온(polyanion)의 일부이다. 장석이 풍화작용을 거치면, 매우 작고 얇은 판(platelet)들로 이루어진 $Al_2Si_2O_5(OH)_4$의 실험식을 갖는 고령토가 된다. 건조된 상태에서 이들 판들은 서로 들러붙지만, 물에 젖으면 서로 미끄러지면서 점토로 하여금 가소성을 갖게 한다. 점토가 마르면 판들은 다시 서로 엉켜 붙는다. 가열하는 과정에서 남아있던 물이 제거되면 규산염과 양이온들은 고령토의 작은 결정들을 붙들어 놓는 유리를 형성한다.

세라믹은 매우 오랜 역사를 가지고 있다. 천연 세라믹 재료인 암석은 가장 초기의 도구로 사용되었다. 그 이후 햇볕에서 말리거나 불 속에서 구운 점토 그릇들은 음식과 물을 담는 용기로 사용되었다. 이러한 초기의 그릇들은 다분히 거칠고 매우 다공성이었다. 약 B.C. 3000년경 이집트에서 사용된 유약의 발견으로 도자기들은 보다 아름다워졌을 뿐만 아니라 사용하기도 좋게 되었다. 고급 도자기는 근본적으로 거친 토기와 같은 물질이지만, 도자기를 만드는 데 특별히 선택된 점토와 유약을 사용하며, 매우 높은 온도에서 굽는다.

세라믹은 고대로부터 알려져 왔음에도 불구하고 결코 시대에 뒤떨어진 물질이 아니다. 오히려 세라믹은 가장 중요한 "첨단-기술" 재료들 중의 하나이다. 세라믹은 부식에 강하고 높은 온도에서 안정하기 때문에 높은 온도에서 큰 연료 효율을 얻을 수 있는 자동차나

제트기의 엔진을 만드는 데 적합한 재료처럼 여겨진다. 그러나 세라믹은 잘 깨지는 성질을 가져서 구부러지기보다는 부러지기 때문에 그 사용처가 제한적이다. 그런데 약간의 유기 고분자를 첨가하면 보다 유연한 세라믹을 얻을 수 있다. 소량의 유기 고분자를 함유하고 있는 해양 생물의 껍질이나 이빨과 같은 자연의 "유기세라믹(organoceramics)"으로부터 단서를 얻은 재료 공학자들은 세라믹의 형태를 만들 때 아주 적은 양의 긴 유기 분자들을 혼합하면 잘 깨지지 않는 물질을 만들 수 있다는 것을 발견하였다. 이런 재료들은 유연성을 가진 초전도체 전선과 극소형 전자 소자뿐만 아니라 보다 가볍고 내구성이 강한 엔진 부품에 유용하게 쓰일 것이다. 또한 이들 유기세라믹들은 인조 뼈와 같은 보철용 장치에 쓰일 것으로 기대된다.

반도체

원소 상태의 규소는 주기율표에서의 위치에서(4A족의 탄소 바로 아래) 예상되듯이, 다이아몬드와 같은 구조를 가지고 있다. 다이아몬드에는 채워진 분자 오비탈과 비어 있는 분자 오비탈 사이에 커다란 에너지 간격이 있었던 것을 기억하라(그림 10.24). 이러한 간격으로 인해 전자들이 비어있는 분자 오비탈로 들뜨지 못하게 되어 다이아몬드는 절연체가 된다. 규소의 경우도 이와 비슷하지만, 에너지 간격이 보다 작다. 몇 개의 전자들은 25°C에서 이 간격을 건너뛸 수 있어서 규소는 **반전도성 원소**(semiconducting element), 또는 **반도체**(semiconductor)가 된다. 또한 전자들이 전도띠로 들뜨기 위해 더 많은 에너지를 얻을 수 있는 높은 온도에서는 규소의 전도도가 증가한다. 이는 반도체의 전형적인 특성으로, 온도가 증가하는 데 따라 전도도가 감소하는 금속의 특성과 대조적이다.

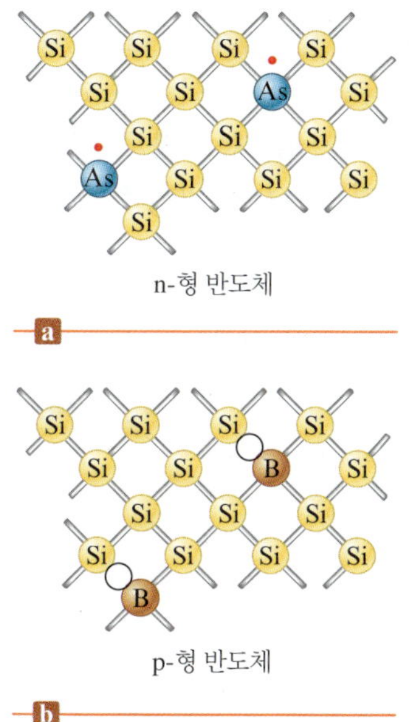

그림 10.30 두 가지 유형의 반도체 (**a**) 규소에 비해 원자가 전자 하나를 더 가지고 있는 비소로 도핑된 규소 결정. 빨간 점들은 과잉 전자를 나타낸다. (**b**) 규소에 비해 원자가 전자 하나를 덜 가지고 있는 붕소로 도핑된 규소 결정. 흰 원들은 전자의 빈자리를 나타낸다.

규소 결정에 특정한 원소들이 미량으로 섞이면, 즉 *도핑되면*(*doped*) 규소의 작은 전도도를 상온에서도 크게 만들 수 있다. 예를 들어, 적은 분율의 규소 원자들을 원자가 전자가 *하나 많은*(*one more*) 비소 원자들로 대체하면, 그림 10.30(a)에서 보는 것과 같이 여분의 전자들이 전도에 참여할 수 있게 된다. 이와 같이 하면 **n-형 반도체**(n-type semiconductor)가 만들어지는데, 이는 주 결정의 원자보다 원자가 전자가 더 많은 원자들을 도핑하여 전도도를 높인 물질을 말한다. 이들 여분의 전자들의 에너지는 전도띠에 매우 가까워서 매우 쉽게 이들 준위로 들떠 전류를 흐르게 한다[그림 10.31(a)].

규소보다 *하나 적은*(*one fewer*) 세 개의 원자가 전자를 가진 붕소와 같은 원소를 결정에 도핑시켜도 규소의 전도도를 향상시킬 수 있다. 붕소는 주위를 둘러싼 규소 원자들과 결합을 형성하는 데 필요한 것보다 전자가 하나 적기 때문에 그림 10.30(b)와 같이 전자의 빈 곳, 즉 *구멍*(*hole*)이 생긴다. 어떤 전자가 이 구멍을 채우면 뒤에 새로운 구멍이 생기며, 이 과정은 반복될 수 있다. 따라서 구멍은 이 구멍을 채우기 위해 뛰어드는 전자들의 움직임과 반대 방향으로 결정을 통해 움직이게 된다. 이러한 현상에 대하여 다음과 같이 다르

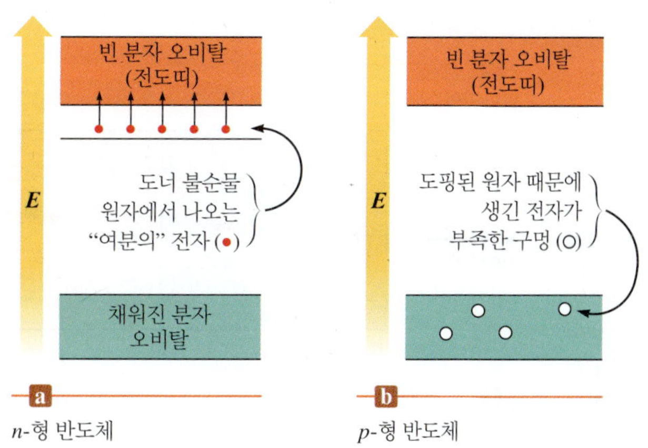

그림 10.31 (**a**) *n*-형 반도체와 (**b**) *p*-형 반도체에 대한 에너지 준위 도표.

게 생각할 수도 있다. 순수한 규소에서 각 원자는 네 개의 원자가 전자를 가지며, 낮은 에너지의 분자 오비탈들은 꽉 채워져 있다. 규소 원자를 붕소 원자로 바꾸면 그림 10.31(b)에 나타낸 것처럼 이들 분자 오비탈들에 빈자리가 남게 된다. 이는 분자 오비탈들 중 일부에는 오직 한 개의 전자만 채워지며, 이 짝짓지 않은 전자들이 전도성 전자의 역할을 할 수 있다는 것을 의미한다. 따라서 이 물질은 원래보다 좋은 전도체가 된 것이다. 주 결정의 원자보다 더 적은 수의 원자가 전자를 가진 원자로 도핑하여 반도체를 얻었을 때, 이를 **p-형 반도체**(p-type semiconductor)라 하는데, 양(positive)의 구멍을 전하 운반체로 간주하여 그렇게 부른다.

전류를 통하려면 전자들은 반만 채워진 분자 오비탈에 있어야 한다.

반도체의 가장 중요한 응용으로 p-형과 n-형을 접합시켜 만든 **p-n 접합**(p-n junction)을 들 수 있다. 그림 10.32(a)에 전형적인 접합을 보여준다. 붉은색 원들은 n-형 반도체의 여분의 전자를 나타내며, 흰색 원들은 p-형 반도체의 구멍(전자의 빈자리)을 나타낸다. 접점에서 적은 수의 전자가 n-형으로부터 낮은 에너지의 분자 오비탈들에 빈자리를 가지고 있는 p-형 쪽으로 이동한다. 이러한 이동의 결과로 p-형 쪽에는 음전하가 생기고(전자를 여분으로 가지고 있기 때문에), n-형 쪽에는 양전하가 생긴다(낮은 에너지의 분자 오비탈들에 구멍을 남기고 전자들이 달아났기 때문에). 이와 같이 전하가 쌓이는 것을 *접촉 전위*(*contact portential*) 또는 *접합 전위*(*junction portential*)라 하는데, 이로 인해 전자는 더 이상 이동을 하지 못하게 된다.

이번에는 배터리의 양극을 n-형에 연결하고, 음극을 p-형에 연결하여 외부 전위를 걸어주었다고 가정해 보자. 그림 10.32(b)에 보여주는 결과가 나타날 것이다. 전자들은 양극 쪽으로 끌려가고, 결과적으로 생긴 구멍들은, p-n 접합에서의 자연적인 전자들의 흐름과

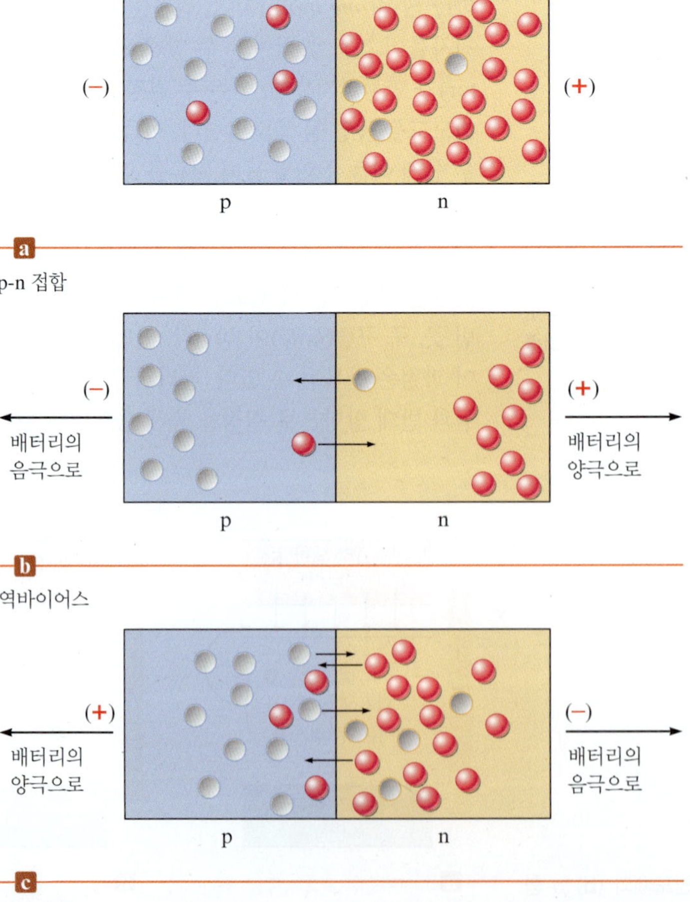

그림 10.32 p-n 접합은 p-형과 n-형 반도체가 접합된 부위를 가지고 있다. **(a)** p-형 영역에서의 전하 운반체는 구멍(⚪)이다. n-형 영역에서의 전하 운반체는 전자(🔴)이다. **(b)** (역바이어스에서) 전류가 흐르지 않는다. **(c)** (정바이어스에서) 전류가 즉시 흐른다. 경계를 넘어가는 각 전자에 대해 뒤에 구멍이 하나 남는 것에 주목하라. 따라서 전자들과 구멍들은 서로 반대 방향으로 움직인다.

는 정반대 방향인, 음극 쪽으로 이동한다. 접합은 자연적인 방향으로 전류가 흐르는 것을 막게 되는데 이를 *역바이어스(reverse bias)* 상태에 있다고 한다. 이 경우 시스템에는 전류가 흐르지 않는다.

이와는 달리 전지의 음극을 n-형 쪽에, 양극을 p-형 쪽에 가도록 배터리를 연결하면[그림 10.32(c)] 전자들은 (구멍들도) 순조로운 이동을 하게 된다. 접합에서의 저항이 낮아서 쉽게 전류가 흐른다. 이때의 접합을 *정바이어스(forward bias)* 상태에 있다고 한다.

p-n 접합은 (양방향으로 교대로 흐르는) 교류를 (한 방향으로 흐르는) 맥동하는 직류로 바꾸어주는 아주 좋은 *정류기(rectifier)*가 된다. 전위가 계속 뒤바뀌는 회로에 놓이면, p-n 접합은 정바이어스 상태에서만 전류를 통과시켜 교류를 직류로 바꾸게 된다. 예전에는 라디오, 컴퓨터 그 외의 다른 전기 장치들에 덩치가 크고 신뢰성이 떨어지는 진공관이 정류기로 사용되었다. p-n 접합은 전자 공학에 혁명적인 변화를 가져와, 현대의 고체 부품들은 인쇄된 회로 안에 p-n 접합들을 가지고 있다.

10.7 분자성 고체

지금까지는 격자점에 원자들이 놓인 고체를 다루었다. 이 물질들 중 일부(그물형 고체)는 하나의 거대한 분자로도 간주될 수 있다. 그 외에도 각 격자점에 분리된 단위의 분자들을 가지고 있는 고체의 형태도 많다. 흔한 예의 하나가 얼음으로서, 물 분자들이 격자점에 놓여 있다[그림 10.13(c)]. 또 다른 예로는 고체 상태의 이산화 탄소인 드라이아이스, S_8 분자들을 가지고 있는 특정한 형태의 황[그림 10.33(a)], 그리고 P_4 분자들을 가지고 있는 특정 형태의 인[그림 10.33(b)]을 들 수 있다. 이러한 물질들의 특징은 분자 *내(within)*에서는 강한 공유 결합을 하지만 분자들 *간(between)*의 힘은 비교적 약하다는 것이다. 예를 들어, 1 mol의 고체 상태의 물(얼음)을 녹이려면 분자 간(H_2O—H_2O 간)의 인력만을 극복하면 되기 때문에 6 kJ의 에너지만 있으면 된다. 그러나 1 mol의 O—H 공유 결합을 끊기 위해서는 470 kJ이라는 에너지가 필요하다. 표 10.7에 수록된 고체 내에서의 원자 간 거리와 분자 간 거리를 비교해 보면, 분자 내에서의 공유 결합이 분자들 사이의 힘과 얼마나 다른지 분명해진다.

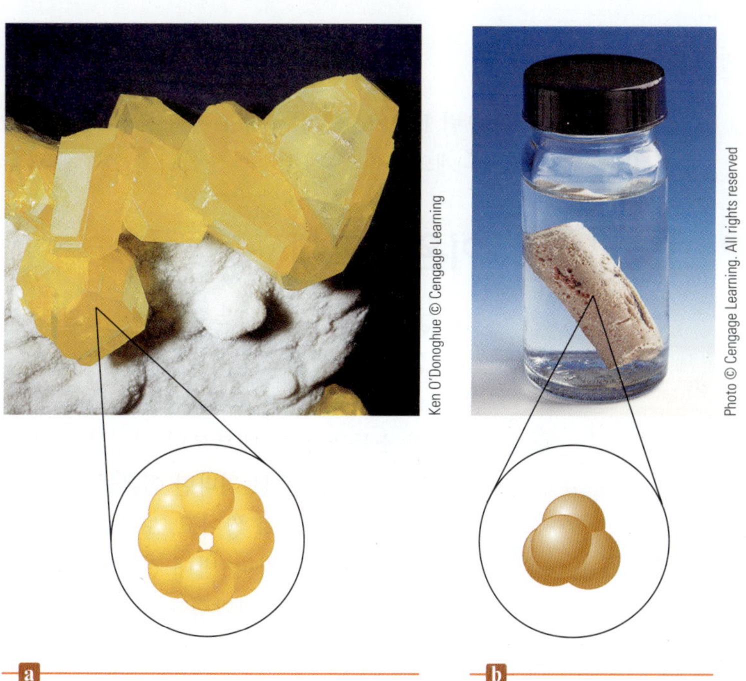

그림 10.33 (**a**) 황 결정(노란색)은 S_8 분자로 이루어져 있다. (**b**) 백린(P_4 분자들로 이루어진)은 공기 중 산소와의 반응성이 매우 커서 물속에 보관해야 한다.

▲
"증기를 발생하는" 드라이아이스 조각.

표 10.7 분자 내의 원자 간 거리(공유 결합)와 분자들 간 거리(분자 간 인력)의 비교

고체	분자 내에서 원자 간 거리*	고체에서 분자들 간의 가장 가까운 거리
P_4	220 pm	380 pm
S_8	206 pm	370 pm
Cl_2	199 pm	360 pm

* 분자 내의 가장 짧은 거리는 가장 강한 결합에 해당된다.

분자성 고체에서 분자들 간에 작용하는 힘은 그 분자의 성질에 따라 달라진다. 쌍극자 모멘트를 가지고 있지 않는 CO_2, I_2, P_4, S_8과 같은 분자들에서의 분자 간 힘은 London 분산력이다. 많은 경우에서 이 힘은 비교적 약하기 때문에 이들 물질들은 25°C에서 이산화탄소와 같이 기체 상태일 것이라고 예상할지도 모른다. 그러나 분자의 크기가 커지면서 London 분산력도 상당히 커져서 이들 물질 중 상당수가 25°C에서 고체 상태이다.

분자가 쌍극자 모멘트를 가지고 있을 때, 특히 수소 결합이 가능할 때 분자 간 힘은 상당히 커지게 된다. 물 분자의 경우 각 분자가 두 개의 극성 O—H 결합을 가지고 있고 산소 원자에는 두 쌍의 고립 전자쌍이 있어서 서로 간에 상호작용하는 것이 특히 쉽다. 두 개는 공유 결합을 통해, 두 개는 쌍극자 힘을 통해 각 산소에는 네 개의 수소 원자들이 관여하게 된다.

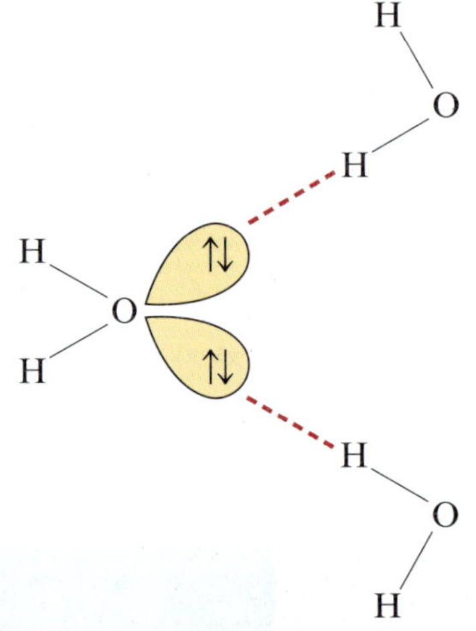

그림 10.13(c)의 얼음 구조에서 볼 수 있는 두 개의 비교적 짧은 산소–수소 공유 결합과, 두 개의 보다 긴 산소–수소 쌍극자 인력에 주목하라.

10.8 이온성 고체

이온성 고체는 녹는점이 높고 안정한 물질로, 서로 반대로 하전된 이온들 사이에 작용하는 강한 정전기적 힘으로 결합되어 있다. 이온성 고체의 구조를 결정하는 원리에 대해서 8.5절에서 소개하였다. 이 절에서는 이 원리를 되돌아보고 이를 보다 확장시킬 것이다.

염화 소듐과 같은 대부분의 이성분 이온성 고체의 구조는 조밀하게 쌓인 구로 설명할 수 있다. 전형적으로 커다란 이온들, 많은 경우 음이온들이 최조밀 쌓임 구조(hcp 또는 ccp) 중 하나의 배열로 쌓이고, 보다 작은 양이온들이 조밀하게 쌓인 음이온들 사이에 있는 구멍에 끼어들어 간다. 반대 전하의 이온들 간에는 정전기적 인력을 최대로 하고, 같은 전하의 이온들 간에는 반발력을 최소로 하는 방법으로 조밀하게 쌓인다.

최조밀 쌓임 구조에는 세 가지 형태의 구멍이 있다.

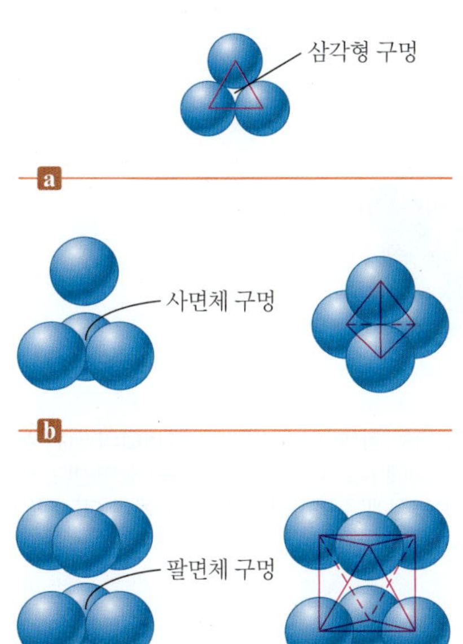

그림 10.34 균일한 구들의 최조밀 쌓임 속에 존재하는 구멍들. (**a**) 주어진 층에 있는 세 개의 구들에 의해 형성된 삼각형 구멍. (**b**) 세 개의 구가 형성한 오목한 곳에 인접한 층에 있는 하나의 구가 놓여 형성한 사면체 구멍. (**c**) 인접한 두 개 층에 있는 여섯 개의 구들이 형성한 팔면체 구멍.

1. 삼각형 구멍은 동일한 층에 있는 세 개의 구에 의해 형성된다[그림 10.34(a)].
2. 사면체 구멍은 어떤 하나의 구가 인접한 층의 세 개의 구에 의해 생긴 움푹 들어간 곳 위에 놓일 때 형성된다[그림 10.34(b)].
3. 팔면체 구멍은 최조밀 쌓임 구조에서 인접한 층들에 있는 각 세 개의 구로 된 두 세트의 중간에서 만들어진다[그림 10.34(c)].

일정한 지름의 구에 대해, 구멍의 크기는 다음과 같이 증가한다.

$$\text{삼각형} < \text{사면체} < \text{팔면체}$$

실제로 삼각형 구멍은 너무 작아서 이성분 이온성 화합물에서는 채워지는 경우가 없다. 어떤 이성분 이온성 고체에서 사면체 구멍이나 팔면체 구멍 중 어디에 채워질 것인가 하는 것은 주로 양이온과 음이온의 *상대적인*(*relative*) 크기에 따라서 좌우된다. 예를 들어, 황화 아연에서 S^{2-} 이온들은(이온 반지름 = 180 pm) 입방 최조밀 쌓임 구조로 배열하고, 보다 작은 Zn^{2+} 이온들은(이온 반지름 = 70 pm) 사면체 구멍에 들어간다. ccp 구조의 면심 입방 단위 세포에서의 사면체 구멍의 위치를 그림 10.35(a)에 보여주고 있다. 이 그림에서 하나의 단위 세포에 여덟 개의 사면체 구멍들이 있는 것에 주목하라. 또한 10.5절에서 하나의 면심 입방 단위 세포에 포함된 구의 알짜 개수가 네 개였던 것을 기억하라. 따라서 최조밀 쌓임 구조에는 *쌓여있는 음이온의 두 배에 해당하는 사면체 구멍*들이 있는 셈이다. 전기적 중성을 만족하려면 황화 아연은 같은 수의 S^{2-} 이온과 Zn^{2+} 이온을 가지고 있어야 한다. 따라서 그림 10.35(c)에서 보는 것처럼 황화 아연의 구조에서는 사면체 구멍의 *절반*(*half*)만이 Zn^{2+} 이온으로 채워져 있다.

최조밀 쌓임 구조는 쌓인 구의 두 배에 해당하는 사면체 구멍을 가지고 있다.
최조밀 쌓임 구조는 쌓인 구만큼의 팔면체 구멍의 같은 개수를 가지고 있다.

염화 소듐의 구조는 입방 최조밀 쌓임 구조로 배열한 Cl^- 이온들과 모든 팔면체 구멍을 채우고 있는 Na^+ 이온으로 설명할 수 있다. 면심 입방 단위 세포 안에 있는 팔면체 구멍들의 위치를 그림 10.36(a)에 보여주고 있다. 이 구조에서 가장 쉽게 발견할 수 있는 팔면체 구멍은 입방체의 중앙에 있는 구멍이다. 팔면체를 형성하기 위해 필요한 6개의 구들에 의해 이 구멍이 둘러싸여 있는 것에 주목하라. 다른 팔면체 구멍들은 다른 단위 세포들과 공유되어 있기 때문에 쉽게 눈에 들어오지 않는다. 그러나 ccp 구조에 있는 팔면체 구멍들의 개수는 조밀하게 쌓여 있는 음이온들의 개수와 *같다*(*same*)는 것을 볼 수 있다. 그림 10.36(b)는 Cl^- 이온들의 ccp 배열 안에 있는 모든 팔면체 구멍들에 Na^+ 이온들을 채우면 염화 소듐의 구조가 되는 것을 보여주고 있다.

실제로 존재하는 이온성 고체의 종류는 매우 많다. 이 절에서는 모든 종류의 이온성 고체를 전부 다루지는 않고, 이들의 구조를 결정하는 기본 원리만 강조하였다. 앞에서 본 바

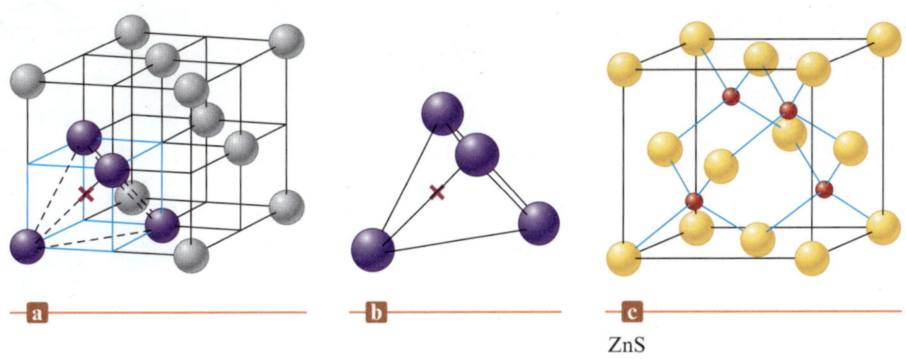

그림 10.35 (**a**) 면심 입방 단위 세포 안에 있는 사면체 구멍의 위치(붉은색 X표). (**b**) 사면체 구멍 중 하나의 구조. (**c**) ZnS의 단위 세포로서 S^{2-} 이온이(노란색) 최조밀 쌓임 구조를 형성하고, Zn^{2+} 이온(붉은색)은 사면체 구멍에 번갈아가며 들어간다.

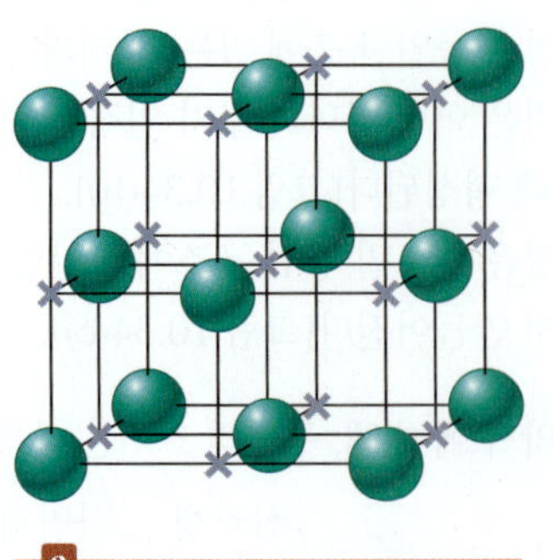

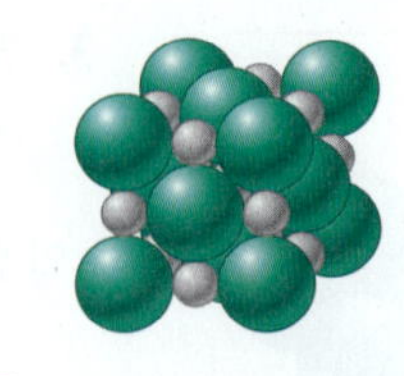

그림 10.36 (**a**) 면심 입방 단위 세포에서의 팔면체 구멍의 위치(회색 X표). (**b**) 고체 NaCl의 단위 세포. Cl^- 이온들이(초록색 구) ccp 배열을 하고, 모든 팔면체 구멍에 Na^+ 이온들이(회색 구) 들어간다. 이 그림은 NaCl의 이상적인 최조밀 쌓임 구조를 보여주고 있다는 점에 주목하라. 실제 구조에서 Cl^- 이온들은 서로 닿아있지는 않다.

와 같이 이러한 고체의 구조를 설명하는 가장 유용한 모형은 이온을 단단한 구로 가정하여, 반발력을 최소화하고 인력을 최대화하는 방식으로 이를 쌓는 것이다.

예제 10.3 단위 세포 안에 있는 이온들의 개수 구하기

염화 소듐의 단위 세포에 있는 Na^+와 Cl^- 이온의 수를 결정하라.

풀이 그림 10.36(b)에서 Cl^- 이온들이 입방 최조밀 쌓임 구조를 가지며, 면심 입방 단위 세포를 형성하고 있는 것에 주목하라. 입방체의 각 꼭짓점과 각 면의 중심에 Cl^- 이온이 있다. 따라서, 단위 세포에 있는 Cl^- 이온의 알짜 개수는 다음과 같다.

$$8\left(\tfrac{1}{8}\right) + 6\left(\tfrac{1}{2}\right) = 4$$

Na^+ 이온들은 입방체의 중심과 각 모서리의 중간에 있는 팔면체 구멍을 차지하고 있다. 입방체의 중심에 있는 Na^+ 이온은 단위 세포 내에 온전히 놓여 있지만, 모서리에 있는 이온들은 네 개의 단위 세포들에 의해 공유되어 있다(네 개의 입방체는 하나의 모서리를 공유한다). 입방체에 있는 모서리의 수는 12이므로 Na^+ 이온의 알짜 개수는 다음과 같다.

$$1(1) + 12\left(\tfrac{1}{4}\right) = 4$$

단위 세포 속에 있는 이온의 수는 4개의 Na^+ 이온과 4개의 Cl^- 이온이며, 이것은 염화 소듐의 1:1 화학량론과 일치한다.

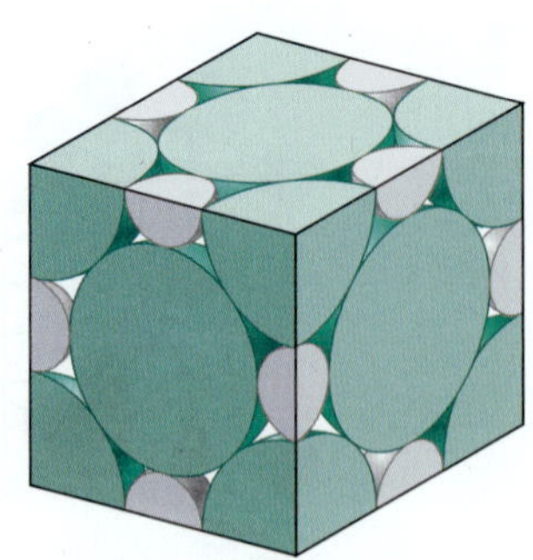

연습 문제 10.85~10.92 참조

이 장에서 여러 형태의 고체를 다루어 보았다. 이들 여러 형태의 고체와 이들과 관련된 성질을 표 10.8에 요약하였다.

표 10.8 고체의 형태와 성질

고체의 형태	원자성			분자성	이온성
	그물형	금속성	8A족(18)		
구조 단위	원자	원자	원자	분자	이온
결합의 형태	지향성 공유 결합	결정을 통해 비편재화되어 있는 전자들이 관여하는 비지향성 공유 결합	London 분산력	극성 분자들: 쌍극자-쌍극자 인력 비극성 분자들: London 분산력	이온성
전형적인 성질	단단함	넓은 범위의 경도		무름	굳음
	녹는점 높음	넓은 범위의 녹는점	녹는점이 매우 낮음	녹는점 낮음	녹는점 높음
	부도체	전도체		부도체	부도체
예	다이아몬드	은	아르곤(s)	얼음(고체 H_2O)	염화 소듐
		철		드라이아이스(고체 CO_2)	플루오린화 칼슘
		놋쇠			

대화형 예제 10.4 고체의 형태

표 10.8을 보고, 다음 각 물질을 고체의 형태에 따라 분류하라.

a. 금
b. 이산화 탄소
c. 플루오린화 리튬
d. 크립톤

풀이

a. 고체 금은 금속성 성질을 가진 원자성 고체이다.
b. 고체 이산화 탄소는 비극성의 이산화 탄소 분자들로 이루어진, 분자성 고체이다.
c. 고체 플루오린화 리튬은 Li^+와 F^- 이온으로 된, 이성분 이온성 고체이다.
d. 고체 크립톤은 London 분산력을 통해서만 상호작용할 수 있는 크립톤 원자로 되어 있다. 이는 원자성 고체이지만, 비극성 분자를 가진 분자성 고체의 특성을 지니고 있다.

연습 문제 10.97과 10.98 참조

10.9 증기압과 상태 변화

*증기*는 25°C와 1 atm에서 고체 또는 액체로서 존재하는 물질의 기체상에 대한 일반적인 용어이다.

100°C에서 물에 대한 $\Delta H_{증발}$은 40.7 kJ/mol이다.

물질의 세 가지 상태의 일반적인 성질에 관해 알아보았으므로, 이제는 물질의 상태가 바뀌는 과정에 대해 알아보도록 하자. 상태의 변화가 일어나는 가장 흔한 예로, 열린 용기로부터 액체가 증발하는 경우를 들 수 있다. 이는 액체 분자가 액체의 표면을 이탈하여 기체가 된다는 명확한 증거인데, 이를 **증발**(vaporization 또는 evaporation)이라 부른다. 액체 내에서의 비교적 강한 분자 간 힘을 극복하는 데 에너지가 필요하기 때문에 증발은 흡열 과정이다. 1 atm의 압력 하에서 액체 1 mol이 증발하는 데 필요한 에너지를 **증발열**(heat of vaporization) 또는 **증발 엔탈피**(enthalpy of vaporization)라 하며, 흔히 $\Delta H_{증발}$로 표시한다.

증발 과정에서 열이 흡수된다는 것은 실생활에서 매우 중요하다. 일상에서 물이 하는 가장 중요한 역할 중의 하나는 냉각제로서의 역할이다. 액체 상태의 분자들 사이에 작용하는 강한 수소 결합으로 인해 물은 비정상적으로 큰 증발열을 갖는다(40.7 kJ/mol). 지구에 도달하는 태양 에너지의 상당 부분은 지구를 덥히기보다는 강, 호수, 바다로부터 물을 증발시키는 데 소모된다. 물의 증발 현상은 땀의 증발을 통하여 인체의 온도를 조절하는 데 중요한 역할을 담당한다.

증기압

평형에 있는 계는 분자 수준에서 동적이지만, 거시적인 변화는 나타나지 않는다.

액체를 닫힌 용기 속에 넣을 경우, 액체의 양이 처음에는 감소하다가 결국에는 일정해진다. 감소하는 이유는 처음에는 분자들이 액체로부터 증기 상태로 이동하기 때문이다(그림 10.37). 주어진 온도에서 이와 같은 증발 과정은 일정한 속도로 일어난다(그림 10.38). 그러나 반대 과정은 다르다. 처음에 증기 상태의 분자 수가 늘어나면서 이 중에 액체로 되돌아오는 속도도 증가한다. 이와 같이, 증기 분자들이 다시 액체로 되는 과정을 **응축**(condensation)이라 한다. 결국에는 액체 위의 공간에 충분한 증기 분자들이 존재하게 되어 응축 속도가 증발 속도와 같아진다(그림 10.38 참조). *이때부터 서로 반대되는 두 개의 과정들이 서로 균형을 이루기 때문에 액체나 증기의 양에 더 이상 아무 변화도 일어나지 않게 되는*데, 이를 계가 **평형**(equilibrium) 상태에 있다고 한다. 분자 단위에서 보면 이 계는 매우 *동적*(*dynamic*)이라는 것에 주목하라. 분자들은 끊임없이 빠른 속도로 액체로부터 달아나고 또 되돌아온다. 그러나 두 개의 반대 과정이 서로 정확하게 *균형*(*balance*)을 이루어 *알짜* 변화는 없게 된다.

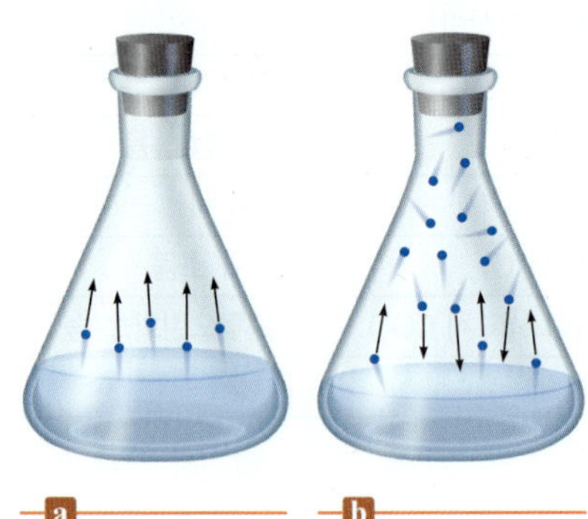

그림 10.37 닫힌 용기 안에서의 액체의 행동. (**a**) 처음에는 분자들이 액체에서 증기 상태로 변함에 따라 증발이 일어나면서 액체의 양이 줄어든다. (**b**) 기체 분자의 개수가 증가하면서 다시 액체로 돌아가는(응축) 속도도 증가하며, 결국에는 응축 속도와 증발 속도가 같아진다. 계는 평형에 도달하며 증기나 액체의 양에 어떤 변화도 일어나지 않는다.

평형 상태에 있는 증기의 압력을 액체의 **평형 증기압**(equilibrium vapor pressure) 또는 더 흔하게는 액체의 **증기압**(vapor pressure)이라 한다. 그림 10.39(a)에서처럼, 간단한 기압계로 액체의 증기압을 측정할 수 있다. 수은으로 꽉 채워진 관의 밑에서 액체를 주입하면, 수은이 매우 무겁기 때문에 액체는 위로 떠오른다. 관의 꼭대기에서 액체의 일부가 증발하여 그 증기의 압력으로 수은의 일부를 관 밖으로 밀어낸다. 계가 평형에 도달하면, 다음 식에 의해 수은 기둥의 높이 변화로부터 증기압을 구할 수 있다.

$$P_{기압} = P_{증기} + P_{수은\ 기둥}$$

따라서,

$$P_{증기} = P_{기압} - P_{수은\ 기둥}$$

비판적 사고 물 분자는 굽은형 모양이어서, 극성 분자라는 것을 알았다. 이러한 특징 때문에 물의 다양한 성질이 설명된다. 만약 물이 직선형이라면 어떨까? 표면 장력, 증발열, 증기압 같은 성질에 어떠한 영향이 나타날까? 삶은 어떻게 달라질까?

액체의 증기압은 큰 폭으로 변한다[그림 10.39(b)]. 높은 증기압을 나타내는 액체를 *휘발성*(*volatile*)이라 하는데, 열린 접시에 두면 빠르게 증발한다. 액체의 증기압은 주로 액

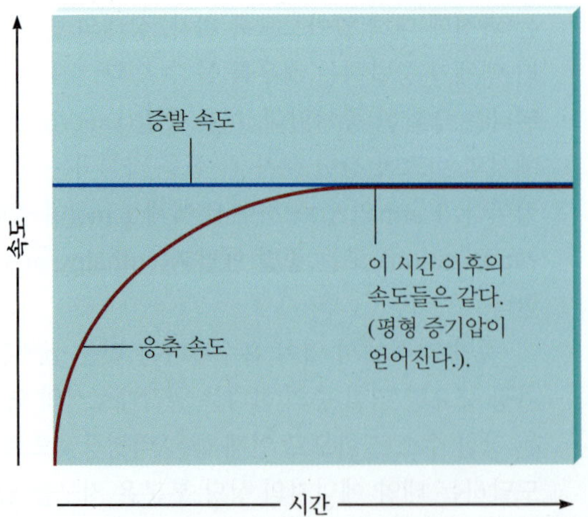

그림 10.38 닫힌 용기에 있는 액체에 대한 시간에 따른 응축 속도와 증발 속도의 변화. 증발 속도는 일정 값을 유지하며, 증기 상태에 있는 분자 개수가 증가함에 따라 두 속도가 같아질 때까지 응축 속도는 증가한다. 두 속도가 같아지는 점에서 평형 증기압에 도달한다.

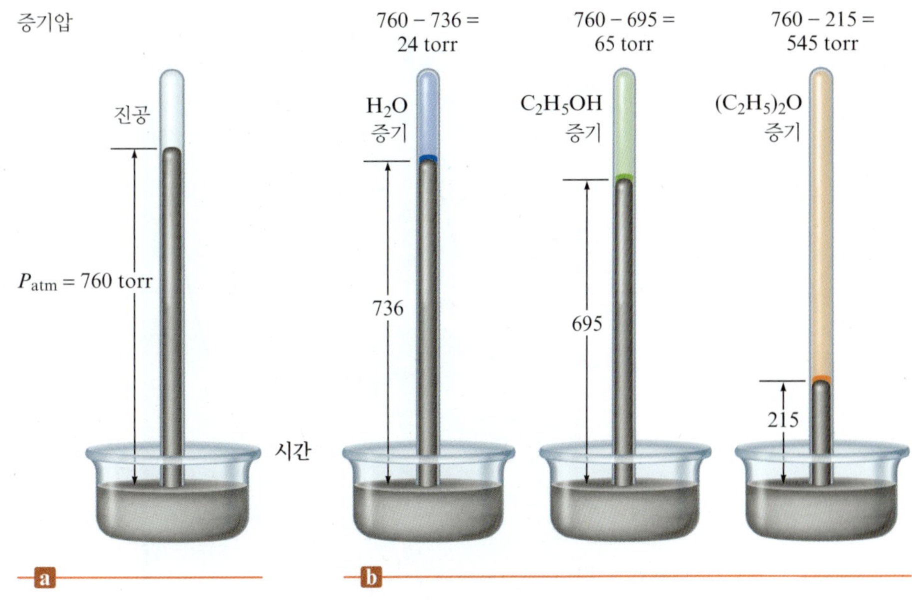

그림 10.39 (**a**) 여기에서 나타낸 형태의 기압계를 사용하면 액체의 증기압을 쉽게 측정할 수 있다. (**b**) 세 가지 다른 액체인 물, 에탄올(C_2H_5OH), 다이에틸 에테르 [$(C_2H_5)_2O$]는 매우 다른 증기압을 갖는다. 다이에틸은 이 셋 중 가장 휘발성이 큰 액체이다. 각 경우에 적은 양의 액체가(수은 위에 뜬 채로) 남아 있다는 것에 주목하라.

체에서의 *분자 간 인력*(*intermolecular forces*)의 크기에 의해 좌우된다. 분자 간 인력이 큰 액체들은 상대적으로 낮은 증기압을 갖는데, 이는 분자들이 증기 상태로 달아나려면 높은 에너지를 필요로 하기 때문이다. 예로서, 물 분자들 간에 작용하는 강한 수소 결합력 때문에 물은 다이에틸 에테르(diethyl ether)보다 훨씬 작은 분자량을 갖는데도 불구하고 그 증기압이 다이에틸 에테르보다 훨씬 낮다[그림 10.39(b)]. 일반적으로 분자 질량이 큰 물질은 상대적으로 낮은 증기압을 가지는데, 주로 이는 큰 분산력 때문이다. 물질이 전자를 많이 가질수록 편극도가 커져서 분산력도 커지게 된다.

어떤 액체에 대해 여러 온도에서 증기압을 측정해 보면 *증기압이 온도에 따라 크게 증가한다*는 것을 보게 된다. 그림 10.40은 두 다른 온도에서 어떤 액체 내의 분자들이 갖는 운동 에너지의 분포를 나타낸다. 액체에서의 분자 간 인력을 극복하기 위하여 분자는 충분한 운동 에너지를 가지고 있어야만 한다. 액체의 온도가 증가함에 따라 이러한 힘을 극복하고 증기상으로 달아나는 데 필요한 최소한의 에너지를 가진 분자들의 상대적 양이 급격하게 증가한다. 따라서 온도에 따라 액체의 증기압은 뚜렷하게 증가한다. 몇몇 온도에서의 물에 대한 증기압 수치를 표 10.9에 수록하였다.

증기압이 온도에 따라 어떻게 달라지는지에 대한 정량적인 면을 그래프로 나타낼 수 있

표 10.9 온도에 따른 물의 증기압

T (°C)	*P* (torr)
0.0	4.579
10.0	9.209
20.0	17.535
25.0	23.756
30.0	31.824
40.0	55.324
60.0	149.4
70.0	233.7
90.0	525.8

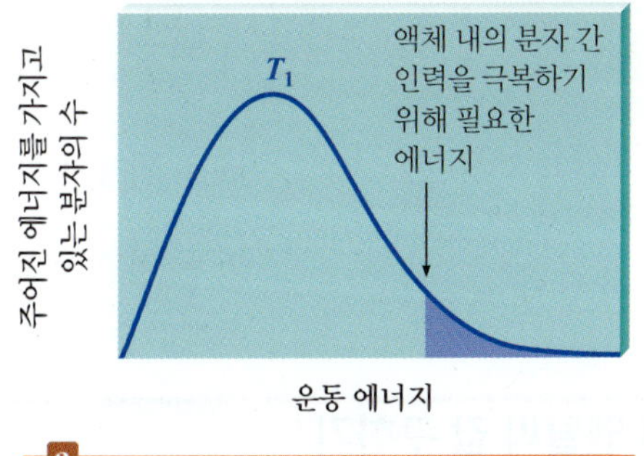

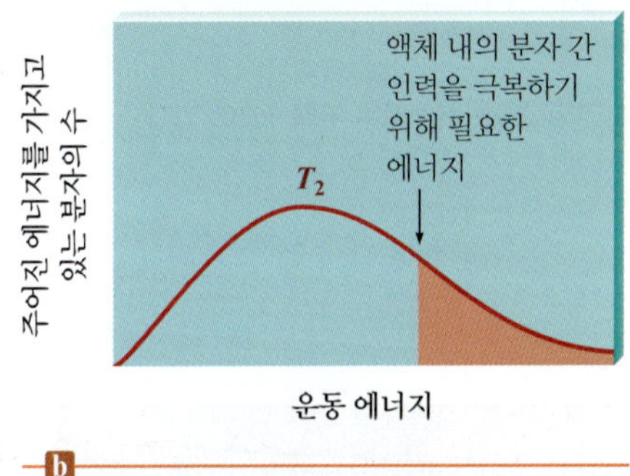

그림 10.40 어떤 액체에서 두 다른 온도 각각에 대해 특정 에너지를 갖는 분자의 개수를 운동 에너지에 대해 나타낸 그래프. (**a**)는 (**b**)보다 낮은 온도에 대한 것이다. 액체로부터 증기 상태로 달아나기에 충분한 에너지를 갖는 분자의 비율(음영 부분)이 온도에 따라 확연하게 증가하는 것에 주목하라. 이로 인해 온도에 따라 증기압이 눈에 띄게 증가한다.

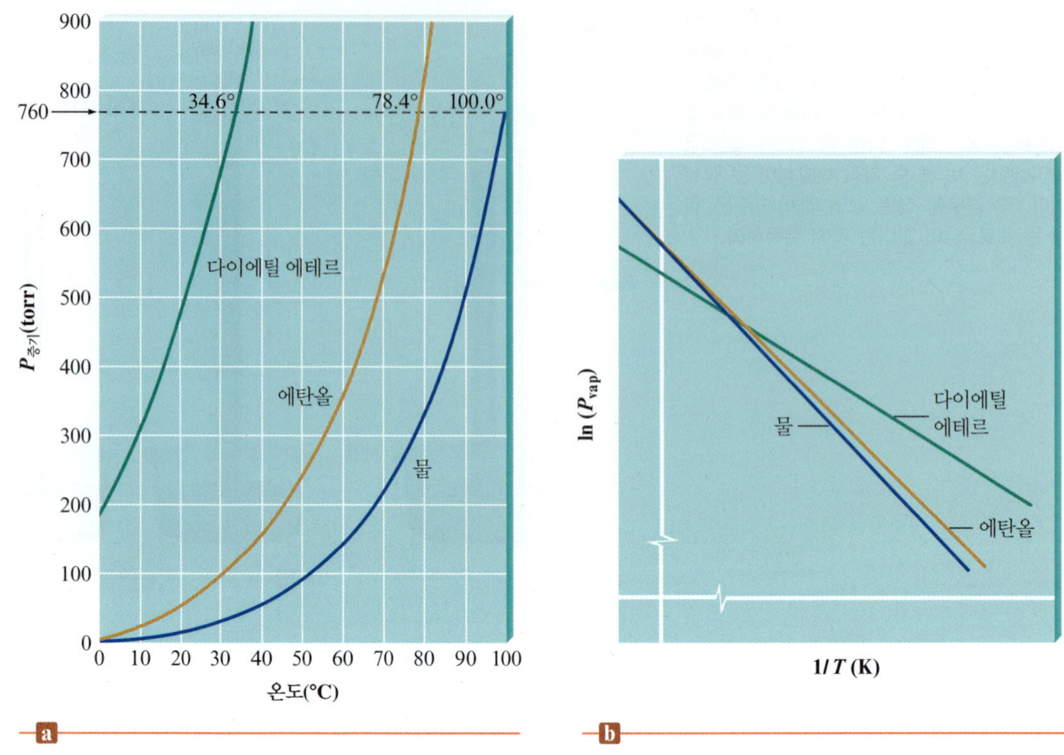

그림 10.41 (**a**) 물, 에탄올, 다이에틸 에테르에 대해 온도의 함수로 나타낸 증기압. (**b**) 물, 에탄올, 다이에틸 에테르에 대해 $1/T$에 대한 $\ln(P_{증기})$의 그래프.

다. 물, 에탄올, 그리고 다이에틸 에테르에 대해 온도에 대한 증기압 곡선을 그림 10.41(a)에 보여주고 있다. 모든 액체들에서 온도가 증가함에 따라 증기압이 비선형으로 증가하는 것에 주목하라. T를 Kelvin 온도라 할 때, $1/T$에 대한 $\ln(P_{증기})$의 그래프를 그리면 그림 10.41(b)에서 보는 것과 같이 직선을 얻게 된다. 이를 식으로 나타내면 다음과 같다.

$$\ln(P_{증기}) = -\frac{\Delta H_{증발}}{R}\left(\frac{1}{T}\right) + C \qquad \textbf{(10.4)}$$

여기에서 $\Delta H_{증발}$은 증발열, R은 기체 상수, C는 주어진 액체에 따른 상수이다. 기호 ln은 증기압의 자연 로그를 취했다는 것을 의미한다.

식 (10.4)는 $y = mx + b$ 형태의 직선의 방정식이며, 각 항은 다음과 같다.

자연 로그에 관한 것은 부록 1.2에 있다.

$$y = \ln(P_{증기})$$

$$x = \frac{1}{T}$$

$$m = 기울기 = -\frac{\Delta H_{증발}}{R}$$

$$b = 절편 = C$$

예제 10.5 증발 엔탈피 값 구하기

그림 10.41(b)의 도표를 보고 물과 다이에틸 에테르 중 어느 것이 더 큰 증발 엔탈피를 갖는지를 결정하라.

풀이 $1/T$에 대해 $\ln(P_{증기})$를 그래프로 그렸을 때, 직선의 기울기는 다음과 같다.

$$-\frac{\Delta H_{증발}}{R}$$

그림 10.41(b)에서 물과 다이에틸 에테르 대한 직선의 기울기는 예상된 것처럼 둘 다 음의 값이고, 다이에틸 에테르에 대한 직선의 기울기가 더 작다. 따라서 다이에틸 에테르가 더 작은 $\Delta H_{증발}$ 값을 가진다. 물은 수소 결합으로 인해 비교적 큰 증발열을 갖게 된다.

연습 문제 10.107 참조

식 (10.4)는 여러 가지 이유에서 중요하다. 예를 들어, 여러 온도에서 $P_{증기}$를 측정하여 $1/T$에 대한 $\ln(P_{증기})$의 그래프를 그린 후 그 기울기를 구하면 액체의 증발열을 구할 수 있다. 또한 어느 온도에서 $\Delta H_{증발}$과 $P_{증기}$의 값을 알면, 식 (10.4)를 사용하여 다른 온도에서의 $P_{증기}$를 계산할 수 있다. 이는 상수 C가 온도에 따라 달라지지 않는다는 가정하에서 이루어진다. 따라서, 두 온도 T_1, T_2에서 식 (10.4)를 C에 대해 풀면 다음과 같은 등식을 얻게 된다.

$$\ln(P_{증기,T_1}) + \frac{\Delta H_{증발}}{RT_1} = C = \ln(P_{증기,T_2}) + \frac{\Delta H_{증발}}{RT_2}$$

이것을 정리하면 다음과 같이 된다.

$$\ln(P_{증기,T_1}) - \ln(P_{증기,T_2}) = \frac{\Delta H_{증발}}{R}\left(\frac{1}{T_2} - \frac{1}{T_1}\right)$$

식 (10.5)를 *Clausius-Clapeyron 방정식*이라 부른다.

또는 $$\ln\left(\frac{P_{증기,T_1}}{P_{증기,T_2}}\right) = \frac{\Delta H_{증발}}{R}\left(\frac{1}{T_2} - \frac{1}{T_1}\right) \quad \textbf{(10.5)}$$

대화형 예제 10.6 증기압 계산하기

25°C에서 물의 증기압은 23.8 torr이며, 증발열은 43.9 kJ/mol이다. 50.°C에서 물의 증기압을 계산하라.

풀이 식 (10.5)를 사용하면

$$\ln\left(\frac{P_{증기,T_1}}{P_{증기,T_2}}\right) = \frac{\Delta H_{증발}}{R}\left(\frac{1}{T_2} - \frac{1}{T_1}\right)$$

물에 대해서

$$P_{증기,T_1} = 23.8 \text{ torr}$$
$$T_1 = 25 + 273 = 298 \text{ K}$$
$$T_2 = 50. + 273 = 323 \text{ K}$$
$$\Delta H_{증발} = 43.9 \text{ kJ/mol} = 43{,}900 \text{ J/mol}$$
$$R = 8.3145 \text{ J/K} \cdot \text{mol}$$

이 문제를 계산하는 데 있어 $\Delta H_{증발}$ 값이 약간은 온도에 좌우된다는 것을 무시하였다.

따라서,

$$\ln\left(\frac{23.8 \text{ torr}}{P_{증기,T_2} \text{ (torr)}}\right) = \frac{43{,}900 \text{ J/mol}}{8.3145 \text{ J/K} \cdot \text{mol}}\left(\frac{1}{323 \text{ K}} - \frac{1}{298 \text{ K}}\right)$$

$$\ln\left(\frac{23.8}{P_{증기,T_2}}\right) = -1.37$$

양쪽에 역로그를 취하면(부록 1.2 참조)

그림 10.42 아이오딘을 가열하여 승화시키면 얼음으로 차갑게 한 시험관 바닥에 $I_2(s)$ 결정이 형성된다.

NaCl과 NaF와 같은 이온성 고체들은 이온들 간의 인력이 커서 녹는점이 높고 용융 엔탈피가 크다. 정반대의 예로, 분자 간 인력이 약한 비극성 분자들로 된 분자성 고체인 $O_2(s)$를 들 수 있다(표 10.10 참조).

녹는점과 끓는점은 이 절의 뒤에서 보다 엄밀하게 정의할 것이다.

$$\frac{23.8}{P_{증기,T_2}} = 0.254$$

■ $P_{증기,T_2} = 93.7 \text{ torr}$

연습 문제 10.109~10.114 참조

액체와 마찬가지로 고체도 증기압을 갖는다. 그림 10.42는 냉각된 시험관 바닥에 고체 아이오딘을 형성하는 아이오딘 증기를 보여준다. 정상 상태 하에서 아이오딘은 액체 상태를 거치지 않고 고체에서 곧바로 기체로 **승화한다**(sublime). **승화**(sublimation)는 드라이아이스(고체 이산화 탄소)에서도 일어난다.

상태의 변화

고체가 뜨거워지면 어떻게 될까? 대개 고체는 녹아 액체가 될 것이다. 가열을 계속하면 특정 온도에서 액체는 끓어서 증기를 만든다. 이러한 과정은 일정한 에너지를 가하는 어떤 과정에 대한 시간에 대한 온도의 그래프인 **가열 곡선**(heating curve)으로 나타낼 수 있다.

그림 10.43에 물에 대한 가열 곡선을 나타내었다. 온도가 올라감에 따라 얼음 속으로 에너지가 가해지고, 물 분자들의 무질서한 진동이 증가한다. 마침내 분자들은 매우 활발해져서 그들이 있던 격자 위치를 벗어나게 되며, 고체에서 액체로의 변화가 일어나게 된다. 가열 곡선에서 0°C의 평탄한 부분이 이를 나타내고 있다. *녹는점*(*melting point*)이라고 부르는 이 온도에서, 가해진 에너지는 전부 수소 결합을 끊음으로써 얼음 구조를 와해하는 데 사용되며, 따라서 물 분자들의 퍼텐셜 에너지가 증가하게 된다. 어떤 고체가 녹을 때 녹는점에서 일어나는 엔탈피 변화를 **용융열**(heat of fusion), 또는 보다 정확하게는 **용융 엔탈피**(enthalpy of fusion, $\Delta H_{용융}$)라고 한다. 몇 가지 대표적인 고체들에 대한 녹는점과 용융 엔탈피를 표 10.10에 열거하였다.

고체가 액체로 완전히 변할 때까지 온도는 일정하게 유지되다가 다시 증가하기 시작한다. 액체 상태의 물은 100°C에서 *끓는점*(*boiling point*)에 도달하게 되고, 가해진 에너지가 액체를 증발시키는 데 사용됨에 따라 온도는 일정하게 유지된다. 액체가 모두 증기로 변하고 나면 온도는 다시 올라가기 시작한다. 상변화는 물리적인 변화로서, 비록 분자 간 힘은 극복했지만, 어떤 화학 결합도 끊어지지 않았다는 것에 주목하라. 만약 수증기를 훨씬 높은 온도로 가열했다면 물 분자는 개개의 원자들로 분해되었을 것이다. 공유 결합을

표 10.10 몇 가지 대표적인 고체들에 대한 녹는점과 용융 엔탈피

화합물	녹는점(°C)	용융 엔탈피 (kJ/mol)
O_2	−218	0.45
HCl	−114	1.99
HI	−51	2.87
CCl_4	−23	2.51
$CHCl_3$	−64	9.20
H_2O	0	6.02
NaF	992	29.3
NaCl	801	30.2

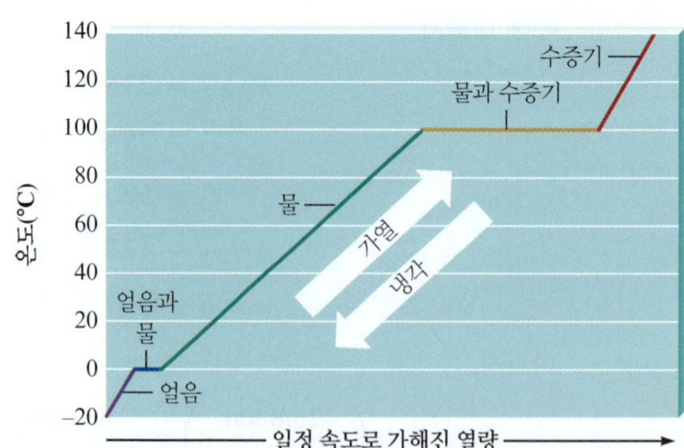

그림 10.43 에너지를 일정하게 공급하는 조건에서 정해진 양의 물에 대한 가열 곡선. 얼음을 녹이는 것에 비해 물을 증발시키는 데 거의 일곱 배의 에너지가 소모되기 때문에(따라서 일곱 배의 가열 시간) 녹는점에서의 직선 부분에 비해 끓는점에서의 직선 부분이 길다. 각 기울어진 부분의 기울기가 모두 다른 이유는 다른 상태에 있는 물이 각기 다른(어떤 물질 1몰의 온도를 1°C 올리는 데 필요로 하는 에너지인) 몰열용량을 가지고 있기 때문이다.

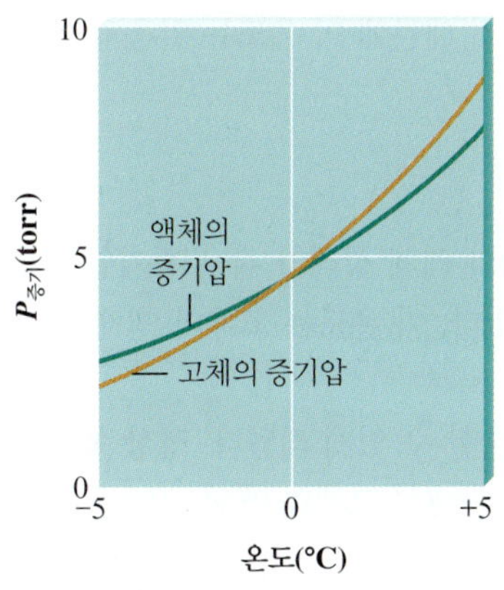

그림 10.44 온도의 함수로 나타낸 얼음과 물에 대한 증기압. 0°C 이하에서의 액체 물에 대한 결과는 과냉각된 물에서 얻었다. 0°C 이상에서의 얼음에 대한 결과는 0°C 이하에서의 증기압 곡선을 외삽하여 추정하였다.

끓는 것이므로 이는 화학적 변화가 될 것이다. 이러한 변화가 일어난 후에는 더 이상 물을 물이라고 할 수 없을 것이다.

어떤 물질의 녹는점과 끓는점은 고체 상태와 액체 상태의 증기압에 의해 결정된다. 그림 10.44는 0°C 근처에서 온도의 함수로 나타낸 고체와 액체의 증기압을 보여주고 있다. 0°C보다 낮은 온도에서 얼음의 증기압이 액체 물의 증기압보다 작다는 것에 주목하라. 또한, 얼음의 증기압이 액체에 비해 온도에 더 크게 좌우된다는 것에 주목하라. 다시 말해, 온도 증가에 따라 얼음의 증기압이 물의 증기압보다 더 빠르게 증가한다. 따라서, 고체의 온도를 올리면 마침내는 *액체와 고체가 동일한 값의 증기압을 갖는* 점에 도달하게 된다. 이것이 녹는점이다.

한쪽에는 얼음을 다른 쪽에는 액체 물을 채운 그림 10.45에서와 같은 장치를 사용하면 이와 같은 개념을 실험적으로 보여줄 수 있다. 다음의 여러 경우를 생각해 보자.

경우 1

고체의 증기압이 액체의 증기압보다 큰 온도. 이 온도에서 증기와 평형을 이루기 위해 고체는 액체보다 더 높은 증기압을 필요로 한다. 따라서, 평형을 이루기 위해 고체로부터는 증기가 방출되는 반면, 증기압을 평형 값으로 낮추기 위해 액체는 증기를 흡수할 것이다. 결과적으로 고체는 증기 상태를 거쳐 액체로 바뀌게 된다. 실제 이러한 조건 하에서는 어떠한 고체도 존재할 수 없다. 고체의 양은 지속적으로 감소하며 액체의 부피는 증가할 것이다. 결국에는 오른쪽 용기의 액체만 남게 되어 수증기와 평형에 이르게 되고 계에는 더 이상의 아무 변화도 일어나지 않게 된다. 오직 액체 상태만이 존재하므로 이 온도는 얼음의 녹는점 이상이어야 한다.

경우 2

고체의 증기압이 액체의 증기압보다 낮은 온도. 이것은 경우 1과는 반대의 상황이다. 이 경우, 기체와 평형을 이루기 위해 액체는 고체보다 더 높은 증기압을 필요로 한다. 따라서, 액체는 점차 사라지고, 얼음의 양은 증가할 것이다. 결국에는 고체만 남아서 증기와 평형을

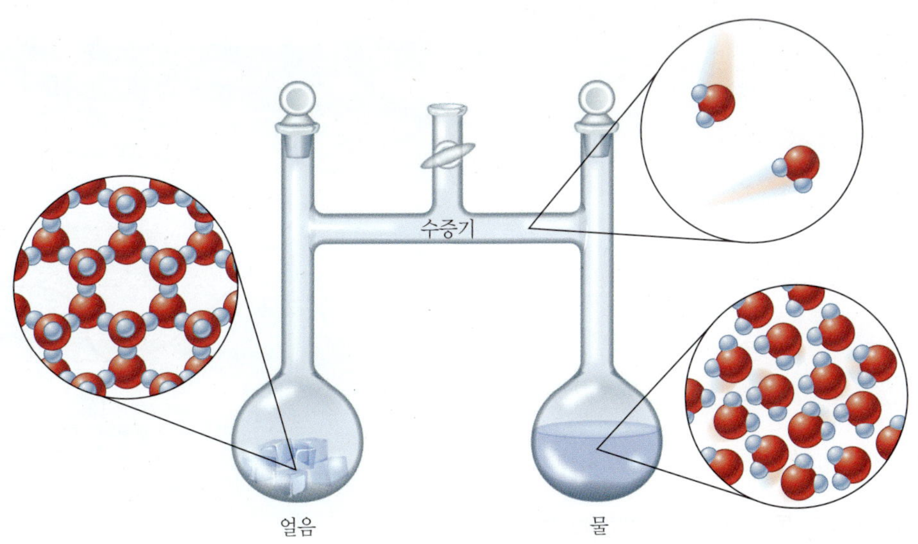

그림 10.45 얼음과 물이 증기 상태를 통해서만 서로 상호작용하도록 하는 장치.

이루게 될 것이다. 오직 고체 상태만이 존재할 수 있기 때문에 이 온도는 얼음의 녹는점 *이하*여야 한다.

경우 3

고체와 액체의 증기압이 동일한 온도. 이 경우 고체와 액체 상태가 같은 증기압을 가지므로, 용기 속에서 이들 두 상태는 증기와 공존할 수 있다. 이 온도는 고체와 액체 상태가 공존하는 *어는점(freezing point)*에 해당한다.

이제 우리는 물질의 녹는점을 더욱 정확하게 기술할 수 있게 되었다. **정상 녹는점**(normal melting point)이란 *전체 압력이 1 atm인 조건 하에서 고체와 액체 상태가 동일한 증기압을 갖는 온도*로 정의된다.

그림 10.46 피스톤에 1 atm의 압력이 가해진 닫힌 계 속에 있는 물. 증기압이 1 atm 보다 낮은 경우 액체의 내부에서 기포도 형성될 수 없다.

증기압이 주위의 압력과 같아졌을 때, 액체는 *끓는다*. 액체의 **정상 끓는점**(normal boiling point)이란 *액체의 증기압이 정확히 1 atm이 되는 온도*이다. 그림 10.46에 이 개념을 설명하고 있다. 액체의 증기압이 1 atm보다 낮은 온도에서는, 기포가 형성되려고 하는 액체 속의 어느 곳에서의 압력보다 액체 표면에서의 압력이 크기 때문에 증기의 기포가 형성될 수 없다. 액체 속에서의 증기압이 1 atm이 되는 온도에 도달하였을 때 거품이 형성될 수 있게 되면서 끓는 현상이 일어난다.

그러나 상태의 변화가 항상 정확하게 끓는점이나 녹는점에서 일어나는 것은 아니다. 그 예로, 물은 쉽게 **과냉각**(supercooled)될 수 있어서, 1 atm의 압력에서도 액체 상태인 채로 0°C 아래로 냉각될 수 있다. 과냉각이 일어나는 이유는 물이 0°C에서 얼음을 형성할 정도의 질서정연한 배열을 하지 못한 채 계속 액체 상태로 남아 있기 때문이다. 어느 순간에 제대로 된 배열이 이루어지면서 급작스럽게 얼음이 형성되고, 이 발열 과정에서 에너지가 방출되어 온도는 다시 녹는점으로 올라가며, 이어 남은 물이 모두 얼게 된다(그림 10.47).

액체는 또한 **과열**(superheated)될 수도 있어서, 특히 급하게 가열하였을 경우 끓는점 이상의 온도로 올라가게 된다. 액체 내부에서 기포가 형성되려면 높은 에너지를 가진 많은 분자들이 한데 모여야 하는데, 특히 액체를 급하게 가열했을 경우 끓는점에서 이런 일이 일어나지 않게 되어 과열될 수 있다. 액체가 과열되면 액체 내의 증기압은 대기압보다 커진다. 내부의 압력이 대기압보다 더 크기 때문에 일단 기포가 형성되면 표면으로 떠오르기도 전에 터지면서 주변의 액체를 용기 밖으로 튀게도 할 수 있다. 이를 *튐(bumping)*이라 하며, 많은 실험을 망치는 원인이 되어 왔다. 액체가 담긴 플라스크에 끓임쪽을 넣으면 이를 방지할 수 있다. 끓임쪽은 다공성의 세라믹 조각으로서 가열이 되면 갇혀있던 공기

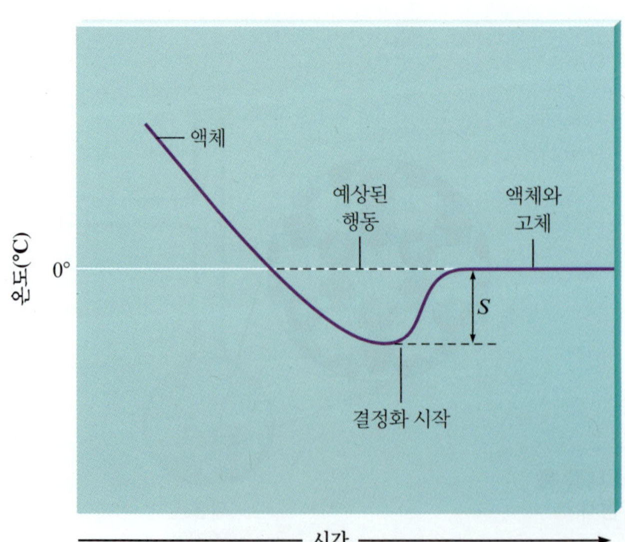

그림 10.47 물의 과냉각. 과냉각되는 정도를 *S*로 나타내었다.

가 달아나면서 작은 거품들을 형성하고, 이들이 증기 거품들이 형성되도록 하는 "개시제(starter)"의 역할을 한다. 이는 끓는점에 도달했을 때 이상 없이 서서히 끓도록 해준다.

10.10 상평형 그림

상평형 그림(phase diagram)은 물질의 상태를 온도와 압력의 함수로 나타내는 편리한 방법이다. 예를 들어, 물에 대한 상평형 그림(그림 10.48)은 주어진 온도와 압력에서 어떠한 상태가 존재하는지를 나타내고 있다. 상평형 그림이 어떤 물질도 주위로 빠져나갈 수 없고 공기도 존재하지 않는 그림 10.46에서와 같은 *닫힌 계*(*closed* system)에서의 조건과 현상을 나타내고 있다는 것을 명심하라. 또한 도표가 실제 척도로 그려지지 않은 점에 주의하라(어떤 축도 선형적이 아니다). 이는 아래에서 다루게 될 도표의 특징을 강조하기 위한 것이다.

그림 10.49에 있는 점선들을 따라 여러 다른 압력에서 열을 가하는 실험을 통해 물에 대한 상평형 그림을 어떻게 해석하는지 살펴보도록 하자.

실험 1

압력이 1 atm이다. 이 실험은 그림 10.46에서와 같은 실린더 속에 −20°C의 온도에서 얼음으로 완전히 채우고 피스톤이 얼음에 직접 1 atm(공기 공간 없음)의 압력을 가하는 것으로 시작한다. 0°C 이하의 온도에서, 얼음의 증기압은 피스톤에 대한 일정한 외부 압력인

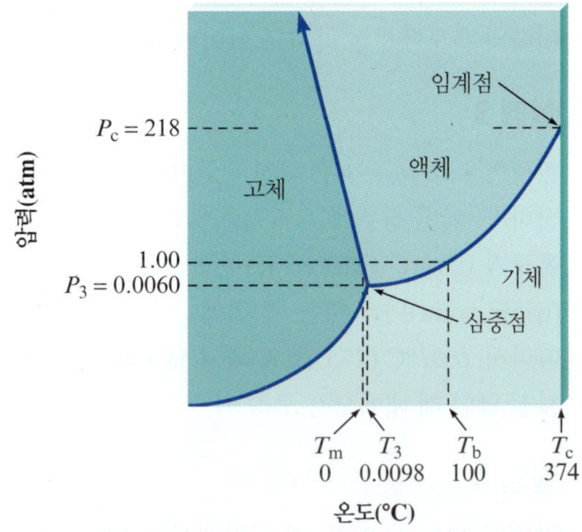

그림 10.48 물의 상평형 그림. T_m은 정상 녹는점, T_3와 P_3는 삼중점, T_b는 정상 끓는점, T_c는 임계 온도, P_c는 임계 압력을 나타낸다. 고체/액체 선이 음의 기울기를 갖는 것은 얼음의 밀도가 액체 물보다 작다는 사실을 반영하고 있다(화살표로 나타내었듯이 이 직선이 계속된다는 점에 주목하라).

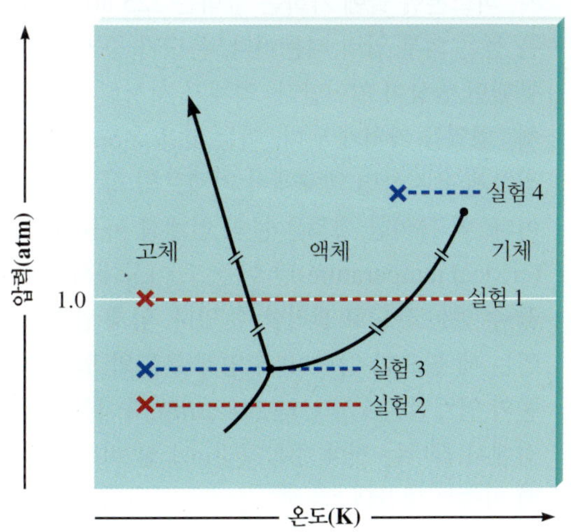

그림 10.49 닫힌 계 속에 있는 물 시료에 대한 여러 가열 실험에 대한 도표.

1 atm보다 낮다. 따라서 실린더에 어떠한 증기도 존재하지 않는다. 실린더가 가열되면 온도가 0°C에 이를 때까지 얼음이 유일한 성분이며, 여기에서 얼음은 에너지가 추가됨에 따라 액체 물로 바뀌게 된다. 이것이 물의 정상 녹는점이다. 이 조건에서 계에는 증기가 존재하지 않는다는 것에 주목하라. 고체와 액체의 증기압은 서로 같지만 1 atm보다 작기 때문에 어떤 수증기도 존재할 수 없다. 삼중점을 제외하고(실험 3 참조) 고체/액체 곡선의 모든 곳에서 이 조건이 만족된다. 고체가 액체로 완전히 변하고 나면 온도는 다시 상승한다. 이 때, 실린더에는 오직 액체 상태의 물만 존재한다. 이 조건에서 액체 물의 증기압이 피스톤의 일정한 외부 압력인 1 atm보다 작기 때문에 *증기는 존재하지 않는다*. 가열은 액체 물의 온도가 100°C에 도달할 때까지 계속된다. 이 온도에서 액체 물의 증기압은 1 atm이 되고, 액체가 기체로 변하면서 끓기 시작한다. 이것이 물의 정상 끓는점이다. 액체가 완전히 증기로 변한 뒤, 계속 가열하는 데 따라 온도는 다시 올라간다. 이제 실린더 안에는 오직 수증기만 있다.

실험 2

압력이 2.0 torr이다. 다시 −20°C에서 오직 하나의 성분인 얼음을 채운 실린더로부터 시작하자. 이 경우 피스톤으로 가하는 압력은 겨우 2.0 torr이다. 가열이 진행되어 온도가 −10°C에 이르면 *승화(sublimation)*라는 과정을 거쳐 얼음은 곧바로 증기로 변한다. 승화는 얼음의 증기압이 외부 압력과 같을 때 일어나는데, 이 경우 겨우 2.0 torr에 불과하다. 액체 물의 증기압은 항상 2.0 torr보다는 크기 때문에 이 조건에서 어떠한 액체 물도 나타나지 않으며, 이 압력에서는 액체 물이 존재할 수 없다. 만일 이렇게 낮은 압력 하에 있는 실린더 속에 액체 물을 놓았다면, 물은 −10°C 이상의 온도에서는 곧바로 증발하고, −10°C 이하의 온도에서는 곧바로 얼어버릴 것이다.

실험 3

압력이 4.58 torr이다. 다시 −20°C에서 오직 하나의 성분인 얼음을 채운 실린더로부터 시작하자. 이번 경우에는 피스톤에 의해 가해지는 압력은 4.58 torr이다. 실린더를 가열하면 온도가 0.01°C (273.16 K)에 도달할 때까지 어떤 새로운 상도 나타나지 않는다. **삼중점**(triple point)이라 하는 이 점에 고체와 액체 물은 4.58 torr라는 동일한 증기압을 갖는다. 따라서, *0.01°C (273.16 K)와 4.58 torr의 조건에서 물의 세 가지 상태들이 모두 존재한다*. 사실 닫힌 계 내에서는 *오직* 이 조건하에서만 물의 모든 세 상태들이 함께 공존할 수 있다.

실험 4

압력이 225 atm이다. 이 실험에서는 300°C의 실린더 속에 채워져 있는 액체 물로 시작하자. 피스톤이 물에 가하는 압력은 225 atm이다. 이 온도에서 액체 물이 존재할 수 있는 것은 높은 외부 압력 때문이다. 온도가 증가함에 따라 앞에서의 세 가지 실험들에서는 보지 못했던 현상이 일어난다. 액체가 서서히 기체로 바뀌지만, 액체도 증기도 아닌 중간의 "유체" 영역을 거치게 된다. 이는 낮은 온도와 압력, 예를 들어 100°C와 1 atm에서 온도를 일정하게 유지하면 액체에서 기체로의 상변화가 분명하게 일어났던 것과는 매우 다른 행동이다. 이 특이한 행동은 물의 임계점 이상의 조건이기 때문에 일어나는 것이다. **임계 온도**(critical temperature)란 이 온도 이상에서는 아무리 높은 압력을 가해도 증기를 액체로 바꿀 수 없는 온도로 정의할 수 있다. **임계 압력**(critical pressure)이란 임계 온도*에서* 액체를 얻는 데 필요한 압력이다. 임계 온도와 임계 압력으로 **임계점**(critical point)을 정의한다. 물의 임계점은 374°C와 218 atm이다. 물에 대한 상평형 그림에서, 액체/증기 곡선이 임계점에서 끝나는 것에 주목하라. 이 점 이상에서는 한 상태에서 다른 상태로의 전환은 위에서 기술한 중간의 "유체" 영역을 거치게 된다.

물에 대한 상평형 그림의 응용

물에 대한 상평형 그림에는 흥미로운 특징이 몇 가지 더 있다. 고체/액체 경계 곡선이 음의 기울기를 갖는 것에 주목하라. 이는 외부 압력이 *증가함에* 따라 얼음의 녹는점이 *내려간다*는 것을 의미한다. 이러한 행동은 대부분의 물질에서 관찰되는 것과는 반대되는 것으로, 녹는점에서 얼음의 밀도가 액체 물의 밀도보다 *작기* 때문에 일어나는 것이다. 물의 밀도는 4°C에서 최대가 되기 때문에 액체 물이 얼 때 부피는 증가하게 된다.

물의 녹는점에 대한 압력의 영향을 다음과 같이 설명할 수 있다. 녹는점에서 액체와 고체는 공존하는데, 이 둘은 얼음이 녹는 속도와 물이 어는 속도가 똑같이 균형을 이루고 있는 동적인 평형 상태에 있다. 이러한 계에 압력을 가하면 어떤 일이 일어날까? 물질에 압력을 가하면 부피가 감소한다. 이러한 행동은 여러 기체들에서 가장 극적으로 나타나지만 응축 상태에서 또한 일어난다. 어떤 주어진 질량의 얼음은 0°C에서 같은 질량의 액체 물보다 큰 부피를 가지므로, 액체로 전환되면 계는 증가된 압력에 대응하여 그 부피를 줄일 수 있다. 따라서, 0°C에서 외부 압력이 1 atm보다 크면 물은 액체 상태이다. 다시 말해, 압력이 1 atm보다 클 때 물의 어는점은 0°C보다 낮아진다.

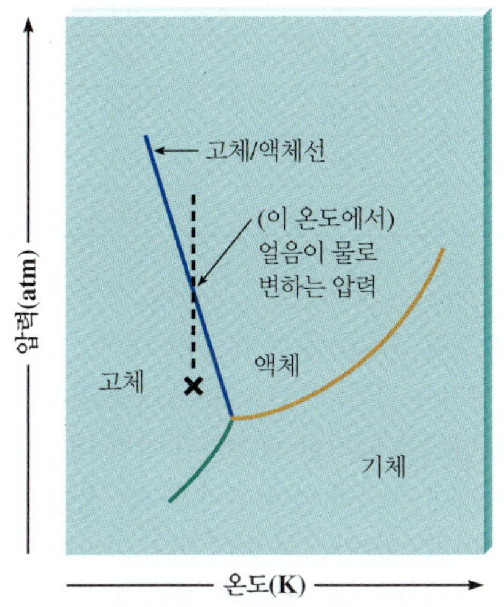

그림 10.50 물의 상평형 그림. 상평형 그림의 한 점 *X*에서 물은 고체 상태이다. 그러나 온도가 일정하게 유지된 상태에서 외부 압력이 증가함에 따라(수직의 점선으로 나타낸 것처럼) 고체/액체 선을 넘게 되어 얼음이 녹는다.

그림 10.50에서 얼음에 대한 압력의 영향을 보여주고 있다. 상평형 그림의 점 *X*에서 시작하여 일정한 온도 하에서 얼음에 대해 압력을 가해보자. 압력이 증가함에 따라 고체/액체 곡선을 지나가게 되는데, 이는 얼음이 녹는다는 것을 나타낸다. 얼음 위에서 스케이트를 타는 데 있어 이러한 현상은 중요할 수도 있다. 스케이트를 타는 사람의 몸무게가 날의 좁은 면적으로 지탱되기 때문에, 스케이트의 좁은 날은 큰 압력을 가한다. 또한 움직이는 스케이트에 의한 마찰열도 얼음이 녹는 데 기여한다. 날이 지나간 후 정상적인 압력과 온도로 되돌아옴에 따라 액체는 다시 언다. 이와 같이 얼음이 녹는 데 따른 윤활 효과가 없다면 아이스 스케이팅은 부드럽고 우아한 운동이 될 수는 없었을 것이다.

얼음이 더 낮은 밀도를 갖는다는 것은 또 다른 결과를 가져온다. 파이프나 엔진 블록 속의 물이 얼면 팽창하면서 이것들을 부수게 될 것이다. 추운 지방에서 수도관을 보온하고, 수냉식 엔진에 부동액을 사용하는 이유가 여기에 있다. 또한 얼음의 밀도가 낮다는 것은 강과 호수에 얼음이 얼면 위로 뜨게 된다는 것을 의미하는데, 이는 하나의 보온 층을 형성하여 겨울에 물 전체가 꽁꽁 얼어붙지 않도록 한다. 따라서, 꽁꽁 얼어붙는 기간 동안에도 수중 생명체들이 계속 생명을 유지할 수 있게 된다.

Colorado의 Leadville에서는 물이 89°C에서 끓는다.

액체의 증기압이 외부 압력과 같아지는 온도에서 액체는 끓는다. 따라서, 녹는점과 마찬가지로 물질의 끓는점은 외부 압력에 의해 좌우된다. 고도에 따라 물이 다른 온도에서 끓는 이유가 여기에 있으며(표 10.11), 끓는 물로 하는 요리는 이러한 변화의 영향을 받게 된다. 예를 들어, (해수면에 있는) California주의 San Diego에 비해 (해발 10,150피트에 있는) Colorado주의 Leadville에서 계란을 삶는 데 더 오랜 시간이 걸리는데, 이는 Leadville에서는 더 낮은 온도에서 물이 끓기 때문이다.

비판적 사고 물이 담겨있는 컵에 얼음이 떠 있는 것을 보면 얼음의 밀도가 물보다 작다는 것을 알 수 있다. 만약 얼음의 밀도가 물보다 무겁다면 어떻게 될까? 물의 상평형 도표는 어떤 영향이 있을까?

앞서 언급했듯이 물에 대한 상평형 그림은 닫힌 계를 다루고 있다. 따라서, 지구 표면과 같은 자연 환경에 있는 물의 행동을 설명하는 데 상평형 그림을 사용하려면 매우 신중해야 한다. 예를 들어, 낮은 습도의 건조한 기후에서는 눈과 얼음이 마치 승화를 하듯이 거의 젖은 눈을 만들지 않고 없어진다. 집밖의 빨랫줄에 널린 젖은 옷들은 0°C 이하의 온도에서

표 10.11 여러 다른 장소에서의 물의 끓는점

지역	해발 높이	$P_{대기}$(torr)	끓는점(°C)
티벳의 에베레스트산 정상	29,028	240	70
알래스카주의 맥킨리산 정상	20,320	340	79
캘리포니아주의 휘트니산 정상	14,494	430	85
콜로라도주의 Leadville	10,150	510	89
뉴 햄프셔주의 워싱턴산 정상	6293	590	93
콜로라도주의 Boulder	5430	610	94
위스콘신주의 Madison	900	730	99
뉴욕주의 뉴욕시	10	760	100
캘리포니아주의 Death Valley	−282	770	100.3

얼었다가 언 채로 말라버린다. 그러나 상평형 그림(그림 10.46)을 보면 정상 대기압에서 얼음은 승화해서는 *안 된다*. 어떻게 이런 경우들이 생기는 것일까? 그 이유는 자연 환경에 있는 얼음은 닫힌 계에 있는 것이 아니기 때문이다. 압력은 딱딱한 피스톤이 아닌 대기에 의해 가해진다. 이는 얼음에서 발생한 증기가 형성되자마자 멀리 달아나 버린다는 것을 의미한다. 증기는 고체와 평형을 이루지 못하며, 그 결과 얼음은 서서히 없어진다. 이러한 조건에서는, 비록 상평형 그림에서 보여주는 평형 조건에서 일어나는 승화는 아니지만, 상평형 그림에 의하면 허용되지 않을 것 같은 승화가 실제로는 일어난다.

이산화 탄소에 대한 상평형 그림

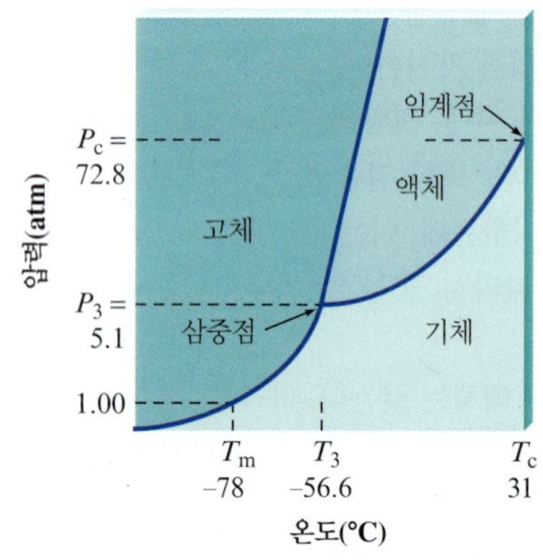

그림 10.51 이산화 탄소의 상평형 그림. 1 atm의 압력에서 액체 상태가 존재하지 않는다. 액체 상태의 이산화 탄소에 비해 고체 상태의 이산화 탄소가 더 큰 밀도를 가지고 있기 때문에 고체/액체 선은 양의 기울기를 가지고 있다.

이산화 탄소는 물과는 다른 상평형 그림(그림 10.51)을 갖는다. 액체 이산화 탄소에 비해 고체 이산화 탄소의 밀도가 크기 때문에 고체/액체 선은 양의 기울기를 갖는다. 이산화 탄소의 삼중점은 5.1 atm과 −56.6°C에서, 임계점은 72.8 atm과 31°C에서 나타난다. 압력이 1 atm일 때 고체 이산화 탄소는 −78°C에서 승화하며, 이 성질 때문에 *드라이아이스*(*dry ice*)라는 통칭명을 얻게 되었다. 정상 기압 조건에서는 액체 상태가 나타나지 않기 때문에 드라이아이스는 냉각제로 쓰는 데 편리하다.

이산화 탄소는 흔히 소화기에 쓰이는데, 높은 압력과 25°C에서 액체로 존재하게 된다. 소화기로부터 1 atm 하의 주위 환경으로 뿜어져 나온 액체 상태의 이산화 탄소는 그 즉시 증기로 변한다. 공기보다 무겁기 때문에 이 증기는 불꽃으로부터 산소를 차단하여 불을 끈다. 액체/증기 간의 상전환은 큰 흡열 과정이며, 이로 인한 냉각 효과는 불을 끄는 데 도움이 된다.

실제 기체와 이상 기체의 차이

제5장에서 우리는 많은 기체가 낮은 압력 또는 높은 온도에서 이상 기체에 매우 가깝지만 실제 기체가 이상 기체 법칙을 정확히 따르지는 않는다고 논의했다. Van der Waals 식은 분자 운동론에서 만들어진 가정을 수정하기 위해 개발되었다.

하나의 가정은 기체 입자가 서로에게 힘을 미치지 않는다는 것이다. 우리는 모든 기체 입자가 분자 간 힘이라는 인력을 나타내며, 이 힘의 세기는 입자의 성질에 따라 다양하다는 것을 알고 있다.

예를 들어 He(g)와 H_2O(g)를 생각해 보자. 헬륨 원자는 상대적으로 약한 London 분산력을 나타내지만 물 분자는 훨씬 강한 수소 결합을 나타낸다. 따라서 헬륨 기체가 수증기보다 훨씬 이상적으로 작용할 것으로 예측할 수 있다. 이것은 Van der Waals 상수에 의해 뒷받침된다. 기체의 입자 간 인력을 설명하기 위해 Van der Waals는 관측된 압력에 대한

▲
불을 끄는 데 사용되는 이산화 탄소 소화기.

보정 인자를 다음과 같이 추가하였다.

$$P_{이상} = P_{관찰} + a\left(\frac{n}{V}\right)^2$$

기체 입자들은 서로 끌어당겨 입자와 용기 벽면과의 충돌은 이상적일 때보다 감소하므로, 이를 보완하기 위한 보정 계수를 추가해야 한다. 보정 계수의 상수 a는 Van der Waals에 의해 실험적으로 결정되었지만, 이 상수의 값은 일반적으로 기체 입자에 의해 나타나는 분자 간 힘의 세기의 지표가 된다. 예를 들어 헬륨에 대한 상수 a의 값은 0.034이며, 물의 값은 5.46이다. 따라서, 수소 결합을 나타내는 물에 대한 보정 계수는 훨씬 약한 London 분산력을 나타내는 헬륨보다 훨씬 더 크다.

입자가 서로 끌어당기므로 우리는 충분히 낮은 온도(또는 고압)에서 기체가 응축될 것이라고 추측할 수 있다. 이 거동은 여러 다른 온도에서 실제 기체에 대한 압력 대 부피의 그래프를 그려보면 증명된다.

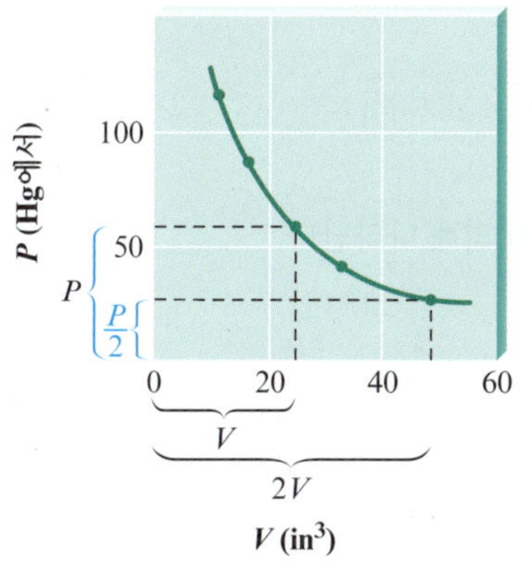

▲
이상 기체에 대한 P 대 V의 그래프.

이상적으로 행동하는 기체에 대한 P 대 V의 그래프는 그림 5.5(5장 및 좌측 그래프 참조)와 같이 쌍곡선이다. 이 그래프의 모양은 다른 온도에서도 같을 것이다. 그러나 실제 기체는 그렇지 않다.

물질의 임계 온도(T_c)는 어떤 압력이 가해지더라도 증기가 액화될 수 없는 최소 온도임을 기억하라. 임계 온도보다 높거나 낮은 온도에서 실제 기체의 P 대 V 그래프가 어떻게 변하는지 살펴보자(그림 10.52).

임계 온도보다 높은 온도에서는, 온도가 낮아짐에 따라 그래프의 모양은 변하지만 이상 기체에서와 비슷하다. 임계 온도에서 *임계점*(*critical point*, P_c와 V_c가 교차하는 지점)이라고 하는 변곡점이 있다. 임계 온도 이하에서는 부피가 감소함에 따라 압력이 감소하는 영역이 있음을 알 수 있다. 이는 기체가 응축되기 때문이다. 점 A과 점 B 사이의 영역에서 물질은 액체/증기 평형 상태에 있다. A 미만의 부피에서 액체만이 남아있고 액체가 압축됨에 따라 압력이 증가한다.

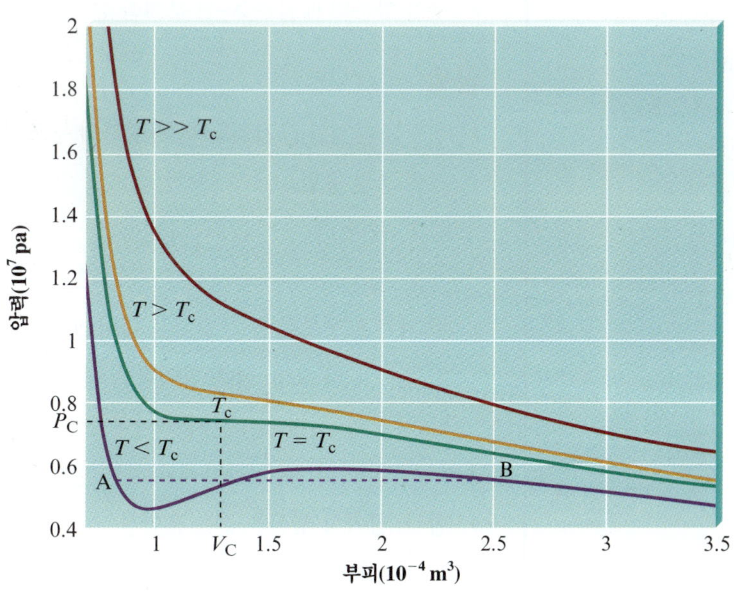

그림 10.52 임계 온도(T_C) 아래(자주색)와, 임계 온도(초록색) 및 임계 온도 이상(빨간색과 주황색 선)의 온도에서 CO_2에 대한 Van der Waals 곡선.

개념 정리 및 복습 For Review

주요 용어

10.2절

물질의 응축 상태

분자 간 힘

쌍극자–쌍극자 인력

수소 결합

London 분산력

10.3절

표면 장력

모세관 작용

점성

10.4절

결정성 고체

비결정성 고체

격자

단위 세포

X-선 회절

이온성 고체

분자성 고체

원자성 고체

10.5절

최조밀 쌓임

육방 최조밀 쌓임(hcp) 구조

입방 최조밀 쌓임(ccp) 구조

띠 모형

분자 오비탈(MO) 모형

합금

치환형 합금

틈새형 합금

10.6절

그물형 고체

실리카

규산염

유리

세라믹

반도체

n-형 반도체

p-형 반도체

물질의 응축 상태: 액체와 고체

- 구성 분자, 원자, 또는 이온들 사이의 힘으로 인해 뭉쳐있다.
- 액체는 표면 장력, 모세관 작용, 점성 등과 같이 구성 성분들 간의 힘에 좌우되는 특성을 나타낸다.

쌍극자–쌍극자 힘

- 쌍극자 모멘트를 갖는 분자들 사이의 인력
- 수소 결합은 쌍극자–쌍극자 인력의 한 형태로 특별히 강한 인력이다.
  - 질소, 산소 또는 플루오린과 같이 전기음성도가 매우 높은 원소에 결합되어 있는 수소를 갖는 분자들에서 나타난다.
  - 비정상적으로 높은 끓는점을 생성한다.

London 분산력

- 원자나 비극성 분자에서 형성되는 순간적인 쌍극자에 의해 나타난다.

결정성 고체

- 구성 성분들의 규칙적인 배열을 가지고 있는데, 주로 격자로 나타낸다. 격자의 가장 작은 반복되는 단위를 단위 세포라고 부른다.
- 구성 성분의 형태에 따라 아래와 같이 분류한다:
  - 원자성 고체(원자들)
  - 이온성 고체(이온들)
  - 분자성 고체(분자들)
- 구성 성분의 배열은 X-선 분석을 통해 결정할 수 있다.

금속

- 원자를 균일한 크기의 구로 가정하여 구조의 모형을 얻는다.
  - 최조밀 쌓임
    - 육방
    - 입방
- 두 가지 모형으로 금속 결합을 나타낼 수 있다.
  - 전자 바다 모형: 금속 양이온들 사이로 원자가 전자들이 자유롭게 돌아다닌다.
  - 띠 모형: 전자들이 분자 오비탈들에 들어가 있다고 가정한다.
    - 전도 띠: 매우 가깝게 위치한 분자 오비탈들에 전자가 들어갈 빈 공간이 있다.
- 합금: 금속성 성질을 갖는 혼합물
  - 치환형
  - 틈새형

p-n 접합

10.9절

증발(기화)

증발열

증발 엔탈피($\Delta H_{증발}$)

응축

평형

평형 증기압

증기압

승화

가열 곡선

용융열 또는 용융 엔탈피($\Delta H_{용융}$)

정상 녹는점

정상 끓는점

과냉각

과열

10.10절

상평형 그림

삼중점

임계 온도

임계 압력

임계점

그물형 고체

- 서로 공유 결합으로 연결된 원자들의 거대한 그물을 가지고 있다.
- 다이아몬드와 흑연의 예
- Silicate(규산염)들은 Si—O—Si로 연결된 단위를 가지고 있는 그물형 고체로서 많은 바위들과 점토 그리고 세라믹의 기본 구조를 형성한다.

반도체

- 매우 순수한 규소에 다른 원소들을 "도핑"한다.
  - n-형: 주로 다섯 개의 원자가 전자(규소보다 하나 많은)를 갖는 원자를 도핑한다.
  - p-형: 주로 세 개의 원자가 전자를 갖는 원소를 도핑한다.
- 현대의 전자장치들은 p-n 접합을 가지고 있는 부속들을 가지고 있다.

분자성 고체

- 구성 성분은 분리되어 있는 분자들이다.
- 대개 분자 간 힘은 약해서 상대적으로 낮은 끓는점과 녹는점을 나타낸다.

이온성 고체

- 구성 성분은 이온들이다.
- 이온 간 힘은 대개 강하기 때문에 고체는 높은 녹는점과 끓는점을 나타낸다.
- 많은 경우 크기가 큰 이온들이 최조밀 쌓임 배열을 하고, 그 사이에 있는 사면체나 팔면체 구멍에 작은 이온들이 들어가 있는 구조를 갖는다.

상 변화

- 액체에서 기체(증기)로 가는 변화를 증발이라 한다.
- 응축은 증발의 반대 현상이다.
- 평형 증기압: 닫힌 계에서 응축 속도와 증발 속도가 같을 때 액체나 고체 위에서의 압력
  - 액체가 높은 분자 간 힘을 갖는 요소들을 가지고 있으면 상대적으로 낮은 증기압을 나타낸다.
  - 정상 끓는점: 액체의 증기압이 1 atm일 때의 온도
  - 정상 녹는점: (외부 기압이 1 atm일 때) 고체와 액체가 같은 증기압을 갖는 온도
- 상평형 그림
  - 닫힌 계에서 주어진 온도와 압력에서 어떤 상이 존재하는지 보여준다.
  - 삼중점: 세 개의 상태 모두가 동시에 존재하는 온도
  - 임계점: 임계 온도와 임계 압력으로 정의된다.
    - 임계 온도: 이 온도 이상에서는 어떤 압력을 가하더라도 증기가 액체로 될 수 없다.

복습 질문

1. 분자 간 힘이란 무엇인가? 분자 내 힘과는 어떻게 다른가? 쌍극자–쌍극자 힘이 무엇인가? 전형적인 쌍극자–쌍극자 힘은 수소 결합력과 어떻게 다른가? 이들은 어떤 점에서 비슷한가? London 분산력이란 무엇인가? 전형적인 London 분산력은 쌍극자–쌍극자 힘과 어떻게 다른가? 어떤 점에서 비슷한가? London 분산력과 분자의 크기 간의 관계를 설명하라. 주된 형태의 분자 간 힘들을 그 힘이 증가하는 순서로 나열해 보라. 서로 겹쳐지는 부분이 있는가? 다시 말해, 매우 강한 London 분산력이 경우에 따라 쌍극자–쌍극자 힘보다 클 수 있는가? 그러한 경우가 있다면 예를 들어 보라.

2. 다음 각 개념을 정의하고 각각이 분자 간 힘의 크기에 어떻게 좌우되는지 설명하라.

   a. 표면 장력
   b. 점성도
   c. 녹는점
   d. 끓는점
   e. 증기압

3. 고체, 액체, 기체를 서로 간에 어떻게 다른지 비교하고 대조해 보라.

4. 다음 쌍으로 주어진 개념들을 구별하여 비교하라.

   a. 결정성 고체: 비결정성 고체
   b. 이온성 고체: 분자성 고체
   c. 분자성 고체: 그물형 고체
   d. 금속성 고체: 그물형 고체

5. 격자가 무엇인가? 단위 세포란 무엇인가? 단순 입방 단위 세포를 그려보라. 하나의 단순 입방 단위 세포에는 몇 개의 알짜 원자가 들어 있는가? 단순 입방 단위 세포에서 입방체의 모서리의 길이와 비교할 때 원자의 반지름은 어떻게 되는가? 체심 입방 단위 세포와 면심 입방 단위 세포 각각에 대하여 같은 질문에 답하라.

6. 최조밀 쌓임이란 무엇인가? 육방 최조밀 쌓임과 입방 최조밀 쌓임의 차이는 무엇인가? 각 최조밀 쌓임에 해당하는 단위 세포는 무엇인가?

7. 띠 모형을 사용하여 부도체, 전도체, 그리고 반도체의 차이를 설명하라. 또한 띠 모형을 통해 다음 각 경우에 왜 반도체의 전도도가 증가하는지를 설명하라.

   a. 온도를 증가시킨다.
   b. 빛을 쪼여준다.
   c. 불순물을 첨가한다.

   온도가 전기 전도도에 주는 영향을 볼 때 전도체와 반도체가 어떻게 다른가? 어떻게 하면 순수한 저마늄으로부터 n-형 반도체를 만들 수 있는가? 어떻게 하면 순수한 저마늄으로부터 p-형 반도체를 만들 수 있는가?

8. 일반적인 이온성 고체의 구조 체계를 설명하라. 염화 소듐과 황화 아연의 구조를 비교하여 대조하라. 최조밀 쌓임 구조를 갖는 음이온에 대해 얼마나 많은 사면체 구멍과 팔면체 구멍이 있는가? 황화 아연에서 왜 사면체 구멍의 절반에만 양이온이 채워지는가?

9. 다음 각각을 정의하라.

   a. 증발
   b. 응축
   c. 승화
   d. 끓음
   e. 녹음
   f. 증발 엔탈피
   g. 용융 엔탈피
   h. 가열 곡선

10. 물에서 증발 엔탈피가 용융 엔탈피보다 훨씬 큰 이유는 무엇인가? 그렇다면 이로부터 고체에서 액체로, 그리고 다시 기체로 가면서 분자 간 힘에 어떤 변화가 일어난다고 말할 수 있는가? 어떤 액체가 *휘발성*(*volatile*)이라는 것은 무엇을 의미하는가? 휘발성 액체는 실온에서 증기압이 큰가 아니면 작은가? 매우 휘발성이 큰 액체의 경우 분자 간 힘의 세기는 어떤가?

11. 물과 이산화 탄소의 상평형 그림을 대조하고 비교하라. 물과는 달리, 왜 이산화 탄소는 정상 녹는점과 정상 끓는점을 가지고 있지 않은가? H_2O와 CO_2의 상평형 그림에서 고체–액체 선의 기울기가 서로 다르다. 고체–액체 선의 기울기는 각 물질에서 고체와 액체 상태에 대한 상대적인 밀도라는 측면에서 어떻다는 것을 나타내는가? H_2O와 CO_2의 녹는점은 압력에 의해 어떻게 좌우되는가? H_2O와 CO_2의 끓는점은 압력에 의해 어떻게 좌우되는가? 왜 H_2O의 임계 온도가 CO_2보다 높은지를 합리화해 보라.

활동 학습 질문

이 문제들은 학생들이 강의실에서 그룹을 만들어 함께 풀어보도록 고안하였다.

1. 비커에 있는 물의 표면 위에 하나의 종이 클립을 균형 잡힌 채 떠 있게 할 수 있다. 그러나 물에 약간의 비눗물을 가하면 종이 클립은 가라앉는다. 어떻게 종이 클립이 떠 있을 수 있으며, 왜 비누를 가하면 가라앉는지 설명해 보라.

2. 반쯤 물을 채운 닫힌 용기를 생각해 보자. 용기 안에서 어떤 일이 일어나는지를 가장 잘 설명한 항은 무엇인가?
   a. 공기가 수증기로 포화될 때까지 증발이 일어나다가, 이 점에 도달하면 더 이상 물은 증발하지 않는다.
   b. 공기가 수증기의 포화 상태를 넘어설 때까지(과포화 될 때까지) 물이 증발했다가, 이들 대부분이 다시 응축한다. 이러한 순환이 특정한 양의 수증기가 남을 때까지 계속되다가 끝난다.
   c. 용기가 봉해져 있기 때문에 물은 증발하지 않는다.
   d. 물이 증발한다. 그러다가 물은 동시에 증발도 하고 응축도 하면서 그 상태를 지속한다.
   e. 마침내 모두 수증기가 될 때까지 물은 증발한다.

   자신이 선택한 항에 대해 설명하고, 왜 그 항이 맞는지를 합리화하라. 자신이 선택하지 않은 항들에 대해 무엇이 잘못된 것인지를 설명하라.

3. "NaCl 분자"라는 용어를 사용하는 것은 옳지 않지만 "H_2O 분자"라는 용어는 사용하는 것이 올바른 이유는 무엇인가? 다이아몬드 분자라는 용어는 옳은가? 설명하라.

4. 어떤 특정 물질의 경우 다른 물질의 수소 결합력보다 더 큰 분산력을 갖는 것이 가능하다. 이를 설명하라.

5. 물질이 고체에서 액체로 갈 때 또는 액체에서 기체로 갈 때 분자 간 힘의 성질이 변하는가? 어떤 물질이 상변화를 겪게 되는 원인은 무엇인가?

6. 액체는 왜 증기압을 갖는가? 모든 액체들이 다 증기압을 갖는가? 설명하라. 고체도 증기압을 갖는가? 설명하라. 온도가 변함에 따라 증기압은 어떻게 되는가? 설명하라.

7. 비커가 열린 상태의 물은 시간이 지남에 따라 증발한다. 물이 증발하면서 증기압이 증가하는가, 감소하고 있는가, 아니면 그대로 유지하고 있는가? 그 이유는 무엇인가?

8. 섭씨 100°C에서 물의 증기압은 얼마인가? 당신은 그것을 어떻게 아는가?

9. 그림 10.43을 보라. 시간에 따라 왜 온도가 계속 올라가지 않는가? 다시 말해, 어떤 시간 구간에서 왜 온도는 일정하게 유지되는가?

10. 주어진 어떤 분자에 대해 분자 간 힘과 분자 내 힘 중 어느 것이 더 강한가? 당신은 이것을 뒷받침하는 어떤 실험을 할 수 있는가? 설명하라.

11. 왜 물이 증발하는가?

12. 실온에서 N_2는 왜 기체인가? 온도를 낮추면 액체 질소가 형성되는 이유를 설명하라.

13. 백린과 유황은 각각 인과 황으로만 구성되어 있더라도 둘 다 분자성 고체로 분류된다. 이들은 왜 분자성 고체인가? 다이아몬드(탄소만으로 이루어짐)가 분자성 고체가 아닌 이유는 무엇인가?

14. 왜 극성 분자의 쌍극자–쌍극자 상호작용이 일반적으로 증기상에서는 중요하지 않은 것일까?

15. 물의 증발이 어떻게 지구의 냉각제 역할을 하는지 설명하라.

16. 당신은 공원에서 미국 독립전쟁 시대의 대포 옆에 대포알들을 쌓아 역사 전시물을 설치하는 일을 맡았다. 먼저 네 개의 대포알이 서로 맞닿아 한 변을 이루는 삼각형 형태의 바닥층을 만든 다음, 그 위에 계속해서 쌓아 올려 최종적으로 삼각형 바닥의 중심 위에 하나의 대포알이 위치하도록 만들어야 한다.
    a. 몇 개의 층이 필요하며, 전시물을 완성하는 데 총 몇 개의 대포알이 필요한가?
    b. 이 대포알들이 보여주는 가장 촘촘한 포장 방식은 입방 최조밀 쌓임(cubic closest packing)인가, 육방 최조밀 쌓임(hexagonal closest packing)인가?
    c. 대포알 피라미드의 네 모서리는 어떤 형태의 기하학적 도형의 꼭짓점에 해당하는가?

17. 500 mL 둥근 바닥 플라스크에 100 mL의 물을 넣고 끓을 때까지 가열한다. 열을 제거하고 플라스크를 멈추면 끓는 것이 멈춘다. 그런 다음 플라스크의 목 위에 시원한 물을 흘려주면 다시 끓기 시작한다. 물을 식혀서 끓이는 것처럼 보인다. 어떻게 이런 현상이 있을 수 있는가? 이 현상을 설명해 보라.

분홍색 번호의 질문과 연습문제에 대한 정답은 온라인에서 확인할 수 있습니다(차례의 QR을 스캔해보세요).

질문

18. 비극성 탄화수소 $C_{25}H_{52}$는 실온에서 고체이다. 이 물질의 끓는점은 400°C보다 크다. $C_{25}H_{52}$ 또는 H_2O 중 어느 것이 더 강한 분자 간 힘을 가지고 있는가? 설명하라.

19. 아래 그림 중에서 어떤 선이 수소 결합인가?

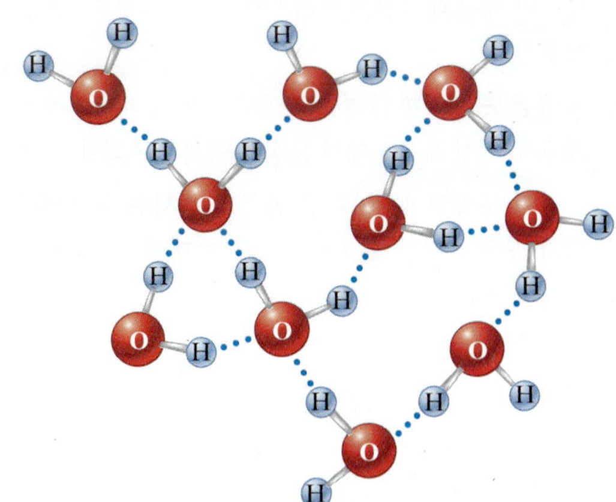

    a. 물 분자에 있는 수소 원자와 다른 물 분자 산소 사이에 있는 점선
    b. 같은 물 분자 안에 있는 수소와 산소 사이에 있는 실선
    c. 실선과 점선 둘 다 수소 결합을 나타낸다.
    d. 그림에서 나타낸 수소 결합은 없다.

20. 수소 결합은 쌍극자–쌍극자 인력이 매우 강한 특별한 경우로서, 특정 원자들 간에만 가능하다. 수소 결합을 하려면 수소 외에도 어떤 원자들이 필요한가? 수소 결합에 관여하는 쌍극자–쌍극자 힘이 유난히 강한 데에는 수소 원자의 작은 크기가 어떻게 기여하는가?

21. 할로젠의 끓는점은 F_2에서 I_2로 감에 따라 꾸준히 증가한다. 어떤 종류의 분자 간 힘이 이러한 경향에 영향을 미치는가?

22. 다음 중 HCl이 Ar보다 더 높은 끓는점을 갖는 이유를 *가장 잘* 설명하는 것은 어느 것인가?

a. HCl과 Ar은 비슷한 세기의 London 분산력을 가지지만, HCl은 Ar이 가지고 있지 않은 추가적인 쌍극자 인력을 가진다.

b. HCl과 Ar은 비슷한 세기의 London 분산력을 가지지만, HCl은 Ar이 가지고 있지 않은 추가적인 이온 결합력을 가진다.

c. HCl과 Ar은 비슷한 세기의 London 분산력을 가지지만, HCl은 Ar이 가지고 있지 않은 추가적인 수소 결합력을 가진다.

d. HCl은 Ar보다 더 강한 London 분산력을 가진다.

e. HCl은 센 전해질이지만 Ar은 아니다.

23. CO와 N_2 중 어느 기체가 10 atm과 −50°C에서 이상적으로 거동할 것으로 예상되는가?

24. 실리콘의 전도도는 도핑에 의해 향상된다. 도핑이란 무엇인가?

25. 최조밀 쌓임 구조에서 원자들은 서로 닿아 있다. 그럼에도 불구하고 최조밀 쌓임의 단위 세포는 상당한 양의 빈 공간을 가지고 있다. 왜 그런가?

26. 단순 입방체, 체심 입방체, 면심 입방체 안에는 단위 세포당 몇 개의 원자가 있는가? 이 세 개의 입방 단위 세포 중에서 원자를 가장 효율적으로 쌓는 것, 즉 단위 세포당 빈 공간이 가장 적은 것은 어느 것인가?

27. 폴로늄에서 원자들은 입방체 단위 세포의 정육면체 모서리를 따라 닿아 있다. 이것은 어떤 종류의 단위 세포인가? 알루미늄에서 원자들은 입방 단위 세포에서 대각선의 면을 따라 닿아 있다. 이것은 어떤 종류의 단위 세포인가? 소듐에서 원자들은 입방 단위 세포의 체심 대각선을 따라 닿아 있다. 이것은 어떤 종류의 단위 세포인가?

28. *임계 온도*와 *임계 압력*을 정의하라. 분자 운동론에 의하면 왜 임계 온도 이상의 온도에서 물질은 액체로 존재할 수 없는가?

29. 합금이 무엇인가? 치환형 합금과 틈새형 합금에서 구조의 차이가 무엇인지를 설명하라. 각 형태에 대한 예를 제시하라.

30. 액체의 증기압을 이용해 동적 평형(dynamic equilibrium)이 무엇을 뜻하는지를 설명하라.

31. 열린 접시에 담긴 어떤 액체에 대해 다음 조건들이 증발 속도에 어떻게 영향을 주는가?

a. 분자 간 힘

c. 표면적

b. 온도

32. 뉴멕시코주의 온도가 40.6°C일 때, "나쁘지 않다. 온도는 높지만 습하지 않은 날씨"라고 말한다. 반면에 똑같이 여름인 조지아주의 애틀랜타에서는 공기 온도가 낮음에도 불구하고 "끔찍하다"고 말한다. 체온이 일정한 온도에서 습도는 어떤 역할을 하는가?

33. 사람이 심한 열이 날 때, 열을 내리는 방법 중 하나는 "알코올을 문지르는 것"이다. 알코올의 증발이 어떻게 열을 내리게 하는지 설명해 보라.

34. 일반적으로 끓는 물에 화상을 입을 때보다 수증기에 화상을 입을 때가 더 심한 화상을 입는다고 한다. 그 이유는 무엇인가?

35. 추운 겨울날 젖은 빨래를 줄에 널면 얼어붙는데도 불구하고 결국에는 마른다. 이를 설명하라.

36. 끓는 물에 조리해야 하는 포장 식품은 가끔 높은 고도에서 사용하기 위한 특별한 지침이 포함되어 있다. 일반적으로 이 지시사항은 음식을 더 오래 조리해야 한다는 것을 나타낸다. 5000피트 이상에서는 조리 시간이 오래 걸리는 이유가 무엇인가?

37. 매우 다른 끓는점을 갖는 세 가지 공유 결합성 화합물이 있다고 하자. 모든 화합물들은 비슷한 몰질량을 가지고 있고 모양도 비슷하다. 어떻게 이 세 화합물들이 매우 다른 끓는점을 가질 수 있을지 설명하라.

38. 다음 고체들의 구조를 비교하고 대조하라.

a. 다이아몬드 대 흑연

b. 실리카 대 규산염(실리케이트) 대 유리

39. 다음 고체들의 구조를 비교하고 대조하라.

a. $CO_2(s)$ 대 $H_2O(s)$

b. $NaCl(s)$ 대 $CsCl(s)$: 연습 문제 85에 있는 구조 참조

40. 탄화 규소(SiC)는 극히 딱딱한 물질로 전기 부도체이다. SiC의 구조를 제시하라.

41. 왜 분필(탄산칼슘)이 물(수소 결합을 나타내는 화합물)보다 녹는점이 높으며, 자동차 오일(탄소와 수소만을 포함하는 큰 화합물로 구성된)보다도 녹는점이 더 높은지 설명하라.

42. 대학에서 흔히 하는 장난으로 식당 식탁 위의 소금과 설탕 바꾸기가 있는데, 이들 두 물질이 겉으로 너무나 비슷하기 때문에 쉽게 바꿀 수 있다. 그러나 겉보기와는 달리 이 두 물질은 매우 다른 성질을 가지고 있다. 하나는 분자성 고체이고 다른 하나는 이온성 고체이기 때문이다. 두 물질의 성질은 어떻게 다르며, 그 이유는 무엇인가?

43. $1/T$(K)에 대한 $\ln(P_{증발})$의 그래프를 그렸더니 음의 기울기를 갖는다. 왜 그런가?

44. 대부분의 물질과 마찬가지로 아이오딘은 고체, 액체, 기체의 세 개 상만을 갖는다. 삼중점은 90 torr와 115°C에서 나타난다. 액체 상태의 I_2에 대해 다음 중에서 어느 것이 맞는가? 왜 그런가?

a. $I_2(l)$는 $I_2(g)$에 비해 밀도가 높다.

b. $I_2(l)$는 115°C 이상에서 존재할 수 없다.

c. $I_2(l)$는 1 atm의 압력에서 존재할 수 없다.

d. $I_2(l)$는 90 torr보다 큰 증기압을 가질 수 없다.

e. $I_2(l)$는 10 torr의 압력에서는 존재할 수 없다.

연습 문제

연습 문제는 비슷한 유형의 문제를 두 개씩 짝지어 놓았다.

분자 간 힘과 물리적 특성

45. 다음 물질들이 고체일 때 가장 중요한 형태의 입자 간 힘은 무엇인지 지적하라.

a. Ne
b. HBr
c. HF
d. $CaCl_2$
e. CH_4
f. CO
g. $NaNO_3$

46. 다음 물질들이 고체일 때 가장 중요한 형태의 입자 간 힘은 무엇인지 지적하라.

a. $BaSO_4$
b. H_2S
c. Xe
d. C_2H_6
e. CsI
f. P_4
g. NH_3

47. 다음 5개의 화합물들을 생각해 보자: NaF, CaF_2, CrF_2, CF_4, HF. 이들 화합물 중 몇 개가 London 분산만을 나타내는가, 다른 종류의 분자 간 힘은 없는가?

48. 다음과 같은 끓는점 데이터를 생각해 보자:

화합물	화학식	끓는점
메탄올	CH_3OH	65°C
에탄올	CH_3CH_2OH	78°C
프로판올	$CH_3CH_2CH_2OH$	97°C
뷰탄올	$CH_3CH_2CH_2CH_2OH$	117°C
펜탄올	$CH_3CH_2CH_2CH_2CH_2OH$	138°C

이들 화합물의 끓는점은 메탄올에서 펜탄올로 감에 따라 꾸준히 증가한다. 어떤 종류의 분자 간 힘이 메탄올에서 펜탄올로 끓는점이 꾸준히 증가하는 주된 원인이 되는가?

49. 다음 각 쌍의 물질 중 어느 물질이 더 큰 분자 간 힘을 갖는지 예측하라.

a. CO_2 또는 OCS
b. SeO_2 또는 SO_2
c. $CH_3CH_2CH_2NH_2$ 또는 $H_2NCH_2CH_2NH_2$
d. CH_3CH_3 또는 H_2CO
e. CH_3OH 또는 H_2CO

50. 다음의 네 가지 화합물을 생각해 보자:

KF HF Br_2 ICl

이 네 가지 화합물에 관한 다음 설명 중 어느 것이 *사실*인가?

a. HF는 상대적으로 강한 수소 결합 분자 간 힘을 형성할 수 있기 때문에 KF보다 높은 끓는점을 갖는다.
b. Br_2는 KF보다 끓는점이 높다. 그 이유는 Br_2는 더 강한 London 분산력을 갖기 때문이다.
c. ICl은 Br_2에 존재하지 않는 추가 쌍극자 힘을 가지기 때문에 ICl은 Br_2보다 높은 끓는점을 갖는다.
d. HF는 이 모든 화합물 중에서 가장 강한 London 분산력을 가지고 있다.
e. ICl은 이 모든 화합물 중에서 가장 강한 이온력을 가지고 있다.

51. 화합물 Cl_2, HCl, F_2, NaF 및 HF를 생각해 보자. 어떤 화합물이 아르곤과 가장 가까운 끓는점을 가지고 있는가? 설명하라.

52. HCl, Cl_2, Br_2, HBr 및 $CH_3CH_2CH_2CH_3$ 공유 결합 화합물을 생각해 보자. 이 5가지 화합물 중 Ar보다 큰 끓는점을 가질 것으로 예상되는 것은 어느 것인가?

53. 다이플루오로메테인, CF_2H_2는 클로로플루오로카본 프레온, CF_2Cl_2의 대체물로 고려되어 왔다. CF_2H_2의 끓는점은 −56°C이고, CF_2Cl_2의 끓는점은 −29°C이다. 이 두 화합물에 관한 다음 설명 중 어느 것이 *잘못된* 것인가? (탄소는 두 분자의 중심 원자이다.)

a. CF_2H_2 분자 간 힘으로 수소 결합을 나타낸다.
b. 두 화합물 모두 상온에서 기체이다.
c. CF_2Cl_2는 CF_2H_2에 비교하여 더 강한 London 분산력을 나타낸다.
d. 전체적으로 CF_2Cl_2는 CF_2H_2에 비해 더 강한 분자 간 힘을 나타낸다.
e. 두 화합물은 모두 극성이므로, 두 화합물 모두 쌍극자−쌍극자 힘을 나타낸다.

54. 다음 물질 중 하나는 25°C와 1기압에서 고체이고, 나머지는 25°C와 1 기압에서 기체이다. 25°C와 1기압에서 어떤 물질이 고체인가?

a. He
b. Ne
c. H_2
d. Cl_2
e. I_2

55. 다음 쌍으로 주어진 물질들 각각에 대해 끓는점의 차이가 왜 나타나는지 설명하라.

a. Kr −153°C
HCl −66°C
b. HF 20°C
HBr −66°C
c. HF 20°C
LiCl 1360°C
d. *n*-펜테인 $CH_3CH_2CH_2CH_2CH_3$ 36.2°C
n-헥세인 $CH_3CH_2CH_2CH_2CH_2CH_3$ 69°C

56. 다음 정전위 그림을 보고 문제를 풀어라.

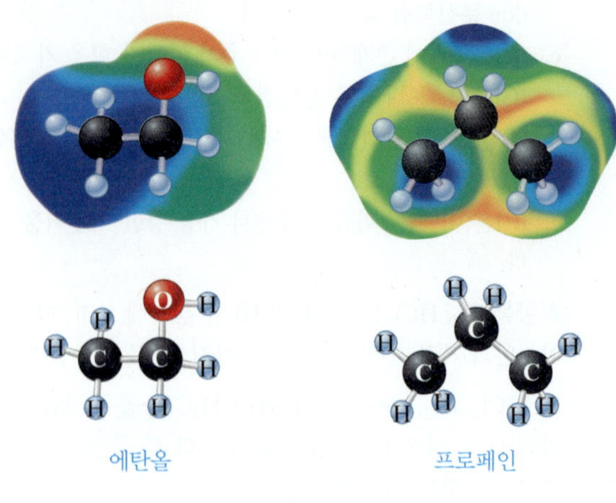

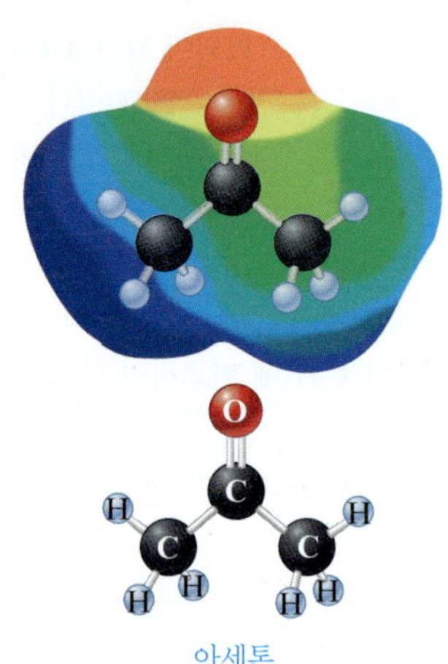

화합물을 끓는점이 낮은 순에서 높은 순으로 순위를 정하라. 그리고 답에 대한 이유를 설명하라.

57. 다음 그룹의 물질들 중에서 주어진 성질에 적합한 하나를 골라라. 그리고 왜 그것을 골랐는지를 설명하라.
   a. 가장 높은 끓는점을 갖는 물질: HBr, Kr 또는 Cl_2
   b. 가장 높은 어는점을 갖는 물질: H_2O, NaCl 또는 HF
   c. 25°C에서 가장 낮은 증기압을 갖는 물질: Cl_2, Br_2 또는 I_2
   d. 가장 낮은 어는점을 갖는 물질: N_2, CO 또는 CO_2
   e. 가장 낮은 끓는점을 갖는 물질: CH_4, CH_3CH_3 또는 $CH_3CH_2CH_3$
   f. 가장 높은 끓는점을 갖는 물질: HF, HCl 또는 HBr
   g. 25°C에서 가장 낮은 증기압: $CH_3CH_2CH_3$, $CH_3\overset{\overset{\displaystyle O}{\|}}{C}CH_3$ 또는 $CH_3CH_2CH_2OH$

58. 다음 그룹의 물질들 중에서 주어진 성질에 적합한 하나를 골라라. 그리고 왜 그렇게 골랐는지를 설명하라.
   a. 가장 높은 끓는점을 갖는 물질: CCl_4, CF_4, CBr_4
   b. 가장 낮은 어는점을 갖는 물질: LiF, F_2, HCl
   c. 25°C에서 가장 낮은 증기압을 갖는 물질: CH_3OCH_3, CH_3CH_2OH, $CH_3CH_2CH_3$
   d. 가장 큰 점성을 갖는 물질: H_2S, HF, H_2O_2
   e. 가장 높은 증발열을 갖는 물질: H_2CO, CH_3CH_3, CH_4
   f. 가장 작은 용융 엔탈피를 갖는 물질: I_2, CsBr, CaO

액체의 성질

59. 유리관 속에 있는 물의 메니스커스 모양은 유리관 속 수은의 모양과는 다르다. 왜 그럴까?

유리관 속의 H_2O 유리관 속의 Hg

60. 왁스칠을 한 차체 위에서 물이 왜 구슬 모양을 갖는지 설명하라.

61. 과산화 수소(H_2O_2)는 비교적 낮은 증기압과 152.2°C의 정상 끓는점을 갖는 시럽과 같은 액체이다. 왜 이와 같이 물과는 다른 물리적 성질을 갖는지 설명하라.

62. 이셀레늄화 탄소(carbon diselenide, CSe_2)는 상온에서 액체이다. 정상 끓는점은 125°C, 녹는점은 −45.5°C이다. 이황화 탄소(CS_2) 역시 상온에서는 액체이며, 정상 끓는점이 46.5°C이고, 녹는점은 −111.6°C이다. CO_2에서 CS_2로, 다시 CSe_2로 가면서 분자 간 힘의 세기가 어떻게 변하는지 설명하라.

고체의 구조와 성질

63. 구리 X-선관(λ = 154 pm)으로부터 나온 X-선이 규소의 결정에 의해 14.22도의 각도로 회절이 일어났다. 일차 회절이라고 (Bragg 방정식에서 n = 1의 경우) 가정했을 때, 규소에서의 층간 간격은 얼마가 되는가?

64. 금 결정에 대해 이차 회절이(n = 2의 경우) 154 pm 파장의 X-선에 의해 22.20도의 각도에서 일어났다. 이들 결정면들 사이의 간격은 얼마인가?

65. 토파즈 결정은 1.36 Å (1 Å = 1 × 10^{-10} m)의 층간 간격(d)을 가지고 있다. 만약 θ = 15.0도일 경우(n = 1을 가정) 사용해야 하는 X-선의 파장을 계산하라.

66. 어떤 결정을 분석하기 위해 파장 2.63 Å인 X-선을 사용하였다. 일차 회절의 각도는(Bragg 방정식에서 n = 1인 경우) 15.55도로 나타났다. 결정면들 사이의 간격은 얼마이며, 이차 회절은(n = 2) 몇 도에서 일어나겠는가?

67. 고체 칼슘은 입방 최조밀 쌓임 구조를 가지고 있다. 칼슘의 원자 반지름을 197 pm라고 가정하고, 고체 칼슘의 밀도를 계산하라.

68. 알루미늄의 원자 반지름은 143 pm이며, 입방 최조밀 구조를 가진다. 알루미늄의 밀도를 g/cm^3 단위로 계산하라.

69. 니켈은 면심 입방 단위 세포를 가지고 있다. 니켈의 밀도는 6.84 g/cm^{3}이다. 니켈의 원자 반지름을 계산하라.

70. 이리듐(Ir)은 면심 입방 격자에서 결정화된다. Ir의 밀도가 22.6 g/cm^{3}이면 단위 세포의 가장자리 길이는 얼마인가? Ir의 원자 반지름을 계산하라.

71. 당신은 정체를 알 수 없는 금속 X로 된 작은 막대를 받았다. 금속의 밀도는 10.5 g/cm^{3}이다. X선 회절 실험으로 면심 입방 단위의 가장자리를 측정하였더니 모서리 길이는 4.09 Å (1 Å = 10^{-10} m)이었다. X는 무엇인가?

72. 어떤 금속 고체가 한 변이 392 pm인 면심 입방 단위 세포의 원자 배열을 가지고 있으며 밀도가 21.45 g/cm^{3}이다. 이 금속의 원자 질량과 원자 반지름을 계산하라. 이 금속은 어떤 금속인가?

73. 타이타늄 금속은 체심 입방 단위 세포를 갖는다. 타이타늄의 밀도는 4.50 g/cm^{3}이다. 단위 세포의 모서리 길이를 계산하고, 타이타늄의 원자 반지름 값을 계산하라. (*힌트*: 구를 체심 입방 구조로 배열하면 구들은 몸체를 가로지르는 대각선을 따라 서로 닿아있다.)

74. 바륨은 체심 입방 구조를 가지고 있다. 바륨의 원자 반지름이 222 pm일 때, 고체 바륨의 밀도를 계산하라.

75. 금의 반경은 144 pm이며, 밀도는 19.32 g/cm^{3}이다. 원소 상태의 금은 면심 입방 구조를 갖겠는가, 아니면 체심 입방 구조를 갖겠는가?

76. 텅스텐의 반지름은 137 pm이며 밀도는 19.3 g/cm^{3}이다. 원소 상태의 텅스텐은 면심 입방 구조를 갖겠는가, 아니면 체심 입방 구조를 갖겠는가?

77. 입방 최조밀 쌓임 구조의 전체 부피 중에서 얼마만큼이 원자들로 채워져 있는가? (*힌트*: $V_{구} = \frac{4}{3}\pi r^3$) 단순 입방 구조는 전체 부피 중 얼마가 원자로 채워져 있는가? 이 두 답을 비교해 보라.

78. 철의 밀도는 7.86 g/cm^{3}이며 체심 입방 격자 구조의 결정 구조를 갖는다. 체심 입방 격자의 68%만이 실질적으로 원자들로 채워져 있다는 것을 보이고 철의 원자 반지름을 결정하라.

79. 규소에 인이나 갈륨을 도핑하면 어떻게 하여 순수한 규소에 비하여 전기 전도도가 증가하는지를 설명하라.

80. 어떻게 하여 p−n 접합이 매우 훌륭한 정류기가 되는지 설명하라.

81. 셀레늄은 복사기에 사용되는 반도체이다. 순수한 셀레늄에 불순물로 적은 양의 인듐을 섞으면 어떤 형의 반도체가 얻어지는가?

82. 3A/5A족 반도체는 같은 양의 3A족과 5A족 원소로 이루어져 있으며, 그 예로 InP와 GaAs가 있다. 이러한 형태의 반도체들은 발광-다이오드(light-emitting diode)나 고체-상 레이저(solid-state laser)에 사용된다. p-형 반도체를 만들려면 순수한 GaAs에 무엇을 섞겠는가? n-형 반도체를 얻으려면 순수한 GaAs에 어떻게 도핑을 하겠는가?

83. 인화 알루미늄(AlP)의 띠 간격은 2.5 전자 볼트(1 eV = 1.6 × 10^{-19} J)이다. AlP 다이오드에서는 어떤 파장의 빛이 방출되는가?

84. 안티모니화 알루미늄 고체상 레이저는 730. nm의 파장을 갖는 빛을 방출한다. 띠 간격을 J 단위로 계산하라.

85. 아래에 일부 흔한 결정성 물질들의 구조를 나타내었다. 각 단위 세포에서 구성 요소의 알짜 개수가 각 물질의 정확한 실험식과 일치함을 보여라.

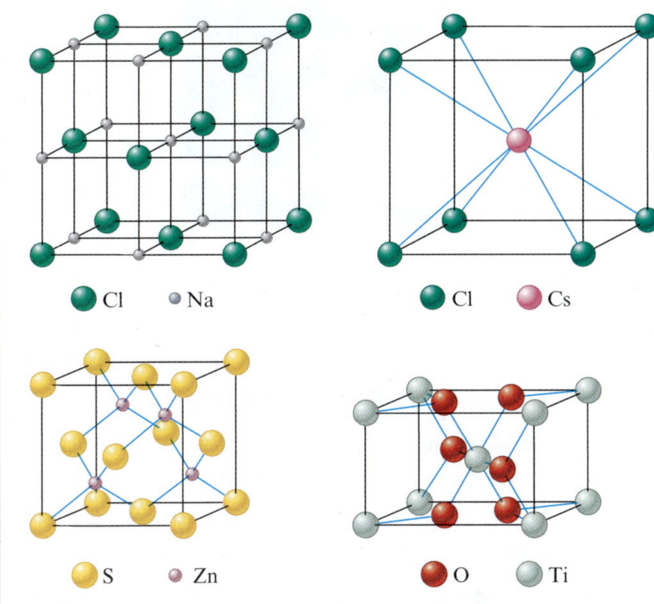

86. MgO에 대한 단위 세포는 아래에 나와 있다.

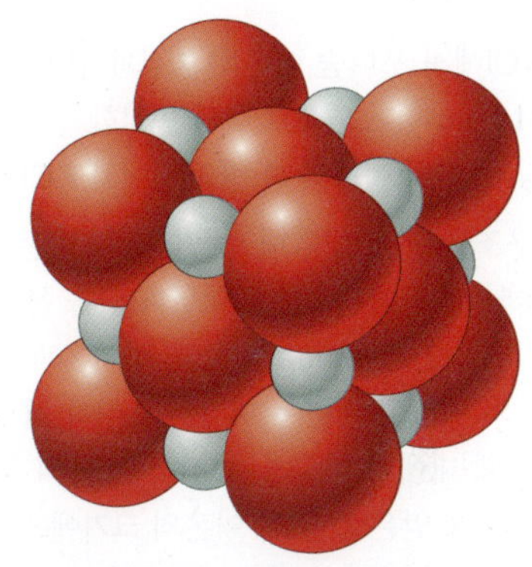

연습 문제 85의 결정 입방 구조 중 MgO의 구조와 일치하는 것은? Mg^{2+} 양이온은 삼각형 또는 사면체 또는 팔면체 구멍 중 어느 것을 차지하는가? MgO의 확장된 격자에 있는 구멍의 몇 분율을 차지하는가?

87. 플루오린화 코발트는 최조밀 쌓임 구조로 배열한 플루오린 이온들 사이의 팔면체 구멍의 절반을 코발트 이온이 채우고 있다. 이 화합물의 실험식은 무엇인가?

88. Na_2O, CdS, ZrI_4와 같은 화합물들은 최조밀 쌓임 구조의 음이온들 사이에 있는 사면체 구멍에 양이온들이 들어간 것으로 설명된다. 각 경우에 사면체 구멍의 얼마만큼이 채워져 있는가?

89. 입방 최조밀 쌓임 구조의 배열을 한 황 이온들 사이에 아연 이온이 사면체 구멍의 $\frac{1}{8}$을 채우고 다시 알루미늄 이온이 팔면체 구멍의 $\frac{1}{2}$을 채워 결정이 되었을 때, 이 화합물의 실험식은 어떻게 되는가?

90. 어떤 이온 화합물 M_xA_y의 이차원 구조가 다음과 같다고 가정하자. 이 이온 결합 화합물의 실험식은 무엇인가?

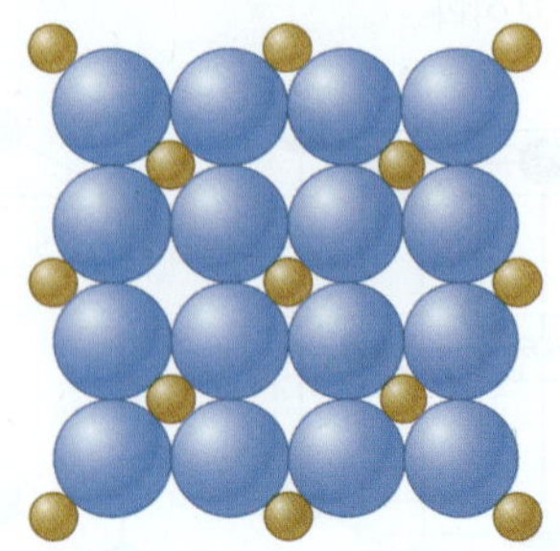

91. 어떤 플루오린화 금속 결정은 다음과 같은 구조를 갖는다. 플루오린화 이온들은 단순 입방 격자의 격자점들에 위치하며, 금속 이온들은 여러 입방체들의 체심 자리들 중 *절반(half)*만 채운다. 이 플루오린화 금속의 실험식은 어떻게 되는가?

92. 레늄 산화물(rhenium oxide)의 구조는 입방 단위 세포의 각 모서리 중심에 있는 산화 이온과 함께 레늄 이온의 단순 입방체 배열로 가장 잘 묘사될 수 있다. 이 화합물에서 레늄 이온의 전하는 얼마인가?

93. 연습 문제 86의 MgO의 단위 세포를 생각해 보자. MgO의 밀도가 3.58 g/cm^{3}일 때, O^{2-} 음이온과 Mg^{2+} 양이온의 반지름을 구하라(cm 단위로).

94. 고체 KCl에서 포타슘 이온의 중심과 염소 이온의 중심 간의 거리는 314 pm이다. 염화 소듐과 동일한 구조를 가지고 있다고 가정할 경우, 단위 세포의 한 변의 길이와 KCl의 밀도를 계산하라.

95. CsCl 구조는 단순 입방 배열을 한 염화 이온들과 각 입방체의 중앙에 놓인 세슘 이온으로 되어있다(연습 문제 85 참조). 염화 세슘의 밀도가 3.97 g/cm^{3}일 때, 염화 이온과 세슘 이온이 입방 단위 세포의 체심을 지나는 대각선을 따라 서로 닿아 있다고 가정하고, 고체 내에서 이웃하는 Cs^+와 Cl^-의 중심 간 거리를 계산하라. 이렇게 얻은 값을 각 이온의 크기에 근거하여 예상되는 거리와 비교하라. Cs^+의 이온 반지름은 169 pm이며, Cl^-의 이온 반지름은 181 pm이다.

96. MnO는 NaCl 형의 구조나 혹은 CsCl 형의 구조를 가지고 있다(연습 문제 85 참조). MnO 단위 세포의 한 변의 길이는 4.47×10^{-8} cm이며, MnO의 밀도는 5.28 g/cm^{3}이다.

a. MnO 결정은 NaCl이나 CsCl 중 어느 구조를 갖겠는가?

b. 산소의 이온 반지름을 140. pm로 가정하고, 망가니즈의 이온 반지름을 계산하라.

97. 다음 각 물질들은 어떤 형태의 고체를 형성하겠는가?

a. CO_2
b. SiO_2
c. Si
d. CH_4
e. Ru
f. I_2
g. KBr
h. H_2O
i. NaOH
j. U
k. $CaCO_3$
l. PH_3

98. 다음 각 물질들은 어떤 형태의 고체를 형성하겠는가?

a. 다이아몬드
b. PH_3
c. H_2
d. Mg
e. KCl
f. 수정
g. NH_4NO_3
h. SF_2
i. Ar
j. Cu
k. $C_6H_{12}O_6$

99. 형상 기억형 금속인 니티놀(nitinol)은 니켈과 타이타늄의 합금이다. 니티놀 철사 조각은 한번 변형되더라도 원래의 모양으로 되돌아오기 때문에 *형상 기억 금속*이라고 부른다. 니티놀의 구조는 Ni 원자들로 된 단순 입방 배열과 Ti 원자들로 된 단순 입방 배열이 서로를 뚫고 들어가 얽혀 있는 구조이다. 연속된 구조 속에서 보면 하나의 Ti 원자가 Ni 원자들로 이루어진 입방체의 중앙에 놓여 있으며, 그 반대도 마찬가지이다.

a. 니티놀의 단위 세포를 그려보라.

b. 니티놀의 실험식은 어떻게 되는가?

c. 니티놀에서 Ni과 Ti 각각에 대한 배위수는(가장 가까운 이웃의 개수는) 얼마인가?

100. 니켈과 알루미늄으로부터 초합금을 만들었다. 합금의 강도는 *감마-프라임 상(gamma-prime phase)*이라고 부르는 정열된 상으로 인해 나타나는데, Al 원자들이 단순 입방 단위 세포의 각 꼭짓점에 위치하고 Ni 원자들이 각 면의 중앙에 놓인다. 니켈-알루미늄 초합금의 이러한 상이 갖는 조성(원자들의 상대적 개수)은 어떻게 되는가?

101. 페로브스카이트(perovskite)는 칼슘, 타이타늄, 산소를 포함하고 있는 세라믹이다. 단위 세포를 나타내는 두 가지 방법을 아래에 보여 주고 있다. 이들 두 그림이 모두 동일한 식을 나타낸다는 것과, 각 타이타늄 원자들 주변에 있는 산소 원자의 개수가 같다는 것을 보여라.

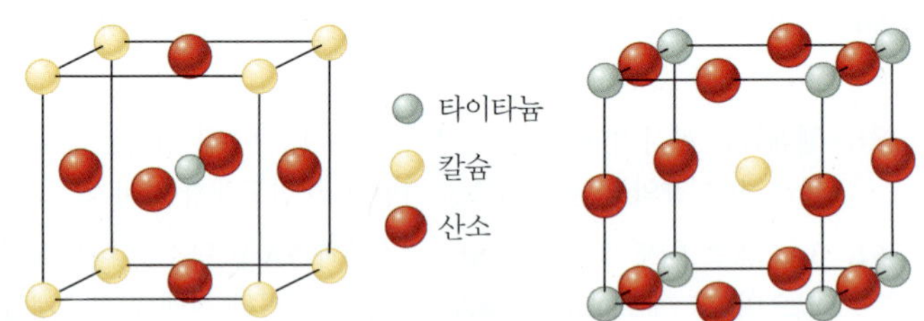

102. 어떤 미네랄의 경우 입방 최조밀 쌓임 배열을 한 산소들 사이의 팔면체 구멍의 일부에 알루미늄 이온이 들어가 있고 사면체 구멍의 일부에 마그네슘이 채워져 있다. 이 미네랄의 식을 도출해 내고 이들 양이온들이 팔면체 구멍과 사면체 구멍의 얼마를 채우는지 예측하라.

103. 액체 질소 온도보다 높은 온도에서 초전도체(전기 저항이 없다)인 물질이 최근에 발견되었는데, 원소 Y, Ba, Cu, 그리고 O로 이루어져 있다. 이들 물질들의 구조는 페로브스카이트 구조를 기본으로 하고 있다. 이들이 이상적인 페로브스카이트 구조를 갖는다면 초전도체는 그림 (a)에서 보인 구조를 갖게 된다.

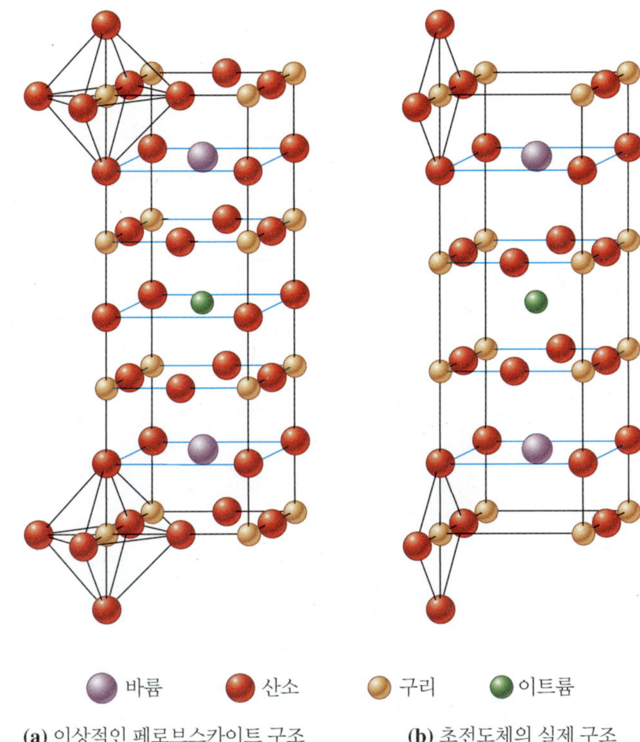

(a) 이상적인 페로브스카이트 구조 **(b)** 초전도체의 실제 구조

a. 이 이상적인 페로브스카이트 물질의 화학식은 무엇인가?

b. 이 구조는 연습 문제 101번에서 나타난 페로브스카이트 구조와 어떤 관계를 갖는가?

그러나 이 물질은 일부 산소가 모자란 상태에서만 초전도체로서 행동한다. 실질적인 초전도 성질을 나타내는 상의 구조는 그림 (b)의 구조를 갖는다.

c. 이 물질의 화학식은 무엇인가?

104. 세라믹의 다른 종류의 구조물인 고온 초전도체는 다음 그림과 같다.

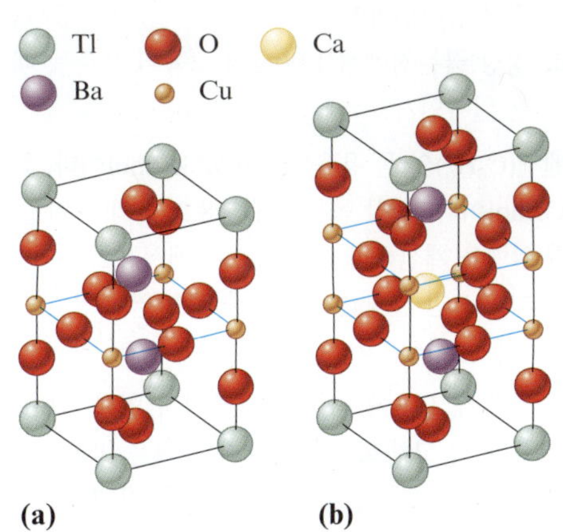

(a) **(b)**

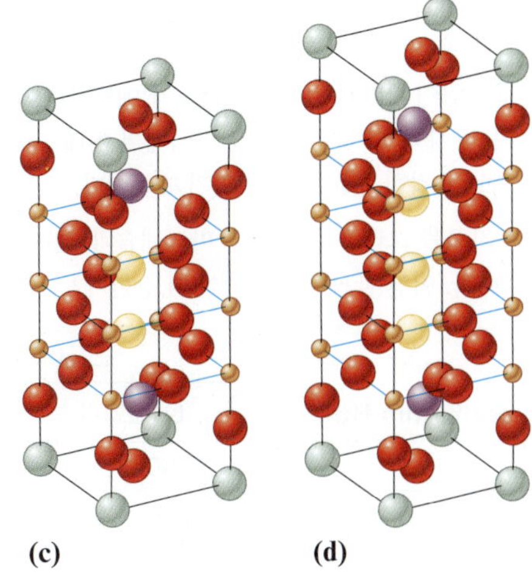

(c) **(d)**

a. 이 4개의 초전도체 각각의 화학식을 써라.

b. 고온 초전도에 필수적인 것으로 보이는 구조적 특징 중 하나는 구리와 산소 원자의 평면시트(sheet)가 존재한다는 것이다. 각 단위 세포의 시트 수가 증가함에 따라 초전도의 시작 온도가 증가한다. 네 개의 구조물을 가장 낮은 온도에서 가장 높은 초전도 온도로 순서를 매겨라.

c. 다음을 가정하여 각 구조물에서 Cu의 산화 상태를 할당하라. Tl은 Tl^{3+}으로 존재한다. Ca, Ba, O의 산화 상태는 각각 +2, +2, −2로 가정하였다.

d. 또한 물질이 초전도성을 나타내려면 구리가 산화 상태의 혼합물을 나타내야 하는 것으로 보인다. 연습 문제 103의 초전도체뿐만 아니라 이들 물질에서 어떻게 이런 일이 일어나는지 설명하라.

상태의 변화와 상평형 그림

105. 다음의 화합물을 생각해 보자. 모두 상온(20°C)의 액체이다. 증기압이 20°C에서 *가장* 높고 증기압이 20°C에서 *가장* 낮은 화합물은 무엇인가?

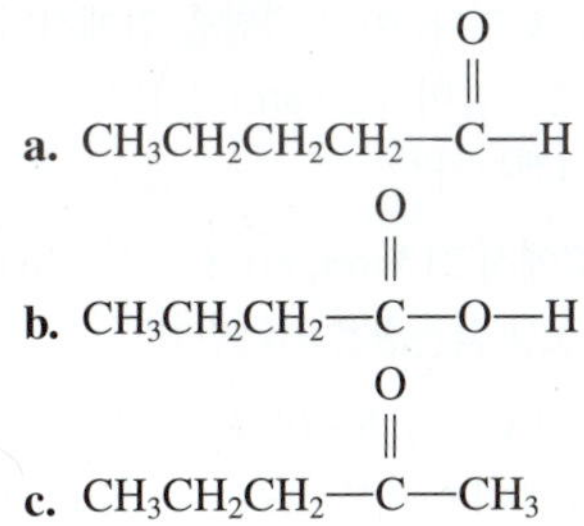

a. $CH_3CH_2CH_2CH_2{-}C({=}O){-}H$

b. $CH_3CH_2CH_2{-}C({=}O){-}O{-}H$

c. $CH_3CH_2CH_2{-}C({=}O){-}CH_3$

d. $CH_3CH_2CH_2CH_2CH_2CH_3$

e. $CH_3CH_2CH_2CH_2CH_3$

106. 다이메틸 에테르($CH_3{-}O{-}CH_3$) 및 에탄올(CH_3CH_2OH)은 같은 분자식(C_2H_6O)을 갖지만 매우 다른 물리적 특성을 갖는다. 예를 들어, 다이메틸 에테르는 −37.8°C에서 400 torr의 증기압을 가지지만 에탄올은 63.5°C에서 400 torr의 증기압을 가진다. 이 두 화합물에 대한 다음 설명 중 어느 것이 *틀린* 것인가?

a. 온도를 높이면 두 액체의 증기압이 증가한다.

b. 분자 간 인력은 (액체) 다이메틸 에테르보다 (액체) 에탄올에서 더 강하다.

c. 다이메틸 에테르의 정상 끓는점은 에탄올의 정상 끓는점보다 높을 것이다.

d. 증기압이 400 torr와 같은 온도가 에탄올(다이메틸 에테르보다)에 대해 더 높은 이유는 다이메틸 에테르와 달리 에탄올에 비교적 강한 수소 결합이 있기 때문이다.

107. 다음 자료를 그래프로 그린 후 마그네슘과 리튬에 대한 $\Delta H_{증발}$을 결정하라. 어떤 금속에서 결합이 더 강한가?

증기압(mm Hg)	온도(°C)	
	Li	Mg
1.	750.	620.
10.	890.	740.
100.	1080.	900.
400.	1240.	1040.
760.	1310.	1110.

108. 액체 질산에 대한 다음 자료에서 증발열과 정상 끓는점을 결정하라.

온도(℃)	증기압(mm Hg)
0.	14.4
10.	26.6
20.	47.9
30.	81.3
40.	133
50.	208
80.	670.

109. 미국 Colorado주 Breckenridge에서의 기압은 보통 520. torr이다. Breckenridge에서의 물($\Delta H_{증발}$ = 40.7 kJ/mol)의 끓는점은 얼마인가?

110. 압력밥솥 안의 온도는 115°C이다. 이 압력밥솥 안에서의 물의 증기압을 계산하라. 만약 증기압이 3.50 atm이라면, 이때 압력밥솥 안의 온도는 얼마가 되겠는가?

111. 사염화 탄소, CCl_4는 40.°C에서 213 torr, 80.°C에서 836 torr의 증기압을 갖는다. CCl_4의 정상 끓는점은 얼마인가?

112. 아세톤의 정상 끓는점은 56.5°C이다. 5300피트의 고도에서 대기압은 630. torr이다. 이 고도에서 아세톤($\Delta H_{증발}$ = 32.0 kJ/mol)의 끓는점은 얼마인가? 이 고도에서 25.0°C에서 아세톤의 증기압은 어떻게 될까?

113. 다이에틸 에테르($CH_3CH_2OCH_2CH_3$)는 마취제로 사용된 첫 화학 약품이다. 34.6°C에서 다이에틸 에테르의 증기압은 760. torr이고, 17.9°C에서 증기압은 400. torr이다. 다이에틸 에테르의 $\Delta H_{증발}$을 구하라.

114. 수은은 실온에서 액체인 유일한 금속이다. 수은 증기가 흡입되면 폐에 쉽게 흡수되어 심각한 건강 위험을 초래한다. 수은의 증발 엔탈피는 59.1 kJ/mol이다. 수은의 끓는점은 357°C이다. 25°C에서 수은의 증기압은 얼마인가?

115. 어떤 물질 X는 다음과 같은 성질을 갖는다. 이 물질 X에 대해 −50.°C에서 시작하여 가열 곡선을 그려라.

		비열	
$\Delta H_{증발}$	20. kJ/mol	C(*s*)	3.0 J/g · °C
$\Delta H_{용융}$	5.0 kJ/mol	C(*l*)	2.5 J/g · °C
끓는점	75°C	C(*g*)	1.0 J/g · °C
녹는점	−15°C		

116. 아래의 가열-냉각 곡선을 사용해서 다음 물음에 답하라.

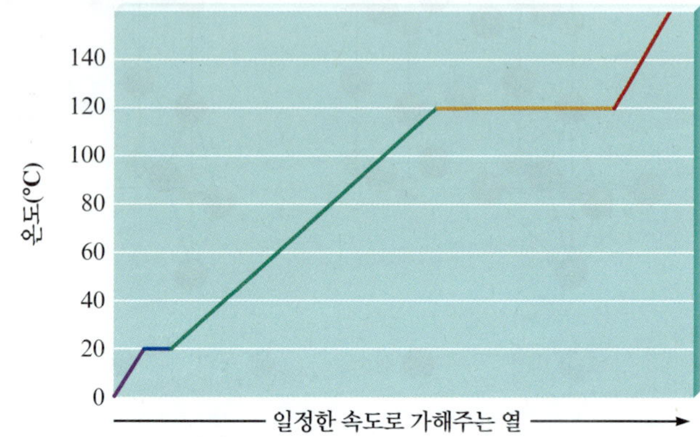

a. 액체의 어는점은 얼마인가?

b. 액체의 끓는점은 얼마인가?

c. 용융열과 증발열 중 어느 값이 더 큰 값인가? 각 용어를 설명하고 위의 가열-냉각 곡선이 질문에 답변하는데 어떤 도움이 되는지 설명하라.

117. 금속 소듐의 몰 용융열은 2.60 kJ/mol에 불과하지만, 증발열은 97.0 kJ/mol이다.

a. 증발열이 용융열에 비해 그렇게 큰 이유는 무엇인가?

b. 정상 녹는점에서 1.00 g의 소듐을 *녹이는 데* 필요한 열량은 얼마인가?

c. 정상 끓는점에서 1.00 g의 소듐을 *기화시키는 데* 필요한 열량은 얼마인가?

d. 정상 끓는점에서 1.00 g의 소듐이 응축될 때 방출되는 열량은 얼마인가?

118. 벤젠(C_6H_6)의 몰 용융열은 9.92 kJ/mol이다. 몰 증발열은 30.7 kJ/mol이다. 정상 녹는점에서 8.25 g의 벤젠을 녹이는 데 필요한 열량을 계산하라. 정상 끓는점에서 8.25 g의 벤젠을 기화시키는 데 필요한 열량을 계산하라. 증발열이 용융열보다 세 배 이상 큰 이유는 무엇인가?

119. 연습 문제 115에 데이터가 주어져 있다. 100.°C의 기체에서 −50.°C의 고체로 250. g의 X 물질을 변환하기 위해 제거해야 하는 에너지를 계산하라. X의 몰질량은 75.0 g/mol이라고 가정하라.

120. 다음의 데이터를 생각해 보자:

얼음의 비열용량 = 2.03 J/g · °C

$\Delta H_{용융}$ = 6.02 kJ/mol

물의 비열용량 = 4.18 J/g · °C

$\Delta H_{기화}$ = 40.7 kJ/mol

증기의 비열용량 = 2.02 J/g · °C

250 J/min의 일정한 속도로 H_2O 시료에 열을 가하여 H_2O의 가열 곡선을 작성한다. 물의 시료는 −100.°C에서 200.0°C로 가열되었다. 다음 중 가열 곡선에서 완료되는 데 가장 오랜 시간이 걸리는 부분은 어느 것인가? 시간은 얼마나 걸리는가?

a. 18 g의 $H_2O(s)$를 −100.°C에서 0.0°C까지 가열하는 과정
b. 0.0°C에서 18 g의 $H_2O(s)$를 18 g의 $H_2O(l)$로 만드는 과정(녹이는 과정)
c. 18 g의 $H_2O(l)$를 0.0°C에서 100.0°C까지 가열하는 과정
d. 100.0°C에서 18 g의 $H_2O(l)$를 18 g의 $H_2O(g)$로 만드는 과정(기화시키는 과정)
e. 18 g의 $H_2O(g)$를 100.0°C에서 200.0°C까지 가열하는 과정

121. −20.0°C의 0.500 kg 얼음을 250.0°C의 증기로 전환하려면 어느 정도의 에너지가 필요한가? 비열용량: 얼음, 2.03 J/g · °C; 액체, 4.18 J/g · °C; 증기, 2.02 J/g · °C; $\Delta H_{증발}$ = 40.7 kJ/mol; $\Delta H_{용융}$ = 6.02 kJ/mol.

122. 1.00몰 H_2O 시료를 −30.0°C에서 140.0°C까지 가열하려면 어느 정도의 에너지가 필요한가? (연습 문제 121 참조)

123. 질량을 알 수 없는 어떤 물에 385 kJ의 에너지를 더하면 온도는 50.0°C에서 150.0°C로 증가한다. 물 시료의 질량을 계산하라. H_2O의 경우: 끓는점 = 100.0°C, $H_2O(l)$의 비열용량 = 4.18 J/g · °C, $H_2O(g)$의 비열용량 = 2.02 J/g · °C, $\Delta H_{증발}$ = 40.7 kJ/mol 이다.

124. 에탄올($C_2H_{25}OH$)은 어는점이 −114°C이고 끓는점이 78°C이다. 액체 에탄올의 비열용량은 2.5 J/g · °C이고 기체 에탄올의 비열용량은 1.5 J/g · °C이다. 48°C의 에탄올 2.00몰 시료를 108°C로 가열하면 이 과정에 95 kJ의 열이 필요하다. 에탄올의 기화 엔탈피($\Delta H_{증발}$ = ?)를 계산하라.

125. 각각 30.0 g의 질량을 갖는 18개의 얼음 큐브를 만들기에 충분한 22.0°C의 물을 담고 있는 얼음그릇이 있다. CF_2Cl_2를 냉매로 사용하는 냉장고 냉동 칸에 이 그릇을 넣었다. CF_2Cl_2의 증발열은 158 J/g이다. 22.0°C에 있는 모든 물을 −5.0°C의 얼음으로 바꾸려면 냉장 과정에서 얼마만한 질량의 CF_2Cl_2가 증발되어야 하는가? $H_2O(s)$과 $H_2O(l)$의 열용량은 각각 2.03 J/g · °C과 4.18 J/g · °C이며, 얼음의 용융 엔탈피는 6.02 kJ/mol이다.

126. 소듐 금속 조각 0.250 g을 모두 0°C에 있는 50.0 g의 물과 50.0 g의 얼음의 혼합물에 조심스럽게 떨어뜨렸다. 일어나는 반응은 다음과 같다.

$$2Na(s) + 2H_2O(l) \longrightarrow 2NaOH(aq) + H_2(g) \quad \Delta H = -368 \text{ kJ}$$

주위로 열손실이 없다고 가정하다면, 얼음이 녹을 것인가? 마지막 혼합물의 열용량이 4.18 J/g · °C라고 가정하고 최종 온도를 계산하라. 얼음의 용융 엔탈피는 6.02 kJ/mol이다.

127. 아래 상평형 그림을 보자. *A*에서 *H*까지의 각 점에서 어떤 상태가 존재하는가? 삼중점, 정상 끓는점, 정상 어는점, 임계점을 각각 지적하라. 고체와 액체 중 어느 상태의 밀도가 더 큰가?

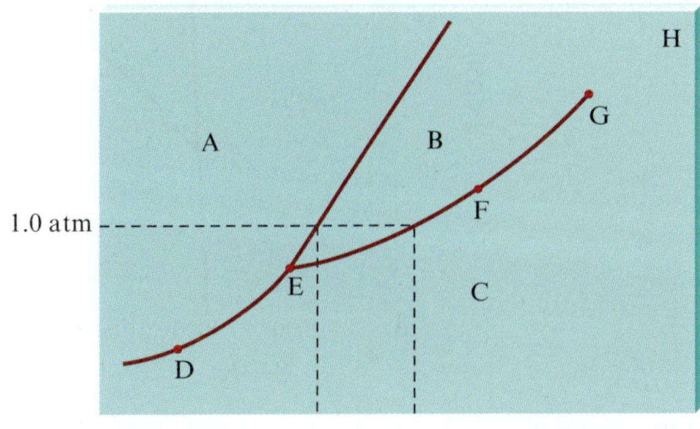

128. 황은 두 개의 고체상(two solid phases)인, 사방정계와 단사정계 상을 가지고 있다. 다음 황에 대한 상평형 그림을 사용하여 다음 질문에 답하라. (상평형 그림은 척도대로 그리지 않았다.)

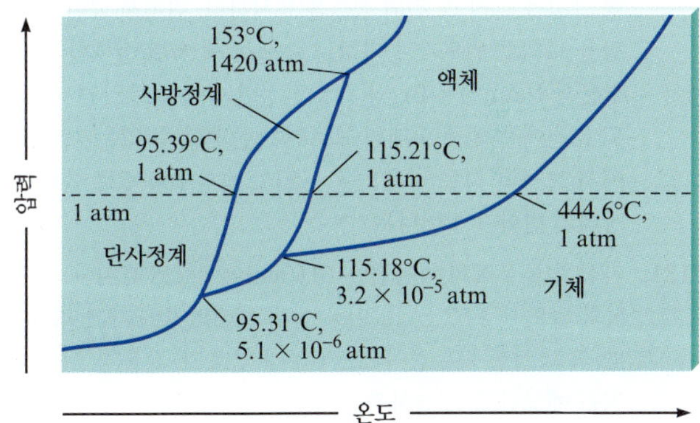

a. 상평형 그림에는 몇 개의 삼중점이 있는가?
b. 각 삼중점에서 어떤 상들이 평형을 이루고 있는가?
c. 1 atm, 100.°C에서 무엇이 안정한 상인가?
d. 황의 정상 녹는점과 정상 끓는점은 얼마인가?
e. 어느 상이 더 밀도가 큰가?
f. 1.0×10^{-5} atm의 압력에서 사방정계 상이 승화를 할 수 있는가?
g. 100.°C의 황 시료에 대해 압력을 1.0×10^{-8} atm에서 1500 atm으로 높였을 때 어떠한 상태의 변화가 일어나는가?

129. 탄소에 대한 아래 상평형 그림을 이용하여 다음 물음에 답하라.

a. 상평형 그림에는 몇 개의 삼중점이 있는가?
b. 각 삼중점에서 어떤 상들이 평형을 이루고 있는가?
c. 상온에서 흑연에 매우 높은 압력을 가하면 어떤 일이 일어나는가?
d. 압력 증가에 따라 밀도가 증가한다고 가정하면, 흑연과 다이아몬드 중 어느 것이 밀도가 더 큰가?

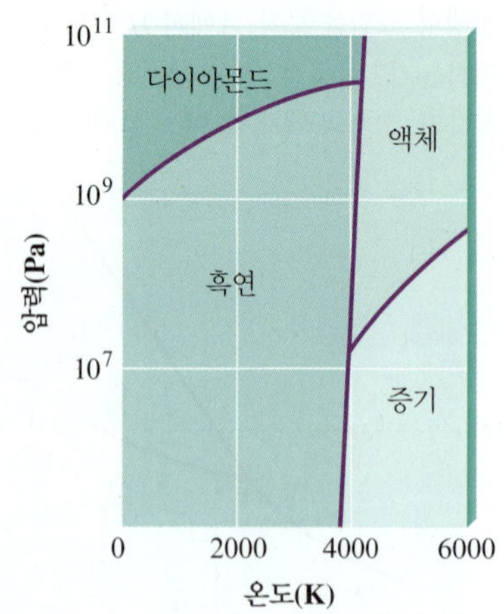

130. 대부분의 물질들처럼 브로민은 세 가지 전형적인 상 중 하나로 존재한다. Br_2의 정상 녹는점은 −7.2°C이며 정상 끓는점은 59°C이다. Br_2의 삼중점은 −7.3°C와 40 torr이며, 임계점은 320°C와 100 atm이다. 위 정보를 이용하여 브로민에 대한 상평형 그림을 그리고, 위의 점들을 표시하라. 위에서 그린 상평형 그림을 토대로 밀도가 증가하는 순으로 세 가지 상태를 나열하라. 상온과 1 atm에서 Br_2의 가장 안정한 상태는 무엇인가? 어떤 온도 조건에서 액체 상태의 브로민이 존재할 수 없는가? 0.10 atm에서 브로민 시료의 온도를 −50°C에서 200°C로 올리면 어떤 상태의 변화가 일어나는가?

131. 가상의 물질 X의 녹는점은 10.0 atm에서 225°C이다. 고체 상태 X의 밀도가 2.67 g/cm^{3}이고 액체 상태의 밀도가 2.78 g/cm^{3}일 때, X의 정상 녹는점이 225°C보다 낮을지, 같을지, 아니면 높을지를 예상하고, 설명하라.

132. 제논에 대한 다음 자료를 보자.

삼중점:	−121°C, 280 torr
정상 녹는점:	−112°C
정상 끓는점:	−107°C

Xe(*s*)와 Xe(*l*) 중 어느 것이 더 밀도가 큰가? 제논의 녹는점과 끓는점은 압력에 어떻게 좌우되는가?

화학 활동 문제

133. 두 분자 사이의 쌍극자–쌍극자 상호작용과 동일한 분자 내의 두 원자 사이의 공유 결합 중 어느 것이 더 강한가? 설명하라.

134. *n*-펜테인과 네오펜테인에 대한 다음 화학식을 생각해 보자.

$$CH_3—CH_2—CH_2—CH_2—CH_3$$

***n*-펜테인**

$$CH_3—C(CH_3)_2—CH_3$$

네오펜테인

두 화합물 모두 같은 식(C_5H_{12}, 몰질량 = 72.15 g/mol)을 가졌지만 *n*-펜테인은 36.2°C에서 끓고 네오펜테인은 9.5°C에서 끓는다. 이 두 가지 비극성 화합물 사이의 끓는점의 차이를 합리적으로 설명하라.

135. 다음 화합물 중에서 London 분산력만 갖고 있는 것은? 다음 화합물 중에서 수소 결합이 가능한 것은? 수소 결합이 없으며 쌍극자–쌍극자 간의 분자 간 힘만 있는 것은?

a. SF_4
b. CO_2
c. CH_3CH_2OH
d. HF
e. ICl_5
f. XeF_4

136. 다음 중 분자 간 힘에 대한 설명 중 옳은 것은?

a. 비극성 분자가 나타내는 분자 간 힘의 종류는 London 분산력이 유일하다.
b. London 분산력만 있는 분자는 항상 상온(25°C)의 기체일 것이다.
c. NH_3의 수소 결합력은 H_2O의 수소 결합력보다 강하다.
d. $SO_2(g)$의 분자는 쌍극자–쌍극자 상호작용을 나타낸다.
e. $CH_3CH_2CH_3$는 CH_4보다 London 분산력이 강하다.

137. 다음 설명 중에서 옳은 것은?

a. LiF는 25°C에서 H_2S보다 증기압이 더 크다.
b. HF는 −50°C에서 HBr보다 증기압이 더 낮다.
c. Cl_2는 Ar보다 끓는점이 더 높다.
d. HCl은 CCl_4에서 보다 물에 더 잘 녹는다.
e. MgO는 CH_3CH_2OH보다 25°C에서 증기압이 더 크다.

138. 다음 화합물을 생각해 보자. 실온(20°C)에서 모두 액체이다. 온도가 20°C에서 낮아지면 어떤 화합물이 먼저 얼겠는가?

a. $CH_3CH_2CH_2CH_2—C(=O)—H$
b. $CH_3CH_2CH_2—C(=O)—O—H$
c. $CH_3CH_2CH_2—C(=O)—CH_3$
d. $CH_3CH_2CH_2CH_2CH_2CH_3$
e. $CH_3CH_2CH_2CH_2CH_3$

139. 다음 표에 H_2O와 D_2O에 대한 물리적 성질을 보여주고 있다.

성질	H_2O	D_2O
20°C에서의 밀도(g/mL)	0.997	1.108
끓는점(°C)	100.00	101.41
녹는점(°C)	0.00	3.79
$\Delta H_{증발}$ (kJ/mol)	40.7	41.61
$\Delta H_{융융}$(kJ/mol)	6.02	6.3

이들 간의 차이를 설명하라. (*주의*: D는 수소의 동위원소인 ^2H를 나타내는 흔히 사용되는 기호이다.)

140. 다음 끓는점의 차이를 합리적으로 설명하라.

$CH_3C(=O)OH$ 118°C

$$\mathrm{ClCH_2C(=O)OH} \qquad 189°\mathrm{C}$$

$$\mathrm{CH_3C(=O)OCH_3} \qquad 57°\mathrm{C}$$

141. 세 가지의 다른 물질인 A, B 및 C에 대해 온도에 대한 증기압 곡선을 보자.

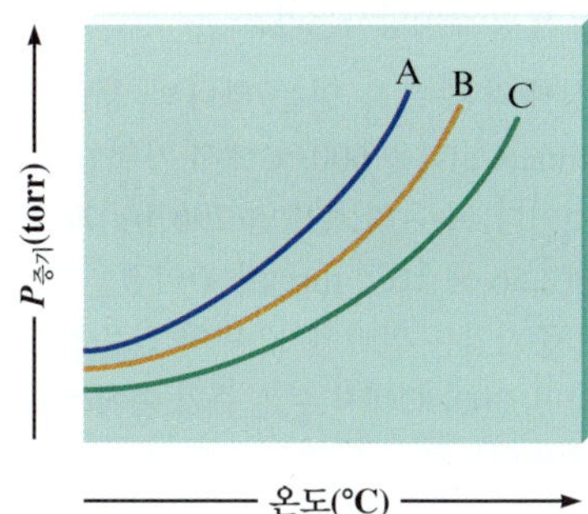

이 세 물질은 CH_4, SiH_4, NH_3이다. 각 곡선에 해당하는 물질은 무엇인가?

142. 다음의 엔탈피 변화를 생각해 보자.

$$\mathrm{F^- + HF \longrightarrow FHF^-} \qquad \Delta H = -155 \text{ kJ/mol}$$

$$\mathrm{(CH_3)_2C{=}O + HF \longrightarrow (CH_3)_2C{=}O\text{---}HF} \qquad \Delta H = -46 \text{ kJ/mol}$$

$$\mathrm{H_2O}(g) + \mathrm{HOH}(g) \longrightarrow \mathrm{H_2O\text{---}HOH} \text{ (얼음에서)} \qquad \Delta H = -21 \text{ kJ/mol}$$

수소가 결합된 원소의 전기음성도가 변하는 데에 따라 수소 결합력의 세기가 어떻게 변하는가? 다음의 수소 결합은 앞의 어느 경우에 해당되리라 여기는가?

$$\mathrm{{-}N\text{---}HO{-}} \quad \text{과} \quad \mathrm{{-}N\text{---}H{-}N}$$

143. 알려지지 않은 물질 X에 대해 다음 자료를 생각하자.

$\Delta H_{증발} = 20.00$ kJ/mol
$\Delta H_{용융} = 5.00$ kJ/mol
고체의 비열 = 3.00 J/g · °C
액체의 비열 = 2.50 J/g · °C
끓는점 = 75.0°C
녹는점 = −15.0°C
몰질량 = 100.0 g/mol

물질 X를 가열하면, 에너지(열)는 450.0 J/min의 일정한 속도로 가해진다. 이 속도로 10.0 g의 X를 −35.0°C에서 25.0°C로 가열하는 데 얼마나 걸리겠는가?

144. 연습 문제 143에서 주어진 물질 X의 자료를 생각해 보자. 1.000 mol의 $X(g)$가 100.0°C에서 50.0°C로 낮아져 $X(l)$이 생성되면 28.75 kJ의 열이 방출된다. $X(g)$의 비열을 계산하라.

145. 순수한 플루오린화 제논의 단위 세포는 아래와 같다. 이 화합물의 실험식은 어떻게 되는가?

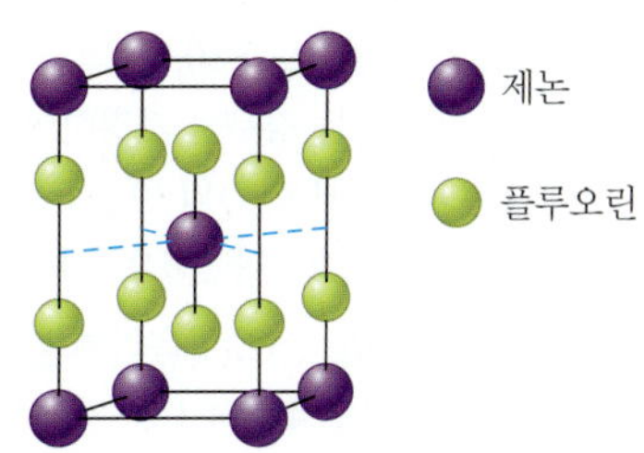

146. 질소화 붕소(BN)는 두 가지 형태로 존재한다. 첫 번째는 BCl_3와 NH_3를 반응시킨 후 750°C에서 암모니아 분위기에서 가열하면 만들어지는 미끄러운 고체이다. 이 첫 번째 형태의 BN을 1800°C에서 85,000 atm의 압력을 가하면 두 번째로 가장 딱딱한 물질로 알려진 두 번째 형태가 만들어진다. 3000°C에서 이 두 형태의 BN은 모두 고체로 남아 있다. BN의 두 가지 형태의 구조를 제시해 보라.

147. 네 가지 다른 물질에 대한 다음 자료를 보자.

화합물	고체 상태의 전기 전도도	다른 성질
B_2H_6	없음	25°C에서 기체
SiO_2	없음	높은 녹는점
CsI	없음	수용액은 전기를 전도함
W	있음	높은 녹는점

네 가지 물질을 이온성, 그물형, 금속성, 또는 분자성 고체 중 어느 것인지 지적하라.

148. 아르곤은 고체상에서 입방 최조밀 쌓임 구조를 가지고 있다. 아르곤의 반지름이 190. pm라고 가정하고, 고체 아르곤의 밀도를 계산하라.

149. 폴로늄 금속의 밀도는 9.2 g/cm^{3}이다. 폴로늄의 확장 격자가 단순 입방 세포를 나타낸다면 폴로늄의 원자 반지름을 예측하라.

150. K_2O 화합물의 구조는 입방 최조밀 구조로 산소 이온 배열의 사면체 공간에 포타슘이 있다. 이 고체에서 사면체 공간이 차지하는 비율은 몇 %인가?

151. 연(軟)망간광(pyrolusite)은 망가니즈 이온과 산소 이온을 갖고 있는 광물이다. 이 구조는 육방 최조밀 구조로 단위 세포에 망가니즈 이온과 산소 이온 2개를 포함하는 구조이다. 이때 산소 이온은 각각 두 면에 존재한다. 연망간광에서 망가니즈 이온의 전하는 얼마인가?

152. 각 물질들이 어떤 종류의 고체(그물형, 금속성, 8A족, 이온성, 분자성)인지 나타내라.

a. Kr
b. SO_2
c. Ni
d. SiO_2
e. NH_3
f. Pt

153. 20.0°C에서 액체 벤젠(C_6H_6)을 통해 건조된 질소 가스를 기포로 통과시켰다. 질소는 기체 상태 그대로이면서 벤젠의 증기압은 무시할 정도로 낮은 온도를 갖는 트랩에 이 가스 혼합물 100.0 L를 통과시켜 24.7 g의 벤젠을 응축시켰다. 20.0°C에서 벤젠의 증기압은 얼마인가?

154. $-10.0°C$의 얼음 시료 20.0 g과 80.0°C의 물 100.0 g을 혼합하였다. 주변에 열 손실이 없는 경우를 가정하여 혼합물의 최종 온도를 계산하라. $H_2O(s)$와 $H_2O(l)$의 열용량은 각각 2.03, 4.18 J/g · °C이며 얼음의 용융 엔탈피는 6.02 kJ/mol이다.

155. 얼음의 열용량은 2.03 J/g · °C, 얼음의 핵융합 엔탈피는 6.02 kJ/mol, 액체 물의 열용량은 4.184 J/g · °C이다. $-5.0°C$의 얼음을 생각해 보자. 각 얼음은 1몰의 H_2O를 포함하고 있다. 액체 상태의 물 500.0 g을 23.0°C에서 2.0°C로 냉각하는 데 필요한 $-5.0°C$ 얼음의 최소 개수는 얼마인가?

156. 195°C에서 500.0 g의 원소 시료를 얼음과 물의 혼합물에 떨어뜨린다. 109.5 g의 얼음이 녹고, 녹은 후에 얼음과 물의 혼합물이 남게 된다. 원소의 비열용량을 계산하라(연습 문제 155 참조).

157. 특수 용기(그림 10.45 참조)에 증기 공간으로 연결된 얼음과 과냉각수(둘 다 $-10°C$)가 들어있다. 시간이 지남에 따라 얼음과 물의 양이 어떻게 되는지 설명하라.

158. 건조한 기후의 지역에서 공기를 차갑게 하는 데 증발형 냉방기가 사용된다. 전형적인 전기 냉방기는 1.00×10^4 Btu/h의 용량을 갖는다(1 Btu, 즉 British thermal unit은 1 lb의 물을 1°F 올리는 데 필요한 에너지이다). 이 전형적인 전기 냉방기만큼 열을 발산하려면 시간당 얼마만큼의 물이 증발되어야 하는가?

159. 0°C 얼음 403 g을 전자레인지에 넣고 750. W (750. J/s)에 달하는 에너지를 5.00분 동안 가해주었다. 물의 최종 온도는 얼마인가? 전자레인지의 모든 에너지를 물이 흡수하였고 물이 손실한 열은 없다고 가정한다(연습 문제 120 참조).

160. 다음 상평형 그래프를 정확하게 설명하는 것을 골라라.

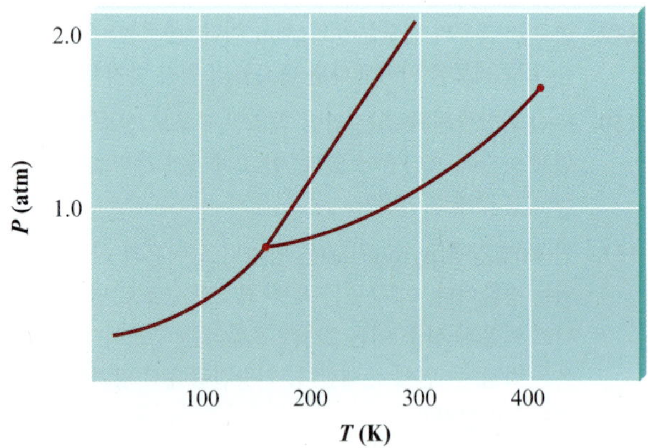

a. 1 atm의 압력에서, 온도를 50 K에서 400 K로 올린다면, 물질은 대략 185 K에서 끓는다.

b. 2 atm의 조건하에서, 이 물질의 액체상은 어떤 온도에서도 존재할 수 없다.

c. 삼중점은 대략 165 K이다.

d. 1.5 atm의 압력에서 물질의 녹는점은 대략 370 K이다.

e. 임계점은 대략 1.7 atm과 410 K에서 일어난다.

161. NH_3의 임계점은 132°C와 111 atm이며, N_2의 임계점은 $-147°C$와 34 atm이다. 이들 중 어느 물질이 상온에서 아무리 압력을 가해도 액화가 되지 않는가? 설명하라.

162. 에탄올의 증발 엔탈피는 정상 끓는점인 351 K에서 42.4 kJ/mol이다.

$$C_2H_5OH(l) \rightarrow C_2H_5OH(g) \qquad \Delta H = 42.4 \text{ kJ}$$

1.00기압과 351 K에서 이 기화 과정에 대한 ΔE를 계산하라.

163. 미지의 반도체 물질 0.132몰 시료의 화학식 XY의 질량은 19.0 g이다. 원소 X는 $[Kr]5s^24d^{10}$의 전자 배열을 갖는다. 이 반도체 물질은 무엇인가? 반도체 내의 소량의 Y 원자는 $[Ar]4s^23d^{10}4p^5$의 전자 배열을 갖는 등가 양의 원자로 대체된다. 이것은 n-형 또는 p-형 도핑에 해당하는가?

164. 원소 상태의 수은을 얻는 하나의 방법은 cinnabar(HgS)와 quicklime(CaO)을 600.°C에서 가열한 후 수은 증기를 응축시키는 것이다. 수은의 증발열(296 J/g)과 25.0°C에서의 수은의 증기압(2.56×10^{-3} torr)이 주어졌을 때, 300.°C에서 응축된 수은의 증기압은 얼마인가? 만약 반응을 15.0 L의 닫힌 용기에서 했다면, 300.°C에서 수은 증기 속에는 얼마나 많은 개수의 수은 원자가 있는가?

도전 문제

165. 벤젠 1몰이 1.00 atm의 일정한 압력과 끓는점인 353.0 K에서 증발할 때, 30.79 kJ의 에너지(열)가 흡수되며, 부피 변화는 +28.90 L이다. 이 과정의 ΔE와 ΔH는 얼마인가?

166. 여러분과 친구들은 각각 $XeCl_2F_2$의 식을 갖는 화합물을 합성하였다. 당신이 만든 화합물은 액체인데, 친구들이 만든 화합물은 기체이다(동일한 온도와 압력 조건에서). 어떻게 동일한 식의 두 물질이 동일한 압력과 온도 조건에서 다른 상태로 존재할 수 있는지를 설명하라.

167. 연습 문제 120에 주어진 물의 용융열과 증발열을 사용하여 물의 승화에 대한 엔탈피 변화를 계산하라.

$$H_2O(s) \longrightarrow H_2O(g)$$

연습 문제 142에서 주어진 ΔH 값과 물 분자가 이룰 수 있는 수소 결합의 수로부터 얼음에 존재하는 분자 간 힘 중 얼마만큼이 수소 결합에 기인하는 것인지를 예측하라.

168. 완전히 밀폐되고 단열된 용기가 있다고 하자. 25°C의 물 1갤런(gallon)을 완전히 기화시키는 데 필요한 최소의 부피가 얼마인지를 결정하라. 만약 용기가 입방체라면, 그 크기를 피트(feet) 단위로 결정하라. 물의 밀도는 0.998 g/cm^{3}으로 한다.

169. 두 다른 유기 화합물이 있는데, 둘 다 C_2H_6O의 식을 갖는다. 이 중 하나는 상온에서 액체이며, 다른 하나는 기체이다. 이 관찰 결과와 일치하는 각각의 Lewis 구조를 쓰고, 답에 대하여 설명하라. (*힌트*: 두 구조 모두에서 산소는 팔전자 규칙을 만족하며, 두 개의 결합과 두 개의 비공유 전자쌍을 갖는다.)

170. 다음 유기 화합물들에 대하여 물리적 성질의 차이를 분자 간 힘으로 설명하라. 처음 세 물질을 상호 비교하고, 이어서 다음에 오는 세 물질을 상호 비교한 후, 여섯 개의 물질을 다 함께 비교하라. 어떤 비정상적인 측면이 발견되는가?

	끓는점(°C)	녹는점(°C)	ΔH 증발 (kJ/mol)
벤젠, C_6H_6	80	6	33.9
나프탈렌, $C_{10}H_8$	218	80	51.5
사염화 탄소	76	−23	31.8
아세톤, CH_3COCH_3	56	−95	31.8
아세트산, CH_3CO_2H	118	17	39.7
벤조산, $C_6H_5CO_2H$	249	122	68.2

171. 다음 녹는점 자료를 보자.

화합물	NaCl	$MgCl_2$	$AlCl_3$	$SiCl_4$	PCl_3	SCl_2	Cl_2
녹는점(°C)	801	708	190	−70	−91	−78	−101
화합물	NaF	MgF_2	AlF_3	SiF_4	PF_5	SF_6	F_2
녹는점(°C)	997	1396	1040	−90	−94	−56	−220

위 녹는점의 경향을 입자 간 힘으로 설명하라.

172. 어떤 이온 결합 화합물들에서는 서로 다른 전하의 양이온이 섞여 있는 경우가 있다. 예를 들어 wüstite는 Fe^{2+}와 Fe^{3+}를 모두 가지고 있는 산화물로 $Fe_{0.950}O_{1.00}$의 식을 갖는다. Fe^{3+} 이온으로 존재하는 철 이온의 분율을 계산하라. 이 고체에서, 정상적으로는 Fe^{2+}로 채워져 있어야 할 자리의 얼마만큼이 비어 있는 것인가?

173. 어떤 이온 결합 화합물들은 다른 전하 상태의 양이온들을 함께 가지고 있다. 예로서 일부 타이타늄 산화물은 Ti^{2+}와 Ti^{3+} 이온을 같이 가지고 있다. Ti^{2+}와 Ti^{3+} 이온을 섞어 가지고 있으며 질량으로 28.31%의 산소를 가지고 있는 타이타늄 산화물을 생각해 보자. 이 화합물의 식을 결정하고 Ti^{2+}와 Ti^{3+}의 상대적인 개수를 결정하라.

174. 스피넬(spinel)은 질량으로 37.9%의 알루미늄, 17.1%의 마그네슘, 45.0%의 산소를 가지고 있는 미네랄로, 밀도가 3.57 g/cm^{3}이다. 입방 단위 세포의 모서리 길이는 809 pm이다. 하나의 단위 세포에 각 이온이 몇 개 들어 있는가?

175. Mn은 Cu와 같은 형태의 입방 단위 세포로 결정화가 된다. Mn의 반지름이 Cu의 반지름보다 5.6% 더 크고, 구리의 밀도가 8.96 g/cm^{3}이라 할 때, Mn의 밀도를 계산하라.

176. 어떤 금속은 고압 하에서 600°C의 공기 중에서 연소하여 화학식 MO_2의 산화물을 형성한다. 이 화합물은 질량 대비 23.72%가 산소이다. 이 금속의 입방체에서 가장 최조밀 쌓임 결정에서 원자와 접촉하는 거리는 269.0 pm이다. 이 금속은 무엇인가? 밀도는 얼마인가?

177. 진공 펌프(용기로부터 기체를 뽑아내는 장치)에 연결된 밀봉 유리 용기에 물을 조금 넣고 진공 펌프를 틀었다. 물이 끓는가 싶더니 이내 얼었다. 물의 상평형 그림을 사용하여 이러한 변화를 설명하라. 만약 계속 진공 펌프를 틀어놓으면 얼음에 어떤 일이 일어나겠는가?

178. 373 K와 1.00 atm에서 물의 몰당 증발 엔탈피는 40.7 kJ/mol이다. 이 에너지의 얼마만큼이 물의 내부 에너지를 변화시키는 데 사용되었으며, 얼마만큼이 대기에 대해 일을 하는 데 사용되었는가? (*힌트*: 물의 증기가 이상 기체라고 가정한다.)

179. 단순 입방 배열에서 배열에 사용된 구의 반지름을 이용하여 내부(입방 구멍)에 있는 구의 부피를 구하라.

180. 염화 루비듐은 상압에서 염화 소듐 구조를 갖지만, 높은 압력에서는 염화 세슘의 구조를 갖는다(연습 문제 85 참조). 이 두 형태에 대해 예상되는 밀도의 비율은 얼마인가? 이러한 구조의 변화가 간단한 모형에 근거하여 설명되는가? Rb^+와 Cl^-의 반지름은 각각 148 pm와 181 pm이다.

마라톤 문제

이 문제들은 여러 가지 개념과 기법을 하나의 상황으로 통합하도록 구성되었다.

181. Zod 장군은 Lex Luthor에게 슈퍼맨을 해칠 수 있는 오직 하나의 물질인, 구리 색깔을 갖는 새로운 형태의 kryptonite라고 주장하는 물질을 팔았다. 도둑들 사이에 명예 같은 건 없다고 믿는 Lex는 이 kryptonite로 일련의 실험을 해 보기로 결정하였다. 이전의 실험으로부터 Lex는 kryptonite가 0.082 J/g · °C의 열용량과 9.2 g/cm^{3}의 밀도를 갖는 금속이라는 것을 알고 있다.

Lex Luther의 첫 번째 실험은 kryptonite의 열용량을 알아내는 것이다. 그는 10 g ± 3 g의 금속 시료를 100.0°C ± 0.2°C의 온도에 있는 끓는 물에 넣었다. 금속이 물 온도에 도달할 때까지 기다렸다가 처음 온도 25.0°C ± 0.2°C의 열량계에 있는 100 g ± 3 g의 물에 잽싸게 옮겼다. 물과 금속의 최종 온도는 25.2°C이다. 이 결과들을 토대로 구리와 kryptonite를 구별하는 것이 가능한가? 설명하라.

Lex가 그의 첫 번째 실험 결과가 신통치 않다는 것을 발견하고 시료의 밀도를 결정하기로 하였다. 더 좋은 저울을 훔친 그는 kryptonite의 무게가 4 g ± 1 g임을 측정하였다. 그는 이 시료를 25 mL 메스실린더에 담긴 물속에 떨어뜨리고, 이어 부피 0.42 mL ± 0.02 mL의 물이 대치되었음을 발견하였다. 이 금속은 구리인가, 아니면 kryptonite인가? 설명하라.

Lex는 마침내 Zod 장군이 건넨 금속의 결정 구조를 결정하기로 하였다. 그는 입방 단위 세포가 4개의 원자를 가지고 있고, 하나의 모서리 길이가 600. pm임을 알아내었다. 이 정보를 통해 어떻게 Lex가 이 금속이 구리인지 kryptonite인지를 알 수 있을지를 설명하라.

Lex가 kryptonite를 가지고 슈퍼맨을 찾아갈 것이라 생각하는가? 아니면 Zod 장군에게 복수를 하러 가리라고 생각하는가? 결정 구조를 알아내는 데까지 가지 않으려면, 그의 실험 과정을 어떻게 개선하면 되겠는가?

Chapter **11**

오팔 보석을 함유한 오팔 암석.
(The Natural History Museum / Alamy Stock Photo)

용액의 특성

Properties of Solutions

우리가 일상 생활 속에서 마주치는 대부분의 물질은 혼합물이다. 나무, 우유, 가솔린, 샴페인, 바닷물, 샴푸, 강철, 공기는 혼합물의 일반적인 예들이다. 혼합물의 구성 성분들이 균일하게 섞인 경우 이러한 것을 *용액*(*solution*)이라고 부른다. 용액은 표 11.1에 보인 것처럼 기체일 수도, 액체일 수도, 또는 고체일 수도 있다. 그러나 이 장에서는 액체상의 용액, 그중에서도 특히 물을 포함하는 용액에 대하여 다룰 것이다. 제4장에서 본 바와 같이, 많은 중요한 화학 반응이 수용액 상태에서 일어나며, 이것은 물이 다양한 종류의 물질을 녹일 수 있는 능력이 있기 때문이다.

11.1 용액의 조성

용질은 용해되는 물질이다. 용매는 녹이는 매질이다.

몰농도 = $\frac{\text{용질의 몰 수}}{\text{용액의 리터 수}}$

화합물과는 달리, 혼합물은 조성이 다를 수 있기 때문에 용액 중에 있는 물질들의 상대적 양을 일일이 나타내야 한다. 용액의 농도를 나타낼 때, *묽은*(*dilute*, 비교적 적은 양의 용질이 있을 때)과 *진한*(*concentrated*, 비교적 많은 양의 용질이 있을 때)이란 정성적인 용어가 흔히 사용되지만, 계산을 하기 위해서는 용액의 조성을 좀 더 정확하게 정의할 필요가 있다. 예를 들어, 제4장에서 용액에서 진행되는 반응의 화학량론을 다룰 때 용액의 조성을 **몰농도**(molarity), 즉 용액 1 L에 들어 있는 용질의 몰 수(몰농도 기호를 M으로 나타냄)로 나타내는 것이 편리함을 배웠다.

용액의 조성을 나타내는 유용한 다른 방법들도 있다. **질량 백분율**(mass percent, 때때로 *무게 백분율*이라고 부름)은 용액 중에 있는 용질의 질량을 백분율로 나타낸다.

$$\text{질량 백분율} = \left(\frac{\text{용질의 질량}}{\text{용액의 질량}}\right) \times 100\%$$

액체끼리 혼합될 때, 가장 많은 양으로 존재하는 액체를 *용매*라고 한다.

용액의 조성을 나타내는 다른 방법은 **몰분율**(mole fraction, 그리스 문자 카이(χ)로 나타냄)로, 용액에 있는 분자의 전체 몰 수에 대한 주어진 성분의 몰 수의 비이다. 두 가지 성분으로 구성된 용액의 경우, n_A와 n_B가 각 성분의 몰 수를 나타낸다면, 몰분율은 다음과 같다.

$$\text{성분 A의 몰분율} = \chi_A = \frac{n_A}{n_A + n_B}$$

매우 묽은 수용액에서 몰랄농도와 몰농도의 크기는 거의 같다.

용액의 조성을 나타내는 또 다른 방법은 **몰랄농도**(molality, m으로 나타냄)로 몰랄농도는 *용매 1 kg에* 녹아 있는 용질의 몰 수이다.

$$\text{몰랄농도} = \frac{\text{용질의 몰 수}}{\text{용매의 질량}}$$

표 11.1 여러 유형의 용액

예	용액의 상태	용질의 상태	용매의 상태
공기, 천연 가스	기체	기체	기체
보드카, 부동액	액체	액체	액체
놋쇠	고체	고체	고체
탄산수	액체	기체	액체
바닷물, 설탕물	액체	고체	액체
백금 속의 수소	고체	기체	고체

대화형 예제 11.1 용액의 조성을 표시하는 여러 가지 방법들

1.00 g의 에탄올(C_2H_5OH)을 물 100.0 g과 섞어 101 mL의 수용액을 얻었다. 이 수용액의 몰농도, 질량 백분율, 몰분율 및 몰랄농도를 계산하라.

몰농도는 용액의 부피에 따라 다르므로 온도에 따라 약간 변한다. 몰랄농도는 질량에만 의존하기 때문에 온도와 무관하다.

풀이 **몰농도**

에탄올의 몰 수는 몰질량(46.07 g/mol)으로부터 얻을 수 있다.

$$1.00\ \text{g}\ C_2H_5OH \times \frac{1\ \text{mol}\ C_2H_5OH}{46.07\ \text{g}\ C_2H_5OH} = 2.17 \times 10^{-2}\ \text{mol}\ C_2H_5OH$$

$$\text{부피} = 101\ \text{mL} \times \frac{1\ \text{L}}{1000\ \text{mL}} = 0.101\ \text{L}$$

$$\blacksquare\ C_2H_5OH\text{의 몰농도} = \frac{C_2H_5OH\text{의 몰 수}}{\text{용액의 부피}} = \frac{2.17 \times 10^{-2}\ \text{mol}}{0.101\ \text{L}} = 0.215\ M$$

질량 백분율

$$\blacksquare\ C_2H_5OH\text{의 질량 백분율} = \left(\frac{C_2H_5OH\text{의 질량}}{\text{용액의 질량}}\right) \times 100\% = \left(\frac{1.00\ \text{g}\ C_2H_5OH}{100.0\ \text{g}\ H_2O + 1.00\ \text{g}\ C_2H_5OH}\right) \times 100\% = 0.990\%\ C_2H_5OH$$

몰분율

$$C_2H_5OH\text{의 몰분율} = \frac{n_{C_2H_5OH}}{n_{C_2H_5OH} + n_{H_2O}}$$

$$n_{H_2O} = 100.0\ \text{g}\ H_2O \times \frac{1\ \text{mol}\ H_2O}{18.0\ \text{g}\ H_2O} = 5.56\ \text{mol}$$

$$\blacksquare\ \chi_{C_2H_5OH} = \frac{2.17 \times 10^{-2}\ \text{mol}}{2.17 \times 10^{-2}\ \text{mol} + 5.56\ \text{mol}} = \frac{2.17 \times 10^{-2}}{5.58} = 0.00389$$

몰랄농도

$$\blacksquare\ C_2H_5OH\text{의 몰랄농도} = \frac{C_2H_5OH\text{의 몰 수}}{H_2O\text{의 kg}} = \frac{2.17 \times 10^{-2}\ \text{mol}}{100.0\ \text{g} \times \dfrac{1\ \text{kg}}{1000\ \text{g}}} = \frac{2.17 \times 10^{-2}\ \text{mol}}{0.1000\ \text{kg}} = 0.217\ m$$

연습 문제 11.47~11.51 참조

표 11.2 몇 가지 산과 염기의 몰질량, 당량, 몰농도와 노말농도 사이의 관계

산 또는 염기	몰질량	당량	몰농도와 노말농도 사이의 관계
HCl	36.5	36.5	1 *M* = 1 *N*
H_2SO_4	98	$\frac{98}{2} = 49$	1 *M* = 2 *N*
NaOH	40	40	1 *M* = 1 *N*
$Ca(OH)_2$	74	$\frac{74}{2} = 37$	1 *M* = 2 *N*

비판적 사고 다른 종류의 이온성 용질이 들어있는 두 개의 수용액이 주어졌다(용액 A, 용액 B). 용액 A의 농도가 용액 B보다 질량 백분율로 더 크지만, 몰랄농도로는 용액 B의 농도가 용액 A보다 더 크다고 말하면 어떻게 되겠는가? 이것이 가능한가? 가능하지 않다면 그 이유를 설명하라. 만약 가능하다면, A와 B의 용질에 대한 예를 제시하고, 계산을 통해 답의 근거를 제시하라.

당량의 정의는 용액 내에서 일어나는 반응에 따라 달라진다.

*당량 질량*이라 부르는 양은 전통적으로 *당량 무게*(*equivalent weight*)라고 불러 왔다.

산화–환원 반쪽–반응은 4.10절에서 논의하였다.

또 다른 농도의 단위로 **노말농도**(normality, *N*으로 나타냄)가 있다. 노말농도는 용액 1 L 속에 있는 용질의 *당량수*(number of *equivalent*)로 나타내며, 당량수는 용액에서 일어나는 반응에 따라 정의한다. *산–염기 반응에서* 1당량은 정확하게 양성자 1 mol을 내놓거나 받아들이는 산(H^+ 이온) 또는 염기의 질량으로 정의한다. 예를 들면, 표 11.2에서 H_2SO_4 1 mol은 양성자 2 mol을 내줄 수 있기 때문에, 황산 1당량은 몰질량을 2로 나눈 것임을 확인하라. 1 mol의 $Ca(OH)_2$는 2 mol의 OH^- 이온을 보유하고 있어 양성자 2 mol과 반응할 수 있기 때문에 수산화 칼슘의 당량 또한 몰질량을 2로 나눈 값이다. 당량은 1당량의 산이 정확히 1당량의 염기와 반응하도록 정의된 것임을 유의하라.

산화–환원 반응에서는 1 mol의 전자를 받아들이거나 내놓을 수 있는 산화제 또는 환원제의 양으로 당량을 정의한다. 따라서 환원제 1당량은 정확하게 산화제 1당량과 반응한다. 산화제 또는 환원제의 당량은 반쪽–반응에 나타나는 전자의 수로부터 계산될 수 있다. 예를 들면, 산성 용액에서 반응하는 MnO_4^-는 다섯 개의 전자를 받아들여 Mn^{2+}를 만든다.

$$MnO_4^- + 5e^- + 8H^+ \longrightarrow Mn^{2+} + 4H_2O$$

1 mol의 $KMnO_4$에 존재하는 MnO_4^- 이온이 5 mol의 전자를 소비하기 때문에 몰질량을 5로 나누면 당량이 된다.

$$KMnO_4\text{의 당량} = \frac{\text{몰질량}}{5} = \frac{158\text{ g}}{5} = 31.6\text{ g}$$

대화형 예제 11.2 몰농도로부터 용액의 조성비를 계산하는 여러 방법들

자동차 납 축전지에 들어 있는 전해질은 밀도가 1.230 g/mL인 3.75 *M* 황산 용액이다. 질량 백분율, 몰랄농도, 노말농도를 계산하라.

풀이 **g/L 단위로 나타낸 용액의 밀도는?**

$$1.230\frac{\text{g}}{\text{mL}} \times \frac{1000\text{ mL}}{1\text{ L}} = 1.230 \times 10^3\text{ g/L}$$

Mark Boulton/Alamy Stock Photo

▲
전통적인 내연기관이 장착된 자동차에 사용되는 최신형의 12V 납 축전지.

용액 1.00 L에 들어 있는 H_2SO_4의 질량은?

1.00 L의 용액은 1230. g의 황산과 물의 혼합물을 포함하고 있다. 용액의 몰농도는 3.75 *M*이므로, 1 L의 용액에 3.75 mol의 H_2SO_4이 들어 있음을 알 수 있다. 1 L 용액 속의 H_2SO_4의 질량은 다음과 같다.

$$3.75 \text{ mol} \times \frac{98.0 \text{ g } H_2SO_4}{1 \text{ mol}} = 368 \text{ g } H_2SO_4$$

용액 1.00 L에 들어있는 H_2O의 질량은?

1 L 용액 속의 물의 질량은 다음과 같다.

$$1230. \text{ g 용액} - 368 \text{ g } H_2SO_4 = 862 \text{ g } H_2O$$

질량 백분율은?

용질 및 용액의 질량을 알고 있으므로 질량 백분율을 계산할 수 있다.

$$\blacksquare\ H_2SO_4\text{의 질량 백분율} = \frac{H_2SO_4\text{의 질량}}{\text{용액의 질량}} \times 100\% = \frac{368 \text{ g}}{1230. \text{ g}} \times 100\%$$
$$= 29.9\%\ H_2SO_4$$

몰랄농도는?

용질의 몰 수와 용매의 질량으로부터, 용액의 몰랄농도를 계산할 수 있다.

$$\blacksquare\ H_2SO_4\text{의 몰랄농도} = \frac{H_2SO_4\text{의 몰 수}}{H_2O\text{의 질량(kg)}}$$
$$= \frac{3.75 \text{ mol } H_2SO_4}{862 \text{ g } H_2O \times \dfrac{1 \text{ kg } H_2O}{1000 \text{ g } H_2O}} = 4.35\ m$$

노말농도는?

각각의 황산 분자는 두 개의 양성자를 내어 놓으므로 1 mol의 황산은 2당량에 해당한다. 그러므로 3.75 mol/L의 황산 수용액 1 L는 2 × 3.75 = 7.50 당량의 황산을 포함한다.

■ 노말농도는 7.50 *N*이다.

연습 문제 11.57 참조

직업 속의 화학

교육자와 환경 보호 감시관

Mary Travaglini는 Maryland주 몽고메리 카운티 환경보호국 소속으로, 농약 관련 법규의 교육 및 집행과 환경 친화적 조경에 관한 업무를 담당하고 있다. 그녀는 파트타임으로 야생 모험가 활동을 했던 어린 시절의 경험이 자연에 대한 열정을 불러일으켰다고 말한다.

Mary는 Cornell과 Michigan 대학교에서 자연자원학과 조경학 학위를 각각 취득하였다. 현재 토양 생물학 연구에서 미생물 간 생화학적 상호작용이 매우 중요하므로 화학적 지식을 자주 활용하고 있다. 식물 용해도, 인(P)의 흡수, 토양 pH 등 어떤 것이든, Travaglini는 "자연계 내의 우리 주변의 모든 것은 화학이다"라고 강조한다.

Mary Travaglini

11.2 용액 형성의 에너지

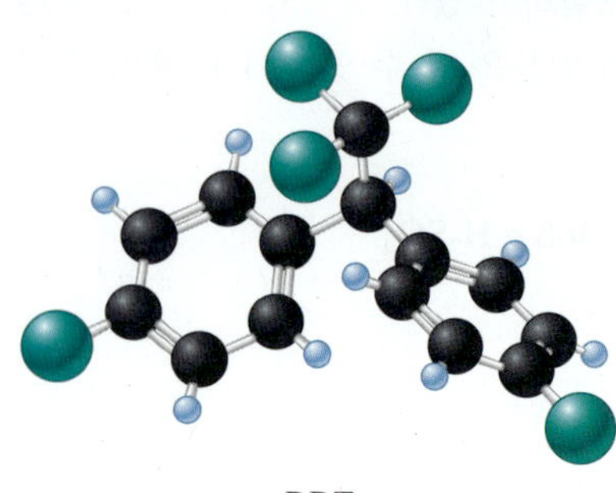
DDT

액체에 용질을 녹이는 것은 매우 흔한 일이다. 채소를 요리할 때 소금을 녹이고, 차가운 홍차에 설탕을 녹이고, 세탁 용매에 때를 녹이고, 탄산수를 만들기 위해 물에 기체 이산화 탄소를 녹이고, 가소홀(gasohol)을 만들기 위해 가솔린에 에탄올을 녹인다.

용해도는 다른 면으로도 중요하다. 예를 들면, 살충제인 DDT가 지방에 녹기 때문에 동물의 조직에 남아 농축되어 해를 입힌다. 이 때문에 모기를 구제하는 데 효과적이지만, 미국에서는 DDT의 사용이 금지되었다. 또한, 여러 가지 비타민의 용해도는 정확한 복용량을 결정하는 데 중요하다. 황산 바륨은 용해도가 낮기 때문에 Ba^{2+} 이온의 독성이 상당히 큼에도 불구하고 위장의 X-선 촬영을 쉽게 만드는 데 안전하게 사용할 수 있다.

용해도에 영향을 미치는 요인은 무엇인가? 용해도의 기본 법칙은 *비슷한 것은 비슷한 것을 녹인다(like dissolves like)*는 것이다. 극성 또는 이온성 용질을 녹이기 위해서는 극성 용매를 사용해야 하고, 비극성 용질을 녹이기 위해서는 비극성 용매를 사용하여야 한다. 이제 그 이유를 살펴보자. 논의를 간단히 하기 위하여 액체 용액의 형성이 세 가지의 서로 다른 단계로 진행된다고 가정하자.

극성 용매는 극성 용질을 녹인다. 비극성 용매는 비극성 용질을 녹인다.

1. 용질이 각 성분으로 분리된다(용질의 팽창).
2. 용매 분자 사이의 인력을 극복하여, 용질이 들어갈 수 있는 공간을 만든다(용매의 팽창).
3. 용질과 용매 사이에 상호작용이 일어나 용액을 형성한다.

이 각 단계들을 그림 11.1에 나타내었다. 단계 1과 단계 2는 용질과 용매를 팽창시키기 위하여 힘을 극복해야 하므로 에너지를 필요로 한다. 단계 3은 보통 에너지를 내놓는다. 다른 말로 표현하면, 단계 1과 2는 흡열 과정이고, 단계 3은 발열 과정이다. **용해열**[enthalpy (heat) of solution, $\Delta H_{용해}$]이라는 용액 형성에 관계되는 엔탈피 변화는 각 단계의 ΔH 값의 합이다.

용해열(용해 엔탈피)은 용매와 용질을 팽창시키는 데 필요한 에너지와 용매-용질 상호작용 에너지의 합이다.

$$\Delta H_{용해} = \Delta H_1 + \Delta H_2 + \Delta H_3$$

여기에서 $\Delta H_{용해}$는 양의 부호(에너지 흡수) 또는 음의 부호(에너지 방출)일 수 있다(그림 11.2).

여기에서 $\Delta H_{용해}$에 기여하는 여러 가지 에너지 항의 중요성을 살펴보기 위하여 두 가

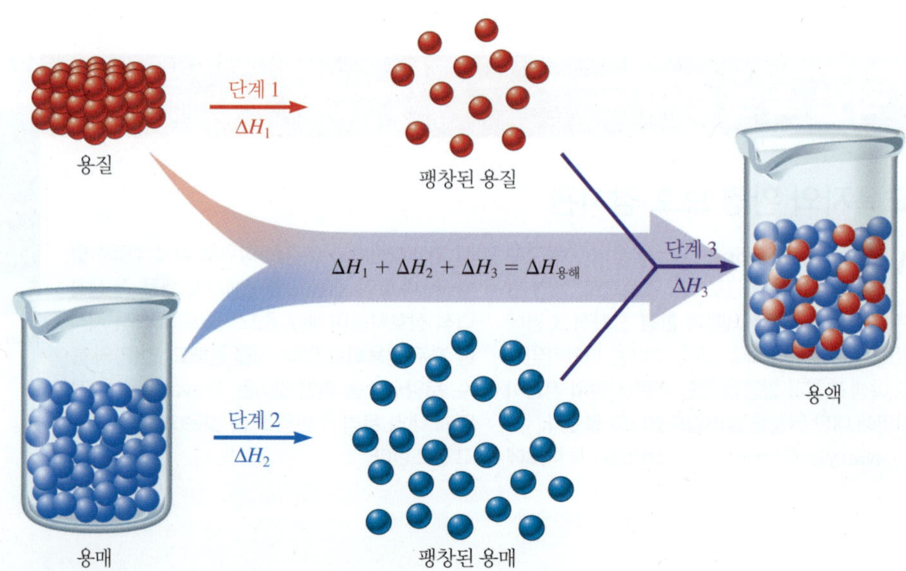

그림 11.1 용액의 형성은 3단계로 나눌 수 있다. (1) 용질의 팽창, (2) 용매의 팽창, (3) 팽창된 용매와 용질의 혼합에 의한 용액의 형성.

ΔH_1은 비극성 용질의 경우 작을 것으로 예측된다. 그러나 많은 수의 전자를 갖는 큰 분자는 큰 값을 갖는다.

지 경우를 살펴보자. 먼저 우리는 기름이 물에 녹지 않는 것을 알고 있다. 유조선에서 기름이 새면 원유가 물 표면에 뜨는 기름 층을 만들어 결국 해변까지 밀려온다. 이와 같은 기름과 물이 잘 섞이지 않는 사실은 관련되는 에너지 항으로 설명할 수 있다. 기름은 분자의 크기와 전자의 수에 의해 결정되는 London 분산력에 의해 인력을 받는 비극성 분자의 혼합물이다. 전형적인 비극성 용질의 ΔH_1 항은 작은 값일 것으로 예상되지만, 큰 기름 분자에서는 비교적 크다. 그러나 ΔH_2는 용매를 팽창시키기 위해 물 분자 사이의 수소 결합의 힘을 극복하기 위해 상당한 에너지를 필요로 하기 때문에 큰 양의 값이 된다. 언급한 바와 같이, 흔히 ΔH_3 항은 발열 과정이다. 이것은 극성 분자와 비극성 분자 사이의 상호작용에서도 마찬가지이다. 제10장에서 극성 분자가 이웃한 비극성 분자에 쌍극자를 유도할 수 있다는 것을 상기하라(이것은 쌍극자–유발 쌍극자 상호작용이라 부름). 그러나 이 상호작용의 크기는 쌍극자–쌍극자 상호작용의 크기만큼 크지 않다. 기름과 물의 경우, ΔH_3의 크기는 ΔH_1과 ΔH_2의 합보다 작을 것이다. 따라서 $\Delta H_{용해}$는 ΔH_1과 ΔH_2의 항 때문에 큰 양의 값을 갖는다. 기름–물 용액을 형성하는 데 많은 양의 에너지가 필요하므로, 이 과정은 거의 진행되지 않는다. 이러한 설명은 모든 비극성 용질과 극성 용매 사이에도 적용된다. 즉, 비극성 용질과 극성이 큰 용매는 용액을 만들 것으로 기대할 수 없다.

▲
물 위에 뜬 가솔린. 물은 극성 분자이므로 비극성 물질인 가솔린과 섞이지 않는다.

두 번째 경우로, 소금과 같은 이온성 용질의 물에 대한 용해도를 살펴보자. 여기서 ΔH_1 항은 결정의 강한 이온 사이의 인력을 극복해야 하기 때문에 매우 큰 양의 값이며, ΔH_2 항은 물 분자 사이의 수소 결합을 끊어야 하기 때문에 큰 양의 값이다. 끝으로 ΔH_3은 이온과 물 분자 사이의 강한 인력 때문에 큰 음의 값이다. 실제로 발열 항과 흡열 항은 아래처럼 서로 상쇄된다.

$$\mathrm{NaCl}(s) \longrightarrow \mathrm{Na}^+(g) + \mathrm{Cl}^-(g) \qquad \Delta H_1 = 786\ \mathrm{kJ/mol}$$

$$\mathrm{H_2O}(l) + \mathrm{Na}^+(g) + \mathrm{Cl}^-(g) \longrightarrow \mathrm{Na}^+(aq) + \mathrm{Cl}^-(aq) \qquad \Delta H_{수화} = \Delta H_2 + \Delta H_3 = -783\ \mathrm{kJ/mol}$$

여기에서 **수화 엔탈피(열)**[enthalpy (heat) of hydration, $\Delta H_{수화}$]는 ΔH_2(용매의 팽창)와 ΔH_3(용매–용질 상호작용) 항을 합한 것이다. 수화열은 기체 용질이 물속에 분산될 때 발생하는 엔탈피의 변화이다. 따라서 소금을 녹일 때의 용해열은 ΔH_1과 $\Delta H_{수화}$의 합이다.

$$\Delta H_{용해} = 786\ \mathrm{kJ/mol} - 783\ \mathrm{kJ/mol} = 3\ \mathrm{kJ/mol}$$

$\Delta H_{용해}$는 작지만 양의 값임을 유의하라. 용해 과정은 적은 양의 에너지를 필요로 한다. 그러면 NaCl은 왜 물에 그렇게 잘 녹는가? 이에 대한 답은 자연의 무질서도가 증가하

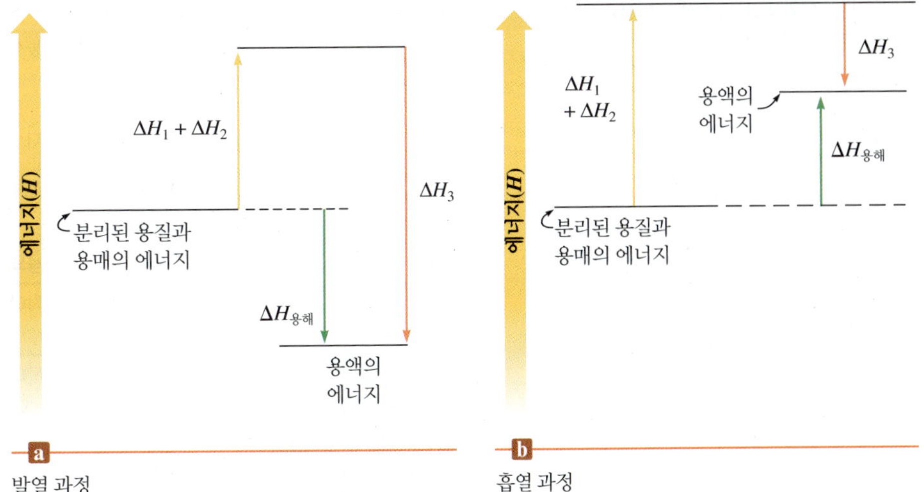

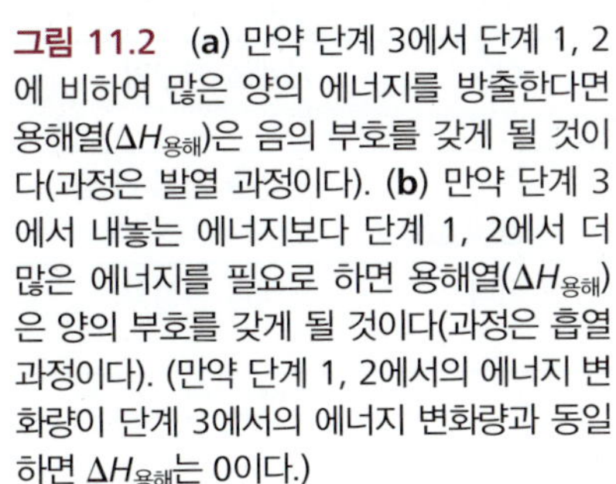

그림 11.2 (a) 만약 단계 3에서 단계 1, 2에 비하여 많은 양의 에너지를 방출한다면 용해열($\Delta H_{용해}$)은 음의 부호를 갖게 될 것이다(과정은 발열 과정이다). (b) 만약 단계 3에서 내놓는 에너지보다 단계 1, 2에서 더 많은 에너지를 필요로 하면 용해열($\Delta H_{용해}$)은 양의 부호를 갖게 될 것이다(과정은 흡열 과정이다). (만약 단계 1, 2에서의 에너지 변화량이 단계 3에서의 에너지 변화량과 동일하면 $\Delta H_{용해}$는 0이다.)

려는 경향에서 찾을 수 있다. 즉, 모든 자연 현상은 무질서도가 증가하는 방향으로 진행된다. 예를 들어, 그림 11.3(a)와 같이 같은 수의 주황색 공과 노란색 공이 칸막이로 갈라놓은 상자에 나누어져 있다고 생각하자. 칸막이를 없애고 상자를 흔들면 공들은 섞인다[그림 11.3(b)]. 아무리 흔들어도 주황색과 노란색 공들이 처음 상태로 분리되지 않는다. 왜 그럴까? 이것은 두 가지 공이 분리되어 있는 것보다 섞여 있는 방법의 수가 더 많으므로 처음의 분리되어 질서가 있는 상태보다는 섞여서 무질서한 상태의 가능성이 더 크기 때문이다. 이것은 일반적인 원리이다. *어떤 과정이 일어나는 한 가지 요인은 무질서도의 증가이다.*

그러나 에너지의 영향도 중요하다. *큰 에너지를 필요로 하는 과정은 잘 일어나지 않는다.* 고체 소금 1 mol을 녹이는 데는 작은 에너지가 필요하지만, 용질과 용매가 섞일 때 일어나는 큰 무질서도의 증가로 용액이 만들어진다.

용액의 형성에 대한 여러 가지 가능한 경우를 표 11.3에 요약하였다. 극성−극성과 비극성−비극성인 두 가지 경우 용해열이 작을 것이 예상됨에 유의하라. 이들 경우에서 무질서도의 증가로 용액이 형성된다. 다른 경우(극성−비극성 그리고 비극성−극성)에서는 용해열이 큰 양의 값을 가질 것으로 예상되고, 많은 양의 에너지가 필요하기에 용액이 형성되지 않는다. 비록 이 논의가 용해도에 대한 복잡한 추진력을 너무 간단하게 설명하기는 했지만, 이 개념은 *비슷한 것이 비슷한 것을 녹인다*는 관찰을 이해하는 유용한 출발점이다.

비판적 사고 당신과 친구가 화학 시험공부를 하고 있다. 당신의 친구가 당신에게 다음과 같이 말하였다. "발열 과정이 우선적으로 일어나고, 엔탈피 변화의 부호가 어떤 반응 과정이 발열 과정인지 흡열 과정인지를 말해주기 때문에, $\Delta H_{용해}$의 부호가 용액이 형성될지 안 될지를 말해준다." 이 결론이 옳지 않다는 것을 당신의 친구에게 어떻게 설명할 것인가? 당신의 친구가 말한 것 중에서 부분적으로 옳은 것이 있다면 어떤 것인가?

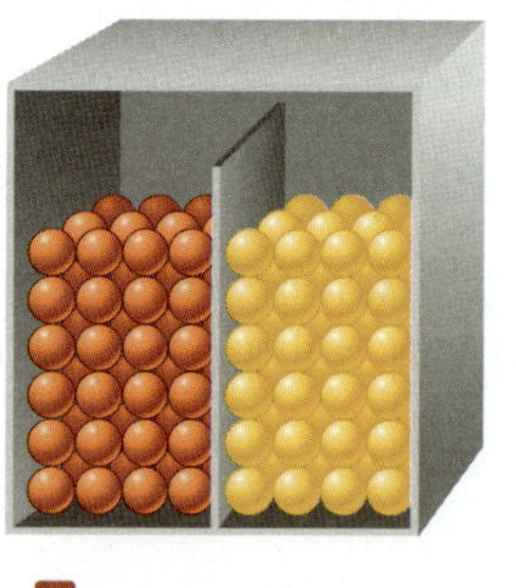

a 두 공이 섞이지 않을 가능성이 낮음

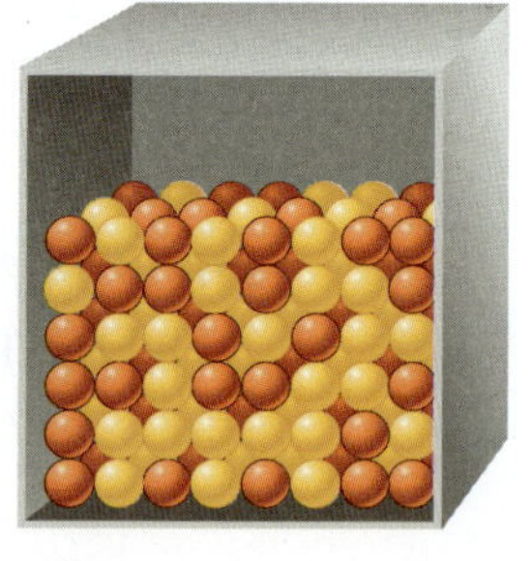

b 두 공이 섞일 가능성이 높음

그림 11.3 (a) 닫힌 용기에 분리된 상태로 들어 있는 주황색과 노란색 공. (b) 칸막이를 제거한 후 얼마 동안 흔든 후의 공들.

표 11.3 여러 가지 용질과 용매 형태에 따른 에너지 항

	ΔH_1	ΔH_2	ΔH_3	$\Delta H_{용해}$	결과
극성 용질, 극성 용매	크다	크다	큰, 음의 값	작다	용액을 형성함
비극성 용질, 극성 용매	작다	크다	작다	큰, 양의 값	용액을 형성 안 함
비극성 용질, 비극성 용매	작다	작다	작다	작다	용액을 형성함
극성 용질, 비극성 용매	크다	작다	작다	큰, 양의 값	용액을 형성 안 함

대화형 예제 11.3

용매 성질들의 구분

액체상의 헥세인(C_6H_{14})과 액체상의 메탄올(CH_3OH) 중 어떤 것이 그리스($C_{20}H_{42}$)와 아이오딘화 포타슘(KI) 각각에 적합한 용매인지 결정하라.

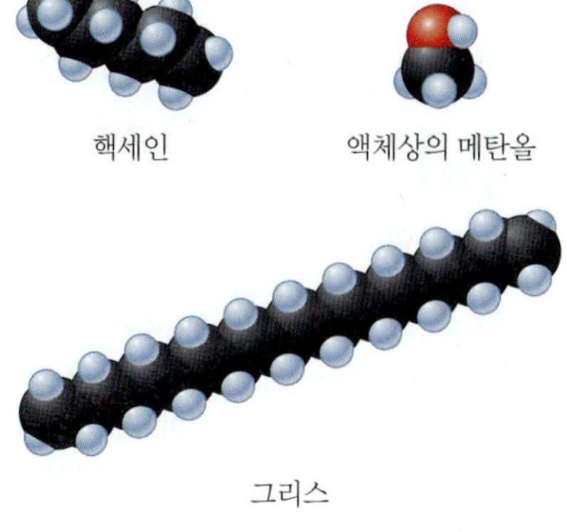

풀이 헥세인은 C—H 결합을 함유하는 비극성 물질이다. 그러므로 헥세인은 비극성 용질인 그리스에 적합한 용매이다. 메탄올은 매우 큰 극성을 유발하는 O—H 결합을 갖고 있는 극성 용매이므로 이온성 고체인 KI에 더 적합한 용매이다.

연습 문제 11.63~11.65 참조

크로마토그래피

제1장에서 혼합물을 분리하는 방법으로서 크로마토그래피 방법을 소개하였다. 이제 용액 형성을 논의했으므로 크로마토그래피가 어떻게 작동하는지를 더 잘 이해할 수 있다. 크로마토그래피에는 여러 가지 방법이 있지만 모두 이동상과 정지상이라는 두 개의 상을 갖는 계가 포함된다.

이것을 논의하기 위해 TLC 판을 고정상으로 사용하는 얇은 층 크로마토그래피(thin layer chromatography, TLC)를 생각해 보자(그림 11.4). 이 판은 실리카 젤의 얇은 층으로 덮인 플라스틱 판으로 구성된다. 실리카 젤은 매우 극성이며 수소 결합이 가능하다. 분석할 혼합물을 판에 점적하고("spotted"), 판을 용매(이동상)에 담근다[그림 11.4(a)]. 용매는 모세관 작용으로 인해 판 위로 올라가기 때문에 이동상이라고 한다.

예를 들어, 두 개의 극성 화합물인 A와 B가 혼합되어 있고 A가 B보다 극성이 더 크다고 가정하자. 또한 우리가 선택한 용매가 극성이 작다고 가정하자. 이 경우, A(보다 더 극성인)는 이동 용매보다 판상의 실리카 젤에 대해 더 큰 친화성을 가질 것이다. 화합물 B(덜 극성인)는 실리카 젤보다 이동상에 대해 더 많은 친화성을 갖는다. 따라서 극성이 적은 성분 (B)는 용매와 함께 더 멀리 이동하고 혼합물은 분리된다[그림 11.4(b)]. 이 예는 TLC가 분리될 물질의 상대적 극성에 어떻게 의존하는지를 보여준다.

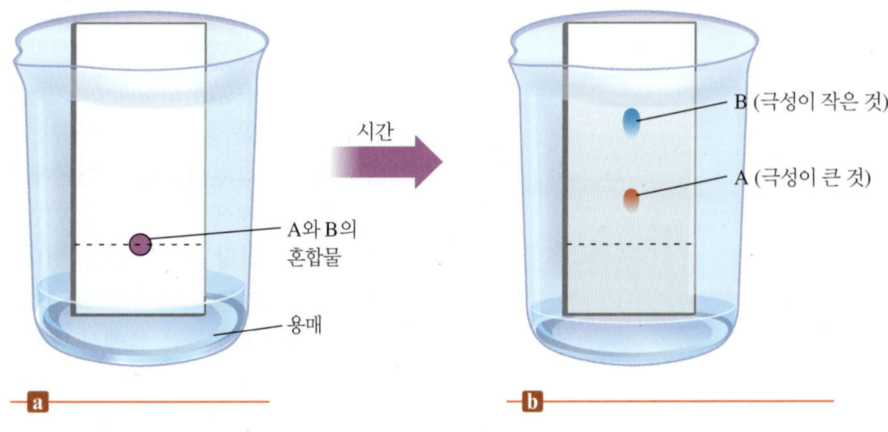

그림 11.4 얇은 막 크로마토그래피. (**a**) 판에 물질 A와 B의 혼합물을 점적하고 용매에 담근다. (**b**) 일정 시간 후, 용매(이동상)가 판의 위쪽으로 이동한다. 덜 극성인 성분(B)은 더 극성인 성분(A)보다 멀리 이동한다.

화학의 선구자

Mae carol Jemison(b. 1956)

Mae Carol Jemison은 화학 공학자, 의사, 그리고 전 NASA 우주비행사이다. Jemison은 1992년 우주왕복선 인데버호에서 임무 전문가로 일하면서 우주로 여행한 최초의 흑인 여성이 되었다. 알라바마에서 태어나 시카고에서 자란 Jemison은 Stanford 대학교에서 화학 공학 및 아프리카계 미국인 연구 학위를 취득했다. Jemison은 Cornell 대학에서 의학 학위를 받았고, 그 후 그녀는 라이베리아와 시에라리온으로 여행하여 평화 봉사단에서 의사로 일했다.

미국으로 돌아온 Jemison은 로스 앤젤레스에 정착하여 개인 의료 행위를 시작했다. Jemison은 1983년에 NASA에 우주비행사가 되기 위해 지원했고 1985년에 훈련을 시작했다. Jemison은 1992년 9월 12일부터 20일까지 지구 궤도를 127회 돌았다. Jemison은 Spacelab Japan 모듈을 타고 NASA의 유체 치료 시스템을 테스트하고 식염수 용액의 준비를 연구했으며 두 가지 뼈 세포 연구 실험에 대한 공동 연구자였다.

Jemison은 1993년 NASA를 떠나 기술 연구 회사를 설립했다. 그녀는 나중에 비영리 교육단체를 설립하고 아이들을 위한 다양한 책들을 저술하였으며 *스타 트렉: 넥스트 제네레이션*(*star trek: the next generation*)의 1993년 에피소드를 포함하여 텔레비전에 여러 차례 출연했다. Jemison은 여러 개의 명예 박사 학위를 소지하고 있으며 미국 여성 명예의 전당과 국제 우주 명예의 전당에 헌액되었다.

11.3 용해도에 영향을 미치는 요인

용해도에 영향을 미치는 요인에는 분자 구조, 압력, 온도(수용액의 경우) 등 여러 가지가 있다.

구조의 영향

앞 절에서 용질과 용매가 비슷한 극성을 가지면 용해도가 좋은 것을 보았다. 분자의 극성은 분자 구조에 의해 결정되기 때문에 구조와 용해도 사이에는 일정한 관계가 있다. 비타민은 분자 구조, 극성, 용해도 사이의 관계를 보여 주는 좋은 예이다.

최근에 많은 양의 비타민을 섭취하는 것에 대한 찬반양론이 사람들의 관심을 끌고 있다. 예를 들면, 비타민 C를 많이 섭취하면 감기와 같은 다양한 질병에 효과가 있다고 주장하는 사람이 많다. 비타민 E는 젊음을 유지하는 약이고, 화학 물질의 발암 작용을 억제한다고 믿는 사람들이 있다. 그러나 용해도에 따라 어떤 비타민은 과량 섭취하면 부작용이 생길 가능성이 있다.

비타민은 *지용성*(*fat-soluble*; 비타민 A, D, E, K)과 *수용성*(*water-soluble*; 비타민 B와 C)의 두 가지로 구분된다. 이 용해도 특성의 차이는 비타민 A와 C의 구조를 비교하면 알 수 있다(그림 11.5). 대부분 전기음성도가 비슷한 탄소와 수소로 이루어진 비타민 A는 사실상 비극성이다. 이 때문에 비타민 A는 대부분 탄소와 수소로 이루어진 체지방과 같은 비극성 물질에 녹지만, 물과 같은 극성 용매에는 녹지 않는다. 반면 비타민 C는 극성인 O—H와 C—O 결합을 많이 가지므로 분자가 극성이며 물에 녹는다. 흔히 비타민 A와 같은 비극성 물질을 *소수성*(*hydrophobic*, 물을 싫어하는), 비타민 C와 같은 극성 물질을 *친수성*(*hydrophilic*, 물을 좋아하는)이라 부른다.

지용성 비타민은 그 용해도 특성 때문에 신체의 지방 조직에 축적될 수 있다. 이것은 좋은 면과 나쁜 면을 동시에 가지고 있다. 이런 비타민은 저장되기 때문에 비타민 A, D, E, K는 섭취하지 않아도 상당 기간 견딜 수 있다. 반대로 이 비타민들을 과량으로 섭취하면 축적되어 *비타민 과다증*(*hypervitaminosis*)에 걸리게 된다.

반면에 수용성 비타민들은 몸에서 배출되기 때문에 정기적으로 섭취하여야 한다. 이 사실은 영국 해군이 항해 중 정기적으로 병사들에게 신선한 라임(비타민 C의 풍부한 공급

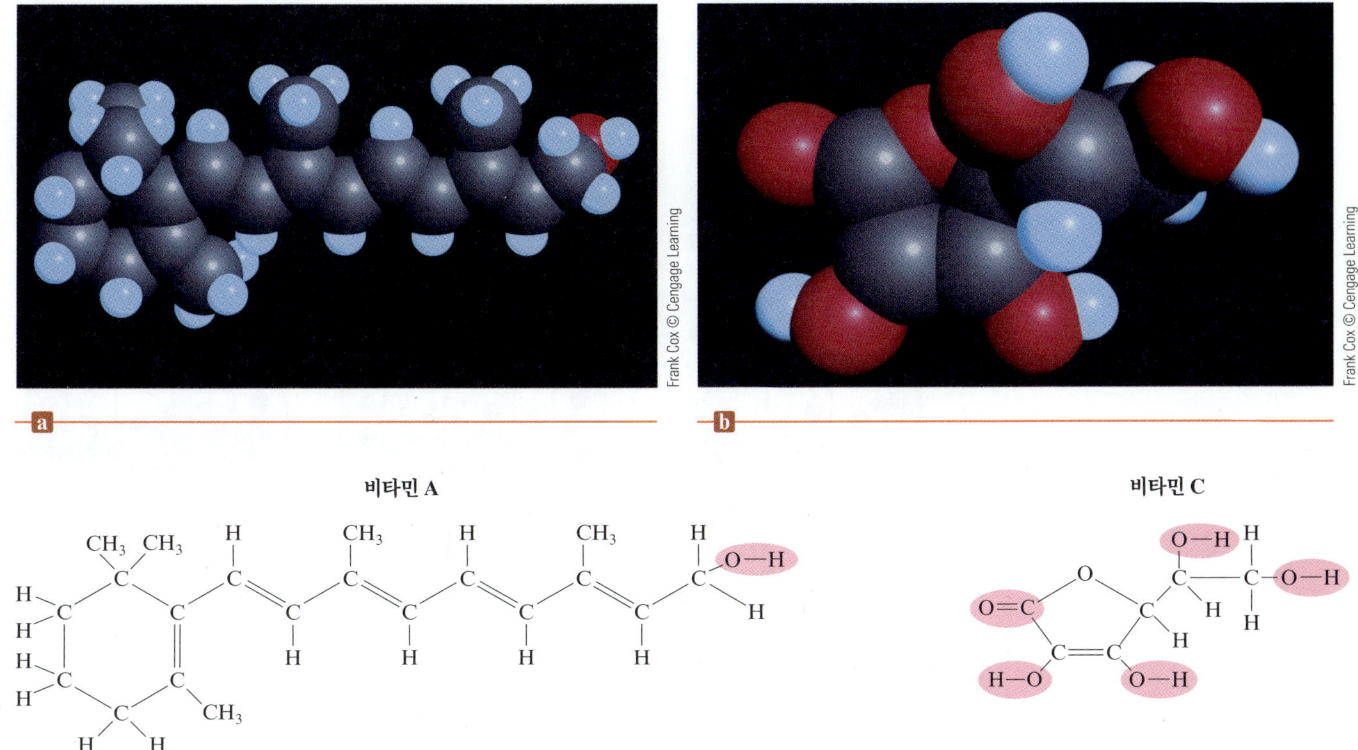

그림 11.5 (a) 비타민 A(비극성, 지용성)의 분자 구조. (b) 비타민 C(극성, 친수성)의 분자 구조. 구조식의 동그라미표는 극성 결합을 나타낸다. 비타민 C는 비타민 A에 비하여 훨씬 많은 극성 결합을 갖고 있음을 주목하라.

원)을 먹이면 괴혈병을 예방할 수 있다는 사실을 발견하면서 처음으로 알려졌다. 괴혈병은 비타민 C 결핍으로 인해 발생하는 질병으로, 오랜시간 제한된 식단을 유지하던 선원들에게 흔히 발생하곤 했다(이런 연유로 영국 선원에게 "limey"이라는 이름이 붙여졌다).

압력의 영향

고체나 액체의 용해도는 압력에 영향을 거의 받지 않지만, 기체의 용해도는 압력이 높아지면 상당히 증가한다. 예를 들면, 탄산음료는 음료 중 이산화 탄소의 농도를 높이 유지하기 위하여 항상 이산화 탄소의 압력이 높은 상태에서 병에 넣는다. 탄산음료 병을 열 때 쉬잇하는 소리가 나는 것은 음료 위의 CO_2 압력이 병에 넣을 때보다 훨씬 낮아 이산화 탄소 기체가 빠져나오기 때문이다.

기체의 용해도가 압력에 따라 증가하는 것은 그림 11.6을 보면 알 수 있다. 그림 11.6(a)는 용액과 평형 상태에 있는 기체를 보여 준다. 즉, 기체 분자가 용액에 녹아 들어가는 것과 같은 속도로 용액에서 빠져나온다. 압력이 갑자기 높아지면[그림 11.6(b)] 단위 부피에 들어 있는 기체 분자의 수가 증가하고, 기체가 용액에서 빠져나오는 것보다 빠르게 용액 속으로 들어간다. 용액에 녹아 있는 기체의 농도가 증가함에 따라 기체가 빠져나오는 속도도 증가하여 새로운 평형에 도달하게 되며[그림 11.6(c)], 이 용액에는 전보다 더 많은 기체가 녹아 있게 된다.

John Dalton의 친한 친구인 William Henry(1774~1836)는 1801년 Henry의 법칙을 만들었다.

기체 압력과 녹아 있는 기체의 농도 사이의 관계는 **Henry의 법칙**(Henry's law)으로 나타낼 수 있다.

$$C = kP$$

여기에서 C는 용액에 녹아 있는 기체의 농도를, k는 각 용액 종류에 의존하는 상수를 각각 나타내고, P는 용액 위에 있는 기체 용질의 분압이다. Henry의 법칙은 *기체의 용해도는 용*

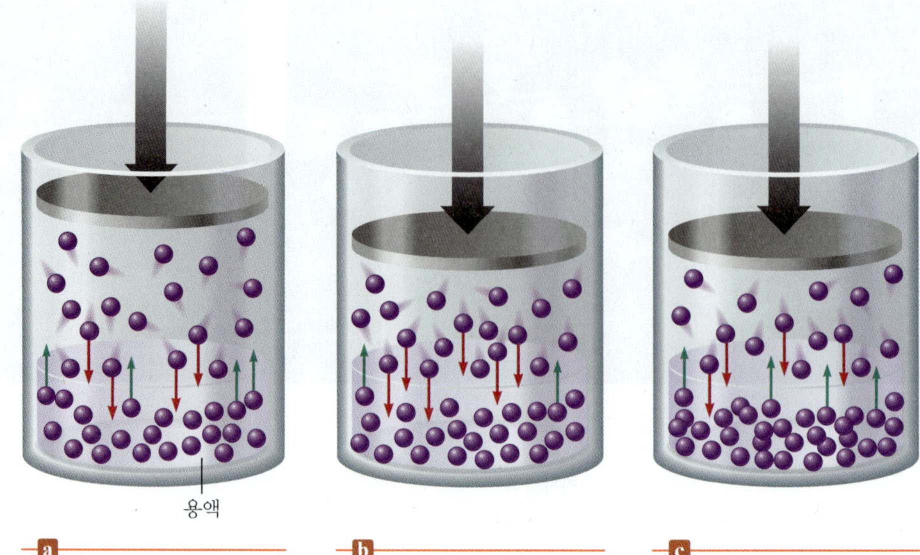

그림 11.6 (**a**) 용액과 평형을 이루고 있는 기체상의 용질. (**b**) 피스톤을 누르면 기체의 압력과 단위 부피당 기체 분자의 몰 수가 증가한다. 이는 단위 시간당 용액 속으로 들어가는 기체 입자의 양을 증가시켜 용해된 농도를 증가시킨다. (**c**) 용액 속의 기체 농도의 증가는 용액으로부터 기체 입자가 빠져나가는 속도를 증가시켜 새로운 평형에 도달한다.

*액 위에 있는 기체의 압력에 정비례한다*는 것이다.

Henry의 법칙은 용매와 용질 사이의 화학 반응이 없는 경우에만 잘 맞는다.

Henry의 법칙은 용매에 잘 용해되지 않거나 반응하지 않는 기체의 묽은 용액에 잘 용해된다. 예를 들면, 물에 녹아 있는 산소 기체는 Henry의 법칙을 잘 따르지만, 물에 녹은 염화 수소 기체는 물속에서의 해리 반응 때문에 Henry의 법칙에서 *벗어난다*.

$$HCl(g) \xrightarrow{H_2O} H^+(aq) + Cl^-(aq)$$

대화형 예제 11.4 Henry의 법칙을 이용한 계산

25°C에서 5.0 atm의 CO_2 기체가 액체 표면 위에 있도록 하여 탄산음료를 병에 담았다. 대기 중 이산화 탄소의 부분압이 4.0×10^{-4} atm이라고 가정한 후, 병을 열기 전과 후의 이산화 탄소 농도를 계산하라. CO_2 기체의 Henry 상수는 25°C에서 3.1×10^{-2} mol/L · atm이다.

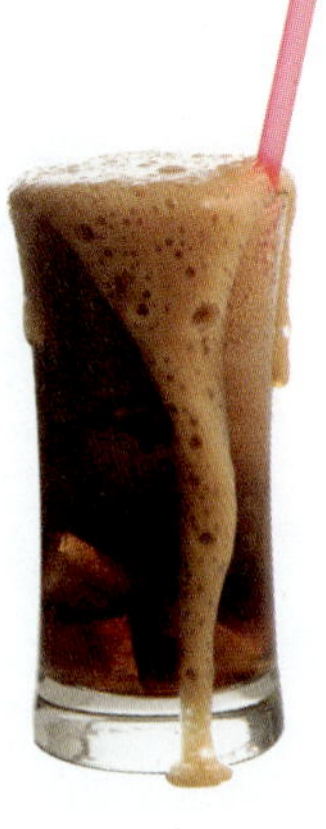

▶ 사이다병 내부의 탄산화.

풀이 *CO_2에 대한 Henry의 법칙은?*

$$C_{CO_2} = k_{CO_2}P_{CO_2}$$

이때, $k_{CO_2} = 3.1 \times 10^{-2}$ mol/L · atm이다.

열기 전 병의 C_{CO_2}는?

열기 전 병의 $P_{CO_2} = 5.0$ atm이고,

■ $C_{CO_2} = k_{CO_2}P_{CO_2} = (3.1 \times 10^{-2}\ \text{mol/L} \cdot \text{atm})(5.0\ \text{atm}) = 0.16\ \text{mol/L}$

병을 연 후의 C_{CO_2}는?

병을 연 후는 탄산음료 속의 CO_2는 대기 중의 이산화 탄소와 평형에 다다르고, 이때 대기 중 이산화 탄소의 부분압, $P_{CO_2} = 4.0 \times 10^{-4}$ atm이다. 그리고

■ $C_{CO_2} = k_{CO_2}P_{CO_2} = \left(3.1 \times 10^{-2}\ \frac{\text{mol}}{\text{L} \cdot \text{atm}}\right)(4.0 \times 10^{-4}\ \text{atm}) = 1.2 \times 10^{-5}\ \text{mol/L}$

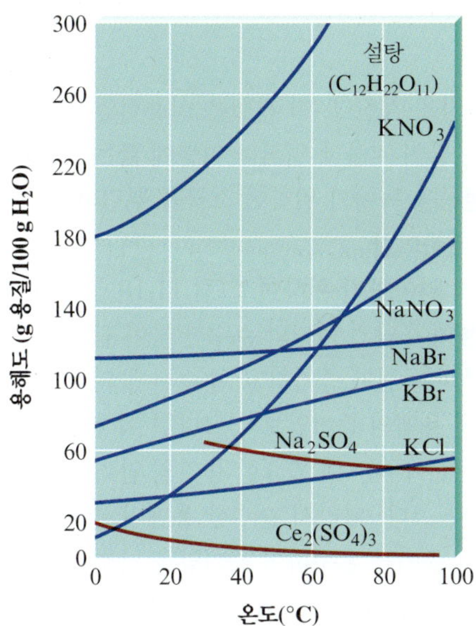

그림 11.7 몇 가지 고체의 온도 변화에 의한 용해도의 변화. 대부분의 경우 온도를 올리면 용해도가 증가하지만, 황산 소듐(Na_2SO_4)과 황산 세륨[$Ce_2(SO_4)_3$]의 경우 감소함을 주목하라.

$\Delta H^\circ_{\text{용해}}$는 1.0 M의 이상 용액의 형성과 관련된다. 따라서 포화 용액에 대한 고체 용질의 용해와 반드시 연관된 것은 아니다. 그러므로 $\Delta H^\circ_{\text{용해}}$는 온도의 변화에 따른 용해도의 변화를 예측하는 데 제한적인 활용성을 갖는다.

이다. CO_2의 농도가 크게 변하였음을 주목하라. 병을 한참 열어 놓은 후 탄산음료 맛이 "밍밍"해지는 것은 이 때문이다.

연습 문제 11.67과 11.68 참조

온도의 영향(수용액에 대한)

설탕과 같은 용해되는 물질을 일상적으로 경험해 보면 용해도는 온도에 따라 항상 증가하는 것으로 생각하기 쉽다. 그러나 이는 사실이 아니다. 고체는 높은 온도에서 *더 빨리* 녹지만, 녹을 수 있는 용질의 양은 온도에 따라 증가할 수도 있고, 감소할 수도 있다. 그림 11.7은 몇 가지 고체의 물에 대한 용해도에 미치는 온도의 영향을 보여준다. 대부분의 고체는 온도가 증가함에 따라 물에 대한 용해도가 증가하지만, 황산 소듐과 황산 세륨과 같은 몇 가지 물질은 온도가 높아짐에 따라 용해도가 감소함에 유의하라.

용해도의 온도 의존도를 예측하기는 매우 어렵다. 예를 들면, $\Delta H^\circ_{\text{용해}}$ 부호와 온도에 따른 용해도의 변화 사이에 다소의 상관관계가 있지만, 중요한 예외들이 존재한다. 고체에 대한 용해도의 온도 의존성을 확실하게 결정하는 유일한 방법은 실험이다.

물에 용해되는 기체의 행동은 덜 복잡해 보인다. 그림 11.8에서 볼 수 있듯이 물에 대한 기체의 용해도는 온도가 증가함에 따라 감소한다.* 이와 같은 온도의 영향은 산업에서 냉각에 호수나 강의 물을 광범위하게 사용하기 때문에 환경에 중요한 의미를 지닌다. 사용한 물은 상온보다 높은 온도로 강이나 호수로 돌아간다[**열오염**(thermal pollution)이 발생]. 온도가 더 높기 때문에 이 물은 산소를 정상보다 적게 포함하며, 또한 밀도가 낮아서 온도가 낮은 물 위에 "뜨게" 되고, 따라서 정상적인 산소의 흡수를 막는다. 이런 효과는 깊은 호수에서 특히 중요하다. 온도가 높은 물의 상층부는 호수 깊은 층에 서식하는 수중 생물에게 필요한 산소의 양을 심각하게 감소시켜 때때로 그들을 죽음에 이르게 할 수 있다.

온도 증가에 따른 기체의 용해도 감소는 파이프와 같은 금속 용기 안에 *쌓이는 보일러 찌꺼기*가 생기는 원인이 되기도 한다. 탄산수소 이온은 탄산 이온이 들어 있는 물에 이산화 탄소가 녹음으로써 생성된다.

$$CO_3^{2-}(aq) + CO_2(aq) + H_2O(l) \longrightarrow 2HCO_3^-(aq)$$

물에 Ca^{2+} 이온도 녹아 있다면, 이 반응은 특히 중요하다. 탄산 수소 칼슘은 물에 녹지만, 탄산 칼슘은 물에 녹지 않는다. 물이 가열되면 이산화 탄소가 제거되며, 계가 잃어버린 이산화 탄소를 대치하기 위하여 역반응이 일어나야만 한다.

$$2HCO_3^-(aq) \longrightarrow H_2O(l) + CO_2(aq) + CO_3^{2-}(aq)$$

그러나 이 반응에서 탄산 이온의 농도는 증가하고, 고체 탄산 칼슘이 생성된다. 이 고체가 보일러나 주전자와 같은 용기 벽에 보이는 고체 찌꺼기이다. 보일러 찌꺼기는 열전달 효율을 감소시키고, 파이프가 막히는 원인이 될 수 있다(그림 11.9 참조).

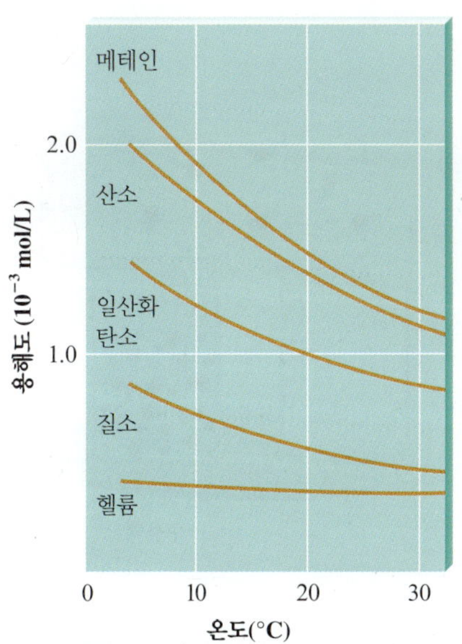

그림 11.8 용액 위의 기체의 압력이 1 atm으로 일정할 때, 온도에 따른 기체의 물에 대한 용해도.

그림 11.9 광물성 침전물이 퇴적된 파이프. 단면을 보면 파이프 용적이 감소하였음을 명확히 알 수 있다.

* 대부분의 비수용성 용매에서는 정반대의 양상이 관찰된다.

11.4 용액의 증기압

액체 용액은 순수한 용매와는 매우 다른 물리적 성질을 가진다. 이 사실은 실용적인 면에서 크게 중요하다. 예를 들면, 자동차 냉각기에 있는 물이 겨울에 얼거나 여름에 끓는 것을 방지하기 위하여 부동액을 넣는다. 또한, 도로의 얼음을 녹이기 위하여 소금을 뿌린다. 이런 방지 효과는 용매의 성질에 미치는 용질의 효과 때문이다.

비휘발성 용질이 용매에 어떻게 영향을 미치는지 알아보기 위하여, 그림 11.10에 나타낸 실험을 생각해 보자. 밀폐된 용기 속에, 황산 수용액이 담긴 비커와 순수한 물이 담긴 비커가 놓여 있다. 시간이 흐름에 따라 황산 용액의 부피는 점차 증가하고, 순수한 물의 부피는 감소한다. 왜 그럴까? 만일 순수한 물의 증기압이 용액의 증기압보다 크다면 이 현상을 설명할 수 있다. 이런 조건에서 순수한 용매와 평형을 이루는 데 필요한 증기의 압력이 산 수용액과 평형을 이루는 데 필요한 증기의 압력보다 크다. 따라서 순수한 용매가 평형에 도달하기 위해서 증기를 내놓으면 황산 수용액은 그 증기를 흡수하여 증기압을 낮추어 평형 값에 도달하려고 한다. 이 과정은 결과적으로, 물을 증기 상태를 거쳐 순수한 물로부터 황산 용액으로 이동시킨다. 이 계는 모든 물이 용액으로 이동한 후에야 비로소 평형에 도달할 수 있다. 이 실험은 *비휘발성 용질은 용매의 증기압을 낮춘다*는 사실을 나타내는 한 가지 예에 지나지 않는다.

비휘발성 용질은 용액으로부터 나와서 증기상이 되려는 경향성이 없다.

이와 같은 행동은 그림 11.11에 나타낸 간단한 모형을 설명할 수 있다. 비휘발성 용질이 녹아 있으면 단위 부피당 용매 분자의 수를 감소시키고 이에 비례하여 용매가 증발하려는 경향도 줄어들 것이다. 예를 들면, 비휘발성 용질과 용매가 반씩 섞인 용액에서는 증발하려는 분자 수가 반밖에 안 되기 때문에 관찰된 증기압은 순수한 용매의 증기압의 절반일 것으로 예측할 수 있다. 실제로 이것은 관찰된 결과이다.

비휘발성 용질을 가지고 있는 용액의 증기압은 François M. Raoult(1830~1901)에 의해 자세히 연구되었다. 그 결과는 **Raoult의 법칙**(Raoult's law)으로 알려진 다음 식으로 나타낼 수 있다.

$$P_{\text{용액}} = \chi_{\text{용매}} P^0_{\text{용매}}$$

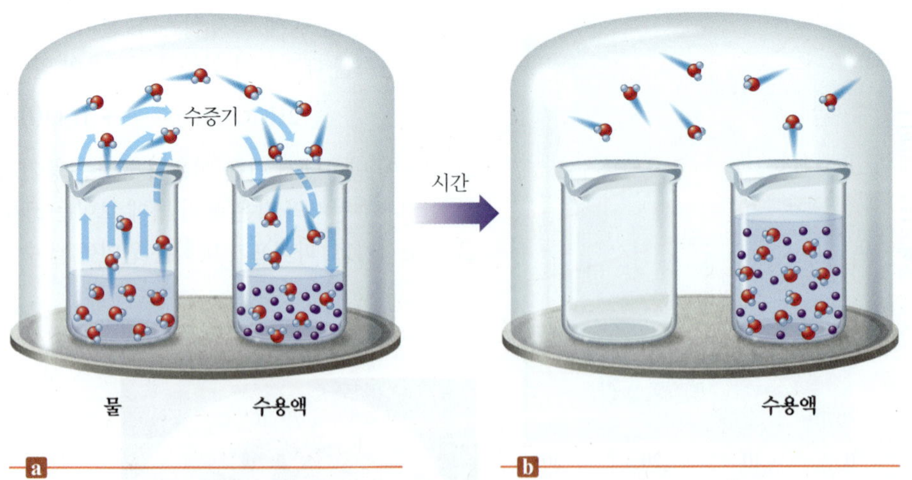

그림 11.10 밀폐된 용기 안의 수용액과 순수한 물. **(a)** 초기 단계. **(b)** 일정 시간이 흐른 후 물이 용액으로 이동한다.

화학 관련 읽을거리 Chemical Connections

Nyos 호수의 비극

1986년 8월 21일 카메룬의 Nyos 호수에서 갑자기 가스 구름이 끓어올랐고, 거의 2000명의 인명을 빼앗아 갔다. 처음에는 이 기체가 황화 수소로 추측되었으나, 지금에 이르러서는 이산화 탄소임이 명백해졌다. 무슨 이유로 인하여 Nyos 호수에서 이처럼 크고 숨이 막힐 정도의 이산화 탄소 구름이 방출되었을까? 아마도 이 답을 결코 확실하게 알 수는 없겠지만, 많은 과학자들은 이 호수의 상층수와 하층수가 급격하게 "역전되어서" 이산화 탄소가 용해된 엄청난 양의 하층수가 표층으로 끌어올려진 것이 이유일 것으로 믿고 있다. Nyos 호수는 열적으로 층을 이루고 있는 깊은 호수이다. 온도가 높고 밀도가 낮은 표층 부분이, 차갑고 보다 밀도가 높은 바닥 부근의 층 위에 떠 있다. 통상적인 상황이라면 호수는 서로 다른 두 층 간의 혼합이 거의 없이 이와 같은 양상을 유지할 것이다. 과학자들은 수백 또는 수천 년에 걸쳐서 호수 바닥의 차가운 층으로 이산화 탄소가 스며들어 왔고 (Henry의 법칙에 따라서) 높은 압력으로 인해 많은 양이 용해되었을 것으로 믿고 있다. 1986년 8월 21일 어떠한 이유로, 예를 들어 바람이나 또는 몬순 구름에 의한 표층수의 급격한 냉각으로 인하여 이 호수의 아래위 층 사이의 역전이 일어났음이 분명하다. 이는 이산화 탄소가 과포화되어 있는 물이 호수 표면에 도달하도록 하였을 것이다. 그리하여 아주 엄청난 양의 이산화 탄소를 방출하게 되었고, 결국 수천 명의 사람과 동물들이 무엇이 그들을 덮쳤는지 미처 깨닫기도 전에 질식되었다. 비극적이며, 기념비적인 Henry의 법칙의 예증이다.

과학자들은 이산화 탄소의 농도가 빠르게 다시 증가하는 것을 관찰했고, 또 한 번의 치명적인 가스 방출이 일어날 수 있다는 우려가 제기되었다. 2001년 "디게싱 튜브(degassing tube)"가 설치되었고, 2011년에 두 개가 추가되었다. 2019년까지는 이 튜브들이 성공적인 것으로 작동하여, 이산화 탄소 농도는 안전한 수준으로 유지되고 있다.

USGS
카메룬의 Nyos 호수.

그림 11.11 순수한 용매에 비교하여 (**a**), 비휘발성 용질이 들어있으면 (**b**) 액체로부터 용매의 증발을 방해하여 용매의 증기압을 낮춘다.

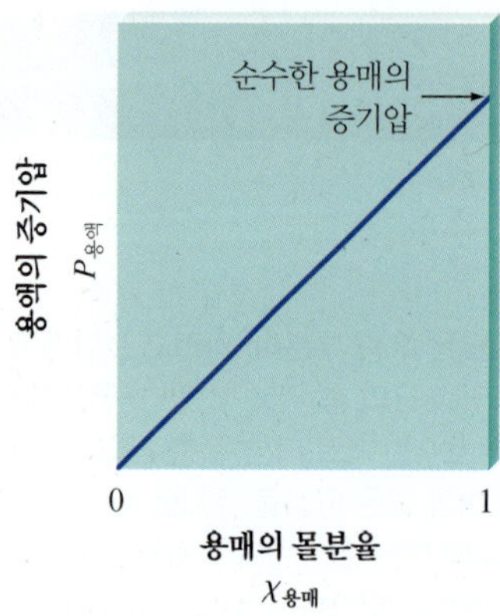

그림 11.12 Raoult의 법칙을 따르는 용액에서는 $P_{용액}$ 대 $\chi_{용매}$의 그래프를 그리면 직선이 된다.

여기에서, $P_{용액}$은 용액의 증기압이고, $\chi_{용매}$는 용매의 몰분율, $P^0_{용액}$는 순수한 용매의 증기압이다. 용매와 용질이 절반씩 섞인 용액에서는, $\chi_{용매}$가 0.5이므로, 용액의 증기압은 순수한 용매의 절반이다. 한편, 용액 분자의 3/4이 용매인 경우, $\chi_{용매} = \frac{3}{4} = 0.75$이며, $P_{용액} = 0.75\,P^0_{용매}$가 된다. 이 개념은 비휘발성 용질이 단순히 용매를 희석시킨다는 것이다.

Raoult의 법칙은 $y = mx + b$로 표시되는 일차식이며, 이 식에서 $y = P_{용액}$, $x = \chi_{용매}$, $m = P^0_{용매}$, $b = 0$이다. 따라서 $P_{용액}$을 $\chi_{용매}$에 대해 그래프를 그리면, 그림 11.12에 보인 것처럼 기울기가 $P^0_{용매}$인 직선이 얻어진다.

대화형 예제 11.5 용액의 증기압 계산

25°C에서 보통의 설탕(몰질량 = 342.3 g/mol) 158.0 g을 643.5 cm³의 물에 녹여 만든 용액에서 예상되는 증기압을 계산하라. 25°C에서 물의 밀도는 0.9971 g/cm³이고, 증기압은 23.76 torr이다.

풀이 **이 문제에서 사용할 Raoult의 법칙은?**

$$P_{용액} = \chi_{H_2O} P^0_{H_2O}$$

용액 속의 물의 몰분율을 계산하기 위해서는 먼저 설탕의 몰 수와 존재하는 물의 몰 수를 계산하여야 한다.

설탕의 몰 수는?

$$설탕의\ 몰\ 수 = 158.0\ g\ 설탕 \times \frac{1\ mol\ 설탕}{342.3\ g\ 설탕} = 0.4616\ mol\ 설탕$$

물의 몰 수는?

물의 몰 수를 계산하려면 물의 밀도를 이용하여 부피를 질량으로 전환시켜야 한다.

$$643.5\ cm^3\ H_2O \times \frac{0.9971\ g\ H_2O}{cm^3\ H_2O} = 641.6\ g\ H_2O$$

그러므로 물의 몰 수는

$$641.6\ g\ H_2O \times \frac{1\ mol\ H_2O}{18.02\ g\ H_2O} = 35.60\ mol\ H_2O$$

용액 속의 물의 몰분율은?

$$\chi_{H_2O} = \frac{H_2O\text{의 몰 수}}{H_2O\text{의 몰 수} + \text{설탕의 몰 수}} = \frac{35.60\text{ mol}}{35.60\text{ mol} + 0.4616\text{ mol}}$$

$$= \frac{35.60\text{ mol}}{36.06\text{ mol}} = 0.9873$$

■ 용액의 증기압, 즉 $P_{용액} = \chi_{H_2O}P^0_{H_2O} = (0.9872)(23.76\text{ torr}) = 23.46\text{ torr}$

그러므로 물의 증기압은 순수한 물의 증기압인 23.76 torr에서 용액에서의 증기압인 23.46 torr로 0.30 torr만큼 낮아진다.

연습 문제 11.69 참조

증기압 내림 현상은 용액 중에 들어 있는 분자의 개수를 "계산하는" 편리한 방법을 제공하며, 따라서 몰질량을 실험적으로 측정하는 방법을 제공한다. 일정량의 화합물을 용매에 녹여 얻어지는 용액의 증기압을 측정하였다고 가정하자. Raoult의 법칙을 이용하여 용액에 존재하는 용질의 몰 수를 결정할 수 있다. 이 몰 수에 해당하는 분자의 질량을 알고 있기 때문에 몰질량을 계산할 수 있다.

증기압 내림은 용액 속에 존재하는 용질 입자의 수에 의존한다.

증기압 측정은 용액의 특성을 알아내는 데도 사용할 수 있다. 예를 들면, 1 mol의 염화소듐을 물에 녹이면 물속에서 완전히 이온화하여 화학식마다 두 개의 이온을 가지기 때문에 용액의 증기압은 예상보다 두 배 정도 더 내려간다. 따라서 증기압의 측정은 용질이 완전히 녹은 후의 용질의 본질에 대한 유용한 정보를 제공한다.

대화형 예제 11.6 이온성 용질이 녹아있는 용액의 증기압 계산

35.0 g의 고체 Na_2SO_4(몰질량 = 142.05 g/mol)를 25°C에서 175 g의 물에 녹여서 만든 용액의 증기압을 예측하라. 순수한 물에 대한 25°C에서 증기압은 23.76 torr이다.

풀이 먼저 H_2O의 몰분율을 알아야 한다.

$$n_{H_2O} = 175\text{ g } H_2O \times \frac{1\text{ mol } H_2O}{18.02\text{ g } H_2O} = 9.71\text{ mol } H_2O$$

$$n_{Na_2SO_4} = 35.0\text{ g } Na_2SO_4 \times \frac{1\text{ mol } Na_2SO_4}{142.05\text{ g } Na_2SO_4} = 0.246\text{ mol } Na_2SO_4$$

1 mol의 고체 Na_2SO_4가 용해될 때 2 mol의 Na^+ 이온과 1 mol의 SO_4^{2-} 이온이 생성되는 것을 인식하는 것이 중요하다. 따라서 녹은 용질 몰 수의 세 배의 용질 입자가 용액 속에 존재한다.

$$n_{용질} = 3(0.246) = 0.738\text{ mol}$$

$$\chi_{H_2O} = \frac{n_{H_2O}}{n_{용질} + n_{H_2O}} = \frac{9.71\text{ mol}}{0.738\text{ mol} + 9.72\text{ mol}} = \frac{9.71}{10.458} = 0.929$$

이제 Raoult의 법칙을 이용하여 증기압을 예측할 수 있다.

■ $P_{용액} = \chi_{H_2O}P^0_{H_2O} = (0.929)(23.76\text{ torr}) = 22.1\text{ torr}$

연습 문제 11.70 참조

이상 용액 및 비이상 용액

지금까지는 용질이 비휘발성이기 때문에 용액 위의 증기압에 기여하지 않는다고 가정하였

그림 11.13 용액 속의 두 성분이 모두 휘발성이면 두 성분 모두 전체 증기압에 기여한다. 용액 속에는 같은 수의 ●과 ●이 존재하나 기체상에는 ●가 ●보다 더 많이 있음에 주목하라. 이는 ●의 휘발성이 ●보다 높음(순수한 상태에서 좀 더 높은 증기압을 나타냄)을 의미한다.

강한 용질–용매 상호작용 힘은 Raoult의 법칙에서 예측되는 증기압보다 낮은 증기압을 갖게 한다.

다. 그러나 두 성분이 모두 휘발성인 액체–액체 용액의 경우, Raoult의 법칙의 변형된 형태가 적용된다.

$$P_{전체} = P_A + P_B = \chi_A P_A^0 + \chi_B P_B^0$$

여기에서 $P_{전체}$는 A와 B를 포함하는 용액의 전체 증기압을, χ_A와 χ_B는 A와 B의 몰분율을, P_A^0와 P_B^0는 순수한 A와 B의 증기압을, P_A와 P_B는 분자 A와 B에 의한 용액 위의 부분압을 나타낸다(그림 11.13).

Raoult의 법칙에 따르는 액체–액체 용액을 **이상 용액**(ideal solution)이라고 한다. 용액에 대한 Raoult의 법칙은 기체에 대한 이상 기체 법칙과 같다. 기체의 경우와 마찬가지로 용액이 이상적으로 행동하는 경우는 결코 없으며, 이상적인 상태에 거의 접근하는 경우가 가끔 있을 뿐이다. 용질과 용질, 용매와 용매 그리고 용질과 용매 사이의 상호작용이 매우 유사할 때에 거의 이상적인 행동이 관찰된다. 바꾸어 말하면, 용질과 용매가 매우 비슷한 용액에서 용질은 용매를 단순히 희석시키는 역할만 한다. 그러나 용매가 용질에 대하여 수소 결합을 형성하는 등 특별한 친화력을 가진다면 용매 분자가 용액으로부터 증발하려는 경향이 예상보다 줄어들 것이다. 측정된 증기압은 Raoult의 법칙에 의해 예상되는 값보다 작을 것이다. 이 경우, *Raoult의 법칙으로부터 음의 편차*가 생긴다.

용질과 용매가 용액을 형성할 때에 많은 양의 에너지를 방출한다면, 즉 $\Delta H_{용해}$가 큰 음의 값을 갖는다면 용질과 용매 사이에 큰 인력이 있다고 가정할 수 있다. 이 경우에는 두 성분 모두가 순수한 상태보다는 용액으로부터 탈출하려는 경향이 낮기 때문에 Raoult의 법칙으로부터 음의 편차가 예상된다. 이 행동은 분자들이 효과적으로 수소 결합을 할 수 있는 아세톤–물로 이루어진 용액에서 잘 나타난다.

$$(CH_3)_2C{=}O^{\delta-}\cdots H^{\delta+}{-}O{-}H$$

반면에 두 액체가 열을 흡수하면서 섞이면 용질과 용매 사이의 인력이 순수한 액체에서의 인력보다 약한 것을 나타낸다. 액체가 섞일 때 발생되는 것보다 더 많은 에너지가 액체를 팽창시키는 데 필요하다. 이 경우 용액에 있는 분자들은 증발하려는 경향이 예상보다 크며, Raoult의 법칙으로부터 *양의* 편차가 관찰된다(그림 11.14). Lewis 구조가 아래의 그림과 같은 에탄올과 헥세인으로 만든 용액이 이 경우의 예이다.

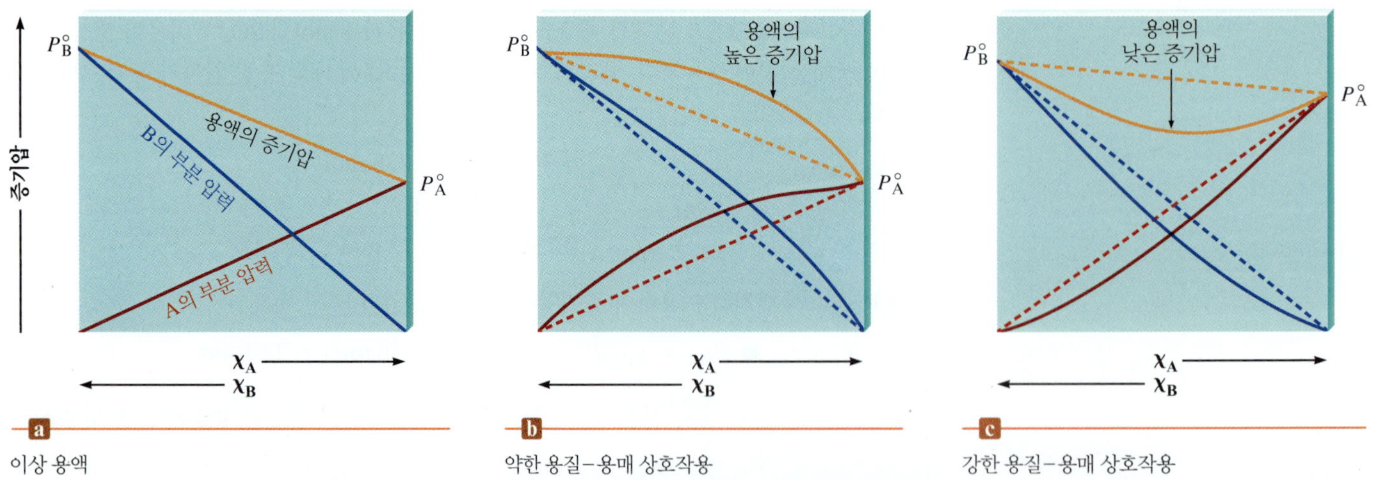

그림 11.14 두 가지 휘발성 액체로 만든 용액의 증기압. (a) Raoult의 법칙으로 예상되는 이상적인 액체–액체 용액의 행동. (b) $P_{전체}$가 Raoult의 법칙에 의해 계산되는 것보다 큰 용액(점선으로 표시함). 이 용액은 Raoult의 법칙에서 양의 편차를 보인다. (c) $P_{전체}$가 Raoult의 법칙에 의해 계산되는 것보다 작은 용액(점선으로 다시 표시함). 이 용액은 Raoult의 법칙에서 음의 편차를 보인다.

표 11.4 여러 가지 용액의 행동 요약

용질 (A)와 용매 (B) 입자 사이의 인력	$\Delta H_{용해}$	용액 형성에 대한 ΔT	Raoult의 법칙에서 벗어남	예
A↔A, B↔B ≡ A↔B	0	0	없음(이상 용액)	벤젠–톨루엔
A↔A, B↔B < A↔B	음(발열)	양	음	아세톤–물
A↔A, B↔B > A↔B	양(흡열)	음	양	에탄올–헥세인

에탄올

헥세인

11.2절에서 논의했듯이, 극성의 에탄올과 비극성의 헥세인 분자 사이에는 쌍극자–유발 쌍극자 상호작용이 있다. 그러나 이러한 상호작용은 에탄올 분자와 다른 에탄올 분자 사이의 상호작용이나 헥세인 분자와 다른 헥세인 분자 사이의 상호작용만큼 효과적이지 않다. 따라서 용액의 엔탈피는 양의 값을 가지며, Raoult의 법칙으로부터 양의 편차를 나타낸다.

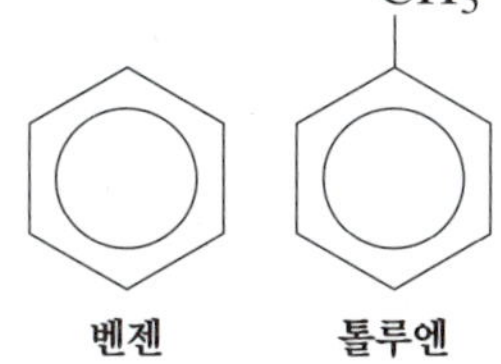

벤젠 톨루엔

끝으로 벤젠이나 톨루엔과 같이 매우 비슷한 액체로 이루어진 용액(좌측 참조)은 용액의 엔탈피가 거의 0에 가까울 것이고, 따라서 Raoult의 법칙에 잘 따를 것이다(이상적인 행동을 보일 것이다).

여러 가지 형태를 가지는 용액의 행동을 표 11.4에 요약해 놓았다.

대화형 예제 11.7 두 종류의 액체를 포함하는 용액의 증기압 계산

5.81 g의 아세톤(C_3H_6O, 몰질량 = 58.1 g/mol)과 11.9 g의 클로로폼($HCCl_3$, 몰질량 = 119.4 g/mol)을 섞어서 용액을 만들었다. 35°C에서 이 용액의 전체 증기압은 260. torr이다. 이 용액은 이상 용액인가? 35°C에서 순수한 아세톤과 클로로폼의 증기압은 각각 345 torr와 293 torr이다.

풀이 이상 용액인지의 여부를 판단하기 위해서는 Raoult의 법칙을 이용하여 예상되는 증기압을 계산하여야 한다.

$$P_{전체} = \chi_A P_A^0 + \chi_C P_C^0$$

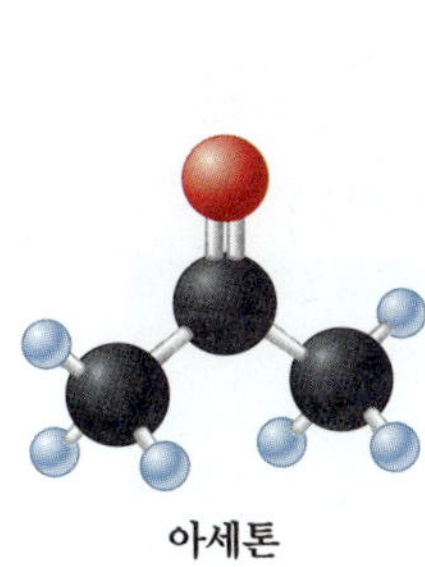
아세톤

이때 A는 아세톤을 의미하고, C는 클로로폼을 의미한다. 그 다음에 계산된 결과를 관찰된 증기압과 비교한다.

먼저 아세톤과 클로로폼의 증기압에 대한 몰 수를 계산해야 한다.

$$5.81\ \text{g 아세톤} \times \frac{1\ \text{mol 아세톤}}{58.1\ \text{g 아세톤}} = 0.100\ \text{mol 아세톤}$$

클로로폼

$$11.9\ \text{g 클로로폼} \times \frac{1\ \text{mol 클로로폼}}{119\ \text{g 클로로폼}} = 0.100\ \text{mol 클로로폼}$$

용액은 동일한 몰 수의 아세톤과 클로로폼을 함유하고 있으므로, 즉

$$\chi_A = 0.500,\ \chi_C = 0.500$$

이므로 예상되는 증기압은

$$■\ P_{전체} = (0.500)(345\ \text{torr}) + (0.500)(293\ \text{torr}) = 319\ \text{torr}$$

이 경우 전기음성도가 큰 염소 원자 3개가 결합되어 흔히 비극성인 C—H 결합이 크게 극성을 띠고 수소 결합을 형성한다.

이다. 이 값을 관찰된 값인 260. torr와 비교하면 용액이 이상적으로 행동하지 않음을 알 수 있다. 관찰된 값이 계산된 값에 비하여 작다. 이와 같은 Raoult의 법칙으로부터의 음의 편차는 아래 그림의 수소 결합으로 설명할 수 있다.

$$(CH_3)_2C{=}\overset{\delta-}{O}\cdots\overset{\delta+}{H}{-}CCl_3$$

아세톤 클로로폼

위 그림의 수소 결합이 분자가 용액으로부터 탈출하려는 경향성을 낮춘다.

연습 문제 11.75, 11.76, 11.82와 11.127 참조

11.5 끓는점 오름과 어는점 내림

앞 절에서 용질이 어떻게 용매의 증기압에 영향을 미치는가를 살펴보았다. 상태의 변화가 증기압에 의해 결정되므로 용질의 존재는 용매의 끓는점과 어는점에도 영향을 미친다. 어는점 내림, 끓는점 오름, 삼투압(11.6절에서 논의될 것임)을 용액의 **총괄성**(colligative property)이라고 한다. 앞으로 나오겠지만, 이것들은 이상 용액에 있는 용질의 종류에는 무관하고, 용질의 개수에만 관계되는 성질이기 때문에 한 무리로 묶었다. 용질 입자의 개수에 정비례하기 때문에, 총괄성은 용질이 용매에 녹은 다음의 용질의 성질이나 물질의 몰질량을 결정하는 데 매우 유용하다.

끓는점 오름

정상 끓는점은 10.9절에서 정의되었다.

액체의 정상 끓는점은 증기압이 1 atm과 같아지는 온도이다. 우리는 비휘발성 용질이 용매의 증기압을 낮추는 것을 보았다. 따라서, 이런 용액은 증기압이 1 atm이 되기 위해서는 순수한 용매의 끓는점보다 더 높은 온도로 가열하여야 한다. 이것은 *비휘발성 용질이 용매의 끓는점을 높이는 것*을 의미한다. 그림 11.15는 비휘발성 용질이 녹아 있는 수용액의 상평형 그림이다. 액체/증기 경계선이 순수한 물보다 더 높은 온도 쪽으로 이동해 있음을 주목하라.

예상한 것처럼 끓는점 오름의 크기는 용질의 농도에 비례한다. 끓는점의 변화는 다음 식으로 나타낼 수 있다.

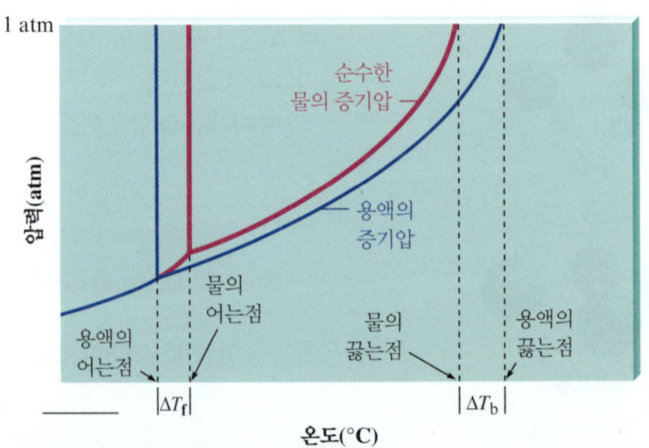

그림 11.15 비휘발성 용질을 포함하고 있는 수용액(푸른 선)과 순수한 물(자주색 선)의 상도표. 용액의 끓는점이 순수한 물의 끓는점에 비하여 높고, 반대로 용액의 어는점이 순수한 물의 어는점에 비하여 낮음에 주목하라. 비휘발성 용질은 액체상으로 존재하는 범위를 넓히는 효과를 발휘한다.

표 11.5 몇 가지 용매의 몰랄 끓는점 오름 상수(K_b)와 어는점 내림 상수(K_f)

용매	끓는점 (°C)	K_b (°C·kg/mol)	어는점 (°C)	K_f (°C·kg/mol)
물(H_2O)	100.0	0.51	0	1.86
사염화 탄소(CCl_4)	76.5	5.03	−22.99	30.
클로로폼($CHCl_3$)	61.2	3.63	−63.5	4.70
벤젠(C_6H_6)	80.1	2.53	5.5	5.12
이황화 탄소(CS_2)	46.2	2.34	−111.5	3.83
다이에틸 에테르($C_4H_{10}O$)	34.5	2.02	−116.2	1.79
장뇌($C_{10}H_{16}O$)	208.0	5.95	179.8	40.

$$\Delta T = K_b m_{\text{용질}}$$

여기에서 ΔT는 끓는점 오름, 즉 용액과 순수한 용매 사이의 끓는점의 차이이며, K_b는 용매의 종류에 따라 결정되는 상수로서, **몰랄 끓는점 오름 상수**(molal boiling-point elevation constant)라 하고, $m_{\text{용질}}$은 용액에 녹아 있는 용질의 *몰랄농도*이다.

몇 가지 일반적인 용매의 K_b 값은 표 11.5에 요약하였다. 끓는점 오름은 예제 11.8에 나타낸 것같이 용질의 몰질량을 결정하는 데 사용할 수 있다.

대화형 예제 11.8 끓는점 오름을 이용한 몰질량 계산

18.00 g의 글루코스를 150.0 g의 물에 녹여 용액을 만들었다. 이 용액의 끓는점은 100.34°C로 관찰되었다. 글루코스의 몰질량을 계산하라. 글루코스는 용액 속에서 개별 분자 상태로 존재하는 분자성 고체이다.

풀이 다음의 관계식을 이용하자.

$$\Delta T = K_b m_{\text{용질}}$$

이 식에서

$$\Delta T = 100.34°C - 100.00°C = 0.34°C$$

표 11.5에서 물의 $K_b = 0.51$임을 알 수 있다. 끓는점 오름 방정식을 새로 정리하여 이 용액의 몰랄농도를 계산할 수 있다.

$$m_{\text{용질}} = \frac{\Delta T}{K_b} = \frac{0.34°C}{0.51°C \cdot \text{kg/mol}} = 0.67 \text{ mol/kg}$$

위의 용액은 0.1500 kg의 물을 이용하여 만들어졌다. 몰랄농도의 정의를 이용하면 용액 중 글루코스의 몰 수를 계산할 수 있다.

$$m_{\text{용질}} = 0.67 \text{ mol/kg} = \frac{\text{용질의 몰 수}}{\text{용매의 질량}} = \frac{n_{\text{글루코스}}}{0.1500 \text{ kg}}$$

$$n_{\text{글루코스}} = (0.67 \text{ mol/kg})(0.1500 \text{ kg}) = 0.10 \text{ mol}$$

그러므로 0.10 mol 글루코스의 질량은 18.00 g이고 1.0 mol 글루코스의 질량은 180 g (10 × 18.00 g)이다. 글루코스의 몰질량은 180 g/mol이다.

연습 문제 11.85 참조

▲ 캔디를 만들기 위해 물에 녹아 있는 설탕은 끓는점을 100°C 이상으로 올린다.

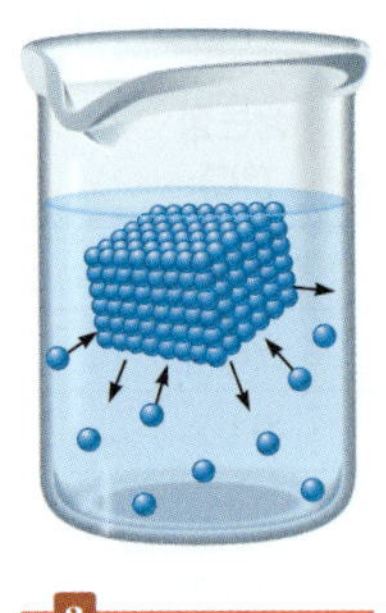

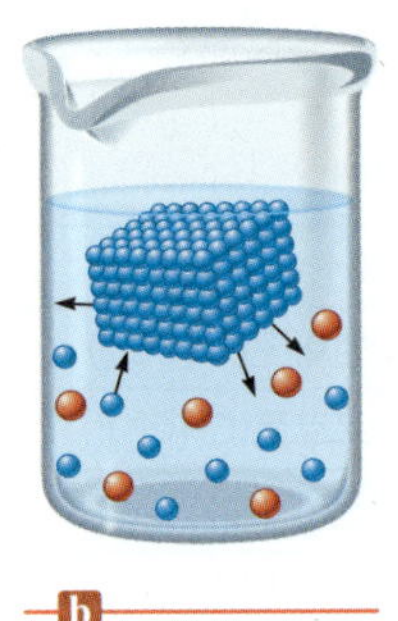

그림 11.16 (**a**) 액체 물과 평형 상태의 얼음. (**b**) 용질(붉은색)을 함유하는 액체 물과 평형을 이루고 있는 얼음.

*녹는점*과 *어는점*은 둘 다 고체와 액체가 공존하는 온도를 의미한다.

어는점 내림

용질을 용매에 녹일 때 용액의 어는점은 순수한 용매보다 낮다. 왜 그럴까? 0°C에서 얼음과 물의 증기압이 같은 것을 기억하라. 물에 용질이 녹는다고 생각해 보자. 이 용액은 0°C에서 얼지 않는데, *용액 속에 있는 물이 순수한 얼음보다 더 낮은 증기압을 가지기 때문이다*. 이 조건에서는 얼음이 얼지 않는다. 그러나 온도가 내려감에 따라 얼음의 증기압이 물의 증기압보다 더 빨리 감소한다. 그러므로 용액의 온도가 내려감에 따라 얼음의 증기압과 물의 증기압이 결국은 같아지게 된다. 이런 현상이 일어나는 온도가 용액의 새로운 어는점이며, 0°C보다 낮다. 즉, 어는점이 *내려갔다*.

이 현상은 그림 11.16에 나타낸 간단한 모형으로 설명될 수 있다. 용질의 존재는 액체 상태의 분자가 고체 상태로 돌아가는 속도를 느리게 한다. 따라서 수용액의 경우 0°C에서 액체 상태만 존재한다. 용액의 온도가 낮아지면 얼음이 녹는 속도가 감소되어 얼음이 어는 속도와 같아지게 되고, 평형에 도달한다. 이것이 용액 중에 있는 물의 어는점이다.

용질이 물의 어는점을 낮추기 때문에 추운 날씨에 차도나 보도가 어는 것을 방지하기 위하여 염화 소듐이나 염화 칼슘을 뿌린다. 그러나 기온이 염 용액의 어는점보다 낮으면 얼음이 얼기 때문에 매우 추운 온도에서는 이 방법이 별 효과가 없다.

▲ 사람이 다니는 도로에 소금 뿌리기.

그림 11.15의 물의 상평형 그림에 수용액의 고체/액체 선이 나타나 있다. 용질의 존재는 용매의 끓는점을 올리고 어는점을 내리기 때문에 용질을 가하는 것은 액체 범위를 확대하는 효과를 갖는다.

어는점 내림에 관한 식은 끓는점 오름에 관한 식과 거의 같다.

$$\Delta T = K_f m_{용질}$$

여기에서 ΔT는 어는점 내림, 즉 순수한 용매와 용액의 어는점 차이이며, K_f는 용매의 종류에 따라서 결정되는 상수로서 **몰랄 어는점 내림 상수**(molal freezing-point depression constant)라고 한다. 일반적인 용매의 K_f 값은 표 11.5에 실어 놓았다.

끓는점 오름과 마찬가지로 측정된 어는점 내림도 몰질량 계산과 용액의 특성을 이해하는 데 이용된다.

대화형 예제 11.9 어는점 내림

−10.0°F (−23.3°C)에서 어는 자동차 부동액을 만들기 위해서는 10.0 L의 물에 부동액의 주성분인 에틸렌 글라이콜($C_2H_6O_2$, 몰질량 = 62.1 g/mol)을 몇 그램이나 녹여야 되는가? 물의 밀도는 1 g/mL로 가정한다.

에틸렌 글라이콜

풀이 어는점을 0°C에서 −23.3°C로 낮추어야 한다. 이렇게 하기 위해 필요한 몰랄농도를 알기 위해 다음 식을 사용한다.

▲
부동액은 자동차 라디에이터 내의 물의 어는점을 낮춘다.

$$\Delta T = K_f m_{\text{용질}}$$

이때 $\Delta T = 23.3°C$이고, $K_f = 1.86$(표 11.5에서)이다. 몰랄농도를 구하면

$$m_{\text{용질}} = \frac{\Delta T}{K_f} = \frac{23.3°C}{1.86°C \cdot kg/mol} = 12.5 \text{ mol/kg}$$

이는 물 1 kg당 12.5 mol의 에틸렌 글라이콜을 녹여야 함을 의미한다. 10.0 L, 즉 10.0 kg의 물을 갖고 있으므로 가해야 하는 에틸렌 글라이콜의 몰 수는

$$\frac{12.5 \text{ mol}}{\text{kg}} \times 10.0 \text{ kg} = 1.25 \times 10^2 \text{ mol}$$

이다. 가해야 하는 에틸렌 글라이콜의 질량은

■ $1.25 \times 10^2 \text{ mol} \times \frac{62.1 \text{ g}}{\text{mol}} = 7.76 \times 10^3 \text{ g}$ (또는 7.76 kg)

연습 문제 11.89와 11.90 참조

대화형 예제 11.10 어는점 내림을 이용한 몰질량 결정

어떤 화학자가 몰질량을 결정함으로써 물질 대사를 조절하는 사람의 호르몬을 알아내고자 한다. 0.546 g의 시료를 15.0 g의 벤젠에 녹였을 때 어는점 내림이 0.240°C였다. 이 호르몬의 몰질량을 계산하라.

풀이 표 11.5로부터 벤젠의 K_f 값이 5.12°C · kg/mol임을 알 수 있다. 따라서 호르몬의 몰랄농도는

$$m_{\text{호르몬}} = \frac{\Delta T}{K_f} = \frac{0.240°C}{5.12°C \cdot kg/mol} = 4.69 \times 10^{-2} \text{ mol/kg}$$

이다. 필요한 호르몬의 몰 수를 몰랄농도로부터 구할 수 있다.

$$4.69 \times 10^{-2} \text{ mol/kg} = m_{\text{용질}} = \frac{\text{호르몬의 몰 수}}{0.0150 \text{ kg 벤젠}}$$

또는

$$\text{호르몬의 몰 수} = \left(4.69 \times 10^{-2} \frac{\text{mol}}{\text{kg}}\right)(0.0150 \text{ kg}) = 7.04 \times 10^{-4} \text{ mol}$$

이다. 0.546 g의 시료를 녹였으므로 7.04×10^{-4} mol의 호르몬의 질량이 0.546 g이다.

$$\frac{0.546 \text{ g}}{7.04 \times 10^{-4} \text{ mol}} = \frac{x}{1.00 \text{ mol}}$$

$$x = 776$$

■ 따라서 호르몬의 몰질량은 776 g/mol이다.

연습 문제 11.91 참조

11.6 삼투압

또 다른 총괄성인 삼투압은 그림 11.17을 보면 이해할 수 있다. *용매는 통과하지만 용질 분자는 통과할 수 없는* **반투막**(semipermeable membrance)으로 용액과 순수한 용매를 분리시켰다. 시간이 지남에 따라 용액의 부피는 증가하고, 용매의 부피는 감소한다. 반투막

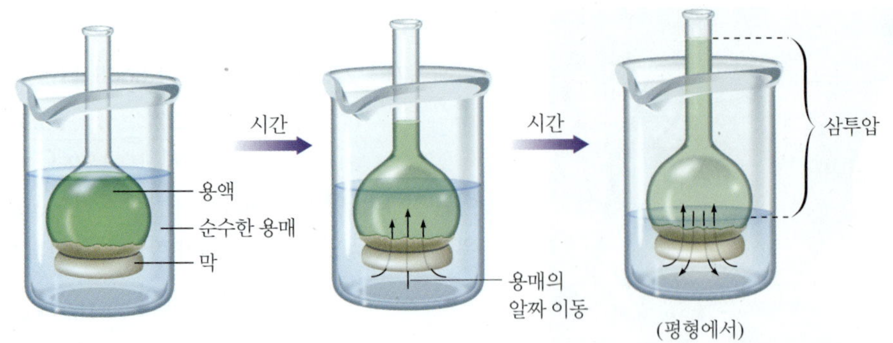

그림 11.17 반투막으로 한 면이 막혀 있는 구를 갖고 있는 튜브. 용액은 튜브 속에 든 채로 순수한 용매 속에 담겨 있다. 막의 양방향으로 용매의 이동 속도가 같아질 때까지 용액 쪽으로의 용매의 알짜 흐름이 생긴다.

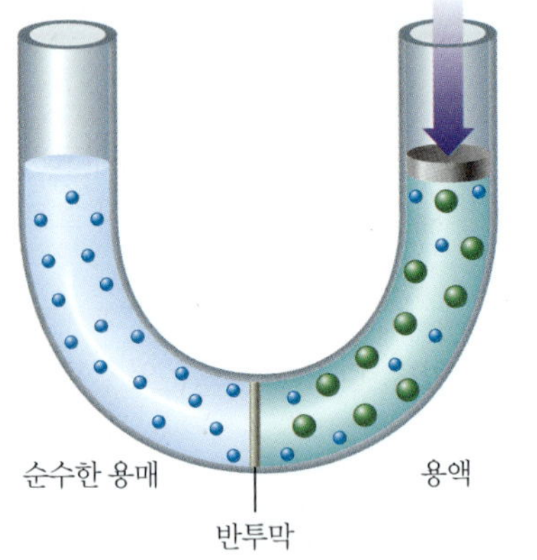

그림 11.18 용액에 외부 압력을 가함으로써 용매의 정상적인 용액 흐름(삼투현상)을 막을 수 있다. 삼투현상을 멈추는 데 필요한 최소 압력은 용액의 삼투압과 같다.

을 통하여 용매가 용액으로 흘러 들어가는 것을 **삼투현상**(osmosis)이라고 한다. 결국 액체의 면이 변화되는 것이 멈추게 되고, 이는 계가 평형에 도달한 것을 나타낸다. 이때 두 액체의 높이가 다르므로 순수한 용매보다는 용액이 더 큰 수압을 받게 된다. 이 압력을 **삼투압**(osmosis pressure)이라 한다.

이 현상은 그림 11.18에 나타낸 것처럼 다른 관점에서 볼 수도 있다. 삼투현상은 용액에 압력을 가함으로써 방지할 수 있다. *삼투현상을 멈추는 데 필요한 압력은 삼투압과 같다.* 삼투압을 설명하기 위한 간단한 모형을 그림 11.19에 나타내었다. 반투막은 용매 분자만 통과시킨다. 그러나 용액 쪽으로 이동하는 속도와 용매 쪽으로 이동하는 용매의 초기 속도는 다르다. 용질 입자가 용매의 이동을 방해하므로 용매 분자가 용액으로부터 용매로 이동하는 속도는 그 반대 방향으로 이동하는 속도보다 느릴 것이다. 따라서 용매 분자가 용액으로의 알짜 이동이 일어나 용액의 부피가 증가한다. 관에 들어 있는 용액의 높이가 증가되면 그 결과로 생기는 압력은 용액에 있는 분자를 반투막을 통해 "밀어내게" 된다. 결국에는 충분한 압력이 생겨서 양쪽으로의 용매의 이동이 같아지게 된다. 이 점에서 평형에 도달하게 되고, 용액의 높이는 변하지 않게 된다.

삼투압은 다른 총괄성과 마찬가지로 용액의 특성이나 몰질량을 결정하기 위하여 사용할 수 있다. 그러나 적은 농도의 용질로 비교적 큰 삼투압을 얻을 수 있어 다른 총괄성보다 더 유용하다.

실험에 의하면 용액의 농도와 삼투압의 관계는 다음 식과 같다.

$$\Pi = MRT$$

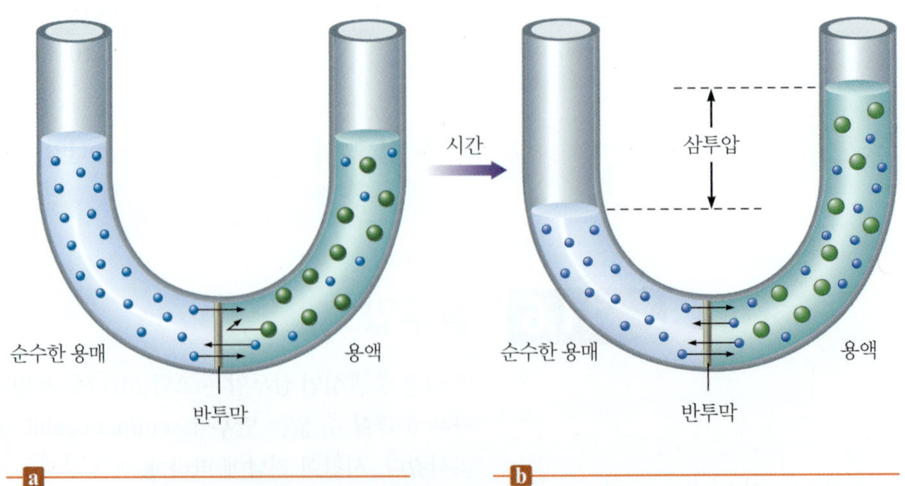

그림 11.19 (**a**) 순수한 용매와 비휘발성 용질을 포함하고 있는 용액이 용매 분자(푸른색)는 투과하지만, 용질 분자(녹색)는 투과할 수 없는 반투막으로 분리되어 있다. 용매의 이동 속도는 용액에서 순수한 용매로 이동하는 것보다 순수한 용매에서 용액으로 이동하는 속도가 더 크다. (**b**) 양방향으로 용매의 투과 속도가 동일한 평형 상태의 계.

여기서, Π는 삼투압을 atm 단위로 나타낸 것이고, M은 용액의 몰농도, R은 기체 상수, T는 Kelvin 온도이다.

삼투압을 이용하여 몰질량을 측정하는 예가 예제 11.11에 설명되어 있다.

비판적 사고 그림 11.19에 나타낸 삼투압 모형을 생각해 보자. 만약 양쪽 칸에 서로 다른 순수한 용매가 들어있다면, 각각은 다른 증기압을 나타낼 것인가? 계가 평형에 도달한 것처럼 보이겠는가? 다른 용매 분자는 반투막을 통과할 수 있다고 가정하라.

대화형 예제 11.11 삼투압을 이용한 몰질량의 결정

어떤 단백질의 몰질량을 결정하기 위해서 1.00×10^{-3} g의 단백질을 물에 녹여 1.00 mL의 용액을 만들었다. 이 용액의 삼투압을 측정하였더니 25.0°C에서 1.12 torr였다. 이 단백질의 몰질량을 계산하라.

풀이 다음의 삼투압 공식을 이용한다.

$$\Pi = MRT$$

이때

$$\Pi = 1.12 \text{ torr} \times \frac{1 \text{ atm}}{760 \text{ torr}} = 1.47 \times 10^{-3} \text{ atm}$$

$$R = 0.08206 \text{ L} \cdot \text{atm/K} \cdot \text{mol}$$

$$T = 25.0 + 273 = 298 \text{ K}$$

이다. 기체 상수 R의 단위 때문에 압력을 기압 단위로 고쳐야 한다는 사실에 주목하라.

몰농도에 대하여 정리하면

$$M = \frac{1.47 \times 10^{-3} \text{ atm}}{(0.08206 \text{ L} \cdot \text{atm/K} \cdot \text{mol})(298 \text{ K})} = 6.01 \times 10^{-5} \text{ mol/L}$$

이다. 1.00×10^{-3} g의 단백질을 녹여서 1 mL의 용액을 만들었으므로 용액 1 L당 녹은 단백질의 질량은 1.00 g이다. 용액의 농도는 6.01×10^{-5} mol/L이고, 이 농도는 1 mL당 1.00×10^{-3} g의 단백질을 녹여서 얻은 것이다(즉, 1.00 g/L이다). 따라서 6.01×10^{-5} mol 단백질은 1.00 g에 해당하고,

$$\frac{1.00 \text{ g}}{6.01 \times 10^{-5} \text{ mol}} = \frac{x}{1.00 \text{ mol}}$$

$$x = 1.66 \times 10^{4} \text{ g}$$

삼투압 측정에 의한 몰질량 결정이 끓는점 오름 및 어는점 내림을 이용한 경우보다 정확하다.

■ 단백질의 몰질량은 1.66×10^{4} g/mol이다. 이 몰질량은 상당히 커 보이지만, 단백질에 대한 것으로는 비교적 작은 값이다.

연습 문제 11.95와 11.96 참조

삼투현상에서 반투막은 *모든* 용질 입자의 통과를 막는다. **투석**(dialysis)이라는 비슷한 현상이 대부분의 식물과 동물의 세포벽에서 일어난다. 그러나 이 경우에는 막이 용매 분자와 *작은* 용질 분자 및 이온을 통과시킨다. 투석의 가장 중요한 응용 중의 하나는 혈액을 정화하기 위하여 사용하는 인공 신장기이다. 혈액을 투석 용액에 담가 둔 셀로판 관을 통과시키면 셀로판 관이 반투막으로 작용한다(그림 11.20). 이 "세척" 용액은 혈액과 꼭 같은

불순한 혈액을 넣는다.

깨끗한 혈액이 나온다.

필수적인 분자나 이온은 혈액 속에 남아있다.

투석 용액

찌꺼기는 세척액 속으로 투석되어 나온다.

그림 11.20 인공 신장의 기능을 나타내는 개략도.

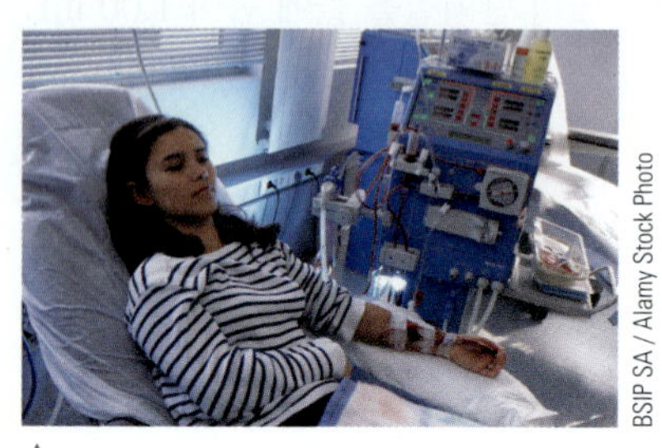
BSIP SA / Alamy Stock Photo

▲
혈액 투석 중인 환자.

농도의 작은 분자와 이온이 녹아 있으나, 신장에서 제거되는 찌꺼기는 없다. 투석(찌꺼기를 세척 용액으로 이동시킴)은 혈액을 깨끗하게 한다.

같은 삼투압을 가진 용액을 **등장액**(isotonic solution)이라고 한다. 혈관을 통해 주입되는 액체는 체액과 등장액이어야 한다. 예를 들면, 적혈구 세포를 세포액보다 더 큰 삼투압을 갖는 고장성 용액에 담그면 세포로부터 물이 빠져 나와 세포가 쭈그러들게 된다. 이런 현상을 *세포수축*(*crenation*)이라고 한다. 이것과 반대되는 *세포파괴*(*hemolysis*)라는 현상은 세포를 세포액보다 낮은 삼투압을 가지는 저장성 용액에 담그면 일어난다. 이 경우 물이 세포 속으로 흘러 들어가 세포가 파괴된다.

세포수축은 일상생활에 유용하게 이용되고 있다. 식품의 표면에 용질을 뿌리면 세균의 세포에 고장액인 용액이 생겨 식품을 보존할 수 있게 된다. 식품에 있는 세균은 수축되고 죽게 된다. 이것이 고기를 저장하기 위하여 소금을 뿌리고, 과일의 저장에 설탕을 뿌리는 이유이다.

피클을 만들 때 사용되는 짠물은 오이가 쭈그러들게 만든다.

대화형 예제 11.12 등장액

혈액(25°C에서 $\Pi = 7.70$ atm)과 등장액의 용액을 만들기 위해서는 어떤 농도의 염화 소듐 수용액이 필요한가?

풀이 삼투압 공식을 이용하여 용질의 몰농도를 계산할 수 있다.

$$\Pi = MRT \quad \text{또는} \quad M = \frac{\Pi}{RT}$$

$$M = \frac{7.70\ \text{atm}}{(0.08206\ \text{L}\cdot\text{atm/K}\cdot\text{mol})(298\ \text{K})} = 0.315\ \text{mol/L}$$

이 값은 용질 입자의 전체 몰농도를 나타낸다. 그런데 NaCl은 한 화학식 단위당 두 개의 이온을 내어 놓는다. 그러므로 필요한 NaCl의 농도는 $\frac{0.315\ M}{2} = 0.1575\ M = 0.158\ M$ 이다. 즉,

$$\begin{array}{ccccc} \text{NaCl} & \longrightarrow & \text{Na}^+ & + & \text{Cl}^- \\ 0.1575\ M & & 0.1575\ M & & 0.1575\ M \end{array}$$

$$\underbrace{0.1575\ M \quad 0.1575\ M}_{0.315\ M}$$

연습 문제 11.98 참조

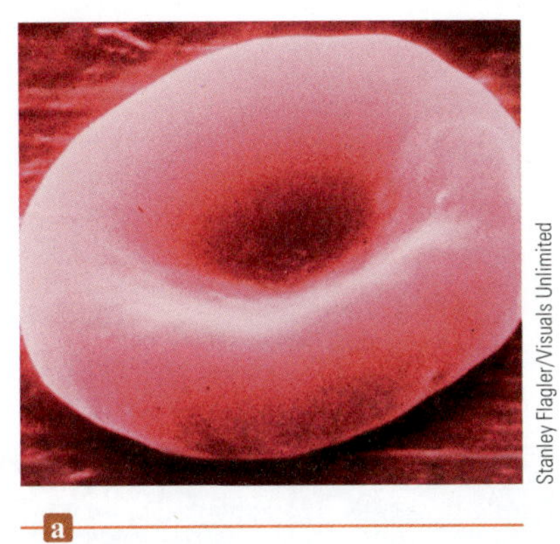

a 등장액에서 정상적인 세포

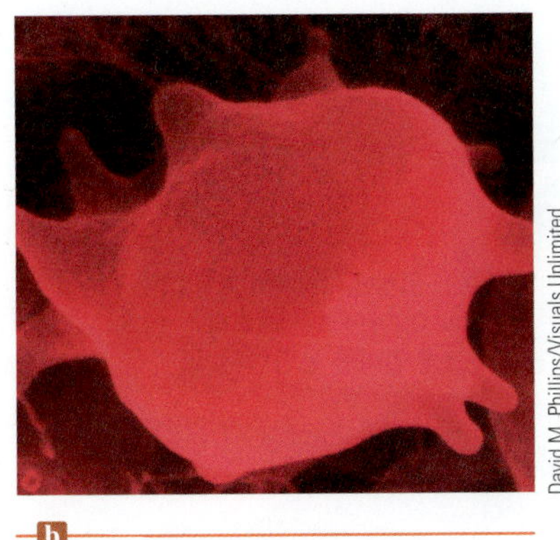

b 고장성 용액에서 수축된 세포

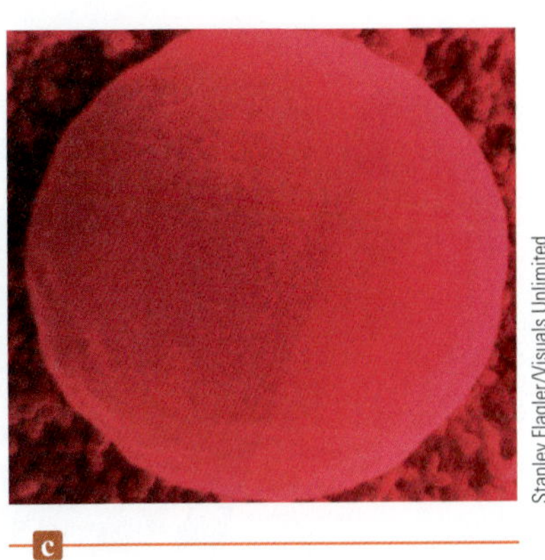

c 저장성 용액에서 팽창된 세포

▲ 삼투의 세 단계에 있는 적혈구. (**a**) 등장액에서 적혈구의 정상적인 모양. (**b**) 고장성 용액에 있는 이 세포는 생성에 의해 물이 빠져나갔기 때문에 수축되었다. (**c**) 저장성 용액은 용혈에 의해 내부로 이동한 물에 의해 부풀어 오른다.

역삼투

$\Pi_{용액}$보다 큰 압력

순수한 용매

용액

반투막

그림 11.21 역삼투. 삼투압보다 강한 외부 압력이 가해지고 있다. 결국 용액에서 순수 용매로의 용매 분자(푸른색)의 알짜 흐름이 생긴다. 용매 분자가 이동한 후 용질 분자(녹색)는 남아 있다.

반투막에 의해 순수한 용매와 분리되어 있는 용액에 삼투압보다 더 큰 외부 압력을 가해 주면 **역삼투**(reverse osmosis)가 일어난다. 그림 11.21에 보인 것처럼, 압력 때문에 용매가 용액으로부터 용매로 알짜 흐름이 일어난다. 역삼투에서는 반투막이 용질 입자를 제거하는 "분자 거르개" 역할을 한다. 체액보다 훨씬 고장액이기 때문에 마실 수 없는 바닷물의 **탈염**(desalination, 녹아 있는 염 제거)에 이 사실을 이용할 수 있다.

미국의 선 벨트 지역(Sun Belt area)은 인구가 증가하면서 물 공급이 부족하게 되었다. 담수의 한 가지 확실한 공급원은 해수의 탈염이다. 태양열을 이용한 증발, 역삼투, 남극에서의 빙산을 끌어오는 방법까지도 고려되고 있다. 물론 문제는 이런 모든 방법들에 비용이 드는 것이다. 그러나 물의 부족이 심각해지면 탈염이 필요하게 된다. 예를 들면, 미국에서 최초의 전일제 공공 탈염 공장이 California 연안의 Catalina 섬에서 가동되기 시작하였다(그림 11.22). 이 공장은 대서양으로부터 매일 200,000갤런의 마실 수 있는 물을 생산할 수 있으며, 역삼투로 작동된다. 이 공장에서는 800 lb/in^2 이상의 압력을 낼 수 있는 강력한 펌프가 바닷물이 인공 반투막을 통해 이동하도록 하고 있다. 2015년 Catalina 섬에 두 번째 공장이 문을 열었으며 매일 115만 갤런의 식수를 생산할 수 있다.

산타바바라 시는 1992년에 4,000만 달러 규모의 담수화 공장을 열었다. 하루에 800만 갤런의 식수를 생산한다. 캘리포니아 남부의 도시 Carlsbad는 2012년에 바닷물에서 매일 식수 5,000만 갤런을 생산할 수 있는 역삼투 담수화 공장을 열었다. 담수화 공장은 캘리포니아주 헌팅턴 비치에서도 가동되며 2023년까지 운영될 것으로 예상된다. 이 시설은 하루에 5,000만 갤런의 식수를 생산하게 된다.

미해군은 구명정에 깨끗한 물을 공급하기 위해 소규모 수동 역삼투 담수화기를 개발하였다. 시간당 1.25갤런의 물을 공급하는 이 담수화 장치는 25명이 사용할 수 있는 양이다. 무게가 10파운드에 불과한 이 소형 담수화 장치는 이전에 해군 구명정에 부착되어 있던 부피가 큰 담수기를 대체하였다.

11.7 전해질 용액의 총괄성

앞에서 살펴본 것과 같이 용액의 총괄성은 용질 입자의 전체 농도에 비례한다. 예를 들면, 0.10 m의 글루코스 용액은 어는점을 0.186°C 낮춘다.

$$\Delta T = K_f m = (1.86°\text{C} \cdot \text{kg/mol})(0.100\ \text{mol/kg}) = 0.186°\text{C}$$

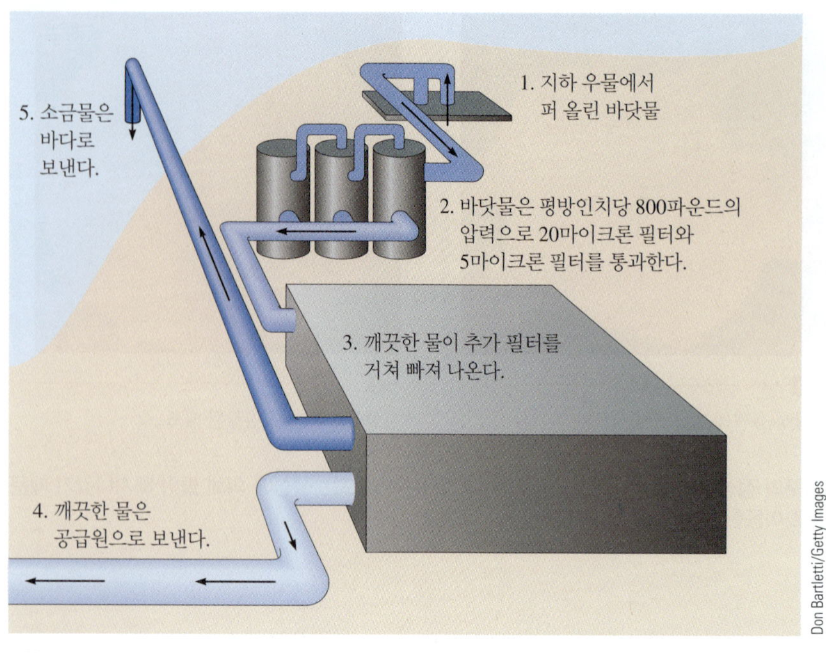

Don Bartletti/Getty Images

Don Bartletti/Los Angeles Times/Getty Images

그림 11.22 (**a**) 미국 남부 California 해안 외곽의 Catalina 섬 주민은 하루 200,000갤런, 즉 섬 주민 전체의 하루 요구량의 1/3을 공급할 수 있는 새로운 탈염 공장으로 인하여 큰 혜택을 얻고 있다. (**b**) Catalina 섬의 탈염 공장의 기계.

그러나 0.10 *m* 염화 소듐 용액은 0.10 *m*의 Na^+ 이온과 0.10 *m*의 Cl^- 이온으로 이루어져 있으므로 0.37°C의 어는점 내림을 보인다. 그러므로 이 용액은 0.20 *m*의 용질 입자를 가지고 있고, $\Delta T = (1.86°C \cdot kg/mol)(0.20\ mol/kg) = 0.37°C$이다.

1901년 네덜란드의 과학자인 J. H. van't Hoff(1852~1911)는 화학 분야에서 최초로 노벨상을 수상하였다.

용액에 녹아 있는 용질의 몰 수와 입자의 몰 수의 관계는 **van't Hoff 계수**(van't Hoff factor) *i*로 나타낼 수 있다.

$$i = \frac{\text{용액 속에 있는 입자의 총 몰 수}}{\text{용질의 몰 수}}$$

*i*의 *예상* 값은 화학식에 있는 이온의 수로부터 구할 수 있다. 예를 들면, NaCl의 *i*는 2이며, K_2SO_4의 *i*는 3이고, $Fe_3(PO_4)_2$의 *i*는 5이다. 이 계산 값들은 이들 염이 녹을 때 그 구성 이온으로 완전히 해리되어 독립적으로 돌아다닌다는 가정에 바탕을 두고 있다. 그러나 이 가정이 항상 옳지는 않다. 예를 들면, 0.10 *m* NaCl 용액의 측정된 어는점 내림은 0.10 *m* 글루코스 용액의 어는점 내림의 2배가 아니라 1.87배이다. 그러므로 0.10 *m* NaCl 용액의 *i* 값은 2가 아니라 1.87이다. 왜 그럴까? 가장 좋은 설명은 용액 중에 **이온쌍**(ion pair)이 형성된다는 것이다(그림 11.23). 어떤 순간에 작은 양의 소듐 이온과 염소 이온이 이온쌍을 이루어 한 개의 입자로 행동한다. 일반적으로 이온쌍은 진한 용액에서 더 중요하다. 용액이 묽어짐에 따라 이온 사이가 더 멀어져 이온쌍을 형성하기 힘들어진다. 예를 들면, 0.0010 *m* NaCl 용액에서 *i*의 측정 값은 1.97로 예상 값과 아주 유사하다.

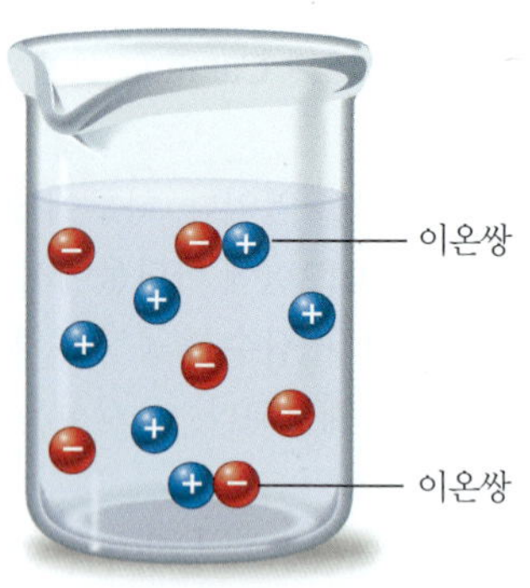

그림 11.23 수용액 속에서 몇 개의 이온들이 뭉쳐서 하나의 단위체로 행동하는 이온쌍을 형성한다.

이온쌍은 모든 전해질 용액에서 어느 정도 생긴다. 표 11.6에는 같은 농도에 있는 여러 가지 전해질 용액에 대한 *i* 값의 예상 값과 측정 값을 비교하였다. 이온이 다전하를 띨 때 *i* 값이 예상 값으로부터 크게 벗어나는 것에 주목하라. 이것은 하전을 많이 가진 이온이 이온쌍을 가장 잘 형성하기 때문에 예상할 수 있는 일이다.

전해질의 총괄성은 van't Hoff 계수를 포함한 식으로 나타낸다. 예를 들면, 어는점과 끓는점의 변화는 다음의 수정된 식으로 나타낼 수 있다.

$$\Delta T = imK$$

표 11.6 몇 가지 전해질의 0.05 *m* 용액에 대한 van't Hoff 계수의 예상 값과 측정 값

전해질	*i* (예상 값)	*i* (측정 값)
NaCl	2.0	1.9
$MgCl_2$	3.0	2.7
$MgSO_4$	2.0	1.3
$FeCl_3$	4.0	3.4
HCl	2.0	1.9
글루코스*	1.0	1.0

* 비교를 위해 나타낸 비전해질.

여기에서 K는 용매의 어느점 내림 상수, 또는 끓는점 오름 상수이다.

전해질 용액의 삼투압에 대한 식은 다음과 같다.

$$\Pi = iMRT$$

대화형 예제 11.13 삼투압

25°C에서 0.10 M $Fe(NH_4)_2(SO_4)_2$ 용액의 삼투압이 10.8 atm으로 관찰되었다. i의 예상 값과 측정 값을 비교하라.

풀이 이온성 고체인 $Fe(NH_4)_2(SO_4)_2$는 물속에서 해리되어 5개의 이온으로 분해된다.

$$Fe(NH_4)_2(SO_4)_2 \xrightarrow{H_2O} Fe^{2+} + 2NH_4^+ + 2SO_4^{2-}$$

따라서, i의 예상 값은 5이다. 삼투압 공식을 이용하면 i의 측정 값을 구할 수 있다.

$$\Pi = iMRT \qquad \text{또는} \qquad i = \frac{\Pi}{MRT}$$

이때 $\Pi = 10.8$ atm, $M = 0.10$ mol/L, $R = 0.08206$ L · atm/K · mol이고, $T = 25 + 273 = 298$ K이다. 위의 값들을 삼투압 공식에 대입하면

$$i = \frac{\Pi}{MRT} = \frac{10.8 \text{ atm}}{(0.10 \text{ mol/L})(0.08206 \text{ L} \cdot \text{atm/K} \cdot \text{mol})(298 \text{ K})} = 4.4$$

i의 측정값은 예상 값에 비하여 작은데, 아마도 이온쌍이 형성되었기 때문일 것이다.

연습 문제 11.109와 11.110 참조

11.8 콜로이드

그림 11.24 Tyndall 효과.

진흙을 물에 넣고 세게 저어주면 물속에 분산된다. 젓는 것을 그치면 대부분의 입자는 빠르게 밑으로 가라앉으나, 매우 작은 입자들은 며칠이 지나도 물속에 떠다닌다. 이것들은 보통의 빛으로는 보이지 않지만, 강한 빛을 물에 비추면 빛이 산란되어 볼 수 있다. 떠다니는 입자에 의해 빛이 산란되기 때문에 옆에서 볼 수 있다(그림 11.24). 그러나 참용액(true solution)에서는 용액에 녹아 있는 각각의 이온과 분자들이 가시광선을 산란시키기에는 너무 크기가 작아 옆에서 이것을 볼 수 없다.

입자에 의해 빛이 산란되는 현상을 **Tyndall 효과**(Tyndall effect)라 하며, 현탁액(suspension)과 참용액을 구분하는 데 사용된다.

어떤 매질에 작은 입자가 떠다니는 현탁액을 **콜로이드 분산**(colloidal dispersion) 또는

화학 관련 읽을거리 Chemical Connections

음료수의 챔피언—물

1965년 Florida 대학교의 미식축구팀(the Gators)은 탄수화물과 전해질이 들어있는 스포츠 음료를 시험하는 연구에 참여하였다. 이 음료는 뜨거운 Florida 기후 아래에서 격렬한 훈련 후 발생하는 탈수를 예방하기 위해 사용되었다. 그 해의 Florida 미식축구팀의 우승은 부분적으로는 그들의 스포츠 음료 덕분이라고 여겨졌다. 1967년, 이때 사용된 음료의 수정된 형태가 '게토레이(Gatorade)'라는 이름으로 시판되었다. 오늘날 게토레이는 스포츠 음료 판매에서 선두를 달리고 있지만, 연간 매출이 10억 달러를 넘는 시장에 많은 다른 브랜드들도 진입하였다.

중간 강도부터 높은 강도의 운동 중 글라이코젠(혈당치를 유지하도록 돕는 생체 연료 저장물)은 60~90분 이내에 고갈된다. 글라이코젠이 모두 소모된 이후에는 혈당량이 감소하며, 젖산(포도당 대사의 부산물)이 근육 조직에 축적되기 시작하여 결국 피로와 근육 경련을 유발한다. 또한, 근육은 반드시 방출되어야 하는 다량의 열을 방출시킨다. 높은 비열을 갖는 물이 근육으로부터 다량의 열을 제거하는 데 사용된다. 땀 흘리기와 땀의 기화에 의한 냉각은 몸이 일정한 체온을 유지할 수 있도록 돕는다. 그러나 많은 비용을 요구한다. 더운 날 강도 높은 운동은 시간당 1~3쿼터의 수분을 땀으로 손실하게 만든다. 사람 몸 체중의 2% 정도의 수분(100파운드당 1/4파운드)을 땀으로 손실하면 심장에 무리를 줄 수 있으며, 체온을 상승시키고 신체 작용 효율은 감소시킨다. 또한, 과도한 땀 흘리기는 세포 내외의 매우 중요한 전해질인 포타슘과 소듐을 손실하는 결과를 초래한다.

모든 중요한 스포츠 음료에는 세 가지의 주성분이 포함되어 있다. 즉, 포도당, 과당, 설탕과 같은 단순당 형태의 탄수화물, 소듐과 포타슘 이온을 포함하는 전해질, 그리고 물이다. 이것들이 땀을 통하여 손실되는 세 가지 주요 화합물이므로, 스포츠 음료를 마시는 것이 아마도 신체의 작동 효율을 증진시킬 것이라고 과학적으로 추론할 수 있다. 그러나 스포츠 음료는 얼마나 효과적으로 그 약속을 달성할 수 있을까?

최근의 연구 결과에 의하면 균형 잡힌 식단과 충분한 물을 섭취한 운동선수가 스포츠 음료를 섭취한 선수만큼 우수하다는 것이 확인되었다. 스포츠 음료는 물에 비하여 단지 맛이 더 좋다는 장점만을 지닌 듯하다. 그리고 만약 맛이 더 좋다면 보다 많이 마시도록 함으로써 세포가 충분히 수화되게 할 수도 있을 것이다.

Dave Howarth - CameraSport/CameraSport/Getty Images

건강한 운동 선수들이 운동 중에 물을 마시는 것은 스포츠 음료를 마시는 것과 같이 효과적이다.

대부분의 주요 스포츠 음료는 동일한 성분을 함유하고 있으므로, 아마도 맛이 유일하고 가장 중요한 선택 기준이 될 것이다. 만약 여러분이 특정한 스포츠 음료를 선호하지 않는다면 충분한 양의 물을 섭취하라. 뛰어난 신체 작용의 핵심은 여러분의 세포가 수화되어 있도록 유지하는 것이다.

"Sports Drinks: Don't Sweat the Small Stuff," by Tim Graham, *ChemMatters*, February 1999, p. 11에서 허락하에 게재하였음.

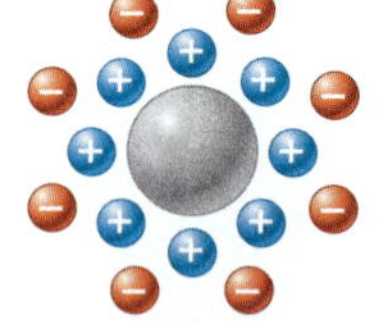
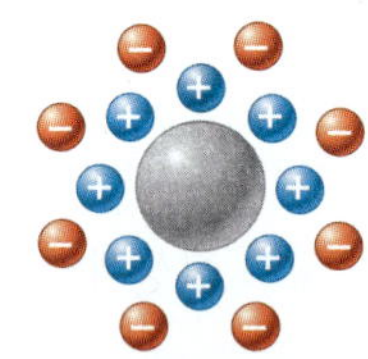

그림 11.25 두 개의 콜로이드 입자의 모형도. 각각의 중심 입자는 양이온의 층에 의하여 둘러싸여 있고, 그 바깥층은 음이온 층에 의하여 둘러싸여 있다. 따라서 각 입자는 전기적으로 중성일지라도 바깥의 음이온 층 때문에 서로 반발한다.

콜로이드(colloid)라고 부른다. 떠다니는 입자는 한 개의 큰 분자이거나 분자나 이온의 집합체로서, 1~1000 nm의 크기를 가진다. 콜로이드는 분산된 상의 상태와 분산 매질에 따라 구분한다. 표 11.7에 여러 형태의 콜로이드를 요약하였다.

콜로이드를 안정화시키는 요인은 무엇인가? 왜 입자들이 큰 집합체를 만들어 침전되지 않고 분산된 채로 남아 있는가? 이 물음에 대한 답은 매우 복잡하지만, 주된 요인은 *정전기 반발*(*electrostatic repulsion*)인 것 같다. 다른 모든 거시적 물질과 마찬가지로 콜로이드는 전기적으로 중성이다. 그러나 콜로이드에 전기장을 걸어주면 분산된 입자들은 같은 전극으로 움직이며, 따라서 모두 전하를 갖는다. 이것이 어떻게 가능할까? 그림 11.25에 나타낸 것처럼 콜로이드 입자의 중심(작은 이온성 결정, 몇 개의 분자 집합체, 또는 한 개의 커다란 분자)은 매질로부터 모두 같은 전하를 갖는 이온층을 끌어들이고, 이 이온의 집단은 다시 반대 전하를 갖는 이온층을 끌어들인다. 콜로이드 입자들은 모두 같은 전하를 띤 외각층을 가지고 있으므로 서로 반발하고, 쉽게 결합하여 침전이 생길 정도로 큰 집합체를 만들지 않는다.

응집(coagulation)이라 하는 콜로이드의 파괴는 열을 가하거나 전해질을 넣어 줌으로써 일으킬 수 있다. 가열하면 콜로이드 입자의 운동 속도가 증가하고, 이온 장벽을 뚫고 들어가기에 충분히 큰 에너지를 가지고 충돌하게 되어 입자의 집합체가 생긴다. 이것이 몇 번 반복되면 입자의 크기가 충분히 커져서 가라앉게 된다. 전해질을 가하면 흡착된 이온층

화학 관련 읽을거리 Chemical Connections

유기체와 얼음의 형성

극지방 바다의 얼음처럼 차가운 물에는 얼지 않는 것처럼 보이는 물고기가 매우 많이 살고 있다. 아마도 이 물고기들의 혈액 속에는 일종의 부동액 성분이 들어 있을 것으로 추측할 수도 있을 것이다. 그러나 연구에 따르면, 이 물고기들은 자동차를 부동액으로 보호하는 방식과는 매우 다른 방식으로 얼어붙는 것을 피한다. 이 장에서 살펴본 것처럼 설탕, 염, 그리고 에틸렌 글라이콜과 같은 용질은 액체상의 물과 얼음이 공존할 수 있는 온도를 낮추어 준다. 그러나 물고기는 삼투 효과 때문에 이와 같은 고농도의 체액을 견딜 수가 없다. 대신 이들 물고기는 혈액 속의 단백질을 이용하여 어는 것으로부터 자신을 보호한다. 이들 단백질은 혈액 속의 물이 얼지 않고 과냉각되는 것을 가능하게 한다. 액체상의 물이 0℃ 이하의 온도에서 존재한다. 이들 단백질은 얼음이 형성된 즉시 각각의 미세한 얼음 조각의 표면을 덮음으로써 생물학적인 피해를 유발할 수 있는 크기로 얼음이 성장하는 것을 막는다.

이러한 사실은 일단 매우 놀라웠을 뿐만 아니라, 이러한 극지 물고기에 대한 연구는 아이스크림 제조업자들의 관심을 끌었다. 최고급 아이스크림은 부드럽고 큰 얼음 결정이 없어야 하기 때문이다. 아이스크림 제조업체는 보관 중의 아이스크림 속의 얼음 결정이 커지는 것을 방지하기 위해 극점 부근에 사는 물고기의 단백질 또는 이와 유사한 양상을 보이는 분자를 아이스크림에 도입하기를 바라고 있다.

과일과 채소 재배 농가도 유사한 관심을 갖고 있다. 그들 역시 유별난 한파 동안에 작물에 피해를 줄 수 있는 얼음이 형성되는 것을 막고자 한다. 그러나 이것은 극지방 물고기를 어는 것으로부터 막는 것과는 매우 다른 문제이다. 많은 종류의 과일 및 채소에는 얼음의 핵으로 작용하여 얼음 결정의 성장을 *촉진하는* 단백질을 만드는 박테리아가 기생한다. 화학자들은 박테리아에 존재하는 원인 단백질과 이 단백질의 생성에 책임이 있는 유전자를 확인하였다. 과학자들은 이 박테리아의 유전 물질을 조작함으로써 얼음 결정의 성장을 촉진하는 단백질을 생성시키는 능력을 제거하는 방법을 배웠다. 만약 시험 결과 변종 박테리아가 작물과 환경에 별다른 피해를 주지 않는 것으로 밝혀지면 원래의 박테리아를 새로운 변종 박테리아로 대체시킴으로써 한파가 불어닥쳤을 때 얼음 결정이 급속히 생성되는 것을 막게 될 것이다.

▲ 흑지느러미 빙어(Blackfin icefish, 학명: *Chaenocephalus aceratus*).

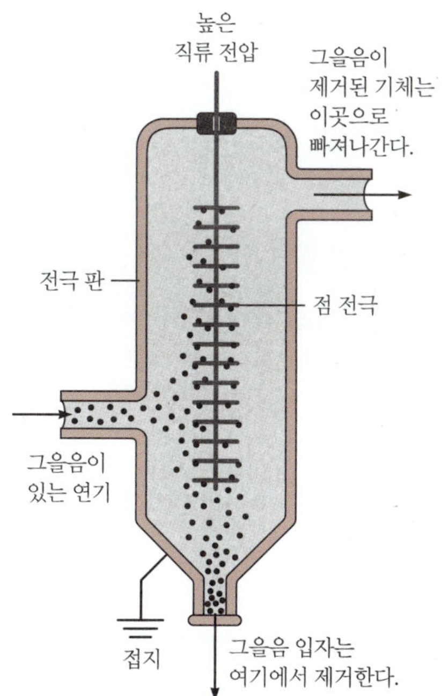

그림 11.26 굴뚝에 설치된 Cottrell 집전기. 하전된 판들이 이온층을 가진 콜로이드 입자들을 끌어들여 연기에서 콜로이드 입자들을 제거한다.

표 11.7 콜로이드의 형태

예	분산 매질	분산 물질	콜로이드 형태
안개, 에어로솔 분무	기체	액체	에오로솔
연기, 공기 운반 박테리아	기체	고체	에어로솔
거품 크림, 비누 거품	액체	기체	거품
우유, 마요네즈	액체	액체	에멀젼
페인트, 진흙, 젤라틴	액체	고체	솔
마시멜로, 폴리스티렌 거품	고체	기체	고체 거품
버터, 치즈	고체	액체	고체 에멀젼
루비 유리	고체	고체	고체 솔

을 중성화시킨다. 이것은 강에 분산되어 있던 진흙이 바다를 만나면 가라앉아 Mississippi 강과 같은 큰 강의 하류에 삼각주가 생기는 이유가 된다. 바닷물에 들어있는 높은 농도의 염이 콜로이드성 진흙 입자를 응집되게 하는 것이다.

연기에 있는 그을음을 제거하는 것도 콜로이드의 응집의 또 다른 예이다. 연기가 정전기 집전기(그림 11.26)를 통과할 때 분산된 고체들이 제거된다. 침전기의 사용으로 공장 밀집 지역의 공기의 질이 매우 좋아졌다.

개념 정리 및 복습 For Review

주요 용어

11.1절

몰농도

질량 백분율

몰분율

몰랄농도

노말농도

11.2절

용해 엔탈피(용해열)

수화 엔탈피(수화열)

11.3절

Henry의 법칙

열오염

11.4절

Raoult의 법칙

이상 용액

11.5절

총괄성

몰랄 끓는점 오름 상수

몰랄 어는점 내림 상수

11.6절

반투막

삼투현상

삼투압

투석

등장액

역삼투

탈염

용액의 조성

- 몰농도(M): 용액 1 L에 들어 있는 용질의 몰 수
- 질량 백분율: 용질의 그램 수를 용액의 그램 수로 나눈 값에 100%을 곱한 것
- 몰분율(χ): 어떤 성분의 몰 수를 용액에 있는 모든 성분의 몰 수의 합으로 나눈 것
- 몰랄농도(m): 용매 1 kg에 녹아 있는 용질의 몰 수
- 노말농도(N): 용액 1 L에 들어 있는 당량 수

용해열($\Delta H_{용해}$)

- 용액이 형성이 될 때 수반되는 엔탈피 변화
- 용해열은 다음의 합으로 나타낼 수 있다.
  - 용질 입자 사이의 상호작용을 극복하는 데 필요한 에너지
  - 용매 속에 "공간을 만드는" 데 필요한 에너지
  - 용매와 용질 사이에 생기는 상호작용 에너지

용해도에 영향을 미치는 요소

- 용질과 용매의 극성
  - "비슷한 것은 비슷한 것을 녹인다."
- 압력은 용매에 녹아 있는 기체의 용해도를 증가시킨다.
  - Henry의 법칙: $C = kP$
- 온도의 영향
  - 온도를 증가하면 물에 대한 기체의 용해도는 감소한다.
  - 대부분의 고체는 온도가 증가함에 따라 물에 대한 용해도가 증가하지만 중요한 예외들이 존재한다.

용액의 증기압

- 비휘발성 용질이 녹아 있는 용액의 증기압은 순수한 용매의 증기압보다 낮다.
- Raoult의 법칙은 이상 용액을 다음과 같이 정의한다.

$$P_{증기}^{용액} = \chi_{용매}P_{증기}^{용매}$$

  - 용질–용매 간의 인력이 용질–용질 간과 용매–용매 간의 인력과 다른 용액의 경우 Raoult의 법칙에서 벗어난다.

총괄성

- 용액에 존재하는 용질 입자 개수에 의해 결정되는 성질
- 끓는점 오름: $\Delta T = K_b m_{용질}$
- 어는점 내림: $\Delta T = K_f m_{용질}$
- 삼투압: $\Pi = MRT$

11.7절

Van't Hoff 계수

이온쌍

11.8절

Tyndall 효과

콜로이드(콜로이드 분산)

응집

- 용질 분자의 통과를 막는 반투막에 의해 순수한 용매와 용액이 분리되어 있을 때 삼투현상이 일어난다.
- 용액의 삼투압보다 더 큰 외부 압력을 걸어주면 역삼투가 일어난다.

- 총괄성은 용질 입자의 수에 비례하기 때문에 용질 입자가 녹았을 때 여러 개의 이온으로 해리된다면 전해질의 총괄성은 해리된 이온의 수에 비례하는 효과를 나타낸다.
  - van't Hoff 계수 i는 전해질에서 해리되는 이온 입자의 수를 나타낸다.

콜로이드

- 용액 속에 매우 작은 입자가 떠돌아다니는 것으로 각 입자 주위를 싸고 있는 이온층 사이의 정전기적 발발 때문에 안정해진다.
- 가열하거나 전해질을 넣어 주면 응집(콜로이드가 파괴)된다.

복습 질문

1. 용액의 구성을 나타내는 보편적인 네 가지 방법은 질량 백분율, 몰분율, 몰랄농도, 몰농도가 있다. 각각의 용액의 구성을 나타내는 용어를 정의하라. 그리고 왜 다른 용어들과는 달리 몰농도가 온도에 의존하는지를 설명하라.

2. KF를 예로 사용하여 $\Delta H_{용해}$와 $\Delta H_{수화}$를 나타내는 반응식을 써라. 제8장에서 $K^+(g) + F^-(g) \longrightarrow KF(s)$ 반응에 대해 격자 에너지가 정의되었다. Hess의 법칙을 사용하여 $\Delta H_{수화}$와 ΔH_{LE}를 활용해서 KF의 $\Delta H_{용해}$를 계산하라. 여기서 ΔH_{LE} = 격자 에너지. 이때 $\Delta H_{용해}$는 다른 이온 결합 화합물의 경우와 마찬가지로 비교적 작은 값을 갖는다. 만약 $\Delta H_{수화}$와 ΔH_{LE}가 큰 음의 값을 갖는다면 $\Delta H_{용해}$는 어떻게 될까?

3. "비슷한 것은 비슷한 것끼리 녹는다"의 의미는 무엇인가? 용질/용매의 결합에는 네 가지의 유형이 있는데 극성 용질은 극성 용매에, 비극성 용질은 비극성 용매에 등등이 있다. 각각의 용액의 유형에서 $\Delta H_{용해}$의 크기에 대해 논하라.

4. 구조, 압력, 온도는 용해도에 영향을 미친다. 각각의 용해도에 대한 영향을 논하라. Henry의 법칙이란 무엇인가? Henry의 법칙은 HCl(g)에는 왜 적용되지 않는가? *친수성(hydrophilic)*과 *소수성(hydrophobic)*의 의미는 무엇인가?

5. Raoult의 법칙에서 각 항을 정의하라. 그림 11.10은 순수한 물에서 비휘발성 용질의 수용액으로 물 분자가 알짜 이동하는 것을 보여준다. 결국에는 모든 물이 순수한 물이 든 비커에서 수용액으로 이동해가는 이유를 설명하라. 그림 11.10의 실험이 휘발성 용질을 사용하여 수행되었다면 어떻게 될 것인가? 용질과 용매가 휘발성일 때 전체 증기압은 어떻게 계산하는가?

6. Raoult의 법칙을 사용하여 이상적인 액체–액체 용액과 비이상적인 액체–액체 용액을 구분하라. 이상 용액이라고 가정할 때, 용액이 형성될 때의 $\Delta H_{용해}$, ΔT는 어떻게 되겠는가? 그리고 순수한 용질과 순수한 용매 상태에서 분자들 간에 작용하는 힘과 용액을 형성한 후에 용질과 용매 분자 간에 작용하는 힘은 다를까? 이상 용액의 예를 들어라. Raoult의 법칙에서 양의 편차와 음의 편차를 나타내는 용액에 대하여 앞의 두 질문을 답하라.

7. 증기압 내림은 어는점 내림, 끓는점 오름과 같이 총괄성이라고 한다. 총괄성이란 무엇인가? 왜 순수한 물에 비해 용액의 경우 어는점 내림이 일어나는지 설명하라. 또한 순수한 물에 비해 용액에서 끓는점 오름이 왜 일어나는지 설명하라. 어는점 내림과 끓는점 오름에서 ΔT를 어떻게 구하는지 설명하라. 표 11.5에서 나열된 용매에서 0.50몰랄 용액에서 가장 큰 끓는점 오름이 일어나는 것은 무엇인가? 가장 작은 어는점 내림이 일어나는 것은 무엇인가?

어는점 내림과 끓는점 오름은 비휘발성 용액의 몰질량을 구할 수 있도록 한다. 몰질량을 구할 때 무엇이 필요한가? 이러한 자료를 통해 어떻게 비휘발성 용액의 몰질량을 구할 수 있는지 설명하라.

8. 삼투압이란 무엇인가? 삼투압을 어떻게 계산할 수 있는가? 몰농도의 단위는 삼투압의 식에 사용된다. 용액의 몰랄농도와 용액의 몰농도가 거의 같아질 때는 언제인가? 냉장이 보편화되기 전에는 많은 음식들을 절이거나 과일들은 많은 양의 설탕과 함께 보관하였다. 보관에 소금과 설탕은 어떠한 역할을 하였는가? 투석과 탈염은 삼투압의 두 가지 요소이다. 두 가지를 설명하라.

9. 센전해질, 약전해질, 비전해질을 구별하라. 이들을 구별하는 데 총괄성이 어떻게 이용되는가? Van't Hoff 계수란 무엇인가? 왜 전해질 용액에서 어는점 내림이 계산값보다 작

은 값을 나타내는가? 이러한 차이는 진한 용액과 묽은 용액 중에 어디에서 더 크게 나타나는가?

10. 콜로이드 분산이란 무엇인가? 콜로이드의 예를 들어라. Tyndall 효과는 콜로이드와 참용액을 구별하는 데 사용된다. 이에 대하여 설명하라. 응집이라는 과정을 거쳐서 콜로이드가 형성된다. 응집이란 무엇인가?

활동 학습 질문

이 문제들은 학생들이 강의실에서 그룹을 만들어 함께 풀어보도록 고안하였다.

1. 그림 11.10을 생각해 보자. 설명과 그림에 의하면 물이 한쪽 비커에서 다른 비커로 이동하는 것처럼 보인다.

a. 왜 이런 일이 일어나는지 설명하라.

b. 이 책에서는 *증기압*과 *평형*을 이용하여 설명하였다. 이것들이 현상과 무슨 관계가 있는지 설명하라. 예를 들면, 평형에 도달하는 것은 무엇인가?

c. 모든 물이 두 번째 비커로 옮겨가는가?

d. 용액이 담겨 있는 비커로부터 물이 증발하는가? 그렇다면 증발 속도가 증가, 감소 또는 일정하게 유지되는가?

설명을 그림으로 나타내라.

2. 다시 그림 11.10에서, 한쪽 비커의 용매에 비휘발성 용질이 녹아 있는 대신에 두 비커 모두에 서로 다른 휘발성 액체가 들어 있다고 가정하자. 즉, 한쪽 비커에는 액체 A ($P_{증기}$ = 50 torr)가 다른 비커에는 액체 B ($P_{증기}$ = 100 torr)가 들어 있다고 가정하자. 시간이 지나면 어떤 일이 일어나는가를 설명하라. 첫 번째 경우(그림에 나타낸)와 어떻게 비슷하고, 어떻게 다른가?

3. 해수 용액에 민물 식물을 놓고 현미경으로 조사한다고 가정하자. 식물 세포에 어떤 일이 일어나는가? 해수 식물을 민물에 넣으면 어떤 일이 일어나는가? 이를 설명하고, 그림으로 나타내라.

4. $\Delta H_{용해}$와 Raoult의 법칙으로부터의 편차는 무슨 관계가 있는지 설명하라.

5. 용매에 용질을 녹이면 끓는점은 높아지고 어는점은 낮아진다고 배웠다. 한 친구가 다음과 같이 설명하였다. "용질과 용매의 관계는 물과 염의 관계와 같다. 염이 물 분자들이 서로 연결되는 것을 막아서 결빙에 방해가 된다. 염이 물 분자들을 서로 잡아매는 강력한 결합처럼 작용하여 끓는 것이 힘들어진다." 친구에게 무슨 말을 할 것인가?

6. 0°C에서 얼음 덩어리(순수한 물로 만들어진)를 소금 용액에 넣었다. 어떤 일이 왜 일어났을까 설명하라.

7. 겨울에 길에 소금을 뿌리는 이유를 물의 상평형 그림과 Raoult의 법칙을 이용하여 설명하라(기온이 빙점 이하임에도 불구하고).

8. 여러분과 여러분의 친구가 각각 2 L 병에 든 콜라를 마시고 있다. 양쪽 콜라는 똑같이 탄산 가스가 들어 있다. 여러분은 1 L의 콜라를 마실 수 있지만 여러분의 친구는 1/2 L만 마실 수 있다. 둘 다 병을 마개로 막고 냉장고에 넣었다. 다음 날 콜라를 마시려 할 때, 어느 쪽이 탄산 가스가 더 많이 들어 있을까? 이유는 무엇인가?

9. 몰농도와 몰랄농도는 온도에 의존하는가? 답에 대한 이유를 설명하라. 어는점 내림과 끓는점 오름을 계산하는 식에 왜 몰농도 대신 몰랄농도가 사용되는지를 설명하라.

10. 다음 중 염 용액의 몰랄농도(둘 이상이 있을 수 있음)를 계산하기 위해 알아야 할 것은 무엇인가?

a. 첨가된 소금의 질량

b. 소금의 몰질량

c. 첨가된 물의 양

d. 물의 밀도

e. 용액의 부피

질량 백분율을 계산하려고 한다. 같은 질문에 답하라. 용액 및 용액의 몰농도를 계산하려고 한다. 같은 질문에 답하라.

11. 한 용액이 다른 용액보다 질량 %로 더 큰 농도를 가지면서 몰농도는 더 낮은 그런 경우가 가능한가? 설명하라.

12. 산이나 염기의 몰농도와 노말농도가 같은 값을 가질 수 있는가? 그렇다면 몇 가지 예를 들어보라. 몰농도와 노말 농도가 서로 다른 양이 가능할까? 서로 다르다면 어떻게 연관되어 있는가? 어떻게 다른지 설명하기 위해 몇 가지 다른 예를 들어보라.

13. 산화제나 환원제의 경우 당량 질량이 몰질량과 같아야 하는가? 몰질량과 등가 질량이 다른 산화제와 환원제의 경우 그들은 어떤 관계를 갖는가?

14. 방에 열려있는 소금물 비커를 생각해보자. 시간이 지남에 따라 증기압이 증가하겠는가 아니면 감소하겠는가? 또는 동일하게 유지되겠는가? 설명하라.

15. 어떤 용액이 Raoult의 법칙에서 양의 편차를 보인다면 이상적일 때보다 용액의 끓는점의 높아질 것인가 아니면 낮아질 것인가? 설명하라.

16. 0.10 *m* NaCl 수용액은 0.10 *m* $MgSO_4$ 수용액보다 높은 끓는점을 갖는다. 그 이유를 설명하라.

17. 다음 용질–용매 조합을 생각해 보자:

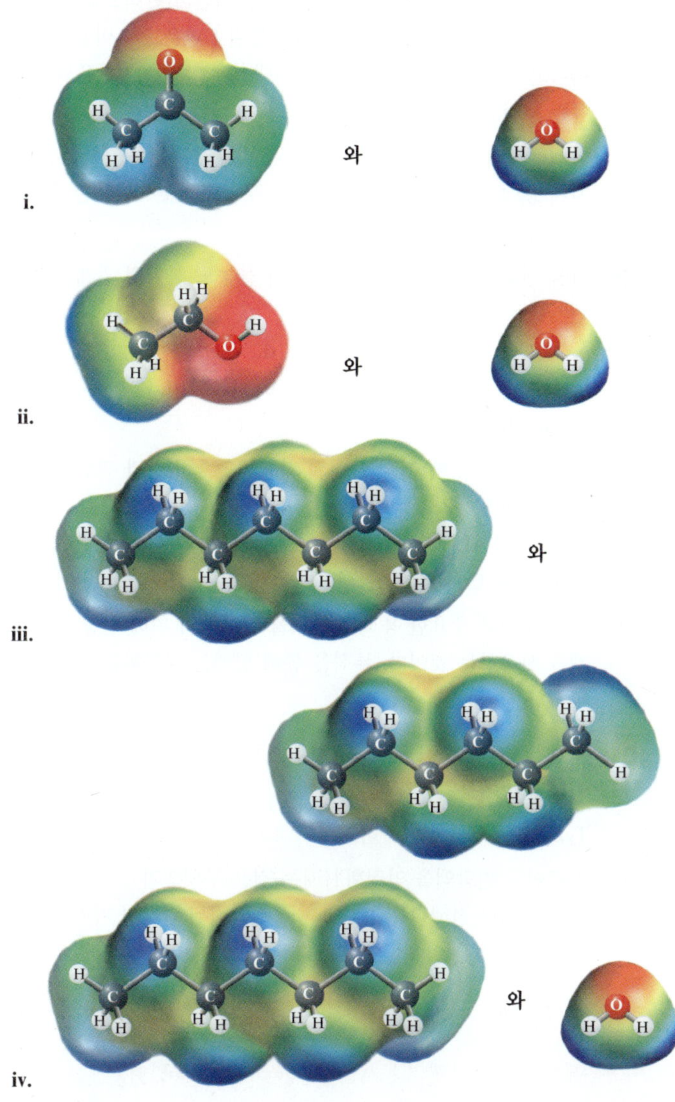

a. 각 용액에 대해 ΔH_1, ΔH_2, ΔH_3 및 $\Delta H_{용액}$의 수학적 부호와 상대적 크기는 무엇인가?(예: 이 책의 그림 11.1에 정의하였다.) 당신의 대답을 설명하라.

b. 각각의 경우 용액이 형성될 때 어떤 온도 변화가 예상되는가?

18. 제10장과 제11장의 내용에 대한 지식을 활용하여, 다음 관찰을 설명하라.

a. 압력솥을 사용하면 냄비를 여는 것보다 물을 사용하여 요리하는 것이 더 빠르다.

b. $CO_2(s)$(드라이아이스)에는 CO_2가 화재 소화기에서 액체이지만 정상 압력 조건과 정상 끓는점을 가지지 않는다.

c. 북극해에서 녹은 바닷물 얼음에서 신선한 물을 만든다.

d. 겨울철에는 $CaCl_2$가 도로에 흔히 뿌려진다.

e. 10 g의 요소[$(NH_2)_2CO$]와 100 g의 물로 만든 용액과 비교하여 100 g의 물에 10 g의 NaCl로 만든 용액의 경우 NaCl과 요소의 몰질량은 거의 같은 값이나 물의 끓는점 변화는 약 2배이다.

분홍색 번호의 질문과 연습문제에 대한 정답은 온라인에서 확인할 수 있습니다(차례의 QR을 스캔해보세요).

풀이 복습

만일 이 연습 문제를 풀기 힘들면 제4장의 4.1~4.3절까지 다시 살펴보라.

19. 1 L당 585 g의 아이소프로판올(C_3H_7OH)을 포함하는 알코올 용액의 몰농도를 계산하라.

20. 0.250 L의 0.100 M 용액을 만들려면 옥살산 소듐($Na_2C_2O_4$) 몇 g이 필요한가?

21. 1.00 L의 0.040 M HCl 용액을 만들려면 0.25 M HCl 용액 몇 L를 묽혀야 하는가?

22. 1.28 g의 용질을 포함하는 0.580 M의 $CaCl_2$ 용액의 부피는 얼마인가?

23. 1.00 M K_2S 2.00 L와 1.00 M $KHSO_4$ 1.00 L를 혼합하면 최종 용액에서 $KHSO_4$의 포타슘 이온 농도는 얼마인가?

24. 다음의 센전해질을 물에 녹였을 때, 존재하는 이온을 나타내는 식을 써라.

a. HNO_3
b. Na_2SO_4
c. $Al(NO_3)_3$
d. $SrBr_2$
e. $KClO_4$
f. NH_4Br
g. NH_4NO_3
h. $CuSO_4$
i. NaOH

질문

25. 물속에서 기체 용해도의 온도 의존에 대하여 분자 운동론의 관점에서 설명하라.

26. 약전해질인 $NH_3(g)$는 Henry의 법칙을 따르지 않는다. 이유를 설명하라. 또한 $O_2(g)$의 경우 물에서는 Henry의 법칙을 따르지만 혈액(수용액) 속에서는 따르지 않는다. 그 이유를 설명하라.

27. 다음 그림의 밀봉된 용기 속에 들어 있는 두 개의 비커에는 순수한 물과 휘발성 용질의 수용액이 담겨 있다. 만약 용질이 물보다 작은 휘발성을 갖는다면 시간이 지남에 따라 두 비커의 부피에 어떤 일이 일어날지 설명하라.

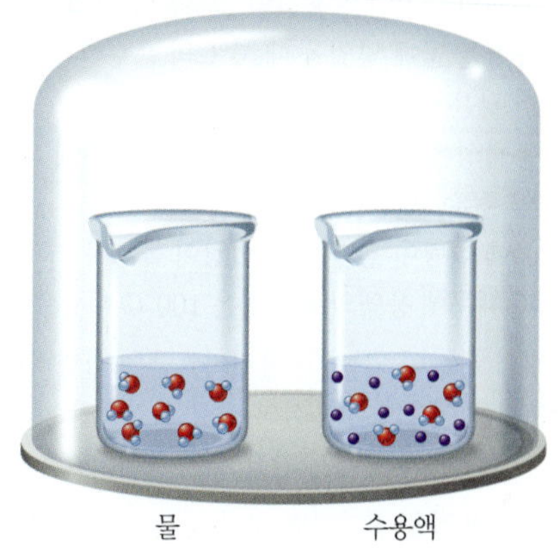

28. 다음 그림은 어떤 온도에서 서로 다른 조성 성분비의 A, B 혼합 용액과 증기압과의 상호 관계를 보여주는 그래프이다.

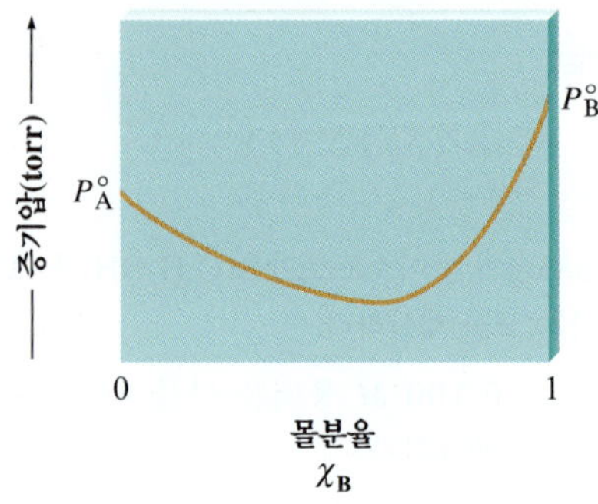

다음 문장 중 A, B 용액에 관하여 틀린 것은?

a. 이 용액은 Raoult의 법칙에 대하여 음의 편차를 보인다.

b. 용액의 $\Delta H_{용해}$가 발열 반응이 되어야 한다.

c. 순수한 A 및 B와 비교하여 용액의 분자 간 힘이 보다 강하다.

d. 순수한 B의 휘발성이 순수한 A의 휘발성에 비하여 강하다.

e. $\chi_B = 0.6$인 용액은 순수한 A 및 순수한 B에 비하여 낮은 끓는점 온도를 보일 것이다.

29. 순수한 메탄올을 물과 섞어서 얻어지는 용액은 따뜻하다. 이 용액은 이상 용액인가? 이유는 무엇인가?

30. 세제 분자는 더럽혀진 의복으로부터 때를 제거할 뿐 아니라, 물에 분산된 기름 에멀션을 안정화시킬 수 있다. 도데실황산소듐(SDS)은 대표적인 세제이며, $CH_3(CH_2)_{10}CH_2SO_4^-Na^+$의 화학식을 갖는다. 수용액에서 *마이셀(micelle)*이라 부르는 세제 음이온의 작은 집합체를 형성함으로써 기름이나 때를 분산시킨다. 마이셀의 구조를 제시하라.

31. 액체 크로마토그래피에 사용되는 관에 흡착된 오염 물질을 씻을 때 일련의 용매들이 사용된다. 헥세인(C_6H_{14}), 클로로폼($CHCl_3$), 메탄올(CH_3OH), 물을 순서대로 관을 통해 통과시킨다. 분자 사이의 힘과 용매의 상호 용해도(섞임성)를 이용하여 이 순서를 합리화하라.

32. 염화 소듐이 물에 녹기 위해서는, 적은 양의 에너지가 용액이 형성되는 동안 가해져야 한다. 이것은 에너지적으로 선호되지 않는다. 왜 염화 소듐은 물에 녹는가?

33. 다음 문장 중 옳은 것은 어느 것인가? 잘못된 문장은 고쳐라.

a. 용액의 증기압은 용질의 몰분율과 직접적인 관계가 있다.

b. 용질을 물에 넣었을 때, 0°C의 순수한 얼음보다 용액의 물이 더 낮은 증기압을 가진다.

c. 총괄성은 존재하는 용질 입자의 개수에 의존하지 않고 용질의 종류에만 의존한다.

d. 물에 설탕이 첨가하면, 설탕이 물보다 더 높은 끓는점을 가지기 때문에 용액의 끓는점은 100°C 이상으로 증가한다.

34. 아래의 문장이 맞는가, 틀린가? 답을 설명하라. 어는점 자료와 끓는점을 이용하여 용질의 질량을 결정할 때, 장뇌가 표 11.5에 있는 모든 용매 중에서 가장 좋은 용매이다.

35. 용매에 용질을 첨가하면 보다 넓은 온도 범위에서 액체 상이 확장된다. 이 진술을 설명하라.

36. 설탕($C_{12}H_{22}O_{11}$) 또는 요소[$(NH_2)_2CO$]는 도로 관리 직원이 도로의 얼음을 녹이기 위해 사용할 수 있지만 일반적으로 이 물질들 대신에 $CaCl_2$ 용액이 사용된다. 물질 1 파운드당 비용이 동일하다고 가정할 때, 설탕이나 요소 대신에 $CaCl_2$를 사용되는 이유는 무엇인가?

37. 단백질의 두 가지 다른 수용액이 동일한 끓는점을 갖는다면, 두 가지 용액 간에 다른 물리적 특성은 무엇이 다른가? 묽은 용액을 가정하라.

38. 다음 산과 염기에 대한 노말농도와 몰농도 사이의 관계는 무엇인가?

a. H_2CO_3

b. H_3PO_4

c. $Ba(OH)_2$

d. KOH

e. $HC_2H_3O_2$

39. 다음 환원 과정에 대해 환원된 화학종의 몰질량과 관련된 당량은 어떻게 되는가?

a. Al^{3+}이 Al로 환원됨

b. Cu^{2+}이 Cu로 환원됨

c. Cu^{2+}이 Cu^+로 환원됨

d. O_2이 H_2O가 환원됨

40. 투석의 매우 중요한 용도는 혈액을 정화하기 위해 인공 신장 기계를 사용하는 것이다. 투석을 통해 혈액을 정화하는 방법을 설명하라.

41. *등장액, 세포수축, 세포파괴*란 무엇인지 설명하라.

42. 이온쌍이란 무엇인가?

43. Tyndall 효과를 설명하라.

44. 콜로이드 현탁액을 안정화시키는 것은 무엇인가? 이 용액에 열을 가하거나 전해질을 첨가하면 서스펜젼된 입자가 가라앉을 수 있다. 추가하는 이유를 설명하라.

연습 문제

연습 문제는 비슷한 유형의 문제를 두 개씩 짝지어 놓았다.

용액의 조성

45. 2.5 *m* NaCl 용액 75 g에 500. g의 물을 가하였다. 묽혀진 용액에서 NaCl의 질량 퍼센트는 얼마인가?

46. 병원에서 사용되는 전형적인 주사제 IV는 5% 덱스트로스 수액(D5W라고 함)이다. 이 용액은 손실된 체액을 대체하고 탄수화물을 제공하기 위해 IV를 통해 정맥에 주입한다. 또한 주사할 의약품은 D5W IV를 사용하여 신체에 전달된다. D5W는 100.0 mL의 용액당 5.0 g 포도당 1수화물($C_6H_{12}O_6 \cdot H_2O$)이 포함되어 있다. 1.01 g/cm^{3}의 밀도를 가정할 때, D5W의 몰농도와 몰랄농도를 계산하라.

47. 질량 기준으로 10.0% NaOH 용액의 밀도는 1.109 g/cm^{3}이다. 이 용액의 몰농도와 몰랄농도를 계산하라.

48. 9.61 *M* H_2SO_4 용액의 밀도는 1.520 g/cm^{3}이다. 이 용액에 있는 H_2SO_4의 몰분율을 계산하라.

49. 물 100.0 mL에 H_3PO_4 10.0 g을 녹여 인산 용액 104 mL를 만들었다. 용액의 밀도, 몰농도, 몰랄농도, 몰분율을 계산하라. 물의 밀도는 1.00 g/cm^{3}로 가정하라.

50. 부동액은 질량의 40.0%가 에틸렌 글라이콜($C_2H_6O_2$)인 수용액이다. 용액의 밀도는 1.05 g/cm^{3}이다. 에틸렌 글라이콜의 몰랄농도, 몰농도, 몰분율을 계산하라.

51. 시판되는 산과 염기 수용액의 성질은 다음과 같다. 각각의 몰농도, 몰랄농도, 몰분율을 계산하라.

	밀도(g/cm^3)	용질의 질량 백분율
염산	1.19	38
질산	1.42	70.
황산	1.84	95
아세트산	1.05	99
암모니아	0.90	28

52. 실험실에서 다음 용액을 각각 100 mL 이상씩 만들어야 한다. 주어진 자료를 이용하여 어떻게 만드는가를 설명하라.
a. 2.0 *m* KCl 수용액(H_2O의 밀도 = 1.00 g/cm^3)
b. 질량 15% NaOH 수용액(d = 1.00 g/cm^3)
c. 질량 25% NaOH의 메탄올(CH_3OH) 용액(d = 0.79 g/cm^3)
d. 몰분율이 0.10인 $C_6H_{12}O_6$ 수용액(d = 1.00 g/cm^3)

53. 25 mL의 펜테인(C_5H_{12}, d = 0.63 g/cm^3)과 45 mL의 헥세인(C_6H_{14}, d = 0.66 g/cm^3)을 혼합하여 용액을 만들었다. 혼합할 때 늘어난 부피를 고려하여, 펜테인의 질량 백분율, 몰분율, 몰랄농도, 몰농도를 계산하라.

54. 50.0 mL의 톨루엔($C_6H_5CH_3$, d = 0.867 g/cm^3)과 125 mL의 벤젠(C_6H_6, d = 0.874 g/cm^3)을 혼합하여 용액을 만들었다. 혼합할 때 늘어난 부피를 고려하여, 톨루엔의 질량 백분율, 몰분율, 몰랄농도, 몰농도를 계산하라.

55. 포도주는 부피로 12.5%의 에탄올을 포함한다. 에탄올(C_2H_5OH)의 밀도는 0.789 g/cm^{3}이다. 포도주에서 에탄올의 농도를 질량 백분율과 몰랄농도로 계산하라.

56. 에탄올(C_2H_5OH)에 들어 있는 1.00 *m* 아세톤(CH_3COCH_3) 용액이 있다. 아세톤의 몰농도와 몰분율을 계산하라(아세톤의 밀도 = 0.788 g/cm^3, 에탄올의 밀도 = 0.789 g/cm^3). 아세톤과 에탄올의 부피는 단순히 더해진다고 가정한다.

57. 1.37 *M* 시트르산($H_3C_6H_5O_7$)의 수용액의 밀도는 1.10 g/cm^{3}이다. 시트르산의 질량 백분율, 몰랄농도, 몰분율, 당량을 계산하라. 시트르산은 세 개의 산성 양성자를 가지고 있다.

58. 다음 용액의 노말농도를 계산하라.
a. 0.250 *M* HCl
b. 0.105 *M* H_2SO_4
c. 5.3×10^{-2} *M* H_3PO_4
d. 0.134 *M* NaOH
e. 0.00521 *M* $Ca(OH)_2$
위의 열거한 산과 염기의 당량은 각각 얼마인가?

용액의 에너지 관계와 용해도

59. NaI의 격자 에너지*는 −686 kJ/mol이고, 수화 엔탈피는 −694 kJ/mol이다. 고체 NaI 1 mol당 용해열을 계산하라. 이 엔탈피 변화가 적용되는 과정을 설명하라.

60. a. 다음 자료를 이용하여 염화 칼슘과 아이오딘화 칼슘의 수화열을 계산하라.

	격자 에너지	$\Delta H_{용해}$
$CaCl_2(s)$	−2247 kJ/mol	−46 kJ/mol
$CaI_2(s)$	−2059 kJ/mol	−104 kJ/mol

b. a의 답에 근거하여 Cl^-와 I^- 중 어떤 이온이 물과 더 강하게 결합하는가?

61. $Al(OH)_3$는 물에 녹지 않지만 NaOH는 물에 매우 잘 녹는다. 격자 에너지 개념을 이용하여 설명하라.

62. 이온성 고체의 녹는점이 높은 것은 이온들을 서로 분리하기 위하여 많은 에너지가 필요하다는 것을 나타내고 있다. 수용성 이온 결합 화합물을 물에 녹일 때 어떻게 이온들이 온도의 변화가 수반되지 않고 서로 분리되는 것이 가능할 수 있는가?

63. 다음 화합물을 녹일 때 물과 사염화 탄소 중 어떤 용매를 선택하여야 하는가?
a. KrF_2
b. SF_2
c. SO_2
d. CO_2
e. MgF_2
f. CH_2O
g. $CH_2{=}CH_2$

64. 다음 화합물들을 녹일 때 물과 헥세인(C_6H_{14}) 중 어떤 용매를 선택하여야 하는가?
a. $Cu(NO_3)_2$
b. CS_2
c. CH_3OH
d. $CH_3(CH_2)_{16}CH_2(OH)$
e. HCl
f. C_6H_6

65. 다음 이온쌍 중, 어느 것이 물에 더 잘 녹을지를 예측하라.

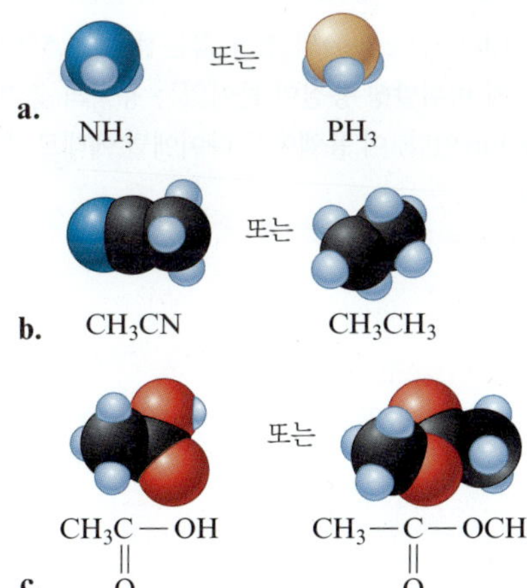

* 격자 에너지는 제8장에서 $M^+(g) + X^-(g) \rightarrow MX(s)$ 과정의 에너지 변화로 정의하였다.

66. 다음 간단한 알코올들의 물에 대한 용해도 경향을 설명하라.

알코올	용해도 (g/100 g H_2O, 20°C에서)
메탄올(CH_3OH)	모든 비율로 녹음
에탄올(CH_3CH_2OH)	모든 비율로 녹음
프로판올($CH_3CH_2CH_2OH$)	모든 비율로 녹음
뷰탄올($CH_3(CH_2)_2CH_2OH$)	8.14
펜탄올($CH_3(CH_2)_3CH_2OH$)	2.64
헥산올($CH_3(CH_2)_4CH_2OH$)	0.59
헵탄올($CH_3(CH_2)_5CH_2OH$)	0.09

67. 물 위의 질소(N_2) 압력이 0.790 atm일 때, 0°C에서 물에 대한 N_2의 용해도는 8.21×10^{-4} mol/L이다. N_2에 대한 Henry의 법칙 상수를 mol/L · atm 단위로 계산하라. Henry의 법칙은 $C = kP$ 형태이며, C는 mol/L로 표시된 기체의 농도이다. 0°C에서 물 위의 질소의 부분압이 1.10 atm일 때, 물에 대한 N_2의 용해도를 계산하라.

68. 산소(O_2)의 부분압이 25°C에서 120 torr일 때 물에 대한 O_2의 용해도를 계산하라. O_2의 Henry의 법칙 상수는 1.3×10^{-3} mol/L · atm이며 Henry의 법칙은 $C = kP$ 형태이고, C는 mol/L로 표시된 기체의 농도이다.

용액의 증기압

69. 133.7 g의 에탄올(C_2H_5OH)에 53.6 g의 글리세린($C_3H_8O_3$)을 녹인 용액의 증기압은 40°C에서 113 torr이다. 글리세린이 에탄올에서 비휘발성이고, 비전해질이라 가정하고, 40°C에서 순수한 에탄올의 증기압을 계산하라.

70. 글루코스가 들어있는 수용액은 25°C에서 19.6 torr의 증기압을 갖는다. 45°C에서 이 용액의 증기압은 얼마인가? 순수한 물의 증기압은 25°C에서 23.8 torr이고 45°C에서 71.9 torr이다. 용액의 글루코스를 같은 양(mol)의 NaCl로 대체시켰다면, 45°C에서 증기압은 얼마인가?

71. 다이에틸 에테르(diethyl ether)의 정상 끓는점은 34.5°C이다. 다이에틸 에테르에 비휘발성 용질이 들어있는 용액의 증기압은 34.5°C에서 698 torr이다. 이 용액에서 다이에틸 에테르의 몰분율은 얼마인가?

72. 메탄올의 정상 끓는점은 64.7°C이다. 메탄올에 비휘발성 용질을 포함하는 용액을 만들었다. 용액 내 용질의 몰분율이 0.268이라면 64.7°C에서 용액의 증기압은 얼마인가?

73. 40°C에서 헵테인의 증기압은 92.0 torr이고 옥테인의 증기압은 31.2 torr이다. 이상적인 행동을 가정할 때, 존재하는 옥테인의 몰 수에 비해 많은 헵테인의 몰 수가 두 배의 농도를 함유한 용액의 증기압은 얼마인가?

74. 2.0 mol의 액체 A와 3.0 mol의 액체 B를 포함하는 50°C 용액의 총 증기압은 240. torr이다. 50°C에서 순수한 A의 증기압이 150. torr라면, 50°C에서 순수한 B의 증기압은 얼마인가?

75. 펜테인(C_5H_{12})과 헥세인(C_6H_{14})은 이상 용액을 형성한다. 25°C에서 펜테인과 헥세인의 증기압은 각각 511 torr와 150. torr이다. 25 mL의 펜테인(밀도, 0.63 g/mL)을 45 mL의 헥세인(밀도, 0.66 g/mL)과 혼합하여 용액을 만들었다.

a. 얻어지는 용액의 증기압은 얼마인가?

b. 이 용액과 평형에 있는 기체에서 펜테인의 조성은 몰분율로 얼마인가?

76. 25°C에서 0.0300 mol의 CH_2Cl_2와 0.0500 mol의 CH_2Br_2를 혼합하여 용액을 만들었다. 이상 용액이라고 가정하고, 25°C에서 증기의 조성을 몰분율로 계산하라. 25°C에서 순수한 CH_2Cl_2와 순수한 CH_2Br_2의 증기압은 각각 133과 11.4 torr이다.

77. 40°C에서 증기압이 174 torr인 메탄올(CH_3OH)-프로판올($CH_3CH_2CH_2OH$) 용액의 조성은 무엇일까? 40°C에서 순수한 메탄올과 순수한 프로판올의 증기압은 각각 303 torr와 44.6 torr이다. 이상 용액이라 가정한다.

78. 벤젠과 톨루엔은 이상 용액을 형성한다. 25°C에서 벤젠과 톨루엔의 용액을 만들었다. 기체상에서 벤젠과 톨루엔의 몰분율이 같다고 가정하고, 용액의 조성을 계산하라. 25°C에서 순수한 벤젠과 톨루엔의 증기압은 각각 95 torr와 28 torr이다.

79. 25°C에서 다음 중 어느 것이 전체 증기압이 가장 낮을까?

a. 순수한 물(증기압 = 25°C에서 23.8 torr)

b. $\chi_{C_6H_{12}O_6} = 0.01$인 글루코스 수용액

c. $\chi_{NaCl} = 0.01$인 염화 소듐 수용액

d. $\chi_{CH_3OH} = 0.2$인 메탄올 수용액[메탄올(25°C에서 143 torr)과 물 모두의 증기압을 생각하라].

80. 연습 문제 79에서, 증기압이 가장 높은 것은 어느 것인가?

81. 다음의 증기압 도표를 아래의 용질-용매의 조합과 맞는 것을 짝짓고 당신의 답을 설명하라.

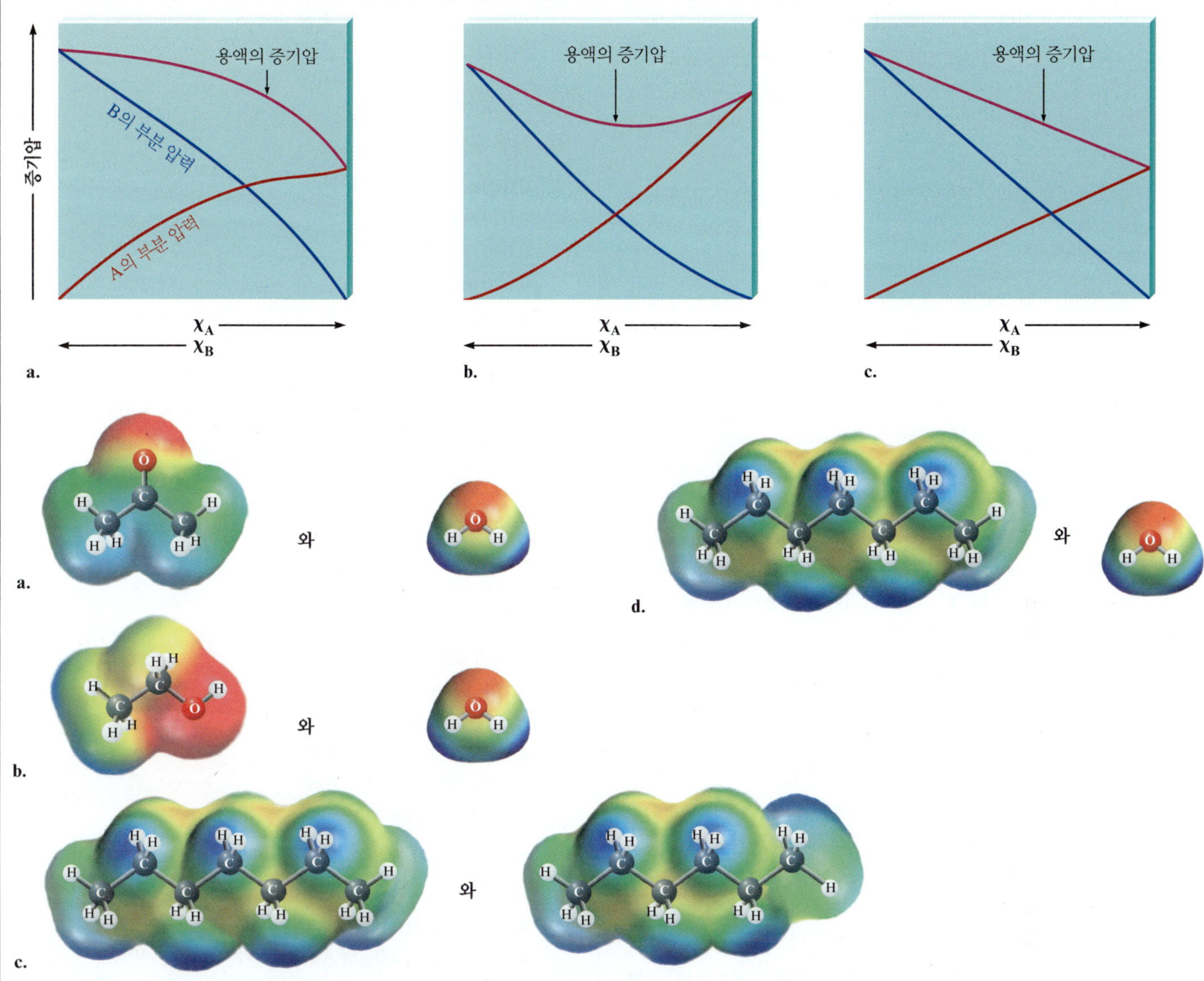

82. 물-프로판올($CH_3CH_2CH_2OH$)의 조성이 서로 다른 몇 가지 용액에 대해 증기압을 측정하여 45°C에서 다음 자료를 얻었다.

χ_{H_2O}	증기압(torr)
0	74.0
0.15	77.3
0.37	80.2
0.54	81.6
0.69	80.6
0.83	78.2
1.00	71.9

a. 물과 프로판올 용액은 이상 용액인가? 설명하라.

b. 물-프로판올 용액의 $\Delta H_{용해}$를 예측하라.

c. 프로판올과 물 분자 사이의 인력이 순수한 물질 사이의 인력보다 큰가, 작은가, 또는 같은가? 설명하라.

d. 자료에서 어떤 용액이 정상 끓는점이 제일 낮은가?

총괄성

83. 150.0 g의 물에 27.0 g의 요소[$(NH_2)_2CO$]를 녹여 용액을 만들었다. 이 용액의 끓는점을 계산하라. 요소는 비전해질이다.

84. 순수한 벤젠의 어는점은 5.5°C이다. 나프탈렌($C_{10}H_8$) 25.6g 시료를 300.0g의 벤젠에 녹였다. 용액의 어는점은 얼마인가? (벤젠의 경우, Kf = 5.12°C/mol이다.)

85. 2.00 g의 거대 생체 분자를 15.0 g의 사염화 탄소에 녹였다. 이 용액의 끓는점은 77.85°C로 측정되었다. 생체 분자의 몰질량을 계산하라. 사염화 탄소의 끓는점 오름 상수는 5.03°C · kg/mol이고, 순수한 사염화 탄소의 증기압은 76.50°C이다.

86. 혼합물 시료 6.62 g을 250 g 벤젠에 녹인다. 이 용액의 어는점은 순수한 벤젠의 어는점보다 1.02°C 낮다. 이 화합물의 몰질량은 얼마인가? (벤젠의 경우, K_f = 5.12°C/mol이다.)

87. 어는점이 −1.50°C인 용액을 만들기 위하여, 200.0 g의 물에 녹여야 하는 비전해질인 글리세린($C_3H_8O_3$)의 질량은 얼마인가?

88. *t*-뷰탄올의 어는점은 25.50°C이고, K_f는 9.1 °C · kg/mol이다. *t*-뷰탄올은 공기 중에 노출되면 물을 흡수한다. *t*-뷰탄올 10.0 g 시료의 어는점이 24.59°C라면 시료에는 몇 그램의 물이 존재하는가?

89. 물에 에틸렌 글라이콜($HOCH_2CH_2OH$)이 질량으로 50.0% 녹아 있는 부동액의 어는점과 끓는점을 계산하라. 에틸렌 글라이콜은 비전해질이다.

90. 어는점이 −25.0°C인 부동액을 만들기 위하여, 15.0 L의 물에 녹여야 하는 비전해질인 에틸렌 글라이콜($C_2H_6O_2$)의 부피를 계산하라. 이 용액의 끓는점은 얼마인가? (에틸렌 글라이콜의 밀도는 1.11 g/cm^{3}이고, 물의 밀도는 1.00 g/cm^{3}이다)

91. Reserpine이라는 천연 화합물은 *Rauwolfia serpentina*라는 관목의 뿌리에서 추출한 물질이다. 이 물질은 1956년 노벨상 수상자인 R. B. Woodward에 의해 처음으로 합성되었다. 이 물질은 신경안정제와 진정제로 쓰인다. 1.00 g의 reserpine을 25.0 g의 장뇌(camphor)에 용해시키면 어는점 내림이 2.63°C가 된다. (장뇌의 K_f는 40.°C · kg/mol이다.) 이 용액의 몰랄농도와 reserpine의 몰질량을 계산하라.

92. 3.75 g의 비휘발성인 순수한 탄화수소가 95 g의 아세톤에 녹아있다. 순수한 아세톤과 이 용액의 끓는점이 각각 55.95°C와 56.50°C이다. 아세톤의 몰랄 끓는점 오름 상수가 1.71°C · kg/mol일 때, 탄화수소의 몰질량은 얼마인가?

93. **a.** 25°C에서 1.0 g/L의 단백질(몰질량 = 9.0×10^4 g/mol)을 포함하는 수용액의 어는점 내림과 삼투압을 계산하라. 용액의 밀도는 1.0 g/cm^{3}이다.

b. a의 답을 고려하여, 어는점 내림 또는 삼투압 중 어느 총괄성이 거대 분자의 몰질량을 측정하는 데 더 좋은가 설명하라.

94. 적혈구는 헤모글로빈을 포함하고 있는 적혈구 세포이다. 식염수에서 적혈구는 염분의 농도가 높을 때는 쭈그러들고 염분의 농도가 낮을 때는 팽창한다. 25°C에서 어는점이 −0.406°C인 NaCl 수용액에서 적혈구는 쭈그러들거나 팽창하지 않는다. 만약 이 조건에서의 적혈구 내부의 용액에 대한 삼투압을 구하려고 한다면 어떤 가정이 필요한가? 이유를 설명하라. 그 가정이 얼마나 좋은지 평가하라. 이 가정을 만들고 적혈구 내부 용액의 삼투압을 계산하라.

95. 간에서 발견된 효소인 과산화 수소 분해 효소인 catalase, 10.00 g을 27°C의 물에 녹여 1.00 L의 수용액을 만들었다. 27°C에서 이 수용액의 삼투압이 0.745 torr였다. 이 catalase 효소의 몰질량을 계산하라.

96. 0.15 g의 순수한 단백질 시료를 물에 녹여서 2.0 mL 용액을 만들었다. 25°C에서 이 용액의 삼투압을 측정하였더니 18.6 torr였다. 단백질의 몰질량을 계산하라.

97. 22°C에서 삼투압이 15 atm인 설탕(sucrose, $C_{12}H_{22}O_{11}$) 수용액 1.0 L를 만드는 방법을 설명하라. 설탕은 비전해질이다.

98. 22°C에서 삼투압이 15 atm인 염화 소듐 수용액 1.0 L를 만드는 방법을 설명하라. 염화 소듐 수용액은 용액에서 Na^+와 Cl^-로 존재한다고 가정하라.

전해질 용액의 성질

99. 다음 용액을 생각해 보자.

0.010 *m* Na_3PO_4 수용액
0.020 *m* $CaBr_2$ 수용액
0.020 *m* KCl 수용액
0.020 *m* HF 수용액(HF는 약산이다.)

a. 수용성 염이 완전히 해리된다고 가정하면, 0.040 m $C_6H_{12}O_6$ 수용액과 같은 끓는점을 갖는 용액은 어느 것인가? $C_6H_{12}O_6$는 비전해질이다.

b. 28°C에서 증기압이 가장 높은 용액은 어떤 것인가?

c. 어는점 내림이 가장 큰 용액은 어떤 것인가?

100. 다음 용액을 생각해 보자.

순수한 물
$C_{12}H_{22}O_{11}$ 수용액(m = 0.01)
NaCl 수용액(m = 0.01)
$CaCl_2$ 수용액 (m = 0.01)

다음의 것을 선택하라.

a. 어는점이 가장 높은 용액

b. 어는점이 가장 낮은 용액

c. 끓는점이 가장 높은 용액

d. 끓는점이 가장 낮은 용액

e. 삼투압이 가장 높은 용액

101. 다음 각 수용액의 어는점과 끓는점을 계산하라(완전 해리한다고 가정한다).

a. 25 g의 물에 5.0 g의 NaCl이 녹아 있는 용액

b. 15 g의 물에 2.0 g의 $Al(NO_3)_3$이 녹아 있는 용액

102. 0.10 *M* NaCl의 물이 있는 습지에 탈염 공장을 건설하였다. 20.°C에서 역삼투로 물을 정수하기 위하여 필요한 최소한의 압력을 계산하라. NaCl은 완전히 해리된다고 가정한다.

103. 0.25m Na_3PO_4 수용액의 어는점은 −1.6°C이다. 이 용액은 이상적으로 행동하는가?

104. 0.10 *M* $MgSO_4$ 용액의 삼투압이 25°C에서 2.9 atm인 것으로 관찰되었다. 이 실험에서는 $MgSO_4$에 대한 계수를 결정하라.

105. 다음 물에 녹아있는 이온성 용질의 van't Hoff 계수를 구하라.

106. 다음 플라스크의 물에 이온성 용질이 들어있다. $MgSO_4$가 들어있는 플라스크는 어느 것인가? 그리고 NaCl이 들어있는 플라스크는 어느 것인가?

107. 다음 각 수용액의 어는점과 끓는점을 계산하라. (100% 해리한다고 가정할 것)

a. 0.050 m $MgCl_2$ **b.** 0.050 m $FeCl_3$

108. 표 11.6의 van't Hoff 계수의 측정 값을 이용하여 다음 용액 각각의 어는점 내림과 끓는점 오름을 계산하라.

a. 0.050 m $MgCl_2$ **b.** 0.050 m $FeCl_3$

109. 다음에 주어진 세 가지 $CaCl_2$ 용액에 대한 자료를 이용하여 각 용액의 van't Hoff 계수의 겉보기 값을 계산하라.

몰랄농도	어는점 내림(°C)
0.0225	0.110
0.0910	0.440
0.278	1.330

110. 0.091 m CsCl 용액의 어는점 내림은 0.320°C이다. 0.091 m $CaCl_2$ 용액의 어는점 내림은 0.440°C이다. 두 용액 중 어느 용액이 이온 해리가 더 클까? 설명하라.

111. 1994년 겨울은 미국 전역에서 기록적으로 추웠다. 예를 들면, Illinois주의 Champaign이라는 도시에서는 −29°F의 낮은 온도가 기록되었다. 이런 온도에서 $CaCl_2$를 언 도로에 뿌려 얼음을 녹이는 것이 효과적일 수 있는가?

a. $CaCl_2$의 $i = 3.00$으로 가정하라.

b. 연습 문제 109에서 얻은 i 값의 평균값을 가정하라.

($CaCl_2$의 차가운 물에 대한 용해도는 물 100.0 g당 74.5 g이다).

112. 0.500 g의 시료를 충분한 물에 녹여서 100.0 mL의 용액을 만들었다. 이 용액은 25°C에서 2.50 atm의 삼투압을 가진다. 만약 각각의 용액의 분자가 두 개의 입자로 나누어진다면, 이 용액의 몰질량은 얼마인가?

화학 활동 문제

113. 25°C에서 벤조산($HC_7H_5O_2$)의 물에 대한 용해도는 0.34 g/100 mL이며, 벤젠(C_6H_6)에 대한 용해도는 10.0 g/100 mL이다. 이 용해도의 거동을 합리화하라. 벤젠에 녹인 1.0 m 벤조산 용액의 어는점 내림을 측정한다면 그 값이 5.12°C와 같겠는가? 아니면 크겠는가? 아니면 작겠는가? 벤젠에 대한 $K_f = 5.12°C \cdot kg/mol$이다. 벤조산의 구조는 다음과 같다.

$$C_6H_5-\underset{\underset{O}{\|}}{C}-O-H$$

114. 벤조산은 물에서보다 0.1 M NaOH 용액에서 더 잘 녹겠는가? 아니면 덜 녹겠는가?

115. 60.0 g의 물에 52.3 g의 염화 세슘을 녹여 용액을 만들었다. 용액의 부피는 63.3 mL이다. CsCl 용액의 질량 백분율, 몰농도, 몰랄농도 및 몰분율을 계산하라.

116. NaCl의 격자 에너지는 −786 kJ/mol이며, 기체 Na^+ 이온 1몰 및 기체 Cl^- 이온 1몰의 수화 엔탈피는 −783 kJ/mol이다. 고체 NaCl의 몰당 용액의 엔탈피를 계산하라.

117. KF의 격자 에너지는 −804 kJ/mol이고 용액 엔탈피(물)는 −15 kJ/mol이다. RbF는 격자 에너지가 −768 kJ/mol이고 용액 엔탈피(물에서)는 −24 kJ/mol이다. 어떤 소금이 물과 더 강한 인력을 형성하며 그 이유는 무엇인가?

참고: $M^+(g) + X^-(g) \rightarrow MX(s)$ ΔH = 격자 에너지

$M^+(g) + X^-(g) \rightarrow M^+(aq) + X^-(aq)$ ΔH = 엔탈피 수화 에너지

a. KF, 격자 에너지가 더 음수이기 때문이다.

b. RbF, 더 양의 격자 에너지를 가지고 있기 때문이다.

c. RbF, 더 양의 엔탈피 수화 에너지를 가지고 있기 때문이다.

d. RbF, 용액의 엔탈피가 더 음수이기 때문이다.

e. KF, 음의 수화 엔탈피를 더 가지고 있기 때문이다.

118. 다음과 같이 정전기 전위 도표가 주어졌다. 물에서의 CH_4와 NH_3의 예측된 용해도에 대해 설명하라.

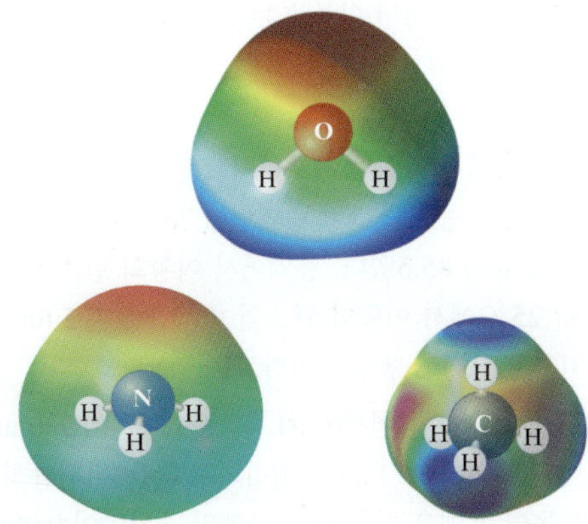

119. 다음 각 쌍의 이온들 중에서 어느 이온이 더 강하게 수화하는가? 그 이유는 무엇인가?

a. Fe^{2+} 또는 Fe^{3+}

b. Mg^{2+} 또는 Be^{2+}

c. Cl^- 또는 ClO_4^-

d. ClO_4^- 또는 SO_4^{2-}

e. Na^+ 또는 Mg^{2+}

f. F^- 또는 Br^-

120. 제5장의 연습 154에서는 CO_2가 물에 불용성이라는 가정 하에 스파클링 와인 한 병의 CO_2 압력을 계산했다. 이것은 잘못된 가정이었다. CO_2가 헨리의 법칙을 따른다고 가정함으로써 이 문제를 다시 실행하라. 기체상의 CO_2 분압과 25°C에서 와인의 CO_2

용해도를 계산하려면 문제에 나와 있는 데이터를 활용하라. CO_2에 대한 헨리의 법칙 상수는 3.1×10^{-2} mol/L · atm이다. $C = kP$는 mol/L 단위의 기체의 농도이다.

121. 용어 *proof*는 용액 상에서 순수 에탄올의 2배의 부피 백분율이라고 정의한다. 따라서 부피로 95%의 에탄올은 190 proof이다. 92 proof인 에탄올/물 용액의 몰농도는 얼마인가? 에탄올(C_2H_5OH)의 밀도는 0.79 g/cm^{3}이고 물의 밀도는 1.0 g/cm^{3}이다.

122. 크레아티닌($C_4H_7N_3O$)은 근육 신진대사의 부산물이고, 우리 몸에서 크레아티닌의 농도는 신장 기능의 지표로 알려져 있다. 성인의 혈액 속의 평균적인 크레아티닌의 농도는 혈액 1데시리터(dL)당 1.0 mg 정도이다. 혈액의 밀도가 1.025 g/mL라고 가정하고, 혈액 10.0 mL에 있는 평균 크레아티닌의 몰랄농도를 계산하라. 25.0°C에서의 삼투압을 구하라.

123. 커피 컵 열량계에 1.60 g의 NH_4NO_3를 75.0 g의 물과 혼합하였다. 초기 온도는 25.00°C였고 염이 녹은 후 열량계의 온도가 23.34°C였다.

a. 열량계의 열용량이 4.18 J/g·°C이고 열의 손실이 없다고 가정하고, NH_4NO_3의 용해에 대한 용해열($\Delta H_{용해}$)을 kJ/mol 단위로 계산하라.

b. NH_4NO_3의 수화열이 −630. kJ/mol이라면 NH_4NO_3의 격자 에너지를 계산하라.

124. 다음 중 물에 있는 비휘발성 용질의 용액에 대한 설명 중에서 어느 것이 틀렸는가?

a. 용액의 증기압은 순수한 물에 비해 낮아진다.

b. 용액의 끓는점은 순수한 물에 비해 높아진다.

c. 용액은 순수한 물보다 작은 온도 범위에서 액체이다.

d. 용질이 극성 화합물인 경우, 용액 형성 엔탈피는 0에 가까워야 한다.

125. 25°C에서 이황화 탄소와 아세토나이트릴이 들어있는 용액과 평형을 이루고 있는 증기의 전체 증기압이 263 torr이고, 이황화 탄소의 몰 백분율이 85.5였다. 용액에서 이황화 탄소의 몰분율은 얼마인가? 25°C에서 이황화 탄소의 증기압은 375 torr이다. 용액과 증기가 이상적인 행동을 한다고 가정한다.

126. 어떤 온도에서 순수한 벤젠(C_6H_6)의 증기압은 0.930 atm이다. 이 온도에서 벤젠 78.11 g에, 해리되지 않는 비휘발성인 용질 10.0 g을 녹여 용액을 만들었다. 용액의 증기압이 0.900 atm으로 측정되었다. 용액이 이상적으로 행동한다고 가정하고, 용질의 몰질량을 결정하라.

127. 50.0 g의 아세톤(CH_3COCH_3)과 50.0 g의 메탄올(CH_3OH)을 혼합하여 용액을 만들었다. 25°C에서 이 용액의 증기압은 얼마인가? 증기의 조성을 몰분율로 나타내라. 이상 용액과 이상 기체로 가정한다. (25°C에서 순수한 아세톤과 메탄올의 증기압은 각각 271 torr와 143 torr이다.) 이 용액의 실제 증기압은 161 torr이다. 차이가 나는 이유를 설명하라.

128. 나무의 수액은 땅속의 물에 비하여 농도가 0.1 *M* 더 높다고 가정하였을 때, 25°C에서 수액이 얼마나 높이 올라갈 수 있겠는가? 수액의 밀도는 1.0 g/cm^{3}로 가정한다(수은의 밀도는 25°C에서 13.6 g/cm^{3}이다).

129. 어떤 비전해질의 몰질량이 58.0 g/mol이다. 이 화합물 35.0 g과 물 600.0 g이 들어있는 용액의 끓는점을 구하라. 실험 동안의 압력은 순수한 물의 끓는점이 99.725°C인 압력이었다.

130. 0.25 mL의 용액을 만들기 위해 단백질 시료 4.7×10^{-2} mg을 물에 용해시켰다. 용액의 삼투압은 25°C에서 0.56 torr이다. 단백질의 몰질량은 무엇인가?

131. 우리 몸에서 물질대사의 속도를 조절하는 중요한 호르몬인 티록신은 갑상선에서 분리해 낼 수 있다. 10.0 g의 벤젠에 0.455 g의 티록신(thyroxine)이 녹아 있을 때 용액의 어는점은 0.300°C 내려간다. 티록신의 몰질량은 얼마인가? 표 11.5를 참고하라.

132. 25°C에서 사람 눈의 삼투압이 8.00 atm이라면, 등장의 점안 용액을 만들려면 물에 용질을 어떤 농도로 녹여야 하는가?

133. 미지의 화합물이 탄소, 수소, 산소만을 포함하고 있다. 연소 분석에 의하면 이 화합물은 31.57% C와 5.30% H의 질량 백분율을 가지고 있다. 수용액의 어는점 내림을 측정하여 몰질량을 결정하였다. 10.56 g의 화합물을 25.0 g의 물에 녹인 용액의 어는점은 −5.20°C였다. 이 화합물의 실험식, 몰질량, 분자식을 결정하라. 화합물은 비전해질이라 가정한다.

134. 다음을 생각해 보자.

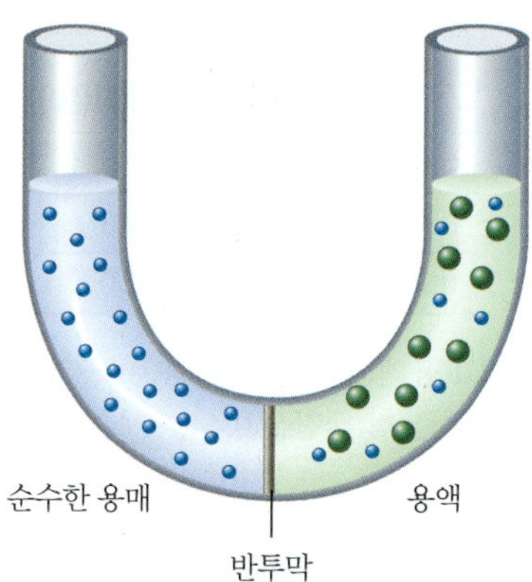

두 액체를 분리하는 반투막이 다음과 같을 때, 양쪽의 액체 수위에 어떤 일이 일어나는가?

a. H_2O(용매)만 통과시킬 때

b. H_2O와 용질을 통과시킬 때

135. 밀도가 1.01 g/mL인 염화 소듐이 녹아 있는 용액이 이상 용액으로 행동한다고 가정하자. 1.0 atm에서 이 용액의 어는점은 −1.28°C이다. 이 용액의 질량 조성 백분율을 계산하라.

136. 다음 각각에 대해 가장 이상적인 용액이 될 것으로 예상되는 물질 쌍을 선택하라. 당신의 선택을 설명하라.

a. $CH_3(CH_2)_6CH_3$와 $CH_3(CH_2)_5CH_3$ 또는 H_2O와 CH_3–O–CH_3

b. CH_3OH와 CH_3CH_2OH 또는 CH_3F와 HF

137. 어떤 수용액의 어는점은 −2.79°C이다.

a. 이 용액의 끓는점을 구하라.

b. 25°C에서 이 용액의 증기압을 구하라. (25°C에서 순수한 물의 증기압은 23.76 mmHg이다.)

c. a번과 b번을 풀기 위해 만든 가정들을 설명하라.

138. 메탄올(CH_3OH) 1.000 mol과 프로판올($CH_3CH_2CH_2OH$) 3.18 mol을 혼합하여 용액을 만들었다. 40°C에서 증기의 조성(몰분율로)은 무엇인가? 40°C에서 순수한 메탄올의 증기압은 303 torr이고, 순수한 프로판올의 증기압은 44.6 torr이다.

139. 환자가 상부 위장관의 X-선 촬영을 통해 해부학적인 구조를 보기 위해 조영제를 투입하였다. 이러한 조영제의 하나가 sodium diatrizoate인데, 비휘발성이고 물에 녹는다. 31.2°C에서 (31.2°C에서 물의 밀도는 0.995 g/cm^3) 1.60×10^2 mL의 물에 sodium diatrizoate (NaDTZ) 38.4 g을 녹여 0.378 *m*의 용액을 만들었다. Sodium diatrizoate의 몰질량은 얼마인가? 31.2°C에서 순수한 물의 증기압이 34.1 torr라고 한다면, 이 용액의 증기압은 얼마인가?

140. 아래의 각각의 쌍에서, 어떤 물질이 더 물에 잘 용해되는지 예측하라.

a. CH_3NH_2 또는 NH_3

b. CH_3CN 또는 CH_3OCH_3

c. CH_3CH_2OH 또는 $CH_3CH_2CH_3$

d. CH_3OH 또는 CH_3CH_2OH

e. $(CH_3)_3CCH_2OH$ 또는 $CH_3(CH_2)_6OH$

f. CH_3OCH_3 또는 CH_3CO_2H

141. 이상적인 용액을 가정하면 50°C에서 물에 있는 비휘발성 비전해질 용질의 1.00몰랄 용액의 증기압을 계산하라.

142. 22.5 g의 알려지지 않은 비전해질 화합물을 250.0 g의 물에 용해시키면, 생성된 용액의 어는점은 −0.930°C이다. 화합물의 실험식이 CH_2O라면, 미지 물질의 분자식은 무엇인가?

143. 물 5.00×10^2 g에 센전해질인 Q를 0.250 mol 담고 있는 수용액은 −2.79°C에서 언다. Q의 van't Hoff 계수를 구하라. 물에 대한 몰랄 어는점 내림 상수는 1.86°C · kg/mol이다. 만약 음이온이 양이온보다 2배가 더 들어있고, 질량으로 염화 이온이 38.68% 들어있는 Q의 화학식은 무엇인가?

144. 안트라퀴논(anthraquinone)은 탄소, 수소, 그리고 산소로 구성되어 있다. 4.80 mg의 안트라퀴논이 연소할 때, 14.2 mg의 CO_2와 1.65 mg의 H_2O가 발생한다. 장뇌(camphor)의 어는점은 1.32 g의 안트라퀴논이 11.4 g의 장뇌에 녹아있을 때 22.3°C가 낮아진다. 안트라퀴논의 실험식과 분자식을 구하라.

도전 문제

145. $NaNO_3$와 $Mg(NO_3)_2$로 이루어진 고체 혼합물이 있다. 이 고체 혼합물 6.50 g을 50.0 g의 물에 녹였을 때 어는점이 5.23°C가 낮아졌다. 고체 혼합물의 질량 조성은 무엇인가?

146. 특정한 온도에서 순수한 벤젠의 증기압은 750.0 torr이고 톨루엔의 증기압은 300.0 torr이다. "약간의" 벤젠과 "약간의" 톨루엔을 섞어 용액을 만들었다. 이 용액을 밀폐된 용기에 넣고 평형 상태가 될 때까지 기다린 다음, 증기를 응축한다. 이 액체(응축된 증기)를 밀폐된 용기에 넣고 증기와 용액이 평형상태에 이를 때까지 기다린다. 이 증기를 응축하고 난 후 증기에서 벤젠의 몰분율이 0.714가 된다는 것을 알았다. 원래 용액에서의 벤젠의 몰분율을 구하라. 단, 용액이 이상적이라고 가정한다.

147. 액체 A는 *x*의 증기압을 가지고, 액체 B는 *y*의 증기압을 가진다. 만약 용액 위에 있는 증기가 몰 단위로 30.% A일 때, 50.% A일 때, 80.% A일 때, 액체 혼합물의 몰분율은 얼마인가? (*x*와 *y*의 항으로 계산하라.)

액체 A는 *x*의 증기압을 가지고, 액체 B는 *y*의 증기압을 가진다. 만약 액체 혼합물이 몰 단위로 30.% A일 때, 50.% A일 때, 80.% A일 때, 용액 위에 있는 증기의 몰분율은 얼마인가? (*x*와 *y*의 항으로 계산하라.)

148. 바닷물에서 자라는 식물은 식물 세포 내의 용액이 외부의 용액과 같은 삼투압을 가져야 한다(등장성). 25°C의 바닷물에서 자라는 어떤 식물의 잎사귀는 −0.621°C의 어는점을 가진다. 이것을 이용해서 이 식물의 세포 내의 용액에 대한 삼투압을 계산하려고 한다.

a. 어는점 내림을 이용하여 이 용액의 삼투압을 계산하려고 할 때, 이 용액이 이상 용액이라는 가정 이외에 어떤 가정이 있어야 하는가?

b. 위 a의 가정은 어떤 조건에서 유효한가?

c. 이 식물 세포 내의 용액에 대한 삼투압을 계산하라(25°C에서).

d. 이 식물의 잎사귀를 25°C에서 끓는점이 102.0°C인 소금물에 담갔다. 이 잎사귀에 어떤 현상이 일어날까?

149. 설탕($C_{12}H_{22}O_{11}$)과 NaCl의 혼합물 20.0 g을 1.00 kg의 물에 녹인다. 이 용액의 어는점은 −0.426°C이다. 이상적으로 행동한다고 가정할 때, 원래의 혼합물 용액의 질량 백분율과 설탕의 몰분율을 계산하라.

150. 25°C에서 수용액이 질량으로 1.00%의 NaCl을 포함하고, 밀도는 1.071 g/cm^3이다. 측정된 삼투압은 25°C에서 7.83 atm이었다.

a. 이 용액에서 NaCl 몰 수 중 어느 정도의 분율이 이온쌍으로 존재하는가?

b. 이 용액에서 측정될 수 있는 어는점을 계산하라.

151. 25°C에서 펜테인−헥세인 용액과 평형에 있는 증기는 25°C에서 펜테인의 몰분율과 같은 0.15이다. 용액에서 펜테인의 몰분율은 얼마인가? (순수한 액체의 증기압은 연습 문제 75 참조)

152. 법화학자에게 순수한 코카인($C_{17}H_{21}NO_4$, 몰질량 = 303.35 g/mol)으로 의심되는 흰색 고체가 주어졌다. 화학자가 1.22 ± 0.01 g의 고체를 15.60 ± 0.01 g의 벤젠에 녹여 용액의 어는점 내림을 측정하였더니 1.32 ± 0.04°C이었다.

a. 물질의 몰질량은 얼마인가? 계산된 몰질량의 백분율 오차는 온도 변화의 오차와 같다고 가정하고, 몰질량의 오차를 계산하라.

b. 화학자는 의심 없이 그 물질이 코카인이라 말할 수 있는가? 예를 들면, 오차가 코카인과 코데인($C_{18}H_{21}NO_3$, 몰질량 = 299.36 g/mol)을 구분할 수 있을 정도로 충분히 작은가?

c. 온도와 질량 측정의 절대 오차가 변하지 않는다고 가정하고, 화학자가 실험 결과의 정밀도를 높일 수 있는 방법은 없는가?

153. 나프탈렌($C_{10}H_8$)과 안트라센($C_{14}H_{10}$)의 혼합물 시료 1.60 g을 20.0 g의 벤젠(C_6H_6)에 녹였다. 용액의 어는점은 2.81°C이었다. 혼합물 시료의 질량 백분율로 나타낸 조성은 무엇인가? 벤젠의

어는점은 5.51°C이고, K_f는 5.12°C · kg/mol이다.

154. $MgCl_2$와 NaCl로 이루어진 고체 혼합물이 있다. 이 고체 혼합물 0.5000 g을 물에 녹여 1.000 L의 수용액을 만든 후 25°C에서 삼투압을 측정하였더니 0.3950 atm이었다. 고체 혼합물 속의 $MgCl_2$의 질량 백분율은 얼마인가? 이상 용액으로 가정한다.

155. 폼산(HCO_2H)은 수용액에서 부분적으로만 해리되는 일양성자성 산이다. 0.10 *M* 폼산 용액은 4.2%가 이온화된다. 용액의 몰농도와 몰랄농도가 같다고 가정하고, 0.10 *M* 폼산 용액의 어는점과 끓는점을 계산하라.

156. 휘발성을 나타내는 A와 B로 이루어진 두 가지 용액이 있다(이상 용액으로 가정한다). 같은 온도에서 순수한 액체 A는 증기압이 350.0 torr이고, 순수한 액체 B는 증기압이 100.0 torr이다. 평형에서 이 용액 위에 있는 증기 상태의 A의 몰분율은 용액에서의 A의 몰분율보다 두 배 더 크다. 이 용액에서 A의 몰분율을 구하라.

157. 미국의 남서부 일부 지역에서는 물의 경도가 매우 높다. 예를 들면, New Mexico주의 Las Cruces에서는 수돗물이 밀리미터당 560 μg의 용해된 고체를 포함하고 있다. 이 물을 담수화하기 위하여 역삼투 장치가 시판되었다. 대표적인 장치는 8.0 atm의 압력을 발휘하여 매일 45 L의 물을 생산할 수 있다.

a. 용해된 고체가 모두 $MgCO_3$이고, 온도가 27°C라고 가정하면, 45 L의 순수한 물을 생산하려면 처리되어야 하는 물의 부피는 얼마인가?

b. 같은 장치가 해수를 정수하는 데도 쓰일 수 있는가? (해수는 0.60 *M* NaCl이라 가정한다)

마라톤 문제

158. 정맥 주사에 사용되는 젖산이 첨가된 링거(Ringer) 100. mL 용액에 들어있는 첨가물은 다음과 같다.

285~315 mg Na^+
14.1~17.3 mg K^+
4.9~6.0 mg Ca^{2+}
368~408 mg Cl^-
231~261 mg 젖산 이온($C_3H_5O_3^-$)

a. 100. mL 젖산이 첨가된 Ringer 용액을 만들기 위해 필요한 NaCl, KCl, $CaCl_2 \cdot 2H_2O$, $NaC_3H_5O_3$ 양을 구하라.

b. 37°C에서 위의 성분 조성비를 갖는 Ringer 용액의 삼투압은 얼마인가?

부록

Appendixes

부록 1 계산과정

A1.1 지수 표기법

과학적인 측정값의 특징은 대단히 크거나 매우 작은 값들이다. 따라서 이런 값은 10의 거듭제곱으로 나타내는 것이 편리하다. 예를 들면, 1,300,000이라는 수는 1.3×10^6으로 나타낼 수 있는데, 이것은 1.3에 10을 여섯 번 곱한다는 뜻이다.

$$1.3 \times 10^6 \times 1.3 \times \underbrace{10 \times 10 \times 10 \times 10 \times 10 \times 10}_{10^6 = 1\text{백만}}$$

10을 곱하면 소수점이 오른쪽으로 한 자리씩 이동한다.

$$1.3 \times 10 = 13.$$
$$13 \times 10 = 130.$$
$$130 \times 10 = 1300.$$
$$\vdots$$

1.3×10^6이라는 표현을 나타내는 가장 쉬운 방법은 1.3에 있는 소수점을 오른쪽으로 여섯 번 옮긴다는 의미이다.

$$1.3 \times 10^6 = 1\underbrace{\,3\,0\,0\,0\,0\,0\,}_{1\,2\,3\,4\,5\,6} = 1{,}300{,}000$$

이 표기를 이용하여 1985를 1.985×10^3으로 나타낼 수 있다. 10의 제곱 꼴 앞에 있는 숫자는 일반적으로 1에서 10 사이의 값을 사용한다. 1과 10 사이의 수인 1.985의 경우도 소수점을 왼쪽으로 3번 옮겨야 한다. 이것을 상쇄하기 위해서는 10^3을 곱해야 하는데, 1.985에서부터 시작하여 원하는 수를 얻기 위해서는 오른쪽으로 소수점을 세 자리 옮겨야 한다는 말이다.

$$1.985 \times 10^3 = 1\underbrace{\,9\,8\,5\,}_{1\,2\,3}.$$

아래 표에 다른 예를 몇 가지 들었다.

수	지수 표시
5.6	5.6×10^0 또는 5.6×1
39	3.9×10^1
943	9.43×10^2
1126	1.126×10^3

지금까지는 1보다 큰 수만 살펴보았다. 그러면 0.0034와 같은 수는 어떻게 나타낼까? 1에서 10 사이의 값을 쓰고, 10의 적당한 거듭제곱 값으로 *나눈다*.

$$0.0034 = \frac{3.4}{10 \times 10 \times 10} = \frac{3.4}{10^3} = 3.4 \times 10^{-3}$$

10으로 나누면 소수점이 한 자리씩 *왼쪽*으로 이동한다. 따라서 숫자 0.00000014는 1.4×10^{-7}로 쓸 수 있다.

$$0.\underbrace{0\,0\,0\,0\,0\,0\,1}_{7\,6\,5\,4\,3\,2\,1}4$$

요약하면, 일반적으로 어떤 수든지 다음과 같이 나타낼 수 있다.

$$N \times 10^{\pm n}$$

여기에서 N은 1과 10 사이의 수이고, n은 정수이다. n 앞에 있는 부호가 양이면 N의 소수점을 오른쪽으로 n번 이동했다는 뜻이다. n 앞에 있는 부호가 음이면 N의 소수점을 왼쪽으로 n번 이동해야 한다.

곱셈과 나눗셈

지수로 표시된 두 수를 곱할 때는 수 M과 N을 곱하고, 10의 지수 m과 n을 더한다.

$$(M \times 10^m)(N \times 10^n) = (MN) \times 10^{m+n}$$

예를 들면 유효 숫자 자릿수가 두 개인 경우,

$$(3.2 \times 10^4)(2.8 \times 10^3) = 9.0 \times 10^7$$

$M \times N$이 10보다 더 크게 얻어지면 소수점을 왼쪽으로 한 자리 옮기고 10의 지수값은 1 증가시킨다.

$$\begin{aligned}(5.8 \times 10^2)(4.3 \times 10^8) &= 24.9 \times 10^{10} \\ &= 2.49 \times 10^{11} \\ &= 2.5 \;\;\times 10^{11} \quad \text{(두 개의 유효 숫자)}\end{aligned}$$

지수로 표시한 두 값을 나눌 때에는 앞의 수는 나누고, 10의 지수값은 나누어지는 지수값에서 나누는 지수값을 *뺀다*.

$$\frac{4.8 \times 10^8}{\underbrace{2.1 \times 10^3}_{\text{나누는 수}}} = \frac{4.8}{2.1} \times 10^{(8-3)} = 2.3 \times 10^5$$

나눗셈에서 얻어진 값이 1보다 작은 경우는 소수점을 오른쪽으로 한 자리 옮기고 10의 지수값은 1 감소시킨다.

$$\begin{aligned}\frac{6.4 \times 10^3}{8.3 \times 10^5} = \frac{6.4}{8.3} \times 10^{(3-5)} &= 0.77 \times 10^{-2} \\ &= 7.7 \times 10^{-3}\end{aligned}$$

덧셈과 뺄셈

지수로 표기된 수를 더하거나 뺄 때는 *수들의 지수가 같아야 한다*. 예를 들어, 1.31×10^5과 4.2×10^4을 더하려면 두 수의 지수가 같아지도록 한 숫자를 다시 써야 한다. 소수점을 오른쪽으로 한 자리 옮겨서 지수에서 1을 빼서 1.31×10^5은 13.1×10^4으로 다시 쓸 수 있다. 이제 수를 다음과 같이 더할 수 있다.

$$\begin{array}{r} 13.1 \times 10^4 \\ +\ 4.2 \times 10^4 \\ \hline 17.3 \times 10^4 \end{array}$$

결과를 바른 지수 표현으로 나타내면 1.73×10^5이다.

지수로 표시된 수를 더하거나 빼는 것은 앞에 나오는 숫자를 더하거나 빼기만 하면 된다. 결과물의 지수는 더하거나 뺀 수의 지수와 같다. 8.99×10^3에서 1.8×10^2을 빼는 경우는 다음과 같다.

$$\begin{array}{r} 8.99 \times 10^3 \\ -0.18 \times 10^3 \\ \hline 8.81 \times 10^3 \end{array}$$

거듭제곱과 제곱근

지수로 표시된 수를 몇 제곱할 때 앞의 수는 적절하게 거듭제곱하고, 10의 지수는 거듭제곱수와 곱한다.

$$(N \times 10^n)^m = N^m \times 10^{m \cdot n}$$

예를 들면,*

$$\begin{aligned}(7.5 \times 10^2)^3 &= 7.5^3 \times 10^{3 \cdot 2} \\ &= 422 \times 10^6 \\ &= 4.22 \times 10^8 \\ &= 4.2 \times 10^8 \quad \text{(두 개의 유효 숫자)}\end{aligned}$$

지수로 표시된 수의 제곱근을 취할 때 앞의 수는 제곱근을 취하고, 10의 지수는 제곱근수로 나누면 된다.

$$\sqrt{N \times 10^n} = (n \times 10^n)^{1/2} = \sqrt{N} \times 10^{n/2}$$

예를 들면,

$$\begin{aligned}(2.9 \times 10^6)^{1/2} &= \sqrt{2.9} \times 10^{6/2} \\ &= 1.7 \times 10^3\end{aligned}$$

10의 지수값이 정수가 되어야 하는데 계산된 지수가 정수가 아닌 경우 때때로 수를 변형해야 한다. 근으로 나눈 거듭제곱이 정수가 되도록 숫자의 형식을 변경하기도 한다. 예를 들면 아래와 같다.

$$\begin{aligned}\sqrt{1.9 \times 10^3} = (1.9 \times 10^3)^{1/2} &= (0.19 \times 10^4)^{1/2} \\ &= \sqrt{0.19} \times 10^2 \\ &= 0.44 \times 10^2 \\ &= 4.4 \times 10^1\end{aligned}$$

이 경우 $n/2$을 정수로 만들기 위해 소수점을 왼쪽으로 한 자리 옮겨서 지수를 3에서 4로 늘렸다.

제곱근 이외의 경우에도 위의 방법으로 계산한다.

$$\begin{aligned}\sqrt[3]{6.9 \times 10^5} = (6.9 \times 10^5)^{1/3} &= (0.69 \times 10^6)^{1/3} \\ &= \sqrt[3]{0.69} \times 10^2 \\ &= 0.88 \times 10^2 \\ &= 8.8 \times 10^1\end{aligned}$$

그리고

$$\begin{aligned}\sqrt[3]{4.6 \times 10^{10}} = (4.6 \times 10^{10})^{1/3} &= (46 \times 10^9)^{1/3} \\ &= \sqrt[3]{46} \times 10^3 \\ &= 3.6 \times 10^3\end{aligned}$$

---

* 제곱근과 지수로 표시된 값을 계산기로 계산할 경우에는 계산기의 사용자 매뉴얼을 참고하라.

A1.2 로그(logarithms)

로그는 지수이다. 어떤 수 N은 다음과 같이 나타낼 수 있다.

$$N = 10^x$$

예를 들면,

$$1000 = 10^3$$
$$100 = 10^2$$
$$10 = 10^1$$
$$1 = 10^0$$

상용 로그(log) 또는 10을 밑으로 하는 로그는 10의 지수로 표기되어야만 한다. 1000은 10^3이므로

$$\log 1000 = 3$$

같은 방법으로,

$$\log 100 = 2$$
$$\log 10 = 1$$
$$\log 1 = 0$$

10과 100 사이의 어떤 수를 10의 지수로 나타내면 그 지수는 1과 2 사이의 값이 될 것이다. 예를 들면, $65 = 10^{1.8129}$이므로 $\log 65 = 1.8129$이다. 또한 100과 1000 사이의 값을 10의 지수로 나타내면 지수값은 2와 3 사이가 된다. 예를 들면, $650 = 10^{2.8129}$이고, $\log 650 = 2.8129$이다.

1보다 작고 0보다 큰 수 N은 다음과 같이 나타낼 수 있다.

$$N = 10^{-x} = \frac{1}{10^x}$$

예를 들면,

$$0.001 = \frac{1}{1000} = \frac{1}{10^3} = 10^{-3}$$
$$0.01 = \frac{1}{100} = \frac{1}{10^2} = 10^{-2}$$
$$0.1 = \frac{1}{10} = \frac{1}{10^1} = 10^{-1}$$

그러므로,

$$\log 0.001 = -3$$
$$\log 0.01 = -2$$
$$\log 0.1 = -1$$

상용 로그값은 보통 로그표에 나와 있지만, 가장 편리한 방법은 전자계산기를 사용하는 것이다. 전자계산기에서 먼저 숫자를 입력하고 로그(log)키를 누른다. 그러면 계산된 값이 화면에 나타난다.* 아래에 몇 가지 예가 있다. 상용 로그를 올바르게 찾을 수 있는지 확인하려면 자신의 계산기로 직접 같은 결과를 구해보아야 한다.

수	상용 로그
36	1.56
1849	3.2669
0.156	−0.807
1.68×10^{-5}	−4.775

* 계산기를 사용하여 로그값을 얻으려면 정확한 순서로 버튼을 눌러야 한다. 누르는 정확한 순서는 계산기 사용자 매뉴얼을 참고하라.

명심해야 할 것은 상용 로그값의 소수점 이하 자릿수는 원래 수의 유효 숫자의 개수와 같아야 한다는 점이다.

로그값은 지수값이므로 로그의 계산은 지수의 규칙에 따른다. 예를 들어, 만일 $A = 10^x$이고 $B = 10^y$이면 이들 두 값의 곱은

$$A \cdot B = 10^x \cdot 10^y = 10^{x+y}$$

이 식에 log를 취하면 다음과 같이 된다.

$$\log AB = x + y = \log A + \log B$$

나눗셈은

$$\frac{A}{B} = \frac{10^x}{10^y} = 10^{x-y}$$

이 식에 log를 취하면 다음과 같이 된다.

$$\log \frac{A}{B} = x - y = \log A - \log B$$

거듭제곱에 대해서

$$A^n = (10^x)^n = 10^{nx}$$

이 식에 log를 취하면 다음과 같이 된다.

$$\log A^n = nx = n \log A$$

이 식을 다시 쓰면,

$$\log \frac{1}{A^n} = \log A^{-n} = -n \log A$$

$n = 1$이면

$$\log \frac{1}{A} = -\log A$$

로그값이 주어진 상태에서 실제 수를 알기 위해서 지수 계산을 하여야 한다. 예를 들어, 로그값이 2.673이면 $N = 10^{2.673}$을 나타낸다. 지수 계산 과정은 안티 로그(antilog) 또는 역로그(inverse log)라고 부른다. 이 연산은 보통 계산기를 사용하여 두 가지 방식 중 하나로 수행된다. 대부분의 계산기에서는 로그를 먼저 입력한 다음 키 (INV)와 (LOG)를 연속적으로 누르면 그 답을 얻을 수 있다. 예를 들어, $N = 10^{2.673}$에서 N을 얻으려면 먼저 2.673을 계산기에 넣고, 다음에 (INV)와 (LOG) 키를 계속 누르면 된다. 다시 471 수가 화면에 나타난다. 즉, $N = 471$이다. 어떤 계산기는 (10^x) 키가 있다. 이 경우에도 로그값을 먼저 입력하고 (10^x) 키를 누른다. 마찬가지로 471이라는 숫자가 표시된다.

다른 형태의 로그에는 자연 로그가 있다. 이것은 e, 즉 2.7183을 밑수로 하고 있다. 이 경우 어떤 수 $N = e^x = 2.7183^x$란 뜻이다. 예를 들면,

$$N = 7.15 = e^x$$
$$\ln 7.15 = x = 1.967$$

계산기를 사용하여 어떤 수의 자연 로그값을 알려면 수를 입력하고 (ln) 키를 누른다. 다음의 예를 이용하여 자연 로그값을 알아보자.

수(e^x)	자연 로그(x)
784	6.664
1.61×10^3	7.384
1.00×10^{-7}	−16.118
1.00	0

자연 로그값을 이용하여 실제 수를 계산하기 위해서는 e (2.7183)을 밑수로 하는 지수 계산을 하여야 한다. 많은 계산기에서 (e^x) 키를 사용한다. (정확한 부호와 함께 자연 로그값을 넣고 (e^x) 키를 누른다.) 다른 방법은 자연 로그값을 계산기에 입력하고 (INV)와 (ln) 키를 차례로 누른다. 다음의 예는 계산에 도움이 될 것이다.

ln $N(x)$	$N(x)$
3.256	25.9
−5.169	5.69×10^{-3}
13.112	4.95×10^{5}

자연 로그도 지수와 같으므로 자연 로그의 계산은 상용 로그에서처럼 지수 규칙에 따라 계산한다.

A1.3 함수 그래프

실험 결과를 해석하는 데 그래프를 자주 사용하면 유용하다. 그래프로 나타내는 함수가 가능하다면 직선의 방정식(*선형 방정식*, 일차 함수식)이어야 한다.

$$y = mx + b$$

여기에서 y는 *종속 변수*, x는 *독립 변수*, m은 *기울기*, 그리고 b는 y축과 만나는 값, 즉 *절편 값*이다.

직선의 방정식의 특징을 보기 위해서 함수식 $y = 3x + 4$를 그림 A.1에 그래프로 나타내었다. 이 식에서 $m = 3$이고 $b = 4$이다. $x = 0$일 때 y는 절편 값이고 이 경우, 방정식에서 알 수 있듯이 절편은 4이다($b = 4$).

직선의 기울기 m은 x의 변화에 대한 y의 변화 값의 비로 다음과 같다.

$$m = 기울기 = \frac{\Delta y}{\Delta x}$$

$y = 3x + 4$ 식에서 y의 변화는 x의 변화의 3배이다(x의 계수가 3이기 때문이다). 따라서 기울기가 3이다. 이는 그래프를 통해 확인할 수 있다. 그림 A.1의 삼각형에서

$$\Delta y = 34 - 10 = 24 \quad 그리고 \quad \Delta x = 10 - 2 = 8$$

그러므로

$$기울기 = \frac{\Delta y}{\Delta x} = \frac{24}{8} = 3$$

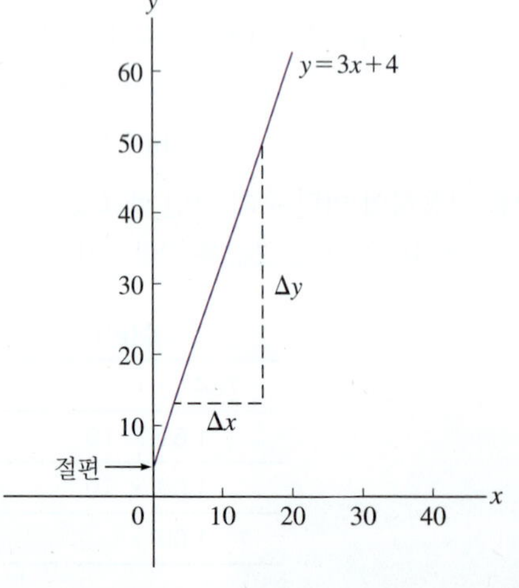

그림 A.1 직선의 방정식, $y = 3x + 4$의 그래프.

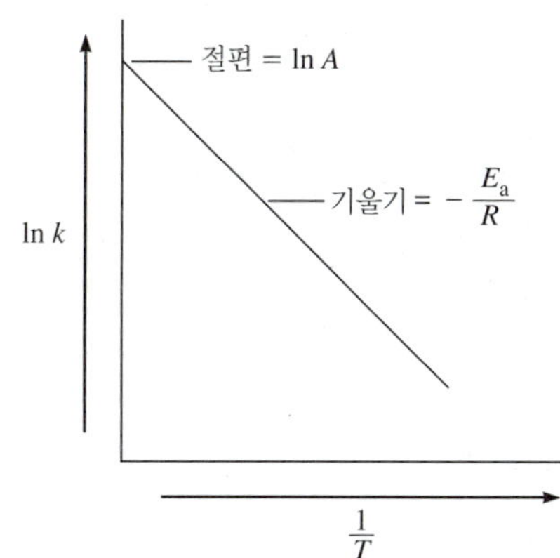

그림 A.2 1/T에 대한 ln k의 그래프.

표 A.1 표준 형태로 나타낸 몇 가지 유용한 직선의 방정식

직선식 ($y = mx + b$)	그래프에 나타내는 변수(y 대 x)	기울기(m)	절편(b)	이 책의 절
$[A] = -kt + [A]_0$	$[A]$ 대 t	$-k$	$[A]_0$	12.4
$\ln[A] = -kt + \ln[A]_0$	$\ln[A]$ 대 t	$-k$	$\ln[A]_0$	12.4
$\frac{1}{[A]} = kt + \frac{1}{[A]_0}$	$\frac{1}{[A]}$ 대 t	k	$\frac{1}{[A]_0}$	12.4
$\ln P_{증기} = -\frac{\Delta H_{증기}}{R}\left(\frac{1}{T}\right) + C$	$\ln P_{증기}$ 대 $\frac{1}{T}$	$\frac{-\Delta H_{증기}}{R}$	C	10.8

앞의 예는 그래프로부터 직선의 기울기를 구하는 일반적인 방법을 보여준다. 실제로 그림 A.1에서처럼 y축과 x축 방향에 평행한 임의의 두 직선을 그어 삼각형을 그리고, Δy와 Δx의 거리를 결정하여 $\Delta y/\Delta x$의 비를 계산한다.

때로는 일차식이 아닌 어떤 식을 수학적 변형에 의해 $y = mx + b$의 일차식으로 바꿀 수 있다. 예를 들면, 12.7절에 나오는 $k = Ae^{-E_a/RT}$에서 A, E_a, R은 상수이고, k는 종속 변수, $1/T$이 독립 변수이다. 이 식 양변에 자연 로그를 취하여 변형시킬 수 있다.

$$\ln k = \ln Ae^{-E_a/RT} = \ln A + \ln e^{-E_a/RT} = \ln A - \frac{E_a}{RT}$$

로그의 곱은 각 로그의 합과 같으며, $e^{-E_a/RT}$의 자연 로그는 $-E_a/RT$이다. 따라서 이 식은 다음과 같이 쓸 수 있다.

$$\underbrace{\ln k}_{y} = \underbrace{-\frac{E_a}{R}}_{m}\underbrace{\left(\frac{1}{T}\right)}_{x} + \underbrace{\ln A}_{b}$$

ln k와 $1/T$의 그래프(그림 A.2 참조)는 직선이며 기울기가 $-E_a/R$이고, 절편이 ln A이다.

화학을 공부하는 데 유용하게 사용되는 다른 직선의 방정식을 표 A.1에 나타내었다.

A1.4 이차 방정식 풀이

x의 최고 거듭제곱이 2인 다항식인 *이차 방정식*은 다음과 같이 쓸 수 있다.

$$ax^2 + bx + c = 0$$

이차 방정식을 만족시키는 x의 두 값을 얻는 첫 번째 방법은 *근의 공식*을 사용하는 것이다.

$$x = \frac{-b \pm \sqrt{b^2 - 4ac}}{2a}$$

a, b, c는 각각 x^2과 x의 계수 및 상수이다. 예로 들면, 1.0×10^{-4} M의 아세트산 용액 중 $[H^+]$를 계산하려면 다음과 같은 식이 얻어진다.

$$1.8 \times 10^{-5} = \frac{x^2}{1.0 \times 10^{-4} - x}$$

이 식을 정리하면 다음과 같다.

$$x^2 + (1.8 \times 10^{-5})x - 1.8 \times 10^{-9} = 0$$

여기에서 $a = 1$, $b = 1.8 \times 10^{-5}$, 그리고 $c = -1.8 \times 10^{-9}$이다. 근의 공식에 의하여,

$$x = \frac{-b \pm \sqrt{b^2 - 4ac}}{2a}$$
$$= \frac{-1.8 \times 10^{-5} \pm \sqrt{3.24 \times 10^{-10} - (4)(1)(-1.8 \times 10^{-9})}}{2(1)}$$
$$= \frac{-1.8 \times 10^{-5} \pm \sqrt{3.24 \times 10^{-10} + 7.2 \times 10^{-9}}}{2}$$
$$= \frac{-1.8 \times 10^{-5} \pm \sqrt{7.5 \times 10^{-9}}}{2}$$
$$= \frac{-1.8 \times 10^{-5} \pm 8.7 \times 10^{-5}}{2}$$

따라서

$$x = \frac{6.9 \times 10^{-5}}{2} = 3.5 \times 10^{-5}$$

그리고

$$x = \frac{-10.5 \times 10^{-5}}{2} = -5.2 \times 10^{-5}$$

x^2의 이차식에서는 항상 두 개의 근이 얻어진다. 여기에서 x는 $[H^+]$를 나타낸다(14.3절 참조). 따라서 양의 값만이 답이 되며 농도는 음의 값이 될 수 없다.

이차 방정식을 푸는 두 번째 방법은 시행착오의 체계적인 방법인 연속 *근사법*(*successive approximation*)이다. 이것은 x의 예상값을 한 개의 x 값을 제외한 이차 방정식의 모든 x 항(즉, x^2 항)에 대입하여 계산값을 얻는다. 예를 들어 다음 방정식을 생각해 보자.

$$x^2 + (1.8 \times 10^{-5})x - 1.8 \times 10^{-9} = 0$$

$x = 2 \times 10^{-5}$으로 임의로 정하고 위 식에 대입하면 다음과 같다.

$$x^2 + (1.8 \times 10^{-5})(2 \times 10^{-5}) - 1.8 \times 10^{-9} = 0$$

이 식을 정리하면,

$$x^2 = 1.8 \times 10^{-9} - 3.6 \times 10^{-10} = 1.4 \times 10^{-9}$$

따라서

$$x = 3.7 \times 10^{-5}$$

x의 예상값(2×10^{-5})과 이 예상값을 써서 계산한 x 값(3.7×10^{-5})은 오차가 크다. 따라서 $x = 2 \times 10^{-5}$은 옳은 답이 아니다. 따라서 다른 예상값으로 시도한다. 이때 계산값(3.7×10^{-5})을 예상값으로 하여 x 값을 다시 얻는다.

$$x^2 + (1.8 \times 10^{-5})(3.7 \times 10^{-5}) - 1.8 \times 10^{-9} = 0$$
$$x^2 = 1.8 \times 10^{-9} - 6.7 \times 10^{-10} = 1.1 \times 10^{-9}$$

따라서

$$x = 3.3 \times 10^{-5}$$

x의 두 값을 다시 비교하여 보자.

예상값: $x = 3.7 \times 10^{-5}$
계산값: $x = 3.3 \times 10^{-5}$

이 두 값은 상당히 비슷하지만 아직도 충분하지 못하다. 다시 3.3×10^{-5}을 예상값으로 하고 계산한다.

$$x^2 + (1.8 \times 10^{-5})(3.3 \times 10^{-5}) - 1.8 \times 10^{-9} = 0$$
$$x^2 = 1.8 \times 10^{-9} - 5.9 \times 10^{-10} = 1.2 \times 10^{-9}$$

따라서

$$x = 3.5 \times 10^{-5}$$

다시 비교해 보자.

$$\text{예상값: } x = 3.3 \times 10^{-5}$$
$$\text{계산값: } x = 3.5 \times 10^{-5}$$

$x = 3.5 \times 10^{-5}$을 예상값으로 하고 계산하면 다음과 같다.

$$x^2 + (1.8 \times 10^{-5})(3.5 \times 10^{-5}) - 1.8 \times 10^{-9} = 0$$
$$x^2 = 1.8 \times 10^{-9} - 6.3 \times 10^{-10} = 1.2 \times 10^{-9}$$

따라서

$$x = 3.5 \times 10^{-5}$$

이제 계산값과 예상값이 같아졌다. 즉, 해답을 얻은 셈이다. 이 값은 앞서 근의 공식에서 얻은 값과 일치한다.

연속 근사법의 다른 보기로서 예제 14.17을 풀어보자. 0.010 M H_2SO_4의 $[H^+]$는 다음 식으로 얻을 수 있다.

$$1.2 \times 10^{-2} = \frac{x(0.010 + x)}{0.010 - x}$$

이 식을 정리하면 다음과 같다.

$$x = (1.2 \times 10^{-2})\left(\frac{0.010 - x}{0.010 + x}\right)$$

하나의 예상값을 오른쪽 x에 대입하면 왼쪽 x의 값을 계산할 수 있다. x에 대한 값을 추측할 때, 더 큰 값은 x에 대한 계산된 값을 음수로 만들고 추측되고 계산된 값은 결코 일치하지 않기 때문에 0.010보다 작아야 한다는 것을 알고 있다. 우리는 $x = 0.005$로 추측하여 시작한다.

연속 근사법으로 얻은 값들을 다음의 표에 나타내었다.

시도 횟수	x의 예상값	x의 계산값
1	0.0050	0.0040
2	0.0040	0.0051
3	0.00450	0.00455
4	0.00452	0.00453

이 표를 보면 첫 예상값이 실제 값에 가까우나 예상값과 계산값이 0.004와 0.005 사이에서 번갈아 나오고 있음을 알 수 있다. 세 번째 시도에서 이 두 값의 평균값을 예상값으로 사용한 결과, 정확한 x 값을 빨리 얻을 수 있었다(유효 숫자를 정확히 나타내면 0.0045). 이 계산에서 유효 숫자를 하나 더 사용하고 그 결과를 반올림하여 유효 숫자를 맞추는 것이 편리함에 유의하라.

연속 근사법은 삼차 이상의 고차 방정식을 푸는 데 특히 유용하다. 계산 방법은 이차 방정식 때와 똑같다. 즉, x의 예상값을 먼저 정하고, 이 값을 1개의 x를 제외한 모든 x 항에 대입하여 x에 대하여 푼다. 이런 과정을 예상값과 계산값이 같아질 때까지 계속한다.

A1.5 측정값의 불확정성

모든 물리학이 그렇듯이 화학도 측정 결과에 기초한다. 모든 측정값에는 불확정성이 있다. 따라서 측정 결과를 이용하여 어떤 결론에 도달하려면 그 측정값에 들어 있는 불확정성의 크기를 예상할 수 있어야 한다.

예를 들어, 시판되고 있는 의약품 중 아세트아미노펜(타이레놀에서 진통 작용) 500 mg 1정이란 아세트아미노펜 450~550 mg이 함유되어 있어야 한다는 것을 뜻한다. 가령 이 약품을 화학 분석한 결과 매 정마다 428 mg, 479 mg, 442 mg, 435 mg의 아세트아미노펜 함량을 얻었다고 하자. 이 실험 결과를 가지고 1정 중의 성분 함량을 어떻게 결정할 것인가? 이것에 대한 상세한 설명은 이 책 범위 밖의 일이므로 여기에서는 실험 오차의 종류, 실험 결과의 표현 방법 및 여러 형태의 측정값이 최종 결과에 영향을 줄 때 실험 오차를 결정하는 간단한 방법 등을 다루기로 한다.

실험 오차의 종류

실험의 불확정성(오차)에는 다음 두 가지 종류가 있으며, 여러 가지 이름으로 알려져 있다.

정밀도 ⟷ 우연 오차 ≡ 불가측 오차
정확도 ⟷ 계통 오차 ≡ 가측 오차

이 두 오차의 차이점에 관해서는 제1장 그림 1.8의 표적을 맞추는 그림에서 잘 설명하였다.

우연 오차는 매 측정마다 관련 있는 오차이다. 어떤 측정에서 마지막 유효 숫자는 항상 어림잡아 결정한다. 예를 들면, 누구나 미터 자나 뷰렛 또는 저울 등의 눈금 사이 값은 어림잡아 읽는다. 반복해서 얻은 측정값들의 정밀도(같은 형태로 반복되는 측정값)는 우연 오차의 크기를 반영한다. 정밀도는 반복되는 측정값의 재현성을 뜻한다.

측정값의 정확도는 측정값이 참값에 얼마나 가까운가를 의미한다. 부정확한 결과는 측정 시 어떤 잘못(계통 오차) 때문이다. 이런 잘못은 방해 물질, 잘못 검정된 기기의 조작 잘못 등이다. 화학 분석의 목적은 계통 오차를 없애고 우연 오차를 가능한 한 최소로 하는 데 있다. 실제 대부분의 실험 목적은 모르는 값을 알려고 하는 데 있다(참값을 모르고 있으므로 실험을 통해 참값을 얻으려고 노력한다). 이 경우 여러 번의 반복 측정에 의해 얻어진 정밀도는 그 실험 결과의 정확도를 추정하는 데 사용된다. 반복한 실험 결과는 평균값(이때 평균값은 참값에 가까운 값으로 간주한다)과 평균값이 참값에 얼마나 가까운지를 알 수 있는 오차의 한계로 나타낸다. 따라서 오차의 한계는 실험 결과의 불확정성을 나타낸다.

실험 결과의 표현 방법

진통제 1정에서 아세트아미노페논의 분석과 같은 여러 번의 측정에서 그 결과는 측정값의 평균값과 불확정성의 크기로서 나타내야 한다.

평균값을 얻는 방법에는 두 가지가 있는데, 평균값과 중앙값이다. 평균값 ($\bar{x}$)은 다음과 같이 실험값들의 산술 평균값이다.

$$\text{평균값} = \bar{x} = \sum_{i=1}^{n} \frac{x_i}{n} = \frac{x_1 + x_2 + \cdots + x_n}{n}$$

여기에서 Σ는 여러 값의 합을 뜻하며, 평균값은 모든 측정값의 총합을 횟수로 나눈 값이다. 앞의 아세트아미노펜 결과의 평균값은

$$\bar{x} = \frac{428 + 479 + 442 + 435}{4} = 446 \text{ mg}$$

중앙값은 여러 실험값 중 가운데 있는 값이다. 측정값의 반은 중앙값보다 큰 값이고, 나머지 반은 중앙값보다 작다. 실험 결과가 465 mg, 485 mg, 492 mg인 경우 중앙값은 485

mg이다. 측정값이 짝수 개면 중앙값은 두 가운데 값의 평균값이다. 아세트아미노펜 결과에서 중앙값은 다음과 같다.

$$\frac{442 + 435}{2} = 438 \text{ mg}$$

중앙값을 사용하는데 몇 가지 이점들이 있다. 만일 적은 실험 횟수라면 1개의 실험값이 평균값에 크게 영향을 미친다. 아세트아미노펜이 428 mg, 479 mg, 442 mg, 435 mg인 분석 결과에 대해서 고려하자. 평균값은 446 mg이며, 이 값은 4개의 실험값 중 3개의 값보다 큰 값이다. 그러나 중앙값은 438 mg으로 비교적 비슷한 3개의 실험값에 가깝다.

일련의 결과값들에서 평균값을 나타내는 것과 더불어 불확정성을 표시해야 한다. 이것은 측정값의 정밀도 또는 측정값의 범위를 뜻한다. 일련의 측정 범위는 최대 결과값과 최소 결과값으로 나타낸다. 아세트아미노펜 분석 결과에서 측정값의 범위는 428 mg과 479 mg 사이에 있다. 이 측정 범위에서 참값은 428 mg과 479 mg 사이에 있다고 할 수 있다. 즉, 1정에 있는 아세트아미노펜의 함량은 446±33 mg이라고 나타낼 수 있다. 여기에서 오차의 한계는 관찰된 측정치의 범위를 포함하도록(근사적으로) 정하였다.

정밀도를 나타내는 가장 일반적인 방법은 표준 편차 s이다. 측정 횟수가 적을 때 표준 편차는 다음 식으로 계산한다.

$$s = \left[\frac{\sum_{i=1}^{n} (x_i - \bar{x})^2}{n - 1} \right]^{1/2}$$

여기에서 x_i는 각각의 결과값이고, $\bar{x}$는 평균값(또는 중앙값), n은 총 측정 횟수이다. 아세트아미노펜의 예에서 표준 편차는 다음과 같다.

$$s = \left[\frac{(428 - 446)^2 + (479 - 446)^2 + (442 - 446)^2 + (435 - 446)^2}{4 - 1} \right]^{1/2} = 23$$

따라서 1정에 있는 아세트아미노펜의 함량은 446 mg이며, 그 표준 편차는 23 mg이라고 할 수 있다. 통계적으로 이것은 어떤 추가적인 측정 실험에서 423 mg (446 − 23)과 469 mg (446 + 23) 사이의 값이 나올 확률이 68%(100회 실험 중 68회)라는 뜻이다. 따라서 표준 편차는 한 측정 실험의 정밀도의 척도이다.

표준 편차는 일련의 반복 결과를 사용하는 측정에서 정밀도를 나타내는 방법이다. 그러나 각 단계의 정밀도가 연계된 어떤 과정의 정밀도를 추정하는 데 표준 편차는 유용하다. 다음 질문에 대해 대답함으로써 알 수 있다. 여러 측정 결과들을 종합할 때 불확정성은 어떻게 진행되는가? 불확정성이 진행되는 것을 다루는 방법은 여러 가지가 있다. 여기에서는 간단한 방법을 다루기로 한다.

실험 오차를 정하는 간단한 방법

이 방법을 설명하기 위해서 불규칙한 모양의 고체 밀도를 결정할 것이다. 밀도 결정을 위해서 세 번의 측정을 한다. 처음에 저울로 고체의 무게를 달고, 다음에 고체의 부피를 두 번 읽는다. 고체의 부피를 구하는 가장 쉬운 방법은 먼저 눈금 실린더에 액체를 약간 채우고 부피를 읽는다. 다음 고체를 넣고 다시 그 부피를 읽는다. 두 부피의 차이가 고체의 부피이므로 다음 식으로 고체의 밀도를 계산할 수 있다.

$$D = \frac{M}{V_2 - V_1}$$

이 식에서 M은 고체의 질량, V_1은 실린더 속에 액체의 처음 부피이고, V_2는 액체와 고체를 합친 부피이다. 다음과 같은 실험 결과를 얻었다고 하자.

$$M = 23.06 \text{ g}$$
$$V_1 = 10.4 \text{ mL}$$
$$V_2 = 13.5 \text{ mL}$$

계산된 밀도는 다음과 같다.

$$\frac{23.06 \text{ g}}{13.5 \text{ mL} - 10.4 \text{ mL}} = 7.44 \text{ g/mL}$$

여기에서 사용한 저울과 부피 측정의 정밀도를 각각 ±0.02 g과 ±0.05 mL라고 하자. 여기에서 밀도의 오차를 어떻게 결정할 것인가? 이것은 최악의 경우를 가정하면 가능하다. 즉, 모든 측정값에 불확정성이 최대한 있다고 가정하고 측정값을 어떻게 결합시켰을 때 최대값과 최소값이 얻어질 것인가(최대의 범위)를 보자. 밀도는 질량을 부피로 나눈 값이므로 최대 밀도는 최대 질량을 최소 부피로 나누면 얻어질 것이다.

최대 질량 = 23.06 + .02

$$D_{\text{최대}} = \frac{23.08}{13.45 - 10.45} = 7.69 \text{ g/mL}$$

최소 부피 V_2 최대 부피 V_1

최소 밀도값은

최소 질량

$$D_{\text{최소}} = \frac{23.04}{13.35 - 10.35} = 7.20 \text{ g/mL}$$

최대 부피 V_2 최소 부피 V_1

따라서 계산한 밀도의 범위는 7.20에서 7.69까지이고, 이 두 값의 평균값은 7.44이다. 오차의 한계는 평균값에서 더하거나 빼었을 때 최대와 최소값이 나오는 수이므로 밀도는 7.44 ± 0.25 g/mL로 나타낼 수 있다. 이 표현은 가장 큰 불확정성의 범위를 주는 값을 평균값에서 더하거나 뺀 것이다.

불확정성의 전파는 측정값의 분석으로부터 정성적인 결론을 이끌어내는 데 유용하다. 예를 들어, 위에서 계산한 밀도가 어떤 합금의 밀도이며, 그것이 다음 중 어느 합금인지를 알고 싶다고 하자.

합금 A: $D = 7.58$ g/mL
합금 B: $D = 7.42$ g/mL
합금 C: $D = 8.56$ g/mL

우선 합금 C는 아니라는 결론을 내릴 수 있다. 그러나 합금 A와 B의 밀도는 이 측정에서 사용한 방법의 불확정성 내에 있다. 합금 A와 B 중 구별하기 위해서 측정의 정밀도를 높일 필요가 있다. 가장 명백한 선택은 부피 측정의 정밀도를 높이는 일이다.

최악의 방법은 몇 번의 측정값으로부터 결과를 계산해야 할 때 불확정성을 예측하는 데 매우 유용한 방법이다. 각 측정값의 불확정성을 최대로 가정하고 최소값과 최대값을 계산한다. 이 극한값이 측정값의 범위이며 오차의 한계를 나타낸다.

부록 2 정량적인 분자 운동론 모형

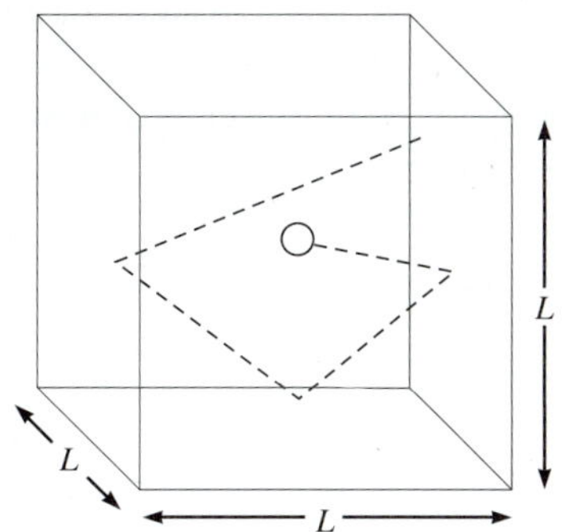

그림 A.3 한 변의 길이가 L인 정입방체 속의 이상 기체 입자. 이 입자는 무질서한 직선 운동을 하면서 벽과 탄성 충돌을 한다.

앞에서 분자 운동론은 이상 기체의 성질을 성공적으로 설명한다는 것을 보았다. 여기에서 분자 운동론의 가정들이 어떻게 실험적으로 얻은 이상 기체식을 유도하는지를 자세히 볼 것이다.

이상 기체란 입자 자체의 부피와 입자 상호 간의 인력이 없으며, 용기 벽과의 충돌에 의해 압력이 생긴다고 가정하였다.

한 변의 길이가 L인 정육면체 용기 속에 n몰의 이상 기체가 있다고 하자. 각 기체 입자는 질량 m을 가지며, 그림 A.3과 같이 빠르고 무질서한 직선 운동을 하면서 벽과 충돌한다고 가정한다. *탄성 충돌*, 즉 운동 에너지의 손실이 없다고 가정한다. 기체의 압력은 단위 넓이당 힘이므로 기체의 압력에 대해 표현하기 위해서 충돌하는 기체 입자가 벽에 가한 힘을 계산하여야 한다.

기체의 압력에 대한 식을 유도하기 전에 먼저 속도의 특징에 대해 논의한다. 각 기체 입자는 u라는 속도를 가지며, 이 속도는 그림 A.4에서 보듯이 u_x, u_y 및 u_z 성분으로 분리할 수 있다. 속도 u_x, u_y 및 피타고라스의 정리를 써서 그림 A.4(c)에서 보듯이 얻을 수 있다.

$$\underbrace{u_{xy}^2}_{\text{직각삼각형의 빗변}} = \underbrace{u_x^2 + u_y^2}_{\text{직각삼각형의 변}}$$

그림 A.4(c)에서 보듯이 다른 삼각형에서 관계는 다음과 같다.

$$u^2 = u_{xy}^2 + u_z^2$$

$$u^2 = \overbrace{u_x^2 + u_y^2}^{u_{xy}^2} + u_z^2$$

이제 평균적인 기체 입자의 움직임을 생각해 보자. 예를 들어, 이 기체 입자가 x축에 수직인 상자의 두 벽을 충돌하는 횟수는 얼마나 될까? 그림 A.5(a)에서 보듯이 이 두 벽에 대한 충돌에 영향을 미치는 것은 오직 속도의 x 성분이다. x 성분이 클수록 입자는 두 벽 사이를 더 빠르게 움직이며, 단위 시간당 두 벽에 더 많이 충돌할 것이다. 기체의 압력은 벽과의 충돌에 기인한다.

x축에 수직인 두 벽과의 충돌 빈도(단위 시간당 충돌 횟수)는 아래와 같다.

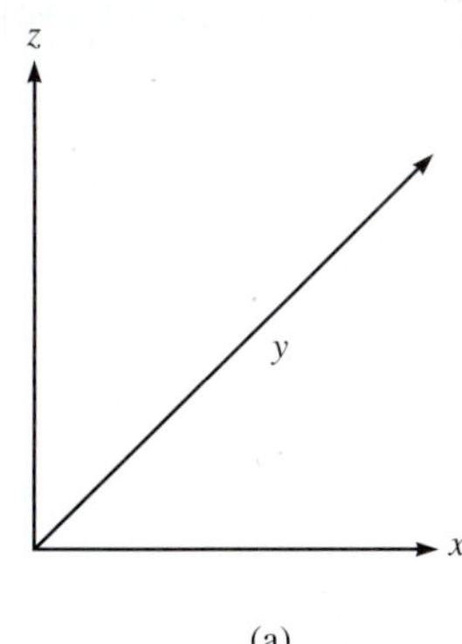

(a)

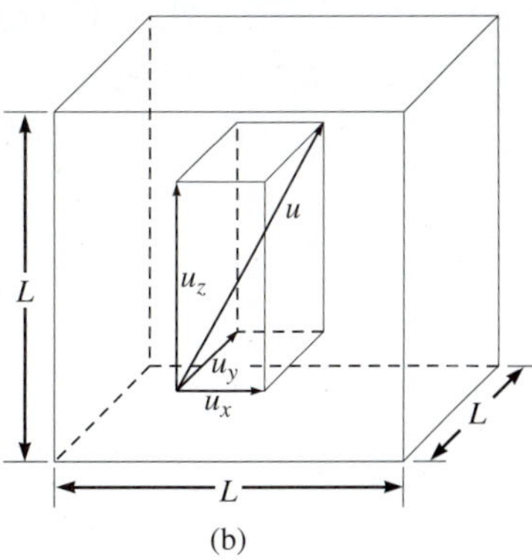

(b)

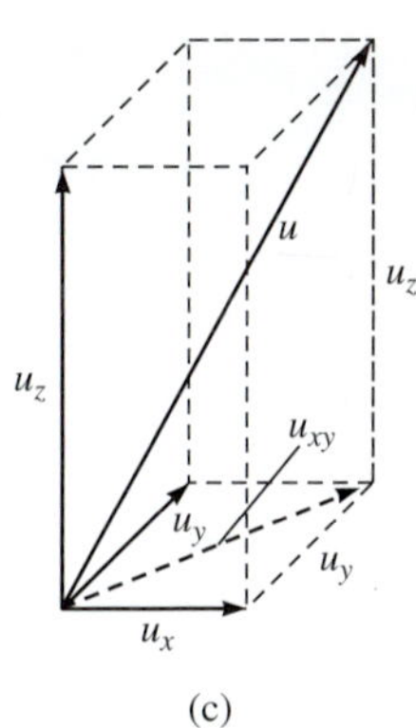

(c)

그림 A.4 **(a)** 직교 좌표. **(b)** 기체의 속도 u는 상호 직교하는 세 성분인 u_x, u_y, 및 u_z로 분리할 수 있다. 이것은 각 변이 u_x, u_y, u_z이고, 대각선이 u인 직육면체로 나타낼 수 있다. **(c)** 피타고라스 정리로부터 xy 평면상에서 $u_x^2 + u_y^2 = u_{xy}^2$이다. u_{xy}와 u_x 성분도 역시 직교하므로 $u^2 = u_{xy}^2 + u_z^2 = u_x^2 + u_y^2 + u_z^2$이 성립한다.

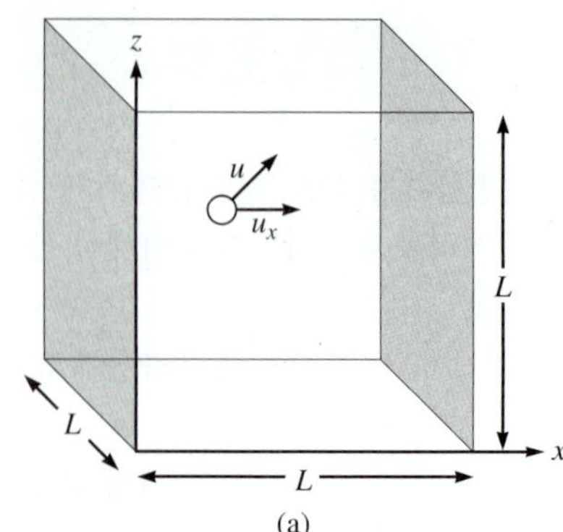

(a)

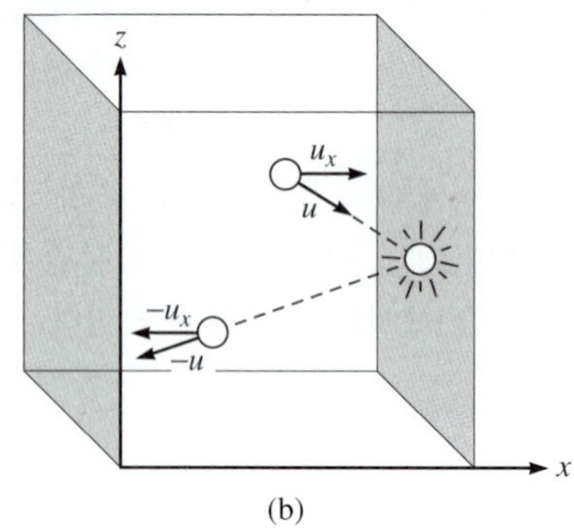

(b)

그림 A.5 (**a**) 기체 입자 속도의 x 성분만 이 회색 벽에 대한 충돌 빈도에 영향을 준다. 이 벽은 x축에 수직이다.
(**b**) 탄성 충돌 후 속도의 x 성분 및 전체 속도는 정확히 반대로 된다. 그러므로 운동량의 변화(최종 − 최초)는

$$-mu_x - mu_x = -2mu_x$$

$$(\text{충돌 빈도})_x = \frac{x\text{ 방향으로의 속도}}{\text{벽 사이의 거리}} = \frac{u_x}{L}$$

그러면 벽과 충돌에 관한 힘은 무엇인가? 힘은 질량과 가속도(단위 시간당 속도 변화)의 곱으로 정의된다.

$$F = ma = m\left(\frac{\Delta u}{\Delta t}\right)$$

여기에서 F는 힘, a는 가속도, Δu는 속도 변화, Δt는 주어진 시간을 나타낸다.

입자가 일정한 질량이므로 힘은 다음과 같이 나타낼 수 있다.

$$F = \frac{m\Delta u}{\Delta t} = \frac{\Delta(mu)}{\Delta t}$$

양 mu는 입자의 운동량이므로(운동량은 질량과 속도의 곱), $F = \Delta(mu)/\Delta t$는 힘이 단위 시간당 운동량의 변화임을 뜻한다. 그림 A.5(b)와 같이 한 개의 입자가 x축에 수직인 벽과 충돌할 때 탄성 충돌은 충돌 후 x 성분의 속도가 *정확히 반대 방향*이 된다. 즉, 입자가 x축에 수직인 벽면과 충돌 후 u_x의 *부호*와 방향이 반대가 된다. 따라서 충돌 후 최종 운동량은 최초 운동량의 음의 값과 같다. 탄성 충돌에서 속도의 *크기*(*magnitude*)에 아무 변화가 없다. x 방향에서 운동량의 변화는 다음과 같다.

$$\text{운동량 변화} = \Delta(mu_x) = \text{최종 운동량} - \text{최종 운동량}$$

$$= -mu_x - mu_x$$

($-mu_x$: x 방향의 최종 운동량, mu_x: x 방향의 초기 운동량)

$$= -2mu_x$$

그러나 우리는 기체 입자가 상자의 벽에 가한 힘에 관심이 있다. 충돌에 의해서 크기는 같지만 방향이 반대이기 때문에 충돌한 벽이 받은 운동량의 변화는 $-(-2mu_x)$, 즉 $2mu_x$이다.

힘은 단위 시간당 운동량의 변화이다. x축에 수직인 벽에 대한 힘은 다음과 같다.

$$\text{힘}_x = \frac{\Delta(mu_x)}{\Delta t}$$

단위 시간당 충돌 횟수와 충돌당 운동량 변화로 표현된다.

$$\text{힘}_x = (2mu_x)\left(\frac{u_x}{L}\right) = \text{단위 시간당 운동량의 변화}$$

($2mu_x$: 충돌당 운동량의 변화, $\frac{u_x}{L}$: 단위 시간당 충돌 수)

$$\text{힘}_x = \frac{2mu_x^2}{L}$$

지금까지 상자의 두 벽만 x축에 수직으로 간주했다. y축에 수직인 두 벽의 힘은 다음과 같이 가정할 수 있다.

$$\text{힘}_y = \frac{2mu_y^2}{L}$$

z축에 대해서는 다음과 같다.

$$\text{힘}_z = \frac{2mu_z^2}{L}$$

앞에서

$$u^2 = u_x^2 + u_y^2 + u_z^2$$

상자에 가하는 전체 힘은 다음과 같다.

$$\text{힘}_{\text{전체}} = \text{힘}_x + \text{힘}_y + \text{힘}_z$$

$$= \frac{2mu_x^2}{L} + \frac{2mu_y^2}{L} + \frac{2mu_z^2}{L}$$

$$= \frac{2m}{L}(u_x^2 + u_y^2 + u_z^2) = \frac{2m}{L}(u^2)$$

여기에서는 힘의 평균값이 필요하므로 속도에서 속도 제곱의 평균값($\overline{u^2}$)을 쓰면 된다.

$$\overline{\text{힘}}_{\text{전체}} = \frac{2m}{L}(\overline{u^2})$$

다음으로 압력(면적당)을 계산한다.

$$\text{“평균” 압력} = \frac{\overline{\text{힘}}_{\text{전체}}}{\text{면적}_{\text{전체}}}$$

$$= \frac{\frac{2m\overline{u^2}}{L}}{6L^2} = \frac{m\overline{u^2}}{3L^3}$$

6면체의 여섯 면 각 면의 면적

입방체의 부피 V는 L^3이므로 압력은 다음과 같다.

$$\text{압력} = P = \frac{m\overline{u^2}}{3V}$$

지금까지는 한 개의 “평균” 입자가 벽면에 가하는 압력을 다루었다. 모든 기체 시료의 압력이 필요하다. 주어진 기체 시료 안에 있는 입자의 개수는 다음과 같이 쓸 수 있다.

$$\text{기체 입자의 개수} = nN_{\text{A}}$$

여기에서 n은 몰 수이고 N_{A}는 Avogadro 수이다.

따라서 기체 n mol이 상자에 미치는 전체 압력은 다음과 같다.

$$P = nN_{\text{A}}\frac{m\overline{u^2}}{3V}$$

다음으로 압력을 기체 분자의 운동 에너지로 표현한다. 운동 에너지(운동에 의한 에너지)는 $\frac{1}{2}mu^2$인데 m은 질량, u는 속도이다. 평균 제곱 속도($\overline{u^2}$)를 사용하면, $m\overline{u^2} = 2(\frac{1}{2}m\overline{u^2})$이기 때문에 P는 다음과 같이 얻어진다.

$$P = \left(\frac{2}{3}\right)\frac{nN_{\text{A}}(\frac{1}{2}m\overline{u^2})}{V}$$

또는

$$\frac{PV}{n} = \left(\frac{2}{3}\right)N_{\text{A}}(\tfrac{1}{2}m\overline{u^2})$$

따라서 분자 운동론의 가정을 기초로 하여 이상 기체 방정식과 같은 형태의 식을 유도할 수 있다.

$$\frac{PV}{n} = RT$$

이와 같이 실험과 이론이 일치하는 것은 기체 입자의 거동에 대한 분자 운동론의 가정이 적어도 이상 기체라는 제한된 경우에 타당하다는 것을 의미한다.

부록 3 분광학적 분석

부피 분석이나 무게 분석 등은 아직도 널리 사용되고 있지만 현대 화학 분석에서 분광학법이 가장 흔히 사용되는 방법이다. *분광학*(*spectroscopy*)은 주어진 화합물에 의해서 방출 또는 흡수되는 전자기 복사선을 연구한다. 어떤 화합물이 흡수 또는 방출하는 복사선의 양은 존재하는 물질의 양에 비례하므로 이 방법은 정량 분석에 이용될 수 있다. 전자기 복사선은 X선, 자외선, 적외선, 가시광선 및 초음파 등 넓은 에너지 범위에 걸쳐 있어서 여러 가지 분광법이 있다. 그러나 여기에서 가시광선에 기초한 한 가지 방법만 고려한다.

액체가 색깔을 띤다면, 액체 중 어떤 성분이 가시광선을 흡수하기 때문이다. 용액 중 빛을 흡수하는 물질의 농도가 클수록 많은 빛을 흡수하고, 따라서 용액의 색깔은 더 진해진다.

그림 A.6에서 보듯이 어떤 물질에 의해서 흡수되는 빛의 양은 *분광 광도계*(*spectrophotometer*)로 측정할 수 있다. 이 기기는 가시광선(대략 400~700 nm의 파장) 영역에 있는 모든 파장의 빛을 방출하는 광원, 특정 파장의 빛만을 골라내는 단색화 장치, 측정할 시료 용액의 지지대(sample holder) 및 입사광의 세기 I_0와 시료 용액을 통과해 나온 광선의 세기 I를 측정하는 검출기 등으로 되어 있다. I/I_0의 비를 *투과도*(*transmittance*)라고 하며, 이 크기는 시료를 통과해 나온 빛의 분율이다. 흡수된 빛의 양을 *흡광도*(*absorbance*)라고 하며, A로 나타낸다.

$$A = -\log \frac{I}{I_0}$$

*Beer-Lambert 법칙*에 의하면 흡광도는 다음과 같이 나타낼 수도 있다.

$$A = \epsilon l c$$

여기에서 ϵ은 몰흡수 계수 또는 몰흡광 계수(L/mol · cm)이며, l은 빛이 용액을 통과한 거리(cm)이고, c는 빛을 흡수하는 물질의 농도이다. Beer-Lambert 법칙이 정량 분석에 분광법의 사용에 대한 기초이다. 만일 ϵ와 l이 알려져 있으면, 용액의 A(흡광도)를 측정하여 용액 중의 빛을 흡수하는 물질의 농도를 계산할 수 있다.

예를 들어, Co^{2+} 이온의 농도를 모르는 분홍색 용액이 있다고 가정하자. 이 시료를 분광 광도계에 넣고 어떤 특정 파장에서 흡광도를 측정한다. 이때 Co^{2+}의 ϵ 값은 12 L/mol · cm이다. 이 용액의 흡광도 A가 0.60이었다. 시료 용기의 폭이 1.0 cm이다. $Co^{2+}(aq)$의 농도는 Beer-Lambert 법칙을 사용하여 쉽게 결정할 수 있다.

$$A = \epsilon l c$$

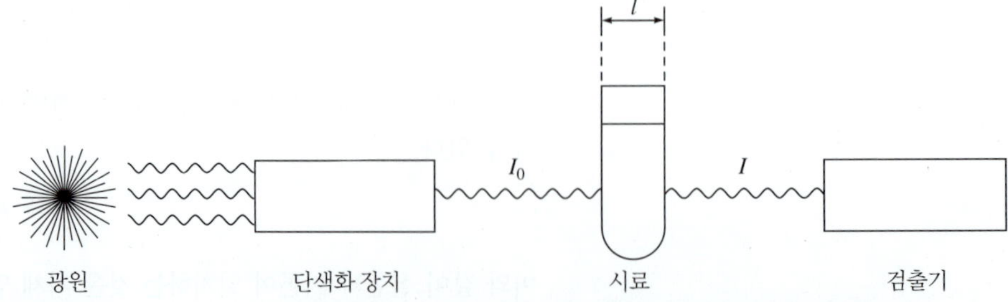

그림 A.6 분광 광도계의 간단한 구성도. 광원이 가시광의 모든 파장 영역의 광선을 방출하면 프리즘 또는 회절발에 의해 분산되면서 일시에 특정 파장의 광선이 시료에 들어간다. 검출기에서는 입사광의 세기(I_0)와 시료를 통과해 나온 광선의 세기(I)의 비를 측정한다.

여기에서

$$A = 0.60$$

$$\epsilon = \frac{12\text{ L}}{\text{mol}\cdot\text{cm}}$$

$$1 = \text{빛이 통과한 거리} = 1.0\text{ cm}$$

농도는 다음과 같이 계산된다.

$$c = \frac{A}{\epsilon l} = \frac{0.06}{\left(12\frac{\text{L}}{\text{mol}\cdot\text{cm}}\right)(1.0\text{ cm})} = 5.0 \times 10^{-2}\text{ mol/L}$$

측정한 흡광도로부터 물질의 미지 농도를 얻으려면 다음 식에서 ϵl을 알아야 한다.

$$c = \frac{A}{\epsilon l}$$

ϵl은 농도를 알고 있는 용액의 흡광도를 측정하여 구할 수 있다.

분광 광도계로 측정

$$\epsilon l = \frac{A}{c}$$

알고 있는 용액의 농도

그러나 더 정확한 ϵl 값을 일련의 용액에서 농도 c에 대한 A를 도시하여 얻을 수 있다. 식 $A = \epsilon lc$에서 A를 c에 대해 도시할 때 기울기가 ϵl인 직선이 얻어진다.

예를 들어, 다음과 같은 분광학적 분석을 생각해 보자. 자전거 몸체의 강철 시료에서 망가니즈의 함량을 분석하고자 한다. 먼저 강철 시료의 무게를 재고, 센산에 용해시킨 후 센 산화제를 써서 모든 망간을 과망간산 이온(MnO_4^-)으로 산화시켜서 용액 중 자주색의 MnO_4^-의 농도를 분광법으로 결정한다. 그러나 이 실험을 하기 전에 먼저 적당한 파장에서 MnO_4^-의 ϵl 값을 결정해야 한다. 4개의 알고 있는 MnO_4^- 농도에 대한 흡광도 값들은 다음과 같다.

용액	MnO_4^-의 농도(mol/L)	흡광도
1	7.00×10^{-5}	0.175
2	1.00×10^{-4}	0.250
3	2.00×10^{-4}	0.500
4	3.50×10^{-4}	0.875

이것을 그래프로 나타내면 그림 A.7과 같다. 이 그림에서 직선의 기울기(A의 변화량/c의 변화량)는 2.48×10^3 L/mol이다. 이 양은 ϵl 값을 의미한다.

무게가 0.1523 g인 강철 시료를 용해시키고 미지의 양인 망가니즈를 MnO_4^-로 산화시켰다. 이것을 최종 부피가 100.0 mL가 되도록 물을 첨가한다. 이 용액 일부를 분광 광도계에 넣고 흡광도를 측정한 결과 0.780이었다. 이 값을 써서 강철 중 망가니즈의 백분율을 구하고자 한다. 강철 시료에 녹아있는 MnO_4^- 이온의 흡광도는 0.780을 나타내었다. Beer-Lambert 법칙을 써서 이 용액 중에 있는 MnO_4^- 농도를 계산하면 다음과 같다.

$$c = \frac{A}{\epsilon l} = \frac{0.780}{2.48 \times 10^3\text{ L/mol}} \times 3.15 \times 10^{-4}\text{ mol/L}$$

c를 결정하는 더 직접적인 방법이 있다. 그림 A.7(때로 *Beer 법칙의 그래프*라고도 함)과 같은 그래프로부터 $A = 0.780$이 되는 농도를 읽는 방법도 있다. 이 외삽법은 그래프의 점선으로 표시되어있다. 이 방법에서도 역시 $c = 3.15 \times 10^{-4}$ mol/L로서 이전에 구한 값

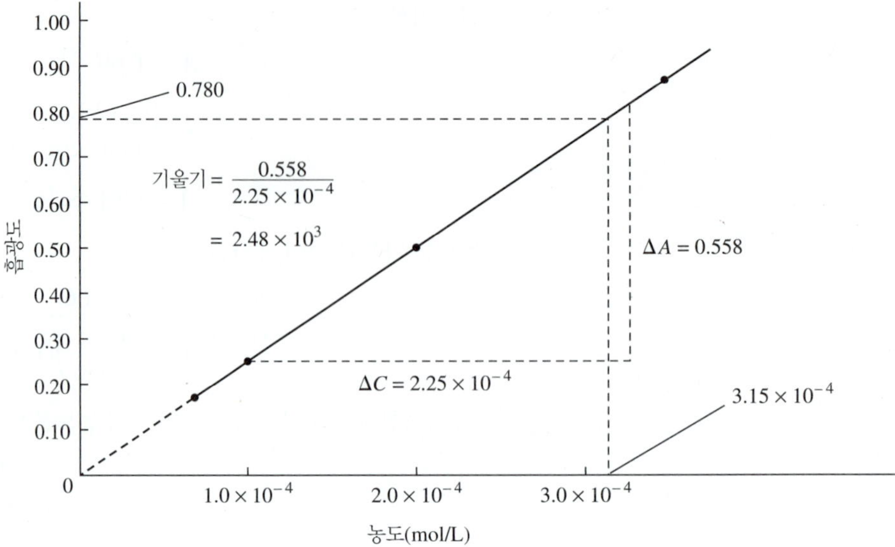

그림 A.7 일련의 알고 있는 농도의 MnO_4^-의 농도 대 흡광도의 그래프.

과 동일하다.

원래의 강철 시료 0.1523 g을 녹여서 망가니즈를 MnO_4^-로 변환시켰으며 전체 부피는 100.0 mL가 되게 조절했다. 이때 $[MnO_4^-] = 3.15 \times 10^{-4}$ M이다. 이 농도로부터 MnO_4^-의 전체 몰 수를 계산하면 다음과 같다.

$$MnO_4^-\text{의 몰 수} = 100.0\ \text{mL} \times \frac{1\ \text{L}}{1000\ \text{mL}} \times 3.15 \times 10^{-4}\ \frac{\text{mol}}{\text{L}}$$

$$= 3.15 \times 10^{-5}\ \text{mol}$$

강철 시료 속의 망가니즈의 몰 수와 동일한 MnO_4^-의 몰 수가 생성된다.

$$1\ \text{mol Mn} \xrightarrow{\text{산화}} 1\ \text{mol}\ MnO_4^-$$

강철 시료 속에는 망가니즈가 3.15×10^{-5} mol이 함유되어 있다. 망가니즈의 질량은,

$$3.15 \times 10^{-5}\ \text{mol Mn} \times \frac{\text{Mn의 } 54.938\ \text{g}}{1\ \text{mol Mn}} = \text{Mn의 } 1.73 \times 10^{-3}\ \text{g}$$

강철 시료의 전체 무게가 0.1523 g이므로 망가니즈의 백분율은,

$$\frac{\text{Mn의 } 1.73 \times 10^{-3}\ \text{g}}{1.523 \times 10^{-1}\ \text{g 시료}} \times 100 = 1.14\%$$

이 예는 정량 분석에서 분광법의 전형적인 용도를 설명해 준다. 흔히 수반되는 단계들은 다음과 같다.

1. 농도를 아는 일련의 용액에 대한 흡광도를 측정하여 검정 곡선을 그린다(Beer 법칙의 그래프).
2. 농도를 모르는 용액의 흡광도를 측정한다.
3. 검정 곡선을 이용하여 농도를 결정한다.

부록 4 대표적인 물질의 열역학적 자료

주의: 모든 값은 최소 ±1의 정밀도를 가진다고 가정한다.

물질과 상태	ΔH_f° (kJ/mol)	ΔG_f° (kJ/mol)	S° (J/K·mol)
알루미늄(Aluminum)			
$Al(s)$	0	0	28
$Al_2O_3(s)$	−1676	−1582	51
$Al(OH)_3(s)$	−1277		
$AlCl_3(s)$	−704	−629	111
바륨(Barium)			
$Ba(s)$	0	0	67
$BaCO_3(s)$	−1219	−1139	112
$BaO(s)$	−582	−552	70
$Ba(OH)_2(s)$	−946		
$BaSO_4(s)$	−1465	−1353	132
베릴륨(Beryllium)			
$Be(s)$	0	0	10
$BeO(s)$	−599	−569	14
$Be(OH)_2(s)$	−904	−815	47
브로민(Bromine)			
$Br_2(l)$	0	0	152
$Br_2(g)$	31	3	245
$Br_2(aq)$	−3	4	130
$Br^-(aq)$	−121	−104	82
$HBr(g)$	−36	−53	199
카드뮴(Cadmium)			
$Cd(s)$	0	0	52
$CdO(s)$	−258	−228	55
$Cd(OH)_2(s)$	−561	−474	96
$CdS(s)$	−162	−156	65
$CdSO_4(s)$	−935	−823	123
칼슘(Calcium)			
$Ca(s)$	0	0	41
$CaC_2(s)$	−63	−68	70
$CaCO_3(s)$	−1207	−1129	93
$CaO(s)$	−635	−604	40
$Ca(OH)_2(s)$	−987	−899	83
$Ca_3(PO_4)_2(s)$	−4126	−3890	241
$CaSO_4(s)$	−1433	−1320	107
$CaSiO_3(s)$	−1630	−1550	84
탄소(Carbon)			
$C(s)$ (흑연)	0	0	6
$C(s)$ (다이아몬드)	2	3	2
$CO(g)$	−110.5	−137	198

물질과 상태	ΔH_f° (kJ/mol)	ΔG_f° (kJ/mol)	S° (J/K·mol)
탄소(Carbon) (*계속*)			
$CO_2(g)$	−393.5	−394	214
$CH_4(g)$	−75	−51	186
$CH_3OH(g)$	−201	−163	240
$CH_3OH(l)$	−239	−166	127
$H_2CO(g)$	−116	−110	219
$HCOOH(g)$	−363	−351	249
$HCN(g)$	135.1	125	202
$C_2H_2(g)$	227	209	201
$C_2H_4(g)$	52	68	219
$CH_3CHO(g)$	−166	−129	250
$C_2H_5OH(l)$	−278	−175	161
$C_2H_6(g)$	−84.7	−32.9	229.5
$C_3H_6(g)$	20.9	62.7	266.9
$C_3H_8(g)$	−104	−24	270
$C_2H_4O(g)$ (산화 에틸렌)	−53	−13	242
$CH_2{=}CHCN(g)$	185.0	195.4	274
$CH_3COOH(l)$	−484	−389	160
$C_6H_{12}O_6(s)$	−1275	−911	212
CCl_4	−135	−65	216
염소(Chlorine)			
$Cl_2(g)$	0	0	223
$Cl_2(aq)$	−23	7	121
$Cl^-(aq)$	−167	−131	57
$HCl(g)$	−92	−95	187
크로뮴(Chromium)			
$Cr(s)$	0	0	24
$Cr_2O_3(s)$	−1128	−1047	81
$CrO_3(s)$	−579	−502	72
구리(Copper)			
$Cu(s)$	0	0	33
$CuCO_3(s)$	−595	−518	88
$Cu_2O(s)$	−170	−148	93
$CuO(s)$	−156	−128	43
$Cu(OH)_2(s)$	−450	−372	108
$CuS(s)$	−49	−49	67
플루오린(Fluorine)			
$F_2(g)$	0	0	203
F2(aq)	−333	−279	−14
$HF(g)$	−271	−273	174

(*계속*)

(계속)

물질과 상태	ΔH_f° (kJ/mol)	ΔG_f° (kJ/mol)	S° (J/K·mol)
수소(Hydrogen)			
$H_2(g)$	0	0	131
$H(g)$	217	203	115
$H^+(aq)$	0	0	0
$OH^-(aq)$	−230	−157	−11
$H_2O(l)$	−286	−237	70
$H_2O(g)$	−242	−229	189
아이오딘(Iodine)			
$I_2(s)$	0	0	116
$I_2(g)$	62	19	261
$I_2(aq)$	23	16	137
$I^-(aq)$	−55	−52	106
철(Iron)			
$Fe(s)$	0	0	27
$Fe_3C(s)$	21	15	108
$Fe_{0.95}O(s)$ (뷔스타이트)	−264	−240	59
FeO	−272	−255	61
$Fe_3O_4(s)$ (자철석)	−1117	−1013	146
$Fe_2O_3(s)$ (적철석)	−826	−740	90
$FeS(s)$	−95	−97	67
$FeS_2(s)$	−178	−166	53
$FeSO_4(s)$	−929	−825	121
납(Lead)			
$Pb(s)$	0	0	65
$PbO_2(s)$	−277	−217	69
$PbS(s)$	−100	−99	91
$PbSO_4(s)$	−920	−813	149
마그네슘(Magnesium)			
$Mg(s)$	0	0	33
$MgCO_3(s)$	−1113	−1029	66
$MgO(s)$	−602	−569	27
$Mg(OH)_2(s)$	−925	−834	64
망가니즈(Manganese)			
$Mn(s)$	0	0	32
$MnO(s)$	−385	−363	60
$Mn_3O_4(s)$	−1387	−1280	149
$Mn_2O_3(s)$	−971	−893	110
$MnO_2(s)$	−521	−466	53
$MnO_4^-(aq)$	−543	−449	190
수은(Mercury)			
$Hg(l)$	0	0	76
$Hg_2Cl_2(s)$	−265	−211	196
$HgCl_2(s)$	−230	−184	144
$HgO(s)$	−90	−59	70
$HgS(s)$	−58	−49	78

물질과 상태	ΔH_f° (kJ/mol)	ΔG_f° (kJ/mol)	S° (J/K·mol)
니켈(Nickel)			
$Ni(s)$	0	0	30
$NiCl_2(s)$	−316	−272	107
$NiO(s)$	−241	−213	38
$Ni(OH)_2(s)$	−538	−453	79
$NiS(s)$	−93	−90	53
질소(Nitrogen)			
$N_2(g)$	0	0	192
$NH_3(g)$	−46	−17	193
$NH_3(aq)$	−80	−27	111
$NH_4^+(aq)$	−132	−79	113
$NO(g)$	90	87	211
$NO_2(g)$	34	52	240
$N_2O(g)$	82	104	220
$N_2O_4(g)$	10	98	304
$N_2O_4(l)$	−20	97	209
$N_2O_5(s)$	−42	134	178
$N_2H_4(l)$	51	149	121
$N_2H_3CH_3(l)$	54	180	166
$HNO_3(aq)$	−207	−111	146
$HNO_3(l)$	−174	−81	156
$NH_4ClO_4(s)$	−295	−89	186
$NH_4Cl(s)$	−314	−203	96
산소(Oxygen)			
$O_2(g)$	0	0	205
$O(g)$	249	232	161
$O_3(g)$	143	163	239
인(Phosphorus)			
$P(s)$ (백린)	0	0	41
$P(s)$ (적린)	−18	−12	23
$P(s)$ (흑린)	−39	−33	23
$P_4(g)$	59	24	280
$PF_5(g)$	−1578	−1509	296
$PH_3(g)$	5	13	210
$H_3PO_4(s)$	−1279	−1119	110
$H_3PO_4(l)$	−1267	—	—
$H_3PO_4(aq)$	−1288	−1143	158
$P_4O_{10}(s)$	−2984	−2698	229
포타슘(Potassium)			
$K(s)$	0	0	64
$KCl(s)$	−436	−408	83
$KClO_3(s)$	−391	−290	143
$KClO_4(s)$	−433	−304	151
$K_2O(s)$	−361	−322	98
$K_2O_2(s)$	−496	−430	113

물질과 상태	ΔH_f° (kJ/mol)	ΔG_f° (kJ/mol)	S° (J/K·mol)
포타슘(Potassium) (*계속*)			
$KO_2(s)$	−283	−238	117
$KOH(s)$	−425	−379	79
$KOH(aq)$	−481	−440	9.20
규소(Silicon)			
$SiO_2(s)$ (수정)	−911	−856	42
$SiCl_4(l)$	−687	−620	240
은(Silver)			
$Ag(s)$	0	0	43
$Ag^+(aq)$	105	77	73
$AgBr(s)$	−100	−97	107
$AgCN(s)$	146	164	84
$AgCl(s)$	−127	−110	96
$Ag_2CrO_4(s)$	−712	−622	217
$AgI(s)$	−62	−66	115
$Ag_2O(s)$	−31	−11	122
$Ag_2S(s)$	−32	−40	146
소듐(Sodium)			
$Na(s)$	0	0	51
$Na^+(aq)$	−240	−262	59
$NaBr(s)$	−360	−347	84
$Na_2CO_3(s)$	−1131	−1048	136
$NaHCO_3(s)$	−948	−852	102
$NaCl(s)$	−411	−384	72
$NaH(s)$	−56	−33	40
$NaI(s)$	−288	−282	91
$NaNO_2(s)$	−359		
$NaNO_3(s)$	−467	−366	116
$Na_2O(s)$	−416	−377	73
$Na_2O_2(s)$	−515	−451	95
$NaOH(s)$	−426	−381	64
$NaOH(aq)$	−470	−419	50
황(Sulfur)			
$S(s)$ (사방정계)	0	0	32
$S(s)$ (단사정계)	0.3	0.1	33
$S^{2-}(aq)$	33	86	215
$S_8(g)$	102	50	431

물질과 상태	ΔH_f° (kJ/mol)	ΔG_f° (kJ/mol)	S° (J/K·mol)
황(Sulfur) (*계속*)			
$SF_6(g)$	−1209	−1105	292
$H_2S(g)$	−21	−34	206
$SO_2(g)$	−297	−300	248
$SO_3(g)$	−396	−371	257
$SO_4^{2-}(aq)$	−909	−745	20
$H_2SO_4(l)$	−814	−690	157
$H_2SO_4(aq)$	−909	−745	20
주석(Tin)			
$Sn(s)$ (백주석)	0	0	52
$Sn(s)$ (회색 주석)	22	0.1	44
$SnO(s)$	−285	−257	56
$SnO_2(s)$	−581	−520	52
$Sn(OH)_2(s)$	−561	−492	155
타이타늄(Titanium)			
$TiCl_4(g)$	−763	−727	355
$TiO_2(s)$	−945	−890	50
타이타늄(Uranium)			
$U(s)$	0	0	50
$UF_6(s)$	−2137	−2008	228
$UF_6(g)$	−2113	−2029	380
$UO_2(s)$	−1084	−1029	78
$U_3O_8(s)$	−3575	−3393	282
$UO_3(s)$	−1230	−1150	99
제논(Xenon)			
$Xe(g)$	0	0	170
$XeF_2(g)$	−108	−48	254
$XeF_4(s)$	−251	−121	146
$XeF_6(g)$	−294		
$XeO_3(s)$	402		
아연(Zinc)			
$Zn(s)$	0	0	42
$ZnO(s)$	−348	−318	44
$Zn(OH)_2(s)$	−642		
$ZnS(s)$ (섬유아연석)	−193		
$ZnS(s)$ (섬아연광)	−206	−201	58
$ZnSO_4(s)$	−983	−874	120

부록 5 평형 상수와 환원 전위

A5.1 몇 가지 일반적인 일양성자산의 K_a 값

이름	화학식	K_a값
황산 수소 이온(Hydrogen sulfate ion)	HSO_4^-	1.2×10^{-2}
아염소산(Chlorous acid)	$HClO_2$	1.2×10^{-2}
모노클로로아세트산(Monochloracetic acid)	$HC_2H_2ClO_2$	1.35×10^{-3}
플루오린화 수소산(Hydrofluoric acid)	HF	7.2×10^{-4}
아질산(Nitrous acid)	HNO_2	4.0×10^{-4}
폼산(Formic acid)	HCO_2H	1.8×10^{-4}
젖산(Lactic acid)	$HC_3H_5O_3$	1.38×10^{-4}
벤조산(Benzoic acid)	$HC_7H_5O_2$	6.4×10^{-5}
아세트산(Acetic acid)	$HC_2H_3O_2$	1.8×10^{-5}
수화된 알루미늄(III) 이온[Hydrated aluminum(III) ion]	$[Al(H_2O)_6]^{3+}$	1.4×10^{-5}
프로판산(Propanoic acid)	$HC_3H_5O_2$	1.3×10^{-5}
하이포염소산(Hypochlorous acid)	$HOCl$	3.5×10^{-8}
하이포아브로민산(Hypobromous acid)	$HOBr$	2×10^{-9}
사이안화 수소산(Hydrocyanic acid)	HCN	6.2×10^{-10}
붕산(Boric acid)	H_3BO_3	5.8×10^{-10}
암모늄 이온(Ammonium ion)	NH_4^+	5.6×10^{-10}
페놀(Phenol)	HOC_6H_5	1.6×10^{-10}
하이포아아이오딘산(Hypoiodous acid)	HOI	2×10^{-11}

A5.2 여러 가지 일반적인 다양성자산의 단계적 해리 상수

이름	화학식	K_{a_1}	K_{a_2}	K_{a_3}
인산(Phosphoric acid)	H_3PO_4	7.5×10^{-3}	6.2×10^{-8}	4.8×10^{-13}
비산(Arsenic acid)	H_3AsO_4	5.5×10^{-3}	1.7×10^{-7}	5.1×10^{-12}
탄산(Carbonic acid)	H_2CO_3	4.3×10^{-7}	5.6×10^{-11}	
황산(Sulfuric acid)	H_2SO_4	Large	1.2×10^{-2}	
아황산(Sulfurous acid)	H_2SO_3	1.5×10^{-2}	1.0×10^{-7}	
황화 수소산(Hydrosulfuric acid)	H_2S	1.0×10^{-7}	$\sim 10^{-19}$	
옥살산(Oxalic acid)	$H_2C_2O_4$	6.5×10^{-2}	6.1×10^{-5}	
아스코브산(바이타민 C) [Ascorbic acid (vitamin C)]	$H_2C_6H_6O_6$	7.9×10^{-5}	1.6×10^{-12}	
시트르산(구연산) (Citric acid)	$H_3C_6H_5O_7$	8.4×10^{-4}	1.8×10^{-5}	4.0×10^{-6}

A5.3 몇 가지 일반적인 염기의 K_b 값

이름	화학식	짝산	K_b
암모니아(Ammonia)	NH_3	NH_4^+	1.8×10^{-5}
메틸아민(Methylamine)	CH_3NH_2	$CH_3NH_3^+$	4.38×10^{-4}
에틸아민(Ethylamine)	$C_2H_5NH_2$	$C_2H_5NH_3^+$	5.6×10^{-4}
다이에틸아민(Diethylamine)	$(C_2H_5)_2NH$	$(C_2H_5)_2NH_2^+$	1.3×10^{-3}
트라이에틸아민(Triethylamine)	$(C_2H_5)_3N$	$(C_2H_5)_3NH^+$	4.0×10^{-4}
하이드록실아민(Hydroxylamine)	$HONH_2$	$HONH_3^+$	1.1×10^{-8}
하이드라진(Hydrazine)	H_2NNH_2	$H_2NNH_3^+$	3.0×10^{-6}
아닐린(Aniline)	$C_6H_5NH_2$	$C_6H_5NH_3^+$	3.8×10^{-10}
피리딘(Pyridine)	C_5H_5N	$C_5H_5NH^+$	1.7×10^{-9}

A5.4 25℃에서 일반적인 이온성 고체에 대한 K_{sp} 값

이온성 고체	K_{sp} (25°C에서)
플루오린화물(Fluorides)	
BaF_2	2.4×10^{-5}
MgF_2	6.4×10^{-9}
PbF_2	4×10^{-8}
SrF_2	7.9×10^{-10}
CaF_2	4.0×10^{-11}
염화물(Chlorides)	
$PbCl_2$	1.6×10^{-5}
$AgCl$	1.6×10^{-10}
Hg_2Cl_2*	1.1×10^{-18}
브로민화물(Bromides)	
$PbBr_2$	4.6×10^{-6}
$AgBr$	5.0×10^{-13}
Hg_2Br_2*	1.3×10^{-22}
아이오딘화물(Iodides)	
PbI_2	1.4×10^{-8}
AgI	1.5×10^{-16}
Hg_2I_2*	4.5×10^{-29}
황산염(Sulfates)	
$CaSO_4$	6.1×10^{-5}
Ag_2SO_4	1.2×10^{-5}
$SrSO_4$	3.2×10^{-7}

이온성 고체	K_{sp} (25°C에서)
황산염(Sulfates) (*계속*)	
$PbSO_4$	1.3×10^{-8}
$BaSO_4$	1.5×10^{-9}
크로뮴산염(Chromates)	
$SrCrO_4$	3.6×10^{-5}
Hg_2CrO_4*	2×10^{-9}
$BaCrO_4$	8.5×10^{-11}
Ag_2CrO_4	9.0×10^{-12}
$PbCrO_4$	2×10^{-16}
탄산염(Carbonates)	
$NiCO_3$	1.4×10^{-7}
$CaCO_3$	8.7×10^{-9}
$BaCO_3$	1.6×10^{-9}
$SrCO_3$	7×10^{-10}
$CuCO_3$	2.5×10^{-10}
$ZnCO_3$	2×10^{-10}
$MnCO_3$	8.8×10^{-11}
$FeCO_3$	2.1×10^{-11}
Ag_2CO_3	8.1×10^{-12}
$CdCO_3$	5.2×10^{-12}
$PbCO_3$	1.5×10^{-15}

이온성 고체	K_{sp} (25°C에서)
탄산염(Carbonates) (*계속*)	
$MgCO_3$	1×10^{-5}
Hg_2CO_3*	9.0×10^{-15}
수산화물(Hydroxides)	
$Ba(OH)_2$	5.0×10^{-3}
$Sr(OH)_2$	3.2×10^{-4}
$Ca(OH)_2$	1.3×10^{-6}
$AgOH$	2.0×10^{-8}
$Mg(OH)_2$	8.9×10^{-12}
$Mn(OH)_2$	2×10^{-13}
$Cd(OH)_2$	5.9×10^{-15}
$Pb(OH)_2$	1.2×10^{-15}
$Fe(OH)_2$	1.8×10^{-15}
$Co(OH)_2$	2.5×10^{-16}
$Ni(OH)_2$	1.6×10^{-16}
$Zn(OH)_2$	4.5×10^{-17}
$Cu(OH)_2$	1.6×10^{-19}
$Hg(OH)_2$	3×10^{-26}
$Sn(OH)_2$	3×10^{-27}
$Cr(OH)_3$	6.7×10^{-31}
$Al(OH)_3$	2×10^{-32}

이온성 고체	K_{sp} (25°C에서)
수산화물(Hydroxides) (*계속*)	
$Fe(OH)_3$	4×10^{-38}
$Co(OH)_3$	2.5×10^{-43}
황화물(Sulfides)	
MnS	2.3×10^{-13}
FeS	3.7×10^{-19}
NiS	3×10^{-21}
CoS	5×10^{-22}
ZnS	2.5×10^{-22}
SnS	1×10^{-26}
CdS	1.0×10^{-28}
PbS	7×10^{-29}
CuS	8.5×10^{-45}
Ag_2S	1.6×10^{-49}
HgS	1.6×10^{-54}
인산염(Phosphates)	
Ag_3PO_4	1.8×10^{-18}
$Sr_3(PO_4)_2$	1×10^{-31}
$Ca_3(PO_4)_2$	1.3×10^{-32}
$Ba_3(PO_4)_2$	6×10^{-39}
$Pb_3(PO_4)_2$	1×10^{-54}

*Hg_2^{2+} 이온을 포함함. Hg_2X_2 염의 $K_{sp} = [Hg_2^{2+}][X^-]^2$.

A5.5 25°C (298 K)에서 많은 일반적인 반쪽 반응에 대한 표준 환원 전위

반쪽-반응	$\mathscr{E}^\circ$ (V)
$F_2 + 2e^- \rightarrow 2F^-$	2.87
$Ag^{2+} + e^- \rightarrow Ag^+$	1.99
$Co^{3+} + e^- \rightarrow Co^{2+}$	1.82
$H_2O_2 + 2H^+ + 2e^- \rightarrow 2H_2O$	1.78
$Ce^{4+} + e^- \rightarrow Ce^{3+}$	1.70
$PbO_2 + 4H^+ + SO_4^{2-} + 2e^- \rightarrow PbSO_4 + 2H_2O$	1.69
$MnO_4^- + 4H^+ + 3e^- \rightarrow MnO_2 + 2H_2O$	1.68
$2e^- + 2H^+ + IO_4^- \rightarrow IO_3^- + H_2O$	1.60
$MnO_4^- + 8H^+ + 5e^- \rightarrow Mn^{2+} + 4H_2O$	1.51
$Au^{3+} + 3e^- \rightarrow Au$	1.50
$PbO_2 + 4H^+ + 2e^- \rightarrow Pb^{2+} + 2H_2O$	1.46
$Cl_2 + 2e^- \rightarrow 2Cl^-$	1.36
$Cr_2O_7^{2-} + 14H^+ + 6e^- \rightarrow 2Cr^{3+} + 7H_2O$	1.33
$O_2 + 4H^+ + 4e^- \rightarrow 2H_2O$	1.23
$MnO_2 + 4H^+ + 2e^- \rightarrow Mn^{2+} + 2H_2O$	1.21
$IO_3^- + 6H^+ + 5e^- \rightarrow \frac{1}{2}I_2 + 3H_2O$	1.20
$Br_2 + 2e^- \rightarrow 2Br^-$	1.09
$VO_2^+ + 2H^+ + e^- \rightarrow VO^{2+} + H_2O$	1.00
$AuCl_4^- + 3e^- \rightarrow Au + 4Cl^-$	0.99
$NO_3^- + 4H^+ + 3e^- \rightarrow NO + 2H_2O$	0.96
$ClO_2 + e^- \rightarrow ClO_2^-$	0.954
$2Hg^{2+} + 2e^- \rightarrow Hg_2^{2+}$	0.91
$Ag^+ + e^- \rightarrow Ag$	0.80
$Hg_2^{2+} + 2e^- \rightarrow 2Hg$	0.80
$Fe^{3+} + e^- \rightarrow Fe^{2+}$	0.77
$O_2 + 2H^+ + 2e^- \rightarrow H_2O_2$	0.68
$MnO_4^- + e^- \rightarrow MnO_4^{2-}$	0.56
$I_2 + 2e^- \rightarrow 2I^-$	0.54
$Cu^+ + e^- \rightarrow Cu$	0.52
$O_2 + 2H_2O + 4e^- \rightarrow 4OH^-$	0.40
$Cu^{2+} + 2e^- \rightarrow Cu$	0.34
$Hg_2Cl_2 + 2e^- \rightarrow 2Hg + 2Cl^-$	0.34
$AgCl + e^- \rightarrow Ag + Cl^-$	0.22
$SO_4^{2-} + 4H^+ + 2e^- \rightarrow H_2SO_3 + H_2O$	0.20
$Cu^{2+} + e^- \rightarrow Cu^+$	0.16
$2H^+ + 2e^- \rightarrow H_2$	0.00
$Fe^{3+} + 3e^- \rightarrow Fe$	−0.036
$Pb^{2+} + 2e^- \rightarrow Pb$	−0.13
$Sn^{2+} + 2e^- \rightarrow Sn$	−0.14
$Ni^{2+} + 2e^- \rightarrow Ni$	−0.23
$PbSO_4 + 2e^- \rightarrow Pb + SO_4^{2-}$	−0.35
$Cd^{2+} + 2e^- \rightarrow Cd$	−0.40
$Fe^{2+} + 2e^- \rightarrow Fe$	−0.44
$Cr^{3+} + e^- \rightarrow Cr^{2+}$	−0.50
$Cr^{3+} + 3e^- \rightarrow Cr$	−0.73
$Zn^{2+} + 2e^- \rightarrow Zn$	−0.76
$2H_2O + 2e^- \rightarrow H_2 + 2OH^-$	−0.83
$Mn^{2+} + 2e^- \rightarrow Mn$	−1.18
$Al^{3+} + 3e^- \rightarrow Al$	−1.66
$H_2 + 2e^- \rightarrow 2H^-$	−2.23
$Mg^{2+} + 2e^- \rightarrow Mg$	−2.37
$La^{3+} + 3e^- \rightarrow La$	−2.37
$Na^+ + e^- \rightarrow Na$	−2.71
$Ca^{2+} + 2e^- \rightarrow Ca$	−2.76
$Ba^{2+} + 2e^- \rightarrow Ba$	−2.90
$K^+ + e^- \rightarrow K$	−2.92
$Li^+ + e^- \rightarrow Li$	−3.05

부록 6 SI 단위와 변환 인자

길이	질량
SI 단위: 미터(m)	*SI 단위: 킬로그램(kg)*
1미터 = 1.09360야드	1킬로그램 = 1000그램
1센티미터 = 0.39370인치	= 2.2046파운드
1인치 = 2.54센티미터(정확히)	1파운드 = 453.59그램
1킬로미터 = 0.62137마일	= 0.45359킬로그램
1마일 = 5280피트	= 16온스
= 1.6093킬로미터	1톤 = 2000파운드
1옹스트롬 = 10^{-10}미터	= 907.185킬로그램
= 100피코미터	1톤 = 1000킬로그램
	= 2204.6파운드
	1 원자 질량 단위 = 1.66056×10^{-27}킬로그램

부피	온도
SI 단위: 입방미터(m^3)	*SI 단위: 켈빈(K)*
1리터 = 10^{-3} m^3	0 K = −273.15°C
= 1 dm^3	= −459.67°F
= 1.0567쿼트	K = °C + 273.15
1갤런 = 4쿼트	$°C = \frac{5}{9}°F - 32$
= 8파인트	$°F = \frac{9}{5}°C + 32$
= 3.7854리터	
1쿼트 = 32온스	
= 0.94633리터	

에너지	압력
SI 단위: 주울(J)	*SI 단위: 파스칼(Pa)*
1주울 = 1 $kg \cdot m^2/s^2$	1파스칼 = 1 N/m^2
= 0.23901칼로리	= 1 $kg/m \cdot s^2$
= 9.4781×10^{-4} btu	1기압 = 101.325킬로파스칼
(영국 열단위, British thermal unit)	= 760 torr (mm Hg)
1칼로리 = 4.184주울	= 14.70 lb/in^2
= 3.965×10^{-3} btu	1 bar = 10^5파스칼
1 btu = 1055.06주울	
= 252.2칼로리	

부록 7 분자 분광학: 소개

분광학은 전자기 복사와 물질의 상호작용에 대한 연구로 정의할 수 있다. 분광법은 물질의 본질, 구조 및 특성에 관한 정보를 얻기 위한 비파괴적이고 매우 민감한 방법을 제공한다. 우리는 이미 제7장에서 수소 원자의 방출 스펙트럼과 수소의 양자화된 에너지 준위에 대한 정보의 중요성에 대해 논의하였다. 분광학은 분자 연구에 매우 유용하다. 분자는 전자기 복사선을 흡수하여 많은 다른 과정과 양자화된 에너지 준위를 갖는 모든 과정에 에너지를 공급한다.

예를 들어, 한 분자는 광자를 흡수하거나 방출할 수 있으며 낮은 전자 에너지 상태에서 높은 전자 에너지 상태로 또는 그 반대로 이동할 수 있다. 이 "전자 전이"는 대략 하나의 전자 배열에서 다른 전자 배열로 변화되는 것으로 설명할 수 있다. 일반적으로, 전자 전이는 스펙트럼의 자외선(UV) 또는 가시선 영역의 광자를 필요로 한다. 이 유형의 분광법 사용의 한 예는 7.12절 및 9.3절에서 논의된 광전자 분광법(PES)이다.

분자는 또한 진동 에너지 전이를 할 수 있다. 예를 들어, 분자 내의 원자는 평형 위치를 중심으로 진동하여 양자화된 진동 에너지 준위을 형성한다. 이들 에너지 준위 간격은 전자기 스펙트럼의 적외선(IR) 영역에서 광자의 에너지에 해당한다.

또한 분자는 회전할 수 있고, 양자화된 회전 에너지 준위의 간격은 극초단파 영역(microwave region)의 광자 에너지에 해당한다. 실제로, 전자레인지 요리의 기초는 음식물에 들어있는 물 분자의 회전 들뜸에 의한 에너지가 다른 분자로 전달되는 것이다.

우리는 전자 분광학 및 진동 분광법을 보다 자세히 살펴볼 것이다.

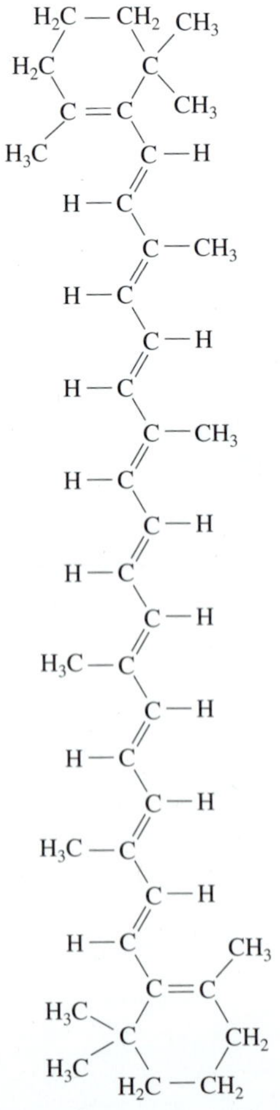

전자 분광학(Electronic Spectroscopy)

전자기 스펙트럼의 자외선(UV) 또는 가시 영역에서 일반적으로 발생하는 분자의 전자 스펙트럼은 분자 내의 전자 에너지 준위의 간격에 대한 정보를 알려준다. 이것은 분자의 전자 구조를 더 잘 결정할 수 있게 해준다. 전자 스펙트럼은 복사선의 파장 대 흡수된 복사선의 양을 나타내며, 광자가 분자의 에너지 갭과 일치하는 에너지를 갖는 파장에서 봉우리(최대값)를 나타낸다.

전자 상태의 에너지 분리는 일반적으로 UV 영역의 광자 에너지와 일치하기 때문에 분자의 전자 전이의 대부분은 스펙트럼의 UV 영역에서 발생한다. 그러나 일부 분자는 가시선 영역의 복사선에 해당하는 전자 에너지 분리를 갖는다. 이러한 부류의 화합물의 한 가지는 전이 금속 이온을 함유하는 배위 화합물이다. 예를 들어, 황산 구리(II) 이온을 물에 용해시키면 특유의 청색 용액이 생성된다. 배위 화합물은 제21장에서 논의하였다. 스펙트럼의 가시 영역에서 흡수하는 다른 종류의 화합물은 카로틴과 같은 이중 결합을 교대로 갖는 탄소 분자의 긴 사슬을 갖는 분자들이다. 베타-카로틴(beta-carotene)의 분자 구조는 그림 A.8에 주어져 있다.

교대 이중 결합을 갖는 물질을 *콘쥬게이션 분자*(*conjugated molecule*)라고 한다. 콘쥬게이션 시스템이 길어지면 전자 에너지가 서로 가까워져서 더 긴 파장의 빛을 흡수한다는 사실이 밝혀졌다.

백색광은 무지개의 모든 색상으로 구성되어 있으므로(그림 7.7 참조) 특정 분자가 특정 색상을 흡수하면 그 물질은 착색된 것처럼 보인다. 결과로 나타나는 색상은 흡수되지 않은 채로 남아있는 색상의 "합"에 의해 색상이 나타난다. 예를 들어, 카로틴은 보라색 영역과 파란색 영역에서 가시광선을 흡수한다. 흡수되지 않은 색상이 "합쳐져서" 오렌지를 생성하므로 오렌지색으로 나타난다. 사실 카로틴은 당근의 밝은 오렌지색을 나타내는 물질이다. 베타 카로틴의 전자 흡수 스펙트럼을 그림 A.9에 나타내었다.

그림 A.8

그림 A.9

또한 전자 분광법은 시료에 존재하는 흡수하는 화학종의 양을 결정할 수 있는 감도가 좋고 정확한 방법이다(정량 분석). 이 방법의 과정은 부록 3에 설명되어 있다.

진동 분광학

지금까지 보았듯이 분자는 결합으로 연결된 원자 집합으로 간주할 수 있다. 분자의 진동을 설명할 때 주어진 원자 쌍 사이의 결합을 두 개의 질량에 연결된 스프링과 비교할 수 있다. 원자들이 진동 운동을 하면서 움직이면, 스프링과 같은 결합은 원자를 서로 끌어당기는 복원력을 제공한다. 분자의 진동 전이에는 보통 전자기 스펙트럼의 IR 영역에 해당하는 에너지가 필요하다. 데이터는 흔히 "파수(wave number)"로 나타낸다. 파수는 진동 전이를 유발하는 데 필요한 파장의 역수(센티미터)이다.

특정한 결합 원자 쌍은 분자 환경에 상대적으로 둔감한 특징적인 진동수(파수)를 갖는다. 따라서 특정한 진동수에서 IR 스펙트럼에 나타나는 신호는 이 특정 원자 쌍이 분자에 존재한다는 좋은 증거를 제공해준다. 예를 들어 한 분자 내의 C—H 쌍은 항상 약 3000 cm^{-1}의 진동 신호를 나타낸다(특정 분자 환경에 따라 실제로는 2850~3300 cm^{-1}이다). 한편, 분자 내의 O—H 기는 약 3600 cm^{-1}에서 진동 결합을 나타낼 것이다. 몇몇 일반적인 결합의 신축 운동에 대한 일반적인 진동수의 범위는 아래 표에 나와 있다.

결합	진동수 범위(cm^{-1})
C—H	2850~3300
C═C	1640~1680
C≡C	2100~2260
C—O	1080~1300
C═O	1690~1760
O—H	3610~3640

분자의 진동 운동에는 단순한 신축 진동이 아니라 *기준 방식*(*normal mode*)이라고 하는 몇 가지 특징적인 진동 운동이 가능함이 밝혀졌다. 예로서, SO_2 분자에 대한 전형적인 진동 운동을 그림 A.10에 나타내었다.

그림 A.10

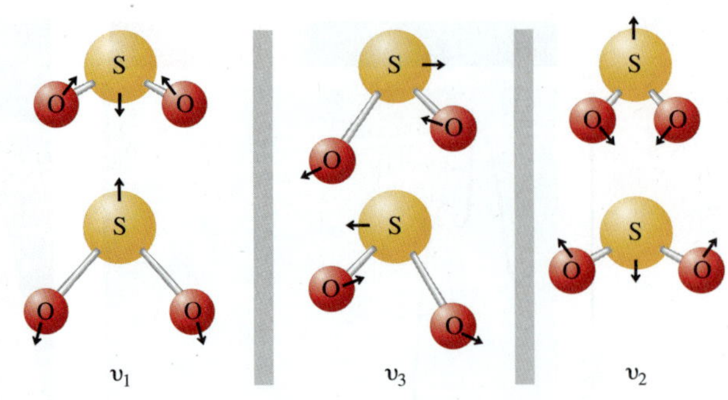

분자의 IR 스펙트럼은 분자 내에 존재하는 작용기(즉, 결합의 유형)를 식별하는 데 큰 도움이 될 수 있으므로 특정 분자를 식별하는 데 유용한 정보를 제공해 준다.

예를 들어, 다음과 같은 구조를 갖는 메탄올(CH_3OH)을 생각해 보자.

메탄올의 IR 스펙트럼은 다음과 같다.

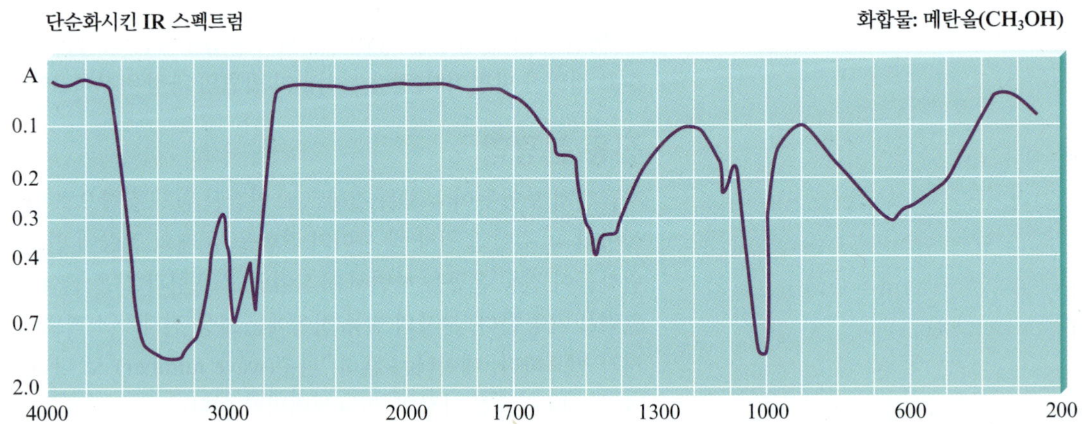

여기서 분자 내에 신축 진동에 의한 결합의 존재를 확인할 수 있다. 스펙트럼에는 이 외에도 다른 진동 유형(예: SO_2 분자에서 본 것)과 분자 간 수소 결합에 의해 나타나는 여러 봉우리들이 존재한다.

찾아보기

Index

ㄷ

ㄹ

ㅁ

ㅂ

ㅅ

ㅇ

ㅈ

ㅊ

ㅋ

ㅌ

ㅍ

ㅎ

A

B

C

D

F

G

H

L

N

O

P

R

S

T

V

X

숫자

몇 가지 중요한 표의 페이지 번호

물리 상수

상수	기호	값
원자 질량 단위	amu	1.66054×10^{-27} kg
아보가드로 수	N	6.02214×10^{23} mol^{-1}
보어 반지름	a_0	5.292×10^{-11} m
볼츠만 상수	k	1.38066×10^{-23} J/K
전자 전하	e	1.60218×10^{-19} C
패러데이 상수	F	96.485 C/mol
기체 상수	R	8.31451 J/Kmol 0.08206 L atm/K mol
전자 질량	m_e	9.10939×10^{-31} kg 5.48580×10^{-4} amu
중성자 질량	m_n	1.67493×10^{-27} kg 1.00866 amu
양성자 질량	m_p	1.67262×10^{-27} kg 1.00728 amu
플랑크 상수	h	6.62608×10^{-34} J s
빛의 속도	c	2.99792458×10^{8} m/s

SI 단위와 변환 인자

길이

SI 단위: 미터(m)

1미터 = 1.09360야드
1센티미터 = 0.39370인치
1인치 = 2.54센티미터(정확히)
1킬로미터 = 0.62137마일
1마일 = 5280피트
= 1.6093킬로미터
1옹스트롬 = 10^{-10}미터
= 100피코미터

질량

SI 단위: 킬로그램(kg)

1킬로그램 = 1000그램
= 2.2046파운드
1파운드 = 453.59그램
= 0.45359킬로그램
= 16온스
1톤 = 2000파운드
= 907.185킬로그램
1톤 = 1000킬로그램
= 2204.6파운드
1 원자 질량 단위 = 1.66056×10^{-27}킬로그램

부피

SI 단위: 입방미터(m^3)

1리터 = 10^{-3} m^3
= 1 dm^3
= 1.0567쿼트
1갤런 = 4쿼트
= 8파인트
= 3.7854리터
1쿼트 = 32온스
= 0.94633리터

온도

SI 단위: 켈빈(K)

0 K = −273.15°C
= −459.67°F
K = °C + 273.15

$$°C = \frac{5}{9}°F - 32$$

$$°F = \frac{9}{5}°C + 32$$

에너지

SI 단위: 주울(J)

1주울 = 1 $kg \cdot m^2/s^2$
= 0.23901칼로리
= 9.4781×10^{-4} btu
(영국 열단위, British thermal unit)
1칼로리 = 4.184주울
= 3.965×10^{-3} btu
1 btu = 1055.06주울
= 252.2칼로리

압력

SI 단위: 파스칼(Pa)

1파스칼 = 1 N/m^2
= 1 $kg/m \cdot s^2$
1기압 = 101.325킬로파스칼
= 760 torr (mm Hg)
= 14.70 lb/in^2
1 bar = 10^5파스칼